应 用 光 学

（第5版）

张以谟　主编

张以谟　张红霞　贾大功　修订

电子工業出版社

Publishing House of Electronics Industry

北京 · BEIJING

内 容 简 介

本书将基础性光学原理用于光学系统设计和像差平衡,定位于阐述光学设备的光学系统总体设计原理与光学镜头设计基础。本书分为几何光学、像差理论、典型光学系统和光学设计四部分,各部分均反映了光学与光电子学的进展和光学系统设计的新发展。其中,几何光学和像差理论详细讲述了光学系统设计基本理论;典型光学系统包括眼睛、显微和望远光学系统,摄影及投影光学系统,自由曲面及其在光学系统中的应用,以及特殊光学系统,包含了当前最新的光学系统,例如全息术补偿像差、3D 打印光学系统、3D 显示光学系统、太赫兹光学系统、折衍混合光学系统、共形自由曲面光学系统、复眼仿生光学系统和自适应光学系统等;光学设计部分包括光学系统初始结构求解、像质评价和像差平衡,并辅以光学设计实例。

本书可作为高等学校光电类相关专业的教材或教学参考书,也可供从事光学设计和光学仪器设计工作的科技人员参考。

未经许可,不得以任何方式复制或抄袭本书部分或全部内容。
版权所有,侵权必究。

图书在版编目(CIP)数据

应用光学 / 张以谟主编. —5 版. —北京:电子工业出版社,2021.7
ISBN 978-7-121-41071-0

Ⅰ. ①应… Ⅱ. ①张… Ⅲ. ①应用光学-高等学校-教材 Ⅳ. ①O439

中国版本图书馆 CIP 数据核字(2021)第 075799 号

责任编辑:韩同平
印　　刷:北京七彩京通数码快印有限公司
装　　订:北京七彩京通数码快印有限公司
出版发行:电子工业出版社
　　　　　北京市海淀区万寿路 173 信箱　　邮编:100036
开　　本:787×1092　1/16　印张:38.25　字数:1530 千字
版　　次:1982 年 2 月第 1 版
　　　　　2021 年 7 月第 5 版
印　　次:2024 年 8 月第 6 次印刷
定　　价:135.90 元

凡所购买电子工业出版社图书有缺损问题,请向购买书店调换。若书店售缺,请与本社发行部联系,联系及邮购电话:(010)88254888,88258888。

质量投诉请发邮件至 zlts@phei.com.cn,盗版侵权举报请发邮件至 dbqq@phei.com.cn。

本书咨询联系方式:010-88254525,hantp@phei.com.cn。

前　　言

本书编写目的是培养光学仪器、光电信息科学与工程等有关专业人才，具备在光学仪器设计、光电仪器、光学系统设计和光学镜头设计方面的技术基础知识和能力，是一本技术基础教材和科技参考书。

本书第 1 版于 1982 年出版；第 2 版于 1987 年出版。

在随后中断的近 20 年中，本书的广大老读者，以及曾经学习本书受益的学生，因在市面上无法买到本书，感到十分惋惜，希望修订的呼声一直不断（不少高校，也一直是内部翻印作为学生教材的）。2006 年初，伴随着光学学科、光电产业的大发展，为适应高等学校光电类专业人才培养的要求，在电子工业出版社的热情鼓励和支持下，本书作者开始筹划编写第 3 版，2008 年第 3 版面市后，本书的不少老读者感到十分亲切，并从不同侧面、角度给予了积极的、很好的评价。2015 年 4 月本书第 4 版出版，其中编入了光电探测器、太赫兹技术、共形自由曲面光学系统等，受到老、新读者们的热烈欢迎。2020 年开始第 5 版的编写。

总之，本书在近 40 年的教学实践中不断完善，浙江大学等高校在早期起了很重要的作用。多年来，本书对培养一批光学技术人才起到了应有的作用。

本书在不断修订和完善中，每次都有精简并增加当代新内容，形成了本书的特色及可能达到的学术、技术和教学方向，形成本书的特色：

(1) 适于教学和加强光学仪器、光电信息科学与工程等专业基础：近 40 年的教学锤炼，吸收了全国各院校光学仪器等专业成功的教学经验。

(2) 强调了在光学中的应用技术：使基础性光学原理用于光学系统设计，定位于阐述光学仪器和设备的原理、光学系统总体设计和像差平衡，并能为镜头设计打下扎实基础。

(3) 符合教学认识论：本书仍分为四个部分，即几何光学、像差理论、典型光学系统和光学系统设计，每次修订，都适当地反映了当时的前沿光学技术。

(4) 本书在教学中注重实践性，保证实验、习题和课程设计等环节，并在光学系统设计中安排了光学设计训练，运用了 CODE V、ZEMAX 等光学设计软件。

(5) 本书具有很好的声誉，几十年来同行们团结合作，作者队伍稳定，老中青结合，合作愉快，尽职尽责地保证了教材的整体性和"无缝结合"。

第 5 版在保持前几版基本结构、基本内容的基础上，主要的修订内容有：

(1) 对当前一个重要光学应用方向——超衍射极限光学技术做了必要的说明，包括：传统光学显微镜概述，近场光学显微镜原理、近场与远场、倏逝场的特点及其探测原理。近场光学显微镜的成像原理及结构，包括光学探针与样品间距的测控、近场光学显微镜光路、近场光学显微镜的探测模式。

(2) 远场超分辨成像，包括多光子吸收超分辨、受激发射损耗显微技术、随机光学重建显微技术、直接随机光学重建显微技术、饱和激发结构光照明显微技术、荧光激活定位显微镜技术。远场超高分辨率显微术，包括远场超高分辨率显微术概述、4Pi 显微镜、3D 随机光学重建显微镜、选择性平面照明显微镜等。

(3) 光学设计为通信技术做必要的工作，高像素手机物镜光学系统设计是一个重要方向。首先给出手机物镜光学系统概述，给出两片型非球面手机物镜设计、三片型手机物镜设计，以及一款 16.5 百万像素手机镜头的设计示例，并进行了非球面与光学玻璃和塑料混合的手机物镜设计。

(4) 在文字上尽量精练，并尽量剔除原来的一些文字错误，删除了个别不够清晰的内容。

本书由天津大学张以谟教授主编。第 5 版由天津大学张以谟教授、张红霞教授、贾大功教授完成。

本教材可作为高等学校光学仪器、光电信息科学与工程等光学专业的教材或教学参考书，也可供从事光学设计和光学仪器设计工作的科技人员参考。

本书尽管经历 4 次修订，但其中不妥和错误之处仍在所难免，恳请广大教师和读者批评指正。您可以发送邮件至 ymzhang@tju.edu.cn，我们会阅读所有的来信，并尽可能及时回复。

张以谟

（ymzhang@tju.edu.cn）

目　录

第一部分　几 何 光 学

第二部分　像　差　理　论

第一部分　几　何　光　学

　　人们在制造光学仪器和解释一些光学现象的过程中，总结出了适于光学工程技术应用的几何光学理论。几何光学把任何光源发生的光在均匀介质中的传播用几何上的直线来表示，并把这种直线称为"光线"。几何光学主要是以光线来研究光在介质中传播的理论。

　　几何光学不同于物理光学，它不讨论光的物理性质，不能用几何光学来解释光的干涉、衍射等现象，因为这些现象都是由光的波动性质所决定的。所以几何光学的理论有一定的局限性和近似性。但是，一般的光学仪器的孔径都能通过的光束与光的波长相比是近似于无限大的，上述物理现象并不明显，所以几何光学的结论还是符合实际情况的，只有在成像光束很细时，几何光学的结论才与实际情况有明显的差别。例如，光通过一个很大的圆孔投影到屏上，照明区有着明显的边界。如果通过一个很小的孔，由于衍射现象，在屏上就出现明暗相间的衍射图样。这种现象只能用物理光学理论来解释。但在一般情况下很少使光束通过一个小孔，而多是通过有限大小的孔径。因此，从实用的观点来看，几何光学理论仍是严密的，有重要的应用价值。

　　几何光学在一定条件下可以和物理光学统一起来。例如，几何光学认为点物通过理想光学系统成像为一个几何点；而物理光学认为成像为一个黑白相间的衍射斑，其第一个暗环的半径为

$$\psi = 1.22\lambda / D$$

　　但是，若使波长 $\lambda \rightarrow 0$，则 ψ 也为 0，此时物理光学和几何光学有一致的结论。所以，可认为几何光学是物理光学中波长为零时的极限情况，它的近似性也就在于此。

　　但是对于大多数的光学技术问题，用几何光学都可以得到正确的结论。它的重要意义在于用光线来描述光学系统中光的传播和成像，用几何学的方法可以方便地计算和设计光学系统，而使其满足预先给定的技术要求。其解决问题的方法简单、明了，结果合理、可靠。

　　各类光学仪器的物理光学原理确定以后，其光学系统通过几何光学的计算，即所谓外形尺寸计算，可以求得横向和轴向尺寸，以及组成光学系统的各个光学元件的几何光学特性，如焦距、孔径和视场等。

　　与实际光学系统光学元件必然要考虑选择光学材料一样，光学材料的许多光学性质也需要用几何光学理论来表征，如折射率和色散系数等。除考虑透射光学材料外，还必须要考虑反射光学材料。除光学玻璃材料外，还要考虑模压方便的光塑料材料。

　　第 6 章光能及其计算和第 7 章颜色两章不属于几何光学的范畴，因为它们在工程技术方面与几何光学一样是光学基础部分，所以把这两章也放在第一部分中。

第1章 几何光学的基本定律和成像的概念

1.1 几何光学的基本概念

1. 光波

人们对光的本性的认识是逐步发展的。直到1871年麦克斯韦提出电磁场学说以后，在1888年这个学说又为实验所证明，人们才认识到光实际上是一种电磁波。从本质上说，光和一般无线电波并无区别。光波向周围空间传播和水面因扰动产生的波浪向周围传播相似，都是横波，其振动方向和光的传播方向垂直。

光波区别于无线电波在于波长的不同。图1.1示意了从 γ 射线到无线电波的电磁波谱，图中的波长与频率均采用对数标尺。波长在 $400 \sim 760$ nm 范围内的电磁波能为人眼所感觉，称为可见光，超出这个范围的电磁波，人眼就感受不到了。

在可见光谱段范围以内，不同的波长引起不同的颜色感觉。具有单一波长的光称为"单色光"。几种单色光混合而成为"复色光"。太阳光由无限多种单色光混合而成。人眼可直接感知的 $0.4 \sim 0.76$ 微米波段称为可见光波段，在可见光波段可被人眼感知为红、橙、黄、绿、青、蓝、紫七种颜色的光。比可见光的波长短的波段称为紫外光，但是比 X 射线的波长要长，紫外光波段范围约为 $1 \sim 400$ nm。真空紫外辐射的波段范围约是 $100 \sim 300$ nm，因为这个波段范围的光需要在真空设备中工作。而把比可见光的波长更长的从 $0.76 \sim 1000$ 微米的电磁波称为红外波段，红外波段的短波段与可见光红光相邻，长波段与微波相接。波长由 $0.76 \sim 3$ μm 波段成为近红外或短波红外。波长为 $3 \sim 6$ μm 的波段称为红外或中波红外。波长为 $6 \sim 15$ μm 的波段称为远红外或长波红外，或热红外。波长 $15 \sim 1000$ μm 的波段称为极远红外。近年来，人们对波长为 30 μm $\sim$ 3 mm 的波段产生了浓厚的研究兴趣，该波段称为太赫兹(Hz)波段，在电磁波谱中其频率范围大致为 $0.1 \sim 10$ THz（THz=10^{12} Hz）。在长波段，它与毫米波有重叠；在短波段，它与红外线有重叠。

光和其他电磁波一样，在真空中以同一速度 c 传播，$c \approx 3 \times 10^8$ m/s。在空气中也近似如此。而在水和玻璃等透明介质中，光的传播速度因介质折射率变化要比在真空中慢，且随波长的不同而不同。

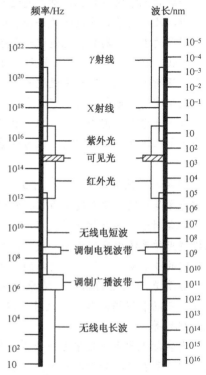

图 1.1 包括可见光在内的电磁波谱示意图

2. 光源

从物理学的观点来看，辐射光能的物体称为发光体，或称为光源。当光源的大小与辐射光能作用距离相比可以忽略时，可认为是点光源。例如，人从地球上观察体积超过地球的太阳，仍认为其是发光点。但在几何光学中，发光体和发光点的概念与物理学中有所不同。无论本身发光的物体或者是被照明的物体在研究光的传播时统称为"发光体"。在讨论光的传播时，常用以发光体上某些特定的几何点来代表这个发光体。在几何光学中认为这些特定点为发光点，或称为"点光源"。这些发光点被认为没有体积和线度，所以能量密度应为无限大，这只是一种假设，在自然界中是不存在这样的光源的。

3．光线

从物理学的观点来看，当光能从一个由两个光孔限制的细长空间（称为光管）中通过，如图1.2所示，若此光管的横截面积与其长度相比可以忽略时，则称此光管为"物理光线"。但在几何光学上认为光线是无直径、无体积，而有方向性的几何线，其方向代表光能传播的方向。当然，在自然界中也不存在这种能量密度为无限大的光线。

利用几何光学的发光点和光线的概念可以把复杂的能量传输和光学成像问题归结为简单的几何运算问题。

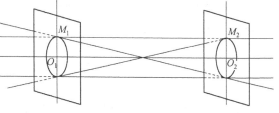

图 1.2　光管示意图

4．波面与光线

光波是电磁波，任何光源可看作波源，光的传播正是这种电磁波的传播。光波向周围传播，在某一瞬时，其振动相位相同的各点所构成的曲面称为波面。波面可分为平面波、球面波或任意曲面波。

在各向同性的介质中，光沿着波面的法线方向传播，所以可以认为光波波面的法线就是几何学中的光线。

5．光束

与波面对应的法线（光线）集合，称为"光束"。对应于波面为球面的光束称为同心光束，按光束传播方向的不同又分为会聚光束和发散光束。它们的波源可认为是一个几何点，但会聚光束的所有光线实际通过一点，如图1.3(a)所示。可以在屏上接收到亮点，也可以是光线的延长线通过一点，如图1.3(b)所示。发散光束可以是由实际的点发出的，如图1.3(c)所示，分界面后的发射光束也可以是光线的延长线通过的一点，如图1.3(d)所示。发散光束不能在屏上会聚成亮点，但能被人眼直接观察到。与平面波相对应的称为平行光束，发光点位于无限远处如图1.3(e)所示，它是同心光束的一种特殊情况。

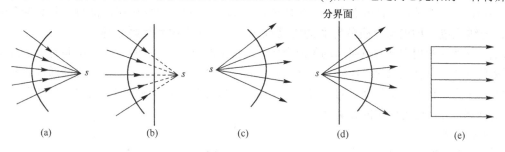

图 1.3　光束示意图

一般来说，球面波通过实际的光学系统总是要发生变形的，不再是球面波。相应的光束（法线束）不再会聚在一点，即不再是同心光束。

从已变了形、不再是球面的实际波面上取出一个波面元，或者说从宽光束中取出一束无限细元光束来讨论它们的情况。如图1.4所示，$a_1a_3c_3c_1$是一波面元，$b_2F_2F_1$是波面元中心点b_2的法线。

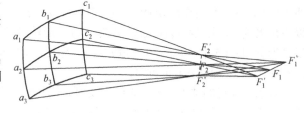

图 1.4　像散光束元示意图

根据微分几何对曲面的讨论可知，在波面元上通过某点必定有两条法截线（通过曲面上某点法线的平面与曲面的交线），其中一条曲率半径最大，另一条最小，且这两条截线互相垂直，称为主截线。

如图1.4所示，曲率半径最大的波面主截线$b_1b_2b_3$的曲率中心在点F_1，曲率半径最小的波面主截线$a_2b_2c_2$的曲率中心在点F_2。靠近主截线$b_1b_2b_3$，并处于截线$a_1a_2a_3$和$c_1c_2c_3$之间的其他截线，其曲率中心均处于直线元$F_1'F_1F_1''$上。靠近主截线$a_2b_2c_2$并处于截线$a_1b_1c_1$和$a_3b_3c_3$之间的其他截线，其曲率中心形成一条直线元$F_2'F_2F_2''$。所以，该波面元上诸点的法线首先会聚于直线元$F_2'F_2F_2''$，然后发散，再会聚于第二条直线元$F_1'F_1F_1''$上。这两条短线相互垂直，并且垂直于波面中心点的法线或光束轴$b_2F_2F_1$。

这种结构的细光束，即垂直于波面元，彼此不相平行又不交于一点的光线所成的光束称为像散光束。波面二主截面的曲率中心称为像散光束的焦点。像散光束所会聚的两条短线 $F_2'F_2F_2''$ 和 $F_1'F_1F_1''$ 称为焦线。二焦线之间的沿轴距离 F_1F_2 称为像散差，它是光学系统的成像缺陷中的一种。显然，像散差越小，此光束越接近于同心光束，波面越接近于球面波。

如果变形波面具有一定的大小，则情况要比上述波面元复杂得多，详见 A. N. 杜德罗夫斯基编著的《光学仪器理论》一书。

1.2　几何光学的基本定律

光的传播现象按几何光学理论可以归结为如下 4 条基本定律：

1．光的直线传播定律

"在各向同性的均匀介质中，光沿着直线传播"，称为光的直线传播定律，它是普遍存在的现象。用该定律可以很好地解释影子的形成、日食、月食等现象。一切精密的天文测量、大地测量和其他测量也都以此定律为基础。但是，光并不是在所有的场合都是直线传播的。实验表明，在光路中放置一个不透明的障碍物，特别是光通过小孔或狭缝，光的传播将偏离直线，这是物理学中的衍射现象，将在物理光学中详细讨论。因此，光的直线传播定律只有光在均匀介质中无阻拦地传播才能成立。

2．光的独立传播定律

"从不同的光源发出的光束以不同方向通过空间某点时，彼此互不影响，各光束独立传播"，称为光的独立传播定律。几束光会聚于空间某点时，其作用是在该点处简单地叠加，各光束仍按各自的方向向前传播。但是，这一定律对不同发光点发出的光来说是正确的。如果由光源上同一点发出的光分成两束单色光（为相干光），通过不同的而长度相近的途径到达空间某点时，这些光的合成作用不是简单地叠加，而可能是相互抵消而变暗。这是光的干涉现象，是物理学中所讨论的一个重要的问题。

3．光线经过两种均匀介质分界面的传播规律——折射定律和反射定律

设有一条光束投射在两种透明而均匀的介质的理想平滑分界面上（为入射光），将有一部分光被反射回原来的介质，这种现象为"反射"，被反射的光称为"反射光"。另一部分光能通过分界面射入第二种介质中去，但改变了传播方向，这种现象称为"折射"。被折射的光称为"折射光"。光的反射和折射分别遵守反射定律和折射定律。

(1) 反射定律

在图1.5中，PQ 为一个理想的光滑反射界面，入射光线 AO 和界面上投射点的法线 ON 夹角 AON 称为入射角，以 I 表示，反射光线 OB 和法线 ON 的夹角 BON 称为反射角，以 I'' 表示。角 I 和角 I'' 以锐角来量度，由光线转向法线，顺时针方向旋转形成的角度为正，反之为负。图 1.5 中，角 I 为正，角 I'' 为负。角度加上符号的作用是可以明确以法线为基线张角的方向。

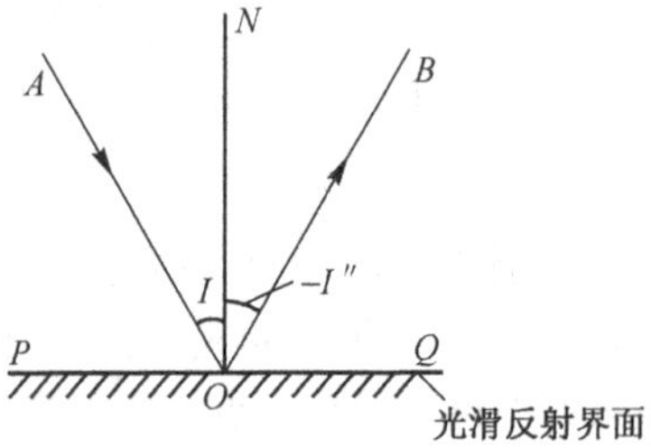

图 1.5　光的反射定律示意图

反射定律可归结为：入射光线、反射光线和投射点法线三者在同一平面内，入射角和反射角二者绝对值相等、符号相反，即入射光线和反射光线位于法线的两侧。反射定律可表示为

$$I = -I'' \tag{1.1}$$

对于粗糙的分界面，一束平行入射光投射其上，反射光将不再是平行的光束，发生了无规则的反射，称为漫反射。但是对于粗糙表面上任一个微小的反射面单元来说，仍然遵守反射定律。

(2) 折射定律

折射定律于 1621 年由斯涅耳发现，故又称为斯涅耳定律。如图 1.6 所示，PQ 为两种均匀介质的理想平滑分界面，AO 为入射光线，在 O 点发生折射，OC 为相应的折射光线。NN'' 为入射点 O 的法线，入射角 AON，以 I 表示；折射光线 OC 和法线 NN'' 的夹角 CON'' 为折射角，以 I' 表示。入射角和折射角的符号法则也是从光线转向法线，按锐角来量度，顺时针方向旋转形成的角度为正，反之为负。

折射定律可归结为：入射光线、折射光线和投射点的法线三者在同一平面内，入射角的正弦与折射角的正弦之比与入射角的大小无关，而与两种介质的性质有关。对一定波长的光线，在一定温度和压力的条件下，该比值为一常数，等于折射光线所在介质的折射率 n' 与入射光线所在介质的折射率 n 之比。折射定律可以表示为

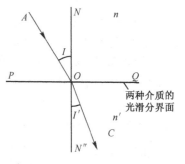

$$\frac{\sin I}{\sin I'} = \frac{n'}{n} \tag{1.2}$$

或写为

$$n \sin I = n' \sin I' \tag{1.3}$$

对于两种介质界面的折射，$n \sin I$ 或 $n' \sin I'$ 为一常数，称为光学不变量。对于不同的介质对，它有不同的数值。

在式(1.3)中，若令 $n' = -n$，则 $I' = -I$，即为反射定律。这表明，反射定律可以看作折射定律的一种特例。这在几何光学中是有重要意义的一项推论。

图 1.6　光的折射定律示意图

4. 矢量形式的折射定律和反射定律

如果介质的分界面有着较为复杂的函数形式，为计算任一条光线经过反射和折射后的方向，用矢量形式的折射定律和反射定律是比较方便的。在直角坐标系中，矢量 A 可表示为

$$A = A_x \boldsymbol{i} + A_y \boldsymbol{j} + A_z \boldsymbol{k}$$

式中，A_x, A_y, A_z 是矢量 A 在 x, y, z 坐标轴上的投影长度；$\boldsymbol{i}, \boldsymbol{j}, \boldsymbol{k}$ 表示在 x, y, z 轴方向的单位矢量。

下面给出矢量形式的折射定律。如图 1.7 所示，A^0 和 $A^{0'}$ 分别表示入射光线和折射光线的单位矢量，n 和 n' 分别表示折射面两边的介质的折射率。矢量 A^0 和 $A^{0'}$ 指向右方为正方向，反之为负方向。N^0 为折射面投射点法线的单位矢量，其方向顺着入射光线方向。折射定律可以表示为

$$n(A^0 \times N^0) = n'(A^{0'} \times N^0) \tag{1.4}$$

把入射光线矢量 A 和折射光线矢量 A' 的长度各取为 n 和 n'，即 $A = nA^0, A' = n'A^{0'}$，则得

$$A \times N^0 = A' \times N^0$$

或

$$(A' - A) \times N^0 = 0$$

此式说明矢量 $(A' - A)$ 和 N^0 的方向是一致的，故可写为

$$A' - A = \Gamma N^0 \tag{1.5}$$

式中，Γ 称为偏向常数。用 N^0 对上式两边作点积，可得

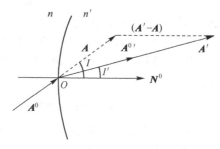

图 1.7　矢量形式折射定律示意图

$$\Gamma = N^0 \cdot A' - N^0 \cdot A = n' \cos I' - n \cos I \tag{1.6}$$

又有

$$n' \cos I' = \sqrt{n'^2 - n'^2 \sin^2 I'} = \sqrt{n'^2 - n^2 + n^2 \cos^2 I}$$

$$= \sqrt{n'^2 - n^2 + (N^0 \cdot A)}$$

由此可得

$$\Gamma = \sqrt{n'^2 - n^2 + (N^0 \cdot A)^2} - N^0 \cdot A \tag{1.7}$$

求得 Γ 值后，便可由式(1.5)求得折射光线方向为

$$A' = A + \Gamma N^0 \tag{1.8}$$

这就是矢量形式的折射定律。

矢量形式的反射定律也是在 $n' = -n$ 的条件下由矢量形式的折射定律推导出的。这只要对偏向常数 Γ 作一简单处理即可。在折射定律的表示式(1.4)中，令 $n' = -n$，得 $I' = -I$，则式(1.6)可写为

$$\Gamma = -n \cos(-I) - n \cos I = -2n \cos I = -2(N^0 \cdot A)$$

这就是适合于反射情况下偏向常数 Γ 的表示式，将其代入式(1.8)，得矢量形式的反射定律：

$$A' = A - 2N^0(N^0 \cdot A) \tag{1.9}$$

5．折射率

前已述及各种波长的光在真空中的速度 c 为定值，而在介质中，光的传播速度 v 与介质的性质和光的波长有关，一般 v 小于 c。对于一定的介质，一定波长的光传播速度也为常量。

一定波长的单色光在真空中的传播速度 c 与它在给定介质中的传播速度 v 之比，定义为该介质对指定波长的光的绝对折射率。该定义可以由图 1.8 说明，设有一束平行光束投射到两个介质的平面分界面上，所有光线的入射角为 I_1，折射角为 I_2，折射光线也相互平行。平行光束相对应的是平面波，OQ 为入射平面波，$O'Q'$ 为折射后的平面波，设光在两介质中的速度分别为 v_1 和 v_2，则

$$QQ' = v_1 t, \qquad OO' = v_2 t$$

由图 1.8 易见 $\quad \sin I_1 = QQ'/OQ', \qquad \sin I_2 = OO'/OQ'$

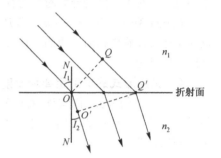

两式相除，可得

$$\frac{\sin I_1}{\sin I_2} = \frac{QQ'}{OO'} = \frac{v_1}{v_2} = \frac{n_2}{n_1}$$

由此可知，第二种介质对第一种介质的折射率之比等于第一种介质中的光速 v_1 和第二种介质中的光速 v_2 之比。显然，介质对真空的绝对折射率值为

$$n = c/v \tag{1.10}$$

在给定介质中，一定波长的光的速度为常数，所以该波长的绝对折射率也为常数。

图 1.8　折射率定义示意图

被分界面分开的两种介质，折射率高的光速低，称为光密介质；折射率低的光速高，称为光疏介质。

空气的绝对折射率受温度和压力的影响，其经验公式为

$$n = 1 + 0.000\,249 \frac{p}{p_0} \frac{1}{at} \tag{1.11}$$

式中，p 为大气压强；p_0 为标准大气压；t 为温度（℃）；系数 $a = 1/273\ \text{K}$。在标准条件下（$p_0 = 101\,275\ \text{Pa}, t = 293\ \text{K} = 20℃$），空气的折射率为

$$N = 1.000\,273 \approx 1.0003$$

显然，空气的折射率受温度和压力影响较小。工业应用上常把空气的折射率作为 1 单位。在空气中测得的介质折射率为工业折射率，简称折射率。常用的光学玻璃的折射率为 1.46～1.96。表 1.1 列出了几种固体和液体对 d 光的折射率。

表 1.1　几种固体和液体对 d 光的折射率

固 体 介 质	折射率[①]	液体介质（$t = 20℃$）	折射率
冰(H_2O)	1.309	水	1.3330
萤石(CaF_2)	1.434	甲醇(CH_3OH)	1.3290
岩盐($NaCl$)	1.544	乙醇(C_2H_5OH)	1.3618
氯化钾(KCl)	1.490	酒精	1.3605
石英晶体(SiO_2)	1.544, 1.553	煤油	1.4460
方解石($CaCO_3$)	1.638, 1.486	甘油	1.4600
电石	1.669, 1.638	四氯化碳(CCl_4)	1.4607
金刚石(C)	2.417	松节油	1.4721
		液体石蜡	1.4800
		杉木油	1.5150
		二硫化碳	1.6276
		二碘甲烷	1.7410

① 表中某些晶体具有两种折射率，依次为寻常光折射率（n_o）和非寻常光折射率（n_e）。

当光线从第一种介质进入第二种介质时，第二种介质相对于第一种介质的折射率称为"相对折射率"。其值为第二种介质的折射率与第一种介质的折射率之比，即

$$n_{12} = n_2 / n_1 \tag{1.12}$$

这样，折射定律可表示为 $\quad \sin I_1 / \sin I_2 = n_{12} \tag{1.13}$

通常所说的介质的折射率实际上是该介质对于空气的相对折射率。

6．光路的可逆性

一条光线由介质 1 经分界面折射进入介质 2，则折射定律可写为

$$\frac{\sin I_1}{\sin I_2} = \frac{n_2}{n_1}$$

另一条光线由介质 2 经分界面折射进入介质 1，如果光线的入射角为 I_2，则按折射定律有

$$\frac{\sin I_2}{\sin I_1} = \frac{n_1}{n_2}$$

显然可以看出，以上两种折射情况是沿着同一光路，只是方向是相反的。这种现象称为"光路的可逆性"。

对于反射和折射现象，在均匀折射率介质和非均匀折射率介质、简单光学系统和复杂光学系统中，光的可逆性均是成立的。

7．分界面上反射光和折射光的能量分布

入射光投射到两均匀透明介质的分界面上时，如果分界面为理想光滑表面，则分成折射光和反射光，即折射的同时伴随着部分反射。折射定律和反射定律只能解决反射光和折射光所遵循的方向的问题，而不能说明能量的分布。后者是物理光学中所要解决的问题。此处只给出结论。

根据光的电磁理论，一个光束照射在同一分界面上反射光和折射光的能量分布通常采用反射率 R 和透过率 T 表示：

$$R = \frac{\text{反射光的辐射通量}}{\text{入射光的辐射通量}} \qquad T = \frac{\text{折射光的辐射通量}}{\text{入射光的辐射通量}}$$

在不存在吸收和其他损失的理想条件下，有

$$T = 1 - R$$

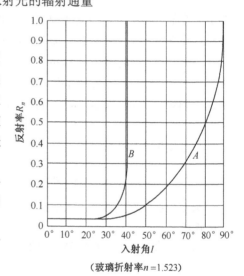

（玻璃折射率 $n = 1.523$）

图 1.9 R 和 T 的变化规律

T 和 R 的能量分布取决于入射光的偏振态、两种介质的折射率以及入射角的大小。当入射光为自然光，并给定界面两边的介质时，则反射光和折射光的能量分布主要取决于入射角的大小。图 1.9 表示在自然光入射在空气和玻璃的分界面时，反射能量（以 R 表示)和折射能量（以 T 表示）的变化规律。已知玻璃折射率 $N = 1.523$，其中，曲线 A 是光从空气进入玻璃（由光疏介质进入光密介质）时，分界面处的反射率 R_n 和入射角 I 的关系曲线。曲线表明，当 $I < 45°$ 时，反射率 R_n 近似于常量，近似于垂直入射（$I = 0$）时的反射率值 R_{n0}，按物理光学自然光垂直入射（$I = 0°$）时的反射率：

$$R_{n0} = \left(\frac{n-1}{n+1}\right)^2$$

若 $n = 1.523$，则 $R_{n0} \approx 0.043$，即约有 4% 的能量被反射。当 $I > 45°$ 时，随着入射角 I 的增大，反射率 R_n 也增大；当 $I = 90°$ 时，$R_n = 1$，表明入射角增大，反射率增大，折射光的能量逐渐渐小。

曲线 B 是由玻璃进入空气（由光密介质进入光疏介质）时，分界面处的 R_n-I 曲线。当 $I < 45°$ 时，$R_n \approx R_{n0} \approx 0.043$，反射率近似于一个常数；当 I 增大到 41° 时，反射率急剧上升到近似于 1 的值；当 $I > 41°$ 时，$R_n = 1$，表明入射光线全部反射回原介质，没有折射发生，即所谓的"全反射"。

8．全反射

如上所述，当光线的入射角 I 大于某值时，两种介质的分界面把入射光全部反射回原介质中去，这种现象称为"全反射"或"完全内反射"。

产生全反射的条件有：入射光由光密介质进入光疏介质；入射角必须大于一定的角度，按折射定律，当折射角 $I' = 90°$，有

$$\sin I_m = \frac{n'}{n} \sin 90° = \frac{n'}{n} \tag{1.14}$$

式中，入射角 I_m 称为临界角，此时折射光线沿分界面掠射。若入射角 I 大于临界角 I'_m 时，折射定律已

不适用。实验证明，此时光线不发生折射，而按反射定律把光线完全反射回原介质中，如图1.10所示。如果光线由玻璃射入空气，当玻璃的折射率 $n = 1.523$ 时，则临界角 I_m 约为 $41°$。这和在反射光和折射光的能量分布结果是一致的。

在实际应用中，全反射常优于一般镜面反射，因为镜面的金属镀层对光有吸收作用，而全反射在理论上可使入射光全部反射回原介质。因此，全反射现象在光学仪器中有着重要的应用。例如，为了转折光路常用反射棱镜取代平面反射镜。如图1.11所示为一次反射式直角全反射棱镜。

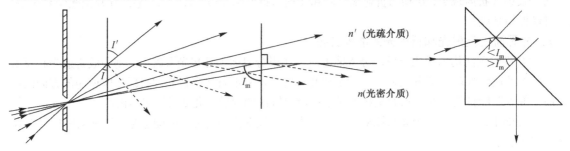

图 1.10　全反射示意图　　　　　　　　图 1.11　直角全反射棱镜主截面图

传光和传像的光学纤维也是利用了全反射原理。光纤将低折射率的玻璃外包层包在高折射率玻璃芯子的外面，如图1.12所示。由于芯子的折射率 n_1 大于包皮的折射率 n_2，芯子内入射角大于临界角的光线将在临界面上发生全反射。设 I_m 为临界角，令 $n_0 = 1$，为空气的折射率，由折射定律

$$n_0 \sin I_1 = n_1 \sin I_1'$$

得　　　　　　　　$$\sin I_1 = n_1 \sin I_1'$$

由式(1.14)得　　　$$\sin I_m = n_2 / n_1 = \sin(90° - I_1')$$
$$= \cos I_1'$$

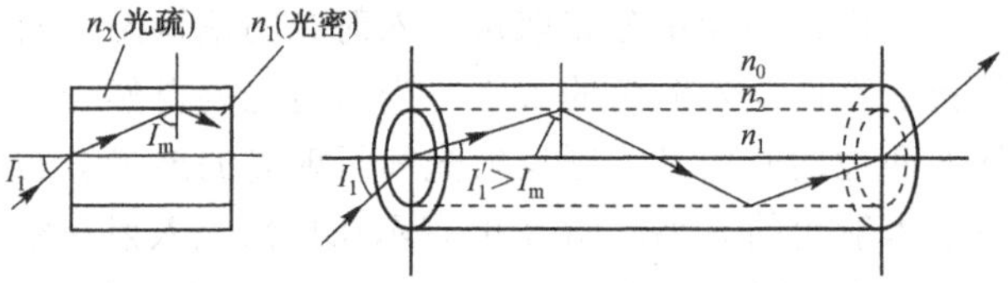

保证发生全反射的条件为

图 1.12　双层传光光纤示意图

$$n_0 \sin I_1 = n_1 \sin I_1' = n_1 \sqrt{1 - \cos^2 I_1'} = n_1 \sqrt{1 - (n_2/n_1)^2} = \sqrt{n_1^2 - n_2^2}$$

只有当在光纤的端面上入射角小于 I_1 时，光线在光纤内部才能不断地发生全反射，而由光纤的另一端输出。

设光纤直径为 D，长度为 l，则光线在光纤内的路程长度为

$$L = l / \cos I_1' = l \Big/ \sqrt{1 - \frac{1}{n_1} \sin I_1} = n_1 l \Big/ \sqrt{n_1^2 - \sin^2 I_1}$$

光纤发生全反射的次数为　　　$$N = L \sin I_1 / D = n_1 l \sin I_1' / D \sqrt{n_1^2 - \sin^2 I_1}$$

例如，光纤直径 $D = 50\ \mu m$，长度 $l = 0.5\ m$，光纤心子的折射率 $n_1 = 1.70$，入射角 $I_1 = 30°$，代入上式，则有 $N = \dfrac{1.70 \times 500\ mm \times \sin 30°}{0.05\ mm \sqrt{1.70^2 - \sin^2 30°}} = 5231$，即发生全反射的次数为5231次。说明全反射过程中反射损失是近似于零的。

1.3　费马原理及其应用

1. 费马原理

几何光学的基本定律：光的直线传播、光的独立传播、光的折射定律和光的反射定律表达了光线的传播规律。费马原理是从"光程"的角度来阐述光的传播规律。费马原理对光的传播规律做了更简明的概括。

"光程"是指光在介质中经过的几何路程 l 与该介质折射率 n 的乘积，光程用 s 表示为

$$s = nl \tag{1.15}$$

由于介质的折射率 n 是光在真空中的速度 c 和在介质中的速度 v 之比，即

$$n = c/v$$

又知光在介质中所经过的路程为

$$l = vt$$

代入式(1.15)，得

$$s = nl = ct \tag{1.16}$$

式(1.16)表明，光在某种介质中的光程等于光在同一时间内在真空中所走过的路程。光程又称为光的"折合路程"。

若光线通过多层（如 m 层）均匀介质，则光线由许多段折线组成，其光程为

$$s = \sum_{i=1}^{m} n_i l_i \tag{1.17}$$

式中，n_i 和 l_i 分别为第 i 层介质的折射率和光路长度。

若光线通过连续变化的非均匀介质，即折射率 n 为位置的函数，则光线实际所走过的路程为一条空间曲线。若光由点 A 传到点 B，则光程可表示为

$$s = \int_{A \to B(L)} n \mathrm{d}l \tag{1.18}$$

式中，L 为光线在介质中所走过的实际路程。

费马原理还指出：光线由点 A 传到点 B，经过任意多次折射或反射，其光程为极值（极大值或极小值），可以用光程的一次积分为零表示：

$$\mathrm{d}s = \mathrm{d}\int_{A}^{B} n \mathrm{d}l = 0 \tag{1.19}$$

这就是费马原理的数学描述。费马原理又称为"极值光程定律"。满足费马原理时，光程可能为极大值或极小值，可以认为符合费马原理的情况下，光程处于稳定值。

在均匀介质中，根据几何公理"两点间以直线距离为最短"，由费马原理可以直接证明和解释光的直线传播定律。当光线通过两种不同介质的分界面时，利用费马原理可以推导出反射定律和折射定律，并可以证明实际光线的光程为稳定值。

2. 用费马原理推导出反射定律

如图1.13所示，PQ 为平面反射镜，由点 A 发出的光线投射到反射镜面上的点 O，反射后的光线通过点 B。设光线处于均匀介质中，折射率为 n，投射点 O 到由点 A 作反射镜垂线的垂足 P 的距离为 x，则点 A 到点 B 的光程长度为

$$s = n\overline{AO} + n\overline{BO} = n\sqrt{h_1^2 + x^2} + n\sqrt{h_2^2 + (a-x)^2}$$

显然，光程 s 是变量 x 的函数。根据费马原理，实际光线的光程是稳定的，在均匀介质中其一阶导数为零，即

$$\frac{\mathrm{d}s}{\mathrm{d}x} = \frac{n_1 x}{\sqrt{h_1^2 + x^2}} - \frac{n_2(a-x)}{\sqrt{h_2^2 + (a-x)^2}} = 0$$

因而有

$$n \sin I = n \sin(-I'')$$

或

$$I = -I''$$

即推导出了反射定律。进而可以证明 $\mathrm{d}^2 s / \mathrm{d}x^2 > 0$，表明满足反射定律的光线具有最短的光程。

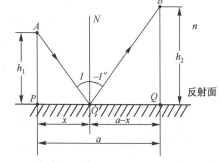

图1.13 利用费马原理证明反射定律

3. 从费马原理推导出折射定律

如图1.14所示，由位于折射率为 n_1 的均匀介质中的点 A 发出光线投射到分界面上的点 O，经折射

后光线进入折射率为 n_2 的均匀介质，并通过点 B。设点 O 到点 A 的垂足 C 点的距离为 x，则由图 1.14 可知，点 A 到点 B 光线的光程可表示为

$$s = n_1\overline{AO} + n_2\overline{OB} = n_1\sqrt{h_1^2 + x^2} + n_2\sqrt{h_1^2 + (a-x)^2}$$

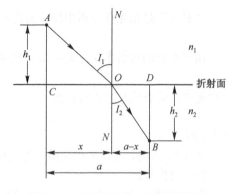

图 1.14 利用费马原理证明折射定律

根据费马原理，有 $\dfrac{\mathrm{d}s}{\mathrm{d}x} = \dfrac{n_1 x}{\sqrt{h_1^2 + x^2}} - \dfrac{n_2(a-x)}{\sqrt{h_2^2 + (a-x)^2}} = 0$

因而有

$$n_1\sin I_1 = n_2\sin I_2$$

即推导出了折射定律。同样，可以证明 $\mathrm{d}^2 s / \mathrm{d}x^2 > 0$，即满足折射定律的光线有最短的光程。

4．光程在稳定值时的各种情况举例

以上讨论了反射和折射情况下，光程稳定在最小值的情况。图 1.15 给出了光程稳定在最小值和最大值的两种情况。图 1.15(a) 表示发光点 S 位于旋转椭球面的一个焦点 F_1(或 F_2) 上，光线经椭球面内表面上任意点 Q 反射后达到另一个焦点 F_2(或 F_1)。由旋转椭球面特性可知，两个焦点至椭球面上任意点 的 两 个 向 径 之 和 为 一 常 数 ， 因 而 有 光 程 $\overline{SQP} = \overline{SQ} + \overline{QP} = \overline{SQ'P} = \overline{SQ'} + \overline{Q'P} =$ 常 数 。表示由旋转椭球的焦点发出的光线经椭球内表面的反射的光程为常量，因而是稳定的。旋转椭球内反射面对焦点 F_1 和 F_2 来说，是"等光程面"。

在图 1.15(b) 中，M_1N_1 是与椭球面切于点 Q 的曲面，光从点 S 发出后经椭球面上点 Q 的反射（光程 $\overline{SQP}$），相对于光从点 S 发出经内切曲面的反射（光程 $\overline{SRP}$），在内切曲面的所有反射光中其光程为极大值。

与此相反，由点 S 发出的光经旋转椭球面上点 Q 处的外切曲面(M_2N_2) 或平面(M_3N_3) 的反射，在外切曲面(M_2N_2) 或平面(M_3N_3) 的反射光中其光程为极小值。

此外，还可以找到适当的曲面（平面也可以），使该曲面和椭球面交于点 Q，且与椭球面有公共的法线，则可以实现通过点 Q 的反射其光程既非极大、也非极小，是稳定的值。

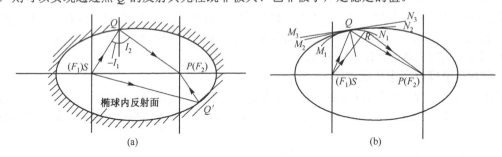

(a)　　　　　　　　　　　　　　　(b)

图 1.15 费马原理用于证明光程为稳定值的示意图

1.4 马吕斯定律

在各向同性的均匀介质中，光线为波面的法线；一个法线集合（光束）对应于一个波面。当光束经过任意多次反射和折射，对于光束与波面的关系和波面与光程的关系，马吕斯定理给出了明确的阐述。

马吕斯定理指出：垂直于波面的光线束（法线集合）经过任意多次反射和折射以后，无论折射面和反射面的形状如何，出射光束仍垂直于出射波面，保持光线束仍为法线集合的性质；并且入射波面与出射波面对应点之间的光程均为定值。

这个定理表明：光线束在各向同性介质的传播过程中，始终保持着与波面的正交性。该定理由马吕斯于 1808 年提出，而由杜宾于 1861 年加以修正，故又称为马吕斯–杜宾定理。

折射（及反射）定律、费马原理和马吕斯定律三者中任意一个均可以作为几何光学的基本定律，

其余两个可以视为推论。三者之间可以互相推导出来。

1.5 成像的概念

在光学仪器中通常都有一个光学系统，其作用是把被观察物体成像以供人眼观测，或用干版照相，或用光电器件探测。

光学系统通常由一个或多个光学元件组成。各光学元件都是由球面、平面或非球面包围一定折射率的介质而组成的。组成光学系统的各光学元件的表面曲率中心在同一条直线上的光学系统称为共轴光学系统，该直线称为光轴。也有非共轴光学系统（如包括色散棱镜或色散光栅的光谱仪系统），本文着重讨论共轴光学系统。

设 $O_1, O_2, \cdots, O_k$ 表示 k 个面的光学系统，如图1.16所示。由一个发光点 A_1 发出一个球面波，即发出以点 A_1 为中心的同心光束，点 A_1 称为物点。如果该球面经过光学系统后仍为一球面波，即为以点 A_k' 为中心的同心光束，点 A_k' 也为一几何点，便是 A_1 的完善像。因此，光学系统成完善像的条件是入射为球面波时，出射也是球面波。或者根据马吕斯定律入射波面和出射波面对应点间的光程均为定值，因此，物点 A_1 及其完善像点 A_k' 之间的光程为一个常量。

对于如图 1.16 所示的 k 个面的光学系统，有

$$n_1 A_1 O + n_1 OO_1 + n_2 O_1 O_2 + \cdots + n_k' O_k O' + n_k' O' A_k'$$
$$= n_1 A_1 E + n_1 EE_1 + n_2 E_1 E_2 + \cdots + n_k' E_k E' + n_k' E' A_k'$$
$$= 常量 \tag{1.20}$$

或写为 $\qquad (A_1 A_k') = 常量$

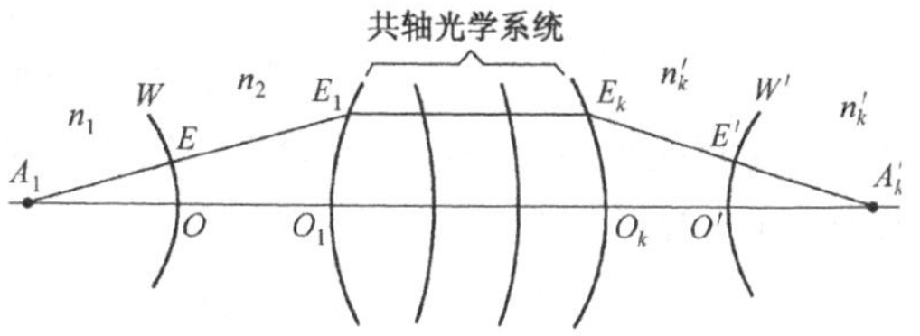

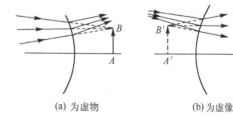

图 1.16 共轴光学系统示意图

发光体（自发光或被照明物体）AB 上每一个点发出球面波，通过光学系统后仍为球面波，会聚成像，这样的像为物体 AB 的完善像。图 1.17 给出了物体 AB 成完善像的示意图。

由实际光线会聚所成的点称为实物点或实像点，由这样的点构成的物或像称为实物或实像。实像可以由眼睛或其他光能接收器（如照相底片、屏幕等）所接收。

由光线的延长线所会聚成的物点或像点，称为虚物点或虚像点。由这样的点构成的物或像称为虚物或虚像。虚像能被眼睛观察，而不能直接被其他接收器（干板、屏幕等）所接收，但可以通过另一光学系统使虚像转换成实像，则可以被任何接收器所接收。在光学系统中，被前一个折射面对物所成的像为后一个相邻的折射面的物。虚物一般是另一光学系统的像。如图1.18(a)所示，AB 为虚物，它是由前一个折射面所产生的实像构成下一个折射面的虚物，图1.18(b)为由前一个折射面产生的虚像构成下一个折射面的虚物。

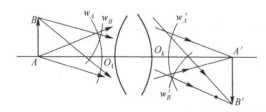

图 1.17 物体 AB 成完善像的示意图

图 1.18 物和像的"虚"和"实"的解释

凡是物所在的空间（包括实物和虚物）称为物空间；像（包括实像和虚像）所在的空间称为像空间。两个空间是无限扩展的，并不是由折射面或一个光学系统的左边和右边机械地分开的。

设计对有限大小物体成完善像的光学系统是非常困难的。但对一个特定点成完善像只需单个折射面或反射面便可以实现。这样的面便是该特定点的等光程面。下面举几个等光程面的例子。

(1) 有限距离处物点 A 被反射面反射成像于有限距离点 A'，如图1.19所示。设 M 为反射面上的任一点，则光程满足

$$(AA') = \overline{AM} + \overline{MA'} = 常数$$

的面是等光程面。由解析几何可知，一动点到定点的距离之和为常数，则该动点的轨迹是以两个定点为焦点的椭圆。将此椭圆绕轴旋转360°得一个椭球面，即为点 A 和点 A' 的等光程面，点 A 和点 A' 与两个焦点重合，可以互为物点和像点。

(2) 无限远处物点 A 被反射镜成像于有限距离处点 A'。设入射波面为平面波 W，如图1.20所示，则光程为 $(GA') = \overline{GM} + \overline{MA'}$。

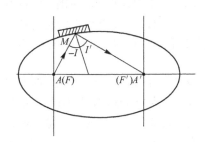
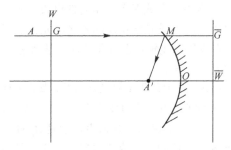

图 1.19　一定距离的两点之间的等光程面　　图 1.20　无限远处物点 A 与有限距离处点 A' 之间的等光程面

若反射镜对点 A 和点 A' 是等光程面，则光程 (GA') 应为常数。由解析几何可知，若一动点距一定点和一定直线距离相等，则该动点的轨迹为抛物线。图1.20中，$\overline{W}$ 为定直线，A' 为定点，M 为动点，因为 $MA' = M\overline{G}$，则

$$(GA') = (G\overline{G}) = 平行直线 W 和 \overline{W} 间距离 = 常量$$

由此可见，所需的等光程面是以点 A' 为焦点、点 O 为顶点的抛物线绕轴旋转而成的抛物面。平行于光轴入射的平行光束经此抛物面反射镜反射后必会聚于焦点 A' 处，或者自焦点 A' 发出的同心光束经反射以后必平行于光轴射出。

(3) 有限距离处的点 A 经折射面折射成像于有限距离处点 A'，如图 1.21 所示。此时光程 (AA') 应为常数，即

$$(AA') = n\overline{AE} + n'\overline{EA'}$$

取直角坐标 xOy，使 AA' 为 x 轴，y 轴垂直于 AA'。点 E 的坐标为 (x, y)，令 $AO = l$，$OA' = l'$，则有

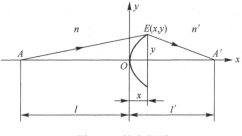

图 1.21　等光程面

$$n\sqrt{(l+x)^2 + y^2} + n'\sqrt{(l'-x)^2 + y'^2} = nl + n'l' \quad (1.21)$$

或 $n\left(l - \sqrt{(l+x)^2 + y^2}\right) + n'\left(l' - \sqrt{(l'-x)^2 + y^2}\right) = 0 \quad (1.22)$

这是笛卡儿卵形线的四次方程，绕 Ox 轴旋转成曲面，为笛卡儿卵形面，其为 A 和 A' 完善像的等光程面。

(4) 若上例中物点和像点之一位于无限远处，如图 1.22 所示。设物点 A 在有限距离，像点 A' 在无限远处，设 $n'EG$ 为在折射率为 n' 介质中无限远处像点到折射面入射点的光程，因为折射后的波面为平面波，所以 A 和 A' 的等光程条件为

$$n\sqrt{(l-x)^2 + y^2} + n'EG = nl - n'x + n'EG$$

得 $$n'x - n\left[l - \sqrt{(l-x)^2 + y^2}\right] = 0 \quad (1.23)$$

这是一个二次曲线方程，当 $n > n'$ 时，绕轴旋转成椭球面，如图1.22(a)，(b)所示。当 $n < n'$ 时，二次曲面为双曲线旋转面，如图1.22(c)，(d)所示。

实际上，上述等光程面仅对特定的点才有意义，能够成完善像。对一定大小的物体成像时，不能对物体上所有的点满足等光程条件，不能成完善像。又由于这些非球面制造困难，所以实际光学系统中很少采用这些等光程面，多用一系列球面组成光学系统。当满足一定条件时，它们能对光轴附近的

小物体近似地成完善像。

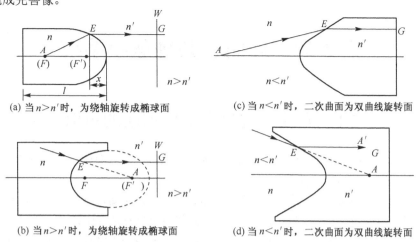

图 1.22 有限距离物点 A，成像点 A' 在无限远处的等光程面

习题

1.1 对于几何光学中光的传播的 4 个基本定律各举两个例子说明其现象，并设计有关的实验来证明这些基本定律，同时提出这些基本定律的限制条件。

1.2 已知光在真空中的速度为 3×10^{8} m/s，求光在以下各介质中的速度：水(n=1.333)；冕玻璃(n = 1.51)；重火石玻璃(n=1.65)；加拿大树胶(n=1.526)。

1.3 一个玻璃球，其折射率为 1.73，入射光线的入射角为 60°，求反射光线和折射光线的方向，并求折射光线与反射光线间的夹角。

1.4 一个玻璃平板厚 200 mm，其下放一块直径为 10 mm 的金属片，在平板上放一张与平板下金属片同心的圆纸片，使在平板上任何方向上观看金属片都被纸片挡住，设平板玻璃的折射率 n=1.5，问纸片的最小直径应为多少？

1.5 一个液槽内液体的折射率设在 n=1.5～1.8 范围内连续变化，问发生全反射的临界角的变化情况，并绘出折射率和临界角间的关系曲线。你能否提出使液体的折射率发生连续变化的方法，并说明怎样实现该实验。

1.6 设入射光线为 $A = \cos i + \cos \beta j + \cos \gamma k$，反射光线为 $A'' = \cos a''i + \cos \beta''j + \cos \gamma''k$，试求此平面反射镜法线的方向。

1.7 矢量 A 表示的光线投射到折射平面 xOz 上，该平面是折射率为 n 和 n' 的分界面，求在第一种介质 n 中的反射光线 A'' 及在第二种介质 n' 中的折射光线 A'，设法线 N^O 与 y 轴同向。

1.8 设光纤芯的折射率 n_1=1.75，光纤包皮的折射率 n_2=1.50，试求在光纤端面上入射角在何值范围内变化时，可以保证光线发生全反射并通过光纤。若光纤直径 $D = 4$ μm，长度为 100 m，试求光线在光纤内路程的长度和发生全反射的次数。

1.9 某一曲面是折射率分别为 $n = 1.50$ 和 $n = 1.0$ 的两种介质的分界面，设其对无限远和 $l' = 100$ mm 处的点为等光程面，试求该分界面的表示式。

第2章 球面和共轴球面系统

2.1 光线经过单个折射球面的折射

绝大部分光学系统由球面和平面（折射面和反射面）组成，各球面球心在一条直线上，形成该系统的对称轴，即光轴。这样的系统称为共轴球面系统。

光线经过光学系统是逐面进行折射的，光线光路计算也应是逐面进行的。因此，首先对单个折射球面进行讨论，然后过渡到整个系统的计算。这种计算称为光线的光路计算。

通过光轴的截面称为子午面，本节主要讨论子午面内的光线的光路计算公式，目的是推导出近轴光计算公式和讨论光学系统近轴光的特性。

1. 符号规则

在图2.1中，折射面 OE 是折射率为 n 和 n' 的两个介质的分界面，C 为球心，OC 为球面曲率半径，以字母 r 表示。通过球心的直线就是光轴，它与球面的交点称为顶点，以字母 O 表示。显然，单个折射球面的光轴可以有无限多个。

在包含光轴的子午面内，入射于球面的光

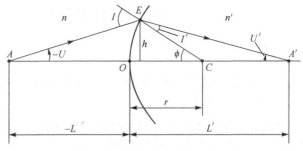

图2.1　单个折射球面的有关参量

线，其位置可由两个参量决定：一个是顶点 O 到光线与光轴交点 A 的距离，以 L 表示，称为物方截距；另一个是入射光线与光轴的夹角 $\angle EAO$，以 U 表示，称为物方孔径角。光线 AE 经过球面折射以后，交光轴于点 A'。光线 EA' 的位置的确定与 AE 相似，用加"'"的相同字母表示，即 $L' = OA'$，$U' = \angle EA'O$，称为像方截距和像孔径角。

以上对光线的描述还是不明确的，因为光线和光轴的交点在顶点的左边还是右边，光线在光轴以上还是在光轴以下均未加以区分。此外，折射球面可以是凸的，也可以是凹的。为了使确定光线位置的参量更有确切的含意，使以后推导出的光线的光路计算公式不论是凸折射面或凹折射面、光线与光轴交点的位置在顶点的左边还是右边、光线在光轴以上还是以下均能普遍适用，必须对这些参量及其他有关量的符号加以规定。

沿轴线段如 L，L' 和 r，以折射面（或反射面）的顶点 O 为原点，如果由顶点 O 到光线与光轴交点或球心的方向与光线传播方向相同，其值为正，反之为负。光线传播方向通常被规定自左向右。

垂轴线段以光轴为准，在光轴以上者为正，在光轴以下者为负。

光轴与光线的夹角 U 和 U' 通常由光轴和光线间的锐角来量度，由光轴转向光线所成的角度。顺时针转成者为正，逆时针转成者为负。

光线与法线间的夹角，如入射角 I 和折（反）射角 $I'(I'')$ 的夹角，规定由光线以锐角方向转向法线，顺时针转成者为正，逆时针转成者为负。

光轴与法线的夹角 ϕ 由光轴以锐角方向转向法线（球面曲率半径），顺时针转成者为正，逆时针转成者为负。

此外，折射面之间的间隔以字母 d 表示，规定由前一个折射面顶点到后一个折射面顶点的方向与光线传播方向相同者为正，反之为负。在折射光学系统中，d 值恒为正。

图 2.1 中所示的有关量均按上述规则进行了标定。必须注意，在光路图中负的线段或负的角度必须在表示该量的字母和数字前加负号。还应指出，符号规则是人为规定的，不同的书上可能有所不同，但在使用中只能选择其中一种，不能混淆，否则不能得到正确的结果。按这种符号规则可以充分利用

光线追迹公式，不必因反映截距和角度的符号而用不同形式的公式。如果不采用符号规则，对于正截距、正角度用一种公式；对于正截距、负角度用另一种公式；对于负截距、正角度再用另一种公式；以此类推，只有采用符号规则，才能使光路计算公式有普遍意义。

2．实际光线经过单个折射球面的光路计算公式

若给定单个折射球面的 r，n，和 n'，利用下述光路计算公式，由已知入射光线的坐标 L 和 U 可以求得折射光线的坐标 L' 和 U'。

如图 2.1 所示，应用三角学中的正弦定律于三角形 AEC，得

$$\frac{\sin I}{r-L} = \frac{\sin(-U)}{r}$$

可以由此推导出入射角 I 的公式：
$$\sin I = \frac{L-r}{r}\sin U \tag{2.1}$$

由折射定律可以求得折射角 I'：
$$\sin I' = \frac{n}{n'}\sin I \tag{2.2}$$

由图 2.1 可知，$\phi = U + I = U' + I'$，可以求得像方孔径角 U' 为
$$U' = U + I - I' \tag{2.3}$$

应用正弦定律于三角形 $A'EC$，得

$$\frac{\sin I'}{L'-r} = \frac{\sin U'}{r}$$

则像方截距为
$$L' = r + r\frac{\sin I'}{\sin U'} \tag{2.4}$$

式(2.1)～式(2.4)就是子午面内实际光线的光路计算公式。按该方程组可以由已知的 L 和 U 求得 L' 和 U'。由于折射面（或整个系统）对称于光轴，对于轴上点 A 发出的光线可以表示为该光线绕轴一周所形成的锥面上全部光线的光路，显然这些光线在像方应交光轴于同一点。

由以上公式组可知，当 L 为定值时，L' 是角 U 的函数。如图 2.2 所示，由轴上物点 A 发出同心光束，在不同锥面上的光线有不同的 U 角，经球面折射后将有不同的 L' 值，也就是在像方的光束不再和光轴交于一点，失去了同心性。所以，轴上一点以有限孔径角的光束经过单个折射面成像时，一般是不完善的，这种现象称为球面像差，简称"球差"。

3．近轴光的光路计算公式

在图 2.1 中，若由点 A 发出入射于球面的光线与光轴夹角 U 非常小，其相应的角度 I，I' 和 U' 也非常小，则这些角度的正弦值可以用弧度来代替，这时的相应角度以小写字母 u，i，i' 和 u' 等表示。这种光线在光轴附近的区域内，故称为"近轴光"，也称为"傍轴区"。前面所述的相应的实际光线常称为远轴光。

对于近轴光的光路计算公式可由式(2.1)～式(2.4)得到。只要将角度的正弦用弧度取代，L 和 L' 用 l 和 l' 代替，即可得

$$\begin{cases} i = \dfrac{l-r}{r}u \\[2mm] i' = \dfrac{n}{n'}i \\[2mm] u' = u + i - i' \\[2mm] l' = r + r\dfrac{i'}{u'} \end{cases} \tag{2.5}$$

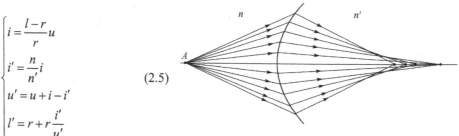

图 2.2　折射面的球差示意图

对于单个折射面，利用上式可以由已知的 l 和 u 值，求得折射后近轴光的 l' 和 u' 值。由上式可知，不论 u 为何值，l' 为定值，这表明由轴上物点以细光束成像时，其像是完善的，常称为高斯像，高斯像的位置由 l' 决定。通过高斯像点而垂直于光轴的像面称为高斯像面，构成物像关系的一对点称为共轭点。

利用式(2.5)的第一、四式中的 i 和 i' 代入式(2.5)的第二式，并根据简单关系

$$lu = l'u' = h \tag{2.6}$$

可以推导出三个重要公式：

$$n\left(\frac{1}{r} - \frac{1}{l}\right) = n'\left(\frac{1}{r} - \frac{1}{l'}\right) = Q \tag{2.7}$$

$$n'u' - nu = \frac{n' - n}{r}h \tag{2.8}$$

$$\frac{n'}{l'} - \frac{n}{l} = \frac{n' - n}{r} \tag{2.9}$$

式(2.7)表示成不变量形式，称为阿贝不变量，用字母 Q 表示。对于一个折射球面，物空间和像空间的 Q 值是相同的，其数值随共轭点的位置而异。此式在"像差理论"中有重要用途。Q 的单位应为 mm^{-1}，一般只写数值，不写单位，在具体运算中要把单位考虑进去。

式(2.8)表示近轴光折射前后的角 u 和 u' 的关系。式(2.9)表示折射球面的物像位置 l 和 l' 之间的关系。已知物或像在光轴上的位置 l 或 l'，可以求出其沿光轴上相应共轭的像或物的位置 l 和 l'。

以上三式只是一个公式的三种表示形式，在不同场合下应用较为方便，知其一便知其二，类似情况在光学中是很多的。如果单纯求像面位置，则式(2.8)和式(2.9)较式(2.5)方便，但是在光学计算中常用一些中间数据，如 i 和 i'、u 和 u'，这样用式(2.5)进行光路计算实际是方便的。

2.2　单个折射球面的成像倍率、拉赫不变量

折射球面对有限大小的物体成像时，就产生了像的倍率，像的虚、实、正、倒的问题，下面在近轴区内予以讨论。

1. 垂轴倍率 β

在折射球面的近轴区，如图2.3所示，垂轴小线段 AB（也可以理解为垂轴小面积）AB，通过折射球面成像为 $A'B'$。如果由点 B 作一条通过曲率中心 C 的直线 BC，显然，该直线应通过点 B'。BC 对于该球面来说也是一个光轴，称为辅轴。由辅轴上点 B 发出沿轴光线必然不发生折射地到达像点 B'。近轴区的物高 AB 以 y 表示，像高以 y' 表示。因为倒像，故 $A'B' = -y'$。像的大小和物的大小的比值称为垂轴倍率，以希腊字母 β 表示求为

$$\beta = y'/y \tag{2.10}$$

由图中相似三角形 ABC 和 $A'B'C'$，可得

$$-\frac{y'}{y} = \frac{l' - r}{-l + r}$$

或

$$\beta = \frac{y'}{y} = \frac{l' - r}{l - r}$$

利用式(2.7)可以使上式写为

$$\beta = \frac{y'}{y} = \frac{nl'}{n'l} \tag{2.11}$$

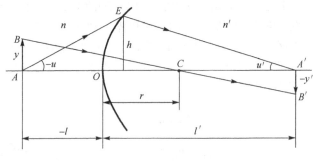

图2.3　垂轴小线段通过单个折射球面成像

当求出轴上一对共轭点的截距 l 和 l' 以后，可以用上式求得通过该共轭点的一对共轭面上的垂轴倍率。若 $\beta < 0$ 表示成倒像，则 $\beta > 0$ 时成正像。由式(2.11)可知，垂轴倍率仅决定于共轭面的位置，在一对共轭面上，倍率为常数，故像必和物相似。

当 $\beta < 0$ 时，l 和 l' 异号，表示物和像处于球面的两侧，像的虚实必须与物一致。当 $\beta > 0$ 时，l 和 l' 同号，表示物和像处于折射面的同侧，像的虚实与物相反。

当 $|\beta| > 1$ 时，为放大像，即像比物大；当 $|\beta| < 1$ 时，为缩小像。

2．轴向倍率 α

对于有一定体积的物体，除垂轴倍率外，其轴向也有尺寸，故还有一个轴向倍率。轴向倍率是指光轴上一对共轭点沿轴移动量之间的关系。如果物点沿轴移动一个微小距离 $\mathrm{d}l$，相应地像移动 $\mathrm{d}l'$，轴向倍率用希腊字母 α 表示，定义为

$$a = \mathrm{d}l' / \mathrm{d}l \tag{2.12}$$

单个折射球面的轴向倍率可以通过对式(2.9)微分后得到：

$$-\frac{n'\mathrm{d}l'}{l'^2} + \frac{n\mathrm{d}l}{l^2} = 0$$

则有

$$a = \frac{\mathrm{d}l'}{\mathrm{d}l} = \frac{nl'^2}{n'l^2} \tag{2.13}$$

上式两边乘以 n / n'，得

$$\frac{n}{n'}a = \left(\frac{nl'}{n'l}\right)^2 = \beta^2$$

故有

$$a = \frac{n'}{n}\beta^2 \tag{2.14}$$

由式(2.14)可知，如果物体是一个正立方体，则因垂轴倍率和轴向倍率的不一致，其像不再是正立方体。还可以看出，折射球面的轴向倍率恒为正值，这表示物点沿轴移动，其像点向同样的方向沿轴移动。

式(2.13)和式(2.14)只能适用于 $\mathrm{d}l$ 很小的情况下。如果物点沿轴移动有限距离，如图2.4所示，则此距离显然可以用物点移动的始末两点 A_1 和 A_2 的截距差 $l_2 - l_1$ 表示，相应的像点移动为 $l'_2 - l'_1$。这时的轴向倍率 $\bar{a}$ 可表示为

$$\bar{a} = \frac{l'_2 - l'_1}{l_2 - l_1} \tag{2.15}$$

对 A_1 和 A_2 两点用式(2.9)，得

$$\frac{n'}{l'_2} - \frac{n}{l_2} = \frac{n'-n}{r} = \frac{n'}{l'_1} - \frac{n}{l_1}$$

移项后，得

$$\frac{l'_2 - l'_1}{l_2 - l_1} = \frac{n}{n'}\cdot\frac{l'_2 l'_1}{l_2 l_1} = \frac{n'}{n}\frac{n^2}{n'^2}\cdot\frac{l'_2 l'_1}{l_2 l_1} = \frac{n'}{n}\beta_1\beta_2$$

或

$$\bar{a} = \frac{n'}{n}\beta_1\beta_2 \tag{2.16}$$

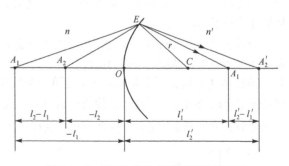

图2.4　物点沿轴移动有限距离的示意图

3．角倍率 γ

在近轴区以内，通过物点的光线经过折射后，必然通过相应的像点，这样一对共轭光线与光轴的夹角 u' 和 u 的比值即为角倍率，用希腊字母 γ 表示为

$$\gamma = u' / u \tag{2.17a}$$

利用关系式 $lu = l'u'$，可得

$$\gamma = l / l' \tag{2.17b}$$

与式(2.11)相比较，得

$$\gamma = \frac{n}{n'}\cdot\frac{1}{\beta} \tag{2.18}$$

4．三个倍率间的关系

利用式(2.14)和式(2.18)，得三个倍率间的关系为

$$a\gamma = \frac{n'}{n}\beta^2 \cdot \frac{n}{n'}\frac{1}{\beta} = \beta \tag{2.19}$$

垂轴倍率、轴向倍率和角倍率也常称为垂轴放大率、轴向放大率和角放大率。

5. 拉格朗日-赫姆霍兹不变量

在公式 $\beta = \dfrac{y'}{y} = \dfrac{nl'}{n'l}$ 中，利用 $\gamma = \dfrac{l}{l'} = \dfrac{u'}{u}$，得

$$nuy = n'u'y' = J \tag{2.20}$$

此式称为拉格朗日-赫姆霍兹恒等式，简称拉赫公式。其表示为不变量形式，在一对共轭平面内，物高 y、孔径角 u 和折射率 n 乘积是一个常数，用 J 表示。J 的单位应是 rad·mm，一般不给出单位，只给出数值，在具体运算中要考虑单位。拉赫不变量 J 将在本书后面部分有重要的用途。

2.3 共轴球面系统

前述单个折射球面不能作为一个基本成像元件（反射镜作为折射面的特例，可以由单个面构成一个基本成像元件）。基本成像元件是至少由两个球面或非球面所构成的透镜。为了加工方便，绝大部分透镜是由球面组成的。

前面只讨论了单个折射球面的轴上点、垂轴平面和沿轴线段的成像问题，并推导出了子午面内光线的光路计算公式和倍率公式，这些公式对共轴球面系统的每一个面也是适用的，但还要解决由一个面向下一个面的过渡计算问题，才能对整个系统进行光路计算。

1. 共轴球面系统的转面（或过渡）公式

一个共轴球面系统由一系列数据所确定：各个折射球面的曲率半径：$r_1, r_2, \cdots, r_k$，各相邻折射面顶点之间的间隔：$d_1, d_2, \cdots, d_{k-1}$，其中，$d_1$ 是第一个面顶点到第二个面顶点之间的间隔，d_2 是第二个面顶点到第三个面顶点间的间隔，以此类推；各球面间介质的折射率：$n_1, n_2, \cdots, n_{k+1}$，其中，$n_1$ 是第一个面之前的介质的折射率，n_2 是第一个面之后、第二个面之前的介质的折射率，n_{k+1} 是第 k 个面之后的介质折射率，以此类推。

光线光路计算和成像倍率的计算必须在给定上述结构参数以后才进行。图 2.5 表示一个在近轴区内的物体被光学系统前三个面的成像情况。显然，第一个面的像空间就是第二个面的物空间，即高度为 y_1 的物体 A_1B_1 用孔径角为 u_1 的光束经第一个面成像后，其像 $A_1'B_1'$ 就是第二个面的物，像方孔径角 u_1' 就是第二个面的物方孔径角 u_2，像方折射率 n_1' 就是第二个面的物方折射率 n_2。同样，第二个面和第三个面之间、第三个面和第四个面之间也有这样的关系，以此类推，即

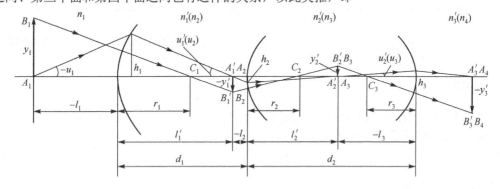

图 2.5 近轴区内的物体被光学系统前三个面的成像情况

$$\begin{cases} n_2 = n_1', & n_3 = n_2', & \cdots, & n_k = n_{k-1}' \\ u_2 = u_1', & u_3 = u_2', & \cdots, & u_k = u_{k-1}' \\ y_2 = y_1', & y_3 = y_2', & \cdots, & y_k = y_{k-1}' \end{cases} \tag{2.21}$$

由图 2.5 可以直接求得截距的过渡公式：

$$l_2 = l_1' - d_1, \quad l_3 = l_2' - d_2, \quad \cdots, \quad l_k = l_{k-1}' - d_{k-1} \tag{2.22}$$

上述转面（或过渡）公式(2.21)和公式(2.22)对近轴光适用，也对远轴光适用，可类似地得到

$$\begin{cases} L_2 = L_1' - d_1, & L_3 = L_2' - d_2, & \cdots, & L_k = L_{k-1}' - d_{k-1} \\ U_2 = U_1', & U_3 = U_2', & \cdots, & U_k = U_{k-1}' \\ n_2 = n_1', & n_3 = n_2', & \cdots, & n_k = n_{k-1}' \end{cases} \tag{2.23}$$

这就是式(2.1)～式(2.4)的光路计算公式的转面公式。当用式(2.8)进行光路计算时，还必须求出光线在折射面上入射高度 h 的过渡公式。利用式(2.21)的第二式和式(2.22)的对应项相乘，可得

$$l_2 u_2 = l_1' u_1' - d_1 u_1', \quad l_3 u_3 = l_2' u_2' - d_2 u_2', \quad \cdots, \quad l_k u_k = l_{k-1}' u_{k-1}' - d_{k-1} u_{k-1}' \tag{2.24}$$

根据式(2.6)：$lu = h$，得 $\quad h_2 = h_1 - d_1 u_1', \quad h_3 = h_2 - d_2 u_2', \quad \cdots, \quad h_k = h_{k-1} - d_{k-1} u_{k-1}'$

利用式(2.21)～式(2.24)各转面（过渡）公式，可以解决这个光学系统子午面内的任何光线的光路计算问题。

2．共轴球面系统的拉赫不变量

利用式(2.20)对每一个面都可以写出拉赫不变量，即

$$n_1 u_1 y_1 = n_1' u_1' y_1', \ n_2 u_2 y_2 = n_2' u_2' y_2', \cdots, n_k u_k y_k = n_k' u_k' y_k'$$

利用式(2.21)的关系，可得 $\quad n_1 u_1 y_1 = n_2 u_2 y_2 = n_3 u_3 y_3 = \cdots = n_k u_k y_k = n_k' u_k' y_k' = J \tag{2.25}$

上式表示的拉赫不变量 J 不仅对一个折射面的物像空间是一个不变量，对于整个光学系统的各个面的物像空间都是不变量。因此，可以用来作为如图2.6 所示的两条近轴光路计算的校对公式。

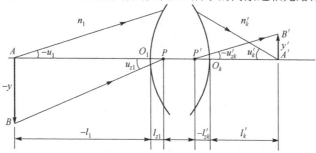

图 2.6　两条重要的近轴光路示意图

一条光线由物面光轴上点 A 发出，初始坐标为(l_1, u_1)，它的共轭光线经光路计算后求得的坐标为(l_k', u_k')。另一条光线是由物体边缘点 B 发出，经过轴上点 P 的近轴光线，其初始坐标为(l_{z1}, u_{z1})，由光路求得其坐标为(l_{zk}', u_{zk}')。

由图 2.6 可知 $\quad y_1 = (l_{z1} - l_1) u_{z1}, \qquad y_k' = (l_{zk}' - l_k') u_{zk}'$

代入式(2.25)，可得 $\quad J = n_1 (l_{z1} - l_1) u_{z1} u_1 = n_k' (l_{zk}' - l_k') u_{zk}' u_k' \tag{2.26}$

将上述两条近轴光线的初始坐标(l_1, u_1)和(l_{z1}, u_{z1})，以及由光路计算求得的坐标(l_k', u_k')和(l_{zk}', u_{zk}')代入上式，如果式子两边的数值相等，则表示计算正确。

3．共轭球面系统的倍率计算

对于共轴球面系统，利用转面公式容易证明三种倍率均等于各个折射面相应倍率的乘积。

(1) 垂轴倍率 β

按定义应有 $\quad \beta = \dfrac{y_k'}{y_1} = \dfrac{y_1'}{y_1} \cdot \dfrac{y_2'}{y_2} \cdots\cdots \dfrac{y_k'}{y_k} = \beta_1 \beta_2 \beta_3 \cdots\cdots \beta_k \tag{2.27}$

把表示单个折射面的垂轴倍率公式(2.11)代入上式，得

$$\beta = \frac{n_1 l_1'}{n_1' l_1} \cdot \frac{n_2 l_2'}{n_2' l_2} \cdots\cdots \frac{n_k l_k'}{n_k' l_k} = \frac{n_1}{n_k'} \cdot \frac{l_1' l_2' \cdots\cdots l_k'}{l_1 l_2 \cdots\cdots l_k} \tag{2.28a}$$

把角倍率公式(2.17a)及角倍率和垂轴倍率间的关系式(2.18)代入式(2.27)，可得

$$\beta = \frac{n_1}{n_k'} \cdot \frac{u_1}{u_k'} \tag{2.28b}$$

(2) 轴向倍率 α

根据定义
$$\alpha = \mathrm{d}l'_k/\mathrm{d}l_1$$

对式(2.22)
$$l_2 = l'_1 - d_1, \quad l_3 = l'_2 - d_2, \quad \cdots, \quad l_k = l'_{k-1} - d_{k-1}$$

微分，得
$$\mathrm{d}l_2 = \mathrm{d}l'_1, \quad \mathrm{d}l_3 = \mathrm{d}l'_2, \quad \cdots, \quad \mathrm{d}l_k = \mathrm{d}l'_{k-1}$$

则有
$$\alpha = \frac{\mathrm{d}l'_k}{\mathrm{d}l_1} = \frac{\mathrm{d}l'_1}{\mathrm{d}l_1} \cdot \frac{\mathrm{d}l'_2}{\mathrm{d}l_2} \cdots\cdots \frac{\mathrm{d}l'_k}{\mathrm{d}l_k} = \alpha_1 \alpha_2 \cdots\cdots \alpha_k \tag{2.29}$$

把单个折射面的轴向倍率公式(2.14)代入上式，得

$$\alpha = \frac{n'_1}{n_1}\beta_1^2 \cdot \frac{n'_2}{n_2}\beta_2^2 \cdots\cdots \frac{n'_k}{n_k}\beta_k^2 = \frac{n'_k}{n_1}\beta_1^2\beta_2^2 \cdots\cdots \beta_k^2 = \frac{n'_k}{n_1}\beta^2 \tag{2.30}$$

(3) 角倍率 γ

按定义
$$\gamma = \frac{u'_k}{u_1} = \frac{u'_1}{u_1} \cdot \frac{u'_2}{u_2} \cdots\cdots \frac{u'_k}{u_k} = \gamma_1 \gamma_2 \cdots\cdots \gamma_k \tag{2.31}$$

把表示单个折射面的角倍率公式(2.18)代入上式，得

$$\gamma = \frac{n_1}{n'_1}\frac{1}{\beta} \cdot \frac{n_2}{n'_2}\frac{1}{\beta_2} \cdots\cdots \frac{n_k}{n'_k}\frac{1}{\beta_k} = \frac{n_1}{n'_k}\frac{1}{\beta_1\beta_2 \cdots\cdots \beta_k} \tag{2.32}$$

(4) 三个倍率的关系

由式(2.30)和式(2.32)可得
$$\alpha\gamma = \frac{n'_k}{n_1}\beta^2 \frac{n_1}{n'_k}\frac{1}{\beta} = \beta \tag{2.33}$$

由此可见，在共轴球面系统中三种倍率的关系与单个折射球面的完全一样。

2.4　球面反射镜

在 1.2 节中曾指出，反射定律可视为折射定律在 $n = -n'$ 时的特殊情况。因此，在折射球面的公式中，只要使 $n = -n'$，便可以直接推导出反射球面相应的公式。

1．球面反射镜的物像位置公式

使 $n' = -n$ 代入式(2.9)中，可得球面反射镜的物像位置公式：

$$\frac{1}{l'} + \frac{1}{l} = \frac{2}{r} \tag{2.34}$$

其物像关系如图2.7所示，图2.7(a)为凹面镜，图2.7(b)为凸面镜对有限距离的物体成像。

2．球面反射镜的成像倍率

将 $n' = -n$ 代入式(2.11)、式(2.14)、式(2.18)，可得球面反射镜的三种倍率公式为

$$\begin{cases} \beta = -l'/l \\ \alpha = -\beta^2 \\ \gamma = -1/\beta \end{cases} \tag{2.35}$$

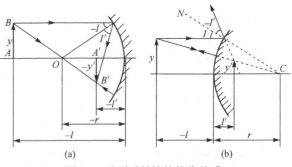

图 2.7　球面反射镜的物像关系

由式(2.35)可知，球面反射镜的轴向倍率 α 为负值，当物体沿光轴移动时，像总以相反的方向沿轴移动。但是在偶数次反射时，轴向倍率为正。

但物体处于球面反射镜的球心时，由式(2.34)可知，$l = l' = r$，可得球心处的倍率为
$$\beta = -1, \quad \alpha = -1, \quad \gamma = 1$$

由反射定理可知：$I' = -I$，即反射光线与入射光线方向间的夹角为 $\pi - 2I$。当物点位于球面反射镜的球心时，由三角光路计算公式知 $-I = I' = 0$，反射光线和入射光线间夹角则为 π。即通过球心的光线被反射镜原路反射回来，或者说球面反射镜曲率中心处物点发出的任何光线经反射后仍会聚于该点，

球面反射镜对其曲率中心为等光程面。

3. 球面反射镜的拉赫不变量

将 $n' = -n$ 代入式(2.25)，可得球面反射镜的拉赫不变量：

$$J = uy = -u'y' \tag{2.36}$$

因为球面反射镜是折射球面的一个特例，故可以在折射球面的讨论中了解球面反射镜的各种性质。

习题

2.1　某一透镜结构参数如下：

r/mm	d/mm	n
100		
∞	300	1.5

当 $l = -\infty$ 时，求 l'；在第二个面（平面）上刻十字线，试问通过球面的共轭像在何处？当入射高度 $h = 10$ mm 时，实际光线和光轴的交点应在何处？在高斯像面上的交点高度是多少？这个值说明了什么问题？

2.2　一个玻璃球的直径为 400 mm，玻璃折射率 $n = 1.5$，球中有两个小气泡，一个正在球心，另一个在 1/2 半径处，沿两气泡的连线方向在球的两边观察两个气泡，它们应在什么位置？如果在水中($n = 1.33$)观察，则它们应在什么位置？

2.3　一个玻璃球直径为 60 mm，玻璃折射率 $n = 1.5$，一束平行光射在玻璃球上，其会聚点应在什么位置？

2.4　题 2.3 中，如果凸面向着平行光的半球镀上反射膜，其会聚点应在什么地方？如果凹面向着光束的半球镀上反射膜，其会聚点应在什么地方？如果反射光束经前面的折射面折射，其会聚点又在什么地方？并说明各个会聚点的虚实。

2.5　某一折射面的曲率半径 $r = 150$ mm，$n = 1$，$n' = 1.5$，当物位于 $l = -\infty$，-1000 mm，-100 mm，0 mm，100 mm，150 mm 和 1000 mm 时，垂轴倍率 β 应为多少？

2.6　某一透镜，$r_1 = -100$ mm，$r_2 = -120$ mm，$d = 8$ mm，$n = 1.6$，在第二个面上镀有反射膜，当平行光由第一个面入射时，试问反射光束通过第一个折射面后会聚于何处？

2.7　题 2.6 中，若在第二个折射面上镀有半反射、半透明的膜层，若 $l = -400$ mm，400 mm 时，试问其透射像和反射像各在什么地方？

2.8　题 2.7 中两个物距的垂轴倍率 β 为何值？

2.9　设某一球面反射镜 $r_1 = -100$ mm，试求垂轴倍率 $\beta = 0$，$-0.1^\times$，$-0.2^\times$，$-1^\times$，$1^\times$，$10^\times$，$\infty^\times$ 的情况下的物距和像距？

第3章 理想光学系统

3.1 理想光学系统和共线成像

光学系统多用于对物体成像。由第 2 章可知，未经严格设计的光学系统只有在近轴区才能成完善像。由于在近轴区成像的范围和光束宽度均趋于无限小，因此没有很大的实用意义。

实际的光学系统要求对一定大小的物体以一定宽度的光束成近似完善的像。"应用光学"所要解决的问题就是寻求这样的光学系统。为了估计和比较实际光学系统成像质量是否符合完善成像条件，需要建立一个模型，使之满足物空间的同心光束经系统后仍为同心光束，或者说，物空间一点通过系统成像后仍为一点。这个模型称为理想光学系统，它对任意大的物体以任意宽的光束成像都是完善的。

在均匀透明的介质中，除平面反射镜具有上述理想光学系统的性质外，任何实际的光学系统都不能绝对完善地成像。

理想光学系统理论是在 1841 年由高斯提出来的。1893 年阿贝发展了理想光学系统的理论。理想光学系统理论又称为"高斯光学"，因为在计算理想光学系统各个参量之间的关系常为一阶线性方程，所以也称为"一阶光学"。

理想光学系统处于各向同性的均匀介质中，物空间中的光线和像空间中的光线均为直线。在物空间的一点，对应于像空间的一点，这样的一对点的位置是用光线通过一定的几何关系确定下来的，因而把这种几何关系称为"共线成像"、"共线变换"或"共线光学"。这种"共线成像"理论的初始几何定义可归结为

(1) 物像空间的共轭点 物空间中的每一点对应于像空间中的相应的点，且只对应一个点。这两个对应点称为物像空间的共轭点。

(2) 物像空间的共轭线 物空间中的每一条直线对应于像空间的相应的直线，而且只对应一条。这两条对应直线称为物像空间的共轭线。

(3) 共线成像关系 物空间的任意一点位于一条直线上，那么在像空间内的共轭点必在该直线的共轭线上。

由以上定义可以推出：物空间中任一平面对应于像空间中有一共轭平面。物空间中每一同心光束在像空间中均有一共轭同心光束与之相对应。

"共线成像"理论是理想光学系统的理论基础。一般来说，这种共线成像并不一定能满足像与物的相似。为了使像和物在几何形状上完全相似，总是取物平面垂直于光学系统的光轴。

在实际光学系统的近轴区可以满足共线成像理论。因此，在进行光学系统设计时，往往以其近轴区成像性质来衡量该系统的成像质量。

3.2 理想光学系统的焦点与焦平面、主点与主平面、焦距、节点

理想光学系统只作为光学系统的一个理论模型，它不涉及光学系统的具体结构 r、d 和 n，对于理想光学系统的讨论是根据共线成像理论来研究物和像之间的关系。首先来研究理想光学系统的一些特定的点和面，它们往往可以完全表示该系统的特性。

1. 焦点与焦平面

根据理想光学系统共线成像的特性，设在物空间有一条和光学系统光轴平行的光线射入光学系统，则在像空间必有一条光线与之相共轭。随着光学系统性质的不同，共轭光线可以平行于光轴，也可以和光轴交于一点。首先研究后一种情况。如图 3.1 所示，O_1 和 O_k 分别为理想光学系统的第一个面

和最后一个面，FO_1O_kF' 是光轴，平行于光轴的光线 A_1E_1 经过光学系统各面折射后，沿 G_kF' 方向射出，交光轴于 F' 点。沿光轴入射的光线 FO_1 没有折射地通过系统仍沿光轴射出。由于像方的出射光线 G_kF' 和 O_kF' 分别和物方的入射光线 A_1E_1 和 FO_1 相共轭，因此光线 G_kF' 和 O_kF' 的交点 F' 的共轭点应该是光线 A_1E_1 和 FO_1 的交点，显然它位于左方无限远的光轴上，所以 F' 是物方无限远轴上点的像。所有其他平行于光轴入射的光线均应会聚于点 F'，点 F' 称为光学系统的像方焦点（后焦点或第二焦点）。如果从像方无限远处射入一束与光学系统光轴平行的光束，同样会聚在物方光轴上一点 F，称为光学系统的物方焦点（前焦点或第一焦点），其与像方无限远处光轴上点相共轭。但应指出，物方焦点 F 和像方焦点 F' 不是一对共轭点。

经过像方焦点 F' 作一垂轴平面称为像方焦平面，显然这是物方无限远处垂轴平面的共轭面。由物方无限远处射来的任何方向的平行光束，经光学系统后必会聚于像方焦平面上一点 B'，如图 3.2(a) 所示。通过物方焦点 F 的垂轴平面称为物方焦平面，它和像方无限远处的垂轴平面相共轭。自物方焦平面上任一点发出的光束经光学系统以后，均以平行光射出，如图 3.2(b) 所示。

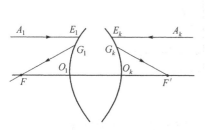

图 3.1　焦点和焦平面

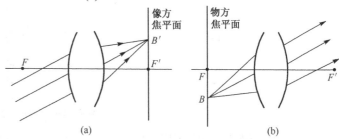

(a)　　　　　　　　　　(b)

图 3.2　光学系统的焦平面示意图

2. 主点与主平面

在图 3.1 中，延长入射光线 A_1E_1 与出射光线 G_kF' 得到交点 Q'。同样，在像空间延长光线 A'_kE_k 与其在物空间的共轭光线 G_1F 交于点 Q，如图 3.3 所示。设光线 A_1E_1 和光线 A'_kE_k 的入射高度相同，且都在子午面内。显然，点 Q 和点 Q' 是一对共轭点。点 Q 是光线 A_1E_1 和 FQ 交成的"虚物点"，而 Q' 是光线 A_1E_1 和 FQ 的共轭光线 A'_kE_k 和 $F'Q'$ 交成的"虚像点"。过点 Q 和 Q' 作与光轴垂直的平面 QH 和 $Q'H'$。显然，这对平面是互相共轭的。在这对平面内的任意共轭线

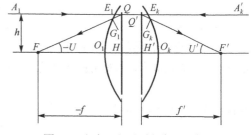

图 3.3　主点、主平面和焦距示意图

段如 QH 和 $Q'H'$ 具有同样的高度，而且在光轴的同一侧，故其放大率为 +1。称这对放大率为 +1 的共轭平面为主平面，QH 称为物方主平面（前主面或第一主面），$Q'H'$ 称为像方主平面（后主面或第二主平面）。

除入射为平行光束、出射也是平行光束的望远系统外，所有光学系统都有一对主面，其一个主面上的任一段以相等的大小和相同的方向成像在另一个主面上。

主平面与光轴的交点 H 和 H' 称为主点。H 为物方主点（前主点或第一主点），H' 为像方主点（后主点和第二主点），两个主点是相共轭的。

3. 焦距

自光学系统的物方主点 H 到物方焦点 F 的距离称为物方焦距（前焦距或第一焦距），用字母 f 表示。同样，像方主点 H' 到像方焦点 F' 的距离称为像方焦距（后焦距或第二焦距），用字母 f' 表示。焦距值的正、负是以相应的主点为原点来确定的，如果由主点到相应焦点的方向与光线的传播方向一致，则焦距为正，反之为负。在图 3.3 中，$f<0$，$f'>0$。

如果平行于光轴的入射光线的入射高度为 h，其共轭光线与光轴的交角为 U'，则由三角形 $Q'H'F'$ 可以得到像方焦距的表示式为

$$f' = h / \tan U' \tag{3.1a}$$

同理，由三角形 $Q'H'F'$ 可以得出物方焦距的表示式为

$$f = h / \tan U \tag{3.1b}$$

对于理想光学系统,不管其结构(r, d, n)如何,只要知道其焦距值和焦点或主点的位置,其性质就确定了,同时可以用作图或解析的方法求得任意位置和大小的物体经光学系统所成的角。

4. 理想光学系统的二焦距间关系

在图3.4中,轴上物点A发出的光线AM与光轴交角为U,交物方主面于点M,入射高度为h。AM的共轭光线$M'A'$交像方主面于点M',与光轴交角为U',由直角三角形AMH和$A'M'H'$,得

$$h = l \tan U = l' \tan U'$$

或

$$(x + f) \tan U = (x' + f') \tan U'$$

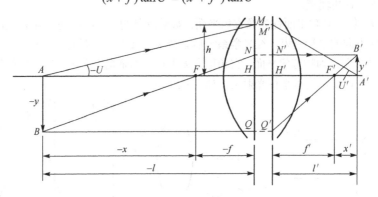

图3.4 光学系统焦距间关系

由于三角形ABF与三角形FNH相似、三角形$A'B'F'$与三角形$Q'H'F'$相似,因此可得

$$x = -\frac{y}{y_1} f, \qquad x' = -\frac{y'}{y} f'$$

将其代入上式中,得

$$yf \tan U = -y'f' \tan U' \tag{3.2}$$

对于理想光学系统,不论U和U'多大、y和y'多大,上式总能成立。当然,对于小孔径、小视场的近轴区,上式也成立,只是用弧度取代角度的正切,得

$$yfu = -y'f'u'$$

与拉赫不变量$nuy = n'u'y'$相比较,可以得出表征光学系统物方和像方焦距之间关系的重要公式:

$$f' / f = -n' / n \tag{3.3}$$

即光学系统像方焦距f'和物方焦距f之比等于相应空间折射率之比的负值。若光学系统在同一介质中,即$n' = n$,则两个焦距的绝对值相等、符号相反:

$$f = -f' \tag{3.4}$$

必须指出,若光学系统中包括反射面,则两个焦距之间的关系由反射面的个数决定。设反射面的数目为k,则可以把式(3.3)写成如下更一般的形式:

$$f' / f = (-1)^{k+1} n' / n \tag{3.5}$$

当$n' = n$时,有

$$f' = (-1)^{k+1} f \tag{3.6}$$

可知折射系统以及具有偶数个反射面的折、反射系统,物方焦距和像方焦距异号。当有奇数个反射面时,物方焦距和像方焦距同号。

5. 光学系统的节点

在光学系统中还有一对放大率为+1的共轭点J和J'。通过这对共轭点的光线方向不变,如图 3.5 所示。三角形FQH与三角形$J'B'F'$全等,则$FH = J'F'$;三角形HNJ与三角形$H'N'J'$全等,则$HJ = H'J'$。又由图3.5可知,$x_J = HJ + FH = H'J' + J'F'$,$x'_J = J'F' = FH$,即得以焦点为原点的节点的坐标:

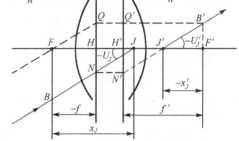

图3.5 光学系统的节点的示意图

$$x_J = f', \qquad x'_J = f \tag{3.7}$$

这一对共轭点分别称为物方节点和像方节点，即如前述以字母 J 和 J' 表示。

如果光学系统 $f<0$，$f'>0$，则节点位置坐标为 $x_J=f'>0$，$x'_J=f<0$，即节点 J 位于焦点 F 之右 $|f'|$ 处，J' 位于焦点 F' 之左 $|f|$ 处。过节点的共轭光线角放大率为 $+1$，即 $U_J = U'_J$。若光学系统在同一介质中，由式(3.3)可知，$f=-f'$，则 $x_J=x_H$，$x'_J=x'_H$，即节点与主点重合。

主点、节点和焦点统称为理想光学系统的基点。这些点的位置确定以后，理想光学系统的成像性质就确定了。所以，光学系统的基点表征了理想光学系统的特性。

3.3　理想光学系统的物像关系

对于理想光学系统，已知物求其像有以下方法。

1. 图解法求像

已知一个理想光学系统的主点（或节点）和焦点的位置，根据它们的性质，对物空间给定的点、线和面，用图解法可以求出其像。这种方法称为图解法求像。

在理想成像的情况下，从一点发出的一束光经光学系统折射后必须交于一点。因此要确定像点位置，只需求出由物点发出的两条特定光线在像方空间的共轭光线，则它们的交点就是该物点的像点。

(1) 对于轴外点 B 或一垂轴线段 AB 的图解求像

已知理想光学系统的三对基点，利用其中任两对基点的性质可以图解求像。

其一是选取由轴外点 B 发出的两条特定光线，一条是由点 B 发出通过焦点 F，经系统后的共轭光线平行于光轴；另一条是由点 B 发出平行于光轴，经系统后的共轭光线通过像方焦点 F'。在像空间上这两条光线的交点 B' 即为点 B 的像点，如图3.6所示。过点 B' 作光轴的垂线 $A'B'$ 即为物 AB 的像。

又如当光学系统在空气中时，其节点和主点重合，由轴外物点 B 引一条光线通过主点 H （即节点 J），其共轭光线一定通过后主点 H' （即后节点 J'），且与物方光线 BH 平行。再作另一条由 B 点发出的平行于光轴（或过物方焦点）的光线，其共轭光线通过像方焦点（或平行于光轴）射出，与光线 $H'B'$ 交于点 B'，它就是点 B 的像，如图3.7所示。过点 B' 作垂直于光轴的线段 $A'B'$，就是物 AB 的像。

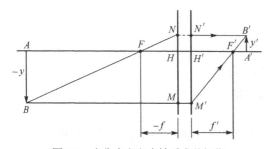
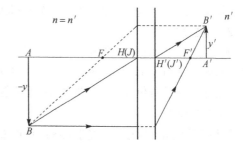

图 3.6　由焦点和主点性质求共轭像　　　　图 3.7　由焦点和节点性质求共轭像

(2) 轴上点图解求像点

由轴上点 A 发出的任一光线 AM 通过光学系统后的共轭光线为 $M'A'$，其和光轴的交点 A' 即 A 点的像，这可以有两种做法。

一种方法如图3.8(a)所示，认为由点 A 发出的任一光线是由轴外点发出的平行光束(斜光束)中的一条。通过前焦点作一条辅助光线 FN 与该光线平行，这两条光线构成斜平行光束，它们应该会聚在像方焦平面上一点。该点的位置可由辅助光线来决定，因辅助光线通过前焦点，由系统射出后平行于光轴，其与后焦平面的交点即是该斜光束通过光学系统的会聚点 B'。入射光线 AM 与前主面的交点 M 的共轭点 M' 在后主面上，两点处于等高的位置。由点 M' 和点 B' 的连线 $M'B'$ 即为入射光线 AM 的共轭光线。$M'B'$ 和光轴的交点 A' 是轴上点 A 的像点。

另一种方法如图3.8(b)所示，认为由轴上点 A 发出的光线 AM 是焦平面上一点 B 发出的光束中的一条。为此，可以由该光线与前焦面的交点 B 引出一条与光轴平行的辅助光线 BN，其由光学系统射出后通过后焦点 F'，即光线 $N'F'$，显然，光线 AM 的共轭光线 $M'A'$ 应与光线 $N'F'$ 平行。其与光轴的交点 A' 即轴上点 A 的像。

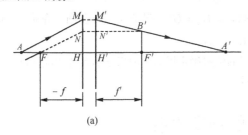 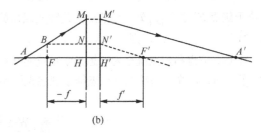

图 3.8　由轴上物点求解像点

(3) 负透镜的图解求像

透镜的像方焦距可能为正($f'>0$)，也可能为负($f'<0$)，前者称为正透镜，后者称为负透镜。负透镜的图解求像的原理和方法与上述正透镜图解求像的相同。所不同的是，负透镜的物方焦点在物方主面的右边，像方焦点在像方主面的左边。图3.9给出了对负透镜图解求像的两个例子，图3.9(a)为实物成虚像，图3.9(b)为虚物成虚像。

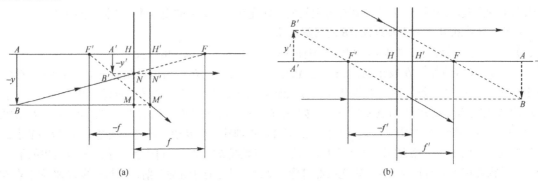

图 3.9　负透镜的图解求像

用图解法求像较为简明和直观，但精度不高。

2．解析法求像

如需要精确地求像的位置和大小，则需用公式计算的解析方法。如图 3.10 所示。有一垂轴物体 AB，其高度为 $-y$，它被光学系统成一正像 $A'B'$，其高度为 y'。

用解析法求物像位置，首先要给出物像位置的确定方法。

(1) 牛顿公式

物和像的位置可以相对于光学系统的焦点来确定，即以物点 A 到物方焦点的距离 AF 作为物距，用符号 x 表示；以像点 A' 到像方焦点 F' 的距离 $A'F'$ 作为像距，用 x' 表示。物距 x 和像距 x' 的正、负号是以相应焦点为坐标原点来确定的。如果由 F 到 A 或由 F' 到 A' 的方向与光线传播方向一致，则焦距为正，反之为负。在图3.10中，$x<0$，$x'>0$。

由相似三角形 BAF，FHM 和 $F'A'B'$，可得

$$-\frac{y'}{y}=\frac{-f}{-x}, \qquad -\frac{y'}{y}=\frac{x'}{f'}$$

由此可得 $\qquad x'x=f'f$ (3.8)

这是以焦点为原点的物像位置公式，称为牛顿公式。在前二式中，y'/y 为像高与物高之比，即垂轴放大率 β。因此，牛顿形式的放大率公式为

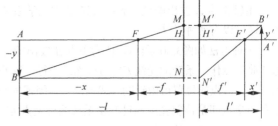

图 3.10　解析方法求像几何图

$$\beta = y'/y = -f/x = -x'/f' \tag{3.9}$$

(2) 高斯公式

物和像的位置也可以相对于光学系统的主点来确定。以 l 表示物点 A 到物方主点 H 的距离，以 l' 表示像点 A' 到像方主点 H' 的距离。l 和 l' 的正、负以主点为坐标原点来确定，如果由 H 到 A 或由 H' 到 A' 的方向与光线传播方向一致，则为正；反之为负。在图3.10中，物距 l 为负，像距 l' 为正。在图3.10中可得 l，l 与 x，x' 间的关系为

$$x = l - f, \qquad x' = l' - f'$$

代入牛顿公式，得
$$lf' + l'f = ll', \qquad \frac{f'}{l'} + \frac{f}{l} = 1 \tag{3.10a}$$

光学系统通常在同一种介质中，如在空气中。当物像空间的介质折射率相同时，系统的物、像方焦距相等，符号相反，即 $f = -f'$，则可得以下公式：

$$\frac{1}{l'} - \frac{1}{l} = \frac{1}{f'} \tag{3.10b}$$

这是以主点为坐标原点的物像位置公式，称为高斯公式。

对于以主点为坐标原点的物像的放大率公式可由牛顿公式导出。将牛顿公式 $x' = ff'/x$ 两边各加上 f'，得

$$x' + f' = \frac{ff'}{x} + f' = \frac{f'}{x}(x+f)$$

由图3.10可知
$$x' + f' = l', \qquad x + f = l$$

代入上式得
$$\frac{f'}{x} = \frac{x'}{f} = \frac{x'+f'}{x+f} = \frac{l'}{l}$$

如果系统在同一介质中，则 $f = -f'$，因此上式可写为

$$-f/x = x'/f' = l'/l$$

将上式与式(3.9)对照，得

$$\beta = l'/l \tag{3.11}$$

由放大率公式(3.9)和公式(3.11)可知，放大率随物体位置而异，某一放大率只对应一个物体位置。在不同的共轭面上，放大率是不同的。

理想光学系统的成像特性主要表现在像的位置、大小、倒正和虚实。引用上述公式可以描述任意位置物体的成像性质。

3. 由多个光组组成的理想光学系统的成像

一个光学系统由一个或几个部件组成，每一个部件可以由一个或几个透镜组成，这些部件称为光组。光组可以单独看作一个理想光学系统，由焦距、焦点或主点的位置来描述。

通常的光学系统由若干个光组组成，每一个光组与焦距和焦点或主点位置以及光组间的相互位置均为已知，为了求一个物体通过光学系统成像的位置和大小，必须连续应用物像公式。为此，需解决由一个光组向下一个光组过渡的问题。

如图3.11所示，物点 A_1 被第一光组成像于 A_1'，它即为第二光组的物点 A_2，两个光组之间的相互位置距离用 $d_1 = H_1'H_2$ 来表示。由图3.11可以看出过渡关系为

$$l_2 = l_1' - d_1$$

同理可得
$$l_3 = l_2' - d_2, \quad \cdots, \quad l_k = l_{k-1}' - d_{k-1} \tag{3.12}$$

相应于牛顿公式的过渡公式为
$$x_2 = x_1' - \Delta_1, \quad x_3 = x_2' - \Delta_2, \quad \cdots, \quad x_k = x_{k-1}' - \Delta_{k-1} \tag{3.13}$$

式中，Δ_1 为第一光组的像方焦点 F_1' 到第二光组的物方焦点 F_2 的距离，即 $\Delta_1 = F_1'F_2$，以此类推，$\Delta_2 = F_2'F_3$，$\cdots$，$\Delta_{k-1} = F_{k-1}'F_k$，称各个 Δ 为光学间隔。以前一个光组的像方焦点来确定光学间隔的正负，若由它到下一个光组物方焦点的方向与光线传播方向一致，则为正，反之为负。

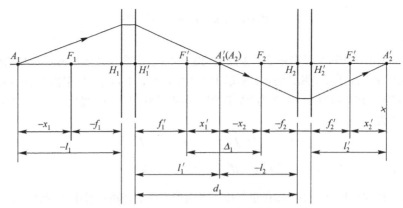

图 3.11　多光组光学系统成像的光组间过渡

光学间隔 Δ 和主面间隔 d 的关系为

$$\Delta_1 = d_1 - f_1' + f_2, \quad \Delta_2 = d_2 - f_2' + f_3, \quad \cdots, \quad \Delta_{k-1} = d_{k-1} - f_{k-1}' + f_{k-1} \tag{3.14}$$

整个光学系统的放大率 β 是各个光组放大率的乘积，因为前一个光组的像 y_{i-1}' 即为下一个光组的物 y_i，因此有

$$y_1' = y_2, \quad y_2' = y_3, \quad \cdots, \quad y_{k-1}' = y_k \tag{3.15}$$

故可得

$$\beta = \frac{y_k'}{y_1} = \frac{y_1'}{y_1} \cdot \frac{y_2'}{y_2} \cdot \cdots \cdot \frac{y_k'}{y_k} = \beta_1 \beta_2 \cdots \beta_k \tag{3.16}$$

4．光学系统的光焦度、折光度和光束的会聚度

利用公式 $\dfrac{f'}{f} = -\dfrac{n'}{n}$，可将高斯公式 $\dfrac{f'}{l'} + \dfrac{f}{l} = 1$ 写成以下形式：

$$\frac{n'}{l'} - \frac{n}{l} = \frac{n'}{f'} = -\frac{n}{f}$$

一线段的长度被所在空间介质的折射率相除后所得的值称为该线段在介质中的折合距离。例如 l'/n' 和 l/n 为光学系统主点到共轭点的折合距离，f'/n' 和 f/n 为光学系统的折合焦距。共轭点折合距离的倒数 n'/l' 和 n/l 称为光束的会聚度，用符号 Σ' 和 Σ 表示。折合焦距的倒数 n'/f' 和 $-n/f$ 称为光学系统的光焦度，用符号 Φ 表示。则上面的公式可写为

$$\Sigma' - \Sigma = \Phi \tag{3.17}$$

式(3.17)表示一对共轭点的光束会聚度之差等于光学系统的光焦度。正的 Σ 值表示光束是会聚的，负的 Σ 值表示光束是发散的。如图 3.12 所示，光束 QAR 是由点 A 发出的发散光束，Σ 为负值。光束 $Q'A'R'$ 会聚于点 A'，Σ' 为正值。具有正光焦度的光学系统 $\Phi = \Sigma' - \Sigma > 0$，其对光束起会聚作用。反之，具有负光焦度的光学系统 $\Phi = \Sigma' - \Sigma < 0$，对光束起发散作用。

由此可见，光焦度是光学系统会聚本领或发散本领的数值表示。短焦距光学系统具有大的光焦度，它将使出射光束相对于入射光束有很大的偏折效应。平行平板玻璃对光线不起偏折作用，其焦距为无限大，光焦度为零。

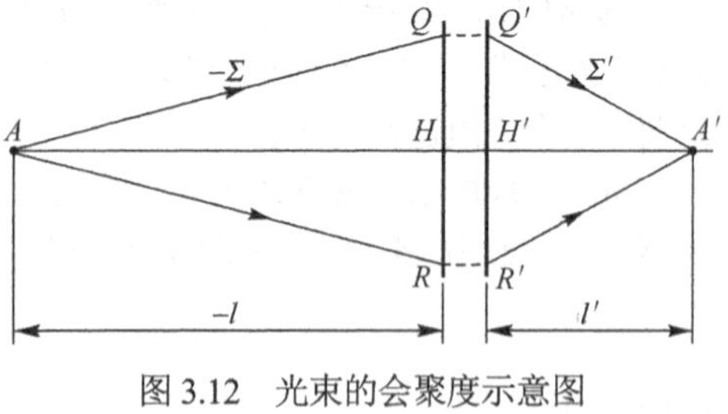

若光学系统处于空气中，$n = n' = 1$，则光焦度为

$$\Phi = 1/f' = -1/f \tag{3.18}$$

图 3.12　光束的会聚度示意图

光学系统光焦度的单位规定为在空气中焦距为正值 1 m 的光焦度，称为折光度[又称为屈光度(Diopter)，简写为 D]。在求光学系统的光焦度时，焦距应以 m 为单位，再按倒数来计算即可得该光学系统的折光度数值。例如，$f' = 400\ \text{mm}$ 的光学系统，其光焦度 $\Phi = 1/0.4\ \text{m} = 2.5$ 折光度，又如 $f' = -250\ \text{mm}$ 的光学系统，其光焦度 $\Phi = -1/0.25\ \text{m} = -4$ 折光度。

光焦度 Φ 的概念和光学系统焦距 f' 的概念在应用中同等重要。

3.4 理想光学系统的放大率

理想光学系统的近轴区与实际光学系统的近轴区一样，也具有三种放大率：垂轴放大率、轴向放大率和角放大率。

1. 垂轴放大率 β

上节中式(3.9)给出了与牛顿公式相对应的垂轴放大率公式：$\beta = y'/y = -f/x = -x'/f'$

式(3.11)给出了与高斯公式相对应的垂轴放大率公式：$\beta = l'/l$

式(3.16)给出了包含 k 个光组的光学系统的垂轴放大率公式：$\beta = y_k'/y_1 = \beta_1\beta_2\cdots\beta_k$

求得共轭点上的垂轴放大率后，已知物高 y_1 便可求得像高 y_k'。对于像的放大、缩小、虚实和倒正等问题的讨论均与光学系统近轴区的结论相同。

2. 轴向放大率 α

在光学系统光轴上一对共轭点 A 和 A'，当物点 A 沿光轴移动一微小距离 $\mathrm{d}x$ 或 $\mathrm{d}l$ 时，其像点相应地移动了距离 $\mathrm{d}x'$ 或 $\mathrm{d}l'$，故轴向放大率可定义为

$$\alpha = \mathrm{d}x'/\mathrm{d}x = \mathrm{d}l'/\mathrm{d}l$$

显然，微小线段的轴向放大率可以通过对牛顿公式 $xx' = ff'$ 或高斯公式 $\dfrac{f'}{l'} + \dfrac{f}{l} = 1$ 微分求得。

由微分牛顿公式，得
$$x\mathrm{d}x' + x'\mathrm{d}x = 0$$

得
$$\alpha = \mathrm{d}x'/\mathrm{d}x = -x'/x \tag{3.19}$$

上式右边乘以和除以 ff'，并利用垂轴放大率公式，可得

$$\alpha = -\frac{x'}{x} = -\frac{x'}{f'}\cdot\frac{f'}{x'}\cdot\frac{f'}{f} = -\beta^2\cdot\frac{f'}{f} = \beta^2\cdot\frac{n'}{n} \tag{3.20}$$

若光学系统处于同一种介质中，则有
$$\alpha = \beta^2 \tag{3.21}$$

上式表明，若物体在沿轴方向有一定的长度，如一个小立方体，则因垂轴方向和沿轴方向有不等的放大率，其像已不再是立方体，除非物体处于 $\beta = \pm 1$ 的地方。

应该指出，上式只对沿轴的微小线段适用，若沿轴方向为一有限线段，此时轴向放大率以 $\bar{\alpha}$ 表示：

$$\bar{\alpha} = \frac{\Delta x'}{\Delta x} = \frac{x_2' - x_1'}{x_2 - x_1} \quad \text{或} \quad \bar{\alpha} = \frac{\Delta l'}{\Delta l} = \frac{l_2' - l_1'}{l_2 - l_1}$$

式中，Δx 和 Δl 表示物点沿光轴的移动量。例如，物点相对于焦点的位置由 x_1 移到 x_2，或由 l_1 移到 l_2，其移动量为 $\Delta x = x_2 - x_1$ 或 $\Delta l = l_2 - l_1$，$\Delta x'$ 和 $\Delta l'$ 为像点相应的移动量。由式(3.9)得

$$x_2' = -\beta_2 f',\ x_1' = -\beta_1 f'; \quad x_2 = -f/\beta_2,\ x_1 = -f/\beta_1$$

代入上面 $\bar{\alpha}$ 的表示式，并利用式(3.3)，可得

$$\bar{\alpha} = \frac{x_2' - x_1'}{x_2 - x_1} = -\beta_1\beta_2\frac{f'}{f} = \frac{n'}{n}\beta_1\beta_2 \tag{3.22}$$

如果光学系统处于同一种介质中，可得 $\bar{\alpha} = \beta_1\beta_2$。

3. 角放大率

过光轴上一对共轭点，任取一对共轭光线 AM 和 $M'A'$，如图3.4所示。其与光轴的夹角分别为 U 和 U'，两个角度的正切之比称为这一对共轭点的角放大率，用 γ 表示：

$$\gamma = \tan U'/\tan U \tag{3.23}$$

由式(3.2)和式(3.3)，得
$$\gamma = \frac{\tan U'}{\tan U} = -\frac{y}{y'}\frac{f}{f'} = -\frac{1}{\beta}\frac{f}{f'} = \frac{1}{\beta}\frac{n}{n'} \tag{3.24}$$

若光学系统处于同一种介质中，有
$$\gamma = 1/\beta \tag{3.25}$$

此式表明，同一对共轭平面的角放大率和垂轴放大率互为倒数。若垂轴放大率 $|\beta| > 1$，则像方成像光束比物方光束细，这是因为角放大率 $\gamma < 1$ 的缘故。反之，缩小像是以较宽的像方光束形成的。

将 $\beta = -f/x = -x'/f'$ 代入式(3.24)，得 $\qquad \gamma = -\dfrac{1}{\beta} \cdot \dfrac{f}{f'} = \dfrac{x}{f'} = \dfrac{f}{x'}$ $\hfill$ (3.26)

这是由物像位置直接求角放大率的公式。可见，角放大率与角度 U 和 U' 的大小无关，仅随物体位置而异。在同一对共轭点上所有共轭光线与光轴夹角的正切之比恒为常数。

4. 三种放大率之间的关系

将式(3.20)和式(3.24)相乘，便可得到三种放大率之间的关系： $\qquad \alpha\gamma = \beta$ $\hfill$ (3.27)

由此可知，理想光学系统的三个放大率之间的关系与实际光学系统近轴区三个放大率之间的关系完全相同。

5. 主点、焦点、节点处的放大率

(1) 主点处的放大率

根据主点的定义，得主点处垂轴放大率为 $\qquad \beta_H = +1$

根据式(3.20)，得主点处的轴向放大率为 $\qquad \alpha_H = n'/n$

由式(3.24)得角放大率为 $\qquad \gamma_H = n/n'$

若光学系统处于同一种介质中，则有 $\alpha_H = 1$，$\gamma_H = 1$。

由式(3.9)可知，$\beta_H = -\dfrac{f}{x_H} = -\dfrac{x'_H}{f'} = +1$，有

$$x_H = -f, \qquad x'_H = -f'$$

此式表明，物方主点在物方焦点的右侧，像方主点在像方焦点的左侧。

(2) 焦点处的放大率

在物方焦点处 $x = 0$，则 $x' = ff'/x = \infty$，可得

$$\beta_F = -f/x = -x'/f' = \pm\infty, \quad \alpha_F = \beta_F^2 = \infty, \quad \gamma_F = -x/f = -f'/x' = 0$$

上式中 x' 和 β_F 的符号可正、可负，决定于 x 是由负值趋近于零，还是由正值趋近于零，前者使 x' 和 β_F 为 $+\infty$，后者使 x' 和 β_F 为 $-\infty$。垂轴放大率为无限大表示在物方焦平面上有限线段的像为一无限大线段且位于无限远。轴向放大率 α 为无限大表示当物点在物方焦点附近有很小的位移时，对应的像点的位移为无限大。角放大率 γ 等于零是表示由物方焦点发出的与光轴成有限大小角度 U 的光线，经系统对应的角度 U' 为零，即平行于光轴射出。

同时，在像方焦平面上，因 $x' = 0$，则 $x = ff'/x' = \pm\infty$，因而有

$$\beta_{F'} = 0, \qquad \alpha_{F'} = 0, \qquad \gamma_{F'} = \pm\infty$$

垂轴放大率 $\beta_{F'}$ 为零表示在无限远处一个无限大的线段在系统的焦平面上成像为有限尺寸的线段。轴向放大率 $\alpha_{F'}$ 为零表示物点沿光轴移动无限大距离，其像点在系统的后焦点附近移动有限距离。角放大率 $\gamma_{F'}$ 为无限大表示在物方平行于光轴的光线，即 $U = 0$，其共轭光线通过后焦点与光轴成有限角度 U'。

(3) 节点处的放大率

根据定义，节点处的角放大率 $\gamma_J = \pm 1$，则由式(3.24)和式(3.27)，得 $\beta_J = n/n'$，$\alpha_J = n/n'$。

如果光学系统处于同一种介质中，则 $\beta_J = 1$，$\alpha_J = 1$，$\gamma_J = 1$。

对于角放大率 γ 为 -1 的一对共轭点，称为反节点，当 $\gamma = -1$ 时，可以证明 $\beta = -n/n'$，$\alpha = n/n'$。

若光学系统处于同一种介质中，则 $\beta = -1$，$\alpha = 1$，$\gamma = -1$。

表 3.1 给出了光学系统的几对特殊共轭点的放大率。设系统中有偶数（包括 0）个反射面，即 f 和 f' 异号。表 3.1 中物、像的坐标均以牛顿公式的符号表示。

表 3.1　光学系统的几对特殊共轭点的放大率

基点名称	x	x'	$f'/f = -n'/n\ (n' \neq n)$			$f'/f = -1\ (n' = n)$		
			β	α	γ	β	α	γ
像方焦点	$\pm\infty$	0	0	0	$\pm\infty$	0	0	$\pm\infty$
物方焦点	0	$\pm\infty$	$\pm\infty$	$\pm\infty$	0	$\pm\infty$	∞	0

基 点 名 称	x	x'	$f'/f = -n'/n\ (n' \neq n)$			$f'/f = -1\ (n' = n)$		
			β	α	γ	β	α	γ
主点	$-f$	$-f'$	$+1$	$-f'/f$	$-f'/f$	$+1$	$+1$	$+1$
节点	$+f$	$+f$	$-f/f'$	$-f/f'$	$+1$	$+1$	$+1$	$+1$
反节点	$-f'$	$-f$	$+f/f'$	$-f'/f$	-1	-1	$+1$	-1
二倍焦距处	$+f$	$+f'$	-1	$-f'/f$	$+f/f'$	-1	-1	-1

3.5 理想光学系统的物像关系特性曲线

1. 用直角坐标表示牛顿公式和高斯公式

如图 3.13 所示，设理想光学系统主点为坐标原点（因主面间放大率为+1，故设其重合在一起），物像空间介质的折射率分别为 n 和 n'，焦距分别为 f 和 f'，物距、像距分别为 x, x' 或 l, l'。将像空间沿光轴方向坐标绕主点 $H(H')$ 转 $90°$ 构成直角坐标，则物、像方焦距可由点 $G(-f, f')$ 表示，由物点 A 过点 G 作连线交纵坐标于点 A'。根据牛顿公式，得

$$x'/f = f'/x$$

即相当于图3.13中三角形 AFG 相似于三角形 $A'F'G'$，对应边之比为

$$\frac{A'F'}{HF} = \frac{H'F'}{AF}$$

由此可知，在直角坐标的横坐标上给定物方焦点和物点 A 位置，在纵坐标上给出像方焦点位置，可得点 $G(-f, f')$，连接点 A 和点 G 的直线交纵坐标于点 A'，则点 A 和点 A' 的位置满足牛顿公式，即为物像关系。

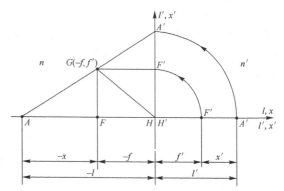

图 3.13　用直角坐标表示牛顿公式和高斯公式

同样可以证明，在图3.13的直角坐标中，点 A 和点 A' 的位置也满足高斯公式。由图3.13可知，三角形 $AA'H$ 相似于三角形 $GA'F'$，则有

$$l' : (l' - f') = -l : (-f)$$

展开为

$$lf' + l'f = ll'$$

可得

$$\frac{f'}{l'} + \frac{f}{l} = 1$$

此式正是高斯公式的一般形式，由此说明点 A' 是点 A 的像。上图也表明了一个简单的物像位置关系的作图法。

一般来说，对于透镜而言，通过坐标原点 $O(H, H')$ 在第二、四象限中的任一直线都表示一系列不同焦距的理想光学系统。对于物、像方有同一介质时，所有表征理想光学系统物、像方焦距的点 $G(-f, f')$ 均在与纵坐标成45°的直线上。如图3.14所示，在第二象限中的直线上的点表示所有会聚的理想光学系统，第四象限中的直线上的点表示发散系统。

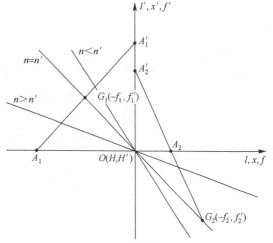

图 3.14　直角坐标表示光学系统的物像关系

对于给定物点 A 的位置及焦距(f, f')，可以在方格纸上方便地求得像点 A' 的位置。

2. 物像位置的特性曲线

理想光学系统的物体位置改变时，像的位置也随之改变，这种变化关系由牛顿公式容易看出，当一光学系统的焦距为定值时，牛顿公式 $xx' = ff'$ 的右边是一常数，由于透射光学系统的物、像方焦距异号，故等式右

边常数为负。显然，物距 x 变化时，x' 也随之变化。

当光学系统的结构确定后，焦距 f 和 f' 均为定值，由牛顿公式可知

$$xx'=ff'<0$$

故 x 和 x' 之间的关系为双曲线函数。如图3.15所示，左上方的曲线表明，x 由 $-\infty \to 0$ 时，x' 由 $0 \to \infty$。右下方的曲线表明，当 x 由 $0 \to \infty$ 时，x' 由 $-\infty \to 0$。应该指出：图3.15中的坐标原点 O 对物距来说是物方焦点 F，对像距来说是像方焦点 F'。牛顿方程曲线不论对会聚光学系统，还是对发散光学系统均适用。曲线的具体形状与系统的焦距值有关。不同焦距的系统的物像共轭位置特性曲线是一系列的双曲线族。

牛顿公式曲线反映了物像位置的关系，但不能反映物像的虚实。因此，通常更多地以高斯方程曲线形式来反映物像的共轭关系。高斯方程曲线和牛顿方程曲线对一个给定光学系统来说，是坐标选取不同的同一个双曲线对。利用以下关系：

$$l = x+f, \qquad l' = x'+f'$$

因此，高斯方程曲线可以视为牛顿方程曲线中的坐标轴分别沿横轴方向平移 f，沿纵轴方向平移 f' 而得到的，如图3.16所示。

图3.16(a)给出了会聚光学系统的高斯方程曲线。按物像的虚实，可分为三个区间：区间 I，$-\infty < l < f$，实物成实像；区间 II，$f < l < 0$，实物成虚像；区间III，$0 < l < +\infty$，虚物成实像。图3.16(b)给出了发散光学系统的高斯方程曲线，三个区间的物像虚实情况为：区间 I，$-\infty < l < 0$，实物成虚像；区间 II，$0 < l < f$，虚物成实像；区间III，$f < l < +\infty$，虚物成虚像。

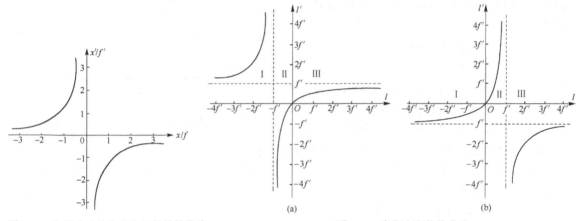

图 3.15　牛顿公式的物像位置的特性曲线　　　　图 3.16　高斯方程物像曲线

3. 放大率特性曲线

放大率特性曲线是指垂轴放大率、轴向放大率与角放大率相对于物距 x 或 l 的关系曲线。为获得三个放大率的特性曲线，需导出它们与 x 或 l 之间的关系式。这些关系式可以方便地由牛顿公式或高斯公式导出。为简单起见，用表3.2说明。

表3.2　垂轴放大率、轴向放大率与角放大率相对于物距 x 或 l 的关系曲线

放大率	关系式	曲线	说明
垂轴放大率特性曲线	当给定焦距 f，则由牛顿放大率公式得 β 和 x 的关系 $\beta x = -f$ 把纵坐标分别向左和向右移动 f 和 f'，得 β 和 l 之间的关系曲线	(a) 会聚系统的垂轴放大率	会聚系统的区域 I（$-\infty < l < f$），实物成倒立实像，当 $l < 2f$ 时为放大像，$l > 2f$ 时，为缩小像，区域 II（$f < l < 0$）中，实物成正立放大虚像，区域III（$0 < l < +\infty$），虚物成正立缩小实像

放　大　率	关　系　式	曲　　线	说　　明
垂轴放大率特性曲线	当给定焦距 f，则由牛顿放大率公式得 β 和 x 的关系 $$\beta x = -f$$ 把纵坐标分别向左和向右移动 f 和 f'，得 β 和 l 之间的关系曲线	(b) 发散系统的垂轴放大率 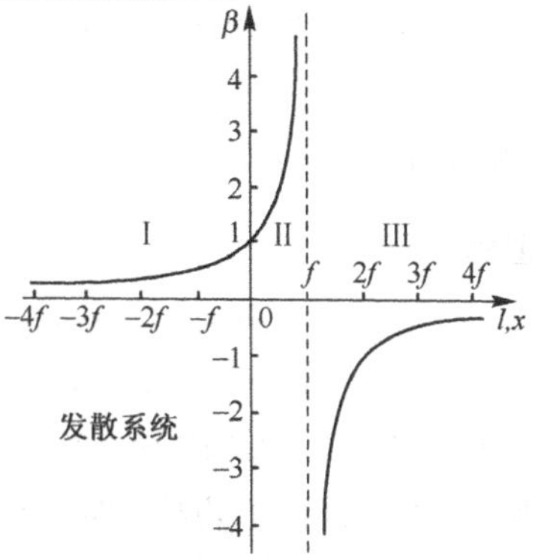 发散系统	发射系统的区域Ⅰ $(-\infty < l < 0)$，实物成正立缩小虚像；区域Ⅱ $(0 < l < f)$ 中，虚物成正立放大虚像，区域Ⅲ $(f < l < +\infty)$ 中，虚物成倒立实像，当 $l < 2f$ 时为放大像，$l > 2f$ 时为缩小像
轴向放大率和角放大率的关系曲线	光学系统在同一介质中，由式(3.20)和式(3.24)可分别得到 $$\alpha = \beta^2 = \left(\frac{f'}{x}\right)^2$$ $$\gamma = \frac{1}{\beta} = \frac{x}{f'}$$	(c) 会聚、发散光学系统的轴向放大率和角放大率 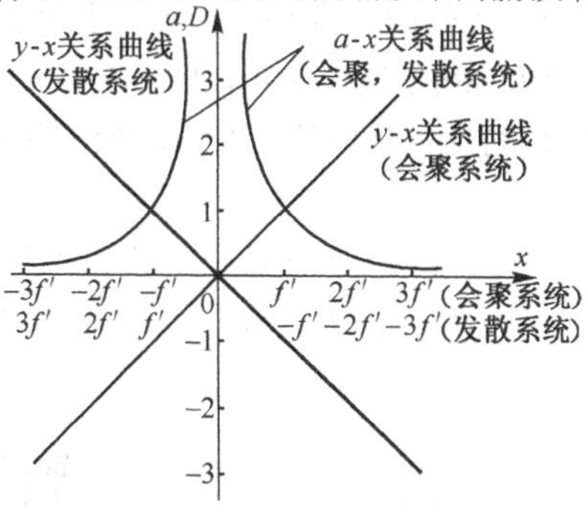	$\alpha\text{-}x$ 关系曲线对会聚和发散光学系统具有相同的形式。只是横坐标要改变符号而 $\gamma\text{-}x$ 关系曲线对于会聚、发散系统有相同形状，均为直线。由于会聚和发散系统采用了异号的横坐标，所以曲线有了不同的方向。所有曲线均以光学系统物方焦点为坐标原点
轴向放大率和角放大率的关系曲线	以 $(l-f)$ 取代上面 α 和 γ 表示式中 x，得 $\alpha\text{-}l$，$\gamma\text{-}l$ 关系式 $$\alpha = \frac{f'^2}{(l-f)^2}$$ $$= \frac{f'^2}{l^2 + 2lf + f'^2}$$ $$\gamma = \frac{l-f}{f'} = \frac{l+f}{f'}$$	(d) 会聚系统的 $\alpha\text{-}l$，$\gamma\text{-}l$ 关系曲线 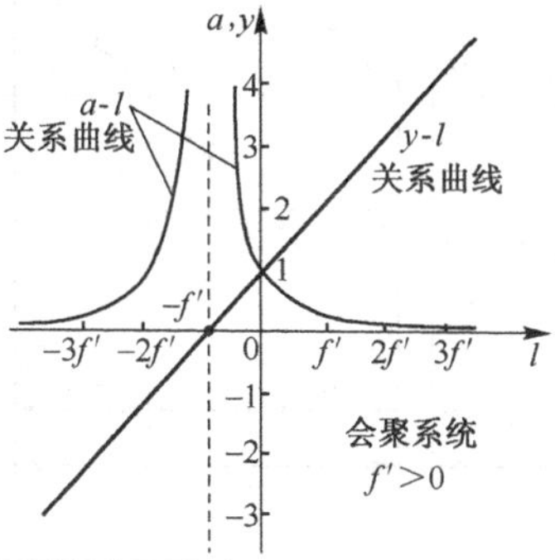	此图中的曲线相当于图(c)中会聚系统的曲线的纵坐标向右移动了 f' 值
		(e) 发散系统的 $\alpha\text{-}l$，$\gamma\text{-}l$ 关系曲线 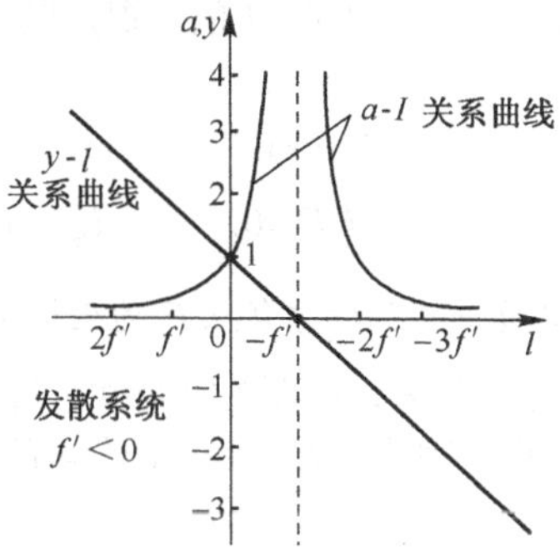	此图中曲线相当于图(a)中发散系统的曲线的纵坐标向左移动了 f' 值

　　表3.2 中的关系曲线是假设以焦距 f' 为单位的情况下绘制的。若取焦距为实际数值，则各曲线形状将有变化。若光学系统的物方和像方的介质不同，各曲线形状也将发生变化。

3.6 光学系统的组合

复杂光学系统（如复杂照相物镜，高倍显微物镜，复杂望远物镜等）往往由若干个光组组成，光组可以是单个透镜，也可以是复杂的透镜组。在实际工作中，常把几个光组组合在一起，求其等效系统的基点位置；或者把一个光学系统分解成几个光组，求出每一个光组的基点位置。这都是光学系统的组合问题。

3.6.1 两个光组的组合

两个光组的组合是最常遇到的，如图 3.17 所示。物空间引一条平行于光轴的光线 AQ_1，经第一光组折射后，通过其后焦点 F_1' 射入第二光组，交第二光组的物方主面于点 R_2 处，等高地由像方主面 H_2' 的点 R_2' 射出，光线 $R_2'F'$ 和光轴交于点 F'。此点 F' 即为等效系统的后焦点。入射线 AQ_1 的延长线与其共轭光线 $R_F'F'$ 交于点 Q'，过点 Q' 作垂直于光轴的平面 $Q'H'$，即为等效系统的像方主面，其和光轴的交点 H' 为等效系统的像方主点。线段 $H'F'$ 是等效系统的像方焦距 f'，图 3.17 中 f' 为负值。

同时在像方空间引一条平行于光轴的光线 $S'Q_2'$，重复上述步骤，便可求出等效系统的物方焦点 F 和物方主点 H，距离 $HF = f$ 为等效系统的物方焦距，图 3.17 中 f 为正值。

像方焦点 F' 和像方主点 H' 的位置是以第二光组的像方焦点 F_2' 或像方主点 H_2' 为坐标原点来确定的。由图 3.17 可以看出

$$x_F' = F_2'F' > 0, \qquad x_H' = F_2'H' > 0$$

或者

$$l_F' = H_2'F' > 0, \qquad l_H' = H_2'H' > 0$$

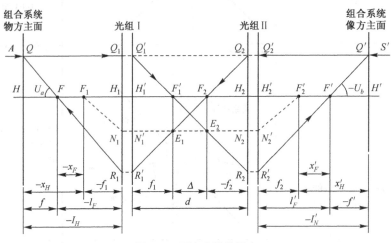

图 3.17 两个光组的组合

同样，等效系统的物方焦点 F 和物方主点 H 的位置是以第一光组的物方焦 F_1 或物方主点 H_1 为坐标原点来确定的。由图 3.17 可知

$$x_F = F_1F < 0, \qquad x_H = F_1H < 0$$

或者

$$l_F' = H_1F < 0, \qquad l_H = H_1H < 0$$

(1) 以第二光组像方焦点 F_2' 及第一光组物方焦点 F_1 为坐标原点来计算等效系统的基点位置和焦距

现采用牛顿公式中有关量的表示符号，由图 3.17 可知，等效系统的像方焦点 F' 和第一光组的像方焦点 F_1' 对第二光组来说是一对共轭点。因此，F' 的位置 $x_F' = F_2'F'$ 可由牛顿公式求得。该公式的 x 和 x' 相当于此处的 $-\Delta$ 和 x_F'，故有

$$x_F' = -f_2f_2'/\Delta \tag{3.28a}$$

式中，$\Delta = F_1F_2'$ 为光学间隔，可由式(3.14)求得

$$\Delta = d - f_1' + f_2$$

同理，等效系统的物方焦点 F 和第二光组的物方焦点 F_2 对第一光组来说是一对共轭点，故同样可以决定焦点 F 的位置 x_F，即

$$x_F = f_1 f_1' / \Delta \tag{3.28b}$$

等效系统的焦距可以按下述方法求得。即从三角形 $Q'H'F'$ 和三角形 $Q_1'H_1'F_1'$ 分别相似于三角形 $N_2'H_2'F_2'$ 和三角形 $F_1'F_2'E_2$，可得

$$\frac{-f'}{f_2'} = \frac{Q'H'}{H_2'N_2'} \quad \text{和} \quad \frac{f_1}{\Delta} = \frac{Q_1 H_1}{F_2 E_2}$$

由图3.17可知 $Q'H' = Q_1'H_1'$ 和 $H_2'N_2' = F_2 E_2$，可得

$$f' = -f_1' f_2' / \Delta \tag{3.29a}$$

同理，由相似三角形 QHF 和 $F_1 H_1 N_1'$ 以及相似三角形 $Q_2 H_2 F_2$ 和 $F_1' F_2 E_1$，得

$$\frac{f}{-f_1} = \frac{QH}{H_1 N_1} \quad \text{和} \quad \frac{-f_2}{\Delta} = \frac{Q_2 H_2}{F_1' E}$$

上面两式中，等号右边部分相等，得 $\qquad f = f_1 f_2 / \Delta \tag{3.29b}$

又可由以下公式求得主点位置：
$$\begin{cases} x_H' = x_F' - f' \\ x_H = x_F - f \end{cases}$$

将式(3.28a)、式(3.28b)、式(3.29a)、式(3.29b)代入上式，可直接求得主点位置的公式：

$$\begin{cases} x_H' = \dfrac{f_2'(f_1' - f_2')}{\Delta} \\ x_H = \dfrac{f_1(f_1' - f_2)}{\Delta} \end{cases} \tag{3.30}$$

等效系统的垂轴放大率仍用式(3.9)来表示： $\qquad \beta = -f/x = -x'/f'$

式中，f 和 f' 是等效系统的焦距；x 应该是物点 A 到等效系统前焦点 F 的距离 AF，它可用物点 A 到第一光组的物方焦点 F_1 之间的距离 x_1 来表示，如图 3.18所示，可得

$$x = x_1 - x_F = x_1 - f_1 f_1' / \Delta$$

将其值与式(3.29b)中的 f 一起代入放大率公式 (3.9)中，得

$$\beta = \frac{f_1 f_2}{f_1 f_2 - x_1 \Delta} \tag{3.31}$$

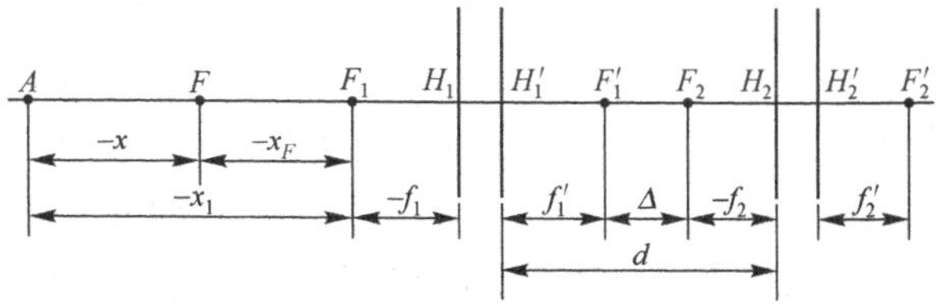

图 3.18　由两个光组组成的系统的基点表示

上式表明，对于两个光组组成的系统，根据物点相对于第一光组物方焦点的距离 x_1 可直接求得该物点位置的垂轴放大率。

例3.1　求由两个光组组成的等效系统的焦距和基点位置。设光组位于空气中，均为薄透镜（即二主面重合在一起）。数据如下：$f_1' = -f_1 = 90 \text{ mm}$，$f_2' = -f_2 = 60 \text{ mm}$，$d = H_1' H_2 = 50 \text{ mm}$。

下面仅对像方基点位置和焦距进行计算。

按式(3.14)，有 $\qquad \Delta = d - f_1' - f_2' = 50 \text{ mm} - 90 \text{ mm} - 60 \text{ mm} = -100 \text{ mm}$

代入式(3.28a)，得系统像方焦点位置：$x_F' = -f_2' f_2' / \Delta = -(-60 \text{ mm} \times 60 \text{ mm} / -100 \text{ mm}) = -36 \text{ mm}$

按式(3.30)中的第一式得系统像方主点位置：$x_H' = f_2'(f_1' - f_2') / \Delta = 60 \text{ mm} \times (90 \text{ mm} + 60 \text{ mm}) / -100 \text{ mm}$
$$= -90 \text{ mm}$$

根据式(3.29a)得系统的像方焦距：$f' = -f_1' f_2' / \Delta = -90 \text{ mm} \times 60 \text{ mm} / -100 \text{ mm} = 54 \text{ mm}$

按图3.17中的以下关系对以上计算进行校对：$x_H' = x_F' - f' = -36 \text{ mm} - 54 \text{ mm} = -90 \text{ mm}$
表明计算无误。

求得的结果如图3.19所示。物方基点位置请读者自算。

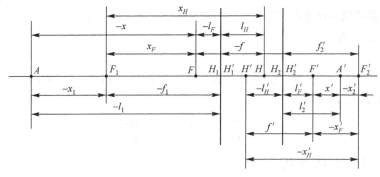

图 3.19　两个光组组成的等效系统的物像关系

例 3.2　为证实上述方法求得的等效系统的特性，以上题为例，对给定物点 A 分别对原给定的二光组和它们的等效系统求取其像点位置和放大率。假设物点 A 位于第一光组前 150 mm 处，即 $l_1 = -150$ mm。

下面按牛顿公式对二光组连续求像。由图3.19可知按牛顿公式计算的物点位置：
$$x_1 = l_1 - f_1 = -150 \text{ mm} + 90 \text{ mm} = -60 \text{ mm}$$

按式(3.9)可求得第一光组的放大率：$\beta_1 = -f_1 / x_1 = -(-90 \text{ mm}/-60 \text{ mm}) = -1.5^{\times}$

又可按牛顿公式求得第一光组的像点位置：$x_1' = f_1 f_1' / x_1 = -90 \text{ mm} \times 90 \text{ mm}/-60 \text{ mm} = 135 \text{ mm}$

按式(3.13)可求得第二光组的物点位置：$x_2 = x_1' - \Delta_1 = 135 \text{ mm} - (-100 \text{ mm}) = 235 \text{ mm}$

再按式(3.9)可求得第二光组的放大率：$\beta_2 = -f_2 / x_2 = -(-60 \text{ mm}/235 \text{ mm}) = 0.2553^{\times}$

按式(3.16)可求得等效系统的总放大率：$\beta = \beta_1 \beta_2 = -1.5 \times 0.2553 = -0.383^{\times}$

再按式(3.31)进行校对：
$$\beta = \frac{f_1 f_2}{f_1' f_1 - x_1 \Delta} = \frac{90 \text{ mm} \times 60 \text{ mm}}{-90 \text{ mm} \times 90 \text{ mm} - 60 \text{ mm} \times 100 \text{ mm}} = -383^{\times}$$

证明计算无误。

下面对等效系统求像点位置及放大率。由图3.19可知
$$x = x_1 - x_F = -60 \text{ mm} = 81 \text{ mm} = 141 \text{ mm}$$

式中
$$x_F = f_1 f_1' / \Delta = -90 \text{ mm} \times 90 \text{ mm}/-100 \text{ mm} = 81 \text{ mm}$$

可得等效系统的放大率为
$$\beta = -f / x = -(-54 \text{ mm} \times 54 \text{ mm}/-141 \text{ mm}) = -0.383^{\times}$$

这和上面计算结果一致。按牛顿公式可得等效系统的像距：
$$x' = f f' / x = -54 \text{ mm} \times 54 \text{ mm}/-141 \text{ mm} = 20.68 \text{ mm}$$

由图3.19可得 $x' = x_2' - x_F'$，用以校对 x' 值：
$$x' = x_2' - x_F' = -15.32 \text{ mm} - (-36 \text{ mm}) = 20.68 \text{ mm}$$

证明 x' 值的计算无误。计算结果如图3.19所示。此例也可用高斯公式计算。

(2) 以第一光组的物方主点 H_1 和第二光组的像方主点 H_2' 为坐标原点来确定等效系统的基点位置及焦距

即以高斯公式有关量的表示符号来导出计算公式。从实用上看，这样来确定等效系统的基点位置和焦距更为重要和直观。一般情况下，光组位于空气中，故有 $f_1' = -f_1$，$f_2' = -f_2$，$f' = -f$，则光学间隔可表示为
$$\Delta = d - f_1' + f_2 = d - f_1' - f_2'$$

代入式(3.29a)和式(3.29b)，可得
$$f' = -f = \frac{f_1' f_2'}{f_1' + f_2' - d} \tag{3.32a}$$

可用光焦度表示为
$$\Phi = \varphi_1 + \varphi_2 - d\varphi_1\varphi_2 \tag{3.32b}$$

由图3.17可得
$$l_F' = f_2' + x_F', \quad l_F = f_1 + x_F$$

把式(3.28a)和式(3.28b)中的 x'_F 和 x_F 代入上式，可得

$$l'_F = f'_2 - \frac{f'_2 f_2}{\Delta} = \frac{f'_2 \Delta - f'_2 f_2}{\Delta}$$

根据式(3.29a)，并利用 $\Delta = d - f'_1 - f'_2$，得 $\qquad l'_F = f'\left(1 - \frac{d}{f'_1}\right)$ (3.33a)

同理，可得 $$l_F = -f'\left(1 + \frac{d}{f_2}\right)$$ (3.33b)

由图3.17可得主平面位置： $\begin{cases} l'_H = l'_F - f' \\ l_H = l_F - f \end{cases}$

将式(3.33a)和式(3.33b)代入上式，得 $\begin{cases} l'_H = -f'd / f'_1 \\ l_H = -f'd / f_2 \end{cases}$ (3.34)

例3.3 同例3.1有关系统数据。试以第二光组像方主点为坐标原点计算等效系统的基点位置。

根据式(3.33a)，得焦点位置： $l'_F = f'\left(1 - \frac{d}{f'_1}\right) = 54\ \text{mm}\left(1 - \frac{50\ \text{mm}}{90\ \text{mm}}\right) = 24\ \text{mm}$

按式(3.34)的第一式可得主点位置： $l'_H = -f'\dfrac{d}{f'_1} = -54\ \text{mm}\dfrac{50\ \text{mm}}{90\ \text{mm}} = -30\ \text{mm}$

可以用以下关系进行校对： $l'_H = l'_F - f' = 24\ \text{mm} - 54\ \text{mm} = -30\ \text{mm}$

表示计算无误。

此外还可以用关系式 $l'_F = f'_2 + x'_F$ 对例3.1和例3.3的两种方法进行校对：

$$l'_F = f'_2 + x'_F = 60\ \text{mm} + (-36\ \text{mm}) = 24\ \text{mm}$$

表明两种方法计算结果一致。所求得结果示意图如图3.19所示。其物方基点位置请读者自算。

例3.4 欲得一光学系统对无限远物体成实像，要求该系统焦距为 $f' = 1000\ \text{mm}$。由系统第一面到像平面的距离为筒长，以 L 表示之，要求 $L = 700\ \text{mm}$，由系统最后一面到像平面的距离为工作距离，以 l' 表示，并设 $l' = 400\ \text{mm}$。试求该系统应有的结构。

由题意知 $f' > L$，即主面在系统之前，称为"远距型光学系统"单个光组是不能有这样的性质的，至少用两个光组组合。设两个光组均为薄光组。

根据题中三个要求可列出以下三个方程式：

$$\frac{f'_1 f'_2}{f'_1 + f'_2 - d} = f' = 1000\ \text{mm}$$

$$f\left(1 - \frac{d}{f'_1}\right) = l'_F = l' = 400\ \text{mm}$$

$$d + l' = L \qquad \text{或} \qquad d + 400\ \text{mm} = 700\ \text{mm}$$

解得 $d = 300\ \text{mm}$，$f'_1 = 500\ \text{mm}$，$f'_2 = -400\ \text{mm}$。系统结构如图3.20所示。

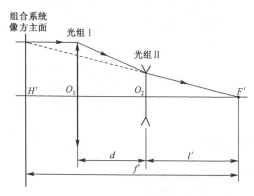

图3.20 远距型光学系统结构示意图

3.6.2 多个光组的组合

用上述方法进行两个光组的组合是很方便的。但对于多个光组的组合，例如三个光组的组合就不方便。因为必须先对第一和第二个光组进行组合，求出其等效系统，然后再将这个系统和第三个光组进行组合，求出总的等效系统。这个过程复杂，容易出错，故多用以下方法解决：

1. 正切计算法

图3.21给出了任意一条平行于光轴的光线通过三个光组的光路，光线在每一个光组上的入射高度分别为 h_1，h_2 和 h_3，出射光线与光轴的夹角为 U'_3。从图3.21可得

$$l'_F = h_3 / \tan U'_3, \qquad f' = h_1 / \tan U'_3$$

同理，对于由 k 个光组组成的光学系统有

$$\begin{cases} l'_F = h_k / \tan U'_k \\ f' = h_1 / \tan U'_k \end{cases} \qquad (3.35)$$

为用上式求得系统的焦点位置，必须知道 h_k 和 U'_k，可用下述方法求之。

将高斯公式每项乘以 h_1，并将过渡公式 $l_2 = l'_1 - d$ 每项乘以 $\tan U'_1 (\tan U_2)$，得

$$\frac{h_1}{l'_1} - \frac{h_1}{l_1} = \frac{h_1}{f_1}$$

$$l_2 \tan U_2 = l'_1 \tan U'_1 - d_1 \tan U'_1$$

已知 $h_1 / l'_1 = \tan U'_1$，$h_1 / l_1 = \tan U_1$，$h_2 / l_2 \tan U_2$，$l'_1 \tan U'_1 = h$，$l_2 \tan U_2 = h_2$，代入以上二式可得

$$\begin{cases} \tan U'_1 - \tan U_1 = h_1 / f'_1 \\ h_2 = h_1 - d_1 \tan U'_1 \end{cases}$$

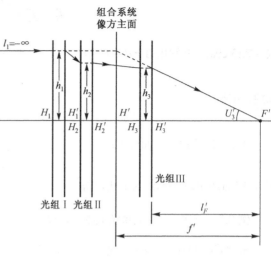

图 3.21　以三个光组组合为例示意多光组组合

只要给定 $\tan U_1$ 和 h_1，便可将以上二式逐个地用于各光组，最后求出 h_k 和 $\tan U'_k$。若平行光入射到系统的第一光组，则有 $\tan U_1 = 0$，给出 h_1 后便可按下列顺序计算：

$$\begin{cases} \tan U'_1 = \tan U_2 = h_1 / f'_1 \\ h_2 = h_1 - d_1 \tan U' \\ \tan U'_2 = \tan U_3 = \tan U_2 + (h_2 / f'_2) \\ h_3 = h_2 - d_2 \tan U'_2 \\ \qquad \cdots \\ h_k = h_{k-1} - d_{k-1} \tan U'_{k-1} \\ \tan U'_k = \tan U_k + (h_k / f'_k) \end{cases} \qquad (3.36)$$

这种组合光组的方法称为正切计算法。

例 3.5　同例 3.1，用正切计算法求等效系统的基点位置。

设平行于光轴的光线射入第一光组，则有 $\tan U_1 = 0$，取 $h_1 = f'_1 = 90$ mm 按式(3.36)可得

$$\tan U'_1 = \frac{h_1}{f'_1} = \frac{90 \text{ mm}}{90 \text{ mm}} = 1, \quad \tan U'_2 = \tan U_2 + \frac{h_2}{f'_2} = 1 + \frac{40 \text{ mm}}{60 \text{ mm}} = \frac{5}{3}$$

$$h_2 = h_1 - d \tan U'_1 = 90 \text{ mm} - 50 \text{ mm} \times 1 = 40 \text{ mm}$$

由式(3.35)可得

$$l'_F = \frac{h_2}{\tan U'_2} = \frac{40 \text{ mm}}{5/3} = 24 \text{ mm}, \quad f' = \frac{h_1}{\tan U'_2} = \frac{90 \text{ mm}}{5/3} = 54 \text{ mm}$$

其结果和例 3.1 相同。

2. 截距计算法

将式(3.35)的第二式写为
$$f' = \frac{h_1}{\tan U'_k} = \frac{h_1}{\tan U'_k} \cdot \frac{\tan U_2}{\tan U'_1} \cdot \frac{\tan U_3}{\tan U'_2} \cdots \frac{\tan U_k}{\tan U'_{k-1}}$$

现把 $l'_1 = h_1 / \tan U'_1$，$l_2 \tan U_2 = h_2 = l'_2 \tan U'_2$，$\cdots$，$l_k \tan U_k = h_k = l'_k \tan U'_k$ 代入上式，得

$$f' = \frac{l'_1 l'_2 \cdots l'_k}{l_2 l_3 \cdots l_k} \qquad (3.37)$$

利用这一公式求光学系统的焦距时，需先用高斯公式依次求出该光学系统中每一个光组的物距和像距，代入上式即可。这种方法常被称为截距计算法。

例 3.6 同例 3.1，用截距法求出其焦距。

令 $l_1 = -\infty$，对两个光组组成的系统用高斯公式和过渡公式分别求出物距和像距。

$$l_1' = f_1' = 90 \text{ mm}, \ l_2 = l_1' - d_1 = 90 \text{ mm} - 50 \text{ mm} = 40 \text{ mm}$$

$$l_2' = l_F' = \frac{l_2 f_2'}{l_2 + f_2'} = \frac{40 \text{ mm} \times 60 \text{ mm}}{40 \text{ mm} + 60 \text{ mm}} = 24 \text{ mm}$$

按式(3.37)可得 $f' = l_1' l_2' / l_2 = 90 \text{ mm} \times 24 \text{ mm}/40 \text{ mm} = 54 \text{ mm}$

其结果与例 3.5 中所得 f' 同值。

3. 各光组光焦度对等效系统光焦度的贡献

把正切计算法公式组(3.36)中的 $\tan U_1$，$\tan U_2$，…，$\tan U_k$ 消去后，得

$$\tan U_k' = \frac{h_1}{f_1'} + \frac{h_2}{f_2'} + \cdots + \frac{h_k}{f_k} = \sum_1^k \frac{h}{f'}$$

或以光焦度来表示： $$\tan U_k' = h_1 \varphi_1 + h_2 \varphi_2 + \cdots + h_k \varphi_k = \sum_1^k h\varphi$$

代入式(3.35)第二式，得系统的总光焦度和各光组光焦度间的关系式

$$\Phi = \frac{1}{f'} = \frac{\tan U_k'}{h_1} = \varphi_1 + \frac{h_2}{h_1}\varphi_2 + \frac{h_3}{h_1}\varphi_3 + \cdots + \frac{h_k}{h_1}\varphi_k = \frac{1}{h_1}\sum_1^k h\varphi \tag{3.38a}$$

若取 $h_1 = 1$，可得 $$\Phi = h_1\varphi_1 + h_2\varphi_2 + \cdots + h_k\varphi_k = \sum_1^k h\varphi \tag{3.38b}$$

上式表明，各光组对总光焦度的贡献除去本身光焦度大小外，还与该光组在光路中所处的位置有关，即式中的高度 h 随位置而异。即具有一定光焦度的光组随其所处位置不同对总光焦度的贡献也不同。

例 3.7 例 3.1 中已知二光组光焦度分别为 $1/90 \text{ mm}^{-1}$ 和 $1/60 \text{ mm}^{-1}$，在例 3.4 中已求得 $h_1 = 90 \text{ mm}$，$h_2 = 40 \text{ mm}$，试求系统总光焦度及焦距。

利用式(3.38a)可得 $$\Phi = \varphi_1 + \frac{h_2}{h_1}\varphi_2 = \frac{1}{90} \text{ mm}^{-1} + \frac{40 \text{ mm}}{90 \text{ mm}} \cdot \frac{1}{60} \text{ mm}^{-1} = \frac{1}{54} \text{ mm}^{-1}$$

或 $$f' = 1/\Phi = 54 \text{ mm}$$

其结果可验证例 3.5 和例 3.6 中的 f' 值。

3.7 透　　镜

组成光学系统的光学零件有透镜、棱镜和反射镜等，其中以透镜用得最多，单透镜可以作为一个最简单的光学系统。在有些书中，把透镜(Lens)理解为透镜系统，或称为镜头，本书中定义透镜时，不另加说明时，都理解为单透镜或透镜单元。

透镜是由两个折射面包围一种透明介质所形成的光学零件。折射面可以是球面（包括平面，即曲率半径为无限大的球面）和非球面。因球面加工和检验较简单，故透镜折射面多为球面。两折射面曲率中心的连线为透镜的光轴，光轴和折射面的交点称为顶点。

透镜的光焦度 Φ 为正的称为正透镜，光焦度 Φ 为负的称为负透镜。正透镜对光束有会聚作用，故又称为会聚透镜。负透镜对光束有发散作用，故又称为发散透镜。

透镜按形状不同，正透镜分为双凸、平凸和月凸（正弯月形透镜）三种形式。负透镜分为双凹、平凹和月凹（负弯月形透镜）三种形式。正透镜中心厚度大于边缘厚度。负透镜边缘厚度大于中心厚度。图 3.22 列出了正、负透镜的各种形式。

下面分别对透镜的性质进行分析。

1. 单个折射球面的焦距

把透镜的两个折射球面看作两个单独的光组，并分别求出其焦距和基点位置。再应用上节中的光组组合公式求组合后的焦距和基点位置。图 3.23 表示半径为 r 的折射球面，两边介质的折射率为 n 和 n'。平行于光

轴 OC 的光线 AD 经球面折射后交光轴于点 F'，即球面的像方焦点。平行于光轴反向入射的光线 BD 经球面折射后交光轴于点 F，即为物方焦点。折射面两边的折射光线交折射球面于同一点 D，因此球面的二主面互相重合。当考虑近轴光线时，两个主面将和球面顶点相切，故可认为 $\overline{OF}=-f$，$\overline{OF'}=f'$，此即为单个折射球面的物方焦距和像方焦距。可用球面近轴光折射公式 $\dfrac{n'}{l'}-\dfrac{n}{l}=\dfrac{n'-n}{r}$ 求得。当分别令 l 和 l' 为无限大时，所求得的 l' 和 l 即为单个折射球面的 f' 和 f：

$$\begin{cases} f'=\dfrac{n'r}{n'-n} \\[2mm] f=-\dfrac{nr}{n'-n} \end{cases}$$

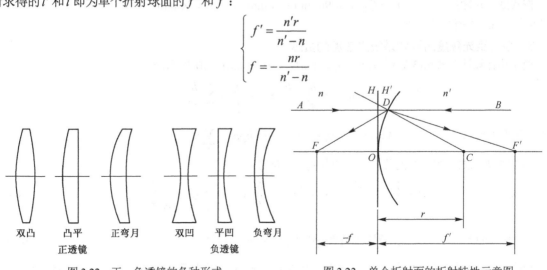

图 3.22　正、负透镜的各种形式　　　　　　图 3.23　单个折射面的折射特性示意图

双凸　凸平　正弯月　　双凹　平凹　负弯月

正透镜　　　　　　　　　负透镜

2. 透镜的焦距公式

如图3.24所示的透镜，两个曲率半径分别为 r_1 和 r_2，厚度为 d，透镜在空气中，玻璃折射率为 n。则 $n_1=1$，$n_1'=n_2=n$，$n_2'=1$。透镜两个面的焦距可由上式求得：

$$f_1=-\frac{r_1}{n-1}, \qquad f_1'=\frac{nr_1}{n-1}; \qquad f_2=\frac{nr_2}{n-1}, \qquad f_2'=-\frac{r_2}{n-1}$$

则透镜的光学间隔为

$$\Delta=d-f_1'+f_2=-\frac{n(r_2-r_1)+(n-1)d}{n-1}$$

将 Δ，f_1' 和 f_2' 代入式(3.29a)，可得透镜的焦距：

$$f'=-\frac{f_1'f_2'}{\Delta}=-\frac{nr_1r_2}{(n-1)\big[n(r_2-r_1)+(n-1)d\big]} \tag{3.39}$$

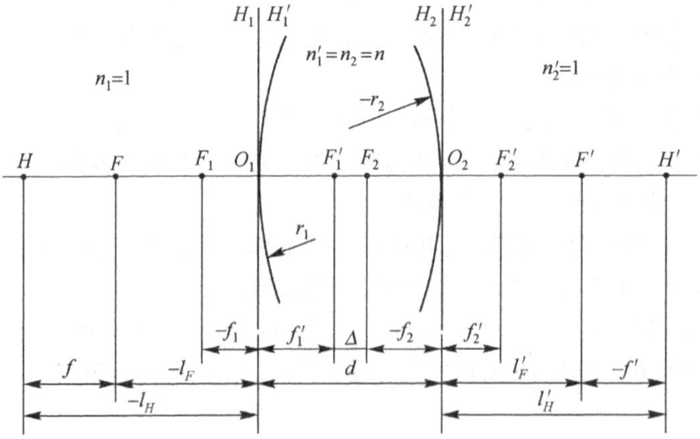

图 3.24　透镜的结构

因透镜在空气中，$f=-f'$，故 f 不用再求，把上式写为光焦度的形式，并设 $\rho_1=1/r_1$，$\rho_2=1/r_2$，则有

$$\Phi=(n-1)(\rho_1-\rho_2)+\frac{(n-1)^2}{n}d\rho_1\rho_2 \tag{3.40}$$

根据式(3.33a)和式(3.33b)可求得焦点位置 l'_F 和 l_F：

$$\begin{cases} l'_F = f'\left(1-\dfrac{d}{f'_1}\right) = f'\left(1-\dfrac{n-1}{n}d\rho_1\right) \\ l_F = -f'\left(1+\dfrac{d}{f_2}\right) = -f'\left(1+\dfrac{n-1}{n}d\rho_2\right) \end{cases}$$

再按式(3.34)可得决定主面位置的 l'_H 和 l_H：

$$\begin{cases} l'_H = -f'\dfrac{d}{f'_1} = -f'\dfrac{n-1}{n}d\rho_1 \\ l_H = -f'\dfrac{d}{f_2} = -f'\dfrac{n-1}{n}d\rho_2 \end{cases}$$

将式(3.39)中的 f' 代入上式，可得另一种形式的表示式：

$$\begin{cases} l'_H = \dfrac{-dr_2}{n(r_2-r_1)+(n-1)d} \\ l_H = \dfrac{-dr_1}{n(r_2-r_1)+(n-1)d} \end{cases} \tag{3.41}$$

3. 典型透镜的分析

决定透镜的性质的参数有折射率 n，曲率半径 r_1，r_2 和厚度 d。假设透镜在空气中，折射率 n 大于 1，可认为 n 是常数。下面根据透镜两曲率半径和厚度 d 的变化按式(3.39)、式(3.40)和式(3.41)来分析焦距和主面位置的变化。其结果如表 3.3 所示。

表 3.3　透镜两曲率半径和厚度 d 的变化来分析焦距和主面位置的变化

透镜形式	曲率半径 r_1	曲率半径 r_2	厚度 d	焦距 f	主要位置 l'_H	主要位置 l_H	示意图
双凸透镜	>0	<0	$\leqslant\left\|\dfrac{n(r_2-r_1)}{n-1}\right\|$	>0	<0	>0	(a)
			$=r_1-r_2$	>0	$=r_2$	$=r_1$	(b)
			$=-\dfrac{n(r_2-r_1)}{n-1}$	$=\infty$	$=\infty$	$=\infty$	(c)
双凸透镜	>0	<0	$>\left\|\dfrac{n(r_2-r_1)}{n-1}\right\|$	<0	>0	<0	(d)

透镜形式	曲率半径 r_1	r_2	厚度 d'	焦距 f	主要位置 l'_H	l_H	示意图
双凹透镜	<0	>0	任意值	<0	<0	>0	 (e)
平凸透镜	<0	$=\infty$	任意值	$=\dfrac{r_1}{n-1}$	$=-\dfrac{d}{n}$	$=0$	 (f)
平凹透镜	>0	$=\infty$	任意值	$=\dfrac{r_1}{n-1}$	$=-\dfrac{d}{n}$	$=0$	 (g)
正弯月形透镜	>0	$>r_1$	任意值	>0	<0	<0	 (h)
负弯月形透镜	$>r_2$	>0	$<\dfrac{n(r_2-r_1)}{n-1}$	<0	>0	>0	 (i)
			$=r_1<r_2$	<0	$=r_2$	$=r_1$	 (j)
负弯月形透镜	$>r_2$	>0	$=\dfrac{n(r_1-r_2)}{n-1}$	$=\infty$	$=\infty$	$=\infty$	 (k)

透镜形式	曲率半径		厚度 d	焦距 f	主要位置		示意图
	r_1	r_2			l'_H	l_H	
负弯月形透镜	$>r_2$	>0	$>-\dfrac{n(r_1-r_2)}{n-1}$	>0	<0	<0	(1)

由表 3.3 可得以下几点结论：

① 对于双凹、平凸、平凹和正弯月形透镜，其焦距 f' 的正负，即会聚或发散的性质决定于其形状或曲率半径的配置。

② 对于双凸透镜和负弯月形透镜，曲率半径固定后，厚度的变化可使其焦距为正值，负值和无限大值。也可使主面在透镜以内，互相重合，透镜以外或无限远处。

③ 平凸和平凹透镜的主面之一与透镜球面顶点重合，另一主面在透镜以内距平面 d/n 处。

④ 正弯月形透镜的主面位于相应折射面远离球面曲率中心一侧；负弯月形透镜的主面位于相应折射面靠近曲率中心的一侧。这两种弯月形透镜的主面可能有一个主面位于空气中，或两个主面同时位于空气中，这由两个曲率半径和厚度的数值决定。

⑤ 实际上透镜厚度都是比较小的，很少用特别厚的透镜。表 3.3 中对于透镜厚度变化的分析只是为了有助于对透镜光学性质的了解。

4．薄透镜

若透镜的厚度和焦距或曲率半径相比是一个很小的数值，由式(3.40)可知，有厚度 d 的一项远小于其他各项，故略去此项不会产生太大误差。这种略去厚度不计的透镜称为薄透镜。这将使许多问题大为简化，在像差理论中有重要意义。当 $d \to 0$ 时，式(3.40)可写为

$$\Phi = (n-1)(\rho_1 - \rho_2) \tag{3.42}$$

当 $d = 0$ 时，式(3.41)可知 $l'_H = l_H = 0$ ，主面和球面顶点重合在一起，因此，薄透镜的光学性质仅被焦距或光焦度所决定。

薄透镜的组合也可用 3.6 节中的透镜组合的公式。实际上该节所举的例子均可认为是薄透镜的组合。当两个薄透镜相接触时，间隔 $d = 0$ ，由式(3.32)可得总光焦度为

$$\Phi = \varphi_1 + \varphi_2$$

若两透镜之间有间隔 d ，由式(3.32b)可得

$$\Phi = \varphi_1 + \varphi_2 - d\varphi_1\varphi_2$$

当间隔 d 由小变大时，由上式可知，组合光组的光焦度可能由正（会聚系统）变为零（望远系统）或变为负（发散系统）。

若多个薄透镜相接触，设入射高度为单位 1，按式(3.38b)可得总光焦度：

$$\Phi = \varphi_1 + \varphi_2 + \cdots + \varphi_k$$

对于多个薄透镜光组间有间隔的情况，可以用式(3.38a)计算。

3.8 实际光学系统焦点位置和焦距的计算

1．实际光学系统的近轴区具有理想光学系统的性质

理想光学系统近轴区的成像特性由高斯公式来表示：

$$\frac{f'}{l'} + \frac{f}{l} = 1$$

如果把它用于实际光学系统的一个折射面，即把单个折射面的焦距公式

$$f' = \frac{n'r}{n'-n}, \qquad f = -\frac{nr}{n'-n}$$

代入上式，得

$$\frac{n'}{l'} - \frac{n}{l} = \frac{n'-n}{r}$$

这正是实际光学系统的近轴光计算公式(2.9)。

把适用于理想光学系统的高斯公式用于一个实际的折射面，得到单个折射面的近轴光计算公式，这表明实际光学系统的近轴区具有理想光学系统的性质，或者说实际光学系统近轴区的光路计算结果和用理想光学系统的公式计算的结果是一致的。故可以认为共轴球面系统的近轴区就是实际的理想光学系统，理想光学系统理论可以适用于实际光学系统的近轴区。所以，实际光学系统的基点位置和焦距是指近轴区的基点位置和焦距。

2. 实际光学系统的基点和焦距的计算

实际光学系统多是由有一定厚度的透镜组成的，若按3.6节中的方法进行组合，首先需把每一个透镜的基点位置求出来，然后进行组合。对于多光组系统，这样组合过于烦琐。

简便的方法是用近轴光光路计算公式(2.5)对实际系统作光路计算，用式(2.6)校对每一个面的计算结果。将这些公式列成表格，如表3.4所示，以便于用计算器进行计算。

表3.4　近轴光计算公式列表（正向光路计算示例）

面　　号	1	2	3	4	5	6
l	$-\infty$	64.9065	38.2835	124.334	-88.8593	-592.073
$-r$	26.67	189.67	-49.66	25.47	72.11	-35.00
$l-r$		-124.764	87.9435	98.8642	-160.969	$-5\,578\,773$
$\times u$		0.142 640	0.200 250	0.060 875 3	$-0.092\,124\,5$	$-0.013\,891\,9$
$\div r$	26.67	189.67	-49.66	25.47	72.11	-35.00
i	0.374 953	$-0.093\,827\,5$	$-0.354\,626$	0.236 293	0.205 647	$-0.221\,108$
$\times n/n'$	1/1.6140	1.6140	1/1.6475	1.6475	1/1.6140	1.6140
i'	0.232 313	0.151 438	$-0.215\,251$	0.389 293	0.127 414	$-0.356\,869$
$\times r$	26.67	189.67	-49.66	25.47	72.11	-35.00
$\div u' = (u+i-i')$	0.142 640	0.200 250	0.060 875 3	$-0.092\,124\,5$	$-0.013\,891\,9$	0.121 869
$l'-r$	43.436 488	-143.436	175.594	-107.629	-661.383	102.491
$+r$	26.67	189.67	-49.66	25.47	72.11	-35.00
l'	70.1065	46.2336	125.934	-82.1593	-589.273	67.4907
lu	10	9.258 27	7.666 28	7.568 88	8.186 12	8.225 01
$\div u'$	0.142 640	0.200 250	0.060 875 3	$-0.092\,124\,5$	$-0.013\,891\,9$	0.121 869
l'	70.1065	46.2335	125.934	-82.1593	-589.273	67.4907
$-d$	5.2	7.95	1.6	6.7	2.8	
l	64.9065	38.2835	124.334	-88.8583	-592.073	

根据计算出的数据，可直接得到焦点位置 l'_F，再按式(3.35)的第二式计算焦距 f'。由于是在近轴区，角度正切以角度弧度取代。求得 l'_F 和 f' 后，即可求得主点位置：

$$\begin{cases} f' = h_1 / u'_k \\ l'_H = l'_F - f' \end{cases} \tag{3.43}$$

这个计算过程称为正向光路计算。

当求物方基点时，把光学系统倒转，即把第一面作为最后一面，最后一面作为第一面，并使曲率半径改变符号，仍用以上计算方法，求得 f'，l'_F 和 l'_H 以后，改变符号即为该系统的物方 f，l_F 和 l_H 的值。这个计算过程称为反向光路计算。

例3.8　一个三片型照相物镜，如图3.25所示，其结构参数如下：

r/mm	d/mm	n
26.67		
189.67	5.2	1.6140
−49.66	7.95	1.0
25.47	1.6	1.6745
光阑	1.0	1.0
72.11	5.7	1.0
−35.00	2.8	1.6140

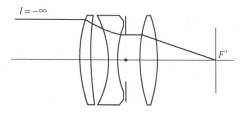

图3.25　三片型照相物镜光路图

试利用近轴光光路计算方法求基点位置。

关于"光阑"的概念将在第 5 章中讨论。在进行求基点位置的光路计算时，可先不必考虑。

在进行正向光路计算时，取初始坐标为 $l_1 = -\infty(u_1 = 0)$，$h_1 = 10$ mm，$i_1 = h_1 / r_1$。计算过程参见表 3.4。则有 $l'_F = l'_6 = 67.4907$ mm，按式(3.43)，得

$$f' = h_1 / u'_6 = 10 \text{ mm}/0.121\,868 = 82.055 \text{ mm}$$

$$l'_H = l'_f - f' = 67.4907 \text{ mm} - 82.055 \text{ mm} = -14.5644 \text{ mm}$$

把系统倒转进行反向光路计算，参见表 3.5，得

$$l_F = -l'_6 = -70.0184 \text{ mm}$$

$$f = -h_1 / u'_6 = -10 \text{ mm}/0.121\,869 = -82.055 \text{ mm}$$

$$l_H = l_F - f = 12.0366 \text{ mm}$$

以上计算结果标于图3.26中。

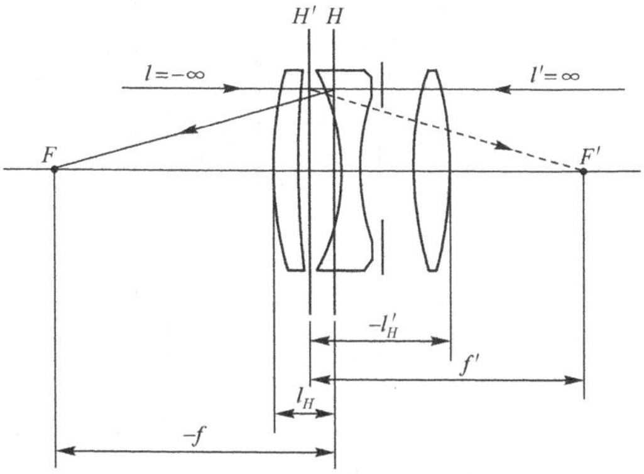

图3.26　三片型照相物镜计算结果标注

表 3.5　近轴光计算公式列表（反向光路计算示例）

面　号	1	2	3	4	5	6
l	$-\infty$	89.2033	30.8823	235.146	−173.722	−184.662
$-r$	+35.00	−72.11	−25.47	49.66	−189.67	−26.67
$l-r$	10	161.313	56.3523	185.486	15.9485	−157.992
$\times u$		0.108 692	0.257 985	0.033 652 8	−0.047 736 3	−0.046 209 3
$\div r$	35.99	−72.11	−25.47	49.66	−189.67	−26.67
i	0.285 714	−0.243 148	−0.057 077 1	0.125 697	0.004 013 91	−0.273 742
$\times n/n'$	1/1.6140	1.6140	1/1.6475	1.6475	1/1.6140	1.6140
i'	0.177 022	−0.392 441	−0.346 459	0.207 086	0.002 486 93	−0.441 820
$\times r$	35.00	−72.11	−25.47	49.66	−189.67	−26.67
$\div u' = (u+i-i')$	0.108 692	0.257 985	0.033 652 8	−0.047 736 3	−0.046 209 3	0.121 869
$l'-r$	57.0033	109.692	262.160	−215.431	10.2077	96.6883
$+r$	35.00	−72.11	−25.47	49.66	−189.67	−26.67
l'	92.0033	37.5823	236.746	−165.771	−179.462	70.0183
lu	10	9.695 66	7.967 17	7.913 32	829282	8.533 11
$\div u'$	0.108 692	0.257 985	0.033 652 8	−0.047 736 3	−.0462093	0.121 869
l'	92.0033	37.5823	236.746	−165.772	−179.462	70.0184
$-d$	2.8	6.7	1.6	7.95	5.2	
l	89.2033	30.8823	235.146	−173.722	−184.662	

用近轴光光路计算比用理想光学系统公式求系统的基点位置和焦距更为方便，同时可由计算表得知许多中间数据，如 l，l'，u，u'，i，i' 等，可以方便地确定光学系统的放大率、像的倒正、光学系统的径向和轴向尺寸等。但是在按仪器要求设计一个光学系统时(即在仪器总体设计时要求光学系统对一定的物和像位置有一定放大率、一定的物体尺寸和要求系统有一定的径向和轴向尺寸等)，就需要用光组组合的方法确定系统的光组数、各个光组的参数和作用等。

3.9　几种典型系统的理想光学系统性质

根据前面理想光学系统理论对以下几种典型光学系统加以分析。

3.9.1　望远镜系统

在 3.2 节中曾提到平行于光轴入射到光学系统中的光线，因系统结构不同，其共轭光线可以和光轴相交，也可以平行于光轴。前一种为有限焦距系统，后一种为望远系统（无焦系统）。望远系统是光组组合的重要情况之一，它由两个光组组合而成，其重要特点是光学间隔为零。设两个光组的焦距分别为 f_1' 和 f_2'，第一光组的像方焦点 F_1' 和第二光组的物方焦点 F_2 重合，系统的总长为 $f_1' - f_2$，如图3.27所示。由于望远系统光学间隔为零，因此拥有许多独特的性质。

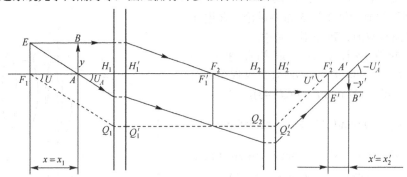

图 3.27　望远系统（无焦系统）示意图

由于光学间隔 $\Delta = 0$，由式(3.29a)和式(3.29b)可知其物方焦距和像方焦距为无限大。即平行光射入平行光射出，主点位置和焦点位置均在无限远处。

望远系统的焦距为无限大，但放大率为有限值，且不因物体位置而异。对其两个光组利用牛顿公式及其放大率公式，有

$$x_1' = f_1 f_1' / x_1, \quad x_2' = f_2 f_2' / x_2; \quad \beta_1 = -x_1' / f_1', \quad \beta_2 = -f_2 / x_2$$

因 $\Delta = 0$，$x_2 = x_1'$，可得望远系统的物像公式和垂轴放大率公式：

$$x_2' = \frac{f_2 f_2'}{f_1 f_1'} x_1, \qquad \beta = \beta_1 \beta_2 = f_2 / f_1'$$

对 $x_2' = \dfrac{f_2 f_2'}{f_1 f_1'} x_1$ 进行微分，可得望远系统的轴向放大率：

$$\alpha = f_2 f_2' / f_1 f_1'$$

由图3.27可知，直角三角形 $F_1 H_1 Q_1$ 和 $H_2' F_2' Q_2'$ 中有

$$\tan U' = H_2' Q_2' / f_2', \qquad \tan U = H_1 Q_1 / f_1$$

而 $H_2' Q_2' = H_1 Q_1$，故可得望远系统的角放大率：

$$\gamma = \tan U' / \tan U = f_1 / f_2'$$

若望远系统位于空气中，则 $f_1' = -f_1$，$f_2' = -f_2$，则放大率公式可表示为

$$\begin{cases} \beta = -f_2' / f_1' \\ \alpha = (f_2' / f_1')^2 \\ \gamma = -f_1' / f_2' \end{cases} \tag{3.44}$$

由此可见，一般光学系统的各放大率之间的关系：$\alpha = \beta^2$，$\alpha \gamma = \beta$ 和 $\gamma = 1 / \beta$，在望远系统中同样成立。另外，望远系统的放大率仅决定于其两光组焦距之比，即不管物体在任何位置，其放大率值不变。这是与一般光学系统的不同之处。

望远系统有两种最基本形式：一种称为伽利略望远镜系统，用正透镜作为物镜，以负透镜作为目镜，如图 3.28(a)所示，其产生正立虚像。系统中没有实像，不能装瞄准用分划板；另一种称为开普勒望远镜系统，物镜和目镜均为正透镜，如图3.28(b)所示，其产生倒立虚像，由于有中间实像，可以安装瞄准用分划板。

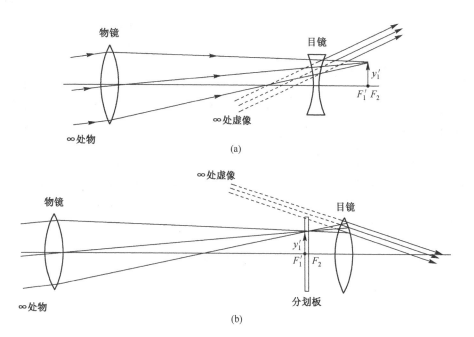

(a)

(b)

图 3.28　望远系统的基本结构

一个望远系统与一个望远系统组合，仍为望远系统。望远系统加一个有限焦距的系统，组合成为一个有限焦距系统，其像方焦点就是所加系统的像方焦点，易于证明 h_2/h_1 为望远镜的垂轴倍率倒数 $1/\beta_1$，如图3.29所示。合成后等效系统的焦距为

$$f' = h_1/\tan U_2' = (h_1/h_2)(h_2/\tan U_2') = f_2'/\beta_1$$

或　　　　　　　　　　$$f' = \gamma_1 f_2' \qquad (3.45)$$

式中，f_2' 为所加的有限焦距系统的焦距；β_1，γ_1 为前面望远系统的垂轴放大率和角放大率。上式表

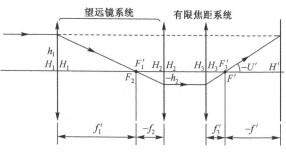

图 3.29　一个望远系统与一个有限焦距系统组合

明，在一个有限焦距的光学系统之前加一个角放大率为 γ 的望远系统时，整个系统的焦距为原有限焦距系统的焦距的 γ 倍。

3.9.2　显微镜系统

显微镜系统的光路如图3.30所示，由焦距很短的物镜和目镜组成。在物镜后焦点 F_1' 到目镜前焦点 F_2 之间有着较大的光学间隔 Δ。由式(3.29a)和式(3.29b)可得其组合焦距为

$$f' = -f_1' f_2'/\Delta, \qquad f = f_1 f_2/\Delta$$

由以上二式可知显微镜系统的像方焦距 f' 为负，如图 3.30 中所示；物方焦距 f 为正。由于光学间隔 Δ 值很大，故 f' 和 f 是很小的。显微镜系统的成像过程如图 3.31 所示。物体 AB 位于物镜前焦点 F_1 附近，成一放大实像 $A_1'B_1'$ 于目镜的前焦点 F_2 之右面邻近处，作为目镜的物，通过目镜成一放大虚像 $A_2'B_2'$。人眼通过目镜可观察到这个放大的虚像。由图 3.30 上有关量，根据牛顿放大率公式可得物镜的垂轴放大率为

$$\beta_1 = -x_1'/f_1' = -\Delta/f_1'$$

目镜的放大率为　　　　　　　　　　$$\beta_2 = -x_2'/f_2'$$

可得组合系统的放大率为　　　　　　$$\beta = x_1'x_2'/f_1'f_2'$$

由于 f_1'，f_2'，x_1' 均为正值，设目镜为放大虚像，x_2' 为负值，如图3.31 所示，故 β 也为负值，即显微镜系统成倒像。由于 x_1' 和 x_2' 均远大于 f_1' 和 f_2'，故显微镜系统有很大的垂轴放大率 β 值。

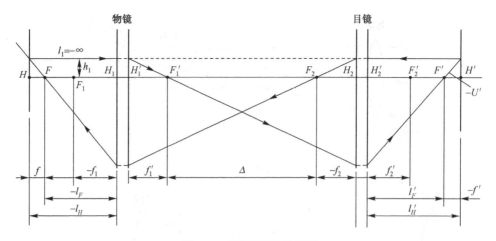

图 3.30　显微镜系统的光路

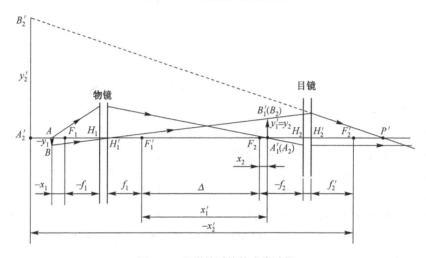

图 3.31　显微镜系统的成像过程

其轴向放大率为
$$\alpha = x_1' x_2' / f_1' f_2'$$

若物点 A 沿光轴移动很小距离，则通过显微系统的像点 A_2' 将移动很大距离，且 A 和 A_2' 移动方向相同。

显微系统的角放大率 $\gamma = f_1' f_2' / x_1' x_2'$，它为一个很小的值，即入射于物镜为大孔径光束，而由目镜射出为小孔径光束。

3.9.3　照相物镜系统

照相物镜一般对无限远成像，如图 3.32(a)所示。此时垂轴放大率、轴向放大率和角放大率分别为

$$\beta = 0, \qquad \alpha = 0, \qquad \gamma = \infty$$

实际照相物镜是在有限距离应用，随物距的改变，像平面相对于物镜的距离也改变，一般移动物镜，在规定像平面上成清晰像，即所谓调焦。图 3.32(b)给出 x/f 和 β 的关系曲线。由曲线可以看出：其一，由于牛顿放大率公式 $\beta = -f/x$，且照相时必须在胶片

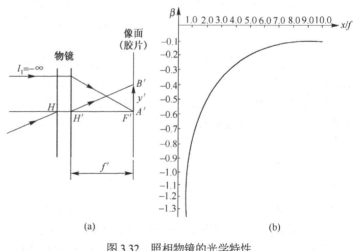

(a)　　　　　　　　　　　(b)

图 3.32　照相物镜的光学特性

上成实像，所以永远成倒像。随着物距的减小，即 x/f 的减小，β 增大。在 $x=f$ 处为 $\beta=-1$ 的倒立实像。其二，当物距一定时，照相物镜更换为长焦距时，其垂轴放大率 β 也增大。

3.10　矩阵运算在几何光学中的应用

3.8 节讨论了实际光学系统的近轴区具有理想光学系统性质。理想光学系统理论和光学系统近轴区的物像关系是线性的，用矩阵进行运算和表达光学系统的成像性质是很方便的。

3.10.1　近轴光的矩阵表示

在矩阵运算中，确定一条光线的空间位置用该光线和一已知参考面上交点的坐标 $(0, y, z)$ 及该光线的三个方向余弦和所在空间折射率的乘积 $n\alpha, n\beta, n\gamma$ 来表示。对于子午面内的光线，只要用两个参量就可以了，即光线在参考面上的交点高度 y 及该光线和 y 坐标轴夹角的余弦与折射率的乘积 $n\cos V$，如图3.33所示。由图3.33可知 $n\cos V = n\sin U$，在近轴区内用 nu 表示，像空间写为 $n'u'$。

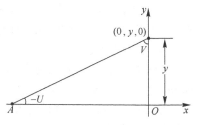

图 3.33　导出光线的矩阵单元表示

1. 折射矩阵

参考面可以是折射面的近轴部分，也可以是物、像面或任一指定平面。光线通过参考面之后，其参量发生变化，这种变化可以用一个矩阵来描述。例如光线经过一个折射面，其方向变化可用折射矩阵来表示。

折射面的近轴部分作为一个参考面时，光线通过它的角度变化可用近轴光计算公式 $n'u' - nu = (n'-n)h/r$ 求出。高度 h 用 y 表示，其在折射前和折射后不变，$(n'-n)/r$ 对一个折射面为常量，用 a 表示，得

$$\begin{cases} n'u' = nu + ay \\ y' = 0 + y \end{cases}$$

写为矩阵形式：

$$\begin{bmatrix} n'u' \\ y \end{bmatrix} = \begin{bmatrix} 1 & a \\ 0 & 1 \end{bmatrix} \begin{bmatrix} nu \\ y \end{bmatrix}$$

式中，$\begin{bmatrix} 1 & a \\ 0 & 1 \end{bmatrix}$ 称为折射矩阵，表征近轴区经折射后参量 nu 和 y 值的变化，该矩阵用 $\boldsymbol{R}$ 表示。若用 $\boldsymbol{M}$ 和 $\boldsymbol{M}'$ 表示 $\begin{bmatrix} nu \\ y \end{bmatrix}$ 和 $\begin{bmatrix} n'u' \\ y' \end{bmatrix}$，则上式可写为

$$\boldsymbol{M}' = \boldsymbol{RM} \tag{3.46}$$

2. 过渡矩阵（转面矩阵）

光线由一个参考面射向另一个参考面，光线在后一个参考面上的坐标发生变化，可用一个过渡矩阵来表示。一个光学系统由 k 个折射面和 $(k-1)$ 个间隔组成，第 i 个折射面上的坐标向第 $i+1$ 面上过渡时，由过渡公式(2.21)和公式(2.24)可写出

$$\begin{cases} n_{i+1}u_{i+1} = n_i'u_i' + 0 \\ y_{i+1} = -d_i u_i' + y_i' \end{cases}$$

可写为矩阵形式：

$$\begin{bmatrix} n_{i+1}u_{i+1} \\ y_{i+1} \end{bmatrix} = \begin{bmatrix} 1 & 0 \\ -d_1/n_i' & 1 \end{bmatrix} \begin{bmatrix} n'u' \\ y_i' \end{bmatrix}$$

式中，$\begin{bmatrix} 1 & 0 \\ -d_1/n_i' & 1 \end{bmatrix}$ 称为过渡矩阵或转面矩阵，用 $\boldsymbol{D}_i$ 表示，则上矩阵式可写为

$$\boldsymbol{M}_{i+1} = \boldsymbol{D}_i \boldsymbol{M}_i' \tag{3.47}$$

3. 传递矩阵

光线经过光学系统可用一系列的折射矩阵和过渡矩阵的乘积来表示，该乘积即为传递矩阵。对于 k 个折射面系统，可写出矩阵表示式为

$$M'_k = R_k D_{k-1} R_{k-1} \cdots D_1 R_1 M_1 = TM_1 \tag{3.48}$$

式中，T 为传递矩阵，其表示式为

$$T = \begin{bmatrix} 1 & a_k \\ 0 & 1 \end{bmatrix} \begin{bmatrix} 1 & 0 \\ -d_{k-1}/n'_{k-1} & 1 \end{bmatrix} \begin{bmatrix} 1 & a_{k-1} \\ 0 & 1 \end{bmatrix} \cdots \begin{bmatrix} 1 & a_2 \\ 0 & 1 \end{bmatrix} \begin{bmatrix} 1 & 0 \\ -d_1/n'_1 & 1 \end{bmatrix} \begin{bmatrix} 1 & a_1 \\ 0 & 1 \end{bmatrix} = \begin{bmatrix} B & A \\ D & C \end{bmatrix} \tag{3.49}$$

以上计算必须按由第一面到第 k 面的顺序进行。当已知系统的结构参数 (r, d, n) 时，可求得 A, B, C, D 的值，它们是光学系统的 r, d, n 的函数。用这 4 个量可以表示光学系统的高斯光学性质（基点位置、焦距等），称为高斯常数。

由于传递矩阵中每一个折射矩阵和过渡矩阵的行列式值均为 1，故整个传递矩阵的行列式值也应为 1，即 $BC - AD = 1$，用此关系可以核对矩阵是否正确。

例 3.9 已知一弯月形负透镜，其结构参数为 $r_1 = 50$ mm，$r_2 = 20$ mm，$d_1 = 3$ mm，$n = 1.5$，试求传递矩阵的各高斯常数。

先求各射面的 a 值及 d/n' 值：

$$a_1 = \frac{n'_1 - n_1}{r_1} = \frac{1.5 - 1}{50 \text{ mm}} = 0.01 \text{ mm}^{-1}, \quad a_2 = \frac{n'_2 - n_2}{r_2} = \frac{1 - 1.5}{20 \text{ mm}} = -0.025 \text{ mm}^{-1}, \quad \frac{d_1}{n'_1} = \frac{3 \text{ mm}}{1.5} = 2 \text{ mm}$$

代入式(3.48)，得 $\quad T = R_2 D_1 R_1 = \begin{bmatrix} 1 & a_2 \\ 0 & 1 \end{bmatrix} \begin{bmatrix} 1 & 0 \\ -d_1/n'_1 & 1 \end{bmatrix} \begin{bmatrix} 1 & a_1 \\ 0 & 1 \end{bmatrix} = \begin{bmatrix} 1 & -0.025 \\ 0 & 1 \end{bmatrix} \begin{bmatrix} 1 & 0 \\ -2 & 1 \end{bmatrix} \begin{bmatrix} 1 & 0.01 \\ 0 & 1 \end{bmatrix}$

$$= \begin{bmatrix} 1 & -0.025 \\ 0 & 1 \end{bmatrix} \begin{bmatrix} 1 & 0.01 \\ -2 & 0.98 \end{bmatrix} = \begin{bmatrix} 1.05 & -0.0145 \\ -2 & 0.98 \end{bmatrix}$$

可得该系统的高斯常数为 $A = -0.0145 \text{ mm}^{-1}$，$B = 0.98$，$C = 1.05$，$D = -2 \text{ mm}$。

计算其行列式值，得 $\det T = 1$，证明计算无误。

3.10.2 物像矩阵

光学系统对物体成像是把光线在物面处的坐标变换为像面处的坐标。这个变换由一个物像矩阵来完成。首先把物面上光线的坐标向第一个折射面进行过渡，经整个系统后，再由最后一个折射面上光线的坐标过渡到像平面上。实现这种过渡只需将 l 和 l' 取代过渡矩阵中的 d 即可。因此可定义物像矩阵为

$$M_{A'A} = D_{A'k} T D_{1A} \tag{3.50}$$

式中，$D_{A'k}$ 为由光学系统最后一个折射面到像平面的过渡矩阵：

$$D_{A'k} = \begin{bmatrix} 1 & 0 \\ -l'_k/n'_k & 1 \end{bmatrix}$$

D_{1A} 为由物平面向光学系统第一面的过渡矩阵：

$$D_{1A} = \begin{bmatrix} 1 & 0 \\ -(-l_1)/n_1 & 1 \end{bmatrix} = \begin{bmatrix} 1 & 0 \\ l_1/n_1 & 1 \end{bmatrix}$$

T 是光学系统的传递矩阵。因此整个系统的物像矩阵可写为

$$M'_{A'A} = \begin{bmatrix} 1 & 0 \\ -l'_k/n'_k & 1 \end{bmatrix} \begin{bmatrix} B & A \\ D & C \end{bmatrix} \begin{bmatrix} 1 & 0 \\ l_1/n_1 & 1 \end{bmatrix} \tag{3.51}$$

现在以单个折射面为例，设物距为 $-l$，像距为 l'，可构成如下物像矩阵表示式：

$$\begin{bmatrix} n'u' \\ y' \end{bmatrix} = \begin{bmatrix} 1 & 0 \\ -l'/n' & 1 \end{bmatrix} \begin{bmatrix} 1 & (n'-n)/r \\ 0 & 1 \end{bmatrix} \begin{bmatrix} 1 & 0 \\ l/n & 1 \end{bmatrix} \begin{bmatrix} nu \\ y \end{bmatrix} = \begin{bmatrix} 1 + \dfrac{n'-n}{r} \dfrac{l}{n} & \dfrac{n'-n}{r} \\ -\dfrac{l'}{n'} - \dfrac{n'-n}{r} \dfrac{ll'}{nn'} + \dfrac{1}{n} & 1 - \dfrac{n'-n}{r} \dfrac{l'}{n'} \end{bmatrix} \begin{bmatrix} nu \\ y \end{bmatrix}$$

式中
$$-\frac{l'}{n'}-\frac{n'-n}{r}\frac{ll'}{nn'}+\frac{1}{n}=\frac{ll'}{nn'}\left(\frac{n'}{l'}-\frac{n}{l}-\frac{n'-n}{r}\right)=0$$

上式说明，在近轴区像高 y' 只和物高 y 成正比，而与角 u 的大小无关，因此可得

$$y'=\left(1-\frac{n'-n}{r}\frac{l'}{n'}\right)y$$

或写为

$$\beta=\frac{y'}{y}=1-\frac{n'-n}{r}\frac{l'}{n}$$

由于矩阵的行列式值恒为 1，故有

$$\frac{1}{\beta}=1+\frac{n'-n}{r}\frac{l}{n}$$

若以 $\dfrac{n'}{l'}-\dfrac{n}{l}$ 取代以上两式中的 $\dfrac{n'-n}{r}$，可以方便地得到 $\beta=\dfrac{nl'}{n'l}$ 和 $\dfrac{1}{\beta}=\dfrac{n'l}{nl'}$。因此单个折射面的物像矩阵可写为

$$\boldsymbol{M}_{A'A}=\begin{bmatrix} 1/\beta & \alpha \\ 0 & \beta \end{bmatrix} \tag{3.52}$$

此物像矩阵是有普遍意义的，任何复杂光学系统的物像矩阵也是这样的形式。

3.10.3　用高斯常数表示系统的基点位置和焦距

设光学系统的物、像方折射率分别为 n 和 n'，物像方截距为 $-l$ 和 l，如果其传递矩阵中高斯常数已知，其物像矩阵可写为

$$\boldsymbol{M}_{A'A}=\begin{bmatrix} 1 & 0 \\ -\dfrac{l'}{n'} & 1 \end{bmatrix}\begin{bmatrix} B & A \\ D & C \end{bmatrix}\begin{bmatrix} 1 & 0 \\ \dfrac{l}{n} & 1 \end{bmatrix}=\begin{bmatrix} A\dfrac{l}{n}+B & A \\ -A\dfrac{ll'}{nn'}-B\dfrac{l'}{n'}+C\dfrac{1}{n}+D & -A\dfrac{l'}{n'}+C \end{bmatrix}$$

和前面讨论的单个折射面矩阵一样，由于在近轴区，y' 和角 u 无关，只和 y 成正比，故有

$$-A\frac{ll'}{nn'}-B\frac{l'}{n'}+C\frac{1}{n}+D=0$$

$$B=\frac{y'}{y}=-A\frac{l'}{n'}+C \tag{3.53}$$

由于矩阵的行列值为 1，可得

$$\frac{1}{\beta}=A\frac{1}{n}+B \tag{3.54}$$

1.　主面位置

当取 $\beta=\pm1$ 时，式(3.53)和式(3.54)中的 l 和 l' 即为主面位置 l_H 和 l'_H：

$$\begin{cases} l'_H=-(1-C)n'/A \\ l_H=(1-B)n/A \end{cases} \tag{3.55}$$

2.　焦点位置

当 $l=\infty$ 时，$\beta=0$，则式(3.53)中的 l' 即为后焦点位置 l'_F。当 $l'=\infty$ 时，$\beta=\infty$，$1/\beta=0$，则式(3.54)中的 l 应为前焦点位置 l_F，即

$$\begin{cases} l'_F=Cn'/A \\ l_F=-Bn/A \end{cases} \tag{3.56}$$

3.　焦距

若已知 l'_H，l_H 和 l'_F，l_F，则可求得焦距 f 和 f'：

$$\begin{cases} f'=l'_F-l'_H=n'/A \\ f=l_F-l_H=-n/A \end{cases} \tag{3.57}$$

由此也可得到光学系统两焦距间的关系： $f'/f = -n'/n$

4．节点位置

由式(3.24)可知光学系统物方和像方为不同介质时，垂轴放大率和角放大率的关系为

$$\beta = \frac{n}{n'}\frac{1}{\gamma} \qquad \text{或} \qquad \gamma = \frac{n}{n'}\frac{1}{\beta}$$

把式(3.53)和式(3.54)代入上式，并使 $\gamma = 1$ ，求得的 l' 和 l 即为节点位置 l'_J 和 l_J ：

$$\begin{cases} l'_J = -(n - Cn')/A \\ l_J = (n' - Bn)/A \end{cases} \tag{3.58}$$

当光学系统处于同一介质时， $n = n'$ ，则有

$$\begin{cases} l'_J = -(1 - C)n'/A = l'_H \\ l_J = (1 - B)n/A = l_H \end{cases} \tag{3.59}$$

此时主点和节点完全重合。

例3.10 根据例3.9所求得光学系统的高斯常数求该系统的基点位置和焦距。

由例3.9所求得的高斯常数为 $A = -0.0145\ \text{mm}^{-1}$, $B = 0.98$, $C = 1.05$, $D = -2\ \text{mm}$ 。

(1) 按式(3.55)求主面位置： $l'_H = -\dfrac{(1 - 1.05) \times 1}{-0.0145\ \text{mm}^{-1}} = -3.448\ \text{mm}$ ， $l_H = \dfrac{(1 - 0.98) \times 1}{-0.0145\ \text{mm}^{-1}} = -1.379\ \text{mm}$

(2) 按式(3.56)求焦点位置： $l'_F = \dfrac{1.05 \times 1}{-0.0145\ \text{mm}^{-1}} = -72.414\ \text{mm}$ ， $l_F = -\dfrac{0.98 \times 1}{-0.0145\ \text{mm}^{-1}} = 67.586\ \text{mm}$

(3) 按式(3.59)求节点位置： $l'_J = 3.448\ \text{mm}$, $l_J = -1.379\ \text{mm}$

(4) 按式(3.57)求焦距： $f' = \dfrac{1}{-0.0145\ \text{mm}^{-1}} = -68.966\ \text{mm}$ ， $f = \dfrac{-1}{-0.0145\ \text{mm}^{-1}} = 68.966\ \text{mm}$

校对 $f' = -72.414\ \text{mm} - (-3.448\ \text{mm}) = -68.966\ \text{mm}$, $f = 67.586\ \text{mm} - (-1.379\ \text{mm}) = 68.965\ \text{mm}$
两种方法求得的焦距值相同，表明计算无误。

3.10.4 薄透镜系统的矩阵运算

1．薄透镜系统的折射矩阵和过渡矩阵

空气中单个薄透镜仍可用一个折射矩阵 R 描述：

$$\boldsymbol{R} = \begin{bmatrix} 1 & \dfrac{1-n}{r_2} \\ 0 & 1 \end{bmatrix} \begin{bmatrix} 1 & 0 \\ 0 & 1 \end{bmatrix} \begin{bmatrix} 1 & \dfrac{n-1}{r_1} \\ 0 & 1 \end{bmatrix} = \begin{bmatrix} 1 & (n-1)\left(\dfrac{1}{r_1} - \dfrac{1}{r_2}\right) \\ 0 & 1 \end{bmatrix} = \begin{bmatrix} 1 & \varPhi \\ 0 & 1 \end{bmatrix} \tag{3.60}$$

设由 N 个薄透镜（ $N-1$ 个间隔）组成的系统，且在空气中，相邻薄透镜之间的过渡矩阵用 $\boldsymbol{D}$ 表示，即

$$\boldsymbol{D} = \begin{bmatrix} 1 & 0 \\ -d & 1 \end{bmatrix} \tag{3.61}$$

2．薄透镜系统的传递矩阵

薄透镜系统的传递矩阵可表示为 $\quad\quad \boldsymbol{T} = \boldsymbol{R}_N \boldsymbol{D}_{N-1} \boldsymbol{R}_{N-1} \cdots\cdots \boldsymbol{R}_2 \boldsymbol{D}_1 \boldsymbol{R}_1$ \hfill (3.62)

或写为 $\quad \boldsymbol{T} = \begin{bmatrix} 1 & \varphi_N \\ 0 & 1 \end{bmatrix} \begin{bmatrix} 1 & 0 \\ -d_{N-1} & 1 \end{bmatrix} \begin{bmatrix} 1 & \varphi_{N-1} \\ 0 & 1 \end{bmatrix} \cdots \begin{bmatrix} 1 & \varphi_2 \\ 0 & 1 \end{bmatrix} \begin{bmatrix} 1 & 0 \\ -d_1 & 1 \end{bmatrix} \begin{bmatrix} 1 & \varphi_1 \\ 0 & 1 \end{bmatrix} = \begin{bmatrix} B & A \\ D & C \end{bmatrix}$

式中， A, B, C, D 为高斯常数，它们是由各薄透镜的光焦度和它们间的间隔所决定的。薄透镜系统的传递矩阵实际上和式(3.49)中的实际光学系统近轴区的传递矩阵有相同的意义。对于单个薄透镜，由式(3.60)可知高斯常数 A 为光焦度。这是有普遍意义的，对于同一介质中的任何光学系统，高斯常数 A 均为光焦度。下面举例说明。设一光学系统由光焦度为 φ_1 和 φ_2 的两块薄透镜组成，间隔为 d ，其传递矩阵为

$$T = \begin{bmatrix} 1 & \varphi_2 \\ 0 & 1 \end{bmatrix} \begin{bmatrix} 1 & 0 \\ -d & 1 \end{bmatrix} \begin{bmatrix} 1 & \varphi_1 \\ 0 & 1 \end{bmatrix} = \begin{bmatrix} 1-d\varphi_2 & \varphi_1+\varphi_2-d\varphi_1\varphi_2 \\ -d & 1-d\varphi_1 \end{bmatrix} \tag{3.63}$$

显然, 高斯常数 A 即为系统的光焦度。

3. 薄透镜系统的物像矩阵

薄透镜系统的物像矩阵与实际光学系统近轴区的物像矩阵有相同意义。现以单薄透镜为例, 物距 $-l$ 和像距 l' 构成的物像矩阵如下:

$$M_{A'A} = \begin{bmatrix} 1 & 0 \\ -l' & 1 \end{bmatrix} \begin{bmatrix} 1 & \Phi \\ 0 & 1 \end{bmatrix} \begin{bmatrix} 1 & 0 \\ l & 1 \end{bmatrix} = \begin{bmatrix} 1+l\Phi & \Phi \\ -l'-ll'\Phi+l & 1-l'\Phi \end{bmatrix}$$

式中 $\quad -l'-ll'\Phi+l = ll'\left(\dfrac{1}{l'}-\dfrac{1}{l}-\dfrac{1}{f'}\right)=0, \quad 1-l'\Phi=\dfrac{f'-l'}{f'}=-\dfrac{x'}{f'}=\beta, \quad 1+l\Phi=\dfrac{-f+1}{-f}=-\dfrac{x}{f}=\dfrac{1}{\beta}=\gamma$

故单个薄透镜的物像矩阵可写为 $\qquad M_{A'A} = \begin{bmatrix} \gamma & \Phi \\ 0 & \beta \end{bmatrix} \tag{3.64}$

这个结果和式(3.52)所示光学系统近轴区的物像矩阵的形式完全相同。

最后, 对于几何光学中的矩阵运算可归结为

(1) 折射矩阵描述单个折射面或单个薄透镜的折射作用, 即光线通过它们以后方向的变化。此种情况下, 参考平面和单个折射面或薄透镜重合。

(2) 过渡矩阵表示光线经过一段间隔（透镜厚度、透镜间隔、物距和像距等）后在不同参考面上的交点坐标的变化。

(3) 光学系统的传递矩阵表示光线通过光学系统前、后光线方向的变化以及光线在最后折射面（参考面）上的交点坐标相对于光线在第一折射面（参考面）上交点坐标的变化。并可按高斯常数求得系统的基点位置和焦距。

(4) 光学系统的物像矩阵是由物空间的过渡矩阵、传递矩阵和像空间的过渡矩阵相乘而得的。它描述了一对共轭面上的物像关系（系统焦距、垂轴放大率和角放大率）。

习题

3.1 设某一焦距为 50 mm 的正透镜在空气中, 一个高度为 100 mm 的实物分别置于透镜前 $-4f'$, $-3f'$, $-2f'$ 和 $-1.5f'$ 处。试分别用作图法、牛顿公式和高斯公式求其像的位置和大小。

3.2 设某一焦距为 30 mm 的正透镜在空气中, 分别在透镜后面 $1.5f'$, $2f'$, $3f'$ 和 $4f'$ 处置一个高度为 60 mm 的虚物。试分别用作图法、牛顿公式和高斯公式求其像的位置和大小。

3.3 设一个在空气中焦距为 50 mm 的负镜, 在其前分别置一个高度为 50 mm 的实物于 $4f'$, $3f'$, $2f'$ 和 $1.5f'$ 处。试分别用作图法、牛顿公式和高斯公式求其像的位置和大小。

3.4 设一个在空气中焦距为 30 mm 的负透镜, 分别在其后 $0.5f$, $1.5f$, $2.5f$ 和 $3.5f$ 处放一个高度为 60 的虚物, 试分别用作图法、牛顿公式和高斯公式求其像的位置和大小。

3.5 设一个在空气中焦距为 75 mm 的透镜, 其像面尺寸为 60 mm×60 mm, 该像面由后焦点前 10 mm 移向后焦点后 10 mm ($x'=-10\sim10$ mm), 试画出物面位置变化曲线和物体大小变化曲线, 并给出相应的方程和数据。

3.6 设一个在空气中焦距为 40 mm 的正透镜, 在其前方 $-4f'$ 处光轴上子午面内置以 10 mm×10 mm 的正方形物体, 试用图解法求其像的位置和形状, 并标出尺寸, 再用解析计算验证。

3.7 设一个在空气中焦距为 60 mm 的正透镜, 已知在其像空间子午面内 $1.5f$ 处($x'=0.5f'$)有一个正方形的实像, 其尺寸为 10 mm×10 mm, 试求其物的位置和形状, 并标出其尺寸, 用图解法和解析法求解。

3.8 设某一系统在空气中, 对物体成像的垂轴放大率 $\beta=10^x$, 由物面到像面的距离（共轭距离）为 7200 mm, 该系统两焦点之间的距离为 1140 mm。试求物镜的焦距, 并给出该系统的基点位置图。

3.9 已知一透镜把物体放大 $\beta=-3^x$ 并投影到屏幕上, 当透镜向物体移动 18 mm 时, 物体将被放大 $\beta=-4^x$, 试求透镜的焦距。

3.10 一块薄透镜对某一物体成一实像, 其放大率 $\beta=-1^x$, 若以另一块薄透镜贴在第一块透镜上, 则像向透镜

移近了 20 mm，放大率为原先的 $3^x/4$，求两块透镜的焦距各为多少？

3.11 某一透镜以物体成像为 $\beta = -0.5^x$，使物向透镜移近 100 mm，则得 $\beta = -1^x$，试求该透镜的焦距。

3.12 欲得一个长焦距 $f' = 1200$ mm 的透镜系统，当对无限远物体成像时，由系统第一个折射面的顶点到像面的距离 $L = 700$ mm，由系统最后一面到像平面的距离（工作距离）$l' = 400$ mm，按最简单结构的薄透镜系统考虑，求系统的结构，并绘出该系统及各光组（透镜）的基点位置。

3.13 欲得一短焦距的透镜系统，其焦距 $f' = 35$ mm，筒长 $L = 65$ mm，工作距离 $l' = 60$ mm，按照最简单的薄透镜系统考虑，求其结构，并绘出该系统及各光组的基点位置。

3.14 已知某一透镜的结构为：

$r_1 = -200$ mm, $r_2 = -300$ mm， $d = 50$ mm, $n = 1.5$

试求其焦距、光焦度和基点位置。

3.15 一个焦距为 100 mm 的薄透镜与另一个焦距为 50 mm 的薄透镜组合，组合后的焦距仍为 100 mm，试求两个透镜的相对位置，并给出该系统的基点位置，并以图解法对其进行核校。

3.16 长 60 mm、折射率为 1.5 的玻璃棒，其两端磨成曲率半径为 100 mm 的凸球面，试求其焦距和基点位置。

3.17 试写出一个望远系统对任一对共轭点的物像矩阵。

3.18 一束平行光沿光轴方向射入平凸透镜，会聚于透镜后 480 mm 处，若在此透镜凸面上镀银，则平行光会聚于透镜前 80 mm 处，试求透镜的折射率和凸面的曲率半径。

3.19 试以两个薄透镜组分别按以下要求之一组成光学系统：(1) 两个透镜组的间隔不变，对不同位置的物体成像而倍率不变；(2) 物距不变，两个透镜组的间隔任意改变而倍率不变。试问这两个透镜组的组合焦距表示式。

3.20 用两个薄透镜光组成一个光学系统，两个薄透镜光组的焦距分别用 f_1' 和 f_2' 表示，两个透镜组的间隔为 d。设物平面位于第一个透镜组的前焦面上，试求此系统的垂轴放大率、焦距及基点位置的表示式。

3.21 某一光学系统如图3.34所示，由焦距为 f_1' 和 f_2' 的正、负两个透镜组成，间隔为 d ($< f_1'$)，负透镜相对于光轴平移了一个量 Δ，求由物体发出的沿光轴方向的光线通过系统后在物空间相对于光轴偏离的角度，并用作图法描述。

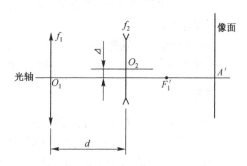

图 3.34 两个透镜组成的光学系统

3.22 有三个薄透镜：$f_1' = 100$ mm，$f_2' = 50$ mm，$f_3' = 500$ mm，其间隔分别为 $d_1 = 10$ mm，$d_2 = 10$ mm，设该光学系统在空气中，试求组合系统的基点位置和焦距。

3.23 一个薄透镜系统由 6 折光度和 (–8) 折光度的两个透镜组组成，两个透镜组的间隔为 80 mm，求组合系统的基点位置。

3.24 对于习题 2.20，试用矩阵法求解。

3.25 对于习题 2.22，试用矩阵法求解。

第4章　平面镜和平面系统

在光学仪器中常用平面反射镜、棱镜、平行平板等平面系统。其作用多为改变光路方向，使倒像转换成为正像，把白光分解为光谱等。除转像以外，透镜不能实现上述其他功能。下面对这些光学器件的特性分别进行叙述。

4.1　平面镜成像

1. 平面镜成像的特点

平面反射镜简称平面镜，它是最简单且能完善成像的光学器件，其成像原理如图4.1所示。由点 A 发出的光束被平面镜 PQ 反射，其中一条光线 AO 经反射后，沿 OA_2 方向射出。自点 A 发出的垂直于镜面的光线 AP 由原路反射回来。

反射光线 PA 和 OA_2 的延长线的交点 A' 即为点 A 经反射镜所成的像。设 ON 为反射镜在点 O 的法线，由反射定律可知 $\angle AON = \angle A_2ON$ ，可以证明 $AP = PA'$ ，即点 A' 相对于平面镜而言对称于点 A。光线 AP 是任意的，故点 A 发出的同心光束经反射镜反射后仍为以点 A' 为顶点的同心光束。因点 A 是物空间的任意点，所以空间中的任何物体 AB 上的所有点发出的同心光束经反射镜反射后仍成同心光束，这就说明了平面镜能对物体成完善像。在图4.1中，AB 为实物，$A'B'$ 为虚像，且物与像的尺度相同。

若物体 AB 为虚物，其上任意点相当于会聚光束的顶点。经反射镜反射后成为与虚物同尺度的实像，如图4.2所示。

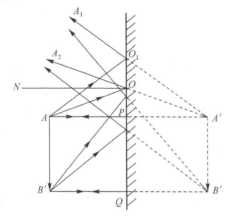

图4.1　平面反射镜的成像原理

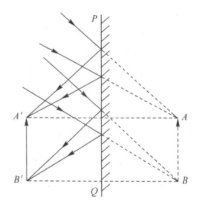

图4.2　反射镜对虚物成实像

反射定律是把 $n' = -n$ 用于折射定律的特例。平面镜是曲率半径为无限大的球面镜。故可把 $n' = -n$ 和 $r = \infty$ 代入式(2.9)和式(2.11)求得像距 l' 和垂轴放大率 β：

$$l' = -l, \qquad \beta = 1$$

所得结论与图 4.1 和图 4.2 所示的结果相同。不管物和像是虚或实，它们的尺度相同且其位置对称于平面镜，这种对称性称为"镜像"。像和物上下同方向，而左右方向颠倒，如图4.3所示，物体为右手坐标系 xyz（z 轴垂直于纸面并指向读者），其像为左手坐标系 $x'y'z'$（z' 轴仍垂直于纸面并指向读者）。若分别正对着 x 轴和 x' 轴方向观察坐标系 xyz 和 $x'y'z'$，则看到 z 轴和 z' 轴方向相反；若分别正对着轴 y 和 y' 轴观察，则 x 轴和 x' 轴方向相反，若分别正对着 z 轴和 z' 轴方向观察则 x 轴和 x' 轴方向也是相反的，即物和像完全对称于反射镜，因此观察镜像和观察实物是有区别的。一次反射或奇次反射均成镜像。当两次或偶次反射时，物体为右手坐标系仍成像为右手坐标系，物和像是完全一致的，称为"一致像"，如图4.4所示。

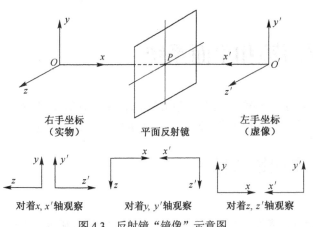

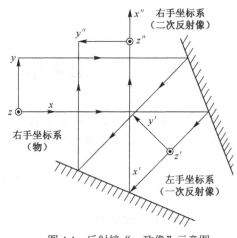

图 4.3　反射镜"镜像"示意图　　　　　图 4.4　反射镜"一致像"示意图

2. 用矢量形式表示反射镜的反射

用矢量形式描述反射镜的成像更为直观。设反射镜面和坐标系 xyz 的 yz 面重合，坐标原点 O 在反射镜面上，法线的单位矢量为 N^0，它与 x 轴重合，方向顺着入射光线。用矢量 A 和 A' 分别表示物点 A 和像点 A' 的位置，如图4.5所示。矢量 A 和 A' 可写为

$$\begin{cases} A = A_x i + A_y j + A_z k \\ A' = A'_x i + A'_y j + A'_z k \end{cases} \tag{4.1}$$

法线的单位矢量为　　　　　　　$N^0 = i$

把式(4.1)中的第一式代入矢量形式反射定律表示式(1.9)，得

$$A' = -A_x i + A_y j + A_z k$$

和式(4.1)的第二式相比较，得

图 4.5　用矢量形式表示平面反射镜成像

$$A'_x = -A_x, \quad A'_y = A_y, \quad A'_z = A_z \tag{4.2}$$

此关系对物体上任何点都成立。$A'_y = A_y$，$A'_z = A_z$ 表示物和像有相同的尺度和相同的方向；$A'_y = -A_x$ 表示物和像对称于镜面。

如果法线 N^0 为任一方向，即　　　　　　　　　$N^0 = N_x i + N_y j + N_z k \tag{4.3}$

把上式及式(4.1)代入矢量形式反射定律表示式(1.9)，得

$$A'_x i + A'_y j + A'_z k = (1 - 2N_x^2)A_x i - 2N_x N_y A_y i - 2N_z N_x A_z i - 2N_x N_y A_x j + \left(1 - 2N_y^2\right)A_y j -$$
$$2N_y N_z A_z j - 2N_z N_x A_x k - 2N_y N_z A_y k + \left(1 - 2N_z^2\right)A_z k$$

写成矩阵形式为

$$\begin{bmatrix} A'_x \\ A'_y \\ A'_z \end{bmatrix} = \begin{bmatrix} \left(1 - N_x^2\right) & -2N_x N_y & -2N_z N_x \\ -2N_x N_y & \left(1 - 2N_y^2\right) & -2N_y N_z \\ -2N_z N_x & -2N_y N_z & \left(1 - 2N_z^2\right) \end{bmatrix} \begin{bmatrix} A_x \\ A_y \\ A_z \end{bmatrix} \tag{4.4}$$

应用以上公式时，应注意坐标原点必须在反射镜面上。

3. 单平面镜摆动引起光线方向偏转

平面镜的重要性质之一：以一定方向的光线入射到平面镜，平面镜摆动角 α，则反射光线将有 2α 的摆角。这是因为入射角和反射角间同时增加了 α 角的缘故，如图4.6所示。这一特性在精密计量中有

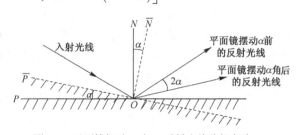

图 4.6　平面镜摆动 α 角，反射光线将摆角为 2α

广泛的应用，现给出两个例子。图4.7所示为自准直光管，在物镜焦平面上置以被照明的十字线分划板，通过物镜以平行光成像在无限远处，被平面镜反射回来，通过物镜仍成像在分划板上。若平面镜和光轴垂直，则反射回来的十字线像的中心与分划板上十字线的中心重合；若反射镜和光轴的垂直度稍有偏离，则反射回的十字线像的中心就不与分划板十字线的中心重合，其偏离量 FF_1 即可表示平面镜相对于光轴垂直度的偏离。这种系统多用于直线性测量，如使平面镜沿被测导轨移动，便可读出导轨上各点的不直度。

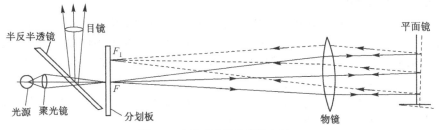

图4.7　自准直光管的测微角原理

另一个例子如图4.8所示，是把上例中系统的光轴转折 90°，活动平面镜可绕支点做微小摆动。当平面镜垂直于光轴时，分划板像被反射到分划板上，且像的中心（或规定的零点）与分划板中心（或零点）重合。当测杆有微小位移而使反射镜产生微小倾角，被反射回的分划板像中心和分划板中心有偏离量 FF_1，由其可推知测杆的位移量。这种系统多用于比较两个尺寸相近的物体的尺寸差。

通常称以上两例中的光学系统为一次反射式光学杠杆。

4．平面镜在光路计算中的作用

光学系统中的平面镜多用于转折光路的方向。由于它具有理想光学系统的性质，对系统没有像差贡献，因此在计算光路时常不作为一个面来计算。图 4.9 所示为一单镜头平面镜取景器，取景时，平面镜放下成 45°，曝光时反射镜转上去。在计算该物镜时并不考虑有平面镜，完成设计时要考虑反射镜存在的镜像。在此例中，取景时由于反射镜的镜像恰好和物镜的倒像相补，因此摄影者看到正像。

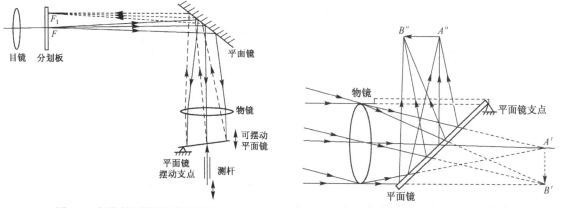

图 4.8　自准直光管测微位移原理　　　　图 4.9　单镜头平面镜取景器

在对图4.7和图4.8中的光学系统进行光路计算时，同样也不考虑平面镜。在这两个例子中的活动平面镜的作用不单是使光路折转180°，同时使一个物镜起两个物镜的作用。图4.10所示为这类系统的展开图。

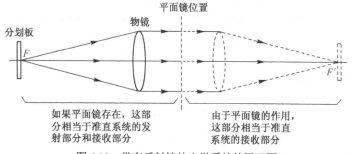

图 4.10　带有反射镜的光学系统的展开图

4.2 双平面镜系统

本节主要讨论物点在双平面镜系统中成像的情况，而且只限于讨论和双平面反射镜棱垂直的平面内光线的反射；在此面外光线的反射较复杂，本节不再讨论。

1．双平面镜的连续反射

如图4.11所示，两个平面反射镜 RP 与 QP 相交于棱 P，两个反射镜之间的夹角为 θ。设两个平面反射镜间的发光点（物点） A 在与棱 P 垂直的平面内，由点 A 发出一条光线 AD，先被反射镜 RP 反射，得虚像点 A_1'，再被反射镜 QP 反射，得第二次虚像 A_2'，又被 PR 反射得第三次虚像 A_3'。由于 A_3' 已经处于反射镜 QP 的背后，不能再被反射镜 QP 成像。这样，物点 A 先被反射镜 RP 成像，可得一系列虚像点 A_1'，A_2'，A_3'。

由点 A 发出的光线也能先被反射镜 QP 反射再被反射镜 RP 反射，和上述一样，可以得到另一系列的虚像点 A_1''，A_2''，A_3''，⋯⋯直到像点位于两个反射镜的背面不能再反射为止。

显然，由于反射镜的对称性质，可得

$$PA = PA_1' = PA_2' = \cdots = PA_1'' = PA_2'' = \cdots$$

这表明物点被双平面镜连续反射所成的各虚像点，A_1'，A_2'，⋯，A_1''，A_2''，⋯均在以双平面镜棱 P 为中心、以 PA 为半径的圆周上。

光线被双平面镜依次反射的次数或物点被双平面镜依次连续成像的像点数目与双平面镜的夹角 θ 有关，角 θ 越小，像点数目越多。若双平面镜平行，就可以有无限多次反射成无限多个像。但是，实际上由于光能的逐次损失，经一定次数反射以后，光能就耗尽了。在实际应用中，双平面反射镜的连续反射可用于精密计量技术中。对于图4.12(a)所示的系统，当测杆推动平面镜产生很小的摆角 α 且入射光线方向一定

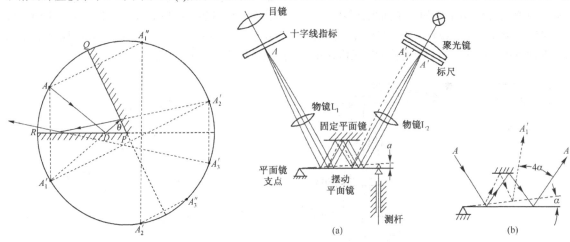

图 4.11　双平面镜的连续反射　　　　图 4.12　双平面反射镜的连续反射偏角放大原理图

时，经连续反射后的光束将产生很大的偏转。根据单平面镜的性质：入射光线方向一定，平面镜摆动角 α，则反射光线偏转 2α 角。在连续反射中，设在摆动反射镜上连续反射 n 次，若平面镜摆动角 α，则经连续反射的光线应偏转 $2n\alpha$。如图 4.12(b)所示，光束在摆动平面镜上反射两次，若该平面镜摆动角 α，则在双平面镜系统的动镜上二次反射的光束的偏转角为 4α。

2．双平面镜连续一次成像

现在着重讨论被双平面镜连续一次成像的情况。图4.13中双平面反射镜间的夹角为 θ，入射光线 AO_1 经双平面镜反射后沿 O_2A_2' 方向射出，AO_1 的延长线和 O_2A_2' 相交于点 M，入射光线 AO_1 和出射光线 O_2A_2' 间的夹角为 β，由三

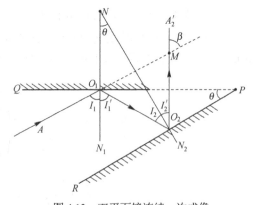

图 4.13　双平面镜连续一次成像

角形 O_1O_2M 可知

$$2I_1 = 2I_2 + \beta \quad 或 \quad \beta = 2(I_1 - I_2)$$

双平面镜的法线交于点 N，由三角形 O_1O_2N 可得

$$I_1 = I_2 + \theta \quad 或 \quad \theta = I_1 - I_2$$

将此关系代入上面 β 表示式中，得

$$\beta = 2\theta \tag{4.5}$$

由此可知，出射光线和入射光线之间的夹角与入射角 I 无关，只决定于双平面镜的夹角 θ。如果双平面镜间的夹角 θ 不变，入射光线方向一定，则出射光线的方向也不变。用这种双平面镜系统来转折光路在实用中有重要意义。在一些大型光学仪器（如三米测远机）中，就是用这种双平面镜系统来取代质量很大的棱镜来转折光路方向，也避免了用单平面镜转折光路时调整的困难。另外，许多二次反射的棱镜也是基于这种双平面反射镜原理构成的，即在两个平面镜之间的空间中以光学玻璃取代空气，用全反射来取代两个反射镜的反射而构成反射棱镜。

3. 平面反射镜的旋转

在许多光学仪器中用平面镜的旋转来观测不同方位的物体。平面镜的转动一般分为三种情况：一种是绕与反射镜面垂直的轴转动，即平面镜转动时反射面仍处在同一个平面内，这种情况对反射成像没有影响；另一种是绕与平面镜面平行的轴转动；还有一种是绕空间的任意轴转动。现对后两种做简单分析，其结论对后面所讨论的转动也是适用的。

图4.14所示为一平面镜绕与镜面平行的轴转动。如果观测方向与转动轴垂直，当平面镜转动时，只是

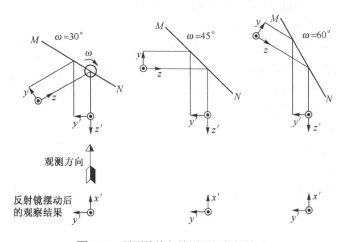

图4.14 平面镜绕与镜面平行的轴转动

使不同方向的物通过反射后成像在被观测方向。若物为左手坐标系，经平面镜成像为右手坐标系。平面镜的这种转动方式可以对和转动轴垂直的平面内的物进行扫描，称为"光学平面绞链"。图4.15 为由两个平面镜组成的光学平面绞链。图 4.15(a)为示意图，平面镜 I 绕镜面内的轴 O 转动，将该平面镜系统主截面内不同目标发出的光线反射到平面镜 II 上。物空间光轴的摆角 β 为平面镜摆角 α 的两倍。平面镜 II 固定不动，以保持出射光轴方向不变。它可用于测量物体的方位角。图 4.15(b)

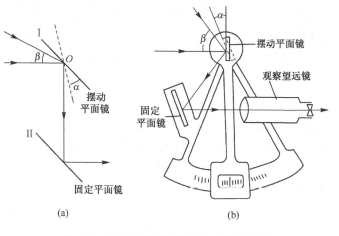

图4.15 由两个平面镜组成的光学平面绞链

为采用这个原理设计的六分仪示意图。

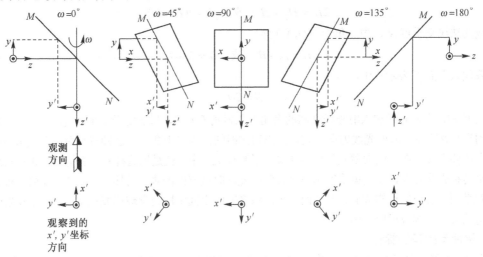

图 4.16 平面镜绕空间某一轴旋转的情况

图4.16所示为平面镜绕空间某一轴旋转时的情况。设转轴和平面长轴方向的锐角为 45°。若在一固定方向观察平面镜的反射像，随着平面镜绕其轴转角的变化，其反射像也发生转动。设物为左手坐标系，且 z 轴垂直于旋转轴，其反射像为右手坐标系，z' 轴也垂直于反射镜的转轴。当平面镜绕轴转动时，平面镜对垂直于转轴的平面内的物体进行扫描，并将物体发出的光线反射到观测方向。随着平面镜的转角不同，反射像的 $x'y'$ 面也将绕 z' 轴旋转，其转角和反射镜的转角相同。由于反射镜转动造成其反射像改变方向，常称这种现象为"像倾斜"。一般用另一平面镜的转动来补偿这种像倾斜。例如图4.17 中的四平面镜光学平面绞链，其平面镜 I 作对准物体之用，当其绕转轴 A_1 转动角 ω 时，可实现高低扫描。为补偿平面镜 I 转动引起的像倾斜 ω，相互固定在一起的平面镜 II 和 III 作为补偿像倾斜的元件，它绕轴 A_2 与平面镜 I 同方向转 $\omega/2$，轴 A_2 与轴 A_1 平行。由于平面镜 II 和 III 相对于平面镜 I 有 $-\omega/2$ 角，产生了一个 $-\omega$ 的像倾斜，以补偿平面镜 I 的像倾斜。固定平面镜 IV 以保持出射轴方向一定。

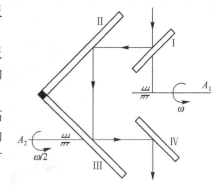

图 4.17 四平面镜光学平面绞链

4. 平行平板

在光学仪器中，常用由两个折射平面构成的平行平板或相当于平行平板的光学零件。平行平板简称平行板，如图 4.18 所示，从轴上点 A 发出与光轴成角 U_1 的光线射向平行板，经第一面折射后，射向第二面，经折射后沿 EB 方向射出。出射光线的延长线与光轴交于点 A_2'，此即为物点 A_1 经平行板折射后的虚像点。光线在第 1,2 两面上的入射角和折射角分别为 I_1, I_1' 和 I_2, I_2'。设平行板在空气中，玻璃折射率为 n，按折射定律有

$$\begin{cases} \sin I_1 = n \sin I_1' \\ n \sin I_2 = \sin I_2' \end{cases}$$

因两个折射面平行，则有 $I_2 = I_1'$，$I_2' = I_1$，故 $U_1 = U_2'$。可见，出射光线 EB 和入射光线 AD 相互平行，即光线经平行板折射后方向不变。按放大率公式(3.23)、 (3.25)和 (3.27)，得

$$\gamma = \tan U' / \tan U = 1, \qquad \beta = 1/\gamma = 1, \qquad \alpha = \beta^2 = 1$$

所以平行板不使物体放大或缩小。

光线经平行板折射后，虽然方向不变，但要产生位移，由图4.18 中的直角三角形 DGE 知

$$DG = DE \sin(I_1 - I')_1, \qquad DE = d / \cos I_1'$$

式中，d 为平行板的厚度。因此可得侧向位移或平行位移为

$$DG = \frac{d}{\cos I_1'} \sin(I_1 - I_1')$$

或以 $\sin(I_1 - I_1') = \sin I_1 \cos I_1' - \cos I_1 \sin I_1'$ 代入上式，
并利用 $\sin I_1 = n \sin I_1'$ 关系，得

$$DG = d \sin I_1 \left(1 - \frac{\cos I_1}{n \cos I_1'}\right) \qquad (4.6)$$

由像点 A_2' 到物点 A 的距离称为轴向位移，用 $\Delta L'$ 表示，由图4.18可得

$$\Delta L' = DG / \sin I_1$$

将式(4.6)代入上式，得 $\quad \Delta L' = d\left(1 - \dfrac{\cos I_1}{n \cos I_1'}\right)$ (4.7a)

以 $\sin I_1 / \sin I_1' = n$ 代入式(4.7a)，得

$$\Delta L' = d\left(1 - \frac{\tan I_1'}{\tan I_1}\right) \qquad (4.7b)$$

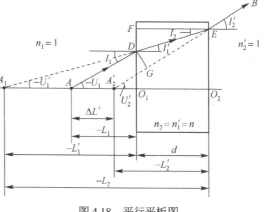

图4.18　平行平板图

上式表明，$\Delta L'$ 随 I_1 的不同而不同，即从点 A 发出的具有不同入射角的各条光线经平行板折射后，具有不同的轴向位移值，这就说明了同心光束经平行板折射以后，变为非同心光束。因此，平行板成像是不完善的，轴向位移越大，成像不完善程度也越大。

如果入射光束以近于无限细的近轴光束通过平行板成像，因为 I_1 角很小，余弦可用 1 取代，则有

$$\lim_{I_1 \to 0} \frac{\tan I_1'}{\tan I_1} = \frac{\sin I_1' / \cos I_1'}{\sin I_1 / \cos I_1} = \frac{\sin I_1'}{\sin I_1} = \frac{1}{n}$$

代入式(4.7b)可得近轴光通过平行板的轴向位移：

$$\Delta L' = d\left(1 - \frac{1}{n}\right) \qquad (4.8)$$

对于近轴光，入射角 I_1 和折射角 I_1' 的正弦取为弧度 i 和 i'，余弦取为 1，代入式(4.6)，可得平行平板近轴光的侧向位移公式为

$$\Delta t = d\left(1 - \frac{1}{n}\right) i_1 \qquad (4.9)$$

由以上两式可知，近轴光通过平行板的轴向位移 $\Delta L'$ 只与厚度 d 及折射率 n 有关，与入射角 i_1 无关，因此轴上点近轴光经平行板成像是完善的，而侧向位移则随 i_1 角变化而变化。

4.3　反　射　棱　镜

4.3.1　反射棱镜的类型

1. 反射棱镜的构成

如果把图4.13中的两平面镜 QP 和 RP 做在同一玻璃上，以取代双平面镜系统，如图4.19所示。这样的光学零件叫作反射棱镜。若入射光束中所有光线在反射面上的入射角均大于临界角，则该光束会发生全反射。若光束中有部分光线的入射角小于临界角，则应在反射面上镀以金属反射膜。

由于平面镜多为薄板，装配时容易变形，影响成像质量。另外，平面镜多为外反射，反射膜暴露在空气中，容易受腐蚀和破坏。特别是要求组成多次反射的平面镜系统，组合时调整和固定很困难。在光学仪器中使用反射棱镜较

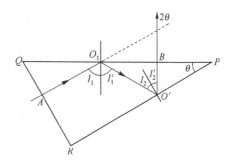

图4.19　反射棱镜示意图

反射镜更普遍。

光学系统的光轴在棱镜中的部分称为棱镜的光轴，它由折线构成，如图 4.19 中的 AO_1，O_1O'，$O'B$。每经一次反射，光轴发生一次转折。光轴在棱镜内的总几何长度为反射镜的光轴长度。由光轴所决定的平面称为光轴截面，如图 4.19 中的 PQR 平面。对于复合棱镜，它是由两个或更多个棱镜组成的，它们的光轴不在一个平面内，可能有几个光轴截面。光线射入棱镜的面称为入射面，光线射出的称面为出射面，反射棱镜的入射面和出射面均垂直于光轴。入射面、出射面和反射面均为棱镜的工作面。工作面的交线为棱镜的棱。棱镜的光轴截面与棱垂直。光轴截面也称为主截面。

2. 棱镜的类型

棱镜大体上可分为简单棱镜、屋脊棱镜和复合棱镜。简单棱镜是指所有工作面均与主截面垂直的棱镜。它是由一块玻璃磨制而成的，分为一次反射、二次反射和三次反射形式的棱镜。

一次反射棱镜在光路中的作用和平面反射镜相同。它对物成镜像，即物为左手坐标，像为右手坐标。图4.20(a)所示为最常见的等腰直角反射棱镜，斜边表示反射面，它使光轴转折 $90°$，光轴通过入射面的中心，可使棱镜反射面得以充分利用。

另一种一次反射棱镜如图 4.20(b)所示。它能使光轴转折 $60°$ 角。这种棱镜也可设计成使光轴转折其他角度的形式，即保证沿光轴方向的入射光线和出射光线对称于反射面的法线，并和棱镜入射面和出射面相垂直的要求，便可以确定棱镜主截面的各个角度。这类棱镜称为等腰棱镜。图 4.20(a)中的直角棱镜也属于此类。

图4.20(c)所示棱镜称为道威棱镜。这种棱镜的沿光轴方向的入射光线和出射光线不和工作面垂直，而产生折射，且该光线通过棱镜后方向不变。道威棱镜绕反射面轴线旋转 α 角，而通过其所成的像转 2α 角。图 4.20(c)中左图为正视图，右图为转了 $90°$ 后的正视图，可以看出两种情况下像的 x' 轴和 y' 轴均转了 $180°$。由于道威棱镜的光轴不与入射面和出射面垂直，一般用于平行光中。

二次反射的棱镜相当于双平面镜系统，入射光线和出射光线间的夹角决定于两个反射面间的夹角（称为二面角）。根据双平面镜系统的性质，入射光线和出射光线间的夹角为二面角的两倍。这些棱镜由于是偶数次反射，所以不存在镜像问题。常用的几种二次反射棱镜如图 4.21 所示。它们的二面角分别为 $22.5°$，$30°$，$45°$，$90°$ 和 $180°$，可得入射光线和出射光线间的夹角分别为 $45°$，$60°$，$90°$，$180°$ 和 $360°$。图4.21(a)称为半五角棱镜，图4.21(b)为30° 直角棱镜，这两种棱镜多用于显微镜观测系统，使垂直向上的光轴转折成为便于观测的方向。图 4.21(c)为五角棱镜，可用其取代一次反射的直角棱镜或做 $90°$ 转折的平面反射镜，这种棱镜既避免了镜像且装调方便。图4.21(d)为二次反射式直角棱镜，它和一次反射式直角棱镜的形状完全相同。这种棱镜多用作转像系统等。图4.21(e)为斜方棱镜，它可以使光轴产生平移。这多用于双目仪器中调整目

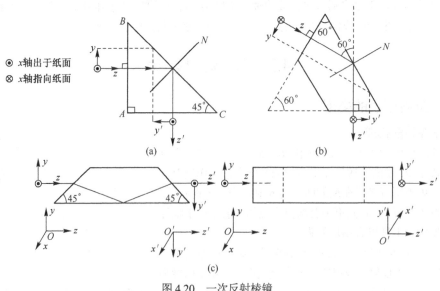

图4.20　一次反射棱镜

距之用。如图 4.22 所示，在一对斜方棱镜出射面后与一对目镜共光轴，并以入射前面的光轴为斜方棱镜的旋转轴中心线，使二斜方棱镜逆向旋转，即可调整目距。图 4.22 中的 b_1 为调整前的目距，b_2 为调整后的目距。

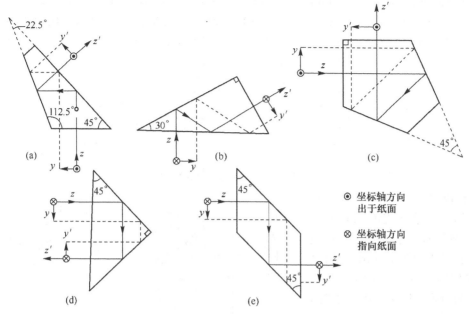

右图例：
⊙ 坐标轴方向出于纸面
⊗ 坐标轴方向指向纸面

图 4.21　二次反射棱镜的主要类型

三次反射的棱镜如图 4.23 所示。图 4.23(a)所示为施密特棱镜。它使沿光轴的入射光线与出射光线间的夹角为 45°。由于棱镜中的光路很长，可以把光学系统的一部分光路折叠在其中，以使仪器外形尺寸减小，如图 4.24 所示。它和二次反射棱镜的不同是奇次反射，产生镜像。图 4.23(b)所示为列曼棱镜，它可以使沿光轴方向的入射光线和出射光线平行，且二者之间有一段距离。直立使用可使瞄准线高于眼睛观测线，或使瞄准线低于眼睛观测线。在图 4.23(b)中，入射面和出射面光轴之间的距离为 A。

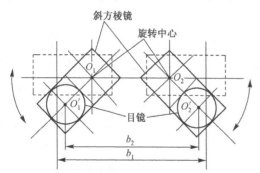

图 4.22　一对斜方棱镜出射面与一对目镜组合以调整目距

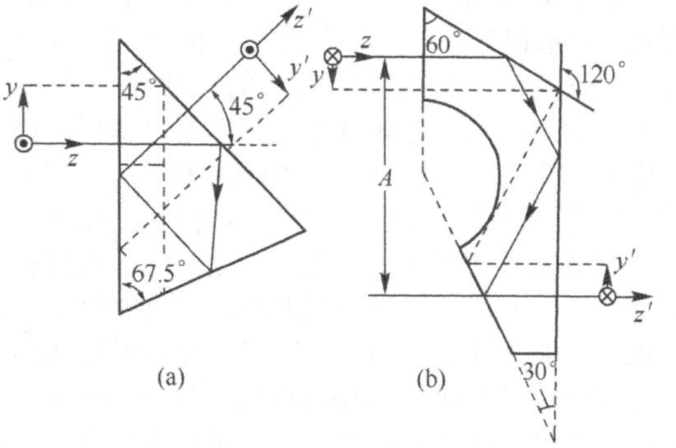

图 4.23　三次反射棱镜

4.3.2　屋脊棱镜

　　光学系统中有奇数个反射面时，则成镜像，即像对于物在上下或左右方向转了 180°。一次反射等腰直角棱镜、道威棱镜、施密特棱镜和列曼棱镜均有此现象。如果需要获得与物和像方向完全相反的像，而又不宜再增加反射棱镜时，可以用两个互相垂直的反射面取代棱镜中的一个反射面，且使两个反射面的交线在棱镜的光轴平面以内。这个互相垂直的反射面称为屋脊面，带有屋脊面的棱镜叫作屋脊棱镜。

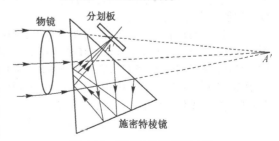

图 4.24　施密特棱镜折叠光路

　　现以一次反射的直角等腰棱镜为例，如图 4.25(a)所示，设物为左手坐标，则经棱镜反射后输出为右手坐标，即产生镜像，使坐标 y 的像 y' 转 $180°$。图 4.25(b)为直角等腰屋脊棱镜，设输入为与图 4.25(a)中的输入坐标系相同，yz 平面和光轴面重合，z 轴沿光轴方向，由于只在棱镜的屋脊棱上反射，故由棱镜输出的坐标系 y' 轴和 z' 轴的方向和图 4.25(a)中的输出相同。但是 x 轴进入棱镜后先由反射面 $B_1B_2C_2C_1$ 反射，再由反射面 $A_1B_1B_2A_2$ 反射后输出，而使 x 轴方向转了 $180°$。也就说，输出的坐标系和输入坐标系同为左手坐标，但 x' 轴和 y' 轴与输入的 x 轴和 y 轴方向相反，达到了全转像的要求。

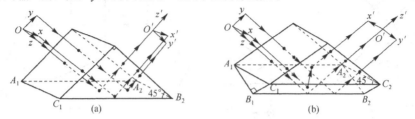

图 4.25　一次反射的直角等腰棱镜

屋脊棱镜的屋脊面的作用相当于图 4.21(d)中两次反射的直角棱镜，只是其棱边在光轴平面以内，即和棱镜的棱的方向垂直，如图 4.25(b)所示。图 4.26 为两种瞄准具光学系统示意图，其中图 4.26(a)为由施密特屋脊棱镜构成的瞄准具系统，图 4.26(b)为由列曼屋脊棱镜构成的光学系统。由于棱镜加了屋脊面，使物镜的倒像完全得到了转像，看到的像和物的上下、左右方向完全一致。

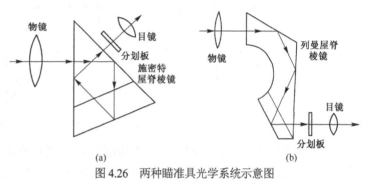

图 4.26　两种瞄准具光学系统示意图

4.3.3　三面直角棱镜（立方角锥棱镜）

三面直角棱镜的形状相当于一个立方体切下来的一个角，如图 4.27(a)所示。它是一个四面体，三个等腰直角三角形相互垂直，为反射面，而底面是一个等边三角形。一种是由一块玻璃磨制而成的，为实心三面直角棱镜；另一种是由三个等腰直角三角形的金属反射镜组成的，其反射面向内，称为空心三面直角棱镜，如图 4.27(b)所示。这两种形式的三面直角棱镜具有相同的性质。

三面直角棱镜的重要特性之一是从底面以任意方向入射于棱镜的光线，经三个反射面顺序反射以后，出射光线以与入射光线平行的方向射出，即出射光线相对于入射光线旋转了 $180°$。当棱镜以角顶为中心向任意方向转动，且入射光线方向确定后，出射光线仍平行于入射光线方向射出，随棱镜绕角顶转动的方向和角位移的不同，出射光线将发生不同的平移。

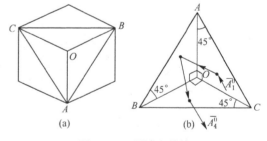

图 4.27　三面直角棱镜

由于三面直角棱镜的三个反射面分布在空间，难于用通常形式的反射定律进行描述，宜用矢量形式反射定律来讨论。设三面直角棱镜 $OABC$ 的三个棱边和直角坐标系的三个坐标轴重合，如图 4.28 所示。设棱镜的三个顶点的坐标分别为 $(a,0,0)$，$(0,a,0)$，$(0,0,a)$，则底面(即等边三角形的透射面)的方程可由 A,B,C 三点决定：

$$\begin{vmatrix} x & y & z & 1 \\ a & 0 & 0 & 1 \\ 0 & a & 0 & 1 \\ 0 & 0 & a & 1 \end{vmatrix} = 0$$

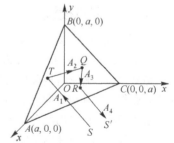

图 4.28　用矢量形式反射定律
描述三面直角棱镜

则底面方程为
$$x + y + z - a = 0$$

设光线沿 ST 方向射入，经点 T，Q，R 反射后，由 RS' 方向射出，设 A_1^0，A_2^0，A_3^0 和 A_4^0 分别为 ST，TP，QR 和 RS 的单位矢量，射向反射面 AOB 的入射光线 A_1 的单位矢量可表示为

$$A_1^0 = -li - mj - nk$$

式中，l，m，n 为 A_1^0 光线在 x, y, z 轴上的方向数，$l^2 + m^2 + n^2 = 1$。光线 A_1 经 AOB 反射后射向反射面 BOC，反射面 AOB 的法线单位矢量为 $\boldsymbol{n}_1 = -\boldsymbol{k}$，则反射光线 A_2 的单位矢量可由式(1.9)决定，则

$$A_2^0 = A_1^0 - 2(A_1^0 \cdot k)k = -li - mj - nk$$

$$= 2[(-li - mj - nk)k]k = -li - mj + nk$$

反射面 BOC 的法线方向单位矢量为 $\boldsymbol{n}_2 = -\boldsymbol{i}$，光线 A_2^0 射向 BOC 后的反射光线 A_3 的单位矢量为

$$A_3^0 = A_2^0 - 2(A_2^0 \cdot i)i = -li - mj + nk - 2[(-li - mj + nk)i]i = li - mj + nk$$

反射面 COA 的法线方向单位矢量为 $\boldsymbol{n}_3 = -\boldsymbol{j}$，光线 A_3^0 经 CA 反射后的光线 A_4 的单位矢量为

$$A_4^0 = A_3^0 - 2(A_3^0 \cdot j)j = li - mj + nk - 2\left[(li - mj + nk)j\right]j = li + mj + nk$$

对光线 A_1^0 和 A_4^0 做点积，得

$$A_1^0 \cdot A_4^0 = -(li + mj + nk)(li + mj + nk) = -(l^2 + m^2 + n^2) = -1$$

这说明入射光线 A_1^0 和出射光线 A_4^0 在空间上是平行的，而且方向相反，即有 $180°$ 夹角。如果光线 A_1^0 是确定的，当三面直角棱镜绕顶点 O 转动时，只相当于入射光线 A_1^0 改变入射方向，其出射光线 A_4^0 和 A_1^0 的点积仍为 -1，即出射光线仍与入射光线平行，且方向相反。

4.3.4 棱镜的组合

在光学系统中常用两块以上的棱镜组合成棱镜系统来达到一块棱镜难于达到的功能，现举几个例子。

图4.29所示为分光棱镜，在一块等腰直角棱镜的斜边镀以半反半透的析光膜，并和另一块相同尺寸的等腰直角棱镜胶合在一起。它可以把一个光束分成为任意光强比例的两个光束，图4.29中所标的是分为两个光强50%的光束。这种棱镜和镀有析光膜的单个直角棱镜相比，由于胶合了一块棱镜，它使被分开的两束光棱镜中的光程相等。

图4.30所示为对中心用双像棱镜。它由四块棱镜胶合而成，棱镜Ⅱ和棱镜Ⅲ的反射面镀以半反半透的析光膜。棱镜的光轴通过棱镜Ⅱ和棱镜Ⅲ的屋脊棱。当被瞄准物点 B 不在光轴上，则棱镜系统输出两个像 B_1' 和 B_2'。如物点 A 在光轴上，则像点 A_1' 和 A_2' 重合于光轴上点 O' 处。这种棱镜系统对圆孔的瞄准很方便。它往往和目镜联系在一起，称为双像目镜。

在望远系统中常用棱镜转像。它们有转像的功能，同时可把一部分光路折叠在棱镜中，使仪器外形适当减小。图 4.31 所示为两种常用的棱镜转像系统。图4.31(a)为普罗Ⅰ型转像棱镜，它由两块等腰直角棱镜组成，它们的光轴面互相垂直。图4.31(b)为普罗Ⅱ型转像棱镜，它由两块一次反射的等腰直角棱镜和一个两次反射的等腰直角棱镜构成。双筒望远镜多用这类棱镜转像系统。

图4.32 所示为有共同光轴面的棱镜转像系统。其中，图4.32(a)所示棱镜转像系统是由施密特屋脊棱镜和半五角棱镜组成的，图4.32(b)所示棱镜转像系统是由一块半五角屋脊棱镜和一块施密特棱镜组成的。这两种棱镜系统都称为别汉型屋脊棱镜系统。由于在这种棱镜内光轴转折五次，故在棱镜中可折叠很长一部分光路，可用于长焦物镜的转像。

还有一种分色棱镜，如图 4.33 所示。在系统中的两个反射面上分别镀以反射蓝光透红光和绿光、反射红光透绿光的多层介质膜。这种棱镜系统可以使白光照明的物体成像分解为红、绿、蓝三种颜色的像。这种棱镜系统在设计时要保持三种色光在棱镜中的光程相等。分色棱镜系统多用在彩色电视摄像机中。

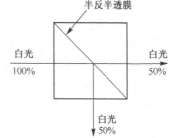

图4.29 分光棱镜示意图

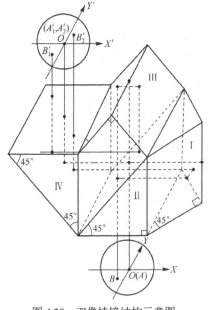

图 4.30　双像棱镜结构示意图

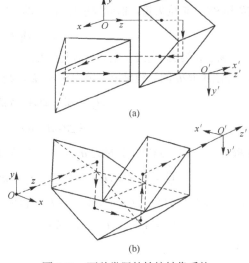

图 4.31　两种常用的棱镜转像系统

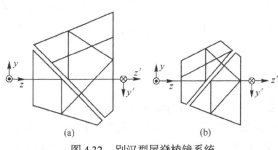

图 4.32　别汉型屋脊棱镜系统

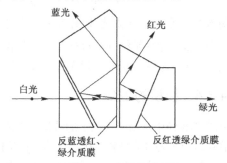

图 4.33　分色棱镜系统

　　用反射棱镜也可以构成光学绞链系统。图 4.34 所示为平面光学绞链系统。一次反射等腰直角棱镜 I 绕轴 A_1 摆动 ω 时，为补偿其所产生的像倾斜；二次反射直腰直角棱镜 II 绕 A_2 轴同方向摆动 $\omega/2$ 角，即可使像倾斜得到补偿；棱镜 III 的作用是保持出射光轴方向一定。图 4.35 所示为一空间光学绞链的示意图，它由一块等腰直角棱镜、一块道威棱镜和一块等腰直角屋脊镜组成。等腰直角棱镜 I 可绕垂直轴旋转 360°，以对周围景物进行观测。当棱镜 I 转不同角度时，经棱镜反射的景物像将产生不同程度的像倾斜。前面已讨论了道威棱镜的一个重要性质是：道威棱镜转 α 角，物体通过棱镜所成的像转 2α 角。所以，只要使道威棱镜转动直角等腰棱镜转角的一半即可补偿由等腰直角棱镜转动引起的像倾斜。等腰直角屋脊棱镜的作用是使物体通过物镜所成的像在水平方向转 180°。垂直方向转像由这三个棱镜的奇次反射来完成。

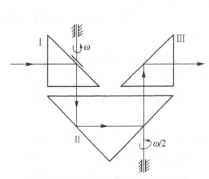

图 4.34　平面光学绞链系统

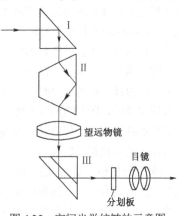

图 4.35　空间光学绞链的示意图

4.3.5　棱镜的展开及结构参数 K

反射棱镜的工作面为两个折射面和若干个反射面。反射棱镜的反射面具有平面镜性质，而两个折射面之间的光线在玻璃介质中有一段光程，相当于平行平板对光路起的作用。图 4.36(a)所示为等腰直角棱镜 ABC，光线由 AB 面射入，在 BC 面反射后垂直于 CA 面射出，使光线方向转折了 $90°$。任何棱镜都有一次或多次反射和两次折射。在 4.1 节中提及：平面反射镜可认为是理想光学系统，在光路计算中可以不去考虑。但由于有两次折射，因此对成像质量有影响。略去反射面的作用，相当于把棱镜主截面 ABC 绕轴转 $180°$，点 A 转到了点 A' 处，在三角形 $A'BC$ 中的光路和在棱镜 ABC 反射后的光路完全相同，如图4.36(a)所示。用棱镜代替平面反射镜时，就相当于在光学系统中增加了一块平行平板。在光学计算中，以一块等效的平行平板取代棱镜的做法称为"棱镜的展开"。展开棱镜的方法是：在棱镜主截面内，按反射面的顺序以该面和主截面的交线为轴，逐次使主截面翻转 $180°$，便可得到等效的平行平板。

若棱镜处于会聚光束中，要求光轴与入射面垂直，必然也与出射面垂直。否则，当把棱镜展开成平行平板后不垂直于光轴，则破坏了系统的共轴性，像点发生侧向位移，影响整个系统的成像质量。但是，若棱镜工作在平行光束中，则无须有此要求。平行平板虽倾斜于光轴，但是其出射光束和入射光束平行，对整个系统的成像性质无影响，故前面讨论道威棱镜时，要求置于平行光束中。

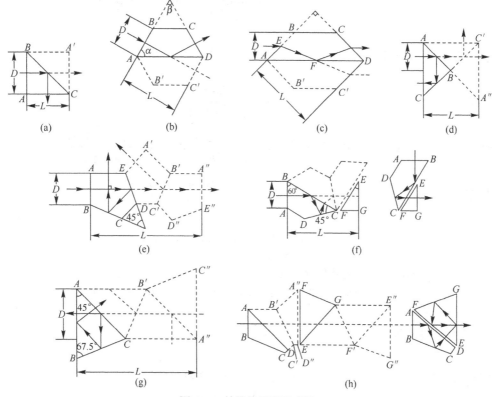

图 4.36　棱镜的展开示意图

在光路计算中，将棱镜展开后需求知其厚度，此即棱镜光轴长度 L。设棱镜的口径 D 已知，定义棱镜的结构参数 K 为

$$K = L / D \tag{4.10}$$

它与棱镜大小无关，决定于棱镜的结构形式。当确定棱镜结构形式和口径 D 后，便可由 K 值求得光轴长度。

1．棱镜的展开及结构参数 K 的确定举例

下面以几种棱镜为例，讨论其展开及结构参数 K 的确定。

(1) 一次反射的等腰直角反射棱镜

如图 3.36(a)所示。展开后可知 $L = D$，即

$$K = 1 \tag{4.11}$$

(2) 一次反射等腰棱镜

这种棱镜的入射光轴和出射光轴的夹角等于棱镜的顶角，设为 β，棱镜的两个底角相等，设为 α，由图4.36(b)可知

$$\alpha = 90^\circ - (\beta/2)$$

光轴长度为

$$L = D\tan\alpha = D\cot(\beta/2)$$

即

$$K = \cot(\beta/2) \tag{4.12}$$

(3) 道威棱镜

如图4.36(c)所示，这种棱镜不使光轴改变方向，也不使光轴发生平移。光轴不垂直于入射面和出射面，展开的平行平板相对于光轴是倾斜的。由图4.36(c)可知其光轴长度为

$$L = 2EF = 2\frac{AE}{\sin(45^\circ - I')}\sin 45^\circ = \frac{D}{\sin(45^\circ - I')}$$

此处 $I = 45^\circ$，则有

$$\sin(45^\circ - I') = \sin 45^\circ \cos I' - \cos 45^\circ \sin I' = \frac{\sqrt{2}}{2}(\cos I' - \sin I')$$

$$= \frac{\sqrt{2}}{2}\left[\sqrt{1 - \left(\frac{\sin 45^\circ}{n}\right)^2} - \frac{\sin 45^\circ}{n}\right] = \frac{\sqrt{2n^2 - 1} - 1}{2n}$$

代入光学长度的表示式，得

$$L = \frac{2nD}{\sqrt{2n^2 - 1} - 1}$$

结构参数为

$$K = \frac{2n}{\sqrt{2n^2 - 1} - 1} \tag{4.13}$$

展开后的平行平板厚度为

$$d = L\cos I' \frac{2nD}{\sqrt{2n^2 - 1} - 1}\frac{\sqrt{2}}{2n}\sqrt{2n^2 - 1} = \frac{\sqrt{2}\sqrt{2n^2 - 1} \cdot D}{\sqrt{2n^2 - 1} - 1}$$

棱镜的下底长度为

$$AD = \sqrt{2}d = \frac{2\sqrt{2n^2 - 1} \cdot D}{\sqrt{2n^2 - 1} - 1}$$

棱镜的上底长度为

$$BC = \frac{2\sqrt{2n^2 - 1} \cdot D}{\sqrt{2n^2 - 1} - 1} - 2D = \frac{2D}{\sqrt{2n^2 - 1} - 1}$$

如用 K9 玻璃，$n = 1.5163$，则上述各值分别为

$$L = 3.38D, \quad K = 3, \quad d = 2.99D, \quad AD = 4.23D, \quad BC = 2.23D$$

(4) 二次反射等腰直角棱镜

如图 4.36(d)所示，可以看出

$$L = 2D, \qquad K = 2 \tag{4.14}$$

(5) 五角棱镜

如图 4.36(e)所示，应有

$$L = (2 + \sqrt{2})D = 3.414D$$
$$K = 3.414 \tag{4.15}$$

(6) 靴形棱镜

图4.36(f)所示为一组合棱镜，主棱镜 $ABCD$ 两次反射，展开后不是平行平板，入射面和出射面间的夹角为 30°。为此，需增加一补偿棱镜 EFG，形成平行平板。补偿棱镜和主棱镜选取同一种材料，二者之间有一空气间隙，以使光线在 BC 面上发生全反射。

该棱镜展开的光轴长度为

$$L = D\tan 60^\circ + D\tan 30^\circ = \left(\sqrt{3} + \frac{1}{\sqrt{3}}\right)D = 2.309D \tag{4.16}$$

(7) 施密特棱镜

如图4.36(g)所示，光轴转折 45°，光轴长度为

$$L = \left(\sqrt{2}+1\right)D = 2.414D$$
$$K = 2.414 \qquad\qquad (4.17)$$

(8) 别汉棱镜

如图4.36(h)所示，在主截面内有 5 次反射，展开后光轴长度为

$$L = 4.62D$$
$$K = 4.62 \qquad\qquad (4.18)$$

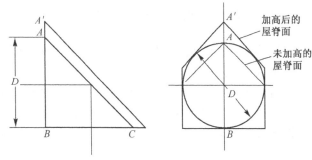

2. 屋脊棱镜的展开方法

若反射棱镜的一个反射面被屋脊面所代替，将使原有口径被切割，如图4.37 所示。因此，必须加大棱镜的高度，才能使入射光束全部通过棱镜。

屋脊棱镜展开的方法与包括屋脊棱镜的主

图 4.37　屋脊棱镜屋脊面加大避免口径被切割

截面与普通棱镜的展开方法一样，按反射的顺序逐次翻转主截面，即可得到等效平行平板。下面举两个例子。

① 等腰直角屋脊棱镜

图4.38(a)所示为等腰直角屋脊棱镜的侧面及其展开的示意图，图4.38(b)所示为入射面的正视图，图4.38(c)所示为过棱镜直角棱并垂直于屋脊棱镜的截面视图。设入射光束的口径为 D，不拦截光束的入射面高度为 C，在入射面内屋脊半角为 γ。由图4.38 可知

$$\tan\gamma = C\sin\theta / C = \sin\theta$$

又已知 $\theta = 45°$，故 $\gamma = 35°16'$，由

$$\frac{D}{2} = \frac{C}{2}\sin\gamma$$

得 $\qquad C = \dfrac{D}{\sin\gamma} = \dfrac{D}{\sin 35°16'} = 1.732D$

由于是直角等腰屋脊棱镜，其光轴长度为

$$L = C = 1.732D \qquad\qquad (4.19)$$

比普通等腰直角屋脊棱镜要长。

② 屋脊五角棱镜

由图4.39 可知 $\tan\gamma = \dfrac{(C+D)\sin(\theta/2)}{\theta/2} = \sin\theta$

因 $\theta = 67°3'$，故 $\gamma = 42°44'3''$。由图4.39 还可知

$$\frac{C}{2} = \frac{D/2}{\sin\gamma} = 0.737D$$

棱镜入射面高度为 $\dfrac{1}{2}(C+D) = 1.237D$

由于五角棱镜的结构常数 $K = 3.414$，故其光轴长度为

$$L = 1.237D \times 3.414 = 4.223D \qquad (4.20)$$

用类似的方法可以求得其他屋脊棱镜的光轴长度：

$$\left\{\begin{array}{ll} \text{半五角屋脊棱镜} & L = 2.111D \\ \text{施密特屋脊棱镜} & L = 3.040D \\ \text{靴形屋脊棱镜} & L = 2.980D \end{array}\right. \qquad (4.21)$$

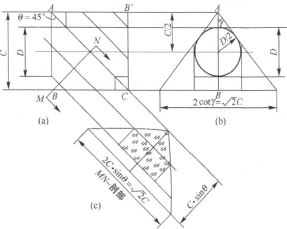

图 4.38　等腰直角屋脊棱镜示意图

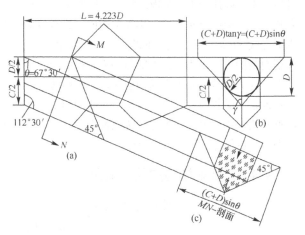

图 4.39　屋脊五角棱镜的展开

屋脊棱镜要求两屋脊面的夹角严格等于90°，否则将产生双像。由于屋脊棱镜加工困难，故常用组合棱镜取代。

4.3.6　棱镜成像方向辨别原则

反射棱镜在光路中除相当于一块平行平板以外，还起反射镜的作用，在转折光路的同时，还改变像的方向。棱镜组往往是复杂的，在进行光学设计时，必须正确判别物体通过棱镜的成像方向。

棱镜系统中所有棱镜的主截面重合为一，即所有棱镜的光轴也重合为一，称为单光轴面棱镜系统。对于单光轴面棱镜系统，设物为左手坐标系统 xyz，Oz 轴为光轴方向，yOz 面和主截面重合，Ox 轴垂直于主截面，并和所有的反射面平行，通过棱镜组后的坐标为 $x'y'z'$。棱镜系统的转像可由以下原则确定：

① $O'z'$ 轴和光轴出射方向一致。

② $O'x'$ 轴方向视棱镜组中屋脊棱镜的个数而定。没有或偶数个屋脊面，$O'x'$ 和 Ox 同向；奇数个屋脊面，$O'x'$ 和 Ox 反向。

③ $O'y'$ 轴方向视棱镜组中反射次数（屋脊算两个面）而定。奇数次反射，$O'y'$ 方向按 $x'y'z'$ 为右手坐标系来确定，偶数次反射按 $x'y'z'$ 为左手坐标系来确定。

有些棱镜组不止一个光轴面，如图4.31(a)所示的普罗Ⅰ型棱镜有两个光轴面，如图4.31(b)所示的普罗Ⅱ型棱镜有三个光轴面。对于这类多光轴面棱镜系统，仍设物为左手坐标系统 xyz，通过第一光轴面成像为 $x_1'y_1'z_1'$，$O_1'x_1'$，$O_1'y_1'$ 和 $O_1'z_1'$ 三个坐标轴方向仍按单光轴面转像原则来确定。再以 $x_1'y_1'z_1'$ 为物体通过第二光轴面的棱镜成像，显然 $O_2'z_2'$ 轴仍沿光轴方向射出。$O_2'y_2'$ 和 $O_2'x_2'$ 轴的方向视 $O_1'y_1'$ 和 $O_1'x_1'$ 轴的方向而定，和第二光轴面垂直者，按单光轴面棱镜系统转像原则第二条确定其通过第二光轴面后的对应坐标轴的方向。在第二光轴面内者，按单光轴面棱镜系统转像原则第三条确定对应坐标轴的方向。同理，可以判定第三光轴面的转像，以此类推到任意个光轴面的棱镜系统的转像。

以上所讨论的转像原则只是对棱镜系统而言的。光学系统由透镜和棱镜组成时，其成像的倒正要根据透镜成像特性和上述转像原则共同确定。

4.4　折射棱镜

本节将重点讨论折射棱镜的光学特性。折射棱镜如图4.40所示，其两个折射面是不同轴的。因此，这种棱镜不能展开成平行平板。两个工作面（即折射面）的交线称为折射棱，两个工作面间夹角为棱镜的折射角；垂直于折射棱的平面称为主截面。光线 AB 经两个折射面折射后沿 DE 方向射出。出射光线 DE 和入射光线 AB 间的夹角称为偏向角，用 δ 表示。棱镜材料的折射率为 n。入射角为 I，折射角为 I'，由光线从锐角方向转向法线，顺时针转成者为正，反之为负。偏向角 δ 由光线的初始位置开始，从锐角方向顺时针转成者为正，反之为负。各角度的正、负号应标在图上。

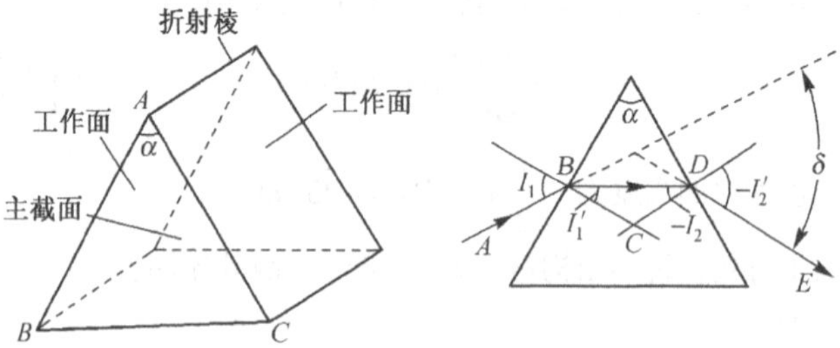

图 4.40　折射棱镜示意图

4.4.1　折射棱镜的最小偏角

应用折射定律于棱镜的两个折射面，有

$$\sin I_1 = n \sin I_1', \qquad \sin I_2' = n \sin I_2$$

将以上两式相减，并用三角公式化为积的形式，可得

$$\sin \frac{1}{2}(I_1 - I_2') \cos \frac{1}{2}(I_1 + I_2') = n \sin \frac{1}{2}(I_1' - I_2) \cos \frac{1}{2}(I_1' + I_2)$$

由图4.40可知

$$\begin{cases} \alpha = I_1 - I_2' \\ \delta = I_1 - I_1' + I_2 - I_2' \end{cases}$$

由此可得

$$\alpha + \delta = I_1 - I_2'$$

则有

$$\sin\frac{1}{2}(\alpha + \delta) = \frac{n\sin\frac{1}{2}\alpha\cos\frac{1}{2}(I_1' + I_2)}{\cos\frac{1}{2}(I_1 + I_2')} \tag{4.22}$$

由式(4.22)可知，光线经棱镜折射以后，所产生的偏向角 δ 是 I_1、α 和 n 的函数。对于给定棱镜，α 和 n 为已知值，因此 δ 只随角 I_1 改变。下面将导出当光线 AB 以某一入射角 I_1 入射于棱镜时，δ 将为极小值 δ_{m}。为了求 δ_{m}，把 $\alpha + \delta = I_1 - I_2'$ 对 I_1 微分：

$$\frac{\mathrm{d}\delta}{\mathrm{d}I_1} = 1 - \frac{\mathrm{d}I_2'}{\mathrm{d}I_1}$$

对两个折射面的折射定律进行微分，得

$$\cos I_1 \mathrm{d}I_1 = n\cos I_1' \mathrm{d}I_1', \quad \cos I_2' \mathrm{d}I_2' = n\cos I_2 \mathrm{d}I_2$$

微分 $\alpha = I_1' - I_2$，得 $\mathrm{d}I_1' = \mathrm{d}I_2$，则有

$$\frac{\mathrm{d}I_2'}{\mathrm{d}I_1} = \frac{\cos I_1 \cos I_2}{\cos I_1' \cos I_2'}$$

令 $\mathrm{d}\delta / \mathrm{d}I_1 = 0$，则当偏向角 δ 为极值 δ_{m} 时，必须满足以下条件：

$$\frac{\cos I_1}{\cos I_1'} = \frac{\cos I_2'}{\cos I_2}$$

但根据折射定律，有

$$\frac{\sin I_1}{\sin I_1'} = \frac{\sin I_2'}{\sin I_2} = n$$

所以要使以上两式同时成立，必须满足 $I_1 = -I_2'$，$I_1' = -I_2$。也就是说，只有当光线的光路对称于棱镜时，δ 为最小值 δ_{m}。

易于进一步证明：当 $\mathrm{d}\delta / \mathrm{d}I_1 = 0$ 时，二阶导数 $\mathrm{d}^2\delta / \mathrm{d}I_1^2 > 0$，所以 δ_{m} 为极小值，称为最小偏向角。将关系式 $I_1 = -I_2'$ 和 $I_1' = -I_2$ 代入式(4.22)，可得最小偏向角表示式为

$$\sin\frac{1}{2}(\alpha + \delta_{\mathrm{m}}) = n\sin\frac{\alpha}{2} \tag{4.23}$$

常利用测最小偏角的方法测量玻璃的折射率。为此需把被测玻璃做成棱镜，折射角 α 一般做成60°左右，用测角仪测出其精确值，当测得最小偏角后，即可按上式求取 n 值。

4.4.2 折射棱镜的色散

白光由不同波长的单色光组成，对于同一种透明介质，不同波长的色光具有不同的折射率。对于一块顶角 α 为定值的棱镜，当白光入射时，由式(4.22)和式(4.23)可知，不同的色光分量就有不同的偏向角，这样就把白光分解成为各种色光，在棱镜后面形成一系列的颜色，这种现象称为色散。折射率和波长的关系曲线称为色散曲线。图 4.41 为色散曲线的示意图，图4.42所示为几种透明光学材料的色散曲线。由图 4.42 可知，长波长的色光折射率低，短波长的色光折射率高，且波长越短，折射率增加越迅速。

棱镜把白光分解成各种色光，并按波长的长短顺序排列，这种排列称为白光的光谱或连续光谱。光学中常以夫琅禾费谱线为特征谱线，其颜色、符号、波长及产生这些波长的元素列于表 4.1 中。

在白光光谱中，红光波长较长，折射率低，偏向角小；紫光波长较短，折射率高，偏向角大。这种现象叫以由图 4.43 所示的系统来说明，图中物镜 L_1 和 L_2 置于棱镜的两侧，第一个物镜把通过狭缝的白光变成平行光，经棱镜后被分解成各种偏向角的平行色光。第二个物镜把这些不同方向的平行色光聚焦成各自的狭缝像，以供观察和摄谱。这就是摄谱仪的原理。

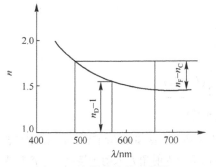

图 4.41 色散曲线的示意图

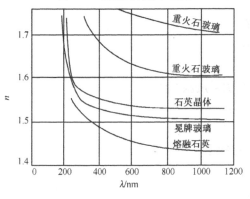

图 4.42 几种透明光学材料的色散曲线

表 4.1 夫琅禾费谱线

符 号	颜 色	波长/mm	元 素
红 外		<770.0	
A′		766.5	K
B	红	709.5	He
C		656.3	H
C′	橙	643.9	Cd
D	黄	589.3	Na
D		587.6	He
E	绿	546.1	Hg
F	青	486.1	H
G		435.8	Hg
G′	蓝	434.1	H
H	紫	404.7	Hg
紫 外		<400.0	

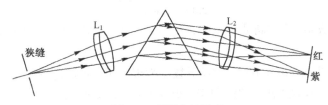

图 4.43 摄谱仪的原理

4.4.3 色散棱镜的形式

1. 立特罗色散棱镜

图4.44所示为半个60°色散棱镜,在直角长边上镀以反射膜层,通过反射,使半个棱镜起到60°色散棱镜的作用。这种立特罗色散棱镜系统结构紧凑。对于一些价格昂贵的棱镜材料,如石英等,用这种棱镜可以节约材料。

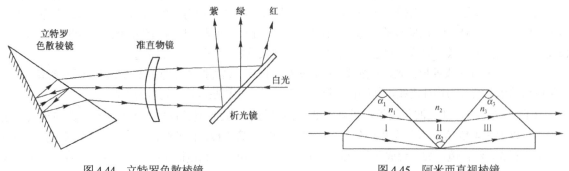

图 4.44 立特罗色散棱镜　　　　　　　　　图 4.45 阿米西直视棱镜

2. 阿米西直视棱镜

阿米西直视棱镜如图 4.45 所示。它由三块棱镜组成，中间棱镜的色散高于两边棱镜的色散，这种棱镜的偏角为零。白光通过棱镜时，某一种波长（中间波长）不发生偏折，其他波长较长的和波长较短的光线分别向中间波长的光线的两侧偏折，产生色散现象。

3. 培林–普罗沙色散棱镜

图 4.46 所示为培林–普罗沙色散棱镜。这种棱镜虽然可用一块玻璃制成整体，其作用为三块棱镜，可视为两块 30° 顶角色散棱镜和一块等腰直角棱镜，这个等腰直角棱镜只起反射棱镜的作用。培林–普罗沙色散棱镜的最小偏角为 90°，不受波长的影响。

近年来由于光栅技术的发展，光谱仪器大多采用光栅作为色散元件。光栅的色散特性在物理光学中做了详细的讨论，本书不再赘述。

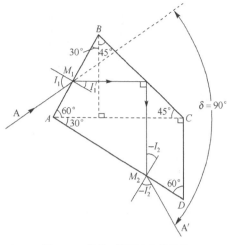

图 4.46　培林–普罗沙色散棱镜

4.5　光　楔

折射角 α 很小的棱镜称为光楔，它在光学仪器中有很多用途。折射棱镜的公式用于光楔时可以简化。光线的入射角 I_1 具有一定大小时，如图4.47(a)所示，因 α 角很小，可近似地认为是平行平板，则有 $I_1' = I_2$，$I_1 = I_2'$，代入式(4.22)，并将其中的 α 和 δ 以弧度取代其正弦值，可得

$$\delta = \alpha\left(\frac{n\cos I_1'}{\cos I_1} - 1\right) \tag{4.24}$$

当 I_1 和 I_1' 也很小时，可用 1 取代上式中的余弦值，则有

$$\delta = \alpha(n-1) \tag{4.25}$$

此式表明，当光线垂直或近于垂直射入光楔时，如图4.47(b)所示，所产生的偏角仅取决于光楔的折射角和折射率的大小。

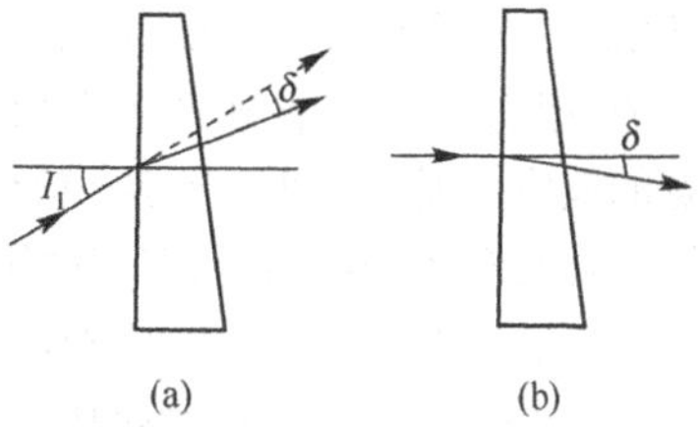

图 4.47　折射光楔

在光学仪器中，常把两块相同的光楔组合在一起相对转动，可以产生不同大小的偏向角，如图4.48所示。两光楔间有一微小空气间隙，相邻工作面平行，并可绕其公共法线相对转动。图4.48(a)表示两光楔主截面平行，两折射角朝向一方，将产生最大的总偏向角（为两光楔产生偏向角之和）。图4.48(b)为两光楔相对转动180°，两主截面仍平行，但折射角方向相反，显然，这个系统相当于一个平行平板，偏向角为零。图4.48(c)表示两光楔相对转动180°，产生与图4.48(a)相反的总偏向角。

在以上三种情况下，两光楔的主截面都是平行的。当两主截面不平行或相对转动任意角 2φ 时，组合光楔的总偏角为

$$\delta = 2(n-1)\alpha\cos\varphi \tag{4.26}$$

这种双光楔可以把光线的小偏向角转换成为两个光楔的相对转角。因此，在光学仪器中常用它来补偿和测量小角度误差，即把小角度误差转换成为两个光楔间的很大的相对转角，从而可以读出小角度误差。

由于图 4.48 所示的两光楔间有一微小空气间隙，如果用于对激光束偏转，因激光束能量集中，会产生多次反射和折射（类似于腔体作用），使光学系统中产生大量杂散光，为此可采用图 4.49 所示的结构。

另外，也可以利用两个光楔之间间隙的变化，以改变出射光线的平移量，如图4.50所示。当两光楔间的间隔为 $\Delta z = \Delta z_{\mathrm{m}}$ 时，出射光线相对于入射光线的平移量为最大值 $\Delta y = \Delta y_{\mathrm{m}}$。当两光楔靠得很近时，

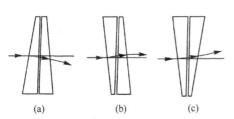

(a)　　　　　(b)　　　　　(c)

图 4.48　光楔组合

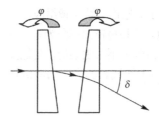

图 4.49　用于激光系统中的双光楔

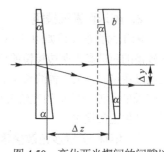

图 4.50　变化两光楔间的间隙以
改变出射光线的平移量

其出射光线相对于入射光线的平移量为零。设光楔的偏角为 δ ，则光楔间的间隔 Δx 和出射光线的平移量 Δy 间关系为

$$\Delta y = \Delta z \delta = \Delta z(n-1)\alpha \tag{4.27}$$

这种双光楔可用于测微读数，把 y 方向的小量变为 z 方向移动很大的量。

4.6　光 学 材 料

任何光学系统都是由折射元件和反射元件组成的。现代光学系统所要工作的波段范围很宽，因而要求折射材料能对所工作的波段透明，反射元件要能对所工作的波段有高的反射率。

4.6.1　透明光学材料（透射材料）

透射材料的光学特性主要由对各种色光的透过率和折射率决定。大部分光学零件是由光学玻璃制成的。一般光学玻璃能通过波长为 0.35～2.5 μm 的各种色光，超过这个范围的色光将被光学玻璃强烈地吸收。特殊熔炼的光学玻璃可以透过特定的波段。光学元件制造商经常在样本中给出所使用的标准光学材料的数据。

在透射材料中，各种光学晶体的应用日益广泛。光学晶体的使用能使光学系统工作在比一般光学玻璃更宽的波段范围。此外，光学塑料已能应用于光学系统中，如菲涅尔透镜、自由光学曲面元件、简易照相物镜、放大镜等。这类镜头多用模压或铸塑而成，成本较低，生产效率高，由于热膨胀系数比光学玻璃大，所以还不能用于技术要求高的光学系统中。

透射材料一般以夫琅禾费特征谱线的折射率来表示折射特性。常规光学玻璃以 D 光或 d 光的折射率 n_D 或 n_d ，以及 F 光和 C 光的折射率 n_F 和 n_C 为主要折射特性。这是因为 F 光和 C 光接近人眼灵敏光谱区的两端；而 D 光或 d 光在它们中间，比较接近于人眼最灵敏的谱线 (555 nm)，实际上 e 光更接近这个波长。

n_D 称为平均折射率， $n_F - n_C$ 称为平均色散，参见图 4.41。另外，透明光学材料还有几个特征量：$\dfrac{n_D-1}{n_F-n_C}$ 称为阿贝常数或平均色散系数，用符号 v_D 表示；任一对谱线的折射率差(如 $n'_G - n_F$ 等)称为部分色散，它和平均色散的比值称为相对色散或部分色散系数。

在光学玻璃目录中，通常列出以下光学常数：

① D 光或 d 光的折射率 n_D 或 n_d ，以及其他若干谱线的折射率 n_C, n_F 等；

② 平均色散 $n_F - n_C$ ；

③ 阿贝常数 $v_D = \dfrac{n_D-1}{n_F-n_C}$ 或 $\dfrac{n_d-1}{n_F-n_C}$ ；

④ 若干对谱线的部分色散 $n_{\lambda 1} - n_{\lambda 2}$ ；

⑤ 若干对谱线的相对色散 $\dfrac{n_{\lambda 1} - n_{\lambda 2}}{n_F - n_C}$ 。

在光学玻璃目录中，除上述光学常数外，还列有一些标志物理、化学性能的有关数据，如密度、热膨胀系数、化学稳定性等。此外，对光学均匀性、应力消除程度、玻璃中的气泡度、杂质、条纹等都有一定的标准和规定。

为了设计质量高的光学系统，需要很多种类的光学玻璃。光学玻璃大体上可分为两大类：冕牌玻璃（字母 K 表示）及火石玻璃（用字母 F 表示）。每一大类又分为许多种类，如轻冕(QK)、冕(K)、磷冕(PK)、钡冕(BaF)、重冕(ZK)、镧冕(LaK)、冕火石(KF)、轻火石(QF)、火石(F)、钡火石(BaF)、重钡火石(ZBaF)、重火石(ZF)、镧火石(LaF)、特种火石(TF)等。每一个种类的玻璃又分为许多种牌号，如冕玻璃分为 K1，K2，…，K12 等。

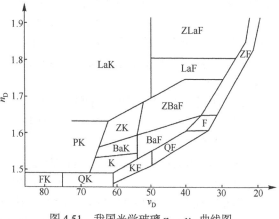

图 4.51 我国光学玻璃 n_D-ν_D 曲线图

一般来讲，冕牌玻璃为低折射率、低色散，火石玻璃为高折射率、高色散。光学玻璃的折射率 n_D 和阿贝常数 ν_D 之间有一定规律，图 4.51 所示为我国光学玻璃 n_D-ν_D 曲线图。由图 4.51 可知，大多数玻璃符合折射率高、色散高的规律。这对高性能光学系统设计有一定限制。近年来已生产了许多高折射率、低色散光学玻璃，如 LaK 和 LaF 等，使光学系统设计有很大的进展。

各国光学玻璃目录中对玻璃品种的标志方法不同，选用时要查相关光学玻璃目录。

在进行光学系统设计时，有时需要知道某些色光的折射率值，这些色光不属于特征谱线，在玻璃目录中查不到其折射率值。例如，氦氖激光器的主波长为 632.8 nm，其折射率值在目录中未标出。长期以来形成了许多有实用价值的计算任意波长色光折射率的公式，称为色散公式，其中之一称为哈特曼公式：

$$n_\lambda = n_0 + \frac{c}{(\lambda_0 - \lambda)^\alpha} \tag{4.28}$$

式中，n_0，c，λ_0 和 α 为与介质折射率有关的系数。α 值对于低折射率玻璃可取为 1，对于一般光学玻璃取为 1.2。为求系数 n_0，c，λ_0，可把该介质的已知折射率值代入式(4.28)，列出三个联立方程求解。用这种方法，计算精度可达 2×10^{-5}，这只是色散公式的一种。另外，在光学玻璃目录中给出一些其他形式的色散公式。例如西德肖特厂的色散公式：

$$n_\lambda^2 = A_0 + A_1\lambda^2 + \frac{A_2}{\lambda^2} + \frac{A_3}{\lambda^4} + \frac{A_4}{\lambda^6} + \frac{A_5}{\lambda^8}$$

式中，系数 A_0，A_1，A_2，A_3，A_4，A_5 可从目录中查出。应该指出，在使用色散公式时，注意波长 λ，一般以 nm（纳米）为单位。

除光学玻璃外，光学系统中所用的光学晶体，如石英、萤石等，以及光学塑料的有关参数，可在光学材料手册上查到。

4.6.2 玻璃的选择

光学设计中重要的一步是核对每种玻璃的参数，包括可用性、价格、透射特性、热特性、染污性等，要确保最优化选择玻璃。第 17 章将从光学制造商的角度涉及该问题。

(1) 可用性

玻璃被分成三类：首选玻璃、标准玻璃和查询玻璃。首选玻璃主要指玻璃存货，标准玻璃指玻璃公司目录中所列出的玻璃品种，查询玻璃指可以订货得到的玻璃品种。

(2) 透射性

大多数光学玻璃可以良好透射可见光和近红外区的光。但是，在近紫外区，大部分玻璃都或多或少地吸收光。如果光学系统必须透射紫外光，最常用的材料是熔融二氧化硅和熔融石英。某些重火石光学玻璃，在深蓝波长区有低的透射比，具有微黄的外观。

(3) 双折射特性

一般光学玻璃是各向同性的，由于机械和热应力会使之变成各向异性。这意味着光的 s 和 p 偏振分量有不同的折射率。高折射率的碱性硅酸铅玻璃（重火石玻璃）在小的应力作用下显示较大的双折射。硼硅酸盐玻璃（冕牌玻璃）对应力双折射不是非常灵敏。如果光学系统传输偏振光，必须在整个系统或部分系统中保持偏振状态，则材料的选择是很重要的。例如，在系统附近有热源的较大棱镜，棱镜内可能存在一个温度梯度，它将引入应力双折射，偏振轴将在棱镜内旋转。棱镜材料的较好选择应该是重火石玻璃，而不是冕牌玻璃。

(4) 化学稳定性

玻璃给出抵抗环境和化学影响的特性包括：玻璃的抗气候性，主要是抵抗空气中水蒸气影响的耐性；抗染污性，是对非气化弱酸性水影响的抵抗性；当玻璃接触酸性水介质时的抗酸性；抗碱性。

(5) 热特性

光学玻璃具有正的热膨胀系数，这就是说玻璃随温度的升高而膨胀。对于光学玻璃，热膨胀系数 α 介于 $4\times10^{-6}K^{-1}$ 和 $16\times10^{-6}/K^{-1}$ 之间。在设计工作于给定温度范围的光学系统时，需要考虑几个问题：

光学玻璃的热胀冷缩性质应与镜头结构件的热胀冷缩性质尽量相一致；光学系统可能必须被无热化，即在温度变化导致透镜形状和折射率变化时保持系统的光学特性不变；温度变化可能在光学玻璃中产生温度梯度，导致温度诱导的应力双折射。

大多数光学设计程序多有不同温度下进行系统优化的能力。这些程序能考虑玻璃元件的膨胀及形状的变化，也能考虑镜筒和透镜间隔圈的膨胀及玻璃材料折射率的变化。

4.6.3 塑料光学材料

塑料光学元件与玻璃材料相比，具有较低的质量、较高的抗冲击性，并能提供更多种形状。外形适应性是塑料光学的最大优点之一。非球面透镜和其他复杂的形状都可以被塑造。

塑料的主要缺点是较低的耐热性。塑料的融化温度比玻璃低，表面耐磨性和抗化学性较差。镀膜的附着性低，因为其融化温度低，薄膜的沉积温度受到限制；塑料透镜上膜层的耐用性也低或寿命短。塑料镀膜可使用离子辅助沉积（离子束辅助沉积，简称 IBAD，是在气相沉积的同时辅以离子束轰击的薄膜制备方法，可在低温下合成致密、均匀的薄膜）提供较坚固而耐用的薄膜。

光学塑料材料品种的选择自由度有限，一个重要的限制是热膨胀系数高和折射率温度变化的依赖性强。塑料材料的折射率随温度的升高而减小（玻璃是增加的），变化量大约比玻璃高 50 倍。塑料的热膨胀系数大约比玻璃高 10 倍。高质量的光学系统可以用玻璃和塑料透镜的组合来实现设计。

塑料光学元件可以被注塑成型、压塑成型，或者用浇注的塑料块制造。用车削和抛光、浇注塑料块的工艺制造塑料元件是经济的。压塑成型可提供高精度和对光学参数的控制。模型制造是昂贵的，但在大批量生产中是成功的。为制造样品可用金刚石车削塑料光学元件，车削槽纹的散射影响常会得到控制。有时还需要"事后抛光"以去掉车削痕迹残余。

几种最常用的塑料材料是聚甲基丙烯酸甲酯（丙烯酸）、聚苯乙烯、聚碳酸酯、烯丙基二甘醇碳酸酯和 COC（环烯共聚物）等。

(1) 聚甲基丙烯酸甲酯(PMMA)

聚甲基丙烯酸甲酯简称丙烯酸，俗称有机玻璃。它在可见光范围内有很好的透射比（达 92%）；有较高的阿贝数(55.3)；有很好的机械稳定性，比玻璃高 7～18 倍；易于加工和抛光，是注塑成型的良好材料；紫外线透过率为 73%，而普通玻璃只能透过 0.6%。

(2) 聚苯乙烯

聚苯乙烯比丙烯酸便宜，在深蓝光谱区吸收略高。它的折射率(1.59)比丙烯酸高，但阿贝数(30.9)较低。它的抗紫外辐射性和刮擦性比丙烯酸低。丙烯酸和聚苯乙烯形成可行的消色差材料对。

(3) 聚碳酸酯

聚碳酸酯比丙烯酸贵，具有很高的抗撞击强度，在宽温度范围内有很好的性能。CR39 型聚碳酸酯常被用于塑料眼镜片。

(4) CR-39（烯丙基二甘醇碳酸酯、哥伦比亚树脂）

CR-39 是一种透明度良好的热固性光学塑料，折射率为 1.491 72，最高使用温度可达 100℃。与玻璃相比，它具有密度小、模塑性良好、抗机械冲击性能高、易着色等优点；其缺点是耐磨性差、表面硬度低等。

(5) COC

COC 为碳氢原子组成的环状烯烃聚合物，是光学工业中相对较新的材料。它有许多类似于丙烯酸的特性，但它的吸水性低得多。COC 具有较高的热变形温度，但容易碎。COC 也称为 Zeonex。

光学塑性的光学特性和物理特性对比如表 4.2 所示。

表 4.2　光学塑料的光学特性和物理特性

材料 性能	聚甲基丙烯酸甲酯 (PMMA)	聚苯乙烯 (PS)	聚碳酸酯 (PC)	烯丙基二甘醇碳酸酯(CR-39)	环状烯烃聚合物 Zeonex (COC)
折射率 n_D (23℃)	1.490 21	1.593 70	1.585 13	1.498	1.533
阿贝数 ν	57.4	30.8	30.3	53.6	56.2
线膨胀系数 /(×10^5℃)	6.3	8	7	9~10	6.5
折射率随温度变化/℃	−0.000 12	−0.000 15	−0.000 14		−0.000 65
外部透过率	92	88	89		91
热变形温度/℃	65~100	70~100	100~140	140	120~180
密度/(g/cm³)	1.19	1.0	1.2	1.32	1.02
洛氏硬度	M80~100	M65~90	M70~118	M100	
拉伸强度/MPa	56~70	35~63	59~66	35~42	40~70
冲击韧度/(kJ/m²)	2.2~2.8	1.4~2.8	80~100	35~42	
弹性率/(N·cm/cm²)	25~35	28~42	22~25	21	32~48
热导率/[4.2×10^{-3}kW/(m·K)]	4~6	2.4~3.3	4.5		
饱和吸水率/%	2.0	0.1	0.4		

4.6.4　反射光学材料

反射光学零件一般是在抛光玻璃表面镀以金属的反射层。反射面不存在色散现象，对于任何色光，其反射角均等于入射角。反射光学材料的唯一特性是反射率。反射面多为用金属材料镀制，不同的金属反射面，有不同的反射特性，即随入射光波长的不同而有不同的反射率。图4.52 给出了几种金属材料的反射特性曲线，可以看出不同波段的色光应选取不同的金属材料来镀制反射膜层。由图4.52 可知，银(Ag)反射层在可见光区间有很高反射率，平均为 94%～96%，但在紫外光波段急骤下降。银(Ag)反射层在空气中易被腐蚀，故需加保护层或保护玻璃。铝(Al)反

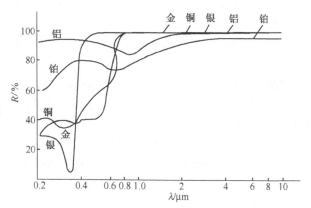

图 4.52　几种金属材料的反射特性曲线

射层的反射率略低于银，平均为 88%～92%。在紫外波段其反射率仍在 80% 以上。铝膜层在空气中自然形成厚度约为 5 nm 的透明的氧化铝膜层，使铝膜层得到了保护，故铝膜在制造反射元件中得到了广泛的应用。金(Au)在可见光波段反射率较低，但在红外区反射率很高。在波长为 0.1 μm 的紫外区，铝膜层易透过，只能用铂膜层，但反射率很低。

习题

4.1 若一个人能通过平面镜看到自己的全身，试问该平面镜的长度至少为多少？试证明之。

4.2 一个焦距为 1000 mm 的透镜，在其焦点处有一个发光点，物镜前置一个平面镜把光束反射回物镜，且在焦平面上成一点像，它和原发光点的距离为 1 mm，试问平面镜的倾角是多少？

4.3 平面镜的法线 $N = i$，入射光线为 $A = \cos 30° i + \cos 60° k$，试求反射光线，并绘出其图形。

4.4 平面镜的法线 $N = \cos 30° i + \cos 60° j$，入射光线为 $A = \cos 30° i + \cos 60° k$，试求反射光线，并绘出其图形。

4.5 平行平板厚度 $d = 60$ mm，玻璃折射率 $n = 1.5$，平行平板绕点 O 旋转 φ 角。平板前一物镜焦距 $f' = 120$ mm，通过平行平板成像在像平面上，如图 4.53 所示。当平行平板旋转时，像点在像平面上移动 $\Delta y'$，试求 $\Delta y'$ 和角 φ 的关系式，并绘出曲线。设像点移动允许有 0.02 mm 的非线性度，试求角 φ 所允许的最大值。

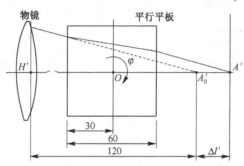

图 4.53　物镜通过旋转平行平板成像

4.6 用翻拍物镜拍摄文件，文件上压一个 15 mm 厚的玻璃平行平板，其折射率 $n = 1.5$，设物镜焦距 $f' = 450$ mm，拍摄倍率 $\beta = -1^x$，试求物镜后主面到平行平板第一面的距离。

4.7 试将图 4.21(b)、图 4.32(a) 和图 4.32(b) 中的棱镜系统展开成平行平板。若入射光束口径 $D = 20$ mm，试求相应的平行平板的厚度，绘出这三种情况下棱镜的主截面图并注明有关尺寸。

4.8 以双光楔折射角方向相对为起始点，使每一个光楔转动 $\varphi = 360°$，试绘出角 φ 和双光楔的总偏向角 δ 的关系曲线。如果以转角 φ 来量度 δ，则能否等分刻度。

4.9 棱镜折射角 $\alpha = 60°7'40''$，C 光的最小偏向角 $\delta = 45°28'18''$，试求制造该棱镜光学材料的折射率 n_C（求 4 位数）。

4.10 试判断图4.54中棱镜系统的转像情况，设输入左手坐标系，输出后的方向如何确定。

4.11 色散棱镜的折射角是否可以任意增大？当 $n = 1.5$ 时，角 α 的极限为何值？

4.12 白光经过顶角 $\alpha = 60°$ 的色散棱镜，$n = 1.51$ 的色光处于最小偏向角。试求其最小偏向角，同时求出折射后的 $n = 1.52$ 的色光相对于 $n = 1.51$ 的色光间的夹角。

4.13 已知 K9 玻璃的三种色光的折射率分别为 $n_D = 1.5163$，$n_F = 1.52196$，$n_C = 1.5139$，试用哈特曼公式求波长为 632.8 nm 和 488.0 nm 两种色光的折射率。

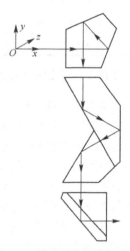

图 4.54　棱镜系统的转像系统

第5章　光学系统中的光阑

5.1　光阑在光学系统中的作用

光学系统除应满足前述的物像共轭位置和成像放大率外，还应有两个要求：一定的成像范围；在像平面上有一定的光能量和反映物体细节的能力（即分辨率，由衍射理论知其和光束的孔径成正比）。在设计光学系统时，应按其用途，要求在成像范围内的各点以一定立体角的光束通过光学系统成像。总之，上述要求是一个如何合理地限制光束的问题。

光学系统的横向尺寸取决于光束限制的要求，即成像范围的大小和成像光束的孔径确定后，一般来说，光学系统的横向尺寸也确定了。因为透镜或其他光学元件夹持在金属框以内，金属框本身的内孔就是限制光束作用的光孔，这个光孔对光学零件来说称为"通光孔径"。

光学系统中单是用光学零件的金属框内孔来限制光束有时是不够的，有许多光学系统还设置一些带孔的金属薄片（也可能用透镜框），称为"光阑"。光阑可以是圆形的、长方形的或正方形的，取决于其用途。大多数情况下光阑是圆形的，在一些系统（如照相物镜）中设置直径可变的光阑。光阑的中心一般与系统的光轴重合，光阑平面与光轴垂直。

在实际光学系统中的光阑，按其作用可分为以下几种。

1. 孔径光阑

孔径光阑也称有效光阑。如果在通过光轴的平面（如子午面）内来考虑，它决定了轴上点发出的平面光束的孔径角。

孔径光阑的位置在有些光学系统中有特定的要求。例如对于目视光学系统，孔径光阑或其像一定要在光学系统以外，使眼睛的瞳孔与之重合，达到良好的观察效果。在有些光学系统中，合理地选择光阑的位置可以改善轴外点的成像质量；因为对于轴外点发出的宽光束而言，不同的光阑位置在不改变轴上点光束的前提下，可以选择不同部分的光束参与成像，即可以选择成像质量较好的那部分光束。如图5.1所示，当光阑在位置1时，轴外点 B 以光束 BM_1N_1 成像，而光阑在位置2时，即以光束 BM_2N_2 成像，这样可以把成像的质量较差的那部分光束拦掉。必须指出，当光阑位置改变时，应相应地改变其直径以保证轴上点的光束的孔径角不变。此外，合理地选取光阑位置，在保证成像质量的前提下，可以使整个光学系统的横向尺寸减小，结构匀称。由图5.1可以看出，光阑在位置2时所需的透镜孔径比在位置1时所需的孔径要小。

作为目视观察用的光学系统，如放大镜、望远镜等系统，一定要把眼睛的瞳孔作为整个系统的一个光阑来考虑。

2. 视场光阑

安置在物平面或者像平面上限制成像范围的光阑，称为视场光阑。例如，照相系统、摄影系统中专门安置的片门，多为方形或长方形；又如，测量显微镜的分划板，也为视场光阑。视场光阑的形状是根据光学系统的用途确定的。

3. 渐晕光阑

如图5.2所示，透镜框 Q_1Q_2 作为孔径光阑，限制了轴上点 A 发出的光束，即点 A 以充满孔径光阑的光束成像。设在孔径光阑之前有光阑 M_1M_2，对轴上点光束没有限制，但对由轴外点 B 发出的充满孔径光阑的光束有限制作用，如图5.2上阴影线部分是被光阑 M_1M_2 拦掉的部分光束。轴外光束被拦截的现象称为"渐晕"，产生渐晕的光阑称为"渐晕光阑"。渐晕光阑多是透镜框。

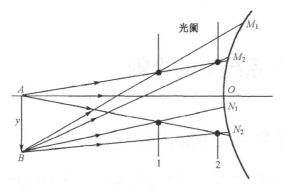

| 图 5.1 | 光阑位置对光束宽度和光学系统横向尺寸的影响 | 图 5.2 | 渐晕光阑示意图 |

在一些光学系统中，如照相镜，一般允许有一定的渐晕存在，使轴外点以窄于轴上点的光束成像，即把成像质量较差的那部分光束拦掉，可以适当提高成像质量。但由于渐晕的存在，像平面上轴外点的光照度低于轴上点的光照度。允许渐晕存在还可使光学系统的外形尺寸有所减小。

4. 消杂光光阑

光学系统除通过成像光束外，还会有一部分非成像物体发出的光进入光学系统，由仪器内壁反射而投射到成像面上。另外，成像光束在透过光学零件成像的同时，还有一部分被折射面反射，经多次反射后也会投射到像面。这些光称为杂光或杂散光。杂光投射入系统后均匀地分布在成像面上，可能淹没了衬度低的部分，有损于成像质量。安置消杂光光阑，可以拦掉一部分杂光，如图5.3所示。对于一些重要的光学系统，如天文望远镜、长焦距平行光管等，专门安置消杂光光阑。在一个光学系统的镜筒中可以有多个消杂光光阑。而在一般的光学系统中，镜筒内壁有时加工成螺纹，并涂黑色以达到消杂光的目的。

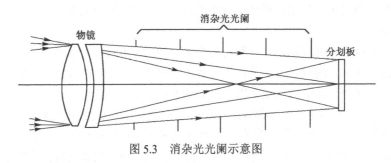

图 5.3　消杂光光阑示意图

5.2　光学系统的孔径光阑、入射光瞳和出射光瞳

1. 孔径光阑、入射光瞳和出射光瞳

光学零件的直径是有一定大小的，不可能让任意大的光束通过，而实际光学系统总是对一定孔径的光束成像。因此，必须有一个光孔（可能是一个透镜框，也可能是一个专门设置的光阑）限制着光束的大小。图5.4中Q_1QQ_2就是这样的光孔。将此光孔通过其前面的透镜成像到物空间去，则其像P_1PP_2决定了光学系统的物方孔径角U。该限制轴上点光束孔径角的光孔像P_1PP_2称为入射光瞳，简称入瞳。光孔Q_1QQ_2通过其后面的透镜在像空间所成的像$P_1'P'P_2'$决定了系统像方孔径角U'，称为出射光瞳，简称出瞳。与入射光瞳、出射光瞳对应的那个实际起着限制作用的光孔Q_1QQ_2即为孔径光阑。

显然，入射光瞳通过整个光学系统所成的像就是出射光瞳，二者对整个光学系统是共轭的。如果光阑在整个系统的像空间，那么它本身也是出射光瞳。反之，在物空间，它就是入射光瞳。

将光学系统中所有光学零件的通光孔（镜框）分别通过其前面的光学零件成像到整个系统的物空间去，入射光瞳必然是其中对物面中心张角最小的一个。图5.5所示为图5.4的简化系统，透镜L_1成像到物空间时，就是本身。光阑Q_1QQ_2成像到物空间为P_1PP_2，透镜L_2成像到物空间为L_2'。由物面中心

点 A 对各个像的边缘引连线，可以看出入射光瞳 P_1PP_2 对点 A 的张角 U 为最小，此角即为轴上点作边缘光光路计算所取的孔径角。这条由物面中心通过入射光瞳边缘的光线常称为第一辅助光线。同理，使所有的光学零件的通光孔通过其后面的光学零件成像到像空间去，则出射光瞳对像面中心的张角最小，此即像方孔径角 U'，如图5.6所示。L_1' 是透镜 L_1 在像空间的像，$P_1'PP_2'$ 是光阑在像空间的像，透镜 L_2 在像空间的像即其本身。由图5.6可知，只有出射光瞳 $P_1'P'P_2'$ 对像面中心点 A' 的张角为最小。

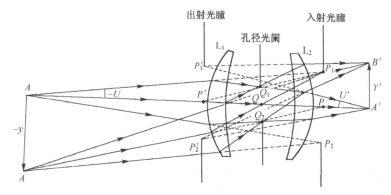

图 5.4   孔径光阑、入射光瞳和出射光瞳

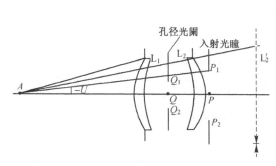

图 5.5   入射光瞳限制物方轴上点成像光束

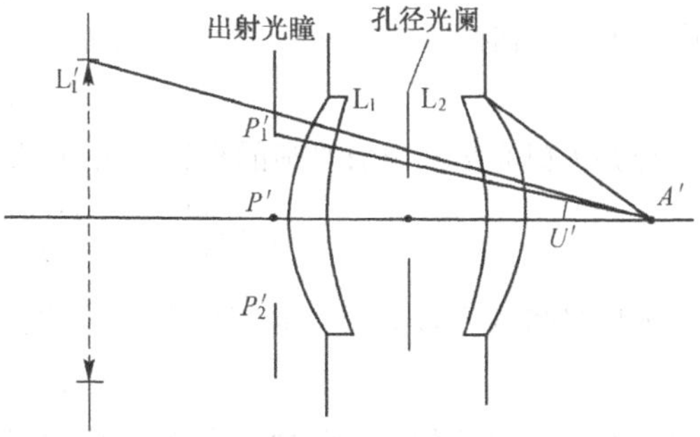

图 5.6   出射光瞳限制像方轴上点成像光束

如果透镜 L_1 和 L_2 完全相同，并对称于光阑放置，则其入射光瞳和出射光瞳的大小和倒正完全一样，即入射光瞳和出射光瞳之间的垂轴放大率为+1。因而结构对称于光阑的对称式系统入射光瞳和出射光瞳与光学系统的物方主面和像方主面相重合。

2. 孔径光阑、入射光瞳和出射光瞳之间的关系，主光线

通过入射光瞳中心的光线称为主光线。对于理想光学系统，主光线也必然通过孔径光阑和出射光瞳中心。主光线是物面上发出充满光学系统入射光瞳的成像光束的轴线。

由物方视场边缘发出通过入射光瞳中心的近轴光线，称为第二近轴光线。因为近轴光计算具有理想光学系统计算的性质，故其必然通过孔径光阑中心和出射光瞳中心。由出射光瞳射出后的光线和高斯像平面的交点的高度为理想像高。

图5.7所示为一双光组系统，孔径光阑 Q_1QQ_2 通过其前面的光学系统成像为 P_1PP_2，为入射光瞳；孔径光阑 Q_1QQ_2 通过其后面的光学系统成像为 $P_1'P'P_2'$，为出射光瞳。用高斯公式可以方便地导出入射光瞳相对于第一光组（前组）的距离：

$$l_{z1} = \frac{l_{z1}'f_1'}{f_1' - l_{z1}'}$$

孔径光阑到第二光组（后组）间的距离为 $l_{z2} = l_{z1}' - d$

同理，可以得出射光瞳的位置： $l_{z2}' = \frac{l_{z2}f_2'}{f_2' - l_{z2}}$

式中，l_{z1}' 是孔径光阑到第一光组间的距离，f_1' 和 f_2' 分别为第一光组和第二光组的像方焦距。

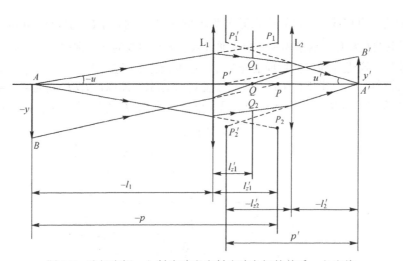

图 5.7　孔径光阑、入射光瞳和出射光瞳之间的关系，主光线

入射光瞳和光阑间的垂轴放大率为　　　$\beta_{z1} = D_A / D$

式中，D_A 为孔径光阑的直径，D 为入射光瞳的直径。孔径光阑和出射光瞳间的垂轴放大率为

$$\beta_{z2} = D' / D_A$$

式中，D' 为出射光瞳的直径。因此，入射光瞳和出射光瞳间的垂轴放大率为

$$\beta_z = \beta_{z1}\beta_{z2} = D' / D$$

已知入射光瞳和出射光瞳的直径，可分别求出物方和像方的孔径角，即

$$u = \frac{D}{2p} = \frac{D}{2(l_1 - l_{z1})}, \qquad u' = \frac{D'}{2p'} = \frac{D'}{2(l'_2 - l'_{z2})}$$

入射光瞳直径 D 和整个系统焦距 f' 之比称为该系统的相对孔径，即

$$D / f' = 1/K \tag{5.1}$$

式中，K 称为光瞳数或焦距数，常称为"F 数"：

$$K = f' / D \tag{5.2}$$

当物体在很近的距离时，常用物方孔径角的正弦与物空间介质折射率的乘积来取代相对孔径，称为数值孔径，常以 NA 表示，即

$$NA = n_1 \sin U_1 \tag{5.3}$$

相对孔径（或光瞳数）和数值孔径都表示了光学系统的光学特性。

3. 以光瞳中心为坐标原点的物像关系

由图 5.8 可知，以光瞳中心为坐标原点的物像共轭点 A_1 和 A'_k 的位置分别以 p 和 p'表示；x_z 和 x_z' 分别是以光学系统的前、后焦点为坐标原点所表示的入射光瞳和出射光瞳的位置。由牛顿形式的放大率公式(3.9)和光学系统的两个焦距间关系式(3.3)可以导出 A_1 和 A'_k 之间的垂轴放大率为

$$\beta = \frac{n_1}{n'_k} \frac{f'}{x_1} = -\frac{x'_k}{f'}$$

同理，光瞳处的放大率可写为

$$\beta_z = \frac{n_1}{n'_k} \frac{f'}{x_z} = -\frac{x'_z}{f'}$$

如图5.8所示，x_1，x'_k 和 x_z，x'_z 之间有以下关系：

$$x_1 = p + x_z, \qquad x'_k = p' + x'_z$$

根据上述光瞳处的放大率，可得

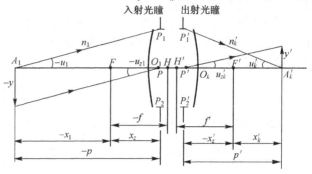

图 5.8　以光瞳中心为坐标原点的物像关系

$$x_z = \frac{n_1}{n_k'} \frac{f'}{\beta_z}, \qquad x_z' = -f'\beta_z$$

代入上面有关 x_1 和 x_k' 的表示式，可得

$$x_1 = p + \frac{n_1}{n_k'} \frac{f'}{\beta_z}, \qquad x_k' = p' - f'\beta_z$$

代入对 A_1 和 A_k' 用牛顿公式表示的关系式

$$x_1 x_k' = ff' = -\frac{n_1}{n_k'} f_2'^2$$

可得

$$\frac{\beta_z}{p'} - \frac{1}{p} \frac{n_1}{n_k'} \frac{1}{\beta_z} = \frac{1}{f'} \tag{5.4}$$

这就是以入射光瞳中心为坐标原点的物像位置关系公式，或称为以光瞳中心为坐标原点的高斯公式。

如果光学系统处于同一介质中，则 $n_1 = n_k'$，光学系统对称于光阑，即对称式物镜，$\beta_z = 1$，则主面和光瞳平面重合，有

$$x_z = -x_z' = -f = f'$$

则 $p = l$，$p' = l'$，式(5.4)即成为一般的高斯公式。

光瞳处的拉赫不变量为

$$n_1 h_z u_z = n_k' h_z' u_{zk}' = J_z \tag{5.5}$$

式中，h_z 和 h_z' 分别为第一近轴光线与入射光瞳和出射光瞳平面相交的高度，u_{z1} 和 u_{zk}' 分别为第二近轴光线在物像空间和光轴的夹角。

5.3 视 场 光 阑

任何光学系统都能对系统光轴周围的空间成像，这就是该系统所可能有的视场。一般来说，这个视场应大于对系统所要求的成像视场。因此，在光学系统像平面或其共轭面上放置光阑来限制视场。这个光阑称为光学系统的视场光阑。

在进行光学系统设计时，必须保证在所限制的视场内有满意的成像质量和足够的光照度，以便能为接收器所接收。

物体在有限距离远处时，可使视场光阑和物平面重合，限定物方视场，也可把光阑置于像平面，限定像方视场。一个光学系统只能有一个视场光阑。视场可以用长度来度量，称为线视场。物方线视场为物高的两倍，用 $2y$ 表示；像方线视场为像高的两倍，用 $2y'$ 表示。理想光学系统的物、像方线视场的关系为

$$y' = \beta y$$

视场也可以用角度来度量，称为视场角。物方视场角为 2ω，像方视场角为 $2\omega'$；它们分别为物像方线视场上、下边缘的主光线之间的夹角。物、像方视场角之间由光瞳处的角放大率 γ 联系起来，即

$$\tan\omega' = \gamma_z \tan\omega \tag{5.6}$$

当已知视场半角 ω 或 ω' 时，光瞳角放大率 γ_z 可由光瞳处垂轴放大率 β_z 来求得：

$$\gamma_z = \frac{n_1}{n_k'} \frac{1}{\beta_z} = -\frac{f}{f'} \frac{1}{\beta_z} \tag{5.7}$$

垂轴放大率 β_z 可表示为

$$\beta_z = \frac{n_1}{n_k'} \frac{f'}{x_z} = \frac{D'}{D} \tag{5.8}$$

式中，D 和 D' 分别为入射光瞳和出射光瞳的直径。则光瞳处角放大率可写为

$$\gamma_z = x_z / f' \tag{5.9}$$

物、像两空间视场角 2ω 和 $2\omega'$ 与线视场 $2y$ 和 $2y'$ 的关系为

$$\tan\omega = -y / p, \qquad \tan\omega' = -y' / p' \tag{5.10}$$

式中 p 和 p' 为物方和像方视场光阑。

当物体在无限远处时，$p' = f'$只能在像平面（即后焦平面）上安置视场光阑。像方视场角$2\omega'$可写为

$$\tan\omega' = -y'/f' \tag{5.11}$$

物空间只能用视场角2ω表示，可按式(5.6)求得2ω。如果视场光阑为长方形或正方形，则其线视场按对角线计算。

5.4 渐晕光阑

5.4.1 轴外点发出光束的渐晕

轴上点发出的充满入射光瞳的光束，经过光学系统以充满出射光瞳的光束成像。有些光学系统对于轴外点则不能以充满入射光瞳的光束全部通过系统成像。如图5.9所示，两个透镜分别位于孔径光阑的两侧。由轴外点B发出充满入射光瞳的光束，其下面一部分被透镜L_1的镜框拦掉（有阴影部分），其上面一部分被透镜L_2的镜框拦掉（有阴影部分）。只有中间一部分光束可以通过光学系统成像。轴外点成像光束小于轴上点成像光束，使像面边缘光照度有所下降。这种轴外点光束被部分地拦掉的现象称为轴外点的渐晕。显然，物点离光轴越远，渐晕越大，其成像光束的孔径角越小于轴上点成像光束的孔径角。对轴外点光束产生渐晕的光阑，如图5.9中的透镜L_1和L_2即为渐晕光阑。在一个光学系统中可以有一个渐晕光阑，也可有两个渐晕光阑。

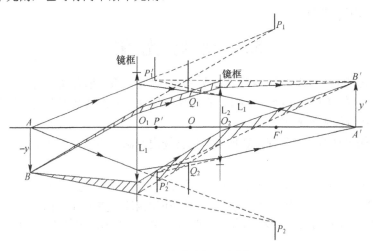

图 5.9 渐晕光阑示意图

渐晕光阑对其前面光学系统在物空间所成的像，称为入射窗。其在物空间中对轴外光束起拦截作用，产生渐晕。渐晕光阑对其后面部分光学系统所成的像，称为出射窗。其在像空间中对轴外光束起拦截作用，产生渐晕。为说明渐晕的形成，略去光学系统的其他光孔，仅画出物平面、入射光瞳平面和入射窗平面来分析物空间轴外光束的渐晕，（如图5.10所示）。可以分三个区域来讨论。

第一个区域是以AB_1为半径的圆形区。B_1点是由入射光瞳的下边缘P_2与入射窗的下边缘M_2的连线与物平面的交点。在这个区域内，每一个点均以充满入射光瞳的全部光束成像。在入射光瞳平面上的成像光束如图5.10(a)所示。

第二个区域是以B_1B_2绕光轴旋转一周所形成的环形区域，此区域的边缘点B_2是由入射光瞳中心P和入射窗的下边缘M_2的连线与物平面相交确定的。在此区域内，已不能使所有点以充满入射光瞳的光束通过光学系统成像。在子午面内，由点B_1到点B_2，通过入射光瞳的光束由100%到50%渐变，这就是轴外点的渐晕。

第三个区域以B_2B_2绕光轴旋转一周所得到的环形区域。点B_3是由入射光瞳的上边缘P_1和入射窗的下边缘M_2的连线和物平面相交确定的。在此区域内各点的光束渐晕更为严重，由点B_2到点B_3，通过入射光瞳的成像光束由50%到0。

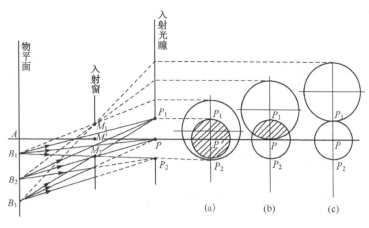

图 5.10　渐晕的形成

应该指出，当物平面上或像平面上没有安置视场光阑，光学系统物平面或像平面上由于渐晕的原因，成像光束近于零的点（如上面的点 B_3）即为可见视场的边缘，它也起了限制视场的作用。所以有的书上把渐晕光阑称为"视场光阑"。

上面讨论的三个区域只是大致的划分。实际上，在物平面上由点 B_1 到点 B_3 是渐变的，没有明显的界限。由于光束是光能量的载体，通过的光束越宽，其所携带的光能越多。因此，平面上第一个区域所成的像，光照度最大，而且均匀。从第二个区域开始，像的光照度逐渐下降，一直到零。整个视场内光照度是逐渐变化的。

对于如图5.11所示的对称式光学系统，三个光孔 M_1M_2，Q_1Q_2 和 N_1N_2 各自在物空间所成的像分别为 $M_1'M_2'$，P_1P_2 和 $N_1'N_2'$。由于两光组对称于孔径光阑，其边缘 M_2 和 N_1 对孔径光阑中心 Q 的张角相同。因此在物空间中，$M_2(M_2')$ 和 N_1' 对入射光瞳中心的张角也相同，这说明对称式光学系统有两个入射窗，即对称于光阑前后两个光组的镜框都是渐晕光阑。若被成像物体成无限远时产生渐晕的情况如图5.12所示，图中只画出了入射光瞳 P_1PP_2 和两个入射窗 $M_1'M_2'$ 和 $N_1'N_2'$。充满入射光瞳射入的平行光束先被第一入射窗按光线的方向投影到入射光瞳平面上的投影图形。光束被两个入射窗先后拦去一部分后，只有阴影线部分（即三个圆的公共部分）能通过光学系统成像。

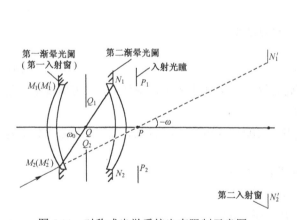

图 5.11　对称式光学系统光束限制示意图

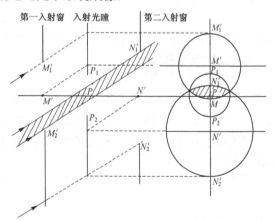

图 5.12　物体在无限远时产生渐晕的情况

渐晕光阑多是透镜框子。在进行光路计算时，最大视场的轴外光束的上、下边缘光线在各个透镜或光组上有不同的投射高度，即组成该光学系统的各个透镜或光组应有不同大小的通光直径。如果使某一两个透镜或光组的直径减小，则轴外光束将被部分地拦截，这些透镜或光组的金属框就是渐晕光阑。通常减小那些需通光直径大的透镜或光组的直径，此时它们就成为渐晕光阑。此时其他光学元件也可以适当减小尺寸。渐晕的作用可使光学系统的横向尺寸减小，也可以把像质差的一部分光束拦掉，适当改善成像质量。但由于渐晕，轴外点成像的光照度是要降低的。

5.4.2 消除渐晕的条件

光学系统也可以不存在渐晕，为了证明不存在渐晕的条件，如图5.13所示。令入射光瞳的直径为$2a$，用p表示入射光瞳到物平面的距离，q表示入射光瞳到入射窗的距离。以入射光瞳中心为坐标原点，故q，p为负值。由图5.13可得以下关系：

$$B_1B_3 = 2a(q-p)/q$$

由上式可知，欲使渐晕区B_1B_3为零，需使$p=q$，即入射窗和物平面重合，出射窗和像平面重合。这有两种可能：一种可能是没有渐晕光阑，只有视场光阑；另一种可能是所讨论的光阑通过光学系统的前面部分成像在物平面，通过系统的后面部分成像在像平面。

对于多个透镜组成的复杂光学系统，为提高轴外点成像质量和减小系统外形尺寸，常设置渐晕光阑。但对单组光学系统，如低倍的显微物镜、望远物镜等，常不另设孔径光阑，物镜框就是孔径光阑，也是入射光瞳和出射光瞳，没有渐晕光阑。设分划板作为视场光阑。如图5.13所示，在像面上没有渐晕存在。

图5.10、图5.12和图5.13只是对物空间进行了讨论，在像空间也可做出类似的分析。因为在物、像两空间中，物面和像面，入射光瞳和出射光瞳，入射窗和出射窗都是共轭的，有完全相对应的关系。

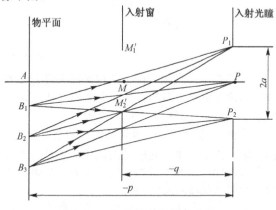

图 5.13　推导消除渐晕的条件

5.4.3 渐晕系数

1．线渐晕系数

为从数量上估计渐晕，定义线渐晕系数（常称为渐晕系数）为

$$k_\omega = 2b/2h \tag{5.12}$$

式中，$2b$为子午面内斜成像光束（轴外点发出的光束）的宽度，$2h$为子午面内轴上点光束的宽度。$2b$和$2h$都是在垂直于光轴的方向量度的。如果$2b$和$2h$均在入射光瞳平面上度量，此时

$$k_\omega = D_\omega/D \tag{5.13}$$

式中，D_ω为斜光束在入射光瞳平面上垂直于光轴方向的宽度。

2．几何渐晕系数

渐晕的另外一种数值表示为　　　　　$k_A = A_\omega/A_p \tag{5.14}$

式中，A_ω是斜成像光束在垂直于光轴方向度量的截面积，A_p是轴上点光束在垂直于光轴方向度量的截面积。一般来说，A_ω和A_p均在入射光瞳面上度量。

图5.10上点A，B_1，B_2，B_3处的线渐晕系数分别为100%，100%，50%，0%，几何渐晕系数分别为100%，100%，25%，0%。

几何渐晕系数是线渐晕系数的平方。例如，线渐晕系数为

$$k_\omega = 2b/2h = D_\omega/D = 0.5$$

则几何渐晕系数为　　　　　$k_A = A_\omega/A_p = D_\omega^2/D^2 = 0.25$

由此可以大略地估计出当线渐晕系数为0.5时，在轴外光束会聚的像点处的光能量比轴上点小$1/4$。

5.5　光学系统的景深

5.5.1 光学系统的空间像

前面讨论的只是垂直于光轴的物平面上的点的成像问题。属于这一类的光学系统有照相制版物镜

和电影放映物镜等。实际上，许多光学系统是把空间的物点成像在一个像平面上，称为平面上的空间像，如望远物镜、照相物镜等就属于这一类。空间中的物点分布在距离光学系统的入射光瞳不同的距离上，这些点的成像原则与平面物体的成像相同。

如图5.14所示，B_1，B_2，B_3，B_4 为空间的任意点，点 P 为入射光瞳中心，点 P' 为出射光瞳中心，$A'B'$ 为像平面，称为景像平面。在物空间与景像平面相共轭的平面 AB 称为对准平面。

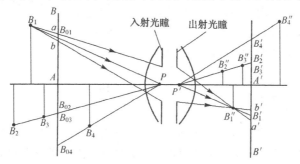

图 5.14　光学系统的空间成像示意图

点 B_1，B_2，B_3，B_4 与入射光瞳中心点 P 的连线分别为这些点的主光线。这些点在像空间的共轭点分别为 B_1''，B_2''，B_3''，B_4''。通过这些点的主光线与景像平面 $A'B'$ 分别交于点 B_1'，B_2'，B_3'，B_4'。显然，位于同一主光线 B_2P 上的两点 B_2 和 B_3 在景像平面上的对应点 B_2' 和 B_3' 重合在一起。因此，点 B_2 和 B_3 与点 B_2' 和 B_3' 在对准平面上的主光线方向的投影相共轭。所以空间点在平面上的像可以这样得到：以入射光瞳中心点 P 为透视中心，即以点 P 为投影中心，将空间点 B_1，B_2，B_3 和 B_4 沿主光线方向向对准平面上投影，则投影点在景像平面上的共轭点 B_1'，B_2'，B_3' 和 B_4' 便是空间点的平面像。

当光瞳有一定大小时，由点 B_1 发出的充满入射光瞳的光束与对准平面交为弥散斑 $a'b'$，在景像平面上的共轭像也是一个弥散斑 ab，为空间像点 B_1'' 在景像平面上的投影。同理，所有位于景像平面以外的空间点都可在对准平面上产生一具弥散斑，同样在景像平面 $A'B'$ 也可得到其共轭像。由图5.14可知，ab 或 $a'b'$ 的大小与入射光瞳的直径有关，入射光瞳的直径减小，这些弥散斑也随之减小。当入射光瞳的直径小到一定程度时，弥散斑 ab 可看成一个点，其共轭像 $a'b'$ 也可看成一个点。同样对于点 B_2，B_3，B_4，在景像平面上得到的弥散斑也由于入射光瞳减小而可认为是点像 B_2'，B_3'，B_4'，因而可以在景像平面 $A'B'$ 上得到对准平面以外空间点的清晰像。

如上所述，物方空间点成像相当于以入射光瞳中心为投影中心，以主光线为投影线，使空间点投影在对准平面上，再成像在景像平面上。或者在像空间以出射光瞳中心为投影中心，各空间像点沿主光线投影在景像平面上，也可形成空间物点的平面像。如果入射光瞳位置相对于物方空间点（即景物）位置发生变化，则景像也随之变化。如图5.15所示，同样的景物在图5.15(a)中 S_1' 和 S_2' 是分开的；而图 5.15(b)中由于入射光瞳位置的变化，S_1' 和 S_2' 重合在一起。显然，投影中心前后移动，投影像的变化和景物是不成比例的，这种现象叫作透射失真。

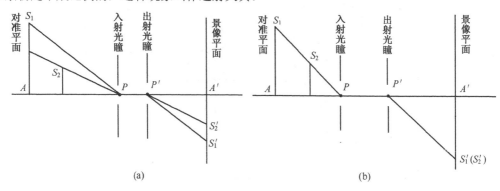

图 5.15　入射光瞳位置变化形成透射失真的示意图

在用广角物镜拍摄物体时，若物体为一系列球状体，如图5.16所示，它们对入射光瞳中心均张以相同的圆锥状立体角，顶点为入射光瞳中心，这些圆锥状光束的共轭光束也为圆锥状。每一个圆锥状光束的轴线以不同的角ω'交于景像平面，ω'的最大值为物镜像方全视场角的一半。由图5.16可知，锥状光束在景像平面上的截面将随ω'的不同而不同，该现象称为景像畸变，将圆形变成椭圆形；越在视场边缘，这种现象越严重。

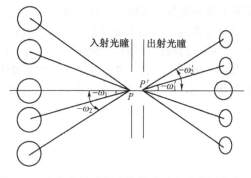

图 5.16　广角物镜拍摄球状物体时产生的景像变形

5.5.2　光学系统的景深

按理想光学系统的特性，物空间一个平面在像空间只有一个平面与之相共轭。上述景像平面上的空间像，严格来说除了对准平面上的点能成点像外，其他空间点在景像平面上只能成为一个弥散斑。但当它小于一定限度时，仍可以认为是一个点。当入射光瞳尺寸一定时，在物空间只能使一定深度范围内的物体在景像平面上成清晰像。

如图5.17所示，空间点B_1和B_2位于景像平面的共轭面（对准平面）以外，它们的像点B_1''和B_2''也不在景像平面上，在该平面上得到的是光束$P_1'B_1''P_2'$和$P_1'B_2''P_2'$在景像平面上所截的弥散斑，它们是像点B_1''和B_2''在景像平面上的投影像。这些投影像分别与物空间相应光束$P_1B_1P_2$和$P_1B_2P_2$在对准平面上的截面相共轭。虽然景像平面上的弥散斑的大小与光学系统入射光瞳的大小、空间点距对准平面的距离有关，但如果弥散斑足够小，如它对人眼的张角小于人眼的极限分辨率（约为1′），则人眼对图像将无不清晰的感觉，即在一定空间范围内的空间点在景像平面上可成清晰像。

任何光能接收器(如眼睛、感光乳胶等)都是不完善的，并不要求像平面上的像点为一个几何点，而要求根据接收器的特性，规定一个允许的数值。当入射光瞳的直径为定值时，便可以确定成像空间的深度，在此深度范围内的物体对一定的接收器可得清晰图像。在景像平面上所获得的成清晰像的空间深度称为成像空间的景深，简称景深。能成清晰像的最远的平面称为远景，能成清晰像的最近的平面称为近景，它们距对准平面的距离分别称为远景深度和近景深度。显然，景深Δ是远景深度Δ_1和近景深度Δ_2之和，即$\Delta = \Delta_1 + \Delta_2$。远景平面、对准平面和近景平面到入射光瞳的距离分别用p_1，p和p_3表示，并以入射光瞳中心点P为坐标原点，则上述各值均为负值。在像空间对应的共轭面到出射光瞳的距离分别用p_1'，p'和p_2'表示，并以出射光瞳中心点p'为坐标原点，所有这些值均为正值。

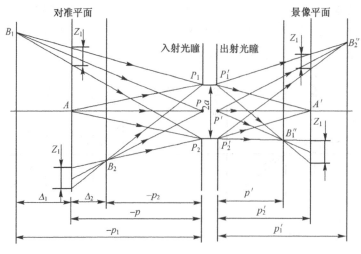

图 5.17　光学系统景深示意图

设入射光瞳直径和出射光瞳直径分别用 $2a$ 和 $2a'$ 表示。设景像平面和对准平面上的弥散斑直径分别为 z_1, z_2 和 z_1', z_2'，由于两个平面共轭，故有

$$z_1' = \beta z_1, \qquad z_2' = \beta z_2$$

式中，β 为景像平面和对准平面之间的垂轴放大率。由图5.17中相似三角形关系可得

$$\frac{z_1}{2a} = \frac{p_1 - p}{p_1}, \qquad \frac{z_2}{2a} = \frac{p - p_2}{p_2}$$

由此可得

$$z_1 = 2a\frac{p_1 - p}{p_1}, \qquad z_2 = 2a\frac{p - p_2}{p_2} \tag{5.15}$$

则

$$z_1' = 2a\beta\frac{p_1 - p}{p_1}, \qquad z_2' = 2a\beta\frac{p - p_2}{p_2} \tag{5.16}$$

可见，景像平面上弥散斑的大小除了与入射光瞳的直径有关，还与距离 p, p_1 和 p_2 有关。

弥散斑直径的允许值取决于光学系统的用途。例如一个普通的照相物镜，若照片上各点的弥散斑对人眼的张角小于人眼极限分辨角($1'\sim 2'$)，则感觉犹似点像，可认为图像是清晰的。用 ε 表示人眼的极限分辨角。极限分辨角 ε 值确定后，允许的弥散斑大小还与眼睛到照片的距离有关，因此，还需要确定这一观测距离。通常，当用一只眼睛观察空间的平面像（如照片）时，观察者会把像面上自己所熟悉的物体的像投射到空间去，从而产生空间感（立体感觉）。但获得空间感时，物点间相对位置的正确性与眼睛观察照片的距离有关。为了获得正确的空间感，而不发生景像的歪曲，必须以适当的距离观察照片，即应使照片上图像的各点对眼睛的张角与直接观察空间时各对应点对眼睛的张角相等，符合这一条件的距离叫作正确透视距离，用 D 表示。为了方便起见，以下公式的推导不考虑正、负号。如图5.18所示，眼睛在 R 处，为了得到正确的透视，景像平面上像 y' 对点 R 的张角 ω' 应等于物空间共轭物 y 对入射光瞳中心 P 的张角 ω，即

$$\tan\omega = y/p = \tan\omega' = y'/D$$

可得

$$D = y'p/y = \beta p$$

所以景像面或照片上弥散斑直径的允许值为

$$z' = z_1' = z_2' = D\varepsilon = \beta p\varepsilon$$

对应于对准平面上弥散斑的允许值为

$$z = z_1 = z_2 = z'/\beta = p\varepsilon$$

即相当从入射光瞳中心来观察对准平面时，其上的弥散斑直径 z_1 和 z_2 对眼睛的张角也不应超过眼睛的根限分辨角 ε。

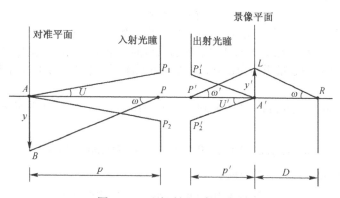

图 5.18　正确透视距离示意图

确定对准平面上弥散斑允许直径以后，由式(5.15)可以求得远景和近景分别到入射光瞳的距离 p_1 和 p_2：

$$p_1 = \frac{2ap}{2a - z_1}, \qquad p_2 = \frac{2ap}{2a + z_2} \tag{5.17}$$

由此可得远景和近景分别到对准平面的距离，即远景深度 Δ_1 和近景深度 Δ_2：

$$\Delta_1 = p_1 - p = \frac{pz_1}{2a - z_1}, \qquad \Delta_2 = p - p_2 = \frac{pz_2}{2a + z_2} \tag{5.18a}$$

将 $z_1 = z_2 = p\varepsilon$ 代入式(5.18a)，得 $\qquad \Delta_1 = \frac{p^2\varepsilon}{2a - p\varepsilon}, \quad \Delta_2 = \frac{p^2\varepsilon}{2a + p\varepsilon} \tag{5.18b}$

由上可知，当光学系统的入射光瞳直径 $2a$、对准平面的位置和极限分辨角确定后，远景深度 Δ_1 比近景深度 Δ_2 大。

总的成像深度即景深 Δ 为 $\qquad \Delta = \Delta_1 + \Delta_2 = \frac{4ap^2\varepsilon}{4a^2 - p^2\varepsilon^2} \tag{5.19}$

若用孔径角 U 取代入射光瞳直径，则由图5.18可知它们之间有如下关系：

$$2a = 2p \tan U$$

代入式(5.19)，得 $\qquad \Delta = \frac{4p\varepsilon \tan U}{4\tan^2 U - \varepsilon^2} \tag{5.20}$

由式(5.20)可知，入射光瞳的直径越小，即孔径角越小，景深越大。在拍照片时，把光圈缩小可以获得大的空间深度的清晰像，其原因就在于此。

若欲使对准平面以后的整个空间都能在景像平面上成清晰像，即远景深度 $\Delta_1 = \infty$，则由式(5.18)可知，当 $\Delta_1 = \infty$ 时，分母 $2a - p\varepsilon$ 应为零，故有

$$p = 2a/\varepsilon$$

即从对准平面中心看入射光瞳时，其对眼睛的张角应等于极限分辨角 ε。此时，近景位置 p_2 为

$$p_2 = p - \Delta_2 = p - \frac{p^2\varepsilon}{2a + p\varepsilon} = \frac{2ap}{2a + p\varepsilon}$$

考虑到分母中 $p\varepsilon$ 是小量，可以略去，并考虑到 $p = 2a/\varepsilon$，代入上式得近景位置 p_2 为

$$p_2 = p/2 = a/\varepsilon$$

因此，把照相物镜调焦于 $p = 2a/\varepsilon$ 处，在景像平面上可以得到自入射光瞳前距离为 a/ε 处的平面起至无限远的整个空间内物体的清晰像。

如果把照相物镜调焦到无限远，即 $p = \infty$，以 $z_2 = p\varepsilon$ 代入式(5.17)的第二式，并对 $p = \infty$ 求极限，则可以求得近景位置为

$$p_2 = 2a/\varepsilon$$

此式表明，这时的景深等于自物镜前距离为 $2a/\varepsilon$ 的平面开始到无限远。

这种情况的近景距离为 $2a/\varepsilon$，上面使对准平面以后的整个空间都能在景像平面上成清晰像时，把对准平面放在 $p = 2a/\varepsilon$ 时的近景距离为 a/ε，后者的近景距离比前者的小1/2，故把对准平面放在无限远时的景深要小一些。

例5.1 设 $\varepsilon = 1' = 0.000\ 29\ \mathrm{rad}$，入射光瞳直径 $2a = 10\ \mathrm{mm}$，当把对准平面调焦在无限远处时，其近景位置为

$$p_2 = 2a/\varepsilon = 10\ \mathrm{mm}/0.000\ 29 = 34\ 500\ \mathrm{mm} = 34.5\ \mathrm{m}$$

若使远景平面在无限远处，则对准平面位于

$$p = 2a/\varepsilon = 10\ \mathrm{mm}/0.000\ 29 = 34\ 500\ \mathrm{mm}$$

近景位置为 $\qquad p_2 = p/2 = 34\ 500\ \mathrm{mm}/2 = 17\ 250\ \mathrm{mm} = 17.25\ \mathrm{m}$

例5.2 仍设 $\varepsilon = 1' = 0.000\ 29\ \mathrm{rad}$，入射光瞳直径 $2a = 10\ \mathrm{mm}$，若使物镜调焦在 10 m 处，即 $p = 10\ 000\ \mathrm{mm}$，按式(5.18)可求出远景、近景的深度和位置分别为

$$\Delta_2 = \frac{p^2 \varepsilon}{2a + p\varepsilon} = \frac{10\,000^2 \text{ mm}^2 \times 0.000\,29}{10 \text{ mm} + 10\,000 \text{ mm} \times 0.000\,29} = 2250 \text{ mm} = 2.25 \text{ m}$$

$$p_2 = p - \Delta_2 = 10 \text{ m} - 2.25 \text{ m} = 7.75 \text{ m}$$

$$\Delta_1 = \frac{10\,000^2 \text{ mm}^2 \times 0.000\,29}{10 \text{ m} - 10\,000 \text{ mm} \times 0.000\,29} = 4080 \text{ mm} = 4.08 \text{ m}$$

$$p_1 = p + \Delta_1 = 10 \text{ m} + 4.08 \text{ m} = 14.08 \text{ m}$$

可得景深为

$$\Delta = \Delta_1 + \Delta_2 = 4.08 \text{ m} + 2.25 \text{ m} = 6.33 \text{ m}$$

即自物镜前 7.75 m 开始，到 14.08 m 为止均为成像清晰的范围。

前面的讨论是假定在正确透视距离的条件下来看照片的，故与焦距无关。若规定景像平面上弥散斑不能超过某一数值，则此时的景深就与物镜焦距有关。因为

$$z' = \beta z = -\frac{f}{x} z$$

当景像平面上弥散斑 z' 一定时，对于某一对准平面位置 x，f 越大，z 就越小，即景深随焦距的增大而减小。

5.6 远心光路

光学仪器中有相当大的一部分仪器用来测量长度。一种是光学系统有准确的放大率，使被测物的像与一刻尺相比，便可求知被测物的长度，如工具显微镜等光学计量仪器；另一种是把一标尺放在不同位置，光学系统的放大率因标尺位置的不同而不同，按一定的视场读出标尺像上某个数值，从而求得仪器到标尺间的距离，如经纬仪、水准仪等大地测量仪器的测距装置。

1. 物方远心光路

上述第一种情况中的工具显微镜，在其光学系统的实像平面处放置已知刻值的透明刻尺（分划板），刻尺的格值考虑了物镜的放大率。因此，按刻度读得的像高即为物高的尺度。按此方法测量物体的长度，要求刻尺和物镜之间的距离为定值，以使物镜放大率不变。这种方法的精度在很大程度上取决于像平面与刻尺平面的重合程度。一般是使整个光学系统相对于被测物体进行调焦，以物体的像和刻尺平面重合，但欲调焦到像平面和刻尺平面精确重合是不可能的，这就难免产生一些误差，像平面和刻尺平面不重合的现象称为"视差"。由视差引起的测量误差可由图5.19来说明。图中，$P_1'P'P_2'$ 是物镜的出射光瞳。$B_1'B_2'$ 是被测物体的像，M_1M_2 是刻尺平面，由于二者不重合，像点 B_1' 和 B_2' 在刻尺平面上的投影小于分辨极限的弥散斑 M_1 和 M_2，实际上量得的长度为 M_1M_2。显然，M_1M_2 和真实尺寸 $B_1'B_2'$ 之间产生了测量误差。视差和光束对光轴的倾角越大，测量误差也越大。

如果适当地控制主光线方向，就可以消除或大为减小由视差引起的测量误差，这只要把孔径光阑设置在物镜的像方焦平面上即可。如图 5.20 所示，光阑也是物镜的出射光瞳，则由物镜射出的每一光束的主光线都通过光阑中心所在的像方焦点，而物方主光线则是平行于光轴的。如果物体 B_1B_2 在位置 A_1 并与标尺平面 M_1M_2 相共轭，则成像在标尺面上的长度即为 M_1M_2。如果由于调焦不准，物体 B_1B_2 不在位置 A_1 而在位置 A_2，那么它的像 $B_1'B_2'$ 偏离刻尺，在刻尺平面上得到的将是由弥散斑所构成的 $B_1'B_2'$ 投影像。但是，因为物体上每一点发出的光束的主光线并不随物体位置移动而发生变化，因此，刻尺平面上投影像两端的两个弥散斑中心的主光线仍通过点 M_1 和点 M_2，按此投影读出的长度仍为 M_1M_2。这就是说上述调焦稍有不准并不影响测量结果。因为这种光学系统物方主光线平行于光轴，主光线的会聚中心位于物方无限远，故称之为物方远心光路。

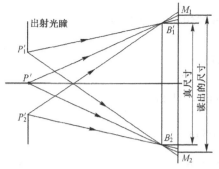

图 5.19　视差造成测量误差的示意图

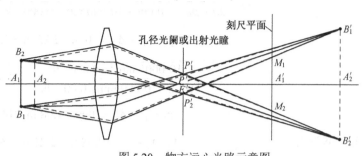

图 5.20　物方远心光路示意图

2．像方远心光路

本节开头所述的第二种情况是物体长度已知，例如是一标尺，置于望远物镜前方要测的距离处，物镜后面分划板平面上刻有一对间隔为已知的测距丝。当测量标尺所在处的距离时，调焦物镜或连同分划板一起调焦目镜，以使标尺的像和分划板的刻线平面重合，读出与固定间隔测距丝所对应标尺上的长度，即可求出标尺到仪器的距离。同样，由于调焦稍有不准，标尺的像不与分划板刻线平面重合，使读数产生误差而影响测距精度。为了消除或减小这种误差，可以在望远镜的物方焦平面上设置一个孔径光阑。如图5.21所示，光阑也是入射光瞳，此时进入物镜的光束的主光线都通过光阑中

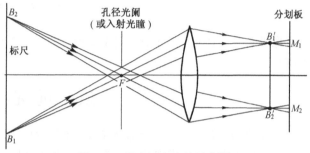

图 5.21　像方远心光路示意图

心所在的物镜物方焦点，则这些主光线在物镜像方平行于光轴。如果物体 B_1B_2（标尺）的像 $B_1'B_2'$ 不与分划板的刻线平面 M_1M_2 重合，则在该刻线平面上得到的是 $B_1'B_2'$ 的投影像，即弥散斑 M_1 和 M_2。但由于在像方的主光线平行于光轴，因此按分划板上弥散斑中心所读出的距离 M_1M_2 与实际像的长度 $B_1'B_2'$ 相等。M_1M_2 是分划板上所刻的一对测距丝，如与 $B_1'B_2'$ 不能完全重合，它与标尺所对应的长度总是 B_1B_2，显然不发生误差。因为这种光学系统的像方主光线平行于光轴，其会聚中心在像方无限远处，故称之为像方远心光路。

5.7　消杂光光阑

1．杂散光的产生及其影响

杂散光是通过光学系统投射到像平面上不参与成像的有害的光。产生这些有害光的原因，首先是由于非成像光线通过光学系统射向仪器镜筒的内壁表面，再由内壁表面反射后通过光学系统的出射光瞳射向像面；其次是成像光束及非成像光束通过光学零件折射面时，有一部分光反射回到仪器内壁表面，或在光学零件的两个折射面间多次反射和折射产生的杂散光；还有就是光学零件表面划痕、麻点、抛光不够的部位，光学材料内部的条纹及杂质和光学零件的粗糙的非工作面的散射等原因引起的杂散光。

这种杂散光的危害是降低了像面上图像的对比度，淹没了对比度很低的图像或图像的细节，直接降低了光学系统的成像质量。

杂散光可分为一次、二次和高次杂散光。凡由仪器内壁表面、镜框、光学零件表面及其他能产生杂散光的表面由一次反射或散射产生的射向成像面的，而且在视场角以内的非成像光线，即为一次杂散光。一次杂散光再经仪器内壁表面等的反射或散射所产生的射向像面的，并在视场角以内的非成像光线为二次杂散光。以此类推，可产生高次杂散光。

决定杂散光的数值指标很难通过计算方法来预先确定。但是，对于一种特定的仪器，通过实验室

实际测量的方法可测出其杂散光的数值指标。在实际光学系统中不能彻底消除杂散光，只能使之尽可能减少。实现减少杂散光的方法有：在设计时，应使光学系统在满足成像要求前提下尽可能使折射面减少，以使折射面产生的反射次数减少；使透镜的实际口径大一些，以减少透镜边缘产生的散射；在镜筒设计时加上消杂光光阑或加工内螺纹，以阻挡镜筒内表面反射的杂散光；使光学系统的工作距离尽可能大一些，以免由出射光瞳射出的发散状杂散光大部分射向像面。在工艺上，应使光学零件表面清洗干净；光学材料应要求选择合适的气泡度和条纹度；光学零件非工作面涂黑色涂料，并使之渗到粗糙表面的麻坑中去；使仪器镜筒的内壁及装卡光学零件的金属支撑件煮黑或涂以黑色无光漆。

2．消杂光光阑的应用

消杂光光阑一种通常的用法是装在仪器物镜的前面，即遮光罩。若物镜前面没有任何光阑时，物空间内约2π角度内的光线均可射入物镜，则镜筒内壁等非工作表面将被照射大量光能，形成杂散光。为此，加上遮光罩可以拦掉视场以外的光线射入物镜的入射光瞳。遮光罩的设计应使任何直射到其内表面的光线经第一次反射后不能射入物镜的入射光瞳。如图5.22所示，在遮光罩的内壁上可安置若干个消杂光光阑，所有光阑的边缘必须沿着光管的边缘A_1C_1和A_2C_2。遮光罩的长度L可由下式确定：

$$L = \frac{D}{\tan \omega_1 - \tan \omega}$$

遮光罩的入射孔径D_1可由下式计算：

$$D_1 = D \frac{\tan \omega_1 + \tan \omega}{\tan \omega_1 - \tan \omega}$$

式中，D为光学系统入射光瞳直径，ω为系统的视场半角，ω_1为通过系统入射光瞳边缘的光线和光轴间最大的夹角。给定遮光罩长度L或直径D_1以后，在遮光罩内消杂光光阑的数目和位置可用作图的方法确定，如图5.22所示。由点C_1以视场半角ω作直线C_1D和A_2B_2交于点D，连直线A_1D和直线A_2C_2交于点F。在点F处可放置第一个消杂光光阑。同时直线C_1D又与A_2C_2交于点H，则在点H处放置第二个消杂光光阑。连直线A_1H与A_2B_2交于点G，连直线C_1G与直线A_2C_2交于点I，在点I处设置第三个消杂光光阑。以此类推，可得一系列消杂光光阑的位置。当两条直线A_1M和MC_1相对于直线A_2B_2处于接近符合反射定律的情况，即$\theta_1 \approx \theta_2$，则直线$C_1M$和直线$A_2C_2$的交点$K$处，即为最后一个消杂光光阑的位置。

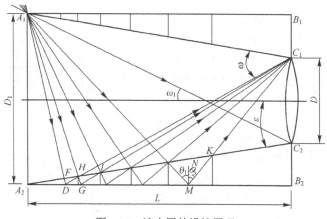

图 5.22　遮光罩的设计原理

消杂光光阑的另一种应用是在镜筒内部设置消杂光光阑，参见图5.3。也可用作图的方法确定，其方法可参照上述。

5.8　几种典型系统的光束限制

下面根据前面所述孔径光阑、视场光阑和渐晕光阑的性质讨论几种典型光学系统的光束限制，即各种光阑的配置问题。

1. 放大镜

由单透镜构成的低倍放大镜，往往和眼瞳结合起来考虑光束限制问题。眼瞳作为这个放大镜系统的一个光孔，如图5.23所示。物平面置于放大镜的前焦面附近，眼睛在放大镜的后焦面附近，设在眼球光轴和放大镜光轴处于共线的情况下来考虑。此时眼瞳既是孔径光阑，也是出射光瞳，它限制成像光束的孔径，其通过放大镜的共轭像为入射光瞳。可在物或像平面没有视场光阑。放大镜本身是渐晕光阑，又是入射窗和出射窗。有渐晕存在，在线渐晕系数为零处，即 B_2 点，限定了可见视场。

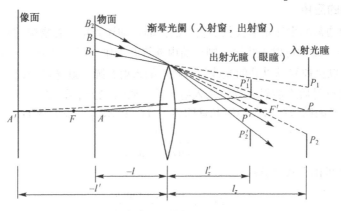

图 5.23　放大镜的光束限制

2. 望远镜系统

(1) 伽利略望远镜系统

伽利略望远镜系统是由正物镜和负目镜组合而成的。如图5.24所示，物镜框是整个系统的孔径光阑，也是入射光瞳，限制了物空间的成像光束。这种系统在物面或像面没有专门的视场光阑。目镜是渐晕光阑，也是出射窗。图5.24(a)、图5.24(b)、图5.24(c)分别表示三个视场半角 $\omega_1, \omega_2, \omega_3$ 入射的光束，形成渐晕系数分别为 $100\%, 50\%$ 和 0% 的情况。

望远镜系统多是用来观测的，因此，应把眼瞳作为系统中的一个光孔来考虑，如图5.25所示。此时光束限制情况与上述不同。眼瞳成为限制成像光束孔径的孔径光阑，也是出射光瞳，它通过整个望远系统的共轭像为入射光瞳。在物平面或像平面没有专门的视场光阑。此时物镜成为渐晕光阑，图5.25中光线 a 通过入射窗和入射光瞳下边缘的斜光线，表示由物面上无渐晕区的边缘点发出的。光线 b 通过入射窗的下边缘和入射光瞳的中心，是由物面上渐晕系数为 50% 的点发出的斜光线。光线 c 通过入射窗的下边缘和入射光瞳的上边缘，为物面上渐晕系数为零的点发出的斜光线，这条光线限制了可见视场的极值。

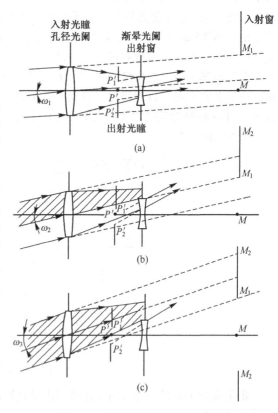

图 5.24　望远镜系统的光束限制

(2) 开普勒望远镜系统

最简单的开普勒（Keplere）望远镜系统的光束限制如图5.26(a)所示。物镜框就是孔径光阑，也是入射光瞳，它限制了物空间的成像光束的孔径。其通过目镜所成的像为出射光瞳，观测时眼瞳与之重合。在物镜的后焦面上放置分划板或专门的光孔作为视场光阑，这种开普勒望远镜系统一般没有渐晕光阑，斜光束也是以充满入射光瞳的光束成像。但是由于望远镜的目镜尺寸不够大，或者物镜视场角较大，因此目镜可能是渐晕光阑，同时是出射窗，这样斜光束将有渐晕存在，如图5.26(b)所示。

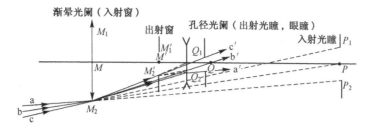

图 5.25　眼瞳作为一个光孔来考虑望远镜系统

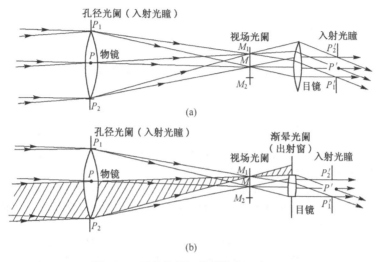

图 5.26　开普勒望远镜系统的光束限制

如果开普勒望远镜的物镜和目镜之间有其他光学元件（转像系统、转折光路的光学元件等）存在时，为使整个仪器外形匀称，往往使某些光学元件尺寸做得小些，起到渐晕光阑作用，即允许有一定的渐晕。

3．显微镜系统

对于低倍率显微镜物镜，物镜框就是孔径光阑，也是入射光瞳。对于复杂的高倍显微物镜，在物镜后焦面附近装有专门的孔径光阑。在物镜的成像平面上装置专门的视场光阑（对测量用显微镜装置分划板；对生物显微镜，在两片目镜之间装有金属光阑，使物镜的像通过场镜，即目镜的第一片后和该光阑重合）。图5.27是显微镜系统光束限制的示意图。物镜通过目镜的共轭像是系统的出射光瞳，在观测时与眼瞳重合。显微镜系统一般不设置渐晕光阑。

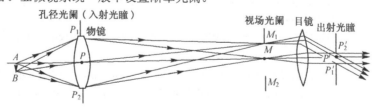

图 5.27　显微镜系统光束限制的示意图

4．照相物镜

照相物镜种类繁多，但是多数照相物镜内部装置有一直径可变的孔径光阑，它通过前面部分光学系统的共轭像为入射光瞳，通过后面部分光学系统的共轭像为出射光瞳。照相物镜的第一片透镜框多为渐晕光阑。有的对称式照相物镜的第一片和最后一片的透镜框都是渐晕光阑，即有两个渐晕光阑。照相物镜设渐晕光阑主要是为了使大视场轴外光束变窄，拦掉像质差的一部分光束，牺牲轴外视场的像面照度来使像质有所提高。

在物镜的像平面上设置视场光阑，即照相机中的片框，用以限定成像视场，并框定照片(负片)尺寸。图5.28表示一个三片照相物镜的光束限制情况。

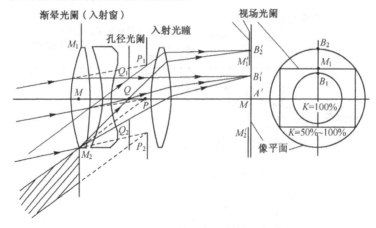

图 5.28　照相物镜光束限制的示意图

照相物镜的视场光阑多为矩形，以对角线作为物镜的线视场。

习题

5.1　某一照相物镜的焦距 $f' = 75\ \text{mm}$，相对孔径为 1:3.5，底片尺寸为 60 mm×60 mm，试求入射光瞳及最大视场角值。设调焦到 35 m 处，试问物方最大线视场为何值？

5.2　焦距 $f' = 100\ \text{mm}$ 的薄透镜，其通光孔径 $D = 40\ \text{mm}$，在物镜前 50 mm 处有一个光孔，其直径 $D_p = 35\ \text{mm}$，问物体在 $-\infty$，$-10\ \text{m}$，$-0.05\ \text{m}$ 和 $-0.03\ \text{m}$ 时，是否都是由同一个光孔起孔径光阑作用，试问哪一个光孔对哪些物距起孔径光阑作用？

5.3　由两组焦距 $f' = 200\ \text{mm}$ 的薄透镜组成的对称式光学系统，两个透镜的口径各为 60 mm，间隔 $d = 40\ \text{mm}$，中间光阑的孔径 $D_p = 40\ \text{mm}$，求该系统的焦距、相对孔径、入射光瞳和出射光瞳的位置和大小。设物体在无限远，试问不存在渐晕和渐晕为50%时，其最大视场角各为多少？

5.4　两个正薄透镜组 L_1 和 L_2 的焦距分别为 90 mm 和 60 mm，通光孔径分别为 60 mm 和 40 mm，两透镜之间的间隔为 50 mm，在透镜 L_2 之前 18 mm 处放置直径为 30 mm 的光阑，试问当物体在无限远处和 1.5 m 处时，孔径光阑是哪一个？

5.5　照相物镜焦距为 75 mm，相对孔径为 1/3.5，1/4.5，1/5.6，1/6.3，1/8 和 1/11，设人眼的分辨率为 1′，当远景平面为无限远时，问其对准平面和近景平面的位置在何处？并求其景深。当对准平面在 4 m 时，求远景距离、近景距离和景深。

5.6　用两块焦距相等的薄透镜和一个光阑片组成像方远心光路或物方远心光路，试提出三种不同的组合方案，并用表示式表示出光阑位置和系统结构(f_1', f_2', d)间的关系。

5.7　设某一物镜通光孔径 $D = 50\ \text{mm}$，视场半角 $\omega = 4°$，要求设计一个长度 $L = 150\ \text{mm}$ 的遮光罩，求其直径 D_1，并用作图法求其消杂光光阑的数目及位置。

5.8　有 $-5^×$ 放大镜，通光口径 $D = 30\ \text{mm}$，设眼瞳 $d = 4\ \text{mm}$，试求其线视场极限（渐晕系统 $k_\omega = 0$ ），并求出 $k_\omega = 0.5$ 和 $k_\omega = 1.0$ 时的视场角，同时求出其出射光瞳的位置及大小。

5.9　设某一伽利略望远镜，物镜焦距 $f' = 120\ \text{mm}$，目镜 $f' = -30\ \text{mm}$，它们的通光口径分别为 30 mm 和 8 mm，设眼睛瞳孔的直径 $d = 4\ \text{mm}$，试求其入射光瞳的位置及大小，并求出其在渐晕系数 $k_\omega = 0$，0.5 和 1.0 时的视场角。

第6章 光能及其计算

在前面几章中，我们用几何光线的方法讨论了光学系统的成像规律，其中没有涉及能量大小的问题。从能量的观点看，几何光线的进行方向近似地代表光能的传播方向，光学系统可以看做光能的传递系统。辐射能从目标（辐射源）发出，经过大气等中间介质、光学系统，最后传递到接收器（人眼、感光底片、光电接收器件等）。一个光学系统，除了前几章讨论的几何光学性能外，其光能是否足以使接收器感受，显然也是一个重要的性能指标。一般的光学系统只能"传递"而不能"增加"光能，问题是如何保证获得所需的能量，更有效地利用能量和减少传递过程中的损失。

本章所用的量和单位均遵照国家标准 GB 3102.6—93 "光及有关电磁辐射的量和单位"的规定，英译名也取自该标准。方括号[ ]内的文字可以省略，如"辐[射能]通量"可简写为"辐通量"。

6.1　光通量（Luminous Flux）

1. 辐[射能]通量（Radiant Flux）

辐[射能]通量或称辐[射]功率，符号为 P。辐[射能]通量的定义是"以辐射的形式发射、传播、和接收的功率"，单位为瓦特(W)。

光是电磁辐射波谱中的一部分。发射辐射能的物体，称为一次辐射源。受别的辐射源照射后透射或反射能量的物体，称为二次辐射源。两种辐射源统称为辐射体，它可以是实物，也可以是实物所成的像。

辐射可能由多种波长组成，每种波长的辐通量又可能各不相同。总的辐通量应该是各个组成波长的辐通量的总和。如图6.1 所示 I，II 两种辐射，I 是等能量分布的辐射，II 是不等能量分布的辐射。设 P_λ 是辐通量随波长变化的函数，在极窄的波段范围 $\mathrm{d}\lambda$ 内所对应的辐通量（图中阴影线所示面积）为

$$\mathrm{d}P = P_\lambda \mathrm{d}\lambda$$

总的辐通量为

$$P = \int P_\lambda \mathrm{d}\lambda \tag{6.1}$$

当辐通量对接收器发生作用时，还必须考虑接收器对辐通量的感受规律。

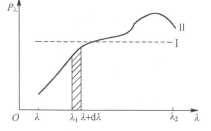

图 6.1　两种辐射通量与波长的关系

2. 接收器的光谱响应

接收器对所能感受的波长是有选择性的。一种类型的接收器只能感受一定的波长范围，且对各种波长的响应程度（反应灵敏度）也不相同。如有的光电接收器对蓝光的感受能力比绿光强，而不能感受波长为 $0.6\,\mu\mathrm{m}$ 以上的红光。人眼作为一种接收器也具有波长选择特性。

接收器对不同波长电磁辐射的反应程度称为光谱响应度或光谱灵敏度，对人眼来说有一个专门术语，称为光谱光视效率(Spectral Luminous Efficiency)，又译作"视见函数"。

由实验测得人眼对不同波长的光谱光视效率 $V(\lambda)$ 的数值列于表 6.1，对应的曲线如图6.2所示。视场较亮时测得的光谱光视效率称为明视觉光谱光视效率，表 6.1 和图 6.2 均为明视觉光谱光视效率。

光谱光视效率的意义说明人眼对各种波长辐射的响应程度是不等的。实验表明，在同等辐射功率的情况下，频率为 $540\times10^{12}\,\mathrm{Hz}$ 的单色辐射（空气中波长为 $0.555\,\mu\mathrm{m}$ 的黄绿光）对人眼造成的光刺激强度最大，光感最强，取其相对刺激强度为 1，其余波长的 $V(\lambda)$ 均小于 1。例如波长为 $0.660\,\mu\mathrm{m}$ 的红光，$V(\lambda)$ = 0.06100，需要有比 $0.555\,\mu\mathrm{m}$ 的黄绿光大 $1/0.061 = 16$ 倍的功率才能对人眼造成同样的视觉刺激。或者说，黄绿光对人眼的刺激比同样功率的红光或蓝光要强。当人眼看到一束黄光比一束红光亮时，实际

上，红光的功率比黄光的功率大。

表 6.1　实验测得人眼的光谱光视效率 $V(\lambda)$

光 的颜 色	$\lambda(\mu m)$	$V(\lambda)$ 相对值	光 的颜 色	$\lambda(\mu m)$	$V(\lambda)$ 相对值	光 的颜 色	$\lambda(\mu m)$	$V(\lambda)$ 相对值
紫	0.360	0.00000	绿	0.500	0.32300	红		
	0.370	0.00001		0.510	0.50300			
	0.380	0.00004		0.520	0.71000		0.660	0.06100
	0.390	0.00012		0.530	0.86200		0.670	0.03200
	0.400	0.00040	黄	0.540	0.95400		0.680	0.01700
	0.410	0.00121		0.550	0.99495		0.690	0.00821
	0.420	0.00400		0.555	1.00000		0.700	0.00410
	0.430	0.01160		0.560	0.99500		0.710	0.00209
蓝	0.440	0.02300	黄	0.570	0.95200		0.720	0.00105
	0.450	0.03800		0.580	0.87000		0.730	0.00052
				0.590	0.75700		0.740	0.00025
青	0.470	0.09098	橙	0.600	0.63100		0.750	0.00012
	0.480	0.13902		0.610	0.50300		0.760	0.00006
	0.490	0.20802		0.620	0.38100		0.770	0.00003
				0.630	0.26500		0.780	0.00001
				0.640	0.17500		0.796	0.00000
				0.650	0.10700			

对于其他接收器也有类似的特性，图 6.3 示出了几种接收器的光谱灵敏度曲线：1 为锑铯光电管，不能感受波长为 0.6 μm 以上的红光；2 是人眼；3 是硅光电池；4 是某种热敏元件，能对所有的波段以同等的灵敏度感受。

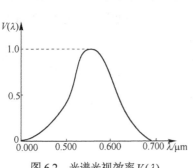

图 6.2　光谱光视效率 $V(\lambda)$

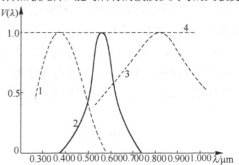

图 6.3　接收器的光谱灵敏度曲线

3．光通量（Luminous Flux）

本章主要讨论可见光的能量，但涉及的原理、名词、定义等同样也适用于不可见光的辐射能量。为了区别，在有关可见光的名词前冠以"光"字，例如"光通量"和"辐通量"相对应，前者用于可见光，后者用于其他辐射能。

如前所述，式(6.1)的辐通量中只有 0.38～0.77 μm 的辐射才能引起人眼的光刺激，且光刺激的强弱不仅取决于图6.1中辐射体辐通量的绝对值，还取决于人眼的光谱光视效率 $V(\lambda)$。定义辐射能中能被人眼感受的那一部分能量为光能。辐射能中由 $V(\lambda)$ 折算到能引起人眼刺激的那一部分辐通量称为光通量，用 Φ 表示（有的书上用 F 表示）。

在全部波段范围内，总光通量为

$$\Phi = \int P_\lambda V(\lambda)\mathrm{d}\lambda \tag{6.2}$$

如果某光敏元件的光谱灵敏度 $G(\lambda)$ 相当于人眼的光谱光视效率，则作用到该元件上能引起电信号的有效辐通量可表示为

$$P_d = \int P_\lambda G(\lambda)\mathrm{d}\lambda \tag{6.3}$$

辐射通量和光通量同为功率，单位都是瓦特(W)，但是在有关可见光能的问题中，光通量 Φ 的通用单位为"流明"(lm)，关于流明的定义参见 6.2 节。

4. 光通量和辐通量之间的换算

由理论和实验可知，1 瓦特的频率为 540×10^{12} Hz 的单色辐射的辐通量等于 683 lm 的光通量，或 1 流明的频率为 540×10^{12} Hz 的单色光通量等于 $1/683$ W = 0.001464 W 的辐通量。对其他波长的单色光，1W 辐通量引起的光刺激都小于 683 lm，它们的数值关系就是光谱光视效率，即对于其他波长的单色光有：1W 辐通量等于 $683V(\lambda)$ lm，代入式(6.2)得光通量为

$$\Phi = 683 \int P_\lambda V(\lambda) \mathrm{d}\lambda \qquad (6.4)$$

式(6.2)和式(6.4)的差别仅在于单位由 W 换算成了 lm。

以电为能源的光源，往往用实验方法测出每瓦特电功率所产生的光通量（lm 数）作为该类光源的发光效率，即

$$1\,W\,电功率的发光效率 = \frac{该光源的光通量\,(lm)}{该光源的耗电功率\,(W)}$$

例如，一个 100 W 钨丝灯发出的总光通量为 1400 lm，则发光效率为 1400/100=14 lm/W。40 W 白色荧光灯发出的总光通量为 2000 lm，其发光效率为 50 lm/W，荧光灯的发光效率约为钨丝灯的 4 倍。一些常用光源的发光效率参见表 6.2。

表 6.2　一些常用光源的发光效率

光 源 名 称	每瓦特电功率发光效率/(lm/W)
钨丝灯	10～20
卤素钨灯	30 左右
荧光灯	30～60
氙灯	40～60
碳弧灯	40～60
钠光灯	60 左右
超高压(UHP)汞灯	60～70
镝灯	80 左右
金属卤素放电灯	80 左右
LED 照明灯	40～100

6.2　发　光　强　度

1. 立体角

在几何光学中用平面图形讨论的角度为平面角，但光能是在一个立体的锥角范围内传播的，角度宜用立体角表示。在此先回顾一些有关立体角的数学内容。

(1) 立体角的单位

以立体角顶点为球心，作一个半径为 r 的球面，用此立体角的边界在此球面上所截的面积 $\mathrm{d}S$ 除以半径的平方来标志立体角的大小，即

$$\mathrm{d}\omega = \mathrm{d}S / r^2$$

立体角的单位为"球面度"(Steradian)，符号为 sr。当所截出的球面积等于半径的平方时，为一球面度。一个发光点周围全部空间的立体角为

$$\frac{全部球面积}{r^2} = \frac{4\pi r^2}{r^2} = 4\pi\,(\mathrm{sr})$$

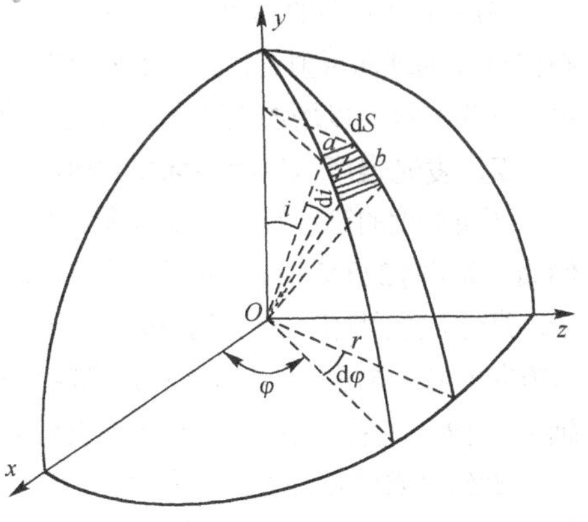

(2) 立体角的计算

图 6.4　求解点光源周围的立体角示意图

图 6.4 中，设点光源 O 位于坐标原点，围绕此点光源周围的立体角的求法为：以点光源 O 为球心，r 为半径作一球面。球面上一块小面积 $\mathrm{d}S$ 对点 O 构成的立体角为 $\mathrm{d}\omega$。小面积的位置由空间极（球面）坐标 r, φ 及 i 决定，r 为矢径，φ 为弧矢面内的角度，i 为子午面内的角度；$\mathrm{d}r, \mathrm{d}\varphi$ 和 $\mathrm{d}i$ 是 r, φ 及 i 的微变量，面积则由边长 a 及 b 决定，由图6.4可知

$$a = r\sin i\,\mathrm{d}\varphi, \qquad b = r\mathrm{d}i, \qquad \mathrm{d}S = r^2\sin i\,\mathrm{d}i\,\mathrm{d}\varphi$$

小面积对应的立体角为 $\qquad\qquad \mathrm{d}\omega = \mathrm{d}S / r^2 = \sin i\,\mathrm{d}i\,\mathrm{d}\varphi \qquad (6.5)$

这是立体角计算的普遍式。但在光学系统中习惯用平面角 U 来标志孔径角的大小，为此，下面建立平面角（孔径角）U 和立体角 ω 之间的关系式，如图6.5所示。利用式(6.5)，立体角 ω 可写为

$$\omega = \iint \sin i \, di \, d\varphi = \int_0^{2\pi} d\varphi \int_0^U \sin i \, di = 4\pi \sin^2(U/2) \qquad (6.6)$$

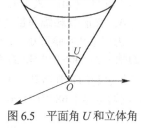

图6.5　平面角 U 和立体角 ω 之间的关系

式(6.6)就是立体角和平面角的转换关系式。

当角 U 很小时，$\sin(U/2) \approx u/2$，则

$$\omega \approx \pi u^2 \qquad (6.7)$$

当 di 的积分限为 $0 \sim \pi$ 时，可得全部空间内的整个立体角为 4π sr。

从物面上一点发向入瞳的光通量是在一个以该物点为顶点、以入瞳为底面的立体角之内传播的。由式(6.6)和式(6.7)可知，立体角近似地正比于孔径角 U 的平方。在聚光镜中，U 角也称为集光角，光能的增大正比于 U 角的平方。

设有一向周围空间均匀辐射的点光源 O，如图6.6所示，求其进入数值孔径 $\sin U = 0.50$（集光角 $U = 30°$）的聚光镜的光通量占全部光通量的多少？

由式(6.6)可知，平面角 $U = 30°$ 所对应的立体角 $\omega = 0.84$ sr，只占整个空间立体角 4π sr 的 $0.84/4\pi = 6.7\%$。可见，进入聚光镜的光通量只是光源向四周辐射的光通量中很小的一部分，光源的利用率很低。

表6.3 是为不同孔径角 U 算出的立体角 ω 占整个空间立体角 4π 的百分数。如果点光源向各方向作均匀辐射，则这个数值可表示光源的利用率。

表6.3　不同孔径角 U 算出的立体角 ω

U	$\omega = 4\pi \sin^2(U/2)$	占整个空间立体角 4π 的百分数
12°	0.13 sr	1%
15°	0.21 sr	1.7%
20°	0.36 sr	3%
30°	0.85 sr	7%
40°	1.5 sr	12%
50°	2.2 sr	18%
60°	3.1 sr	25%

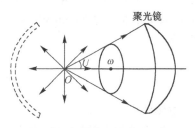

图6.6　聚光镜中集光角 U 的作用

为了提高光源的利用率，除增大 U 角外，有时在光源后方加一球心在点 O 的球面反射镜，如图6.6中虚线所示，使按原路反射回的光线再进入聚光镜，以增加光通量，但是这种结构不利于光源的散热。

2．发光强度（Luminous Intensity）

发光强度的符号为 I。多数光源在不同方向辐射的光通量是不相等的，例如，常用的 220 V，100 W 钨丝白炽灯泡向各方向辐射的光通量如图6.7所示，曲线 I 表示灯泡周围光通量分布情况。灯丝位于极坐标中心，矢量表示该方向单位立体角内的光通量大小。如果该灯泡向四周的发光状况绕灯泡纵轴($0°-180°$)对称，则曲线 I 就足以表征全部空间的发光状况。

曲线 II 表明该灯泡上部套上涂白的反光罩后光通量重新分布情况，可在某些方向上提高光能利用率。为了表征辐射体在空间某一方向上的发光状况，引入一个量"发光强度"。发光强度的定义是某一方向单位立体角内所辐射的光通量值。设一点光源（实际上几何尺寸为零的点光源是不存在的，但当光源尺寸 a 较小，并从 $10a$ 以外的距离处观测时，可以近似地当作点光源处理，所引入的误差不大于 1%）非均匀地向各方向辐射光能如图6.8所示。如果在某一方向上一个很小立体角 $d\omega$ 内辐射的光通量为 $d\Phi$，则

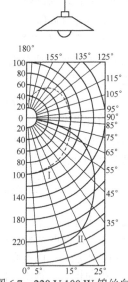

图6.7　220 V，100 W 钨丝白炽灯泡向各方向辐射的光通量

$$I = d\Phi / d\omega \qquad (6.8)$$

式中，I 称为点光源在该方向上的发光强度。

如果点光源在一个较大的立体角 ω 范围内均匀辐射，其总光通

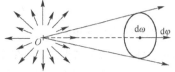

图6.8　发光强度的概念的示意图

量为 Φ，则在此立体角范围内的平均发光强度为常数，即

$$I_0 = \Phi / \omega \tag{6.9}$$

3. 发光强度的单位

发光强度 I 的单位为坎德拉(candle)，符号为 cd，它是光度学中最基本的单位。其他单位（如光通量、光照度、光亮度等的单位）都是由这一基本单位导出的。

坎德拉的定义为：一个频率为 $540×10^{12}$ Hz 的单色辐射光源，若在给定方向上的辐射强度为 1/683 W/sr，则该光源在该方向的发光强度为 1 cd。定义中以频率取代波长，可以避免空气折射率的影响，使定义更严密；也可以使这一频率对应于空气中波长为 0.555 μm 的单色辐射，即是对人眼光刺激最灵敏的波长。

4. 光通量的单位

由基本单位坎德拉可以导出光通量的单位流明(lumen)，符号为 lm 。由式(6.8)：$\mathrm{d}\varphi = I\mathrm{d}\omega$，发光强度为 1 cd 的点光源在单位立体角 1 sr 内发出的光通量为定义 1 lm，即

$$1\,\text{lm} = 1\,\text{cd} \cdot \text{sr} \tag{6.10}$$

5. 光源发光强度和光通量之间的关系

点光源的光通量和发光强度之间的关系已由式(6.8)和式(6.9)给出。对各向发光不均匀的点光源，有

$$\mathrm{d}\Phi = I\mathrm{d}\omega$$

式中，发光强度 I 是空间方位角 i 和 φ 的函数。总光通量为

$$\Phi = \int I\mathrm{d}\omega = \int_0^\varphi \int_0^i I\sin i\,\mathrm{d}i\,\mathrm{d}\varphi \tag{6.11}$$

各向均匀发光的点光源在立体角 ω 内的总光通量为

$$\Phi = I_0\omega \tag{6.12}$$

式中，I_0 是平均发光强度。发向四周整个空间的总光通量为

$$\Phi = 4\pi I_0 \tag{6.13}$$

把平面孔径角 U 和立体角 ω 的换算关系式(6.6)代入式(6.12)，可得各向均匀发光的点光源在孔径角 U 范围内发出的光通量为

$$\Phi = 4\pi I_0 \sin^2(U/2) \tag{6.14}$$

即光通量正比于发光强度 I_0 和孔径角 $U/2$ 正弦的平方。

例 6.1 仪器用 6 V,15 W 钨丝灯泡，已知其发光效率为 14 lm/W，该灯泡和一聚光镜联用，灯丝中心对聚光镜所张的孔径角(集光角)$u \approx \sin U = 0.25$。若把灯丝看成是各向均匀发光的点光源，求灯泡的总光通量和进入聚光镜的光通量。

求解总光通量：　　　$\Phi = 14\,\text{lm/W} \times 15\,\text{W} = 210\,\text{lm}$

由式(6.6)可求出灯丝对聚光镜所张的立体角只占整个空间立体角 4π 的 1.6%，故进入聚光镜的光通量

为 $210 \times 0.016 = 3.4\,\text{lm}$ 。

本题也可用发光强度来求解：　$I_0 = \dfrac{\Phi}{4\pi(\text{sr})} = \dfrac{210\,\text{lm}}{4\pi(\text{sr})} = 16.7\,\text{cd}$

再由式(6.14)求得进入聚光镜的光通量为 3.4 lm。

各种光源辐射的光通量参考值见表 6.4。

激光器的辐通量（功率）以瓦特为单位。

表6.4　各种光源辐射的光通量参考值

光 源 名 称	ϕ / lm
日用 220 V, 40 W 白炽钨丝灯	约 500
日用 40 W 白色荧光灯	约 2000
仪器用 6 V, 7.5 W 白炽钨丝灯	约 90
6 V, 15 W 白炽钨丝灯	约 200
6 V, 30 W 白炽钨丝灯	约 400
12 V, 50 W 白炽钨丝灯	约 1000
250 W 溴钨放映灯	约 7500
120 W 超高压(UHP)汞灯	约 6000
200 W 超高压(UHP)汞灯	约 12000
500 W 氙灯	约 25000
1000 W 碳弧灯	约 50000
LED	约 120

6.3　光照度和光出射度

1. 光照度定义及其单位

光照度(Illuminance)简称照度，用字符 E 表示。定义为：照射到物体表面一个面元上的光通量除以该面元的面积，即单位面积上所接收的光通量大小：

$$E = \mathrm{d}\Phi/\mathrm{d}S \qquad (6.15)$$

式中，$\mathrm{d}S$ 为被照明面元的面积；$\mathrm{d}\Phi$ 为面元 $\mathrm{d}S$ 上所接收的光通量。如果较大面积的表面被均匀照明，则投射到其上的总光通量 Φ 除以总面积 S 称为该表面的平均光照度 E_0：

$$E_0 = \Phi/S \qquad (6.16)$$

光照度的单位为勒克斯，符号为 lx。1 lx 是 1 lm 的光通量均匀照射到 $1\ \mathrm{m}^2$ 的面积上所产生的光照度。

某些环境中的光照度值和在各种工作场合较适当的光照度参考值如表 6.5 所示。

表 6.5　某些环境中的光照度值

场　合	$E(\mathrm{lx})$
观看仪器的示值	30～50
一般阅读及书写	50～75
精细工作（修表等）	100～200
摄影场内拍摄电影	10000
照相制版时的原稿	30 000～40 000
明朗夏天采光良好的室内	100～500
太阳直照时的地面照度	10000
满月在天顶时的地面照度	0.2
夜间无月时天光在地面产生的照度	3×10^{-4}

2. 点光源直接照射一平面时产生的光照度（距离平方反比律）

直接照射是指未经过任何光学系统的照射。图 6.9 中，点光源 O 的平均发光强度为 I_0，面积 $\mathrm{d}S$ 距离 O 为 r，对点 O 所张的立体角为 $\mathrm{d}\omega$，$\mathrm{d}S$ 的法线和 $\mathrm{d}\omega$ 的轴线夹角为 θ。由立体角的定义可得

$$\mathrm{d}\omega = \mathrm{d}S\cos\theta/r^2$$

图 6.9　点光源直接照射面元的示意图

由式(6.8)可得　　　　$\mathrm{d}\Phi = I\mathrm{d}\omega = I\mathrm{d}S\cos\theta/r^2$

于是，面积 $\mathrm{d}S$ 上的光照度为　　$E = \mathrm{d}\Phi/\mathrm{d}S = I\cos\theta/r^2 \qquad (6.17)$

即点光源直接照射一面元时，其上的光照度与点光源的发光强度成正比，与点光源到面元的距离 r 的平方成反比，并与面元的法线和照射光束方向的夹角 θ 的余弦成正比。垂直照射时，$\theta = 0°$，光照度最大；掠射时，$\theta = 90°$，光照度为零。

例6.2　直径 3 m 的圆桌中心上方 2 m 处吊一平均发光强度为 200 cd 的灯泡，求圆桌中心与边缘的光照度。

解　由于灯丝尺寸远小于距离 2 m，可看做点光源。对于圆桌中心，$I_0 = 200\ \mathrm{cd}$，$r = 2\ \mathrm{m}$，如图 6.10 所示。中心点的光照度为

$$E_0 = 200\ \mathrm{cd}/2^2\ \mathrm{m}^2 = 50\ \mathrm{lx}$$

对于圆桌边缘，$r = \sqrt{2^2 + 1.5^2}\ \mathrm{m}$，$\cos\theta = 2/\sqrt{2^2 + 1.5^2}$，得边缘点的光照度为 $E_\mathrm{m} = 25.6\ \mathrm{lx}$。

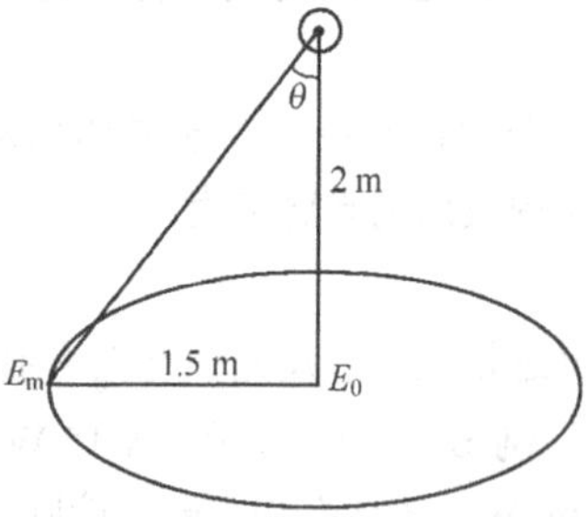

图 6.10　点光源照亮圆面积示意图

3. 光出射度（Luminous Exitance）

光出射度用符号 M 表示。其定义为离开表面一点处的面元的光通量除以面元的面积，即从一发光表面的单位面积上发出的光通量称为该表面的光出射度。光出射度和照度 E 是一对相对意义的物理量，前者是发出光通量，后者是接收光通量。两者的单位相同（$\mathrm{lm/m}^2$）。光出射度在有的书上曾称为面发光度（Luminous Emittance）。

对于非均匀辐射的发光表面，有　　　　$M = \mathrm{d}\Phi/\mathrm{d}S \qquad (6.18)$

在较大面积上均匀辐射的发光表面，其平均光出射度为

$$M_0 = \Phi/S \qquad (6.19)$$

发光表面可以是本身发光的，也可以是受外来光照射后透射或反射发光的；可以是实际发光体，也可以是其像面。

若一本身不发光的反射表面 S 受外来照射后所得的照度为 E，入射光中一部分被吸收，另一部分被反射，设表面的反射率为 ρ，ρ 是反射光通量 Φ' 和入射光通量 Φ 之比，即 $\rho = \Phi'/\Phi$，一般以百分数表示，则表面反射时的光出射度为

$$\Phi'/S = \rho\Phi/S$$

$$M = \rho E \qquad (6.20)$$

所有物体的反射率都小于 1。多数物体对光的反射有选择性，对不同波长的色光，有不同的反射率 ρ。图6.11(a)为有选择性反射表面的示意图，受白光照射时，若表面对红光的反射能力较强，而蓝、绿、黄等色光被吸收，则这种物体被人眼观察时表现为红色。图6.11(b)为物体表面的反射率随波长 λ 变化的曲线。

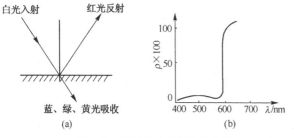

图 6.11　反射的波长选择性曲线

表 6.6　一些物体的反射率

物 体 名 称	反 射 率 ρ
氧化镁	0.97
石　灰	0.95
雪	0.93
白　纸	0.7 ~ 0.8
淡灰色	0.49
黑丝绒	0.001 ~ 0.002

对所有波长的反射率 ρ 值都相同且近似于 1 的物体称为白体，如图 6.12 中的直线 1。氧化镁、硫酸钡的 ρ 值大于 95%，近似于白体。对所有波长的反射率 ρ 值都相同且近似于零的物体称为黑体，严格而言，黑体是不管波长、入射方向或偏振状态如何，吸收所有辐射能的热辐射体。同时，在给定温度下，它对所有波长都具有最大的光谱辐射出射度，因此黑体又称为全辐射体。如图 6.12 中的直线 2（黑炭粉）的 ρ 值小于 1%，近似于黑体。当上述两种表面获得相同照度时，两者的光出射度相差 95% 以上。曲线 3 呈灰色的反射表面；曲线 4 代表一蓝青色反射表面。表 6.6 列出了一些物体的反射率。

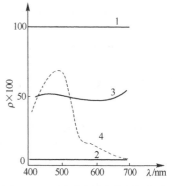

图 6.12　黑体或全辐射体的反射率

6.4　光　亮　度

上节中的光出射度 M 虽能表征发光表面单位面积上发出的光通量值，但并未计入辐射的方向，不能全面地表征发光表面在不同方向上的辐射特性，为此须引入另一物理量——光亮度(Luminance)，用字符 L 表示。

在评价视频画面质量时，还有一个名词 Brightness（亮度，或译为明度、明亮度）。"Brightness" 是考虑了观测环境、人眼性能及光源本身一些影响因素后，人眼主观上感觉到的明亮程度。

1. 光亮度的定义

光亮度简称亮度，用字符 L 表示。光亮度定义为在发光表面上取一块微面积 $\mathrm{d}S$，如图 6.13 所示。设此微面积在与表面法线 N 夹 i 角方向的立体角 $\mathrm{d}\omega$ 内发出的光通量为 $\mathrm{d}\Phi_i$，则由前可知，i 方向的发光强度为 $I_i = \mathrm{d}\Phi_i/\mathrm{d}\omega$。

微面积 $\mathrm{d}S$ 在 i 方向的光亮度 L_i 的定义是微面积在 i 方向的发光强度 I_i 与此微面积在垂直于该方向的平面上的投影面积 $\mathrm{d}S\cos i$ 之比，即

$$L_i = \frac{I_i}{\mathrm{d}S\cos i} \tag{6.21}$$

或把 $I_i = \mathrm{d}\Phi_i/\mathrm{d}\omega$ 代入上式，得

$$L_i = \frac{\mathrm{d}\Phi_i}{\cos i\, \mathrm{d}S\, \mathrm{d}\omega} \tag{6.22}$$

由式(6.21)可见，i 方向的光亮度 L_i 是投影到 i 方向的单位面积上的发光强度。或者按式(6.22)，它也就是投影到 i 方向的单位面积、单位立体角内的光通量大小。

光亮度的单位是坎德拉每平方米(cd/m²)，即 1 m² 的均匀发光表面在垂直方向($i = 0$)的发光强度为 1 cd

时，该面的光亮度为 1 cd/m²。各种发光表面的光亮度参考值见表 6.7。

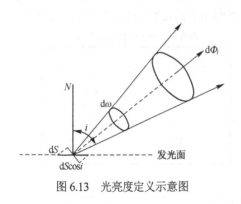

图 6.13　光亮度定义示意图

表 6.7　各种发光表面的光亮度参考值

表　面　名　称	$L/(\text{cd/m}^2)$	表　面　名　称	$L/(\text{cd/m}^2)$
地面上所见太阳表面	$(15\sim20)\times10^8$	日用 200 W 白炽钨丝灯	800×10^4
日光下的白纸	2.5×10^4	白光 LED	$(4\sim10)\times10^6$
晴朗白天的天空	0.3×10^4	仪器用钨丝灯	10×10^6
月亮表面	$(0.3\sim0.5)\times10^4$	6 V 汽车头灯	10×10^6
月光下的白纸	0.03×10^4	投影放映灯	20×10^6
烛焰	$(0.5\sim0.6)\times10^4$	卤素钨丝灯	30×10^6
钠光灯	$(10\sim20)\times10^4$	碳弧灯	$(15\sim100)\times10^7$
日用 50W 白炽钨丝灯	450×10^4	超高压(UHP)汞弧灯	$(40\sim100)\times10^7$
日用100W 白炽钨丝灯	600×10^4	超高压电光源	25×10^8

2．余弦辐射体

一般发光面在各个方向的亮度值不等，即亮度 L_i 本身是空间方位角 i 和 φ 的复杂函数。但某些发光面的发光强度与空间方向的关系按下列简单规律变化：

$$I_i = I_N \cos i \qquad (6.23)$$

图 6.14 中，$\text{d}S$ 是发光面；I_N 是 $\text{d}S$ 法线方向的发光强度，I_i 是与法线成 i 角方向的发光强度。如果用矢径表示发光强度，则各方向发光强度矢径的终点轨迹在一球面上。符合式(6.23)规律的发光体称为"余弦辐射体"或"朗伯(Lambert)辐射体"。

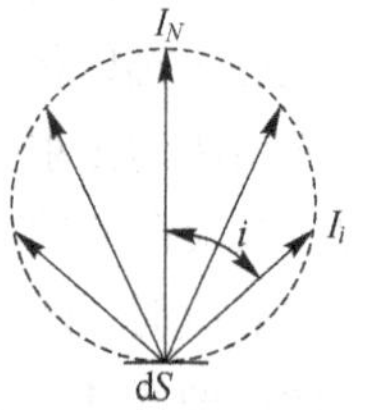

把式(6.23)代入式(6.21)，求出余弦辐射体的光亮度为常数 L_0：

$$L_i = I_N / \text{d}S = L_0 \qquad (6.24)$$

图 6.14　"余弦辐射体"示意图

即余弦辐射体各方向的光亮度相同，与方向角 i 无关。注意：此时各方向的发光强度不同。

余弦辐射表面可以是本身发光的表面，也可以是本身不发光，而由外来光照明后漫透射或漫反射的表面。图 6.15(a)表示乳白玻璃的漫透射情况；图 6.15(b)表示漫反射性能较好的表面漫反射情况；图 6.15(c)则表示准漫反射情况。

一般的漫射表面都具有近似于余弦辐射的特性。在完全镜面反射（定向反射）中，反射光方向的亮度 L_i 最大，其余方向为零，不具有余弦辐射性质。绝对黑体是理想的余弦辐射体。有些光源很接近于余弦辐射体，例如图 6.16 中平面状钨灯的发光强度曲线接近于双向的余弦发光体。

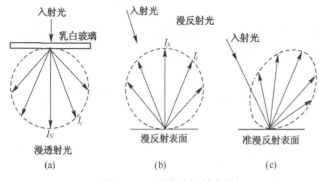

图 6.15　三种余弦辐射表面

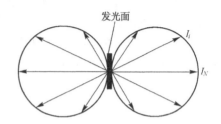

图 6.16　双向的余弦发光体

发光二极管(LED)辐射的空间分布近似于单向的余弦辐射体。

3．余弦辐射表面向孔径角为 U 的立体角内发出的光通量

如图 6.17 所示，设 $\text{d}S$ 为一个余弦辐射微表面，其通过垂直方向孔径角为 U 的立体角 ω 所发射的光通量，从式(6.22)可知

$$d\Phi_i = L_i \cos i\, dSd\omega$$

微面积向立体角 ω 范围内发射的光通量为

$$\Phi = \int L_i \cos i\, dSd\omega$$

余弦发光体的 L_i 为常数，把立体角普遍式(6.5)代入上式，并对 U 范围内的圆锥角积分，得

$$\Phi = LdS\int_0^{2\pi}d\varphi\int_0^U \cos i \sin i\, di = \pi LdS \sin^2 U \qquad (6.25)$$

上式表明，余弦辐射面在孔径角 U 范围内发射的光通量正比于光亮度 L、面积 dS 和孔径角正弦的平方。与式(6.14)对比，点光源在孔径角 U 范围内发射的光通量正比于发光强度 I；而余弦辐射的面光源在孔径角 U 范围内的光通量正比于光亮度 L。光亮度在面光源中所起的作用与发光强度在点光源中的作用相似，是决定进入光学系统的光通量的重要指标。

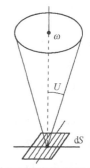

图 6.17　余弦辐射微表面通过垂直方向孔径角为 U 的立体角 ω 发射光通量

4. 余弦辐射表面向 2π 立体角空间发出的总光通量、光亮度和光出射度的关系

$$\Phi = LdS\int_0^{2\pi}d\varphi\int_0^{\pi/2} \cos i \sin i\, di \qquad (6.26)$$

这只是式(6.25)的一个特例，即余弦辐射微面积 dS 向上半球空间发射的总光通量，如图 6.18 所示。

$$\Phi = \pi LdS \qquad (6.27)$$

式(6.27)就是余弦发光面向 2π 立体角半球空间发出的全部光通量。再由光出射度的定义式(6.19)得该余弦辐射体的光出射度为

$$M = \Phi/dS = \pi L \qquad (6.28)$$

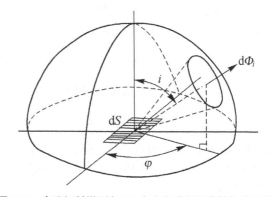

图 6.18　余弦辐射微面积 dS 向上半球空间发射的总光通量

5. 光的有关量和辐射有关量的对应关系

前面已经介绍了光及有关电磁辐射中一些主要的量及其单位。这些量的概念和定义适用于可见光、不可见光和更广的电磁波谱。

现把我国国家标准"光及有关电磁辐射的量和单位"GB 3102.6—93 中有关的量和单位对应关系列于表 6.8。

表 6.8　光及有关电磁辐射的量和单位

辐 射 度 量		光 度 量	
量的名称（符号）	单位的名称（符号）	量的名称（符号）	单位的名称（符号）
辐射强度(I) Radiant Intensity	瓦特每球面度(W/sr)	发光强度(I) Luminous Intensity	坎德拉(cd)；cd=lm/sr
辐射能通量(Φ 或 P) Radiant Flux	瓦特(W)	光通量(Φ) Luminous Flux	流明 (lm)：lm=cd·sr 流明是功率单位，与瓦特的换算见 6.1 节
辐射照度(E) Irradiance	瓦特每平方米(W/m^2)	光照度(E) Illuminance	勒克斯 (lx) lx=lm/m^2
辐射出射度(M) Radiant Exitance	同辐射照度	光出射度(M) Luminous Exitance	同光照度
辐射亮度(L) Radiance	瓦特每球面度平方米[W/(sr·m^2)]	光亮度(L) Luminance	坎德拉每平方米 $\left(\dfrac{cd}{m^2}\right)=\dfrac{lm}{sr \cdot m^2}$

6.5　光通量和光亮度在光学系统中的传递、像面光照度

光学系统可以看做光能的传递系统，人们所关心的是传递的终端（最终像面或接收器）处或是中间某

一截面（如过渡像面）处的光能状况。本节将讨论光能从光学系统始端到终端传递过程中的变化。

如果传递过程中光能有损失，则把出射光能量和入射光能量的比值称为光学系统的通过系数 (throughput) K。K 值永远小于 1。$(1-K)$ 称为损失系数。例如某系统 $K = 0.6 = 60\%$，则损失系数 $(1-K) = 0.4$。$K = 1$ 表示无损失。

光通量是单位时间内的能通量。如果不考虑传递过程中的拦光、吸收、反射等损失，由能量守恒定律知，出射光通量 Φ' 必等于入射光通量 Φ。如果有损失，则 $\Phi' = K\Phi$。由于光通量的传递规律直观、明了，下面只着重讨论光亮度的传递情况。

1. 同一介质内的元光管中光通量和光亮度的传递

元光管即两端的截面积很小的光管，光能就在此光管内传递。先讨论在同一介质中传递的情况。

图6.19中由任意两个光束截面周界所围的锥体就是一个光管，图中虚线所示为光管周界。当两个截面尺寸很小（即小视场、小孔径的近轴区范围内）时就是元光管。图6.19(a)是两个截面（物面和入瞳面）垂直于光管轴线的情况；图6.19(b)是任意两个倾斜截面构成光管的更普遍情况。图6.19(b)中，空间两微面积 dS_1, dS_2 中心相距 r，两者法线 N_1, N_2 分别与中心连线夹 i_1, i_2 角；设光能在此光管中传递时无外溢，也无损失，dS_1 和 dS_2 面的光亮度分别为 L_1 和 L_2。

由 dS_1 面发出并经元光管传到 dS_2 面上的光通量式(6.22)得

$$d\Phi_1 = L_1 \cos i_1 dS_1 d\omega_1 = \frac{L_1 \cos i_1 dS_1 dS_2 \cos i_2}{r^2} \tag{6.29}$$

由于光线可逆，同样可以得到由 dS_2 面发出并传到 dS_1 面上的光通量为

$$d\Phi_2 = L_2 \cos i_2 dS_2 d\omega_2 = \frac{L_2 \cos i_2 dS_2 dS_1 \cos i_1}{r^2}$$

如果光能在元光管中没有损失，则 $d\Phi_1 = d\Phi_2$。于是得 $L_1 = L_2$，即光能在同一均匀介质的元光管中传递时，如果无光能损失，则在传播方向上任一截面上光通量的传递不变，光亮度的传递也不变，任一截面上光亮度相等。

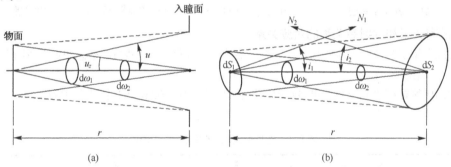

图 6.19　光能在光管内的传递

2. 面光源直接照射一平面时产生的光照度（距离平方反比律）

图6.19(b)中，发光面 dS_1 在被照明面 dS_2 上造成的光照度 E_2，可由式(6.29)求得

$$E_2 = \frac{d\Phi_1}{dS_2} = \frac{L_1 dS_1 \cos i_1 \cos i_2}{r^2} \tag{6.30}$$

上式表明，面光源直接照射一微面积时，微面积的光照度与面光源的光亮度 L 和光源面积大小成正比，与距离 r 平方成反比，并与两平面的法线和光束方向的夹角 i_1, i_2 的余弦成正比。将式(6.30)和式(6.17)比较，可见二者的差别在于：点光源造成的光照度与发光强度成正比，而面光源造成的光照度和光亮度与光源面积成正比；两者的共同点是都与距离平方成反比，且都与表面的倾斜度有关，故称此关系为"距离平方反比律"。

3. 不同介质内的元光管经界面折射、反射后，光通量和光亮度的传递

图 6.20 中赤道面是折射界面，dS_0 是折射界面上一微面积；微面积 dS 到 dS_0 是入射元光管，位于折射率为 n 的介质内；入射元光管与界面法线 N_0 的夹角为 i（入射角）；dS_0 到 dS' 为折射后的元光管，位于折

射率为 n' 的介质内，与界面法线 N_0 夹角为 i' （折射角）；对应的立体角 $d\omega$ 和 $d\omega'$ 如图中所示。

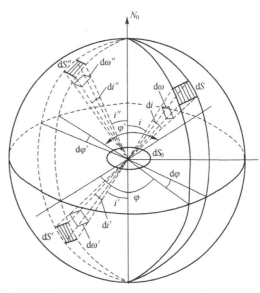

由折射定律 $n\sin i = n'\sin i'$ 微分后再与原式相乘，得

$$n^2\sin i\cos i di = n'^2\sin i'\cos i'di' \qquad (6.31)$$

折射前、后的立体角分别为

$$d\omega = \sin i di d\varphi, \qquad d\omega' = \sin i' di' d\varphi' \qquad (6.32)$$

由于界面的法线、入射光线和折射光线三线共面，故折射前、后的 $\varphi = \varphi', d\varphi = d\varphi'$。把式(6.32)代入式(6.31)，得

$$n^2\cos i d\omega = n'^2\cos i'd\omega' \qquad (6.33)$$

再设折射前、后元光管的光通量分别为 $d\Phi$ 和 $d\Phi'$，光亮度为 L 和 L'，则

$$L = \frac{d\Phi}{\cos i dS_0 d\omega}, \qquad L' = \frac{d\Phi'}{\cos i'dS_0 d\omega'}$$

当光能无损失时，折射前、后光通量相等，$d\Phi = d\Phi'$，于是由式(6.33)可得

图 6.20　不同介质内的元光管经界面折、反射示意图

$$L/n^2 = L'/n'^2 \qquad (6.34)$$

式(6.34)表明，折射前、后元光管的光亮度有变化，但 L/n^2 是一个不变量，在整个光学系统中自始至终有 $L_1/n_1^2 = L_2/n_2^2 = \cdots = L_k/n_k^2 = L_k'/n_k'^2$ 保持不变。

如果传递过程中光能有损失，则 $d\Phi' = Kd\Phi$。于是

$$L'/n'^2 = KL/n^2 \qquad (6.35)$$

式(6.35)就是有光能损失时元光管光亮度在光学系统中的传递规律。

本节第一段讨论的同一介质中的传递只是式(6.35)中 $n = n'$ 时的特例。

对于反射情况，式(6.35)的推导过程和结论同样适用。反射元光管将射向图 6.20 中 dS'' 方向，此时，$n = -n'$，故由式(6.34)和式(6.35)可得，无损失时反射元光管的光亮度 L'' 等于入射元光管的亮度 L；有损失时 $L'' = KL$。

4. 小视场、大孔径光学系统的光通量和像面照度

本段将从上段的无限细元光管过渡到"物面（视场）很小而入瞳（孔径）较大"的非元光管中光通量和光亮度的传递情况。如果无限细元光管相当于几何光学中小视场、小孔径的近轴光组，则本段相当于小视场、大孔径光学系统（或是大视场光学系统中的视场中心部分）的光能传递情况，如图 6.21 所示。

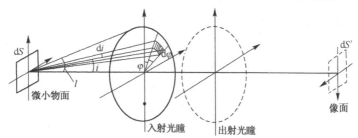

图 6.21　小视场、大孔径光学系统的光能传递

图 6.21 中 dS 为微小物面（小视场），光亮度为 L；入瞳面积较大，最大孔径角为 U。此时物面和入瞳面构成的不再是元光管。可以把入瞳面分割成许多小面积元（如图 6.21 中剖面线扇形所示），每一个小扇形和 dS 构成的仍是元光管。求出每一个元光管的光通量 $d\Phi$，然后对整个入瞳面积分，就能求出从 dS 发向整个入瞳的总光通量 Φ。

由式(6.22)可知，每一个小扇形和 dS 组成的元光管的光通量为

$$d\Phi_i = L_i \cos i dS d\omega$$

把立体角普遍式(6.5)代入上式，得 $\qquad d\Phi_i = L_i \cos i dS \sin i di d\varphi$

把上式对整个入瞳面积分，得总光通量为

$$\Phi = \int_0^{2\pi} d\varphi \int_0^U L_i dS \cos i \sin i di \qquad (6.36)$$

式(6.36)就是从微面积 dS 发向整个入射光瞳的总光通量的普遍式。其中，L_i 本身又是 i 和 Φ 的函数，相当烦琐。为了简单起见，下面仍然只对余弦辐射体进行讨论。

利用式(6.25)的结果，当 dS 为余弦辐射面时，发向入瞳的光通量为

$$\Phi = \pi L dS \sin^2 U$$

同理，从出瞳射到像面 dS'（仍为微面积）上的光通量为

$$\Phi' = \pi L' dS' \sin^2 U' \qquad (6.37)$$

式中，L' 为像面 dS' 的光亮度；U' 为像方最大孔径角。

如果从物面到像面传递过程中光能有损失，设光能损失系数为 K，则

$$\Phi' = K\Phi = K\pi L dS \sin^2 U$$

像面中心部分的光照度为 $\qquad E' = \dfrac{\Phi'}{dS'} = K\pi L \dfrac{dS}{dS'} \sin^2 U = K\pi L \dfrac{y^2}{y'^2} \sin^2 U$

或 $\qquad\qquad\qquad E' = K\pi L (\sin^2 U) / \beta^2 \qquad (6.38a)$

式中，y 和 y' 分别为物高和像高；β 为垂轴放大率。在以后像差理论中可知：当小视场、大孔径光学系统完善成像时，应满足正弦条件：

$$\beta = \frac{y'}{y} = \frac{nu}{n'u'} = \frac{n\sin U}{n'\sin U'}$$

于是得 $\qquad\qquad\qquad E' = K\pi L (\sin^2 U') n'^2 / n^2 \qquad (6.38b)$

式(6.38a)及式(6.38b)就是像面中心处光照度的计算式，适用于物面为余弦辐射体的小视场、大孔径系统或是大视场、大孔径系统的视场中央部分。

由式(6.38a)和式(6.38b)可见，当物面光亮度 L 一定时，像面光照度与孔径角的正弦的平方成正比，与垂轴放大率的平方成反比。这些结论从光照度的原始定义出发是不难预计的。

对于摄影和望远物镜，相对孔径 $D / f' \approx 2\sin U'$，故视场中心的像面光照度正比于相对孔径的平方。因此，摄影物镜相对孔径（或其倒数 f' / D，称为"光圈数"）的分挡是按公比为1.414的等比级数变化的。这样分挡时，前一挡的光通量也即像面照度比相邻的后一挡大一倍。

5. 小视场、大孔径光学系统的光亮度传递

由式(6.25)及式(6.37)可得 $\qquad \dfrac{L'}{L} = K \dfrac{dS \sin^2 U}{dS' \sin^2 U'} = K \dfrac{y^2}{y'^2} \dfrac{\sin^2 U}{\sin^2 U'} \qquad (6.39a)$

由上段可知，小视场、大孔径光学系统满足正弦条件时，有

$$\frac{y^2 \sin^2 U}{y'^2 \sin^2 U'} = \frac{n'^2}{n^2}$$

于是有与式(6.35)相同的结果： $\qquad L' / n'^2 = KL / n^2 \qquad (6.39b)$

结论：当小视场、大孔径光学系统完善成像时，物像面的光亮度传递规律和元光管完全相同，即当光能无损失时，L / n^2 为传递不变量；如果物像在同一介质中，则物像面的光亮度相同。

6. 光通量传递与拉赫不变量

光能无损失($K=1$)时，光通量的传递为 $\Phi = \Phi'$ 或 $\pi L dS \sin^2 U = \pi L' dS' \sin^2 U'$，或把式(6.39b)代入后得

$$n^2 dS \sin^2 U = n'^2 dS' \sin^2 U' \qquad (6.40)$$

这是一个贯穿整个光学系统从物面到像面的不变量。式中，dS、dS' 相当于物高、像高的平方，故在近轴

光学系统或是在满足正弦条件的大孔径光学系统中，上式就是拉赫不变量的平方。

$$n^2 y^2 u^2 = n'^2 y'^2 u'^2 = J^2$$

J^2 可以称为"空间（或立体）拉赫不变量"。J 是光学系统的一个重要性能指标。J 值大不仅说明光学系统的单项指标孔径大或视场大，还说明传递的光能量多。但 J 值本身只是一个几何量值（$y^2 \times u^2$）。

国外有关光能计算的资料中常用一个术语"Etendue"（简称 E）。Etendue 的定义是

$$E = n^2 \mathrm{d}S \sin^2 U = n'^2 \mathrm{d}S' \sin^2 U'$$

可见，Etendue 就是如式(6.40)所示的不变量。但在使用时需要注意：有的在其定义中添入常数 π；还有的在其定义中不含折射率平方。

Etendue 出自法语，原意为 geometrical extent（几何量值）。它没有统一的英译名，有译为 light collecting power（集光能力）、throughtput（传递能力）等，也有直接称之为 $A\omega$ product（面积×立体角乘积）。其实 E 确实只是一个在传递过程中不变的几何量值（面积×立体角），但它是决定光能量传递能力的几何因素。我国长春光机所早就提出过"空间（或立体）拉赫不变量"的概念。Etendue 可以用此作为中译名。

7．大视场光学系统中轴外像点光照度的降低

前面分别讨论了小视场、小孔径（元光管）和小视场、大孔径两种情况。本节将进一步讨论大视场、大孔径系统视场边缘点的光照度状况。图6.22是一个大视场、大孔径系统的出射光瞳和像面。E'_A 和 E'_m 分别是像面中心点和边缘点的光照度，ω 为视场角。

由式(6.38b)可知 $E'_A \propto \sin^2 U'$，$E'_m \propto \sin^2 U'_m$，视场边缘点的孔径角 U'_m 与轴上点孔径角 U' 不相等。

由几何关系可得

$$\sin^2 U'_m \approx \sin^2 U' \cos^4 \omega$$

故视场边缘点的光照度　　$E'_m \approx E'_A \cos^4 \omega$ 　　(6.41)

即视场边缘点的光照度按 $\cos^4 \omega$ 的因子降低。从表 6.9 可见，当视场角很大时，边缘光照度降低相当严重。

在某些广角航摄物镜中，2ω 可达 $120°$ 以上。为了改善视场边缘光照度降低的缺陷，在这类物镜中故意使轴外物点光束产生一定的像差，使轴外光束的孔径角 U'_m 增大，从而使降低因子变为 $\cos^3 \omega$，这种方法称为用像差渐晕来改善像面边缘光照度。

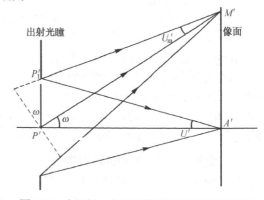

图 6.22　大视场、大孔径系统的出射光瞳和像面

表 6.9　视场角对边缘光照度的影响

视场角 ω	0°	10°	20°	30°	40°	50°	60°
$E'_m / E'_A = \cos^4 \omega$	1	0.94	0.78	0.56	0.34	0.17	0.06

6.6　光学系统中光能损失的计算

前面多次提到光学系统的通过系数 K 和损失系数 $(1-K)$。本节将讨论它们的计算。光学系统中造成光能损失的原因主要有下列三个方面。

1．透射面的反射损失

光线从一介质透射到另一介质时，在抛光界面处必然伴随有反射损失，如图 6.23 中光线 1，2 所示。从物理光学可知，一个抛光界面

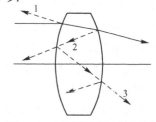

图 6.23　光线通过不同介质抛光界面伴随有反射损失

透射时的反射损失为

$$\rho = \frac{1}{2}\left[\frac{\sin^2(i-i')}{\sin^2(i+i')} + \frac{\tan^2(i-i')}{\tan^2(i+i')}\right]$$

在近轴区，上式简化为

$$\rho = \left[\frac{n'-n}{n'+n}\right]^2 \tag{6.42}$$

式中，n，n' 分别是界面前、后介质的折射率；ρ 称为"折射时的反射率"，是该面的反射光通量与入射光通量之比。$(1-\rho) = \tau$ 称为该面的透过率。式(6.42)是近似式，适用于入、折射角小于 45° 的场合。从该式可见，当界面两边的折射率差较大时，不论光线由光疏介质射入光密介质或是反之，都有一部分光反射损失。若从空气($n=1$)射到 $n'=1.5$，$n'=1.6$，$n'=1.7$ 的玻璃时，则相应的 $\rho = 0.040(4\%)$，0.052，0.067。在粗略估算光能损失时，可对所有玻璃取一平均值 $\rho = 0.05$，$\tau = 0.95$。对于胶合面，两边折射率差值很小，一般 0.2 左右，ρ 值小于 0.001，反射损失可忽略不计。

设入射光通量为 Φ，通过第一个与空气接触的折射面后，透过的光通量为 0.95Φ。再经第二个与空气接触的折射面后，透过的光通量将为 $(0.95)^2\Phi$。若整个系统中玻璃与空气接触的折射界面总数为 k_1 个，则整个系统的透过率为 τ^{k_1}。如果光学系统内包含大量的空气与玻璃接触的透射界面，反射损失相当严重。表 6.10 是按每面损失 0.04 算出的结果。

表 6.10　折射界面数与透过率和反射损失的关系

玻璃与空气接触的透射面数	透过率	反射损失
1	$0.96^1 = 0.96$	0.04
2	$0.96^2 = 0.92$	0.08
5	$0.96^5 = 0.82$	0.18
10	$0.96^{10} = 0.67$	0.33
15	$0.96^{15} = 0.54$	0.46
20	$0.96^{20} = 0.44$	0.56

为了减少反射损失，常在与空气接触的透射表面镀增透膜。此时每面的反射率 ρ 可降到 0.02～0.01 以下，即 $\tau = 0.98～0.99$。20 个镀增透膜面的透过率可提高到 $\tau^{k_1} = 0.99^{20} = 0.82$，反射损失下降到 0.18。

值得指出的是，反射损失的透射面所反射的光线（如图 6.23 中光线 1, 2, 3 等）是不按正常成像光路行进的"杂光"，经各表面或镜筒内壁多次反射后，其中一部分叠加到最终像面上，使图像的对比度降低，严重影响像质。所以必须注意提高增透膜的质量以及采取防止镜筒内壁反射杂光的措施（如内壁发黑、切成细牙螺纹、或设置防杂光光阑等）。这些措施不仅是为了减少光能损失，也是提高成像对比度所必需的。

2. 镀金属层的反射面的吸收损失

镀金属层的反射面不能把入射光通量全部反射，而要吸收其中一小部分。设每一反射面的反射系数为 ρ，光学系统中共有 k_2 个镀金属层反射面，则通过系统出射的光通量将是入射光通量乘以 ρ^{k_2}。

反射系数 ρ 值随不同的材料而异，银层较高（$\rho \approx 0.95$），铝层较低（$\rho \approx 0.85$），但前者的稳定性不如后者。

反射棱镜的全内反射面，若抛光质量良好，可以认为 ρ 等于 1。

3. 透射光学材料内部的吸收损失

光学材料不可能完全透明。当光束通过时，一部分光能被材料吸收。此外，材料内部杂质、气泡等将使光束散射，故光能通过光学材料时，将伴随有吸收和散射等损失。

光在光学材料中传播时的吸收损失，除了取决于材料本身性能以外，当然和光学零件的总厚度（一般指中心厚度）有关。设 α 为穿过厚度为 1 cm 的玻璃后被吸收损失的光通量百分比。α 称为吸收率；$(1-\alpha)$ 称为透明率，即透过厚度为 1 cm 的玻璃后的光通量与入射光通量之比。某些光学材料对各种波长的吸收率不相等，称为选择性吸收。例如图 6.24 中曲线 1 为蓝色滤光片，2 为无色光学玻璃，3 为不透明材料，4 为灰滤光片或中性滤光片。

普通光学玻璃对紫外波段的吸收极强。

多数无色光学玻璃对白光的平均吸收率 α 约为 0.015，透明率 $(1-\alpha) \approx 0.985(98.5\%)$。

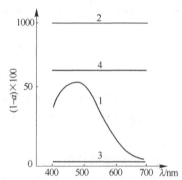

图 6.24　光学材料选择性吸收曲线

图 6.25 中，设入射光通量为 Φ ，穿过第一层 1 cm 厚的玻璃层后光通量将为 0.985Φ ，继续穿过第二层 1 cm 厚的玻璃层后，光通量将为 $0.985^2\Phi$ 。若穿过玻璃的总厚度为 $\sum d$ cm ，则透过的光通量将为 $(1-d)\sum d\Phi = 0.985\sum d\Phi$ 。计算时，d 必须以 cm 为单位。

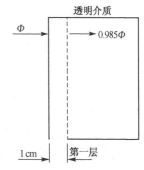

图 6.25　通过厚介质层的光通量计算

综上所述，光学系统中光能损失由三方面造成：

(1) 透射面的反射损失，透过率为 τ^{k_1} ；

(2) 反射面的吸收损失，反射率为 ρ^{k_2} ；

(3) 材料内部的吸收损失，透明率为 $(1-a)\sum d$ 。

若光学系统中包含分光元件，如半透半反的分光棱镜，则尚须计入分光膜层的损失。

4. 光能损失计算示例

例 6.3 已知一投影读数系统，未镀增透膜的空气和玻璃的透射界面为 16 面，镀增透膜的空气和玻璃的透射界面 8 面，胶合面 2 面，镀金属层的反射镜面 3 面，棱镜中完全内反射面 2 面。光学材料中心厚度 $\sum d = 7.5$ cm 。求整个系统的通过系数 K 。

取各种界面的透过率、反射率和介质的吸收率如下：

未镀增透膜面 $\tau \approx 0.95$ ，镀增透膜面 $\tau \approx 0.98$ ，金属层反射面 $\rho \approx 0.95$ 。

材料内部吸收 $(1-\alpha) = 0.985$ ，胶合面及全内反射面的损失忽略不计，于是整个系统的通过系数为

$$K = \tau^{k1}\rho^{k2}(1-\alpha)\sum d = 0.95^{16} \times 0.98^8 \times 0.95^3 \times 0.985^{7.5} = 0.29$$

即通过光通量 29%，损失 71%。

6.7　光　能　计　算

光能计算中，由于许多参数如光源的发光特性、系统的损失系数等都难以获得较准确的数值，所以光能计算往往只是大致的估算，以达到大致能保证所需的能量为目的。下列计算中用到的光度学量和单位的名称和符号可参见表 6.8。

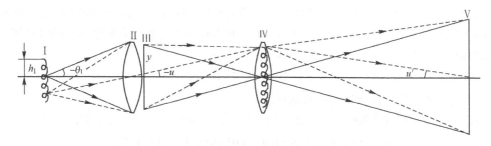

Ⅰ—灯丝；Ⅱ—聚光镜；Ⅲ—物面；Ⅳ—投影物镜；Ⅴ—投影屏

图 6.26　投影读数系统光路示意图

例 6.4 一投影读数系统如图 6.26 所示。投影物镜 Ⅳ 使物面 Ⅲ 成一放大 50 倍的实像在投影屏 Ⅴ 上；Ⅱ 是照明用聚光镜，紧挨物面，通光口径大小等于物面；Ⅰ 是灯丝，经聚光镜 Ⅱ 成实像在投影物镜 Ⅳ 的入瞳上，灯丝像大小等于入瞳。这样布置是为了有效地利用光能并减少多余的杂光。

已知物面直径为 1.5 mm ，像面直径为 75 mm ；投影物镜的物、像方孔径角各为 $u = -0.2 \approx \sin U$ ，$u' = -0.2/\beta = 0.004 \approx \sin U'$ 。整个光学系统（包括聚光镜）的通过系数为 $K=0.29$ 。

希望像面中心的光照度不低于 75 lx ，试为此系统选择光源。

(1) 求屏面的总光通量。已知屏面所需的光照度 $E' = 75$ lx ，故屏面所应接受的光通量为 $\Phi' = E'S' = 0.331$ lm ，从灯丝发出并进入聚光镜的光通量至少为 $\Phi = \Phi'/K = 1.141$ lm 。

(2) 求像面的光亮度 L' 及灯丝光亮度 L。由式(6.37)可得像面光亮度为

$$L' = \frac{\Phi'}{\pi \mathrm{d}S' \sin^2 U'} = 149.1 \times 10^4 \, (\mathrm{cd/m^2})$$

于是灯丝发光面的光亮度至少应为

$$L = L'/K = 514 \times 10^4 \, (\mathrm{cd/m^2})$$

(3) 根据所需的亮度 L 选用钨丝灯。由产品规格可知 6 V, 12 W 仪器用钨丝灯的总光通量为 160 lm。沿光轴方向看去，灯丝表面为边长 1.5 mm 的正方形。为了与圆形入瞳相配。在本例的计算中把它近似地取为直径 1.7 mm 的圆盘（面积大致等于上述正方形）。这样处理并不改变计算原理，其目的只是为了在计算示例中避免方孔与圆孔的交叠。在实际装调时，当然应该使方形灯丝像大致与圆形入瞳内切或外接。平面灯丝的发光状态接近于如图6.16所示的双向余弦辐射体，向一边发出的光通量为 $\frac{1}{2} \times 160 = 80 \, \mathrm{lm}$。于是由式(6.27)得灯丝的光亮度为

$$L = \frac{\Phi}{\pi \mathrm{d}S} = 1122 \times 10^4 \, (\mathrm{cd/m^2})$$

可见这种灯的光亮度完全满足所需 $514 \times 10^4 \, (\mathrm{cd/m^2})$ 的要求 $(1122/514 = 2.18$倍$)$。

(4) 核算光通量。设灯丝对聚光镜所张的孔径角（聚光镜的集光角）为 θ_1，求灯丝在孔径角 θ_1 范围内射向聚光镜的光通量。

先求 θ_1，拉赫不变量 $J = ynu = 0.15$；在整个系统中 J 保持不变，即 $h_1 \theta_1 = 0.15$ （关于 J 的进一步讨论参见例 6.5），故有

$$\theta_1 = (0.15/h_1) = 0.1765 \, \mathrm{rad}$$

由式(6.25)可知，从余弦辐射体的灯丝发出并进入聚光镜的光通量为

$$\Phi = \pi L \mathrm{d}S \sin^2 \theta_1 = 2.49 \, \mathrm{lm}$$

可见进入聚光镜的光通量完全满足所需的 1.141 lm 的要求$(2.49/1.144=2.18)$。此 2.18 倍和前面由光亮度算出的完全相同，说明从光亮度或从光通量出发这两种计算方法所得的结果完全相同。满足了光亮度就等于满足了进入光学系统光通量的要求。

(5) 光源光亮度 L 的讨论。本题中如果换用一个总光通量不变而光亮度较低的光源，如光源换成直径等于 17 mm 的圆形荧光表面，其总光通量同前，仍为 160 lm，从总光通量值来看不比上述白炽钨丝灯少，但此时发光面积 $\mathrm{d}S = 2.27 \times 10^{-4} \, \mathrm{m^2}$，光亮度下降为

$$L = \Phi/(\pi \mathrm{d}S) = 11.22 \times 10^4 \, (\mathrm{cd/m^2})$$

此光亮度值显然不能满足 $514 \times 10^4 \, \mathrm{cd/m^2}$ 的要求。

从光通量来分析可以更清楚地说明问题，由拉赫不变量 $J = 0.15$ 求出在大尺寸发光体的情况下

$$\theta_1 = J/h_1 = 0.15/8.5 \, \mathrm{rad} = 0.01765 \, \mathrm{rad} \quad （相当于1°）$$

于是从光源表面发出且能进入聚光镜的光通量只有

$$\Phi = \pi L \mathrm{d}S \sin^2 \theta_1 = 0.0249 \, \mathrm{lm}$$

显然这一光通量远远不能满足原来所需的 1.141 lm 的要求。

从本例可见：选择光源时，不仅要考虑光源辐射的总光通量，更重要的是"能进入光学系统的光通量"，设计不合理时，虽然光源的总光通量不小，但进入系统的却不够。

如果光源的光亮度 L 能满足像面光亮度要求，则进入光学系统的光通量必然能满足像面光通量要求。这两者（光亮度 L 和进入系统的光通量）是完全等价的，而这两者和光源的总光通量是不等价的。所以在选择光源时，只需根据光亮度 L 一个指标，光亮度 L 满足要求的光源必然满足进入系统的光通量要求。

正是由于这一原因，在投影照明系统中很少采用光亮度值低的荧光灯，尽管它的发光效率很高，总光通量不难达到几千流明。当前正在迅速发展中的照明用发光二极管(LED)，被用作投影光源时亟待解决的

一个问题就是提高其光亮度。

例 6.5 用拉赫不变量 J 确定照明光学系统。在一个光能被合理利用的光学系统中（所谓合理利用就是系统中前后各部件的光瞳、光窗正确衔接，光管封闭，光能在传递过程中无遮挡，无外溢），从聚光照明系统的发光体（灯丝）到成像系统的最终像面，拉赫不变量自始至终保持不变。图 6.27 是图 6.26 左端的一部分（未画出成像光学系统和最终像面）。此处图 6.27 中不仅 $J = n_1 h_1 \theta_1$ 是不变量，$n_1 y_1 u_1$ 也是不变量。因为从两个具有共同底边的三角形 ABC 和 BCD 不难得出近轴区 $n_1 h_1 \theta_1 = n_1 y_1 u_1$，于是可知由第 1 面到第 k 面的拉赫不变量：

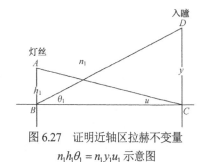

图 6.27 证明近轴区拉赫不变量
$n_1 h_1 \theta_1 = n_1 y_1 u_1$ 示意图

$$J_1 = n_1 h_1 \theta_1 = n_1 y_1 u_1 = \cdots = n_k' h_k' \theta_k' = n_k' y_k' u_k' = J_k' \qquad (6.43)$$

如果在例 6.4 中已知需要的像高 $y_k' = (75/2)$ mm，像面孔径角 $u_k' = 0.004$，则 $J = y_k' u_k' = 0.15$。此时能从 J 定出：(1) 能否应用直径 $\phi = 17$ mm 的发光体；(2) 合适的聚光镜集光角 θ_1；(3) 合适的灯丝大小 h_1。

(1) 如有一圆盘形荧光光源，$\phi = 17$ mm，则不管该光源的光亮度和光通量值多大，单凭其几何尺寸就可以肯定不宜用于例 6.4 中，因为由 $J = 0.15$ 立即可以求出 $\theta_1 = J / h_1 = 0.01\,765$ rad（$U \approx 1°$），如此小的集光角，采集进聚光镜的光通量微乎其微，光源利用率极低。

(2) 一个现成的光源，发光体 $h_1 = (1.7/2)$ mm，则由 J 求出集光角 $\theta_1 = J / h_1 = 0.01\,765$ rad（$U \approx 1°$）。

(3) 如果一块现成的集光角 θ_1 为 0.01 765 的聚光镜达到以下条件时，发光体半径为 $h_1 = J / \theta_1 = 0.85$ mm 的光源则宜选用。

J 中除折射率外都是几何量值，所以在一些高亮度的大屏幕投影光学系统中不得不采用发光体尺寸非常小、亮度很高的光源，如超高压(UHP)汞弧灯。在保证高亮度的条件下，它们的发光体尺寸可以小到 0.8～1.5 mm。

当然在实践中，如果不满足 J（如发光体、集光角大小不合适）也不是不能应用，只是设计不太合理：或是光能利用不充分，或是光能浪费且造成有害的杂光。

例 6.6 一种放在像面上的远红外探测器，接收从物镜射来的辐射，这种探测器的工作特性是希望单位面积上接收的能通量大（即辐照度大）。为了提高像面照度，可在探测器表面叠放一块半球形的锗透镜（折射率约为 4），如图 6.28 所示，球心就在像面（探测器工作表面）上。此时入射光线对半球面是同心入射，光线不发生折射，然而最后所成的像却缩小了。因为系统的放大倍率 $\beta = y_k' / y_1 = n_1 u_1 / n_k' u_k'$，其中 u_1 和 u_k' 都未变，但 n_k' 从原来空气中的 $n_k' = 1$ 提高到了锗的 4 倍，故所成的像（线量）缩小了 1/4，面积缩小了 1/16，于是照度提高了 16 倍。

例 6.7 发光体辐射方向特性（辐射能空间分布特性）的讨论。

在总光通量相同的条件下，随着发光体辐射方向特性的不同，光能利用率也不同。设总光通量都是 1000 lm 的几种光源，分别与集光角 $u \approx \sin U = 0.4$ 的聚光镜联用。

解 (1) 钨弧灯是一个无灯丝的白炽钨球，各向发光强度 I_0 相等。在极坐标中的发光强度曲面是一个以钨球为中心的球面，如图 6.29 所示，由式(6.9)可得其平均发光强度为 $I_0 = \Phi / 4\pi = 79.6$ cd。

由式(6.14)可得，进入聚光镜的光通量为 $\Phi = 4\pi I_0 \sin^2 (U/2) = 40$ lm。

(2) 平面螺旋丝灯如图6.30(a)或图6.30(b)所示平面排丝灯，其发光强度分布近似于双向的余弦辐射体，如图6.31中的实线。设总光通量仍为 1000 lm，单向为 500 lm。光亮度 L 各向相同，发光强度各向不同。可由式(6.27)描述：

$$L = (\Phi / \pi \mathrm{d}S) = 996 \times 10^4 \, (\mathrm{cd/m}^2)$$

由式(6.21)得法线方向 $(i = 0)$ 的发光强度为

$$I_N = L \mathrm{d}S = 159.4 \, \mathrm{cd}$$

即光轴方向的发光强度比钨弧灯大一倍。再由式(6.25)可求得进入聚光镜的光通量为

$$\Phi = \pi L \mathrm{d}S \sin^2 U = 80 \, \mathrm{lm}$$

即进入聚光镜的光通量也比钨弧灯大一倍。

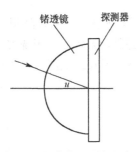

图 6.28 提高像面照度方法

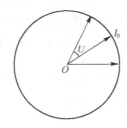

图 6.29 钨弧灯示意图

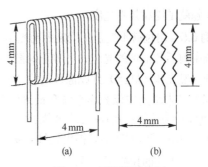

图 6.30 平面螺旋丝灯

图6.31中用虚线画出了同样光通量的钨弧灯发光强度分布，平面发光体的优点是显而易见的。

此外还有一种螺旋管状灯丝，如图6.32所示。它的发光体是一个圆柱表面，发光状况近似于余弦辐射。计算面积时可近似地按投影面积计算，如图6.32中按(4×4) mm² 计算。

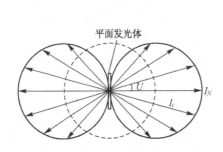

图 6.31 平面螺旋丝灯辐射特性示意图

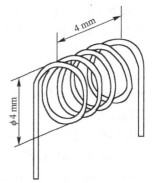

图 6.32 螺旋管状灯丝

从例 6.4、例 6.5 和例 6.7 可以归纳出选择光学系统光源时应考虑的几点如下：

(1) 发光体的光亮度（这一要求已把进入系统的光通量包括在内，一般不必单独再对光通量提出要求）。

(2) 辐射能的空间分布特性（方向特性）。

(3) 发光体的几何形状和尺寸。

(4) 发光效率（常指每瓦特电功率给出的光通量值）。

(5) 光源辐射的光谱成分及色度特性。

此外尚须注意稳定性、寿命、热量、使用方便等要求。

例 6.8 一台 35 mm 电影放映机，已知银幕距离为 50 m，银幕尺寸为 7 m × 5.3 m，底片尺寸为 21 mm×6 mm，光源碳弧灯光亮度 L 约为 1.5×10^8 cd/m²，近似于余弦辐射体。设整个系统的通过系数 $K = 0.5$，如果要求银幕中心光照度为 100 lx，试从光能的角度决定放映物镜的相对孔径并讨论对光源的要求。

(1) 计算外形尺寸 物镜放大率为 $|\beta| = 333^\times$，因像距很大，故物距近似等于焦距，即

$$f' = l = l' / |\beta| = 150 \text{ mm}$$

(2) 求物镜相对孔径 由式(6.38a)可得 $\sin U = 0.217$，相对孔径为

$$D / f' \approx 2\sin U = 1/2.3$$

从表 6.7 可知，白炽钨丝灯的光亮度都在 3×10^7 cd/m² 以下，不能满足在这样条件下放映电影所需的光能。采用特大功率的 1000～2000 W 白炽钨丝灯，也不能解决问题，因瓦数增大后，发出的总光通量虽然多，但钨丝面积必然增大，于是导致光能利用率低。

从式(6.38a)还可知，当其他条件不变时，如果放大率 $|\beta|$ 增大，例如把更小尺寸的电影底片放大到仍然充满本例中的银幕时，则所需光源光亮度要求更大。除了超高压电光源以外，其他光源均难满足要求。

习题

6.1　将波长为 0.46 μm、光通量为 620 lm 的蓝光投射到一个白屏上，试问屏上一分钟时间内接收多少焦耳能量？

6.2　120 V, 100 W 白炽钨丝灯的总光通量为 1200 lm，求其发光效率和平均发光强度，在一球面度立体角内发出的平均光通量为多少？

6.3　两只发光强度各向均匀的碳弧灯，发光强度 I_0 为 30 000 cd，对称地放在被照明的制版原稿的两侧，它们到原稿中心的距离均为 2 m，对原稿中心的入射角 $\omega = 45°$，求原稿中心的光照度。

6.4　日常生活中，人们认为 40 W 的日光灯比 40 W 的白炽钨丝灯亮，是否说明日光灯的光亮度比白炽灯大？这里所说的"亮"是指什么？

6.5　快门的速度相同，分别用照相机的光圈为 8 和 12 两挡，问到达底片的光通量相差多少？

6.6　设照相时光圈数取为 8，曝光时间为 1/50 s，现在为了拍摄运动目标，将曝光时间改为 1/500 s，试问应取多大的光圈才能使到达底片的光通量保持原值不变？

6.7　用一个 250 W 的钨丝灯作为 16 mm 电影放映机的光源，其发光效率为 30 lm/W，灯丝面积为 5 mm × 7 mm，可以近似看做双向的余弦辐射体。照明方案为灯丝成像在片门处并充满片门，片门的尺寸为 7 mm × 10 mm。灯泡后面加球形反光镜，使灯丝的平均亮度提高 50%，银幕宽为 4 m，放映物镜的相对孔径为 1/1.8，系统的通过系数 K=0.5，求银幕的光照度。

6.8　某一幻灯机的放映屏幕面积为 4 m²，要求屏幕照度为 50 lx，幻灯片的面积为 20 cm²，放映物镜的相对孔径为 1/2，系统的通过系数 K=0.5，问此幻灯机能否用白炽钨丝灯作为光源？

6.9　已知阳光下洁净雪面的光亮度为 30 000 cd/m²，假定人眼通常习惯于 3000 cd/m²，试问登山运动员的防护眼镜的透过率应为多少？

6.10　一个氦氖激光器发射 0.6328 μm 的激光束 3 mW，此激光束的发散角为 ±0.001 rad，放电毛细管的直径为 1 mm，问此激光束的光通量和发光强度分别为多少？

第7章 颜　　色

颜色把大自然装扮得艳丽多姿，给人们增加了生活的乐趣。颜色也给人们以了解和认识自然界丰富的信息，人从一张彩色图像上得到的信息量较之黑白图像要高出 1～2 个数量级。

7.1　概　　述

对于颜色现象的实质，人们从经验和实验产生了以下认识：

1. 电磁辐射是颜色现象的物理基础

白天，在阳光照耀下，可以看到自然界的青山、绿水、蓝天、白云等美丽的景色。入夜，大自然的彩色消失了，剩下黑蒙蒙的景物依稀可辨。夜晚，在室内灯光的照耀下，所有陈设的色彩协调，使人感到舒适。闭灯后，则是一片漆黑。待眼睛适应后，和谐的颜色不见了，只能看到各种陈设的粗略的轮廓。

这些日常生活经验表明：电磁辐射中可见光的存在是产生颜色的不可缺少的条件，不同波长的可见光（波长大约为 380～780 nm 的电磁辐射）是颜色现象的物理基础。

2. 人的颜色视觉是颜色现象的生理基础

可见光作用于人眼视网膜上，对感色细胞形成刺激，视神经把这种刺激转化成为颜色感觉。正由于人具有这样感色的生理机能，才能感知颜色。所以说，人的颜色视觉是颜色现象的生理基础。

由图4.43所示的分光系统可知：由于棱镜的分光作用，电磁辐射按波长由长到短规则地排列在谱面上。人眼看上去是一条颜色彩带，彩带的颜色和它们所对应的波长范围如表 4.1 所示。通常把光所引起的颜色感觉称为光的颜色。单一波长光的颜色称为光谱色。

3. 光源色、物体色和荧光色

被观察物体的辐射刺激人眼的视神经产生的色感觉称为物体的颜色。如果物体是自发光的，如各种光源，其颜色与所辐射的光谱成分有关，这一类物体的颜色称为光源色。对于本身不发光的物体，在外界光照射下，透过、反射或漫反射某些波长的光产生的颜色，称为物体色。它决定于物体本身对光的吸收、反射和漫射特性及照明光的光谱成分。另外，还有的物体在外部辐射照射下，不但能透过、反射或漫反射与外界照明光波长相同的光，而且能产生与照明光波长不同的荧光。这类物体产生的色感觉，当以荧光为主时，称为荧光色。各类物体大体上可以分为上述三种产生色感觉的方式。

综上所述，可认为颜色是客观存在的电磁辐射作用于人的视觉器官所产生的一种心理感受。它是涵盖物理、生理和心理各学科的复杂现象。本章主要从物理学的角度来研究颜色现象，但也不可避免地涉及颜色生理和颜色心理方面的知识。

7.2　颜色的特征和分类

1. 颜色的特征

一般来说，判别颜色的不同是根据颜色的三个重要特征：明度、色调和饱和度。三者之中只要有一个不同，就有不同的色感觉。

明度是指颜色明亮的程度。对于光源色，明度与发光强度有关；对于物体色，则取决于物体的反射比和透射比。

色调是借以区分不同颜色的特征，在可见光范围内，不同波长辐射的颜色具有不同的色调，如红、橙、黄、绿、青、蓝、紫等。光源色的色调取决于发光体辐射能的光谱组成。物体色取决于物体对光的选择吸收特性及照明光的光谱构成。

饱和度是颜色接近光谱色的程度。一种颜色可以看成是光谱色和白光混合的结果。光谱色的比例越大，则饱和度越高。当白光成分为零时，得纯光谱色，饱和度达最高；光谱色的成分为零就是白光，饱和度为零。饱和度高的颜色深而鲜艳；饱和度低，颜色浅而暗淡。

2．颜色的分类

颜色可分为非彩色和彩色两大类。非彩色是指白色、黑色，以及白与黑之间的深浅不同的灰色所组成的颜色系列。其特征是没有色调，饱和度为零，只有明度的变化。

彩色是指非彩色系列以外的所有颜色，例如所有的光谱色都是彩色。

7.3　色光混合与格拉斯曼定律

1．色光混合

图7.1所示为一种色光混合的实验装置。光源 S_1，S_2 和 S_3 发出的光分别经过滤色片 F_1，F_2，F_3 和透镜 L_1，L_2，L_3 形成三种颜色的平行光，投射到屏幕 S 的同一位置，通过小孔光阑 P 可以观察到所形成光斑中央部分。当分别单独点燃光源 S_1，S_2 和 S_3 时，则可看到三种不同的颜色 A，B，C。这是三种色光分别单独作用于人眼形成刺激而产生的颜色感觉。

同时点燃光源 S_1 和 S_2，从小孔看到的颜色既非颜色 A 也非颜色 B，而是介于二者之间的颜色。改变各色光的强度，混合颜色将发生变化。改变颜色的组合，如 A 和 B、A 和 C、B 和 C、以及 A, B, C 的各种组合，从小孔看到光斑的颜色各不相同。

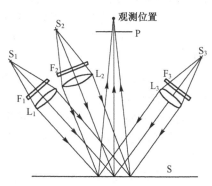

图 7.1　一种色光混合的实验装置

上述实验表明，不同色光可以相互混合，混合色光与原色光的颜色不同。混合色光在人眼视网膜上形成的刺激等于各色光单独作用形成的刺激之和。故色光的混合是加混色。

2．格拉斯曼定律

大量的色光混合实验揭示了加混色的规律，即格拉斯曼定律，其可以归纳为

(1) 人眼仅能分辨颜色在三个方面不同：色调、明度及饱和度。

(2) 两种色光刺激的混合，其中一种刺激连续变化，其余一种保持不变，混合的颜色也是连续变化的。

(3) 在颜色混合中，相同的颜色（色调、明度、饱和度相同）产生相同的效果，而与其光谱组成无关。

3．颜色的运算定律

(1) **色光混合符合加法定理**

两相同的颜色刺激分别加到另外两个相同的颜色刺激上，所产生的两个混合色相同，即

$$颜色刺激\,a \equiv 颜色刺激\,b, \qquad 颜色刺激\,c \equiv 颜色刺激\,d$$

则有

$$a + c \equiv b + d$$

即表明色光混合符合加法定理。

(2) **色光混合符合减法定理**

从两个相同的混合色中分别减去两个相同的颜色刺激，余下的两个颜色仍相同，即

$$混合颜色\,a \equiv 混合颜色\,b, \qquad 颜色刺激\,c \equiv 颜色刺激\,d$$

则有

$$a - c \equiv b - d$$

即表明色光混合也符合减法定理。

(3) **颜色混合也符合乘法定理**

如果 1 单位的某种颜色刺激和 1 单位的另一种颜色刺激有相同的颜色，当这两种颜色刺激的单位数不为 1，而为任意值，则只要数值相同，其颜色仍相同。即相同颜色的辐射通量改变相同倍数，其颜色仍保持相同。这表示颜色混合也符合乘法定理。

上述规律是通过色光混合得出的结果，只适用于加混色，而不适用于颜料混合。

7.4　颜色的匹配

用颜色混合的方法把两种颜色调节到视觉上相同的过程叫作颜色的匹配。所谓颜色的匹配是两种颜色在视觉上看不出差别。

1. 颜色匹配实验

图7.2为颜色匹配实验，光源S_1，S_2和S_3分别通过滤色片F_R（红），F_G（绿）和F_B（蓝）以及准直透镜L_1，L_2和L_3形成三色的准直光束投射到以黑屏 BS 分隔的白屏 WS 上部。光源S_4经过滤色片F_C和准直镜L_4使平行光束投射到白屏 WS 下部。通过小孔光阑 P 可以同时看到由黑屏 BS 分隔开的上、下两部分视场。调节 R, G, B 三种色光的强度，使通过小孔光阑观察到的上、下两部分视场的颜色完全一样，便实现了用 R, G, B 光对色光 C 的匹配。

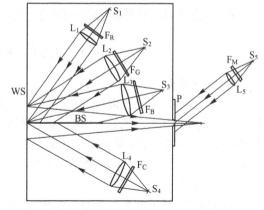

图 7.2　颜色匹配实验原理图

实验结果证明，红(R)，绿(G)，蓝(B)三种色光可以对任何颜色实现匹配。

进一步实验证明，能够用来匹配所有各种颜色的三种颜色不仅限于红、绿、蓝一组。只要三种颜色中的每一种颜色不能用其他两种颜色混合产生出来，就可以用来匹配出所有的颜色。这样的三种颜色称为"三原色"。

在颜色匹配实验中，还可以用另一光源S_s通过滤色片F_M在观察孔周围加上不同照度的白光或彩色背景。实验证明，观察孔周围的背景上的照度和彩色的改变，并不影响对颜色的匹配。

2. 颜色方程

颜色匹配可以用数学方程来描述，即

$$R(R) + G(G) + B(B) \equiv (C)$$

式中，$R(R)$，$G(G)$，$B(B)$ 分别表示红光(R)、绿光(G)、蓝光(B)的量为 R, G, B；符号 "$\equiv$" 表示匹配，即颜色完全相同。

7.5　色度学基础

根据上述三原色定义可以推知：每一种颜色都对应着给定三原色的一组量值，或者说，每一组三原色的量均代表着一种颜色。颜色匹配实验证明，三原色不是唯一的。色度学就是用一组既定的三原色的量值表示出各种颜色的。通常用红(R)、绿(G)、蓝(B)三种颜色作为三原色。之所以这样选择，是由于红、绿、蓝三种颜色混合可以产生日常生活中绝大多数颜色，也由于这三种颜色恰好与视觉生理学中发现的敏红、敏绿和敏蓝三种感色锥体细胞相对应。

下面介绍一些色度学方面的基本概念。

1. 三刺激值

色度学中是用三原色的量来表示颜色的。匹配某种颜色所需的三原色的量，称为颜色的三刺激值。用红、绿、蓝作为三原色时，颜色方程中的三原色量 R, G, B 就是三刺激值。

三刺激值不是用物理单位来量度的，而是用色度学的单位来量度。具体规定为：在 380～780nm 的波长范围内，各种波长的辐射能量均相等时，称为等能光谱色。由其构成的白光称为等能白光，简称 E 光源。等能白光的三刺激值是相等的，且均为 1 单位。

假定匹配等能白光所需的三原色的光通量分别为 Φ_R，Φ_G，Φ_B，红、绿、蓝三种原色各 1 单位刺激值分别对应于 Φ_R，Φ_G，Φ_B 流明的红、绿、蓝三原色的光通量。又如，用 Φ_R 流明的红光(R)、Φ_G 流明的绿光(G)和 Φ_B 流明的蓝光(B)匹配出 F_C 流明的色光(C)，其能量方程为

$$\Phi_C(C) = \Phi_R(R) + \Phi_G(G) + \Phi_B(B)$$

用颜色方程表示为
$$(C) = R(R) + G(G) + B(B)$$

式中，$R = \Phi_R / l_R$；$G = \Phi_G / l_G$；$B = \Phi_B / l_B$。

2．光谱三刺激值或颜色匹配函数

用三刺激值可以表示各种颜色，对于各种波长的光谱色也不例外。匹配等能光谱色所需的三原色量叫作光谱三刺激值，也叫作颜色匹配函数。对于不同波长的光谱色，其三种刺激值显然是波长的函数。用红、绿、蓝作为三原色时，光谱三刺激值或颜色匹配函数用 $\overline{r}(\lambda)$，$\overline{g}(\lambda)$ 和 $\overline{b}(\lambda)$ 来表示。

3．色品坐标及色品图

三原色确定后，一种颜色的三刺激值是唯一的，因此可以用三刺激值表示颜色。但是，由于准确测量三刺激值存在着技术上的困难，故常常不直接用其表示颜色，而是用其在三刺激值总和中所占的比例来表示颜色。这三个比例值叫作色品坐标。假定颜色的三刺激值分别为 R, G, B，色品坐标为 r, g, b，则有

$$r = \frac{R}{R+G+B}, \quad g = \frac{G}{R+G+B}, \quad b = \frac{B}{R+G+B}$$

因此，有
$$r + g + b = 1$$

在一个平面直角坐标系内，横轴表示 r，纵轴表示 g，则平面上任一点都有一确定的 r，g 和 $1 - r - g = b$ 值，这样一个表示颜色的平面称为色品图。在图上有三个特殊的色品点：$r = 1$，$g = b = 0$；$g = 1$，$r = b = 0$；$b = 1$，$r = g = 0$。它们正是三原色(R)，(G)和(B)的三个色品点。此三点的连线构成一个三角形，三角形内任一点的色品坐标都是正值。代表三原色的混合可以产生的颜色。这个三角形叫作麦克斯韦颜色三角形，图7.3表示了以(R)，(G)，(B)为三原色的色品图。

4．色度学中常用的三个光学物理量

(1) 光谱反射因数和光谱辐亮度因数

在指定的方向上和限定的立体角 ω 范围内，物体反射的辐通量 $P_\lambda \Delta\lambda$ 与相同条件下完全漫反射体所反射的辐通量 $P_{D\lambda}\Delta\lambda$ 之比值，称为物体的光谱反射因数，可表示为
$$R(\lambda) = (P_\lambda \Delta\lambda)/(P_{D\lambda}\Delta\lambda)$$

图 7.4 表示了上式中各量的含义。当图 7.4 中的立体角 ω 接近零时，$(P_\lambda \Delta\lambda)/(P_{D\lambda}\Delta\lambda)$ 称为光谱辐亮度因数，用 $R(\lambda)$ 表示。

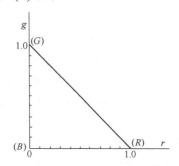

图 7.3　以(R), (G), (B)为三原色的色品图

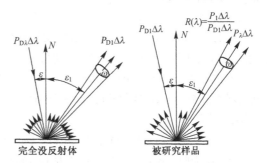

图 7.4　光谱反射因数和光谱辐亮度因数

(2) 光谱反射比

如果立体角 $\omega \to 2\pi$，则 $P_\lambda \Delta\lambda$ 和 $P_{D\lambda}\Delta\lambda$ 分别代表物体和完全漫反射体在所有方向上反射的辐通量的总和。完全漫反射体的反射比为 1，则有 $P_{D\lambda}\Delta\lambda = P_{0\lambda}\Delta\lambda$，前述的光谱反射因数称为物体的光谱反射比，可表示为

$$\rho(\lambda) = \frac{P_\lambda \Delta\lambda}{P_{D\lambda}\Delta\lambda} = \frac{P_\lambda \Delta\lambda}{P_{0\lambda}\Delta\lambda}$$

式中，$P_{0\lambda}\Delta\lambda$ 为入射到物体表面上的波长为 λ 和波长宽度为 $\Delta\lambda$ 的辐通量。

(3) 光谱透射比 $\tau(\lambda)$

物体透过的光谱辐通量 $P_\lambda\Delta\lambda$ 与入射光谱辐通量 $P_{0\lambda}\Delta\lambda$ 之比称为光谱透射比。光谱透射比是波长的函数，一般用 $\tau(\lambda)$ 表示：

$$\tau(\lambda) = \frac{P_\lambda\Delta\lambda}{P_{0\lambda}\Delta\lambda}$$

5. 混合色的三刺激值

设颜色(C_1)和(C_2)混合为颜色(C)，可用颜色方程表示

$$(C) \equiv (C_1) + (C_2) \tag{7.1}$$

每种颜色都可以用三原色(R), (G), (B)的三刺激值来表示，则式(7.1)中的(C), (C_1), (C_2)可表示为以下颜色方程：

$$\begin{cases} (C) \equiv R(R) + G(G) + B(B) \\ (C_1) \equiv R_1(R) + G_1(G) + B_1(B) \\ (C_2) = R_2(R) + G_2(G) + B_2(B) \end{cases} \tag{7.2}$$

式中，R, G, B; R_1, G_1, B_1; R_2, G_2, B_2 分别为颜色(C), (C_1), (C_2)的三刺激值。根据格拉斯曼定律，把式(7.2)代入式(7.1)，得

$$R(R) + G(G) + B(B) \equiv (R_1 + R_2)(R) + (G_1 + G_2)(G) + (B_1 + B_2)(B) \tag{7.3}$$

若上式成立，必有

$$\begin{cases} R = R_1 + R_2 \\ G = G_1 + G_2 \\ B = B_1 + B_2 \end{cases} \tag{7.4}$$

由此可以看出，两种颜色混合成的混合色，其三刺激值等于两种颜色对应三刺激值之和。

显然，上述结论可推广到多种颜色的混合。假定有 n 种颜色(C_1), (C_2), $\cdots$, (C_n) 相混合，其三刺激值分别为 $R_1, R_2, \cdots, R_n$; $G_1, G_2, \cdots, G_n$; $B_1, B_2, \cdots, B_n$，则混合色的三刺激值可写为

$$\begin{cases} R = R_1 + R_2 + \cdots + R_n = \sum_{i=1}^{n} R_i \\ G = G_1 + G_2 + \cdots + G_n = \sum_{i=1}^{n} G_i \\ B = B_1 + B_2 + \cdots + B_n = \sum_{i=1}^{n} B_i \end{cases} \tag{7.5}$$

6. 光源色和物体色的三刺激值

为便于建立起颜色的三刺激值的表达式，首先介绍两个色度学概念：其一称为颜色刺激，表示作用于人眼引起颜色感觉的物理辐射通量；另一个为颜色刺激函数，表示颜色刺激与波长的关系函数，用 $\varphi(\lambda)$ 表示。

无论光源色或物体色（自发光、透射、反射、漫反射等），都是可见辐射作用于人眼所形成颜色刺激的结果，也可看成是波长范围在 380～780 nm 内的各光谱色以不同的比例混合的产物。对于波长为 λ 的光谱色，其三刺激值 $R(\lambda)$，$G(\lambda)$ 和 $B(\lambda)$，应分别与其光谱三刺激值 $\bar{r}(\lambda)$，$\bar{g}(\lambda)$，$\bar{b}(\lambda)$ 以及颜色刺激函数 $\varphi(\lambda)$ 成正比。故有

$$R(\lambda) = k\varphi(\lambda)\bar{r}(\lambda), \quad G(\lambda) = k\varphi(\lambda)\bar{g}(\lambda), \quad B(\lambda) = k\varphi(\lambda)\bar{b}(\lambda)$$

式中，k 为常数，称为归一化系数。当波长范围 $d\lambda$ 趋向于无限小时，光谱色的三刺激值为

$$dR(\lambda) = k\varphi(\lambda)\bar{r}(\lambda)d\lambda, \quad dG(\lambda) = k\varphi(\lambda)\bar{g}(\lambda)d\lambda, \quad dB(\lambda) = k\varphi(\lambda)\bar{b}(\lambda)d\lambda$$

波长范围 380～780 nm 内所有光谱色对应的三刺激值总和就应当是被考虑颜色的三刺激值，即

$$R = k\int_{380}^{780} \varphi(\lambda)\bar{r}(\lambda)d\lambda, \quad G = k\int_{380}^{780} \varphi(\lambda)\bar{g}(\lambda)d\lambda, \quad B = k\int_{380}^{780} \varphi(\lambda)\bar{b}(\lambda)d\lambda \tag{7.6}$$

对于光源色，颜色刺激函数 $\varphi(\lambda)$ 就是光源的光谱功率分布 $s(\lambda)$，即 $\varphi(\lambda) = s(\lambda)$，故有

$$R = k\int_{380}^{780} s(\lambda)\bar{r}(\lambda)d\lambda, \quad G = k\int_{380}^{780} s(\lambda)\bar{g}(\lambda)d\lambda, \quad B = k\int_{380}^{780} s(\lambda)\bar{b}(\lambda)d\lambda \tag{7.7}$$

对于物体色，进入人眼的辐射成分既与照明光源的光谱功率分布 $s(\lambda)$ 有关，也与物体的光学性质（光谱透射比、光谱反射因数或光谱反射比）有关。

对于透射物体，其颜色刺激函数可写为 $\varphi(\lambda) = s(\lambda)\tau(\lambda)$

式中，$\tau(\lambda)$ 为物体光谱透射比，则三刺激值为

$$R = k\int_{380}^{780} s(\lambda)\tau(\lambda)\overline{r}(\lambda)\mathrm{d}\lambda, \ G = k\int_{380}^{780} s(\lambda)\tau(\lambda)\overline{g}(\lambda)\mathrm{d}\lambda, \ B = k\int_{380}^{780} s(\lambda)\tau(\lambda)\overline{b}(\lambda)\mathrm{d}\lambda \qquad (7.8)$$

对于反射物体，其颜色刺激函数可写为 $\varphi(\lambda) = s(\lambda)R(\lambda)$

式中，$R(\lambda)$ 为物体的光谱反射因数，则三刺激值可写为

$$R = k\int_{380}^{780} s(\lambda)R(\lambda)\overline{r}(\lambda)\mathrm{d}\lambda, \ G = k\int_{380}^{780} s(\lambda)R(\lambda)\overline{g}(\lambda)\mathrm{d}\lambda, \ B = k\int_{380}^{780} s(\lambda)R(\lambda)\overline{b}(\lambda)\mathrm{d}\lambda \qquad (7.9)$$

7.6 CIE 标准色度学系统

国际照明委员会（法文缩写为 CIE）曾推荐了几种色度学系统，以统一颜色的表示方法和测量条件。国际照明委员会在 1931 年同时推荐了两套标准色度学系统：1931CIE—RGB 系统和 1931CIE—XYZ 系统。现介绍如下：

7.6.1 1931CIE—RGB 系统

CIE 规定该系统用红(R)：$\lambda = 700$ nm，绿(G)：$\lambda = 546.1$ nm，蓝(B)：$\lambda = 435.8$ nm 三种光谱色为三原色。用此三原色匹配等能白光（E 光源）的三刺激值相等。三原色光(R), (G), (B)单位刺激值的光亮度比为 1.0000:4.5907:0.0601；辐亮度比为 72.0962:1.3791:1.0000。

光谱三刺激值 $\overline{r}(\lambda)$，$\overline{g}(\lambda)$，$\overline{b}(\lambda)$ 是以莱特与吉尔德两组实验数据为基础确定的。下面做简单介绍。

1. 莱特实验

莱特以波长为 650 nm（红）、540 nm（绿）、460 nm（蓝）的光谱色为三原色，由 10 名观察者用如图 7.5 所示的仪器对各光谱色进行匹配，确定光谱色的色品坐标。三原色光分别用三个全反射棱镜 P_R，P_G，P_B 取自色散棱镜 P_D 分光后的谱面上对应的(R), (G), (B)三色光，T_R，T_G，T_B 分别为(R), (G), (B)三色光滤色玻璃制成的光楔，其沿谱面的位置变化可调节由三个全反射棱镜反射回来的三色光的比例。被匹配的光谱色是由反射棱镜 P_M 取自另一个谱面。适当地调整全反射棱镜 P_R，P_G，P_B 和 P_M 的位置，使混合色光和被匹配色光分别投射在视场的两半部分，以便于观测比较。图7.5中，M 为半透半反镜，L_1，L_2 为两相同准直镜，P_V 为输入白光和输出混合色光及被匹配色光的棱镜组。

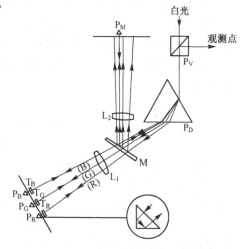

在实验中，只规定相等数量的红和绿刺激值匹配出波长为 582.5 nm 的黄色光，相等数量的绿和蓝刺激值匹配出波长为 494.0 nm 的蓝绿色光。但没有明确三刺激值的单位，只是测定了各光谱色的色品坐标 $r(\lambda)$，$g(\lambda)$ 和 $b(\lambda)$。对 10 名观察者实验数据取平均值作为各光谱色色品坐标。

图 7.5　莱特对光谱色匹配仪器原理图

2. 吉尔德实验

吉尔德实验选择的波长分别为 630 nm（红）、540 nm（绿）、460 nm（蓝）的光谱色为三原色，由 7 名观察者用与莱特不同的实验装置在 2° 视场范围内实现了类似的实验。实验中规定：用此三原色匹配英国国家物理实验室的 NPL(The National Physical Laboratory)白色三刺激值相等。取 7 名观察者实验数据的平均值作为最后结果。

把莱特和吉尔德测得的两组数据均通过色品坐标的转换，即转换为红(R)：$\lambda = 700$ nm，绿(G)：$\lambda = 546.1$ nm，蓝(B)：$\lambda = 435.8$ nm 三原色系统的色品数据，并取平均值，求出 1931CIE—RGB 系统的光谱色品坐标，并根据等能白光（E 光源）三刺激值相等的规定，可求出 1931CIE—RGB 系统的光谱三刺激值。这组数据

叫作 1931CIE—RGB 系统标准色度观察者光谱三刺激值。图 7.6 表示这组数据随波长变化的曲线。图 7.7 是 1931CIE—RGB 系统色品图，各光谱色的色品点形成的一条马蹄形曲线叫作光谱色品轨迹。

7.6.2 1931CIE—XYZ 系统

由图7.6中看出，由(R), (G), (B)三原色匹配等能光谱色，有的三刺激值为负值。这不易于理解和计算，因此 CIE 同时又推荐了 1931CIE—XYZ 色度学系统。

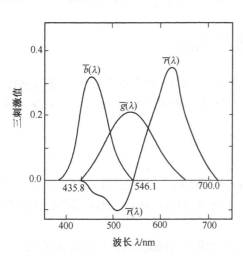

图 7.6 光谱三刺激值随波长变化曲线

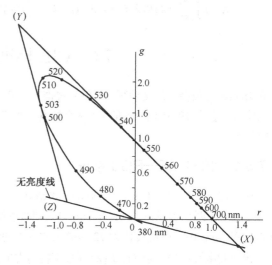

图 7.7 1931CIE—RGB 系统色品图

1. XYZ 系统三原色的选择

1931CIE—XYZ 系统的三原色选择的要求是：第一、用三原色匹配等能的光谱色时，三刺激值均为正；第二、色品图上表示的实际不存在的颜色所占的面积尽量小；第三、用 Y 刺激值表示颜色的亮度。

为达到第一和第二两个要求，(X), (Y), (Z) 三原色对 1931CIE—RGB 色品图上色品点所形成的颜色三角形应包含全部光谱色品轨迹，且使三角形内光谱色品轨迹的外面部分的面积为最小。为此需要做到：第一、以光谱色品轨迹上波长为 700 nm 和 540 nm 两色品点的连线为(X)(Y)(Z)三角形的(X)(Y)边，该直线的方程为

$$r + 0.99g - 1 = 0 \tag{7.10}$$

第二、在光谱色品轨迹斜上方的波长为 503 nm 的色品点作一个方程为

$$1.45r + 0.55g + 1 = 0 \tag{7.11}$$

的直线作为三原色三角形的(Y)(Z)边。

为了满足前述第三个要求，即用 Y 刺激值表示颜色的亮度。取无亮度线作为三原色三角形的(X)(Z)边。下面先导出无亮度线的方程。在 1931CIE—RGB 系统中，三原色量相等时，其光亮度比为

$$Y(\text{R}):Y(\text{G}):Y(\text{B})=1.0000:4.5907:0.0601$$

若颜色(C)的三刺激值分别为 R, G, B，其相对亮度 Y_C 可表示为

$$Y_C = R + 4.5907G + 0.0601B$$

等号两边各除以 $R+G+B$，得

$$\frac{Y_C}{R+G+B} = r + 4.5907g + 0.0601b$$

无亮度线的条件是 $Y_C = 0$，RGB 色品图上无亮度线方程显然应为

$$r + 4.5907g + 0.0601b = 0$$

考虑到 $b = 1 - r - g$，则有

$$0.9399r + 4.5306g + 0.0601 = 0 \tag{7.12}$$

可方便地得到线(X)(Y)与线(X)(Z)的交点就是(X)原色的色品点，其在 RGB 系统中的色品坐标可由式(7.10)和式(7.12)联立求解。线(X)(Y)与线(Y)(Z)的交点为(Y)原色的色品点，其在 RGB 系统中的色品坐标可由式(7.10)和式(7.12)联立求解。线(Y)(Z)与线(X)(Z)的交点为(Z)原色的色品点，其在 RGB 系统中的色品坐

标可由式(7.11)和式(7.12)联立求解。最后得(X), (Y), (Z)三原色在 RGB 系统中的色品坐标为

	r	g	b
(X)	1.2750	-0.2778	0.0028
(Y)	-1.7392	2.7671	-0.0279
(Z)	-0.7431	0.1409	1.6022

其位置标于图7.7上。

2. CIE1931 标准色度观察者光谱三刺激值

(X), (Y), (Z)三原色在 RGB 系统色品图上的相应色品点均在光谱色品轨迹包围的范围之外。实际上不可能有比光谱色更饱和的颜色，因此，(X), (Y), (Z)作为色度学系统的三原色是有意义的，但实际上并不存在这三种颜色。XYZ 系统的光谱三刺激值也无法通过颜色匹配实验直接得到，而是以 1931CIE—RGB 系统光谱色品坐标值换算求得的，其换算过程将在下面讨论。

(1) 不同色度学系统之间的坐标转换

对应于一组三原色就有相应的光谱三刺激值。三原色不是唯一的，选择不同的三原色，将构成不同的色度学系统。在一定条件下，不同色度学系统中表示颜色的坐标可相互转换。

① 三刺激值的转换公式

1931 年在国际光照大会上，与批准以红(R)、绿(G)、蓝(B)为三原色的 RGB 系统的同时，接受和推荐了 XYZ 系统。两个系统之间有以下关系：

$$\begin{cases} (X) = a_{11}(R) + a_{12}(G) + a_{13}(B) \\ (Y) = a_{21}(R) + a_{22}(G) + a_{23}(B) \\ (Z) = a_{31}(R) + a_{32}(G) + a_{33}(B) \end{cases} \tag{7.13}$$

式中，a_{11}，a_{12}，a_{13}，a_{21}，a_{22}，a_{23}，a_{31}，a_{32}，a_{33} 分别为用 RGB 系统表示 XYZ 系统三原色的三刺激值。

分别用 RGB 和 XYZ 系统表示同一种颜色(C)

$$\begin{cases} (C) = R(R) + G(G) + B(B) \\ (C) = X(X) + Y(Y) + Z(Z) \end{cases} \tag{7.14}$$

则有

$$R(R) + G(G) + B(B) \equiv X(X) + Y(Y) + Z(Z) \tag{7.15}$$

把式(7.13)代入式(7.15)，整理后得

$$\begin{aligned} R(R) + G(G) + B(B) = {} & (a_{11}X + a_{21}Y + a_{31}Z)(R) + \\ & (a_{12}X + a_{22}Y + a_{32}Z)(G) + \\ & (a_{13}X + a_{23}Y + a_{33}Z)(B) \end{aligned} \tag{7.16}$$

可得

$$\begin{cases} R = a_{11}X + a_{21}Y + a_{31}Z \\ G = a_{12}X + a_{22}Y + a_{32}Z \\ B = a_{13}X + a_{23}Y + a_{33}Z \end{cases} \tag{7.17}$$

或写为矩阵形式

$$\begin{bmatrix} R \\ G \\ B \end{bmatrix} = \begin{bmatrix} a_{11} & a_{21} & a_{31} \\ a_{12} & a_{22} & a_{32} \\ a_{13} & a_{23} & a_{33} \end{bmatrix} \begin{bmatrix} X \\ Y \\ Z \end{bmatrix} \tag{7.18}$$

已知R, G, B，求X, Y, Z，有

$$\begin{bmatrix} X \\ Y \\ Z \end{bmatrix} = \begin{bmatrix} a_{11} & a_{21} & a_{31} \\ a_{12} & a_{22} & a_{32} \\ a_{13} & a_{23} & a_{33} \end{bmatrix}^{-1} \begin{bmatrix} R \\ G \\ B \end{bmatrix}$$

式中

$$\begin{bmatrix} a_{11} & a_{21} & a_{31} \\ a_{12} & a_{22} & a_{32} \\ a_{13} & a_{23} & a_{33} \end{bmatrix}^{-1} = \begin{bmatrix} A_{11} & A_{21} & A_{31} \\ A_{12} & A_{22} & A_{32} \\ A_{13} & A_{23} & A_{33} \end{bmatrix} \Bigg/ \begin{bmatrix} a_{11} & a_{21} & a_{31} \\ a_{12} & a_{22} & a_{32} \\ a_{13} & a_{23} & a_{33} \end{bmatrix} = \begin{bmatrix} b_{11} & b_{12} & b_{13} \\ b_{21} & b_{22} & b_{23} \\ b_{31} & b_{32} & b_{33} \end{bmatrix}$$

式中，A_{ij} 为矩阵 $\boldsymbol{a}$ 中元素 a_{ij} 的代数余子式。

则有

$$\begin{bmatrix} X \\ Y \\ Z \end{bmatrix} = \begin{bmatrix} b_{11} & b_{12} & b_{13} \\ b_{21} & b_{22} & b_{23} \\ b_{31} & b_{32} & b_{33} \end{bmatrix} \begin{bmatrix} R \\ G \\ B \end{bmatrix} \tag{7.19}$$

或

$$\begin{cases} X = b_{11}R + b_{12}G + b_{13}B \\ Y = b_{21}R + b_{22}G + b_{23}B \\ Z = b_{31}R + b_{32}G + b_{33}B \end{cases} \tag{7.20}$$

② 色品坐标的转换公式

RGB 和 XYZ 两个系统的色品坐标为

$$r = \frac{R}{R+G+B}, \qquad g = \frac{G}{R+G+B}, \qquad b = \frac{B}{R+G+B} \tag{7.21}$$

$$x = \frac{X}{X+Y+Z}, \qquad y = \frac{Y}{X+Y+Z}, \qquad z = \frac{Z}{X+Y+Z} \tag{7.22}$$

将式(7.17)代入式(7.21)，并考虑式(7.22)，得

$$\begin{cases} r = \dfrac{a_{11}x + a_{21}y + a_{31}z}{(a_{11}+a_{12}+a_{13})x + (a_{21}+a_{22}+a_{23})y + (a_{31}+a_{32}+a_{33})z} \\[3mm] g = \dfrac{a_{12}x + a_{22}y + a_{32}z}{(a_{11}+a_{12}+a_{13})x + (a_{21}+a_{22}+a_{23})y + (a_{31}+a_{32}+a_{33})z} \\[3mm] b = \dfrac{a_{13}x + a_{23}y + a_{33}z}{(a_{11}+a_{12}+a_{13})x + (a_{21}+a_{22}+a_{23})y + (a_{31}+a_{32}+a_{33})z} \end{cases} \tag{7.23}$$

把式(7.20)代入式(7.22)，并考虑到式(7.21)，得

$$\begin{cases} x = \dfrac{b_{11}r + b_{12}g + b_{13}b}{(b_{11}+b_{21}+b_{31})r + (b_{12}+b_{22}+b_{32})g + (b_{13}+b_{23}+b_{33})b} \\[3mm] y = \dfrac{b_{21}r + b_{22}g + b_{23}b}{(b_{11}+b_{21}+b_{31})r + (b_{12}+b_{22}+b_{32})g + (b_{13}+b_{23}+b_{33})b} \\[3mm] z = \dfrac{b_{31}r + b_{32}g + b_{33}b}{(b_{11}+b_{21}+b_{31})r + (b_{12}+b_{22}+b_{32})g + (b_{13}+b_{23}+b_{33})b} \end{cases} \tag{7.24}$$

(2) 1931CIE—RGB 系统和 1931CIE—XYZ 系统的色品坐标间的转换

具体过程为：

① 用 1931CIE—RGB 系统标准色度观察者光谱三刺激值求各光谱色的 RGB 系统色品坐标：

$$\begin{cases} r(\lambda) = \dfrac{\bar{r}(\lambda)}{\bar{r}(\lambda) + \bar{g}(\lambda) + \bar{b}(\lambda)} \\[3mm] g(\lambda) = \dfrac{\bar{g}(\lambda)}{\bar{r}(\lambda) + \bar{g}(\lambda) + \bar{b}(\lambda)} \\[3mm] b(\lambda) = \dfrac{\bar{b}(\lambda)}{\bar{r}(\lambda) + \bar{g}(\lambda) + \bar{b}(\lambda)} \end{cases} \tag{7.25}$$

② 用上式求得的 $r(\lambda)$，$g(\lambda)$，$b(\lambda)$ 代入式(7.24)求出各光谱色在 1931CIE—XYZ 系统中的色品坐标: $x(\lambda)$，$y(\lambda)$，$z(\lambda)$。

引用式(7.24)时，必须先确定 9 个系数: b_{11}, b_{12}, b_{13}; b_{21}, b_{22}, b_{23}; b_{31}, b_{32}, b_{33}。由式(7.24)可知，各系数放大或缩小相同倍数对最后 $x(\lambda), y(\lambda), z(\lambda)$ 的数值无影响。因此，可对其中某一系数 b_{ij} 任给一个值，再确定其他 8 个系数。其方法是根据已知 r, g, x, y 的 4 种颜色按式(7.24)建立 8 个只包含 8 个未知系数 b 的方程。这 4 种颜色及它们的 r, g, x, y 值如下:

颜色	r	g	x	y
(X)	1.2750	−0.2778	1	0
(Y)	−1.7392	2.7671	0	1
(Z)	−0.7431	0.1409	0	0
白光（E 光源）	0.3333	0.3333	0.3333	0.3333

按上述方法可得一组实用色品坐标转换公式:

$$\begin{cases} x(\lambda) = \dfrac{0.49\,000r(\lambda)+0.31\,000g(\lambda)+0.20\,000b(\lambda)}{0.66\,697r(\lambda)+1.13\,240g(\lambda)+1.20\,063b(\lambda)} \\[2mm] y(\lambda) = \dfrac{0.17\,697r(\lambda)+0.81\,240g(\lambda)+0.01\,063b(\lambda)}{0.66\,697r(\lambda)+1.13\,240g(\lambda)+1.20\,063b(\lambda)} \\[2mm] z(\lambda) = \dfrac{0.00\,000r(\lambda)+0.01\,000g(\lambda)+0.99\,000b(\lambda)}{0.66\,697r(\lambda)+1.13\,240g(\lambda)+1.20\,063b(\lambda)} \end{cases} \tag{7.26}$$

(3) 1931CIE—XYZ 系统光谱三刺激值的确定

在 1931CIE—XYZ 系统中，颜色的亮度完全由 Y 刺激值表示，则等能光谱色相对亮度也应由光谱三刺激值中的 $\bar{y}(\lambda)$ 来代表。这样，$\bar{y}(\lambda)$ 值就同光度学中明视觉（光谱光视效率或视见函数）$V(\lambda)$ 具有相同的含义。CIE 规定了

$$\bar{y}(\lambda) = V(\lambda) \tag{7.27}$$

三刺激值与色品位坐标之间的关系为

$$\begin{cases} x(\lambda) = \dfrac{\bar{x}(\lambda)}{\bar{x}(\lambda)+\bar{y}(\lambda)+\bar{z}(\lambda)} \\[2mm] y(\lambda) = \dfrac{\bar{y}(\lambda)}{\bar{x}(\lambda)+\bar{y}(\lambda)+\bar{z}(\lambda)} \\[2mm] z(\lambda) = \dfrac{\bar{z}(\lambda)}{\bar{x}(\lambda)+\bar{y}(\lambda)+\bar{z}(\lambda)} \end{cases} \tag{7.28}$$

其第二式可写为

$$\bar{x}(\lambda)+\bar{y}(\lambda)+\bar{z}(\lambda) = \frac{\bar{y}(\lambda)}{y(\lambda)} = \frac{V(\lambda)}{y(\lambda)} \tag{7.29}$$

将式(7.29)分别代入式(7.28)的第一、三式，得

$$\begin{cases} \bar{x}(\lambda) = \dfrac{V(\lambda)}{y(\lambda)}x(\lambda) \\[2mm] \bar{z}(\lambda) = \dfrac{V(\lambda)}{y(\lambda)}z(\lambda) \end{cases} \tag{7.30}$$

由式(7.26)求得 $x(\lambda)$，$y(\lambda)$，$z(\lambda)$ 后，便可按上式求得 $\bar{x}(\lambda)$ 和 $\bar{z}(\lambda)$。

1931CIE—XYZ 系统的光谱三刺激值已成为国际上的标准,定名为 CIE1931 标准色度观察者光谱三刺激值，简称 CIE1931 标准色度观察者。图7.8给出了 CIE1931 标准色度观察者光谱二刺激值曲线。表 7.1 给出了波长间隔为 5 nm 的相应数据。

表 7.1　CIE1931 标准色度观察者光谱三刺激值的波长间隔为 5nm 的相应数据

λ/nm	光谱三刺激值			λ/nm	光谱三刺激值			λ/nm	光谱三刺激值		
	$\bar{x}(\lambda)$	$\bar{y}(\lambda)$	$\bar{z}(\lambda)$		$\bar{x}(\lambda)$	$\bar{y}(\lambda)$	$\bar{z}(\lambda)$		$\bar{x}(\lambda)$	$\bar{y}(\lambda)$	$\bar{z}(\lambda)$
380	0.0014	0.0000	0.0065	515	0.0291	0.6082	0.1117	650	0.2835	0.1070	0.0000
385	0.0022	0.0001	0.0105	520	0.0633	0.7100	0.0782	655	0.2187	0.0816	0.0000
390	0.0042	0.0001	0.0201	525	0.1096	0.7932	0.0573	660	0.1649	0.0610	0.0000
395	0.0076	0.0002	0.0362	530	0.1655	0.8620	0.0422	665	0.1212	0.0446	0.0000
400	0.0143	0.0004	0.0679	535	0.2257	0.9149	0.0298	670	0.0874	0.0320	0.0000
405	0.0232	0.0006	0.1102	540	0.2904	0.9540	0.0203	675	0.0636	0.0232	0.0000
410	0.0435	0.0012	0.2074	545	0.3597	0.9803	0.0134	680	0.0468	0.0170	0.0000
415	0.0776	0.0022	0.3713	550	0.4334	0.9950	0.0087	685	0.0329	0.0119	0.0000
420	0.1344	0.0040	0.6456	555	0.5121	1.0000	0.0057	690	0.0227	0.0082	0.0000
425	0.2148	0.0073	1.0391	560	0.5945	0.9950	0.0039	695	0.0158	0.0057	0.0000
430	0.2839	0.0116	1.3856	565	0.6784	0.9786	0.0027	700	0.0114	0.0041	0.0000
435	0.3285	0.0168	1.6230	570	0.7621	0.9520	0.0021	705	0.0081	0.0029	0.0000
440	0.3483	0.0230	1.7471	575	0.8425	0.9154	0.0018	710	0.0058	0.0021	0.0000
445	0.3481	0.0298	1.7826	580	0.9163	0.8700	0.0017	715	0.0041	0.0015	0.0000
450	0.3362	0.0380	1.7721	585	0.9786	0.8163	0.0014	720	0.0029	0.0010	0.0000
455	0.3187	0.0480	1.7441	590	1.0263	0.7570	0.0011	725	0.0020	0.0007	0.0000
460	0.2908	0.0600	1.6692	595	1.0567	0.6949	0.0010	730	0.0014	0.0005	0.0000
465	0.2511	0.0739	1.5281	600	1.0622	0.6310	0.0008	735	0.0010	0.0004	0.0000
470	0.1954	0.0910	1.2876	605	1.0456	0.5668	0.0006	740	0.0007	0.0002	0.0000
475	0.1421	0.1126	1.0419	610	1.0026	0.5030	0.0003	745	0.0005	0.0002	0.0000
480	0.0956	0.1390	0.8130	615	0.9384	0.4412	0.0002	750	0.0003	0.0001	0.0000
485	0.0580	0.1693	0.6162	620	0.8544	0.3810	0.0002	755	0.0002	0.0001	0.0000
490	0.0320	0.2080	0.4652	625	0.7514	0.3210	0.0001	760	0.0002	0.0001	0.0000
495	0.0147	0.2586	0.3533	630	0.6424	0.2650	0.0000	765	0.0001	0.0000	0.0000
500	0.0049	0.3230	0.2720	635	0.5419	0.2170	0.0000	770	0.0001	0.0000	0.0000
505	0.0024	0.4073	0.2123	640	0.4479	0.1750	0.0000	775	0.0001	0.0000	0.0000
510	0.0093	0.5030	0.1582	645	0.3608	0.1382	0.0000	780	0.0000	0.0000	0.0000

7.6.3　1931CIE—XYZ 色品图

图7.9为 1931CIE—XYZ 色度系统的色品图，光谱色品轨迹也是一条马蹄形曲线，等能白光色品点(E)为颜色的参考点。被考虑的颜色的色品点(M)，其越接近光谱色品曲线，颜色饱和度越高，越接近白光色品点(E)，其饱和度越低。

光谱色的饱和度是最高的，没有比光谱色饱和度更高的颜色。实际存在的颜色的色品点均在光谱色品轨迹所包围的范围之内。

色品图还能表示两种颜色的混合，颜色(M)和颜色(N)的混合色的色品点应在颜色(M)和颜色(N)的色品点连线(M)(N)上。具体位置可根据两种颜色的三刺激值用求重心的方法确定。两种颜色(P), (Q)混合成参考白色(E)时，这两种颜色称为互补色。在色品图上，互补色的两色品点连线一定通过参考白光的色品点(E)。

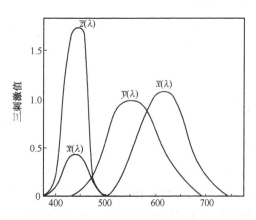

图 7.8　CIE1931 标准色度观察者光谱三刺激值曲线

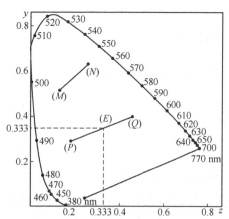

图 7.9　1931CIE—XYZ 色度系统的色品图

光谱色的色品轨迹开口端 770 nm 和 380 nm 色品点间的连线上的色品点所对应的颜色不是光谱色，而是 770 nm（红）和 380 nm（紫）两光谱色的混合色。

7.6.4 光源色和物体色的三刺激值

在 7.5 节中所讨论的颜色三刺激值的计算方法在本系统中完全适用,只不过是把公式的基本参数改为本系统的参数,由式(7.6)可得本系统的颜色三刺激值的表示式:

$$X = k\int_{380}^{780} \varphi(\lambda)\overline{x}(\lambda)\mathrm{d}\lambda, \quad Y = k\int_{380}^{780} \varphi(\lambda)\overline{y}(\lambda)\mathrm{d}\lambda, \quad Z = k\int_{380}^{780} \varphi(\lambda)\overline{z}(\lambda)\mathrm{d}\lambda \tag{7.31}$$

对于光源色的三刺激值,类似于式(7.7),得

$$X = k\int_{380}^{780} s(\lambda)\overline{x}(\lambda)\mathrm{d}\lambda, \quad Y = k\int_{380}^{780} s(\lambda)\overline{y}(\lambda)\mathrm{d}\lambda, \quad Z = k\int_{380}^{780} s(\lambda)\overline{z}(\lambda)\mathrm{d}\lambda \tag{7.32}$$

与式(7.8)相似,得透射物体的颜色的三刺激值的表示式为

$$X = k\int_{380}^{780} s(\lambda)\tau(\lambda)\overline{x}(\lambda)\mathrm{d}\lambda, \quad Y = k\int_{380}^{780} s(\lambda)\tau(\lambda)\overline{y}(\lambda)\mathrm{d}\lambda, \quad Z = k\int_{380}^{780} s(\lambda)\tau(\lambda)\overline{z}(\lambda)\mathrm{d}\lambda \tag{7.33}$$

与式(7.9)相似,可得反射物体颜色的三刺激值的表示式为

$$X = k\int_{380}^{780} s(\lambda)R(\lambda)\overline{x}(\lambda)\mathrm{d}\lambda, \quad Y = k\int_{380}^{780} s(\lambda)R(\lambda)\overline{y}(\lambda)\mathrm{d}\lambda, \quad Z = k\int_{380}^{780} s(\lambda)R(\lambda)\overline{z}(\lambda)\mathrm{d}\lambda \tag{7.34}$$

或者以光谱反射比 $\rho(\lambda)$ 取代 $R(\lambda)$,得

$$X = k\int_{380}^{780} s(\lambda)\rho(\lambda)\overline{x}(\lambda)\mathrm{d}\lambda, \quad Y = k\int_{380}^{780} s(\lambda)\rho(\lambda)\overline{y}(\lambda)\mathrm{d}\lambda, \quad Z = k\int_{380}^{780} s(\lambda)\rho(\lambda)\overline{z}(\lambda)\mathrm{d}\lambda \tag{7.35}$$

实际上, $s(\lambda)$, $\tau(\lambda)$, $R(\lambda)$ 或 $\rho(\lambda)$, $\overline{x}(\lambda)$, $\overline{y}(\lambda)$ 和 $\overline{z}(\lambda)$ 常是以一定波长间隔 $\Delta\lambda$ 的离散值形式给出的,则以上积分式可以用和式形式来代替。

前面式中的 k 为归一化系数,改变 k 值,三刺激也要改变,所以它对三刺激值数值有调节作用。为了使三刺激值有统一的尺度,CIE 规定光源的 Y 刺激值为 100。则把式(7.32)所表示的光源色的 Y 刺激取值为 100 后,得

$$k = \frac{100}{\int_{\lambda} s(\lambda)\overline{y}(\lambda)\mathrm{d}\lambda} \tag{7.36}$$

这样确定系数 k 的定义后,物体色的 Y 刺激值为

$$Y = \frac{\int_{\lambda} s(\lambda)R(\lambda)\overline{y}(\lambda)\mathrm{d}\lambda}{\int_{\lambda} s(\lambda)\overline{y}(\lambda)\mathrm{d}\lambda} \times 100 = \frac{\int_{\lambda} s(\lambda)R(\lambda)V(\lambda)\mathrm{d}\lambda}{\int_{\lambda} s(\lambda)V(\lambda)\mathrm{d}\lambda} \times 100 \tag{7.37}$$

式中, $V(\lambda)$ 为式(7.27)中的光谱光视效率(或视见函数)。由上式知,物体色的 Y 刺激值实际上代表反射(或透过)光通量相对于入射光通量的百分比,故 Y 也称为亮度因数。

7.6.5 表示颜色特征的两个量——主波长和颜色纯度

1. 主波长和补色波长

一种颜色的主波长是以一定比例与参考白光相混合匹配出该种颜色光谱色的波长的,以 λ_d 表示。对于相同的颜色在不同的明度条件下,主波长将稍有不同,所以,主波长和颜色的色调在一定条件下是相对应的。

颜色的主波长可以从色品图上求得,如图7.10所示。在色品图上找到被考虑颜色的色品点(M)和参考白光的色品点(E),连接(E)和(M),并延长之与光谱轨迹相交,交点对应的波长就是该颜色的主波长。由图7.10可知颜色(M)的主波长 $\lambda_\mathrm{d} = 550$ nm。并不是所有的颜色都有主波长,在光谱色品轨迹的开口处的两端点和参考白光色品点(E)构成的三角形内所表示的颜色都没有主波长,因为参考白光色品点(E)和其中任一点的连线均不能和光谱轨迹相交,例如图中的点(N)。但是把(E)(N)向反方向延长就可以

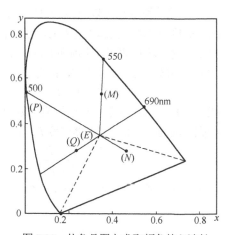

图 7.10 从色品图上求取颜色的主波长

和光谱轨迹相交于点(P)，点(P)所对应的波长不是颜色(N)的主波长，而是颜色(N)的互补色的主波长，称为颜色(N)的补色波长。为了和主波长相区别，补色波长前加"–"号，或在波长后加"C"，例如颜色(N)的补色波长写为 $\lambda_d = -500\,\text{nm}$ 或 $\lambda_d = 500\,\text{nm}\,\text{C}$。有主波长的颜色也可以有补色波长，例如图7.10中的颜色(Q)，它有主波长，同时也有补色波长。

2. 颜色纯度

颜色纯度表示颜色接近主波长光谱色的程度，颜色纯度的表示方法有两种。

(1) 刺激纯度

任一种颜色都可以看成是一种光谱色与参考白光以一定比例的混合色，其中光谱色的三刺激值总和与混合色三刺激值总和的比值 P_e，就能表示颜色接近光谱色的程度。定义 P_e 为颜色的刺激纯度：

$$P_e = \frac{X_\lambda + Y_\lambda + Z_\lambda}{X + Y + Z} \tag{7.38}$$

式中，$X_\lambda, Y_\lambda, Z_\lambda$ 为颜色(M)所包含的主波长光谱色的三刺激值；X, Y, Z 为颜色(M)的三刺激值。假设颜色中包含的参考白光的三刺激值为 X_0, Y_0, Z_0。根据格拉斯曼定律，有

$$\begin{cases} X = X_\lambda + X_0 \\ Y = Y_\lambda + Y_0 \\ Z = Z_\lambda + Z_0 \end{cases}$$

代入式(7.38)，得

$$P_e = \frac{X_\lambda + Y_\lambda + Z_\lambda}{(X_\lambda + Y_\lambda + Z_\lambda) + (X_0 + Y_0 + Z_0)} = \frac{C_\lambda}{C_\lambda + C_0} \tag{7.39}$$

式中，$C_\lambda = X_\lambda + Y_\lambda + Z_\lambda$ 为颜色(M)所包含主波长光谱色三刺激值的总和；$C_0 = X_0 + Y_0 + Z_0$ 为参考白光三刺激值的总和。从图7.11中的色品图上可按求重心的方法来确定 C_λ 和 C_0，即

$$\frac{C_\lambda}{C_0} = \frac{OM}{ML}$$

经比例变换，有

$$\frac{C_\lambda}{C_0 + C_\lambda} = \frac{OM}{OM + ML} = \frac{OM}{OL} = \frac{x - x_0}{x_\lambda - x_0} = \frac{y - y_0}{y_\lambda - y_0}$$

故有

$$P_e = \frac{x - x_0}{x_\lambda - x_0} \tag{7.40}$$

或

$$P_e = \frac{y - y_0}{y_\lambda - y_0} \tag{7.41}$$

这就是根据颜色、主波长光谱色和参考白光的色品坐标求刺激纯度的计算公式。当 $(x_\lambda - x_0) > (y_\lambda - y_0)$ 时，用式(7.40)计算，反之，用式(7.41)计算刺激纯度。

(2) 亮度纯度

颜色的纯度也可以用该颜色所包含的光谱色的光亮度与该颜色的总光亮度的比值来表示，称为亮度纯度，以 P_c 表示。由前面的讨论知，颜色的 Y 刺激值与颜色的亮度成正比，故有

$$P_c = Y_\lambda / Y \tag{7.42}$$

式中，Y_λ 为颜色中光谱色的亮度因数；Y 为该颜色的亮度因数。上面定义刺激纯度 P_e 为

$$P_e = \frac{X_\lambda + Y_\lambda + Z_\lambda}{X + Y + Z}$$

而 $X_\lambda + Y_\lambda + Z_\lambda = Y_\lambda / y_\lambda$，$X + Y + Z = Y / y$，则

$$P_e = \frac{Y_\lambda}{y_\lambda} \cdot \frac{y}{Y}$$

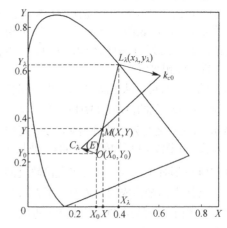

图 7.11 从色品图上求取颜色计算颜色刺激纯度示意图

即 $$P_e = P_c y / y_\lambda$$

则有 $$P_c = P_e y_\lambda / y \qquad (7.43)$$

上式表示刺激纯度 P_e 与亮度纯度 P_c 之间的关系。颜色纯度和颜色饱和度有一定关系，但是由于在色品图上不同部位的颜色纯度相同时饱和度不完全相同，故颜色纯度只是与颜色饱和度大致相当。

7.6.6 CIE1964 补充标准色度学系统

前面讨论的 1931CIE—RGB 标准色度学系统和 1931CIE—XYZ 标准色度学系统的基本数据都是从莱特和吉尔德实验数据换算求得，因此，它们只适用于小视场角(<4°) 的情况下的颜色标定。

为适应大视场情况下颜色的测量和标定，CIE 在 1964 年公布了 CIE1964 补充色度学系统。它规定了适合于 10° 视场使用的 CIE1964 补充色度观察者光谱三刺激值和色品图。其计算方法与 1931CIE—XYZ 系统的三刺激值和色品坐标的计算方法完全相同，只不过要用本系统所规定的基本数据。为了与 1931CIE—XYZ 系统相区别，所用的符号要加下标："10"。例如，三刺激值表示为 X_{10}, Y_{10}, Z_{10}；光谱三刺激值表示为 $\bar{x}_{10}(\lambda), \bar{y}_{10}(\lambda), \bar{z}_{10}(\lambda)$；色品坐标表示为 x_{10}, y_{10}, z_{10} 等。

7.6.7 CIE 色度学系统表示颜色的方法

以上介绍了 CIE 色度学系统的基本内容。总结起来，用该色度学系统表示颜色的方法有以下两种：

1. 用三刺激值表示颜色

最常用的是 1931CIE—XYZ 标准色度学系统中所规定的三刺激值 X, Y, Z。用此种方法表示颜色的困难是三刺激值由于定标困难而难于准确测量。

2. 用色品坐标 x, y 以及 Y 刺激值表示颜色

色品坐标是三刺激值各自对三刺激值总量的比值，在测量中不需对三刺激值准确地定标，便可较为准确地确定色品坐标，故常用色品坐标(x, y)表示颜色。但是，由于色品坐标是三刺激值各自对于三刺激值总量的比值，从而失去了表示光亮度的因子，只是表示了颜色的色调和饱和度。为能完整地表示颜色，还须加上表示颜色光亮度的参数 Y，因而用 $x，y$ 和 Y 表示颜色就成为常用的方法了。

7.7 均匀颜色空间及色差公式

7.6 节中的讨论表明，颜色需用三个参数表示。表示颜色的三个参数构成三维空间，称为颜色空间。在颜色空间中，以任一点为原点在该点任一方向上的相同的距离表示颜色感觉的变化相同，这样的颜色空间称为均匀颜色空间，人们希望有这样的空间，以便从三个参数的变化上直观地了解到颜色的变化。

7.7.1 $(x, y; Y)$ 颜色空间是非均匀的颜色空间

首先，Y 刺激值不是均匀的。因为明度 V 是通过实验确定的一个均匀亮度标度，研究工作证明 Y 刺激值和明度 V 是非线性的，几个重要的关系如下：

(1) 平方根公式： $$V = 10Y^{1/2}$$

(2) 五次多项式： $$\frac{100Y}{Y(\text{MgO})} = 1.2219\,V - 0.23111\,V^2 + 0.239\,51\,V^3 - 0.021\,009\,V^4 + 0.000\,840\,4\,V^5$$

式中，$Y(\text{MgO})$ 为氧化镁的亮度因数。

(3) 立方根公式： $$W = 10V = 25Y^{1/3} - 17$$

(4) 对数公式： $$V = 0.25 + 5\lg Y$$

(5) DIN 系统的公式： $$V = 6.172\,31g(40.7Y + 1)$$

以上充分说明了 Y 刺激值和明度 V 之间的非线性关系。

其次，1931CIE(x, y)色品图也不是均匀的颜色平面。实验证明，色品图上不同部位的颜色开始变化

时的色品坐标变化是不相同的。颜色变化时色品图上对应的距离变化量称为颜色宽容量。图7.12 表示了莱特和彼特的实验结果，图上不同长度的线段表示颜色的宽容量。图7.13表示麦克亚当的实验结果，是在色品图的不同部位选择了 25 个点，对每一个点在 5～9 个方向上测出宽容量。结果表明，在色品图上不同部位的颜色宽容量不同，即使在同一色品点的不同方向上的颜色宽容量也不同，图上的小椭圆表明颜色宽容量随方向不同而不同。

  如上所述，颜色空间$(x, y; Y)$不是均匀的颜色空间，不能用空间中的相等距离表示相同的颜色感觉变化。

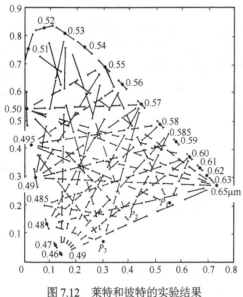

图 7.12 莱特和彼特的实验结果   图 7.13 麦克亚当的实验结果

7.7.2 均匀颜色空间及对应的色差公式

  西尔伯斯坦证明了均匀颜色空间不是欧几里得空间，均匀色品图也不是平面的，但是近似均匀的颜色空间是可能建立起来的，现介绍如下：

1. CIE1964 均匀颜色空间

  用明度指数W^*、色度指数U^*和V^*三个参数表示颜色。明度指数W^*定义为

$$W^* = 25Y^{1/3} - 17 \qquad 1 \leqslant Y \leqslant 100 \tag{7.44}$$

色度指数U^*和V^*定义为

$$\begin{cases} U^* = 13W^*(u - u_0) \\ V^* = 13W^*(v - v_0) \end{cases} \tag{7.45}$$

式中 $u = \dfrac{4X}{X + 15Y + 3Z}, \ v = \dfrac{6Y}{X + 15Y + 3Z}; \ u_0 = \dfrac{4X_0}{X_0 + 15Y_0 + 3Z_0}, \ v_0 = \dfrac{6Y_0}{X_0 + 15Y_0 + 3Z_0}$ (7.46)

式中，u 和 v 为 CIE1964 均匀标度色品图的色品坐标；u_0 和 v_0 为标准光源在上述色品图上的色品坐标。

  用均匀颜色空间中两颜色点之间的距离表示两颜色的色差。设颜色 1 和 2 的颜色坐标分别为 W_1^*, U_1^*, V_1^* 和 W_2^*, U_2^*, V_2^*。两种颜色的坐标差为

$$\Delta W^* = W_2^* - W_1^*, \qquad \Delta U^* = U_2^* - U_1^*, \qquad \Delta V^* = V_2^* - V_1^* \tag{7.47}$$

则色差定义为 $\Delta E = \left[(\Delta U^*)^2 + (\Delta V^*)^2 + (\Delta W^*)^2 \right]^{1/2}$ (7.48)

以上公式适用于视场角小于 4° 的情况。对于 10° 大视场，应用 X_{10}, Y_{10}, Z_{10} 代替 X, Y, Z。式中其他量也应加下标 "10"，以示区别。

  人眼恰可分辨的颜色差别称为色差 ΔE，其单位为 NBS（美国国家标准的英文缩写）。1 NBS 相当于

在最优实验条件下人眼色差的五倍，即色差为 0.2 NBS 时，人眼能判别出颜色的不同。

2. CIE1976(L^*, u^*, v^*)均匀颜色空间

CIE1976(L^*, u^*, v^*)均匀颜色空间表示颜色的三个参数为米制明度 L^* 和米制色度 u^*, v^*，即

$$
\begin{cases}
L^* = 116(Y/Y_0)^{1/3} - 16 & Y/Y_0 > 0.01 \\
u^* = 13L^*(u' - u_0) \\
v^* = 13L^*(v' - v_0')
\end{cases}
\tag{7.49}
$$

$$
\begin{cases}
u' = \dfrac{4X}{X + 15Y + 3Z}, & v' = \dfrac{9Y}{X + 15Y + 3Z} \\
u_0' = \dfrac{4X_0}{X_0 + 15Y_0 + 3Z_0}, & v_0' = \dfrac{9Y_0}{X + 15Y_0 + 3Z_0}
\end{cases}
\tag{7.50}
$$

式中，u', v' 和 u_0', v_0' 分别为 CIE1976(L^*, u^*, v^*)均匀颜色空间颜色样品和照明光源在均匀标度色品图上的色品坐标；X, Y, Z 为被考虑颜色的三刺激值；X_0, Y_0, Z_0 是完全漫反射体的三刺激值，并规定 $Y_0 = 100$。在该系统中，两种颜色的色差按下式计算：

$$
\Delta E_{\text{CIE}}(L^*, u^*, v^*) = \left[(\Delta L^*)^2 + (\Delta u^*)^2 + (\Delta v^*)^2\right]^{1/2}
\tag{7.51}
$$

式中
$$
\Delta L^* = L_2^* - L_1^*, \qquad \Delta u^* = u_2^* - u_1^*, \qquad \Delta v^* = v_2^* - v_1^*
\tag{7.52}
$$

3. CIE1976(L^*, u^*, v^*)均匀颜色空间

这是另外一种均匀颜色空间系统，其表示颜色的三个参数为米制明度 L^* 和另一种米制色度 a^*, b^*，定义为

$$
\begin{cases}
L^* = 116(Y/Y_0)^{1/3} - 16 & Y/Y_0 > 0.01 \\
a^* = 500\left[(X/X_0)^{1/3} - (Y/Y_0)^{1/3}\right] \\
b^* = 200\left[(Y/Y_0)^{1/3} - (Z/Z_0)^{1/3}\right]
\end{cases}
\tag{7.53}
$$

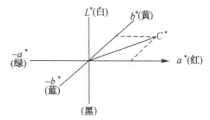

图 7.14　(L^*, a^*, b^*) 均匀颜色空间

式中，X, Y, Z 和 X_0, Y_0, Z_0 的意义同式(7.5)。此系统的色差表示式为

$$
\Delta E_{\text{CIE}}(L^*, a^*, b^*) = \left[(\Delta L^*)^2 + (\Delta a^*)^2 + (\Delta b^*)^2\right]^{1/2}
\tag{7.54}
$$

式中
$$
\Delta L^* = L_2^* - L_1^*, \qquad \Delta a^* = a_2^* - a_1^*, \qquad \Delta b^* = b_2^* - b_1^*
\tag{7.55}
$$

本系统中的 L^* 表示颜色明亮的量；a^* 为红色在颜色中占有的成分；$-a^*$ 表示红色的补色在颜色中占有的成分；b^* 为颜色中黄色的成分；$-b^*$ 为颜色中黄色的补色占有的成分。图 7.14 表示了 (L^*, a^*, b^*) 均匀颜色空间，图中的 $C^* = \left[(a^*)^2 + (b^*)^2\right]^{1/2}$，称为颜色的彩度，它可表示颜色的饱和度；而 $H = \arctan(b^*/a^*)$ 为色调角。

7.8 光　　源

物体色必须借助光源照明才能呈色。光源本身的颜色特性将直接影响人们感受的颜色。

7.8.1　表示光源颜色特性的两个参量

1. 光源的光谱功率分布

光源辐射的各种波长的辐射功率是各不相同的。光源辐射功率按波长的分布叫作光源的光谱功率分布，常以 $s(\lambda)$ 表示，分为以下两种：

(1) 绝对光谱功率分布　对应于各波长的辐射功率可用物理单位"W"或"mW"表示。

(2) 相对光谱功率分布　各波长辐射功率值之间的比例与绝对光谱功率分布相同，但各波长的辐射功率可用任意单位表示。

测量绝对光谱功率时需对辐射准确标度，测量较困难，而测量相对光谱功率时功率单位可以任取，测起来较为简便。在测色和颜色计算中，只需相对光谱功率分布就可以了。

2. 色温和相关色温

由物理学中的知识可知，黑体是完全吸收体和完全辐射体，其辐射的光谱功率分布与温度有着确定的关系。热力学温度为 T 的黑体的波长为 λ 的辐射，以其在 4π 立体角内的辐射能量表示，称为出辐度。出辐度可由普朗克公式求得，即

$$M(T,\lambda) = C_1\lambda^{-5}(\mathrm{e}^{C_2/\lambda T}-1)^{-1}\ \mathrm{W\cdot m^{-2}} \tag{7.56}$$

式中，$M(T,\lambda)$ 为温度为 T 的黑体对波长为 λ 辐射的出辐度；C_1 和 C_2 为辐射常数：

$$C_1 = 3.74150\times10^{-16}\ \mathrm{W\cdot m^2}, \qquad C_2 = 1.4388\times10^{-2}\ \mathrm{m\cdot K}$$

当黑体的温度 T 一定时，其辐射的光谱功率分布就定了，呈现的颜色也确定了。图 7.15 表示了各种温度黑体辐射的光谱功率分布曲线。黑体的温度由低到高，其相对应的颜色由红经黄、白到蓝的变化过程。图 7.16 表示了各种温度黑体的颜色色品点，其所连接成的曲线称为黑体色品迹线。

根据黑体的热力学温度 T 和其颜色之间的确定关系，可用黑体的温度表示光源的颜色，称为色温。光源的色温可定义为和光源有相同色品的黑体的温度。用色温表示的光源色品点一定在黑体色品迹线上。

色品点在黑体迹线附近的光源，其颜色可用相关色温来表示。光源的色温是指色品最接近光源色品的黑体温度。用相关色温表示光源的颜色是近似的，如图 7.16 上色品点为 M 和 N 的两个光源有相同的相关色温 T_C，而两光源的颜色稍有不同。

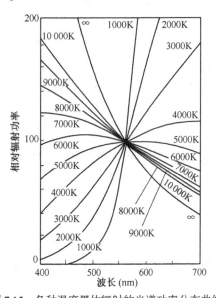

图 7.15　各种温度黑体辐射的光谱功率分布曲线

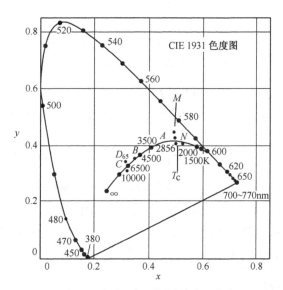

图 7.16　各种温度黑体的颜色色品曲线

7.8.2　CIE 标准照明体和标准光源

标准照明体是指一种具有特定的光谱功率分布的照明光。标准光源是指实现某种标准照明体的具体物理辐射体。标准照明体一般模拟某种日光的光谱功率分布，以使测得的颜色符合日常观察的实际条件。现将 CIE 推荐使用的标准照明体和标准光源介绍如下：

(1) 标准照明体 A 和 A 光源

标准照明体 A 与热力学温度 T=2856 K 的黑体有相同的光谱功率分布。用色温为 2856 K 的溴钨灯实现标准照明体 A，叫作 A 光源。

(2) 标准照明体 B 和 B 光源

标准照明体 B 有和相关色温为 4874 K 的中午日光相近的光谱功率分布。实现标准照明体 B 的 B 光源由 A 光源和戴维斯-杰布森液体滤光器组成。该液体滤光器是由装在透明玻璃槽中的 B_1 和 C_1 两种液体构成，液体厚度为 1 cm，液体配方参见表 7.2。

(3) 标准照明体 C 和 C 光源

标准照明体 C 有与相关色温为 6774 K 的平均日光相近的光谱功率分布，它近于阴天时天空的光。实现标准照明体 C 的 C 光源是由 A 光源和另一种戴维斯-杰布森液体滤光器构成的。液体滤光器由表 7.2 中所示的 B_1，C_1 两种液体组成，两种液体的厚度均为 1 cm。在 CIE 推荐下面将讨论的标准照明体 D_{65} 以前，标准照明体 C 和 C 光源是色度工作中的主要照明标准。

(4) 标准照明体 D_{65}

标准照明体 D_{65} 有相关色温为 6504 K 典型日光的光谱功率分布。色品点在黑体迹线偏绿的一侧，有更接近日光的紫外光谱成分。D_{65} 是 CIE 目前优先推荐使用的标准照明体，实现 D_{65} 的光源尚未标准化，常用高压氙灯加滤光器来模拟 D_{65} 的光谱功率分布。

图 7.17 给出了上述四种标准照明体的光谱功率分布曲线。在图 7.16 中也给出了这四种标准照明体在 1931CIE 色品图上的色品点。表 7.3 给出了 D_{65} 的光谱功率分布数据及色度数据。

表 7.2　戴维斯-杰布森液体滤光器组成

成分＼液体	B_1	C_1
硫酸铜 ($CuSO_4 \cdot 5H_2O$)	2.452 g	3.412 g
甘露糖醇 [$C_6H_8 \cdot (OH)_6$]	2.452 g	3.412 g
吡啶 (C_5H_5N)	30.0 ml	30.0 ml
蒸馏水	1000.0 ml	1000.0 ml
硫酸钴铵 [$CuSO_4 \cdot (NH_4)_2SO_4 \cdot 6H_2O$]	21.71 g	30.580 g
硫酸铜 ($CuSO_4 \cdot 5H_2O$)	16.11 g	22.520 g
硫酸（相对密度 1.835）	10.0 ml	10.0 ml
蒸馏水	1000.0 ml	1000.0 ml

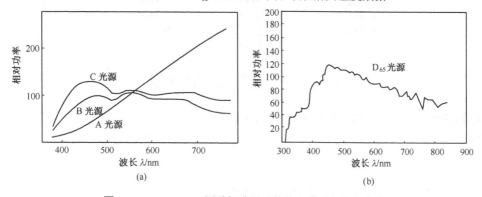

图 7.17　A, B, C, D_{65} 四种标准照明体的光谱功率分布曲线

表 7.3　A, B, C, D_{65} 四种标准照明体的光谱功率分布数据及色度数据

λ/nm	A	B	C	D_{65}	λ/nm	A	B	C	D_{65}
300	0.93			0.03	410	17.68	52.10	80.60	91.5
305	1.13			1.7	415	19.29	57.70	89.53	92.5
310	1.36			3.3	420	20.99	63.20	98.10	93.4
315	1.62			11.8	425	22.79	68.37	105.80	90.1
320	1.93	0.02	0.01	20.2	430	24.67	73.10	112.40	86.7
325	2.27	0.26	0.20	28.6	435	26.64	77.31	117.75	95.8
330	2.66	0.50	0.40	37.1	440	28.70	80.80	121.50	104.9
335	3.10	1.45	1.55	38.5	445	30.85	83.44	123.45	110.9
340	3.59	2.40	2.70	39.9	450	33.09	85.40	124.00	117.0
345	4.14	4.00	4.85	42.4	455	35.41	86.88	123.60	117.4
350	4.74	5.60	7.00	44.9	460	37.81	88.30	123.10	117.8
355	5.41	7.60	9.95	45.8	465	40.30	90.08	123.30	116.3
360	6.14	9.60	12.90	46.6	470	42.87	92.00	123.80	114.9
365	6.95	12.40	17.20	49.4	475	45.25	93.75	124.09	115.4
370	7.82	15.20	21.40	52.1	480	48.24	95.20	123.90	115.9
375	8.77	18.80	27.50	51.0	485	51.04	96.23	122.92	112.4
380	9.80	22.40	33.00	50.0	490	53.91	96.50	120.70	108.8
385	10.90	26.85	39.92	52.3	495	56.85	95.71	116.90	109.1
390	12.09	31.30	47.40	54.6	500	59.86	94.20	112.10	109.4
395	13.35	36.18	55.17	68.7	505	62.93	92.37	106.98	108.6
400	14.71	41.30	63.30	82.8	510	66.06	90.70	102.30	107.8
405	16.15	46.62	71.81	87.1	515	69.25	89.65	98.81	106.3

λ/nm	A	B	C	D$_{65}$	λ/nm	A	B	C	D$_{65}$
520	72.50	89.50	96.90	104.8	680	185.43	103.90	84.00	78.3
525	75.79	90.43	96.78	106.2	685	188.70	102.84	82.21	74.0
530	79.13	92.20	98.00	107.7	690	191.93	101.60	80.20	69.7
535	82.52	94.46	99.94	106.0	695	195.12	100.38	78.24	70.7
540	85.95	96.90	102.10	104.4	700	198.26	99.10	76.30	71.6
545	89.41	99.16	103.95	104.2	705	201.36	97.70	74.36	73.0
550	92.91	101.00	105.20	104.0	710	204.41	96.20	72.40	74.3
555	96.44	102.20	105.67	102.0	715	207.41	94.60	70.40	68.0
560	100.00	102.80	105.30	100.0	720	210.36	92.90	68.30	61.6
565	103.58	102.92	104.11	98.2	725	213.27	91.10	66.30	65.7
570	107.18	102.60	102.30	96.3	730	216.12	89.40	64.40	69.9
575	110.80	101.90	100.15	96.1	735	218.92	88.00	62.80	72.5
580	114.44	101.00	97.80	95.8	740	221.67	86.90	61.50	75.1
585	118.08	100.07	95.43	92.2	745	224.36	85.90	60.20	69.3
590	121.73	99.20	93.20	88.7	750	227.00	85.20	59.20	63.6
595	125.39	98.44	91.22	89.3	755	229.59	84.80	58.50	55.0
600	129.04	98.00	89.70	90.0	760	232.12	84.70	58.10	46.4
605	132.70	98.08	88.83	89.8	765	234.59	84.90	58.00	56.6
610	136.35	98.50	88.40	89.6	770	237.01	85.40	58.20	66.8
615	139.99	99.06	88.19	88.6	775	239.37			65.1
620	143.62	99.70	88.10	87.7	780	241.68			63.4
625	147.24	100.36	88.06	85.5	785	243.92			63.8
630	150.84	101.00	88.00	83.3	790	246.12			64.3
635	154.42	101.56	87.86	83.5	795	248.25			61.9
640	157.98	102.20	87.80	83.7	800	250.33			59.5
645	161.52	103.05	87.99	81.9	805	252.35			55.7
650	165.03	103.90	88.20	80.0	810	254.31			52.0
655	168.51	104.59	88.20	80.1	815	256.22			54.7
660	171.96	105.00	87.90	80.2	820	258.07			57.4
665	175.38	105.08	87.22	81.2	825	259.86			58.9
670	178.77	104.90	86.30	82.3	830	261.60			60.3
675	182.12	104.55	85.30	80.3					

色品坐标:	A	B	C	D$_{65}$
x	0.4476	0.3484	0.3101	0.3127
y	0.4074	0.3516	0.3162	0.3290
u	0.2560	0.2137	0.2009	0.1978
v	0.3495	0.3234	0.3073	0.3122

7.9 色光混合匹配计算

1. 已知各色光的三刺激值求混合色光的三刺激值

设有 n 种色光，其三刺激值分别为 X_1, Y_1, Z_1；X_2, Y_2, Z_2；…；X_n, Y_n, Z_n，根据式(7.5)，混合色的三刺激值可以类似地写为

$$\begin{cases} X = X_1 + X_2 + \cdots + X_n = \sum_{i=1}^{n} X_i \\ Y = Y_1 + Y_2 + \cdots + Y_n = \sum_{i=1}^{n} Y_i \\ Z = Z_1 + Z_2 + \cdots + Z_n = \sum_{i=1}^{n} Z_i \end{cases} \tag{7.57}$$

2. 已知所选三种色光的色品坐标，求匹配给定三刺激值色光所需的三种色光的量

已知三种色光(R), (G), (B)的色品坐标分别为 x_R, y_R；x_G, y_G；x_B, y_B，拟匹配色光的三刺激值为 X, Y, Z。对于任何一种颜色都可以用 XYZ 系统的三刺激值来表示，三原色的色光也不例外。假定单位原色的三刺激值分别用 X_R, Y_R, Z_R；X_G, Y_G, Z_G；X_B, Y_B, Z_B 表示，而用 R, G, B 分别表示所需的三原色色光的量，则根据式(7.57)，混合色的三刺激值为

$$\begin{cases} X = X_R R + X_G G + X_B B \\ Y = Y_R R + Y_G G + Y_B B \\ Z = Z_R R + Z_G G + Z_B B \end{cases} \tag{7.58}$$

令　　　　　　$C_R = X_R + Y_R + Z_R,$ 　　　　$C_G = X_G + Y_G + Z_G,$ 　　　　$C_B = X_B + Y_B + Z_B$

则有　　　　$X_R = C_R x_R,\ Y_R = C_R y_R,\ Z_R = C_R z_R;\ X_G = C_G x_G,\ Y_G = C_G y_G,\ Z_G = C_G z_G;$
　　　　　　　　$X_B = C_B x_B,\ Y_B = C_B y_B,\ Z_B = C_B z_B$

把以上关系代入式(7.58)，得
$$
\begin{cases}
X = C_R x_R R + C_G x_G G + C_B x_B B \\
Y = C_R y_R R + C_G y_G G + C_B y_B B \\
Z = C_R z_R R + C_G z_G G + C_B z_B B
\end{cases}
\tag{7.59}
$$

解以上联立方程，求 R, G, B，可得

$$
\begin{cases}
R = \left. \begin{vmatrix} X & C_G x_G & C_B x_B \\ Y & C_G y_G & C_B y_B \\ Z & C_G z_G & C_B z_B \end{vmatrix} \middle/ \begin{vmatrix} C_R x_R & C_G x_G & C_B x_B \\ C_R y_R & C_G y_G & C_B y_B \\ C_R z_R & C_G z_G & C_B z_B \end{vmatrix} \right. \\
\quad = \dfrac{(y_G z_B - y_B z_G)X + (x_B z_G - x_G z_B)Y + (x_G y_B - x_B y_G)Z}{C_R \left[(y_G z_B - y_B z_G)x_R + (y_B z_R - y_R z_B)x_G + (y_R z_G - y_G z_R)x_B \right]} \\[4pt]
G = \left. \begin{vmatrix} C_R x_R & X & C_B x_B \\ C_R y_R & Y & C_B y_B \\ C_R z_R & Z & C_B z_B \end{vmatrix} \middle/ \begin{vmatrix} C_R x_R & C_G x_G & C_B x_B \\ C_R y_R & C_G y_G & C_B y_B \\ C_R z_R & C_G z_G & C_B z_B \end{vmatrix} \right. \\
\quad = \dfrac{(y_B z_R - y_R z_B)X + (x_R z_B - x_B z_R)Y + (x_B y_R - x_R y_B)Z}{C_G \left[(y_G z_B - y_B z_G)x_R + (y_B z_R - y_R z_B)x_G + (y_R z_G - y_G z_R)x_B \right]} \\[4pt]
B = \left. \begin{vmatrix} C_R x_R & C_G x_G & X \\ C_R y_R & C_G y_G & Y \\ C_R z_R & C_G z_G & Z \end{vmatrix} \middle/ \begin{vmatrix} C_R x_R & C_G x_G & C_B x_B \\ C_R y_R & C_G y_G & C_B y_B \\ C_R z_R & C_G z_G & C_B z_B \end{vmatrix} \right. \\
\quad = \dfrac{(y_R z_G - y_G z_R)X + (x_G z_R - x_R z_G)Y + (x_R y_G - x_G y_R)Z}{C_B \left[(y_G z_B - y_B z_G)x_R + (y_B z_R - y_R z_B)x_G + (y_R z_G - y_G z_R)x_B \right]}
\end{cases}
\tag{7.60}
$$

式中，C_R, C_G, C_B 仍是未知数。为了算出 R, G, B，必须先确定 C_R, C_G, C_B，为此，可先用已知$(R), (G), (B)$ 三刺激值的白光利用上式求之。设选定一种白光作为参考基准，以 XYZ 系统表示的三刺激值为 X_W, Y_W, Z_W，用$(R), (G), (B)$ 三原色对其进行匹配时，可按式(7.60)来表示 R_W, G_W 和 B_W，即

$$
\begin{cases}
R_W = \dfrac{(y_G z_B - y_B z_G)X_W + (x_B z_G - x_G z_B)Y_W + (x_G y_B - x_B y_G)Z_W}{C_R \left[(y_G z_B - y_B z_G)x_R + (y_B z_R - y_R z_B)x_G + (y_R z_G - y_G z_R)x_B \right]} \\[4pt]
G_W = \dfrac{(y_B z_R - y_R z_B)X_W + (x_R z_B - x_B z_R)Y_W + (x_B y_R - x_R y_B)Z_W}{C_G \left[(y_G z_B - y_B z_G)x_R + (y_B z_R - y_R z_B)x_G + (y_R z_G - y_G z_R)x_B \right]} \\[4pt]
B_W = \dfrac{(y_R z_G - y_G z_R)X_W + (x_G z_R - x_R z_G)Y_W + (x_R y_G - x_G y_R)Z_W}{C_B \left[(y_G z_B - y_B z_G)x_R + (y_B z_R - y_R z_B)x_G + (y_R z_G - y_G z_R)x_B \right]}
\end{cases}
\tag{7.61}
$$

令 $R_W = G_W = B_W = 1$，由式(7.61)求出 C_R，C_G 和 C_B，并将其代入式(7.60)，得三刺激值为 X, Y, Z 的色光的三原色量为

$$
\begin{cases}
R = \dfrac{(y_G z_B - y_B z_G)X + (x_B z_G - x_G z_B)Y + (x_G y_B - x_B y_G)Z}{(y_G z_B - y_B z_G)X_W + (x_B z_G - x_G z_B)Y_W + (x_G y_B - x_B y_G)Z_W} \\[4pt]
G = \dfrac{(y_B z_R - y_R z_B)X + (x_R z_B - x_B z_R)Y + (x_B y_R - x_R y_B)Z}{(y_B z_R - y_R z_B)X_W + (x_R z_B - x_B z_R)Y_W + (x_B y_R - x_R y_B)Z_W} \\[4pt]
B = \dfrac{(y_R z_G - y_G z_R)X + (x_G z_R - x_R z_G)Y + (x_R y_G - x_G y_R)Z}{(y_R z_G - y_G z_R)X_W + (x_G z_R - x_R z_G)Y_W + (x_R y_G - x_G y_R)Z_W}
\end{cases}
\tag{7.62}
$$

上式表示对三刺激值为 X, Y, Z 的色光进行匹配时所需三原色$(R), (G), (B)$的量。其为色度量，单位是根据参考白光的三原色量 $X_W = Y_W = Z_W = 1$ 确定的。

如果欲用某种辐射量表示$(R), (G), (B)$的量值，需做进一步的计算。设所需三原色的光亮度分别为 Y_R，Y_G，Y_B，根据混合色三刺激值公式(7.57)写为

$$
Y = Y_R + Y_G + Y_B
$$

令其与式(7.59)的第二式相等，可得 $\quad Y_R = C_R y_R R, \; Y_G = C_G y_G G, \; Y_B = C_B y_B B$
$$\tag{7.63}$$

对于参考白光，由于取 $R_W = G_W = B_W = 1$，则匹配此白光需要的三原色(R),(G),(B)的光亮度应为

$$Y_{RW} = C_R y_R, \quad Y_{GW} = C_G y_G, \quad Y_{BW} = C_B y_B$$

代入式(7.63)，得 $\qquad Y_R = Y_{RW}R, \quad Y_G = Y_{GW}G, \quad Y_B = Y_{BW}B$ $\qquad\qquad$ (7.64)

用式(7.63)或式(7.64)算出的 Y_R, Y_G, Y_B 与拟匹配色光的 Y 值有相同的单位，也与 Y_{RW}, Y_{GW}, Y_{BW} 有相同的单位。

应该指出，上面讨论的只是色光的匹配，对于色料（包括颜料）混合及颜色匹配不能用上述计算方法，其计算方法可参考有关文献。

7.10　中国颜色体系

中国国家技术监督局于 1995 年 6 月 19 日批准，并于 1996 年 2 月 1 日开始实施中华人民共和国国家标准 GB/T15608—1995 中国颜色体系。

标准将颜色分成无彩色和有彩色两大系列。

1. 无彩色系

无彩色系由绝对白色、白色、绝对黑色、黑色及白与黑两种颜色以不同比例混合成的灰色组成。我们统称这些颜色为中性色，以符号 N 表示。

按中性色的明亮程度并根据视觉等距原则，将由绝对黑色到绝对白色的全部中性色分为 0～10 共 11 个等级，称为明度级并用 x 表示。明度级 x 与颜色的亮度因数 Y 的对应关系如表 7.4 所示[①]。

表 7.4　明度级 x 与颜色的亮度因数 Y 的对应关系

x	0.0	0.5	1	1.5	2	2.5	3
$Y/\%$	0.00	0.32	0.91	1.81	3.04	4.67	6.74
x	3.5	4	4.5	5	5.5	6	6.5
$Y/\%$	9.31	12.43	16.14	20.50	25.53	31.26	37.71
x	7	7.5	8	8.5	9	9.5	10.0
$Y/\%$	44.86	52.71	61.20	70.28	79.85	89.81	100.00

明度值为 0 的中性色为绝对黑色；明度值小于 2.5 的为黑色；明度值在 2.5～8.5 之间的为灰色；明度值在 8.5 以上的为白色；明度值为 10 的为绝对白色。

2. 有彩色系

无彩色以外的所有颜色构成了有彩色系。有彩色系的颜色均具有色调、明度及彩度三个属性。

(1) 色调

以符号 H 表示色调，其意义与 7.2 节所述完全一致。色调以红(R)、黄(Y)、绿(G)、蓝(B)、紫(P)五种颜色为主色，以相邻颜色的中间色红黄(YR)、黄绿(GY)、绿蓝(BG)、蓝紫(PB)、紫红(RP)为中间色，选定上述 10 种颜色为基本色，再把相邻基本色按目视上色调等距原则四等分，这样就有了 40 种色调。

(2) 明度

以符号 V 表示明度，它是表示颜色明暗程度的一个量。明度值是视觉等距的，其值与颜色的亮度因数 Y 的关系如表 7.5 所示。

表 7.5　明度 V 值与颜色的亮度因数 Y 的关系

V	0	1	2	3	4	5	6	7	8	9	10
$Y/\%$	0.00	0.91	3.04	6.74	12.43	20.5	31.26	44.86	61.2	79.85	100.0

(3) 彩度

以符号 C 表示彩度。彩度是表示颜色浓、淡的一种标志，与前述的颜色饱和度的功用相似。彩度以 2 为间隔分级，如 2, 4, 6, 8, …，级间也是视觉等距的。

3. 颜色立体

比较表 7.4 和表 7.5 可以看到无彩色系和有彩色系颜色明度值 x 和 V 与亮度因数 Y 的关系是完全相同

---

① 表 7.4，表 7.5，图 7.18 均取自 GB/T15608—1955。

的，某一个明度级的无彩色系的颜色，可以看作同一明度级、无色调、彩度为 0 的一种颜色。这样，就可以将有彩色系和无彩色系颜色统一表示在一个空间中，称为颜色立体。中国颜色体系的颜色立体如图 7.18 所示。图7.18(a)表示了颜色立体的基本构成，立体的中心立轴表示颜色的明度值 V，同时也表示由绝对黑到绝对白的所有中性色。立体水平剖面的圆环上分布着有彩色系颜色的色调，称为色调环，色调环上的色调分布如图 7.18(b)所示。以红色为起点，逆时针方向分布着 40 种色调，相邻色调是目视等距的。每种色调标有色调标号，标号由数字和基本色标号构成。数字为 10-2.5-5-7.5-10，前一个 10 为本色调的起点 0，也是上一色调的终点，后一个 10 是本色调的终点，也是下一个色调的起点，基本色的数字标号均为 5。圆环半径表示彩度 C，环心彩度 $C=0$ 代表中性色，半径越大，彩度 C 越高。

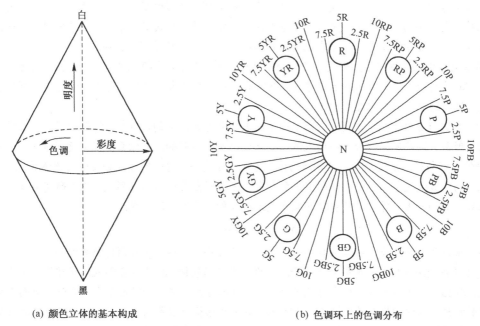

(a) 颜色立体的基本构成　　　　　　(b) 色调环上的色调分布

图 7.18　颜色立体示意图

4. 颜色标号

每种颜色均可用颜色标号来表示。有彩色系颜色用色调 H、明度 V 及彩度 C 来标识，其标号为 HV/C。例如，$5R5/8$ 代表色调为基本色红(R)、明度值为 5、彩度级为 8 的颜色。无彩色系颜色用中性色符号 N 及明度级 x 标识，其标号为 Nx。例如，$N5$ 代表明度级为 5 的灰色。

附录 A 给出了明度值 V 为 9～2.5 的有彩色系各颜色标号代表的颜色的色度坐标值(x, y, Y)。

习题

7.1 俗语讲"灯下不观色"，意指在灯光照明下观察物体的颜色看不准确，试用色度学的知识分析此话是否有道理。

7.2 用分光测色仪测得某布样的光谱反射因数 $R(\lambda)$ 的值如下表所示，试计算该布样在 D_{65} 光源照明下的三刺激值 X, Y, Z 和色品坐标 x, y。

λ/nm	$R(\lambda)$	λ/nm	$R(\lambda)$	λ/nm	$R(\lambda)$	λ/nm	$R(\lambda)$
400	0.1272	480	0.1070	560	0.1862	640	0.3747
410	0.1228	490	0.1150	570	0.1990	650	0.4100
420	0.1156	500	0.1253	580	0.2105	660	0.4433
430	0.1070	510	0.1365	590	0.2262	670	0.4721
440	0.1002	520	0.1460	600	0.2472	680	0.4969
450	0.0965	530	0.1559	610	0.2746	690	0.5104
460	0.0959	540	0.1651	620	0.3018	700	0.5257
470	0.1013	550	0.1770	630	0.3366		

7.3 已知某颜色样品 $x=0.4187$，$y=0.3251$，$Y=30.64$，试求该颜色样品的 X, Z 刺激值。

7.4 两颜色样品1和2，在 C 光源照明下的三种刺激分别为 $X_1=39.462$，$Y_1=30.64$，$Z_1=24.146$；$X_2=36.321$，$Y_2=30.05$，$Z_2=26.261$，用 CIE1964均匀颜色空间色差公式计算两种颜色样品的色差。

第二部分　像差理论

在几何光学中，从理想光学系统的观点讨论了光学系统的成像理论。但是，实际光学系统只在近轴区才具有理想光学系统的性质，即只有当孔径和视场近似于零的情况下才能成完善像，这样的光学系统没有实际意义。

在实际光学系统中，只有平面反射镜在理论上才具有理想成像的性质。其他光学系统都不能以一定宽度的光束对一定大小的物体成完善像，即物体上任一点发出的光束通过光学系统后不能会聚于一点，而形成一个弥散斑，或者使像不能严格地表现出原物形状，这种现象就是有像差存在。

光学系统对单色光成像时产生的像差称为单色光像差。其中，有随孔径增大而产生的像差，光轴上物点成像时即有这种性质，故称为轴上点像差；有随孔径和视场增大而产生的像差；还有仅由视场增大而产生的像差，这些统称为轴外像差。

绝大多数光学系统对白光成像，白光是由不同波长的色光组成的，而光学材料对不同波长的光线又具有不同的折射率，因此不同波长光线的成像位置和大小都是不同的。光学系统对复色光成像还存在色差。

各种像差都与光学系统结构(r, d, n)及物体位置和大小有关。对一定位置和大小的物体成像时，像差是光学系统结构参数(r, d, n)的函数，但由于关系复杂而无法写出具体的函数形式。为了研究方便，常把像差展开成级数。例如轴上点像差球差$\delta L'$可展开成光线入射高度h的级数式：

$$\delta L' = A_1 h^2 + A_2 h^4 + \cdots$$

式中，第一项称为初级球差，第二项称二级球差，以此类推。二级以上各级像差之和称为高级像差。

研究光学系统像差规律，形成像差理论。它的主要内容包括：按照像差形成的规律进行分类，并给以明确定义；对已知的光学系统结构进行光路计算，求取像差的数值；研究光学系统各个折射面产生的像差对总像差的贡献，以便指导像差的校正；研究光学系统的结构和像差的关系，导出初级像差的近似计算公式，以分析像差性质和按近似公式设计出光学系统的初始结构参数；根据仪器使用条件，对各种光学系统提出像差要求，以及光学系统的质量评价方法及像差容限等。

设计光学系统时，首先按物理光学和几何光学理论提出光学系统原理方案。然后用像差理论来确定其具体的结构，虽然这是光学系统设计问题，实质上是像差理论的具体应用。因此，欲设计高质量光学系统必须精通像差理论。

像差数值和正负往往决定于透镜的结构形式，单个透镜难于校正多种像差，因此，光学系统通常是多个透镜组成的，各个透镜的像差相互补偿，以使整个系统的像差得以校正。不同用途的系统有不同的结构形式，例如望远镜对无限远物体校正像差，显微镜对近距离物体校正像差，故两种系统的结构形式有很大差别。光学系统演变成多种结构形式，都是像差校正的结果，也是像差理论发展的过程。

第8章 光线的光路计算

8.1 概 述

光学系统的结构确定后，通过近轴光线光路计算可求得该系统的有关参数：如 f，f'，l_F，l'_F，l_H，l'_H 等。对视场中一物点作近轴光线光路计算可求得其理想像点位置。通过某一孔径的实际光线光路计算可求得其实际像点位置。实际像点的坐标和理想像点坐标的偏离，便是相应的像差值。对不同视场的物点，都应对不同孔径和不同色光求像差值，也要进行光路计算。如果系统的像差值不符合要求，修改系统中的一些结构参数，则应重复前面的光路计算。所以说在光学设计中，光路计算是不可少的，而且计算量很大。

物体上任一点发出充满入射光瞳的光束通过光学系统成像，不可能对光束中每条光线进行光路计算，一般只对计算像差有特征意义的光线作光路计算，主要有以下三类：

(1) 子午面内的光线光路计算 包括近轴光线光路计算和远轴光线光路计算。近轴光线光路计算可以求取光学系统的焦距、焦点位置、主点位置、理想像的位置和大小、入射光瞳和出射光瞳的位置和大小、光学系统的外形尺寸，以及初级像差等。远轴光线光路计算可求得子午面内实际光线的坐标和子午面内实际光线的像差。

(2) 沿主光线的细光束光路计算 可以求得细光束成像的子午场曲、弧矢场曲和像散差。

(3) 子午面外的光线或空间光线的光路计算 可以求得光学系统空间光线的子午像差分量和弧矢像差分量，它对系统的成像质量有着较全面的了解。

以上三类光线的光路计算并不是对任何光学系统都是必需的。对于小视场光学系统，一般不需作第二类和第三类光线的光路计算。而第一类光线的计算则是对任何光学系统都是必须要进行的。

光线的光路计算又称为光线追迹或描光路。早期的计算借助于对数表，随后采用台式计算机和三角函数表，一般取六位有效数字，对于长焦距光学系统或高倍显微镜光学系统取七位甚至八位有效数字。现在用计算机进行光路计算，既可把计算的有效数字的位数提高，又可大大提高设计人员的工作效率，同时使光路计算工作得到充分的发挥。以前用手工计算非常困难的工作（如空间光线计算）、计算工作量特别大的工作（如变焦距物镜的计算），现在都可以较为方便地完成。

在像差校正过程中，每改变一个结构参数，就要进行几乎全部的光线的光路计算，这样仍不能更有效地发挥计算机的作用。为此，人们利用计算机的软件功能，广泛地开展了在光学系统设计中的"像差自动平衡"工作，即按设计人员的要求，在设计人员对计算过程干预和控制下，计算机自动地把光学系统的像差校正到最佳状态。但是在整个计算过程中，计算机仍要进行大量的光路计算。所以，光路计算的重要意义由于有了计算机，显得更为突出了。现在，光学设计已有专门的"软件包"，它可以用计算机方便地进行光路计算、像差自动平衡、变焦距系统的自动设计，以及光学公差等计算。但是，任何复杂的计算都离不开光线光路计算这一基本手段。

光线光路计算是对整个系统逐面进行的，它可以给出各个折射面的光学参数，如 l，u，l'，u'，L，$\sin U$，L'，$\sin U'$ 等，而且还要按像差定义给出的像差计算公式中的所有量值，以便计算各个折射面的像差贡献和整个系统的像差。

任何物体在成像时可分为轴上点和轴外点，它们的光路计算用相同的计算公式，但计算时初始坐标不同。例如子午面内的光路计算，轴上点的初始坐标是物点位置和孔径角，而轴外点的初始坐标是入射光瞳的位置和视场角。

通过本章的学习，对光线光路计算的目的和方法将有概括的了解；对于手工计算光路给出了公式和计算表格，目的是为了初学读者能够进行训练以加深理解。对各个像差的定义、对像质危害和像差产生的原因也可以获得较为感性的知识，为以后各章的学习打下基础。

8.2 子午面内的光线光路计算

本节主要叙述近轴光线的光路计算和子午面内远轴光线光路计算。

1. 近轴光线的光路计算

(1) 轴上点近轴光线的光路计算及校对

由轴上点发出的近轴光线通过单个折射面时可按式(2.5)进行计算，即

$$
\begin{cases}
i = \dfrac{l-r}{r}u \\[2mm]
i' = \dfrac{n}{n'}i \\[2mm]
u' = u + i - i' \\[2mm]
l' = r + r\dfrac{i'}{u'}
\end{cases}
$$

给出物距 l 和孔径角 u 便可求出像距 l' 和像方孔径角 u'。对于近轴光线，当 u 角增大或缩小某一倍数时，由上式可知，角 i, u, i' 和 u' 均增大或缩小同一倍数，而不影响 l' 值。因此，角 u 可以任意取值。计算近轴光时，角 u 常对入射光瞳的边缘光线取值，即所谓第一近轴光线。

对于有 k 个折射面的光学系统作光路计算时，则需有前一个面向下一个面过渡的计算，由式(2.21)～式(2.22)可写出

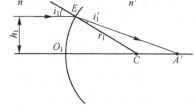

图 8.1 当 $l_1 = -\infty$ 时求角 i

$$
\begin{array}{llll}
n_2 = n_1', & n_3 = n_2', & \cdots, & n_k = n_{k-1}' \\
u_2 = u_1', & u_3 = u_2', & \cdots, & u_k = u_{k-1}' \\
y_2 = y_1', & y_3 = y_2', & \cdots, & y_k = y_{k-1}' \\
l_2 = l_1' - d_1, & l_3 = l_2' - d_2, & \cdots, & l_k = l_{k-1}' - d_{k-1}
\end{array}
$$

当物体在无限远，即 $l_1 = -\infty$ 时，光线平行于光轴入射，$u_1 = 0$。此时用光线入射高度 h_1 作为初始数据，如图8.1所示，角 i_1 可由下式求得：

$$i_1 = h_1 / r_1 \tag{8.1}$$

式中，h_1 可任意取值。对于第一近轴光线，取 h_1 为入射光瞳的半径。

为了检测近轴光线光路计算的结果是否正确，可用式(2.6)来校对，即

$$h = lu = l'u'$$

但应注意，当用近轴光计算公式第二式和过渡公式发生错误时，校对公式是发现不了的。表 8.1 是第一近轴光线光路计算举例。

第一近轴光线：$l_1 = \infty$, $u_1 = 0$, $h_1 = 10$

光学系统结构如下：

r/mm	d/mm	n_D	n_F	n_C	dn	玻璃
62.5						
	4.0	1.516 33	1.521 96	1.513 89	0.008 06	K9
−43.65						
	2.5	1.672 70	1.687 46	1.664 99	0.020 87	ZF2
−124.35						

根据第一近轴光线光路计算结果，可得

$$f' = h_1 / u_3' = 10 / 0.100\,104 = 99.896\,1$$

$$J = -n_1 h_1 u_{z1} = -1 \times 10 \times (-0.052\,336) = 0.523\,36$$

表8.1　第一近轴光线光路计算举例			
	1	2	3
l	∞	179.547	341.467
$-r$	62.5	-43.65	-124.35
$l-r$ $\times u$ $\div r$	$h_1=10$	223.197	465.817
i $\times n/n'$	0.160 000 1/1.516 33	-0.278 585 1.516 33/1.672 70	-0.106 533 1.672 70
l' $\times r$ $\div u'=(u+i-i')$	0.105 518 0.054 482	-0.252 542 0.028 439	-0.178 198 0.100 104
$l'-r$	121.047	387.617	221.359
$+r$	62.5	-43.65	-124.35
l'	183.547	343.967	97.009
lu $\div u'$	100	9.782 07	9.710 97
l' $-d$	183.547 4.0	343.967 2.5	97.009
l	179.547	341.467	
$luni$ $\times i'-u$ $\times i-i'$	1.600 00 0.105 518 0.054 482	4.132 210 -0.307 024 -0.026043	1.730 475 -0.206 637 0.071 665 $\sum$
S_I	0.009 198 13	-0.033 040 4	0.002 562 60　0.001 783 7
S_{II}	0.002 969 95	0.003 857 60	-0.007 285 55　-0.000 458 0
S_{III}	0.000 958 96	-0.000 450 39	0.002 071 3　0.002 579 87
$J^2(n'-u)$ $\div n'n$ $\div r$	0.093 268 5	0.016 886 6	-0.011 015 5
S_{IV}	0.001 492 3	-0.000 386 86	0.000 885 85　0.001 991 29
S_V	0.000 791 477	0.000 097 75	-0.000 840 73　0.002 579 87
$i_z\div i$	0.322 886	-0.116 753	-0.284 303
$\delta n\div n$	0.005 315 46	0.007 161 34	-0.012 476 8
C_I	0.008 504 74	-0.029 592 2	0.021 590 8　0.000 503 37
C_{II}	0.002 746 06	0.003 45 50	-0.006 138 3　0.000 062 8

表8.2　第二近轴光线光路计算举例			
	1	2	3
l	0.080 52	-2.787 1	-5.554 4
$-r$	62.5	-43.65	-124.35
$l-r$ $\times u$ $\div r$	-61.694 8	40.862 9	118.795 6
i $\times n/n'$	0.051 661 7 1/1.516 33	0.032 526 0 1.516 33/1.672 70	0.030 287 7 1.672 70
i' $\times r$ $\div u'=(u+i-i')$	0.034 070 2 0.034 744 5	0.029 485 3 -0.031 703 8	0.050 662 2 -0.052 783
$l'-r$	-61.287 1	40.595 5	120.969
$+r$	62.5	-43.65	-124.35
l'	1.212 9	-3.054 5	-3.381
iu $\div u'$	-0.042 140 2	0.096 836 4	0.176 096
l' $-d$	1.212 9 4	-3.054 4 2.5	-3.381 3
l	-2.787 1	-5.554 4	
$luni$ $\times i'-u$ $\times i-i'$	-0.002 177 03	0.004 775 98	0.008 921 41
S_I			
S_{II}			
S_{III}			
$J^2(n'-u)$ $\div n'n$ $\div r$			
S_{IV}			
S_V			
$i_z\div i$	0.322 886	-0.116 754	-0.284 303
$\delta n\div n$	0.005 315 46	0.007 161 34	-0.012 476 8
C_I	-0.000 011 57	0.000 034 20	-0.000 111 31
C_{II}	-0.000 035 84	-0.000 292 94	0.000 391 52

(2) 轴外点近轴光线的光路计算，像高计算

由物体边缘点发出，并通过入射光瞳中心的第二近轴光线的光路计算仍用近轴光线光路计算公式和校对公式，所有量均注以下标 z。入射光瞳到光学系统第一面的距离 l_z 为已知，角 u_z 可由图8.2 中的几何关系求得：

$$u_z = \frac{y}{l_z-l} \tag{8.2}$$

式中，y 为物高；l 为物距。以 l_z 和角 u_z 为初始数据，按上述近轴光线计算公式计算第二近轴光线，求取出射光瞳到光学系统最后一面的距离 l'_z 和角 u_z 后，再按下式求理想像高：

$$y' = (l'_z - l')u'_z \tag{8.3}$$

式中，l' 为由第一近轴光线求得的高斯像面位置。表 8.2 为第二近轴光线光路计算举例。

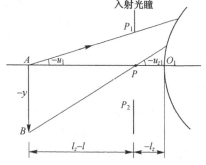

图8.2　在第二近轴光线的光路计算时求角 u_z

$$y' = (l'_z - l')u'_z \quad y' = (-3.3813 - 97.009)\times(-0.052\ 783) = 5.228\ 16$$

第二近轴光线：$l_{z1} = 0.8052, u_{z1} = -0.052\,336$

光学系统结构参数同表 8.1

2. 轴上点远轴光线的光路计算及校对

轴上点发出的实际光线光路计算可按式(2.1)～式(2.4)，如下所示：

$$\begin{cases} \sin I = \dfrac{L-r}{r}\sin U \\[2mm] \sin I' = \dfrac{n}{n'}\sin I \\[2mm] U' = U + I - I' \\[2mm] L' = r + r\dfrac{\sin I'}{\sin U'} \end{cases}$$

这是子午面内远轴光线光路计算公式，其过渡公式由式(2.23)给出：

$$\begin{cases} L_2 = L'_1 - d_1, \quad L_3 = L'_2 - d_2, \quad \cdots, \quad L_k = L'_{k-1} - d_{k-1} \\[2mm] U_2 = U'_1, \quad U_3 = U'_2, \quad \cdots, \quad U_k = U'_{k-1} \\[2mm] n_2 = n'_1, \quad n_3 = n'_2, \quad \cdots, \quad n_k = n'_{k-1} \end{cases}$$

对于平行于光轴的光线，$L = -\infty$，$U_1 = 0$，参看图8.1可知

$$\sin I_1 = h_1 / r_1 \tag{8.4}$$

为保证光路计算的准确性，在用手工计算时，要用公式进行校对。校对公式的推导如图8.3 所示，但顶点 O 作入射光线 AE 的垂线 OQ，由直角三角形 OEQ 和 OAQ 得

$$OE = \frac{OQ}{\cos \angle QOE} = \frac{L\sin U}{\cos \angle QOE}$$

$$\angle QOE = \angle QOC - \angle EOC$$

$$= (90° - U) - \left(90° - \frac{I+U}{2}\right) = \frac{I-U}{2}$$

$$OE = \frac{L\sin U}{\cos\frac{1}{2}(I-U)}$$

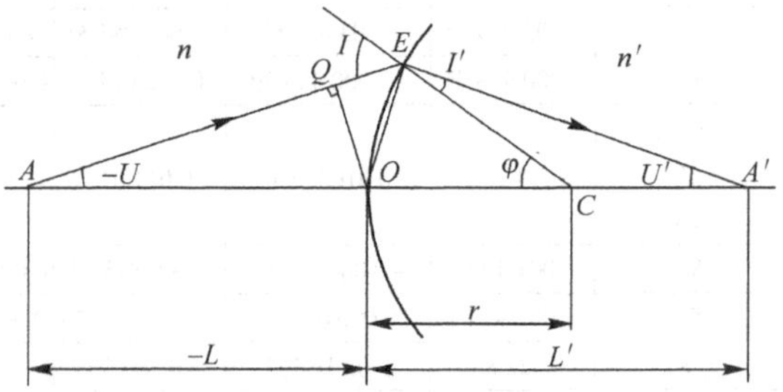

图 8.3　实际光线校对公式的推导示意图

同理，在像方空间可得　　$OE = \dfrac{L'\sin U'}{\cos\frac{1}{2}(I'-U')}$

利用以上两式可得实际光线校对公式：

$$L' = OE \cdot \frac{\cos\frac{1}{2}(I'-U')}{\sin U'} = \frac{L\sin U}{\cos\frac{1}{2}(I-U)} \cdot \frac{\cos\frac{1}{2}(I'-U')}{\sin U'} \tag{8.5}$$

式中，在早期光学设计书中常把 OE 写成 "PA"，故称此法为 PA 校对法。同样，在用实际光线光路计算公式第二式和过渡公式发生错误时，校对公式是不能发觉的。表 8.3 是远轴光线光路计算举例。

轴上点边缘光线的计算：$L_1 = \infty, U_1 = 0, h_1 = 10$

光学系统结构参数同表 8.1

无论作近轴光线还是远轴光线的光路计算，用校对公式算出的 l' 或 L' 值和基本公式计算的 l' 或 L' 值，只允许在有效数字的最后一位有微小差别。

在计算中应注意两种情况：有时个别面上 $\sin I > 1$，这是因为光线高度超过折射面半径的缘故。当光线由玻璃射入空气中时，有的面上会出现 $\sin I > 1$，这表明光线在该面上不能通过光学系统。

表 8.3　轴上点边缘光线光路计算举例

	1	2	3
L	∞	178.520	351.298
$-r$	62.5	−43.65	−124.35
$L-r$ ×sin$U$ ÷r	$h=10$	222.170	475.648
sin$I$ ×n/n'	0.160 000 / 1/151 633	−0.279 675 / 1.516 33/1.672 70	−0.106 506 / 1.672 70
sinI' ×r ÷sinU'	0.105 518 / 0.054 948	−0.253 530 / 0.027 844	−0.178 152 / 0.100 080
$L'-r$ +r	120.020 / 62.50	397.448 / −43.65	221.354 / −124.35
L'	182.520	353.798	97.004
U +I	0 / 9°12′24″8	3°8′59″6 / −16°14′27″0	1°35′44″0 / −6°6′50″1
$U+I$ −I'	−9°12′24″8 / 6°3′25″2	−13°5′27″4 / 14°41′11″4	−4°31′6″1 / 10°15′43″8
U'	3°8′59″″6	1°35′44′0	5°44′37″7
$\frac{1}{2}(I-U)$	4°36′12″4	1°41′43″3	3°51′17″1
$\frac{1}{2}(I'-U')$	1°27′12″8	8°8′27″7	8°0′10″6
$L\sin U$ ÷cos$\frac{1}{2}(I-U)$	10 / 0.996 774	9.80 93 / 0.985 717	9.781 58 / 0.997 738
OE ×cos$\frac{1}{2}(I'-U')$ ÷sinU'	10.032 4 / 0.999 678	9.951 47 / 0.989 923 0	9.803 76 / 0.990 261
L' −d	182.520 / 4.0	353.798 / 2.5	97.005
L	178.520	351.298	
x'			
cosU'			
D			
$D-d$ δn			
$(D-d)\delta n$			

表 8.4　主光线光路计算举例

	1	2	3
L	0.805 2	−2.786 3	−5.553 8
$-r$	62.50	−43.65	−124.35
$L-r$ ×sin$U$ ÷r	61.6948 / −0.052 336	40.863 7	118.796 2
sin$I$ ×n/n'	0.051 662 / 1/1.516 33	0.032 527 2 / 1.513/1.672 70	0.030 288 5 / 1.672 70
sinI' ×r ÷sinU'	0.034 070	0.029 486 4	0.050 663 5
$L'-r$ +r	−61.286 3	40.5962	120.972
L'	1.213 7	−2.053 8	−3.378
U	−3°	−1°59′28″1	1°49′0″6
+I	2°57′40″7	1°51′50″4	1°44′8″4
$U+I$	−0°2′19″3	0°7′37″7	0°4′52″2
−I'	1°57′8″8	1°41′22″9	2°54′14″6
U'	1°59′′28″1	−1°49′0″6	−2°59′6″8
$\frac{1}{2}(I-U)$	2°58′50″4	1°55′39″3	1°46′34″5
$\frac{1}{2}(I'-U')$	1°58′18″5	1°45′11″8	2°56′40″7
$L\sin U$ ÷cos$\frac{1}{2}(I-U)$	−0.042 140 2 / 0.998 660	0.096 808 2 / 0.999 434	0.176 079 / 0.999 520
OE ×cos$\frac{1}{2}(I'-U')$ ÷sinU'	−0.042 196 7 / 0.999 408	0.096 863 0 / 0.999 532	0.176 164 / 0.998 680
L' −d	1.213 7 4 / 2.5	−3.053 8 2.5	−3.378 2
L	−2.786 3	−5.553 8	
x'			
cosU'			
D			
$D-d$ δn			
$(D-d)\delta n$			

3. 轴外点子午面内的光线光路计算

由于子午面内的轴上点发出的光束对称于光轴，只要计算光轴上面的某些光线即可。但对于轴外点发出的光束，常称为"斜光束"。由于主光线并非对称轴，在其上面和下面的光线都需计算，这样才能了解通过光学系统后的光束会聚或发散情况。

(1) 当物体位于无限远时

望远镜、照相物镜和目镜等属于这一类。如图 8.4 所示，轴上点和轴外点均以平行光射入光学系统的入射光瞳。设入射光瞳的半径η和位置L_z为已知，成像范围由U_z决定，也是已知的。

对于轴上点发出的光束，如前所述只计算一条$L=-\infty$，$U=0$和$h=\eta$的光线就可以了。而对于轴外点发出的子午面内的平行光束，至少要计算三条光线，即主光线和对称于主光线的上、下光线。这些光线的初始数据可按以下公式确定：

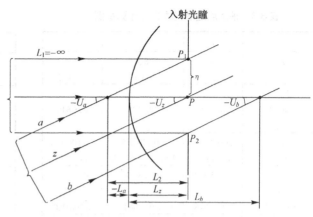

$$\begin{cases} \text{上光线：} U_a = U_z, \quad L_a = L_z + \dfrac{\eta}{\tan U_z} \\[2mm] \text{主光线：} U_z, \quad L_z \\[2mm] \text{下光线：} U_b = U_z, \quad L_b = L_z - \dfrac{\eta}{\tan U_z} \end{cases} \qquad (8.6)$$

图 8.4　轴外点子午面内的光线光路计算

表 8.4 为主光线光路计算举例。

(2) 当物体在有限距离时

显微物镜、复印机物镜等属于此类。如图 8.5 所示，对于轴上点 A 发出的光束，也是计算一条初始数据为 L 和 U 的光线。对于轴外点 B 发出的主光线及上、下光线的初始数据可由下式决定：

$$\begin{cases} \text{上光线：} \tan U_a = \dfrac{y - \eta}{L_z - L}, \quad L_a = L_z + \dfrac{\eta}{\tan U_z} \\[2mm] \text{主光线：} U_z, \quad L_z, \quad \tan U_z = \dfrac{y}{L_z - L} \\[2mm] \text{下光线：} \tan U_b = \dfrac{y + \eta}{L_z - L}, \quad L_b = L_z - \dfrac{\eta}{\tan U_z} \end{cases} \qquad (8.7)$$

式中，y 为物体高度，是已知的。入射光瞳半径 η 可由下式求得：

$$\eta = -(L_z - L)\tan U \qquad (8.8)$$

主光线的计算：$L_{z1} = 0.8052$，$U_{z1} = -3^\circ$

光学系统结构参数同表 8.1。

轴外点光线的光路计算仍用实际光线计算公式及过渡公式逐面进行。由轴外点发出的各条光线通过光路计算以后，分别求出 L' 和 U'，还需计算各条光线和高斯面交点的高度 Y_a'，Y_z' 和 Y_b'，可按图 8.6 中的几何关系写出其表示式：

$$\begin{cases} Y_a' = (L_a' - l')\tan U_a' \\ Y_z' = (L_z' - l')\tan U_z' \\ Y_b' = (L_b' - l')\tan U_b' \end{cases} \qquad (8.9)$$

式中，l' 为由第一近轴光线求得的高斯像面到光学系统最后一面的距离。

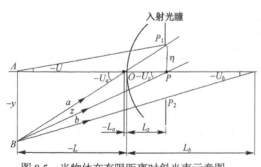

图 8.5　当物体在有限距离时斜光束示意图

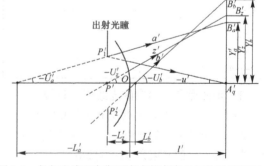

图 8.6　各条光线和高斯面交点的高度几何关系示意图

反射球面作为折射球面的一个特例，只要使 $n' = -n$，以及该反射球面以后光路中的间隔 d 为负值，就可以直接应用折射球面的计算公式进行计算。

4. 光线经过平面时的光路计算

(1) 远轴光的光路计算

在光学系统中，常会遇到平面($r = \infty$)折射面，如图 8.7 所示的凸平透镜的第二面。不能用球面计算公式来计算该面光线的折射，需另行推导。由图8.7可直接写出光线经折射平面的计算公式：

$$\begin{cases} I = -U, \ \sin I' = \dfrac{n}{n'}\sin I \\ U' = -I', \ L' = L\dfrac{\tan U}{\tan U'} \end{cases} \tag{8.10}$$

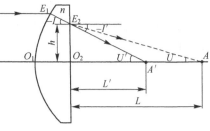

图8.7　凸平透镜中平面的光路计算

当角 U 很小时，用上式计算不够精确，因为 $n\sin U = n'\sin U'$，宜把正切改为余弦：

$$L' = L\frac{\tan U}{\tan U'} = L\frac{\sin U\cos U'}{\cos U\sin U'} = L\frac{n'\cos U'}{n\cos U} \tag{8.11}$$

光路计算的校对仍可用式(8.5)，此时 $OE(PA)$ 值用入射高度 h 来代替。

(2) 折射平面的近轴光的光路计算

对于折射平面的近轴光线光路计算，可直接用式(8.10)按近轴光计算公式推导方法导出计算公式：

$$\begin{cases} i = -u, \ i' = \dfrac{n}{n'}i = -\dfrac{n}{n'}u \\ u' = -i', \ l' = l\dfrac{u}{u'} = l\dfrac{n'}{n} \end{cases} \tag{8.12}$$

折射球面近轴光计算的校对公式对折射平面仍可用。

(3) 平行平板的光路计算

若光学系统中有平行平板，如图8.8所示，不必对两个面分别进行计算，只需求出由平行平板产生的位移 $\Delta L'$，即可方便地求出像点位置。如果平行平板前面的折射面为第 i 面，则有

$$\Delta L' = d_{i+1}\left(1 - \frac{\tan I'_{i+1}}{\tan I_{i+1}}\right)$$

自平行平板射出的光线相对于平行平板第二面的坐标可写为

$$\begin{cases} U'_{i+2} = U'_i \\ L'_{i+2} = L'_i + \Delta L - d_i - d_{i+1} \end{cases} \tag{8.13}$$

式中，d_i 是第 i 面到平行平板第一面的距离；d_{i+2} 是平行平板的厚度。

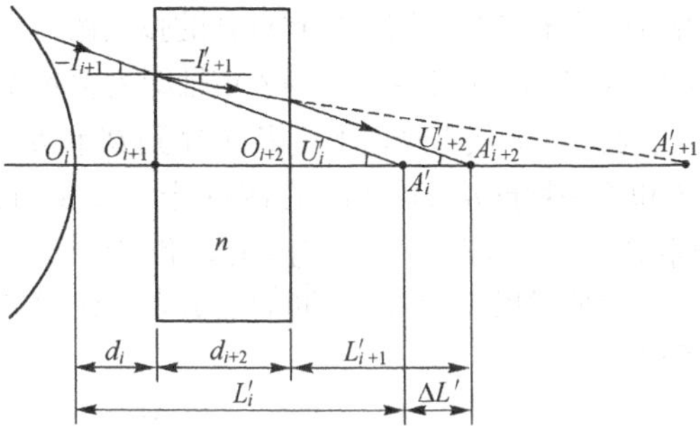

图8.8　平行平板的光路计算几何关系

近轴光通过平行平板的轴向位移量可由式(4.8)求出：

$$\Delta l' = d\left(1 - \frac{1}{n}\right)$$

再用与式(8.13)相类似的公式求出射光线的坐标：

$$\begin{cases} u'_{i+2} = u'_i \\ l'_{i+2} = l_i + \Delta l' - d_i - d_{i+1} \end{cases}$$

8.3　轴外点细光束的光路计算

实际光学系统轴上点发出的细光束因其光束轴和光学系统光轴相重合，故折射后仍保持同心。但是，当细光束的光束轴与投射点法线不重合时，折射后就不是同心光束，而形成像散光束。8.1 节中曾说明了无限细像散光束的两个主截面方向的光束有各自的焦点，整个细光束形成两条互相垂直的短线，称为焦线。由子午光束形成的子午焦线垂直于子午平面，弧矢光束形成的弧矢焦线在子午面内。

如图8.9所示，BM_1M_2 是由轴外物点 B 发出的子午光束，光束轴为 BM。对于单个折射球面来说，点 B 可看作在辅轴 BC 上，子午细光束经球面折射后会聚于点 B'_t，这就是子午细光束的焦点，称为子午像点，其位于光束轴 MB'_t 上。延长此光束各光线交辅轴于点 B'_{s1}，B'_s 和 B'_{s2}。若将整个图形绕辅轴 BC 转一微小角

度，子午光束 BM_1M_2 形成一立体细光束，则点 B_i 形成一垂直于子午面的短线，它就是像散光束的第一焦线（子午焦线）。无限细像散光束的所有光线首先聚焦于第一焦线 B_t'，然后发散，再聚焦于短线 B_{s1}'，B_s' 和 B_{s2}'，形成像散光束的第二焦线（弧矢焦线），点 B_s' 是弧矢光束的焦点，称为弧矢像点，位于辅轴上（当然也在光束轴 MB_t' 上）。

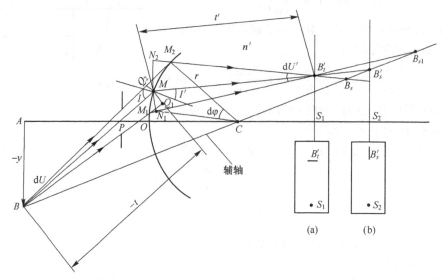

图 8.9 轴外点无限细像散光束的几何光学结构

如果过点 B_t' 并垂直于光轴置一屏，可知点 B 的子午像为一垂直于子午平面的短线，如图8.9(a)所示。若将屏置于点 B_s'，则可见到点 B 的弧矢像为位于子午面内的短线，如图8.9(b)所示。因为子午像点 B_t' 和弧矢像点 B_s' 均在光束轴上，而光束轴即为主光线，故点 B_t' 和点 B_s' 的位置均沿主光线方向来量度。以 t' 和 s' 分别表示主光线在球面上投影点 M 到 B_t' 和 B_s' 的距离，相应地，物空间以 t 和 s 分别表示点 M 到子午物点 B_t 和弧矢物点 B_s 的距离。在图8.9上，以 B 为实际物点时，则点 B_t 和 B_s 均与点 B 重合，即 $t=s$。线段 t，s 和 t'，s' 的符号以点 M 为原点，和光线进行方向一致的为正，反之为负。

下面导出 t, s 和 t', s' 间的关系式。设在图8.9中以点 B 和 B_t' 为中心，以 t 和 t' 为半径圆弧 Q_1Q_2 和 N_1N_2，可得

$$N_1N_2 = M_1M_2 \cos I' = t' dU', \quad Q_1Q_2 = M_1M_2 \cos I = t dU$$

球面上的弧长可表示为 $M_1M_2 = r d\varphi$，则

$$t' dU' = r \cos I' d\varphi, \quad t dU = r \cos I d\varphi$$

因为 $\varphi = U + I = U' + I'$，故　　　　　$d\varphi = dU + dI = dU' + dI'$

或　　　　　　　　　　　$dU' = d\varphi - dI', \qquad dU = d\varphi - dI$

代入 $t' dU'$ 和 $t dU$ 的表示式中，得

$$dI' = \frac{t' - r \cos I'}{t'} d\varphi, \quad dI = \frac{t - r \cos I}{t} d\varphi$$

把以上两式消去 $d\varphi$，可得

$$\frac{t' - r \cos I'}{t' dI'} = \frac{t - r \cos I}{t dI}$$

整理后，得　　　　$$\frac{n' \cos^2 I'}{t'} - \frac{n \cos^2 I}{t} = \frac{n' \cos I' - n \cos I}{r} \qquad (8.14)$$

按此式可由 t 求 t'，即求得子午像点位置。

为推导 s 和 s' 之间的关系，在图8.10中令子午面内的光路（虚线）绕辅轴转一个小角度 $d\varphi_s$，由图中的三角形 BMC 和 $B_s'MC$ 可得

$$\frac{r}{s'} = \frac{\sin U'}{\sin \varphi}, \qquad \frac{r}{s} = \frac{\sin U}{\sin \varphi}$$

第一式乘以 n' ，第二式乘以 n ，然后两式相减，得

$$\frac{n'}{s'}-\frac{n}{s}=-\frac{1}{r\sin\varphi}(n'\sin U'-n\sin U)$$

式中

$$n'\sin U'-n\sin U=n'\sin(\varphi-I')-n\sin(\varphi-I)$$
$$=n'\sin\varphi\cos I'-n'\sin I'\cos\varphi-n\sin\varphi\cos I+n\sin I\cos\varphi$$
$$=(n'\cos I''-n\cos I)\sin\varphi$$

代入上式，得

$$\frac{n'}{s'}-\frac{n}{s}=\frac{n'\cos I'-n\cos I}{r} \tag{8.15}$$

按此式可由 s 求 s' ，即可求得弧矢像点位置。

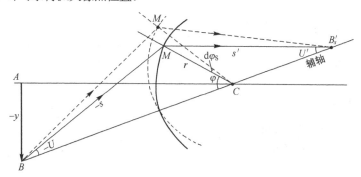

图 8.10 s 和 s' 之间的几何光学关系

式(8.14)和式(8.15)称为杨氏公式，用以计算无限细像散光束。当 $I=I'\approx 0$ ，即光束轴沿法线方向时，杨氏公式变为

$$\frac{n'}{t'}-\frac{n}{t}=\frac{n'-n}{r}, \qquad \frac{n'}{s'}-\frac{n}{s}=\frac{n'-n}{r}$$

当 $t=s$ 时，此两式完全相同，相当于近轴光折射公式。这说明主光线和折射点的法线重合时，不产生像散。

当用式(8.14)和式(8.15)计算像散光束时，必须先进行主光线的光路计算，以求得 I 和 I' 值。

由于子午和弧矢像点 B_t' 和 B_s' 均在主光线上，所以当由一个折射面向下一个折射面过渡时，必须沿着主光线进行计算。图8.11表示光学系统任意两个折射面，前一个折射面的 $t_i'=M_iB_{ti}'$ ， B_{ti}' 是该折射面的子午像点。它对于下一个折射面来说就是子午光束的子午物点 B_{ti+1}' ，也是入射光束的顶点，它到折面上主光线入射点 M_{i+1} 的距离为 t_{i+1} ，由图8.11可知

$$t_{i+1}=t_i'-D_i$$

对于整个光学系统，可写出

$$t_2=t_1'-D_1,\ t_3=t_2'-D_2,\ \cdots,\ t_k=t_{k-1}'-D_{k-1} \tag{8.16a}$$

弧矢光束有相应的过渡公式：

$$s_2=s_1'-D_1,\ s_3=s_2'-D_2,\ \cdots,s_k=s_{k-1}'-D_{k-1} \tag{8.16b}$$

式中， $D_1,D_2,\cdots,D_{k-1}$ 表示相邻两折射面之间沿主光线方向的间隔。由图8.11可得

$$D_i=\frac{h_i-h_{i+1}}{\sin U_{zi}'} \tag{8.17a}$$

或写为

$$D_i=(d_i-x_i+x_{i+1})/\cos U_{zi}' \tag{8.17b}$$

式中， $i-1,2,\cdots,(k\ 1)$ ； h_i 和 x_i 可按下式计算：

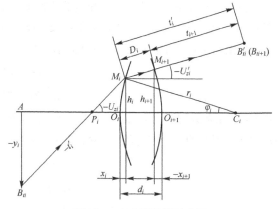

图 8.11 主光线计算示意图

$$h_i=r_i\sin(U_{zi}+I_{zi}) \tag{8.18}$$

$$x_i=\overline{OE_i^2}/2r_i \tag{8.19}$$

$\overline{PA_i}$（即 $\overline{OE_i}$）是由主光线光路计算表格中直接取出的。表 8.4 为主光线计算举例。表 8.5 是无限细像散光束的光路计算举例。

当物体在无限远时，$t=s=\infty$，当物体在有限距离 L 时，并设物高为 y，主光线在折射面上的入射高度为 h_z，矢高为 x_z，以及主光线和光轴的夹角为 U_z，可按下式求得初始数据 t_1 和 s_1：

$$t_1 = s_1 = (h_{z1} - y_1)/\sin U_{z1} \tag{8.20a}$$

或

$$t_1 = s_1 = (L_1 - x_{z1})/\cos U_{z1} \tag{8.20b}$$

注意，此处 h_{z1} 和 x_{z1} 为主光线在折射面上的入射高度和矢高，可按式(8.18)和式(8.19)求出。

如果光学系统中有平面，只需以 $r=\infty$ 代入式(8.14)和式(8.15)即可。求间隔 D 时，平面的矢高为零。

表 8.2 的第二近轴光线和表 8.4 中的主光线的截距 $l_{z1} = L_{z1} = 0.8052$ mm 是认为双胶合物镜的第一面上的金属框为入射光瞳，如图 8.12 所示，故入射光瞳的中心离第一面的距离应为边缘光线在第一面上的矢高 x_1。根据式(8.10)，并用表 8.3 中的 $\overline{OE_1}$ 值，计算如下：

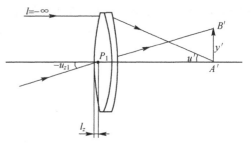

图 8.12　物镜第一面上金属框为入射光瞳的情况

$$l_{z1} = L_{z1} = x_1 = \frac{\overline{OE_1}^2}{2r_1} = \frac{(10.0324\ \text{mm})^2}{2 \times 62.5\ \text{mm}} = 0.8052\ \text{mm}$$

8.4　空间光线的光路计算

自物空间轴外一点向光学系统投射的光束中，绝大多数光线不在子午面内，这种光线称为空间光线。由于其光路计算过于复杂，很少用手工的方法进行计算。计算机为进行空间光线光路计算提供了有利条件，推进了光路计算工作。

计算空间光线光路的公式很多。下面介绍的一种公式具有以下优点：不需进行三角函数的角度换算；同时适用于球面和平面，经过一些变化后也能用于二次曲面（如抛物面、椭球面等）；便于编制计算机程序。

8.4.1　通过球面的空间光线的光路计算（矢量公式）

1. 空间光线坐标的选择

一般选用右手坐标系，x 轴和光轴重合，如图8.13所示。球面顶点为坐标原点，角度、线段等的符号完全按右手坐标系来决定。入射光线的位置用两个矢量来表示：一个是表示光线上某一点 E 的位置矢量 $\boldsymbol{T}$；另一个是表示光线进行方向的单位矢量 $\boldsymbol{Q}^0$。点 E 为前一个折射面上的投射点，每一个矢量都用它们在三个坐标轴上的分量来表示，对于入射光线：

$$\boldsymbol{T}(x,y,z) = x\boldsymbol{j} + y\boldsymbol{j} + z\boldsymbol{k}$$

$$\boldsymbol{Q}^0(\alpha,\beta,\gamma) = \alpha\boldsymbol{j} + \beta\boldsymbol{j} + \gamma\boldsymbol{k}$$

式中，$\boldsymbol{i},\boldsymbol{j},\boldsymbol{k}$ 分别为沿 x,y,z 三个坐标轴方向的单位矢量。由于 $\boldsymbol{Q}^0$ 为单位矢量，故它在坐标轴上的分量 α,β,γ 就是它的三个方向余弦。对折射光线相应地用 $\boldsymbol{T}_1,\boldsymbol{Q}_1^0$ 两个矢量来表示：

$$\boldsymbol{T}_1(x_1,y_1,z_1) = x_1\boldsymbol{j} + y_1\boldsymbol{j} + z_1\boldsymbol{k}$$

$$\boldsymbol{Q}_1^0(\alpha_1,\beta_1,\gamma_1) = \alpha_1\boldsymbol{j} + \beta_1\boldsymbol{j} + \gamma_1\boldsymbol{k}$$

折射面曲率半径为 r，折射率为 n 和 n'，在球面之间的间隔已知的条件下，给出入射光线的坐标 $\boldsymbol{T}$ 和方向 $\boldsymbol{Q}^0$ 后，可求出折射光线的坐标 $\boldsymbol{T}_1$ 和 $\boldsymbol{Q}_1^0$ 方向。

2. 计算公式的推导

为推导公式，引入以下中间参量，由球面顶点 O_1 向入射光线作垂线，相交于点 G，其位置用矢量

$M(M_x, M_y, M_z)$ 表示；投射点 E_1 处的法线的单位矢量以 $N^0(\lambda, \mu, \nu)$ 表示，并设 $EG = l, GE_1 = t,$
$EE_1 = D = l + t$，如图8.13所示。公式推导如下：

(1) 由 T，Q^0 求 T_1

首先由 T, Q^0 求 M，然后由 M, Q^0 求 T_1，分述如下：

① 由 T, Q^0 求 M

由四边形 $OEGO_1$ 得矢量公式：

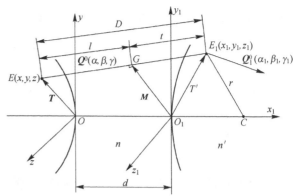

图8.13 空间光线坐标的选择几何关系图

$$T + lQ^0 = di + M \qquad (8.21a)$$

将式 (8.21a) 两边对 Q^0 作点积，由于 $Q^0 \cdot Q^0 = 1$，$Q^0 \cdot M = 0$（因 M 和 Q^0 垂直），得

$$T \cdot Q^0 + l = di \cdot Q^0$$

或

$$l = di \cdot Q^0 - T \cdot Q^0$$

将 T，Q^0 的分量表示式代入上式，得

$$l = ad - (\alpha x + \beta y + \gamma z) = \alpha(d - x) - \beta y - \gamma z \qquad (8.21b)$$

将式(8.21b)代入式(4.21)，得 M 的表示式为

$$M = T + lQ^0 - di = (x - d - \alpha l)i + (y + \beta l)j + (z + \gamma l)k \qquad (8.22a)$$

② 由 M, Q^0 求 T_1

由三角形 O_1GE_1 可得下列矢量方程式：

$$M + tQ^0 = T_1 \qquad (8.22b)$$

因为点 $E_1(x_1, y_1, z_1)$ 在球面上，故应满足球面方程式：

$$x_1^2 + y_1^2 + z_1^2 - 2rx_1 = 0$$

若写为矢量方程为

$$T_1^2 - 2ri \cdot T_1 = 0 \qquad (8.23)$$

由直角三角形 O_1GE_1，得

$$T_1^2 = M^2 + t^2$$

将式(8.22)两边对 i 作点积，得

$$i \cdot T_1 = i \cdot (M + tQ^0) = M_x + t\alpha$$

将以上两式代入式(8.23)，得

$$M^2 + t^2 - 2r(M_x + t\alpha) = 0$$

或

$$t^2 - 2r\alpha t + (M^2 - 2rM_x) = 0$$

求解后，得

$$t = \alpha r - \sqrt{(\alpha r)^2 - M^2 + 2rM_x} \qquad (8.24a)$$

上述方程中的另一个解 $t = \alpha r + \sqrt{(\alpha r)^2 - M^2 + 2rM_x}$ 代表光线和球面的另一个交点，没有意义。

当 r 很大时，利用上述公式计算出的 t 为两个大数之差，将会引起较大的计算误差。对平面 $r = \infty$ 上式不能用，应变换 t 的表示式，对式(8.24)的右边同时乘以和除以它的共轭数，得

$$t = \frac{(\alpha r)^2 - \left[(\alpha r)^2 - M^2 + 2rM_x\right]}{\alpha r + \sqrt{(\alpha r)^2 - M^2 + 2rM_x}} = \frac{M^2 + 2rM_x}{\alpha r + \sqrt{(\alpha r)^2 - M^2 + 2rM_x}}$$

将上式分子、分母同除以 r，令 $1/r = \rho$，得

$$t = \frac{M^2\rho - 2M_x}{\alpha + \sqrt{\alpha^2 - M^2\rho^2 + 2M_x\rho}} \qquad (8.24b)$$

若根号中的数小于零，则表示光线和球面没有交点。将式(8.24b)代入式(8.22)，即可求得 T_1。将式中 M, Q^0 用其分量代入，并有 $D = l + t$，可得二个分量公式

$$\begin{cases} x_1 = x - d + \alpha D \\ y_1 = y + \beta D \\ z_1 = z + \gamma D \end{cases} \qquad (8.25)$$

(2) 由 T_1 求 N^0

由三角形 O_1E_1C 得
$$T_1 + rN^0 = ri$$

式中，N^0 为球面法线方向的单位矢量，或可写为

$$N^0 = i - \frac{T_1}{r}$$

将其写为分量形式，得
$$\begin{cases} \lambda = 1 - x_1\varphi \\ \mu = -y_1\rho \\ \nu = -z_1\rho \end{cases} \tag{8.26}$$

式中，λ, μ, ν 为法线方向单位矢量 N^0 的分量。

(3) 由 N^0，Q^0 求 Q_1^0

矢量形式的折射定律为
$$n'Q_1^0 - nQ^0 = \Gamma N^0 \tag{8.27}$$

式(8.27)中，Γ 为偏向常数
$$\Gamma = n'\cos I' - n\cos I \tag{8.28a}$$

式(8.28a)中
$$\cos I = Q^0 \cdot N^0 = \alpha\lambda + \beta\mu + \gamma\nu = \alpha(1 - x_1\rho) - \beta y_1\rho - \gamma z_1\rho \tag{8.28b}$$

按折射定律可求得
$$\cos I' = \sqrt{1 - \frac{n^2}{n'^2}(1 - \cos^2 I)} \tag{8.28c}$$

矢量形式的折射定律也可写为
$$Q_1^0 = \frac{n}{n'}Q^0 + \frac{\Gamma}{n'}N^0 \tag{8.29}$$

将其写为 Q_1^0 的分量形式
$$\begin{cases} \alpha_1 = \frac{n}{n'}\alpha + \frac{\Gamma}{n'}(1 - x_1\rho) \\ \beta_1 = \frac{n}{n'}\beta - \frac{\Gamma}{n'}y_1\rho \\ \gamma_1 = \frac{n}{n'}\gamma - \frac{\Gamma}{n'}\rho \end{cases} \tag{8.30}$$

上面是由 T，Q^0 求出 T_1，Q_1^0 的过程。

3. 计算公式组

为便于应用，把上面通过球面的空间光线的光路计算的有关公式按运算次序排列如下：

(1) 由式(8.21b)得图8.13中的 l 值：$\quad l = \alpha(d - x) - \beta y - \gamma z$

(2) 由式(8.22a)得 M_x 值：$\quad M_x = x - d - l\alpha$

(3) 同样由式(8.22a)得 M^2 值：$\quad M^2 = (x - d + l\alpha)^2 + (y - \beta l)^2 + (z + \gamma l)^2 = x^2 + y^2 + z^2 - l^2 - 2dx - d^2$

(4) 由式(8.24b)得 t 值：$\quad t = \dfrac{M^2\rho - 2M_x}{\alpha + \sqrt{\alpha^2 - M^2\rho^2 + 2M_x\rho}}$

(5) 由图8.13得 D 值：$\quad D = l + t$

(6) 由式(8.25)得 T_1 的三个分量：
$$\begin{cases} x_1 = x - d + \alpha D \\ y_1 = y + \beta D \\ z_1 = z + \gamma D \end{cases} \tag{8.31}$$

(7) 由式(8.28a)求得空间光线的入射角 I 的余弦：$\cos I = \alpha\lambda + \beta\mu + \gamma\nu = \alpha(1 - x_1\rho) - \beta y_1\rho - \gamma z_1\rho$

(8) 由式(8.28b)求得空间光线的折射角 I' 的余弦：$\cos I' = \sqrt{1 - \dfrac{n^2}{n'^2}(1 - \cos^2 I)}$

(9) 由式(8.28b)求得空间光线的偏向常数 Γ：$\Gamma = n'\cos I' - n\cos I$

(10) 由式(8.30)求 Q_1^0 的分量形式：

$$\begin{cases} \alpha_1 = \dfrac{n}{n'}\alpha + \dfrac{\Gamma}{n'}(1 - x_1\rho) \\[3mm] \beta_1 = \dfrac{n}{n'}\beta - \dfrac{\Gamma}{n'}y_1\rho \\[3mm] \gamma_1 = \dfrac{n}{n'}\gamma - \dfrac{\Gamma}{n'}\rho \end{cases}$$

只要知道 $\boldsymbol{T}(x, y, z)$ 和 $\boldsymbol{Q}^0(\alpha, \beta, \gamma)$，用以上公式便可求出折射以后的 $\boldsymbol{T}_1(x_1, y_1, z_1)$ 和 $\boldsymbol{Q}_1^0(\alpha_1, \beta_1, \gamma_1)$。

8.4.2 二次曲面的空间光线的光路计算（矢量计算公式）

光学系统中所采用的曲面多为二次曲面，空间光线光路计算采用和前面完全相同的坐标符号，系统中的每一个曲面均用下列方程式表示：

$$F(x_1, y_1, z_1) = x_1^2 + y_1^2 + z_1^2 - 2rx_1 - ex_1^2 = 0 \tag{8.32}$$

坐标原点和曲面顶点重合。式中，e 为二次曲面的偏心率。不同 e 值对应不同曲面：

$$\begin{cases} e = 0 & \text{球面} \\ 0 < e < 1 & \text{椭球面} \\ e = 1 & \text{抛物面} \\ e > 1 & \text{双曲面} \end{cases} \tag{8.33}$$

对于平面 $r = \infty$。

上述公式也可表示各种二次非球面、球面和平面。8.4 节中的公式可看作 $e = 0$ 时所导出的特例。下面导出二次曲面的空间光线光路计算公式。

1. 由 $\boldsymbol{M}, \boldsymbol{Q}^0$ 求 $\boldsymbol{M}$

仍用图8.13，推导过程和球面计算公式相似，即

(1) l 和 $\boldsymbol{M}$ 的表达式

与前面式(8.21b)和式(8.22a)相同：

$$\begin{aligned} l &= \alpha(d - x) - \beta y - \gamma z \\ \boldsymbol{M} &= (x - d + \alpha l)\boldsymbol{i} + (y + \beta l)\boldsymbol{j} + (z + \gamma l)\boldsymbol{k} \end{aligned} \tag{8.34}$$

(2) 由 $\boldsymbol{M}, \boldsymbol{Q}^0$ 求 $\boldsymbol{T}_1$

和球面一样，$\boldsymbol{M}, \boldsymbol{Q}^0$ 和 $\boldsymbol{T}_1$ 应满足式(8.22b)：

$$\boldsymbol{M} + t\boldsymbol{Q}^0 = \boldsymbol{T}_1 \tag{8.35}$$

由于点 $E_1(x_1, y_1, z_1)$ 位于曲面上，应满足二次曲面方程式(8.32)，即

$$x_1^2 + y_1^2 + z_1^2 - 2rx_1 - e^2x_1^2 = 0$$

将此式写成矢量形式：

$$\boldsymbol{T}_1^2 - 2r\boldsymbol{i}\cdot\boldsymbol{T} - e^2(\boldsymbol{i}\cdot\boldsymbol{T}_1)^2 = 0 \tag{8.36}$$

利用式(8.23)，将 $\boldsymbol{T}_1$ 用 $\boldsymbol{M}, \boldsymbol{Q}^0$ 和 t 表示，得

$$\boldsymbol{M}^2 + t^2 - 2r(M_x + t\alpha) - e^2(M_x + t\alpha)^2 = 0$$

或写为

$$t^2(1 - e^2\alpha^2) - 2t(\alpha r + e^2 M_x\alpha) + \boldsymbol{M}^2 - 2rM_x - e^2 M_x^2 = 0$$

可解出

$$t = \frac{(\alpha r + e^2 M_x\alpha) - \sqrt{(\alpha r + e^2 M_x\alpha)^2 - (1 - e^2\alpha)(\boldsymbol{M}^2 - 2rM_x - e^2 M_x^2)}}{1 - e^2\alpha^2} \tag{8.36a}$$

将上式分子、分母乘、除以上式的共轭量，并除以 r，令 $\rho = 1/r$ 得

$$t = \frac{\boldsymbol{M}^2\rho - 2M_x - e^2 M_x^2\rho}{(\alpha + e^2 M_x\alpha\rho) + \sqrt{(\alpha + e^2 M_x\alpha\rho)^2 - (1 - e^2\alpha^2)(\boldsymbol{M}^2\rho^2 - 2M_x\rho - e^2 M_x^2\rho^2)}} \tag{8.36b}$$

求出 t 后，和球面公式推导一样，得

$$\begin{cases} x_1 = x - d + D\alpha \\ y_1 = y + D\beta \\ z_1 = z + D\gamma \end{cases} \tag{8.37}$$

2. 求投射点法线方向的单位矢量 N^0

曲面 $F(x, y, z) = 0$ 上的任一点法线方向上的单位矢量 N^0 的方向余弦为

$$\begin{cases} \lambda = \dfrac{-F'_x}{\sqrt{F_x'^2 + F_y'^2 + F_z'^2}} \\[3mm] \mu = \dfrac{-F'_y}{\sqrt{F_x'^2 + F_y'^2 + F_z'^2}} \\[3mm] \nu = \dfrac{-F'_z}{\sqrt{F_x'^2 + F_y'^2 + F_z'^2}} \end{cases} \tag{8.38}$$

式中，F'_x, F'_y, F'_z 分别为曲面 $F(x, y, z)$ 对 F'_x, F'_y, F'_z 所求的偏导数。对投射点 $E_1(x_1, y_1, z_1)$ 求法线 N^0 的方向作弦，将该点的坐标值 x_1, y_1, z_1 代入上式，即可得

$$\begin{cases} \lambda = \dfrac{1 - x_1 k \rho}{A} \\[3mm] \mu = -\dfrac{y_1 \rho}{A} \\[3mm] \nu = -\dfrac{z_1 \rho}{A} \\[3mm] k = 1 - e^2 \\[3mm] A = \sqrt{1 + \rho^2 e^2 (y_1^2 + z_1^2)} \end{cases} \tag{8.39}$$

3. 用折射定律求 Q_1^0

上面导出了法线方向单位矢量的三个方向余弦的表示式，下面的推导就和球面完全一样了，得入射角的方向余弦：

$$\cos I = \alpha \lambda + \beta \mu + \gamma \nu = \frac{1}{A} \left[(x_1 k \rho - 1)\alpha + y_1 \rho \beta + z_1 \rho \gamma \right] \tag{8.40}$$

$$\cos I' = \sqrt{1 - \frac{n^2}{n_2'^2}(1 - \cos^2 I)} \tag{8.41}$$

应用折射定律，得

$$Q_1^0 = \frac{n}{n'} Q^0 + \frac{\Gamma}{n'} N^0$$

将上式写成分量形式，得 Q_1^0 的三个方向余弦为

$$\begin{cases} \alpha_1 = \dfrac{n}{n'}\alpha - \dfrac{\Gamma}{n'} \cdot \dfrac{\rho k x_1 - 1}{A} \\[3mm] \beta_1 = \dfrac{n}{n'}\beta - \dfrac{\Gamma}{n'} \cdot \dfrac{\rho y_1}{A} \\[3mm] \gamma_1 = \dfrac{n}{n'}\gamma - \dfrac{\Gamma}{n'} \cdot \dfrac{\rho z_1}{A} \end{cases} \tag{8.42}$$

按以上推导可以由 T, Q^0 求得 $T_1 Q_1^0$。

4. 计算公式组

为便于应用，把上面通过二次曲面空间光线的光路计算的有关公式按运算次序排列如下：

(1) 由式(8.34)可得

$$l = \alpha(d-x) - \beta y - \gamma z$$

(2) 由式(8.34)还可得

$$M_x = x - d + \alpha l$$

(3) 由式(8.36a)可得

$$t = \frac{\boldsymbol{M}^2\rho - 2M_x - e^2\boldsymbol{M}_1^2\rho}{(\alpha + e^2 M_x \alpha\rho) + \sqrt{(\alpha + e^2 M_x \alpha\rho)^2 - (1 - e^2\alpha^2)(\boldsymbol{M}^2\rho^2 - 2M_x\rho - e^2 M_x^2\rho^2)}}$$

(4) 由式(8.34)还可得

$$\boldsymbol{M}^2 = (x - d + \alpha l)^2 + (y + \beta l)^2 + (z + \gamma l)^2$$

(5) 由图8.13可得

$$D = l + t$$

(6) 由式(8.37)可得

$$\begin{cases} x_1 = x - d + D\alpha \\ y_1 = y + D\beta \\ z_1 = z + D\gamma \end{cases}$$

(7) 由式(8.40)可得

$$\cos I = \frac{1}{A}\left[(x_1 k\rho - 1)\alpha + y_1\rho\beta + z_1\rho\gamma\right] \tag{8.43}$$

(8) 由式(8.39)可得

$$A = \sqrt{1 + \rho^2 e^2(y_1^2 + z_1^2)}$$

(9) 由式(8.39)还可得

$$k = 1 - e^2$$

(10) 由式(8.41)可得

$$\cos I' = \sqrt{1 - \frac{n^2}{n_2'^2}(1 - \cos^2 I)}$$

(11) 由式(8.28b)求空间光线的偏向常数 Γ：

$$\Gamma = n'\cos I' - n\cos I$$

(12) 由式(8.42)得 $\boldsymbol{Q}_1^0$ 的三个方向余弦：

$$\begin{cases} \alpha_1 = \dfrac{n}{n'}\alpha - \dfrac{\Gamma}{n'}\cdot\dfrac{\rho k x_1 - 1}{A} \\[2mm] \beta_1 = \dfrac{n}{n'}\beta - \dfrac{\Gamma}{n'}\cdot\dfrac{\rho y_1}{A} \\[2mm] \gamma_1 = \dfrac{n}{n'}\gamma - \dfrac{\Gamma}{n'}\cdot\dfrac{\rho z_1}{A} \end{cases}$$

只要知道 $\boldsymbol{T}(x, y, z)$ 和 $\boldsymbol{Q}^0(\alpha, \beta, \gamma)$，对已知二次曲面用以上公式组便可求出折射以后的 $\boldsymbol{T}_1(x_1, y_1, z_1)$ 和 $\boldsymbol{Q}_1^0(\alpha_1, \beta_1, \gamma_1)$。

8.4.3　细光束子午焦点和弧矢焦点位置的计算

式(8.14)和式(8.15)给出了对球面计算细光束子午像点和弧矢像点位置的计算公式，式中的 r 是球面曲率半径，是一个定值。而对二次曲面上各点在不同方向上的曲率是各不相同的。因此，在式(8.14) 中的 r 应由二次曲面上主光线投射点在子午方向上的曲率半径 r_t 代替，在式(8.15)中的 r 应由二次曲面上主光线投射点在弧矢方向上的曲率 r_s 代替。r_t 和 r_s 可写为

$$r_s = r\sqrt{1 + \frac{e^2(y^2 + z^2)}{r^2}} \tag{8.44}$$

$$r_t = r\left[1 + \frac{e(y^2 + z^2)}{r^2}\right]\sqrt{1 + \frac{e^2(y^2 + z^2)}{r^2}} \tag{8.45}$$

式中，r 为二次曲面顶点的曲率半径。二次曲面的细光束子午像点和弧矢像点位置的计算公式为

$$\frac{n'\cos^2 I'}{t'} - \frac{n\cos^2 I}{t} = \frac{n'\cos I' - n\cos I}{r_t} \tag{8.46}$$

$$\frac{n'}{s'} - \frac{n}{s} = \frac{n'\cos I' - n\cos I}{r_s} \tag{8.47}$$

利用上式做细光束光路计算时，过渡公式同球面计算。实际上在进行空间光线计算时，上式中的 $n'\cos I'-n\cos I=\Gamma$，$\cos I'$，$\cos I$ 已计算出来了。

8.4.4　高次非球面空间光线计算（矢量计算公式）

轴对称的高次非球面可表示为

$$x=\frac{\rho H^2}{1+\sqrt{1-\rho^2 H^2}}+a_2 H^2+a_4 H^4+a_6 H^6+a_8 H^8+a_{10}H^{10} \tag{8.48}$$

式中，$H^2=y^2+z^2$。上式右边第一项相当于一个球面方程式，称为非球面的基准球面，ρ 为基准球面的曲率。a_2,a_4,a_6,a_8,a_{10} 为非球面系数，H 为非球面方程中的参变量。

高次非球面的光路计算步骤与球面和二次曲面相似。

1．由 T,Q^0 求 T_1

高次非球面光路计算与球面或二次曲面的不同点在于投射点 E_1 不能由光线方程和曲面方程直接求解，而是采用逐次逼近的方法求近似数值解。具体步骤为：先求出光线和基准球面的交点 E_{01}，这和球面的计算完全相同。把 E_{01} 作为 E_1 的第一次近似解，如图8.14所示。由 $E_{01}(x_{01},y_{01},z_{01})$ 作光轴的平行线交非球面于点 $E'(x',y_{01},z_{01})$，再把光线和过 E' 处切平面的交点 $E_1(x_1,y_1,z_1)$ 作为新的近似解，然后重复以上步骤直到满足要求的精度为止。以下是推导过程。

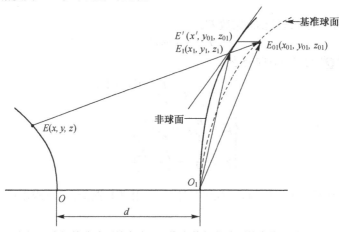

图 8.14　空间光线与基准球面的交点 E_{01} 作为其与非球面的交点 E_1 的第一次近似解

用前面球面光路计算公式，可由 T,Q^0 求得光线和基准球面的交点 $E_{01}(x_{01},y_{01},z_{01})$。由非球面方程(8.48)可以求得 $E'(x',y_{01},z_{01})$ 的坐标 x'，其余的两个坐标和点 E_{01} 相同，得

$$x'=\frac{\rho H_{01}^2}{1+\sqrt{1-\rho^2 H_{01}^2}}+a_2 H_{01}^2+a_4 H_{01}^4+a_6 H_{01}^6+a_8 H_{01}^8+a_{10}H_{01}^{10} \tag{8.49}$$

式中，$H_{01}=x_{01}^2+y_{01}^2$。为求非球面在点 E' 处切平面方程式，将非球面方程改写为

$$F(x,y,z)=\frac{\rho H^2}{1+\sqrt{1-\rho^2 H^2}}+a_2 H^2+a_4 H^4+a_6 H^6+a_8 H^8+a_{10}H^{10}-x=0 \tag{8.50}$$

分别对 x,y,z 求导，得

$$\begin{cases}\dfrac{\partial F}{\partial x}=-1 \tag{8.51}\\[2mm]\dfrac{\partial F}{\partial x}=y\left(\dfrac{\rho}{\sqrt{1-\rho^2 H^2}}+2a_2+4a_4 H^2+6a_6 H^4+8a_8 H^6+10a_{10}H^8\right)=m \tag{8.52}\\[2mm]\dfrac{\partial F}{\partial z}=z\left(\dfrac{\rho}{\sqrt{1-\rho^2 H^2}}+2a_2+4a_4 H^2+6a_6 H^4+8a_8 H^6+10a_{10}\ H^8\right)=n \tag{8.53}\end{cases}$$

过点 E' 的切平面方程式为
$$\frac{\partial F}{\partial x}(x-x') + \frac{\partial F}{\partial y}(y-y_{01}) + \frac{\partial F}{\partial z}(z-z_{01}) = 0$$

把符号 m, n 代入上式，得
$$-(x-x') + m(y-y_{01}) + n(z-z_{01}) = 0$$

假定点 $E_{01}(x_{01}, y_{01}, z_{01})$ 到光线和切平面的交点 $E_1(x_1, y_1, z_1)$ 之间的距离为 l，由点 E' 的坐标应满足以下关系：

$$\begin{cases} x_1 = x_{01} + \alpha l \\ y_1 = y_{01} + \beta l \\ z_1 = z_{01} + \gamma l \end{cases} \tag{8.54}$$

由于点 E_1 在切平面上，所以 x_1, y_1, z_1 应满足切平面方程式：
$$-(x_1-x') + m(y_1-y_{01}) + n(z_1-z_{01}) = 0$$

将前面的 x_1, y_1, z_1 的关系代入上式，求得

$$l = \frac{x'-x_{01}}{\alpha - \beta m - \gamma n} \tag{8.55}$$

将 l 代入式(8.54)可求得 x_1, y_1 和 z_1。然后将其作为新的近似解，重新求出 x'。这样经多次迭代，直到 $|x'-x|$ 小于某一预定的小量为止。最后把 (x', y', z') 作为光线和非球面的交点。

2．求投射点法线的方向余弦

把式(8.51)、式(8.52)、式(8.53)中的 $\partial F / \partial x, \partial F / \partial y, \partial F / \partial z$ 代入在二次曲面上任一点法线的方程式 (8.38)，得

$$\begin{cases} \lambda = \dfrac{1}{\sqrt{1+m^2+n^2}} \\[2mm] \mu = \dfrac{-m}{\sqrt{1+m^2+n^2}} \\[2mm] \nu = \dfrac{-n}{\sqrt{1+m^2+n^2}} \end{cases} \tag{8.56}$$

这就是投射点法线的方向余弦。其余的计算和球面及二次曲面的计算相同。

3．计算公式组

下面把全部高次非球面空间光线计算公式按计算顺序整理如下：

(1) 由式(8.34)可得 $\qquad \alpha = \alpha(d-x) - \beta y - \gamma z$

(2) 由式(8.34)还可得 $\qquad M_x = x - d + \alpha l$

(3) 由式(8.34)还可得 $\qquad M^2 = (x-d+\alpha l)^2 + (y+\beta l)^2 + (z+\gamma l)^2$

(4) 由式(8.24b)可得 $\qquad t = \dfrac{M^2\rho - 2M_x}{\alpha + \sqrt{\alpha^2 - M^2\rho^2 + 2M_x\rho}}$

(5) 由图 8.13 可得 $\qquad D = l + t$

(6) 由式(8.37)可得 $\qquad \begin{cases} x_1 = x - d + D\alpha \\ y_1 = y + D\beta \\ z_1 = z + D\gamma \end{cases}$ [对于球面的计算转第(14b)步]

(7) 由式(8.48)可得 $\qquad H^2 = y_1^2 + z_1^2$

(8) 由式(8.50)可得 $\qquad x' = \dfrac{\rho H_{01}^2}{1 + \sqrt{1-\rho^2 H_{01}^2}} + a_2 H_{01}^2 + a_4 H_{01}^4 + a_6 H_{01}^6 + a_8 H_{01}^8 + a_{10} H_{01}^{10}$

(9) 由式(8.52)和式(8.53)可得 $\qquad q = \dfrac{\rho}{\sqrt{1-\rho^2 H^2}} + 2a_2 + 4a_4 H^2 + 6a_6 H^4 + 8a_8 H^6 + 10a_{10} H^8$

(10) 由式(8.52)式(8.53)可得 $\qquad m = yq$

$n = zq$ [检查 $|x_1 - x'|$ 是否小于预定值，如满足则转第(14a)步，不满足继续往下计算]

(11) 由式(8.55)可得
$$l = \frac{x' - x_1}{\alpha - \beta m - \gamma n}$$

(12) 由式(8.55)可得
$$\begin{cases} x_1^* = x_{01} + \alpha l \\ y_1^* = y_{01} + \beta l \\ z_1^* = z_{01} + \gamma l \end{cases} \quad [\text{以 } x_1^*, y_1^*, z_1^* \text{ 取代 } x_1, y_1, z_1 \text{ 转第(7)步重新计算}] \tag{8.57}$$

(13a) 计算非球面，由式(8.56)可得
$$\begin{cases} \lambda = \dfrac{1}{\sqrt{1 + m^2 + n^2}} \\ \mu = \dfrac{-m}{\sqrt{1 + m^2 + n^2}} \\ \nu = \dfrac{-n}{\sqrt{1 + m^2 + n^2}} \end{cases}$$

$$x_1 = x'$$

(13b) 计算球面，由式(8.26)可得
$$\begin{cases} \lambda = 1 - x_1 \varphi \\ \mu = -y_1 \rho \\ \nu = -z_1 \rho \end{cases}$$

(14) 由式(8.40)可得
$$\cos I = \alpha \lambda + \beta \mu + \gamma \nu = \frac{1}{A} \left[(x_1 k \rho - 1)\alpha + y_1 \rho \beta + z_1 \rho \gamma \right]$$

(15) 由式(8.41)可得
$$\cos I' = \sqrt{1 - \frac{n^2}{n_2^2}(1 - \cos^2 I)}$$

(16) 由式(8.28b)可得
$$\Gamma = n' \cos I' - n \cos I$$

(17) 由式(8.39)和式(8.42)可得
$$\begin{cases} \alpha_1 = \dfrac{n}{n'}\alpha + \dfrac{\Gamma}{n'}\lambda \\ \beta_1 = \dfrac{n}{n'}\beta + \dfrac{\Gamma}{n'}\mu \\ \gamma_1 = \dfrac{n}{n'}\gamma + \dfrac{\Gamma}{n'}\nu \end{cases}$$

上面公式中的符号和前面推导时的符号略有不同，这是为了表示成循环迭代的形式，实际上完全一致。

4. 高次非球面的细光束光路计算

在进行高次非球面的细光束子午像点和弧矢像点的位置的计算时，仍和二次曲面所用的式(8.14)和式(8.15)相同，只不过曲面的子午曲率和弧矢曲率由下式计算：

$$\frac{1}{r_t} = (1 + m^2 + n^2)^{-3/2} \cdot \left[\rho(1 - \rho^2 H^2)^{-3/2} + 2a_2 + 12a_4 H^2 \right] + 30a_6 H^4 + 56a_8 H^6 + 90a_{10} H^8 \tag{8.58}$$

$$\frac{1}{r_s} = q(1 + m^2 + n^2)^{-1/2} \tag{8.59}$$

在过渡公式(8.17a)和公式(8.17b)中的斜厚度 D 可按下式计算：
$$D = (x_1 - x + d)/\alpha \tag{8.60}$$

式中，x 为前一个折射面投射点的坐标；x_1 是最后一次迭代所得的光线在非球面上所得投射点坐标；α 为入射光线单位矢量 $\boldsymbol{Q}^0$ 在 x 轴上的方向余弦。应该指出，当 $a_2 \neq 0$ 时，非球面的实际近轴曲率 ρ_0 为

$$\rho_0 = \rho + 2a_2 \tag{8.61}$$

在计算非球面的近轴光路时，必须用 ρ_0 代替基准球面的曲率 ρ。

8.4.5　空间光线初始数据的确定和终结公式

1．初始数据的确定

按物体在无限远或者有限距离来考虑。

(1) 物平面位于无限远时

系统的光学特性常用视场角 2ω 和入射光瞳直径 $D = 2k$ 来表示。为了计算轴外像差，除了给出光学系统的结构参数外，还必须给出入射光瞳位置 L_z，如图8.15所示。一般初始数据的坐标原点和入射光瞳中心重合。设由无限远物点射来的光束是一束平行光线，因此，同一视场不同光线的三个方向余弦是相同的。为了简单起见，使 $\xi\eta$ 平面和入射光线平行，对应某一视场的光线的方向余弦为

$$\begin{cases} \alpha = \cos\omega \\ \beta = -\sin\omega \\ \gamma = 0 \end{cases} \tag{8.62}$$

以不同 ω 值代入上式，就可对不同视场的光线求得初始数据。

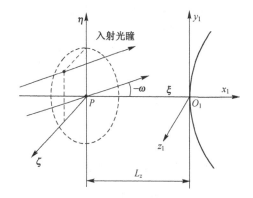

图 8.15　物体在无限远处给出非球面系统的
入射光瞳位置 L_z

(2) 物平面在有限距离时

系统的光学特性用物高 y 和孔径角 U 来表示，同时还必须给出入射光瞳位置 L_z。物平面的初始坐标选取为 XY 平面内的物点即可，即取 $X = 0$，Y 按物高 y 来选取，$Z = 0$，如图8.16所示。在入射光瞳上的入射高度按下式确定：

$$h = \left|(L_z - l)\tan U\right| \tag{8.63}$$

任一物高 y 处发出的通过入射光瞳上的点 (η, ξ) 的光线的方向余弦由图8.16上可看出

$$\begin{cases} \alpha = \dfrac{|L_z - l|}{R} \\ \beta = -\dfrac{y - \eta}{R} \\ \gamma = \dfrac{\xi}{R} \\ R = \sqrt{(L_z - l)^2 + (y - \eta)^2 + \xi^2} \end{cases} \tag{8.64}$$

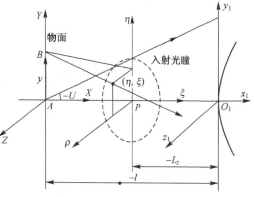

图 8.16　物平面在有限距离时初始坐标的选取

对于光学系统的某个视场角计算空间光线时，只需在整个光束中计算几条光线，通过入射光瞳上不同点的入射光线选取不同的坐标值。一般有以下几种情况：

① 轴上点　其视场角为零 ($\omega = 0$)，只计算子午面内光轴以上的一半光束即可，即 $\xi = 0$，而 η 值按入射高度选取。

② 轴外点子午光束　其视场按 y 或 ω 选取。对每一个视场取 $\rho = 0, \xi = 0, \eta$ 值按上、下光线孔径选取。

③ 轴外点弧矢光束　只需计算在弧矢面前的半个光束即可，其视场按 ω 或 y 选取，对于每一个视场取 $\xi = 0$，而 η 按入射高度 h 选取。

2．终结公式

当确定出光路计算的初始坐标以后，利用空间光线光路计算公式逐面计算，可求出光线在最后一面上投射点的坐标 $T_k(x_k, y_k, z_k)$ 和出射方向 $\boldsymbol{Q}_k^0(\alpha_k, \beta_k, \gamma_k)$，如图8.17所示。然后根据所得结果计算出各种像差值。

下面给出按上述矢量计算公式所得结果来确定出射光线坐标的公式。仍由图8.17可得

$$\begin{cases} Q_{kt}^0 = \boldsymbol{Q}_k^0 \sin V_k' = \boldsymbol{Q}_k^0 \cos W_k' \\ \sin V_k' = \sqrt{1 - \cos^2 V_k'} = \cos W_k' \\ \cos V_k' = \gamma_k' \end{cases} \qquad (8.65)$$

则得
$$Q_{kt}^0 = \boldsymbol{Q}_k^0 \sqrt{1 - \gamma_k'^2} \qquad (8.66)$$

从而可得

$$\begin{cases} \cos U_k' = \dfrac{\alpha_k}{Q_{kt}^0} = \dfrac{\alpha_k}{\sin V_k'} = \dfrac{\alpha_k}{\sqrt{1 - \gamma_k^2}} = \dfrac{\alpha_k}{\cos W_k'} \\ \sin U_k' = -\dfrac{\beta_k}{Q_{kt}^0} = \dfrac{-\beta_k}{\sqrt{1 - \gamma_k'^2}} = -\dfrac{\beta_k}{\cos W_k'} \\ \tan U_k' = -\dfrac{\beta_k}{\alpha_k'} \\ L_k' = x_k + \dfrac{y_k}{\tan U_k'} = x_k - \dfrac{\alpha_k}{\beta_k'} y_k \end{cases} \qquad (8.67)$$

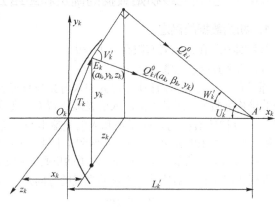

图 8.17　按矢量计算公式所得结果确定出射光线坐标

对于子午面内的出射光线，$\gamma_k' = 0 \,(\cos W_k' = 1)$，则出射光线的坐标为

$$\begin{cases} \sin U_k' = -\beta_k \\ \cos U_k' = \alpha_k \\ \tan U_k' = -\dfrac{\beta_k}{\alpha_k} \\ L_k' = x_k + \dfrac{y_k}{\tan U_k'} = x_k - \dfrac{\alpha_k}{\beta_k} y_k \end{cases} \qquad (8.68)$$

出射光线和高斯像面的交点坐标可由图8.18中求出，弧矢光线与高斯像面交点 B_k' 处的子午分量为

$$Y_k' = y_k + (l_k' - x_k) \dfrac{\beta_k}{\alpha_k} \qquad (8.69)$$

弧矢光线和高斯像面交点 B_k' 处的弧矢分量为

$$Z_k' = z_k + (l_k' - x_k) \dfrac{\gamma_k}{\alpha_k} \qquad (8.70)$$

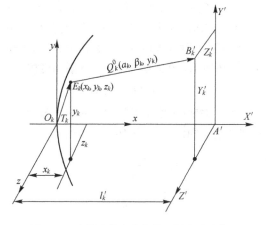

图 8.18　出射光线和高斯像面的交点坐标

求出出射光线的 U_k'，L_k'，Y_k' 和 Z_k'，和子午面内光路计算公式所求得的结果一样，可用下一章像差计算公式求像差值。

细光束光路计算光学系统结构参数同表 8.5。

表 8.5　无限细像散光束的光路计算举例

	1	2	3		1	2	3
n $\times \cos I_z$	1 0.998 665	1.516 33 0.999 471	1.672 70 0.999 541	s_1	179.383 2	341.0452	
$n \cos I_z$	0.998 665	1.515 528	1.671 932	$n \cos^2 I_z$ $\div t$	0.997 332 ∞	1.514 726	1.671 165
n' $\times \cos I_z'$	1.516 33 0.999 419	1.672 70 0.999 566	1 0.998 716	$n \cos^2 I_z / t$ $+P$	0	0.008 454 12	0.004 905 53
$n' \cos I_z'$	1.515 449	1.671 974	0.998 716	$n' \cos^2 I_z / t'$	0.008 268 54	0.004 870 02	0.010 319 41
$n' \cos I_z' -$ $n \cos I_z$ $\div r$	0.516 784 62.5	0.156 446 −43.65	−0.673 216 −124.35	$n' \cos^2 I_z'$ $/ n' \cos^2 I_z' / t'$	1.514 568	1.071 248	0.997 434

	1	2	3		1	2	3
P	0.008 268 54	−0.003 584 10	0.005 413 88	t' $-D$	183.172 4 4.002 00	343.170 6 2.501 24	96.650 7
n $\div s$	1 ∞			t_1	179.170 1	340.669 4	
n/s $+P$	0	0.009 453 02	0.004 904 63	$x' = PA^2/2r$	0.000 014 244	−0.000 107 47	−0.000 127 8
n'/s'	0.00 826 854	0.004 868 92	0.010 318 51	$\cos U_1'$	0.999 396	0.999 497	
n' $\div n'/s'$				$D = \dfrac{(d - x_1 + x_2)}{\cos U_1'}$	4.002 30	2.501 24	
s' $-D$	183.385 5 4.002 3	343.546 4 2.5012 4	96.913 2				

习题

8.1 某一显微物镜的结构参数如下:

r/mm	d/mm	n_D	n_C	n_F	玻璃牌号
22.44					
	1.5	1.5163	1.513 89	1.521 96	K9
−11.402					
	1.5	1.6475	1.642 07	1.651 19	ZF1
−29.11					
	36.3	1.0	1.0	1.0	空气
∞					
	2.0	1.5163	1.513 89	1.521 96	K9
∞					

试通过光路计算求该物镜的 f'，f，l_H，l_H'，l_F，l_F'。设物镜倍率 $\beta = -1/4$，求物像位置，设 $\sin U_1 = -0.025$，试求该物镜边缘光球差及正弦差。注意计算光路时不要把系统反转。

8.2 某一光学系统的结构参数如下:

r/mm	d/mm	$N_{532.8}$
−474.7		
	7.0	1.747 92
−36.94		
	7.0	1.0
−23.759		
	4.0	1.749 72
−27.28		

$l_1 = -\infty$, $h_1 = 1.5$ mm, $\omega = 15°$, $l_z = -56.87$ mm，试求其 f，f'；l_F，l_F'；l_H，l_H'；J（拉赫不变量）。

8.3 对习题 8.2 中的结构参数作远轴光（边缘孔径和带孔径光线）的光路计算。

8.4 对习题 8.2 中的结构参数作边缘视场主光线的光路计算。

8.5 按习题 8.4 的计算结果用杨氏公式计算子午和弧矢细光束光路。

8.6 一大孔径物镜，$f' = 75$ mm，$D/f' = 1/0.9$，视场角 $\omega = \pm 6°$，$l = -\infty$，试给出对该系统作光路计算时的近轴光、边缘光、边缘视场的主光线、边缘视场的边缘孔径的上光线和下光线，以及弧矢光线的初始数据。

第9章　光学系统的像差

光学系统近轴区具有理想光学系统的性质，光学系统近轴区的成像（高斯像）被认为是理想像。实际光学系统所成的像和近轴区所成的像的差异即为像差。光学系统对单色光成像时产生单色像差，分为五类：球面像差（球差）、彗形像差（彗差）、像散差（像散）、像面弯曲（场曲）和畸变。对白光成像时，光学系统除了对白光中各单色光成分有单色像差外，还产生两种色差：轴向色差和垂轴色差（也称为倍率色差）。

9.1　轴上点球差

9.1.1　球差的定义及其计算

在 2.1 节中，由实际光线的光路计算公式可知：物距 L 为定值时，像距 L' 是 U 或 h 的函数。由轴上一点发出的光线，角 U 不同，通过光学系统后有不同的像距 L'。即由轴上点发出的同心光束，经光学系统各个折射面折射后，不同孔径角 U 的光线交光轴于不同点，相对于理想像点的位置有不同的偏离，这就是球面像差，简称球差。其值可以由轴上点发出的不同孔径角的光线经系统后的像方截距和其近轴光像方截距之差表示，即

$$\delta L' = L' - l' \tag{9.1}$$

式中，$\delta L'$ 为球差值。如图 9.1 所示。

光学系统的入射光瞳一般为圆形。轴上点发出的充满入射光瞳的光束在通过光学系统前、后均对称于光轴，所以子午面内光轴以上的半个光束截面的球差可以代表整个系统的球差。

下面以一个单透镜为例，说明球差计算及其现象。透镜的结构参数为

r/mm	d/mm	n_D
25.815		
	4.0	15.163
−25.815		

物方截距 $L = -150\,\text{mm}$，孔径角正弦 $\sin U_m = -0.24$，此处 U_m（或 h_m）表示光束的最大孔径角（或最大入射高度），在制图或列表中常用相对值 $\sin U / \sin U_m$（或 h / h_m）表示光束中不同孔径角（或入射高度）的光线。做五条不同孔径的远轴光线和一条近轴光线的计算，所得有关数据如表 9.1 所示。

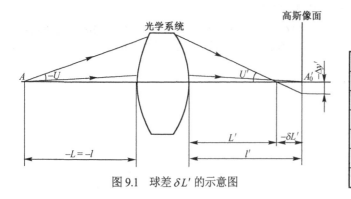

图 9.1　球差 $\delta L'$ 的示意图

表 9.1　五条不同孔径的远轴光线和一条近轴光线的计算结果

$\sin U(\sin U_m)$	$L', l' / \text{mm}$	$\delta L' / \text{mm}$
1.0	28.5383	−1.0305
0.85	28.8289	−0.7399
0.707	29.0595	−0.5093
0.50	29.2155	−0.2533
0.30	29.5058	−0.0630
0	29.5688	0

把表 9.1 中各个孔径相对应的 L' 绘成图 9.2，可以看出不同 $\sin U$ 值的光线通过系统后不会聚于理想像点 A'_0 处。当用一个屏沿光轴移动时，在屏上所得的像为不同大小的弥散斑。当屏移到某一位置，如图 9.2 中的位置 3 处，弥散斑为最小。但无论屏在任何位置都不能成为一个几何点，这种现象是由球差引起的。

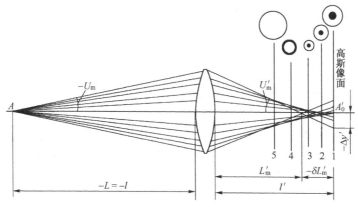

图 9.2　各个孔径相对应的 L' 值得到的球差现象

$\delta L'$ 是沿光轴方向量度的，又称为轴向球差。球差也可以沿垂直于光轴的方向来量度，在高斯像平面上形成的弥散斑的半径称为垂轴球差，以 $\Delta y'$ 表示，即

$$\Delta y' = \delta L' \tan U' \tag{9.2}$$

把表 9.1 中的数据绘成 $\delta L'$ 曲线，同时给出垂轴球差 $\Delta y'$ 曲线。如图9.3(a)所示。同理也可给出单个负透镜的 $\delta L'$ 和 $\Delta y'$ 曲线，如图9.3(b)所示。由图9.3 可知，光线的孔径角 U （成入射高度 h）越大，球差值也越大，且单正透镜产生负球差，单负透镜产生正球差。故单透镜本身难于校正球差，而正、负透镜组合起来可能使球差得到校正。例如表 8.1 中双胶合望远物镜在最大孔径时，$l' = 97.009$ mm，$L' = 97.005$ mm，$\delta L'_m = -0.004$ mm，此处，$\delta L'_m$ 称为边缘光球差。对于 $h / h_m = 0.707$ 处进行远轴光计算，得 $L'_{0.7h} = 96.983$ mm，$\delta L'_{0.7h} = -0.026$ mm，此处，$L'_{0.7h}$ 和 $\delta L'_{0.7h}$ 分别称为带光截距和带光球差，常以 L'_z 和 $\delta L'_z$ 表示。由以上结果可知，$\delta L'_m$ 近于零，即表示边缘光线像点和近轴光线像点几乎重合，这说明对边缘光校正了球差，而其他带的光线，如在 $\sin U / \sin U_m \approx 0.707$ 处的带光，有剩余球差 $\delta L'_{0.7h}$ 存在。

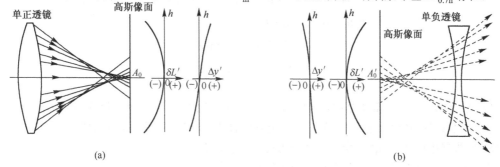

图 9.3　上例的球差 $\delta L'$ 曲线和垂轴球差 $\Delta y'$ 曲线

球差是轴上点唯一的单色像差。所谓消球差系统一般只能使一个孔径（带）球差为零，通常对边缘孔径校正球差。有的光学系统可以对两个孔径校正球差，除特殊的等光程面对特定光束成完善像外，不能使所有孔径的球差同时为零。当边缘孔径的球差不为零时，光学系统有负值球差存在时称为"校正不足"，有正值球差存在时称为"校正过头"。

9.1.2　光学系统的球差分布公式

光学系统的球差值是通过对整个系统进行光路计算求得的，系统的总球差值是各个折射面产生的球差传递到系统的像空间后相加而得的。即每一个折射面对系统总球差值均有"贡献量"，这些贡献量值就是系统的球差分布。

首先对光学系统中任一个折射面进行分析。如图9.4所示，该面前面的各个折射面产生的球差为 δL，是该折射面的物方球差，其后面的球差 $\delta L'$ 为像方球差。$\delta L'$ 不能认为是给定折射面产生的球差值，因为它包含了前面几个面的球差贡献，也不能认为该球差是前几个面产生球差的简单相加。实际上该球差由两部分组成，一部分是该折射面本身所产生的球差，以 δL^* 表示，另一部分是折射面物方球差 δL 乘以该面的转面倍率 α 而得的。可用下式表示折射面的像方球差 $\delta L'$：

$$\delta L' = \alpha \delta L + \delta L^* \qquad (9.3)$$

1897 年克尔伯(T. Kerber)考虑了远轴光的影响，采用了下式表示转面倍率：

$$\alpha = \frac{nu\sin U}{n'u'\sin U'}$$

代入式(9.3)，得

$$\delta L' = \frac{nu\sin U}{n'u'\sin U'} \cdot \delta L + \delta L^*$$

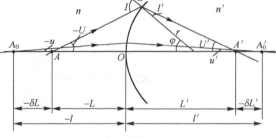

图 9.4 单个折射面物像方球差的关系

或写为

$$n'u'\sin U' \cdot \delta L' = nu\sin U \cdot \delta L + n'u'\sin U' \cdot \delta L^* \qquad (9.4)$$

令

$$n'u'\sin'U \cdot \delta L^* = -\frac{1}{2}S_- \qquad (9.5)$$

则有

$$-\frac{1}{2}S_- = n'u'\sin U'(L'-l') - nu\sin U(L-l)$$

$$= n'u'\sin U'(L'-r) - n'u'\sin U'(l'-r) - nu\sin U(L-r) + nu\sin U(l-r)$$

把三角光路计算公式中的 $(L'-r)\sin U' = r\sin I'$ 和相应的近轴光公式乘以 n'，可得 $n'u'(l-r) = n'i'r = nir$，代入上式，得

$$-\frac{1}{2}S_- = n'u'r\sin I' - n'i'r\sin U' - nur\sin I + nir\sin U$$

$$= nir(\sin U - \sin U') - nr(u'-u)\sin I$$

$$= nir(\sin U - \sin U') + nr(i-i')\sin I$$

$$= nir(\sin U - \sin U') + nir(\sin I - \sin I')$$

$$= ni\left[r\sin U - r\sin U' + (L-r)\sin U - (L'-r)\sin U' \right]$$

$$= ni(L\sin U - L'i sn U') \qquad (9.6)$$

设符号

$$\Delta Z = L'\sin U' - L\sin U \qquad (9.7)$$

则得

$$\frac{1}{2}S_- = ni\Delta Z \qquad (9.8)$$

式(9.8)称为克尔伯公式，在计算中是比较方便的。而且其中的近轴光线(l, u)和实际光线(L, U)不一定要由同一物点发出，也可以由光轴上任意两点发出，只要它们通过同一光学系统，上式就成立。该公式在其他像差分布公式的推导中也是有用的，所以这个公式具有普遍意义。

根据式(9.4)和式(9.5)可得单个折射球面的球差表示式为

$$\delta L' = \frac{nu\sin U}{n'u'\sin U'}\delta L - \frac{1}{2n'u'\sin U'}S_-$$

把上式用于 k 个折射面的光学系统的每一个面，得

$$\begin{cases}
\delta L_1' = \dfrac{n_1 u_1 \sin U_1}{n_1' u_1' \sin U_1'}\delta L_1 - \dfrac{1}{2n_1' u_1' \sin U_1'}(S_-)_1 \\[2mm]
\delta L_2' = \dfrac{n_2 u_2 \sin U_2}{n_2' u_2' \sin U_2'}\delta L_2 - \dfrac{1}{2n_2' u_2' \sin U_2'}(S_-)_2 \\[2mm]
\vdots \\[2mm]
\delta L_k' = \dfrac{n_k u_k \sin U_k}{n_k' u_k' \sin U_k'}\delta L_k - \dfrac{1}{2n_k' u_k' \sin U_k'}(S_-)_k
\end{cases}$$

对于一个光学系统，上式转面倍率中的因子有以下关系：

$$\begin{cases} n_2 u_2 \sin U_2 = n_1' u_1' \sin U' \\ n_3 u_3 \sin U_3 = n_2' u_2' \sin U' \\ \vdots \\ n_k u_k \sin U_k = n_{k-1}' u_{k-1}' \sin U_{k-1}' \end{cases}$$

另外，有 $\qquad\qquad \delta L_1' = \delta L_2, \quad \delta L_2' = \delta L_3, \cdots, \delta L_{k-1}' = \delta L_k$

经过化简可得整个系统的球差表示式为

$$\delta L_k' = \frac{n_1 u_1 \sin U_1}{n_k' u_k' \sin U_k'} \delta L_1 - \frac{1}{2 n_k' u_k' \sin U_k'} \sum_1^k S_-$$

或写为 $\qquad\qquad n_k' u_k' \sin U_k' \delta L_k' - n_1 u_1 \sin U_1 \delta L_1 = -\frac{1}{2} \sum_1^k S_- \qquad\qquad (9.9)$

式(9.9)就是球差分布公式，当实际物体成像时， $\delta L_1 = 0$ ，则折射面的 $(-S_-)$ 值和 $\dfrac{1}{(2 n_k' u_k' \sin U_k')}$ 的乘积即为该折射面对光学系统总球差值的贡献量，所以称 S_- 为球差分布系数，其数值大小表征了该面所产生球差的大小。ΣS_- 称为光学系统的球差系数，它表征了系统的球差。

利用式(9.7)和式(9.8)计算光学系统各个折射面的球差分布系数 S_- 较为方便。在该式中 $L i s n U' - L \sin U$ 可在光路计算表格中得到。例如对表8.1中的双胶合望远物镜求各个折射面的球差分布，可按表9.2计算，表中 $L, \sin U, L', \sin U'$ 可在表8.3中查得， i 值可由表8.1中查得。

由表9.2可知，第一面和第三面产生负球差，第二面产生正球差，且第二面球差贡献量最大，这是因为第一、三两面的负球差均需由第二面的正球差补偿的缘故。

再由 $\delta L_1 = 0, n_3' = 1, u_3' = 0.100104$, $\sin U_3' = 0.10080$, u_3 和 $\sin U_3$ 可从表8.1和表8.3中取得，故球差为

$$\begin{aligned} \delta L_3' &= -\frac{1}{2 n_3' u_3' \sin U_3'} \sum S_- \\ &= \frac{-0.0000409 \text{ mm}}{0.100104 \times 0.100080} = -0.00409 \text{ mm} \end{aligned}$$

结果与按光线光路计算求得的球差值完全相同，因此，克尔伯的球差分布公式不仅可以方便地求得球差在各个面上的分布，且可用来校对球差光路计算。

表9.2 球差分布系数 S_- 的计算

	第一面	第二面	第三面	
$L' \sin U' - L \sin U$	10.02911	9.85117	9.70826	
	10.0	9.80932	9.78156	
ΔZ	0.02911	0.04185	-0.07330	
xin	0.16000	-0.422427	-0.178198	
$\frac{1}{2} S_-$	0.0046576	-0.017786	0.0130619	$\frac{1}{2} S_- = 0.000409$

9.1.3　单个折射球面的球差分布系数、不晕点

为便于分析折射球面球差分布系数的特性，确定折射面的无球差点的位置和球差正负号等，而把球差分布系数写成便于分析的形式。在式(9.6)的推导过程中，有

$$-\frac{1}{2} S_- = n i r \left[(\sin U + \sin I) - (\sin U' + \sin I') \right]$$

$$= n i r \left[2 \sin \frac{1}{2}(U+I) \cos \frac{1}{2}(U-I) - 2 \sin \frac{1}{2}(U'+I') \cos \frac{1}{2}(U'-I') \right]$$

$$= n i P A \left[\cos \frac{1}{2}(U-I) - \cos \frac{1}{2}(U'-I') \right]$$

$$= -2 n i P A \sin \frac{1}{2}(I'-U) \sin \frac{1}{2}(I-I')$$

最后得 $\qquad\qquad \dfrac{1}{2} S_- = \dfrac{n i L \sin U (\sin I - \sin I')(\sin I' - \sin U)}{2 \cos \frac{1}{2}(I-U) \cos \frac{1}{2}(I'+U) \cos \frac{1}{2}(I+I')} \qquad\qquad (9.10)$

通过式(9.10)可以看出单个折射球面的球差与L, I, I', U间的关系。

由式(9.10)可导出单个折射球面在以下三种情况时球差为零：

第一种情况，$L=0$，由三角光路计算公式可知，此时L'必为零，即物点、像点均与球面顶点重合。

第二种情况，$\sin I - \sin I' = 0$，这只能在$I' = I = 0$的条件下才能满足。相当于光线和球面法线相重合，物点和像点均与球面中心相重合，即$L' = L = r$。

第三种情况，$\sin I' - \sin U = 0$或$I' = U$。此时，相应的物点位置易于由式(2.1)求出，即

$$\sin I' = \frac{n}{n'}\sin I = \frac{n}{n'}\frac{L-r}{r}\sin U$$

由于$\sin I' = \sin U$，故得物点位置为 $\qquad L = \frac{n+n'}{n}r \qquad$ (9.11)

又由式$I' - U = I - U'$，得$I = U'$，可由式(2.4)得

$$\sin I = \frac{n'}{n}\sin I' = \frac{n'}{n}\frac{L'-r}{r}\sin U'$$

故得相应像点位置为 $\qquad L' = \frac{n'+n}{n'}r \qquad$ (9.12)

由以上这对无球差共轭点位置L和L'可知，它们都在球心的同一侧，或者是实物成虚像，或者是虚物成实像，如图9.5所示。

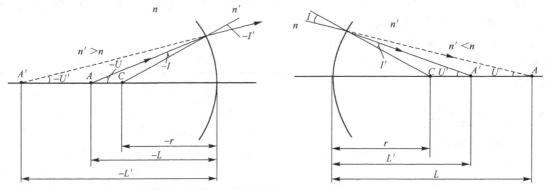

图9.5　符合$n'L' = nL$的一对共轭点

由式(9.11)和式(9.12)可得该对无球差共轭点位置间的简单关系：

$$n'L' = nL \tag{9.13}$$

又因为$U' = I, U = I'$，得 $\qquad \dfrac{\sin U'}{\sin U} = \dfrac{\sin I}{\sin I'} = \dfrac{n'}{n} = \dfrac{L}{L'} \qquad$ (9.14)

此式表明，这一对共轭点不管孔径角U多大，比值$\sin U'/\sin U$和L/L'始终保持常数，故不产生球差，这一对共轭点称为不晕点（或齐明点）。

9.1.4　单个折射球面的球差正负和物体位置的关系

上面对单个折射球面给出三对无球差共轭点的位置，这样就可以把由$-\infty$到$+\infty$的整个空间分为四个以无球差点为界的区间。

(1) 当$r > 0$时，四个区间中，$-\infty \leqslant L < 0$称为第一区间；$0 < L < r$称为第二区间；$r < L < \frac{n+n'}{n}r$称为第三区间；$\frac{n+n'}{n}r < L \leqslant \infty$称为第四区间，如图9.6所示。各区间中物点的球差正负由式(9.10)中$L\sin U$（或PA），i，$\sin I - \sin I'$，$\sin I' - \sin U$的符号决定。

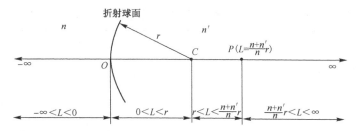

$$P\left(L=\frac{n+n'}{n}r\right)$$

图 9.6 当 $r>0$ 时，三对无球差点为界把 $-\infty$ 到 $+\infty$ 空间分为四个区间

当 $r>0, PA>0$ 和 $n'>n$ 时，可知：

第一个因子 $L\sin U$，因 $PA>0$，根据 $L\sin U = PA\cos\frac{1}{2}(U-I)$ 可知，无论物点在哪个区间，$L\sin U$ 恒为正值。

第二个因子 i，总取其符号与 $\sin I$ 同号。其符号随物体所在区间而异，在第二区间 $(0<L<r)$ 为负，其他区间为正。

第三个因子 $\sin I - \sin I'$，表示折射光线相对于入射光线的偏角，$\sin I - \sin I' > 0$ 时，光线起会聚作用。反之，$\sin I - \sin I' < 0$ 时，光线起发散作用。这一因子可表示为

$$\sin I - \sin I' = \sin I - \frac{n}{n'}\sin I = \sin I\left(\frac{n'-n}{n'}\right)$$

前已假设 $n'>n$，则 $\frac{n'-n}{n}$ 恒为正，故 $\sin I - \sin I'$ 的符号与 $\sin I$ 的符号相同，即物点处于第二区间时 $\sin I - \sin I' < 0$，其他区间为正值。

第四个因子 $\sin I' - \sin U$ 可表示为

$$\sin I' - \sin U = \frac{n}{n'}\frac{L-r}{r}\sin U - \sin U$$
$$= \frac{n}{n'}\sin U\left(\frac{L-r}{r} - \frac{n'}{n}\right)$$
$$= \frac{n}{n'}\sin U\left(\frac{L}{r} - \frac{n'+n}{n}\right)$$

表 9.3 物点在不同区间内，$\sin I' - \sin U$ 有不同符号

	$\sin U$	$\frac{L}{r} - \frac{n'+n}{n}$	$\sin I' - \sin U$
第一区间：$-\infty \leqslant L < 0$	−	−	+
第二区间：$0 < L < r$	+	−	−
第三区间：$r < L < \frac{n+n'}{n}r$	+	−	−
第四区间：$\frac{n+n'}{n}r < L \leqslant \infty$	+	+	+

物点在不同区间内，$\sin I' - \sin U$ 有不同符号，参见表 9.3。

现将各个因子在每一区间内正负和各区间的 $S_\_$ 及球差 $\delta L'$ 正负列于表 9.4。

(2) 当 $r>0$，$n'<n$ 时，只有第三个因子 $\sin I - \sin I'$ 改变了符号，这是因为 $(r>0, n'>n)$ 会聚面变成 $(r>0, n'<n)$ 发散面的缘故。因此，在各个区间内球差符号在 $n'>n$ 和 $n'<n$ 时恰好相反。其结果也列于表 9.4 中。

表 9.4 当 $r>0$，$n'<n$ 时，各个因子在每一区间内正负和各区间的 $S_\_$ 及球差 $\delta L'$ 正负

$r>0, PA>0$	第一区间：$-\infty \leqslant L < 0$		第二区间：$0 < L < r$		第三区间：$r < L < \frac{n+n'}{n}r$		第四区间：$\frac{n+n'}{n}r < L \leqslant \infty$	
	$n'>n$	$n'<n$	$n'>n$	$n'<n$	$n'>n$	$n'<n$	$n'>n$	$n'<n$
$L\sin U$	+	+	+	+	+	+	+	+
i(或 $\sin I$)	+	+	−	−	+	+	+	+
$\sin I - \sin I'$	+	−	−	+	+	−	+	−
$\sin I' - \sin U$	+	+	−	−	−	−	+	+
$S_\_$	+	−	−	+	−	+	+	−
$\delta L'$	−	+	+	−	+	−	−	+

在 $PA<0$ 时，因为 $\sin I$ 和 $\sin U$ 同时改变符号，而使其他因子也同时改变符号，因此对球差的符号不发生影响。

(3) 当 $r<0$ 时，四个区间 $-\infty \leqslant L < \frac{n'+n}{n}r$，$\frac{n'+n}{n}r < L < r$，$r < L < 0$，$0 < L \leqslant \infty$ 此时各个区间内的各个因子正负仍可按前述方法来确定。设 $PA>0$ 时，分 $n'>n$ 和 $n'<n$ 两种情况列于表 9.5。

$r>0, PA>0$	第一区间：$-\infty \leqslant L<0$		第二区间：$0<L<r$		第三区间：$r<L<\dfrac{n+n'}{n}r$		第四区间：$\dfrac{n+n'}{n}r<L\leqslant\infty$	
	$n'>n$	$n'<n$	$n'>n$	$n'<n$	$n'>n$	$n'<n$	$n'>n$	$n'<n$
$L\sin U$	+	+	+	+	+	+	+	+
i(或 $\sin I$)	−	−	−	−	+	+	−	−
$\sin I-\sin I'$	−	+	−	+	+	−	−	+
$\sin I'-\sin U$	−	−	+	+	+	+	−	−
S_-		−	+	+	−			+
$\delta L'$	+			+		+		−

(4) 由表 9.4 和表 9.5 可以得以下结论。

① 正常区　除由不晕点到球心的这一区间 $\left(r>0, r<L<\dfrac{n'+n}{n}r\right)$ 或 $\left(r<0, \dfrac{n'+n}{n}r<L<r\right)$ 外，球差符号恒与 $\sin I-\sin I'$ 符号相反，即折射面对光束起会聚作用 ($\sin I-\sin I'>0$) 时，产生负球差。折射面对光束的发散作用 ($\sin I-\sin I'<0$) 时，产生正球差。

② 反常区　而由不晕点到球心的这一区间是例外。在此区间内，折射面对光束起会聚作用时产生正球差，对光束起发散作用时产生负球差。故这个区间被称为反常区。

③ 半反常区　除反常区外，会聚面 ($n'>n, r>0, n'<n, r<0$) 对光束起会聚作用，产生负球差；发散面 ($n'>n, r<0, n'<n, r>0$) 对光束起发散作用，产生正球差。但是也有一个区间例外，这一区间是 $0<L<r$，$(r>0)$ 或 $r<L<0$，$(r<0)$，当物点在此区间内时，会聚面对光束起发散作用，产生正球差；发散面对光束起会聚作用，产生负球差。这个由球面项点到球心之间的区域称为半反常区。

9.2　彗　差

9.2.1　彗差及其计算

单个折射球面除三对无球差点以外，对于任何位置的物点均存在球差，这是由折射球面本身的特性引起的。下面以单折射面为例，说明球差引起的轴外点宽光束的像差之一——彗差。如图 9.7 所示轴外点 B 发出的子午光束，对辅轴来说就相当于轴上点光束、上光线、主光线和下光线与辅轴的夹角不同。故有不同的球差值，所以三条光线不能交于一点。即在折射前主光线是子午光束的轴线，而折射后不再是光束的轴线，则光束失去了对称性。用上、下光线的交点 B_T' 到主光线的垂直于光轴方向的偏离来表示这种光束的不对称，称为子午彗差，以 K_T' 表示。它是在垂轴方向量度的，故是垂轴像差的一种。

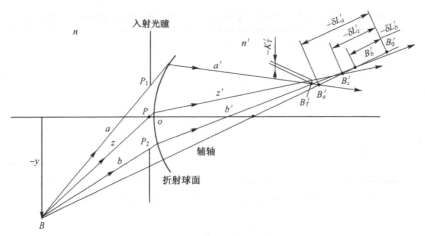

图 9.7　子午彗差 K_T' 的示意图

子午彗差值是以轴外点子午光束上、下光线的高斯像面上交点高度的平均值 $\dfrac{1}{2}(Y_a'+Y_b')$ 和主光线在高

斯像面上交点高度 Y_z' 之差表示：

$$K_T' = \frac{1}{2}(Y_a' + Y_b') - Y_z' \tag{9.15}$$

式中，像高 Y_a'，Y_b' 和 Y_z' 可由式(8.9)求得。子午彗差的几何表示如图9.8所示，子午光束经折射面折射后的上、下光线 a' 和 b' 的交点在垂直于光轴方向和主光线 z' 的偏离为子午彗差 K_T'，在沿光轴方向和高斯面间的偏离 X_T'，称为宽光束的子午场曲（其意义在以后讨论）。当不考虑 X_T' 时，可以认为子午彗差 K_T' 是在高斯像面上量度的。从光能量传输的观点看，主光线和像平面交点附近光能量最集中，即图9.8中 B' 点最亮，而上、下光线是光束的边缘光线，它们的交点 B_T' 离开了点 B'，能量扩散，故相对较暗，形成彗星状弥散斑，如图9.8中的局部放大图（这将在10.3.2节中用初级像差理论分析之）。

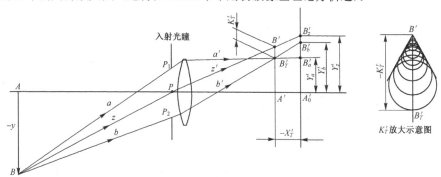

图9.8　子午彗差的几何表示

下面以表8.1中双胶合望远物镜为例，对 $\omega = -3°$ 的视场计算最大孔径及中间带孔径的子午彗差。首先做主光线光路计算，参见表8.4。已知入射光瞳半径 $\eta = h = 10\ \text{mm}$，上、下光线的初始数据按式(8.6)求之：

对上光线有
$$U_a = U_z = -3°$$

$$L_a = L_z + \frac{\eta}{\tan U_a} = 0.8052\ \text{mm} + \frac{10\ \text{mm}}{\tan(-3°)} = 0.8052\ \text{mm} - 190.8016\ \text{mm} = -190.0054\ \text{mm}$$

对于下光线有
$$U_b = U_z = -3°,\quad L_b = L_z - \frac{\eta}{\tan U_b} = 0.8052\ \text{mm} - \frac{10\ \text{mm}}{\tan(-3°)} = 191.6158\ \text{mm}$$

同理可得上中、下中光线的初始数据为 $L_{a0.5h} = -94.6001\ \text{mm}$，$L_{b0.5h} = 96.2106\ \text{mm}$，$U_{a0.5h} = U_{b0.5h} = -3°$。有关计算结果如表9.6所示。

表9.6　子午彗差计算示例

	光路计算结果			Y'/ mm	备 注
	U'	$\tan U'$	L'/ mm		
上光线	2°.809 05	0.049 066	202.744	5.1880	
上中光线	0°.100 86	-0.001 760	-2863.96	5.2113	$l' - 97.009\ \text{mm}$ 参见表8.1；主光线的 U_z'，L_z' 值
主光线	-2°.985 22	-0.052 149	-3.3782	5.2351	参见表8.4
下中光线	-5°.852 00	-0.101 951	45.670	5.2619	
下光线	-8°.704 80	-0.153 107	62.476	5.2827	

可得全孔径和半孔径的子午彗差分别为

$$K_T' = \frac{1}{2}(Y_a' + Y_b') - Y_z' = \frac{1}{2}(5.1880\ \text{mm} + 5.2827\ \text{mm}) - 5.2351\ \text{mm} = 0.0025\ \text{mm}$$

$$K_{T0.5h}' = \frac{1}{2}(5.2113\ \text{mm} + 5.2619\ \text{mm}) - 5.2351\ \text{mm} = 0.0015\ \text{mm}$$

彗差是轴外像差之一，其危害是使物面上的轴外点成像为彗星状的弥散斑，破坏了轴外视场的成像清晰度。彗差值随视场大小而变化。又由上例可以看出，对于同一视场，由于孔径不同，彗差也改变。所以说，彗差是和视场及孔径都有关的一种垂轴像差。

9.2.2 光学系统结构形式对彗差的影响

在图9.7中，上、下光线的交点在主光线的下方，彗差值为负。若把图9.7中的入射光瞳向右移到球心处，如图9.9(a)所示，则主光线和辅轴重合，光束沿辅轴通过折射面不会失去对称性，没有彗差产生。如果把入射光瞳继续向右移，如图9.9(b)所示，上、下光线的交点 B'_T 将在主光线以上，这是因为对于单个折射面，上光线和主光线接近辅轴，折射后偏折小。而下光线远离辅轴，故折射后偏折大。所以彗差变正值。由此可知，彗差和光阑位置有关。

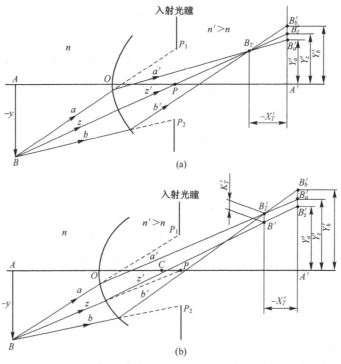

图9.9 单个折射面光阑位置变化对子午彗差的影响

下面按上述方法对弯月形正透镜的彗差进行分析。如图9.10(a)所示，弯月透镜对轴外点 B 成像，上光线 a 和两个折射面的辅轴较为接近，偏折小。而下光线 b 偏离两折射面的辅轴较大，故偏折大。主光线 z 通过透镜的节点附近，方向基本不变。因此，光线的交点 a'、b' 必在主光线之上方，产生正值彗差。如把正弯月镜反向放置，如图9.10(b)所示。下光线 b 偏离两折射面的辅轴较上光线 a 为小，折射后的光线 a' 较 b' 的偏折大，主光线方向近似不变，故光线 a'、b' 的交点 B'_T 应在主光线之下，彗差值为负。由上述可知，彗差值的大小和正负还与透镜形状有密切关系。

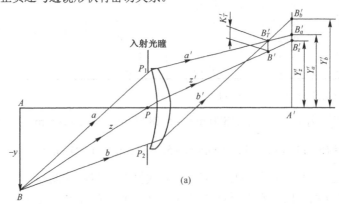

图9.10 透镜形状对子午彗差影响示意图

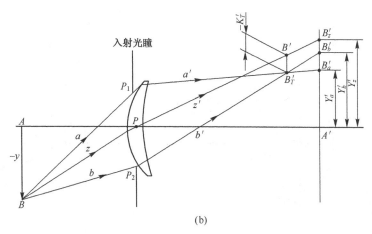

(b)

图 9.10　透镜形状对子午彗差影响示意图（续）

9.2.3　弧矢彗差

弧矢光束的彗差如图 9.11 所示。设透镜 O 和图 9.10 中的弯月形透镜相同。由轴外点 B 发出的弧矢光束的前光线 c 和后光线 d 折射后为光线 c' 和光线 d'，它们相交于点 B'_S。由于两光线对称子午面，故点 B'_S 应在子午面内，即前光线 c' 或后光线 d' 与子午面的交点，点 B'_S 到主光线的垂直于光轴方向的距离为弧矢彗差，以 K'_S 表示。B'_S 到高斯像面的沿光轴方向距离为宽光束弧矢场曲，以 X'_S 表示。光线 c' 和 d' 在理想像面上所交的像高是相同的，以 Y'_S 表示，由空间光线光路计算中的式(8.70)求得

$$Y'_S = y_k - (l'_k - x_k)\beta_k / \alpha_k$$

式中，y_k, x_k 为在光学系统最后一面（第 k 面）上光线投射点的坐标；α_k, β_k 为光学系统出射光线的方向余弦；l'_k 是高斯像面到光学系统最后一面顶点间的距离。略去 X'_S，弧矢彗差可写为

$$K'_S = Y'_S - Y'_z \tag{9.16}$$

显然图9.11中的 K'_S 为负值。

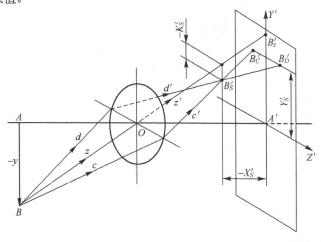

图 9.11　弧矢彗差示意图

同埋，如果按图9.10中的弯月透镜来成像，则 K'_S 应为止值。轴外一点成像时，子午彗差和弧矢彗差是同时存在的，如图9.12所示，图中略去了宽光束场曲 X'_T 和 X'_S。

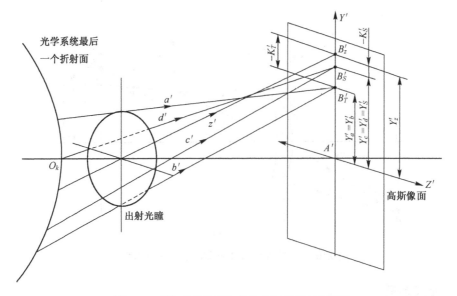

图 9.12 子午彗差和弧矢彗差是同时存在的情况

由上述可知，如把两个弯月型透镜凹面相对，并在中间设置光阑。当物像的倍率为–1 时，从光阑所在空间来看，透镜 L_1 的上、下光线分别与透镜 L_2 的下、上光线相同，因而两透镜产生相反符号的彗差值，可以相消，如图9.13所示。

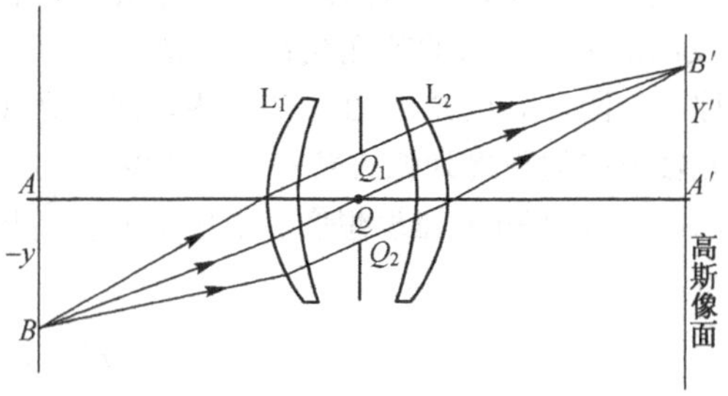

9.3 像散和像面弯曲

如图 9.9 所示，轴外点发出的宽光束经单个折射

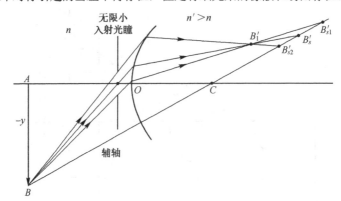

图 9.13 两透镜产生相反符号的彗差可以相消示意图

球面折射后，有彗差存在。若把光阑缩到无限小，只允许沿主光线的无限细光束通过，则彗差不再存在，图9.9变为图9.14。可以看出，它与表示无限细像散光束的图8.9完全一致。这表明轴外点发出的光束缩到无限细以后，由光束不对称引起的彗差不再存在，但是有细光束的像散和场曲存在。

图 9.14 光阑缩到无限小只允许沿主光线的无限细光束通过，彗差不再存在

9.3.1 像散（像散差）

轴外物点通过有像散的光学系统成像时，使一个和光轴垂直的屏沿光轴移动，就会发现屏在不同位置时，点 B 发出的成像细光束的截面形状发生很大的变化，如图9.15所示。在位置 1 时，成像细光束截面为一长轴垂直于子午面的椭圆；移到位置 2 时为一垂直于子午的短线；在位置 3 时又成为一长轴垂直于子午

面的椭圆；在位置 4 时成为一圆斑；在位置 5 时形成长轴在子午面内的椭圆；在位置 6 时形成一子午面内的短线；位置 7 时又扩散成长轴在子午面内的椭圆。

图9.15中两条短线的光能量最集中，短线 B'_t 称为轴外物点 B 的子午像，短线 B'_s 为轴外物点 B 的弧矢像。两条短线之间沿光束轴（主光线）方向的距离 $B'_t B'_s$ 是光学系统的像散。在光学设计中常以 $B'_t B'_s$ 在光轴上的投影来量度光学系统的像散值，以 x'_{ts} 表示，如图9.16所示。首先通过无限细光束的光路计算求得 B'_t 和 B'_s 沿主光线方向的位置 t' 和 s'，然后将它们换算成相对于最后一面顶点的轴向距离 l'_t 和 l'_s，如图9.16所示，便可求得像散值：

$$x'_t = l'_t - l'_s \tag{9.17}$$

其中
$$\begin{cases} l'_t = t'\cos U'_z + x \\ l'_s = s'\cos U'_z + x \end{cases} \tag{9.18}$$

式中，x 为主光线在最后一面上投射点的矢高，可按式(8.19)求得；U'_z 是光学系统像空间主光线和光轴的夹角。

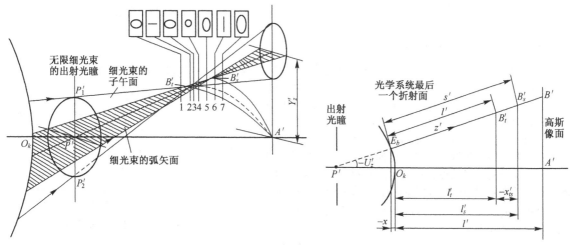

图 9.15　细光束像散示意图　　　　图 9.16　光学设计中表征像散差的示意图

当光学系统在子午像点 B'_t 比弧矢像点 B'_s 更远离高斯像面，即 $l'_t < l'_s$，像散 x'_{ts} 为负值。反之，像散为正值。像散的校正是使某一视场（一般是 0.7 视场）的像散值 x'_{ts} 为零，而其他视场仍有剩余像散差。

由于光学系统存在像散，轴外一点的像成为在空间相互垂直的两条短线，如图9.15所示。任何光学系统对轴外点成像都有像散，像散严重时轴外点得不到清晰像。如果在轴外点 B 处放置一个"十"字图案，如图9.17所示，则通过有像散的光学系统成像时，将会看到在 B'_t 处"十"字图案上的每一点都形成一垂直于子午面的水平短线，故"十"字的水平线成像清晰，铅垂线的像模糊。在 B'_s 处，"十"字图案的每一点的像为一铅垂短线，则"十"字的垂直线成像清晰，水平线的像模糊。鉴于上述，大视场光学系统不管相对孔径多小都必须考虑像散的校正。

光学系统所对轴外点产生像散，是由于通过光学系统后的光束对应的波面为非球面波，它在两个主截面中的曲率不同，所以聚焦为子午像点和弧矢像点。下面以单个折射面为例，说明由轴外点发出的无限细同心光束所对应的球面波经折射球面折射后成为对应于像散光束的非球面波，如图9.18所示。轴上点发出细光束沿光轴方向射向透镜，其波面顶点和折射球面顶点首先接触，然后波面上对称于光轴的点，如 a_0, b_0, c_0, d_0 同时和球面接触，通过折射后，波面改变了曲率，但仍对称于光轴。因光束为无限细，没有球差存在，故仍不失其同心性。

由轴外点 B 通过折射面的折射与轴上点不同，和子午光束对应的波面截线 ab 上的点 b 和折射面先接触，即波面上点 b 先发生折射改变曲率，其次是顶点 Z 发生折射改变曲率，最后是点 a 发生折射改变曲率。弧矢光束所对应的波面截线 cd，顶点 Z 先和球面接触，然后是对称于主光线的点，如波面上点 c 和点 d 同时和球面接触而改变曲率，最后点和折射面接触而改变曲率。所以入射的球面波经折射后，子午截面内点 a 和点 b 不同时改变曲率，而弧矢截面内点 c 和点 d 同时改变曲率，所形成的波面在两个主截面内有不同的曲率。其对应于像散光束，有像散差，即使光束为无限细，没有彗差，仍会有像散存在。

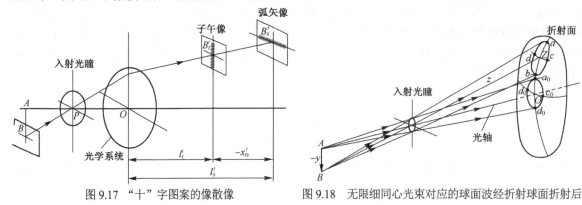

图 9.17 "十"字图案的像散像   图 9.18 无限细同心光束对应的球面波经折射球面折射后成为对应于像散光束的非球面波

9.3.2 场曲（像面弯曲）

轴外点发出的细光束通过光学系统成像存在像散时，形成子午像点和弧矢像点，而轴上点则无此现象。不同视场的细光束有不同的像散值。一个平面通过有像散的光学系统必然形成两个像面，因轴上点无像散，所以两个像面必同时相切于理想像面与光轴的交点上，如图9.19所示。由子午像点构成的像面称为子午像面，由弧矢像点构成的像面称为弧矢像面。二者均为对称于光轴的旋转曲面。某一视场的子午像点、弧矢像点相对于高斯像面的距离 x_t' 和 x_s' 分别称为子午像面弯曲和弧矢像面弯曲，简称子午场曲和弧矢场曲。由图9.19可得细光束子午场曲和弧矢场曲的计算公式为

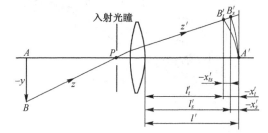

图 9.19 子午场曲和弧矢场曲示意图

$$\begin{cases} x_t' = l_t' - l' \\ x_s' = l_s' - l \end{cases} \tag{9.19}$$

式(9.19)可知，图9.19中的 x_t' 和 x_s' 均为负值。像散和场曲的关系为

$$x_{ts}' = x_t' - x_s' \tag{9.20}$$

现按表 8.1 中的结构数据计算该系统在视场半角为 3° 时的轴外点子午场曲、弧矢场曲和像散。由表 8.5 的细光束光路计算结果可知 $t_3' = 96.9507 \text{ mm}$，$s_3' = 96.9132 \text{ mm}$；由表 8.4 可知：$U_{z3}' = -2°59'6''.8$；由式(8.19)求得 $x_3 = 0.000\,12 \text{ mm}$

按式(9.18)可得 $l_{t3}' = t_3' \cos U_{z3}' + x_3 = 96.9507 \text{ mm} \times 0.998\,643 - 0.000\,12 \text{ mm} = 95.5184 \text{ mm}$

$l_{s3}' = s_3' \cos U_{z3}' + x_3 = 96.9132 \text{ mm} \times 0.998\,643 - 0.000\,12 \text{ mm} = 96.7816 \text{ mm}$

由表 8.1 可得高斯像面位置 $l_3' = 97.009 \text{ mm}$，按式(9.19)可得

$$x_t' = l_{ts}' - l_3' = 96.5194 \text{ mm} - 97.009 \text{ mm} = -0.4896 \text{ mm}$$

$$x_s' = l_{s3}' - l_3' = 96.7816 \text{ mm} - 97.009 \text{ mm} = -0.2274 \text{ mm}$$

按式(9.20)可得像散值为 $x_{ts}' = -0.4896 \text{ mm} - (-0.2274 \text{ mm}) = -0.2622 \text{ mm}$

球面光学系统存在像面弯曲是由球面固有性质所决定的。如果没有像散，即子午像面和弧矢像面重合在一起，仍会存在像面弯曲。现以单个折射球面为例来说明之，如图9.20所示。设一球面物体 AB 和折射球面同心，并在公共球心 C 处放置一无限小光阑，使物面上各点以无限细光束成像，轴外点 B 的主光线相当于一条辅轴，轴外点沿辅轴方向可按轴上点处理，不存在像散，也不存在球差和彗差。由于物面的折射球面同心，物面上各点的物距相等，成像条件完全相同，所以像面也是一个与折射同心的球面像 $A'B'$。

现在来看与球面物体相切于点 A 的平面物体 AB_1 的成像。对于点 B_1，相当于点 B 沿光轴向远离于折射球面的方向移动了 $\mathrm{d}l$，由物像关系式可知，点 B_1 的像 B_1' 必以相同的方向移动一个相应的距离 $\mathrm{d}l'$。所以平面物体 AB_1 的像 $A'B_1'$ 比球面物体 AB 的球面像 $A'B'$ 更为弯曲。只有在这个曲面上对平面物体能成清晰像，这个曲面称为匹兹万像面。该像面的像面弯曲以 x_P' 表示。由图9.20可知

$$x_P' = x_B' + x_{B1}'$$

式中，x_B' 为球面像 $A'B'$ 在点 B' 的矢高，由式(8.19)可近似求得

$$x_B' = \frac{y'^2}{2(l'-r)}$$

x_{B1}' 相当于球面物 AB 在点 B 的矢高 x_B 和轴向放大率 α 的乘积，因 x_B 和 x_{B1}' 异号，故加负号，得

$$x_{B1}' = -\frac{\alpha y^2}{2(l'-r)}$$

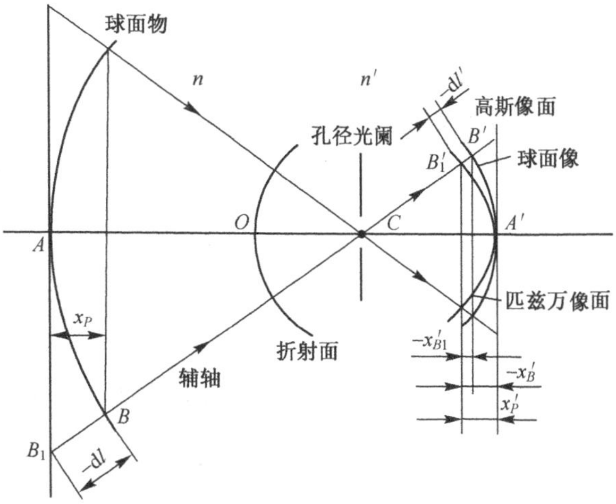

式中，$\alpha = nu^2/n'u'^2$，则有

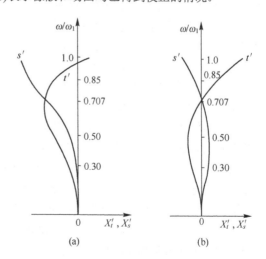

图9.20　像面弯曲由球面固有性质所决定

$$x_P' = -\frac{nu^2}{n'u'^2}\frac{y^2}{2(l-r)} + \frac{y'^2}{2(l'-r)} = \frac{1}{2n'u'^2}\left[\frac{n'^2u'^2y'^2}{n'(l'-r)} - \frac{n^2u^2y^2}{n(l-r)}\right] = \frac{1}{2n'u'^2}J^2\left(\frac{u'}{n'u'r} - \frac{u}{nir}\right)$$

$$= \frac{1}{2n'u'^2}J^2\frac{u'-u}{nir} = \frac{1}{2n'u'^2}J\frac{i-i'}{nir} = \frac{1}{2n'u'^2}J\frac{n'-n}{n'nr} \tag{9.21}$$

这就是单个折射面匹兹万像面弯曲的表示式。

当光学系统存在严重场曲时，就不能使一个较大的平面物体各点同时清晰成像。当把中心调焦清晰了，边缘又变得模糊，反之，边缘又清晰则中心变模糊，图9.21(a)为被成像的十字线图案，图9.21(b)为对中心调焦时的情况，图9.21(c)为对边缘调焦时的情况。因此，对于照相机、投影仪等物镜，其底片或屏都是平面，所以要对场曲进行很好的校正。

通常校正场曲和像散是指细光束的场曲和像散。图9.22(a)是表示了只校正像散而未校正场曲的情况，它通常是以光轴为轴旋转而成的曲面；图9.22(b)表示像散和场曲均已得到校正的情况。

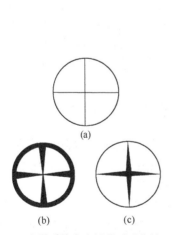

图9.21　光学系统存在场曲时成像情况

图9.22　校正细光束场曲和像散示意图

9.3.3　宽光束的像散和场曲

光学系统都是以宽光束成像的，在9.2节中讨论彗差时已提及：轴外点宽光束上、下光线光学系统折

射后的交点 B'_T 到高斯像面的距离为宽光束子午场曲，以 X'_T 表示。同理，弧矢光束的前、后光线的交点 B'_S 到高斯像面的距离称为宽光束弧矢场曲，以 X'_S 表示，如图 9.23 所示。X'_T 和 X'_S 的符号视 B'_T 和 B'_S 的位置而定，在高斯像面左边为负，右边为正。图 9.23 中 X'_T 和 X'_S 均为负值；二者之差即为宽光束像散

$$X'_{TS} = X'_T - X'_S \tag{9.22}$$

其计算方法参见式(12.44a)和式(12.50a)。

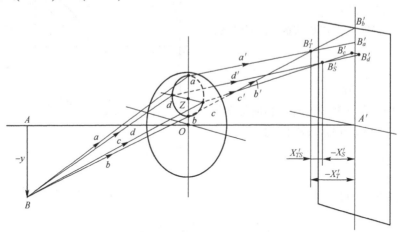

图 9.23　宽光束子午场曲 X'_T 和宽光束弧矢场曲 X'_S 示意图

9.4　畸　变

1. 光学系统的畸变

　　轴外点的宽光束和细光束都有像差存在，即使只有主光线通过光学系统，由于球差的影响也不能和第二近轴光相一致。因此，主光线和高斯像面交点的高度不等于理想像高，其差别就是系统的畸变。随着视场的改变，畸变值也改变。例如一个垂直于光轴的平面物体，其图案如图 9.24(a)所示，它由成像质量良好的光学系统所成的像应该是一个和原物完全相似的方格。但是在有些光学系统中也会出现如图9.24(b)和图9.24(c)所示的成像情况。这种使成像发生变形的缺陷称为畸变，图9.24(b)为枕形畸变，图9.24(c)为桶形畸变。图9.24中的虚线表示理想像的图形。

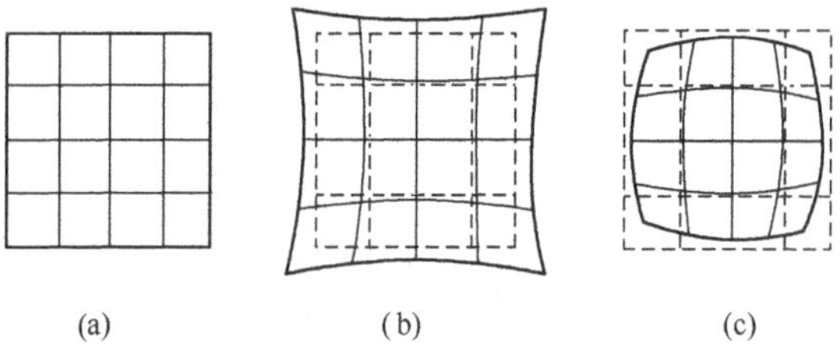

　　光学系统产生畸变的原因在于主光线的球差随视场角的改变而不同，因而在一对共轭的物像平面上，放大率 β 随视场而变化，不再是常数。

　　畸变在数值上通常以理想像高 y' 和主光线与理想像面相交的实际像高 Y'_z 之差 $\delta Y'_z$ 表示：

$$\delta Y'_z = Y'_z - y' \tag{9.23}$$

(a)　　　　　(b)　　　　　(c)

图 9.24　光学系统所成像畸变示意图

式中，理想像高 y' 可以在第二近轴光计算之后，按 $y' = (l'_z - l')u'_z$ 求得；Y'_z 可在主光线光路计算之后，由式(8.9)求出。所以，光学系统的实际畸变值是易于求得的。

　　例如表 8.1 中所举的双胶合望远物镜，对3°视场角的第二近轴光线和主光线进行了光路计算，即由表8.2 和表 8.4 可得 $y' = 5.22816$ mm，$Y'_z = 5.23510$ mm，代入式(9.23)，得

$$\delta Y'_z = 5.235\,10 \text{ mm} - 5.228\,16 \text{ mm} = 0.006\,94 \text{ mm}$$

　　由式(9.23)可知，对于枕形畸变，其主光线和高斯像面交点的高度随视场增大而大于理想像高，即为正畸变；对于桶形畸变，其主光线和高斯像面交点的高度随视场增大而小于理想像高，故为负畸变。畸变是在垂轴方向量度的，故为垂轴（或横向）像差的一种。

　　在光学设计中，常用上述像高差 $\delta Y'_z$ 相对于理想像高 y' 的百分比 q' 表示，称为相对畸变，即

$$q' = \frac{Y_z' - y'}{y'} \times 100\% \tag{9.24}$$

或写为

$$q' = \frac{Y_z'/y - y'/y}{y'/y} \times 100\% = \frac{\overline{\beta} - \beta}{\beta} \times 100\% \tag{9.25}$$

式中，$\overline{\beta}$ 为光学系统某一视场的实际横向放大率。相对畸变值 q' 表示了实际光学系统的实际放大率对理想放大率的相对误差。

2. 对称式光学系统的畸变

与非对称光学系统不同，对称式光学系统当放大率 $\beta = -1$ 时，畸变自动消除。这只需证明在对称式光学系统中 $\overline{\beta} = \beta = -1$ 即可。由图9.25 可知

$$\overline{\beta} = \frac{Y_z'}{y} = \frac{(L_z' - l')\tan U_z'}{(L_z - l)\tan U_z} \tag{9.26}$$

由于光学系统的结构完全对称，不管 U_z' 为何值，比值 $\tan U_z'/\tan U_z$ 总等于1，距离 $(L_z' - l')$ 和 $(L_z - l)$ 也总是数值相等，符号相反。则由式(9.26)可知 $\beta = -1$，因而对称式系统在 $\beta = -1$ 时，畸变自动消除。

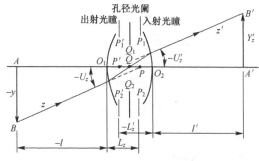

图 9.25　对称式光学系统的畸变

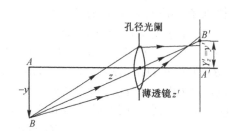

图 9.26　主光线通过主点（节点）则不产生畸变

3. 光学系统光阑对畸变的作用

对于单个薄透镜或薄透镜组，当光阑与之重合时，也不产生畸变。这是因为主光线通过主点（节点），沿着理想成像的光线方向射出，如图9.26所示，其与高斯面的交点高度等于理想像高。不管物体处于何处或倍率为何值，均无畸变产生。

当光阑不和透镜组重合时，光阑位置对畸变将有明显的影响。如图9.27所示，轴外点 B 在高斯像平面上的理想像点为 B_0'，像高为 y'。如用一小孔光阑放在透镜之前，如图9.27(a)所示，由于透镜为正，主光线有负球差，故主光线和高斯像平面的交点 B' 低于理想像点 B_0'，即实际像高 Y_z' 低于理想像高 y'，故产生桶形（负）畸变。在图9.27(b)中，光阑置于透镜之后，由于主光线产生负球差，实际像高 Y_z' 高于理想像高 y'，形成枕形（正）畸变。

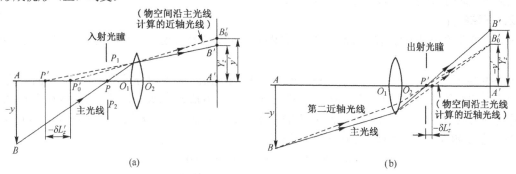

图 9.27　光阑位置对畸变的影响

最后指出，畸变对成像的影响只是使成像产生失真，并不影响清晰度。

9.5 正弦差

正弦差表示小视场成像的宽光束的不对称性（即彗差）的量度。在讨论正弦差的同时，要叙述光学成像中对两个无限接近的点即邻近点成完善像的余弦定律、对轴上点及其垂轴面内的邻近点完善成像的正弦条件、轴上点及沿轴邻近点的赫歇尔条件、轴上点及其垂轴面内邻近点具有相同缺陷的等晕条件，以及使正弦差和彗差相联系的弧矢不等量。

1. 余弦定律

光学成像中对两个无限接近的点，即邻近点成完善像的条件就是余弦定律。两邻近点构成的小线段可以是任意方向的。利用余弦定律可以导出正弦条件及赫歇尔条件等。

如图9.28所示，设在光轴上取点 A，且系统对其成完善像。点 B 为点 A 的邻近点，设它也被系统成完善像于点 B'。η 为由点 A 到点 B 的长度，η' 为点 A' 到点 B' 间的长度。过点 A 引一光线 OA 与线段 AB 成角 ε，此光线经折射后为光线 $O'A'$，与线段 AB 的像 $A'B'$ 成角 ε'。过点 B 引一光线 OB，其与线段 AB 成角 $\varepsilon + \Delta\varepsilon$，经光学系统射出后为光线 $O'B'$，与线段 $A'B'$ 成角 $\varepsilon' + \Delta\varepsilon'$。此处 $\Delta\varepsilon$ 和 $\Delta\varepsilon'$ 均为微小角度差，图中二者符号相反。

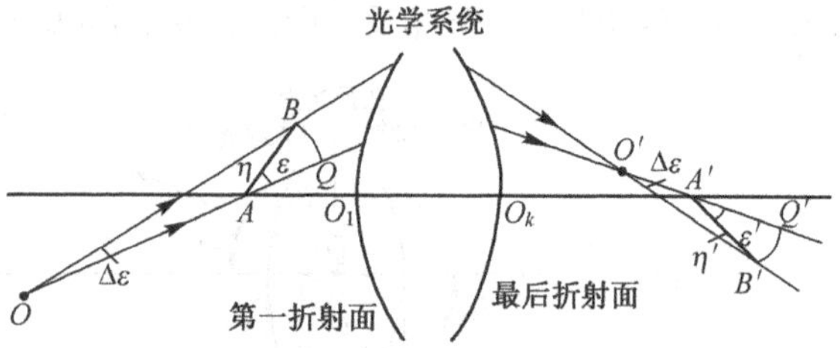

根据费马原理，对点 O 和 O' 来说，光程 $(AOO'A')$ 应等于光程 $(OBB'O')$，即

$$nOA + (AA') - n'O'A' = nOB + (BB') - n'O'B'$$

或 $n(OB - OA) - n'(O'B' - O'A') = (AA') - (BB')$ (9.27)

图 9.28　推导余弦定律示意图

以点 O 为中心，以 OB 为半径作圆弧交光线 OA 于点 Q，因 $\Delta\varepsilon$ 很小，可把圆弧看作直线，从三角形 ABQ 可得

$$AQ \approx OB - OA = AB\cos\varepsilon = \eta\cos\varepsilon$$

同理，以点 O' 为中心，以 $O'B'$ 为半径作圆弧交光线 $O'A'$ 于点 Q'，可得

$$A'Q' \approx O'B' - O'A' = A'B'\cos\varepsilon' = \eta'\cos\varepsilon'$$

把以上两式代入式(9.27)，得 $\quad n\eta\cos\varepsilon - n'\eta'\cos\varepsilon' = C$

由于 A' 是 A 的完善像，B' 是 B 的完善像，根据费马原理可知 A' 和 A 及 B' 和 B 之间的光程均应为极值，即 $d(AA') = 0$，$d(BB') = 0$。因此，(AA') 和 (BB') 各为一常量，二者之差也为常量，以 C 表示，有

$$n\eta\cos\varepsilon - n'\eta'\cos\varepsilon' = C \tag{9.28}$$

这个关系称为余弦定律，即光学系统对无限接近的两点成完善像的条件。点 A 的任意邻近点只要满足余弦定律，也成完善像。

因为光程 (AA') 和 (BB') 是不随 ε 角改变的量，因此，满足余弦定律时角 ε 可为任意值，光线的孔径角不受限制，即两邻近点均可以以任意宽光束成完善像。

2. 正弦条件

在设计光学系统时多对垂轴平面内的物考虑其成像问题，现在讨论垂轴平面内的两邻近点成完善像的条件。

如图 9.29 所示，两邻近点 A 和 B 构成的小线段垂直于光轴。为方便分析，只考虑子午面内的情况。由轴上点 A 引两条任意光线 AM_1 和 AM_2，分别与垂轴线段 AB 成 ε_1 和 ε_2 角，且与光轴成 U_1 和 U_2 角。它们在像方的共轭光线 $M_1'A'$ 和 $M_2'A'$ 分别与 AB 的像 $A'B'$ 成 ε_1' 和 ε_2' 角，与光轴成 U_1' 和 U_2' 角。若点 A' 和点 B' 分别是点 A 和点 B 的完善像，则应满足余弦条件

$$n'y'\cos'\varepsilon_1 - ny\cos\varepsilon_1 = n'y\cos\varepsilon_2' - ny\cos\varepsilon_2 = C \tag{9.29}$$

式中，y 和 y' 分别表示垂轴小线段 AB 和 $A'B'$。因为 ε_1 和 ε_2 分别与 U_1 和 U_2 互为余角，故上式可写为

$$n'y'\sin U_1' - ny\sin U_1 = n'y'\sin U_2' - ny\sin U_2 = C \tag{9.30}$$

如果由点 A 所发出的光线 AM_1 和 AM_2 不在子午面内，仍可证明

$$\frac{\cos \varepsilon'}{\cos \varepsilon} = \frac{\sin U'}{\sin U}$$

即式(9.30)总能成立。

若令以上两条光线 AM_1 和 AM_2 中有一条沿光轴，则因有 $U_1 = U_1' = 0$ ，故可得 $C = 0$ ，则有

$$n'y'\sin U' = ny\sin U \qquad (9.31)$$

或

$$\frac{n\sin U}{n'\sin U'} = \beta \qquad (9.32)$$

这就是所要导出的正弦条件。

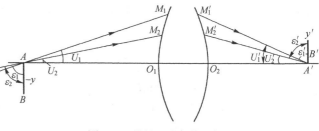

图9.29　推导正弦条件示意图

3．赫歇尔条件

光学中的赫歇尔条件是：当光学系统成完善像时，在沿轴方向的邻近点（沿轴微线段）成完善像应满足的条件。

设沿轴小线段 $AB = \mathrm{d}x$ ，通过光学系统成完善像 $A'B' = \mathrm{d}x'$ ，按余弦定律：

$$n'\mathrm{d}x'\cos U' - n\mathrm{d}x\cos U = C$$

现只考虑沿轴光线 $U = U' = 0$ ，得 $\qquad n'\mathrm{d}x' - n\mathrm{d}x = C$

用此式取代上式中的常数 C ，可得 $\qquad n'\mathrm{d}x'(1-\cos U') = n\mathrm{d}x(1-\cos U)$

即

$$n'\mathrm{d}x'\sin^2(U/2) = n\mathrm{d}x\sin^2(U/2) \qquad (9.33)$$

由于轴向放大率 $\alpha = \dfrac{\mathrm{d}x'}{\mathrm{d}x} = \dfrac{n'}{n}\beta^2 = \dfrac{n'y'^2}{ny^2}$ ，代入上式，可得

$$n'y'\sin(U'/2) = ny\sin(U/2) \qquad (9.34)$$

上式即为赫歇尔条件的表示式，它是光轴上一对邻近点成完善像的充分必要条件。

比较由式(9.31)表示的正弦条件和由式(9.34)表示的赫歇尔条件，可写出

$$\frac{n'y'}{ny} = \frac{\sin U}{\sin U'} \qquad 和 \qquad \frac{n'y'}{ny} = \frac{\sin(U/2)}{\sin(U'/2)}$$

显然以上两式只在 $U = U' = 0$ 的条件下才能同时满足。这表明正弦条件和赫歇尔条件不能同时满足，即一对共轭点对垂轴平面内的邻近点满足正弦条件，对沿轴的邻近点不能满足赫歇尔条件。光学系统对一垂轴物平面成完善像，而对其附近的物平面就不能成完善像。故不存在对一个空间成完善像的光学系统。

4．弧矢不变量与正弦条件的关系

图9.30中 P_cB_s 和 P_dB_s 是一对弧矢光线，相交于 B_s 点，作 B_s 与曲率中心 C 的连线 B_sC 为点 B_s 的辅轴。按折射定律：入射光线、折射光线和法线应在一个平面以内，故 P_cB_s 光线经球面折射以后，其折射光线应在 P_cB_sC 平面内，同理 P_dB_s 光线经球面折射后，其折射光线应在 P_dB_sC 平面内。这两个平面的交线显然是辅轴 B_sC 。又由于光线 P_cB_s 和 P_dB_s 对称于子午面，其折射后的交点 B_s 也应在子午面以内，且在辅轴 B_sC 上。

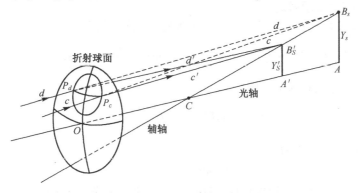

图9.30　弧矢光线通过光学系统的折射

如图9.31所示，点 A 和 A' 是轴上点边缘光线在球面折射前、后与光轴的交点。过点 A 作垂直于光轴的平面 AB_S，在此平面内点 A 的邻近点 B_S 就是图9.31中光线 P_CB_S 和光线 P_dB_S 的交点 B_S。这两条光线经球面折射后，应交于 B_SC 线上的点 B_S'。由于 AB_S 很小，像面弯曲等轴外像差可忽略不计，故认为点 B_S' 位于过点 A' 的垂直于光轴的平面内。Y_S 和 Y_S' 分别表示 B_S 和 B_S' 到光轴的垂直距离，由三角光路计算公式

$$\sin I = \frac{L-r}{r}\sin U, \quad \sin I' = \frac{L'-r}{r}\sin U'$$

相除可得

$$\frac{\sin I}{\sin I'} = \frac{L-r}{L'-r}\cdot\frac{\sin U}{\sin U'} = \frac{n'}{n}$$

或写为

$$\frac{L-r}{L'-r} = \frac{n'\sin U'}{n\sin U}$$

由于三角形 B_SCA 和三角形 $B_S'CA'$ 相似，得

$$\frac{L-r}{L'-r} = \frac{Y_S}{Y_S'}$$

于是可得

$$\frac{n'\sin U'}{n\sin U} = \frac{Y_S}{Y_S'}$$

或

$$n'Y_S'\sin U' = nY_S\sin U \tag{9.35}$$

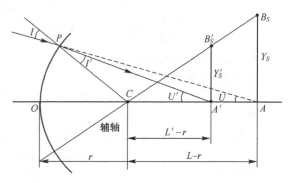

图9.31　弧矢不变量推导示意图

对于第 i 个和 $i+1$ 个相邻折射面，有

$$n_i' = n_{i+1}, \quad \sin U_i' = \sin U_{i+1}, \quad Y_{Si}' = Y_{Si+1}$$

按此关系，把式(9.35)用于光学系统的第1面到第 k 面，得

$$n_1Y_{S1}\sin U_1 = n_2Y_{S2}\sin U_2 = \cdots = n_kY_{Sk}\sin U_k = n_k'Y_k'\sin U_k' \tag{9.36}$$

此式是一个不变量，称为"弧矢不变量"。只要物体垂直于光轴，用任意大的光束成像，上式均成立。此外，Y_S 和 Y_S' 是弧矢光束交点的高度，不是主光线与物平面和理想像平面交点的高度。

按弧矢彗差的定义，点 B_S' 到主光线的垂直于光轴的距离 $B_S'Q'$ 应为弧矢彗差 K_S'。由于考虑到在小视场的情况下，可忽略像散、场曲和畸变等像差，但有球差 $\delta L'$ 和彗差 K_S' 存在，如图9.32所示，则弧矢不变量可写为

$$ny\sin U = n'Y_S'\sin U'$$

由图9.32可知，当光学系统无彗差时，点 B_S' 和点 Q' 重合。如果无彗差同时又无球差，则点 B_S' 和点 B_0' 重合，Y_S' 即为理想像高 y'，则得

$$ny\sin U = n'y'\sin U'$$

此即前面所讨论的正弦条件。

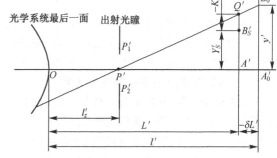

图9.32　弧矢彗差 K_S' 示意图

5．正弦条件的其他表示形式

当物体在无限远 $\sin U = 0$ 时，正弦条件可表示为另外一种形式：

$$n'\sin U' = n\sin U\cdot\frac{1}{\beta} = -n\sin U\cdot\frac{x}{f} = -n\sin U\cdot\frac{l+f}{f} = -n\sin U\cdot\frac{l}{f} + n\sin U$$

当 $l\to\infty$，$\sin U\to 0$，则 $l\sin U = h$，则有

$$n'\sin U' = -\frac{n}{f}h = \frac{n'}{f'}h$$

得物体位于无限远时的正弦条件为

$$h/\sin U' = f' \tag{9.37}$$

根据轴上点光线光路计算的结果，由式(9.31)和式(9.37)可方便地判断光学系统是否满足正弦条件。

数值表示可以按下述处理：当物体在有限距离，并对边缘光线校正了球差，按光路计算结果求得

$n\sin U / n'\sin U'$ 值，若其等于按近轴光计算求得的横向放大率 β，则表示满足正弦条件，如不相等，令其差为 $\delta\beta$ 来表示正弦条件的偏离：

$$\delta\beta = \frac{n\sin U}{n'\sin U'} - \beta \tag{9.38a}$$

对于物体在无限远的情况下，按式(9.37)可得

$$\delta f' = \frac{h}{\sin U'} - f' \tag{9.38b}$$

可用 $\delta f'$ 表示物体在无限远时的正弦条件的偏离。即使球差已校正，仍会由于彗差存在而不能满足正弦条件。

6. 在不晕点处的正弦条件

校正了球差并满足正弦条件的一对共轭点，称为不晕点或齐明点。在 9.1 节中曾述及单个折射球面有一对不晕点，并证明了它是无球差的。现在也可证明它们是满足正弦条件的，即证明由 $l = \dfrac{n'+n}{n}r$，

$l' = \dfrac{n'+n}{n'}r$，所决定的一对共轭点是单个折射球面满足正弦条件的不晕点。这对共轭点的放大率为

$$\beta = \frac{y'}{y} = \frac{nl'}{n'l} = \frac{n\dfrac{n'+n}{n'}r}{n'\dfrac{n'+n}{n}r} = \frac{n^2}{n'^2}$$

由式(9.14)可知，这对共轭点还有以下关系：

$$\frac{n}{n'} = \frac{\sin I'}{\sin I} = \frac{\sin U}{\sin U'}$$

由此可得

$$\beta = \frac{y'}{y} = \frac{n^2}{n'^2} = \frac{n\sin U}{n'\sin U'}$$

或

$$n'y'\sin U' = ny\sin U$$

这表明该对共轭点满足正弦条件。

7. 等晕条件

正弦条件是垂轴小线段完善成像的条件。实际上光学系统对轴上点消球差只能使某一带球差为零，其他带仍有剩余球差存在。所以，轴上点也不能成完善像，所得到的像是一个弥散斑，只是由于剩余球差不大，致使弥散斑很小，仍认为像质是好的。因此，对轴外邻近点的成像最多只能要求和轴上像点一样，是一个仅由剩余球差引起的足够小的弥散斑。也就是说，轴上点和邻近点具有相同的成像缺陷，称之为等晕成像，欲达到这样的要求，光学系统必须满足等晕条件。

等晕条件如图9.33所示。图中只画出了光学系统的像空间，由于视场小，像散、场曲和畸变不考虑，用理想像高 y' 取代细光束的会聚点的高度，Y' 是轴外邻近点边缘光线的会聚点 B' 的高度，并和轴上点发出的边缘光的会聚点 A' 处于同一平面内。由图9.33可知，轴上点和轴外点有相同的球差值，且轴外光束不失对称性，即不存在彗差，这就是满足等晕条件的系统。

如果邻近点存在彗差，则系统不满足等晕条件，如图9.32所示，现以 $K'_S / A'Q'$ 描述等晕条件的偏离，其中 $A'Q' = Y'_S - K'_S$，以 SC' 表示，称为正弦差或相对弧矢彗差。$SC' = 0$ 时表示系统满足等晕条件，即相对弧矢彗差为零，由图9.32可知

$$SC' = \frac{K'_S}{A'Q'} = \frac{Y'_S - A'Q'}{A'Q'} = \frac{Y'_S}{A'Q'} - 1 \approx \frac{K'_S}{y'} \tag{9.39}$$

式中的 Y'_S 可用弧矢不变量公式(9.36)求出

$$Y'_S = \frac{n\sin U}{n'\sin U'}y$$

$A'Q'$ 可由图9.32中三角形 $P'A'_0B'_0$ 相似于三角形 $P'A'Q'$ 的关系求出：

$$\frac{A'Q'}{y'} = \frac{P'A'}{P'A'_0} = \frac{L'-l'_z}{l'-l'_z}$$

则 SC' 可写为 $\qquad SC' = \frac{n\sin U}{n'\sin U'}\frac{l'-l'_z}{L'-l'_z}\frac{y}{y'}-1$

再利用垂轴放大率公式 $\beta = y'/y = nu/n'u'$ 代入上式，得

$$SC' = \frac{\sin U}{\sin U'}\frac{u'}{u}\frac{l'-l'_z}{L'-l'}-1 \qquad (9.40)$$

当物体位于无限远时，$\sin U$ 和 u 相消，$u' = h/f'$，则得

$$SC' = \frac{h}{f'\sin U'}\frac{l'-l'_z}{L'-l'_z}-1 \qquad (9.41a)$$

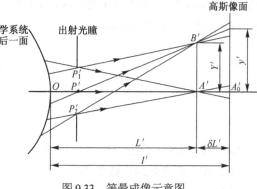

图 9.33　等晕成像示意图

当进行球差计算时，由边缘光光路计算和第一近轴光光路计算求得 $\sin U$，$\sin U'$，u, u', L', l'，只要再作一条第二近轴光的光路计算求得 l'_z，即可按以上两式求得光学系统的正弦差。这在小视场光学系统中进行像质估计是很方便的。

为和系统的球差 $\delta L'$ 联系起来，式(9.40)可写为以下形式：

$$SC' = \frac{\sin U}{\sin U'}\frac{u'}{u}\frac{l'-L'+L'-l'_z}{L'-l'_z}-1 = \left(\frac{\sin U}{\sin U'}\frac{u'}{u}-1\right) - \frac{\delta L'}{L'-l'_z}\frac{\sin U}{\sin U'}\frac{u'}{u} \qquad (9.41b)$$

式中最后一项中，由于系统校正了球差，$\delta L'$ 是近于零的值，且分母是一个大数，故此项对整个 SC' 影响很小，把 $\sin U$ 和 $\sin U'$ 展开成级数后取第一项，上式可写为

$$SC' = \frac{\sin U}{\sin U'}\frac{u'}{u} - \frac{\delta L'}{L'-l'_z}-1 \qquad (9.42)$$

当物体位于无限远时，上式可写为 $\qquad SC' = \frac{h}{f'\sin U'} - \frac{\delta L'}{L'-l'_z}-1 \qquad (9.43)$

以上两式也是计算中常用的形式。

当 $K'_S = 0$ 时，$SC' = 0$，但是 $\delta L'$ 不一定为零，这正说明是等晕成像。所以，$SC' = 0$ 能满足等晕条件，即光轴邻近点没有彗差存在。反之，$SC' \neq 0$，就是系统偏离等晕条件，光轴邻近点有彗差存在。如果 $SC' = 0$，同时 $\delta L' = 0$，式(9.42)可写为

$$\frac{\sin U}{\sin U'}\frac{u'}{u}-1 = 0$$

用拉赫不变量 $nuy = n'u'y'$ 取代上式中的 u 和 u'，可得

$$\frac{ny\sin U}{n'y'\sin U'}-1 = 0$$

或 $\qquad ny\sin U = n'y'\sin U'$

这是正弦条件。所以说，等晕条件是正弦条件的推广。

有时，在计算中也可把正弦差表示为与放大率有关的形式。用 $\beta = nu/n'u'$ 代入式(9.38)，得

$$\frac{\delta\beta}{\beta} = \frac{u'}{u}\frac{\sin U}{\sin U'}-1$$

代入式(9.42)，得 $\qquad SC' = \frac{\delta\beta}{\beta} - \frac{\delta L'}{L'-l'_z} \qquad (9.44)$

当物体在无限远时，把式(9.39)代入式(9.43)，得

$$SC' = \frac{\delta f'}{f'} - \frac{\delta L'}{L'-l'_z} \qquad (9.45)$$

对于一般的望远物镜或对称式照相物镜，可把 $L'-l'_z$ 近似地看作 f'，则

$$SC' = (\delta f' - \delta L') / f' \qquad (9.46)$$

对于这类光学系统，当 $\delta f'$ 和 $\delta L'$ 相等时，表示满足等晕条件。可把 $\delta f'$ 曲线画在球差 $\delta L'$ 的曲线图上（见图9.34），两条曲线的偏离就表示对等晕条件偏离的程度。

例如表8.1中的双胶合望远物镜，用表8.1、表8.2、表8.3中有关数据，按式(9.45)可求得正弦差

$$SC' = \frac{\dfrac{h}{\sin U'} - f'}{f'} - \frac{\delta L'}{L' - l'_z}$$

$$= \frac{\dfrac{10 \text{ mm}}{0.10008} - 99.8961 \text{ mm}}{99.8961} = 0.00028 \text{ mm}$$

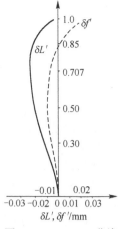

图9.34　$\delta f' - \delta L'$ 曲线

利用式(9.46)可得同样的计算结果。也可以只计算出 $\delta f'$ 值，如表9.7所示，并和球差 $\delta L'$ 曲线画在一张图上，如图9.34所示，可以看出 $\delta f'$ 和 $\delta L'$ 间的偏离并不严重。

表9.7　$\delta f' - \delta L'$ 曲线数据

h / h_m	$l'_1 L' /$ mm	$\delta L' /$ mm	$(h / \sin U') /$ mm	$\delta f' /$ mm	$(\delta f' - \delta L') /$ mm
0	$l' = 97.009$	0.0	$f' = 99.8961$	0.0	0
0.50	96.989	-0.020	99.8861	-0.010	0.010
0.707	96.983	-0.026	99.8888	-0.007	0.019
0.85	96.987	-0.022	99.8977	0.002	0.024
1.0	97.005	-0.004	99.9201	0.024	0.028

9.6　位置色差

光学系统往往对包括各种色光的白光成像。光学材料对不同波长的色光折射率不同，波长越短折射率越高。由薄透镜的焦距公式 $1/f' = (n-1)(\rho_1 - \rho_2)$ 可知，同一薄透镜对不同色光有不同焦距。当透镜对一定的物距 l 的物体成像时，由于各色光焦距不同，用高斯公式可求得不同的像距 l' 值。按色光的波长由短到长，它们的像点离透镜由近到远地排列在光轴上，这种现象就是位置色差，也称为轴向色差。即使在光学系统的近轴区，也同样存在位置色差。如图9.35所示，若由点 A 发出白光，经透镜后，不同色光在像方空间光轴上形成位置不同的像点。红光（以 C 表示）因折射率低，其像点 A'_C 离光系统最后一面最远。同理，蓝光（以 F 表示）因折射率高，其像点 A'_F 最近。绿光（以 D 表示）居中。如果把一个屏分别置于位置 1，2，3 处。在位置 1 是所看到的弥散斑，红色在外，蓝色在内，绿光居中；在位置 2 时，红色在外，绿色在内，蓝色居中；在位置 3 时，蓝色在外，红色在内，绿色居中。这种色差现象使轴上点不能成像为一白色光点，而成为彩色弥散斑。

为确定色差值，首先应规定对哪两种色光来考虑色差，即所谓消色差谱线。一般以波长较长的谱线的像点位置为基准来确定色差。设 λ_1 和 λ_2 为消色差谱线的波长，且 λ_1 是波长较短的谱线的波长，即 $\lambda_1 < \lambda_2$，位置色差可表示为

$$\Delta L'_{\lambda_1 \lambda_2} = L'_{\lambda_1} - L'_{\lambda_2} \qquad (9.47)$$

式中，L'_{λ_1} 和 l'_{λ_2} 分别为波长为 λ_1 和 λ_2 的色光的像方截距。

与其他单色像差不同，理想光学系统或光学系统近轴区也存在位置色差：

$$\Delta l'_{\lambda_1 \lambda_2} = l'_{\lambda_1} - l'_{\lambda_2} \qquad (9.48)$$

式中，l'_{λ_1} 和 l'_{λ_2} 是对 λ_1 和 λ_2 两种色光计算的近轴光像方截距。

在靠近可见光谱区间边缘的两种色光为

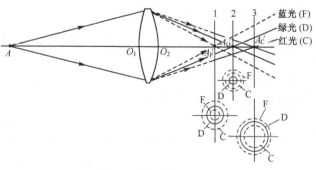

图9.35　位置色差示意图

红光（C 光）和蓝光（F 光），对人眼最敏感的为黄绿色光。所以目视仪器对黄绿色光（D, d 和 e 光中的一种）计算和校正单色像差，对 C 光和 F 光计算并校正色差。对于不同用途的光学系统，校正单色像差及校正色差的谱线选择方法不同。目视仪器的光学系统的位置色差为

$$\begin{cases} \Delta L'_{FC} = L'_F - L'_C \\ \Delta l'_{FC} = l'_F - l'_C \end{cases} \tag{9.49}$$

为求出位置色差的精确值，需对要求校正色差的两种色光，例如 F 光和 C 光进行光路计算，分别求得像方截距 L'_F, L'_C 和 l'_F, l'_C，然后用式(9.49)求之。

表 9.8　有关数据及色差

h/h_m	l'_C, L'_C /mm	l'_F, L'_F /mm	$\Delta l'_{FC}, \Delta L'_{FC}$ /mm
0	97.024	97.025	−0.050
0.707	97.034	97.038	0.004
1.00	97.038	97.098	0.060

例如表 8.1 中的双胶合望远物镜，其正负透镜的玻璃分别为 K9 和 ZF2，它们的 F 光和 C 光的折射率分别为：K9 玻璃 $n_F = 1.52191$，$n_C = 1.51385$；ZF2 玻璃 $n_F = 1.68749$，$n_C = 1.66662$。通过对 C 光和 F 光的近轴光路和远轴光光路计算，求得有关数据及色差值如表 9.8 所示。

用于消色差的两种色光经光学系统后，因两种色光的球差不等，即两种色光的 $\delta L' \text{-} (h/h_m)$ 球差曲线只能在某一带相交，即对该带消色差。光学系统消色差也只是指某一带色差为零。一般对带光（0.707 带）的光线校正色差，为消色差系统，色差小于零者为"校正不足"，反之，色差大于零者为"校正过头"。

光学系统对带光校正了色差以后，在其他带上一定存在剩余色差。为了全面地了解光学系统的色差情况，除核算带光是否校正了色差以外，还必须通过光路计算求得近轴光和边缘光的位置色差。这些计算结果如表 9.8 所示。

由表 9.8 中还可以看出，光学系统的带光校正了色差。F 光的球差 $\delta L'_F = 0.073$ mm 和 C 光的球差 $\delta L'_C = -0.006$ mm 不相等，其差值称为色球差，此即 $\delta L'_F - \delta'_C = 0.109$ mm，其值正等于边缘光和近轴光色差之差 $\Delta L'_{FCm} - \Delta l'_{FC}$，即

$$\delta L'_F - \delta L'_C = \Delta L'_{FCm} - \Delta l'_{FC} \tag{9.50}$$

式中，$\Delta L'_{FCm}$ 为光学系统边缘光的色差。

当在带孔径对 F 光和 C 光校正了位置色差，它们和光轴的公共交点并不和 D 光带孔径光线和光轴的交点重合，其偏差称为二级光谱，以 $\Delta L'_{FCD}$ 表示

$$\Delta L'_{FCD} = L'_{F0.7h} - L_{D0.7h} \tag{9.51}$$

对于表 8.1 中的例子，由带孔径光路计算得 $L'_{D0.7h} = 96.983$ mm，由表 9.8 可知，$L'_{F0.7h} = 97.038$ mm，得二级光谱 $L'_{FCD} = 0.055$ mm。

色球差和二级光谱在光学系统的色差校正是困难的。一般光学系统对这两种像差并不要求严格校正。

9.7　倍率色差

当光学系统校正了位置色差以后，轴上点发出的两种色光通过光学系统后交于光轴上同一点，即可认为两种色光的像面重合在一起。但对轴外点来说，两种色光的垂轴放大率不一定相等。由式 $\beta = -x'/f'$ 可知，不同色光的焦距不等时，放大率也不等，而有不同像高。光学系统对不同色光的放大率的差异称为倍率色差，也称放大率色差或垂轴色差。设系统对无限远物体成像，如果是薄透镜光学系统，当两种色光的焦点重合时，则焦距相等，而有相近的放大率。如为复杂光学系统，两种色光的焦点重合，因主面不重合而有不同的焦距，即有不同的放大率，则系统存在倍率色差。以目视光学系统为例，被观察面是 D 光的高斯像面，所看到的 F，C 光像高是它们的主光线和 D 光高斯像面交点的高度，如图 9.36 所示。故倍率色差定义为轴外点发出两种色光的主光线在消单色光像差的高斯像面上交点高度之差，且以波长较长的色光交点高度为基准，即

$$\Delta Y'_{\lambda_1\lambda_2} = Y'_{\lambda_1} - Y'_{\lambda_2} \tag{9.52}$$

式中，Y'_{λ_1} 和 Y'_{λ_2} 是波长为 λ_1 和 λ_2 的两种色光主光线和高斯像面交点的高度，可由下式求得：

$$Y'_\lambda = (l'_{z\lambda} - l') \tan U'_{z\lambda}$$

近轴光倍率色差可按下式计算：

$$\Delta y'_{\lambda_1\lambda_2} = y'_{\lambda_1} - y'_{\lambda_2} \qquad (9.53)$$

式中，y'_{λ_1} 和 y'_{λ_2} 分别是由波长为 λ_1 和 λ_2 的色光计算第二近轴光所求得的像高。对于目视光学系统，其倍率色差为

$$\begin{cases} \Delta Y'_{FC} = Y'_F - Y'_C \\ \Delta y'_{FC} = y'_F - y'_C \end{cases} \qquad (9.54)$$

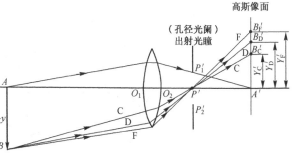

图 9.36　倍率色差示意图

下面以表 8.1 中双胶合望远物镜为例，说明倍率色差的计算。首先按 C 光和 F 光对 $U_z = -3°$，$L_z = 0.8052\ \text{mm}$ 的主光线进行光路计算，得

$$L'_{zC} = -3.388\ \text{mm},\ U'_{zC} = -2.9851°,\ \tan U'_{zC} = -0.0521476;$$

$$L'_{zF} = -3.355\ \text{mm},\ U'_{zF} = -2.9856°,\ \tan U'_{zF} = -0.0521562$$

此外高斯像面位置为 $l' = 97.009\ \text{mm}$，因此

$$Y'_C = (L'_{zC} - l')\tan U'_{zC} = (-3.388\ \text{mm} - 97.009\ \text{mm})\times(-0.0521476) = 5.2355\ \text{mm}$$

$$Y'_F = (L'_{zF} - l')\tan U'_{zF} = (-3.355\ \text{mm} - 97.009\ \text{mm})\times(-0.0521562) = 5.2346\ \text{mm}$$

倍率色差为

$$\Delta Y'_{FC} = 5.2346\ \text{mm} - 5.2355\ \text{mm} = -0.0009\ \text{mm}$$

倍率色差是在高斯像面上量度的，故为垂轴（横向）像差的一种。倍率色差严重时，物体的像有彩色边缘，即各种色光的轴外点不相重合。倍率色差破坏了轴外点成像的清晰度，造成白光像的模糊。倍率色差随视场增大而变得严重，大视场光学系统必须校正倍率色差。所谓倍率色差的校正，是指对所规定的两种色光在某一视场使倍率色差为零。倍率色差为负时为校正不足，反之，为正时为校正过头。

倍率色差值受光阑位置的影响，图 9.37 中光阑在透镜之前，由于 $n_F > n_C$，F 光偏折较 C 光严重，

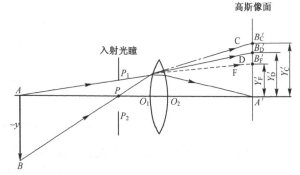

图 9.37　倍率色差值受光阑位置的影响示意图

故 Y'_F 低于 Y'_C，倍率色差 $\Delta Y'_{FC}$ 为负。把光阑置于透镜之后，如图 9.36 所示，则 Y'_F 高于 Y'_C，倍率色差为正。

由上述讨论可知，放大率 $\beta = -1$ 时的对称式光学系统，前组（光阑前的部分）和后组（光阑后的部分）分别产生数值相等、符号相反的倍率色差，此时系统总的倍率色差自动消除。

9.8　像差曲线的绘制及举例

9.8.1　像差曲线绘制

根据前面的讨论，单色像差可分为五类：球差、彗差、像散、场曲和畸变；色差分为两类：位置色差和倍率色差。在多数光学系统中，各种像差不是独立存在的，而多是同时存在的。为能全面地（即对整个视场和整个孔径内）估计成像的像差，需对各种像差曲线进行分析。

在讨论像差曲线之前，先对物点通过光学系统后像点的像差做一概括。物体上的点可分为轴上点和轴外点。轴上点成像像差较为简单，单色光只有球差、白光成像时有位置色差，色球差和二级光谱。因此，轴上点被白光成像时，将在高斯像面上形成一个圆形彩色弥散斑，轴外点成像只需考虑光束的子午截面和弧矢截面内的像差，分别称为子午像差和弧矢像差，如图 9.38 所示，图 9.38(a)为子午像差的示意图，图 9.38(b)为弧矢像差的示意图。图 9.38 中给出了与视场和孔径有关的彗差 K'_T，K'_S 和宽光束场曲 X'_T，X'_S；只与视场有关的细光束场曲 x'_t 和 x'_s 及畸变 $\delta Y'$。此外，由图 9.38 上还可以看出宽光束场曲 X'_T，X'_S 与细光束场曲 x'_t，x'_s 不相等，它们之间的差值为轴外子午球差 $\delta L'_T$ 和轴外弧矢球差 $\delta L'_S$：

$$\begin{cases} \delta L'_T = X'_T - x'_t \\ \delta L'_S = X'_S - x'_s \end{cases} \qquad (9.55)$$

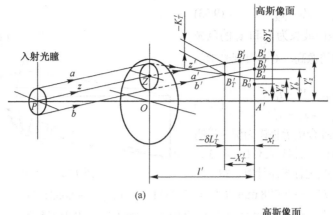

(a)

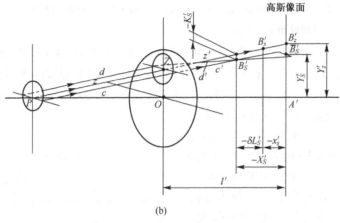

(b)

图 9.38　子午像差和弧矢像差示意图

另外，由图9.39上可以看到与孔径和视场都有关系的宽光束像散

$$X'_{TS} = X'_T - X'_S$$

以及只与视场有关的细光束像散

$$x'_{ts} = x'_t - x'_s$$

白光通过光学系统成像时，对轴外点来说只考虑与视场有关的倍率色差。

在绘制像差曲线时，必须按不同孔径或视场计算一系列的像差值。为了减少计算工作量，必须了解要计算哪些光线方可较准确地把曲线绘出。绘制与孔径有关的像差曲线，如球差，只要计算三条光线就可以把曲线大体上定下来，即最大孔径（h_m 或 $\sin U_m$）的光线、近轴光线，中间带光线则应选在像差最大值出现的地方，如球差，应进行 $0.707h_m$（或 $0.707\sin U_m$）处的带光计算（将在 9.9 节中说明）。

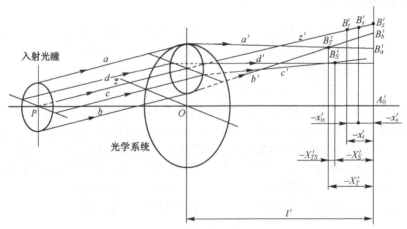

图 9.39　与孔径和视场都有关系的宽光束像散示意图

对于与视场有关的像差和上述类似，一般只计算全视场和带视场($0.707\omega_m$)的光线即可，零视场的不必计算，一般为零。

复杂的光学系统的像差曲线可能有多于一个的拐点，所以要多作几条光线的光路计算。自从计算机出现以后，这样做并不难。现把需计算的光线分情况列成表，并把最少要计算的光线写在备注栏内。对于轴上点，只考虑光轴上面的半个子午面内的光线，参见表 9.9。对于轴外点，由于物面对称于光轴，所以主要研究子午面内位于光轴以上或以下的诸物点即可，一般选择五个视场的轴外点光路计算，参见表 9.10。不同于轴上点，轴外点子午光束经系统后已失去对称性，故不能只计算光束的上半部光线，还应计算其下半部光线。对于各个视场的子午光束应计算的光线参见表 9.11。

表 9.9　轴上点只需计算光轴上面的半个子午面内的光线

h/h_m 和 $\sin U/\sin U_m$	名　称	备　注
1.0	边缘带光线	对于简单光学系统，至少要计算边缘光、带光和近轴光
0.85	0.85 带光线	
0.707	带光	
0.50	0.5 带光线	
0.30 或 0.25	0.3 带或 0.25 带光线	
0	近轴光线	

表 9.10　物面对称于光轴时主要研究子午面内位于光轴以上或以下的诸物点

ω/ω_m	名　称	备　注
1.0	边缘视场	对于简单光学系统，至少要计算边缘视场、带视场和零视场（即轴上点）光束
0.85	0.85 视场	
0.707	带视场	
0.50	0.5 视场	
0.30 或 0.25	0.3 或 0.25 视场	
0	零视场或轴上点	

表 9.11　轴外点子午光束应计算的光线

h/h_m	名　称	备　注
1.0	上边缘光线	对于结构较为简单的大视场系统，至少要计算上、下边缘光线，上、下带光线和主光线
0.85	上 0.85 带光线	
0.707	上带光线	
0.50	上 0.5 带光线	
0.30 或 0.25	上 0.3 带或 0.25 带光线	
0	主光线	
-0.30 或 -0.25	下 0.3 带或 0.25 带光线	
-0.50	下 0.5 带光线	
-0.707	下带光线	
-0.85	下 0.85 带光线	
-1.0	下边缘光线	

9.8.2　绘制像差曲线举例

作为小视场光学系统的举例，如图9.40所示双分离物镜，物距 $L=-\infty$，入射高度 $h_m=22.5$ mm，视场角 $2\omega=1°$。物镜结构参数见表 9.12。

作正、反方向第一近轴光线及第二近轴光光路计算，可得光学系统性能参数为 $f'=240.01$ mm，$l_F'=233.82$ mm，$l_H'=-6.2806$ mm，$l_F=-238.93$ mm，$l_H=1.1666$ mm，$u'=0.0937$　$\omega=-0.5°$，$y'=20.95$ mm。

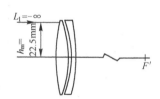

图 9.40　双分离物镜示意图

表 9.12　双分离物镜光学结构

$r/$mm	$d/$mm	n_D	n_F	n_C
144.54	8.0	1.5163	1.52195	1.51389
-82.79	0.28			
-83.37	3.0	1.6128	1.62465	1.60807
-258.10				

表 9.13　不同 h/h_m 的球差，位置色差及正弦差计算数据

h/h_m	$(L_D'-l_D')/$mm	$(L_F'-l_D')/$mm	$(L_C'-l_D')/$mm	$\Delta L_{FC}'/$mm	SC'
1.0	0.0042	-0.2450	0.0822	0.1568	0.000 12
0.85	-0.0085	-0.1659	0.0930	0.0729	0.000 10
0.707	-0.0143	-0.1089	0.1058	0.0031	0.000 07
0.50	-0.0125	-0.0551	0.1275	-0.0724	0.000 04
0.30	-0.0058	-0.0272	0.1465	-0.1193	0.000 02
0		-0.0141	0.1592	-0.1451	

由于这是一个小视场光学系统，与视场有关的轴外像差处于次要地位，可以不考虑，只计算球差、位置色差及正弦差。表 9.13 给出了不同 h/h_m 相对应的像差值。图9.41给出有关像差曲线，图9.41(a)为位置色差曲线，可看出在 $0.707h_m$ 处色差为零。在光学设计中，常把 $L_D'-l_D'$，$L_F'-l_D'$ 和 $L_C'-l_D'$ 绘在一张坐标图上，如图9.41(b)所示。在该图中 D 光曲线是球差曲线，在 h_m 处为零。由 F 光和 C 光的曲线可看出，在 $0.707h_m$ 处有交点，即色差为零；由此交点到 D 光曲线的水平距离为二级光谱；边缘光色差 $\Delta l_{FCm}'$ 和近轴光色差 $\Delta l_{FC}'$

之差（或 F 光本身的球差 $\delta L_F'$ 和 C 光本身的球差 δL_C 之差）即为色球差，此处由于 $\Delta L_C'$ 和 $\Delta l_{FC}'$ 异号，故色球差为二者绝对值之和。正弦差 SC' 曲线如图 9.41(c) 所示。总之，由曲线可知：物镜对边缘光校正了球差，正弦差在容限 ±0.0025 以内（详见 13.6 节），在带光处校正了位置色差。二级光谱和色球差未得到校正。作为普通望远物镜，对球差、位置色差和正弦差的这种校正状态是可用的。

下面再举一较大视场的照相物镜的例子，其光学结构如图9.42所示。对于这种系统，除考虑轴上点像差以外，还应了解轴外像差情况，才能全面评价其成像质量。设该系统的物距 $L = -\infty$，入射高度 $h_m = 10\ \text{mm}$，视场角 $2\omega = 37°30'$，其结构数据见参表 9.14。经过正、反方向的近轴光光路计算可得光学性能参数为

表 9.14　照相物镜光学结构

r/mm	d/mm	n_D	n_F	n_C	玻璃牌号
30.83	5.7	1.6568	1.653 06	1.665 91	ZBaF3
115.83	0.1				
20.99	6.45	1.6568	1.653 06	1.665 91	ZBaF3
42.56	1.9	1.6475	1.642 08	1.661 19	ZF1
12.023	6.83				
光　阑	6.80				
−11.117	1.9	1.6725	1.6666	1.687 47	ZF1
−118.30	5.85	1.677 79	1.674 19	1.686 47	LaK4
−16.596	0.1				
−97.50	3.4	1.677 79	1.674 19	1.686 47	LaK4
−25.82	0.1				
61.05	2.5	1.6779	1.674 19	1.686 47	LaK4
−347.5					

$$f' = 40.116\ \text{mm}, \quad l_F' = 28.3001\ \text{mm}, \quad l_F = -24.7813\ \text{mm}$$

$$l_H' = -11.8159\ \text{mm}, \quad l_H = 15.3353\ \text{mm}, \quad u' = 0.24977$$

$$l_z' = -45.0535\ \text{mm}, \quad l_z = 26.7202\ \text{mm}, \quad y' = 13.6097\ \text{mm}$$

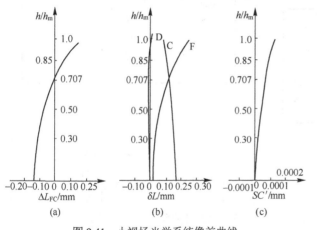

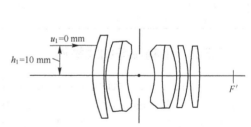

图 9.41　小视场光学系统像差曲线　　　　　图 9.42　较大视场的照相物镜光学结构

对轴上点进行各孔径的实际光线的光路计算，得像差数值如表 9.15 所列。其球差曲线和色差曲线分别如图 9.43(a)和图 9.43(b)所示。色差并没有在 $0.707h_m$ 处得到校正，作为照相物镜，其光能接收器（胶片），不如人眼那样完善，轴上点像差不要求如上述望远物镜那样严格。正弦差曲线如图 9.43(c)所示。另外，在做轴外像差计算时，首先进行主光线光

表 9.15　轴上点各孔径的实际光线的光路计算的像差数值

h/h_m	$(L_D'-l_D')$/mm	$(L_F'-l_D')$/mm	$(L_C'-l_D')$/mm	$\Delta L_{FC}'$/mm	SC'
1.0	0.0227	0.0582	0.0102	−0.0480	−0.00040
0.85	−0.0292	0.0055	−0.0447	−0.0502	−0.00031
0.707	−0.0427	0.0087	−0.0598	−0.0511	−0.00023
0.50	−0.0327	0.0005	−0.0510	−0.0515	−0.00013
0.30	−0.0142	0.0186	−0.0330	−0.0516	−0.00005
0	0	0.0325	−0.0191	−0.0516	0

路计算求 Y_z' 值，已求得理想像高 y'，可按式(9.24)求得系统的畸变值，如表 9.16 所列。以视场角（或相对值 ω/ω_m）为纵坐标、畸变值 $\delta Y_z'$ 为横坐标，可画出畸变曲线如图 9.44 所示。由图 9.44 可知，畸变没有得到校正（即和纵坐标轴无交点）。由于其值小于 10%，所得到的照片对人眼来说是感觉不到图像有变形的。然后可以根据主光线计算中所得有关量值，按细光束光路计算公式求得细光束子午场

曲 x_t' 和弧矢场曲 x_s' ，以及像散 x_{ts}' ，如表 9.17 所列。像散曲线也是以 ω 或 ω/ω_m 和 y' 为纵坐标，以 x_s' ，x_t' 为横坐标，如图 9.45 所示。x_s' 和 x_t' 两条曲线分别表示细光束子午场曲和弧矢场曲，两条曲线间的横向距离为像散。由两条曲线的交点位置可知在视场边缘附近校正了场曲。

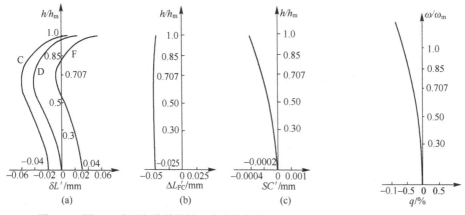

图 9.43 图 9.42 中照相物镜的轴上点像差曲线　　　　图 9.44 畸变曲线

表 9.16 该光学系统的畸变值

ω/ω_m	$y'-(\omega y_m/\omega_m)/\mathrm{mm}$	Y'/mm	SY_z'/mm	q
1.0	13.6097	13.4938	−0.1159	−0.85%
0.85	11.5682	11.4932	−0.0750	−0.65%
0.707	9.6221	9.5775	−0.0446	−0.46%
0.50	6.8049	6.7887	−0.0162	−0.24%
0.30	4.0829	4.0825	−0.0004	−0.09%
0	0	0	0	0

表 9.17 细光束子午场曲 x_t' 和弧矢场曲 x_s' ，以及像散 x_{ts}' 数据

ω/ω_m	x_t'/mm	x_s'/mm	x_{ts}'/mm
1.0	− 0.0742	− 0.0370	− 0.0372
0.85	− 0.0218	− 0.0526	− 0.0307
0.707	− 0.0012	− 0.0501	− 0.0490
0.50	0.0058	− 0.0325	− 0.0383
0.30	0.0033	− 0.0133	− 0.0167
0.	0	0	0

为求子午彗差曲线 K_T' ，需对上述计算主光线的每一个视场按表 9.11 所规定的孔径计算上、下、主光线，并求出它们和高斯像面的交点高度，按式(9.15)可求得子午彗差值 K_T' 。为求得弧矢彗差，对每一个视场弧矢面内各孔径进行空间光线计算，按式(9.16)可求得弧矢彗差值 K_S' 。上述系统的 K_T' 和 K_S' 如表 9.18 所列。彗差曲线以 h （或 h/h_m ）为纵坐标，以彗差值为横坐标，每一个视场的彗差可绘成一条彗差曲线。图9.46(a)为子午彗差曲线，图9.46(b)为弧矢彗差曲线。

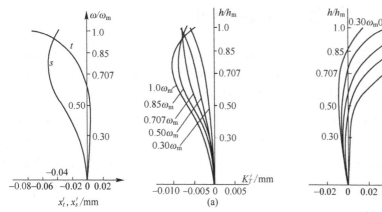
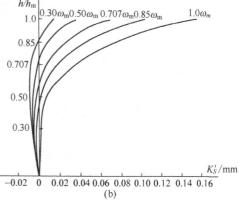

图 9.45 像散曲线和场曲曲线　　　　　　　　　　图 9.46 彗差曲线

上面叙述了五种单色像差：球差、彗差、像散、场曲和畸变的曲线的绘制。这些曲线可对大视场光学系统成像质量做较全面的描述。在光学设计中，还有一种很重要的"像差特性曲线"，可更全面地概括系

表 9.18 子午彗差值 K'_T 和弧矢彗差 K'_S 数值

	h/h_m \ ω/ω_m	1.0	0.85	0.707	0.50	0.30
子午彗差 K'_T /mm	1.0	− 0.0044	− 0.0065	− 0.0076	− 0.0074	− 0.0053
	0.85	− 0.0094	− 0.0084	− 0.0072	− 0.0053	− 0.0032
	0.707	− 0.0097	− 0.0080	− 0.0064	− 0.0042	− 0.0024
	0.50	− 0.0066	− 0.0052	− 0.0041	− 0.0026	− 0.0014
	0.30	− 0.0028	− 0.0022	− 0.0017	− 0.0014	− 0.0006
	0	0	0	0	0	0
弧矢彗差 K'_S /mm	1.0	+ 0.1549	+ 0.1049	+ 0.0697	+ 0.0353	0.0159
	0.85	+ 0.0751	+ 0.0464	+ 0.0265	+ 0.0081	− 0.0016
	0.707	+ 0.0350	+ 0.0179	+ 0.0072	− 0.0018	− 0.0059
	0.50	+ 0.0077	+ 0.0010	− 0.0025	− 0.0043	− 0.0044
	0.30	− 0.0004	− 0.0025	− 0.0031	− 0.0027	− 0.0017
	0	0	0	0	0	0

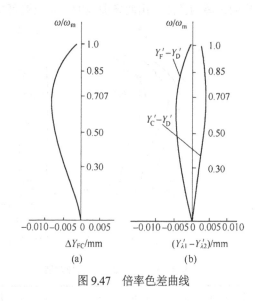

图 9.47　倍率色差曲线

大视场光学系统还要绘制倍率色差 $\Delta Y'_{FC}$ 曲线，按表 9.10 所规定的各个视场，进行 F 光和 C 光主光线的光路计算，求得这些光线和高斯像面交点的高度 Y'_F 和 Y'_C。然后按式(9.54)求得倍率色差 $\Delta Y'_{FC}$ 值，如表 9.19 所列。倍率色差曲线的绘制是以视场角 ω（或 ω/ω_m）或像高 Y'_D 为纵坐标，以 $\Delta Y'_{FC}$ 为横坐标，按表 9.19 中数据可画成曲线如图 9.47(a)所示。显然，图中倍率色差 $\Delta Y'_{FC}$ 是校正不足的，在光学设计中常把 $Y'_F - Y'_D$ 和 $Y'_C - Y'_D$ 值绘成曲线，如图 9.47(b)所示，可由两曲线间的距离看出 F 光和 C 光的倍率色差，同时可看出两种色光主光线和高斯像面交点高度相对于 D 光交点高度间的偏差。

表 9.19　倍率色差 $\Delta Y'_{FC}$ 数据

ω/ω_m	$(Y'_F - Y'_D)$/mm	$(Y'_C - Y'_D)$/mm	$\Delta Y'_{FC} = (Y'_F - Y'_C)$/mm
1.0	− 0.000 59	0.002 36	− 0.002 95
0.85	− 0.003 49	0.003 13	− 0.006 62
0.707	− 0.004 53	0.003 21	− 0.007 74
0.50	− 0.004 31	0.002 58	− 0.006 99
0.30	− 0.002 94	0.001 74	− 0.004 68
0	0	0	0

9.9 像差的级数展开

由 9.8 节所述像差曲线可知，各种像差均可写为孔径（h 或 $\sin U$）和视场（ω 或 y）的函数。同时，像差又是系统的结构参数(r, d, n)的函数。为便于分析，常把像差展开成孔径和视场的级数：

$$\Delta A' = T_1 U_1^m y_1^n + T_2 U_2^m y_2^n + T_3 U_3^m y_3^n + \cdots$$

式中，$\Delta A'$ 代表前面讨论的某一种像差；$T_1 U_1^m y_1^n$ 称为初级像差，$T_2 U_2^m y_2^n$ 为二级像差，以此类推；T_1, T_2, T_3 分别称为初级、二级、三级像差系数，$U_1^m, U_2^m, \cdots$ 分别是孔径 U 的 $m_1, m_2, \cdots$ 次方；$y_1^n, y_2^n, \cdots$ 分别是视场 y 的 $n_1, n_2, \cdots$ 次方。二级像差、三级像差、$\cdots$的总和称为高级像差。因此，任何一种像差均可分为初级像差和高级像差两部分。各个像差系数 $T_1, T_2, \cdots$ 在物距、孔径、视场确定的条件下是光学系统结构参数(r, d, n)的函数。

1. 球差展开为级数

球差是轴上点的像差。由于轴上点发出的光束对称于光轴，当孔径角 U 或入射高度 h 改变符号时，轴向球差 $\delta L'$ 不改变符号，故在 $\delta L'$ 的展开式中不应包括 U 或 h 奇次方项，又由于当 U 或 h 为零时，$\delta L'$ 必为零，展开式中也没有常数项，$\delta L'$ 是轴上点像差，与视场无关，故不存在包含 y 的项。所以 $\delta L'$ 的级

数展开式为

$$\delta L' = A_1 h^2 + A_2 h^4 + A_3 h^6 + \cdots$$

$$\delta L' = a_1 U^2 + a_2 U^4 + a_3 U^6 + \cdots$$

由垂轴像差公式 $\delta T' = \delta L' \tan U'$ 可知：其符号随 h 或 U 的符号改变而改变，但数值不变，所以以垂轴球差的展开式中只应包含 h 或 U 的奇次方项，即

$$\delta T' = k_1 h^3 + k_2 h^5 + k_3 h^7 + \cdots$$

$$\delta T' = K_1 U^3 + K_2 U^5 + K_3 U^7 + \cdots$$

以上各展开式中第一项为初级球差，第二项为二级球差，第三项为三级球差，以此类推。

在 9.1 节中所举单透镜例子中，其球差值 $\delta L'$ 列于表 9.1，球差曲线如图 9.48(a)所示。若绘制曲线时以 $(h/h_m)^2$ 为纵坐标，则曲线近于直线，如图 9.48(b)所示。这表明孔径不大的单透镜的球差展开式中主要是初级项，可写为

$$\delta L' \approx A(h/h_m)^2$$

对于如图 9.34 所示的双胶合物镜的球差曲线，以及在边缘孔径校正球差的光学系统的像差曲线，其与纵坐标有交点。即使把纵坐标改为 $(h/h_m)^2$，这些球差曲线也不可能是直线。这说明它们的球差展开式中不仅有初级量，且必然存在高级量，其球差展开式至少在两项以上。

如果在球差展开式中以二级球差项表示高级球差的存在，写为

$$\delta L' = A_1 h^2 + A_2 h^4$$

或写为

$$\delta L' = A_1 (h/h_m)^2 + A_2 (h/h_m)^4$$

若对边缘光校正了球差，即 $h = h_m$ 时，$\delta L'_m = 0$，代入上式有 $A_2 = -A_1$，故可得

$$\delta L' = A_2 \left[(h/h_m)^4 - (h/h_m)^2 \right]$$

为求球差的极大值，将上式对 h 求导，并使之为零，得

$$\frac{\mathrm{d}\delta L'}{\mathrm{d}h} = -A_2 \left[2\frac{h}{h_m^2} - 4\frac{h^3}{h_m^4} \right] = -2A_2 \left(1 - 2\frac{h^2}{h_m^2} \right) \frac{h}{h_m^2} = 0$$

可得 $\delta L'$ 极大值的入射高度为 $h = h_m / \sqrt{2} = 0.707 h_m$

将此值代入 $\delta L'_m = 0$ 时的级数展开式，得

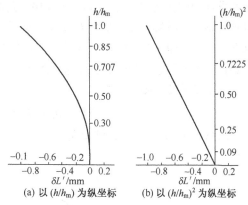

图 9.48　单透镜的球差曲线

$$\delta L'_{0.707} = -A_2 / 4 \tag{9.56}$$

即当边缘光球差校正为零时，在 0.707 带有最大的剩余球差，其值约为边缘光高级球差的 1/4，且异号。这就是要计算带光的原因。对于只包含二级球差的光学系统，只要计算出边缘光球差和带光球差值后，并在原点处使曲线和纵坐标轴相切，即可方便地画出球差曲线，使整个孔径内的球差情况大体清楚。

现以表 8.1 双胶合望远物镜为例，由表 9.7 可知

$$\delta L'_m = -0.004\ \text{mm}\ （即 h = h_m 时）；\quad \delta L'_{0.7h} = -0.026\ \text{mm}\ （即 h = 0.707 h_m 时）$$

得联立方程：

$$\begin{cases} \delta L'_m = A_1 + A_2 = -0.004\ \text{mm} \\ \delta L'_{0.7h} = \left[(0.707)^2 A_1 + (0.707)^4 A_2 \right]\ \text{mm} = (0.5 A_1 + 0.25 A_2)\ \text{mm} = -0.026\ \text{mm} \end{cases}$$

可得系数（单位为 mm）：$A_1 = -0.100$，$A_2 = 0.096$。由此可得该物镜的球差随入射高度变化的方程式为

$$\delta L' = -0.1(h/h_m)^2 + 0.096(h/h_m)^4$$

现将按上式求得的初级球差值、二级球差值及二者之和 $\delta L'$，以及光路计算求得的实际球差都列入表 9.20 中。

表 9.20　初级球差、二级球差及二者之和 $\delta L'$，以及光路计算求得的实际球差数据

光线相对入射高 h/h_m	0.5	0.707	0.85	1.0
初级球差 $-0.1(h/h_m)^3$/mm	-0.0250	-0.0500	-0.0723	-0.100
二级球差 $0.096(h/h_m)^4$/mm	0.0060	0.0240	0.0501	0.0960
$\delta L' = [-0.1(h/h_m)^2 + 0.096(h/h_m)^2]$/mm	-0.0190	-0.0260	-0.0222	-0.0040
光路计算的实际球差 $\delta L'$/mm	-0.020	-0.026	-0.022	-0.004

由表 9.20 可得结论：

(1) 包括二级球差的球差展开式所得球差值与光路计算所得的精确球差值甚为一致，所以一般光学系统考虑到二级球差就足够精确了。

(2) 对于一般光学系统，当边缘光球差校正后，只需计算带光球差，大体上就可以了解球差曲线的全貌了。

(3) 光学系统在某一带上校正了球差，是因为在该带上初级球差和高级球差互相抵消的缘故，因此校正球差的系统中初级球差和高级球差异号。把表 9.20 中的 $-0.1(h/h_m)^2$，$0.096(h/h_m)^4$ 和二者之和绘在一个坐标图上，如图9.49所示。可以看出，球差曲线正是初级球差和高级球差合成的结果。

(4) 光学系统对边缘光校正球差时，带光球差约为边缘光二级球差的 1/4，因此高级球差越大，带光球差也越大，或者说当光学系统边缘光校正为零时，其带球差表征了高级球差。若以 $(h/h_m)^2$ 为纵坐标轴画出球差曲线和初级球差曲线，如图9.50所示。显然，初级球差曲线为一直线，且和球差曲线相切于原点，直线和曲线间的偏离即为高级球差，图9.50中两曲线在孔径边缘处的偏离 0.096 mm 即为高级球差。显然，高级球差越大，初级球差曲线 $A(h/h_m)^2$ 越远离纵坐标轴，由于它和 $\delta L'$ 曲线相切于原点，故此时曲线越向左方凸起，即在 $0.5(h/h_m)^2$（带光）处有大的球差值，也说明了带球差表征了高级球差。

(5) 当光学系统孔径角很大时，如高倍显微物镜，高级球差很大，除二级球差外，三级球差也不可忽视，其球差展开式应取前三项：

$$\delta L' = A_1(h/h_m)^2 + A_2(h/h_m)^4 + A_3(h/h_m)^6$$

为了求出系数 A_1, A_2, A_3，至少要计算三个孔径的球差值。如果要求展开式有更多次项，就应计算更多孔径的球差值。

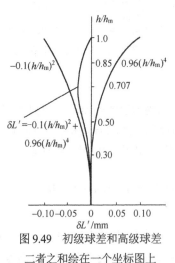

图 9.49　初级球差和高级球差
二者之和绘在一个坐标图上

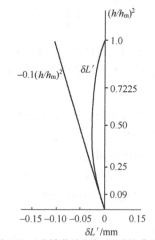

图 9.50　球差曲线和初级球差曲线

以上各结论也可用于以下所述各种像差的分析中。

2. 具有二级彗差的彗差级数展开式

彗差与物方孔径角 U 及物高 y 有关，当 U 改变符号时，彗差符号不变，故在彗差展开式中只能有 U 的偶次项；当 y 反号时，彗差也反号，在展开式中只能有 y 的奇次项。现以弧矢彗差为例，如果只保留

二级彗差，可得级数展开式如下：

$$K_S' = A_1 y U^2 + A_2 y U^4 + B_1 y^3 U^2$$

式中，第一项为初级彗差；第二、三项同为二级彗差。对于大孔径、小视场光学系统，彗差主要由前两项决定，即

$$K_{SU}' = A_1 y U^2 + A_2 y U^4$$

式中，第二项称为孔径二级彗差。若把孔径边缘彗差校正到零，和上述对球差的推导方法一样，在带孔径处可得最大剩余彗差值为

$$K_{Uz}' = -A_2 y U^4 / 4 \tag{9.57}$$

即最大剩余彗差值 K_{Uz}' 为孔径二级彗差的 1/4，且异号。

当系统视场较大，而相对孔径较小，彗差主要由 K_S' 的级数展开式的第一、三两项组成：

$$K_{Sy}' = A_1 y U^2 + B_1 y^3 U^2$$

式中，第二项称为视场二级彗差。如果使边缘视场 y_m 的彗差校正到零，可得初级彗差系数

$$A_1 = -B_1 y_m^2$$

代入 K_{Sy}' 的表示式中，得

$$K_{Sy}' = -B_1 y_m^2 y U^2 + B_1 y^3 U^2$$

对 y 求导，并使之为零，得

$$dK_{Sy}'/dy = -B_1 y_m^2 U^2 + 3 B_1 y^2 U^2 = 0$$

得

$$y = \sqrt{3} y_m / 3 = \pm 0.58 y_m \tag{9.58}$$

即当 $y = 0.58 y_m$ 时，K_{Sy}' 有极值。把 y 代入 K_{Sy}' 的表示式，得

$$K_{Sy}' = -\frac{2\sqrt{3}}{9} B_1 y_m^3 U^2 = -0.385 B_1 y_m^3 U^2 \tag{9.59}$$

由式(9.59)可知，在大视场系统边缘视场彗差为零的情况下，在 $0.58 y_m$ 处有最大剩余彗差，其绝对值约为视场高级彗差的 0.38 倍。

3．具有二级像散时的像散级数展开式

细光束像散和光束孔径无关，只与物高 y 有关。当 y 变号时，像散不变号，故在像散的级数展开式中只能有 y 的偶次项。其级数展开式为

$$x_{ts}' = C_1 y^2 + C_2 y^4$$

此式与球差展开式相同，只是以 y 取代球差展开式中的 h 或 U。根据与球差级数展开式相似的分析过程可知，当对某一视场 y 校正像散时，在 $0.707 y$ 处有最大剩余像散，其值为视场 y_m 处高级的 1/4，且异号。

4．包括二级畸变的畸变级数展开式

畸变只和物高 y 有关，且随 y 改变符号而改变符号，故在其级数展开式中，只能有 y 的奇次项。其级数展开式为

$$\delta Y_z' = E_1 y^3 + E_2 y^5$$

式中，第一项为初级畸变；第二项为二级畸变。如对边缘视场 y_m 处校正了畸变，则有

$$E_1 = -E_2 y_m^2$$

代入上式，得

$$\delta Y_z' = -E_2 y_m^2 y^3 + E_2 y^5$$

对 y 求导，并使之为零，得

$$d(\delta Y_z')/dy = -3 E_2 y_m^2 y^2 + 5 E_2 y^4 = 0$$

可得

$$y^2 = \frac{3}{5} y_m^2$$

或

$$y = \pm \sqrt{3/5} y_m = \pm 0.775 y_m \tag{9.60}$$

代入 $\delta Y_z'$ 的表示式，得

$$\delta Y_z' = -0.186 E_2 y_m^5$$

上式表明，在边缘视场 y_m 处校正畸变以后，在 $y = \sqrt{3/5} y_m$ 处有最大剩余畸变，其值约为高级畸变的

0.186 倍。

以上讨论了几种单色像差的级数展开式，下面讨论两种色差的级数展开式。

5. 位置色差

在 9.6 节中已叙述了位置色差的定义及精确计算方法。位置色差是轴上点像差，只与孔径 h 或孔径角 u 有关，与视场无关。当 h 或 u 改变符号时，位置色差不变符号。因此，在位置色差的展开式中只能包括 h 或 u 的偶次方项。当 h 或 u 为零时，色差不为零，展开式中存在常数项。位置色差的级数展开式可写为

$$\Delta L'_{FC} = a_0 + a_1 h^2 + a_2 h^4 + a_3 h^6 + \cdots \tag{9.61}$$

或

$$\Delta L'_{FC} = b_0 + b_1 u^2 + b_2 u^4 + b_3 u^6 + \cdots \tag{9.62}$$

为求上式中的系数 $a_0, a_1, \cdots$，把 $\Delta L'_{FC}$ 写为

$$\Delta L'_{FC} = L'_F - L'_C = l'_F + \delta l'_F - l'_C - \delta L'_C$$

把 F 光和 C 光的球差 δl_F 和 δl_C 展开成级数，

$$\delta L'_{FC} = l'_F - l'_C + (A_{F1}h^2 + A_{F2}h^4 + A_{F3}h^6 + \cdots) - (A_{C1}h^2 + A_{C2}h^4 + A_{C3}h^6 + \cdots)$$
$$= \delta l'_{FC} + (A_{F1} - A_{C1})h^2 + (A_{F2} - A_{C2})h^4 + (A_{F3} - A_{C3})h^6 + \cdots \tag{9.63}$$

与式(9.61)相比 $a_0 = \delta l'_{FC}$，$a_1 = A_{F1} - A_{C1}$，$a_2 = A_{F2} - A_{C2}$，$a_3 = A_{F3} - A_{C3}$

即色差展开式(9.61)中，第一项为近轴光的位置色差；其他各项分别为二级、三级色差等。

如果在色差展开式中只取两项，则第二项

$$a_1 h^2 = A_{F1}h^2 - A_{C1}h^2 = \delta L'_F - \delta L'_C$$

为 F 光和 C 光初级球差之差。与式(9.50)相比较，上式正是色球差。

在矫正色差时，如果只顾及消除近轴色差 $\Delta l'_{FC}$，由于色球差的存在，边缘光的色差还是很大的。最好是使近轴色差 $\Delta l'_{FC}$ 和孔径边缘色差 $\Delta L'_{FCm}$ 数值相等，符号相反，即

$$\Delta l'_{FC} = -\Delta L'_{FCm}$$

把 $\Delta L'_{FCm}$ 只取级数展开式的两项：$\Delta L'_{FCm} = \Delta l'_{FC} - a_1 h_m^2$

可得

$$\Delta l'_{FC} = -\Delta L'_{FCm} = -\frac{1}{2} a_1 h_m^2$$

这种色差的平衡状况如图 9.51 所示。最大剩余球差只有色球差的 1/2。这比只校正近轴色差 $\delta l'_{FC} = 0$ 的色差矫正方案的剩余色差减少一半。

对于这种色差平衡方案，由于 $\Delta L'_{FCm}$ 和 $\Delta l'_{FC}$ 数值相等，符号相反，则必有一孔径色差为零。现在求这一孔径的高度，把 $\Delta l'_{FC} = -\frac{1}{2} a_1 h_m^2$ 代入色差展开式，入射高度为 h 时，$\Delta L'_{FC} = 0$，则得

$$\Delta L'_{FC} = -\frac{1}{2} a_1 h_m^2 + a_1 h^2 = 0$$
$$h = \pm 0.707 h_m$$

因此，一般在带光处把色差校正为零。

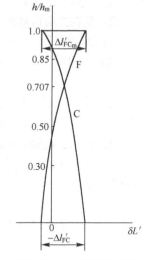

图 9.51 色差平衡示意图

6. 倍率色差

倍率色差和物高 y 成比例，当 y 改变符号时，倍率色差必改变符号，故它的级数展开式中只包括 y 的奇次项。当 y 为零时，$\Delta Y'_{FC}$ 也为零，所以展开式中无常数项，现只取展开式中的两项，即

$$\Delta Y'_{FC} = b_1 y + b_2 y^3 \tag{9.64}$$

式中，第一项为近轴倍率色差，即初级倍率色差；第二项为二级倍率色差。

倍率色差按定义可写为 $\Delta Y'_{FC} = Y'_{zF} - Y'_{zC} = y'_F + \delta Y'_{zC} - y'_C - \delta Y'_{zC} = (y'_F - y'_C) + \delta Y'_{zF} - \delta Y'_{zC}$

式中，$y'_F - y'_C = \Delta y'_{FC}$，即近轴倍率色差或初级倍率色差；$\delta Y'_{zF} - \delta Y'_{zC}$ 是 F 光和 C 光的畸变之差。将其展

开成级数，并只取两项

$$\delta Y'_{zF} = E_{F1}Y^2_{zF} + E_{F2}Y^5_{zF}, \quad \delta Y'_{zC} = E_{C1}Y^3_{zC} + E_{C2}Y^5_{zC}$$

代入上面公式中，得 $\quad \Delta Y'_{FC} = \Delta y'_{FC} + (E_{F1}Y^3_{zF} - E_{C1}Y^3_{zC}) + (E_{F2}Y'_{zF} - E_{C2}Y^5_{zC})$

在像方空间，令 $y'_F - y'_C = \Delta y'_{FC}$，则上式中的第二项为

$$b_2 y^3 = (E_{F1} - E_{C1})y^3 = \delta Y'_{zF} - \delta Y'_{zC} \tag{9.65}$$

由上式可知，倍率色差展开式的第二项就是 F 光和 C 光的初级畸变之差，称为色畸变。

若在视场边缘带处使倍率色差校正为零，由 $\Delta Y'_{FC}$ 的级数展开式(9.64)可得

$$b_1 y_m = -b_2 y^3_m$$

代回原级数展开式，得 $\quad \Delta Y'_{FC} = -b_2 y^2_m y + b_2 y^3$

对 y 求导，并使之为零，得 $\quad \mathrm{d} Y'_{FC}/\mathrm{d}y = -b_2 y^2_m + 3b_2 y^2 = 0$

$$y = \frac{\sqrt{3}}{3} y_m \approx 0.58 y_m$$

由此得到视场边缘 y_m 处的倍率色差为零时的最大剩余倍率色差为

$$\Delta Y'_{FCm} = -\frac{2\sqrt{3}}{9} b_2 y^3_m \approx -0.38 b_2 y^3_m$$

即当边缘视场倍率色差为零时，在 $0.58\,y_m$ 处有最大剩余倍率色差：

$$\Delta Y'_{FCm} \approx -0.38 b_2 y^3_m$$

对于高级色差而言，另外还存在色彗差、色场曲等，由于其表示式复杂，这里不再进行讨论。

由以上几种像差的级数展开式的讨论可知，像差的校正是由初级像差和高级像差相互补偿的结果。但高级像差和初级像差对 U 或 y 按不同因次变化，一般光学系统只能对一个孔径或视场达到像差校正，而在其他孔径或视场必然有剩余像差存在。

经验证明，光学系统的结构参数(r, d, n)选定以后，改变结构参数时，高级像差基本不变或变化很小，所以一般的光学系统的视场和孔径受到高级像差的限制，即不能任意增大视场和孔径。这是因为在校正像差时，虽然在某一视场或孔径互相补偿，但剩余像差会很大。一定结构形式的系统只能达到一定的视场和孔径。要求增大视场和孔径，必须选取更复杂的结构，可有更多的可变因子(r, d, n)来减少高级像差。

在进行光学系统设计时，为得到高级像差尽可能小的结构，必须进行不同系统结构方案的比较。需了解系统的像差校正后最大剩余像差值所在的视场和孔径，以及其数值的估计。上面讨论的各种像差的级数展开式已粗略地绘出最大剩余像差值所在的视场和孔径。也可利用级数展开式的关系估计像差的最大值，例如对光学系统进行光路计算后，把边缘光球差校正为零之前，便可估计带光的剩余球差值。因为初级球差与高级球差相补而达到球差校正，系统的高级球差在结构形式确定后基本不变，只是初级球差变化，其与 h^2 成正比，故边缘光球差的变化量为带球差变化量的二倍。这样便可估计出在边缘光球差为零时，带光的可能值，从而可不必使不同方案的系统都得到校正，便可进行比较。对于其他像差也可用类似方法进行比较。

9.10 像差分布公式

光学系统的像差是由各个折射面的贡献相加得到的。各个折射面的像差贡献不是简单的叠加，而是通过与其后面各折射面转面倍率相乘后，转换为对总像差之中的贡献量。这些贡献量或其表征量就是像差分布。

1. 球差分布公式

在 9.1.2 节中已推导出光学系统的球差分布公式。现将有关公式：式(9.6)、式(9.7)、式(9.8)、式(9.9)归纳如下：

$$\begin{cases} n'u'\sin'U\delta L' - nu\sin U\delta L = -\dfrac{1}{2}S_{-} \\ -\dfrac{1}{2}S_{-} = ni(L\sin U - L'\sin U') \\ \Delta Z = L'\sin U' - L\sin U \\ \dfrac{1}{2}S_{-} = ni\Delta Z \end{cases} \tag{9.66}$$

上式的两条光线的光路计算是由物点发出的近轴光线和远轴光线各一条。实际并没有对这两条光线提出特定要求，只要其能够通过光学系统即可。

2. 正弦差分布

为导出正弦差分布，由式(9.40) $\qquad SC' = \dfrac{\sin U}{\sin U'}\dfrac{u'}{u}\dfrac{l'-l'_z}{L'-l} - 1$

设物空间无像差，$u = \sin U$，上式可写为 $\qquad SC' = \dfrac{u'}{\sin U'}\dfrac{l'-l'_z}{L'-l} - 1$

设 $K = \dfrac{u'}{\sin U'}\dfrac{l'-l'_z}{L'-l}$，则展开为级数并略去高次项，可得

$$SC' = K - 1 \approx 1 - \frac{1}{K} = \frac{K-1}{K} = (K-1)\left(\frac{1}{K} - 1 + 1\right) = (K-1)\left(1 - \frac{K-1}{K}\right) = (K-1) - \frac{(K-1)^2}{K}$$

$(K-1)^2/K$ 是一个小量，故可写为

$$SC' \approx K - 1 = 1 - \frac{\sin U'}{u'}\frac{L-l'_z}{l'-l_z} = 1 - \left(\frac{-l'+L'+l'-l'_z}{l'-l_z}\right)\frac{\sin U'}{u'}$$

$$= 1 - \left(1 - \frac{L'-l'}{l'-l_z}\right)\frac{\sin U'}{u'} = 1 - \frac{\sin U'}{u'} + \frac{L'-l'}{l'-l_z}\frac{\sin U'}{u'} = 1 - \frac{\sin U'}{u'} + \frac{u' - \frac{1}{6}u'^3 + \cdots}{u'}\frac{L'-l'}{l'-l'_z}$$

略去高次项，得 $\qquad SC' = 1 - \dfrac{\sin U'}{u'} + \dfrac{L'-l'}{l'-l'_z} = \dfrac{u'-\sin U'}{u'} + \dfrac{L'-l'}{l'-l'_z} = \dfrac{L'-l'}{l'} + \dfrac{L'-l'}{l'-l'_z} - \dfrac{L'-l'}{l'} + \dfrac{u'-\sin U'}{u'}$

$$\approx (L'-l')\left(\frac{1}{l'-l'_z} - \frac{1}{l'}\right) - \frac{L'\sin U' - 2l'u' + l'u'}{l'u'} = (L'-l')\left(\frac{1}{l'-l'_z} - \frac{1}{l'}\right) - \frac{L'\sin U' - l'u'}{l'u'}$$

设光阑和透镜的最后一面重合，$l'_z = 0$，光学系统的球差已校正，$L'-l' = 0$，则有

$$SC' = \frac{l'u' - L'\sin U'}{l'u'} \tag{9.67}$$

又因为 $\qquad L'_k\sin U'_k - L_1\sin U_1 = L'_k\sin U'_k - L_k\sin U_k + L'_{k-1}\sin U'_{k-1} - L_{k-1}\sin U_{k-1} + \cdots +$
$$L_k\sin U_k - L'_{k-1}\sin U'_{k-1} + L_{k-1}\sin U_{k-1} - \cdots - L_1\sin U'_1$$
$$= \sum_{i=1}^{k}(L'_i\sin U'_i - L_i\sin U_i) + \sum_{i=1}^{k-1}(L_{i+1}\sin U_{i+1} - L'_i\sin U'_i)$$

设 $l_1 u_1 = L_1\sin U_1$，则

$$L'_k\sin U'_k - l'_k u'_k = L'_k\sin U'_k - L_1\sin U_1 - [l'_k u'_k - l_1 u_1]$$
$$= \sum_{i=1}^{k}(L'_i\sin U'_i - L_i\sin U_i) + \sum_{i=1}^{k-1}(L_{i+1}\sin U_{i+1} - L'_i\sin U'_i) - \sum_{i=1}^{k-1}(l_{i+1}u_{i+1} - l'_i u'_i)$$

由于上式中 $\displaystyle\sum_{i=1}^{k}(l'_i u'_i - l_i u'_i) = 0$，则上式可写为

$$L'_k\sin U'_k - l'_k u'_k = \sum_{i=1}^{k}(L'_i\sin U'_i - L_i\sin U_i) + \sum_{i=1}^{k-1}\left[(L'_i - d_i)\sin U_{i+1} - L'_i\sin U'_i - (l'_i - d_i)u_{i+1} - l'_i u'_i\right]$$
$$= \sum_{i=1}^{k}(L'_i\sin U'_i - L_i\sin U_i) + \sum_{i=1}^{k-1}d_i(u'_i - \sin U'_i)$$

这正是式(9.67)的分子，因此其也表示正弦差的分布状态。对于薄透镜系统 $d_i = 0$，正弦差可表示为

$$SC' = \frac{l'u' - L'\sin U'}{l'u'} \approx -\frac{1}{l'u'}\sum_{i=1}^{k}(L_i'\sin U_i' - L_i\sin U_i) \tag{9.68}$$

现设这两条光线的远轴光线是由物面轴上发出的，另一条近轴光线是通过光阑中心的，将近轴加以下角标注 z 即可写为

$$n_k'u_{zk}'\sin U_k'(L_{zk}' - l_k') - n_1 u_{z1}\sin U_1(L_1 - l_1) = \frac{1}{2}\sum_1^k(L'\sin U' - L\sin U)ni_z = \frac{1}{2}\sum_1^k ni_z\Delta Z = \frac{1}{2}\sum_1^k S_{=} \tag{9.69}$$

由图9.52可知，当上式中 $\Delta Z = 0$ 时，物空间的线段 $(L - l_z)$ 经系统折射后，变为像空间的线段 $(L_z' - l_z')$，如图9.52所示，二者之间的关系可设定为

$$L' - l_z' = \frac{nu_z\sin U}{n'u_z'\sin U'}(L - l_z)$$

即轴外点 P 的像 P' 在主光线上，故此时彗差为零。

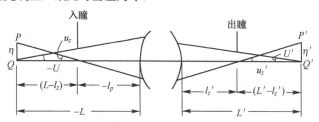

图9.52　物空间线段 $(L - l)$ 经系统折射后变为像空间的线段 $(L_z' - l')$

将式(9.69)除以以下拉氏不变量 J

$$J = n_1 u_1 u_{z1}(l_{z1} - l_1) = n_k'u_k'u_{zk}'(l_{zk}' - l_k')$$

即得

$$\frac{1}{2J}\sum S_{=} = \frac{(l_{zk}' - L_k')\sin U_k'}{(l_{zk}' - l_k')u_k'} - \frac{(l_1 - L_1')\sin U_1}{(l_{z1} - l1)u_1} \tag{9.70}$$

利用式(9.40)，可得

$$J(SC_k' - SC_1) = \frac{1}{2}\frac{u_1}{\sin U_1}\sum_1^k S_{=} \tag{9.71}$$

这是正弦差分布公式之一，球差分布值与 i_z / i 之积即为正弦差分布。$i_z = 0$ 的折射面没有正弦差。由式(9.39)和式(10.53a)可知正弦差分布也近似地表征了子午彗差 K_T 和弧矢彗差 K_S。

3. 畸变的分布

像差畸变是主光线和理想像面交点的高度和理想像高的差值，以 $\delta Y_z'$ 表示。为求得其分布的表示式，由式(8.9)得主光线和理想像面交点的高度为

$$Y_z' = (L_z' - l')\tan U_z'$$

可写为

$$Y_z'\cos U_z' = (L_z' - l')\sin U_z' \tag{9.72}$$

进行主光线和第一近轴光线的光路计算，$(L_z' - l')$ 相当于主光线和第一近轴光线之间的"球差"，故可用式(9.5)、式(9.6)、式(9.9)相类似的形式来表示：

$$n_k'u_k'\sin U_{zk}'(L_{zk}' - l_k') - n_1 u_1\sin U_{z1}(L_{z1} - l_1) = -\frac{1}{2}\sum_1^k(L_k'\sin U_{zk}' - L_{z1}\sin U_{z1})ni \tag{9.73}$$

利用式(9.72)取代上式左边的角度正弦，得

$$n_k'u_k'\cos U_{zk}'Y_k' - n_1 u_1\cos U_{z1}Y_{z1} = -\frac{1}{2}\sum_1^k(L_k'\sin U_{zk}' - L_{z1}\sin U_{z1})ni \tag{9.73a}$$

由拉氏不变量得到理想像高 y_1' 和 y_k' 之间的关系：

$$J = n_1 u_1 y_1 = \cdots = n_k'u_k'y_k'$$

实际像高和理想像高之间的差值即为畸变：

$$\delta Y_{zk}' = Y_{zk}' - y_k', \qquad y_k' + \delta Y_{zk}' = \frac{J}{n_k'u_k'} + \delta Y_{zk}' = Y_{zk}'$$

$$\delta Y_{z1} = Y_{z1} - y_1, \qquad y_1 + \delta Y_{z1} = \frac{J}{n_1 u_1} + \delta Y_{z1} = Y_{z1}$$

则有

$$n_k u'_k \cos U'_{zk} Y'_{zk} = J \cos U'_{zk} + n'_k u'_k \cos U'_{zk} \delta Y'_{zk}$$

$$n_1 u_1 \cos U_{z1} Y_{z1} = J \cos U_{z1} + n_1 u_1 \cos U_{z1} \delta Y_{z1}$$

代入式(9.73a)，得

$$n'_k u'_k \cos U'_{zk} \delta Y'_z - n_1 u_1 \cos U_{z1} \delta Y_{z1} = \frac{1}{2} \sum_1^k S_{五} \qquad (9.73\text{b})$$

$$\frac{1}{2} \sum_1^k S_{五} = \sum_1^k (L'_k \sin U'_{zk} - L_{z1} \sin U_{z1}) ni + J(\cos U'_{zk} - \cos U_1) \qquad (9.73\text{c})$$

$$= \sum_k^k \left\{ (L'_k \sin U'_{zk} - L_{z1} \sin U_{z1}) ni + J(\cos U'_{zk} - \cos U_1) \right\} \qquad (9.73\text{d})$$

这就是像差畸变分布的表示式，在光路计算中用主光线和第一近轴光线的结果数据即可求之。

4. 像散的分布

由子午和弧矢光路计算可以求得邻主光线的细光束二焦线的位置，为导出其分布公式，选取 $nu_t u_s / n' u'_t u'_s$ 为像散差 x_{ts}（即 $t'-s'$）的转面倍率。设 h_t, h_s 分别为子午、弧矢细光束投射点到主光线投射点的距离，由杨氏公式(8.14)和公式(8.15)计算

$$\frac{n' \cos^2 I'}{t'} - \frac{n \cos^2 I}{t} = \frac{n' \cos I' - n \cos I}{r}$$

$$\frac{n'}{s'} - \frac{n}{s} = \frac{n' \cos I' - n \cos I}{r}$$

可理解为其与近轴光计算公式(2.28)

$$n'u' - nu = \frac{n'-n}{r} h$$

相对应，即 $h_t \cos I'_z / t = u_t$，$h_s / s = u_s$，均可理解为角度。根据杨氏公式变化后，则像散转面关系可写为

$$n'u'_t u'_s (t'-s') - nu_t u_s (t-s)$$

$$= h_t h_s \left\{ n' \cos I'_z \left(\frac{1}{t'} - \frac{1}{s'} \right) - n \cos I \left(\frac{1}{t} - \frac{1}{s} \right) \right\}$$

$$= h_t h_s \left\{ \frac{n \cos^2 I_z}{t} \left(\frac{1}{\cos I'_z} - \frac{1}{\cos I_z} \right) - \frac{n}{s} (\cos I'_z - \cos I_z) + \frac{n' \cos I'_z - n \cos I_z}{r} \left(\frac{1}{\cos I_z} - \cos I'_z \right) \right\} \qquad (9.74\text{a})$$

$$= h_t h_s \left\{ \frac{n}{s} \left(\frac{\cos^2 I_z}{\cos I'_z} - \cos I_z - \cos I'_z + \cos I_z \right) + n \cos^2 I_z \left(\frac{1}{\cos I'_z} - \frac{1}{\cos I_z} \right) \left(\frac{1}{t} - \frac{1}{s} \right) + \frac{n' \cos I'_z - n \cos I_z}{r \cos I'_z} (1 - \cos^2 I'_z) \right\}$$

$$= h_t h_s \left\{ \frac{n}{s} \frac{1}{\cos I'_z} (\sin^2 I'_z - \sin^2 I_z) + \frac{n' \cos I'_z - n \cos I_z}{r \cos I'_z} \sin^2 I'_z + \frac{n \cos I_z}{ts \cos I'_z} (\cos I_z - \cos I'_z)(t-s) \right\}$$

$$= h_t h \left\{ \frac{n^2 \cos I_z}{\cos I'_z} \left(\frac{1}{n's'} - \frac{1}{ns} \right) + \frac{n \cos I_z}{ts} \left(\frac{\cos I_z}{\cos I'_z} - 1 \right) (t-s) \right\}$$

$$= h_s \frac{n^2 \sin^2 I}{\cos I'_z} \left(\frac{u'_s}{n'} - \frac{u_s}{n} \right) + nu_t u_s (t-s) \left(\frac{\cos I_z}{\cos I'_z} - 1 \right) \qquad (9.74\text{b})$$

将上式右方最后一项移到左方，并两边乘以 $\cos I'_z$，得

$$n'u'_t u'_s (t'-s') - nu_t u_s (t-s) = h_t n^2 \sin I_z^2 \left(\frac{u'_s}{n'} - \frac{u_s}{n} \right) = h_t h_s n^2 \sin^2 I_z \left(\frac{1}{n's'} - \frac{1}{ns} \right) \qquad (9.75)$$

在式(9.75)中，因 $\cos I'_{zi} \neq \cos I_{zi+1}$，故公式左端叠加后不能消掉中间项，即不能得到

$$n'_k u'_{tk} u'_{sk} \cos I'_{zk} (t'-s')_k - n_1 u_{t1} u_{s1} \cos I'_{zk} (t-s)_1$$

式(9.75)不能对各折射面叠加，不能导出分布公式和叠加各个折射面的贡献。

类似于前面方法，也可得出

$$n'u'_t u'_s (t'-s') - nu_t u_s (t-s) = h_t h_s \left\{ n^2 \sin^2 I_z \cos I'_z \left(\frac{1}{n's'} - \frac{1}{ns} \right) + n\frac{(t-s)}{ts}(\cos I'_z - \cos I_z) \right\}$$

$$= h_s n^2 \sin^2 I_z \left\{ \frac{u'_t}{n'} - \frac{u_t}{n}\frac{\cos I'_z}{\cos I_z} \right\} + nu_t u_s (t-s) \left(\frac{\cos I'_z}{\cos I_z} - 1 \right) \tag{9.76}$$

把上式写成较为对称的形式:

$$n'u'_t u'_s (t'-s') - nu_t u_s (t-s) = h_s n^2 \sin^2 I_z \left(\frac{u'_t}{n' \cos I'_z} - \frac{u_t}{n \cos I_z} \right) = h_s n^2 \sin^2 I_z \left(\frac{1}{n't'} - \frac{1}{nt} \right) \tag{9.77}$$

式(9.75)和式(9.76)均可作为像散的准确分布公式,但两式相加除 2 后的表示式更有意义,即

$$n'u'_t u'_s (t'-s') - nu_t u_s (t-s) = S_{\underline{\underline{}}}$$

$$S_{\underline{\underline{}}} = h_t h_s \left\{ \frac{1}{2} n^2 \sin^2 I_z \left[\cos I'_z \left(\frac{1}{n't'} - \frac{1}{nt} \right) + \frac{1}{\cos I'_z} \left(\frac{1}{n's'} - \frac{1}{ns} \right) + \Delta \right] \right\} \tag{9.78}$$

$$= \frac{1}{2} n^2 \sin^2 I_z \left\{ \frac{h_t}{\cos I'_z} \left(\frac{u'_s}{n'} - \frac{u_s}{n} \right) + h_s \cos I'_z \left(\frac{u'_t}{n' \cos I'_z} - \frac{u_t}{n \cos I_z} \right) \right\} + \frac{1}{2} h_t h_s \Delta \tag{9.79}$$

式中 $\Delta = \frac{n(t-s)}{ts}\frac{(\cos I_z - \cos I'_z)^2}{\cos I'_z}$, $h_t h_s \Delta = nu_t u_5 (t-s)\frac{(\cos I_z - \cos I'_z)^2}{\cos I_z \cos I'_z}$

式中, Δ 是可以略去不计的高次小量,是和入射光束有关量引起的衍生高级像差。

对光学系统各个折射面按前式归纳的下式计算即可:

$$\begin{cases} n'u'_{tk} u'_{sk} (t'_k - s'_k) - nu_{t1} u_{s1}(t_1 - s_1) = \sum_1^k S_{\underline{\underline{}}} \\ \sum_1^k S_{\underline{\underline{}}} = \sum_1^k h_t h_s \left\{ \frac{1}{2} n^2 \sin^2 I_z \left[\cos I'_z \left(\frac{1}{n't'} - \frac{1}{nt} \right) + \frac{1}{\cos I'_z} \left(\frac{1}{n's'} - \frac{1}{ns} \right) \right] + \frac{1}{2}\Delta \right\} \end{cases} \tag{9.80}$$

根据上式,在以下几种情况中不存在像散:

(1) $I_z = 0$,即主光线通过球心。

(2) $h_t h_s = 0$,即物点和像点均在折射面上。

(3) 物和像处于 $1/n's' = 1/ns$ 所决定的位置上时,则由式(9.35)和式(9.36)比较可知,入射光线无像散,即像散 $t - s = 0$ 时, $n'l' = nl$,这正是式(9.13)所述不晕点处。

由式(9.75)和式(9.77)也可平均得到一个不够严格的、但较简单的叠加公式:

$$\begin{cases} n'u'_{tk} u'_{sk} (t'_k - s'_k) - nu_{t1} u_{s1}(t_1 - s_1) = \sum_1^k S_{\underline{\underline{}}} \\ \sum_1^k S_{\underline{\underline{}}} = \frac{1}{2} h_t h_s n^2 \sin^2 I_z \left[\left(\frac{1}{n't'} - \frac{1}{nt} \right) - \left(\frac{1}{n's'} - \frac{1}{ns} \right) \right] \end{cases} \tag{9.81}$$

式(9.81)中 $\cos I_z \approx 1$,多数情况下这种误差可以略去。

5. 像场弯曲的分布

推导像场弯曲的分布式过于烦琐,采用类似于式(9.66)的形式,以弧度代替角度及正弦值,可写出弧失像场弯曲的表示式:

$$n'_k u'_k u'_{sk} (l'_k - l'_{sk}) - n_1 u_1 u_{s1}(l_1 - l_{s1}) = \sum_1^k ni(l'_s u'_s - l_s u_s) \tag{9.82}$$

式中, l_s 是弧矢焦点在光轴上的投影到球面顶点的距离,如图 9.53 所示。由图9.53可知

$$\begin{cases} l_s = s \cos U_z + x_z \\ x_z = OE^2 / 2r = r\left[1 - \cos(I_z - U_z)\right] \end{cases}$$

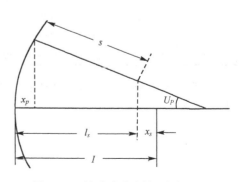

图 9.53 弧矢焦点在光轴上的投影到球面顶点的距离示意图

式中，x_z 为主光线在光学系统最后一面上的入射点矢高。以符号 x_s 表示弧矢场曲：

$$x_s = l - l_s \tag{9.83}$$

式(9.82)可写为

$$n'_k u'_k u'_{sk} x'_{sk} - n_1 u_1 u_{s1} x'_{s1} = \frac{1}{2} \sum_1^k (S_{\equiv} + S_{\boxempty}) \tag{9.84}$$

$$\frac{1}{2} \sum_1^k (S_{\equiv} + S_{\boxempty}) = ni(l'_s u'_s - l_s u_s)$$

$$= ni\left\{ s' \cos U'_z + r\left[1 - \cos(I'_z + U'_z) \right] u'_z \right\} - ni\left\{ s \cos U_z + r\left[1 - \cos(I_z + u_z) \right] u_s \right\}$$

$$= ni\left\{ s' u'_z \cos U'_z + r\left[1 - \cos(I'_z + U'_z) \right] u'_z \right\} - ni\left\{ s u_s \cos U_z + r\left[1 - \cos(I_z + u_z) \right] u_s \right\}$$

$$\frac{1}{2}(S_{\equiv} + S_{\boxempty}) = ni\left\{ h_s(\cos U'_z - \cos U_z) + x_z(u'_s - u_s) \right\} \tag{9.85}$$

利用前面导出的五种实际单色像差分布可以导出初级像差分布。其与初级像差分布的差值，可认为是各个折射面上的像差高级量。

习题

9.1 根据习题 8.2 和习题 8.3 的计算结果，求该系统的球差和正弦差值。

9.2 根据习题 8.2 和习题 8.4 的计算结果，求该系统的畸变。

9.3 根据习题 8.5 的计算结果，求该系统的细光束的像散和场曲。

9.4 某一光学系统经光路计算后，各种像差值如表 4 所示，试绘出各种像差曲线。

表 4(a)　轴上点各孔径的实际光线的光路计算结果

像差 h / h_m	$\delta L'_D$ / mm	$(L'_C - l'_D)$ / mm	$(L'_F - l'_D)$ / mm
1.0	− 0.081	− 0.091	− 0.015
0.85	− 0.066	− 0.065	− 0.032
0.707	− 0.050	− 0.036	− 0.039
0.50	− 0.027	− 0.005	− 0.042
0.30	− 0.010	0.024	− 0.041
0.0	0	0.039	− 0.039

表 4(b)　三种色光的主光线的光路计算结果

像差 h / h_m	Y'_{zD} / mm	Y'_{zF} / mm	Y'_{zC} / mm
1.0	7.8927	7.8988	7.8911
0.85	6.6880	6.6931	6.6876
0.707	5.5494	5.5335	5.5535
0.50	3.9142	3.9170	3.9134
0.30	2.3442	2.3463	2.3442

表 4(c)　畸变、像散和场曲光线的光路计算结果

像差 ω / ω_m	$\delta Y'_z$ / mm	x'_t / mm	x'_s / mm	x'_t / mm
1.0	0.0071	− 0.178	− 0.201	0.031
0.85	0.0050	− 0.130	− 0.137	0.007
0.707	0.0034	− 0.102	− 0.099	− 0.003
0.50	0.0027	− 0.058	− 0.052	− 0.006
0.30	0.0006	− 0.022	− 0.019	− 0.003

表 4(d)　宽广束彗差光线的光路计算结果

像差	ω / ω_m h / h_m	1.0	0.85	0.707	0.50	0.30
	1.0	0.3539	0.2215	0.1429	0.0743	0.0358
	0.85	0.1113	0.0614	0.0330	0.0113	0.0028
K'_T /mm	0.707	0.0274	0.0071	− 0.0030	− 0.0082	0.0069
	0.50	− 0.0005	− 0.003	− 0.0118	− 0.0071	0.0071
	0.30	− 0.0051	− 0.0006	− 0.0061	− 0.0050	0.0032
	1.0	0.0325	0.0166	0.0074	0.0007	− 0.0021
	0.85	0.0080	0.0002	− 0.0035	− 0.0053	− 0.0032
K_S /mm	0.707	− 0.0011	− 0.0049	− 0.0063	− 0.0061	− 0.0042
	0.50	− 0.0035	− 0.0047	− 0.0049	− 0.0042	− 0.0027
	0.30	− 0.0018	− 0.0021	− 0.0021	− 0.0017	− 0.0011

9.5 根据表 4 中的数据，求出各种像差级数展开式的系数（到三级像差系数）。

第 10 章　初级单色像差

10.1　初级单色像差的一般表示式

考虑光学系统对轴外点成像时，像点处将具有各种像差。由轴外点发出空间光线，在像空间与近轴光线的位置相比较，可得包括各种像差的一般表示式。

设物面坐标为 x, y；入射光瞳面上的坐标为 η, ζ，如图10.1所示。由子午面内的轴外点 B 发出的空间光线 BD，将由坐标 y, η 和 ζ 决定，通过光学系统后为光线 $D'B'$，与出射光瞳交于点 D'。由于实际光学系统存在像差，空间光线 BD 通过光学系统后的共轭光线 $D'B'$ 和子午面的交点 B_T' 并不在高斯像面上。点 B_T' 与高斯像面的轴向偏离以 $\Delta L'$ 表示。光线 $D'B'$ 与高斯像面的焦点 B' 也不与理想像点 B_0 重合，它们之间的偏离 $B_0'B'$ 为空间光线的垂轴像差或横向像差，可以分解为子午垂轴像差分量 $\delta Y'$ 和弧矢垂轴像差分量 $\delta Z'$。显然 $\Delta L', \delta Y'$ 和 $\delta Z'$ 为 η, ζ 和 y 的函数。

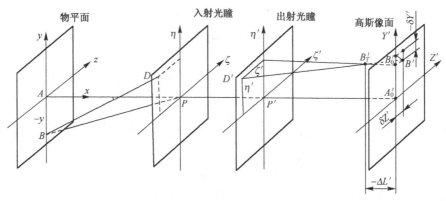

图 10.1　光学系统成像的一般情况

由9.9节可知，像差可以将光学系统的孔径和视场展开为级数，第一项为初级像差，第二项以后分别为二级像差、三级像差等。同样的方法可用来分析 $\Delta L', \delta Y'$ 和 $\delta Z'$ 与 η, ζ（孔径）及 y（视场）之间的复杂关系。即把 $\Delta L', \delta Y'$ 和 $\delta Z'$ 展开成 η, ζ 和 y 级数，只取其第一项，这样才有可能从理论上推导出空间光线的初级像差的一般表示式。

空间光线的轴向像差和垂轴像差的精确值由空间光线的光路计算求得，而初级像差可以用解析的方法推导出。如图10.2所示为轴外点 B 发出的空间光线经单个折射球面时的光路，下面按图10.2推导出初级像差的一般表示式。

10.1.1　轴向像差 $\Delta L'$

由于初级像差只包含孔径和视场的低级次项，对于大的孔径和视场失去意义，只适用于光轴附近的区域，故可用与折射球面相切的坐标平面 hOH 表示该折射面，如图10.2所示。轴外点 B 可看作辅轴 BC 上的轴上点，该辅轴和高斯像面的交点 B_0' 即为轴外点 B 的高斯像点。沿辅轴方向对物点 B 作近轴光路计算，求得其像点 B_N'，仍为辅轴上的点。由于存在像面弯曲，点 B_N' 不与高斯像点 B_0' 重合。因为辅轴在子午面内，同时又和折射前后的空间光线 BM 和 MB' 构成一个平面，所以辅轴是子午面和光线所在平面 BMB' 的交线，且折射后的空间光线 MB' 和子午面的交点 B_T' 在辅轴上。点 B_T' 到高斯像面的沿辅轴方向的距离可近似看作空间光线的轴向像差：

$$\Delta L' \approx B_T'B_0' = B_T'B_N' + B_N'B_0' \tag{10.1}$$

式中，$B'_N B'_0$ 是轴外点 B 沿辅轴方向计算的近轴像点 B'_N 到高斯像面间的距离，即匹兹万场曲；而 $B'_N B'_0$ 为光线 BM 折射后在辅轴上的球差。

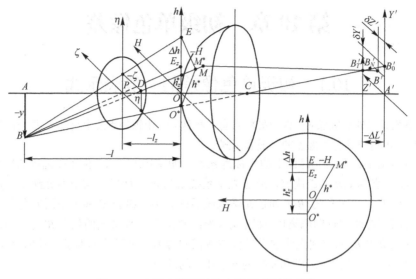

图 10.2　空间光线通过单个折射球面的成像

鉴于上述，可用匹兹万场曲的表示式(9.21)来描述 $B'_N B'_0$，即

$$B'_N B'_0 = x'_p = -\frac{1}{2n'u'^2} J^2 \frac{n'-n}{nn'r}$$

令

$$S_{\text{IV}} = J^2 \frac{n'-n}{nn'r} \tag{10.2}$$

式(10.2)称为第四赛得和数。由图 10.2 可知，匹兹万场曲为负，故前式中有负号，则 $B'_N B'_0$ 又可写为

$$B'_N B'_0 = x'_p = -\frac{1}{2n'u'^2} S_{\text{IV}} \tag{10.3}$$

$B'_T B'_N$ 是空间光线在辅轴上的球差，若仅考虑初级项，用 A^* 和 h^* 表示空间光线有关量，按球差的级数展开式可写为

$$B'_0 B'_N = A^* h^{*2}$$

式中，h^* 是空间光线在球面上的入射点 M 的入射高度；A^* 是和光学系统结构有关的系数。当只考虑初级像差时，可认为

$$\delta L' \approx A^* h^{*2}$$

由于初级像差只在光轴附近的区域内有意义，故在这个区域内，角度的正弦可用弧度取代，角度的余弦可用 1 取代，则式(9.10)中的球差分布系数 S_{I} 可写为

$$S_{\text{I}} = luni(i-i')(i'-u) \tag{10.4}$$

由式(9.5)可得初级球差的表示式为　　　$\delta L' = -\dfrac{1}{2n'u'^2} S_{\text{I}}$

若使其近似等于 $A^* h^{*2}$，则有　　　$-\dfrac{1}{2n'u'^2} S_{\text{I}} \approx A^* h^{*2}$

得

$$A^* \approx -\frac{1}{2n'u'^2 h^{*2}} S_{\text{I}} \tag{10.5}$$

从图 10.2 中可以看出　　　$h^{*2} = H^2 + (h+h_z^*)^2 = H^2 + h^2 + h_z^{*2} + 2hh_z^* \tag{10.6}$

此处的 Δh 和 h_z^* 可由空间光线的坐标确定。由图 10.2 可知

$$H = \zeta \frac{l}{l-l_z}, \qquad \Delta h = \eta \frac{l}{l-l_z}$$

$$h_z^* = l^* u^* \approx l^* \frac{r i_z}{l^* - r} \approx l \frac{r}{l - r} i_z = l \frac{u}{i} i_z = h \frac{i_z}{i}$$

将 H，Δh 和 h_z^* 的表示式代入式(10.6)，再与式(10.5)一起代入 $B_T' B_N' = A^* h^{*2}$，得

$$B_T' B_N' = A^* h^{*2} \approx -\frac{S_{\mathrm{I}}}{2 n' u'^2 h^2} \left[\zeta^2 \frac{l^2}{(l - l^2)^2} + \eta^2 \frac{l^2}{(l - l^2)^2} + 2\eta \frac{l}{l - l_z} h \frac{i_z}{i} + h^2 \frac{i_z^2}{i^2} \right]$$

再将所得 $B_T' B_N'$ 的表示式和式(10.3)代入式(10.1)中，整理后得

$$n' u'^2 \Delta L' = - \left[\frac{1}{2} \frac{\eta^2 + \zeta^2}{h^2} \frac{l^2}{(l - l_z)^2} S_{\mathrm{I}} + \frac{\eta}{h} \frac{l}{l - l_z} S_{\mathrm{I}} \frac{i_z}{i} + \frac{1}{2} S_{\mathrm{I}} \frac{i_z^2}{i^2} + \frac{1}{2} S_{\mathrm{IV}} \right]$$

设

$$\begin{cases} S_{\mathrm{II}} = S_{\mathrm{I}} i_z / i \\ S_{\mathrm{III}} = S_{\mathrm{I}} i_z^2 / i^2 = S_{\mathrm{II}} i_z / i \end{cases} \tag{10.7}$$

将式(10.7)代入上式，得 $n' u'^2 \Delta L' = - \left[\frac{1}{2} \frac{\eta^2 + \zeta^2}{h^2} \frac{l^2}{(l - l_z)^2} S_{\mathrm{I}} + \frac{\eta}{h} \frac{l}{l - l_z} S_{\mathrm{II}} + \frac{1}{2} (S_{\mathrm{III}} + S_{\mathrm{IV}}) \right]$ (10.8)

设 h_z 为主光线在折射面上的入射点 E_z 相对于主光轴的高度，由图10.2可得

$$\frac{y}{h_z} = -\frac{l - l_z}{l_z} \tag{10.9}$$

将式(10.9)代入式(10.8)，得

$$n' u'^2 \Delta L' = - \left[\frac{1}{2} \frac{\eta^2 + \zeta^2}{h^2} \frac{l^2}{(l - l_z)^2} S_{\mathrm{I}} - \frac{\eta y}{h h_z} \frac{l l_z}{(l - l_z)^2} S_{\mathrm{II}} + \frac{1}{2} \frac{\eta^2}{h_z^2} \frac{l_z^2}{(l - l_z)^2} (S_{\mathrm{III}} + S_{\mathrm{IV}}) \right] \tag{10.10}$$

考虑到光学系统物空间的轴向像差，式(10.10)可写为

$$\Delta L' = \frac{n u^2}{n' u'^2} \Delta L - \frac{1}{n' u'^2} \left[\frac{1}{2} \frac{\eta^2 + \zeta^2}{h^2} \frac{l^2}{(l - l_z)^2} S_{\mathrm{I}} - \frac{\eta y}{h h_z} \frac{l l_z}{(l - l_z)^2} S_{\mathrm{II}} + \frac{1}{2} \frac{y^2}{h^2} \frac{l_z^2}{(l - l_z)^2} (S_{\mathrm{III}} + S_{\mathrm{IV}}) \right] \tag{10.11}$$

或写为 $n' u'^2 \Delta L' - n u^2 \Delta L = - \left[\frac{1}{2} \frac{\eta^2 + \zeta}{h^2} \frac{l^2}{(l - l_z)^2} S_{\mathrm{I}} - \frac{\eta y}{h h_z} \frac{l l_z}{(l - l_z)^2} S_{\mathrm{II}} + \frac{1}{2} \frac{y^2}{h^2} \frac{l_z^2}{(l - l_z)^2} (S_{\mathrm{III}} + S_{\mathrm{IV}}) \right]$ (10.12)

式(10.8)、式(10.10)、式(10.11)和式(10.12)中的任意一个均为空间光线经过单个折射球面以后的初级轴向像差的一般表示式。

10.1.2 初级垂轴像差的一般表示式

根据垂轴像差和轴向像差间的几何关系，可以方便地推导出垂轴像差的一般表示式。

1. 垂轴像差的子午分量 $\delta Y'$

由图 10.2 可知，垂轴像差的子午分量和弧矢分量与轴向像差之间有一定的几何关系，为了明确表示，给出图10.3。从图10.3可以看出，三角形 $EO^* B_T'$ 相似于三角形 $B_T B_E' B_O'$，得

$$\delta Y' = \frac{\Delta h + h_z^*}{l - \Delta L'} \Delta L' \approx \frac{\Delta h + h_z^*}{l'} \Delta L'$$

将前面所推导出的 $\Delta h = \eta \frac{l}{l - l_z}$ 和 $h_z^* = h \frac{i_z}{i}$ 代入上式，并在等式两边各乘以 $n' u'$，得

$$n' u' \delta Y' = n' u'^2 \Delta L' \left(\frac{\eta}{h} \frac{l}{(l - l_z)} + \frac{i_z}{i} \right)$$

把式(10.10)代入上式，得 $n' u' \delta Y' = - \left[\frac{1}{2} \frac{\eta(\eta^2 + \zeta^2)}{h^3} \frac{l^3}{(l - l_z)^3} S_{\mathrm{I}} - \frac{1}{2} \frac{(3\eta^2 + \zeta^Z) y}{h^2 h_z} \frac{l^2 l_z}{(l - l_z)^3} S_{\mathrm{II}} + \right.$

$$\left. \frac{3}{2} \frac{\eta y^2}{h h_z^2} \frac{l l_z^2}{(l - l_z)^3} S_{\mathrm{III}} + \frac{1}{2} \frac{\eta y^2}{h h_z^2} \frac{l l_z^2}{(l - l_z)^3} S_{\mathrm{IV}} - \frac{1}{2} \frac{y^3}{h_z^3} \frac{l_z^3}{(l - l_z)^3} S_{\mathrm{V}} \right] \tag{10.13}$$

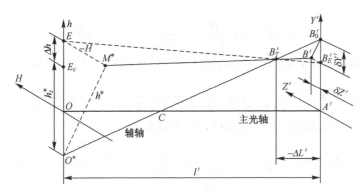

图10.3　垂轴像差的子午分量和弧矢分量与轴向像差之间的几何关系

式中

$$S_V = (S_{III} + S_{IV})\frac{i_z}{i}$$ (10.14)

若物空间存在垂轴像差 δY，可乘以垂轴放大率 $\beta = nu/n'u'$ 引入式(10.14)，得

$$\delta Y' = \frac{nu}{n'u'}\delta Y - \frac{1}{n'u'}\left[\frac{1}{2}\frac{\eta(\eta^2+\zeta^2)}{h^3}\frac{l^3}{(l-l_z)^3}S_I - \frac{1}{2}\frac{(3\eta^2+\zeta^2)y}{h^2 h_z}\frac{l^2 l_z}{(l-l_z)^3}S_{II} + \right.$$
$$\left. \frac{3}{2}\frac{\eta y^2}{h h_z^2}\frac{l l_z^2}{(l-l_z)^3}S_{III} + \frac{1}{2}\frac{\eta y^2}{h h_z^2}\frac{l l_z^2}{(l-l_z)^3}S_{IV} - \frac{1}{2}\frac{y^3}{h_z^3}\frac{l_z^3}{(l-l_z)^3}S_V\right]$$ (10.15)

或

$$n'u'\delta Y' - nu\delta Y = -\left[\frac{1}{2}\frac{\eta(\eta^2+\zeta^2)}{h^3}\frac{l^3}{(l-l_z)^3}S_I - \frac{1}{2}\frac{(3\eta^2-\zeta^2)y}{h^2 h_z}\frac{l^2 l_z}{(l-l_z)}S_{II}\right] +$$
$$\frac{3}{2}\frac{\eta y^2}{h h_z^2}\frac{l l_z^2}{(l-l_z)^3}S_{III} + \frac{1}{2}\frac{\eta y^2}{h h_z^2}\frac{l l_z^2}{(l-l_z)}S_{IV} - \frac{1}{2}\frac{y^3}{h_z^3}\frac{l_z^3}{(l-l_z)^3}S_V$$ (10.16)

式(10.13)、式(10.15)和式(10.16)均可以作为垂轴像差子午分量 $\delta Y'$ 的一般表示式。

2．垂轴像差的弧矢分量 $\delta Z'$

从图10.3中可以看出，三角形 EM^*B_T' 相似于三角形 $B_T'B'B_E'$，有

$$\delta Z' = \Delta L'\frac{H}{l'-\Delta L'} \approx \Delta L'\frac{H}{l'}$$

将前面所推导出的 $H = \zeta\frac{l}{l-l_z}$ 代入上式，并在等号两边分别乘以 $n'u'$，得

$$n'u'\delta Z' = n'u'^2\Delta L'\frac{\zeta}{h}\frac{l}{l-l_z}$$ (10.17)

将式(10.10)代入式(10.17)，得

$$n'u'\delta Z' = -\left[\frac{1}{2}\frac{(\eta^2+\zeta^2)\zeta}{h^3}\frac{l^3}{(l-l_z)^3}S_I - \frac{\eta\zeta y}{h^2 h_z}\frac{l^2 l_z}{(l-l_z)^3}S_{II} + \frac{1}{2}\frac{\zeta y^2}{h h_z^2}\frac{l l_z^2}{(l-l_z)^3}S_{III} + \frac{1}{2}\frac{\zeta y^2}{h h_z^2}\frac{l l_z^2}{(l-l_z)^3}S_{IV}\right]$$ (10.18)

考虑到物空间存在横向像差弧矢分量，式(10.18)又可写为

$$\delta Z' = \frac{nu}{n'u'}\delta Z - \frac{1}{n'u'}\left[\frac{1}{2}\frac{(\eta^2+\zeta^2)\zeta}{h^3}\frac{l^3}{(l-l_z)^3}S_I - \frac{\eta\zeta y}{h h_z^2}\frac{l^2 l_z}{(l-l_z)^3}S_{II} + \frac{1}{2}\frac{\zeta y}{h h_z^2}\frac{l l_z^2}{(l-l_z)^3}S_{III} + \frac{1}{2}\frac{\zeta y^2}{h h_z^2}\frac{l l_z^2}{(l-l_z)^3}S_{IV}\right]$$ (10.19)

或 $$n'u'\delta Z' - nu\delta Z = -\left[\frac{1}{2}\frac{(\eta^2+\zeta^2)\zeta}{h^3}\frac{l^3}{(l-l_z)^3}S_I - \frac{\eta\zeta y}{h h_z^2}\frac{l^2 l_z}{(l-l_z)^3}S_{II} + \frac{1}{2}\frac{\zeta y}{h h_z^2}\frac{l l_z^2}{(l-l_z)^3}S_{III} + \frac{1}{2}\frac{\zeta y^2}{h h_z^2}\frac{l l_z^2}{(l-l_z)^3}S_{IV}\right]$$
(10.20)

10.1.3　空间光线通过光学系统的像差的一般表示式

推导空间光线通过整个光学系统产生的轴向像差及垂轴像差的一般表示式时，可将式(10.12)、式

(10.16)和式(10.20)分别用于系统的每一个折射面，然后求和而得。可以证明，所有在 S_{I}，S_{II}，S_{III}，S_{IV}，S_{V} 之前的系数对系统的每一个折射面均为不变量。这将使初级像差的一般表示式变得较为简单。

首先，给出第一近轴光线和第二近轴光线的拉赫不变量：

$$\begin{cases} n_k'u_k'y_k' = n_ku_ky_k = \cdots = n_2u_2y_2 = n_1u_1y_1 \\ n_k'u_{zk}'\eta' = n_ku_{zk}\eta_k = \cdots = n_2u_{z2}\eta_2 = n_1u_{z1}\eta_1 \end{cases} \tag{10.21a}$$

同样，在弧矢面内也存在第一近轴光线和第二近轴光线，其拉赫不变量分别为

$$n_k'u_{Sk}'y_k' = n_ku_{Sk}y_k = \cdots = n_2u_{S2}y_2 = n_1u_{S1}y_1$$
$$n_k'u_{zk}'\zeta_k' = n_ku_{zk}\zeta_k' = \cdots = n_2u_{z2}\zeta_2 = n_1u_{z1}\zeta_1 \tag{10.21b}$$

对于第一近轴光线的拉赫不变量，按式(8.3)可以写为

$$\begin{cases} n_k'u_k'u_{zk}'(l_k' - l_{zk}') = n_ku_ku_{zk}(l_k - l_{zk}) = \cdots = n_2u_2u_{z2}(l_2 - l_{z2}) = n_1u_1u_{z1}(l_1 - l_{z1}) \\ n_k'u_{Sk}'u_{zk}'(l_k' - l_{zk}') = n_ku_{Sk}u_{zk}(l_k - l_{zk}) = \cdots = n_2u_{S2}u_{z2}(l_2 - l_{z2}) = n_1u_{S1}u_{z1}(l_1 - l_{z1}) \end{cases} \tag{10.21c}$$

将式(10.21a)中的两式分别除以式(10.21c)中的第一式，将式(10.21b)中的第二式除以式(10.21c)的第二式，得

$$\begin{cases} \dfrac{y_k'}{u_{zk}'(l_k' - l_{zk}')} = \dfrac{y_k}{u_{zk}(l_k - l_{zk})} = \cdots = \dfrac{y_2}{u_{z2}(l_2 - l_{z2})} = \dfrac{y_1}{u_{z1}(l_1 - l_{z1})} \\[2mm] \dfrac{\eta_k'}{u_k'(l_k' - l_{zk}')} = \dfrac{\eta_k}{u_k(l_k - l_{zk})} = \cdots = \dfrac{\eta_2}{u_2(l_2 - l_{z2})} = \dfrac{\eta_1}{u_1(l_1 - l_{z1})} \\[2mm] \dfrac{\zeta_k'}{u_{Sk}'(l_k' - l_{zk}')} = \dfrac{\zeta_k}{u_{Sk}(l_k - l_{zk})} = \cdots = \dfrac{\zeta_2}{u_{S2}(l_2 - l_{z2})} = \dfrac{\zeta_1}{u_{S1}(l_1 - l_{z1})} \end{cases} \tag{10.21d}$$

式中，u_S 是弧矢面上的第一近轴光线与光轴的夹角。在光轴附近的区域内可认为 $u_S = u = h/l$，又由于 $u_z = h_z/l_z$，则式(10.21d)可写为

$$\begin{cases} \dfrac{y_k'l_{zk}'}{h_{zk}(l_k' - l_{zk}')} = \dfrac{y_l l_{zk}}{h_{zk}(l_k - l_{zk})} = \cdots = \dfrac{y_2 l_{z2}}{h_{z2}(l_2 - l_{z2})} = \dfrac{y_1 l_{z1}}{h_{z1}(l_1 - l_{z1})} \\[2mm] \dfrac{\eta_k'l_k'}{h_k(l_k' - l_{zk}')} = \dfrac{\eta_k l_k}{h_k(l_k - l_{zk})} = \cdots = \dfrac{\eta_2 l_2}{h_2(l_2 - l_{z2})} = \dfrac{\eta_1 l_1}{h_1(l_1 - l_{z1})} \\[2mm] \dfrac{\xi_k'l_k'}{h_k(l_k' - l_{zk}')} = \dfrac{\xi_k l_k}{h_k(l_k - l_{zk})} = \cdots = \dfrac{\xi_2 l_2}{h_2(l_2 - l_{z2})} = \dfrac{\xi_1 l_1}{h_1(l_1 - l_{z1})} \end{cases} \tag{10.21e}$$

以上公式中所列出的正是前面的初级像差一般表示式的 S_{I}，S_{II}，S_{III}，S_{IV}，S_{V} 之前系数的组成因子，这说明这些系数对光学系统的每一个折射面是一个不变量。对各个折射面的像差表示式求和时，可把它们作为公共因子提到 S_{I}，S_{II}，S_{III}，S_{IV}，S_{V} 之外，便可得到一个光学系统空间光线的初级像差一般表示式如下：

$$n_k'u_k'^2\Delta L_k' - n_1u_1^2\Delta L_1 = -(\eta_1^2 + \xi_1^2)A_v\sum_{i=1}^{k}S_{\mathrm{I}} + \eta_1 y_1 B_v\sum_{i=1}^{k}S_{\mathrm{II}} - y_1^2 C_v\sum_{i=1}^{k}S_{\mathrm{III}} - y_1^2 C_v\sum_{i=1}^{k}S_{\mathrm{IV}} \tag{10.22}$$

式中，$\qquad A_v = -\dfrac{1}{2}\dfrac{l_1^2}{h_1^2(l_1 - l_{z1})^2}$，$\qquad B_v = \dfrac{1}{h_1 h_{z1}}\dfrac{l_1 l_{z1}}{(l_1 - l_{z1})^2}$，$\qquad C_v = -\dfrac{1}{2}\dfrac{1}{h_{z1}^2}\dfrac{l_{z1}^2}{(l_1 - l_{z1})^2}$

$$n_k'u_k'\delta Y_k' - n_1u_1\delta Y_1 = -\eta_1(\eta_1^2 + \xi_1^2)A_h\sum_{i=1}^{k}S_{\mathrm{I}} + y_1(3\eta_1^2 + \xi_1^2)B_h\sum_{i=1}^{k}S_{\mathrm{II}} - 3\eta_1 y_1^2 C_h\sum_{i=1}^{k}S_{\mathrm{III}} - \eta_1 y_1^2 C_h\sum_{i=1}^{k}S_{\mathrm{IV}} + y_1^3 D_h\sum_{i=1}^{k}S_{\mathrm{V}}$$
$$\tag{10.23}$$

式中 $\quad A_h = \dfrac{1}{2}\dfrac{1}{h_1^3}\dfrac{l_1^3}{(l_1 - l_{z1})^3}$，$\quad B_h \dfrac{1}{2}\dfrac{1}{h_1^2 h_{z1}}\dfrac{l_1^2 l_{z1}}{(l_1 - l_{z1})^3}$，$\quad C_h \dfrac{1}{2}\dfrac{1}{h_1 h_{z1}^2}\dfrac{l_1 l_{z1}^2}{(l_1 - l_{z1})^3}$，$\quad D_h \dfrac{1}{2}\dfrac{1}{h_{z1}^3}\dfrac{l_{z1}^3}{(l_1 - l_{z1})^3}$

$$n_k'u_k'\delta Z' - n_1u_1\delta Z_1 = -(\eta_1^2 + \zeta_1^2)\xi_1 A_h\sum_{i=1}^{k}S_{\mathrm{I}} + 2y_1\eta_1\zeta B_h\sum_{i=1}^{k}S_{\mathrm{II}} - \zeta_1 y_1^2 C_h\sum_{i=1}^{k}S_{\mathrm{III}} - \zeta_1 y_1^2 C_h\sum_{i=1}^{k}S_{\mathrm{IV}} \tag{10.24}$$

1856 年，慕尼黑天文学家赛得首先提出了具有对称轴的光学系统的初级像差理论。对于已知结构 (r, d, n) 的光学系统，当物距(l_1)和入射光瞳位置(l_{z1})已给定时，光学系统的空间光线的像差仅决定于视场(y_1)和孔径(η_1, ξ_1)。像差展开为级数时，在视场和孔径为零的情况下，像差也为零，故展开式中不应有常数项。初级轴向像差只包括二次项因子：$\eta_1^2, \xi_1^2, \eta_1 y_1$ 和 $\xi_1 y_1$ 四项；初级垂轴像差只包括三次方项因子：$\eta_1^3, \xi_1^3, y_1^3, \eta_1^2 \xi_1, \eta_1^2 y_1, \eta_1 \xi_1^2, \eta_1 y_1^2, \eta_1 \xi_1 y_1, \xi y^2$ 和 $\xi^2 y$ 十项。赛得推导出仅有五种独立的初级像差，即初级球差、初级彗差、初级像散、初级场曲和初级畸变，以和数 $\sum S_{\mathrm{I}}, \sum S_{\mathrm{II}}, \sum S_{\mathrm{III}}, \sum S_{\mathrm{IV}}$ 和 $\sum S_{\mathrm{V}}$ 分别表示。所以常把这五个和数分别称为第一、第二、第三、第四和第五赛得和数。五种初级像差统称为赛得像差。这五种初级像差在光轴附近的区域有意义，该区域称为赛得区。

空间光线的像差展开成级数时除存在初级像差项外，还有高级像差项。以垂轴像差为例，设系数中的因子为 $\eta_1 \xi_1 y$，也设定了初级像差参数 K，且令 $K = 3$ 为初级像差（有的书上称初级单色像差为"三级像差"），$K = 5$ 为二级像差，$K = 7$ 为三级像差，以此类推。不同级次的像差的独立像差数目不同，如初级像差有五个，更高级像差的独立像差个数 T 可以按下式计算：

$$T = \frac{1}{8}(K+3)(K+5) - 1 = \frac{1}{8}(K+1)(K+7) \tag{10.25}$$

由式(10.25)可以算出二级像差为 $K = 5$，有九种独立像差；三级像差为 $K = 7$，有 14 种独立像差；以此类推。

10.2 五种初级像差

初级像差及表征初级像差的各种型式的赛得和数主要是为了对光学系统做简化描述并进一步做初步结构设计。在 10.1 节中的空间光线初级像差的一般表示式中的五个赛得和数可以式(10.4)、式(10.2)、式(10.7)和式(10.14)归纳出五个赛得和数如下：

$$\begin{cases} \sum\limits_{i=1}^{k} S_{\mathrm{I}} = \sum\limits_{i=1}^{k} luni(i-i')(i'-u) \\ \sum\limits_{i=1}^{k} S_{\mathrm{II}} = \sum\limits_{i=1}^{k} S_{\mathrm{I}} \dfrac{i_z}{i} \\ \sum\limits_{i=1}^{k} S_{\mathrm{III}} = \sum\limits_{i=1}^{k} S_{\mathrm{II}} \dfrac{i_z}{i} = \sum\limits_{1}^{k} S_{\mathrm{I}} \dfrac{i_z^2}{i^2} \\ \sum\limits_{i=1}^{k} S_{\mathrm{IV}} = \sum\limits_{i=1}^{k} J^2 \dfrac{n'-n}{nnr} \\ \sum\limits_{i=1}^{k} S_{\mathrm{V}} = \sum\limits_{i=1}^{k} (S_{\mathrm{III}} + S_{\mathrm{IV}}) \dfrac{i_z}{i} \end{cases} \tag{10.26}$$

初级像差的一般表示式具有普遍意义，可用其推导出五种初级像差的和数式。

式(10.22)、式(10.23)和式(10.24)中的系数均包含以下三种因子：

$$\frac{\eta_1}{h_1} \frac{l_1}{l_1 - l_{z1}}, \qquad \frac{\zeta_1}{h_1} \frac{l_1}{l_1 - l_{z1}}, \qquad \frac{y_1}{h_{z1}} \frac{h_{z1}}{l_1 - l_{z1}}$$

当只考虑子午面内的像差时，$\eta_1 = \rho, \zeta_1 = 0$，如图10.4所示，则可得

$$\begin{cases} \dfrac{\eta_1}{h_1} = \dfrac{\rho}{h_1} = \dfrac{l_1 - l_{z1}}{l_1} \\ \dfrac{\rho}{h_1} \dfrac{l_1}{l_1 - l_{z1}} = 1 \end{cases} \tag{10.27}$$

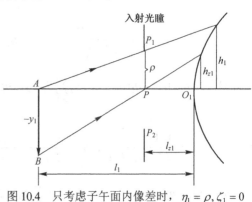

图 10.4 只考虑子午面内像差时，$\eta_1 = \rho, \zeta_1 = 0$

$$\frac{y_1}{h_{z1}} = \frac{l_1 - l_{z1}}{-l_{z1}} \quad \text{或} \quad \frac{y_1}{h_{z1}} \frac{l_{z1}}{l_1 - l_{z1}} = -1 \tag{10.28}$$

对于弧矢面内的光线，有 $\eta_1 = 0, \xi_1 = \rho$，则

$$\frac{\xi_1}{h_1} = \frac{\rho}{h_1} = \frac{l_1 - l_{z1}}{l_1} \quad \text{或} \quad \frac{\rho}{h_1} \frac{l_1}{l_1 - l_{z1}} = 1 \tag{10.29}$$

下面将推导出各种初级像差的表示式。

1. 初级球差

当物高 $y_1 = 0$ 时，轴向像差 $\Delta L'$ 即球差 $\delta L'$。由于轴上点发出的光束对称于光轴，用子午面内的一条边缘光线的坐标（$\eta_1 = \rho, y_1 = 0, \xi_1 = 0$）代入式(10.22)，并利用式(10.27)使系数简化，得

$$\Delta L' = \delta L' = -\frac{1}{2n'u'^2} \sum_{i=1}^{k} S_{\mathrm{I}} \tag{10.30}$$

式(10.30)即为初级球差公式。第一赛得和数 $\sum_{i=1}^{k} S_{\mathrm{I}}$ 表征了球差的存在、符号和数量的大小。$\sum_{i=1}^{k} S_{\mathrm{I}}$ 也称为初级球差系数。

同理可得垂轴球差公式为

$$\delta Y' = \delta T' = -\frac{1}{2n'u'} \sum_{i=1}^{k} S_{\mathrm{I}} \tag{10.31}$$

2. 初级彗差

对于初级子午彗差，需先求得子午面内上、下和主光线的像高 Y'_a, Y'_b 和 Y'_z，可写为

$$Y'_a = y' + \delta Y'_a, \qquad Y'_b = y' + \delta Y'_b, \qquad Y'_z = y' + \delta Y'_z$$

式中，y' 为理想像高。将 Y'_a, Y'_b 和 Y'_z 代入子午彗差的计算公式(9.15)，得

$$K'_T = \frac{1}{2}(\delta Y'_a + \delta Y'_b) - \delta Y'_z \tag{10.32a}$$

对于上光线，其初始坐标为 $y_1, \eta_1 = \rho$ 及 $\xi_1 = 0$，将其代入式(10.23)，得

$$\delta Y'_a = \frac{1}{n'u'}\left[-\rho^3 A_h \sum_{i=1}^{k} S_{\mathrm{I}} + 3y_1\rho^2 B_h \sum_{i=1}^{k} S_{\mathrm{II}} - y_1^2\rho C_h \left(3\sum_{i=1}^{k} S_{\mathrm{III}} + \sum_{i=1}^{k} S_{\mathrm{IV}}\right) + y_1^3 D_h \sum_{i=1}^{k} S_{\mathrm{V}}\right] \tag{10.32b}$$

对于下光线，其初始坐标为 $\eta_1 = -\rho, \xi_1 = 0$，将其代入式(10.23)，得

$$\delta Y'_b = \frac{1}{n'u'}\left[+\rho^3 A_h \sum_{i=1}^{k} S_{\mathrm{I}} - 3y_1\rho^2 B_h \sum_{i=1}^{k} S_{\mathrm{II}} + y_1^2\rho C_h \left(3\sum_{i=1}^{k} S_{\mathrm{III}} + \sum_{i=1}^{k} S_{\mathrm{IV}}\right) - y_1^3 D_h \sum_{i=1}^{k} S_{\mathrm{V}}\right] \tag{10.32c}$$

对于主光线，其初始坐标为 $y_1, \eta_1 = \xi_1 = 0$，将其代入式(10.23)，得

$$\delta Y'_z = \frac{1}{n'u'} y_1^3 D_h \sum_{i=1}^{k} S_{\mathrm{V}} \tag{10.32d}$$

把式(10.32b)、式(10.32c)和式(10.32d)代入式(10.32a)，并利用式(10.27)和式(10.28)使系数简化，得初级子午彗差公式为

$$K'_T = -\frac{3}{2n'u'} \sum_{i=1}^{k} S_{\mathrm{II}} \tag{10.33}$$

对于弧矢彗差，可用求解式(10.32a)相同的方法求得。由式(9.16)得初级弧矢彗差的表示式为

$$K'_S = \delta Y'_c - \delta Y'_z \tag{10.34a}$$

对于全孔径的弧矢光线，其初始坐标为 $y_1, \eta_1 = 0$ 及 $\zeta_1 = \rho$，将其代入式(10.23)，得

$$\delta Y'_c = \frac{1}{n'u'}\left[y_1\rho^2 B_h \sum_{i=1}^{k} S_{\mathrm{II}} + y_1^3 D_h \sum_{i=1}^{h} S_{\mathrm{V}}\right] \tag{10.34b}$$

将式(10.34b)和式(10.32d)代入式(10.34a)，并利用式(10.29)使公式中系数简化，得

$$K'_S = -\frac{1}{2n'u'}\sum_{i=1}^{k}S_{\text{II}} \tag{10.35}$$

由式(10.33)和式(10.35)可知，初级子午彗差为初级弧矢彗差的三倍。

正弦差 SC' 是光轴上点的邻近点的宽光束不对称像差，也属于彗差的范畴。由式(9.39)可知，$SC \approx K'_S/y'$，将式(10.35)代入该式，得初级正弦差公式为

$$SC' \approx \frac{K_S}{y'} = -\frac{1}{2J}\sum_{i=1}^{k}S_{\text{II}} \tag{10.36}$$

3. 初级像散和场曲

先看宽光束场曲的一般情况，如图 10.5 所示，子午宽光束场曲可写为

$$X'_T = \frac{Y_a - Y_b}{2u'}$$

利用推导式(10.32a)相似的方法可以把上式转换为

$$X'_T = \frac{\delta Y'_a - \delta Y'_b}{2u'}$$

把式(10.32b)和式(10.32c)中的 $\delta Y'_a$ 和 $\delta Y'_b$ 代入上式，得

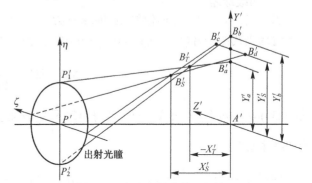

图 10.5　宽光束场曲的一般情况

$$X'_T = \frac{1}{n'u'^2}\left[-\rho^3 A_h \sum_{i=1}^{k}S_{\text{I}} - y_1^2 \rho C_h\left(3\sum_{i=1}^{k}S_{\text{III}} + \sum_{i=1}^{k}S_{\text{IV}}\right)\right] \tag{10.37}$$

由图10.5又可以看出弧矢宽光束场曲，相应地可写为

$$X'_S = \frac{\delta Z'_c - \delta Z'_d}{2u'} \tag{10.38a}$$

式中，$\delta Z'_c$ 是弧矢面内前光线垂轴像差的弧矢分量，该光线的初始坐标为 $y_1=0, \eta_1=0, \zeta_1=\rho$；$\delta Z'_d$ 是弧矢面内后光线垂轴像差的弧矢分量，该光线初始坐标为 $y_1=0, \eta_1=0, \xi_1=-\rho$。有

$$\delta Z'_c = \frac{1}{n'u'}\left[-\rho^3 A_h \sum_{i=1}^{k}S_{\text{I}} - y_1^2 \rho C_h\left(\sum_{i=1}^{k}S_{\text{III}} + \sum_{i=1}^{k}S_{\text{IV}}\right)\right] \tag{10.38b}$$

$$\delta Z'_d = \frac{1}{n'u'}\left[+\rho^3 A_h \sum_{i=1}^{k}S_{\text{I}} + y_1^2 \rho C_h\left(\sum_{i=1}^{k}S_{\text{III}} + \sum_{i=1}^{k}S_{\text{IV}}\right)\right] \tag{10.38c}$$

把式(10.38b)和式(10.38c)代入式(10.38a)，得

$$X'_S = \frac{1}{n'u'^2}\left[-\rho^3 A_h \sum_{i=1}^{k}S_{\text{I}} - y_1^2 \rho C_h\left(\sum_{i=1}^{k}S_{\text{III}} + \sum_{i=1}^{k}S_{\text{IV}}\right)\right] \tag{10.39}$$

由式(9.22)可得宽光束初级像散为　　$X'_{TS} = X'_T - X'_S = \frac{1}{n'u'^2}\left(-y_1^2 \rho C_h \sum_{i=1}^{k}S_{\text{II}}\right) \tag{10.40}$

为了求得细光束像散和场曲，令 $\rho \to 0$，在式(10.37)和式(10.39)中略去包含 ρ^3 的项，并用式(10.27)和式(10.28)使系数简化，对式(10.40)做同样处理，得

$$\begin{cases} x'_t = -\frac{1}{2n'u'^2}\left(3\sum_{i=1}^{k}S_{\text{III}} + \sum_{i=1}^{k}S_{\text{IV}}\right) & (10.41) \\[3mm] x'_s = -\frac{1}{2n'u'^2}\left(\sum_{i=1}^{k}S_{\text{III}} + \sum_{i=1}^{k}S_{\text{IV}}\right) & (10.42) \\[3mm] x'_{ts} = x'_t - x'_s = -\frac{1}{n'u'^2}\sum_{i=1}^{k}S_{\text{IV}} & (10.43) \end{cases}$$

由上面的公式可知，细光束的初级像面弯曲 x_t' 和 x_s' 决定于 $\sum\limits_{i=1}^{k} S_{\mathrm{III}}$ 和 $\sum\limits_{i=1}^{k} S_{\mathrm{IV}}$。

当初级像散为零时，子午像面和弧矢像面重合，即 $\sum\limits_{i=1}^{k} S_{\mathrm{III}} = 0$，像面还是弯曲的，即为匹兹万场曲，表示为

$$x_p' = -\frac{1}{2n'u'^2}\sum_{i=1}^{k} S_{\mathrm{IV}} \tag{10.44}$$

匹兹万场曲决定于第四赛得和数 $\sum\limits_{i=1}^{k} S_{\mathrm{IV}}$。

欲使初级像散和场曲同时消除，必须使 $\sum\limits_{i=1}^{k} S_{\mathrm{III}} = \sum\limits_{i=1}^{k} S_{\mathrm{IV}} = 0$。这样，从初级像差的观点看，像面才是平的消像散的清晰的像。

由式(10.41)和式(10.42)可知，为了减少像面弯曲，必须使光学系统产生与 $\sum\limits_{i=1}^{k} S_{\mathrm{IV}}$ 异号的 $\sum\limits_{i=1}^{k} S_{\mathrm{III}}$。一般来说，光学系统的 $\sum\limits_{i=1}^{k} S_{\mathrm{III}}$ 较 $\sum\limits_{i=1}^{k} S_{\mathrm{IV}}$ 易于控制，常使 $\sum\limits_{i=1}^{k} S_{\mathrm{III}} = -\left(\frac{1}{2} \sim \frac{1}{4}\right) \times \sum\limits_{i=1}^{k} S_{\mathrm{IV}}$。但对于大视场系统，虽用异号的 $\sum\limits_{i=1}^{k} S_{\mathrm{III}}$ 补偿了部分场曲，但由于像散的存在，视场边缘部分仍不能成清晰的像。大视场照相物镜常存在这种现象。

有初级像散存在，即 $\sum\limits_{i=1}^{k} S_{\mathrm{III}} \neq 0$ 时，子午面、弧矢像面和匹兹万像面各不重合，以 x_{tp}'，x_{sp}' 分别表示子午像面、弧矢像面与匹兹万像面间的偏离。由式(10.41)、式(10.42)和式(10.44)，得

$$\begin{cases} x_{tp}' = -\dfrac{3}{2n'u'^2}\sum\limits_{i=1}^{k} S_{\mathrm{III}} \\[2mm] x_{sp}' = -\dfrac{1}{2n'u'^2}\sum\limits_{i=1}^{k} S_{\mathrm{IV}} \\[2mm] x_{tp}' = 3x_{sp}' \end{cases} \tag{10.45}$$

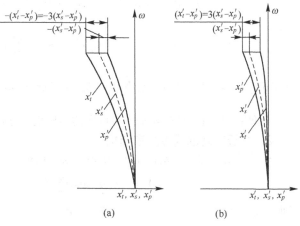

图 10.6 子午像面和弧矢像面位于匹兹万像面的一侧

上式表明，子午像面上一点至匹兹万像面的距离 x_{tp}' 为弧矢像面上对应点到匹兹万像面间的距离 x_{sp}' 的三倍，且子午像面和弧矢像面总位于匹兹万像面的一侧，如图10.6所示。图10.6(a)为 $\sum\limits_{i=1}^{k} S_{\mathrm{III}}$ 与 $\sum\limits_{i=1}^{k} S_{\mathrm{IV}}$ 同号的情况，图10.6(b)是 $\sum\limits_{i=1}^{k} S_{\mathrm{III}}$ 与 $\sum\limits_{i=1}^{k} S_{\mathrm{IV}}$ 异号的情况。可见，在相同 $\sum\limits_{i=1}^{k} S_{\mathrm{IV}}$ 的情况下，后者像面要更平。

4. 初级畸变

畸变仅是主光线的像差，即主光线与高斯像面的交点与理想像点间的偏离，是主光线的垂轴像差，且其弧矢分量 $\delta Z'$ 为零。子午分量即为初级畸变，式(10.32d)即是初级畸变的表示式，用式(10.28)使系数简化后，得

$$\delta Y' = -\frac{1}{2n'u'}\sum_{i=1}^{k} S_{\mathrm{V}} \tag{10.46}$$

由式(10.46)可知，第五赛得和数 $\sum\limits_{i=1}^{k} S_{\mathrm{V}}$ 表征了初级畸变。

10.3 具有初级像差的光束结构

1. 极坐标形式的初级像差的一般表示式

具有初级像差的光束在高斯像平面上的点像已不是一个几何点。从几何光学的观点分析，这些点像是一些复杂的图形，下面将对具有各种初级像差的光束的结构进行分析。为了便于分析含有各种初级像差的光束结构，把入射光瞳面上光线的坐标用极坐标表示，如图10.7所示，则有以下关系：

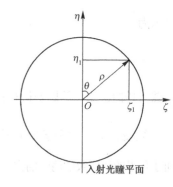

图10.7 入射光瞳面上光线的坐标用极坐标表示

$$\begin{cases} \rho^2 = \eta_1^2 + \zeta_1^2 \\ \eta_1 = \rho\cos\theta \\ \xi_1 = \rho\sin\theta \end{cases} \tag{10.47}$$

把式(10.47)代入式(10.22)、式(10.23)和式(10.24)，可得用入射光瞳面上极坐标表示的初级像差的一般表示式

$$n_k'u_k'^2\Delta L' - n_1u_1^2\Delta L = -A_v\rho^2\sum_{i=1}^{k}S_{\mathrm{I}} + B_vy_1\rho\cos\theta\sum_{i=1}^{k}S_{\mathrm{II}} - C_vy_1^2\left(\sum_{i=1}^{k}S_{\mathrm{III}} + \sum_{i=1}^{k}S_{\mathrm{IV}}\right) \tag{10.48}$$

$$n_k'u_k'\delta Y_k' - n_1u_1\delta Y_1 = A_h\rho^3\cos\theta\sum_{i=1}^{k}S_{\mathrm{I}} + B_hy_1\rho^2(1+2\cos^2\theta)\sum_{i=1}^{k}S_{\mathrm{II}} -$$
$$C_hy_1^2\rho\cos\theta\left(3\sum_{i=1}^{k}S_{\mathrm{II}} + \sum_{i=1}^{k}S_{\mathrm{III}}\right) + D_hy_1^3\sum_{i=1}^{k}S_{\mathrm{IV}} \tag{10.49}$$

$$n_k'u_k'\delta Z_k' - n_1u_1\delta Z_1 = A_h\rho^3\sin\theta\sum_{i=1}^{k}S_{\mathrm{I}} + B_hy_1\rho^2 2\cos\theta\sin\theta\sum_{i=1}^{k}S_{\mathrm{II}} - C_hy_1^2\rho\sin\theta\left(\sum_{i=1}^{k}S_{\mathrm{III}} + \sum_{i=1}^{k}S_{\mathrm{IV}}\right) \tag{10.50}$$

下面用 $\delta Y'$ 和 $\delta Z'$ 的表示式对点像的结构进行分析。

2. 初级球差的成像光束结构

球差是轴上点的像差，在式(10.49)和式(10.50)中令 $y=0$，则得到轴上点垂轴分量：

$$\delta Y' = -A_h\rho^3\cos\theta\sum S_{\mathrm{I}}, \qquad \delta Z' = -A_h\rho^3\sin\theta\sum S_{\mathrm{I}}$$

则垂轴球差为

$$\delta T' = \sqrt{\delta Y'^2 + \delta Z'^2} = -A_h\rho^3\sum S_{\mathrm{I}}$$

以上三式表明，具有初级球差的光束在高斯像面上的点像为一个圆斑，其半径与入射光瞳半径的三次方成正比。

3. 具有纯初级彗差时的成像光束结构

由10.2节可知：初级彗差仅由第二赛得和数 $\sum S_{\mathrm{II}}$ 所决定。成像光束仅有初级彗差时，式(10.49)和式(10.50)中，除含有 $\sum S_{\mathrm{II}}$ 的一项外，其他各项均为零，则垂轴像差为

$$\begin{cases} \delta Y' = \dfrac{1}{2n'u'}B_hy_1\rho^2(1+2\cos^2\theta)\sum S_{\mathrm{II}} \\[2mm] \delta Z' = \dfrac{1}{2n'u'}2B_hy_1\rho^2\cos\theta\sin\theta\sum S_{\mathrm{II}} \end{cases}$$

设 $B = \dfrac{1}{2n'u'}B_h\sum S_{\mathrm{II}}$，又知 $\cos^2\theta = \dfrac{1}{2}(1-\cos 2\theta)$，$\sin 2\theta = 2\sin\theta\cos\theta$，故上面的两式可以写为

$$\begin{cases} \delta Y' - 2By_1\rho^2 = By_1\rho^2\cos 2\theta \\ \delta Z' = By_1\rho^2\sin 2\theta \end{cases} \tag{10.51}$$

使式(10.51)中的两式平方相加，得

$$(\delta Y' - 2By_1\rho^2)^2 + \delta Z'^2 = (By_1\rho^2)^2$$

这是一个圆的方程式，表明入射光瞳所截的光束截面内具有相同 ρ 值的光线（即分布在以入射光瞳中心为圆心，以 ρ 为半径的圆周上的光线）在像平面上形成一个圆。该圆的半径 $R = By_1\rho^2$，其圆心的纵坐标 $\delta Y' = 2By_1\rho^2 = 2R$。对于入射光瞳面上不同 ρ 值的圆周上的光线，在像平面上得到不同半径的圆，且其圆心的位置也各不相同，如图10.8所示。图10.8(a)为入射光瞳平面，分为不同 ρ 值的若干个环带；由像高为 y 的轴外点发出的通过每一个环带的光线经光学系统以后，在像平面上形成不同半径的圆，如图10.8(b)所示。当 $\rho = 0$ 时，只有主光线通过，其与像平面的交点为 B'，即图10.8(b)中的原点。如果光学系统只有彗差，则点 B' 和理想像点 B_0' 重合。在像平面上过点 B' 作圆的切线，与 $\delta Y'$ 轴的夹角为 α，有

$$\sin\alpha = \frac{By_1\rho^2}{2By_1\rho^2} = \frac{1}{2}$$

即 $\alpha = 30°$。由于角 α 是不随 ρ 值变化的常数，所以像平面上的一系列圆具有两条过点 B' 的夹角为 $60°$ 的公切线。也就是说，由轴外一点发出的所有光线经系统以后都分布在上述两条直线之间的图形内。离 B' 点越远，光线的密度越低，形成彗星形状，故称这种像差为彗形像差，简称彗差。

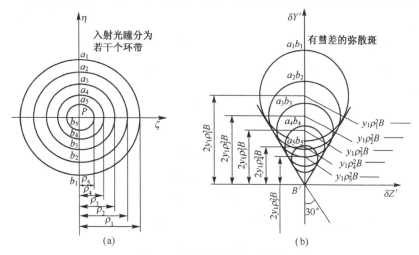

图 10.8 初级彗差的光束结构

系数 $B = \dfrac{1}{2n'u'}B_h\sum S_{II}$ 由式(10.23)中的系数 B_h 的表示式可写为

$$B = \frac{1}{2n'u'}\frac{1}{h^2 h_z}\frac{l^2 l_z}{(l - l_z)^3}\sum S_{II}$$

利用式(10.27)和式(10.28)使上式的系数简化，得

$$B = -\frac{1}{2n'u'}\frac{1}{\rho y_1}\sum S_{II}$$

由上述可知，当 $\sum S_{II} > 0$ $(B < 0)$ 时，彗差的头部（尖端）向着视场中心，为正值彗差；反之，$\sum S_{II} < 0(B > 0)$ 时，彗差的头部背向视场中心，为负值彗差。

下面讨论入射光瞳面上半径为 ρ 的任一环带上的光线因幅角 θ 不同在像平面上的会聚情况，如图10.9所示。对于 $\theta = 0°$ 和 $180°$ 的两条光线 a 和 b，式(10.51)可得它们在像平面上的分量为

$$\begin{cases} \delta Y' = 3y_1\rho^2 B \\ \delta Z' = 0 \end{cases}$$

显然，这两条光线有相同的像差分量，在像平面上应相交于同一点。a, b 是子午面内的光线，它们的公共交点到主光线与像面的交点 B' 的距离 $\delta Y'$ 就是子午彗差：

$$K'_T = 3y_1\rho^2 B \tag{10.52}$$

对于 $\theta = 90°$ 和 $\theta = 270°$ 的光线 c,d，其像差分量

$$\begin{cases} \delta Y' = y_1\rho^2 B \\ \delta Z' = 0 \end{cases}$$

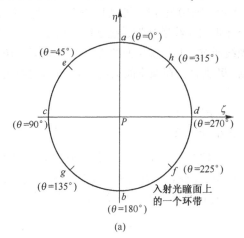

(a)

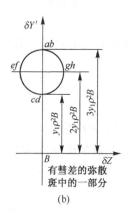

(b)

图 10.9 入射光瞳面上半径为 ρ 的任一环带上的光线因幅角 θ 不同在像平面上的会聚情况

光线 c 和 d 在像平面上也是相同的坐标，应在像平面上相交于同一点。光线 c 和 d 是弧矢面内的光线，其交点到点 B' 的距离即为弧矢彗差：

$$K'_S = y_1\rho^2 B \tag{10.53}$$

也证明了

$$K'_T = 3K'_S \tag{10.53a}$$

对于 $\theta = 45°$ 和 $225°$ 的光线 e 和 f，有相同的像差分量

$$\begin{cases} \delta Y' = 2y_1\rho^2 B \\ \delta Z' = y_1\rho^2 B \end{cases}$$

对于 $\theta = 135°$ 和 $315°$ 的光线 g 和 h，也有相同的像差分量

$$\begin{cases} \delta Y' = 2y_1\rho^2 B \\ \delta Z' = -y_1\rho^2 B \end{cases}$$

这两对光线也分别在像平面上相交于一点。

由上述可知，在入射光瞳平面上半径为 ρ 的细环带，幅角为 θ 和 $(\theta + 180°)$ 的任一对光线在像平面相交于同一点。它们的轨迹应该是以 $y_1\rho^2 B$ 为半径、以点 $(\delta Y' = 2y_1\rho^2 B, \delta Z' = 0)$ 为圆心的圆。同时，光线在入射光瞳面上的入射点以 ρ 为半径绕行一周，相应的光线在像平面上以 $y_1\rho^2 B$ 为半径绕行两周。

实际光学系统中，由于高级彗差存在，并不严格遵守上述的关系。

4. 具有初级像散和场曲的成像光束的结构

具有纯初级像散和场曲时，在式(10.49)和式(10.50)中只应保留含有 $\sum S_{\mathrm{III}}$ 和 $\sum S_{\mathrm{IV}}$ 的项：

$$\begin{cases} \delta Y' = -\dfrac{1}{2n'u'} y_1^2 \rho \cos\theta C_h \left(3\sum S_{\mathrm{III}} + \sum S_{\mathrm{IV}} \right) \\ \delta Z' = -\dfrac{1}{2n'u'} y_1^2 \rho \sin\theta C_h \left(\sum S_{\mathrm{III}} + \sum S_{\mathrm{V}} \right) \end{cases}$$

令 $\dfrac{1}{2n'u'} C_h \sum S_{\mathrm{III}} = C, \dfrac{1}{2n'u'} C_h \sum S_{\mathrm{IV}} = D$，则以上两式可写为

$$\begin{cases} \delta Y' = -y_1^2 \rho \cos\theta (3C + D) \\ \delta Z' = -y_1^2 \rho \sin\theta (C + D) \end{cases}$$

或写为
$$\frac{\delta Y'}{y_1^2 \rho(3C+D)} = -\cos\theta, \quad \frac{\delta Z'}{y_1 \rho^2(C+D)} = -\sin\theta$$

将以上两式平方后相加，得

$$\frac{\delta Y'^2}{\left[y_1 \rho^2(3C+D)\right]^2} + \frac{\delta Z'^2}{\left[y_1 \rho^2(C+D)\right]^2} = 1$$

显然，这是一个椭圆方程，其中心为主光线与高斯像面的交点 B'。若只有像散和场曲点 B' 与高斯像点 B_0' 重合，则椭圆的长轴为 $2y_1 \rho^2(3C+D)$，短轴为 $2y_1 \rho^2(C+D)$。这表明从轴外点发出经入射光瞳面上半径为 ρ 的圆周上的光线经系统以后与像平面相交成一个椭圆，如图10.10所示。图10.10(a)为入射光瞳平面上具有不同 ρ 值的一系列同心圆环，图10.10(b)表示在像平面上所形成的与之对应的一系列椭圆，它表示像散

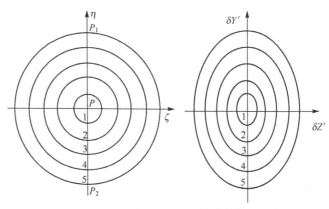

(a) 入射光瞳环带　　　(b) 有初级像散和场曲的弥散斑

图 10.10　轴外点发出经入射光瞳面上半径为 ρ 的圆周上的光线经系统后与像平面相交成一椭圆

和场曲同时存在时轴外点成像光束在像平面上分布在一个椭圆的区域内。如果 $\sum S_{\text{IV}}$ (或系数 D)=0，只有像散，则仍为椭圆。如果 $\sum S_{\text{III}}$ (或系数 C)=0，只有场曲，则形成圆形。

5. 初级畸变

若系统只有纯初级畸变，在式(10.49)和式(10.50)中只应保留含有 $\sum S_{\text{V}}$ 的项，即

$$\begin{cases} \delta Y' = y_1^3 D_h \sum S_{\text{V}} \\ \delta Z' = 0 \end{cases}$$

上式说明，主光线经折射后在高斯像面上的交点与理想像点偏离为 $y_1^3 D_h \sum S_{\text{V}}$，这正是畸变像差。

10.4　赛得和数的表示形式

10.4.1　阿贝不变量表示的赛得和数

赛得和数表征了光学系统的五种初级像差在各个折射面上的分布。因此，赛得和数的值除与光学系统的物距(l)和视场(u_z)有关外，还与光学系统的结构(r, d, n)有密切关系。从式(10.26)中不能直接看到这种关系，但只要把赛得和数的形式改变一下便可以得知赛得和数与光学系统的结构的关系。

在式(10.26)中第一赛得和数可分解为

$$ni = n\frac{l-r}{r}u = n\frac{lu-ru}{r} = hn\left(\frac{1}{r}-\frac{1}{l}\right) = hQ \tag{10.54}$$

式中，Q 是阿贝不变量。还有

$$(i-i')(i'-u) = ii'-iu-i'^2+i'u = i'(u+i-i')-iu = i'u'-iu$$

$$= ni\left(\frac{u'}{n'}-\frac{u}{n}\right) = hui\left(\frac{1}{n'l'}-\frac{1}{nl}\right) = hni\Delta\frac{1}{nl} = h^2 Q\Delta\frac{1}{nl} \tag{10.55}$$

又有 $lu = h$，则第一赛得和数可写为

$$\sum S_{\text{I}} = \sum h^4 Q^2\Delta\frac{1}{nl} \tag{10.56}$$

与式(10.54)同理，得

$$ni_z = h_z n\left(\frac{1}{r}-\frac{1}{l_z}\right) = h_z Q_z \tag{10.57}$$

代入式(10.26)第二式：$\sum S_{\mathrm{II}} = \sum S_{\mathrm{I}} \dfrac{i_z}{i} = \sum S_{\mathrm{I}} \dfrac{ni_z}{ni}$，得

$$\sum S_{\mathrm{II}} = \sum h^3 h_z Q Q_z \Delta \frac{1}{nl} \tag{10.58}$$

式中，h_z 是第二近轴光线在折射面上的入射高度；Q_z 是第二近轴光线的阿贝不变量。Q_z 和 Q 之间可用拉赫不变量 J 联系起来：

$$J = nyu = nuu_z(l_z - l) = n\frac{hh_z}{ll_z}(l_z - l) = hh_z n\left(\frac{1}{l} - \frac{1}{l_z}\right) = hh_z\left[n\left(\frac{1}{r} - \frac{1}{l_z}\right) - n\left(\frac{1}{r} - \frac{1}{l}\right)\right] = hh_z(Q_z - Q)$$

或写为

$$Q_z = \frac{J}{hh_z} + Q \tag{10.59}$$

将其代入式(10.58)，得
$$\sum S_{\mathrm{II}} = \sum h^2 h_z Q^2 \Delta \frac{1}{nl} + J\sum h^2 Q \Delta \frac{1}{nl} \tag{10.60}$$

对于相接触的薄透镜系统，上式右边第一项表征初级球差。因此，对于校正了初级球差或光阑与薄透镜重合的薄透镜系统，初级彗差系数可写为

$$\sum S_{\mathrm{II}} = J\sum h^2 Q \Delta \frac{1}{nl} \tag{10.61}$$

把式(10.54)、式(10.57)和式(10.58)代入式(10.26)第三式：$\sum S_{\mathrm{III}} = \sum S_{\mathrm{II}} \dfrac{i_z}{i} = \sum S_{\mathrm{II}} \dfrac{ni_z}{ni}$，得

$$\sum S_{\mathrm{III}} = \sum h^2 h_z^2 Q_z^2 \Delta \frac{1}{nl} \tag{10.62}$$

对于第四赛得和数，由式(10.26)中的第四式

$$\sum S_{\mathrm{IV}} = J^2 \sum \frac{n'-n}{n'nr} = -J^2 \sum \frac{1}{r}\left(\frac{1}{n'} - \frac{1}{n}\right) = -J^2 \sum \frac{1}{r}\Delta\frac{1}{n} \tag{10.63}$$

把式(10.54)、式(10.57)、式(10.62)和式(10.63)代入式(10.26)中的第五式：

$$\sum S_{\mathrm{V}} = \sum (S_{\mathrm{III}} + S_{\mathrm{IV}})\frac{i_z}{i} = \sum (S_{\mathrm{III}} + S_{\mathrm{IV}})\frac{ni_z}{ni}$$

得
$$\sum S_{\mathrm{V}} = \sum \left(hh_z^3 \frac{Q_z^3}{Q} \Delta\frac{1}{nl} - J^2 \frac{h_z Q_z}{hQ} \frac{1}{r}\Delta\frac{1}{n} \right) \tag{10.64}$$

把式(10.56)、式(10.58)、式(10.62)和式(10.64)并列在一起，得到阿贝不变量表示的赛得和数：

$$\begin{cases} \displaystyle\sum_{i=1}^{k} S_{\mathrm{I}} = \sum_{i=1}^{k} h^4 Q^2 \Delta\frac{1}{nl} \\[2ex] \displaystyle\sum_{i=1}^{k} S_{\mathrm{II}} = \sum_{i=1}^{k} h^3 h_z Q Q_z \Delta\frac{1}{nl} \\[2ex] \displaystyle\sum_{i=1}^{k} S_{\mathrm{III}} = \sum_{i=1}^{k} h^2 h_z^2 Q_z^3 \Delta\frac{1}{nl} \\[2ex] \displaystyle\sum_{i=1}^{k} S_{\mathrm{IV}} = -J^2 \sum_{i=1}^{k} \frac{1}{r}\Delta\frac{1}{n} \\[2ex] \displaystyle\sum_{i=1}^{k} S_{\mathrm{V}} = \sum_{i=1}^{k} hh_z^3 \frac{Q_z^3}{Q}\Delta\frac{1}{nl} - J^2 \sum_{i=1}^{k} \frac{h_z Q_z}{hQ}\frac{1}{r}\Delta\frac{1}{n} \end{cases} \tag{10.65}$$

式(10.26)中的赛得和数的形式便于对已知光学系统进行第一、第二近轴光计算后求得各个赛得和数的值，以便了解各个折射面上初级像差的分布（贡献量），一般来说，初级像差贡献量大的面对实际像差也是贡献量大的面，或者说是对该种像差灵敏的面。式(10.65)中的阿贝不变量表示的赛得和数，便于分析初级像差与光学系统结构参数(r, d, n)的关系。或者说，给这种形式的赛得和数以要求的值，列出方程，求解光学系统的初始结构，以便进行光路计算，修改结构参数，以使像差满足要求。

10.4.2 PW 形式的赛得和数

在光学设计中，另一种常用的是 PW 形式的赛得和数。现在赛得和数中引入以下符号：

$$\begin{cases} P = ni(i - i')(i' - u) \\ W = (i - i')(i' - u) \end{cases} \tag{10.66}$$

下面对 P 和 W 做变换，推导出其和第一近轴光线的角度 u 和 u' 的关系，以及和阿贝不变量 Q 的关系：

$$i - i' = i - \frac{ni}{n'} = ni\left(\frac{1}{n} - \frac{1}{n'}\right)$$

因 $i - i' = u' - u$ ，式中

$$ni = -\frac{u' - u}{\frac{1}{n'} - \frac{1}{n}} = -\frac{\Delta u}{\Delta \frac{1}{n}} \tag{10.67}$$

代入 P 的表示式：

$$P = \left(\frac{\Delta u}{\Delta \frac{1}{n}}\right)(i' - u)\left(\frac{1}{n} - \frac{1}{n'}\right)$$

而

$$(i' - u)\left(\frac{1}{n} - \frac{1}{n'}\right) = \frac{i' - u}{n} - \frac{i' - u}{n'} = \frac{u'}{n'} - \frac{u}{n} = \Delta \frac{u}{n} \tag{10.68}$$

由此可得 P 和 W 的表示式分别为

$$\begin{cases} P = \left(\frac{\Delta u}{\Delta \frac{1}{n}}\right)^2 \Delta \frac{u}{n} \tag{10.69} \\[4mm] W = \frac{P}{ni} = -\frac{\Delta u}{\Delta \frac{1}{n}} \Delta \frac{u}{n} \tag{10.70} \end{cases}$$

式(10.67)和式(10.54)相同，即 $ni = hQ$ ，式(10.68)又可以写为

$$\Delta \frac{u}{n} = \frac{u'}{n'} - \frac{u}{n} = \frac{h}{n'l'} - \frac{h}{nl} = h\Delta \frac{1}{nl}$$

代入式(10.69)和式(10.70)，有

$$\begin{cases} P = h^3 Q^2 \Delta \frac{1}{nl} \tag{10.71} \\[4mm] W = h^2 Q \Delta \frac{1}{nl} \tag{10.72} \end{cases}$$

为了推导出 PW 形式赛得和数，还应求得 i 与 i_z 的关系，由式(10.59)得

$$J = hh_z(Q_z - Q) = nhh_z\left[\left(\frac{1}{r} - \frac{1}{l_z}\right) - \left(\frac{1}{r} - \frac{1}{l}\right)\right] = n\left[h\left(\frac{h_z}{r} - u_z\right) - h_z\left(\frac{h}{r} - u\right)\right] = nhi_z - nh_zi$$

或

$$\frac{i_z}{i} = \frac{h_z}{h} + \frac{J}{nhi} \tag{10.73}$$

将式(10.71)、式(10.72)和式(10.73)代入式(10.26)，得

$$\begin{cases} \sum_{i=1}^{k} S_{\mathrm{I}} = \sum_{i=1}^{k} hP \\[3mm] \sum_{i=1}^{k} S_{\mathrm{II}} = \sum_{i=1}^{k} h_z P + J\sum_{i=1}^{k} W \\[3mm] \sum_{i=1}^{k} S_{\mathrm{III}} = \sum_{i=1}^{k} \frac{h_z^2}{h} P + 2J\sum_{i=1}^{k} \frac{h_z}{h} W + J^2 \sum_{i=1}^{k} \frac{1}{h}\Delta \frac{u}{n} \\[3mm] \sum_{i=1}^{k} S_{\mathrm{IV}} = J^2 \sum_{i=1}^{k} \frac{n' - n}{n'nr} \\[3mm] \sum_{i=1}^{k} S_{\mathrm{V}} = \sum_{i=1}^{k} \frac{h_z^3}{h^2} P + 3J\sum_{i=1}^{k} \frac{h_z^2}{h} W + J^2 \sum_{i=1}^{k} \frac{h_z}{h}\left(\frac{3}{h}\Delta \frac{u}{n} + \frac{n' - n}{n'nr}\right) - J^2 \sum_{i=1}^{k} \frac{1}{h^2}\Delta \frac{1}{n^2} \end{cases} \tag{10.74}$$

这是以折射面的 P 和 W 表示的赛得和数表示式。

10.4.3 薄透镜系统初级像差的 PW 表示式

薄透镜系统由若干个薄透镜光组组成，光组之间有一定的间隔，而每一个薄透镜光组又由几个相接触的薄透镜组成。每一个薄透镜光组中各个折射面上的 h 和 h_z 相等，并将同一个薄透镜光组中各个折射面的 P 和 W 之和作为该透镜组的 P 和 W。在公式中每一个透镜组而不是每一个折射面对应一项。设有 k 个折射面第 j 个薄透镜光组的 P,W 表示为

$$
\begin{cases}
P_j = \sum_{i=1}^{k} P = \sum_{i=1}^{k} \left(\dfrac{\Delta u}{\Delta \frac{1}{n}} \right)^2 \Delta \dfrac{u}{n} \\[4mm]
W_j = \sum_{i=1}^{k} W = -\sum_{k=1}^{k} \dfrac{\Delta u}{\Delta \frac{1}{n}} \Delta \dfrac{u}{n}
\end{cases}
$$

式(10.74)中 $\sum_{i=1}^{k} S_{\mathrm{III}}$ 的最后一项对薄透镜光可以做如下变化：

$$
\sum_{i=1}^{k} \frac{1}{h} \Delta \frac{u}{n} = \frac{1}{h_j} \sum_{i=1}^{k} \Delta \frac{u}{n} = \frac{1}{h_j} \left[\left(\frac{u_1'}{n_1'} - \frac{u_1}{n_1} \right) + \left(\frac{u_2'}{n_2'} - \frac{u_2}{n_2} \right) + \cdots + \left(\frac{u_k'}{n_k'} - \frac{u_k}{n_k} \right) \right]
$$

由于 $u_i' = u_{i+1}$，$n_i' = n_{i+1}$，方括弧内的各项两两相消，只剩下 $\left[\dfrac{u_k'}{n_k'} - \dfrac{u_1}{n_1} \right]$。若系统置在空气中，$n_k' = n_1 = 1$，则得

$$
\sum_{i=1}^{k} \frac{1}{h} \Delta \frac{u}{n} = \frac{1}{h_j} (u_k' - u_1) = \Phi_j
$$

对于薄透镜系统，$\sum_{i=1}^{k} S_{\mathrm{IV}} = \sum_{i=1}^{k} \dfrac{n'-n}{n'nr}$ 也可以简化。首先研究单薄透镜情况：

$$
\sum_{1}^{2} \frac{n'-n}{n'nr} = \frac{n_1'-n_1}{n_1'n_1r_1} + \frac{n_2'-n_2}{n_2'n_2r_2}
$$

若薄透镜在空气中，$n_1 = 1, n_2' = 1, n_1' = n_2 = n$（透镜玻璃的折射率），则上式变为

$$
\sum_{1}^{2} \frac{n'-n}{n'nr} = \frac{n-1}{nr_1} + \frac{1-n}{nr_2} = \frac{n-1}{n} \left(\frac{1}{r_1} - \frac{1}{r_2} \right) = \frac{\varphi}{n}
$$

式中，φ 为单薄透镜在空气中的光焦度。对于整个薄透镜光组，有

$$
\sum_{i=1}^{k} \frac{n'-n}{n'nr} = \sum_{n=1}^{M} \frac{\varphi}{n} \tag{10.75}
$$

式中，m 为光组所包括的单薄透镜的数目。设令 $\mu = \left(\sum\limits_{m=1}^{M} \dfrac{\varphi}{n} \right) \Big/ \phi_i$，若略去各薄透镜玻璃的折射率差，则 $\mu \approx 1/n$，得

$$
\sum_{i=1}^{k} \frac{n'-n}{n'nr} = \sum_{m=1}^{M} \frac{\varphi}{n} \approx \mu \Phi_j \tag{10.76}
$$

对于一般光学玻璃，$n=1.5\text{-}1.7$，则 $\mu = 0.6 \sim 0.7$。

对于式(10.74)中第五赛得和数，其最后一项为 $J^2 \sum\limits_{i=1}^{k} \dfrac{1}{h^2} \Delta \dfrac{1}{n} = 0$。因是薄透镜光组，所有折射面上入射高度 h 相同，可以提到 $\sum$ 号之外，且 $n_i' = n_{i+1}$，设薄透镜在空气中，所以 $\sum\limits_{i=1}^{k} \Delta \dfrac{1}{n_2} = 0$，即这一项等于零。经过以上简化，薄透镜系统的初级像差公式可写为以下形式：

$$\begin{cases} -2n'u'^2\delta L' = \sum_{i=1}^{k} S_{\text{I}} = \sum_{j=1}^{N} h_j P_j \\ -2n'u'K_s' = \sum_{i=1}^{k} S_{\text{II}} = \sum_{j=1}^{N} h_{zj} P_j + J\sum_{j=1}^{N} W_j \\ -n'u'^2 x_{ts}' = \sum_{i=1}^{k} S_{\text{III}} = \sum_{j=1}^{N} \frac{h_{zj}^2}{h_j} P_j + 2J\sum_{j=1}^{N} \frac{h_{zj}}{h_j} W_j + J^2\sum_{j=1}^{N} \Phi_j \\ -2n'u'^2 x_p' = \sum_{i=1}^{k} S_{\text{IV}} = J^2\sum_{j=1}^{N} \mu\Phi_j \\ -2n'u'\delta Y_z' = \sum_{i=1}^{k} S_{\text{V}} = \sum_{j=1}^{N} \frac{h_{zj}^3}{h_j^2} P_j + 3J\sum_{j=1}^{N} \frac{h_{zj}^2}{h_j^2} W_j + J^2\sum_{j=1}^{N} \frac{h_{zj}}{h_j}\Phi_j(3+\mu) \end{cases} \quad (10.77)$$

对于由相接触的薄透镜组成的光学系统，赛得和数可以写为

$$\begin{cases} \sum_{i=1}^{k} S_{\text{I}} = hP \\ \sum_{i=1}^{k} S_{\text{II}} = h_z p + JW \\ \sum_{i=1}^{k} S_{\text{III}} = \frac{h_z^2}{h} P + 2J\frac{h_z}{h} W + J^2\Phi \\ \sum_{i=1}^{k} S_{\text{IV}} = J^2\mu\Phi = J^2\sum_{m=1}^{M} \frac{\varphi_m}{n_m} \\ \sum_{i=1}^{k} S_{\text{V}} = \frac{h_z^3}{h^2} P + 3J\frac{h_z^2}{h^2} W + J^2\frac{h_z}{h}\Phi(3+\mu) \end{cases} \quad (10.78)$$

若光阑与相接触薄透镜系统相重合时，则 $h_z=0$，上式可写为

$$\begin{cases} \sum_{i=1}^{k} S_{\text{I}} = hP \\ \sum_{i=1}^{k} S_{\text{II}} = JW \\ \sum_{i=1}^{k} S_{\text{III}} = J^2\Phi \\ \sum_{i=1}^{k} S_{\text{IV}} = J^2\mu\Phi = J^2\sum_{m=1}^{M} \frac{\varphi_m}{n_m} \\ \sum_{i=1}^{k} S_{\text{V}} = 0 \end{cases} \quad (10.79)$$

由式(10.74)、式(10.78)和式(10.79)，可以得出以下结论：

(1) 当光学系统的物距 l、光阑位置 l_z、第一、第二近轴光线的孔径角 u 和 u_z 确定后，对于由彼此相间以一定距离的两个或两个以上薄透镜光组组成的光学系统，五种初级像差决定于各个薄透镜光组的光焦度分配和各个光组的 P_j 和 W_j 的组合。

(2) 当 l，l_z，u 和 u_z 确定后，由单组薄透镜组成的光学系统，在总的焦距确定后，五种初级像差由系统的 P 和 W 两个参数决定。且当初级球差$\left(\sum S_{\text{I}}\right)$为零时，初级彗差或初级正弦差决定于 W。

(3) 当 l，u，u_z 和系统总光焦度 Φ 确定，且 $l_z=0$（即 $h_z=0$），初级球差决定于系统的 P，初级彗差和初级正弦差决定于系统的 W。

(4) 对于由单组薄透镜光组构成的光学系统，由于其第四赛得和数 $\sum S_{\text{IV}} = J^2\mu\Phi$ 近于常数，所以这种系统除 $\Phi=0$ 的情况外，不能使 $\sum S_{\text{IV}}=0$。而对于由分离的两个或两个以上的薄透镜光组构成的

光学系统，则有可能在满足一定光焦度的情况下使 $\sum S_{IV}$ 得到校正。以有两个薄透镜光组：$\varphi_2 = -\varphi_1$、间隔为 d 的光学系统为例，并设 $n_1 \approx n_2$，则按式(10.77)中的第四式，有

$$\sum S_{IV} = J^2 \left(\frac{\varphi_1}{n_1} + \frac{\varphi_2}{n_2} \right) \approx 0$$

合成光焦度为

$$\Phi = \varphi_1 + \varphi_2 - d\varphi_1\varphi_2 \approx -d\varphi_1\varphi_2$$

(5) 由式(10.78)可知，当单组薄透镜组成的系统的 P 和 W 均为零时，光阑的位置将对 $\sum S_{II}$ 不产生影响。这时，$\sum S_{III}$，$\sum S_{IV}$，$\sum S_V$ 均取决于总光焦度 Φ。当光阑和薄透镜光组重合时，$\sum S_{III}$ 和 $\sum S_{IV}$ 决定于总光焦度 Φ，而 $\sum S_V = 0$。

10.4.4 单个薄透镜的 P 和 W

当光阑与单薄透镜重合，由式(10.79)的第一、二式和式(10.71)、式(10.72)，可得

$$\sum_1^2 S_I = hP = h^4 \sum_1^2 Q^2 \Delta \frac{1}{nl} = h^4 A, \quad \sum_1^2 S_{II} = JW = Jh^2 \sum_1^2 Q \Delta \frac{1}{nl} = h^2 B$$

由式(10.31)和式(10.36)，可得 M 个相接触薄透镜的 $\delta L'$ 和 SC' 为

$$\delta L' = -\frac{h^4}{2n'u'^2} \sum_{m=1}^M A \tag{10.80}$$

$$SC' = -\frac{h^2}{2} \sum_{m=1}^M B \tag{10.81}$$

展开式(10.80)和式(10.81)中的 A 和 B，得

$$A = n_1^2 \left(\frac{1}{r_1} - \frac{1}{l_1} \right)^2 \left(\frac{1}{n_1'l_1'} - \frac{1}{n_1 l_1} \right) + n_2'^2 \left(\frac{1}{r_2} - \frac{1}{l_2} \right)^2 \left(\frac{1}{n_2'l_2'} - \frac{1}{n_2 l_2} \right)$$

$$B = n_1 \left(\frac{1}{r_1} - \frac{1}{l_1} \right) \left(\frac{1}{n_1'l_1'} - \frac{1}{n_1 l_1} \right) + n_2' \left(\frac{1}{r_2} - \frac{1}{l_2} \right) \left(\frac{1}{n_2'l_2'} - \frac{1}{n_2 l_2} \right)$$

若透镜在空气中，$n_1 = n_2' = 1, n_1' = n_2 = n$，并设 $\rho_1 = 1/r_1, \rho_2 = 1/r_2, \sigma_1 = 1/l_1, \sigma_2' = 1/l_2'$，以上设单透镜处于空气中，即 $n_1 = 1, n_2 = n, n_3 = 1$。$A$ 和 B 的表示式中的有关因子可以表示为

$$\begin{cases} \dfrac{1}{nl_1'} = \dfrac{1}{nl_2} = \dfrac{n}{n^2 l_1'} = \dfrac{1}{n^2} \left(\dfrac{1}{l_1} + \dfrac{n-1}{r_1} \right) = \dfrac{1}{n^2} [\sigma_1 + (n-1)\rho_1] \\[2mm] \dfrac{1}{nl_1'} - \dfrac{1}{l_1} = \dfrac{\sigma_1}{n^2} + \dfrac{n-1}{n^2}\rho_1 - \sigma_1 = \dfrac{n-1}{n^2} [\rho_1 - (n+1)\sigma_1] \\[2mm] \dfrac{1}{r_2} - \dfrac{1}{l_2} = \rho_2 - \sigma_2 = \left(\rho_1 - \dfrac{\varphi}{n-1} \right) - (\varphi + \sigma_1) = \rho_1 - \sigma_1 - \dfrac{n}{n-1}\varphi \\[2mm] \dfrac{1}{l_2'} - \dfrac{1}{nl_2} = \varphi + \sigma_1 - \dfrac{1}{n^2}[\sigma_1 + (n-1)\rho_1] = \varphi - \dfrac{n-1}{n^2}[\rho_1 - (n+1)\sigma_1] \end{cases} \tag{10.82}$$

将式(10.82)中有关的因子代入 A 和 B 的表示式中，经整理后得

$$A(\rho_1) = \frac{n+2}{n}\varphi\rho_1^2 - \left[\frac{2n+1}{n-1}\varphi^2 + \frac{4(n+1)}{n}\varphi\sigma_1 \right]\rho_1 + \frac{3n+1}{n-1}\varphi^2\sigma_1 + \frac{3n+2}{n}\varphi\sigma_1^2 + \frac{n^2}{(n-1)^2}\varphi^3 \tag{10.83}$$

$$B(\rho_1) = \frac{n+1}{n}\varphi\rho_1 - \frac{2n+1}{n}\varphi\sigma_1 - \frac{n}{n-1}\varphi^2 \tag{10.84}$$

同理，也可以用 φ, n, ρ_2 和 σ_2 来表示单薄透镜的 A 和 B：

$$A(\rho_2) = \frac{n+2}{n}\varphi\rho_2^2 + \left[\frac{2n+1}{n-1}\varphi^2 - \frac{4(n+1)}{n}\varphi\sigma_2' \right]\rho_2 - \frac{3n+1}{n-1}\varphi^2\sigma_2' + \frac{3n+2}{n}\varphi\sigma_2'^2 + \frac{n^2}{n-1}\varphi^3 \tag{10.85}$$

$$B(\rho_2) = \frac{n+1}{n}\varphi\rho_2 - \frac{2n+1}{n}\varphi\sigma_2' + \frac{n}{n-1}\varphi^2 \tag{10.86}$$

由上式(10.85)和式(10.86)可知，薄透镜的初级球差、初级正弦差除与物体位置、透镜玻璃折射率有关外，还与透镜形状有关。当物体位置和玻璃折射率已经确定，保持光焦度 φ 不变时，改变透镜形状（称为整体弯曲），其球差按二次抛物线规律随 ρ_1 改变，正弦差按直线规律随 ρ_1 改变。在光学设计中常用这种方法使某种像差符合要求。

下面以物体在无限远时 ($\sigma_1 = 0$) 的情况为例，讨论初级球差和初级正弦差随透镜形状变化的性质。

当 $\sigma_1 = 0$ 时，初级球差 $\delta L'$ 和初级正弦差 SC' 按 $\delta L' = -\dfrac{h^4}{2n'u'^2}A$ 和 $SC' = -\dfrac{h^2}{2}B$ 及式(10.83)式(10.84)可以写为

$$\begin{cases} \delta L' = -\dfrac{h^4}{2n_2'u_2'^2}\left\{ \dfrac{n+2}{n}\varphi\rho_1^2 - \dfrac{2n+1}{n-1}\varphi^2\rho_1 + \dfrac{n^2}{(n-1)^2}\varphi^3 \right\} \\[3mm] SC' = -\dfrac{h^2}{2}\left\{ \dfrac{n+1}{n}\varphi\rho_1 - \dfrac{n}{n-1}\varphi^2 \right\} \end{cases} \tag{10.87}$$

由于初级球差是以 ρ_1 为参变量的二次抛物线，应该有极值存在，使式(10.87)对 ρ_1 进行一次和二次求导，得

$$\begin{cases} \dfrac{\mathrm{d}\delta L'}{\mathrm{d}\rho_1} = -\dfrac{h^4}{2n_2'u_2'^2}\left[\dfrac{2(n+2)}{n}\varphi\rho_1 - \dfrac{2n+1}{n-1}\varphi^2 \right] \\[3mm] \dfrac{\mathrm{d}^2\delta L'}{\mathrm{d}\rho_1^2} = -\dfrac{h^4}{2n_2'u_2'^2}\left(\dfrac{n+2}{n}\varphi \right) \end{cases}$$

因透镜在空气中，且物体在无限远处，则 $n_2' = 1$，$u_2' = h/f'$，故上面两式可以写为

$$\begin{cases} \dfrac{\mathrm{d}\delta L'}{\mathrm{d}\rho_1} = -\dfrac{1}{2}\left[\dfrac{2(n+2)}{n}\varphi\rho_1 - \dfrac{2n+1}{n-1}\varphi^2 \right]h^2 f'^2 \\[3mm] \dfrac{\mathrm{d}^2\delta L'}{\mathrm{d}\rho_1^2} = -\dfrac{n+2}{n}h^2 f \end{cases}$$

显然，当 $\varphi > 0$（正透镜）时，$\mathrm{d}^2\delta L'/\mathrm{d}\rho^2 < 0$，球差有极大值；当 $\varphi < 0$（负透镜）时，$\mathrm{d}^2\delta L'/\mathrm{d}\rho^2 > 0$，球差有极小值。为了求球差的极值以及透镜相应的形状 ρ_{10}，令 $\mathrm{d}^2\delta L'/\mathrm{d}\rho^2 = 0$，得

$$\rho_{10} = \frac{(2n+1)n}{2(n-1)(n+2)}\varphi \tag{10.88a}$$

把 ρ_{10} 代入初级球差的表示式中，得球差的极值为

$$\delta L_0' = -\frac{n(4n-1)}{8(n-1)^2(n+2)}h^2\varphi \tag{10.88b}$$

由式(10.88b)可知，$\delta L'$ 的正、负仅决定于 φ 的正、负。对于正透镜 $\varphi > 0$，$\delta L'$ 为负，且为极大值（绝对值为极小）；对于负透镜 $\varphi < 0$，$\delta L'$ 为正，且为极小值（绝对值最小）。

设 $l = -\infty$，$h = 1$，$f' = 1$，$n = 1.5$，2.0，以正透镜为例，对于不同的弯曲状况计算出初级球差 $\delta L'$ 和初级正弦差 SC'，列于表 10.1，并绘成曲线，如图10.11所示。图10.11(a)为正透镜的初级球差 $\delta L'$ 和初级正弦差 SC'。图10.11(b)为负透镜的初级球差 $\delta L'$ 和初级正弦差 SC'（略去了数据，图中只画出折射率 $n = 1.5$ 情况下的 $\delta L'$ 和 SC' 曲线）。由图10.11和表10.1可知：

(1) 透镜是最优良形式。处于最小球差值的透镜称为最优良形式，一般来说，透镜是最优良形式时，正弦差也近似为零。

(2) 透镜折射率增高，曲率减小。透镜的光焦度 φ 和入射高度 h 一定时，透镜折射率增高，曲率减小，最小球差值也减小。这是由折射面的相对孔径减小所致的。

(3) 最小球差值仅由玻璃折射率值决定。对于一定焦距和相对孔径的薄透镜，其最小球差值仅由玻璃折射率值决定，是一个常量，故单透镜自身不能校正球差。

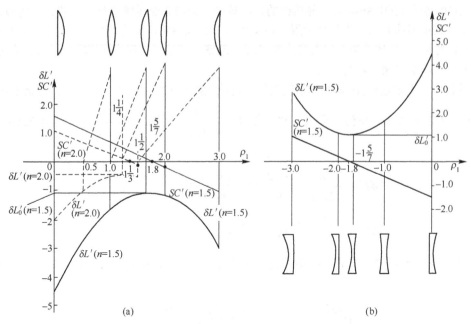

图 10.11　单透镜不同的弯曲状况的初级球差 $\delta L'$ 和初级正弦差 SC' 曲线

(4) 球差和正弦差值随物体位置的变化而变化。同一透镜对不同位置的物体成像，球差和正弦差值是变化的。

(5) 透镜的最优良形式随物体位置的不同而不同。如凸面朝向物体的平凸透镜只对无限远的物体是近似于最优良形式的，但对于近距离的物体，它就不是最优良形式的。计算证明，当放大率为-1 时的最优良形式的透镜为二曲率半径相等的双凸透镜。在一些像差要求不高的系统如照明系统中，常用处于最优良形式的透镜来组成，例如图10.12中所示的放大率 $\beta = -f_2'/f_1' = -1^x$ 的聚光镜，用两块凸面相对的平凸透镜构成，两块透镜中间为平行光，即两块透镜均处于最优良形式。

表 10.1　以正透镜为例，对于不同的弯曲状况计算出的
初级球差 $\delta L'$ 和初级正弦差 SC' 值

透镜形式	$n=1.5$				$n=2.0$			
	ρ_1	$\rho_2 = \rho_1 - 2$	$\delta L'$	SC'	ρ_1	$\rho_2 = \rho_1 - 2$	$\delta L'$	SC'
平凸	0	-2	$-4\frac{1}{2}$	$1\frac{1}{2}$	0	-1	-2	1
双凸	1	-1	$-1\frac{1}{6}$	$\frac{1}{15}$	$\frac{1}{2}$	$-\frac{1}{2}$	-1	$\frac{5}{8}$
凸平	2	0	$-1\frac{1}{8}$	$-\frac{1}{2}$	1	0	$-\frac{1}{2}$	$\frac{1}{4}$
月凸	3	1	-3	-1	$1\frac{1}{2}$	$\frac{1}{2}$	$-\frac{1}{2}$	$-\frac{1}{8}$
最优形式	$1\frac{5}{7}$	$-\frac{2}{7}$	$-1\frac{1}{14}$	$\frac{1}{14}$	$1\frac{1}{4}$	$\frac{1}{4}$	$-\frac{7}{16}$	$\frac{1}{16}$

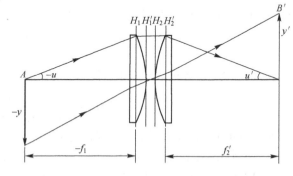

图 10.12　放大率 $\beta = -f_2'/f_1' = -1^x$ 的聚光镜

10.4.5　密接双薄透镜系统的初级像差

由两个相接触的薄透镜构成的光学系统如图10.13所示。图10.13(a)为两胶合透镜，正、负透镜有一相同的曲率半径，并使两个折射面胶合在一起。图10.13(b)为分离式薄透镜组，正、负透镜之间有一个很小的空气间隙。这两种都属于密接双薄透镜系统。

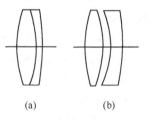

图 10.13　密接双薄透镜系统

1. 双胶合透镜

有三个折射面，即三个曲率作为自由变量，当由式(11.15)色差要求确定两块透镜的光焦度 φ_1 和 φ_2 后，就只剩一个自由变数用来校正球差。通常用胶合面的曲率 ρ_2 作为变量，组成消球差方程。当 ρ_2 改变时，为保持 φ_1 和 φ_2 不变，另外两个曲率 ρ_1 和 ρ_3 必将随之改变。这就是双胶合透镜的整体弯曲。即利用 ρ_2 的改变，在保证 φ_1 和 φ_2 为定值的条件下，可以使双胶合透镜的球差得到校正。

为了按已给定的实际球差求解光学结构，必须把初级球差表示成 ρ_2 的函数，为此双胶合透镜的正透镜用式(10.85)、负透镜用式(10.83)表示，得

$$\delta L' = -\frac{h^4}{2n'u'^2}\left[A(\rho_2)+A(\rho_2)\right]$$

$$= -\frac{h^2}{2n'u'^2}\left\{\left[\frac{n_1+2}{n_1}\varphi_1\rho_2^2+\left(\frac{2n_1+1}{n_1-1}\varphi_1^2-\frac{4n_1+4}{n_1}\varphi_1\sigma_1'\right)\rho_2-\frac{3n_1+1}{n_1-1}\varphi_1^2\sigma_1'+\frac{3n_1+2}{n_1}\varphi_1\sigma_1'^2+\frac{n_1^2}{(n_1-1)^2}\varphi_1^3\right]+\right.$$

$$\left.\left[\frac{n_1+2}{n_2}\varphi_2\rho_2^2-\left(\frac{2n_2+1}{n_1-1}\varphi_2^3+\frac{4n_2+4}{n_2}\varphi_2\sigma_2\right)\rho_2+\frac{3n_2+1}{n_2-1}\varphi_2^2\sigma_2+\frac{3n_2+2}{n_2}\varphi_2\sigma_2^2+\frac{n_2^2}{(n_2-1)^2}\varphi_2^3\right]\right\} \quad (10.89)$$

式中，下标为 1 的符号表示第一块透镜的量；下标为 2 的表示第二块透镜的量；σ_1' 是第一块透镜像距的倒数；σ_2 是第二块透镜物距的倒数，在此处两者相等。当物体在无限远处时，$\sigma_1'=\sigma_2=\varphi_1$；当物体在有限距离时，$\sigma_1'=\sigma_2=\sigma_1+\varphi_1$，其中 σ_1 是第一块透镜物距的倒数。上式中的 h 和 u' 在设计时是已知的。因此，当选定玻璃的折射率 n_1 和 n_2 以及确定了透镜的光焦度 φ_1 和 φ_2 以后，式(10.89)就只剩下一个未知数 ρ_2。当给定球差值 $\delta L'$ 时，便可以求出所要求的 ρ_2。由式(10.89)可知，$\delta L'$ 是 ρ_2 的二次方程式，当以 ρ_2 为变数对双胶合透镜做整体弯曲时，球差也随二次抛物线的规律而变。

如果要求对双胶合透镜消初级球差，可令式(10.89)中的 $\delta L'$ 为零。如果双胶合透镜后面有反射棱镜或其他未消球差的光学零件，或欲补偿系统本身的高级球差，若这些光学零件产生的或需补偿的球差量为 $\delta L_p'$，则双胶合透镜应产生 $\delta L'=-\delta L_p'$ 的球差。例如双胶合物镜后面有一个厚度为 74 mm 的平行平板，其材料为 K9 玻璃（$n_D=1.5163$），物镜相对孔径为 1/3.5，此时平行平板产生的初级球差 $\delta L'=0.2814$，则在式(10.89)中应使 $\delta L'=-0.2814$，然后解方程求 ρ_2 的值。

由两个相接触的薄透镜组成的光学系统可由式(10.81)得到初级正弦差的表示式

$$SC'=-h^2(B_1+B_2)/2$$

将式(10.86)用于 B_1、式(10.84)用于 B_2，得到由双胶合透镜的胶合面曲率 ρ_2 表示的初级正弦差公式为

$$SC'=-\frac{h^2}{2}\left[\left(\frac{n_1+1}{n_1}\varphi_1\rho_2-\frac{2n_1+1}{n_2}\varphi_1\sigma_1+\frac{n_1}{n_1-1}\varphi_1^2\right)+\left(\frac{n_2+1}{n_2}\varphi_2\rho_2-\frac{2n_2+1}{n_2}\varphi_2\sigma_2-\frac{n_2}{n_2-1}\varphi_2^2\right)\right] \quad (10.90)$$

式中的符号与式(10.89)中的符号相同。当双胶合透镜的 φ_1 和 φ_2 确定后，给定 SC' 的值便可以求得所要求的 ρ_2 值。式(10.90)为 ρ_2 的直线方程，改变 ρ_2 使双胶合透镜做整体弯曲时，正弦差按直线规律变化。

一般双胶合透镜组不能同时满足式(10.89)和式(10.90)，因其只有一个自变量用于校正球差或正弦差。若适当挑选玻璃组合可能同时校正球差和正弦差。

2. 正、负两块透镜以极小的空气间隔分离的双分离物镜

有四个曲率半径，即四个变数，两块薄透镜的光焦度 φ_1 和 φ_2 由消色差条件确定后，正、负透镜各还有一个自由变数，一般取 ρ_1 和 ρ_3。分别对两块薄透镜用式(10.83)，得双分离透镜球差的表示式为

$$\delta L'=-\frac{h^4}{2n'u'^2}\left[A_1(\rho_1)+A_2(\rho_3)\right]$$

$$= -\frac{h^4}{2n'u'^2}\left\{\left[\frac{n_1+2}{n_1}\varphi_1\rho_1^2-\left(\frac{2n_1+1}{n_1-1}\varphi_1^2+\frac{4n_1+4}{n_1}\varphi_1\sigma_1\right)\rho_1+\frac{3n_1+1}{n_1-1}\varphi_1^2\sigma_1+\frac{3n_1+2}{n_1}\varphi_1\sigma_1^2+\frac{n_1^2}{(n_1-1)^2}\varphi_1^3\right]+\right.$$

$$\left.\left[\frac{n_2+2}{n_2}\varphi_2\rho_3^2-\left(\frac{2n_1+1}{n_2-1}\varphi_2^2+\frac{4n_2+4}{n_2}\varphi_2\sigma_2\right)\rho_3+\frac{3n_2+1}{n_2-1}\varphi_2^2\sigma_2+\frac{3n_2+2}{n_2}\varphi_2\sigma_2^2+\frac{n_2}{(n_2+1)^2}\varphi_2^3\right]\right\} \quad (10.91)$$

式中的符号与式(10.89)的符号是相同的。

由于双分离透镜有两个自由变数，作为望远物镜，除可以校正球差外，还可以校正正弦差，就是把正弦差也表示成 ρ_1 和 ρ_3 的函数并和式(10.91)联立，求出 ρ_1 和 ρ_3 的值。

按式(10.81)得初级正弦差的表示式为

$$SC' = -\frac{h^2}{2}\sum_{m=1}^{2}B_m = -\frac{h^2}{2}(B_1 + B_2)$$

将式(10.84)用于上式中的 B_1 和 B_2，得

$$SC' = -\frac{h^2}{2}\left[\left(\frac{n_1+1}{n_1}\varphi_1\rho_1 - \frac{2n_1+1}{n_1}\varphi_1\sigma_1' - \frac{n_1}{n_1-1}\varphi_1^2\right) + \left(\frac{n_2-1}{n_2}\varphi_1\rho_3 - \frac{2n_2+1}{n_2}\varphi_1\sigma_1 - \frac{n_2}{n_2-1}\varphi_2^3\right)\right] \tag{10.92}$$

当 φ_1 和 φ_2 确定后，将它和式(10.91)联立，即可求出同时消球差和消正弦差的双分离物镜的初始结构。

例10.1 用 $K_9(n_D = 1.51653)$ 和 F2$(n_D = 1.6128)$ 玻璃计算一块双分离望远物镜的初始结构。焦距为 1 m，相对孔径为 $D/f' = 1/12.5$，视场半角为 $0.573°$，物距 $L_1 = -\infty$，入射光瞳位置 $l_z = 0$。

解 为了计算方便，取焦距作为 1 单位，即 $f' = 1$，根据式(11.15)消色差条件求得两块透镜的光焦度为 $\varphi_1 = 2.35662$，$\varphi_2 = -1.35662$。

同时校正初级球差和正弦差，应使 $\sum S_{\rm I} = \sum S_{\rm II} = 0$ 或 $\sum A = \sum B = 0$。此外，以 $\sigma_1 = 0$，$\sigma_1' = \sigma_2 = \varphi_1$ 代入式(10.91)和式(10.92)，得联立方程：

$$\begin{cases} \sum A = 5.46500\rho_1^2 - 43.3773\rho_1 - 3.03894\rho_3^2 + 8.02660\rho_3 + 104.967 = 0 \\ \sum B = 3.91081\rho_1 - 2.19778\rho_3 - 12.7777\,7 = 0 \end{cases}$$

求得　　　　$\rho_1 = 1.64972$，$r_1 = 1/\rho_1 = 0.60616$，$\rho_3 = -2.87832$，$r_3 = 1/\rho_3 = -0.34742$

利用薄透镜的焦距公式及 φ_1, ρ_1 和 φ_2, ρ_2 的值，得

$$\rho_3 = -2.91472, \quad r_3 = -0.34309, \quad \rho_4 = -0.664519, \quad r_4 = -1.50485$$

以上为焦距为 1 单位的情况，当焦距为 1000 mm 时，只需用实际焦距 1000 mm 乘以各个曲率半径，或按 $r = f'/\rho$ 计算即可。这种方法叫作焦距的缩放。透镜的孔径可按相对孔径求得，透镜的厚度按孔径尺寸，根据手册上的方法确定。最后求得的初始结构为

$$\begin{array}{ll} r_1 = 606.17 \text{ mm} & \\ r_2 = -343.08 \text{ mm} & \quad d_1 = 14.0 \text{ mm} \quad\quad \text{K9} \\ & \quad d_2 = 0.4 \text{ mm} \\ r_3 = -347.42 \text{ mm} & \quad d_3 = 12.0 \text{ mm} \quad\quad \text{F2} \\ r_4 = -15.408 \text{ mm} & \end{array}$$

这是供像差校正用的初始结构。取 $L_1 = -\infty$, $\omega = 0.573°$, $h = 40$ mm （因相对孔径 $D/f' = 1/12.5$，$D = 80$ mm，即 $h = 40$ mm），$l_z = 0$ 进行光路计算，求得像差值如下：

$$\delta L_{\rm m}' = -0.108 \text{ mm}, \quad\quad \delta L_{0.7}' = -0.056 \text{ mm}$$

$$SC_{\rm m}' = -0.0001, \quad\quad SC_{0.7}' = -0.00001$$

$$\Delta L_{\rm FC}' = 0.006 \text{ mm}, \quad\quad \Delta L_{\rm FC_{0.7}}' = -0.110 \text{ mm}$$

同时可以求得初级像差的分布系数，如表 10.2 所列。表中，$C_{\rm I}$ 是系统的初级位置色差分布（将在第 11 章中讨论）。由各面的初级像差的分布系数值，可以粗略地估计它们对总像差的贡献量。

表 10.2　双分离望远物镜计算举例的初级像差分布系数

折射面号	$S_{\rm I}$	$S_{\rm II}$	$C_{\rm I}$
1	0.00258	0.00039	0.01405
2	0.13751	-0.00629	0.04424
3	-0.14503	0.00669	-0.08479
4	0.00538	-0.0079	0.02686
$\sum$	0.00038	0.0	0.00036

所求得的初级像差系数 $\sum S_{\rm I}$, $\sum S_{\rm II}$ 和 $\sum C_{\rm I}$ 非常近似于原设为零的值，证明计算无误，由求得的实际像差值可知，边缘光球差和带光色差校正不足。正弦差符合要求，在校正其他像差时，不能使之变坏。上面求得的初始结构数据，完全可以作为一步校正之用。

习题

10.1 根据习题 8.2 的计算结果，求该系统的各折射面的初级像差分布及赛得和数。

10.2 根据习题 10.1 的结果及习题 8.2 的结果，求该系统的初级像差值，并与习题 9.1, 9.2, 9.3 得到的像差值进行比较，求其高级像差的数值。

10.3 设用 K9($n_D = 1.5163$, $\nu = 64.1$) 和 F3($n_D = 1.6169$, $\nu = 36.6$) 两种玻璃组合成焦距为 1000 mm 的双分离式望远物镜，设 $\sum S_I = \sum S_{II} = 0$，求其曲率半径（已知：当 $f' = 1$, $h = 1$ 时，$\varphi_1 = 1.330\,909$, $\varphi_2 = -0.330\,909$），并验算初级像差值。

10.4 设习题 10.3 中的物镜相对孔径为 1:10，视场角 $\omega = \pm 1°$，光阑和物镜第一个面的顶点重合，取 $d_1 = 12$ mm, $d_2 = 8$ mm，试进行光路计算，求其 $\sum S_I$ 和 $\sum S_{II}$，并求实际的球差 $\delta L'$ 和 SC' 值，讨论如何修正这两种像差使系统进行弯曲。

第11章 初级色差

11.1 消像差谱线选择

由于光学材料的色散性质，对不同的色光有不同的折射率。因此，光学系统对不同的色光有不同的像差值，任何光学系统都不能同时对所有的色光校正好像差。因而在设计光学系统时，就应该考虑对什么谱线校正单色像差和对什么谱线校正色差的问题。

一般来说，消像差谱线的选择主要取决于光学系统接收器的光谱特性。应对接收器最灵敏的谱线消单色像差，对接收器所能接受的波段范围两边缘附近的谱线校正色差。为了使整个系统有高的效率，接收器、光学系统和光源应匹配好，即光源辐射的波段和最强谱线与光学系统透过的波段和最强谱线应和接收器所能接收的波段与最灵敏谱线相一致。

在实际计算中，消像差谱线按上述原则选取与所选波长相近的夫琅禾费谱线，以便直接从玻璃目录中查取相应的折射率。下面按接收器的不同分为几类常用的光学系统，并讨论其消像差谱线的选择。

(1) 目视光学系统

眼睛是目视光学系统的接收器，在可见光谱中有效波段为 F 线和 C 线之间的光谱区间。一般总是对 F 光和 C 光校正色差，对其中的 D 光校正单色像差。但是，对人眼最灵敏的波长为 555.0 nm，e 光(λ =546.1 nm) 比 D 光(λ =589.3 nm)更接近这一波长，因此，用 e 光校正单色像差更为合适。

在实际计算中，常用折射率 n_D 或 n_e 和阿贝常数 ν_D 或 ν_e：

$$\nu_D = \frac{n_D - 1}{n_F - n_C} \qquad \text{或} \qquad \nu_e = \frac{n_e - 1}{n_F - n_C}$$

作为在目视光学系统中选用光学玻璃的参量指标。

(2) 普通照相系统

普通照相系统的接收器是照相底片。考虑到照相乳剂的光谱灵敏度，在设计这种系统时，一般对 F 光校正单色像差，对 D 光和 G′ 光校正色差。光学材料相应的参量指标为

$$n = n_F, \qquad dn = n_{G'} - n_D, \qquad \nu_F = \frac{n_F - 1}{n_{G'} - n_D}$$

实际上，各种照相乳剂的光谱灵敏度不尽相同，并考虑到常用目视方法调焦，也可以按目视系统一样来处理，即对 D 光校正单色像差，对 C 光和 F 光校正色差。但是，考虑到照相底片的全色性，应适当照顾 G′ 光像差的校正情况，使之不要过大。

(3) 不需目视调焦的照相系统

天文照相和航空照相不需目视调焦。考虑到大气的性质，通常对 h 光和 F 光校正色差，对 G′ 光校正单色像差。在光学设计时，相应的光学参量为

$$n = n_{G'}, \qquad dn = n_h - n_F, \qquad \nu_{G'} = \frac{n_{G'} - 1}{n_h - n_F}$$

(4) 特殊光学系统

现代的许多光学仪器，其应用范围已扩展到可见光谱之外。设系统用于由 $\lambda_1 \sim \lambda_2$ 光谱区域内，在设计该系统时应取

$$n = \frac{1}{2}(n_{\lambda 1} + n_{\lambda 2}), \qquad dn = n_{\lambda 1} - n_{\lambda 2}, \qquad \nu = \frac{\frac{1}{2}(n_{\lambda 1} + n_{\lambda 2}) - 1}{n_{\lambda 1} - n_{\lambda 2}}$$

式中，$n_{\lambda 1}$, $n_{\lambda 2}$ 可以用色散公式或实测方法求得。

总之，消像差谱线的选择应根据具体的使用条件来确定。例如用于某种激光的光学系统，只需对该种光校正单色像差，可以不考虑色差的校正。

特殊光学系统中，热红外成像系统是最重要的一种。热红外成像通常是指 3～5 μm 的中红外(MWIR)成像和 8～12 μm 的远红外(LWIR)成像。热红外成像有许多不同的应用，如非破坏性测试等。0.85～1.6 μm 的近红外(NIR)波段也有许多应用，如用于远程通信。将在 18.5.1 节中进行较详细的阐述。

11.2 初级色差

色差是由光学材料对不同色光的折射率的差异引起的。因此，在光学系统的近轴区同样有色差存在。初级色差就是指近轴区的色差。下面分别对初级位置色差和初级倍率色差进行讨论。

1．初级位置色差

位置色差在 9.9 节中已经进行了讨论。位置色差和球差一样可以展开成入射高度 h（或孔径角 u）的级数，如式(9.63)，只取其两项得

$$\Delta L'_{FC} = \delta l'_{FC} + A_{FC}(h/h_m)^2 \tag{11.1}$$

现以表 8.1 中双胶合望远物镜为例，通过光路计算求得其位置色差如表 11.1 所示。色差曲线如图11.1(a)所示；当以 $(h/h_m)^2$ 为纵坐标，所绘制的色差曲线如图11.1(b)所示。由图11.1 和表11.1 可以看出，色差和单色像差不同，在近轴区依然存在，即展开式中的常数项，也

表 11.1 求得的位置色差

h/h_m	$(h/h_m)^2$	$\Delta L'_{FC}$
1.0	1.0	0.1568
0.85	0.72	0.0729
0.707	0.50	0.0031
0.50	0.25	−0.0724
0.30	0.09	−0.1193
0	0	−0.1451

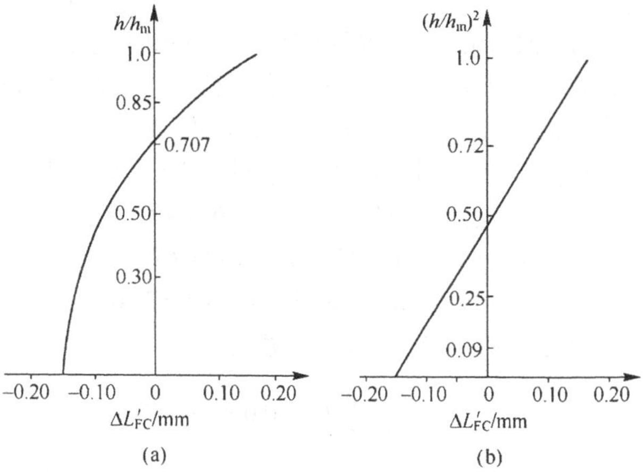

就是初级色差。还可以由图11.1(b)中看出，以 $(h/h_m)^2$ 为纵坐标时，色差曲线近似于一条直线，这表明该系统的色差除初级量外，主要是二级量。下面着重就初级色差进行讨论。

为了对初级位置色差进行计算和分析，下面推导出初级位置色差的表示式。对于单个折射面，有近轴光的物像位置公式

$$\frac{n'}{l'} - \frac{n}{l} = \frac{n'-n}{r}$$

两种色光的折射率之差相对于折射率值是一个小量，对两种色光的折射率差物像位置公式进行微分，得

$$\frac{dn'}{l'} - \frac{n'dl'}{l'^2} - \frac{dn}{l} + \frac{ndl}{l^2} = \frac{dn'-dn}{r} \tag{11.2}$$

图 11.1 双胶合望远物镜位置色差曲线

式中，dn 和 dn' 是折射面两边介质的色散，如对于目视系统，即为 $n_F - n_C$ 和 $n'_F - n'_C$；n' 和 n 为折射面两边中间色光的折射率，如对于目视系统即为 n_D；dl 和 dl' 为折射面两边的初级位置色差。则上式可写为

$$\frac{n'\Delta l'_{FC}}{l'^2} - \frac{n\Delta l_{FC}}{l^2} = -dn'\left(\frac{1}{r} - \frac{1}{l'}\right) + dn\left(\frac{1}{r} - \frac{1}{l}\right)$$

$$= -n\left(\frac{1}{r} - \frac{1}{l}\right)\left(\frac{dn'}{n'} - \frac{dn}{n}\right)$$

把式中两边乘以 h^2，由于 $u = h/l$，$u' = h/l'$，以及 $Q = n\left(\dfrac{1}{r} - \dfrac{1}{l}\right)$，上式可写为

$$n'u'^2\Delta l'_{FC} - nu^2\Delta l_{FC} = -h^2 Q \Delta \frac{dn}{n} \tag{11.3}$$

式中，$\Delta \dfrac{dn}{n} = \dfrac{dn'}{n'} - \dfrac{dn}{n}$。式(11.3)为单个折射面的初级位置色差的表示式。对于整个光学系统的初级位置

色差的表示式，可将式(11.3)应用于每一个折射面，然后求和而得到。由于前一个折射面的像空间诸量等于后一个折射面的物空间诸量，结果为

$$\begin{cases} n_k'u_k'^2\Delta l_{FC}' - n_1u_1^2\Delta l_{FC1} = -\sum_{i=1}^{k}C_I \\ C_I = h^2Q\Delta\dfrac{\mathrm{d}n}{n} \end{cases} \tag{11.4}$$

式中，C_I 称为初级位置色差的分布系数，表征了各个折射面产生的对于该系统总的位置色差的贡献量，即初级位置色差分布。

由式(10.54)可知，$ni = hQ$ 以及关系式 $h = lu$，将它们代入式(11.4)的 C_I 表示式中，可得便于计算的初级位置色差分布的另一种形式：

$$C_I = luni\Delta\frac{\mathrm{d}n}{n} \tag{11.5}$$

则式(11.4)可改写为

$$\begin{cases} \Delta l_{FC}' = \dfrac{n_1u_1^2}{n_k'u_k'^2}\Delta l_{FC1} - \dfrac{1}{n_k'u_k'^2}\sum_{i=1}^{k}C_I \\ \sum_{i=1}^{k}C_I = \sum_{i=1}^{k}luni\Delta\dfrac{\mathrm{d}n}{n} \end{cases}$$

式中，$n_1u_1^2/n_k'u_k'^2$ 为轴向放大率；$\sum C_I$ 为初级位置色差系数，它表征了整个系统的位置色差。当物体本身无色差时，得

$$\Delta l_{FC}' = -\frac{1}{n_k'u_k'^2}\sum_{i=1}^{k}C_I \tag{11.6a}$$

用式(11.6a)计算位置色差时，只需利用中间色光的第一近轴光线的光路计算结果即可。现在以表 8.1 中的双胶合物镜为例，计算初级位置色差。下面给出各折射面前、后介质的 D 光、F 光和 C 光的折射率：

$n_{D1}=1$，$n_{D2}=1.516\,33$，$n_{D3}=1.672\,7$，$n_{D4}=1$

$n_{F1}=1$，$n_{F2}=1.521\,91$，$n_{F3}=1.687\,49$，$n_{F4}=1$

$n_{C1}=1$，$n_{C2}=1.513\,85$，$n_{C3}=1.666\,62$，$n_{C4}=1$

$dn_1=0$，$dn_2=0.008\,06$，$dn_3=0.020\,87$，$dn_4=0$

各个折射面的 C_I 值计算结果参见表 11.2。

表 11.2　各个折射面的 C_I 值计算结果

	第 一 面	第 二 面	第 三 面
lu	10.0	9.782 07	9.710 97
ni	0.160 00	−0.422 427	−0.178 198
$\dfrac{\mathrm{d}n'}{n'} - \dfrac{\mathrm{d}n}{n}$	0.005 315 46	0.007 161 34	−0.012 476 8
C_I	0.008 504 74	−0.029 592 2	0.021 590 7

$$\sum_1^3 C_I = 0.000\,503\,37$$

$$\Delta l_{FC}' = -\frac{1}{n_3'u_3'^2}\sum_1^3 C_I = -\frac{0.000\,503\,37}{0.100\,104\,2}\,\mathrm{mm} = -0.050\,23\,\mathrm{mm}$$

其数值和用光路计算所得的 $\Delta l_{FC}' = -0.05\,\mathrm{mm}$ 是非常接近的。

2. 初级倍率色差计算

在 9.7 节中已经叙述了倍率色差的概念和精确的计算方法。倍率色差是由于各种色光的折射率不同而使放大率不同引起的，所以初级倍率色差的计算公式可由放大率公式微分得到。单个折射面的放大率公式为

$$\beta = \frac{y'}{y} = \frac{nl'}{n'l}$$

取对数后进行微分，得

$$\frac{\mathrm{d}y'}{y'} - \frac{\mathrm{d}y}{y} = \frac{\mathrm{d}n}{n} + \frac{\mathrm{d}l'}{l'} - \frac{\mathrm{d}n'}{n'} - \frac{\mathrm{d}l}{l}$$

式中，$\mathrm{d}l'$ 和 $\mathrm{d}y'$ 是由折射率变化 $\mathrm{d}n$ 和 $\mathrm{d}n'$ 引起的像距和像高的变化，分别有位置色差和倍率色差的意义。像空间有关量为

$$\mathrm{d}n' = n_F' - n_C', \qquad \mathrm{d}l' = l_F' - l_C' = \Delta l_{FC}' \qquad \mathrm{d}y' = y_F'^* - y_C'^* = \Delta y_{FC}'^*$$

物空间有关量为 $\qquad$ $\mathrm{d}n = n_\mathrm{F} - n_\mathrm{C}, \qquad \mathrm{d}l = l_\mathrm{F} - l_\mathrm{C} = \Delta l_\mathrm{FC}, \qquad \mathrm{d}y = y_\mathrm{F}^* - y_\mathrm{C}^* = \Delta y_\mathrm{FC}^*$

式中，y_F^*，y_C^* 和 y_F^*，y_C^* 是 F 光和 C 光在各自的像面和物面上的像高和物高，而不是在 D 光的像面和物面上量得的。把上面的 $\Delta y_\mathrm{FC}'^*$ 和 Δy_FC^* 代入前面的微分式，得

$$\frac{\Delta y_\mathrm{FC}'^*}{y'} - \frac{\Delta y_\mathrm{FC}^*}{y} = \frac{\mathrm{d}n}{n} - \frac{\mathrm{d}n'}{n'} + \frac{\Delta l_\mathrm{FC}'}{l'} - \frac{\Delta l_\mathrm{FC}}{l}$$

利用拉赫不变量 $J = n'u'y' = nuy$ 取代上式中的 y' 和 y，得

$$n'u'\Delta y_\mathrm{FC}'^* - nu\Delta y_\mathrm{FC}^* = J\left(\frac{\mathrm{d}n}{n} - \frac{\mathrm{d}n'}{n'}\right) + \frac{n'y'u'^2\Delta l_\mathrm{FC}'}{h} - \frac{nyu^2\Delta l_\mathrm{FC}}{h}$$

式中，y/h 和 y'/h 可以表示为

$$\begin{cases} \dfrac{y}{h} = \dfrac{(l_z - l)u_z}{h} = \dfrac{h_z}{h} - \dfrac{u_z}{u} \\[2mm] \dfrac{y'}{h} = \dfrac{h_z}{h} - \dfrac{u_z'}{u'} \end{cases}$$

则 $\qquad n'u'\Delta y_\mathrm{FC}'^* - nu\Delta y_\mathrm{FC}^* = J\left(\dfrac{\mathrm{d}n}{n} - \dfrac{\mathrm{d}n'}{n'}\right) + \dfrac{h_z}{h}(n'u'^2\Delta l_\mathrm{FC}' - nu^2\Delta l_\mathrm{FC}) - (n'u'u_z'\Delta l_\mathrm{FC}' - nuu_z\Delta l_\mathrm{FC})$

式中的 h_z/h 可以由式(10.73)写为

$$\frac{h_z}{h} = \frac{i_z}{i} - \frac{J}{hni}$$

并用式(11.4)和式(11.5)取代前式中的 $n'u'^2\Delta l_\mathrm{FC}' - nu^2\Delta l_\mathrm{FC}$，得

$$n'u'\Delta y_\mathrm{FC}'^* - nu\Delta y_\mathrm{FC}^* = -lunu_z\Delta\frac{\mathrm{d}n}{n} - (n'u'u_z\Delta l_\mathrm{FC}' - nuu_z\Delta l_\mathrm{FC}) \tag{11.6b}$$

这是单个折射球面的倍率色差公式。对于整个光学系统，可对每一个折射面应用此式，然后相加求和，由于前一折射面物空间诸量和后一折射面像空间诸量相同，最后可得

$$n_k'u_k'y_{\mathrm{FC}k}'^* - n_1u_1\Delta y_{\mathrm{FC}1}^* = -\sum_{i=1}^{k} luni_z\Delta\frac{\mathrm{d}n}{n} - (n_k'u_k'u_{zk}'\Delta l_{\mathrm{FC}k}' - n_1u_1u_{z1}\Delta l_{\mathrm{FC}1}) \tag{11.7}$$

以 $J(l_{z1} - l_1)$ 和 $J/(l_{zk}' - l_k')$ 取代式(11.7)中的 $n_1u_1u_{z1}$ 和 $n_k'u_k'u_{zk}'$，得

$$n_k'u_k'\Delta y_{\mathrm{FC}k}'^* - n_1u_1\Delta y_{\mathrm{FC}1}^* = -\sum luni_z\Delta\frac{\mathrm{d}n}{n} - J\left(\frac{\Delta l_{\mathrm{FC}k}'}{l_{zk}' - l_k'} - \frac{\Delta l_\mathrm{FC}}{l_{z1} - l_1}\right) \tag{11.8}$$

式(11.8)中的倍率色差 $\Delta y_{\mathrm{FC}k}'^*$ 和 $\Delta y_{\mathrm{FC}1}^*$ 是指两种色光在各自像平面上量度的像高之差。这和 9.7 节中关于倍率色差的定义"两种色光主光线和理想像平面上交点高度之差"不相符，也和实际上的平面像的情况不相符。因此，式(11.8)中的像高差 $\Delta y_{\mathrm{FC}k}'^*$ 和 $\Delta y_{\mathrm{FC}1}^*$ 的意义也难以明确地表示出倍率色差的定义，这是因为有位置色差存在，不能使两种色光的像成在一个平面上，二级光谱的存在更不能使它们同时位于高斯像面上。这时，不管两种色光的像高是否相等都不足以说明倍率色差是否已经消除掉。为了明确表示倍率色差的定义，需要使二色光的像通过各自出射光瞳投影到高斯像面上来度量像高，为此，需找出 $\Delta y_{\mathrm{FC}k}'^*$，$\Delta y_{\mathrm{FC}1}^*$ 和按定义的倍率色差 $\Delta y_{\mathrm{FC}k}'^*$，$\Delta y_{\mathrm{FC}1}^*$ 之间的关系。

图11.2给出了 F 光和 C 光自光学系统最后一面出射的情况。设二色光在各自像平面上的像高分别为 $y_{\mathrm{F}k}'^*$ 和 $y_{\mathrm{C}k}'^*$，二色光主光线（第二近轴光线）和高斯像平面相交的像高为 $y_{\mathrm{F}k}'$ 和 $y_{\mathrm{C}k}'$，其差为 $\Delta y_{\mathrm{FC}k}'$，由图 11.2 可知

$$y_{\mathrm{F}k}'^* = y_{\mathrm{F}k}' + \Delta y_{\mathrm{F}k}' = y_{\mathrm{F}k}' - \Delta l_{\mathrm{F}k}'u_{z\mathrm{F}k}'$$

$$y_{\mathrm{C}k}'^* = y_{\mathrm{C}k}' + \Delta y_{\mathrm{C}k}' = y_{\mathrm{C}k}' - \Delta l_{\mathrm{C}k}'u_{z\mathrm{F}k}'$$

由于 $\Delta u_z' = u_{z\mathrm{F}k}' - u_{z\mathrm{C}k}'$ 是一个小量，故可以认为 $u_{z\mathrm{F}k}' \approx u_{z\mathrm{C}k}' \approx u_{zk}'$。以上两式相减，得

$$\Delta y_{\mathrm{FC}k}'^* = y_{\mathrm{F}k}'^* - y_{\mathrm{C}k}'^* = y_{\mathrm{F}k}' - y_{\mathrm{C}k}' - (\Delta l_{\mathrm{F}k}' - \Delta l_{\mathrm{C}k}')u_{zk}' = \Delta y_{\mathrm{FC}k}' - \Delta l_{\mathrm{FC}k}'u_{zk}'$$

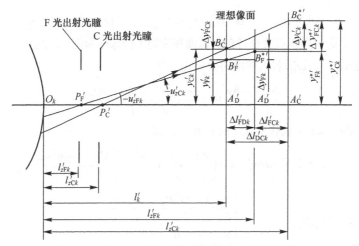

图 11.2　F 光和 C 光自光学系统最后一面出射的情况

　　同理，在物空间有 $\quad\quad\quad\quad\quad\quad\quad\quad \Delta y_{\mathrm{FC1}}^* = \Delta y_{\mathrm{FC1}} - \Delta l'_{\mathrm{FC1}} u_{z1}$

将以上 $\Delta y_{\mathrm{FC}k}^{\prime *}$ 和 $\Delta y_{\mathrm{FC1}}^*$ 的表示式代入式(11.7)，得

$$\begin{cases} n'_k u'_k \Delta y'_{\mathrm{FC}k} - n_1 u_1 \Delta y_{\mathrm{FC1}} = -\sum_{i=1}^{k} C_{\mathrm{II}} \\[3mm] C_{\mathrm{II}} = l u n i_z \Delta \dfrac{\mathrm{d}n}{n} = C_{\mathrm{I}} \dfrac{i_z}{i} \end{cases} \tag{11.9}$$

式中，C_{II} 为初级倍率色差分布，它表征了各个折射面对光学系统总的初级倍率色差的贡献量。$\sum_{i=1}^{k} C_{\mathrm{II}}$ 为光学系统的初级倍率色差系数，它表征了整个光学系统的初级倍率色差。由式(11.9)又可以写出初级倍率色差的表示式为

$$\Delta y'_{\mathrm{FC}k} = \frac{n_1 u_1}{n'_k u'_k} \Delta y_{\mathrm{FC1}} - \frac{1}{n_1 u_1} \sum_{i=1}^{k} C_{\mathrm{II}} \tag{11.10}$$

由式(11.10)可知，物空间的初级倍率色差 Δy_{FC1} 乘以垂轴放大率 $n_1 u_1 / n'_k u'_k$ 后便可以反映到像空间总的倍率色差中去。若对实物成像，物空间倍率色差为零，上式可写为

$$\Delta y'_{\mathrm{FC}k} = -\frac{1}{n'_k u'_k} \sum_{i=1}^{k} C_{\mathrm{II}} \tag{11.10a}$$

将式(10.57)代入式(11.9)中的 C_{II} 的表示式，可得用 Q_z 表示的 C_{II} 为

$$C_{\mathrm{II}} = h h_z Q_z \Delta \frac{\mathrm{d}n}{n} \tag{11.11}$$

　　初级倍率色差可以通过第一近轴光和第二近轴光的计算求得。以表 8.1 中的双胶合物镜为例。在表 11.2 中求得 C_{I} 的基础上求 C_{II}，如表 11.3 所示。

求得 $\quad\quad\quad\quad\quad \sum_1^3 C_{\mathrm{II}} = 0.000\ 062\ 74$

表 11.3　由 C_{I} 和 i_z/i 求 C_{II}

	第 一 面	第 二 面	第 三 面
C_{I}	0.008 504 74	−0.029 592 2	0.021 590 7
i_z / i	0.322 886	−0.116 754	−0.284 303
C_{II}	0.002 746 06	0.003 455 0	−0.006 133 3

根据式(10.10a)可以求得该系统的初级倍率色差为

$$\Delta y'_{\mathrm{FC}k} = -\frac{0.000\ 062\ 74}{0.101\ 04} = -0.000\ 626\ 7$$

这和由光路计算求得的精确值−0.0009 是较为相近的。

11.3　薄透镜系统的初级色差

11.3.1　薄透镜系统的初级位置色差

　　把初级位置色差展开成光学系统每一个折射面分布之和，这对已知结构的实际光学系统的讨论和计算

初级位置色差及其分布是较为方便的。但是，不宜用它直接求得满足一定初级色差要求的光学系统的初始解。为此，需把色差表示成每一块透镜分布之和。当把透镜厚度略去，可以得到形式较为简单的薄透镜系统的初级位置色差公式。

利用式(11.5)，对单薄透镜可得 $\displaystyle\sum_1^2 C_{\mathrm{I}} = l_1 u_1 n_1 i_1 \left(\frac{\mathrm{d}n_1'}{n_1'} - \frac{\mathrm{d}n_1}{n_1} \right) + l_2 u_2 n_2 i_2 \left(\frac{\mathrm{d}n_2'}{n_2'} - \frac{\mathrm{d}n_2}{n_2} \right)$

设薄透镜厚度为零($d=0$)，且在空气中，则有

$$n_1 = n_2' = 1, \ n_1' = n_2 = n, \ \mathrm{d}n_1 = \mathrm{d}n_2' = 0, \ \mathrm{d}n_1' = \mathrm{d}n_2 = \mathrm{d}n, \ l_1 u_1 = l_2 u_2 = h$$

则上式可写为
$$\sum_1^2 C_{\mathrm{I}} = h \left(i_1 \frac{\mathrm{d}n}{n} - i_2' \frac{\mathrm{d}n}{n} \right)$$

用近轴光计算公式 $i = \dfrac{l-r}{r} u$ 和 $i' = \dfrac{l'-r}{r} u'$ 取代上式中的 i_1 和 i_2'，得

$$\sum_1^2 C_{\mathrm{I}} = h^2 \left(\frac{l_1 - r_1}{h r_1} u_1 - \frac{l_2' - r_2}{h r_2} u_2' \right) \frac{\mathrm{d}n}{n} = h^2 \left[\left(\frac{1}{r_1} - \frac{1}{r_2} \right) + \left(\frac{1}{l_2'} - \frac{1}{l_1} \right) \right] \frac{\mathrm{d}n}{n}$$

利用薄透镜焦距公式，得
$$\sum_1^2 C_{\mathrm{I}} = h^2 \left(\frac{\varphi}{n-1} + \varphi \right) \frac{\mathrm{d}n}{n} = h^2 \varphi \left(\frac{\mathrm{d}n}{n-1} \right)$$

式中，$\mathrm{d}n/(n-1)$ 为阿贝常数 ν 的倒数，故有

$$\sum_1^2 C_{\mathrm{I}} = h^2 \frac{\varphi}{\nu} \tag{11.12}$$

这是单个薄透镜的初级位置色差系数的表示式。根据式(11.4)可以求得单个薄透镜的初级位置色差为

$$\Delta l_{\mathrm{FC}}' = -\frac{1}{n_2' u_2'^2} \sum_1^2 C_{\mathrm{I}} = -\frac{1}{n_2' u_2'^2} h^2 \frac{\varphi}{\nu} = -l'^2 \frac{\varphi}{\nu} \tag{11.13}$$

当物体位于无限远时，即 $l = -\infty$，单透镜的初级位置色差为

$$\Delta l_{\mathrm{FC}}' = -f'/\nu \tag{11.13a}$$

由式(11.13)和式(11.13a)可知，初级位置色差仅决定于透镜的光焦度和制造透镜的玻璃。对于同一光焦度而言，阿贝常数 ν 值越大，色差越小。又由式(11.13a)可知，单薄透镜的色差的正、负号决定于透镜的光焦度，正透镜产生负色差，负透镜产生正色差。因此，消色差光学系统需由正透镜和负透镜组成，以使其色差互相补偿。

薄透镜系统的色差系数 $\displaystyle\sum_{n=1}^M C_{\mathrm{I}}$ 只要使各个单薄透镜的系数相加即可：

$$\sum_{n=1}^M C_{\mathrm{I}} = \sum_{M=1}^m h^2 \frac{\varphi}{\nu} \tag{11.14}$$

式中，M 为系统中透镜的个数。由式(11.14)可知，每块透镜的色差贡献除与光焦度 φ 和阿贝常数 ν 有关外，还和透镜在光路中的位置，即入射高度 h 有关。

11.3.2　由消色差要求决定光学系统中各透镜的光焦度分配

光学系统对初级位置色差的校正，必须使 $\displaystyle\sum^k C_{\mathrm{I}}$ 或 $\displaystyle\sum_{n=1}^M C_{\mathrm{I}}$ 为零。当各个透镜的玻璃选定以后（即 ν 值已定），光学系统消初级位置色差就成为各个透镜的光焦度的分配问题了。

下面讨论两种情况下光学系统校正初级色差的问题。

1. 密接薄透镜系统

由两块或两块以上相互接触或以极小空气间隙分离的薄透镜组成的薄透镜系统，例如双胶合或双分离型式的透镜组，对于这类薄透镜系统，可认为各个透镜上的入射高度相等，消色差条件可以由式(11.14)表示为

$$\sum_{m=1}^{M} C_I = h^2 \left(\frac{\varphi_1}{\nu_1} + \frac{\varphi_2}{\nu_2} + \cdots + \frac{\varphi_M}{\nu_M} \right) = 0 \tag{11.14a}$$

对于双胶合和双分离物镜，有

$$\frac{\varphi_1}{\nu_1} + \frac{\varphi_2}{\nu_2} = 0$$

式中，φ_1 和 φ_2 是每块透镜的光焦度。它们还应该满足系统的总光焦度 $\varPhi$ 的要求。把光组组合的光焦度公式 $\varphi_1 + \varphi_2 = \varPhi$ 和上式联立，可以求得两块透镜的光焦度为

$$\begin{cases} \varphi_1 = \dfrac{\nu_1}{\nu_1 - \nu_2} \varPhi \\[2mm] \varphi_2 = \dfrac{-\nu_2}{\nu_1 - \nu_2} \varPhi \end{cases} \tag{11.15}$$

由式(11.15)可知：

(1) 具有一定光焦度的双胶合或双分离透镜。只有用不同玻璃制造正、负透镜才可能使两个透镜产生的位置色差互相补偿，其光焦度不互相补偿，而保证一定的光焦度。为了使光焦度 φ_1 和 φ_2 的数值不致太大，两种玻璃的阿贝常数相差应尽可能大些。通常选取冕牌和火石两类玻璃中的各一种牌号来组合。

(2) 若光学系统的光焦度为正（$\varPhi > 0$）。不管冕牌玻璃在前（第一块透镜），还是火石玻璃在前，正透镜必然用冕牌玻璃，负透镜用火石玻璃。反之，光学系统的光焦度为负（$\varPhi < 0$），则正透镜用火石玻璃，而负透镜用冕牌玻璃。

例 11.1 试计算双分离望远物镜在消色差时光焦度的分配。设选用 K9($n_D = 1.5163$, $\nu_D = 64.1$) 和 F2($n_D = 1.6128$, $\nu_D = 36.9$) 两种玻璃。

解 先设系统总焦距为一个单位，利用式(11.15)，得 $\begin{cases} \varphi_1 = \dfrac{64.1}{64.1 - 36.9} = 2.356\,62 \\[2mm] \varphi_2 = \dfrac{-36.9}{64.1 - 36.9} = -1.356\,62 \end{cases}$，这就是双分离系

统的消色差解。把这组 φ_1 和 φ_2 值代入式(10.91)和式(10.92)，可得该系统的消球差和正弦差的初始解，在例 10.1 中已做了上述计算。

(3) 若二透镜用同一种玻璃。由式(11.14)可知，欲满足消初级色差，必须使 $\varphi_1 = -\varphi_2$，此时 $\varPhi = \varphi_1 + \varphi_2 = 0$，为无光焦度消色差系统，这种系统可在不产生色差的情况下，产生一定的单色像差。因此，它有实际用途，例如在折、反射系统中作为校正反射镜单色像差的补偿器。

(4) 如果设计双胶合透镜。把上面求得的 φ_1 和 φ_2 值代入式(10.89)，可得消球差消色差的初始解。把 φ_1 和 φ_2 值代入式(10.90)，可得消正弦差和消色差的初始解。但是当玻璃组合选取得合适时，也能得到同时消球差、消色差和消正弦差的双胶合初始解，这将在 19.2 节中讨论。

2. 保留一定剩余位置色差的密接薄透镜系统

保留一定的初级位置色差的目的在于和其他光学零件产生的色差相补偿，或为了补偿系统本身的高级色差，以便使系统能在带宽处消色差。

当物镜需保留一定的初级色差值 $\Delta l'_{FC}$ 时，由式(10.4)和式(11.14)可得

$$h^2 \sum_{m=1}^{M} \frac{\varphi}{\nu} = -n'u'^2 \Delta l'_{FC} \tag{11.16}$$

对双透镜的密接薄透镜组，有

$$h^2 \left(\frac{\varphi_1}{\nu_1} + \frac{\varphi_2}{\nu_2} \right) = -n'u'^2 \Delta l'_{FC}$$

若光学系统在空气中时，则

$$\frac{\varphi_1}{\nu_1} + \frac{\varphi_2}{\nu_2} = -\frac{u'^2}{h^2} \Delta l'_{FC} = -\frac{1}{l'^2} \Delta l'_{FC} \tag{11.16a}$$

当物体在无限远时，$l' = f'$，有

$$\frac{\varphi_1}{\nu_1} + \frac{\varphi_2}{\nu_2} = -\varphi^2 \Delta l'_{FC} \tag{11.16b}$$

将式(11.16b)与光焦度公式 $\varPhi = \varphi_1 + \varphi_2$ 联立，得

$$\begin{cases} \varphi_1 = \dfrac{v_1}{v_1 - v_2}\varPhi(1 + v_2\varphi\Delta l'_{FC}) \\ \varphi_2 = \dfrac{-v_2}{v_1 - v_2}\varPhi(1 + v_1\varphi\Delta l'_{FC}) \end{cases} \tag{11.17}$$

例 11.2 设计一双胶合望远物镜，焦距为 100 mm，用一块反射棱镜（即相当于一块平行玻璃板）与之组合。

解 设该反射棱镜产生的初级位置色差为 0.26 mm，则物镜产生 -0.26 mm 的初级位置色差与之相补偿。由式(11.17)可得 φ_1 和 φ_2 值为

$$\begin{cases} \varphi_1 = \dfrac{64.1}{64.1 - 32.2} \times \dfrac{1}{100\ \text{mm}} \times \left[1 + \dfrac{32.2 \times (-0.26)}{100\ \text{mm}}\right] = 0.018\,444\ \text{mm}^{-1} \\ \varphi_2 = \dfrac{32.2}{64.1 - 32.2} \times \dfrac{1}{100\ \text{mm}} \times \left[1 + \dfrac{64.1 \times (-0.26)}{100\ \text{mm}}\right] = -\,0.008\,444\ \text{mm}^{-1} \end{cases}$$

可得
$$f'_1 = 54.23\ \text{mm}, \quad f'_2 = -118.43\ \text{mm}$$

若不需保留色差，即 $\Delta l'_{FC} = 0$，得

$$\varphi_1 = 0.020\,13\ \text{mm}^{-1}, \quad \varphi_2 = -0.010\,13\ \text{mm}^{-1}, \quad f'_1 = 49.68\ \text{mm}, \quad f'_2 = -98.72\ \text{mm}$$

可见，保留一部分负色差时，求得的光焦度 φ_1 和 φ_2 比消色差时求得的 φ_1 和 φ_2 值要小，这样透镜的曲率半径值可以大些，对像差的校正是有利的。

3. 由两块具有一定空气间隔的薄透镜组成系统

对于这种系统，光线在两块透镜上的入射高度不同，由式(11.12)可知其消色差条件为

$$\sum_1^2 C_1 = h_1^2\frac{\varphi_1}{v_1} + h_2^2\frac{\varphi_2}{v_2} = 0$$

系统的总光焦度为
$$\varPhi = \varphi_1 + \frac{h_2}{h_1}\varphi_2$$

当已知物距和孔径角时，h_1 便可以确定。当物体在无限远时，h_1 是已知的，则 h_2 可以由下式确定：

$$h_2 = h_1 - du'_1 = h_1 - \frac{dh_1}{f'}$$

得
$$h_2/h_1 = 1 - d\varphi_1$$

若已知 d，解方程组：
$$\begin{cases} h_1^2\dfrac{\varphi_1}{v_1} + h_2^2\dfrac{\varphi_2}{v_2} = 0 \\ \varPhi = \varphi_1 + \dfrac{h_2}{h_1}\varphi_2 \\ \dfrac{h_2}{h_1} = 1 - d\varphi_1 \end{cases} \tag{11.18}$$

由式(11.18)消去 φ_2 和 h_2，得 φ_1 的方程式为

$$v_1 d\varphi_1^2 + (v_2 - v_1 - v_1 d\varPhi)\varphi_1 + v_1\varPhi = 0 \quad (11.18a)$$

若已知 $v_1, v_2, d, \varPhi$，即可求得消色差条件下的 φ_1，然后可以求出 φ_2 和 h_2。

由式(11.8)可知，消色差的解必然是一块正透镜和一块负透镜。一般来说，d 值是根据结构上的要求确定的。如图 11.3 所示的系统，d 值是由后工作距 l'_2 的要求确定的。根据几何光学中的公式，可推导出

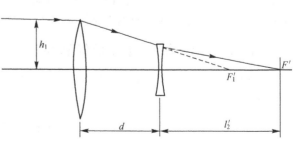

图 11.3　具有一定空气间隔的双薄透镜系统

$$l'_2 = f'(1 - d\varphi_1)$$

得
$$d = \frac{f' - l_2'}{f'\varphi_1} = \frac{1 - \Phi l_2'}{\varphi_1}$$

将其代入式(11.18a)，得
$$\varphi = \frac{\nu_1 l_2' \Phi^2}{\nu_1 l_2' \Phi - \nu_2} \tag{11.19}$$

由式(11.19)可知，正、负两块透镜以一定间隔所组成的系统，并不是任何给定的 l_2' 值或 d 值都能获得消色差的结果。当第一块透镜为正透镜时，必须满足以下条件：
$$\nu_1 l_2 \Phi > \nu_2 \qquad 或 \qquad l_2' > \nu_2 f' / \nu_1$$
才能有解。即使 l_2' 大于 $\nu_2 f'/\nu_1$，仍有可能使 φ_1 值很大，这样的结果也没有实用价值。

例 11.3 以 K9($n_D = 1.5163$，$\nu_D = 64$) 和 ZF2($n_D = 1.6725$，$\nu_D = 32.2$) 玻璃组合，设计焦距为 100 mm 的消色差系统，要求后工作距离 $l_2' = 70$ mm。

解 利用式(11.19)可以求得
$$\varphi_1 = \frac{\nu_1 l_2' \Phi^2}{\nu_1 l_2' \Phi - \nu_2} = \frac{64 \times 70 \text{ mm} \times 0.01^2 \text{ mm}^{-2}}{64 \times 70 \text{ mm} \times 0.01 \text{ mm}^{-1} - 32.2} = 0.35556 \text{ mm}^{-1}$$

可得
$$f_1' = 28.125 \text{ mm}$$

由 Φ，l_2' 和 φ_1 可求得
$$d = \frac{1 - \Phi l_2'}{\varphi_2} = \frac{1 - 0.01 \text{ mm} \times 0.01^2 \text{ mm}^{-2}}{0.035\,556 \text{ mm}^{-1}} = 0.355\,56 \text{ mm}^{-1}$$

最后求得
$$h_2 / h_1 = 1 - d\varphi_1 = 1 - 8.437 \text{ mm} \times 0.035\,556 \text{ mm}^{-1} = 0.7$$

$$\varphi_2 = (\Phi - \varphi_1) h_1 / h_2 = \frac{0.01 \text{ mm}^{-1} - 0.035\,556 \text{ mm}^{-1}}{0.7} = -0.006\,651 \text{ mm}^{-1}$$

可得
$$f_2' = -27.390 \text{ mm}$$

虽然例 11.3 和例 11.2 的总焦距一样，但所求得的 φ_1 和 φ_2 值要大得多。消色差双透镜系统分离的结果导致每块透镜的光焦度的增大，这对像差校正是不利的。

如果分离系统的两块透镜用同一种玻璃，即 $\nu_1 = \nu_2$，消色差方程式(11.18a)可写为

$$\varphi_1 = \frac{\Phi}{2} \left(1 \pm \sqrt{1 - \frac{4}{d\Phi}} \right)$$

若光学系统是会聚的($\Phi > 0$)，只有 $d\Phi \geqslant 4$ 时，上式才有解。这时 $\varphi_1 > 0$，$\varphi_2 < 0$。若取 $d\Phi = 4$，则由上式可知，$\varphi_1 = \Phi/2 = 2/d$，即 $f_1' = d/2$。这样的系统的焦点位于两块透镜之间。且第二块透镜光焦度为负，最后必为虚像，如图11.4所示。这种系统无实用意义。

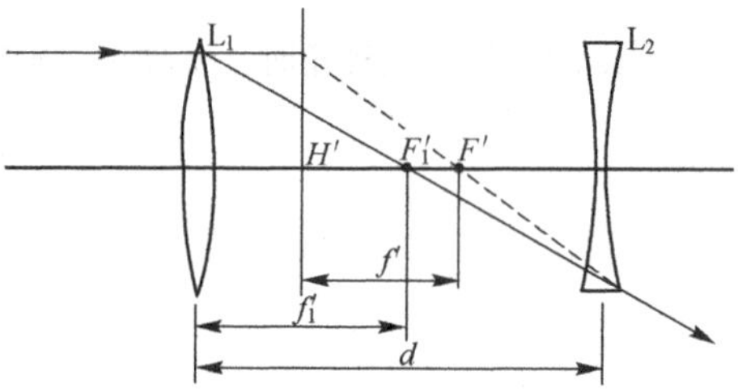

图 11.4　用相同玻璃的两块透镜的分离系统

必须指出，此处所讨论的消位置色差主要对初级位置色差而言，是对近轴光消色差。这和实际对于光学系统消色差的要求不相符。因为近轴光色差为零时，由于色球差，不但带光色差不为零，而且会使边缘光色差值很大。此外，这里所讨论的是厚度近似于零的薄透镜，也与实际不相符。当透镜的厚度由无限薄变到具有一定的厚度，色差也要发生一些变化。因此，实际系统的色差要根据初始解的光路计算结果，改变结构参量(r，d，n)进行精确的校正。

11.3.3　薄透镜系统的初级倍率色差

和初级位置色差一样，也可以把初级倍率色差表示成以单个透镜为单元的形式。把式(11.9)对单个透镜展开：

$$\sum_1^2 C_\mathrm{I} = \sum_1^2 C_\mathrm{I} \frac{i_z}{i}$$

用式(10.73)取代上式中的 i_z / i，得
$$\sum_1^2 C_\mathrm{II} = \sum_1^2 \frac{h_z}{h} C_\mathrm{I} + J \sum_1^2 \frac{1}{hni} C_\mathrm{I}$$

由于是薄透镜，$h_1 = h_2 = h$，$h_{z1} = h_{z2} = h$，以式(11.5)取代上式中第二项中的 C_I，得

$$\sum_1^2 C_{\mathrm{II}} = \frac{h_z}{h}\sum_1^2 C_{\mathrm{I}} + J\sum_1^2 \Delta\frac{\mathrm{d}n}{n}$$

设透镜在空气中，$n_1 = n_1' = 1$，$n_1' = n_2 = n$，$\mathrm{d}n_1 = \mathrm{d}n_2' = 0$，$\mathrm{d}n_1' = \mathrm{d}n_2 = \mathrm{d}n$，将其代入上式，则 $\sum_1^2 \Delta\dfrac{\mathrm{d}n}{n} = 0$，

以式(11.12)取代上式中第一项中的 $\sum_1^2 C_{\mathrm{I}}$，得

$$\sum_1^2 C_{\mathrm{II}} = hh_z\frac{\varphi}{\nu} \tag{11.20}$$

对于由 M 个薄透镜组成的光学系统，其初级倍率色差系数可写为

$$\sum_{m=1}^M C_{\mathrm{II}} = \sum_{m=1}^M hh_z\frac{\varphi}{\nu} \tag{11.21}$$

设对实际物体成像，把式(11.21)代入式(11.10a)，得系统的初级倍率色差为

$$\Delta y_{\mathrm{FC}k}' = \frac{1}{n_k' u_k'}\sum_{m=1}^M hh_z\frac{\varphi}{\nu} \tag{11.22}$$

11.3.4 对几种薄透镜系统的初级倍率色差的讨论

1. 相接触薄透镜系统

由于系统各透镜的厚度和空气间隙均接近于零，有 $h_1 = h_2 = \cdots = h_k = k$，$h_{z1} = h_{z2} = \cdots = h_{zk} = h_z$，则如式(11.21)所示薄透镜系统的初级倍率色差系数可写为

$$\sum_{m=1}^M C_{\mathrm{II}} = hh_z\sum_{m=1}^M \frac{\varphi}{\nu} \tag{11.23}$$

由式(11.23)可知，对于相接触薄透镜系统，当初级位置色差消除 $\left(\sum\dfrac{\varphi}{\nu} = 0\right)$ 以后，初级倍率色差便自动消除了。此外，当光阑和薄透镜系统相重合时 $(h_z = 0)$，倍率色差也得到了校正。

2. 具有一定空气间隙的双透镜系统

如图11.5所示，该系统为一种简单目镜。因为目镜的视场较大，需校正倍率色差。图11.5中画出了两条近轴光路。校正倍率色差的条件可令式(11.22)为零，得

$$h_1 h_{z1}\varphi_1 / \nu_1 + h_2 h_{z2}\varphi_2 / \nu_2 = 0$$

设入射光瞳在系统的前焦点处，h_1 / h_2，h_{z1} / h_{z2} 可分别写为

$$h_2 / h_1 = 1 - d\varphi_1, \qquad h_{z1} / h_{z2} = 1 - d\varphi_2$$

按此关系，消倍率色差条件可写为

$$(1 - d\varphi_2)\varphi_1 / \nu_1 + (1 - d\varphi_1)\varphi_2 / \nu_2 = 0 \tag{11.24}$$

而 φ_1 和 φ_2 应满足总光焦度的要求，即

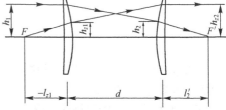

图 11.5 具有一定空气间隙的双透镜系统

$$\varphi_1 + \varphi_2 - d\varphi_1\varphi_2 = \Phi$$

在以上两式中，除 φ_1 和 φ_2 外，d 也是自变量，可使其满足以下两个条件之一：

$$\begin{cases} l_2' = (1 - d\varphi_1)f' \\ l_{z1} = -(1 - d\varphi_2)f' \end{cases}$$

在设计时给定 Φ，l_2' 或 l_{z1}，根据选定的玻璃，将式(11.24)、光焦度公式及以上 l_2' 或 l_{z1} 两表示式中之一联立，即可求得满足倍率色差要求的 φ_1，φ_2 和 d。

如果两块透镜用同一种玻璃（$\nu_1 = \nu_2$），由式(11.24)可得

$$d = \frac{\varphi_1 + \varphi_2}{2\varphi_1\varphi_2} \qquad \text{或} \qquad d = \frac{1}{2}(f_1' + f_2')$$

此时 d 值由消倍率色差要求限定，不能任选，则系统的总光焦度为

$$\Phi = \varphi_1 + \varphi_2 - d\varphi_1\varphi_2 = \varphi_1 + \varphi_2 - \frac{\varphi_1 + \varphi_2}{2} = \frac{\varphi_1 + \varphi_2}{2} \tag{11.25}$$

在生物显微镜中普遍采用惠更斯目镜就是按这种消倍率色差原理设计的，如图11.6所示。两块透镜用同一种玻璃制造，两块透镜的焦距 f_1', f_2' 和间隔 d 之间按以下关系分配：

$$f_1' : d : f_2' = 1 : 1.5 : 2$$

该结果符合式(10.25)，满足消倍率色差的条件。

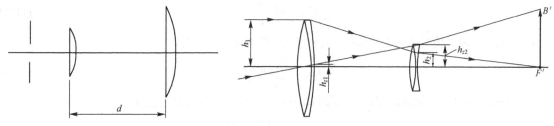

图 11.6 惠更斯目镜结构　　　　图 11.7 同时校正位置色差和倍率色差的分离薄透镜系统

3. 同时校正位置色差和倍率色差的分离薄透镜系统

相接触的薄透镜系统校正了位置色差，倍率色差同时也得到了校正。但是由具有一定间隔的两个或若干个薄透镜组组成的系统，如图11.7所示，其校正位置色差的条件由式(11.12)决定：

$$\sum_1^4 C_{\mathrm{I}} = h_1^2 \left(\frac{\varphi_1}{\nu_1} + \frac{\varphi_2}{\nu_2} \right) + h_2^2 \left(\frac{\varphi_3}{\nu_3} + \frac{\varphi_4}{\nu_4} \right) = 0$$

校正倍率色差的条件由式(11.21)决定：

$$\sum_1^4 C_{\mathrm{II}} = h_1 h_{z1} \left(\frac{\varphi_1}{\nu_1} + \frac{\varphi_2}{\nu_2} \right) + h_2 h_{z2} \left(\frac{\varphi_3}{\nu_3} + \frac{\varphi_4}{\nu_4} \right) = 0$$

以上两式也可写为 $\left(\dfrac{\varphi_1}{\nu_1} + \dfrac{\varphi_2}{\nu_2} \right) + \dfrac{h_2^2}{h_1^2} \left(\dfrac{\varphi_3}{\nu_3} + \dfrac{\varphi_4}{\nu_4} \right) = 0$, $\left(\dfrac{\varphi_1}{\nu_1} + \dfrac{\varphi_2}{\nu_2} \right) + \dfrac{h_1 h_{z1}}{h_2 h_{z2}} \left(\dfrac{\varphi_3}{\nu_3} + \dfrac{\varphi_4}{\nu_4} \right) = 0$

由以上两式可知，由于 h_1/h_2 与 h_{z1}/h_{z2} 不相等，同时满足两个消色差条件的解为

$$\begin{cases} \dfrac{\varphi_1}{\nu_1} + \dfrac{\varphi_2}{\nu_2} = 0 \\[2mm] \dfrac{\varphi_3}{\nu_3} + \dfrac{\varphi_4}{\nu_4} = 0 \end{cases}$$

由此可知，由几个密接薄透镜组组成的光学系统，只有对各个薄透镜组分别校正了位置色差，才能同时校正系统的位置色差和倍率色差。

4. 放大率为–1的对称式系统

放大率为–1 的对称式系统如图11.8 所示。此时不管系统的半组是否校正了位置色差，整个系统

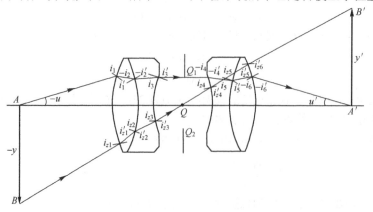

图 11.8 放大率为–1 的对称式系统

的倍率色差与其他垂轴像差一样，也自动得到了校正。这是因为在对称式系统的对称面上，C_{I} 的数值和符号相同，而 i_z/i 的大小相同，符号相反。因此，在对称面上 $C_{\mathrm{II}}=C_{\mathrm{I}}i_z/i$ 也是数值相同，而符号相反，互相抵消。

11.4 二 级 光 谱

在 9.6 节中已经提及二级光谱的几何概念。

一般消色差光学系统只能做到对两种色光校正位置色差。如果光学系统已对 λ_2 和 λ_3 两种色光校正了位置色差，这两种色光的公共像点相对于第三种色光 λ_1 的像点位置仍有差异，这种差异就是二级光谱，以 $\Delta L'_{\lambda_1\lambda_2\lambda_3}$ 表示。对目视光学系统的二级光谱写为 $\Delta L'_{\mathrm{FCD}}$。

一般光学系统对二级光谱并不严格要求，但对于某些对白光像质量要求很高的光学系统，如长焦距平行光管物镜、长焦距制版镜和高倍显微物镜等则应考虑。消除二级光谱的光学系统称为复消色差光学系统。

二级光谱的消除是比较困难的，下面对一般光学系统校正二级光谱的可能性进行分析。

11.4.1 密接双透镜系统

密接双薄透镜系统对两种色光（如 F 光和 C 光）校正色差的条件由式(11.14a)可知：

$$\sum_{m=1}^{2} C_{\mathrm{I}} = h^2\left(\frac{\varphi_1}{\nu_1}+\frac{\varphi_2}{\nu_2}\right)=0$$

这两种色光的公共像点相对于第三种色光 λ 的像点的偏离为二级光谱，把它看作 F 光和 λ 光间的色差，其色差系数参照上式可写为

$$\sum_{m=1}^{2} C_{\mathrm{I}}^{\mathrm{F}\lambda} = h^2\left(\frac{\varphi_1}{\nu_{\mathrm{F}\lambda1}}+\frac{\varphi_2}{\nu_{\mathrm{F}\lambda2}}\right)=h^2\left[\varphi_1\left(\frac{n_{\mathrm{F}}-n_{\lambda}}{n_{\mathrm{D}}-1}\right)_1+\varphi_2\left(\frac{n_{\mathrm{F}}-n_{\lambda}}{n_{\mathrm{D}}-1}\right)_2\right]=h^2\left[\frac{\varphi_1}{\nu_1}\left(\frac{n_{\mathrm{F}}-n_{\lambda}}{n_{\mathrm{F}}-n_{\mathrm{C}}}\right)_1+\frac{\varphi_2}{\nu_2}\left(\frac{n_{\mathrm{F}}-n_{\lambda}}{n_{\mathrm{F}}-n_{\mathrm{C}}}\right)_2\right]$$

式中，$\dfrac{n_{\mathrm{F}}-n_{\lambda}}{n_{\mathrm{F}}-n_{\mathrm{C}}}$ 是玻璃的相对色散系数，用 $P_{\mathrm{F}\lambda}$ 表示。如果 P_{gF} 是 g 光和 F 光之间的相对色散系数 $\dfrac{n_{\mathrm{g}}-n_{\mathrm{F}}}{n_{\mathrm{F}}-n_{\mathrm{C}}}$，则上式可写为

$$\sum_{m=1}^{2} C_{\mathrm{I}}^{\mathrm{F}\lambda} = h^2\left(\frac{\varphi_1}{\nu_1}P_{\mathrm{F}\lambda1}+\frac{\varphi_2}{\nu_2}P_{\mathrm{F}\lambda2}\right) \tag{11.26}$$

若使光学系统同时校正色差和二级光谱，则应符合 $\sum_1^2 C_{\mathrm{I}}=0$ 和 $\sum_1^2 C_{\mathrm{I}}^{\mathrm{F}\lambda}=0$。显然，要同时满足两个条件，必须满足 $P_{\mathrm{F}\lambda1}=P_{\mathrm{F}\lambda2}$，就是说两块玻璃的相对色散必须相同。但是从消色差的要求出发，希望两块玻璃的阿贝常数相差要大，而在现有光学玻璃中还没有相对色散相同而阿贝常数相差较大的玻璃。因此，用普通光学玻璃设计的消色差系统，总是存在一定程度的二级光谱。

光学系统的二级光谱初级量的计算，首先按式(11.15)消位置色差条件求得 φ_1 和 φ_2，代入式(11.26)可得

$$\sum_1^2 C_{\mathrm{I}}^{\mathrm{F}\lambda} = \left(\frac{h}{f'}\right)^2 f'\frac{P_{\mathrm{F}\lambda1}-P_{\mathrm{F}\lambda2}}{\nu_1-\nu_2}$$

再利用式(11.6a)，可得二级光谱的初级量为

$$\Delta L'_{\mathrm{FCD}} = -\frac{1}{n'u'^2}\sum_1^2 C_{\mathrm{I}}^{\mathrm{F}\lambda} = -f'\frac{P_{\mathrm{F}\lambda1}-P_{\mathrm{F}\lambda2}}{\nu_1-\nu_2} \tag{11.27}$$

式(11.27)表明，对于一定焦距的密接双薄透镜系统，其二级光谱初级量与系统结构参数无关，完全由两块玻璃的相对色散和阿贝常数差数之比决定。一般光学玻璃的相对色散和阿贝常数有一定的关系。以相对色散 P 为纵坐标，以阿贝常数 ν 为横坐标，把各种玻璃按 P,ν 值标注在其上，可得如图11.9所示的曲线图。由图11.9可见，各种玻璃几乎都位于一条直线上或其附近，这条直线称为正常玻璃直线。$P_{\mathrm{gF}}\text{-}\nu$ 的正常玻璃直线的关系式为

$$P_{\mathrm{gF}} = K_{\mathrm{gF}} - 0.001\,85\,\nu$$

式中，K_{gF} 为常数项，$-0.001\,85$ 为该直线的斜率。以任意一对色光的相对色散画成的 $P\text{-}\nu$ 曲线，均近似于一条直线，只是各对色光的正常玻璃直线有不同的斜率和常数项 K。例如 F，D 色光的正常玻璃直线为

$$P_{FD} = K_{FD} - 0.000\,52\,\nu$$

很明显，式(11.27)中的 $(P_{F\lambda1} - P_{F\lambda2})/(\nu_1 - \nu_2)$ 即为上面直线方程中的斜率。所以对 F 光和 C 光校正色差后，相对于 D 光的二级光谱为

$$\Delta L'_{FCD} = 0.000\,52\,f'$$

这就说明了一定焦距的密接双薄透镜系统，其二级光谱几乎和系统的结构无关，而且对各种玻璃对差不多是一个常量。这是由普通玻璃的特性所决定的。但是从图11.9中可知，有少数特种玻璃如 TF3 等，离开直线较远，用其和 K9 玻璃组成双胶合透镜时，二级光谱可以减少 1/3 以上。计算如下：

$$\Delta L'_{FCD} = -f' \frac{P_{FD1} - P_{FD2}}{\nu_1 - \nu_2} = -\frac{0.7022 - 0.7084}{64.06 - 44.08}$$
$$= 0.000\,320\,f'$$

$$\Delta L'_{gCF} = -f' \frac{P_{gF1} - P_{gF2}}{\nu_1 - \nu_2} = -\frac{0.5347 - 0.5594}{64.06 - 44.08}$$
$$= 0.001\,236\,f'$$

特别值得指出的是，利用萤石(CaF$_2$)作为透镜材料，校正二级光谱的效果良好。萤石光学常数如下：

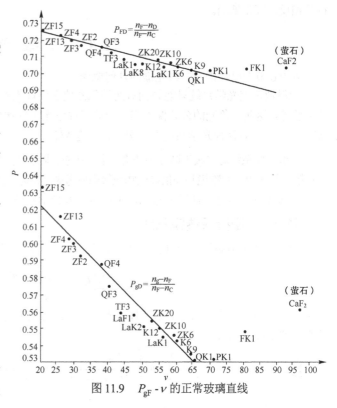

图 11.9　$P_{gF}\text{-}\nu$ 的正常玻璃直线

$$n_D = 1.433\,85, \quad n_F - n_C = 0.004\,54, \quad \nu = 95.56, \quad n_F = 1.437\,05, \quad n_C = 1.432\,51, \quad n_g = 1.439\,60$$

在 $P\text{-}\nu$ 曲线中，萤石离开正常玻璃直线很远，说明其对校正二级光谱的重要意义。例如萤石和 TF3 玻璃组合时，二级光谱为

$$\Delta L'_{FCD} = -\frac{P_{FD1} - P_{FD2}}{\nu_1 - \nu_2} f' = -\frac{0.7048 - 0.7084}{95.56 - 44.08} = 0.000\,062\,2\,f'$$

$$\Delta L'_{gCF} = -\frac{P_{gF1} - P_{gF2}}{\nu_1 - \nu_2} f' = -\frac{0.5617 - 0.5594}{95.56 - 44.08} - 0.000\,042\,2\,f'$$

用萤石校正二级光谱，和其相匹配的玻璃选择为同一 P 值时，效果会更好。遗憾的是，具有良好均匀性的大块萤石极少，一般只能用它来制造显微镜物镜。

11.4.2　密接三薄透镜系统的复消色差

密接三薄透镜系统的复消色差和密接双薄透镜系统相类似，其复消色差应符合

$$\sum_1^3 C_I = h^2 \left(\frac{\varphi_1}{\nu_1} + \frac{\varphi_2}{\nu_2} + \frac{\varphi_3}{\nu_3} \right) = 0$$

$$\sum C_I^{F\lambda} = h^2 \left(\frac{\varphi_1}{\nu_1} P_{F\lambda1} + \frac{\varphi_2}{\nu_2} P_{F\lambda2} + \frac{\varphi_3}{\nu_3} P_{F\lambda3} \right) = 0$$

要满足以上两个条件，需使 $P_{F\lambda1} = P_{F\lambda2} = P_{F\lambda3}$，且 ν_1，ν_2，ν_3 之间有尽可能大的差值。一般来说，在正常玻璃直线上的玻璃难于满足这种要求。因此，密接三薄透镜系统复消色差也是困难的。

前面曾以实例证明了当玻璃选择合适时，双胶合透镜可以达到良好的复消色差效果。同样，密接三薄透镜系统的玻璃选择合适，也可做到复消色差。

在 $P\text{-}\nu$ 图上，毕竟不是所有的玻璃都在正常玻璃直线上，还可以找到 P 值相同而 ν 值不同的玻璃，但由

于两种玻璃的 ν 值相差很小，虽能得到复消色差的解，由于每块透镜的 φ 值过大导致曲率半径很小而无实用价值。即使两块透镜分离，也不能为复消色差带来什么好处。用三块透镜时，在玻璃选择上较两块透镜灵活一些。

在用三块透镜时，使其中两块尽量位于正常玻璃直线的右上方，如图11.10中的 $A(P_1, \nu_1)$ 和 $C(P_3, \nu_3)$ 两种玻璃，与尽量位于正常玻璃直线左下方的另一块玻璃 $B(P_2, \nu_2)$ 组合起来，即使三块玻璃在 P-ν 图上所包围的面积越大越好。这样，可以认为由第一和第三两种玻璃组成新的玻璃 $\overline{B}(\overline{P}, \overline{\nu})$，$\overline{P}$，$\overline{\nu}$ 的轨迹应在 A 和 C 的连线上。故有

$$\frac{P_3 - \overline{P}}{\nu_3 - \overline{\nu}} = \frac{P_3 - P_1}{\nu_3 - \nu_1}$$

得

$$\overline{P} = \frac{\nu_3 P_1 - \nu_1 P_3}{\nu_3 - \nu_1} + \overline{\nu}\left(\frac{P_3 - P_1}{\nu_3 - \nu_1}\right) \tag{11.28}$$

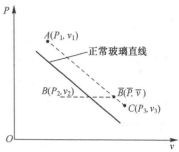

图 11.10 三薄透镜复消色差系统玻璃选择

为了使在 $\overline{P} = P_2$ 时 ν_1、ν_3 和 ν_2 有较大差值，在选择玻璃时应尽可能使第一和第三两种玻璃的点的连线与第二种玻璃的点要远。若 $\overline{\nu} - \nu_2 = 5 - 10$，就有可能用来校正二级光谱。这样仍可以用密接双透镜系统的计算公式(11.14a)、式(11.26)和光焦度公式联立，求出复消色差解：

$$\begin{cases} \overline{\varphi} + \varphi_2 = \Phi \\ \dfrac{\overline{\varphi}}{\overline{\nu}} + \dfrac{\varphi_2}{\nu_2} = 0 \\ \dfrac{\overline{\varphi}}{\overline{\nu}}\overline{P} - \dfrac{\varphi_2}{\nu_2}P_2 = 0 \end{cases} \tag{11.29}$$

例 11.4 用国产玻璃设计一复消色差制版物镜，对 D 光校正单色像差，对 F，C 和 g 光复消色差。系统选取如图11.11所示的结构形式，确定其半组的光焦度分配。

解 在 P-ν 图上经多次试验，选定以下三种玻璃：

ZF3 $\quad n_1 = 1.717\,2,\quad P_{gF1} = 0.599\,63,\quad \nu_1 = 29.502$

TF3 $\quad n_2 = 1.612\,3,\quad P_{gF2} = 0.559\,11,\quad \nu_2 = 44.082$

ZK6 $\quad n_3 = 1.612\,6,\quad P_{gF3} = 0.546\,19,\quad \nu_3 = 58.343$

消二极光谱的条件是使 $\overline{P} = P_2 = 0.559\,11$，由式(11.28)求得 $\overline{\nu} = 51.3 > 0$。设总光焦度 $\varphi = 1$，由式 (11.29) 可以求得

$$\overline{\varphi} = 7.048\,55, \quad \varphi_2 = -6.048\,55$$

因为是密接薄透镜组，$\overline{\varphi}$ 是 φ_1 和 φ_2 的组合光焦度，即

$$\begin{cases} \overline{\varphi} = \varphi_1 + \varphi_3 \\ \dfrac{\overline{\varphi}}{\overline{\nu}} = \dfrac{\varphi_1}{\nu_1} + \dfrac{\varphi_3}{\nu_3} \end{cases}$$

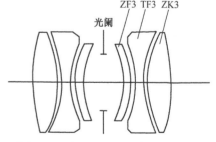

把前面的 $\overline{\varphi}$，$\overline{\nu}$，ν_1，ν_3 代入上式，解得

$$\varphi_1 = 0.678\,78, \quad\quad \varphi_2 = -6.048\,55, \quad\quad \varphi_3 = 6.069\,85$$

两个半组合成并缩放后，通过光路计算，进行像差校正可以达到复消色差。

图 11.11 复消色差制版物镜结构形式

实际上，用上述方法在 P-ν 图上选取玻璃后，直接将三个透镜用光组组合公式、消色差公式和复消色差公式联立：

$$\begin{cases} \varphi_1 + \varphi_2 + \varphi_3 = \varphi \\ \dfrac{\varphi_1}{\nu_1} + \dfrac{\varphi_2}{\nu_2} + \dfrac{\varphi_3}{\nu_3} = 0 \\ \dfrac{\varphi_1}{\nu_1}P_1 + \dfrac{\varphi_2}{\nu_2}P_2 + \dfrac{\varphi_3}{\nu_3}P_3 = 0 \end{cases} \tag{11.30}$$

可以求得与例 11.4 中方法求得的解同值。

虽然用三块透镜可以求得复消色差系统的解，但是仍然难以得到大相对孔径的复消色差系统。为了获得复消色差光学系统，还有一些别的方法。如设计一组无焦系统，与所要求焦距的定焦距系统组合，使两者的二级光谱互相补偿，也可以达到复消色差的目的。

习题

11.1　根据习题 8.1 中的光学结构及计算结果，求各折射面的初级位置色差和初级倍率色差的分布系数，按 $\beta = -1/4$ 计算系统的初级位置色差和倍率色差。

11.2　以 K9($n_D = 1.5163$, $n_F = 1.5220$, $n_C = 1.5139$) 和 F$_4$($n_D = 1.6199$, $n_F = 1.6321$, $n_D = 1.6150$) 两种玻璃组合成消球差、消色差胶合望远系统，要求焦距为 100 mm，试求各面的曲率半径。

11.3　仍用上题的玻璃组合，设计消球差、消色差和消正弦差的分离式望远系统，焦距为 100 mm，两个透镜间的空气间隔为 0.5 mm，试求各个面的曲率半径。

11.4　有一惠更斯目镜，两片的焦距比为 $f_1' : f_2' = 2 : 1$，设两片所用玻璃的折射率均为 1.6，目镜焦距为 50 mm，为消除系统的倍率色差，试求每一片玻璃的曲率半径及目镜主点和焦点的位置，并绘出图形。

11.5　根据习题 11.4 的计算结果，计算出该目镜的入射光瞳位置 l_{z1} 和焦点位置 l_2'，并作近轴光的光路计算，验算其初级倍率色差。

第12章　像差综述及计算结果处理

12.1　概　　述

1. 光学系统对像差校正的一般要求

任何光学仪器都包括接受器及电子系统、光学系统和精密机械结构。它们为了实现对某些对象的观测而结合在一起。接受器必须适合被观测对象的发光或反射的光谱特性。光学系统必须与接受器性能有最佳的匹配，以便充分发挥接受器的感受信息的作用。机械结构是为了保证接受器和光学系统间的连接和光学仪器的使用功能。

一般光学系统是对白光成像的，即对一个波段范围内各种色光成像。每种色光都存在单色像差，任何两种色光之间都有色差存在，任何光学系统都不可能对所透过的波段范围内每种色光都校正单色像差和对任何两种光都校正色差。在光学设计中，总是对接受器最灵敏的谱线校正单色像差，对所接受的波段范围内接近两端的谱线校正色差。实践证明，这样选择消像差谱线是合理的。

前三章已经讨论了光学系统存在五种单色像差：球差、彗差、像散、场曲和畸变；两种色差：位置色差和倍率色差。并不是所有的光学系统都必须对所有的像差进行校正，而是根据使用条件提出适当的像差要求进行校正。根据使用条件，光学系统大体上分为：小视场大孔径系统，如显微物镜、望远物镜等；大视场小孔径系统，如目镜等；大视场大孔径系统，如照相物镜等。

对于小视场大孔径光学系统，由于视场小，主要考虑与孔径有关的像差：球差、正弦差和位置色差。因为所需校正像差的变数较少，所以光学系统结构也可较为简单。由于对像差要求严格，故称为小像差系统。一般用以波像差为依据的瑞利判据作为评价像质的标准。

大视场小孔径光学系统，由于相对孔径小，球差、正弦差和位置色差容易校正。因为视场大，对轴外像差，特别是倍率色差、彗差、像散和场曲的校正要符合要求。有的光学系统如长焦距制版物镜还应校正轴上点的二级光谱和轴外点的畸变，并应适当考虑光阑球差。

大视场大孔径光学系统除考虑球差、位置色差等轴上点的像差以外，还要考虑全部轴外像差。这些像差不是孤立存在的，各种像差反映了一个物点通过光学系统在像平面上的弥散斑的形状和大小。各种像差都为零，在不考虑系统孔径的衍射效应时，弥散斑为零。实际上这是做不到的。一般是保留各种像差的情况下，使弥散斑尺寸最小，而且各个视场的物点所产生的弥散斑尺寸一致，就可以认为是最好的像差校正方案。由于这类系统的剩余像差较大，不宜用瑞利判据评价，故称这类系统为大像差系统。

由于现代激光技术的发展，出现了激光专用的光学系统，这些系统一般对所工作的激光谱线校正单色像差，色差往往不必考虑。由于激光的相干性很强，应使系统结构尽量简单，光学表面质量要好，光学材料中杂质和气泡要严格地控制，以免引起过强的相干噪声。

计算以上各种系统的像差时，都必须通过光路计算的方法。为了获得各种像差曲线，必须使用表9.9～表9.11所规定的选点方法。

当光学系统的像差不能令人满意时，需改变光学系统的结构参数，重新进行光路计算求像差值。修改光学系统的结构参数不应是盲目的，应基于初级像差分布或实际像差分布有的放矢地进行。为了提高设计效率，用计算机根据给定的像差要求，按一定的数学方法，编制成程序，自动地改变光学系统的结构和进行光路计算，直到达到预定的像差要求为止。这种方法即所谓的"像差自动平衡"。

用人工计算像差或用计算机进行"像差自动平衡"，都必须由设计者给出一个合理的初始结构，才能得到满意的计算结果。否则，做多少次校正也难以达到设计的要求。

2. 各种像差的初级量公式

在前两章中讨论了初级单色像差和初级色差。用初级像差理论分析光学系统的像差特性和计算光学系统的初始结构是较为方便的。设光学系统对实物成像，把初级像差表示式归纳如下：

(1) 球差：

轴向球差
$$\delta L'_k = -\frac{1}{2n_k u_k'^2}\sum_1^k S_{\mathrm{I}} \tag{12.1}$$

垂轴球差
$$\Delta Y'_k = -\frac{1}{2n_k' u_k'}\sum_1^k S_{\mathrm{I}} \tag{12.2}$$

(2) 彗差：

正弦差
$$SC'_k = -\frac{1}{2J}\sum_1^k S_{\mathrm{II}} \tag{12.3}$$

子午彗差
$$K'_{Tk} = -\frac{3}{2n_k' u_k'}\sum_1^k S_{\mathrm{II}} \tag{12.4}$$

弧矢彗差
$$K'_{Sk} = -\frac{1}{2n_k' u_k'}\sum_1^k S_{\mathrm{II}} \tag{12.5}$$

(3) 像散：

细光束像散
$$x'_{tSk} = -\frac{1}{n_k' u_k'^2}\sum_1^k S_{\mathrm{III}} \tag{12.6}$$

垂轴像散
$$\Delta Y'_{tSk} = -\frac{1}{n_k' u_k'}\sum_1^k S_{\mathrm{III}} \tag{12.7}$$

(4) 像面弯曲：

细光束子午场曲
$$x'_{tk} = -\frac{1}{2n_k' u_k'^2}\left(3\sum_1^k S_{\mathrm{III}} + \sum_1^k S_{\mathrm{IV}}\right) \tag{12.8}$$

细光束弧矢场曲
$$x'_{Sk} = -\frac{1}{2n_k' u_k'^2}\left(\sum_1^k S_{\mathrm{III}} + \sum_1^k S_{\mathrm{IV}}\right) \tag{12.9}$$

匹兹万场曲
$$x'_{pk} = -\frac{1}{2n_k' u_k'^2}\sum_1^k S_{\mathrm{IV}} \tag{12.10}$$

垂轴子午场曲
$$\Delta Y'_{tk} = -\frac{1}{2n_k' u_k'}\left(3\sum_1^k S_{\mathrm{III}} + \sum_1^k S_{\mathrm{IV}}\right) \tag{12.11}$$

垂轴弧矢场曲
$$\Delta Y'_{sk} = -\frac{1}{2n_k' u_k'}\left(\sum_1^k S_{\mathrm{III}} + \sum_1^k S_{\mathrm{IV}}\right) \tag{12.12}$$

垂轴匹兹万场曲
$$\Delta Y'_{pk} = -\frac{1}{2n_k' u_k'}\sum_1^k S_{\mathrm{IV}} \tag{12.13}$$

(5) 畸变：
$$\delta Y'_z = -\frac{1}{2n_k' u_k'}\sum_1^k S_{\mathrm{V}} \tag{12.14}$$

(6) 色差

位置色差
$$\Delta l'_{\mathrm{FC}} = -\frac{1}{n_k' u_k'^2}\sum_1^k C_{\mathrm{I}} \tag{12.15}$$

垂轴位置色差
$$\Delta T'_{\mathrm{FC}} = -\frac{1}{n_k' u_k'}\sum_1^k C_{\mathrm{I}} \tag{12.16}$$

倍率色差
$$\Delta Y'_{\mathrm{FC}} = -\frac{1}{n_k' u_k'}\sum_1^k C_{\mathrm{II}} \tag{12.17}$$

式中，$\sum S_{\mathrm{I}}$，$\sum S_{\mathrm{II}}$，$\sum S_{\mathrm{III}}$，$\sum S_{\mathrm{IV}}$，$\sum S_{\mathrm{V}}$ 有三种形式。其一如式(10.26)所示，由第一、第二近轴光路计算过程中的有关量组成，这种形式便于计算初级像差值。其二如式(10.65)所示，由 Q 和 Q_z 组成，便于展开成与 r, l, l' 有关的量和对初级像差性质进行分析。其三如式(10.74)所示，由单个折射面的 P, W 构成，由其可推导出薄透镜的 P 和 W 组成的公式(10.77)，便于进行光学系统的初始结构设计。式中的 $\sum C_{\mathrm{I}}$ 和 $\sum C_{\mathrm{II}}$ 也有三种形式，其一为式(11.5)和式(11.9)，其二为式(11.4)和式(11.11)，其三为薄透镜的色差系数式(11.12)和式(11.20)，它们与上面三种单色像差系数是对应的。

3．初级像差与视场和孔径的关系

在前面所述光学系统的一般校正原则中，把光学系统按孔径和视场的大小分为大孔径小视场、小孔径大视场、大孔径大视场的光学系统，各有不同的像差校正要求。即有的像差随孔径增加而迅速增加，有的像差随视场的增加而迅速增加，有的像差随孔径和视场两者的增加而增加。下面从初级像差的角度来分析各种初级像差与孔径 u 和视场 ω 之间的比例关系，参见表 12.1。

表 12.1　初级像差与孔径 u 和视场 ω 之间的比例关系

初级像差名称	与孔径的关系	与视场的关系	初级像差名称	与孔径的关系	与视场的关系
轴向球差 $\delta L'$	$\propto u^2$	–	匹兹万场曲 x'_p	–	$\propto \omega^2$
垂轴球差 $\Delta Y'$	$\propto u^3$	–	垂轴子午场曲 $\Delta Y'_t$	$\propto u$	$\propto \omega^2$
正弦差 SC'	$\propto u^2$	–	垂轴弧矢场曲 $\Delta Y'_s$	$\propto u$	$\propto \omega^2$
子午彗差 K'_T	$\propto u^2$	$\propto \omega$	垂轴匹兹万场曲 $\Delta Y'_p$	$\propto u$	$\propto \omega^2$
弧矢彗差 K'_S	$\propto u^2$	$\propto \omega$	畸变 $\delta Y'$	–	$\propto \omega^3$
细光束像散 x'_{ts}	–	$\propto \omega^2$	位置色差 $\Delta l'_{\mathrm{FC}}$	–	$\propto$
垂轴像散 $\Delta Y'_{ts}$	$\propto u$	$\propto \omega^2$	垂轴位置色差 $\Delta T'_{\mathrm{FC}}$	$\propto u$	$\propto$
细光束子午场曲 x'_t	–	$\propto \omega^2$	倍率色差 $\Delta y'_{\mathrm{FC}}$	–	$\propto \omega$
细光束弧矢场曲 x'_s	–	$\propto \omega^2$			

以上只是考虑初级像差的情况，当考虑高级像差时以上比例关系将变得复杂得多。

12.2　初级像差系数和光阑位置的关系

由初级像差和数式(10.65)可知，$\sum S_{\mathrm{I}}$ 和 $\sum S_{\mathrm{IV}}$ 仅与第一近轴光线有关量(如 h, i, l, u 等)有关，而 $\sum S_{\mathrm{II}}$，$\sum S_{\mathrm{III}}$ 和 $\sum S_{\mathrm{V}}$ 除与第一近轴光线有关量值有关外，还与第二近轴光线有关量（如 h_z, i_z 等）有关。各折射面的 i_z 值随光阑位置而异，因此，$\sum S_{\mathrm{II}}$，$\sum S_{\mathrm{III}}$ 和 $\sum S_{\mathrm{V}}$ 将随光阑位置的改变而改变。

当已知光学系统的像差系数，光阑位置改变以后，新光阑位置的初级像差系数不必另行计算，只要根据原光阑位置的初级像差系数就可以直接求得。光阑位置移动之所以引起初级像差的变化，是因为 i_z 变化所导致的。令新光阑位置的有关量均加星号"*"来表示，如 h_z^*，l_z^* 等。只要找到 i_z^* 和 i_z 之间的关系，新光阑位置的初级像差系统和原光阑位置的初级像差系数之间的关系也就容易得到了。利用近轴光公式，可得

$$i_z^* - i_z = \frac{l_z^* - r}{r}u_z^* - \frac{l_z - r}{r}u_z = \frac{h_z^* - h_z}{r} - (u_z^* - u_z) \tag{12.18}$$

图12.1示出了原光阑位置和新光阑位置的几何关系。随光阑位置的变化，光阑孔径也应改变，以保证系统的孔径角 u 不变。图12.1中对两个光阑位置画出了各自的第二近轴光线，因为

$$y = (l_z - l)u_z = (l_z^* - l)u_z^*$$

可得

$$l_z^* u_z^* - l_z u_z = lu_z^* - lu_z = l(u_z^* - u_z)$$

或
$$\frac{h_z^* - h_z}{h} = \frac{u_z^* - u_z}{u} = K$$

代入式(12.18)，得

$$i_z^* - i_z = \frac{l(u_z^* - u_z)}{r} - (u_z^* - u_z) = (u_z^* - u_z)\frac{l-r}{r}$$

$$= \frac{u_z^* - u_z}{u}i = \frac{h_z^* - h_z}{h}i = Ki$$

由此可得

$$\frac{i_z^* - i_z}{i} = \frac{u_z^* - u}{u} = \frac{h_z^* - h_z}{h} = K \qquad (12.19)$$

可以证明，以上关系适用于光学系统的任一折射面。现以第二面为例进行证明：

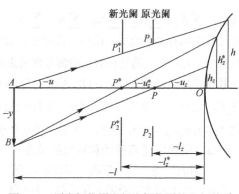

图12.1　原光阑位置和新光阑位置的几何关系

$$K_2 = \frac{h_{z2}^* - h_{z2}}{h_2} = \frac{h_{z1}^* - d_1 u_{z1}^{*'} - (h_{z1} - d_1 u_{z1}')}{h_1 - d_1 u_1'} = \frac{(h_{z1}^* - h_{z1}) - d_1(u_{z1}'^* - u_{z1}')}{h_1 - d_1 u_1'}$$

$$= \frac{(h_{z1}^* - h_{z1}) - d_1(h_{z1}^* - h_{z1})u_1'/h_1}{h_1 - d_1 u_1'} = \frac{(h_{z1}^* - h_{z1})(h_1 - du_1')/h_1}{h_1 - d_1 u_1'} = \frac{h_{z1}^* - h_{z1}}{h_1} = K \qquad (12.19a)$$

由此可知，K 对整个系统是一个不变量，故有

$$\begin{cases} i_{z1}^* = Ki_1 + i_{z1} \\ i_{z2}^* = Ki_2 + i_{z2} \\ \quad\vdots \\ i_{zk}^* = K_{ik} + i_{zk} \end{cases} \qquad (12.19b)$$

把以上关系代入式(10.26)，可以得到以原光阑位置的初级像差系数表示的新光阑位置的初级像差系数：

$$\begin{cases} \sum S_{\mathrm{I}}^* = \sum S_{\mathrm{I}} \\ \sum S_{\mathrm{II}}^* = K\sum S_{\mathrm{I}} + \sum S_{\mathrm{II}} \\ \sum S_{\mathrm{III}}^* = K^2 \sum S_{\mathrm{I}} + 2K\sum S_{\mathrm{II}} + \sum S_{\mathrm{III}} \\ \sum S_{\mathrm{IV}}^* = \sum S_{\mathrm{IV}} \\ \sum S_{\mathrm{V}}^* = K^3 \sum S_{\mathrm{I}} + 3K^2 \sum S_{\mathrm{II}} + K(3\sum S_{\mathrm{III}} + \sum S_{\mathrm{IV}}) + \sum S_{\mathrm{V}} \end{cases} \qquad (12.20)$$

式(12.20)表示了光阑移动对初级像差系数的影响，现做如下分析：

(1) $\sum S_{\mathrm{I}}$ 和 $\sum S_{\mathrm{IV}}$ 不受光阑移动的影响。

(2) 由式(12.20)第二式可知，当 $\sum S_{\mathrm{I}} = 0$ 时，$\sum S_{\mathrm{II}}^* = \sum S_{\mathrm{II}}$，即 $\sum S_{\mathrm{II}}$ 也不受光阑移动的影响。当 $\sum S_{\mathrm{I}} \neq 0$，$\sum S_{\mathrm{II}} \neq 0$ 时，可选取一光阑位置使 $\sum S_{\mathrm{II}}^* = 0$，即光学系统满足等晕条件，这个消彗差光阑位置可由下式决定：

$$K = \frac{h_{z1}^* - h_{z1}}{h_1} = -\frac{\sum S_{\mathrm{II}}}{\sum S_{\mathrm{I}}}$$

求得 h_{z1}^* 后，即可确定新光阑的位置。

(3) 当 $\sum S_{\mathrm{I}} = \sum S_{\mathrm{II}} = 0$，$\sum S_{\mathrm{III}} \neq 0$ 时，由式(12.20)第三式可知，光阑移动对 $\sum S_{\mathrm{III}}$ 不发生影响。当 $\sum S_{\mathrm{I}} = 0$，$\sum S_{\mathrm{II}} \neq 0$，$\sum S_{\mathrm{III}} \neq 0$ 时，总可以按下式求得消像散的光阑位置：

$$K = -\frac{\sum S_{\mathrm{II}}}{2\sum S_{\mathrm{I}}}$$

而当 $\sum S_{\mathrm{I}} \neq 0$，$\sum S_{\mathrm{II}} \neq 0$，$\sum S_{\mathrm{III}} \neq 0$ 时，能否找到消像散的光阑位置，应做具体分析，（以 K 为所求的

变量，$a = \sum S_{\mathrm{I}}$，$b = 2\sum S_{\mathrm{II}}$，$c = \sum S_{\mathrm{III}}$ 为二次方程式的系数，利用 $\dfrac{-b \pm \sqrt{b^2 - 4ac}}{2a}$ 的关系）可以得出以下结论：

① 当 $\left(\sum S_{\mathrm{II}}\right)^2 - \sum S_{\mathrm{I}} \sum S_{\mathrm{III}} < 0$，在光学系统中没有消像散的光阑位置。

② 当 $\left(\sum S_{\mathrm{II}}\right)^2 - \sum S_{\mathrm{I}} \sum S_{\mathrm{III}} > 0$，在光学系统中可找到两个消像散的光阑位置。

③ 当 $\left(\sum S_{\mathrm{II}}\right)^2 - \sum S_{\mathrm{I}} \sum S_{\mathrm{III}} = 0$，在光学系统中可找到一个消像散的光阑位置，即

$$K = -\sum S_{\mathrm{II}} / \sum S_{\mathrm{I}}$$

此解和 $\sum S_{\mathrm{I}} \neq 0$，$\sum S_{\mathrm{II}} \neq 0$ 时的消彗差光阑位置相同，这说明当光学系统满足 $\left(\sum S_{\mathrm{II}}\right)^2 - \sum S_{\mathrm{I}} \sum S_{\mathrm{III}} = 0$ 时，由 $K = -\sum S_{\mathrm{II}} / \sum S_{\mathrm{I}}$ 所决定的光阑位置可对物面成等晕和消像散的像。

(4) 对于 $\sum S_{\mathrm{V}}$，当 $\sum S_{\mathrm{I}} = \sum S_{\mathrm{II}} = \sum S_{\mathrm{III}} = \sum S_{\mathrm{IV}} = 0$，$\sum S_{\mathrm{V}} \neq 0$ 时，移动光阑位置对 $\sum S_{\mathrm{V}}$ 不发生影响。当 $\sum S_{\mathrm{I}} = \sum S_{\mathrm{II}} = 0$，$\sum S_{\mathrm{III}} \neq 0$，$\sum S_{\mathrm{IV}} \neq 0$，$\sum S_{\mathrm{V}} \neq 0$ 时，可以找到一个消畸变的光阑位置，当 $\sum S_{\mathrm{I}} = 0$，而其他和数不为零时，有可能找到两个消畸变的光阑位置；当所有和数均不等于零时，至多可以找到三个消畸变的光阑位置。

(5) 初级位置色差与光阑位置关系，因初级位置色差仅与第一近轴光线的诸量有关，而与光阑位置无关。当光阑位置改变时，位置色差不变，故新光阑处的初级位置色差系数为

$$\sum C_{\mathrm{I}}^* = \sum C_{\mathrm{I}} \tag{12.21}$$

初级倍率色差系数 $\sum C_{\mathrm{II}}$ 和第一、第二近轴光的诸量均有关。把描述新光阑位置的比例 K，即式(12.19)代入式(11.9)，整理后，便得到新光阑位置的倍率色差系数：

$$\sum C_{\mathrm{II}}^* = K \sum C_{\mathrm{I}} + \sum C_{\mathrm{II}} \tag{12.22}$$

由式(12.22)可知，当 $\sum C_{\mathrm{I}}$ 为零时，光阑位置与 $\sum C_{\mathrm{II}}$ 无关；当 $\sum C_{\mathrm{I}}$ 不为零时，可以找到一个消倍率色差的光阑位置。

上面所说的光学系统中光阑实际上可以理解为入射光瞳的位置。

12.3　光阑像差与物面像差的关系

以入射光瞳为物，以实际物为入射光瞳，所计算的光学系统的像差为光阑像差。把由物体边缘发出经过入射光瞳中心的近轴光线作为第一近轴光线，有关量加下标 z（这条光线是一般情况下的第二近轴光线）。由物面中心发出的通过入射光瞳边缘的近轴光线为第二近轴光线（是一般情况下的第一近轴光线），计算出的初级像差就是初级光阑球差。各像差及其和数均加以下标 z。与式(10.26)相似，得

$$\begin{cases} \sum S_{\mathrm{I}z} = \sum l_z u_z n i_z (i_z - i_z')(i_z' - u_z) \\[6pt] \sum S_{\mathrm{II}z} = \sum S_{\mathrm{I}z} i / i_z \\[6pt] \sum S_{\mathrm{III}z} = \sum S_{\mathrm{II}z} i / i_z = \sum S_{\mathrm{I}z} (i / i_z)^2 \\[6pt] \sum S_{\mathrm{IV}z} = J^2 \dfrac{n' - n}{n' n r} \\[6pt] \sum S_{\mathrm{V}z} = \left(\sum S_{\mathrm{II}z} + \sum S_{\mathrm{IV}z}\right) i / i_z \end{cases} \tag{12.23}$$

经过推导（推导过程略），除初级光阑球差系数 $\sum S_{\mathrm{I}z}$ 外，其他初级光阑像差系数均与像面像差系数间有以下关系：

$$\begin{cases} \sum S_{\text{II}} - \sum S_{\text{V}z} = -J\sum \Delta u^2 = -J(u_k'^2 - u_1^2) \\ \sum S_{\text{II}} - \sum S_{\text{II}z} = -J^2\sum \Delta(uu_z) = -J(u_k'u_{zk}' - u_1 u_{1z}) \\ \sum S_{\text{IV}} - \sum S_{\text{IV}z} = 0 \\ \sum S_{\text{V}} - \sum S_{\text{V}z} = -J\sum \Delta u_z^2 = -J(u_{zk}'^2 - u_{1z}^2) \end{cases} \tag{12.24}$$

由上式知，除 $\sum S_{\text{I}z}$ 外，初级光阑像差系数均与像面赛得和数有关。故光学系统初级单色像差的独立变量有六个：五个赛得和数和一个初级光阑球差系数 $\sum S_{\text{I}z}$。

由式(12.23)可知，当物面移动时[相当于式(12.20)中的光阑移动]，$\sum S_{\text{I}z}$ 和 $\sum S_{\text{IV}z}$ 是不受影响的，其他初级光阑系数受到物面移动的影响。当物面移动时，为了保证 u_z 角不变，物高应随之变化。参照式(12.20)，可得物面移动时新的初级光阑像差系数（带星号者）：

$$\begin{cases} \sum S_{\text{I}z}^* = \sum S_{\text{I}z} \\ \sum S_{\text{II}z}^* = K_z \sum S_{\text{I}z} + \sum S_{\text{II}z} \\ \sum S_{\text{III}z}^* = K_z^2 \sum S_{\text{I}z} + 2K_z \sum S_{\text{II}z} + \sum S_{\text{III}z} \\ \sum S_{\text{IV}z}^* = \sum S_{\text{IV}z} \\ \sum S_{\text{V}z}^* = K_z^2 \sum S_{\text{I}z} + 3K_z^2 \sum S_{\text{II}z} + K_z \left(3\sum S_{\text{III}z} + \sum S_{\text{IV}z} \right) + \sum S_{\text{V}z} \end{cases} \tag{12.25}$$

式中，K_z 可以参照式(12.19)给出：

$$K_z = \frac{h^* - h}{h_z} = \frac{u^* - u}{u_z} = \frac{i^* - i}{i} \tag{12.26}$$

关于光学系统中光阑色差与物面色差的关系，在系统中也把物面作为光阑面，光阑面作为物面，按式(11.6)和式(11.9)得出初级光阑色差系数：

$$\begin{cases} \sum C_{\text{I}z} = \sum l_z u_z n i_z \Delta \dfrac{\mathrm{d}n}{n} \\ \sum C_{\text{II}z} = \sum C_{\text{I}z} i / i_z \end{cases} \tag{12.27}$$

同上，初级光阑倍率色差系数 $\sum C_{\text{II}z}$ 和初级倍率色差系数 $\sum C_{\text{II}}$ 之间的关系为

$$\sum C_{\text{II}} - \sum C_{\text{II}z} = J\left(\frac{\mathrm{d}n_k'}{n_k'} - \frac{\mathrm{d}n_1}{n_1} \right) \tag{12.28}$$

由此可见，$\sum C_{\text{I}z}$ 和 $\sum C_{\text{I}}$ 是互相独立的。

当物面沿光轴移动时，$\sum C_{\text{I}z}$ 是不受影响的，而 $\sum C_{\text{II}z}$ 是受物面移动影响的，参照式(12.20)可得新的物面时的初级光阑倍率色差系数 $\sum C_{\text{II}z}$，即

$$\begin{cases} \sum C_{\text{I}z}^* = \sum C_{\text{I}z} \\ \sum C_{\text{II}z}^* = K_z \sum C_{\text{I}z} + \sum C_{\text{II}z} \end{cases} \tag{12.29}$$

式中，K_z 如式(12.26)所示。

12.4 初级像差系数与物面位置的关系

为了推导出光学系统物面位置对初级像差系数的影响，按式(12.25)求得物面位置移动后的光阑像差，再用如 式(12.24)所示光阑像差和物面像差的关系式，把新物面位置的光阑像差表示为物面像差，即可得初级像差随物面位置变化而变化的关系式。但是，当物面变化时，球差随物面变化的关系式需另行推导。现略去推导过程，将结果归纳如下：

$$
\begin{cases}
\sum S_{\mathrm{I}z}^{*} = \sum S_{\mathrm{I}} - K_z\left(4\sum S_{\mathrm{II}} + J\sum \Delta u^2\right) + K_z^2\left[6\sum S_{\mathrm{III}} + 2\sum S_{\mathrm{IV}} + 3J\sum \Delta(uu_z)\right] + \\
\qquad\quad K_z^3\left(4\sum S_{\mathrm{V}} + 3J\sum \Delta u^2\right) + K_z^4\sum S_{\mathrm{I}z} \\[2mm]
\sum S_{\mathrm{II}}^{*} = \sum S_{\mathrm{II}} + K_z\left[3\sum S_{\mathrm{II}} + \sum S_{\mathrm{IV}} + J\sum \Delta(uu_z)\right] + \\
\qquad\quad K_z^2\left(3\sum S_{\mathrm{V}} + 2J\sum \Delta u_z^2\right) + K_z^3\sum S_{\mathrm{I}z} \\[2mm]
\sum S_{\mathrm{III}}^{*} = \sum S_{\mathrm{III}} + K_z\left(2\sum S_{\mathrm{V}} + J\sum \Delta u_z^3\right) + K_z^2\sum S_{\mathrm{I}} \\[2mm]
\sum S_{\mathrm{IV}}^{*} = \sum S_{\mathrm{IV}} \\[2mm]
\sum S_{\mathrm{V}}^{*} = \sum S_{\mathrm{V}} + K_z\sum S_{\mathrm{I}z}
\end{cases}
\tag{12.30}
$$

式中，K_z 如式(12.26)所示。

由式(12.30)可知，当光阑移动时，除 $\sum S_{\mathrm{IV}}$ 外，其他像差均随之变化，且受光阑球差 $\sum S_{\mathrm{I}z}$ 的影响。所以在设计物距变化的光学系统，如高质量制版物镜时，对光阑球差应予校正。

对于初级色差系数与物面位置的关系，经推导可得物面移动后的初级色差系数 $\sum C_{\mathrm{I}}^{*}$，$\sum C_{\mathrm{II}}^{*}$ 与 $\sum C_{\mathrm{I}}$，$\sum C_{\mathrm{II}}$ 及初级光阑位置色差系数 $\sum C_{\mathrm{I}z}$ 的关系如下：

$$
\begin{cases}
\sum C_{\mathrm{I}}^{*} = \sum C_{\mathrm{I}} + K_z\left(2\sum C_{\mathrm{II}} + J\Delta\dfrac{\mathrm{d}n}{n}\right) + K_z^2\sum C_{\mathrm{I}z} \\[3mm]
\sum C_{\mathrm{II}}^{*} = \sum C_{\mathrm{I}} + K_z\sum C_{\mathrm{II}}
\end{cases}
\tag{12.31}
$$

由式(12.29)和式(12.31)可知，光学系统的初级色差有三个独立参量：$\sum C_{\mathrm{I}}$，$\sum C_{\mathrm{II}}$ 和 $\sum C_{\mathrm{I}z}$，用这三个色差系数可以表示出任何物面位置和光阑位置的初级色差系数。

12.5 折射平面和平行平板的初级像差

1. 折射平面($r = \infty$)的初级像差

在光学系统中折射平面的初级像差分两种情况来考虑：

(1) 当物体在无限远光阑在有限距离时

此时 $l = -\infty$，$l_z \neq \infty$，$i = 0$，$i_z \neq 0$，由式(10.26)可得初级单色像差系数为

$$S_{\mathrm{I}} = S_{\mathrm{II}} = S_{\mathrm{III}} = S_{\mathrm{IV}} = 0$$

由式(11.5)得初级位置色差为

$$C_{\mathrm{I}} = 0$$

为了推导出折射平面的 S_{V}，由式(12.23)的第二式

$$S_{\mathrm{II}z} = S_{\mathrm{I}z}i/i_z = l_z u_z ni(i_z - i_z')(i_z' - u_z)$$

由上式可知，当 $i = 0$ 时，$S_{\mathrm{II}z} = 0$，将其代入式(12.24)的第四式便可以得到单个折射平面的 S_{V}：

$$S_{\mathrm{V}} = -J\left(u_z'^2 - u_z^2\right)$$

倍率色差系数仍可用式(11.9)来表示： $\quad C_{\mathrm{II}} = luni_z\Delta\dfrac{\mathrm{d}n}{n}$

(2) 当物体在有限距离光阑在无限远处时

此时有 $l \neq \infty$，$l_z = \infty$，$i \neq 0$，$i_z = 0$，由式(10.26)和式(11.9)得

$$S_{\mathrm{II}} = S_{\mathrm{III}} = S_{\mathrm{IV}} = C_{\mathrm{II}} = 0$$

S_{I} 和 C_{I} 仍分别用式(10.26)和式(11.5)表示： $\quad S_{\mathrm{I}} = luni(i - i')(i' - u)$，$\qquad C_{\mathrm{I}} = luni\Delta\dfrac{\mathrm{d}n}{n}$

由以上讨论可知，当物体在无限远处，而光阑在有限距离时，折射平面产生畸变和倍率色差。当物体在有限距离，而光阑在无限远处时，折射平面产生球差和位置色差。

2. 平行平板

(1) 平行平板的初级像差系数

平行平板在空气中时，$n_1 = n_2' = 1, n_1' = n_2 = n, i_1 = i_2' = -u_1, i_1' = i_2 = -u_2$，将它们代入式(10.26)的第一

式，可得平行平板的初级球差系数为

$$\sum_1^2 S_{\mathrm{I}p} = l_1 u_1 n_1 i_1 (i_1 - i_1')(i_1' - u_1) + l_2 u_2 n_2 i_2 (i_2 - i_2')(i_2' - u_2)$$

$$= h_1 i_1 \left(i_1 - \frac{i_1}{n} \right)\left(\frac{i_1}{n} + i_1 \right) + h_2 i_2' \left(\frac{i_2'}{n} - i_2' \right)\left(i_2' + \frac{i_2'}{n} \right)$$

$$= h_1 i_1^3 \left(\frac{n^2-1}{n^2} \right) - h_2 i_2'^3 \left(\frac{n^2-1}{n^2} \right) = u_1^3 \frac{1-n^2}{n^2}(h_1 - h_2) = \frac{1-n^2}{n^3} d u_1^4$$

再令 $\mathrm{d}n_1 = \mathrm{d}n_2' = 0$，$\mathrm{d}n_1' = \mathrm{d}n_2 = \mathrm{d}n$，将它们代入式(11.5)，可得平行平板的初级位置色差系数为

$$\sum_1^2 C_{\mathrm{I}p} = l_1 n_1 u_1 i_1 \left(\frac{\mathrm{d}n_1'}{n_1'} - \frac{\mathrm{d}n_1}{n_1} \right) + l_2 u_2 n_2 i_2 \left(\frac{\mathrm{d}n_2'}{n_2'} - \frac{\mathrm{d}n_2}{n_2} \right) = -h_1 u_1 \frac{\mathrm{d}n}{n} + h_2 u_2' \frac{\mathrm{d}n}{n}$$

$$= -\frac{\mathrm{d}n}{n} u_1 (h_1 - h_2) = -\frac{\mathrm{d}n}{n^2} d u_1^2 = \frac{(1-n)d}{vn^2} u_1^2$$

式中，$\mathrm{d}n$ 为材料的平均色散；$v = (n-1)/\mathrm{d}n$ 为材料的阿贝常数。另外，对于第二近轴光线射向平行平板时，有 $i_z = -u_z$，则

$$i_z / i = u_z / u$$

平行平板的 $r_1 = r_2 = \infty$，显然有

$$\sum_1^2 S_{\mathrm{IV}} = 0$$

把 $i_z / i = u_z / u$ 关系式代入式(10.26)，可得平行平板的初级像差系数为

$$\begin{cases} \sum S_{\mathrm{I}p} = \dfrac{1-n^2}{n^3} d u_1^4 \\[2mm] \sum S_{\mathrm{II}p} = \dfrac{1-n^2}{n^3} d u_1^3 u_{z1} \\[2mm] \sum S_{\mathrm{III}p} = \dfrac{1-n^2}{n^3} d u_1^2 u_{z1}^2 \\[2mm] \sum S_{\mathrm{IV}p} = 0 \\[2mm] \sum S_{\mathrm{V}p} = \dfrac{1-n^2}{n^3} d u_1 u_{z1}^3 \end{cases} \tag{12.32}$$

将上面推导出的 $\sum C_{\mathrm{I}p}$ 和 $i_z / i = u_z / u$ 关系式代入式(11.9)，可得 $\sum C_{\mathrm{II}p}$。现把平行平板的初级色差系数归纳为

$$\begin{cases} \sum C_{\mathrm{I}p} = \dfrac{d}{v} \dfrac{1-n}{n^2} u_1^2 \\[2mm] \sum C_{\mathrm{II}p} = \dfrac{d}{v} \dfrac{1-n}{n^2} u_1 u_{z1} \end{cases} \tag{12.33}$$

(2) 平行平板的初级像差公式

把式(12.32)代入式(12.1)、式(12.5)、式(12.6)、式(12.10)和式(12.13)，得平行平板的初级单色像差公式为

$$\begin{cases} \delta L_p' = -\dfrac{1}{2n_2' u_2'^2} \sum_1^2 S_{\mathrm{I}p} = \dfrac{n^2-1}{2n^3} d u_1^2 \\[2mm] K_{sp}' = -\dfrac{1}{2n_2' u_2'} \sum_1^2 S_{\mathrm{II}p} = \dfrac{n^2-1}{2n^3} d u_1^2 u_{z1} \\[2mm] x_{ts}' = -\dfrac{1}{n_2' u_2'^2} \sum_1^2 S_{\mathrm{III}p} = \dfrac{n^2-1}{n^3} d u_{z1}^2 \\[2mm] x_p' = -\dfrac{1}{n_2' u_2'^2} \sum_1^2 S_{\mathrm{IV}p} = 0 \\[2mm] \delta Y_z' = -\dfrac{1}{2n_2' u_2'} \sum_1^2 S_{\mathrm{V}p} = \dfrac{n^2-1}{2n^3} d \dfrac{u_z^3}{u} \end{cases} \tag{12.34}$$

由式(12.15)和式(12.17)，可得平行平板的初级位置色差和初级倍率色差为

$$\begin{cases} \Delta l'_{\text{FC}} = -\dfrac{1}{n'u'^2} \sum_1^2 C_{\text{I}p} = \dfrac{d}{v} \dfrac{n-1}{n^2} \\ \Delta y'_{\text{FC}} = -\dfrac{1}{n'u'} \sum_1^2 C_{\text{II}p} = \dfrac{d}{v} \dfrac{n-1}{n^2} u_z \end{cases} \qquad (12.35)$$

由式(12.32)或式(12.34)可知，在任何情况下平行平板均不发生场曲。当孔径角 u_1 较大时，产生较大的球差和位置色差。当视场角 u_z 较大时，产生较大的像散、畸变和倍率色差。在以上两种情况下均有彗差。因此，在设计光学系统时，应注意在工作距离以内是否有玻璃平板存在，如高倍显微物镜前的盖玻璃片、大孔径 X 光电视摄像物镜前面的靶玻璃等，都应和物镜一起考虑消像差的问题。

(3) 平行光路中的平行平板

当 $l = -\infty$ 时，$u_1 = 0$，则由式(10.32)和式(10.33)可知

$$\sum S_{\text{I}p} = \sum S_{\text{II}p} = \sum S_{\text{III}p} = \sum S_{\text{IV}p} = \sum S_{\text{V}p} = \sum C_{\text{I}p} = \sum C_{\text{II}P} = 0$$

即平行光路中的平行平板不产生任何像差。因此，在亮视场光学仪器，如测距机等中，应把反射棱镜放在望远物镜前面的平行光路中。但在暗视场仪器中，由于棱镜的角度误差，以视场中的亮目标容易引起"副像"，即由棱镜折射面反射回来的像，此种情况下最好用平面反射镜。

12.6 反射光学元件的初级像差

1. 平面反射镜

在 4.1 节中曾指出平面反射镜具有理想光学系统的性质，下面用初级像差理论进一步对其说明。由图12.2可知

$$u = -i, \qquad u' = -i'$$

其曲率半径 r 为无限大，且 $n = 1$，$n' = -1$，将其代入式(10.26)、式(11.5)和式(11.9)，得

$$S_{\text{I}} = S_{\text{II}} = S_{\text{III}} = S_{\text{IV}} = S_{\text{V}} = C_{\text{I}} = C_{\text{II}} = 0$$

证明了平面反射镜不产生任何像差，计算像差时可不必作为一个光学面去考虑。

实际上，平面反射镜由于加工时的面形误差，不能得到理想平面。在图12.3中的平面反射镜在光路中起转折作用时，其光轴和整个系统的光轴重合，光学系统的轴上点相当于平面反射镜的轴外点，如果反射镜面形误差很大，势必引起轴外单色像差，其中危害最大的应是像散。

另外，在光学系统中加入平面反射镜时，必须考虑其"镜像"的影响，即在光轴面内的成像将有一个方向发生倒转。

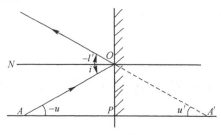

图 12.2　平面反射镜成像示意图

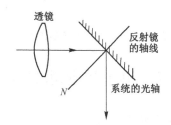

图 12.3　平面反射镜的转折光路作用

2. 球面反射镜

如图12.4 所示，当物体在无限远时，$i = h/f'$，$lu = h$，$i = -i'$，$i' - u = \varphi = -h/r$，$n = 1$，$n' = -1$，将它们代入式(10.26)中的第一式，得

$$S_{\text{I}} = -2h^4/r^3$$

球面反射镜的焦距为 $f = r/2$，代入上式后得出 S_{I}，再将 S_{I} 代入式(12.1)，得

$$\delta L' = -\frac{1}{8}h^2\varphi$$

对于单透镜，$n=1.5$ 时，代入式(10.88b)，得透镜处于最优良形式的球差值为

$$\delta L' = -h^2\varphi$$

由以上两个结果可看出，球面反射镜的球差值相当于单薄透镜处于优良形式($l=-\infty$)时球差值的 1/8。

对于球面反射镜，当 $l=-\infty$ 时，由式(10.26)可得球面反射镜的初级像差系数为

$$\begin{cases} S_{\rm I} = -2h^4/r^3 \\ S_{\rm II} = -2h^3 i_z/r^2 \\ S_{\rm III} = -2h^2 i_z^2/r \\ S_{\rm IV} = 2J^2/r \\ S_{\rm V} = (S_{\rm II}+S_{\rm IV})i_z/i \end{cases} \tag{12.36}$$

由于是反射镜，不存在色差，即 $\mathrm{d}n=\mathrm{d}n'=0$，故式(11.5)和式(11.9)可写为 $C_{\rm I}=0$，$C_{\rm II}=0$。

当光阑处于球心时，$i_z=0$，则式(12.36)中 $S_{\rm II}=S_{\rm III}=S_{\rm V}=0$。

这说明系统没有彗差、像散、畸变和色差，只存在球差和场曲。如果在球面反射镜的球心处加一块补偿透镜，作为孔径光阑，同时使该透镜消色差，保留球差正好和反射镜相补偿，则这个系统可以实现 $S_{\rm I}=S_{\rm II}=S_{\rm III}=S_{\rm IV}=C_{\rm I}=C_{\rm II}=0$，这是一种常用的折-反射系统。如果视场较大，可把像面作成曲面以补偿系统的场曲，即使 $S_{\rm IV}=0$，系统如图12.5所示。

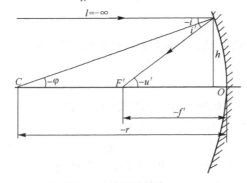

图 12.4　球面反射镜

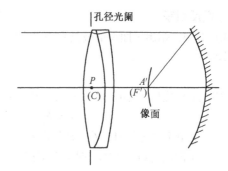

图 12.5　像面为曲面的折-反射系统

若光阑处于球面反射镜的顶点处，有 $-u_z=i_z$，$n=1$，$n'=-1$，$J=nu(l_z-l)u_z=nhu_z$，将它们代入式(12.36)的第五式，得

$$S_{\rm V} = (S_{\rm III}+S_{\rm IV})\frac{i_z}{i} = -\left(\frac{2h^2}{r}u_z^2 - \frac{2h^2}{r}u^2\right)\frac{i_z}{i} = 0$$

此时，除畸变变为零外，其他像差仍存在。

12.7　单个折射球面和一些典型折射光学元件的初级像差分析

1. 单个折射球面

在研究单个折射球面的不晕点时，曾提到有一对不晕点处于折射球面的球心，即 $l=r$，此时，$i=i'=0$，将其代入式(10.26)的第三式，得

$$S_{\rm III} = luni(i-i')\left(\frac{i_z}{i}\right)^2 = lun\left(1-\frac{i'}{i}\right)(i'-u)i_z^2 = lun\left(1-\frac{n}{n'}\right)(-u)i_z^2 = -ru^2\frac{n}{n'}(n'-n)i_z^2$$

$$= -n^2u^2r\frac{n'-n}{n'n}\left(\frac{l_z-r}{r}u_z\right)^2 = -\frac{n'-n}{n'nr}n^2u^2u_z^2(l_z-l)^2 = -J^2\frac{n'-n}{n'nr} = -S_{\rm IV}$$

对于 S_V，当 $i=0$ 时，与折射平面相同，有

$$S_V = -J(u_z'^2 - u_z^2)$$

把 $l=r$ 和 $i=i'=0$ 代入式(10.26)、式(11.5)和式(11.9)，得折射球面的初级像差系数为

$$
\begin{cases}
S_I = S_{II} = C_I = 0 \\
S_{II} = -S_{IV} \\
S_{III} = J^2 \dfrac{n'-n}{n'nr} \\
S_{IV} = -J(u_z'^2 - u_z^2) \\
C_{II} = luni_z \Delta \dfrac{\mathrm{d}n}{n}
\end{cases}
\tag{12.37}
$$

如果光阑在单个折射球面的球心，即 $l_z = r$，$i_z = 0$，则由式(10.26)、式(11.5)和式(11.9)可得

$$
\begin{cases}
S_I = luni(i-i')(i'-u) \\
S_{II} = S_{III} = S_V = C_{II} = 0 \\
S_{IV} = J^2 \dfrac{n'-n}{n'nr} \\
C_I = luni\dfrac{\mathrm{d}n}{n}
\end{cases}
\tag{12.38}
$$

由式(12.38)可知，此时的轴外像差除 S_{IV} 以外均为零。因此，有的照相物镜使大部分球面部弯向光阑，可起到对大视场系统减少轴外像差的作用。这种处理方法即所谓光学系统的折射面符合同心原则。

2. 场镜

在光学系统中设置场镜多用于使斜光束发生偏折，以减小光学系统的直径，如图12.6所示。L_2 是场镜，透镜 L_1 对物体所成的像在透镜 L_2 的位置。如果没有透镜 L_2，光线沿虚线方向传播，透镜 L_3 必须按虚线尺寸设计才能接收由透镜 L_1 射来的斜光束。当有透镜 L_2 时，则透镜 L_3 的尺寸只需按实线来决定，透镜 L_3 的口径可大为减小。

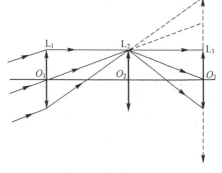

图 12.6　场镜示意图

对场镜来说，其本身和物面及像面相重合，故 $l=l'=0$，将其代入式(10.26)、式(11.5)和式(11.9)，得

$$S_I = S_{II} = S_{III} = C_I = C_{II} = 0$$

所以场镜只有 S_{IV} 和由 S_{IV} 引起的 S_V。因此，场镜可用来补偿系统的 S_{IV} 和 S_V。如果在照相物镜的像面之前放一个负透镜，它将产生正场曲和正畸变，可以补偿系统的负场曲和负畸变，如图12.6所示，其中大相对孔径物镜加一个负场镜，该负场镜对系统的其他像差不发生影响。

3. 弯月形厚透镜

由式(10.78)可知，对于单薄透镜或相接触的薄透镜光组，其 $\sum S_{IV} = J^2 \sum \varphi/n$，近似于一个常数。对于厚透镜，其 $\sum S_{IV}$ 值是可以控制的。厚透镜的焦距公式为

$$\varphi = (n-1)\left(\frac{1}{r_1} - \frac{1}{r_2}\right) + \frac{(n-1)^2}{2}\frac{d}{r_1 r_2}$$

其形状如图12.7所示。当 $r_1 < r_2 (|r_1| < |r_2|)$ 时，上式中的第一项为负值，第二项为正值。当 d 比较小时，可使总光焦度 φ 为负值；当 d 足够大时，总光焦度 φ 为正值。为求弯月形厚透镜的 $\sum S_{IV}$，将 $n_1 = n_2' = 1$ 和 $n_1' = n_2 = n$ 代入式(10.26)的第四式中，整理后可得

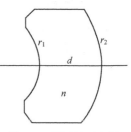

图 12.7　厚透镜示意图

$$S_{IV} = J^2 \frac{n-1}{n}\left(\frac{1}{r_1} - \frac{1}{r_2}\right) \tag{12.39}$$

式中，J^2 和 $(n-1)/n$ 总为正值。故当 $r_1 < r_2$ 时，S_{IV} 为负值；当 $r_1 = r_2$ 时，S_{IV} 为 0。这说明弯月形厚透镜在给定的正光焦度时，随着厚度的不同，其所产生的 S_{IV} 可以为负值，也可以为零或正值。而一般的正薄透镜只能产生正的 S_{IV} 值。

例如当 $r_1 = 40$ mm，$r_2 = 30$ mm，$d = 28$ mm，$n = 1.62$ 时，按厚透镜光焦度公式可得 $\phi = 0.004$ m^{-1}，$f'_H = 2500$ mm。

设物高 $y = 28$ mm，$u = -0.0588$，$J = 1.6464$，将它们代入式(12.39)，得 $S_{IV} = -0.0086$。

同样一块 $f' = 2500$ mm 的薄透镜，$r_1 = 3110$ mm，$r_2 = -3110$ mm，可以算得 $S_{IV} = 0.00067$。

由于弯月形厚透镜可以在正光焦度的情况下产生负值的 S_{IV}，因此它在光学设计中有重要的应用。

弯月形厚透镜存在着较严重的球差和色差，一般来说，其球差可以用别的光学零件，如薄透镜产生异号球差来补偿，而色差则可用两块折射率相同而阿贝常数不同的玻璃构成消色差的双胶合透镜来消除，如图12.8所示。

弯月形厚透镜不仅可用于校正 S_{IV}，也可以自身校正轴上点的色差。这只要把厚透镜的光焦度公式进行对 n 微分，并使之为零，即 $\mathrm{d}\varphi = 0$，可求得消色差解。因为当 n 变化 $\mathrm{d}n$ 时，光焦度不发生变化表示色差为零，有

$$\frac{\mathrm{d}\varphi}{\mathrm{d}n} = \left(\frac{1}{r_1} - \frac{1}{r_2}\right) + \frac{(n^2-1)d}{n^2 r_1 r_2} = 0$$

得
$$\frac{r_2 - r_1}{d} = \frac{1-n^2}{n^2} \tag{12.40}$$

当 $n = 1.5$ 时，$r_2 - r_1 \approx 0.5d$。这种自身消色差的弯月形透镜可用来补偿反射镜的球差，如图12.9所示。

球面反射镜本身不存在色差而有球差，弯月形厚透镜可以在消色差的条件下，以其球差来补偿反射镜的球差。

4. 鼓形透镜

双凸的厚透镜称为鼓形透镜，如图12.10所示。它相当于两块平凸透镜和一块平行玻璃板组成。这种厚透镜与等效薄透镜的像差之差可近似地看作平行平板的像差，其初级像值系数如式(12.32)和式(12.33)所示。因此，在光学系统的像差校正过程中，把一个薄透镜变成"鼓形透镜"，就能得到一定的像差附加校正量。在一些短焦距大孔径大视场物镜中，采用了这种"鼓形透镜"，对像差校正取得了一定的好处。

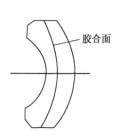 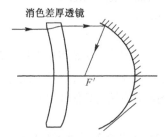 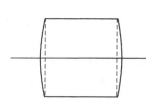

图 12.8 消色差双胶合厚透镜示意图　　图 12.9 消色差弯月形透镜补偿反射镜球差示意图　　图 12.10 鼓形透镜示意图

5. 不晕透镜

在 9.1 节中叙述了折射球面在满足由下式决定的物像位置时，不产生球差，并能符合正弦条件，这样的一对共轭点称为"不晕点"：

$$\begin{cases} L = \dfrac{n+n'}{n} r \\[2mm] L' = \dfrac{n+n'}{n'} r \end{cases}$$

再由式(12.37)可知，当轴上物点和折射面的球心重合时，$S_I = S_{II} = 0$ 也是满足不晕条件的。

若透镜的两个折射面都在满足不晕条件下工作的，便称为不晕透镜。如图12.11 所示的高倍油浸物镜

的前组的两块透镜就是符合不晕条件下成像的。其第一面和盖玻片之间充以和前组中的半球透镜和盖玻片的玻璃折射率相近的油液，盖玻片和半球透镜就形成了一个折射率几乎相同的整体，物点 A_1 如同在其中，它相对于半球透镜的第二个折射面在位置上符合不晕条件：

$$\begin{cases} L_2 = \dfrac{n_2 + n_2'}{n_2} r_2 \\ L_2' = \dfrac{n_2 + n_2'}{n_2'} r \end{cases}$$

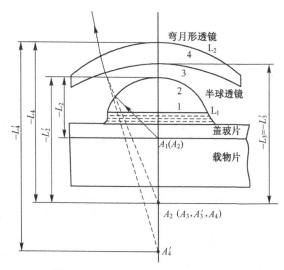

图 12.11 高倍油浸物镜的前组示意图

其像点 A_2' 正和第三个折射面的球心重合，其像点仍在球心处，即 A_2'，A_3' 和 A_3 重合为一点作为第四个折射面的物点 A_4，物点 A_4 相对于第四个折射面在位置上还是符合如第二个折射面的不晕条件，成像为点 A_4'，则第二块透镜便形成正弯月透镜 L_2。在透镜 L_2 之后，再加上两组双胶合透镜（图12.11 上未画出），则形成高倍显微物镜。

实际上，高倍显微物镜要考虑其高级像差的平衡，其前组并不严格符合不晕条件。

在非油浸显微物镜和其他光学系统中也用到半球透镜，以增大数值孔径或相对孔径。常把第一面做成球面，使物点位于其球心附近。第二面按不晕条件安排，可利用厚度 d 来校正场曲，如图 12.12 所示即为这种半球透镜。这种半球透镜常用在平场显微物镜中。

半球透镜在其他大孔径光学系统中的应用，如图12.13所示的照相物镜，其相对孔径可达 1:0.6。它是由一个半球和一个双高斯型照相物镜组合而成的，在像平面附近加一块负场镜，以产生正场曲来补偿系统的负场曲。实际像差的平衡结果还是很好的。

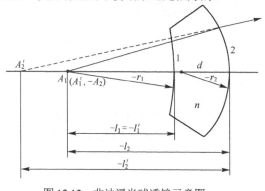

图 12.12 非油浸半球透镜示意图

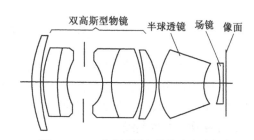

图 12.13 双高斯型照相物镜和半球组合

12.8 对称式系统的像差特性

全对称式光学系统的结构完全对称于光阑，而分为前、后两个半部。当 $\beta = -1$ 时，即物和像相等，符号相反，计算第一和第二条近轴光线后，会发现在对称于光阑的任何一对折射面中，光阑前面那个面的 l, u, i, l', u', i', i_z 和 i_z' 等于光阑后面对应面上的 $-l', -u', -i', -l, -u, -i, i_z'$ 和 i_z。因此，对称于光阑的任一对折射面上的 i_z/i 数值相等而符号相反。将上述关系代入式(10.26)、式(11.4)和式(11.9)中，可求得前、后两个半部的初级像差系数 $\sum S_I$，$\sum S_{II}$，$\sum S_{III}$ 和 $\sum C_I$ 数值相等，且符号相同；而垂轴初级像差系数 $\sum S_{II}$，$\sum S_V$ 和 $\sum C_{II}$ 数值也相等，但符号相反。由此可知，整个系统的轴向像差：球差、像散、场曲和位置色差为半部系统相应像差的两倍，而垂轴像差：彗差、畸变和倍率色差则为零。

有许多照相物镜就是利用了这种对称系统的相关特性的,如图12.14所示的双高斯型照物镜。当 $\beta = -1$ 时,由于其对称性,彗差、畸变和倍率色差自动校正为零。利用中间两块厚透镜可以校正场曲,选取合适的光阑位置可以校正像散,在厚透镜中加胶合面使每一个半部校正位置色差,并应用厚、薄透镜互相补偿球差。这样从初级像差理论的角度看,双高斯型物镜可以校正所有的像差。这也就是双高斯型物镜初始结构的设计思想。

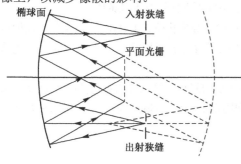

图12.14　双高斯型照物镜

照相物镜多对无限远物体校正像差,在结构形式上虽保持对称,但具体结构参数(r, d, n)则需适当偏离于对称,以补偿 $\beta \neq -1$ 所引起的像差。

对称型结构用途广泛,如在目镜中有对称式目镜,但它并非对称于光阑,只是两个结构相同的双胶合物镜,正透镜在内、负透镜在外的方式布置,但它的光阑为出瞳,在设计时认为对无限远的物体成像。所以,它并不完全具备对称系统的特性。在某些仪器的总体设计中也采用对称式,如光谱仪设计中多为对称结构,图12.15为平面光栅光谱仪光学系统原理及展开图,图12.16为凹面光栅光谱仪的光路示意图。采用对称式结构也是为了消除垂轴像差,同时利用非球面反射镜校正球差,把出射狭缝放到入射狭缝的子午像上,以减少像散的影响。

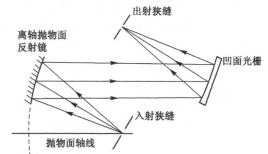

图12.15　光谱仪设计对称结构示意图　　　　图12.16　凹面光栅光谱仪光路示意图

12.9　光学系统像差特性曲线

对于大孔径和大视场的光学系统,在计算球差、彗差、像散、场曲和畸变各单色像差的同时,为了使整个孔径和整个视场内的像差得到合理的平衡,即使各个视场的物点像的弥散斑为最小,计算并画出光学系统的"像差特性曲线"是非常有用的。

1. 子午像差特性曲线

如图12.17所示为轴外点 B 发出的子午光束通过光学系统的情况。若光学系统对轴外点 B 成完善像,那么所有的光线在高斯面上交于同一点,即各条光线与高斯面交点的高度应相同;反之,其高度差一定是由像差所引起的。因此,可用高度差表示光学系统的像差。为此需求出由同一物点发出的各条光线在高斯面上的交点高度 Y' 以及与主光线交点高度 Y_z' 之差:

$$\Delta Y' = Y' - Y_z' \tag{12.41}$$

为全面了解光学系统对物面上各视场轴外

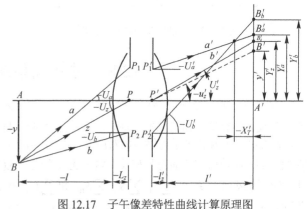

图12.17　子午像差特性曲线计算原理图

点发出的光束的会聚情况,一般按表9.10计算6个视场,每一个视场按表9.11计算±1, ±0.85, 0.707, 0.5,

0.3 和 0 视场共 11 条光线。求出各条光线在光学系统像空间的孔径角 U' 和各条光线与高斯像面交点的高度 Y'。按式(12.41)计算各孔径光线的 $\Delta Y'$，并以之为横坐标，以 $\tan U'$ 为纵坐标，绘成曲线如图12.18所示，这就是子午像差特性曲线。从这一曲线可以看出子午光束的像差全貌，表示出该光束的全部子午像差。

设图12.18中点 B_0' 是第二近轴光线和高斯像面交点的位置，B_z' 是主光线和高斯像面交点的位置。显然 $B_z'B'$ 就是系统在该视场的畸变，即

$$\delta Y_z = B_z'B_0' \tag{12.42}$$

点 a' 和点 b' 的连线与 $\Delta Y'$ 轴的交点 B_{ab}' 到 B_z' 之间的距离 $B_z'B'$ 就是子午彗差。因为

$$B_z'B_{ab}' = \frac{\Delta Y_a' + \Delta Y_b'}{2} = \frac{Y_a' - Y_z' + Y_b' - Y_z'}{2} = \frac{1}{2}(Y_a' + Y_b') - Y_z' = K_T' \tag{12.43}$$

直线 $a'b'$ 的斜率 $\tan\theta_{ab}'$ 是宽光束的子午场曲，由图12.17可知

$$X_T'\tan U_a' - X_T'\tan U_b' = Y_a' - Y_b'$$

等式右边加 $Y_z' - Y_s'$，得 $\qquad X_T'(\tan U_a' - \tan U_b') = \Delta Y_a' - \Delta Y_b'$

即

$$X_T' = \frac{\Delta Y_a' - \Delta Y_b'}{\tan U_a' - \tan U_b'} \tag{12.44a}$$

由图12.18可知，它就是 $a'b'$ 连线的斜率，即

$$X_T' = \tan\theta_{ab}' \tag{12.44b}$$

细光束是宽光束的孔径趋近于零的情况，此时光线 a' 和光线 b' 与高斯像面的交点 B_a' 和 B_b' 趋近于主光线和高斯像面的交点 B_z'，直线 $a'b'$ 成为曲线在点 B_z' 处的切线。所以，点 B_z' 处的切线斜率 $\tan\theta_t'$ 就是细光束的子午场曲 x_t'，即

$$x_t' = \tan\theta_t' \tag{12.45}$$

宽光束子午场曲和细光束子午场曲之差即为轴外子午球差：

$$\delta L_T' = X_T' - x_t' \tag{12.46}$$

当直线 $a'b'$ 和曲线在点 B_z' 的切线平行时，即 $\tan\theta_{ab}' = \tan\theta_t'$，则轴外球差为零。

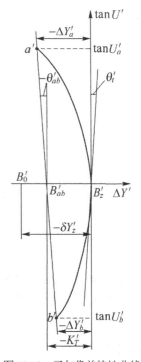

图 12.18　子午像差特性曲线

视场较大的光学系统中，轴外球差会显得与轴上球差不同。为了解其差异的来源，把 $\delta L_T'$ 展开成视场和孔径的级数。由于角 U 改变符号时，X_T' 不改变符号，故展开式中不包括角 U 的奇次项。又由于共轴系统的对称性，当 y 反号时，X_T' 不改变符号，展开式中只能有 y 的偶次项。若只考虑二级轴外球差，则其展开式为

$$X_T' - x_t' = A_1U^2 + A_2U^4 + B_2y^2U^2$$

式中，等式右边的第一项为初级球差；第二项为孔径二级球差；第三项为视场二级球差。当物高 $y = 0$ 时，上式右边为 $A_1U^2 + A_2U^4$，即为轴上点球差，所以

$$\delta L_T' - \delta L' = X_T' - x_t' - \delta L' = B_2y^2U^2$$

此式表明，轴外球差和轴上点球差之间的差异是由视场二级球差导致的，它代表了视场高级球差。

图 12.19 是子午像差特性曲线的几种特殊情况。图 12.19(a)表示不存在任何像差时的特性曲线，即 $K_T' = X_T' = x_t' = \delta L_T' = 0$；图 12.19(b) 的曲线表示只存在场曲，而不存在子午彗差 K_T' 和轴外子午球差 $\delta L_T'$；

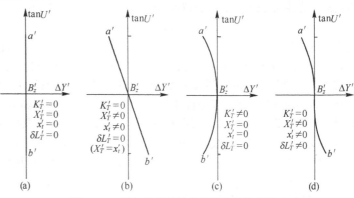

图 12.19　子午像差特性曲线的几种特殊情况

图12.19(c)曲线表示具有子午彗差,而 X_T', x_t', $\delta L_T'$ 均为零;图12.19(d)曲线表示子午彗差为零,而 X_T', x_t', $\delta L_T'$ 不为零。

2. 弧矢像差特性曲线

如图12.20所示,由轴外点 B 发出的弧矢光束(图中未画出)通过光学系统后,前光线 c' 交高斯像面子于点 B_c',后光线 d' 交高斯像面于点 B_d'。由于弧矢光束对称于子午面,所以点 B_c' 和点 B_d' 相对于主光线和高斯像面交点的距离是相等的,均可分为两个分量:$\delta Y_c'$, $\delta Z_c'$ 和 $\delta Y_d'$, $\delta Z_d'$,且 $\delta Y_c' = \delta Y_d'$,$\delta Z_c' = -\delta Z_d'$。$\delta Y'$ 称为弧矢像差的子午分量,$\delta Z'$ 称为弧矢像差的弧矢分量,它们都是以主光线与高斯像面的交点 B_z' 为原点来考虑的。

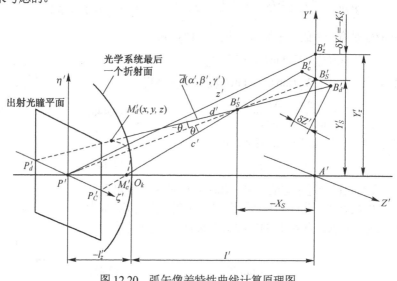

图 12.20　弧矢像差特性曲线计算原理图

弧矢像差计算是利用 8.4 节所述空间光线光路计算来进行的。设由光学系统中射出的光线方向余弦为 α_k, β_k, γ_k,该光线在系统最后一个折射面上投射点的坐标为 x, y, z,则由式(8.70)可知

$$Y_S' = y + (l' - x)\beta_k / \alpha_k$$

弧矢像差子午分量为

$$\delta Y' = Y_S' - Y_z' \tag{12.47}$$

将上式和式(9.16)比较可知,上式正是弧矢彗差 K_S',即

$$\delta' Y = K_S' \tag{12.48}$$

由图12.20可以方便地求得弧矢像差的弧矢分量为

$$\delta Z' = z - (l - x)\gamma_k / \alpha_k \tag{12.49}$$

由图12.20还可以看出,宽光束的弧矢场曲为

$$X_S' = -\delta Z' \alpha_k / \gamma_k \tag{12.50}$$

现把弧矢光线的方向余弦 γ 表示为弧矢光线孔径角 θ 的函数,由图12.20可知

$$\gamma_k = -\sin\theta$$

代入上式,得

$$X_S' = \delta Z' \alpha_k / \sin\theta' \tag{12.50a}$$

由于弧矢光束对称于子午面,只计算半个孔径内的光线即可。对于同一物点的不同孔径 $(\sin\theta')$ 弧矢光线进行计算,可求得一系列 $\delta Y'$ 和 $\delta Z'$。作像差特性曲线时和子午像差特性曲线稍有不同,纵坐标用 $\sin\theta$,而不用 $\tan U'$,如图12.21所示。由于 $(\sin\theta')$ 改变符号时,$\delta Y'$ 不改变符号,故 $\delta Y'$ 曲线对称于横坐标轴。这样便可按曲线的上半部绘出曲线的下半部,如图12.21中的虚线曲线。

当 $(\sin\theta')$ 改变符号时,$\delta Z'$ 也改变符号,但大小不变,所以 $\delta Z'$ 曲线对称于原点,也可由曲线的某半部按对称于原点绘出曲线的另半部,如图12.21中的实线曲线。

由图12.21可知,$\delta Z'$ 两端点的连线 $c'd'$ 的斜率为

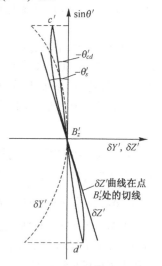

图 12.21　子午像差特性曲线

$$\tan\theta'_{cd} = \delta Z' / \sin\theta' \qquad \text{或} \qquad \tan\theta'_{cd} = X'_S / \alpha \tag{12.51}$$

当光学系统视场不大时，$\alpha \approx 1$，则 $\tan\theta'_{cd} \approx X'_S$，即直线 $c'd'$ 的斜率表示宽光束弧矢场曲。当把孔径缩到无限小时，点 c' 和点 d' 与点 B'_z 重合，$\delta Z'$ 曲线在点 B'_z 的切线的斜率 $\tan\theta'_s$ 就是细光束的弧矢场曲。

图12.21中的 θ'_s 和图12.18中的 θ'_t 分别表示了细光束的弧矢场曲 x'_s 和子午场曲 x'_t。如果系统的像散得到了很好的校正，则曲线 $\Delta Y'$ 和 $\delta Z'$ 在点 B'_z 处的切线方向应该一致。

当光学系统的孔径和视场都不很大时，可以认为 $\sin\theta \approx \sin U', a \approx \cos U'$，则曲线 $\delta Y'$ 和 $\delta Z'$ 可以和曲线 $\Delta Y'$ 画在同一个坐标中，此时，式(12.50a)可写为

$$X'_S = \delta Z' / \tan U' \tag{12.52}$$

即曲线端点 c' 和 d' 的连线的斜率表示宽光束弧矢场曲。曲线在坐标原点处的切线表示细光束的弧矢场曲。

12.10　像差特性曲线的分析

对光学系统视场内各个点求得子午和弧矢像差特性曲线后，可以看出各种像差在系统的整个视场和孔径内存在的状况，同时也可以看出主要是哪些像差使像点发生弥散。因此，这些像差特性曲线对光学系统的像差校正有指导作用。此外，为了使光学系统对像差校正的潜力得到充分发挥，对像差特性曲线，尤其 $\Delta Y'$-$\tan U'$ 曲线应做下分析。

1. 光阑位置的选择

分析像差曲线的内容之一是通过适当地调整光阑位置来选取像质较好的一段曲线。如图12.22 所示为某一光学系统最大视场时的子午像差特性曲线 $a'b'$。由图12.22可知，光束的上半部，特别是孔径边缘的一部分曲线 a'^*a'，光束弥散很快，导致较大的彗差和轴外球差；而曲线的下半部变化平缓，再予扩展也不致引起像差有明显的变化。如果将 a'^*a' 这一段拦去，而把曲线的下半部由点 b' 扩展到点 b'^*，相应地，主光线由 B'_z 下移到 B'^*_z，就会使像差明显改观。为达此目的，只要把光阑位置往后移一适当距离即可。因为光阑后移时，为保持光束孔径角不变，需要重新计算透镜孔径，就可使光束的上边缘部分受到拦截，下边缘部分得到扩充，主光线自然由点 B'_z 下移到点 B'^*_z。如图12.23 所示便是光阑移动后通过光学系统的光束的调整情况示意图。移动光阑可以根据孔径边缘的光线对成像质量影响的优劣，收到合理取舍的效果，因而特性曲线正好能为选择光阑位置提供良好的依据。应注意，光阑位置改变后，为保证光束的孔径角不变，应重新计算光阑的直径。

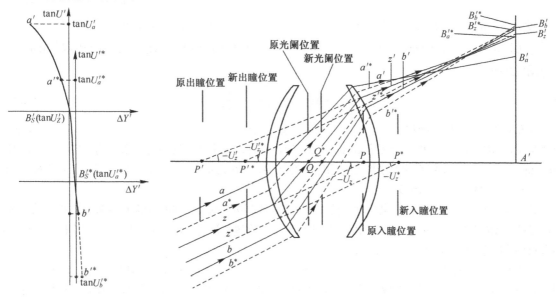

图 12.22　调整光阑位置来选取
像质较好的一段曲线

图12.23　光阑移动后通过光学系统的光束的调整情况示意图

2. 离焦选择

所绘的像差特性曲线是在高斯像平面上取值的，但是成像质量好的平面不一定是高斯像平面，可以通过离焦的方法，选取最佳的成像平面。如图12.24所示，图中只画出了光学系统的像空间。由图12.24可知，当把像平面由高斯像平面移到 A'^* 位置，显然弥散斑有减小的趋势。

像平面由原始像平面位置移到新的像平面位置的移动距离称为焦量，用 $\Delta l'$ 表示。在新的像平面上，主光线和另一条光线 j 在新的像面上的交点高度分别为

$$Y_Z'^* = (l_z' - l' - \Delta l')\tan U_z' = Y_z' - \Delta l' \tan U_z'$$

$$Y_j'^* = (l_j' - l' - \Delta l')\tan U_j' = Y_j' - \Delta l' \tan U_j'$$

相应的像高差为 $\quad \Delta Y_j'^* = Y_j'^* - Y_z'^* = Y_j - Y_z' - \Delta l(\tan U_j' - \tan U_z') = \Delta Y_j' - \Delta l'(\tan U_j' - \tan U_z')$

离焦量可以表示为

$$-\Delta l' = \frac{\Delta Y_j'^* - \Delta Y_z'^*}{\tan U_j' - \tan U_z'} \tag{12.53}$$

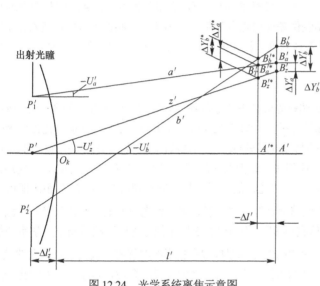

图 12.24　光学系统离焦示意图

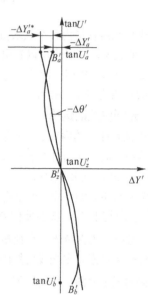

图 12.25　像平面离焦 $\Delta l'$ 相当于
曲线采用新的坐标系

设上述 j 光线即孔径边缘的光线 a ，如图12.25所示，当像平面离焦 $\Delta l'$ 时，相当于曲线有一个新的坐标系，可以认为纵坐标（ $\tan U'$ 轴）转了一个角度 $\Delta\theta'$ ，此时 $\Delta Y_a'$ 应变为 $\Delta Y_a'^*$ 。若用 $\Delta\theta'$ 取代 $\tan\Delta\theta'$ ，则由图12.25可得

$$-\Delta\theta' = \frac{\Delta Y_a'^* - \Delta Y_a'}{\tan U_a' - \tan U_z'} \tag{12.53a}$$

以上式和式(12.53)比较，则得 $\qquad\qquad \Delta l' = \Delta\theta' \tag{12.54}$

也就是说，$\Delta\theta'$ 的弧度值相当于离焦量 $\Delta l'$ 。$\Delta l'$ 为正值时，像平面向远离光学系统的方向离焦，此时在 $\Delta Y'$-$\tan U'$ 图上，新坐标系相对于原坐标系顺时针转动，$\Delta\theta$ 为正。$\Delta l'$ 为负值时，相当于新坐标系相对于原坐标系逆时针转动，$\Delta\theta'$ 为负。

离焦量是这样确定的，使纵坐标轴转动 $\Delta\theta'$ ，在曲线和纵坐标轴之间所围面积为数块大小大致相等为止，这时的 $\Delta\theta'$ 是最佳离焦量。进行离焦的目的是为了评价像差情况。光学系统在实际使用中，一般来说，用人眼调焦时总是调到最佳像面上。

所谓调焦在最佳像面上，不是指在一个视场达到最佳离焦，而是使轴上和轴外各个视场做到匹配好。即在离焦以后，不仅某个视场的像点的弥散斑减小，而要看在整个视场内是否因离焦使各个视场的像点的弥散斑都减小。这就要求在进行光学设计时，力求所有特性曲线的方向都一致，如图 12.26 所示的子午像差特性曲线。可以看出，当离焦合适时，所有轴上和轴外的成像质量都有所改善，这就是所谓轴上点和轴外

点像差特性曲线得到最佳匹配。

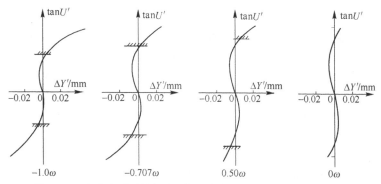

图 12.26　离焦合适时轴上点和轴外点像差特性曲线得到最佳匹配

3. 拦光

仍看图12.26，如果全视场的子午光束只允许通过 0.5 孔径以下的光线，对 0.707 视场只允许通过 0.7 孔径以下的光线，这时所有曲线不仅方向一致，而且形状也相近。把边缘视场的那部分像差较大的光束拦掉的做法，叫作"拦光"。其目的是牺牲边缘视场像点的一部分光照度而提高其成像质量。边缘视场成像的光照度逐渐减少的现象就是所谓的几何"渐晕"。一般大孔径大视场系统多采用拦光的做法来适当提高轴外点像质，有的照相镜在边缘视场"拦光"达 50%，人眼对照片并无不适感觉。

为了达到拦光的目的，要在系统中设置渐晕光阑，即把某些光学零件的尺寸做得小一些，使其只通过允许通过的那部分斜光束。但必须注意，决定作为渐晕光阑的光学零件的口径时，不允许使轴上点发出的规定口径的光束发生拦光，否则，光学系统的孔径就变小了。

总之，在大孔径大视场光学系统设计时，一般应做上述像差特性曲线及有关的分析。

4. 像差的曲线的描述

(1) 已有几何像差曲线的简单概括

几何像差曲线常被用来判断光学系统设计过程的成像质量，是很有效的手段，设计结果使用物理光学的手段评价。前面已对各种几何像差的曲线做了说明。

① 轴上点像差曲线　图9.41示出了小视场光学系统的像差曲线：球差 $\delta L'$、位置色差 $\delta L'_{\mathrm{FC}}$ 和正弦差 SC'。根据式(9.39)及式(9.46)，用图9.34表示弧矢彗差的 SC' 曲线。

② 轴外点像差曲线　图9.46示出了不同 ω 值（或 $\omega/\omega_{\mathrm{m}}$）的 h-K'_T（或 h/h_{m}-K'_T）的子午彗差曲线组；图9.45示出了像散和场曲曲线；图9.22为细光束场曲和像散及其校正的示意图；图9.44为畸变曲线；图9.47为倍率色差曲线。

③ 光学系统像差特性曲线　包括子午像差特性($\Delta Y'$-$\tan U'$)曲线和弧矢像差($\Delta Z'$-$\sin\theta'$)特性曲线。子午像差特性曲线如图 12.18 所示，可以了解垂轴球差 $\Delta y'$、该视场的畸变 δY_z、子午彗差 K'_T、宽光束的子午场曲 X'_T、细光束的子午场曲 x'_t、轴外球差 $\delta L'_T$ 等，并可估量光阑位置的选择、"渐晕拦光"和最佳像面位置等。

弧矢像差特性曲线如图 12.21 所示，可以了解该视场的弧矢彗差 K'_s、宽光束的弧矢场曲 X'_s 和细光束弧矢场曲 x'_s，并可与细光束子午场曲 x'_t 进行比较，估量细光束像散 x'_{ts} 等。

(2) 当前光学系统设计商业软件绘制的几何像差曲线

有几种在光学设计软件（如 ZMAX 和 CODV 等）和以前的曲线稍有区别，其中消单色像差的波长为 n_{d}，而不是国内常用的 n_{D}。下面以表 9.14 中的复杂化双高斯型结构数据为例，简要说明几何像差的像差曲线的绘制。该系统结构如图 12.27 所示。设其物距 $L=-\infty$，入射高度 $h_{\mathrm{m}}=10\ \mathrm{mm}$，视场角 $2\omega=37°30'$，名义焦距 $f'=40\ \mathrm{mm}$。

① 单个像差的像差曲线

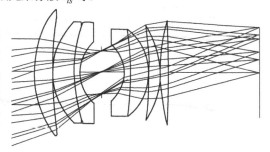

图 12.27　复杂化双高斯型光学结构

其与本书绘制方法是相同的，如常用的球差（包括位置色差）曲线、像散-场曲线、畸变曲线等，如图12.28所示。由图可知，球差未能在边缘光处得到校正，色差和像散均未在带光处得到校正，畸变也未得到校正。但是，这是一个有校正前途的双高斯型结构数据。

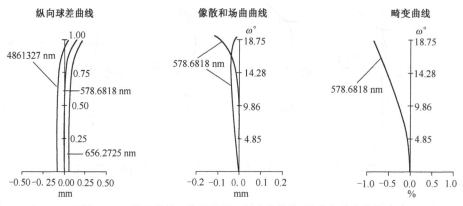

图12.28　纵向球差、位置色差，细光束像散-场曲和畸变曲线

② 横向子午几何像差曲线（像差特征曲线）

图12.18中各个视场的子午像差特性曲线，以及图12.21中的各个视场弧矢像差特性曲线均以纵坐标轴表示光学系统孔径（h 或 h/h_m）。有的商业软件是以水平轴表示光学系统孔径（h 或 h/h_m）。其他有关分析方法与12.10节所述相同。

通过对表9.14中的复杂化双高斯型结构数据用CODV软件进行光路计算，得到图12.29中所示的曲线。

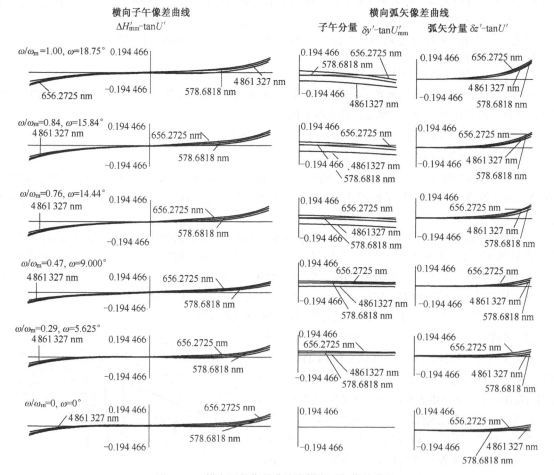

图12.29　横向子午像差曲线和横向弧矢像差曲线

由特性曲线可以看出，6 个视场曲线的趋势很一致。给以适当的离焦，整个视场内的像质均得到一定的改善。由于计算机的高速、大容量的计算，计算单色像差的光线特征曲线的同时也计算了 F 光和 C 光的特征曲线，这就有可能对倍率色差进行估计。可以采用"拦光"（即保留一定渐晕）来适当改善像质。最后的像质评价决定于传递函数等手段（参见 21 章）。

③ 横向弧矢几何像差曲线

该像差曲线在 9.8 节和 12.9 节中进行过讨论。由于弧矢光束对称于子午面，只计算半个孔径内的光线即可。对同一物点的不同孔径 $(\sin\theta')$ 弧矢光线进行计算，可求得一系列 $\delta y'$ 和 $\delta z'$。绘制弧矢像差特性曲线时和子午像差特性曲线稍有不同，纵坐标用 $\sin\theta$，而不用 $\tan U'$，如图12.21所示。由于 $(\sin\theta')$ 改变符号时，$\delta y'$ 不改变符号，故 $\delta y'$ 曲线对称于纵坐标轴。这样便可按曲线的上半部绘出曲线的下半部。当 $(\sin\theta')$ 改变符号时，$\delta z'$ 也改变符号，但大小不变，所以 $\delta z'$ 曲线对称于原点，也可由曲线的某半部按对称于原点绘出曲线的另半部。为方便起见，常把子午像差曲线和弧矢像差曲线绘制在同一坐标中，也可以把 $\sin\theta'$ 近似地以 $\tan U'$ 取代。

由图12.29中弧矢像差子午分量 $\delta y'$ - $\tan U'$ 曲线和弧矢分量 $\delta z'$ - $\tan U'$ 曲线可以看出，$\delta y'$ 对像质的影响与横坐标轴相近，但是 $\delta z'$ 对像质有明显的影响。

④ 像差级数展开

在 CODV 商业软件进行光系统设计中，也能给出各个折射面的初（三）级像差值、五级像差值和七级像差值，如表 12.2 和表 12.3 所示。光学设计软件是能够对光学系统按要求进行自动设计（即像差自动平衡）的。但是对像差做微量调整时，可根据表 12.2 的初级像差选择对被调整的量灵敏的面做微量改变，即可对微量像差进行校正。

表 12.2　三级像差(mm)，λ = 587.6 nm

No.	SA	TCO	TAS	SAS	PTB	DST	AX	LAT	PTZ
1	−0.164 452	−0.069 021	−0.308089	−0.301 652	−0.298 433	−0.042 202	−0.101 239	−0.014 164	−0.012 860
2	−0.010 030	0.160 391	−0.775 487	−0.205 541	0.079 433	1.095 574	−0.023 288	0.124 130	0.003 423
3	−0.004 987	−0.007 972	−0.442 584	−0.439 752	−0.438 337	−0.234 321	−0.080 909	−0.043 112	−0.018 888
4	−0.000 470	0.004 863	−0.014 928	−0.003 745	0.001 847	0.012 917	0.018 397	−0.063 458	0.000 080
5	0.342 632	0.453 743	0.960 469	0.826 938	0.760 173	0.365 034	0.166 475	0.073 487	0.032 757
6	0.000 000	0.000 000	0.000 000	0.000 000	0.000 000	0.000 000	0.000 000	0.000 000	0.000 000
7	0.817 964	−0.793 107	1.104 765	0.933 875	0.848 430	−0.301 832	0.186 497	−0.060 276	0.036 560
8	−0.000 302	−0.002 982	−0.009 449	−0.002 906	0.000 365	−0.009 56	0.027 403	0.090 176	0.000 016
9	−0.343 500	0.069 678	−0.573 084	−0.569 943	−0.568 373	0.038 537	−0.098 126	0.006 635	−0.024 492
10	0.002 309	−0.031 974	0.243 776	0.145 367	0.096 163	−0.671 101	0.017 863	−0.082 465	0.004 144
11	−0.488 880	−0.066 663	−0.366 155	−0.364 135	−0.363 125	−0.016 551	−0.096 398	−0.004 382	−0.015 647
12	0.000 907	−0.038 776	0.399 062	0.030 636	−0.153 577	−0.436 626	0.006 487	−0.092 449	−0.006 618
13	−0.170 310	0.306 823	−0.211 234	−0.088 399	−0.026 981	0.053 085	−0.055 896	0.033 567	−0.001 163
SUM	−0.019 119	−0.014 996	0.007 060	−0.039 256	−0.062 414	−0.147 049	−0.032 736	−0.032 312	−0.002 690

表 12.2 中的符号和我国所用的符号有所不同，下面加以说明：SA 表示球差；TCO 表示子午彗差；SAS 表示弧矢像散；TAS 表示子午像散；PTB 表示 Petzval 模糊；PTZ 表示 Petzval 像面弯曲；AX 表示轴向色差；LAT 表示横向色差（倍率色差）。

在光学系统的像差中，初级像差易于校正。由 9.9 节可知，高级像差在校正过程中只有很少变化，其值近似于常量，像差校正过程主要是初级像差和高级像差互相抵消的过程。因为初级像差和高级像差对入射高度 h（或孔径角 U）和视场角 ω（或物高 Y）的级次不同，因此初级像差和高级像差在某一带(h, ω)上相消，而在其他带上有偏离，高级像差级次越高（数值越大），这个偏离越大。表 12.3 中给出了各个折射面的初级（三级）像差值和高级像差值，可以看出各个折射面的高级像差分布均匀，且数值不大。没有少数折射面集中了大的高级像差，则是有校正前途的光学系统。

并不是所有的光学系统都必须要作所有上述的像差曲线，实际工作中根据系统的要求，只需做出其中的一部分像差曲线。例如，对望远镜物镜一般只需要作出球差和轴向色差曲线，以及正弦差曲线就可以了；对目镜只要作出细光束像散曲线、垂轴色差曲线和子午彗差曲线就够了；对于大视场大孔径光学系统，如照相物镜必须要绘制上述的全部曲线；对于变焦距物镜，要绘制若干个规定焦距的上述的全部曲线。

表 12.3　三级和五级像差(mm)，λ = 587.6 nm

No.	SA3 SA5 SA7	TCO TCO5 ECOM	TAS TAS5 OTSA	SAG SAG5 OSSA	PTZ PTZ5	DST DST5	No.	SA3 SA5 SA7	TCO TCO5 ECOM	TAS TAS5 OTSA	SAG SAG5 OSSA	PTZ PTZ5	DST DST5
1	-0.164 452 -0.009 871 -0.000 702	-0.069 021 0.000 274 0.016 541	-0.308 089 0.012 713 0.009 092	-0.301 652 0.010 573 -0.011 325	-0.298 433 0.010 037	-0.042 202	8	-0.000 302 -0.000 230 -0.000 097	-0.002 982 -0.001 456 -0.000 267	-0.009 449 -0.001 522 -0.002 218	-0.002 906 -0.000 951 -0.000 789	0.000 365 -0.000 809	-0.009 564 -0.002 323
2	-0.010 030 -0.002 172 -0.000 281	0.160 391 0.021 543 0.061 309	-0.775 487 -0.131 948 -0.054 434	-0.205 541 -0.037 665 -0.017 833	0.079 433 -0.014 095	1.095 574 0.071 763	9	0.343 500 -0.041 395 -0.008 424	0.069 678 -0.070 392 -0.122 035	-0.573 084 0.005 497 0.120 090	-0.569 943 -0.028 108 -0.014 401	-0.568 373 -0.036 509	0.038 537 -0.032 005
3	-0.004 987 -0.000 251 -0.000 080	-0.007 972 0.010 537 0.068 933	-0.442 584 0.049 740 -0.026 517	-0.439 752 -0.008 996 -0.030 127	-0.438 337 -0.023 680	-0.234 321 -0.056 221	10	0.002 309 -0.001 449 0.000 228	-0.031 974 0.022 698 0.028 915	0.243 776 -0.006 120 -0.098 766	0.145 367 -0.011 673 -0.031 836	0.096 163 -0.013 061	-0.671 101 -0.050 657
4	-0.000 470 -0.000 090 -0.000 011	0.004 863 0.000 588 0.001 875	-0.014 928 -0.002 672 -0.001 155	-0.003 745 -0.000 928 -0.000 410	0.001 847 -0.000 492	0.012 917 0.001 003	11	-0.488 880 -0.063 467 -0.009 386	-0.066 663 -0.009 594 -0.132 171	-0.366 155 0.015 808 0.167 495	-0.364 135 0.001 683 0.022 211	-0.363 125 -0.001 849	-0.016 551 -0.039 727
5	0.342 632 0.047 766 0.006 678	0.453 743 0.123 898 -0.047 125	0.960 469 0.014 934 0.088 594	0.826 938 0.054 629 0.105 795	0.760 173 0.064 553	0.365 034 0.110 229	12	0.000 907 -0.000 393 -0.000 121	-0.038 776 0.008 639 0.031 155	0.399 062 -0.046 003 -0.026 802	0.030 636 -0.004 372 -0.004 782	-0.153 577 0.006 036	-0.436 626 0.035 442
6	0.000 000 0.000 000 0.000 000	0.000 000 0.000 000 0.000 000	0.000 000 0.000 000 0.000 000	0.000 000 0.000 000 0.000 000	0.000 000 0.000 000	0.000 000 0.000 000	13	-0.170 310 -0.012 048 0.000 376	0.306 823 0.038 238 -0.136 817	-0.211 234 0.121 145 0.020 526	-0.088 399 0.036 328 0.011 906	-0.026 981 0.015 123	0.053 085 -0.034 185
7	0.817 964 0.128 117 0.023 391	-0.793 107 -0.126 299 0.215 052	1.104 765 -0.054 648 -0.072 287	0.933 875 0.026 149 0.095 040	0.848 430 0.046 349	-0.301 832 0.019 450							

注：表 12.3 中前三行表示各种像差的三级量、五级量和七级量。

12.11　全息术补偿像差

12.11.1　全息术补偿像差原理

利用全息技术校正光学透镜和系统像差的方法首先由 Upatnieks 等人于 1966 年提出，其实质是利用激光全息技术获得像差波面的位相共轭波面，从而补偿、校正原始像差波面，实现无像差光学成像。

(1) 激光全息图记录

激光全息术的第一步是利用干涉原理将物光波波面的全部信息(振幅和位相信息)记录在全息图上，即拍摄过程。若以 o 和 r 分别表示激光照明的物体和参考光源，两者发出的光波到达全息记录干版 H 时的复振幅分布 $A_o(x,y)$ 和 $A_r(x,y)$ 分别可表示为：

$$A_o(x,y) = a_o(x,y)\exp[i\varphi_o(x,y)], \quad A_r(x,y) = a_r(x,y)\exp[i\varphi_r(x,y)], \tag{12.55}$$

其中 $a_o(x,y)$ 和 $a_r(x,y)$ 分别为物光和参考光的振幅分布，$\varphi_o(x,y)$ 和 $\varphi_r(x,y)$ 为它们的位相分布。若物光和参考光在 H 处重合并满足相干条件，则在全息干版上产生的干涉条纹强度分布为：

$$
\begin{aligned}
I(x,y) &= \left| A_o(x,y) + A_r(x,y) \right|^2 \\
&= \left| A_o(x,y) \right|^2 + \left| A_r(x,y) \right|^2 + A_o^*(x,y)A_r(x,y) + A_o(x,y)A_r^*(x,y) \\
&= a_o^2(x,y) + a_r^2(x,y) + 2a_o(x,y)a_r(x,y)\cos[\varphi_r(x,y) - \varphi_o(x,y)]
\end{aligned}
\tag{12.56}
$$

式中第一、第二项分别为物光和参考光单独照射全息记录材料时产生的光强,其和表示干涉条纹的平均强度;第三项包含物光波和参考光波的振幅和位相信息,表示干涉条纹的强度变化。

全息干版经过线性记录和处理,得到的全息图的振幅透过率 $T(x,y)$ 可表示为:

$$T(x,y) = k_0 + k_1 I(x,y)$$

$$= [k_0 + k_1 |A_o(x,y)|^2 + k_1 |A_r(x,y)|^2] + k_1 A_o^*(x,y) A_r(x,y) + k_1 A_o(x,y) A_r^*(x,y) \tag{12.57}$$

$$= [k_0 + k_1 a_o^2(x,y) + k_1 a_r^2(x,y)] + 2k_1 a_o(x,y) a_r(x,y) \cos[\varphi_r(x,y) - \varphi_o(x,y)]$$

式中 k_0 和 k_1 均为常数。上式表明全息图中含有直流分量和交流分量,直流分量(即第一项)中只包含物光波和参考光波的振幅信息;而交流分量(即第二项)中既包含物光波和参考光波的振幅信息,亦包含它们的位相信息。因此利用全息图的交变分量,可望得到物光波、或共轭物光波、或参考光波、或共轭参考光波的信息。

(2) 全息图波前再现

激光全息术的第二步是利用衍射原理由全息图再现所需要的光波,即成像过程。设利用相干光波照明再现全息图,再现光波到达全息图时的复振幅分布为:

$$A_c(x,y) = a_c(x,y) \exp[i\varphi_c(x,y)] \tag{12.58}$$

由式(12.57)可得透过全息图的复振幅分布为:

$$T'(x,y) = A_c(x,y) T(x,y)$$

$$= [k_0 + k_1 |A_o(x,y)|^2 + k_1 |A_r(x,y)|^2] A_c(x,y) + \tag{12.59}$$

$$k_1 A_c(x,y) A_o^*(x,y) A_r(x,y) + k_1 A_c(x,y) A_o(x,y) A_r^*(x,y)$$

式中第一项表示沿再现光波方向传播,第二、第三项的传播方向由物光波、参考光波和再现照明光波的位相确定,一般在再现照明光波方向的两侧,其中包含有物光波和共轭物光波的振幅和位相的全部信息。

当用与记录时参考光波相同的光波照明再现全息图,即 $A_c(x,y) = A_r(x,y)$ 时,由式(12.59)得:

$$T'(x,y) = A_c(x,y) T(x,y)$$

$$= [k_0 + k_1 |A_o(x,y)|^2 + k_1 |A_r(x,y)|^2] A_r(x,y) + k_1 A_o^*(x,y) A_r^2(x,y) + k_1 A_o(x,y) |A_r(x,y)|^2 \tag{12.60}$$

由上式可知,第二项可再现得到与原物光波相同的波前 A_o,由此可观察到位于原物体位置处且与原物体完全一样的三维立体像。

(3) 激光全息技术校正光学成像系统像差原理

由激光全息记录和再现原理可知,从本质上讲,物光波和参考光波是同等的,即当用与记录全息图时完全一样的物光波照明再现全息图,即 $A_c(x,y) = A_o(x,y)$ 时,同样可由式(12.59)得:

$$T'(x,y) = A_c(x,y) T(x,y)$$

$$= [k_0 + k_1 |A_o(x,y)|^2 + k_1 |A_r(x,y)|^2] A_o(x,y) + k_1 |A_o(x,y)|^2 A_r(x,y) + k_1 A_o^2(x,y) A_r^*(x,y) \tag{12.61}$$

式中第三项可再现得到与原参考光波性质相同的光波。若原参考光为平面波或球面波,则再现得到平面波或球面波。从上述激光全息记录和再现原理可以进一步推断,若首先记录光学系统产生的像差波前与无像差的理想平面波或球面波干涉所形成的全息图,经适当处理后置于光学系统中并精确复位至原记录位置,当用与记录全息图时完全相同的光学系统产生的像差波前再现全息图时,即可得到理想的、无像差的平面波或球面波。

因此,利用激光全息技术校正光学成像系统像差的原理如图 12.30 所示。首先使理想的光波(如平面波)与光学系统所产生的有像差波光波相干涉(见图 12.30(a)),用全息记录材料记录理想平面波与像差波面的干涉图样,经过适当处理后得到全息图。然后,将该全息图精确复位到原光学系统中的记录位置(见图 12.30(b)),用点物经过待校正光学系统后产生的像差波前照明全息图。根据全息再现原理,从全息图出射的光波将是与记录用参考光波相同的理想平面波前。为便于观测,用像差校正良好的光学镜头会聚再现得到的平面波前,便可在其焦平面上得到理想的点像,光学系统的像差从而得到了校正。

全息术校正光学系统像差后的波像差（ϕ_2）与原始波面像差（ϕ_1）和记录波长（λ_1）、再现波长（λ_2）有关，关系如下：

$$\phi_2 = \frac{|\lambda_2 - \lambda_1|}{\lambda_2} \phi_1 \tag{12.62}$$

因此，当记录波长（λ_1）和再现波长（λ_2）相等时，经全息术校正后的光学系统波像差（ϕ_2）等于0。

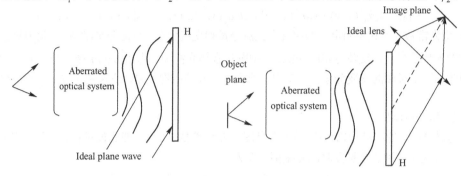

(a) 记录光学系统像差校正用全息图　　　(b) 全息图校正光学系统像差原理示意图

图 12.30　激光全息术校正光学成像系统像差的原理图

12.11.2　全息术补偿像差的实例

从 20 世纪 90 年代初起，随着大口径、超轻型、叠/展开空间光学系统概念的提出，人们开始运用激光全息技术补偿光学系统的像差。该技术利用光学衍射元件来补偿大口径望远镜、长工作距离的显微镜、单透镜和波带片等光学系统的像差，相对于自适应光学技术等其他校正方法，它具有实用性强、方法简单、成本低廉等特点。20 多年来，美国、俄罗斯等发达国家先后投入大量资金开展相关研究。如美国空军研究院在美国自然科学基金和 NASA 的资助下，利用全息校正技术已获得了反射主镜口径达 1 m、成像质量接近衍射极限的薄膜望远镜。利用激光全息技术校正光学系统的像差，是研究和开发未来新型大口径空间光学系统的有效技术手段和发展方向之一。

1. 全息术补偿球面反射镜像差

苏州大学基于光学全息原理，用于校正口径 500 mm、低质量球面反射镜光学系统对有限远物体成像时的像差。他们采用的记录激光光源位于有限远，并采用原光路再现的方法，建立了对有限远物体成像的全息记录实验系统，如图 12.31 所示。

首先记录用于光学系统像差校正的全息图。激光光束经透镜 L_1 会聚到球面反射镜 M 的曲率中心附近，即相当于记录光源位于 M 的曲率中心附近，然后以微小的离轴角度入射到 M（M 上入射光中心线和反射光中心线之间的夹角约为 2.5°）。

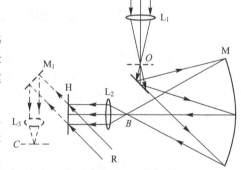

图 12.31　全息记录实验系统

反射光束经高质量照相机镜头 L_2（$f = 50$ mm，F/1.4）准直后，垂直照射到全息记录干版 H 上，H 位于 M 经 L_2 所成像的像面上。由傅里叶变换透镜（$f = 400$ mm，Φ 60 mm）产生一束衍射受限平面参考光波 R，以与物光波成约 45° 角入射至 H。这样，在 H 上可记录带有系统像差的光波（物光波）与 R（参考光波）相干涉形成的干涉图样，实际记录的全息图大小为 Φ 12 mm。

实验中采用氦-镉（He-Cd）激光器作为记录和再现光源（$\lambda = 441.6$ nm），全息记录材料为正性光致抗蚀剂。记录时全息干版被放置于一高精度五维可调装置上，以便于经曝光和化学处理后将其精确复位到记录时的位置。球面反射镜 M 采用 K9 玻璃材料制成，口径为 500 mm，曲率半径为 1993 mm，采用球面干涉仪测得球面反射镜面形误差约 5λ（$\lambda = 633$ nm）。为了给光学系统引入大的像差，在 M 前另加一块厚 5 mm 的普通玻璃，用位于 M 曲率中心附近的球面干涉仪测得的干涉图样如图 12.32(a)所示，计算显示波像差约 25λ。

将经曝光、显影和定影处理后的全息干版精确复位至原记录位置，用带有系统像差的原物光波（$\lambda = 441.6\,\text{nm}$）照明再现全息图，则可再现得到沿原参考光波方向传播的平面光波（如图 12.31 中虚线部分所示）。由此再现光波与原参考光波产生的干涉图样如图12.32(b)所示，剩余波像差小于 $\lambda/8$，表明再现光波为接近衍射极限的平面光波。

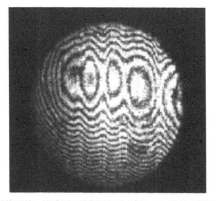
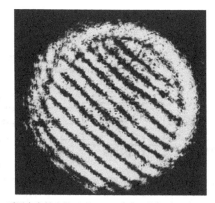

(a) 像差校正前，用球面干涉仪测得的 Φ 500 mm 球面反射镜干涉图形　(b) 采用全息技术校正后，再现参考光束与原参考光束干涉图

图 12.32　像差校正前后的干涉图

为分析系统像差的校正情况，在图 12.31 所示实验系统中的 O 点放置 15 μm 大小的针孔作为物体，分别在 B、C 点得到像差校正前、后针孔经光学系统的成像结果(如图 12.33 所示)，其中图 12.33(a)的边框实际尺寸约为 15 mm，图 12.33(b)的边框实际尺寸约为 1 mm。由实验装置结构参数计算可知，针孔的理想几何像尺寸为 Φ 120 μm，艾里斑的大小为 36 μm，即在理想情况下，针孔像的直径为 156 μm；而从图 12.33(b)可估算出的中心亮斑直径约为 160 μm，因此，可以说校正效果接近于衍射极限。但是，在图 12.33(b)中未看到小孔的衍射环，原因主要是受现有实验室洁净条件的限制，光学元件表面附有微小的尘埃颗粒；另外，平板玻璃存在划痕等缺陷，在激光束的照射下产生散射光，从而影响系统的成像质量。

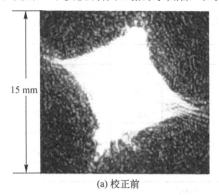

15 mm

1 mm

(a) 校正前　　　　　　　　　　　(b) 校正后

图 12.33　15 μm 针孔经光学系统的成像结果

2. 全息术校正梯度折射率（GRIN）透镜像差

GRIN 透镜的聚焦性能对其成像质量有着重要影响。聚焦光斑的大小是主要性能参数之一，也是评价成像质量的重要参数。由于 GRIN 透镜的折射率沿径向呈抛物形分布，这使其产生球差、彗差等各种像差。目前使用的 GRIN 透镜，由于光学像差的存在，在成像面上都会产生较大的弥散斑，尤其是当其作为聚焦元件时，光学像差会降低透镜的聚焦质量，严重影响其在实际中的使用。因此，校正 GRIN 透镜的光学像差可以有效减小聚焦光斑的大小，从而提高透镜的聚焦质量，在实际应用中具有重大意义。

GRIN 透镜内部距中心轴处的折射率 $n(r)$ 可表示为：

$$n(r) = n_0\left(1 - \frac{A}{2}r^2\right) \tag{12.63}$$

式中 n_0 为透镜中心轴上折射率；A 为折射率分布常数(聚焦参数)。

基于激光全息成像理论，利用全息技术校正 GRIN 透镜的像差，从而改善其聚焦性能。全息图的形成过程如图 12.34 所示，位于系统前焦点的理想单色点光源经过待校正的 GRIN 透镜得到一个带有像差的物光波前，相干的离轴（45°）理想平行光(参考光)与带像差的物光波前在全息面上干涉，离轴记录的目的是为了使共轭像分开。

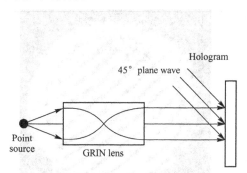

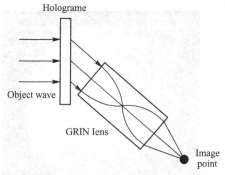

图 12.34　GRIN 透镜像差的全息记录系统结构图　　图 12.35　GRIN 透镜像差校正系统结构图

再现时，将光学系统和全息图作为一个单元，即将经过化学处理后的全息图作为校正板，安放在全息记录时与光学系统相对不变的位置。GRIN 透镜像差校正系统结构如图 12.35 所示。用带有系统像差的原物光波照明再现全息图，再通过待校正的 GRIN 透镜出射到像平面上，得到一个无像差的像。因此利用全息技术可以校正 GRIN 透镜像差。

校正后系统的弥散斑尺寸近似为零，形成一个完美的几何成像点，说明此时全息干版再现了记录时带像差的物光波，该光波反向传输通过 GRIN 透镜后在焦点恢复成为一个理想像点，光学系统的像差得到了完善校正。校正后系统的弥散斑尺寸大幅度减小，说明校正后系统的聚焦性能变得更好，因此全息校正技术可以很好地改善 GRIN 透镜的聚焦性能。

习题

12.1　一个光学系统，通过光路计算，求得其 $\Delta Y'$，$\delta Y'$ 和 $\delta Z'$ 数据列表如下，试绘出该光学系统的像差特性曲线。

h/h_m	$\tan U'$	$\Delta Y'_{1\omega}$	$\tan U'$	$\Delta Y'_{0.7\omega}$	$\tan U'$	$\Delta Y'_{0.\omega}$	$\delta Y'_{1\omega}$	$\delta Z'_{1\omega}$	$\delta Y'_{0.7\omega}$	$\delta Z'_{0.7\omega}$
1.0	0.541	0.5644	0.604	0.1641	0.683	-0.0558	0.0325	-0.0661	0.0074	-0.0726
0.85	0.453	0.1438	0.491	0.0030	0.547	-0.0362	0.0079	-0.0785	0.0035	-0.0649
0.707	0.363	0.0067	0.390	0.416	0.435	-0.0216	-0.0011	-0.0717	-0.0063	-0.0532
0.50	0.239	-0.0385	0.256	-0.0422	0.294	-0.0079	-0.0035	-0.0516	-0.0045	-0.0332
0.30	0.16	-0.0282	0.138	-0.0238	0.172	-0.0018	-0.0019	-0.0303	-0.0021	-0.0179
0	-0.038	0	-0.029	0	0	0				
-0.30	-0.205	0.0189	-0.198	0.0116	-0.172	0.0018				
-0.50	-0.325	0.0280	-0.320	0.0186	-0.291	0.0079				
-0.707	-0.464	0.0482	-0.460	0.0356	-0.435	0.0216				
-0.85	-0.574	0.0787	-0.572	0.0630	-0.547	0.0362				
-1.0	-0.707	0.1433	-0.711	0.1218	-0.683	0.0558				

12.2　已知上述系统的光阑（入射光瞳）在系统第一个折射面之外 16 mm 处，视场角 $2\omega = \pm 6°$，在全视场允许拦光 50%，试分析该系统的主要像差缺陷。

12.3　对于习题 12.2，试分析该曲线的离焦方向，估计离焦量。

12.4　试分析光阑位置移动是否可能使曲线得到改善。

12.5　某一棱镜由 K9 玻璃（$n_D = 1.5163, v = 64.1$）制成，其等效平行平板的厚度为 74 mm，置于一个胶合物镜之后，该胶合物镜的相对孔径为 1/3.5，视场角 $2\omega = \pm 4°$，试求该棱镜产生的各种初级像差值。

第13章 光学系统的波像差

13.1 概 述

前面几章以几何光学为基础，讨论了光学系统的像差问题。它是以几何光线经光学系统的实际光路相对于理想光路的偏离来度量的，统称为几何像差。

对于光学设计来说，几何像差自然是很重要的。这是因为它直观、易算，可用其数值的大小来描述一点成像时的几何光线密集程度，从而评估其像质的优劣。但几何光线本身是一个抽象的近似概念，用它的密集程度来评价像质的好坏，在很多场合下与实际情况并不相符，而且像差也不可能完全校正。在像差不能校正或不能完全校正时，应做到合理平衡，何种剩余像差量值对像质的影响可以认为是允许的。前者是像差的最佳校正方案问题，它与成像质量的评价标准有关；后者是像差的容限问题，它与系统的使用要求和使用状况有关。这些都属于光学系统的像质评价问题，是不可能仅由几何像差本身解决的。

评价成像质量的方法很多，将在第21章中讨论。其中，斯特列尔判断、瑞利判据、分辨率和光学传递函数等，都不可能依靠几何光学，而必须基于光的波动理论才能解决。

在解决上述像质评价问题时，波像差与之密切相关。例如要计算斯特列尔强度比（又称为中心点亮度）和光学传递函数时，就需求得波像差。简便可靠、应用广泛的瑞利判据，更是直接以波像差的大小来作为评价标准的。另外，波像差与几何像差之间有着内在联系，利用这种联系，可以在一定程度上解决前述像差的最佳校正问题和容限问题。因此，讨论波像差，并建立起波像差和几何像差之间的关系是很必要的。

已经知道，几何光学中的光线相当于波面的法线。因此，由点光源或物点发出的同心光束与球面波相对应，此球面波经光学系统后改变了曲率。若光学系统是理想的，则形成一个新的球面波，其球心即为物点的理想像点（实际上，由于受光学系统有限孔径的衍射，即使是理想光学系统，也不可能对物点形成点像）。但是，实际的光学系统总有剩余像差，它使出射波面或多或少发生变形，而不复为理想的球面波。这一变了形的实际波面相对于理想波面的偏差，就是本章所要讨论的波像差。

色差也可用波像差的概念来讨论。如果从物点发出的球面波是复色的，其中两种色光波面经系统后，将因各自的像差不同而有不同程度的变形。该两种色光波面间的偏离量，可用来表征色差，称为波色差。这种用波像差概念来讨论色差的方法，由 A. E. Conrady 在其著作《应用光学和光学设计》一书中首先提出，即$(D–d)$方法。

13.2 轴上点的波像差及其与球差的关系

对于轴对称的光学系统，轴上点发出的球面波经系统以后，只是由于轴上点唯一存在的球差，使出射的实际波面偏离于球面，并且轴上点的波面总是轴对称的。所以，轴上点的波像差只需从波面与子午平面相截的截线上，取其光轴以上的一半予以考察即可。

如图13.1所示，$P'x'$ 是出射波面的对称轴，也是光学系统的光轴，P' 是系统的出射光瞳中心，实际波面 $P'\overline{N'}$ 上任意一点 $\overline{M'}$ 的法线交光轴于点 $\overline{A'}$。在点 $\overline{A'}$ 附近任取一参考点，如高斯像点 A'，再以它为中心作一在点 P' 相切于实际波面的参考球面波 $P'M'$，它就是理想波面。显然，$\overline{A'}A'$ 就是孔径角为 U' 时的球差 $\delta L'$。

实际波面的法线 $\overline{M'A'}$ 交理想球面于点 M'，则距离 $\overline{M'}M'$ 乘以此空间的介质折射率 n' 即为波像差，用 W' 表示。也就是说，波像差就是实际波面和理想波面之间的光程差。规定实际波面在理想波面之后时波像差为负，反之为正，即轴上点波像差应与对应的球差同号。图13.1中所示为负值波像差。

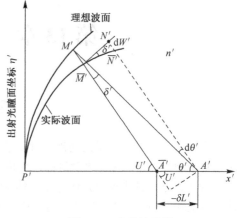

图 13.1　负值波像差

令理想波面的曲率半径 $M'A' = R'$，$M'A'$ 与 $M'\overline{A'}$ 之间的夹角为 δ'，当球差 $\delta L'$ 不太大时，有

$$\delta' = -\delta L' \sin U' / R'$$

以点 A' 为中心，过点 $\overline{M'}$ 作一球面 $\overline{M'}N'$。显然，球面 $\overline{M'}N'$ 和 $P'M'$ 之间是等光程的，则在点 $\overline{M'}$ 附近一点 $\overline{N'}$ 处的波像差相对于点 $\overline{M'}$ 处的波像差的改变量 $\mathrm{d}W'$ 可以相对于参考球面 $\overline{M'}N'$ 来确定。两波面 $P'\overline{M'}$ 和 $\overline{M'}N'$ 在点 $\overline{M'}$ 处的夹角也应为 δ'，则有

$$\delta' = -\left(\frac{\mathrm{d}W'}{n'}\right)\bigg/ R'\mathrm{d}\theta' \approx -\frac{1}{n'}\frac{\mathrm{d}W'}{R'\mathrm{d}U'}$$

由以上两式可得

$$\mathrm{d}W' = n'\delta L' \sin U' \mathrm{d}U' \tag{13.1}$$

当光学系统满足正弦条件时，由式(9.42)可知，$SC' = 0$，$\delta L' = 0$（即 $L' = l'$），$\sin U = u$，则有 $\sin U' = u'$。或当光学系统的孔径不大时，也可以认为 $\sin U' \approx u'$，故上式可写为

$$\mathrm{d}W' = n'\delta L' u' \mathrm{d}u' = n'\delta L' \mathrm{d}u'^2 / 2$$

以最大孔径角 u'_m 为上限积分，得

$$W' = \int_0^{u'_m} \mathrm{d}W' = \frac{n'}{2}\int_0^{u'_m} \delta L' \mathrm{d}u'^2 \tag{13.2}$$

这就是波像差与球差之间的关系式。可见，当以 u'^2 为纵坐标轴画出球差曲线时，其与纵坐标轴所围面积的一半就是波像差。如果光学系统不是成像在空气中，则该面积还应乘以像方折射率 n' 才是波像差 W'。根据式(13.2)，就可以方便地从球差曲线以图形积分方法求得轴上点不同孔径时的波像差。

对于物位于无限远的系统，常以 h/f' 替代 u'，相应的波像差公式为

$$W' = \frac{n'}{2f'^2}\int_0^{h_m} \delta L' \mathrm{d}h^2 \tag{13.3}$$

或者以相对高度 h/h_m 来取代 h，得

$$W' = \frac{n'h_m^2}{2f'^2}\int_0^1 \delta L' \mathrm{d}\left(\frac{h}{h_m}\right)^2 \tag{13.4}$$

表 13.1　物镜在不同孔径时的球差

h/h_m	0.2	0.4	0.6	0.707	0.8	0.9	1.0
$(h/h_m)^2$	0.04	0.16	0.36	0.50	0.64	0.81	1.0
$\delta L'$	−0.008	−0.029	0.050	−0.055	−0.053	−0.037	0.0000

为了利用上述公式来计算轴上点的波像差，需将公式中的球差 $\delta L'$ 表示成随 u' 或 h，或 h/h_m 而变的函数式。下面以一双胶合物镜为例，计算球差。

物镜的结构参数（单位为毫米）为

$r_1 = 35.0$, $r_2 = -35.0$, $r_3 = -600$；$d_1 = 3.0$, $n_1 = 1.5163$；$d_2 = 2.0$, $n_2 = 1.6256$

物镜的入射光瞳直径 $D = 2h_m = 20$ mm，焦距 $f' = 79.563$。其在不同孔径时的球差列于表 13.1。

以 $(h/h_m)^2$ 为纵坐标轴画得的球差曲线如图13.2(a)所示。从曲线和表 13.1 中的球差值可见，此物镜球差只包含初级和二级球差，故可用如下方程式来表示：

$$\delta L' = -0.22(h/h_m)^2 + 0.22(h/h_m)^4 \tag{13.5}$$

将其代入式(13.4)，得

$$W' = \frac{n'h_m^2}{2f'^2}\int\left[-0.22\left(\frac{h}{h_m}\right)^2 + 0.22\left(\frac{h}{h_m}\right)^4\right]\mathrm{d}\left(\frac{h}{h_m}\right)^2 = \frac{n'h_m^2}{2f'^2}\left[-\frac{0.22}{2}\left(\frac{h}{h_m}\right)^4 + \frac{0.22}{3}\left(\frac{h}{h_m}\right)^6\right]$$

一般将其直接表示成以波长为单位的值，则有

$$\frac{W}{\lambda} = \frac{n'h_m^2}{2\lambda f'^2}\left[-\frac{0.22}{2}\left(\frac{h}{h_m}\right)^4 + \frac{0.22}{3}\left(\frac{h}{h_m}\right)^6\right]$$

把已知的值：$h_m = 10$ mm，$f' = 79.563$ mm，$n' = 1$，$\lambda = 0.000\,589\,3$ 代入上式，得

$$\frac{W}{\lambda} = 13.4\left[-\frac{0.22}{2}\left(\frac{h}{h_\mathrm{m}}\right)^4 + \frac{0.22}{3}\left(\frac{h}{h_\mathrm{m}}\right)^6\right] = -1.475\left(\frac{h}{h_\mathrm{m}}\right)^4 + 0.983\left(\frac{h}{h_\mathrm{m}}\right)^6$$

按此式求得物镜在不同孔径时的波像差如表 13.2 所示。相应的波像差曲线如图13.2(b)所示。

表 13.2　物镜在不同孔径时的波像差

h/h_m	0.2	0.4	0.5	0.6	0.707	0.866	0.8	0.9	1.0
$(h/h_\mathrm{m})^2$	0.04	0.16	0.25	0.36	0.50	0.64	0.75	0.81	1.0
W'/λ	−0.0023	−0.0335	−0.0768	−0.144	−0.246	−0.346	−0.415	−0.445	−0.492

由表 13.2 中数据可见，边缘带处波像差最大，约为半个波长。按瑞利判据（当按绝对值计的最大波像差小于 1/4 波长时，可认为系统是完善的），已超出允许的数值。这是否就意味着所举物镜达不到像质要求而不能应用呢？并不是。因为上面的波像差值是以高斯像点为参考点，即相对于以它为中心的理想波面求得的。其实，当实际波面的形状被球差所完全确定以后，总可以选择到一个参考点位置，使以该点为中心所作的相切于实际波面中心的理想参考波面与实际波面更为吻合，这样，波像差的数值就会减小。所以，波像差是随参考点位置而异的。这个使波像差为最小的参考点位置，就是物镜的最佳焦点所在。这表明，在成像有像差时，最佳焦点并不在高斯像点位置上。寻求最佳焦点位置和以最佳焦点位置为参考点时计算波像差，将是两个需要解决的问题。

已知球差曲线对纵坐标轴所围的面积与波像差成比例。按此，球差曲线中通过最佳焦点的纵坐标轴可使曲线所围面积为最小。当光学系统仅有初级和二级球差时，以 $(h/h_\mathrm{m})^2$ 为纵坐标轴画得的球差曲线为一抛物线。为了使波像差为最小，应使理想波面的中心位于点 A 处，如图13.3(a)所示，以使面积 $ABC = COD = DEF$，此时最大的波像差仅由面积 ABC 决定，显然要比原来的波像差小得多。相应的波像差曲线如图 13.3(b)所示。这种在沿轴方向求取最佳焦点的做法，称为轴向离焦。比较图 13.2 和图 13.3 可见，轴向离焦前、后的波像差曲线，在形状上完全相同，后者仅相当于把纵坐标轴相对于离焦前的波像差曲线做一个相对转动而已。

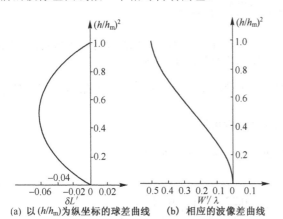

(a) 以 (h/h_m) 为纵坐标的球差曲线　　(b) 相应的波像差曲线

图 13.2　球差曲线及相应的波像差曲线

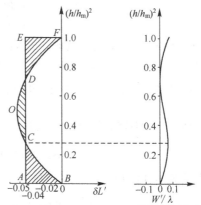

(a) 使面积 $ABC=COD=DEF$　　(b) 优化后的波像差曲线

图 13.3　寻求最佳焦点位置示意图

最佳焦点的位置或离焦量的大小，对只包含初级和二级球差的物镜，可以由抛物线的性质来推知，如图13.4所示为一条抛物线，其方程可写为

$$y = ax^2$$

积分后的面积为

$$Ox_0\varLambda CBO = \int_0^{x_0} y\,\mathrm{d}x = \int_0^{x_0} ax^2\,\mathrm{d}x = \frac{1}{3}ax_0^3$$

矩形面积 $Ox_0Cy_0O = x_0y_0 = ax_0^3$，故面积 $OBCy_0O = 2ax_0^3/3$。同理，面积 $OBy_1O = 2ax_1^3/3$，因此

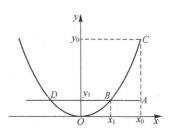

图 13.4　球差曲线的抛物线性质

$$ABC = Ox_0ACBO - (Ox_0Ay_1O - OBy_1O)$$

$$= \frac{1}{3}ax_0^3 - ax_1^2x_0 + \frac{2}{3}ax_1^3$$

由于要求面积 $ABC = BOD = 2OBy_1O$ ，故得

$$\frac{1}{3}ax_0^3 - ax_1^2x_0 + \frac{2}{3}ax_1^3 = \frac{4}{3}ax_1^3$$

或写为
$$2x_1^3 + 3x_1^2x_0 - x_0^3 = 0$$

令 $x_1/x_0 = K$ ，则上式成为
$$2K^3 + 3K^2 - 1 = 0$$

解得 $K = 1/2$ （另外两个根不适用，略去）。即当 $x_1 = 1/2x_0$ 时，就能使面积 $ABC = OBDO$ ，其相应的纵坐标 y_1 为

$$y_1 = ax_1^2 = a(x_0/2)^2 = ax_0^2/4 = y_0/4$$

将此结果与前述球差曲线联系起来，可以得出如下结论：对于只包含初级和二级球差的光学系统，当对边缘孔径校正了球差以后，其最佳焦点位置在离高斯像点 $3\delta L'_{0.7h}/4$ 处。并且在 $(h/h_m)^2 = 1/4$ 带处具有最大的波像差；在 $(h/h_m)^2 = 3/4$ 带处波像差为零；在边缘带处的波像差与在 $(h/h_m)^2 = 1/4$ 带处的波像差相等。最大的波像差为

$$\left(\frac{W'}{\lambda}\right)_m = \frac{n'h_m^2}{2\lambda f'^2}\frac{4}{3}ax_1^3$$

式中， $a = y_0/x_0^2 = \delta L'_{0.7h}/(h^2/h_m^2)_0^2 = \dfrac{\delta L'_{0.7h}}{0.5^2} = 4\delta L'_{0.7h}$ ； $x_1 = (h/h_m)_1^2 = 1/4$ 。将其代入前式，得

$$\left(\frac{W'}{\lambda}\right) = \frac{n'h_m^2}{2\lambda f'^2}\frac{4}{3}\cdot 4\delta L'_{0.7h}\left(\frac{1}{4}\right)^3 = \frac{n'h_m^2}{2\lambda f'^2}\frac{\delta L'_{0.7h}}{12} \tag{13.6}$$

把已知的值： $h_m = 10$, $f' = 79.563$, $n' = 1$, $\lambda = 0.000\,589\,3$, $\delta L'_{0.7h} = -0.055$ 代入上式，得 $(h/h_m)^2 = 1/4$ 带处的最大波像差为

$$\left(\frac{W'}{\lambda}\right)_m = 13.4 \times \frac{0.055}{12} = 0.0615$$

可见，当参考点位于最佳焦点处时，最大的波像差减小到 $\lambda/16$ ，仅为原来以高斯像点为参考点时的波像差的 $1/8$ ，为按瑞利判据波像差容限的 $1/4$ 。所以，所举物镜的结果是好的。

下面对新参考点位置时的波像差进行计算。因为离焦量，即参考点离高斯像点的距离为 $\dfrac{3}{4}\delta L'_{0.7h}$ ， $\dfrac{3}{4}\times(-0.055) = -0.04125$ ，因此对这点而言，物镜的球差方程可写为

$$\delta L' = 0.041\,25 - 0.22(h/h_m)^2 + 0.22(h/h_m)^4$$

代入波像差公式(13.4)中，经积分后得

$$\frac{W'}{\lambda} = \frac{n'h_m^2}{2\lambda f'^2}\left[0.041\,25\left(\frac{h}{h_m}\right)^2 - \frac{0.22}{2}\left(\frac{h}{h_m}\right)^2 + \frac{0.22}{3}\left(\frac{h}{h_m}\right)^6\right]$$

$$= 0.553\left(\frac{h}{h_m}\right)^3 - 1.475\left(\frac{h}{h_m}\right)^4 + 0.983\left(\frac{h}{h_m}\right)^6$$

按此式求得各带的波像差如表 13.3 所示。

表 13.3   以最佳焦点为参考点时不同孔径的波像差

h/h_m	0.2	0.4	0.5	0.6	0.707	0.8	0.866	0.9	1.0
$(h/h_m)^2$	0.04	0.16	0.25	0.36	0.50	0.64	0.75	0.81	1.0
W'/λ	0.0198	0.0550	0.0615	0.0550	0.0305	0.0074	0.00	0.0026	0.0615

如图13.3(b)所示的波像差曲线就是按表 13.3 所列数值画得的。从表 13.3 可见，在 $(h/h_{\mathrm{m}})^2 = 0.25$ 和 1 处，具有最大的波像差，其值为 0.0615λ；在 $(h/h_{\mathrm{m}})^2 = 0.75$ 处，波像差为零，与上面所得的结论完全一致。

如果光学系统只有初级球差，那么以 u^2（或 h^2）为纵坐标轴画得的球差曲线为一条直线，如图 13.5(a)所示。相应的波像差曲线如图 13.5(b)所示，为一条抛物线，最大的波像差在边缘带处。显然，使边缘带的波像差为零时所得的剩余波像差为最小，因此，最佳焦点位置应在 $\delta L'_{\mathrm{m}}/2$ 处，如图13.5(c)。此时，球差曲线被过最佳焦点 A 的纵轴分割成上、下两个等面积的三角形 OAB 和 BCD，使边缘带的波像差相消为零。最大的剩余波像差在 $u'^2_{\mathrm{m}}/2$ 带上，其值为原边缘带处波像差的 $1/4$（因为三角形 OAB 的面积是三角形 OCE 的面积的 $1/4$），可以按下式计算：

$$W'_{\mathrm{m}} = \frac{n'}{2}\left(\frac{1}{2}\times\frac{1}{2}\delta L'_{\mathrm{m}}\times\frac{1}{2}u'^2_{\mathrm{m}}\right) = \frac{n'}{16}\delta L'_{\mathrm{m}}u'^2_{\mathrm{m}} \tag{13.7}$$

如果光学系统除初级和二级球差外，还有三级球差，那么系统可对两个带校正，例如对边缘带和 0.707 带校正球差，如图13.6(a)所示，其相应的波像差曲线如图13.6(b)所示。从波像差的校正观点来看，这并不是球差校正的最佳方案。最佳校正状态应该是使球差曲线与可能选到的参考纵轴尽可能有多块大小相同，且被可相消的面积所包围。按此，如在原有的方案上再增大一些负的初级球差，使球差曲线成为如图13.6(c)所示的形状时，就可以得到如图13.6(d)所示波像差为更小的校正方案。

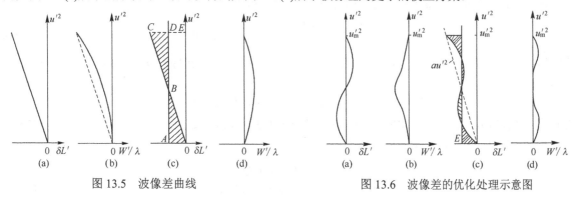

图 13.5　波像差曲线　　　　　　　　图 13.6　波像差的优化处理示意图

13.3　轴外点的波像差及其与垂轴像差的关系

13.3.1　轴外点波像差表示式

轴外点光束经光学系统以后，一般已失去轴对称性质，因此不能像轴上点那样仅用一个量来描述其像差。通常用光线的垂轴像差的两个分量，即子午分量 $\delta Y'$ 和弧矢分量 $\delta Z'$ 来描述。相应地，轴外点的波像差也将表示成与垂轴像差的这两个分量间的关系式。

分别以出射光瞳中心 P' 和高斯像面中心 A' 为原点，作瞳面坐标系 $P'\xi'\eta'\zeta'$ 和像面坐标系 $A'x'y'z'$，如图 13.7 所示。Σ_R 为轴外点 B 的实际波面，Σ 为以高斯像点 B'_0 为中心所作的在出瞳中心 P' 处与实际波面相切或相交的理想参考球面，半径为 R。任取一条光线，分别与波面 Σ_R、Σ 和高斯像面相交于点 $Q'_R(\xi'_R, \eta'_R, \zeta'_R)$，$Q'(\xi', \eta', \zeta')$ 和 $B'(0, y'+\delta Y', \delta Z')$。光线的方向余弦为

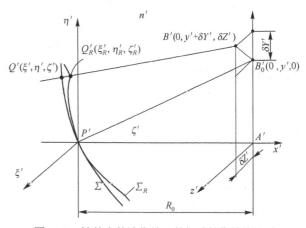

图 13.7　轴外点的波像差及其与垂轴像差的关系

$\cos\alpha'$, $\cos\beta'$ 和 $\cos\gamma'$。显然距离 $Q_R'Q'$ 乘以折射率 n' 就是实际波面上 Q_R' 点的波像差 W'，按符号规则应为负值，即有 $Q_R'Q' = -W'/n'$，则 $Q_R'Q'$ 在三个坐标轴上的投影可写成

$$\begin{cases} \xi_R' - \xi' = Q_R'Q'\cos\alpha' = -W'\cos\alpha'/n' \\ \eta_R' - \eta' = Q_R'Q'\cos\beta' = -W'\cos\beta'/n' \\ \zeta_R' - \zeta' = Q_R'Q'\cos\gamma' = -W'\cos\gamma'/n' \end{cases}$$

微分以上公式组，得

$$n'(d\xi' - d\xi_R') = \cos\alpha' dW' - W'\sin\alpha' d\alpha'$$
$$n'(d\eta' - d\eta_R') = \cos\beta' dW' - W'\sin\beta' d\beta'$$
$$n'(d\zeta' - d\zeta_R') = \cos\gamma' dW' - W'\sin\gamma' d\gamma'$$

在以上公式组中，第一式乘以 $\cos\alpha'$，第二式乘以 $\cos\beta'$，第三式乘以 $\cos\gamma'$，然后相加，得

$$n'(\cos\alpha' d\xi' + \cos\beta' d\eta + \cos\gamma' d\zeta') - n'(\cos\alpha' d\xi_R' + \cos\beta' d\eta_R' + \cos\gamma' d\zeta_R')$$

$$= dW'(\cos^2\alpha' + \cos^2\beta' + \cos^2\gamma') + \frac{1}{2}W'd(\cos^2\alpha' + \cos^2\beta' + \cos^2\gamma')$$

由于 $\cos^2\alpha' + \cos^2\beta' + \cos^2\gamma' = 1$，上式可写为

$$dW' = n'(\cos\alpha' d\xi' + \cos\beta' d\eta' + \cos\gamma' d\zeta') -$$
$$n'(\cos\alpha' d\xi_R' + \cos\beta' d\eta_R' + \cos\gamma' d\zeta_R') \tag{13.8}$$

为了化简上式，对实际波面方程 $F'(\xi_R', \eta_R', \zeta_R') = 0$ 微分，得

$$\frac{\partial F'}{\partial \xi_R'}d\xi_R' + \frac{\partial F'}{\partial \eta_R'}d\eta_R' + \frac{\partial F'}{\partial \zeta_R'}d\zeta_R' = 0 \tag{13.9a}$$

式中的偏导数就是实际波面上点 Q_R' 的法线，即光线的方向数。根据其与光线方向余弦的关系，上式可成为

$$\cos\alpha' d\xi_R' + \cos\beta' d\eta_R' + \cos\gamma' d\zeta_R' = 0$$

将其代入式(13.8)，得 $\qquad dW' = n'(\cos\alpha' d\xi' + \cos\beta' d\eta' + \cos\gamma' d\zeta') \tag{13.9b}$

根据图13.7，光线 $Q'B'$ 的方向余弦为

$$\begin{cases} \cos\alpha' = (R_0 - \xi')/Q'B' \\ \cos\beta' = (Y' + \delta Y' - \eta')/Q'B' \\ \cos\gamma' = (\delta Z' - \zeta')/Q'B' \end{cases} \tag{13.10}$$

式中，$Q'B'$ 是一未知量，但与参考球面的曲率半径 R 相差甚微，可认为 $Q'B' = R'$，将式(13.10)代入式(13.9a)，得

$$dW' = \frac{n'}{R'}\left\{ -[(\xi' - R_0)d\xi' + (\eta' - Y')d\eta' + \zeta' d\zeta'] + \delta Y' d\eta' + \delta Z' d\zeta' \right\} \tag{13.11}$$

为了化简上式，写出理想参考球面的方程式：

$$(\xi' - R_0)^2 + (\eta' - y') + \zeta'^2 = R^2$$

对其微分，得 $\qquad (\xi' - R_0)d\xi' + (\eta' - y')d\eta' + \zeta' d\zeta' = 0$

代入式(13.11)，最终可得 $\qquad dW' = \frac{n'}{R'}(\delta Y' d\eta' + \delta Z' d\zeta') \tag{13.12}$

或

$$\begin{cases} \dfrac{\partial W'}{\partial \eta'} = \dfrac{n'}{R'}\delta Y' \\[2mm] \dfrac{\partial W'}{\partial \zeta'} = \dfrac{n'}{R'}\delta Z' \end{cases} \tag{13.13}$$

若将式(13.13)中的 η' 和 ζ' 以规化坐标，即将其除以光瞳最大半孔径的相对值 η'/η_m' 和 ζ'/ζ_m' 表示，分别记为 $\overline{\eta'}$ 和 $\overline{\zeta'}$，则有

$$\mathrm{d}W' = \frac{n'}{R'}\left[\eta'_\mathrm{m}\delta Y'\mathrm{d}\left(\frac{\eta'}{\eta'_\mathrm{m}}\right) + \zeta'_\mathrm{m}\delta Z'\mathrm{d}\left(\frac{\zeta'}{\zeta'_\mathrm{m}}\right)\right] = \frac{n'}{R'}(\eta'_\mathrm{m}\delta Y'\mathrm{d}\overline{\eta'} + \zeta'_\mathrm{m}\delta Z'\mathrm{d}\overline{\zeta'})$$

由于 $\eta'_\mathrm{m} = \zeta'_\mathrm{m}$，且 $\eta'_\mathrm{m}/R' = u'_\mathrm{m}$，则得

$$\mathrm{d}W' = n'u'_\mathrm{m}\delta Y'\mathrm{d}\overline{\eta'} + n'u'_\mathrm{m}\delta Z'\mathrm{d}\overline{\zeta'} \tag{13.14}$$

或

$$\begin{cases} \partial W'/\partial\overline{\eta'} = n'u'_\mathrm{m}\delta Y' \\ \partial W'/\partial\overline{\zeta'} = n'u'_\mathrm{m}\delta Z' \end{cases} \tag{13.15}$$

这些就是轴外点波像差与垂轴几何像差之间的关系式。利用它可由几何像差求得波像差。反之，由波像差求几何像差也可。为了从光线的垂轴像差计算波像差，可对式(13.14)积分，即

$$W' = \frac{n'}{R'}\int_0^{\eta'_\mathrm{m}}(\delta Y'\mathrm{d}\eta + \delta Z'\mathrm{d}\zeta') \tag{13.16}$$

但是，计算是相当不方便的，因为要精确地把垂轴像差的两个分量 $\delta Y'$ 和 $\delta Z'$ 表示成瞳面坐标 η，ζ 的函数关系非常复杂。因此，一般不用这种公式做具体的波像差计算，而只利用它来分析和研究波像差与几何像差之间的关系。

13.3.2 轴外点波像差求解

通常，波像差是以直接计算光线光程的方法来进行的。不过波面上沿子午截线的波像差还是容易在光学设计时从所得的几何像差判定。设计时，一般需算出子午光束的 $\Delta Y'$ - $\tan U'$ 特性曲线，它能反映轴外点的各种子午像差。若把该曲线的坐标尺度做改变，则能直接从该曲线作图形积分了解或求得波像差。

如图13.8所示为轴外点任一子午光线。其与出射光瞳面的交点 P'_a 的坐标为 η'，与高斯像面的交点 B' 的高度为 y'。距离 P'_aB' 可认为等于参考球面的曲率半径 R'，则有

$$y' - \eta' = -R'\sin U'$$

将其微分结果 $\mathrm{d}\eta' = R'\mathrm{d}\sin U'$ 代入式(13.13)中的第一式，得

$$\mathrm{d}W' = n'\delta Y'\cdot\mathrm{d}\sin U'$$

故有

$$W' = n'\int_0^{U'_\mathrm{m}}\delta Y'\cdot\mathrm{d}\sin U' \tag{13.17}$$

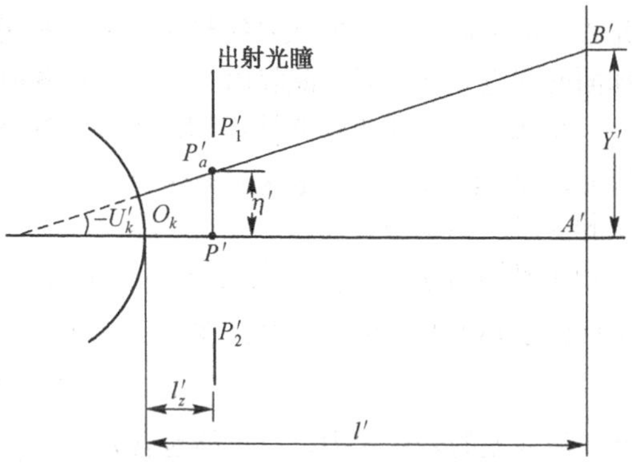

由式(13.17)可知，和图 12.21 类似，只要把 $\Delta Y'$ - $\tan U'$ 曲线的纵坐标轴 $\tan U'$ 改成以 $\sin U'$ 为尺度，就得到 $\delta Y'$ - $\sin U'$ 曲线，如图13.9所示。这一曲线对 $\sin U'$ 轴所围的面积，即为波面上沿子午截线的波像差。

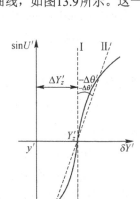

图 13.8 轴外点任一子午光线与出射光瞳面交点的坐标

若光学系统的像方孔径角 U' 不大，$\sin U'$ 和 $\tan U'$ 的差别很小，就无需另作 $\delta Y'$ - $\sin U'$ 曲线，只要在 $\Delta Y'$ - $\tan U'$ 曲线上就可以估计出波像差的大小。

图13.9中的曲线与 $\sin U'$ 轴所围的面积，是以高斯像面上理想像点为参考点时的波像差，显然是很大的。说明轴外点成像存在像差时，高斯像点也非最佳像点所在。同样，可以用离焦的方法来寻求最佳参考点位置，以使波像差有所减小。不过对轴外点，离焦可以在垂轴和沿轴两个方向进行。

先看垂轴离焦的情况。由图13.9可见，当参考点相对于高斯像点在垂轴方向作一微小移动时，相当于对各条光线的 $\delta Y'$ 值改变了同样一个移动量，犹如纵坐标轴作了一个平移。从图13.9可见，当纵坐标轴移动 $\Delta Y'_z$ 至位置 I 时，波像差将大为减小。所以垂轴离焦量 $\Delta Y'_z$ 很容易判定，只要平移 $\delta Y'$ - $\sin U'$ 曲线的纵坐标轴，使其被曲线所包围的面积为最小即可。垂轴离焦的目的，只是为了在获知最佳像点位置后，估计波像差的大小以判断该

图 13.9 $\delta y'$ - $\sin U'$ 估算波像差示意图

像点的成像质量是否良好可用。

至于轴向离焦，从 13.2 节的讨论可知，只相当于纵坐标轴的一个偏转。轴向离焦量的大小，与偏转角的大小相对应。对如图 13.9 所示的情况，在经垂轴离焦使纵轴平移 $\Delta Y_z'$ 至位置 I 以后，如再将其转一角度 $\Delta\theta$ 到位置 II 时，就对曲线划出多块大小接近相等且可相消的小面积，从而使波像差大为减小。

必须注意，轴向离焦不同于垂轴离焦，后者仅为了做像质评价，而前者则是要确定出一个最佳像面位置。因此，轴向离焦不能只顾一个视场，而应对各个视场都有好处来选取适当的离焦量。

13.4 波像差的一般表示式

在评价光学系统的像质时，为了求得像点的能量分布、中心点亮度和光学传递函数等，需先进行波像差的计算，用前述由几何像差来计算波像差的方法是很不方便的。

因为波像差是实际波面和理想波面之间的光程差。因此，用计算光程的方法求解波像差是比较方便的。根据马吕斯定律可知，出射波面与入射波面之间是等光程的。只是因为光学系统的像差，使出射的等光程波面变形而偏离于球面。光程差实际上只反映在入射波面和参考波面之间的偏差值。只要计算从物点发出，按序分布于半个入射光瞳面上的若干光线，分别求出其与参考球面之间的光程 $\sum n_i l_i$ [参见式(1.17)]，就可得知各光线之间的光程差了。由于参考球面与实际波面在出射光瞳中心处相切，该点或过该点的主光线的波像差为零。因此，各条光线的光程与主光线的光程之差即为各条光线的波像差。

计算光线的光程是很容易的。在 8.4 节所述的空间光线光路计算过程中，已求出直接表示光线在两个光学表面之间的光路长度 D_i，只要将其与该两面间的介质折射率相乘，即可得到该段光路的光程。全光程中的最后一段，即从系统最后一面到参考球面之间的那一段光程，需求出出射光线与所设定参考球面的交点坐标以后才能算出。最后，将各段光程相加即可。

对给定的光学系统，光线由物面坐标 y 和入射光瞳面上的坐标 η, ζ 所确定。不同的光线有不同的波像差，因此波像差一定是这些坐标的函数。从轴对称光学系统的光线光路特征，可以得出波像差与 η, ζ 和 y 之间的函数关系。

由于坐标为 η, ζ 和 y 的光线与坐标为 $-\eta, -\zeta$ 和 $-y$ 的光线具有完全相同的光路（仅相当于光线绕光轴旋转了 180°），因此，其波像差也应相同，有

$$W'(\eta, \zeta, y) = W'(-\eta, -\zeta, -y)$$

因此在波像差的表达式中，只可能包含 η, ζ 和 y 的偶次元：η^2, ζ^2, y^2，$\eta\zeta, \eta y, y\zeta$。

又由于光束对子午平面对称，坐标 ζ 变符号时，波像差不变，则有

$$W'(\eta, \zeta, y) = W'(\eta, -\zeta, y)$$

上面的偶次元中，$\eta\zeta$ 和 $y\zeta$ 不能在波像差的表达式中出现。再考虑到轴上点的波像差只是入射光瞳半径 $\eta^2 + \zeta^2$ 的函数，即

$$W'(\eta, \zeta, 0) = f(\eta^2 + \zeta^2)$$

则上面偶次元中的 η, ζ 只能以 $\eta^2 + \zeta^2$ 的形式出现于波像差的表达式中。

综上所述，波像差的表达式仅由 $\eta^2 + \zeta^2$，y^2，ηy 这些基本单元组成，有

$$W' = W'(\eta^2 + \zeta^2, y^2, \eta y) = a_1(\eta^2 + \zeta^2) + a_2\eta y + b_1(\eta^2 + \zeta^2)^2 + b_2 y\eta(\eta^2 + \zeta^2) + b_3 y^2\eta^2 + b_4 y^2(\eta^2 + \zeta^2) +$$
$$b_5 y^3\eta + c_1(\eta^2 + \zeta^2)^3 + c_2 y\eta(\eta^2 + \zeta^2)^2 + c_3 y^2\eta^2(\eta^2 + \zeta^2) + c_4 y^2(\eta^2 + \zeta^2)^2 + c_5 y^3\eta^3 + c_6 y^3\eta(\eta^2 + \zeta^2) +$$
$$c_7 y^4\eta^2 + c_8 y^4(\eta^2 + \zeta^2) + c_9 y^5\eta + \cdots + \text{更高次项} \tag{13.18}$$

上式中不存在常数项是显而易见的。这是因为参考球面在出射光瞳中心与实际波面相切，$\eta = \zeta = 0$ 的主光线的波像差为零。同样，单独的 y^2 元，如 $a_3 y^2, b_6 y^4, c_{10} y^6$ 等也不应该出现，否则，当 $\eta = \zeta = 0$ 时，波像差就不会等于零。

式(13.18)中的 $a_1(\eta^2 + \zeta^2)$ 和 $a_2 y\eta$ 分别为轴向离焦和垂轴离焦项，是由于参考点不在高斯像点而产

生的。以 b_i 为系数的五项，相应于五种初级单色像差引起的波像差。以 c_i 为系数的九项，是由二级像差引起的，与按式(10.25)计算的结果相符。

如果将上式中的坐标取规化值，即令

$$\overline{\eta} = \eta / \eta_m, \qquad \overline{\zeta} = \zeta / \zeta_m, \qquad \overline{y} = y / y_m$$

则可以应用式(13.14)和式(13.15)，将式(13.18)的波像差变换成垂轴像差 $\delta Y'$ 和 $\delta Z'$，并可以把与初级像差相应的五个系数 b_1, b_2, b_3, b_4, b_5 用通常的赛得和数表示出来，从而得到更常见的初级波像差表示式，有

$$-W' = \frac{1}{8} S_I (\overline{\eta^2} + \overline{\zeta^2})^2 + \frac{1}{2} S_{II} \overline{y} \overline{\eta} (\overline{\eta^2} + \overline{\zeta^2}) + \frac{1}{2} S_{III} \overline{y^2} \overline{\eta^2} + \frac{1}{4} (S_{III} + S_{IV}) \overline{y^2} (\overline{\eta^2} + \overline{\zeta^2}) + \frac{1}{2} S_V \overline{y^3} \overline{\eta} \tag{13.19}$$

相应的初级垂轴像差表示为

$$\begin{cases} -2n'u' \delta Y' = S_I \overline{\eta} (\overline{\eta^2} + \overline{\zeta^2}) + S_{II} \overline{y} (3\overline{\eta^2} + \overline{\zeta^2}) + (3S_{III} + S_{\phi\delta}) \overline{y^2} \overline{\eta} + S_V \overline{y^3} \\ -2n'u' \delta Z' = S_I \overline{\zeta} (\overline{\eta^2} + \overline{\zeta^2}) + 2S_{II} \overline{y} \overline{\eta} \overline{\zeta} + (S_{III} + S_{IV}) \overline{y^2} \overline{\zeta} \end{cases} \tag{13.20a}$$

也常见有用极坐标 r, φ 表示瞳面坐标的波像差表示式，此时有

$$\eta = r \cos \varphi, \qquad \zeta = \sin \varphi, \qquad \eta^2 + \zeta^2 = r^2$$

将其代入式(13.18)，可得相应的表示式：

$$\begin{aligned} W'(r, \varphi, y) = &\, a_1 r^2 + a_2 yr \cos \varphi + b_1 r^4 + b_2 yr^3 \cos \varphi + b_3 y^2 r^2 \cos^2 \varphi + b_4 y^2 r^2 + b_5 y^3 r \cos \varphi + \\ &\, c_1 r^6 + c_2 yr^5 \cos \varphi + c_3 y^2 r^4 \cos^2 \varphi + c_4 y^2 r^4 + \\ &\, c_5 y^3 r^3 \cos^3 \varphi + c_6 y^3 r^3 \cos \varphi + c_7 y^4 r^2 \cos^2 \varphi + c_8 y^4 r^2 + c_9 y^5 r \cos \varphi + \cdots \end{aligned} \tag{13.20b}$$

以上的波像差表示式，一般都用来对某一给定的视场计算其波像差的，故式中的视场因子 y 是一个常数，可并入系数中去。

在计算波像差时，应根据光学系统孔径和视场的大小，确定波像差展开式中应取的项数。需计算的光线数量应该等于或多于所取的项数，并以适当的形式分布在半个光瞳上。分别算得各条光线的光程后，再求得其相对于主光线的光程差，即为各条光线的波像差。这样，就可将其代入上述公式，用最小二乘法求得各项的系数，得到波像差随入射光瞳面坐标 η, ζ' 或 r, φ 而变的表示式。利用它就可以对由同一点发出、具有任意瞳面坐标的光线算出其波像差。

也可以表 8.1 中所举双胶合透镜为例，通过三种色光的光路计算求得如前所述 $\delta y' \text{-} \sin U'$ 曲线，是由专业光学设计软件求得，只是坐标方向改变了 $90°$。波像差校正情况如图13.10所示。

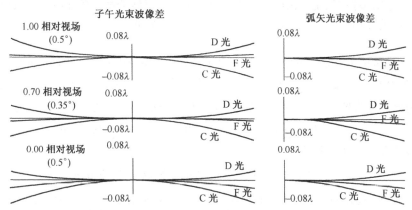

图 13.10　表 8.1 中所举双胶合透镜波像校正情况

由图 13.10 可知，由于视场不大，不同视场的色差偏离较小，即倍率色差不大。

13.5　参考点移动产生的波像差和焦深

参考点的位置变化时，对几何像差而言，只相当于计算像差时的坐标原点的变化，这是直接明了

的；但对于波像差而言，则相当于参考球面的半径发生的变化，使得新的参考球面与原来的参考球面有所偏离，此偏离就是参考点移动所产生的波像差。当参考点沿波面的对称轴移动 $\Delta l'$ 时，其所引起的波像差的变化量 $\Delta W'$ 可以用式(13.3)来计算。以 $\Delta l'$ 替代式(13.3)中的球差 $\delta L'$，并将其看成常量，可得

$$\Delta W' = \frac{n'}{2}\Delta l' \int_0^{u'_m} \mathrm{d}u'^2 = \frac{n'}{2}u_m'^2 \Delta l' \tag{13.21}$$

当参考点在垂轴方向移动 $\Delta y'$ 时，其所产生的波像差的变化量 $\Delta W'$ 可以由式(13.16)来求得。此时，式(13.16)中的 $\delta Y' = \Delta y' = $ 常量，$\delta Z = 0$，得

$$\Delta W' = \frac{n'}{R'}\Delta y' \int_0^{\eta'_m} \mathrm{d}\eta' = n'\Delta y' \frac{\eta'_m}{R'}$$

式中，R' 为参考球面半径，且 $\eta'_m / R' = \sin U'_m \approx u'_m$，上式可写为

$$\Delta W' = n'\Delta y' \sin U'_m \approx n'\Delta y' u'_m \tag{13.22}$$

对于理想光学系统，以高斯像点为参考点时，波像差为零。若有一微量的离焦 $\Delta l'$，其所产生的波像差可由式(13.21)计算。按瑞利判据，只要所产生的波像差小于 1/4 波长，仍不失其成像的完善性，即

$$\frac{n'}{2}u_m'^2 \Delta l'_0 \leqslant \frac{\lambda}{4}$$

与此相应的离焦量，用 $\Delta l'_0$ 表示，有

$$\Delta l'_0 \leqslant 0.5\lambda / n'u_m'^2 \tag{13.23}$$

无论是实际像点在高斯像点之前或之后的 $\Delta l'_0$ 范围内，波像差都不会超过 1/4 波长，所以把 $2\Delta l'_0$ 定义为焦深，即

$$2\Delta l'_0 = \lambda / n'u_m'^2 \tag{13.24}$$

焦深与光学系统的孔径角有关，孔径角越大，焦深越小。焦深是光学系统中的一个重要量值，可作为衡量光学系统剩余像差允许量的一个尺度。

13.6　色差的波像差表示

13.6.1　用(D−d)方法计算波色差

如果从物点发出的球面波是复色的，光学系统的消色差谱线的两种色光波面经系统后，因各自的像差而有不同程度的变形。该两种色光波面间的偏离量，例如 F 光和 C 光的，可用来表征色差，称为波色差。

用 $(D-d)$ 方法讨论色差是很方便的，其中的 d 表示光学系统中各光学零件沿光轴的厚度；D 表示光线在相应零件中的光路长度。$\sum(D-d)$ 是轴上点发出的某一光线与沿轴光线之间的光路差，而 $\sum(D-d)n$ 就是该光线的光程差。按此，同一孔径的 F 光和 C 光各自的光程差应该是

$$W'_F = \sum(D_F - d)n_F \qquad 和 \qquad W'_C = \sum(D_C - d)n_C$$

二者之差即为波色差，用 W'_{FC} 表示，有

$$W'_{FC} = W'_F - W'_C = \left(\sum D_F n_F - \sum D_C n_C\right) - \sum d(n_F - n_C) \tag{13.25}$$

式中，第一项表示同一孔径的二色光线间的光程差；第二项表示沿轴的二色光线间的光程差。由于二色光的折射率差 $n_F - n_C$ 比折射率 n 小得多，由此折射率差引起的二色光线的光路差 $D_F - D_C$ 为一小量，而二光线的光程差更为二级小量。若略去这个二级小量，则可用二色光的中间色光（d 光或 e 光）的光路长度 D 来代替 F 光和 C 光的光路长 D_F 和 D_C，由此可得

$$W'_{FC} = \sum(D-d)(n_F - n_C) = \sum(D-d)\mathrm{d}n \tag{13.26}$$

这就是轴上点波色差的表示式。它表示二色波面于中心相切时，在所计算孔径处的偏离量。若边缘光线的 $W_{FC} = 0$，表示二色波面在边缘处相交，或在边缘带上二色光的波像差相等。这符合消色差系统

的要求，即边缘带波色差为零：

$$W'_{\text{FC}} = \sum (D_{\text{m}} - d)\mathrm{d}n = 0$$

应用式(13.26)计算波色差时，主要在于计算主色光在光学系统各光学零件中的光路长度 D_i。如果计算是在子午光线光路计算的基础上进行的，D 值可以按式(8.17)和式(8.19)计算，即

$$\begin{cases} D_i = \dfrac{d_i - x_i + x_{i+1}}{\cos U'_i} \\ x_i = \dfrac{PA_i^2}{2r_i} \end{cases} \tag{13.27}$$

式中，$PA_i\,(OE_i)$ 和 U' 的值在计算轴上点球差时所做的光路计算中已经求出。而当用计算机计算时，在程序中，光路计算统一用空间光线公式，D_i 值已作为一个中间量算出，可以直接取用。

由上所述可见，计算波色差无需对要求消色差的两种色光专做光路计算，且由于空气的色散 $\mathrm{d}n = 0$，只需计算出透镜和其他折射光学零件的 $(D-d)\mathrm{d}n$ 即可。通常按式(13.25)和式(13.26)排列成表，逐列对每块透镜做计算，也可附列于远轴光线的光路计算表8.3之下。现以表8.1中所举的双胶合透镜为例，由表8.3中取的相关表格部分及数据，计算其波色差，如表13.4所示。

其结果为 $\sum (D-d)\mathrm{d}n = 0.000\,02$ mm。

用$(D-d)$方法计算色差，不仅方便，而且还有不少好处：(1) 它不像计算几何色差那样，由两个大数 L'_F 和 L'_C 相减得到，而是直接由公式计算得到的，因此计算精度较高，用 5 位数就能求得可靠的结果。(2) 在现有的光学玻璃中，折射率相同而色散不等的玻璃很多，这样，当光学系统的单色像差已校正好而色差仍未消除时，用此方法可以方便地选取等折射率、不等色散的玻璃来消除色差，而对单色像差并无影响。这对复杂光学系统，特别是照相物镜等大像差系统的设计，具有重要的实用意义。(3) 如果不采取挑选玻璃，而以改变某个折射面的曲率半径来校正色差也很方便。一般用改变最后一面的曲率半径来校正整个系统的色差。一个由 M 块透镜组成的光学系统，在求得 $M-1$ 块透镜的 $\sum_1^{M-1} (D-d)_i\mathrm{d}n_i$ 值之后，最后一块透镜的色差应为

$$(D_M - d_M)\mathrm{d}n_M = -\sum_1^{M-1} (D_i - d_i)\mathrm{d}n_i + W'_{\text{FC}}$$

式中，W'_{FC} 是要求保留的剩余色差（目的是为了补偿系统中反射棱镜等零件的色差）。如果要求消色差，应令 $W'_{\text{FC}} = 0$，则光线在最后一块透镜中的光路长度为

$$D_M = d_M - \frac{\sum_{i=1}^{M-1} (D_i - d_i)\mathrm{d}n_i - W'_{\text{FC}}}{\mathrm{d}n_M} \tag{13.28}$$

随后，光线在最后一面上的矢高 x_k 和入射高度 h_k 可以根据如图 13.11 所示的几何关系求出，有

表 13.4 由表 8.3 中摘取的波色差计算部分

	1	2	3
$-r$	62.5	-43.65	-124.35
U'	3°8′59″6 (3.149 75°)	1°35′44″0 (1.595 555°)	5°44′37″7 (5.743 806°)
$PA(OB)$	10.0324	9.951 436	9.803 76
d	4.0	2.5	
$x_i = \dfrac{PA_i^2}{2r_i}$	0.805 192 4	$-1.134\,377$	$-0.386\,464\,1$
$\cos U'$	0.998 489 3	0.999 612 0	0.994 980 3
$D_i = \dfrac{d_i - x_i + x_{i+1}}{\cos U'_i}$	2.063 548	3.249 181	
$D-d$	$-1.936\,452$	0.749 181	
$\mathrm{d}n$	0.008 060	0.0208 60	
$(D-d)\mathrm{d}n$	$-0.015\,607\,8$	0.015 627 9	0.000 020 1

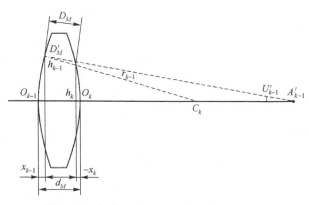

图 13.11 矢高和入射高度的几何关系示意图

$$\begin{cases} x_k = D_M \cos U'_k - x_{k-1} - d_M \\ h_k = h_{k-1} - D_M \sin U'_{k-1} = r_{k-1} \sin(U_{k-1} + J_{k-1}) - D_M \sin U'_{k-1} \end{cases} \tag{13.29}$$

式中，带下标 $k-1$ 的各量是光学系统倒数第二面的各有关值，都是已知的。求得 x_k 和 h_k 以后，符合消色差要求的最后一面的曲率半径即可按下式求出：

$$r_k = \frac{PA_k^2}{2x_k} = \frac{x_k^2 + h_k^2}{2x_k} = \frac{h_k^2}{2x_k} + \frac{x_k}{2} \tag{13.30}$$

应用这一方法只需根据中间色光的边缘光线对 $k-1$ 个折射面所做的光路计算结果，就可以直接求得消色差的最后一面的曲率半径。在光学系统尚存微量色差需要校正时，这是常用的方法。

下面就几个相关问题再作一简述。

13.6.2　二级光谱

$(D-d)$ 法也可方便地用来描述二级光谱。如系统已对 F 光和 C 光校正色差，应有

$$W'_{FC} = \sum (D-d)(n_F - n_C) = 0$$

此时对 D 光的二级光谱可表示为

$$W'_{FD} = W'_F - W'_D = \sum (D-d)(n_F - n_D) = \sum (D-d)(n_F - n_C)\frac{n_F - n_D}{n_F - n_C} = \sum (D-d)\mathrm{d}n P_{FD} \tag{13.31}$$

由式(13.31)知，求得各块透镜的波色差后，只要各块透镜乘以该透镜的相对色散 P_{FD}，便可以求得整个系统以波差表示的二级光谱。还可以看出，只有各块透镜具有相同的相对色散时，才可以同时校正位置色差和二级光谱（与 11.4 节中所得的结论一致）。但已经知道，普通光学玻璃在阿贝常数值相差较大时（消色差所需），其相对色散是不相等的。因此，一般光学系统在校正好色差以后，总存在一定的二级光谱。例如表 8.1 中所举的双胶合透镜，$\sum (D-d)\mathrm{d}n = 0.000\,02$ mm，但其二级光谱为

$$W_{FD} = \sum (D-d)(n_F - n_D) = -1.936\,452 \times (1.521\,91 - 1.516\,33) + 0.749\,181 \times (1.687\,49 - 1.672\,70) = 0.000\,256\,6\ (\mathrm{mm})$$

可见，所举物镜在孔径边缘处，F 光和 D 光的波面之间有半个波长的光程差，应该说是相当可观的了。这表明，光学系统，特别是长焦距大相对孔径的光学系统，二级光谱是影响像质的重要因素。

13.6.3　波色差和初级几何色差的关系

首先考虑单块透镜的波色差：$W'_{FC} = (D-d)\mathrm{d}n = \left(\dfrac{d_1 - \dfrac{PA_1^2}{2r_1} + \dfrac{PA_2^2}{2r_2}}{\cos U'_1} - d_1 \right)\mathrm{d}n$

对于近轴光，上式中的 PA 可用 h 取代，而 $1/\cos U'_1$ 可近似地表示为

$$\frac{1}{\cos U'_1} \approx \left(1 - \frac{1}{2}u_1'^2\right)^{-1} = 1 + \frac{1}{2}u_1'^2$$

将其代入上式，并在推导时略去高次项，有

$$(D-d) = -\frac{h_1^2}{2r_1} + \frac{h_2^2}{2r_2} + \frac{d_1 u_1'^2}{2} = \frac{1}{2}[h_2(i_2 + u_2) - h_1(i_1' + u_1') + d_1 u_1'^2]$$

$$= \frac{1}{2}[(h_2 i_2 - h_1 i_1') - (h_1 - h_2)u_1' + d_1 u_1'^2] = \frac{1}{2}(h_2 i_2 - h_1 i_1')$$

可得

$$W'_{FC} = (D-d)\mathrm{d}n = \frac{1}{2}(h_2 i_2 - h_1 i_1')\mathrm{d}n \tag{13.32}$$

另外，由式(11.6a)可知初级位置色差公式，有

$$\Delta l'_{FC} = -\frac{1}{n_2' u_2'^2}\sum_1^2 C_{\mathrm{I}}$$

式中

$$\sum_1^2 C_{\mathrm{I}} = h_1 n_1' i_1'\left(\frac{\mathrm{d}n_1'}{n_1'} - \frac{\mathrm{d}n_1}{n_1}\right) + h_2 n_2 i_2\left(\frac{\mathrm{d}n_2'}{n_2'} - \frac{\mathrm{d}n_2}{n_2}\right)$$

因为在空气中，有 $n_1 = n_2' = 1$，$\mathrm{d}n_1 = \mathrm{d}n_2' = 0$，$n_1' = n_2 = n$，$\mathrm{d}n_1' = \mathrm{d}n_2 = \mathrm{d}n$，将其代入上式，得

$$\sum_1^2 C_{\mathrm{I}} = h_1 n i_1'\frac{\mathrm{d}n}{n} - h_2 n i_2\frac{\mathrm{d}n}{n} = -(h_2 i_2 - h_1 i_1')\mathrm{d}n$$

与式(13.32)比较，得
$$W'_{FC} = (D-d)dn = -\frac{1}{2}\sum_{1}^{2} C_{\mathrm{I}} = \frac{1}{2}n'_2 u'^2_2 \Delta l'_{FC}$$

对于整个光学系统，则有
$$W'_{FC} = \sum_{m=1}^{M}(D_m - d_m)dn_m = -\frac{1}{2}\sum_{i=1}^{k} C_{\mathrm{I}} = \frac{1}{2}n'_k u'^2_k \Delta l'_{FCk} \qquad (13.33)$$

式中，M 为系统中的透镜数；k 为系统中的折射面数。

13.6.4 色球差

当光学系统使二色波面在孔径边缘相交而对边缘带校正波色差时，由于二色波面相对于参考球面的偏离程度不同，在中间各带仍会有剩余的波色差存在。这是由于各色光线的球差各不相同而引起的，故称为色球差。按照几何像差的观点，球差随色光不同，各色光的球差曲线也自然不同，使得两种色光在某一带上校正了色差以后，其他带上必有剩余色差。剩余色差的大小，标志着色球差的大小。

在 9.6 节中已经指出，光学系统应对 0.707 带校正色差，这与对边缘带校正波色差是一致的。因为对于绝大部分系统，几何色差可以认为与孔径的平方成比例，根据式(11.1)，可表示为
$$\Delta L'_{FC} = \Delta l'_{FC} + au'^2$$

若以孔径的平方为纵坐标轴作色差曲线，所得为一条直线，如图 13.12 所示。其与纵坐标轴所围面积的一半就是波色差。对 0.707 带，等同于孔径平方的 0.5 带消几何色差，因被纵轴所分割出的左、右两三角形面积相等，正好使边缘带的波色差为零。

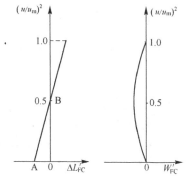

图 13.12 孔径的平方为纵坐标轴作色

对边缘带消波色差或对 0.707 带消几何色差，用波像差观点容易解释。因为在对一个带校色差以后，总希望在其他带上的剩余色差为最小。对 0.707 带消色差就能达到此目的。此时，在 0.707 带上具有最大的剩余波色差，其值是三角形 OAB 面积的一半，而此三角形正好是色差曲线可能与纵坐标轴围成的面积为最小的三角形，使得波色差为最小值。

光学系统的色球差也可以由 $D-d$ 法来粗略描述。可以用各个透镜两个带上的波色差之比 C_{SI} 表示，即用
$$C_{SI} = \frac{W'_{m}}{W'_{0.707h}} = \frac{D_m - d}{D_{0.707h} - d}$$

来描述色球差产生的特征。若各个透镜的这一比值为常值，应无色球差产生。$D-d$ 的值主要取决于折射面的矢距 x，而 x 的值又随 $PA(OB)$ 而定。因此，色球差可归结为由各个折射面上 PA_m 和 $PA_{0.707h}$ 值之比不等所导致的。此比值与折射面的相对孔径有关，相对孔径越大，比值也越大。计算表明，半径 r 与截距 l 同号的面，比值要较异号的面小。按此，能对光学系统色球差的产生有个粗略的判断。例如双胶合望远镜物镜、火石透镜在前的形式，因为胶合面的半径与截距同号，其色球差要比冕牌透镜在前的形式小一些。

仍可由前面图13.10可以看出不同孔径的色差有偏离，但不很大，说明色球差不大。色差虽没有得到完全校正，其总体色差在 0.1λ 以下，二级光谱也是这个量级。

13.7 光学系统的像差容限

光学系统存在的像差在一定程度上是允许的，还不能认为是已被很好地解决了的问题，因为光学系统的像差容限与像质的评价方法的使用条件、使用要求和接收器性能等有关。像质评价的方法很多，它们各有其局限性。而且有些方法，由于其数学计算烦琐，难于从像质判据直接得出像差容限。

由于波像差与几何像差之间有着较为直接的联系，以瑞利判据（最大波像差小于 1/4 波长时，认

为光学系统是完善的）为最大波像差的评价依据，是一种方便而实用的像质评价方法，利用它可由波像差的允许值得出几何像差的容限。但是，瑞利判据只适用于评价望远镜和显微镜物镜等小像差系统。

望远镜物镜和显微镜物镜是一种视场较小而孔径较大或很大的系统，应该保证轴上点和近轴点有很好的成像质量。所以必须校正好球差、位置色差和正弦差（近轴彗差），使之符合瑞利判据的要求。

13.7.1 球差的容限公式

对于球差，利用 13.2 节中已经得到的公式，可以直接得出。有两种情况：

(1) 边缘光球差的容限公式

当系统仅有初级球差时，经 $\delta L_{\mathrm{m}}'/2$ 离焦以后的最大波像差由式(13.7)决定，即

$$W_{\mathrm{m}}' = \frac{1}{16}n'u_{\mathrm{m}}'^2 \delta L_{\mathrm{m}}' \leqslant \frac{\lambda}{4} \tag{13.34a}$$

则可得边缘光球差的容限公式为

$$\delta L_{\mathrm{m}}' \leqslant \frac{4\lambda}{n'u_{\mathrm{m}}'^2} = 4\text{倍焦深} \tag{13.34b}$$

式(13.34b)中的 u' 在公式推导过程中取代了 $\sin U'$，故式(13.34b)的严格表示应为

$$\delta L_{\mathrm{m}}' \leqslant \frac{4\lambda}{n'\sin U'^2} \tag{13.34c}$$

(2) 带光球差容限

当系统同时具有初级和二级球差时（大多数光学系统属于此类），在对边光校正好球差后，0.707 带的光线具有最大的剩余球差。做 $3\delta L_{0.707\mathrm{h}}'/4$ 的轴向离焦后，系统的最大波像差由式(13.6)决定，令其小于或等于 $\lambda/4$，便可以得出边光球差 $\delta L_{\mathrm{m}}' = 0$ 时的带光球差容限，即

$$W_{\mathrm{m}}' = \frac{n'h_{\mathrm{m}}^2}{24f'^2}\delta L_{0.707\mathrm{h}}' \leqslant \frac{\lambda}{4} \tag{13.35a}$$

则

$$\delta L_{0.707\mathrm{h}}' \leqslant \frac{6\lambda}{n'(h_{\mathrm{m}}/f')^2} = \frac{6\lambda}{n'u_{\mathrm{m}}'^2} = 6\text{ 倍焦深} \tag{13.35b}$$

严格的表示式为

$$\delta L_{0.707\mathrm{h}}' \leqslant \frac{6\lambda}{n'\sin^2 U_{\mathrm{m}}'} \tag{13.35c}$$

实际上，边缘光的球差未必正好校正到零，但必须控制在焦深范围以内，故边光球差的容限为

$$\delta L_{\mathrm{m}}' \leqslant \frac{\lambda}{n'\sin^2 U_{\mathrm{m}}'} \tag{13.36}$$

13.7.2 球差以外其他相差的容限公式

(1) 望远物镜和显微物镜等"小像差光学系统"

类似于球差，其他像差的容限为：

弧矢彗差

$$K_s' \leqslant \frac{\lambda}{2n'\sin U_{\mathrm{m}}'} \tag{13.37}$$

正弦差

$$SC' \leqslant \frac{\lambda}{2n'y'\sin U_{\mathrm{m}}'} \tag{13.38a}$$

有时，正弦差以 0.000 25～0.0025 为其容限

$$SC' \leqslant (\pm 0.000\,25 \sim \pm 0.0025) \tag{13.38b}$$

波色差

$$W_{\mathrm{FC}}' \leqslant (\lambda/2 \sim \lambda/4) \tag{13.39}$$

以上各式中的 n' 为光学系统像方空间的折射率；U_{m}' 为像方最大孔径角；y' 为理想像高。

(2) 望远镜和显微镜的目镜是小孔径大视场系统

应考虑轴外像差的校正，有关像差的容限为：

弧矢彗差 K_s' 同式(13.37)

像散
$$\Delta x' = x'_t - x'_s \leqslant \frac{\lambda}{n' \sin^2 U'_m} \tag{13.40}$$

像面弯曲 $\qquad\qquad x'_t$ 和 x'_s 在人眼的调节范围以内

畸变 $\qquad\qquad q \leqslant (5 \sim 10)\%$ $\tag{13.41}$

倍率色差 $\qquad\qquad$ 以角度计 $\leqslant 2' \sim 4'$ $\tag{13.42}$

(3) 照相物镜是大孔径大视场系统

应校正全部像差，但作为其接收器的感光胶片有一定的粒度，在很大程度上限制了系统的成像质量，可认为是一种大像差系统。它所具有的各种像差的剩余值，可能超出瑞利极限好几倍，自然是不能用瑞利判据来评价其成像质量的，对于大像差系统，用几何光线的密集程度能较好地反映其像质。一般可用弥散斑，即由一物点发出若干光线通过光学系统后在像面上的交点的离散情况来直接评定。对应的评价方法称为点列图。若弥散斑的直径在 0.03~0.1 mm 以内时，就可以认为是允许的。至于畸变，应该以使观察者感觉不出其像有变形为限，一般允许 2%~4%。

习题

13.1　利用习题 9.4 中的球差 $\delta L'_D$ 的数据，用作图的方法求该系统轴上点波像差曲线，确定其最佳成像位置及该位置的波像差曲线。

13.2　利用习题 9.5 中所求的球差展开式，求该系统的波像差表示式，给出其波像差曲线，按最佳成像位置确定离焦量后，再求其波像差表示式，并绘出波像差曲线。

13.3　利用习题 8.1 中的显微物镜数据，求该系统的焦深和带球差容限。

13.4　利用习题 9.4 的色差数据，用作图法求波色差曲线。

13.5　利用习题 8.3 计算结果，计算边缘光或带光的 $\sum(D-d)\mathrm{d}n$ 值。

13.6　利用习题 12.1 中所绘 $\Delta Y' \text{-} \tan U'$ 曲线，用作图法求边缘视场、带视场和 0.5 视场的波像差曲线。

第三部分　典型光学系统

　　由于绝大多数光学系统可归属于望远系统、显微系统和照相系统三类中的一种，所以，这一部分是以几何光学为基础讨论各种系统的光学特性及其横向尺寸和轴向尺寸的计算方法等。近年来以基于人眼光学系统的"视光学"得到了新的发展：其一是保持了眼睛作为光学图像探测器，其主要参数为目视光学系统设计的基础；其二是人眼光学系统的特性及其检测发展了相关理论及仪器。在本部分中对"眼睛"单设一章。

　　光学系统结构形式的选择是光学系统设计中的重要环节。这一部分根据像差理论对各种典型系统的结构形式做了必要的分析，为设计中选型打下了理论基础。

　　在光学仪器设计中，首先要确定光学系统的工作原理，才能进行整个仪器的总体设计和部件设计。掌握了各种典型光学系统的特性，才有可能确定光学仪器的工作原理。

　　由于光学仪器的现代发展，新型光学系统的光学性能和设计方法都有一定的特点，如光电光学系统、红外光学系统、激光光学系统、梯度变折射率光学系统和纤维光学系统等，我们暂称之为特种光学系统。本书中专门安排了一章对其进行讨论。

第14章 眼 睛

14.1 概 述

人类获得的外界信息，约有 80％以上是通过眼睛获得的。人眼感受物体的像经过两个过程：物体先成倒像于视网膜，视网膜上的倒像通过视神经传送到大脑转换为正像。人要看清楚物体，前提是眼睛的光学系统能够将物体清晰地成像于视网膜上。眼睛是一个复杂的光学成像系统，但并不是理想的成像系统。人眼的分辨率受到视网膜感光细胞尺度、人眼光学系统的衍射极限以及人眼光学系统的折光缺陷和各种像差的影响。改善人眼的成像质量（治疗眼疾、戴眼镜、利用目视光学仪器），矫正屈光缺陷和各种像差，一直是人类不断探索的课题。

早在 17 世纪初就发现了人眼存在离焦和像散，并且采用球–柱面透镜实现了离焦和像散的矫正。到 20 世纪 80 年代，激光角膜手术的兴起又提供了新的屈光矫正的临床手段。20 世纪末，随着可以应用于临床的各类眼波前像差仪的出现，人眼高级像差的测量及其在眼视光学临床上的应用取得了明显的进展。今天，人眼波前像差的测量和矫正已经成为世界范围的研究趋势之一。

人类为了拓展视觉以看清微小和远处的物体，发明了显微镜和望远镜，至今至少已有 500 年的历史了。这一类的光学仪器称为目视光学仪器。人类为获得更丰富的视觉信息，发明了各种类型的光电图像仪器。另有一类与眼睛相关的仪器是人眼检测仪器，如人眼视网膜相机。上述两类仪器都是和人眼相配合使用，眼睛也参加了其中的成像，其性能依赖于仪器自身和人眼的特性。制定目视光学仪器性能指标，要充分考虑到眼睛的特点，另外在光学仪器设计中有时要引进人眼的构造。因此，充分了解人眼的构造、成像特点、像差的表述、视觉缺陷和校正、双目视觉等是十分重要的。

度量眼睛光学系统会聚能力用折光度（又称为屈光度（Diopter），简写为 D，参见 3.3 节）为单位，在视光领域对一个折光度(1D)称为 100 度。

14.2 眼睛构造和标准眼

14.2.1 眼睛的构造

人的眼睛本身相当于一个光学成像仪器，外表大体为球形，直径约 25 mm。它的内部构造如图 14.1 所示。通常的光学系统的折射面可以认为是近于理想的球面，而人眼光学系统的折射面不是理想的球面，有诸多的缺陷，因此眼睛的像差有诸多不同于通常光学系统的特点。眼睛的结构主要包括：

(1) **泪膜** 泪膜是覆盖于眼睛前表面的一层液体，分为三层：表面的脂质层、中间的水液层和底部的蛋白质黏层。泪膜厚度约为 7 μm，总量约为 7.4 μg。它的生理作用是润滑眼球表面，防止角膜干燥，保持角膜光学特性和保护眼球表面抵御异物和微生物。泪膜成分的改变、眼球表面的不规则以及眼球与眼睑（俗称为眼皮，位于眼球前方，构成保护眼球的屏障）之间的运动不协调，均可导致泪膜的异常，影响眼睛的成像性能。

(2) **角膜** 眼球被一层坚韧的膜所包围，前面突出的透明部分称为角膜，其余部分称为巩膜。角膜是

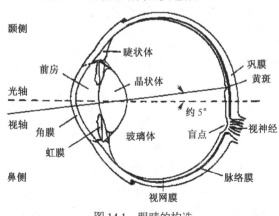

图 14.1 眼睛的构造

由角质构成的透明球面，中央部厚度为0.5～0.55 mm，周边（厚度）约为1 mm，横径为11.5～12 mm，垂直径为10.5～11 mm，折射率约为1.377，前表面的曲率半径约为7.8 mm，后表面的曲率半径约为6.5 mm。它是眼睛主要的折光介质，承担眼睛三分之二以上的折光度，相当于43D的凸透镜。外界光线首先通过角膜进入眼内。角膜的组织结构规则有序，具有良好的自我保护和修复特性。角膜富含感觉神经，因此感觉十分敏锐。角膜无血管。

(3) **前房** 角膜后面到晶状体的空间称为前房，室中充满了折射率为1.337的透明液体，称为房水。房水具有维持眼内组织（晶状体、玻璃体、角膜）代谢和调节眼压的作用。前房的深度约为3.05 mm。

(4) **虹膜** 虹膜位于晶状体的前面，中央是一个圆孔，能限制进入眼睛的光束孔径，称为瞳孔。虹膜的主要功能是根据外界光线的强弱，相应地使瞳孔缩小或扩大，以调节进入人眼内的光能量，以保证视网膜上的成像。瞳孔大小与年龄、屈光状态、精神状态等因素有关，直径一般为2.5～4 mm。

(5) **睫状体** 睫状体位于虹膜根部与脉络膜之间，为6～7 mm宽的环状组织，由睫状肌和睫状上皮细胞组成，通过睫状肌的收缩对晶状体起调节的作用。

(6) **晶状体** 晶状体是眼屈光介质的重要部分，是由多层薄膜构成的一个双凸透镜，直径约为9 mm，中心厚度约为4 mm，承担约19 D的折光度。各层的折射率不同，内层约为1.41，最外层约为1.38。在自然状态下，其前表面的曲率半径约为10.1 mm，后表面的曲率半径约为6.1 mm。借助于睫状肌的收缩或放松的调节，可使晶状体前表面的曲率半径发生变化，从而改变眼睛的折光度，使不同距离的物体都能成像在视网膜上。晶状体可滤去部分紫外光线，对视网膜有保护作用。晶状体无血管。晶状体囊受损或房水代谢变化时，晶状体将发生混浊，形成白内障。

(7) **玻璃体** 晶状体的后面直到视网膜的空间是玻璃体，它是眼屈光介质的组成部分，并对晶状体、视网膜等周围组织有支持、减震和代谢的作用。玻璃体主要成分是水和胶质，其折射率约为1.336。正常状况下，玻璃体呈凝胶状态，具有塑形性、黏弹性和抗压缩性。

(8) **视网膜** 眼睛后方的内壁与玻璃体紧贴的部分是由视神经末梢组成的视网膜，它是眼睛光学系统成像的接收器。视网膜是一个凹球面，其曲率半径为12.5 mm。视网膜有非常复杂的结构，共有10层：前8层对光透明但是不引起刺激；第9层是感光层，布满作为感光单元的视神经细胞；第10层直接与脉络膜相连。视网膜上的视神经细胞是第一级神经元，分为视杆细胞和视锥细胞两种。视锥细胞感受强光（明视觉）和色觉，视杆细胞感受弱光（暗视觉）和无色视觉。视锥细胞有三种感受不同波长的细胞，其波长响应峰值分别为440 nm，550 nm和570 nm，分别对应于蓝（短波段）、绿（中波段）、黄绿（长波段）三种颜色，如图14.2所示。三种视锥细胞不仅数目上不均等，并且排列也不规则。视锥细胞的尺寸约为1.5 μm，约有800万个，主要集中在黄斑区，在该处的密度约为15万个/mm²。随着偏离黄斑区，视锥细胞越来越少。视杆细胞只有一种，其波长响应峰值为500 nm，约有12亿个。在中心凹处没有视杆细胞，它在距中心凹0.13 mm处开始出现，并逐渐增多，在5 mm左右最多，再向周边区域又逐渐减少。图14.3给出了视锥细胞和视杆细胞的空间分布特性。

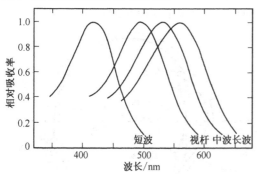

图 14.2　视锥细胞和视杆细胞的光谱响应特性

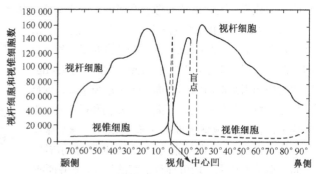

图 14.3　视锥细胞和视杆细胞的空间分布特性

视网膜上的两种感光细胞除了上述的光谱响应特性和空间分布特性上的不同外，它们与视网膜其他神经元的联系方式也有所不同，由此决定了它们的感光灵敏度和空间分辨率的差异。视网膜上的光感受器依次通过双极细胞、神经节细胞，最后和视神经相联系。视杆细胞存在着会聚现象，多个视杆细胞会聚到一个双极细胞，然后多个双极细胞再会聚到一个神经节细胞。在视网膜的周边部，约有250个视杆细胞经几个双极细胞和一个神经节细胞相联系。这种联系方式的系统不可能有较高的空间分辨率，但是有较高的感光灵敏度。相比之下，中心凹处的一个视锥细胞，只与一个双极细胞联系，继而与一个神经节细胞联系，形成单线联系的方式，致使视锥细胞有较高的分辨率和较低的感光灵敏度。

(9) **脉络膜** 视网膜的外面包围着一层黑色膜，介于视网膜和巩膜之间，平均厚度为0.25 mm，称为脉络膜，包含丰富的黑色素，起到吸收透过视网膜的光线，把后房变成一个暗室的作用。脉络膜血管丰富，因此还有眼部温度调节作用。

(10) **黄斑** 黄斑距盲点中心15°30′、向太阳穴方向的一个椭圆区域，大小为1 mm（水平方向）× 0.8 mm（垂直方向）。黄斑的中心有一个0.3 mm × 0.2 mm的凹部，称为中心凹。中心凹密集了大量的感光细胞，是视网膜上视觉最灵敏的区域。当眼睛观察外界物体时，会本能地转动眼球，使像成在中心凹上。通过眼睛节点和中心凹的直线是眼睛的视轴。眼睛的视轴和光轴成约5°的夹角。

(11) **盲点** 在视神经进入眼腔处附近的视网膜上，有一个椭圆形的区域，该区域内没有感光细胞，不产生视觉，称为盲点。通常人们感觉不到盲点的存在，这是因为眼球在眼窝内不时转动的原因。

(12) **巩膜** 巩膜是一层不透明的乳白色外皮，可将整个眼球包围起来。它由致密且相互交错的胶原纤维组成，前部和角膜相接，后部与视神经交接处分为内、外两层。

14.2.2 标准眼

眼睛作为一个光学系统，其各种有关参数可由专门的仪器测出。根据大量的测量结果，可以定出眼睛的各光学常数，包括角膜、房水、晶状体和玻璃体的折射率，各光学表面的曲率半径，各组件之间的间距。满足这些光学常数的眼模型称为标准眼。标准眼设计的目的是建立一个适用于眼球光学系统研究的模拟人眼的光学结构，具有一定的普适性。在标准眼的设计中会忽略很多非重点的复杂部分。由于所针对的研究领域上的差异，不同的标准眼所简略的部分也就有所不同。

1. Christian Huygens 模型眼

眼睛的第一个物理模型是由Christian Huygens提出的，这个模型中没有考虑晶状体，眼睛的屈光能力全部由角膜承担。而后逐步发展到有晶状体的模型眼、晶状体的梯度折射率变化模型眼、角膜和晶状体的非球面面形模型眼、晶状体同心多层结构模型眼等。模型眼结构是基于眼的生理解剖学和生物试验的数据设计的。由于活体角膜的参数容易测量，所以在各种眼睛模型中，角膜的参数变化不大。但是，活体晶状体前后表面半径和折射率的测量存在一定的难度，因此各眼模型中晶状体的结构存在着较大的差别。

2. Gullstrand 精密眼模型

该模型是由Gullstrand提出的，把眼的光学系统看成是同轴和同中心的透镜系统，包括位于空气与房水之间的角膜系统和位于房水与玻璃体之间的晶状体系统两部分。由于房水与玻璃体的折射率非常接近，将它们视为一种屈光介质，折射率为1.336。实际上的晶状体是层状结构，其折射率从外层向内层逐渐增加，核的折射率最大，设计中把晶状体视为囊及皮质和核两部分。这样构成的屈光系统有6个折射面，包括角膜前、后表面，晶状体皮质前、后表面和晶状体核前、后表面。系统有3对基点，包括2个主焦点、2个主点和2个节点。经测量和计算证明：此屈光系统与眼睛的实际屈光状况相近似。图14.4给出了Gullstrand精密眼模型的结构，表14.1列出了该眼模型的基本参数。

在Gullstrand精密眼模型的基础上，Le Grand用近轴近似做了进一步简化，把6个折射面简化为4个折射面，即晶状体由前、后2个表面组成，称为Gullstrand-Le Grand眼模型。它由6个面组成，考虑到了角膜前表面和后表面、瞳孔、晶状体前表面和后表面、视网膜各自的结构。设计中考虑到眼的调焦是由晶状体的前表面完成的，对无限远的物体调焦时其曲率半径为10.2 mm，对近点调焦时其曲率半径为6.0 mm。这个模型的优点是能够很好地描述眼睛的近轴性质，因此在一级近似计算中，此模型获得了广泛的应用。之后各种改进的眼模型，例如晶状体的梯度折射率变化以及角膜和晶状体的非球面面形等眼模型都是在此眼模型的基础上设计的。Gullstrand-Le Grand眼模型的具体结构参数如表14.2所示。

表 14.1　Gullstrand 精密眼模型的基本参数

折射率	角膜	1.376	曲率半径	角膜前表面	7.7 mm
	房水	1.336		角膜后表面	6.8 mm
	晶状体皮质	1.386		晶状体前表面	10 mm
	晶状体核	1.406		晶状体后表面	- 6 mm
	晶状体全体	1.4085	基点位置	前主点	1.348 mm
	玻璃体	1.336		后主点	1.602 mm
位置	角膜前顶点	0 mm		前节点	7.079 mm
	角膜后顶点	0.5 mm		后节点	7.333 mm
	晶状体前顶点	3.6 mm		前主焦点（自前主点）	-17.05 mm
	晶状体后顶点	7.2 mm		后主焦点（自后主点）	22.53 mm
	视网膜	23.89 mm			

表 14.2　Gullstrand-Le Grand 眼模型的具体结构参数

折射面	曲率半径/mm	非球面系数	厚度/mm	折射率(543 nm)	介质
角膜前表面	7.8	0	0.55	1.3771	角膜
角膜后表面	6.5	0	3.05	1.3374	房水
瞳孔	无限大	0	0		虹膜
晶状体前表面	10.2(6.0)	0	4.0	1.42	晶状体
晶状体后表面	−6	0	17.3	1.336	玻璃体
视网膜	−12.5	0			视细胞

Gullstrand-Le Grand 眼模型被广泛地用来分析眼睛的成像特性、人眼光学系统的色差特性和角膜屈光手术后眼睛的视觉效果等，从而对眼睛的成像从理论上给出分析。

3．简化眼(reduced eye)

简化眼是将眼的光学系统简略为仅有一个折射面的光学结构。该结构的设计原理为：眼球的两主点相近，在调节状态下几乎不发生变化；两节点也相近且都固定，与晶状体后表面的距离较小。因此，两主点和两节点的位置可以在简化中合而为一，取其平均值，成为只有一个主点和一个节点的系统。眼球也因此可以仅用一个理想球面来代替，球面的一侧是空气，另一侧是具有一定折射率的介质。这样的系统仅有一个折射面和 4 个基点（2 个焦点、1 个主点、1 个节点）。简化眼是将 Gullstrand 精密眼进一步简化而成的，图 14.5 示出了它的结构。

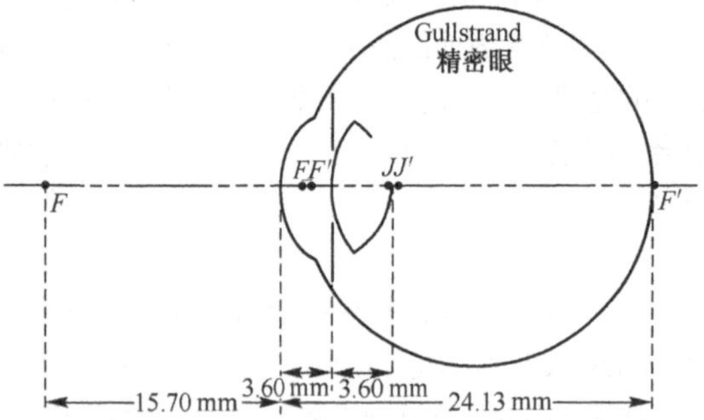

图 14.4　Gullstrand 精密眼模型的结构

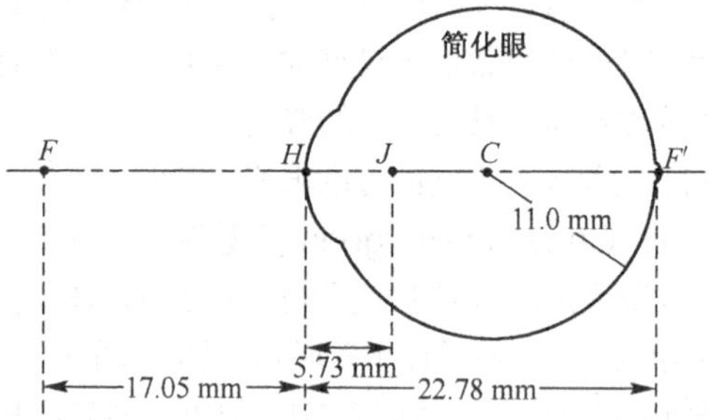

图 14.5　简化眼的结构

简化眼的角膜球面曲率半径为 5.73 mm，其顶点为简化眼的主点，位于实际角膜顶点后约 1.35 mm 处。空气的折射率为 1，眼内介质的折射率为 1.336。节点在实际角膜顶点后的 7.08 mm 处，节点也是实际角膜球面折射面的曲率中心。简化眼的后主焦点位于其主点后 22.78 mm 处，即实际角膜顶点后 24.13 mm 的视网膜位置。视网膜的曲率半径为 11.0 mm。简化眼的前焦点位于其主点前 17.05 mm 处，即实际角膜顶点前 15.7 mm。据此可以求得简化眼在静态时的折光度为 58.64 D。

由于简化眼的节点位于单一折射面的曲率中心，因此物体在视网膜上的成像可以很容易地计算出来。从某一物体两端点发出的射向节点的两条光线不改变方向地直接到达视网膜，它们与视网膜的交点就是像点。因此，像高可以由物高和物距简单地计算出来：

$$\text{像高} = \text{物高} \times \frac{\text{像至节点之间的距离}}{\text{物至节点之间的距离}}$$

14.3　眼睛的调节和聚散

14.3.1　眼睛的调节

为使不同距离的物体都能在视网膜上成清晰的像，随着物体距离的改变，相应地改变眼睛中晶状体的折光度。这种过程称为眼睛的调节。

当肌肉完全放松时，眼睛所能看清楚的最远的点称为远点；当肌肉在最紧张时，眼睛所能看清楚的最近的点称为近点。必须指出，近点距离并就是明视距离，后者是指正常的眼睛在正常照明（约50 lx）下最方便和最习惯的工作距离，国际上规定为250 mm。

正常人眼处在没有调节的自然状态时，无限远物体正好成像在视网膜上，即眼睛的像方焦点正好与视网膜重合。眼睛观察无限远物体时通常不出现眼疲劳。对于目视光学仪器，如望远镜和显微镜，它们通过目镜所成的像都应成在无限远处，以便使眼睛通过仪器观察时，处在没有调节的自然状态。

当观察近距离物体时，眼睛自动产生调节信号，晶状体周围的肌肉就向内收缩，使晶状体的前表面曲率半径变小，这时眼睛的焦距缩短，后焦点由视网膜向前移，从而使有限距离物体正好成像在视网膜上。图14.6示出了晶状体的前表面曲率半径随调节刺激的变化曲线，其中调节刺激以折光度 D 表示。

以 p 表示近点到眼睛物方主点的距离，以 r 表示远点到眼睛物方主点的距离，则其倒数，即

$$1/p = P, \qquad 1/r = R \tag{14.1}$$

分别是近点和远点发散度（或会聚度）的折光度数，其差以字母 $\bar{A}$ 表示，即

$$\bar{A} = R - P \tag{14.2}$$

就是眼睛的调节范围或调节能力。

近点距离和远点距离是随年龄而变化的。随着年龄的增大，肌肉调节能力的衰退，近点逐渐变远，而且调节范围变小。表 14.3 所列是正常眼睛在不同年龄时的调节范围。由表 14.3 中所列数据可见，青少年时期，近点离眼睛很近，调节范围很大。到 45 岁时，近点已在明视距离 250 mm 以外。因此称 45 岁以后的眼睛为老年性远视眼或老花眼。而当年龄至 70 岁以上时，眼睛就失去了调节能力。

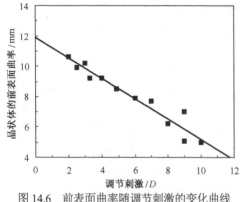

图 14.6　前表面曲率随调节刺激的变化曲线

表 14.3　正常眼在不同年龄时的调节能力和范围

年　龄	P/m	$P(=1/p)$/D	R/m	$R(=1/r)$/D	$\bar{A}(=R-P)$/D
10	-0.071	-14	∞	0	14
20	-0.100	-10	∞	0	10
30	-0.143	-7	∞	0	7
40	-0.222	-4.5	∞	0	4.5
45	-0.286	-3.5	∞	0	3.5
50	-0.40	-2.5	∞	0	2.5
60	-2.00	-0.5	2.0	0.5	1.00
70	1.00	1.00	0.8	1.25	0.25
80	0.400	2.50	0.4	2.5	0.00

14.3.2　眼睛的聚散

眼睛除了有调节能力外，还有双眼聚散功能。聚散是指双眼视轴相互向内或向外的协同运动的能力，目的是使被注视目标处于双眼视轴交点处。当眼睛调节在注视远处物体时，两眼的视轴是平行的；当要看清近处物体时，眼睛不但要调节，而且两眼的视轴也要转向被注视物体，这样才能使双眼成像在视网膜黄斑中心凹部，经过视中枢神经合二为一，形成双眼单视。眼球的这种运动称为集合，见图14.7。当物体从远处慢慢移近，

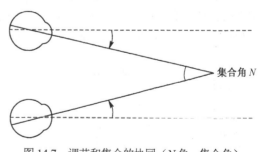

图 14.7　调节和集合的协同（N 角、集合角）

的程度也逐渐增加，最后集合达到极限时，两眼就放弃集合，向外转动。在放弃集合之前，两眼能保持集合的最近点，称为集合近点。

集合的计量单位是以视轴和双眼间的中线相交之角表示的，称为集合角 N。常用测量单位有两种：米角和棱镜度。米角(M. A)单位：若双眼注视 1 m 处的物体，要用 $1D$ 调节，视轴和双眼中线相交之角为 1 M. A；若注视 0.5 m 处，需用 $2D$ 调节，视轴和双眼中线相交之角为 2 M. A。棱镜度($\varDelta$)单位：1 $\varDelta$ 为光线通过

1 m 远的距离产生 1 cm 的垂直偏离。例如，某人的瞳间距为 60 mm，其注视眼前正中 1 m 远的一点，则每只眼向内转 3 Δ（1 m 偏离 3 cm），双眼集合即为 6 Δ；当注视双眼中线前 0.5 m 的物点时，则每只眼向内转 6 Δ，双眼集合为 12 Δ。米角和棱镜度的换算为

$$棱镜度 = 米角 \times 瞳孔间距离(cm)$$

双眼调节与集合是互相协同联合运动的，视近物时，调节增加，双眼眼轴内聚。虽然调节与集合存在密切的联动关系，但是还具有一定程度的单独运动范围：远视眼的调节超过集合，而近视眼的集合超过调节。

14.4 眼睛的适应

视觉与环境亮度有密切关系。环境亮度在 $10 \sim (3 \times 10^4)$ cd/m^2 间称为明视觉，此时视觉活动主要与视锥细胞有关；环境亮度在 10^{-3} cd/m^2 以下称为暗视觉，此时视觉活动主要与视杆细胞有关；环境亮度介于两者之间时称为间视觉，此时视杆细胞和视锥细胞共同起作用。

在不同的环境亮度下，视觉对光谱的敏感度是不同的。以波长为横坐标，以引起一定感觉的光能量的倒数为纵坐标，所得到的曲线称为相对光谱敏感曲线。由于视锥细胞集中在视网膜的中心凹部是明视觉，因此由中心凹部测得的光谱敏感曲线为明视敏感曲线。视杆细胞主要分布在周边部位是暗视觉，因此在视杆细胞最密集区和在暗视条件下测得的光谱敏感曲线为暗视敏感曲线。实验证明，这两条曲线的峰值是不同的。图14.8示出了正常色觉的明视和暗视光谱敏感曲线。

可以看到，暗视时的敏感峰值在光谱的蓝绿部分(507 nm)，在长波段光谱敏感度下降很快，在 780 nm 处只有峰值处的千分之一。明视时的敏感峰值在光谱的黄绿部分(555 nm)。当照明度由明视状态转变为暗视状态时，光谱敏感度曲线向短波段移动，敏感峰由黄绿部分移至蓝绿部分。

光谱敏感曲线在光度学和色度学上有重要的意义。光度学计量中的照度单位勒克斯(lx)，就把人眼的光谱敏感曲线因素考虑在内。具有相同照度的不同颜色的光，通常有不一样的视觉亮度效果。

人眼除了能够随物体距离的改变而调节外，还能在不同亮暗程度的条件下工作。眼睛所能感受的光亮度的范围很大，其比值可达 $10^{12}:1$。这是因为眼睛对不同亮度条件有适应的能力，这种能力称为眼睛的适应。

适应是一种当周围照明条件发生变化时眼睛所产生的变态过程，可分为对暗适应和对光适应两种。前者发生在自光亮处到黑暗处的时候，后者发生在自黑暗处到光亮处的时候。当环境亮度从亮到暗时，就出现视锥细胞活动向视杆细胞活动的转换，此时眼睛的敏感度提高，适应于感受十分微弱的光能。暗适应过程是逐渐完成的，它刺激瞳孔的增大，使进入眼睛的光能量增加。此时，即认为眼睛适应于当时的环境。人在暗处逗留的时间越长，适应越好，其敏感度也就越高。但经过约 30 分钟以后，敏感度便达到一定极限，因此存在一个能被眼睛感受的最低光照度值，称为绝对暗阈限，约为 10^{-6} lx，这一值相当于一支蜡烛在 30 km 远处所产生的照度，即当忽略大气的吸收时，眼睛能感受到 30 km 处的烛光。图14.9所示给出了典型的相对阈强度和暗适应的关系曲线，其中连续曲线 A 为正常被检者离中心凹 8° 测定的结果，曲线 B 为视杆细胞性全色盲者的暗适应曲线，曲线 C 为正常色觉者中心凹区测定的结果。

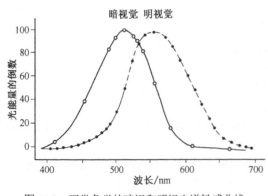

图 14.8　正常色觉的暗视和明视光谱敏感曲线

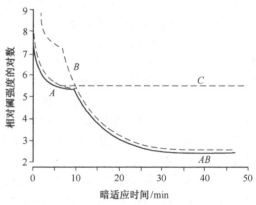

图 14.9　相对阈强度和暗适应的关系

在暗适应曲线中有一个转折点，是视锥细胞和视杆细胞活动的切换点。第一部分是视锥细胞的暗适应，第二部分为视杆细胞的暗适应。暗适应最初的几分钟是由视锥细胞决定的，那时视杆细胞的阈值仍比视锥细胞高，因此转折之前的变化表示了视锥细胞在暗中敏感度的增加。正常眼的暗适应过程是：最初 5 分钟对光的敏感度提高很快，以后渐慢。8～15 分钟对光的敏感度又增加很快，以后渐慢。约 30 分钟达到完全暗适应状态，之后不再随时间而变化。从曲线 *B* 和 *A* 的相互比较还可以看出：视杆细胞性色盲者和正常色觉者的暗适应的不同发生在对应于视锥细胞的暗适应区。

同样，当由暗处到亮处时也会产生炫目现象，这表明对光适应也要有一定的时间，但适应过程需几分钟。眼睛对光适应时，敏感度降低，由于是在照度良好的条件下，不影响眼睛的工作能力。

瞳孔直径随所处环境的光亮度变化而有一定的改变，表 14.4 中列出了当眼睛对各种亮度适应时瞳孔直径的平均值。

表 14.4　亮度适应时瞳孔直径的平均值

适应视场亮度/(cd/m²)	10^{-5}	10^{-3}	10^{-2}	0.1	1	10	10^2	10^3	$2×10^4$
瞳孔直径/mm	8.17	7.80	7.44	6.72	5.66	4.32	3.04	2.32	2.24

无月亮的夜间，星空下的光亮度为 10^{-4} cd/m²，与此相应的瞳孔直径为 8 mm；日光正射下，具有照度为 100 000 lx 的白纸，若其反射系数为 0.628，则其光亮度为 $2×10^4$ cd/m²，与此相应的瞳孔直径约为 2 mm。

14.5　眼睛的视角分辨率

眼睛刚能分清的两物点在视网膜上所成的像之间的距离称为眼睛的分辨率。它是表示眼睛性能的重要指标。眼睛的分辨率主要由视神经细胞的尺寸决定的奈奎斯特极限（Nyquist limitation，一个图像传感器能够分辨的最高空间频率等于它的空间采样频率的一半，这个频率就称为奈奎斯特极限频率）、由光瞳直径决定的衍射极限以及眼光学系统的像差三者决定。

视网膜上视觉最灵敏的区域是黄斑，在该处视神经细胞的直径约为 1.5 µm（视锥细胞），视锥细胞之间的边缘间隙约为 0.5 µm，因此两个相邻视锥细胞的中心间距约为 2 µm。由奈奎斯特极限所决定的视神经能够分辨的两个像点之间的距离至少应该等于两个视锥细胞的中心间距，即 4 µm。如果小于此值，则两个像点将落在相邻的两个视锥细胞上，视神经就无法分辨出这两个点。

根据视网膜上理想像高的计算公式：
$$y' = f \tan \omega \tag{14.3}$$
式中，y' 是视网膜上两像点间的距离，f 是眼睛的节点到视网膜的距离，ω 是两物点对眼睛的张角。物体对人眼的张角称为视角。通常将人眼能够分辨开的两物点之间的视角称为视角分辨率。由式(14.3)可知
$$\tan \omega_{min} = y'_{min} / f \tag{14.4}$$
当眼睛在无调节的自然状态下，$f = -16.68$ mm，由奈奎斯特极限确定的 $y'_{min} = -0.004$ mm，将此二值代入上式，得到视角分辨率为
$$\omega_{min} \approx \frac{-0.004}{-16.68} \times 206\,000'' \approx 49'' \tag{14.5}$$
式中，常数 206 000（即 $60×60×360/2\pi$）为一弧度所对应的秒数。以上求得的是对应视轴周围很小范围内的视角分辨率。当物体偏离视轴时，由奈奎斯特极限决定的分辨率迅速下降。

在 15.5 节中将给出，当入瞳直径为 D 时，理想光学系统的极限分辨角为
$$\omega = 1.22\lambda / D \tag{14.6}$$
若以极限分辨角 ω（"）和入瞳直径 D(mm)，对中心波长 555 nm 的光线可得眼睛的衍射极限分辨角为
$$\omega = \frac{1.22 \times 0.000\,555}{D} \times 206\,000'' \approx \left(\frac{140''}{D} \right) \tag{14.7}$$
在白天，当瞳孔直径为 $D = 2$ mm 时，眼睛的衍射极限分辨角约为 70"。由眼睛光学系统的衍射极限所决定的分辨角要大于由奈奎斯特极限所决定的分辨角。当 $D = 3～4$ mm 时，由衍射极限所决定分辨角将减小。然而，随着瞳孔直径增大，眼睛像差也增大，此时眼睛的像差决定了视角分辨，分辨角反而会增大。

眼睛的分辨率与被观察物体的亮度和对比度有关，又由于眼睛有色差，还受照明光的光谱成分的影响，

故单色光下的分辨率比白光下的分辨率高，并以在 555 nm 黄光下的分辨率为最高。根据实际统计，眼睛的分辨角在 $50'' \sim 120''$ 之间，在良好照明条件下，一般取为 $\omega = 60'' = 1'$。在设计目视光学仪器的光学系统时，必须保证输出的图像达到眼睛的分辨率。

眼睛的视角分辨随视场角的增加而迅速下降。因为在中心视场之外，决定眼睛视角分辨率的是奈奎斯特极限，而不再是衍射极限。此时是感弱光的视杆细胞起作用。视杆细胞要比视锥细胞大许多，实际上是多个视杆细胞共同和一个神经结相连，而不像视锥细胞那样的一一对应的连接。因此在中心视场之外，决定奈奎斯特极限的是多个视杆细胞的尺寸，而不是单个视杆细胞的尺寸。图 14.10 示出了视角分辨率随视场角的变化关系，可以看出：在 $0°$ 视场时可达到 40 c/(°)（周期/度）的视角分辨率的眼睛，在 $10°$ 视场时仅能达到 12 c/(°) 的视角分辨率。

上述人眼分辨率是指对两个发光点能分辨的最小角距离或线距离。在很多测量工作中，常用某种标志对目标进行对准或重合，如用一条直线去和另一条直线重合。这种重合或对准的过程称为瞄准。由于受人眼分辨率的限制，二者不可能完全重合。偏离于完全重合的程度称为瞄准精度。它与分辨率是两个不同的概念，但是相互关联。实际经验表明，瞄准精度随所选取的瞄准标志和方式而异，最高可达人眼分辨率的 $1/10 \sim 1/5$。

常用的瞄准标志和方式有二直线重合、二直线端部对准、叉丝对直线对准和双线对直线瞄准，分别如图 14.11 中的 (a), (b), (c) 和 (d) 所示。其瞄准精度分别为 $30'' \sim 60''$，$10'' \sim 20''$，$10''$ 和 $5''$。

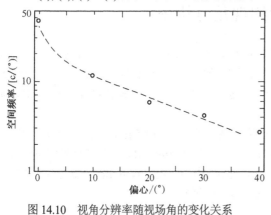

图 14.10　视角分辨率随视场角的变化关系　　　图 14.11　各种不同的瞄准标志

14.6　眼睛像差的表述

14.6.1　眼睛像差的描述

18 世纪中期，人们发现在眼睛光学系统中存在单色像差，如球差、像散、彗差和色差。各种像差对人的视觉质量有重要影响。当校正了离焦和像散后，在正常人眼的像差中，球差和色差是影响视网膜成像的最重要因素。人眼系统的单色像差主要来源于：

(1) 角膜和晶状体表面不理想，其表面曲率存在局部偏差；

(2) 角膜和晶状体及玻璃体不同轴；

(3) 角膜和晶状体及玻璃体的内含物不均匀，导致折射率局部偏差。

色差来源于人眼屈光系统由不同波长色光引起的折射率变化。正是由于眼睛光学系统中的各种像差，使得人眼视觉质量达不到理想值。

人眼光学系统的像差分析可采用几何像差（光线像差）或波前像差（波像差）的概念，它们之间有确定的转换关系。自 1961 年 Smirnov 首次测量人眼波前像差以来，直到 20 世纪末，各种类型的眼波前像差仪器问世以后，眼波前像差的测量和矫正才引起了人们的关注。目前，眼波前像差的概念已在临床上得到了应用。

对于特定视场，波前像差是光学系统出瞳坐标的函数，可用多项式将波前像差展开。眼睛的光学系统是圆形的，用多项式展开时用极坐标更为合适。一般的光学系统是旋转对称性系统，这样在对波前像差进行展开时可以略去若干项，从而使得像差的表述变得简单。然而实际人眼却没有这样的对称性，例如角膜面型就有相当多的不对称，这在角膜面型的临床测量中得到了证明。另外，眼睛的视轴和光轴并不重合，这也使眼睛的光学系统缺少旋转对称性。作为一定的近似，特别是当用如 Gullstrand-Le Grand 眼模型分析时，可以把眼的光学系统近似为对称光学系统。基于这些考虑，对于特定的视场当用幂级数对眼波前像差进行展开时，由式(13.20a)可表示为

$$W = W_{11}r\cos\theta + W_{20}r^2 + W_{40}r^4 + W_{31}r^3\cos\theta + W_{22}r^2\cos^2\theta +$$

$$W_{60}r^6 + W_{51}r^5\cos\theta + W_{42}r^4\cos^2\theta + W_{33}r^3\cos^3\theta + \cdots + \text{更高次项} \tag{14.8}$$

展开式的一般项可表述为

$$W_{mn}r^m(\cos\theta)^n \tag{14.9}$$

式中，r 为极径；θ 为极角；W_{mn} 为展开系数，长度量纲，通常以波长为单位；角标 m 和 n 分别表示 r 和 $\cos\theta$ 的幂次。波前像差和几何像差有微分和积分的相互关系，对波前像差进行微分可得到相应的几何像差。例如对式(14.8)的第 3 项微分后，和通常的初级球差表达式相同。这样，式(14.8)中的特定项可对应于几何像差：

$$W_{40}：初级球差；\quad W_{31}：初级彗差；\quad W_{22}：初级像散$$

$$W_{60}：高级球差；\quad W_{51}：高级彗差；\quad W_{42}：高级像散$$

在以上表述中没有列出场曲和畸变，这是因为这两种像差表示随视场变化的轴向离焦和横向（垂轴）离焦，而当波前像差的视场变化关系被忽略时，这两种像差就不能从相应的离焦项中分离出来。故有

$$W_{20}：轴向离焦；\quad W_{11}：横向离焦$$

色差代表离焦项随波长的变化，眼睛的初级色差的波前像差表示：

$$\delta W_{20}：轴向色差；\quad \delta W_{11}：垂轴色差$$

在视光学和眼科学领域对眼波前像差的展开更常用的是 Zernike 多项式，这是因为 Zernike 多项式在圆域上具有正交完备性。另外，针对不具旋转对称性的实际的人眼，对眼波前像差进行展开需要保留所有的项，而采用如式(14.8)所示的表达式不具完备性。

14.6.2 极坐标 Zernike 多项式

为描述目视像差，在极坐标系中，$x = \rho\sin\theta$，$y = \rho\cos\theta$，Zernike 多项式可以写为

$$Z_n^m(\rho,\theta) = \begin{cases} N_n^m R_n^{|m|}(\rho)\cos m\theta & m > 0 \\ -N_n^m R_n^{|m|}(\rho)\sin m\theta & m < 0 \end{cases} \tag{14.10}$$

式中，n 是大于零的整数，它表示 Zernike 多项式的级；m 的取值为 $-n$，$-n+2$，$\cdots$，0，$\cdots$，n；N_n^m 是归一化因子，$R_n^{|m|}$ 是径向多项式，它们的具体形式为

$$N_n^m = \sqrt{\frac{2(n+1)}{1+\delta_{m0}}}, \qquad \delta_{m0} = \begin{cases} 1 & m = 0 \\ 0 & m \neq 0 \end{cases} \tag{14.11}$$

$$R_n^{|m|}(\rho) = \sum_{s=0}^{(n-|m|)/2} \frac{(-1)^s(n-s)!}{s![0.5(n+|m|-s)]![0.5(n-|m|-s)]!}\rho^{n-2s} \tag{14.12}$$

Zernike 多项式是归一化的，它满足

$$\int_{\rho^2\leqslant 1} Z_n^m(\rho,\theta)Z_{n'}^{m'}(\rho,\theta)\rho\mathrm{d}\rho\mathrm{d}\theta = \frac{\pi}{n+1}\delta_{mm'}\delta_{nn'} \tag{14.13}$$

其径向多项式满足

$$\int_0^1 R_n^m(\rho)R_{n'}^m(\rho)\rho\mathrm{d}\rho = \frac{1}{2(n+1)}\delta_{nn'} \tag{14.14}$$

从上面可以看出，Zernike 多项式是用两个参数 n 和 m 来确定的。而在眼视光学中，一般采用单一的参数来表示某一个多项式，为了避免混乱，美国光学学会提出了用单一参数表示 Zernike 多项式的标准。在实际应用中，最常用的是前 35 项 Zernike 多项式，表 14.5 列出了前 35 项的 Zernike 多项式在极坐标系下的具体表示形式，以及单参数和双参数之间的对应。

表 14.5 前 35 项 Zernike 多项式的极坐标表达式

单参数	双参数	具体形式	Zernike像差	级数	单参数	双参数	具体形式	Zernike像差	级数
Z_0	Z_0^0	1		0级	Z_{19}	Z_5^3	$\sqrt{12}(5\rho^5-4\rho^3)\cos 3\theta$		5级
Z_1	Z_1^{-1}	$2\rho\sin\theta$	竖直倾斜	1级	Z_{20}	Z_5^5	$\sqrt{12}\rho^5\cos 5\theta$		
Z_2	Z_1^1	$2\rho\cos\theta$	水平倾斜		Z_{21}	Z_6^{-6}	$\sqrt{14}\rho^6\sin 6\theta$		6级
Z_3	Z_2^{-2}	$\sqrt{6}\rho^2\sin 2\theta$	倾斜像散	2级	Z_{22}	Z_6^{-4}	$\sqrt{14}(6\rho^6-5\rho^4)\sin 4\theta$		
Z_4	Z_2^0	$\sqrt{3}(2\rho^2-1)$	离焦		Z_{23}	Z_6^{-2}	$\sqrt{14}(15\rho^6-20\rho^4+6\rho^2)\sin 2\theta$		
Z_5	Z_2^2	$\sqrt{6}\rho^2\cos 2\theta$	45°像散		Z_{24}	Z_6^0	$\sqrt{7}(20\rho^6-30\rho^4+12\rho^2-1)$	二级球差	
Z_6	Z_3^{-3}	$\sqrt{8}\rho^3\sin 3\theta$	倾斜三叶草		Z_{25}	Z_6^2	$\sqrt{14}(15\rho^6-20\rho^4+6\rho^2)\cos 2\theta$		
Z_7	Z_3^{-1}	$\sqrt{8}(3\rho^3-2\rho)\sin\theta$	竖直彗差	3级	Z_{26}	Z_6^4	$\sqrt{14}(6\rho^6-5\rho^4)\cos 4\theta$		
Z_8	Z_3^1	$\sqrt{8}(3\rho^3-2\rho)\cos\theta$	水平彗差		Z_{27}	Z_6^6	$\sqrt{14}\rho^6\cos 6\theta$		
Z_9	Z_3^3	$\sqrt{8}\rho^3\cos 3\theta$	水平三叶草		Z_{28}	Z_7^{-7}	$4\rho^7\sin 7\theta$		
Z_{10}	Z_4^{-4}	$\sqrt{10}\rho^4\sin 4\theta$	倾斜四叶草		Z_{29}	Z_7^{-5}	$4(7\rho^7-6\rho^5)\sin 5\theta$		7级
Z_{11}	Z_4^{-2}	$\sqrt{10}(4\rho^4-3\rho^2)\sin 2\theta$	倾斜二级像散		Z_{30}	Z_7^{-3}	$4(21\rho^7-30\rho^5+10\rho^3)\sin 3\theta$		
Z_{12}	Z_4^0	$\sqrt{5}(6\rho^4-6\rho^2+1)$	球差	4级	Z_{31}	Z_7^{-1}	$4(35\rho^7-60\rho^5+30\rho^3-4\rho)\sin\theta$	三级竖直彗差	
Z_{13}	Z_4^2	$\sqrt{10}(4\rho^4-3\rho^2)\cos 2\theta$	45°二级像散		Z_{32}	Z_7^1	$4(35\rho^7-60\rho^5+30\rho^3-4\rho)\cos\theta$	三级水平彗差	
Z_{14}	Z_4^4	$\sqrt{10}\rho^4\cos 4\theta$	四叶草		Z_{33}	Z_7^3	$4(21\rho^7-30\rho^5+10\rho^3)\cos 3\theta$		
Z_{15}	Z_5^{-5}	$\sqrt{12}\rho^5\sin 5\theta$			Z_{34}	Z_7^5	$4(7\rho^7-6\rho^5)\cos 5\theta$		
Z_{16}	Z_5^{-3}	$\sqrt{12}(5\rho^5-4\rho^3)\sin 3\theta$			Z_{35}	Z_7^7	$4\rho^7\cos 7\theta$		
Z_{17}	Z_5^{-1}	$\sqrt{12}(10\rho^5-12\rho^3+3\rho)\sin\theta$	二级竖直彗差	5级	Z_{35}	Z_7^7	$4\rho^7\cos 7\theta$		
Z_{18}	Z_5^1	$\sqrt{12}(10\rho^5-12\rho^3+3\rho)\cos\theta$	二级水平彗差						

　　当用眼波前像差仪测定像差时，实际上是测定轴上点的像差。由光学系统的初级像差的理论可知，轴上物点只能有球差。然而对于实际的人眼，即使是轴上点，也有彗差、像散、不对称像差以及其他高级像差。这是因为人眼的角膜和晶状体表面不理想，其表面曲率存在局部偏差，以及角膜、晶状体、玻璃体的不同轴。这正是实际人眼的像差和一般光学系统的像差之间的主要区别。对于个体人眼，其像差还随具体的成像情况和年龄的增长而不同。影响人眼像差的主要因素有：

　　(1) 瞳孔大小的影响　在正常瞳孔大小(3~4 mm)时，眼高级像差相当小，可以忽略；当瞳孔增大至 7 mm 时，各级高级像差和总的高级像差均有较大增加，特别是球差和彗差增加显著。这是因为各级像差自身就是瞳孔直径的函数，特别是球差。另外，大瞳孔时眼睛光学系统的不理想情况更为突出，致使像差增大。

　　(2) 泪膜的影响　泪膜对眼的像差影响很大。当泪膜被破坏后，各级高级像差都有增加，特别是球差、像散、三叶草的增加较为明显。泪膜的破坏导致角膜表面的不规则性改变，这是高级像差增加的原因。眼波前像差检查时应先形成良好泪膜。

　　(3) 物距的影响　通常眼波前像差的测量是当眼睛聚焦在无限远时进行的，然而实际人眼的波前像差随视物距离的变化而变化，并且不同个体有不同的情况。有的个体眼当注视近处物体时波前像差的均方根值可以比注视无限远时多一倍，而有的个体眼其波前像差随视物距离的变化而变化很小。但是总体上，眼波前像差是随物距的不同而有明显的不同。

　　(4) 快速调节的影响　人眼的调节总是在快速变化的，这种变化也影响到人眼像差的瞬态变化，从而造成眼睛波前像差的波动。通常波动的幅度超出了衍射极限的水平，因此在人眼像差的矫正中，若采用固定的矫正方法，如激光角膜切削技术，应取眼波前像差的多次连续测量的统计平均值，而不是瞬时值。

　　当矫正了离焦后，人眼的波前像差可以看成是角膜的波前像差和晶状体的波前像差的综合。通常角膜前表面对全眼像差中的像散贡献较大，晶状体更多的是对高级像差有贡献。对于多数个体眼，这两部分的像差综合表现为相互补偿，即全眼的波前像差小于角膜像差，也小于眼内光学系统的像差。也有相当部分的个体眼，这两部分的像差综合表现为相互叠加，即全眼的波前像差或高于角膜像差，或高于眼内像差。

14.7　人眼波前像差测量方法

本节讨论人眼波前像差的测量及角膜波前像差的测量方法。

1. 基于 Scheiner 原理的光线追迹方法

光线追迹方法的基本原理是：由两条光线入射到角膜上，中心光线平行于眼的光轴，外围光线的入射角度可调节，以补偿眼睛的像差影响。调节外围光线的入射角，使得它和中心光线在视网膜上重合，此时被测客体得到一个清晰的光点。根据外围光线相对于光轴的角度倾斜量就可以计算出该点的波前像差值了。这种方法需要对客体进行逐点测量以获得整体的波前像差数据，通常需要大约 37 个检测点，这是一种主观测量方法。图14.12示出了光线追迹方法的原理。

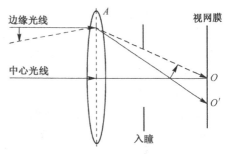

图 14.12　波前像差测量的光线追迹方法原理

2. 基于 Tscherning 原理的网格视网膜成像方法

网格视网膜成像方法的基本原理是：激光束经扩束准直后照明一个 13×13 的光点掩模板，遮蔽中心点，从而产生整齐排列的 168 个光点阵列，通过一定的光学系统并经过眼光学系统后在视网膜上成像。当眼光学系统存在像差时，光点阵列在视网膜上的像将发生扭曲。通过一个同轴相机记录下此扭曲的光点阵列，并和无像差时的光点阵列做比较，它们之间的位置偏差反映了眼光学系统的缺陷，通过计算可求得眼波前像差，这是一种客观测量方法，图14.13示出了其原理。

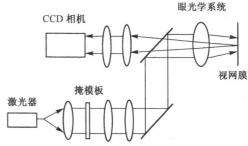

图 14.13　波前像差测量的 Tscherning 方法原理

3. 基于 Hartmann-Shack(H-S)原理的波前传感方法

Hartmann-Shack 波前传感方法的基本原理是：将一直径大约为 1 mm 的细激光束，入射到眼中并被眼的光学系统聚焦在视网膜的黄斑上，经视网膜漫反射出来的光线再通过眼的光学系统射出。对于无像差的眼睛，此出射光波为准平面光波；而对于有像差的眼睛，出射光波将不再是准平面光波。出射光波被一个光学系统耦合到 H-S 波前传感器中。H-S 波前传感器由微透镜阵列和其后的 CCD 探测器构成，输入面设置为被测眼出瞳的共轭面，CCD 探测器置于微透镜阵列的后焦平面上。对于无像差的眼睛，CCD 探测器接收到的是规则排列的由微透镜聚焦的光斑阵列；对于有像差的眼睛，这些光斑的位置将发生偏移，偏移量和偏移方向与波前像差的斜率相关。通过求解微分方程组，就可求得眼波前像差。这种方法具有采样点多、测量速度快和客观性的特点，是现在应用较为广泛的方法。图14.14示出了 H-S 波前传感器所记录的典型的光斑阵列（上图）和由光斑阵列所计算得到的眼波前像差的等高图（下图）。这也是一种客观测量方法。

为了说明 H-S 波前传感器的工作原理，图14.15(a)示出了 H-S 传感器中单个透镜对波面的作用。在图14.15(a)中，角 θ 是倾斜的波面与某一坐标轴（x 或 y）的夹角，f 是微透镜的焦距。由几何关系可以得到波面的斜率：

$$\tan\theta = \Delta / f \qquad (14.15)$$

测量出光斑的位移量 Δ 就可以得到波面对坐标轴的斜率。同理，当使用透镜阵列对波面抽样时，如图14.15(b)所示，假设系统是半径为 r 的圆形光瞳，在全局坐标系下，可以得到相应每一个微透镜位置的波面在 x, y 方向的斜率值：

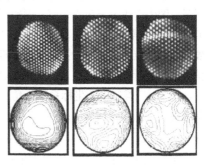

图 14.14　H-S 波前传感器记录的光斑阵列和计算得到的波前像差等高图

$$\frac{\partial W(x,y)}{\partial x} = \frac{\Delta \cdot x}{f} \qquad (14.16)$$

$$\frac{\partial W(x,y)}{\partial y} = \frac{\Delta \cdot y}{f} \qquad (14.17)$$

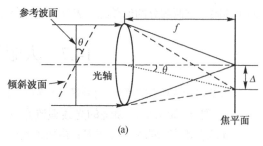

其中，$x^2 + y^2 \leqslant r^2$。

如果入射波前有相位畸变，则每一个微透镜所形成的光斑将在其焦平面上偏离其焦点位置，对于有 N 个采样点的 H-S 波前传感器，将有 $2N$ 个上述的方程，测量出每一个子孔径光斑的偏移量，然后可用波前重构算法恢复出全孔径范围内的入射波前相位。

采用 Zernike 多项式的波前重构方法，首先要用 Zernike 多项式的组合来表示未知波前：

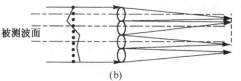

图 14.15 Hartmann-Shack 波前传感器工作原理

$$W(x,y) = \sum_i C_i Z_i(x,y) \qquad (x^2 + y^2 \leqslant 1) \qquad (14.18)$$

式中，C_i 是展开系数。由于 Zernike 多项式只定义在单位圆中，因此上式中波前函数的定义域是归一化的。

以 x 方向为例，把式(14.18)代入式(14.16)中得到

$$\frac{\partial W(x,y)}{\partial x} = \sum_i C_i \frac{\partial Z_i(x,y)}{\partial x} = \frac{\Delta \cdot x}{f} \qquad (14.19)$$

对于有 N 个采样点的 H-S 波前传感器，上式给出 $2N$ 个以 C_i 为变量的线性方程组，通过求解方程组即可得到 Zernike 多项式的展开系数，从而求得波前像差。

4．角膜波前像差的测量

(1) Placido 盘原理的角膜地形图仪

根据 Placido 盘（是一个用来定性研究角膜反常情况及散光的装置）原理的角膜地形图仪是将一个由 16～34 个同心圆环构成的 Placido 盘均匀地投射到从中心到周边的角膜表面上，中心环直径小至 0.4 mm。投射到角膜表面上的映射环图像由 CCD 相机采集，其大小、形状、环间距等反映角膜各个位置上的屈光情况和角膜的三维面形，即角膜地形图。

(2) Obscan II 角膜形态测定系统

这是一种更为先进、功能更全面的角膜地形图仪，它能给出角膜前、后表面的地形图和角膜厚度的数据。系统采用光学裂隙扫描装置（两个裂隙光投射头）对角膜进行扫描摄像，裂隙光以 45° 角投射，其中 20 条裂隙光从左向右序列地扫描，其后另 20 条裂隙光从右向左序列地扫描，共可获得角膜的 40 个裂隙切面，每一个切面又可获得 240 个点的数据。计算机根据所采集的数据进行计算，可以获得角膜前后表面高度图、角膜前表面折光力和全角膜厚度图。

(3) 角膜波前像差的计算

角膜地形图仪给出角膜表面相对于一个特定参考球面的径向高度值和参考球面的曲率半径，如图 14.16 所示。图中实线表示角膜表面，虚线所示是参考球面，其曲率半径 R 由仪器给出。对于每一个 xOy 平面上的点，仪器给出的数据是与该点对应的相对高度 K 值，即沿着半径方向的实际角膜表面与参考球面的差值。根据图 14.16 中所示的图形几何关系，在 xyz 三维笛卡儿坐标系下，角膜表面沿 z 方向的相对高度值可由下面的公式求出：

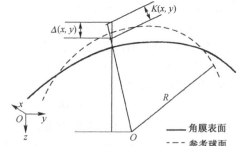

$$\Delta(x,y) = \sqrt{R^2 - (x^2 + y^2)} - \sqrt{(R - K(x,y))^2 - (x^2 + y^2)} \qquad (14.20)$$

通过这样的计算过程可以把沿径向的角膜表面与参考球面的高度差转化成为沿 z 轴方向的数值，从而得到角膜的波前像差。

图 14.16 由角膜地形图仪的数据
计算角膜波前像差

14.8 眼睛的缺陷与校正

正常的眼在自然状态下，平行光线经眼的折光系统后恰好在视网膜黄斑中心凹聚焦，这种折光状态称为正视（常称为正常眼），如图14.17所示。若不能在视网膜黄斑中心凹聚焦，将不能产生清晰像，则称为非正视或折光不正。若平行光线经眼屈光系统后聚焦在视网膜的前方，则称为"近视眼"，如图14.18所示。若平行光线经眼屈光系统后聚焦在视网膜的后方，称为"远视眼"，如图14.19 所示。

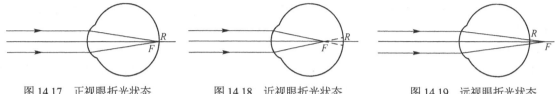

图 14.17　正视眼折光状态　　　　图 14.18　近视眼折光状态　　　　图 14.19　远视眼折光状态

1. 近视

近视可分为折光性近视和轴性近视。前者是由于角膜或晶状体曲率过大，折光能力超出正常值，而眼轴长度在正常范围内；后者是由于角膜和晶状体曲率在正常范围内，但是眼轴长度超出正常值。

由于近视眼的像方焦点位于视网膜的前方，视网膜上不能获得无限远物体清晰的像，只能看清一定距离以内的物体。眼睛能看清的最远的距离称为远点。正常人眼的远点在无限远，而近视眼的远点却在有限远处。图14.20示出了近视眼的远点及其在视网膜上的成像。

近视眼依靠调节，只能看清远点以内的物体。通常采用近视眼的远点距离所对应的视度表示近视的程度。例如，当远点距离为 0.5 m 时，近视为–2个视度(D)，和医学上的近视 200°相对应。如果眼睛的调节能力不变，则近视眼的明视距离和近点距离也将相应地缩短。近视度的视度加–4（正常人眼的明视距离视度）就等于近视眼的明视距离视度。同理，近视的视度加正常人眼的近点视度（等于最大调节视度）就等于近视眼的近点视度。例如，近视为–2个视度的青年人，假定他的调节能力为–10个视度，则他的近点距离为

$$\frac{1}{l_{近}} = -2 + (-10) = -12 \, D \tag{14.21}$$

或

$$l_{近} = |1/-12| = 0.083 \, \text{m} = 83 \, \text{mm}$$

为了矫正近视，可以在眼睛前面加一个凹透镜，如图14.21 所示。凹透镜的像方焦点和近视眼的远点相一致，这样无限远的物体通过凹透镜以后，正好成像在眼睛的远点上，再通过眼睛成像在视网膜上，此时与正视眼一样，近视眼的视网膜与无限远处互为共轭关系。显然镜片距离眼球越近，它的像方焦距应该越大，屈光力应越小。因此矫正近视眼的镜片的度数，不仅与近视的程度有关，还与镜片到眼睛的距离有关。

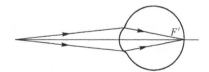
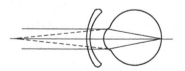

图 14.20　近视眼的远点及其在视网膜上的成像　　　　图 14.21　近视眼的矫正

2. 远视

远视也可分为折光性远视和轴性远视。前者是由于眼的折光能力下降，如扁平角膜，而眼轴长度在正常范围内；后者是由于眼轴长度偏短，而角膜和晶状体的曲率在正常范围内。

远视眼的远点为一虚像点，位于网膜之后。依靠眼睛的调节，远视眼有可能看清无限远的物体，但它所能看清的近点距离将增加。例如，当调节能力为–10个视度和远视为+2个视度时，近点距离为

$$\frac{1}{l_{近}} = +2 + (-10) = -8 \, D \tag{14.22}$$

或　　　　　　$l_{近} = |1/(-8)| = 0.125(m) = 125\ mm$

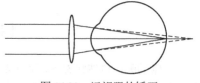

图 14.22　远视眼的矫正

为了矫正远视，可以在眼睛前面加一个凸透镜，如图 14.22 所示。凸透镜的像方焦点和远视眼的远点一致，这样无限远的物体通过凸透镜以后，正好成像在眼睛的远点上，再通过眼睛成像在视网膜上，此时与正视眼一样，远视眼的视网膜与无限远处互为共轭关系。显然镜片距离眼球越近，它的像方焦距应该越小，折光能力应越大。因此和矫正近视一样，矫正远视眼的镜片的度数，由远视的程度和镜片到眼睛的距离二者共同决定。

为了使目视光学仪器能适应各种不同视力的人使用，就要使目视光学仪器有视度调节的功能，这将在 14.9 中讨论。

3. 散光

由于眼睛结构上的其他缺陷，如晶状体位置不正，角膜和晶状体等各折射面的曲率不对称，都会造成散光。实际上，即使正常的生理状态，眼球的各折光成分每条经线上的折光能力也不尽相同，因此现实中很难找到完全没有散光的眼睛。但是轻微的散光对视力没有明显的影响，无须矫正。散光分为规则散光和不规则散光。各折光成分最大折光能力方向和最小折光能力方向的主截线相互垂直的，称为规则散光；最大折光能力和最小折光能力的主截线相互不垂直的，称为不规则散光。

矫正散光可采用柱面透镜、球柱透镜和环曲面透镜。如果散光眼的两条主截线中的一条不需要矫正，则可使用柱面透镜。但是多数散光眼是两条主截线都需要矫正的，此时可用球柱面透镜。将透镜的一面制成球面，另一面制成柱面，就得到了一个球柱面透镜。环曲面透镜特点为：透镜的一面是球面，另一面是环曲面，即给柱面的无曲率方向也加上一定的曲率。环曲面透镜在外观和成像上均优于球柱面透镜。

14.9　双目立体视觉

14.9.1　双目视觉特征

观察外界物体时，除能知道物体的大小、形状、亮暗外，还能够产生远近的感觉以及分辨不同的物体在空间的相对位置。这种对物体远近的估计就是空间深度的感觉。对物体在空间位置的分布以及对物体的体积的感觉，即为立体视觉。

单眼观察时，对物体的距离和大小的估计极为粗略。对近距离物体是利用眼睛的调节而产生远近感觉，一般不超过 5 m。当物体位置较远时，因为晶状体的曲率已不改变或改变很小，所以估计不准。对于较远但是熟悉的物体，是利用物体对眼睛张角的大小来估计它的远近的，张角大则近，张角小则远。对于非常熟悉的物体，常利用能分辨此物体的细节程度和空气的透明程度来决定其远近。对于不熟悉的物体，可以根据物体之间的遮蔽关系和阴影来判断物体之间的相对位置。

日常生活中人们用双眼来观察，由视觉汇合到人们的大脑中产生单一的印象。但是物在两眼视网膜上的像必须位于视网膜的对应点，即相对于黄斑中心的同一侧才有单像的印象。这是因为两个视网膜上的对应点由视神经相联结，成对地将该对应点上的光刺激传到大脑的缘故。

形成单一的印象是有一定条件的，可以用下述实验来说明。若在双眼连线的垂直平面上一前一后放两根针，当两眼注视其中一根针时，就会感到另一根针在两只眼中各有一个像，见图 14.23(a)。当注视较远针尖 A 时，它在两眼的中心凹处所成的像位于 a_1 和 a_2 处。此时，对于较近的针尖 B，在右眼中成像在黄斑右边 b_2 处，在左眼成像在黄斑左边 b_1 处。b_1 和 b_2 分别位于黄斑中心的外侧，不在对应点上，将感觉是双像。实际上，此时凡在 $\angle a_1Aa_2$ 内的空间中的所有点都是成双像的。反之，若双眼注视较近的针尖 B，如图14.23(b)所示，则点 B 的像在两眼的中心凹处，而较远的针尖 A 在左眼成像是在黄斑的右边 a_1 处，在右眼成像在黄斑的左边 a_2 处，会感到较远的针尖 A 成双像。

在图14.24中，设 A, B 和 C 为三个针尖位于眼前近于相等的距离，若双眼注意点 A，则必将同时看到 B, C 两点。这时并不发生双像，因为点 B, C 所成的像是在中心凹的同一侧，即 c_1 与 c_2 都在点 A 的像 a_1 和

a_2 的左边，b_1 与 b_2 都在 a_1 和 a_2 的右边，且 $\overset{\frown}{a_1b_1}$，$\overset{\frown}{a_1c_1}$ 和 $\overset{\frown}{a_2b_2}$，$\overset{\frown}{a_2c_2}$ 的差别不大，此时人眼感觉三点在同一距离，且都是单一的像。

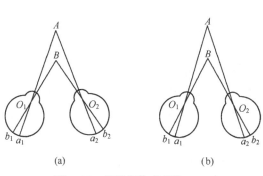

图 14.23　双眼视物成双像

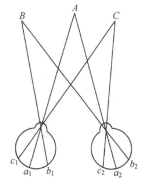

图 14.24　双眼视物成单像

由于双眼总是在不断地转动，改变注视点，所以日常生活中不易觉察成双像的那部分空间对视觉的影响。

双眼观察空间物体与单眼相似，用双眼肌肉调节的感觉来估计距离的绝对值，有效范围也不大，最长不超过 16 m，准确估计也只能有几米。超过以上距离时，用双眼估计距离和单眼相似，也是靠物体本身的特征来判断的，如熟悉物体对人眼的张角、物体细节分辨清晰程度等。

14.9.2　双目空间视觉

1．基线和体视锐度

双目视觉的一个重要特性，是分辨两物体的相对位置、估计空间物体的相对距离的本领，这就是立体视觉或空间视觉。如图14.25所示，两眼节点 O_1 和 O_2 的连接线称为视觉基线，以 b 表示。注视点为 A，即两眼视轴通过点 A；$\angle O_1AO_2$ 称为立体视差角，以 θ_A 表示。以 L 表示点 A 到基线 O_1O_2 的距离，则有

$$\theta_A = b/L \tag{14.23}$$

两眼的注视点 A 称为定位点。A 点在双眼视网膜上的像在中心凹处，为 a_1 和 a_2；点 C 在黄斑上的像为 c_1 和 c_2；$\angle O_1CO_2$ 为点 C 的立体视差角，以 θ_C 表示。在圆周 O_1O_2CA 上的 AC 段，由于其相对于 L 是很小的，可认为是直线，其上所有的点和基线 b 的距离相等，可认为这些点都有相同的视差角。

当物点对于基线有不同距离时，双眼立体视差如图14.26所示。当注视点 A 时，在双眼中心凹处所成的像为 a_1 和 a_2。设另外两点 C 和 D 位于同一直线 CDO_2 上，则右眼的像 c_2 和 d_2 相重合，而左眼中的像 c_1 和 d_1 不重合。令 $\angle c_1O_1d_1$ 为 $\Delta\theta$，显然有

$$\Delta\theta = \theta_D - \theta_C \tag{14.24}$$

在三维空间中，物点到观察者的距离不同，在两眼中形成的像到中心凹的距离就不同。表现在角度上就是不同距离的物体有视差角的差异 $\Delta\theta$，称为"立体视差"，简称视差。当视差 $\Delta\theta$ 大时，则人眼感到两个物体间纵向的相对距离大，即深度大；当 $\Delta\theta$ 小时，则人眼感到两个物体间的纵向相对距离小。当 $\Delta\theta$ 小到一定程度，人眼刚能感觉到两个物体间的距离差异，此时的视差以 $\Delta\theta_{\min}$ 表示，称为人眼的体视锐度（立体视觉锐度）或体视灵敏度。通常人眼的体视锐度约为 $30'' \sim 60''$，经过训练可达 $5'' \sim 10''$，甚至 $3''$。一般情况下把人眼体视锐度定为

$$\Delta\theta = 10'' \tag{14.25}$$

2．体视半径和立体视觉阈值

当物体在无限远时，立体视差角为零。如果在有限距离的另外一点的

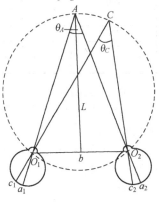

图 14.25　立体视差角

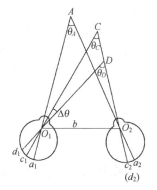

图 14.26　双眼立体视差

立体视差角 θ 为 $10''$，则该点和无限远的视差为 $\Delta\theta = 10''$，等于人眼的体视锐度 $\Delta\theta_{min}$，说明人眼对该有限距离点和无限远点有深度感觉，即人眼能分辨出该有限距离点和无限远点的不同。由式(14.23)可求得此距离，以 L_m 表示，即

$$L_m = \frac{b}{\Delta\theta_{min}} = \frac{b}{10} \times 206\,000 \tag{14.26}$$

多数人眼的视觉基线 $b = 65\text{ mm}$，可得

$$L_m = \frac{0.065\text{ m}}{10} \times 206\,000 \approx 1340\text{ m} \tag{14.27}$$

此 L_m 值称为体视半径。位于体视半径以外的物体，人眼已分不出它们的远近，看起来就好像在一个深度上。

观察者用双眼能分辨空间两点间的最短空间深度距离以 ΔL 表示，称为"立体视觉阈值"，其值可由对式(14.23)微分得到：

$$\Delta\theta = \frac{b}{L^2}\Delta L \tag{14.28}$$

即

$$\Delta L = \Delta\theta L^2 / b \tag{14.29}$$

式中本应有负号，表明 $\Delta\theta$ 和 ΔL 符号相反，此处无实际意义，故略去。

当定位点在不同距离处，即 L 取值不同时，立体视觉阈值有不同数值。将式(14.29)中的体视锐度以 $\Delta\theta_{min} = 10''$，视觉基线以 $b = 0.065\text{ m}$ 代入可得

$$\Delta L \approx 7.5 \times 10^{-4} L^2 / \text{m} \tag{14.30}$$

表 14.6 中给出定位点在不同距离时的立体视觉阈值。

表 14.6　定位点在不同距离时的立体视觉阈值

定位点距离 L/m	立体视觉阈值 ΔL/m	定位点距离 L/m	立体视觉阈值 ΔL/m	定位点距离 L/m	立体视觉阈值 ΔL/m
1350	∞	169	21	4.5	0.015
675	342	150	17	2.7	0.0055
450	152	135	14	1.35	0.0014
338	86	45	1.52	1.00	0.0008
270	55	27	0.55	0.75	0.0004
225	38	17	0.22	0.50	0.0002
193	28	13.5	0.137	0.25	0.000 05

由式(14.30)可知，在明视距离时，人眼的立体视觉阈值只有 0.05 mm，此时人眼的深度感觉是很灵敏的。在某些情况下，定位点虽在体视半径 L_m 以内，但仍可能不产生体视感觉或难于产生体视感觉，如以下几种情况：

(1) 如图14.24中所示，对于右眼而言，C, D 两点所成的像重合，点 C 被点 D 掩蔽，点 C 在右眼中不成像，因此观察者不可能估计点 C 的位置。只要移动一下头部，使点 C 能单独在右眼中成像，便可恢复立体视觉。

(2) 两物体的横向距离太远，它们在视网膜上的像相距很大，立体视觉就感到困难，两眼的视轴对准一点时，另一点在两眼的中心凹处以外成像，在视神经上可能感觉是双像，因而破坏了立体视觉。

(3) 如果物体位于两眼连线的垂直平分线上，像不处在视网膜的对应点，故在定位点之外的物可能产生双像的感觉，立体视觉被破坏。只要把头稍移动一下，便可恢复立体视觉。

(4) 若两物体之一为直线并与两眼中心连线平行，也得不到立体视觉，若将头倾斜移动，使视觉基线与该直线垂直，便可恢复立体视觉。

14.10　体视测距原理

14.10.1　体视测距原理概述

为了在使用仪器观察时仍能保持住人眼的体视能力，须采用双眼仪器，如"双目望远镜"和"双目显

微镜"等。

当使用双眼仪器时，人眼的体视能力不仅可以保持，而且还可以得到提高。由 14.9 节知道，人眼能否分辨出两个物点 A 和 B 的远近，取决于此二物点对应的视差角之差($\theta_A - \theta_B$)，如图14.27所示。假定人眼直接观察某一物体时对应的视差角为$\theta_{目}$，使用仪器观察时对应的视差角为$\theta_{仪}$，二者之比为双眼仪器的体视放大率，用 Π 表示：

$$\Pi = \theta_{仪} / \theta_{目} \tag{14.31}$$

假如人眼左、右二瞳孔之间的距离为 b，物体距离为 L，则直接观察时的视差角 $\theta_{眼}$ 为

$$\theta_{眼} = b/L \tag{14.32}$$

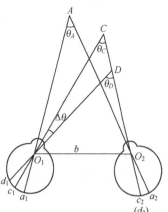

假如双眼望远镜的两入射光轴之间的距离为 B，称为该仪器的基线长度，则同一物体对仪器的两入射瞳孔构成的视差角 θ 为

$$\theta = B/L \tag{14.33}$$

如果系统的视角放大率为 Γ，则物方视差角 θ 和像方视差角 θ' 在角度不大的条件下存在以下关系：

$$\theta' \approx \Gamma\theta = \Gamma B / L \tag{14.34}$$

图 14.27　双眼立体视差

θ' 显然就是人眼使用仪器以后所对应的视差角$\theta_{仪}$，即

$$\theta_{仪} = \theta' = \Gamma B / L \tag{14.35}$$

将$\theta_{眼}$和$\theta_{仪}$代入体视放大率公式(14.31)，得

$$\Pi = \theta_{仪} / \theta_{眼} = \Gamma B / L \tag{14.36}$$

取人眼两瞳孔之间的距离 b 的平均值约等于 65 mm，代入式(14.36)就得到体现放大率的近似公式：

$$\Pi \approx 15.3\Gamma B / \mathrm{m} \tag{14.37}$$

上式中仪器的基线长度 B 以 m（米）为单位。

体视测距仪是一种利用人眼的立体视觉来测量目标距离的仪器。为了提高仪器的测量精度，必须增大仪器的体视放大率 Π。由式(14.37)可以看到，要增大体视放大率，一个途径是增大仪器的视角放大率 Γ，另一个途径是增大仪器的基线长度 B。

14.10.2　体视光学系统

双眼仪器的立体视觉阈值显然应比人眼直接观察时的立体视觉阈值小 $1/\Pi$ 倍。由式(14.26a)和式(14.36)得到双眼仪器的立体视觉阈值公式：

$$\Delta L = \frac{7.5 \times 10^{-4} L^2}{16B\Gamma} = 4.7 \times 10^{-5} \frac{L^2}{B\Gamma} \tag{14.38}$$

式中，L 和 B 均以 m 为单位。例如一个基线长为 1 m、视放大率为 $10^\times$ 的体视测距仪，当测量 1000 m 远的目标时，立体视觉阈值为

$$\Delta L = 4.7 \times 10^{-5} \times \frac{1000^2}{1 \times 10} (\mathrm{m}) = 4.7 (\mathrm{m}) \tag{14.39}$$

为了使人眼能够形成良好的体视感觉，双眼仪器左右两个光学系统必须满足以下的要求：

(1) 双眼仪器左右两个光学系统的光轴要平行；

(2) 两个光学系统的视放大率应该一致；

(3) 两个光学系统之间不应该有相对的像倾斜。

如果仪器满足不了这些要求，严重时可以使人眼完全失去体视感觉。在不很严重的情况下，虽然能够形成体视，但观察者也容易感觉疲劳和头晕。假定双眼仪器左右两个光学系统的光轴之间成 θ 角，由无限远物点射入两个光学系统的光束是彼此平行的，左镜管中入射光束平行于光轴，因此其出射光束的方向不变，仍平行于光轴；而右镜管中入射光束和光轴成 θ 角，其出射光束和光轴的夹角则变为 $\theta' = \Gamma\theta$。故左

右两镜管的出射光束之间的夹角为

$$\varepsilon = \theta' - \theta = (\Gamma - 1)\theta \tag{14.40}$$

当人眼通过仪器观察时，左右两眼的视轴交角应等于 ε。人眼视轴允许的不平行度根据经验大约为下列数值：

① 在水平方向，视轴的最大会聚角为 40′，视轴的最大发散角为 20′；

② 在垂直方向，视轴允许的最大夹角为 10′。

由式(14.40)得到两镜管允许的光轴不平行度为

$$\theta = \frac{\varepsilon}{\Gamma - 1} \tag{14.41}$$

一个 8× 的双眼望远镜在垂直方向允许的光轴不平行度为

$$\theta = \frac{10'}{8 - 1} \approx 1.4' \tag{14.42}$$

双眼仪器的放大率允许误差一般为 $\Delta\Gamma / \Gamma \leqslant 2\%$，相对像倾斜的允许误差一般为 20′。

以上为一般双眼观察仪器的光轴不平行度、放大率和像倾斜的允许误差。对于双眼测距仪器，由于上述误差和测距误差直接有关，应按允许的测距误差进行推算，而不能直接引用上述数据。

14.11　颜色视觉

14.11.1　简述颜色的三个基本特征

色觉即颜色视觉，是指人的视网膜受不同波长光线刺激后产生的一种感觉。产生色觉的条件，除视觉器官之外，还必须有外界的条件，如物体的存在及其光线谱等。色觉涉及物理、化学、生理、生化及心理等学科，是一个复杂的问题。在本书第 7 章中讨论了光的色度学问题，现再给以简述。色调、亮度和饱和度是颜色的三个基本特征。

(1) **色调**　是颜色彼此区别的主要特征。在可见光谱中，不同波长的单色光在视觉上表现为不同的色调，如红、橙、黄、绿、青、蓝、紫等不同的色调。人眼辨别色调的能力非常精细，在青绿色(495 nm)和橙黄色(590 nm)附近的辨别能力最强，能识别相差仅 1 nm 波长的色光。而在可见光谱两端色调的辨别能力最差，在 650 nm 和 430 nm 之外，几十纳米的波长变化人眼也分辨不出来。

(2) **饱和度**　是指颜色的纯度，即颜色的深浅。可见光谱中各种单色光的光谱色是最纯的，即饱和度最高。当某一光谱色同白色混合，则会因混合色中光谱色成分的多少，而成为浓淡不同的颜色。含白色的成分越多就越不饱和。

(3) **亮度**　是指同一颜色在亮度上的区别。光谱色在黄色附近最亮，而在红色和紫色两端最暗。同一色调也有亮度的差别，例如深红和淡红，两者显然是有区别的，其原因是亮度不同。颜色的这三大基本特征，既是相互独立，又是相互影响的，有此三个基本特征，可以准确地确定一种颜色，且还随其改变而产生各种不同的颜色。

人眼所能分辨的色调在最大饱和度时是 180 种，对饱和度分辨的等级是 4（黄色）到 25（红色）种，平均为 10 种，对于亮度的分辨约为 600 种。实际上，人眼所能分辨的颜色为 1 万至数万种。

14.11.2　色觉现象解释

射入人眼内各种波长的光在眼内及中枢引起生理变化，形成颜色视觉，以及色觉异常等问题统称为颜色视觉。迄今尚没有一个学说能完美地解释人的各种色觉现象。其中较为人们重视的学说有三色学说、四色学说和阶段学说。

(1) **三色学说**　三色学说是基于三原色理论而提出的。主要论点是：所有的颜色均可由红、绿、蓝三原色混合构成，视网膜上有三种神经纤维，每一种的兴奋都引起一种原色的感觉，并且其中一种原色在刺激其主要感受神经纤维外，还对其余两种神经纤维产生刺激。如在红光刺激下，不仅感红色的神经纤维兴奋，感绿和感蓝的神经纤维也相应地产生较弱的兴奋。而三种刺激不等量的综合作用于大脑，便产生各种颜色感觉。感红和感绿的神经纤维的兴奋引起橙黄色的感觉，感绿和感蓝的神经纤维的兴奋引起蓝紫色的感觉。如果三种神经纤维受到同等刺激则产生白色，无刺激则产生黑色。此学说较好地解释了颜色的混合现象。另外，近代的科学研究证实，视网膜确实存在三种分别对长波（红光）、中波（绿光）、短波（蓝光）敏感的视锥细胞，它们的存在是对三色学说的支持。

（2）四色学说　见表14.7。四色学说的根据是颜色现象总是以白-黑、红-绿、黄-蓝成对出现的，因而假定视网膜上有白-黑、红-绿、黄-蓝三对视素（光化学物质）。此三对视素的代谢作用包括破坏和合成两对立过程。当白光刺激时，可破坏白-黑视素，引起神经冲动，产生白色视觉；无光线刺激时，白-黑视素合成，引起神经冲动，产生黑色视觉。对红-绿视素，红光引起破坏作用，产生红色感觉；绿光引起合成作用，产生绿色感觉。对于黄-蓝视素，黄光引起破坏作用，产生黄色感觉；蓝光引起合成作用，产生蓝色感觉。各种色彩则是这三种组合破坏或者合成的结果。这种红-绿、黄-蓝、白-黑的对抗学说称为四色对抗学说。此学说的优势是很好地解释了混合色的现象，橙色是黄-蓝和红-绿视素都被分解的结果，蓝绿是黄-蓝和红-绿视素都被合成的结果。另外，该学说解释了色盲总是成对出现的事实（红-绿色盲和蓝-黄色盲）。

表 14.7　色觉的四色学说

光　线	作用的视素	视网膜上的反应	产生色觉
白光	白-黑	破坏	白
无光	白-黑	合成	黑
红光	红-绿	破坏	红
绿光	红-绿	合成	绿
黄光	黄-蓝	破坏	黄
蓝光	黄-蓝	合成	蓝

（3）色觉学说　实验结果表明，在视网膜内的确有三种感色的锥体细胞，分别对红、绿、蓝三种色光敏感。而视觉传导特性的研究表明，视觉信息是以白-黑、红-绿、黄-蓝四色对抗的通路向大脑传递。因此出现了近代的色觉阶段学说，把色觉的产生过程分两个阶段：其一，视网膜感受器阶段，在此阶段，视网膜的三种视锥细胞选择性地吸收不同波长的光辐射，分别产生相应的神经反应，同时感光色素又可单独产生黑和白反应，即在强光下产生白色觉，无光刺激时产生黑色觉。其二，是神经冲动，由感受器向视中枢的传送视觉信息阶段，此阶段，神经冲动再重新组合，以四色对抗的通路向大脑传递。最后阶段发生在大脑皮层，形成各种色觉。这一学说把两个对立的色觉学说统一在一起，显然更接近实际的色觉机制。

图14.28是色觉阶段学说的模式图。假定光线不同程度地引起红(R)、绿(G)、蓝(B)三种视锥细胞的反映。同时三种视锥细胞输出的总和又形成亮度即黑-白的不同比例组合，由(R+G+B)通道传递。红-绿机制(R/G)由感红视锥细胞和感绿视锥细胞输出之差形成。黄-蓝机制(Y/B)由中间机制(R+G)和感蓝视锥细胞输出之差形成。

（4）色觉异常　是指对各种颜色心理感觉的不正常。先天性色觉异常与生俱来，"颜色"的含义，对患者来说始终与正常人不同。因为其对颜色的认识完全来自别人教授的经验，他们对颜色的感觉与正常人有本质的区别。但有些先天性色觉异常患者却可以工作一辈子而不发生大的色觉差错，原因就是他们可以根据物体的形态、位置、亮度等条件，来粗略和低水平地区别各种"颜色"。先天性色觉异常可分为：一色性色觉（所感受到的世界只是黑与白）、二色性色觉（视网膜上只有两种视锥细胞）和异常三色性色觉（三种视锥细胞的敏感光谱发生了偏移，致使对某些色调的识别能力下降），如图14.29所示。

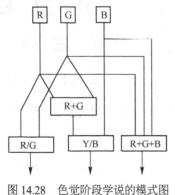

图14.28　色觉阶段学说的模式图

先天性色觉异常
　一色性色觉（全色盲）完全没有彩色感觉，其所感觉到的世界只有黑与白组成
　二色性色觉
　　红色盲
　　绿色盲
　　蓝色盲
　异常三色性色觉
　　红色盲
　　绿色盲
　　蓝色盲
色觉异常
后天性色觉异常

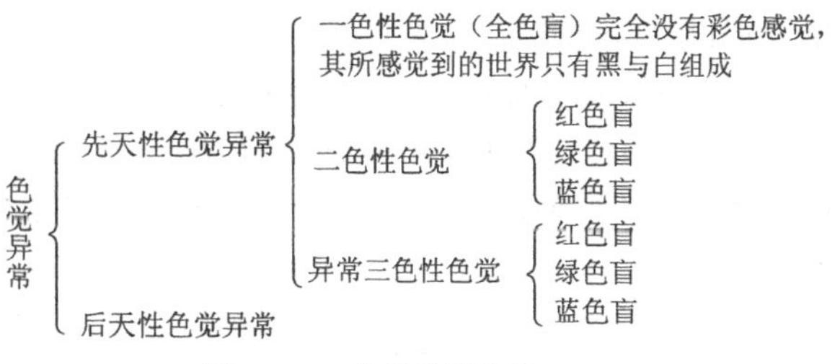

图 14.29　色觉异常分类

后天性色觉异常是因为某些眼病、颅脑疾病、全身病变以及中毒所导致的。后天性色觉异常是后天才发生的，这类患者具有正常的感色功能，可以根据正常人的色觉进行推断。如果他们把红色看成黄色，则他们所感受到的"黄色"与正常人感觉到的黄色相同。由于其他功能障碍远比色觉重要，故后天性色觉异常没有先天性色觉异常那样受人重视。

14.12　视觉质量的评价

由于实际人眼光学系统的缺陷，使得人的视觉远离理想情况。从经验上来看，视觉的好坏反映在对细微目标的分辨上，因此最早的视觉评价就是能够看清的目标有多小。随着科学的发展，人们进一步认识到，视觉的好坏还包括对观察目标的对比度的要求，由此产生了眼光学系统临床上的评价标准、视锐度（视力）和对比敏感度函数。此外，视功能还包括视野、立体视觉和色觉等。上述的视觉标准是主观评价标准。自从人眼的波前像差测量技术发展起来后，可以根据客观测定的波前像差，导出诸如眼的光学传递函数、点扩散函数和斯特利尔比率(Strehl Ratio)等，从而推进了视功能的评价。这些标准为客观评价标准。

1. 视锐度

视锐度是眼睛能分辨两物点间最小距离的能力，通常以视角来衡量。测量 1′ 视角的标志为基本视标。最常见的视标是 Snellen "E" 型字母，其基本视标的笔画和笔画间距均为 1′ 视角，即其高度对眼形成 5′ 的张角。理论上理想的视力检查距离为无限远，但实际检测中总是一个有限的距离。常规上把检测距离定在 5 m（美国定在 20 ft[①]）。当检测距离为 5 m 时，基本的视标大小可由下式计算：

$$h = \tan(5/60) \times 5000 \text{ (mm)} \tag{14.43}$$

根据式(14.43)可以计算各种视角大小的视标高度。

2. 视锐度的分数和小数表达

视锐度的分数表达也称为"Snellen 分数"。在 Snellen 分数中，分子表示实际上看清某视标的距离(5 m)，也即实际测试的距离；分母表示对于正常视力能够看清该视标的距离。"正常视力"是指 1′视角分辨率的眼睛，也即在实际测试距离上能够看清一个高为 5′ 张角的"E"字母的眼睛。

$$视锐度 = \frac{实际测试距离}{看清的视标对应于 5′ 字母的距离} \tag{14.44}$$

例如，20/16 的视锐度表示实际测试距离为 20 ft，能够读出的最小的 Snellen "E"字母相对于 5′视角的距离为 16 ft。

视锐度的小数表示：将 Snellen 分数转变为小数形式，只用一个数字表示视角，并且不涉及测试的距离。例如，20/20 即 1.0 的视锐度，20/16 即 1.25 的视锐度。

我国使用的标准视力表是标准对数视力表（国家标准（GB1533—1989））。采用 Snellen 视标中的 E 形字母，确定 1′视角为正常视力的标准，视标从小到大每行增率为 $\sqrt[10]{10} = 1.258\ 925\ 4$ 倍。当采用对数视力表时，其视标大小的行排列呈几何级数，而视力记录呈算术级数。对数视力表的一个优点是变距使用灵活。由于采用了均匀一致的视标增率，因此可以有规律地改变检查距离，以满足临床上的不同需要。图 14.30 给出了标准对数视力表。

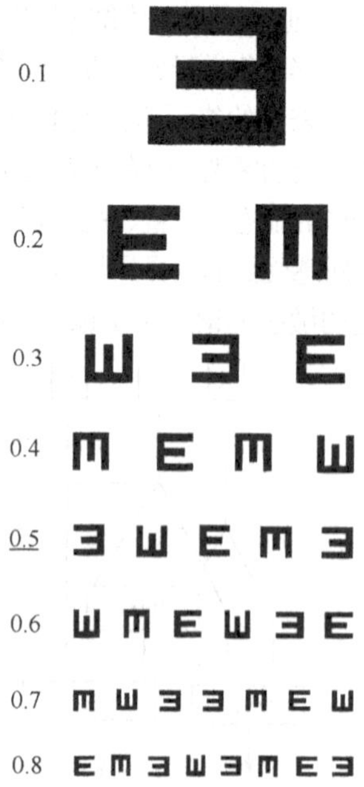

3. 对比敏感度函数

视锐度检查反映了人眼对对比度为 1 的物体的分辨能力。但是实际上物体的对比度并不总是为 1，而多数情况下小于 1。对不同对比度下的物体的识别就是对比敏感度函数。对于特定空间频率的光栅，其对比度 M 定义为

图 14.30　标准对数视力表

[①] ft 为非法定长度计量单位，1ft = 0.3048 m。全书同——编者注。

$$M = \frac{最大光强 - 最小光强}{最大光强 + 最小光强} \tag{14.45}$$

对比度的倒数就是对比敏感度。人眼的对比敏感度是空间频率的函数，随着空间频率的增高，视觉的对比敏感度迅速降低。这是因为：一方面，实际人眼的光学调制传递函数 MTF 随着空间频率的增加而下降，特别是有折光缺陷和像差的眼睛下降得更厉害；另一方面，视网膜之后的视觉系统对视网膜空间像调制度的要求随着空间频率的增加而迅速增加，特别是对于有视神经疾病的人。

临床上的对比敏感度测试表是由不同空间频率、不同调制度、不同空间走向的条栅构成的，其空间频率的单位是 c/(°)，由表的上方到下方共有 5 行，分别代表 1.5 c/(°)、3 c/(°)、6 c/(°)、12 c/(°)、18 c/(°) 的 5 个空间频率。每行有 9 个不同对比敏感度的条栅，由左向右对比敏感度渐增。

4. 视野

视野是指周边视力，即当眼向前注视某一点时所能看到的空间范围。它反映的是视网膜黄斑部注视点以外的视力。距注视点 30° 以内的范围称为中心视野，30° 以外的范围称为周边视野。视野是视功能的一个重要方面，若视野小于 10° 时，即使中心视力正常也属于眼盲。因此，视野检查对于某些眼病的诊断具有重要意义。正常人的动态视野的平均值为：上方 56°，下方 74°，鼻侧 65°，颞侧 91°。颞侧视野最广，上方视野最窄。

视野检查的基本原理是：在单眼固视的情况下，测定在均匀照明背景中所呈现的动态或静态视标（光斑）的光阈值。所谓光阈值，是指视野范围内某一点刚刚能被看见的最弱光刺激。同一阈值的相邻点的连线便组成了该光标的等视线。等视线是某一光标在视野中可见和不可见的分界线。

视野检查分为动态视野检查和静态视野检查。

动态视野检查采用刺激强度相同而大小不同的视标，从视野的周边不同方向向中心移动，记录被检查者刚能感受到视标出现或消失的点。这些光敏度相同的点构成该视标的等视线，而由不同视标检测出的等视线构成"视野岛"。图 14.31 示出了正常眼的典型视野岛。

视野岛的面积代表视野的范围，视野岛上任何一点的垂直高度代表该点的视敏度。相同视敏度各点的连线即为等视线。与黄斑中心凹相对应的固视点视敏度最高，构成视野岛的顶峰。

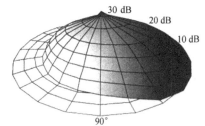

图 14.31　正常眼的典型视野岛

静态视野检查是在视屏的各个设定点逐渐增加视标的亮度而不动视标，记录被检查者能感受到的各个点的光亮度阈值。静态视野是以对光的敏感度来定量分析和描述视野的。

5. 立体视觉

立体视觉是在三维视觉空间感知物体立体形状和不同物体之间远近关系的能力。

简易的立体视觉检查可用立体视觉检查图片来完成，被检测者佩戴偏光眼镜或红绿眼镜，在一定的测试距离上观察立体视锐度的视标。由于交叉视差的作用，被检查者会产生立体视觉。常用的立体视觉检查仪器是同视机，有定性的立体视图片和定量的随机点立体图片。受检者坐在同视机前，双眼视线与镜筒高度平行，将两幅图片同时放入镜筒片夹处，让受检者说出所辨认的图形或特征，按所用的检查图号得出立体视锐度值。

此外，还有调制传递函数和斯特利尔比率也可用于描述人眼的视觉质量，将在 21.7 节和 21.3 节中分别讨论。

习题

14.1　对正常人来说，观察前方 1 m 远的物体时，眼睛需调节多少视度？

14.2　某人的瞳间距为 60 mm，当注视双眼中线前 0.8 m 的物点时，给出双眼集合的棱镜度数。

14.3　焦距仪上的测微目镜的焦距 $f' = 17$ mm，设使用十字丝叉线瞄准，问瞄准误差是多少？如用双线夹线瞄准，问瞄准误差是多少？

14.4　一双 200° 的近视眼，其远点在什么位置？矫正时应佩戴何种眼镜？焦距多大？若镜片的折射率为 1.5，第一面的曲率半径是第二面的曲率半径的 4 倍，求眼镜片两个表面的曲率半径。

14.5 晚间在灯下看书时，纸面被灯光所照明的照度为 50 lx，眼睛的瞳孔直径为 4 mm，设纸面为理想的漫反射表面，求视网膜上的照度。

14.6 用视力表检查视锐度，测出的视锐度为 0.8，计算此眼的视角分辨率以及相应的以 c/mm 表示的空间分辨率（有效焦距采用标准眼的数据）。若用分数表示该视锐度，且测试距离为 20 ft，给出分数表示的数值。

14.7 利用光栅检测人眼的对比敏感度函数时，在某一空间频率下，能够分辩的光栅的光强对比度（最大光强和最小光强之比）为 3∶1，计算眼睛此时的对比敏感度。

14.8 基线为 1 m 的体视测距仪，在 4 km 处的相对误差小于 1/100，问仪器的放大率应为多少？

第15章 显微和望远光学系统

目视光学系统是以人眼为接收器的，它包括两个典型的系统：显微系统和望远系统。其中，显微系统在"微观世界"中扩展人眼对目标细节的分辨能力；望远系统在"宏观世界"中扩展人眼对远处目标的识别能力。由这两类光学系统输出到人眼的图像必须达到人眼的分辨率，才能达到清晰观察目标的目的。在目视光学系统设计时，应充分保证衍射分辨极限与人眼极限分辨率相适应，以保证人眼观察时不会太疲劳。

15.1 放 大 镜

放大镜是最简单的微观目标的观测仪器。由 14.5 节可知，用眼睛辨别物体细节时，这些细节对眼睛所张的视角必须大于眼睛的极限分辨角。在良好照明条件下，眼睛的极限分辨角约为1′；在照明条件较差或有干扰时，眼睛的极限分辨角约为2′。为了使眼睛在分辨过程中不致疲劳，人们有意地放大极限分辨角的限度，其值定为2′，以至于4′。

被观察物体的视角大小，取决于物体的大小和它到眼睛的距离。被观察的物体必须处于眼睛的近点以外。当细小物体位于近点处而其视角仍小于极限分辨角时，就必须借助于放大镜或显微镜将其放大，使放大像的视角大于眼睛的极限分辨角。

15.1.1 放大镜的放大率

在使用放大镜观察物体时，注重的是在人眼视网膜上像的大小，所以放大镜的放大作用必须以它和眼睛整合后的放大效果来描述。放大镜放大率是用所看到的像对眼睛所张角度的正切比物体直接对眼睛所张角度的正切。该比值称为视觉放大率，以 Γ 表示。

如图15.1所示，把物体放在放大镜物方焦点附近，即 $AB=y$，其放大虚像 $A'B'=y'$，对眼睛张角的正切为

$$\tan\omega' = \frac{y'}{-l' + f' + x'_z} \tag{15.1a}$$

由图15.1可知

$$y'/y = l'/l$$

把高斯公式 $l = \dfrac{f\,l'}{f'-l'}$ 和上式一并代入式(15.1a)中，得

$$\tan\omega' = \frac{y(f'-l')}{f'(-l'+f'+x'_z)}$$

用眼睛直接观察物体时，物体对眼睛张角的正切为

$$\tan\omega = \frac{y}{-l+f'+x'_z}$$

于是可得视觉放大率为

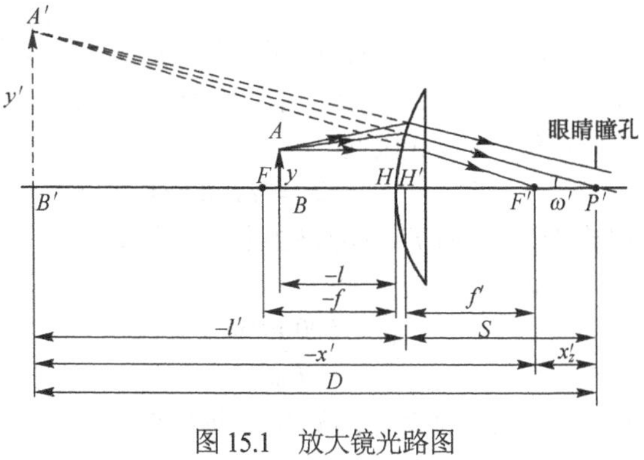

图 15.1 放大镜光路图

$$\Gamma = \frac{\tan\omega'}{\tan\omega} = \frac{(f'-l')(-l+f'+x'_z)}{f'(-l'+f'+x'_z)} \tag{15.1b}$$

式中，$-l+f'+x'_z$ 是眼瞳到物体的距离，以符号 D 替代；$f'+x'_z$ 是眼瞳到放大镜的距离，以 S 表示。那么，视角放大率可改写为

$$\Gamma = \frac{(f'-l')D}{f'(S-l')} \tag{15.1c}$$

若把放大虚像调焦到无限远，即 $l'=\infty$，则上式变为

$$\Gamma_0 = D/f' \tag{15.1d}$$

若被观察物体的距离设定为眼睛的明视距离，即 $D = 250$ mm，则视觉放大率为

$$\Gamma_0 = 250 \text{ mm} / f' \qquad (15.1e)$$

此式表明，放大镜的放大率只决定于放大镜的焦距，焦距越短，放大率越大。

目视仪器中的目镜和放大镜的功能相同，也用视觉放大率表示放大效果。把式(15.1e)用于目镜，$\Gamma_0 = 5^\times$ 的目镜，$f = 50$ mm。若观察者把放大虚像也调节到明视距离，即 $S - l' = D = 250$ mm，则式(15.1c)

可写为

$$\Gamma = \frac{f' - l'}{f'}$$

以 $l' = S - D$ 代入上式，得

$$\Gamma = \frac{D}{f'} + 1 - \frac{S}{f'}$$

若使眼睛紧贴着放大镜，则 $S=0$，得

$$\Gamma = \frac{D}{f'} + 1 = \Gamma_0 + 1 \qquad (15.1)$$

该式适用于小倍率（长焦距）的放大镜，可得比正常放大率更大一点的视觉效果。

15.1.2　放大镜的光束限制和视场

放大镜和眼睛共同构成的系统的光束限制已在 5.8 节中进行了讨论。眼瞳为孔径光阑，放大镜为渐晕光阑，无专门的视场光阑限定了最大视场。图5.2 给出了物空间视场限制，图15.2 给出了相应像空间的视场限制。由图15.2 看到，放大镜像空间线渐晕系数分别为 0、50% 和 100%，视场角的正切为

$$\begin{cases} \tan \omega_1' = \dfrac{h - a'}{l_z'} \\[2mm] \tan \omega' = h / l_z' \\[2mm] \tan \omega_2' = \dfrac{h + a'}{l_z'} \end{cases} \qquad (15.2)$$

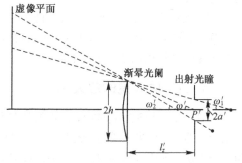

图 15.2　放大镜像空间的视场限制

通常，放大镜的视场用物平面上的圆直径或线视场 $2y$ 来表示，如图 15.3 所示。当物平面位于放大镜的物方焦点上时，像平面在无限远，得

$$2y = 2f' \tan \omega'$$

将式(15.1e)中的 f' 和式(15.2)中渐晕系数为 50% 的 $\tan \omega'$ 代入上式，得

$$2y = \frac{500 \text{ mm} h}{\Gamma_0 l_z'} \qquad (15.3)$$

可见，放大镜的放大率越大，视场越小。

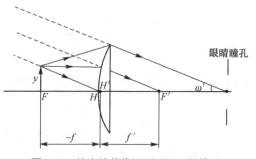

图 15.3　放大镜的像调到无限远的情况

15.2　显微镜系统及其特性

第一台实用的显微镜出现在 17 世纪中叶，那时显微镜只是光学和机械元件的组合，以人眼为接收器。后来显微镜中加了摄像装置，以感光胶片作为可以记录和存储目标图像的器件。现在，以光电传感器、电视摄像管和电荷耦合器件替代感光胶片，配以计算机，构成采集、记录、处理和存储微观信号的光信号系统。

显微镜与放大镜的区别是二级放大。放大镜只是一种一级放大器，单片放大镜由于存在像差，放大倍率不超过 3 倍。与之相比，显微镜的放大倍率可达千倍以上，在科学技术领域中有更广泛的应用。

15.2.1　显微镜的成像原理

　　显微系统的几何光学特性在 3.9 节中已进行了叙述，包括系统组成、放大率、组合焦距等。在此基础上可导出显微镜的视觉放大率。3.9 节中也给出了物镜的放大率：

$$\beta_1 = -x_1' / f_1' = -\Delta / f_1'$$

式中，f_1' 为物镜的焦距，Δ 为光学筒长。目镜的特性等同于放大镜，对物镜所成的像再次放大，如图 15.4 所示。目镜的视觉放大率由式 (15.1e) 给出，即

$$\Gamma_2 = 250 \text{ mm} / f_2'$$

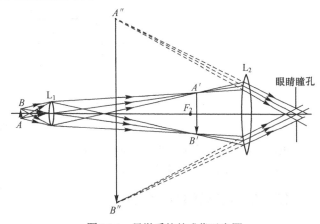

式中，f_2' 为目镜的焦距。显微镜的总放大率为

$$\Gamma = \beta_1 \Gamma_2 = -\frac{250 \Delta \text{ mm}}{f_1' f_2'} \qquad (15.4a)$$

　　上式表明，显微镜的视觉放大率与光学筒长 Δ 成正比，与物镜及目镜的焦距成反比。式 (15.4a) 中的负号表示显微镜给出的是倒像。由式 (3.28a) 可知

图 15.4　显微系统的成像示意图

$$f' = -f_1' f_2' / \Delta$$

代入式 (15.4a)，则有

$$\Gamma = 250 \text{ mm} / f' \qquad (15.4b)$$

　　比较式 (15.4b) 和放大镜的视觉放大率公式 (15.1e)，可知显微镜的实质等同于放大镜，只是性能指标上有所差异而已。

15.2.2　显微镜的机械筒长

　　显微镜上备有多个物镜和目镜，以适应不同倍率的需要。常规显微镜上有四组物镜，其放大率分别为 3 倍、10 倍、40 倍和 100 倍，标记为 $3^\times$、$10^\times$、$40^\times$ 和 $100^\times$；目镜有三组，放大率分别为 $5^\times$、$10^\times$ 和 $15^\times$。通过组合，显微镜可有 12 种不同的放大率，从最低的 $15^\times$ 到最高的 $1500^\times$。在结构上，几个物镜同时装在一个转动的圆盘上，可以方便地更换倍率。目镜为插入式，调换也很方便。

　　把显微镜的物镜和目镜取下后，剩下的镜筒长度，即物镜支撑面到目镜支撑面之间的距离 t_m，称为机械筒长，如图 15.5 所示。为了满足互换的要求，同时为了限制显微镜的空间尺寸，机械筒长通常是标准化的，国际上有 160 mm、170 mm 和 190 mm 三种标准。我国的标准为 160 mm。

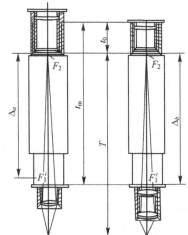

　　显微镜光学系统的光学筒长 Δ 与目镜和物镜的结构有关。为了在调换物镜和目镜时，避开重新调焦的操作便可清晰地看到物体的像，实现"即换即用"的效果，光学筒长应该满足一个齐焦条件。齐焦条件如下：

　　(1) 标准共轭距即各组物镜的共轭距 T 是标准的，国标上对生物显微镜共轭距规定的标准值为 195 mm。

图 15.5　显微镜的机械筒长

　　(2) 目镜的标准安装面与物镜的像面有固定的位置关系，国标上规定该距离 t_0 为 10 mm。

　　(3) 齐焦条件：目镜调换时不再重新调焦，为此，目镜的镜筒结构应保证其物方焦点与物镜的像面重合。显微镜的光学和机械尺寸满足上述要求，物镜或目镜就实现了互换的条件。

　　另外，为了特殊需要组装方便，有的显微镜中使用了一种筒长无限的物镜。它由前置物镜和辅助物镜（又称为补偿物镜或镜筒物镜）组成，前者把物体成像在无限远，后者把无限远处的像再次成像在自己的

焦平面上，两者之间的光路为平行光，两者的间隔可以任意组合，如图15.6所示。辅助物镜的焦距一般为250 mm或200 mm。这种物镜的放大率由前置物镜焦距f_1'和辅助物镜焦距f_2'的比值决定：

$$\beta = y'/y = -f_2'/f_1'$$

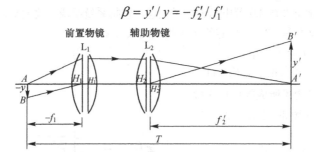

图15.6　筒长无限的显微光学系统示意图

更换前置物镜就能实现变倍。筒长无限的物镜多用于金相显微镜或检测用的显微镜中。这种物镜的镜筒侧面有"∞"的标记，参见图15.12(b)。

15.2.3　显微镜的孔径光阑

显微镜孔径光阑的位置的设置与镜头的结构和使用要求有关：单组低倍显微镜物镜以镜框为孔径光阑；结构复杂的物镜以最后一组透镜的镜框为孔径光阑；测量用的显微镜为了提高测量精度，常把孔径光阑设在物镜的像方焦面上，以形成远心光路，减小因视差所造成的测量误差。

远心物镜的入射光瞳位于无限远处，出射光瞳在显微镜的后焦点上，焦点相对于目镜后焦点的距离为

$$x_F' = -f_2 f_2'/\Delta = f_2'^2/\Delta$$

由于孔径光阑位于物镜的像方焦面上，显微镜的光学筒长Δ等于孔径光阑到目镜前焦点的距离x_2，且为正值，于是$x_F' > 0$，即出射光瞳在目镜后焦点的后面。

当孔径光阑位于物镜像方焦点附近时，就构成了近似的远心光路，设光阑位于距焦点$-x_1'$处，如图15.7所示，则整个系统的出射光瞳相对于目镜后焦点的位置为

$$x_2' = \frac{f_2 f_2'}{x_1' - \Delta} = \frac{f_2'^2}{\Delta - x_1'}$$

该位置相对于显微镜像方焦点的距离为

$$x_z' = x_2' - x_F' = \frac{f_2^2}{\Delta - x_1'} - \frac{f_2'^2}{\Delta} = \frac{x_1' f_2'^2}{\Delta(\Delta - x_1')}$$

上式分母中的x_1'与Δ相比为一小量，可略去，得

$$x_z' = x_1' f_2'^2/\Delta^2$$

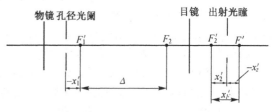

图15.7　近似的远心光路示意图

由于x_1'和$f_2'^2/\Delta^2$均为很小的量，故x_z'也是一个很小的量。这表明孔径光阑位于物镜的像方焦点附近时，整个显微镜的出射光瞳近似地与显微镜系统的像方焦面重合。使用显微镜观察物体时，眼瞳必须与出射光瞳重合，否则就会出现视场渐晕现象。

显微镜出射光瞳直径的要求也与眼瞳的配合有关。图15.8给出了显微镜像方空间的光路图。设出射光瞳和显微镜的像方焦面重合，$A'B'$是物体通过显微镜所成的虚像，其大小以y'表示。由图15.8可知，出射光瞳的半径为

$$a' = x' \tan U'$$

因显微镜的像方孔径角U'很小，故可以用正弦代替正切，得

$$a' = x' \sin U' \qquad (15.5a)$$

由像差理论可知，显微镜物镜应满足正弦条件，即

$$n' \sin U' = \frac{y}{y'} n \sin U$$

式中

$$y/y' = 1/\beta = -f'/x'$$

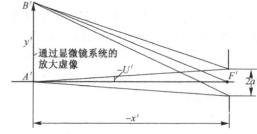

图15.8　显微镜像方空间的光路图

当 $n'=1$ 时 $$\sin U' = -\frac{f'}{x'}\sin U$$

代入式(15.5a)，得 $$a' = -f'n\sin U = -f'\times NA \tag{15.5b}$$

式中，$NA = n\sin U$，称为显微镜的数值孔径，它是表征显微镜特性的重要参量（将在 15.5 节中讨论）。式(15.5b)中的负号无实际意义。将式(15.4b)代入式(15.5b)中，得

$$a' = 250\ \text{mm}\times\frac{NA}{\Gamma}$$

上式表明，显微镜的放大率 Γ 和物镜数值孔径 NA 确定后，可直接求得出射光瞳的直径 $2a'$。表 15.1 列出了三种放大率和数值孔径对应的出射光瞳直径。

表 15.1　出射光瞳直径

Γ	1500×	600×	90×
NA	1.25	0.65	0.25
$2a'$/mm	0.42	0.54	2.50

由表15.1的数据看到，显微镜的出瞳直径很小，高倍率显微镜的出瞳一般小于瞳孔直径，只有低倍显微镜的出瞳才有可能达到或大于眼睛瞳孔直径。

15.2.4　显微镜的视场光阑和视场

通常，显微镜的视场光阑设置在物镜的像平面上。由于显微镜的视场很小，而且要求像面上有均匀的照度，故不设专门的渐晕光阑。

显微镜，特别是高倍显微镜，为了提高对目标细节的分辨能力，必须以很大的孔径成像（详见 15.5.2 节），所以显微镜头轴上点像差达到完善的校正。如果不对视场有要求，则要考虑轴外点像差的校正。为使显微镜物镜的光学结构合理，优先保证目标细节的分辨能力，故只能减小视场来取得大的孔径。通常，显微镜线视场不超过物镜焦距的 1/20，即

$$2y \leqslant \frac{f_1'}{20} = \frac{\Delta}{20\beta}$$

10 倍显微镜物镜的焦距 $f'=16\ \text{mm}$，可取最大视场 $2y=0.8\ \text{mm}$；40 倍显微镜物镜的焦距 $f'=4\ \text{mm}$，取视场 $2y=0.2\ \text{mm}$。

15.2.5　显微镜的景深

在图15.9中，$A'B'$ 是显微镜对准平面的像平面，称为景像平面，$A_1'B_1'$ 是对准平面前的某一平面的像平面，两者之间的距离为 $\mathrm{d}x'$。若显微镜的出射光瞳与其像方焦点 F' 重合，则点 A_1' 的成像光束在景像平面上的投影是一个直径为 z' 的弥散斑，弥散斑的直径由下式决定：

$$\frac{z'}{2a'} = \frac{\mathrm{d}x'}{x'+\mathrm{d}x'}$$

式中，$\mathrm{d}x'$ 与 x' 相比只是一个小量，于是分母中的 $\mathrm{d}x'$ 可以略去，得

$$\mathrm{d}x' = \frac{x'z'}{2a'} \tag{15.6}$$

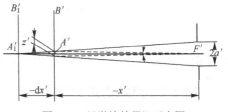

图 15.9　显微镜的景深示意图

若把直径为 z' 的弥散斑视为"点"，则必须满足 z' 对出射光瞳中心的张角 ε' 小于眼睛极限分辨角的条件。与极限值对应的间距 $2\mathrm{d}x'$ 即为显微镜成清晰像的深度，其值为

$$2\mathrm{d}x' = x'z'/a' = x'^2\varepsilon'/a' \tag{15.7}$$

在物空间与之对应的距离 $2\mathrm{d}x$ 即为景深：

$$2\mathrm{d}x = 2\mathrm{d}x'/\alpha = nf'^2\varepsilon'/a' \tag{15.8a}$$

式中，α 为轴向放大率：

$$\alpha = \frac{\mathrm{d}x'}{\mathrm{d}x} = -\beta^2\frac{f'}{f} = -\frac{x'^2}{f'^2}\frac{f'}{f} = -\frac{x'^2}{ff'} = \frac{n'x'^2}{nf'^2} = \frac{x'^2}{nf'^2}$$

用式(15.5b)和式(15.4b)代入式(15.8a)，得

$$2\mathrm{d}x = \frac{nf'\varepsilon'}{\mathrm{NA}} = \frac{250n\varepsilon'}{\Gamma\mathrm{NA}} \qquad (15.8b)$$

表 15.2　显微镜物方景深的计算值

放大率 Γ	10	50	100	500
景深 $2\mathrm{d}x$ /mm	0.04	0.008	0.004	0.0008

上式表明，显微镜的放大率越高，数值孔径越大，景深越小。

例如一显微镜，数值孔径 $\mathrm{NA}=0.5$，$\Gamma=10^{\times}\sim500^{\times}$。设弥散斑的极限角 $\varepsilon'=0.0008$ rad（约 $2.75'$），$n=1$。按上式计算的景深值参见表 15.2。

由于眼睛有视度的调节功能，景深将大于上述数值。设显微镜的像空间里，眼睛的近点和远点到出射光瞳的距离分别为 p' 和 r'，则在出射光瞳与像方焦面重合时，物空间中与其对应的近点和远点的数值为

$$p = ff'/p', \qquad\qquad r = ff'/r'$$

或

$$p = -nf'^2/p', \qquad\qquad r = -nf'^2/r'$$

其差值为眼睛在显微镜作用下的调节深度：

$$r - p = -nf'^2\left(\frac{1}{r'} - \frac{1}{p'}\right) \qquad (15.9)$$

若以米为单位计量 p' 和 r' 的值，括号内的值就是以折光度为单位的数值，于是

$$r - p = -0.001nf'^2\overline{A} \qquad (15.10)$$

式中，$\overline{A}$ 为眼睛的调节范围。以 $f'=(250\,\mathrm{mm})/\Gamma$ 代入上式，得

$$r - p = -62.5\frac{n\overline{A}}{\Gamma^2}$$

对于 30 岁左右的人的正常调节范围 $\overline{A}$ 约为 $7\,D$，则有

$$r - p = -437.5\,\mathrm{mm}\cdot\frac{nD}{\Gamma^2}$$

表 15.3　眼睛的调节深度

Γ	$10^{\times}$	$50^{\times}$	$100^{\times}$	$500^{\times}$
$(r-p)$ /mm	4.375	0.175	0.044	0.002

式中，负号仅表示远点比近点更远于眼睛。

仍按上例，求得眼睛在显微镜不同倍数时的调节深度，如表 15.3 所示。

显微镜的景深应是按式(15.8b)和式(15.10)计算的 $2\mathrm{d}x$ 与 $r-p$ 之和。只要把物面调焦在景深内，眼睛就能通过显微镜看清楚被观察的物体。为了把物面准确地调焦在很小的景深内，显微镜上均配有微动调焦装置。

15.3　显微镜的分辨率和有效放大率

在 14.5 节中定义眼睛的分辨率为可辨别的两个相近点的极限距离。此定义也适用于任何光学系统。由于衍射效应存在，任何光学系统都是孔径受限的。讨论光学系统的分辨率应以衍射的理论为依据。

15.3.1　点源通过透镜的衍射

由于衍射现象的存在，"点"源通过光学系统时，在高斯像面上形成一个衍射斑，中心亮斑称为艾里圆。它的光强分布为

$$I = \left[\frac{2\mathrm{J}_1(x)}{x}\right]^2$$

式中，$\mathrm{J}_1(x)$ 是一阶一类贝塞尔函数。图 15.10 绘制了夫琅禾费衍射光强分布曲线。表 15.4 中列出了艾里圆半径坐标 x 对应的光强 I。若把弥散斑光能总量看作 100，各级最强能量分布如表 15.5 所示。

表 15.4　艾里圆半径坐标 x 对应的光强 I

x	$I = \left[\dfrac{2\mathrm{J}_1(x)}{x}\right]^2$	注　释
0	1	零级主最强
$0.61\pi = 1.916$	0.368	在第一暗环半径一半
$1.220\pi = 3.83$	0	第一暗环
$1.635\pi = 5.136$	0.0175	1 级次最强
$2.233\pi = 7.016$	0	第二暗环
$2.679\pi = 8.417$	0.0042	2 级次最强
$3.238\pi = 10.174$	0	第三暗环
$3.699\pi = 11.620$	0.0016	3 级次最强

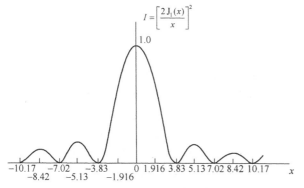

图 15.10　夫琅禾费衍射光强分布曲线

表 15.5　各级最强能量分布

各级最强	光能量
零级主最强 （中心亮斑）	83.78
1 级次最强 （第一亮环）	7.22
2 级次最强 （第二亮环）	2.77
3 级次最强 （第三亮环）	1.46
4 级次最强 （第四亮环）	0.91
5 级到 50 级次最强	1.46
像面上其余部分	0.40
总和	100.00

15.3.2　光学仪器的分辨率

基于衍射理论，瑞利(Rayleigh)对光学系统的分辨率做了如下的阐述：两个相邻的"点"光源所成的像是两个衍射斑，若两个等光强的非相干点像之间的间隔等于艾里圆的半径，即一个像斑的中心恰好落在另一个像斑的第一暗环处，则这两个点就是可分辨的点，如图15.11所示。

当两个点可分辨时，两个弥散斑的叠加光强分布曲线的极大值和极小值之间的差异为 $1:0.736$，且两点中间的最小光强等于艾里圆 $x=1.916$ 处光强的两倍。

利用表 15.4 中给出的数值可求得两分辨点的距离，即艾里圆上 $x=3.83$ 时对应的间距：

$$\sigma = \frac{3.83}{\pi} \cdot \frac{f\lambda}{D} \tag{15.11}$$

式中，f 为光学系统焦距；λ 为波长；D 为光学系统入射光瞳直径。当物面在无穷远时，以两点对光学系统的张角可表示两分辨点的间距，其值为

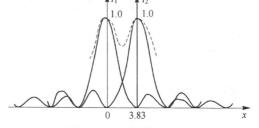

图 15.11　瑞利判据示意图

$$\varphi = 1.22\lambda/D \tag{15.12}$$

若使 $\lambda = 0.000\,556\ \text{mm}$，并以角秒表示角距离 φ，得

$$\varphi'' = \frac{1.22 \times 0.000\,556\ \text{mm}}{D} \times 206\,265'' \approx \frac{140''}{D/\text{mm}} \tag{15.13}$$

15.3.3　显微镜的分辨率

显微镜的分辨率用分辨的距离表示，在式(15.11)中，以 $D/(2f) \approx \sin U$ 代入，并考虑到物镜物空间折射率 n 的影响，则得

$$\sigma = \frac{1.22\lambda}{2n\sin U} = \frac{0.61\lambda}{\text{NA}} \tag{15.14}$$

式(15.14)是两个自发光点的分辨率表示式。亥姆霍兹和阿贝针对不发光的点（即被照明的点）研究后，给出了相应的分辨率公式：

$$\sigma = \lambda/\text{NA} \tag{15.15}$$

在斜射光照明时，分辨率的公式是

$$\sigma_0 = 0.5\lambda/\text{NA} \tag{15.15a}$$

由上述公式可见，显微镜的分辨率决定于数值孔径 NA，数值孔径越大，分辨率越高。

当显微镜物方介质为空气时，折射率 $n=1$，物镜最大的数值孔径为 1；而当物体和物镜之间浸以液体时，显微镜物方的折射率可以大于 1，显微镜的数值孔径增加到 1.5～1.6，光学显微镜的分辨率得以提高。杉木油的折射率 $n_D = 1.517$，溴化萘的折射率 $n_D = 1.656$，二碘甲烷的折射率 $n_D = 1.741$。数值孔径 NA 大

于 1 的物镜称为阿贝浸液物镜。

15.3.4　显微镜的有效放大率

显微镜的分辨概念出自比较两点与其中间带的光强对比度，若光强对比度超过一定值时，两点才可分辨。按瑞利准则给出的比值是 $1:0.736$，实际上人眼在对比度上的分辨比上述比值更敏锐。但是，"分辨"只是物理概念，可分辨的两点未必是能看清楚的两点。只有使这两点对人眼的张角大于人眼的极限分辨角，才能看清楚这两点。为此，显微镜要有一定的放大率，放大两点间的距离，再被眼睛区分。

便于眼睛分辨的角距离为 $2' \sim 4'$，该角距离在眼睛的明视距离 250 mm 处所能分辨的距离 σ' 应为

$$250 \times 2 \times 0.000\,29\,\text{mm} \leqslant \sigma' \leqslant 250 \times 0.000\,29\,\text{mm}$$

若 σ' 是显微镜的极限分辨率 $\sigma \approx 0.5\lambda/\text{NA}$ 对应的像方数值，则上述公式变为

$$250 \times 2 \times 0.000\,29\,\text{mm} \leqslant 0.5\lambda/\text{NA} \leqslant 250 \times 0.0002\,\text{mm}$$

设所用照明的平均波长为 0.000 55 mm，代入上式后得

$$527\,\text{NA} \leqslant \varGamma \leqslant 1054\,\text{NA}$$

或近似写为

$$500\,\text{NA} \leqslant \varGamma \leqslant 1000\,\text{NA} \tag{15.16}$$

满足式(15.16)的放大率称为显微镜的有效放大率。一般浸液物镜的最大数值孔径为1.5，所以光学显微镜所能达到的有效放大率不超过 $1500^{\times}$。

由式(15.16)还可以看出，显微镜的放大率取决于物镜数值孔径。当使用比有效放大率下限(500NA)更小的放大率时，即使物镜已把细节分辨出来，也因放大率不够大，眼睛不能看清这些细节；若用比有效放大率上限(1000NA)更高的放大率，也不能提高显微镜观察物体细节的能力。

由于有效放大率的限制，目前使用的显微镜中，物镜的最高放大率为 $100^{\times}$，目镜为 $15^{\times}$。对于计量用显微镜，由于观察对象多为不发光的线条，它们的放大率常不为式(15.16)所限。

15.4　显微镜物镜

15.4.1　显微镜物镜的光学特性

显微镜物镜主要的光学性能可用数值孔径 NA、线视场 $2y$、焦距 f'、工作距 l 和放大率 β 表示，这些参数之间既有关联也有约束。

物镜的分辨能力与数值孔径 NA 有关，但是由于成像质量的影响，物镜的数值孔径对分辨率的贡献与理论值有差别。

物镜的放大率 β 受有效放大率的约束，过大的放大率可能造成视场大小与结构的矛盾。结构上对显微镜的横向尺寸有要求，测量显微镜的分划板尺寸已经标准化，国标定为 18 mm，其他显微镜可以参照这个标准设定物镜的像面尺寸。在物镜像面的尺寸一定的条件下，放大率 β 越大，显微镜的物方视场就越小。而且，在设定光学筒长之后，显微镜的工作距离就随物镜放大率 β 的增大而减小，这个参数对测量显微镜是很重要的。生物显微镜 $100^{\times}$ 物镜的工作距离只有 0.2 mm 左右。

显微镜物镜的视场光阑一般设置在成像面上，大小用 $2y'$ 表示。显微镜物镜的物方视场为

$$2y = 2y'/\beta$$

显微镜物镜的一些主要参数，均刻在镜筒上，如图15.12所示。图15.12(a)表示一生物显微镜物镜，其放大率为 $40^{\times}$，数值孔径为 0.65，机械筒长为 160 mm，盖玻片厚度为 0.17 mm。图 15.12(b)表示一筒长无限的金相显微镜前置物镜，其放大率为 $10^{\times}$，数值孔径为 0.25，筒长为 ∞，0 表示不用盖玻璃片。

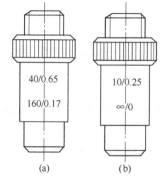

图 15.12　显微镜物镜示意图

国产生物显微镜的放大率和数值孔径的数值已标准化，如表 15.6 所示。

表 15.6　国产生物显微镜的放大率和数值孔径

放大率	$100^\times$	$63^\times$	$40^\times$	$10^\times$	$3^\times$
数值孔径	0.25	0.85	0.65	0.25	0.10

15.4.2　显微镜物镜的基本类型

显微镜物镜是小视场、大孔径的光学镜头。在像质上，它以轴上点像差的校正为主，兼顾轴外视场像差的校正。按像差校正情况，显微镜物镜分为消色差物镜、复消色差物镜和平视场物镜三大类。

1. 消色差物镜

消色差物镜是应用最广的显微镜物镜，数值孔径能达到很大，像差校正以色差、球差和正弦差为主。

由于高倍率显微镜物镜的数值孔径很大，因此产生的高级球差很严重。平衡高级球差的手段仅限于物镜结构的复杂化及玻璃材料的选择。不同放大率和数值孔径的消色差物镜的结构形式早在 1870 年前后基本定型。

(1) 低倍物镜　结构形式为双胶合透镜，如图15.13(a)所示。放大率为 $3^\times \sim 6^\times$，数值孔径为 0.1～0.15。

(2) 中倍物镜　放大率为 $6^\times \sim 8^\times$，数值孔径为 0.2～0.3。这种物镜多由两组双胶合透镜组成，如图15.13(b)所示。两组双胶合透镜各自校正位置色差，整个系统的倍率色差自然得到校正，而球差和正弦差则由前、后组相互匹配校正。这种物镜称为"里斯特"物镜。它是以校正球差、色差和正弦差著称的最基本结构。

(3) 高倍物镜　放大率为 $40^\times$ 以上，数值孔径大于 0.65。这种物镜的结构是在里斯特物镜的基础上发展起来的，即在其前面加一个接近半球形透镜而得，如图15.13(c)所示。这个半球型透镜的第一面为平面，第二面为不晕面，轴上点发出的光束经第一面透射后的会聚点位于第二面的不晕点（无球差和彗差点，也称齐明点）上。里斯特物镜的孔径角增加了 n^2 倍，其中 n 为半球型透镜材料的折射率。这种物镜称为"阿米西"物镜。设计时，当前片的玻璃和结构确定以后，其所产生的色差、球差和正弦差均为已知，可用中组和后组产生异号的像差来补偿这些像差。

(4) 浸液物镜　放大率为 $90^\times \sim 100^\times$，数值孔径为 1.25～1.4，其物镜结构如图15.13(d)所示，通常称之为"阿贝"浸液物镜。如前所述，在盖玻璃片和物镜前片之间充以折射率为 n 的液体，就能使原有物镜的数值孔径提高 n 倍，通常使用的液体是 $n = 1.517$ 的杉木油。由于油液的折射率与物镜前片的折射率很接近，故可认为被观察物体处于与物镜前片相同的介质中，由物体发出的光线可以没有折射地穿过第一面，投射到第二面时又满足不晕条件，故第一块透镜也是不晕透镜（也称齐明透镜）。浸液物镜适用的数值孔径很大，为了使后面的里斯特系统只承担 NA = 0.3 的孔径，故在第一面和里斯特系统之间加入一块弯月形透镜（参见图12.11），它是由同心面和不晕面组成的，称为同心不晕透镜。

由于盖玻片位于光束孔径角很大的物方成像光路中，故产生一定数量的球差，在设计物镜时要考虑补偿这个球差。因此，盖玻璃片的折射率($n = 1.52$)和厚度($d = 0.17\,\text{mm}$)应该严格控制。厚度公差一般为 $\pm 0.05\,\text{mm}$，$40^\times$ 以上的物镜要求盖玻璃片厚度公差为 $\pm 0.01\,\text{mm}$。

2. 复消色差物镜

复消色差物镜主要用于专业显微镜上，如金相显微镜。它除了校正轴上点的三种像差外，还要校正二级光谱，故称为复消色差物镜。倍率色差用目镜的值予以补偿。为了校正二级光谱，由 11.4 节知，可选用特种玻璃和萤石作为某些单片透镜的材料。这种物镜结构较为复杂，如图 15.14 所示。图中有阴影线的透镜就是用萤石制造的，高倍复消色差物镜放大率为 $90^\times$，数值孔径为 1.3。

3. 平视场物镜

平视场物镜主要用于显微照相和显微投影，要求校正像面弯曲。平视场消色差物镜的倍率色差不大，不必用特殊目镜补偿；而平视场复消色差物镜则必须用目镜补偿它的倍率色差。场曲的校正往往依靠若干个弯月形厚透镜来实现。图15.15给出一个放大率为 $40^\times$、数值孔径为 0.85 的平视场复消色差物镜的结构。图15.15中有阴影线的透镜是用萤石制造的。

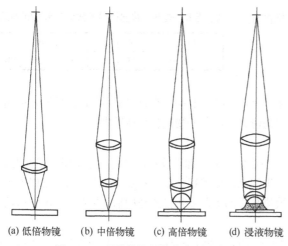

图 15.13　显微物镜的基本类型示意图

(a) 低倍物镜　(b) 中倍物镜　(c) 高倍物镜　(d) 浸液物镜

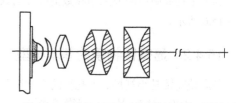

图 15.14　高倍复消色差显微镜物镜结构

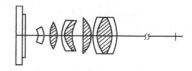

图 15.15　平视场复消色差物镜结构

4．反射式和折反射式物镜

在显微镜发展的初期，透镜和反射镜同时被应用。但到 1791 年出现了消色差物镜，特别是 1827 年出现三组元阿米西物镜以后，反射式物镜因表面加工和装配要求过高而被遗弃。直到 1931 年，由于反射式物镜具有不产生色差，又能把工作波段扩展到非可见区和加大工作距离的优点，才重新得到重视和发展。

反射式物镜如图 15.16 所示。它既能校正球差和正弦差，又不产生色差，常用作紫外显微镜物镜。这种物镜的数值孔径可达到 0.5。

折反射式显微镜物镜与反射式显微镜物镜相比，数值孔径有所增大。在反射物镜的前面加一个半球形镜片，如图 15.17 所示。半球形镜片产生的色差可由图中注有"折射面"字样的折射面所产生的色差来补偿，此时的折射透镜宜用透紫外光的石英玻璃或萤石材料。当把该镜头构成浸液物镜时，数值孔径可达 1.35，能够用于紫外光成像，达到提高分辨率的目的。

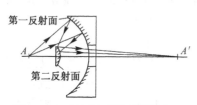

图 15.16　反射式显微镜物镜结构

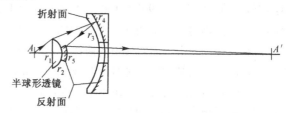

图 15.17　折反射式显微镜物镜结构

反射式或折反射式物镜与折射式物镜不同，它们不可避免地对中心光线遮拦，入射光瞳呈圆环形。对于这种环形光瞳进行衍射积分计算可知，其衍射图形中第一个暗环的半径比圆形光瞳要小得多，从而使分辨率有所提高。与此同时，中心亮斑的照度有所降低，降低的能量分散到了外环，增加了背景的照度，降低了像的衬度，反而影响了分辨率的提高。不过，只有物体的对比度较低时，这种影响才能显现出来，反射式物镜才失去实用的价值。好的设计可使中心遮拦不超过入瞳面积的 4%。

15.5　显微镜的照明系统

显微镜多是在高倍率下工作的，故需要照明，以提供足够的亮度保证像面的照度，同时还要保证像面照度的均匀性。照明系统由光源和聚光镜组成。

15.5.1　照明方法

1．透明物体的照明

对于透明标本可以用透射光照明。透射照明的方式有两种：

(1) 临界照明　这种照明要求聚光镜所成的光源像与被观察物体的物平面重合，如图15.18所示，这相当于物面上放置一个光源，灯丝的形状同时出现在像面上，而造成不理想的观察效果。

在透射照明中，为使物镜的孔径角得以充分利用，聚光镜应有与物镜相同或稍大的数值孔径。

临界照明聚光镜的孔径光阑常设在聚光镜的物方焦平面上，如果显微镜用的是远心物镜，聚光镜的出射光瞳与物镜的入射光瞳重合。聚光镜的光阑做成可变光阑，可任意改变射入聚光镜的孔径角，使之与物镜的数值孔径匹配。

由于临界照明聚光镜的出射光瞳和像方视场分别与物镜的入射光瞳和物方视场重合，所以形成"瞳对瞳、视场对视场"的光管。

(2) 柯拉照明　柯拉照明光学系统如图15.19所示。光源经聚光镜前组成像在照明系统的视场光阑上；聚光镜前组经过聚光镜后组成像于标本处，同时也把照明系统视场光阑成像在无限远处，使之与远心物镜的入射光瞳重合。

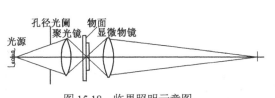

图 15.18　临界照明示意图

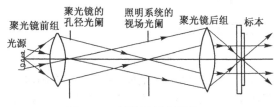

图 15.19　柯拉照明光路图

柯拉照明中的前组聚光镜称为柯拉镜，它得到了光源的均匀照明，经过聚光镜后组成像在标本上。故标本上得到均匀的照明，这是柯拉照明的重要特点。

聚光镜中的孔径光阑紧贴聚光镜前组，通过聚光镜后组所成的像，即聚光镜的出射光瞳也与显微镜的物平面（标本）贴近，故光阑起到了限制显微镜视场的作用。

柯拉照明聚光系统的出射光瞳和像方视场分别与显微镜的物方视场和入射光瞳重合，从而形成"视场对瞳、瞳对视场"的光管。

2. 不透明物体的照明

对于不透明物体，采用从侧面或者从上方照明的方法。此时，标本是靠散射光或反射光成像的。侧面照明是把光源放在标本的斜上方，有的显微镜用物镜四周的小灯泡形成斜照明，上方照明方式使物镜兼做聚光镜，如图15.20所示。光源 1 发出的光经光阑 2 投射到半反半透镜 3 上，其中反射光线由物镜 4 射向物面 5，然后由物面 5 漫反射回来的光线再经过物镜 4 成像在像面 6 上。

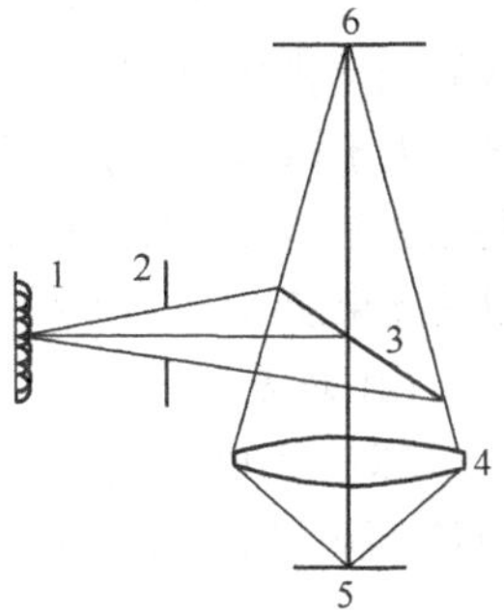

15.5.2　暗视场照明方法

暗视场照明适用于离散分布的颗粒标本的观测。在某种程度上，暗视场照明可以提高显微镜的分辨率。

图 15.20　物镜兼作聚光镜的
照明方式

暗视场照明的原理是不让透过标本的光直接进入物镜，只让由颗粒散射的光线进入物镜。这样，使物镜形成的像面是一个暗背景上分布着亮颗粒的景像。由于衬度（对比度）好，有利于颗粒的分辨。暗视场照明分为单向暗视场照明和双向暗视场照明。

(1) 单向暗视场照明

图15.21为单向暗视场照明的示意图。照明器 2 发出的光线经不透明的标本 1 反射后，只有散射光线进入物镜成像。这种照明方式对观察微粒的存在和运动是有效的，但对物体细节的再现存在着"失真"现象。

(2) 双向暗视场照明

双向暗视场照明光学结构如图15.22所示。在聚光镜最后一片和载物玻璃片之间浸以油液。在三透镜聚光镜的前面，安置一个环形光阑，环形光阑所在位置的直径需按下述成像关系设计：当盖玻璃片与物镜之间没有浸液时，由环形光阑的光孔射出来的光束在进入盖玻璃之前先把盖玻璃下的标本照亮，随后进入盖玻璃，并在盖玻璃片内发生全反射。进入物镜的只是由标本上的颗粒所散射的光线，形成暗视场照明。这种照明属于对称照明，在一定程度上消除了单向暗视场照明存在的失真。

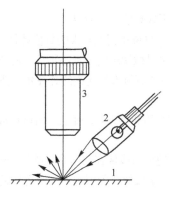

图 15.21　单向暗视场照明示意图

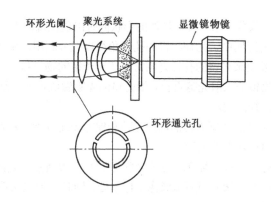

图 15.22　双向暗视场照明光学结构

15.5.3　聚光镜

在照明系统中，聚光镜的作用是最大限度地把光线聚集起来，投射到显微镜的成像系统中。在图15.23中，用光源 1 照明物体 3 时，如不加聚光镜 2，照射标本的光线只限于角度 $2U_S$ 以内。加入聚光镜 2 以后，该角增大为 $2U_B$。此时，进入光学系统的光能以该角所增比例的平方关系剧增。

基于聚光镜的功能，对聚光镜像质的要求也仅限于减少球差和色差，以和显微镜物镜的像差相适应。

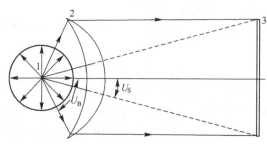

图 15.23　聚光镜聚光原理示意图

(1) 色差

一般在设计时，只在可能条件下取得最小值即可，故聚光镜的选料很重要。聚光镜的材料宜选用低色散的光学玻璃（如 K9 玻璃）。由于位置色差在视场中叠加的结果是在其边缘出现彩色现象，只要使照明的区域大于标本的尺寸就能避免色差的影响。但是，对柯拉照明来说，要求聚光镜把它的光阑成像在物面上，避免色差影响以消色差聚光镜的方案替代。消色差聚光镜的结构类似于高倍显微镜物镜，只是焦距比较长，以使光束能够通过较厚的载物玻璃（约 2 mm）照亮标本。

(2) 球差

球差存在将影响聚光镜对光线的聚集能力，降低照明的效果。球差的校正公差通常以点源最小弥散斑相对光源的比值 K 表示：

$$K = \frac{z'_{min}}{\beta D} \tag{15.17}$$

式中，z'_{min} 为聚光系统对点源产生的最小弥散斑直径；β 是聚光系统的放大率；D 为光源的大小。放映仪器的照明系统，要求 $K = 3\% \sim 10\%$；一般显微镜，要求 $K = 20\% \sim 30\%$。

由于聚光镜的结构中以有聚光能力的凸透镜为主，减小球差的关键在于每一个镜片负担的焦距是否合理，该值以镜片像方对物方孔径角的差值 $\Delta u = u' - u$ 表示。经验证明，为使聚光系统的球差不致过大，聚光镜所用的镜片数和它们所能承担的偏角 Δu 之间的关系如表 15.7 所示。

表 15.7　聚光镜片数和 Δu 之间的关系

片　数	1	2	3
偏角 Δu	0.2～0.3	0.3～0.6	0.6～0.9

(3) 聚光镜常用的结构形式

① 二片式　如图15.24(a)所示，可承担的数值孔径为 0.8，浸液时其值为 1.2。

② 三片式　如图15.24(b)所示，可承担的数值孔径为 0.9，浸液时其值可达 1.4。

③ 五片式　如图15.24(c)所示，系统中有两个胶合组和一个半球透镜，所以可以满足消球差、色差和正弦差校正的要求，可承担的数值孔径为 0.9。

④ 六片式　如图15.24(d)所示，用于高倍显微镜，浸液时数值孔径可达 1.4。

图15.24(c)和图15.24(d)表示了两种消色差聚光镜的结构，它们与阿米西物镜和阿贝物镜的结构形式相

同，不同的是焦距较长，消色差不如显微镜那样严格。

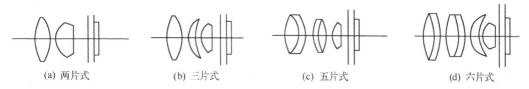

（a）两片式　　　　（b）三片式　　　　（c）五片式　　　　（d）六片式

图 15.24　消色差聚光镜的光学结构

15.6　超分辨显微技术

15.6.1　超衍射极限近场显微术概述

1. 超衍射极限近场显微术简况

传统光学显微镜利用光学系统将物体成放大像，是辅助人眼观测微小结构的唯一手段。光衍射效应的瑞利分辨率极限限制了光学系统进一步提高分辨率。

1982 年，瑞士苏黎世 IBM（国际商业机器公司，International Business Machines Corporation）的 G. Binning 和 H. Rohrer 等人发明了扫描隧道显微镜（STM，Scanning Tunnel Microscope），明显地提高了观测灵敏度，其横向分辨率达到 0.01 nm，纵向分辨率为 0.001 nm。以后相继出现了同 STM 技术相似的新型扫描探针显微镜（SPM，Scanning Probe Microscope）。

SPM 不采用物镜成像，而用探针的针尖在样品表面上方扫描来获得样品表面的信息。不同类型的 SPM 主要表现在针尖的特性不同、针尖与样品之间的相互作用性质不同。以原子力显微镜（AFM，Atomic Force Microscopy）为代表的扫描力显微镜（SFM，Scanning Force Microscope）通过控制、检测针尖与样品间的相互作用力（如：原子间的斥力、摩擦力、弹力、范德瓦尔斯力（van der Waals force）、磁力和静电力等），分析研究样品表面的性质。AFM 的横向分辨率可达 2 nm，纵向分辨率为 0.01 nm，超过了普通扫描电子显微镜的分辨率，而 AFM 对工作环境和样品制备的要求却低于普通扫描电子显微镜。

扫描隧道显微镜（STM）被应用于光学领域，推动了近场光学显微镜（SNOM）的发展。1984 年，瑞士苏黎世 IBM 的 D. Pohl 等人利用微孔径作为微探针制成了第一台近场光学显微镜。同时，美国康奈尔大学的 E. Betzig 等人也制成了用微管（micropipette）作探针的近场光学显微镜。随后，出现了多种近场光学显微镜应用于表面超精细结构的光学检测。

在一个世纪以前就知道近场光学包含两个分量：一个分量能够传播，另一个分量局限于表面且急剧衰减，被称为倏逝波（Evanescent wave）。后一个分量是非均匀波，其性质不仅与物体的表面，更与物体的材料紧密相关。它因物体的存在而存在，不能在自由空间存在。

2. 传统光学显微镜概述

传统的光学显微镜由光学透镜组成，受到光学衍射极限的限制，不能任意增大放大倍数，德国物理学家阿贝（E. Abbe）用衍射理论预言了分辨率极限的存在。通用的标准是瑞利（L. Rayleigh）在 1879 年提出的：从物理光学的角度看，当来自相邻两物点光强相等时，一个物点的衍射光斑主极大和另一个物点的衍射第一极小值重合时，两个物点刚好被分辨开，即为极限分辨率，由此判据可推导出望远、照相和显微三种典型系统的极限分辨率，见表 15.8。

表 15.8　望远、照相和显微系统的分辨率

系统	工作条件	分辨率表示	公式
望远	对无限远物体成像	用恰好能够分辨的两物点对望远镜的张角 α 表示，单位 rad	$\alpha = 1.22\lambda/D$，D 为物镜的通光孔径
照相	对无限远或准无限远物体成像	用能够分辨的最靠近的两直线在感光底片上的距离的倒数，即线对数 N 来表示，单位 lp/mm	$N = \dfrac{D}{1.22\lambda f'}$，$f'$ 为物镜焦距
显微	对近距离微小物体成像	用能够分辨的最靠近两物点之间的距离表示，单位 mm	$\sigma = \dfrac{0.61\lambda}{\text{NA}}$，$\text{NA} = n\sin u$，为数值孔径

由表 15.8 中公式可知：通常提高分辨率的方法有：减小光波长，增大物镜的通光孔径（数值孔径）。由于一般液体的折射率不超过 1.5（可见光范围），对于非浸液显微镜系统，最大数值孔径只能达到 0.95 左右，故浸液显微物镜的分辨率 σ 为

$$\sigma = \frac{0.61\lambda}{1.5 \times 0.95} \approx \frac{\lambda}{2} \tag{15.18}$$

式中，λ 为光束波长，n 为介质折射率，物镜数值孔径 NA $= n\sin\alpha$，α 为将光束收集和聚焦到探测器的物镜的半孔径角（全孔径角为 2α）。它规定了两个点被分辨的最小距离，该量由成像系统参数所决定。由上式可知，显微镜的分辨极限约为工作波长的 1/2。在可见光范围内，显微镜的分辨极限约为 0.2 μm。

物体成像通过仪器变换为光强度信息分布。成像系统的信息变换可由一个表征物体特征的函数与表征仪器性质的仪器函数之乘积表示。物体特征函数表示物体的空间频率，仪器函数表示对物体空间频率的变换系数。物体特征函数在低空间频率时变换系数接近于 1，高空间频率时则下降到接近于 0。由仪器光学特性可以确定仪器的截止频率，超过它的物体信息不能被传输。仪器函数即为传递函数，任何成像系统结构及照明方式，传递函数是唯一的和确定的。即知道了物体结构和传递函数就可精确地预言像的强度分布。

3. 近场光学显微镜原理

(1) 近场与远场

将光学系统成像过程理解如下：光源发射的光子或电子投射到目标物体后，经过反射，被接收器所俘获或接收。由于反射粒子的轨迹和数量与物体性质有关，粒子束就携带了物体特性的信息（光强分布或光场），在接收器上的投影为"目标物的像"。在物理上，物体一般是三维的，纪录介质是二维的，故成像通常是物体结构的二维投影。到目前为止，所有的观察、分析和测量都是远离物体所做出的（至少大于几个波长的距离）。所以，应该区分两个不同的场：从物体表面到几个纳米的距离叫作近场；近场以外到无穷远的区域叫作远场。远场是常规探测仪器如显微镜、望远镜以及其他仪器所能探测的光场。

(2) 突破分辨率衍射极限的途径

在量子力学中，共轭动力学变量（能量和时间作为共轭动力学变量），如坐标 $\boldsymbol{r}$ 和动量 $\boldsymbol{p}$，不能同时准确测定。它们在测量中的不确定度由海森伯测不准关系 [1] 约束：

$$\Delta\boldsymbol{r} \cdot \Delta\boldsymbol{p} \geqslant h \tag{15.19}$$

式中，$\Delta\boldsymbol{r}$ 和 $\Delta\boldsymbol{p}$ 分别是 $\boldsymbol{r}$ 和 $\boldsymbol{p}$ 的测量不确定度，h 为普朗克常数。其分量也满足关系：

$$\begin{cases} \Delta x \cdot \Delta p_x \geqslant h \\ \Delta y \cdot \Delta p_y \geqslant h \\ \Delta z \cdot \Delta p_z \geqslant h \end{cases} \tag{15.20}$$

考虑到普朗克-爱因斯坦关系式 [2] $p = hk$（k 为波矢，其方向代表光波的传播方向，大小为 $k=1/\lambda$，称为波数），上述测不准关系又可表示为

$$\Delta\boldsymbol{r} \cdot \Delta\boldsymbol{k} \geqslant 1 \qquad \text{或} \qquad \Delta x \cdot \Delta k_x \geqslant 1 \tag{15.21}$$

由测不准原理可知：位置和动量不可能同时精确测定，但是如果对 Δk 的测量精度不做要求，就可使 Δx 的测量精度不受限制，这就是突破分辨率衍射极限的途径。由测不准原理有

$$\Delta x_{\min} \cdot \Delta k_{x\max} \geqslant 1 \tag{15.22}$$

要使 $\Delta x_{\min} < \lambda / 2$，即要使分辨率突破衍射极限，就应使 $\Delta k_x \geqslant 2/\lambda = 2k$。又因为

---

1 维尔纳·海森堡（Werner Heisenberg，1901 年 12 月 5 日—1976 年 2 月 1 日），德国物理学家，量子力学的创始人之一。海森堡测不准原理又名"测不准原理""不确定关系"，英文"Uncertainty principle"，是量子力学的一个基本原理，由海森堡于 1927 年提出。该原理表明：一个微观粒子的某些物理量（如位置和动量，或方位角与动量矩，还有时间和能量等），不可能同时具有确定的数值，其中一个量越确定，另一个量的不确定程度就越大。测量一对共轭量的误差的乘积必然大于常数 $h/2\pi$（h 是普朗克常数），它反映了微观粒子运动的基本规律，是物理学中又一条重要原理。

2 普朗克-爱因斯坦关系式（参阅 Maugin, G. A. Nonlinear wave mechanics of complex material systems. Estonian Academy Publishers，2003）是描述量子能量和频率之间关系的一个物理学方程。

$$k^2 = k_x^2 + k_y^2 + k_z^2$$

即
$$k_x = (k^2 - k_y^2 - k_z^2)^{1/2} \tag{15.23}$$

只有当 k_y 和 k_z，或两者之一为虚数时，上式才能成立，这时，突破分辨率的衍射极限才有可能。这说明，只有在局域场条件下，才可能突破衍射极限。因为在局域场中，波矢 $\boldsymbol{k}$ 为虚数。

（3）超分辨近场结构

一般情况下，空间任一点的光波场 $U(r, t)$ 的表达式为
$$U(r,t) = U(x,y,z)\exp\{i[\omega t - (k_x x + k_y y + k_z z)]\} \tag{15.24}$$

式中，r 为空间坐标，t 为时间坐标，$U(x,y,z)$为振幅。若光波场中 $k_z = ik_j$ 为虚数，即
$$U(r,t) = U(x,y,z)\exp\{i[\omega t - (k_x x + k_y y)] + k_j z\} \tag{15.25}$$

显见这是一列沿 x、y 方向传播，沿 z 方向指数衰减的非均匀波，即沿 z 方向衰减的倏逝场。由于倏逝场（Evanescent field）沿 z 方向按指数衰减，所以它只存在于临近(x,y)面的近场区。由此可知：突破分辨率衍射极限的超分辨成像探测的信息，只能从倏逝场中获得，即分辨率突破衍射极限只能在近场区的倏逝场中实现。

① 全反射中的倏逝场

光从光密介质（折射率为 n_1）入射到光疏介质（折射率为 n_2）的分界面上，当入射角大于临界角时，将产生全反射。这时分界面附近的第二介质内，存在倏逝场，其中波矢 $\boldsymbol{k}$ 为虚数。如图 15.25 所示，设 xz 平面为入射面，入射波表示为

$$E_1 = A_1 \exp\{i[\omega t - k_1(x\sin\theta_1 + z\cos\theta_1)]\} \tag{15.26}$$

其透射波可表示为

$$E_2 = A_2 \exp\{i[\omega t - k_2(x\sin\theta_2 + z\cos\theta_2)]\} \tag{15.27}$$

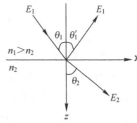

图 15.25　平面波在界面上的反射

设 $n = n_2/n_1 < 1$，并将 $\sin\theta_2 = \sin\theta_1/n$，$\cos\theta_2 = -i\sqrt{(\sin\theta_1/n)^2 - 1}$ 和 $k_2 = nk_1$ 代入上式，得

$$E_2 = A_2 \exp[-k_1 z\sqrt{\sin\theta_1^2 - n^2}]\exp[i(\omega t - k_1 x\sin\theta_1)] \tag{15.28}$$

式中，k_1、k_2 分别为介质 1 和介质 2 中的波数。上式表明透射波是一个沿 x 方向传播，沿 z 方向指数衰减的非均匀波。其等相位面是 x 为常数的平面，等振幅面是 z 为常数的平面，两者互相垂直，且振幅随透射深度 z 的增加急速下降。通常定义振幅减小到界面处（$z = 0$）振幅的 $1/e$ 时的深度为穿透深度 z_0，则

$$z_0 = \frac{\lambda_1}{2\pi\sqrt{\sin^2\theta_1 - n^2}} \tag{15.29}$$

② 光栅衍射中的倏逝场

光栅是常用的光学元件之一，光通过光栅后，其前进方向发生偏折，并按波长分开。光栅的特性参数是栅距 d，或称光栅常数。理论和实验表明，当栅距 $d \gg \lambda$ 时，光波通过光栅后的场为行波场；当 $d \gg \lambda$ 时，光波通过光栅后的场为倏逝场。

平面光波的复振幅可以表示为
$$\begin{aligned} E &= E_0 \exp\{i[\omega t - |\boldsymbol{k}|(x\cos\alpha + y\cos\beta + z\cos\gamma)]\} \\ &= E_0 \exp\{i[\omega t - 2\pi(f_x x + f_y y + f_z z)]\} \end{aligned} \tag{15.30}$$

式中
$$f_x = \cos\alpha/\lambda = 1/d_x, \quad f_y = \cos\beta/\lambda = 1/d_y, \quad f_z = \cos\gamma/\lambda = 1/d_z \tag{15.31}$$

$\cos\alpha$、$\cos\beta$、$\cos\gamma$ 是波矢 $\boldsymbol{k}$ 的方向余弦，f_x、f_y、f_z 是此平面波的空间频率，分别表示沿波矢 $\boldsymbol{k}$ 传播的平面波在 x、y、z 三个方向上的单位长度内变化的周期数。由于 $\cos^2\alpha + \cos^2\beta + \cos^2\gamma = 1$，平面波复振幅可以表示为

$$E = E_0 \exp[-ikz\sqrt{1 - \cos^2\alpha - \cos^2\beta}]\exp(i\omega t)\exp[-i2\pi(f_x x + f_y y)] \tag{15.32}$$

上式表明，此平面波在不同 z 处，只是相位不同，其相位变化由下式决定

$$\eta(z) = \exp[-ikz\sqrt{1 - \cos^2\alpha - \cos^2\beta}] \tag{15.33}$$

若有一平面光栅,设其光栅周期为 d,沿 x、y 方向的周期分别为 d_x 和 d_y。平面光波入射到光栅上的场分布为

$$E = E_0 \exp[-i2\pi(f_x x + f_y y)]\exp(i\omega t) \tag{15.34}$$

通过光栅后的场分布为 $\quad E = E_0 \exp[-ikz\sqrt{1-\cos^2\alpha - \cos^2\beta}]\exp[-i2\pi(f_x x + f_y y)]\exp(i\omega t) \tag{15.35}$

当 $d \ll \lambda$ 时,有 $f_x^2 + f_y^2 > 1/\lambda^2$,故 $\cos\alpha^2 + \cos\beta^2 > 1$,$\cos\gamma^2 < 1$。则 $\sqrt{1-\cos^2\alpha - \cos^2\beta}$ 为虚数,$ik\sqrt{1-\cos^2\alpha - \cos^2\beta}$ 为实数,式(15.35)即可以表示为

$$E = E_0 \exp[-\mu z]\exp[-i2\pi(f_x x + f_y y)]\exp(i\omega t) \tag{15.36}$$

式中

$$\mu = \frac{2\pi\sqrt{\cos^2 + \cos^2\beta - 1}}{\lambda}$$

这是一个按指数规律衰减的场。此衍射光场沿 (x, y) 平面传播,沿 z 方向迅速衰减。通常定义振幅减小到界面处($z=0$)振幅的 1/e 时的距离为衰减长度 R_0,则

$$R_0 = \frac{1}{\mu} = \frac{\lambda}{2\pi\sqrt{\cos^2\alpha + \cos^2\beta - 1}} \tag{15.37}$$

由于一般物体可以看成由许多小的元光栅构成,这些元光栅的周期反映了该物体的精细结构。从上面分析可知,对于小于光波长的精细结构,只能在很靠近物体精细结构的倏逝场中探测到。在光波的远场没有反映物体精细结构的信息。

③ 倏逝场的特点及其探测原理

倏逝场具有以下特点:局限性,倏逝场只存在于尺寸小于波长的区域,能够携带被照明目标的精细结构;衰减性,倏逝场是一个空间急剧衰减的场;封闭性,所有倏逝场都不能向外辐射或输送能量,所以倏逝场是非辐射场或非传播场。但是,它们都存在瞬时能流。

注意到瑞利判据是建立在传播波的假设下,如果能够探测非辐射场,那么就能期望规避瑞利判据而且突破衍射壁垒的限制。即突破光学系统的分辨衍射极限,只能在靠近物体的倏逝场中进行。同时,还应考虑到倏逝场是非传播场,需要把倏逝场中探测到的精细结构信息传送到位于远场的光探测器中显示出来。在近场探测中需要满足以下基本条件:

(a) 探针尖端直径的尺寸应小于一个波长,才有可能分辨物体小于波长的精细结构,且探针尺寸愈小,分辨率愈好。探针的作用是将倏逝场的非传输波转换为可传输光波,使大体积的光电探测器可以在远场采集近场空间的超衍射极限分辨尺度的倏逝场信息。探测尖有多种形式,主要有光纤尖、金属尖、四面锥尖等。按探针技术可以开发出多种突破光学衍射极限的探针显微镜。

(b) 探针与被测对象之间的距离 ε 愈小,分辨率愈高,且 ε 应比波长小很多。

(c) 在近场探测中必须采用扫描方式。

为实现(b)和(c)两个基本条件,探测中需设置扫描与控制系统,一方面控制探测尖在样品表面相对做二维逐点扫描,同时通过一定模式的反馈控制探针尖端与样品表面距离,以实现三维超衍射极限精度扫描成像。

(4) 近场探测原理

把近场区域分成传播和非传播两个分量,并不意味着物理上能够分离这两个分量。非传播分量因传播分量存在而存在,反之亦然。因为光子不能像电子那样被储存起来,非传播分量的能量必然会从表面逃逸而导致传播场的存在。因此,如果微扰非辐射分量,远场必定会受到影响。

近场探测意味着探测过程本身是一种干扰,探测器不像通常那样放在远离物体的位置上,必须将探测器放在距物体小于半波长处。探测器应在场传播以前将它俘获,故探测器必须位于距离物体纳米级的位置上,它应该既能移动又不碰到样品。目前常用压电马达驱动(压电马达的结构形式较多,工作原理大多相同,都利用压电体在电压作用下发生振动,驱动运动件旋转或直线运动)。由于样品和探测器的距离极小,目前还没有一种成像系统可以置于其间,只能使用点状探测器:它能局域地接收光,并将光转换成电流,

或再发射到自由空间，或通过一个合适的光导器件将信号传输到光电管或光电倍增管。目前，该种探测器还不可能是一种光电转换器，只能用被动的简易光收集器，如锥形光纤的尖端。因为局域探测，不能直接得到图像。为了产生一个图像结构，探测器必须沿着物体表面扫描。

(5) 光学隧道效应

因为非辐射分量与倏逝波有相同的结构，因此，探测非辐射场的唯一办法是利用光学隧道效应。三个世纪以前牛顿做的棱镜全反射实验，棱镜表面未镀反射膜，光束以大于临界角入射时仍会被棱镜的内表面全反射。他企图用另一块斜面为弯月面的棱镜与第一块棱镜接触去"扰动"（frustrate）全反射时，发现两个棱镜间的透射面却大于它们的接触区域，这说明将一个光学元件引入到不可见的辐射区域中去干扰全反射是可能的。这就是光学扰动（Optical frustraiton）。利用棱镜表面边界条件的连续性能够解释光学扰动，由于在棱镜的内部（棱镜的下表面）存在一个场，则在其外部（棱镜的上表面）必存在一个场，这个场沿着表面传播且在垂直方向衰减为零。如果把一种适当的电解质材料浸没在倏逝场中，根据连续性条件的要求，在界面处倏逝场将被转换成传播场。这就是光学或光子隧道效应，它可用经典的麦克斯韦方程组解释。

(6) 具有超精细结构的物体附近微小区域中的倏逝场

在近场显微镜中，不能使用传统的光学元件，所用的探针尖端必须极其小（半径约为几个纳米）。还必须考虑探针尖端的衍射效应。描述衍射物体与倏逝场相互作用最简单的方法是假设针尖的行为像一个偶极子，它是一个基本的散射源。当偶极子位于非辐射场中时，它被激发，从而产生前述的包含传播和非传播分量的电磁场。只有传播分量能被远处的光电转换器所探测。Wolf 和 Nieto-Vesperinas 从理论上研究了这个过程，得出如下定理：入射到一个有限物体的一束光必然被转换成传播场和倏逝场。这里，入射场既可以是传播场也可以是倏逝场。

一个受限物体（Limited object）是一种结构严重不连续的物体。用空间频率解释：包含从零到无穷大所有的空间傅里叶频谱分量。不透明屏幕中的一个小孔、一个小球、一个灰尘粒子等都是受限物体的例子。一个扩展物体（Extended object）可以认为由具有突变边缘的受限物体排列组成，如一片玻璃的粗糙表面。故对于扩展物体，可以应用 Wolf-Nieto 定理得出如下结论：一束光入射到具有超精细结构（精细尺度小于$\lambda/2$）的物体上，被转换成一个能够传播到探测器的传播波分量和一个局域于表面的倏逝波分量。传播波分量与物体的低频分量相联系，倏逝波分量与高频分量相联系。

近场显微学的基本原理可由这条定理总结归纳如下：一个高频物体，无论它被传播波还是被倏逝波照射，都会产生倏逝波；产生的倏逝场不服从瑞利判据，它在小于一个波长的距离范围内呈现强烈的局域振荡；根据互易性原理，借助于小的有限物体，可将倏逝场转换成新的倏逝场和传播场；新的传播场能被远处的探测器所探测。倏逝场-传播场的转换是线性的：被探测的场正比于倏逝场中确定点处的坡印廷矢量。新的传播场如实地再现倏逝场局域的剧烈振荡特性。为产生二维图像，需用一个小的受限物体（实际上是锥形光纤的针尖）在样品表面上方扫描。

据此，近场显微镜是物体本身结构的一系列转换的结果：从入射光束到倏逝波的转换；由纳米收集器实现倏逝场到传播场的转换。

4．近场光学显微镜的成像原理及结构

(1) 成像原理

近场光学显微镜的成像原理不同于传统的光学显微镜，它是由探针在样品表面逐点扫描、逐点记录后再进行数字成像的。图 15.26 是一种近场光学显微镜的成像原理图。采用 x、y、z 以粗调方式在几十纳米的精度范围内调节探针-样品间距；而 x-y 扫描及 z 方向可在 1nm 精度内控制探针扫描及 z 方向的反馈随动。图中的入射激光通过光纤引入探针，并可以根据实验要求改变入射光的偏振态。当入射激光照射样品时，探测器可分别采集被样品调制的透射信号和反射信号，由光电倍增管放大，可以直接由模数转换后经计算机采集或者通过分光系统进入光谱仪以得到光谱信息。整个系统的控制、数据的采集、图像的显示和数据的处理均由计算机完成。由以上成像过程可知，近场光学显微镜可以同时采集三类不同的信息：样品的表面形貌、近场光学信号及光谱信号。

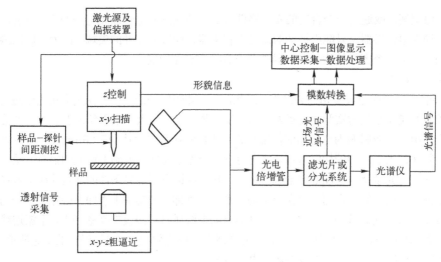

图 15.26　近场光学显微镜的成像原理图

(2) 近场光学显微镜结构

① 光学探针

传统光学显微镜的关键部件是物镜，其放大倍数和数值孔径决定了显微镜的分辨率。近场光学显微镜的核心部件是孔径小于波长的小孔装置，如光纤探针，它的几何孔径类似于显微物镜的数值孔径。在光学探针与被照明样品距离一定时，光学探针透光孔径的尺寸对近场光学显微镜的分辨率起着关键作用。

近场光学显微镜为获得较高分辨率，使通过光学探针的光束在横向上受到严格限制；也要使通过限制区域的光流量尽可能大，以提高信噪比。实际的光学探针均按照上述要求进行设计和制作，目前已设计和制作了 4 种不同类型的探针，它们分别是小孔探针、无孔探针、等离子激元探针和混合光学探针。其中小孔探针是应用较为广泛的光学探针，它既可以用光纤制成，也可以不用光纤制造，分别称为光纤导光型探针和非光纤导光型探针。光纤导光型探针用单模或多模光纤制成，常简称为光纤探针。

根据波导原理，通过探针窗口的光流量与探针的几何形状有关，从而分辨率也与几何形状有关。为进一步提高近场光学显微镜的分辨率，必须同时优化针尖的几何形状。另外探针顶端锥体的角度及其变化越大越光滑，光的传输效率越高。对于光纤探针，拉伸法可以制造出传输效率高的抛物线型尖锥体，而化学腐蚀法则可得到尺寸小于 30 nm 的窗口。但当窗口尺寸小于 30 nm 时，光传输效率急剧下降。因此，为了得到性能良好的光纤探针，必须同时兼顾探针的窗口尺寸和锥体形状。理论计算表明，具有 3°～6° 尖锥角的探针将同时具有较好的窗口尺寸和最佳传输效率。

光纤探针比较成熟且用得较多，其根本性缺点：光纤抗热性能差，不能传输高功率激光，限制了信噪比的提高；光纤脆性大，极易因与样品碰撞而损坏。为进一步改进近场光学显微镜的性能，必须兼用其他形式的探针。

② 探针与样品间距的测控

近场光学显微镜是利用纳米量级的高度局域的近场光获得物体形貌像的，它要求采用网格状逐点扫描技术来获取样品的形貌像。在扫描过程中，必须使探针与样品间的距离控制在近场（几纳米至几十纳米）尺度范围内并保持某一恒定值。因此，精确测控探针与样品间的距离是近场光学显微镜中的重要环节，目前，已发展了以下几种控制探针与样品间距的测控技术。

a. 切变力强度测控技术。切变力强度测控技术是 Betzig 等人提出的，利用探针针尖与样品间的横向切变力控制探针与样品间距。使探针平行于样品表面的方向以机械共振频率颤动方式向样品表面接近，在探针垂直接近到样品表面几十纳米高度时，探针与样品间的相互作用将产生横向切变力（transverse shear stress）。此时，探针的颤动幅度会因受切变力的阻尼而减小，即探针颤动幅度的大小反映了针尖至样品的距离。因此，用反馈方法维持针尖颤动的幅度，就能使针尖至样品的距离保持在某一恒定值。

b. 接触型测控技术。在切变力测控技术中，探针和样品之间是非接触式的。Lapshin 等人引入一种接触型测控技术。在这种技术中，探针粘在作为传感器的音叉上，传感器使探针垂直于样品表面并保持 0.1～10 nm 的幅度振荡。当探针接近样品表面并彼此接触时，振荡电流减小，结果在扫描过程中，探针与样品将永久保持接触状态。这种技术可应用于从单个荧光中心直接转移能量的近场光学显微镜，有利于改善其分辨率和灵敏度。

③ 近场光学显微镜光路

光路是近场光学显微镜的另一主要结构部件，它主要包括以下两大部分。

a. 光源和照明光路。近场光学显微镜中的光源不能采用传统光学显微镜中的扩展白光光源，而是采用激光单色光源，并通过光纤输送照射样品。为使激光至光纤的耦合更好，以及通过光纤的传输效率更高，必须使用单模激光器和单模光纤；由于光纤的耐热性低，大功率激光容易损伤探针，故必须限制激光输出功率，光纤探针一般能承受约 50 nW 的输出功率。

b. 收集光路和光探测器。近场光学信号强度一般较弱，故应最大限度地提高光的收集效率。近场光学显微像是由局域光信号做网格状扫描得到的，应采用灵敏度高且采集信号快速的光电探测器，如光电倍增管和电荷耦合探测器等。

④ 几种典型光路

图 15.27 是 4 种典型的近场光学显微镜的光路图。图中的探针一般采用单模光纤，其端部为锥形，口径在 50 nm 左右，即亚波长尺寸。由于针尖的尺寸和形状直接影响近场光学显微镜的分辨率及波导性能，必须优化设计针尖的尺寸和形状。为了避免环境杂散光的影响，需要将针尖做金属化处理，即镀上 10 nm 左右厚的铝膜或金膜。图 15.27(a) 和 (b) 是透射方式，适用于观察透光性好的样品；图 15.27(c) 和 (d) 是反射方式，适用于观察不透明样品及做光谱研究。在图 15.27(a) 中，当入射光在衬底表面发生全反射时，在 z 方向的倏逝场被样品调制后由光纤探针在近场范围导出；在图 (b) 中，光纤用来提供近场光源，来自样品的光信号再由光学系统（镜头）传到探测器；图 (c) 采用外部光照射，而光纤探针收集来自样品表面反射产生的散射光；而图 (d) 由光纤提供入射光，并由一个环型收集器，如反光镜将较大立体角范围的散射信号收集并送至探测器。以上四种光路从本质上可以分为两类：一类是入射光为远场提供，而采集倏逝场信号，如图 15.27(a) 和 (c)；另一类是探针提供近场光源，用普通光学系统收集信号，如图 15.27(b) 和 (d)。

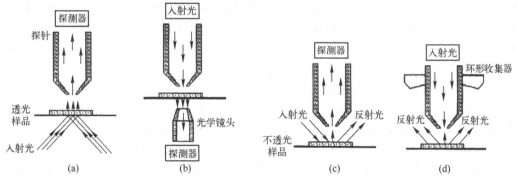

图 15.27　四种典型的光路图

5. 近场光学显微镜的应用

由于近场光学显微镜能克服传统光学显微镜低分辨率以及扫描电子显微镜和扫描隧道显微镜对生物样品产生损伤等缺点，因此得到了广泛的应用，特别是在生物医学以及纳米材料和微电子学等领域。

(1) 超分辨成像

近场光学显微镜的重要应用之一是获得样品精细结构的图像，由于其成像过程是利用极细的小孔探针逐点扫描样品，以获取其强度信息，所以最终得到的图像是各点亮暗不同（即对比度不同）的像素组合。目前，使用近场光学显微镜已经实现了单分子、单层分子膜、微器件等超分辨成像。由于近场光学显微镜具有对所观察的生物样品无损等优点，被广泛用于生物样品的观察，为探索生物大分子活动的光学手段。利用近场光学显微镜，已在生物学研究所涉及的许多领域展开了工作，不仅有静态的形貌像的观察研究，如细胞的有丝分裂，染色体的分辨与局域荧光，原位 DNA（Deoxyribonucleic Acid），RNA（Ribonucleic

Acid）的测序，基因识别等，还有利用观察形貌像随时间变化的动力学过程的研究。由于近场光学显微镜的分辨率与探针针尖开孔尺寸、探针到样品之间的距离、所用光波波长、光波偏振态等多种因素有关，对于同一样品，用近场光学显微镜得到的图像可能与其他方法得到的图像有显著的差别，因此对近场图像的解释应十分仔细，这也限制了近场光学显微镜的使用。

（2）高密度信息存储研究中的应用

信息技术的核心应用之一是信息的高密度存储。由于近场光学显微镜对环境条件要求低，以及已有的成熟的光盘技术基础，提高信息存储密度是科研和工业界的重大问题。目前的光学及磁光读写方式采用的是远场技术，由于受衍射极限的限制，读写斑点尺寸被控制在 1 μm 左右，存储密度约为 55 Mbit/cm^2，并且使用较短的激光波长对存储密度提高不大。而近场光学能突破衍射极限，可明显地提高存储密度。采用近场技术，读写斑点的尺寸可以减小到 20 nm，存储密度可以提高到 125 Gbit/cm^2。按此密度计算，一张 30 cm 光盘的总容量可以达到 10^{14} bit，接近人脑的总存储能力(10^{15} bit)。Betzig 等人已实现了使读写斑的尺寸减小到 60 nm，存储密度达到 7 Gbit/cm^2。由此可见，近场光学显微镜在提高信息存储密度方面，也有着巨大的潜力。

为使近场存储技术更加接近实用，提出固体浸没透镜（Solid Immerging Lens, SIL）和近场超分辨结构（Super Resolution Near-field Structure, Super-RENS）技术最具前途。固体浸没透镜（SIL）是一种齐明透镜（即消球差、正弦差和色差的透镜），通常有两种几何形状：半球形和超半球形。固体浸没透镜与油浸透镜在原理上并无区别，都是通过提高物空间的材料折射率来增大透镜的数值孔径的，但固体浸没透镜由于不和物体直接接触，更适用于光存储。SIL 的底面与存储介质之间的间距要保持在近场距离之内，所以固体浸没透镜存储方式通常也被认为是一种近场方法。B. D. Terris 等利用近场光学，结合固体浸没透镜技术，能实现 125nm 大小记录点的刻写，并借助于飞头头的设计提高了刻写速度，但是高速运动过程中飞行头与记录介质间距离的精确控制问题仍未解决，因而难以在光存储中实际应用。

1998 年，日本的 Junji Tominaga 等人在传统光盘结构的基础上，引进了介质保护层/非线性材料掩膜层/介质保护层的三层超分辨近场结构（Super-Resolution Near-field Structure, Super-RENS），解决了上述难题。其主要特点在于利用可精确控制厚度的薄膜结构，实现了探针和飞行高度控制器的功能，解决了近场高速扫描中光头-盘片间距的控制问题，同时解决了 SNOM、SIL 等近场存储方式中数据存取速率问题。2002 年以来发展起来的 PtOx 型 Super-RENS 光盘已达到记录和读出 100 nm 以下信息点。Super-RENS 光盘不仅具有超过光衍射极限的分辨率，而且结构简单，制作、记录和读出与通常的光盘一样，可使用现有的光盘制造设备和播放、刻录机，是一种非常实用化的方案。

（3）超分辨近场结构（Super-RENS，super-resolution near-field structure）在光刻研究中的应用

Super-RENS 结构突破了传统远场光学衍射极限的限制，除在高密度存储中得到应用外，还在纳米光刻领域展现出应用前景。Kuwahara 等人采用玻璃/SiN(170 nm)/Sb(15nm)/SiN(20 nm)/有机光刻胶（OFPR-800，TSMR-8900，120 nm）多层膜结构，利用红光的高斯分布在掩膜层 Sb(锑)上突破衍射极限实现纳米尺寸的光孔径的可逆转变；利用 I 线（λ=365 nm）通过光孔径近场曝光的方式曝光 10 s，显影后得到线宽 180 nm、深 35 nm 的微结构；利用蓝光（λ=440 nm）曝光 1s/15，显影后得到线宽 140 nm、深 75 nm 的微结构。Kuwahara 等人通过采用抛光石英玻璃改善基底的粗糙度，在有机光刻胶 TSMR-8900（120 nm）上可获得半宽为 95 nm、深 20 nm 的槽结构；同时研究还发现，红光激光束自聚焦引发的热效应对槽的表层宽度和深度均有影响。相比于传统的基于近场扫描光学显微镜的光刻技术，基于超分辨近场结构的光刻技术有着较大的加工范围（前者加工范围为 100 μm×100 μm），而且其刻写速度可获得 10^6 倍的提高，最快加工速度达 3 m/s。但是该种技术获得的微结构中有限的高度将限制其应用，如何在获得高分辨率的同时有效提高微结构构造的高度将是该技术获得实际应用的瓶颈。

（4）近场光谱成像

近场光谱成像是光谱术和近场光学显微术有机结合的技术。由此构成的近场光谱仪是近场光学显微镜和光谱仪的结合。

该技术的原理是：利用光谱仪把光学探针采集到的样品每一点信息再按光谱展开，由此不仅能获得样

品的形貌像，而且可获得此像每点的光谱，这对研究物质的超精细结构十分有益。在技术上，近场光谱仪比近场光学显微镜的制造难度更大，主要在于弱光光谱的检测。从近场光学显微镜输出的图像光强极弱，把这种弱光按波长展开成相应的光谱，难度更大。另外，近场光谱不是由样品本身性质唯一决定的，还与光探针与样品间的相互作用等因素有关。

目前的各类光谱测量方法大都在宏观平均值水平，即使用微区光谱也只限于微米尺度观察。对于介观物理体系的器件，如量子线、量子点，其特征尺度为 10 nm 左右，传统的光谱方法难于分辨诸如纳米尺度的发光区域与本征频谱等。而与近场光学显微镜联用的近场光谱则填补了这一空缺。用低温近场光谱研究 GaAs/AlGaAs 单量子线、多量子线的光致发光现象，可以在纳米尺度揭示不同光谱的来源及其本征值。由于量子线的尺度是已知的，因而可以准确地测定分辨率而无须用附加的校正方法来确定仪器的响应函数。

以上所举的只是近场光学显微镜的几个典型应用，除此之外，它还被应用于近场光刻/光写、近场光电导等。总之，近场光学显微镜已广泛应用于各个领域，同时，也推动了它自身的理论和实验研究的发展。下面给出超分辨近场光学显微镜的一个例证，说明其结构和原理。

15.6.2　近场扫描光学显微镜（NSOM）

1. 近场光学显微镜构成与工作原理

近场光学显微镜由探针、信号传输器件、扫描控制、信号处理和信号反馈等部分组成。近场产生和探测原理：入射光照射到由多个微小结构组成的物体，这些微小结构被入射场激发而重新发光，产生的反射波包含限制于物体表面的倏逝波和传向远处的传播波。倏逝波来自物体中小于波长的微细结构，而传播波则来自物体中大于波长的粗糙结构，后者不含物体细微结构的信息。如果将一个非常小的散射中心作为纳米探测器（如探针），放在离物体表面足够近处，将倏逝波激发，使它再次发光。这种被激发而产生的光同样包含倏逝波和可探测的传播波，这个过程便完成了近场的探测。倏逝场（波）与传播场（波）之间的转换是线性的，传播场准确地反映出倏逝场的变化。如果散射中心在物体表面进行扫描，就可以得到一幅二维图像。采用纳米光源（倏逝波）照射样品，因物体细微结构照射场的散射作用，倏逝波被转换为可在远处探测的传播波，其结果完全相同。

近场光学显微镜是由探针在样品表面逐点扫描和逐点记录后数字成像的。图 15.26 是一种近场光学显微镜的成像原理图。该种近场光学显微镜可同时采集样品的表面形貌、近场光学信号及光谱信号。

2. 纳米级探针的制作

利用探针尖端收集光场信息，探针尖越细，探测到的精细结构越丰富，分辨率也越高；但是探针尖端越细，光通过率越小，灵敏度越低。需要根据要求制作合适的纳米级探针。与 STM 中的金属探针和 AFM 的悬臂探针不同，近场显微镜一般采用介电材料探针，可以发射或接收光子，尖端尺寸为 10～100 nm，将收集到的光子传送到探测器，探针可用拉细的锥形光纤，四方玻璃尖端，石英晶体等制成，探针要求具有小尺寸和高光通过率。国内外一般采用光纤作为亚微米级探针，需要解决探针削尖化和亚波长孔径的制造问题。

(1) 探针削尖化

一般有以下两种方法。

腐蚀法：利用 HF（氢氟）酸和氨水对光纤芯与包层具有不同的腐蚀速度来削尖。该方法应用极为广泛，能根据需要制造出不同种类的光纤尖，如采用多步腐蚀法即得到笔型、弯曲型光纤尖等。探针的圆锥角可由缓冲腐蚀液中的氨水与 HF 酸的比例 ($X:1$) 改变，当 X 由 0.5 增大到 1.5 时，光纤尖的圆锥角由 15° 增大到 30°。但此种方法得到的光纤尖常有腐蚀坑和毛刺，形成分散的散射中心。有一种不去掉光纤保护套对其进行腐蚀的方法，用该方法制得的光纤尖比裸露纤芯腐蚀法所得的光纤尖光滑。

熔拉法：这种方法利用 CO_2 激光使光纤熔融后，在其两端施以较小的力，使其成丝形，再以较大的力迅速将其拉断，断面自然形成锥面。这种方法形成的锥面比较光滑，然而在相同锥长和针尖相对孔径相同的条件下，腐蚀法比熔拉法具有更高的传输效率。

两种方法相比，熔拉的针尖尺寸一般为 50～200 μm，而腐蚀的针尖可小于 50 μm。腐蚀的针尖圆锥角也较大，所以透过率常比熔拉法的高出 2～3 个数量级。实验也表明，对于尺寸相同的针尖，熔拉法制作的抛物形针尖的透过率比腐蚀法制作的锥形针尖的透过率高。腐蚀法简单实用，但较难改变针尖形状，而熔拉法较为容易地制作不同形状的针尖，只是设备复杂昂贵。

(2) 亚波长孔径的制造

也有两种方法。一种方法是对所制作的光纤尖先镀一层金属膜，然后用 KI（碘化钾）等溶液进行化学腐蚀。对已镀有保护层的光纤尖，利用纳米光刻法得到亚波长孔径。还有一种方法是对光纤尖进行真空蒸镀铝，在其顶端腐蚀掉膜层形成一个光孔，制成探针光孔。第二种方法比第一种方法制作精细，控制也更精确一些，其过程如图 15.28 所示。有五个步骤：① 光纤有机包层在 HF 酸中蚀刻；② 在 HF 酸中选择性蚀刻纤芯并锐化处理（θ_B 为锐化角）；③ 锥角在 HF 酸中钝化（将 θ_B 钝化为 θ）；④ 通过真空镀膜涂敷金属膜；⑤ 用化学抛光除去尖区的金属层。α 是包层的锥角；θ 和 θ_B 为纤芯的锥角。用真空蒸发使纤维镀成倾斜角度ϕ。

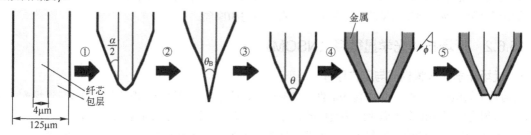

图 15.28　光纤探针的制造方法示例

还有一种将熔拉法和腐蚀法结合的两步探针制造法：首先以 CO_2 激光加热单模光纤，经熔拉形成一个其顶端具有细纤丝的抛物面型传输尖，然后以 5% 的 HF 进行腐蚀。这样形成一个抛物面尖锥，这种探针的尖端尺寸大小和传输光效率都较适合近场探测。

(3) 纳米级样品-探针间距的控制

采用倏逝场调控的方法，利用倏逝场强度随 z 值增加而指数下降关系，将探针放入倏逝场里，控制范围 $0\sim\lambda/(30\sim40)$。这种方法中，探测光信号与调控信号有较强相互作用。样品-探针间距控制的理想调控方法是与光信号完全独立的机制，以使待测信号不与光信号相互作用，避免引入互干扰。而实际方案中，则难于避免这一问题，目前常用的是切变力调控方法。

① 切变力调控方法原理

当以本征频率振荡的探针靠近样品表面时（<50 nm），由于振荡的针尖与样品间作用力（Vander wals，毛细力，表面张力等），其振荡幅度及相位均会有较大变化，利用这个变化可以将探针控制在 $z = 5\sim20$nm。比较成熟的方案有切变力、双束干涉、垂直振荡和超声共振方式等。超声共振方式近场光学显微镜非光学的距离调控方法特别适合微弱作号的近场光谱研究。

② 音叉探针-样品间距离控制原理

剪切力模式近场扫描光学显微镜（Near-field Scanning Optical Microscopy，NSOM）的音叉探针间距控制系统中，用相位反馈控制和检测剪切力，同时采用比例＋积分（PI）技术实现对音叉探针振幅的反馈控制，使探针振幅在扫描过程中保持恒定值。用相位信号作为探针与样品间距控制信号，分别在无振幅反馈和有振幅反馈两种情况下，以不同速率扫描得到标准 CD-RW（CD-Re-Writable 的缩写，为一种可以重复写入的技术，而将这种技术应用在光盘刻录机上的产品即称为 CD-RW。）光栅的两组图像，并进行了比较分析。实验表明，恒振幅反馈电路的引入有助于提高探针系统的响应速度和灵敏度，并改善所得图像的质量及分辨率。

NSOM 用一个孔径小于光波长的探针作为光源或探测器，在距样品表面小于一个波长的近场内以光栅扫描的方式进行成像，其分辨率主要取决于探针的孔径以及探针-样品间距，而不受衍射极限的限制。NSOM 中的关键技术是探针制作和探针-样品间距控制。音叉有极高的力的灵敏度，用于制作音叉探针，作为探针-样品间距的传感器。其自身的高 Q（品质因子）值（100～1000）决定了反馈系统具有高的灵敏度，而高 Q 值同时限制了系统瞬时响应速度。而且，如果在真空的环境中使用 NSOM，其 Q 值增加在 10 倍以上；由于音叉响应速度的影响，使 NSOM 的扫描速度较低，这将会限制其应用，故采用反馈控制和检测剪切力，同时利用 PI 技术，实现了探针的横幅反馈控制。

为获得高的空间分辨率，采用剪切力模式控制探针-样品间距。制作 NSOM 音叉光纤探针组件，如图 15.29 所示，把光纤探针粘在音叉的一个臂上，用信号发生电路产生频率为 33 kHz 左右、振幅为 1～20 mV 的振荡电压，使音叉探针以共振频率在平行于样品表面的方向上振动。当探针逐渐逼近到离样品表面一定距离（0.3～0.5 nm）时，振动的探针会受到一个横向的阻尼力，即剪切力的作用，此时探针的振幅和相位将开始随针尖-样品间距的大小而改变。在 NSOM 中以探测相位的改变量作为控制信号，通过相位反馈回路控制器（Proportional Integral Controller），控制样品台做 z 向移动，以实现探针-样品间距的控制。

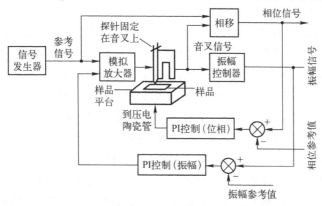

图 15.29　相位和振幅双反馈控制电路原理

通常在以相位信号作为反馈控制电路信号的控制系统中，并未对音叉探针的振幅进行限制。一旦音叉探针输出的振幅信号减小时，检测到的相位信号的信噪比将下降，从而影响音叉探针-样品间距反馈控制的响应速度。如果在音叉探针的激励信号和振幅输出信号两端加上一个振幅反馈控制回路，通过调节其中的参考振幅值和比例加积分（PI）放大器的参数，可以使探针在整个扫描过程中保持振幅恒定。对于 Q 值较高的音叉探针，采用相位和振幅双反馈回路，可获得较高的探针-样品间距反馈控制的动态响应，提高音叉探针扫描速度。

③ 恒振幅控制的原理和实现

PI（Proportion Integration）控制器又称 PI 调节器，它由比例积分（PI）电路组成。根据需要适度调节它的比例（P）和积分（I）两个参量，可以使反馈回路输出保持在设定的参考值。为了使探针具有高灵敏度，首先通过扫频找到音叉探针在自由状态下的谐振频率，然后将激励频率设置在略低于该谐振频率的某一点，逐渐靠近样品，再设定在近场某一点进行扫描，可以使探针系统达到最佳的响应。

为了在等相位扫描成像的同时实现恒振幅反馈控制，相位和振幅双反馈控制电路原理如图 15.29 所示，其中有相位与振幅两个反馈回路。DDS[1]（Direct Digital Synthesis，直接数字合成）信号发生器输出正弦信号加在音叉一端电极的探针谐振，从音叉另一端电极上获得音叉输出信号，通过幅度检测芯片得到振幅信号，将其连接振幅反馈回路；同时，使用相位比较器将音叉输出信号与激励源参考信号比较，得到音叉探针相位信号，用来反映探针与样品间作用力的大小，并将其连入相位反馈回路。

在相位反馈回路中设置一个参考相位值信号，与相位比较器输出的相位信号进行差值，实时得到的音叉相位信号减去这个参考相位值获得相位偏差信号，再将其输入比例积分（PI）相位控制器，通过相位反馈电路转化为探针样品间距控制信号，并通过高压放大驱动压电陶瓷管做 z 向伸缩，控制样品台的纵向移动，实现探针与样品间距的控制。

同时，在振幅反馈回路中，将音叉输出端通过幅度检测芯片解调出来的振幅信号与设置的参考振幅值

---

1 直接数字合成，将一个完整周期的模拟信号采样、量化，以数据点的形式存储在信号源内部存储器中。输出时，抽取数据点经过低通滤波器还原成模拟信号。就是一个模拟信号以数字方式存储再还原成模拟信号的过程。

进行差值，获得振幅偏差信号。此振幅偏差信号通过比例积分(PI)振幅控制器送入乘法器输入端，与信号发生器输出的初始激励信号相乘，然后送入音叉输入端。用乘法器的目的是，当音叉探针输出振幅值偏离参考振幅控制值时，特别是偏离太小时，用来提高音叉探针输入信号的振幅，保证输出相位信号有较高的幅度和信噪比（不改变输入信号的频率和相位），保证音叉探针-样品间距调控有很好的动态响应速度。当反馈平衡建立时，输入音叉端的信号的振幅与上一个扫描点的平衡状态保持近似恒定。

音叉探针在每一个扫描点，当压电陶瓷管获得探针样品间距控制信号时实现伸缩，通过两个闭环反馈控制最终使探针-样品系统达到稳态平衡状态。此时探针-样品系统输出的振幅和相位值均与参考值保持一致，而压电陶瓷管的伸缩长短就间接反映了样品表面的起伏变化（样品表面形貌图像）。由于探针系统采用逐点扫描的方式扫描样品，为了获得好的图像精度和分辨率，xy 平面压电平台移动的速度不能太快，必须等到压电陶瓷管实现伸缩并且探针达到或接近稳态平衡状态时才能开始下一点的扫描，否则将会使得探针系统的响应速度跟不上 xy 平面样品台的平面移动速度，将影响图像质量和分辨率。因此，为了提高系统整体的扫描速度，必须提高探针-样品间距调控系统的动态响应速度，才能保证扫描图像的质量和分辨率。

影响探针-样品间距调控系统动态响应速度的因素主要包括音叉探针系统响应、电子学回路反馈速度以及压电陶瓷管机械系统响应三个部分。音叉探针系统瞬时（衰减）响应的时间常数 $\tau = \sqrt{3}Q/\pi f_0$，其中品质因子 $Q = f_0/\Delta f$，f_0 为探针振动频率，Δf 为谐振峰的半高宽。例如 $Q = 1000$，$f_0 = 33$ kHz 时，系统衰减的时间常数 $\tau = 16.7$ ms。音叉探针系统衰减到 1% 的时间约为 $5\tau = 83.5$ ms，即音叉探针系统瞬时（衰减到 1%）响应的时间约在 100 ms 量级。电子学回路反馈系统的时间常数为 0.02 ms 量级（带宽 50 kHz），压电陶瓷管机械系统经过优化后响应的时间常数最快达到 20～30 ms 量级，探针-样品间距调控系统带宽的增加受限于系统中最慢的元件。根据上述三个系统响应的时间常数分析，音叉探针系统的响应对探针-样品间距调控系统的响应和扫描速度的提高将起着关键性的作用。

加入恒振幅反馈电路后，当音叉探针的输出信号振幅特别小时，将会加大音叉输入信号的振幅（乘法器用于交流信号和振幅反馈直流信号相乘，不会改变输入相位信号），使探针激励信号幅度加大，探针能够比较迅速地恢复到稳态平衡状态，提高了音叉探针的响应速度。当样品台的移动速度适量增大以后，探针系统也能够跟上样品表面起伏的变化，从而实现提高系统扫描速度的目的。

(4) 近场光学显微镜的工作模式

近场光学显微镜按探针工作方式分为 3 种模式：

① C-模式。即收集模式，如图 15.30(a)所示，传输光以全反射角照射到样品基底上，在样品表面上产生倏逝波，被处于样品表面一个波长内的探针所探测。该倏逝波功率的一维分布包含有样品的三维特征信息，也可显示探针的位置函数。C-模式的优点是入射远场光的极化状态可根据需要调整，且倏逝波功率沿垂直于样品表面迅速衰减，所以可以控制样品-探针间距，使探测到的光功率为常数。这种方法是等强度测量的。

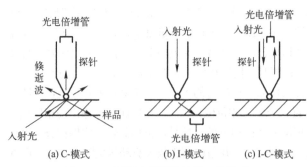

图 15.30 近场光学显微镜的工作模式

② I-模式。即照明模式，如图 15.30(b)所示。处于样品表面纳米处的探针尖端微波长孔径产生的倏逝波照向样品，在样品表面上产生新的倏逝波及传播波；处于样品下面的光电探测器（光电倍增管，Photo-Multiplier Tube，PMT）探测到新的传播波，可得到探针位置函数及样品精细结构信息。这种模式的

优点是可选择性地照明样品，从而实现最佳对比度，但该模式的入射光极化强度难以依据需要来调整。

③ I-C-模式。即照明-收集混合模式，如图 15.30(c)所示。由探针尖端微波长光孔产生的倏逝波照向样品，再由同一探针探测产生于样品的倏逝波与传播波，从而得到探针位置函数及样品精细结构信息。但这种方法信噪比较低。

以上三种模式，由于探测光功率随孔径的减小而减小，探测灵敏度与分辨率之间存在一定的矛盾。为此，提出了一种探测灵敏度较高的光波相变探测法。由于物体内部和外部结构存在微小变化，当光照射到样品上时，光的折射特性与散射特性均发生微小变化；通过探测透射光和折射光等相位的微小变化，再经过分析处理，可以得到样品内部和表面的精细结构。该方法分辨率高，目前已得到应用。

(5) 近场光学显微技术中的衬度[1]问题

NSOM 的工作方式，通常采用非光学信息与光学信息同时成像的方法。非光学信息的衬度反映表面局域电子态密度、探针与样品的范德华力[2]、剪切力[3]及毛细力[4]等的变化，为相应区域的光学分析提供空间定位。而光学信息的衬度直接反映局域光的反射、吸收、折射率变化、荧光激发、偏振及局域光致发光或电致发光等。涉及近场光学成像的衬度类型主要有以下 4 种。

① **光强衬度**。直接来源于样品的反射或透射，是目前各类 SNOM 中采用最广泛的衬度方式。光强信号直接反映局域反射率、透射率或折射率的变化。但由于探针与样品相互作用、散射、多重反射等，使近场图像的解释复杂化。当探测光发射时，光强衬度则给出发光强度的空间分布。

② **相位衬度**。指由于折射率的实部变化而影响探测光束相位所引起的衬度。在远场光学中，这种衬度效应较小；而在近场观察中，由于折射在实部的微小局域变化引起的相位衬度足够大，所以可以用来观察低衬度的生物样品、相位调制光栅以及微加工工艺中的微结构检测。利用这种相位衬度可以直接研究局域折射率的微小变化。

③ **偏振衬度**。来源于样品内部对称性对线偏振或圆偏振光的响应。在 NSOM 中，与样品相互作用后光的偏振状态可由反射光的偏转角（Kerr 效应）或透射偏转角（Faraday 效应）测得。通过探针的光偏振性，应与入射光束相同，但研究结果表明，在探针处的消光比（表明偏振程度）仍可高达 2000∶1。偏振衬度主要应用于磁光存储器件的检测以及具有偏振效应的单分子与半导体器件的测量。

④ **频谱衬度**。其与近场信号中不同波长有关系。样品的激发产生光致发光、光荧光等频率响应光谱。近场和远场一样也可以用滤色片、双色镜或其他分色装置获得频谱衬度。事实上，特定波长的强度成像技术（Karnaugh Mapping，K-Mapping），最常用的是 K 映射，其中涉及的变量数要最小化，已经用于如扫描电镜中的元素特征 X 射线成像等技术中。SNOM 涉及的频谱范围可由微波波段至可见光，直到紫外波段，相应的近场光谱涉及高空间分辨率的光致荧光、激发光致发光及拉曼光谱等。

另外还有一种 NSOM 衬度方式是时间衬度，即样品结构的光学响应随时间而变化。这种衬度方式随时间的响应能够提供样品中的一些动态信息，如半导体中载流子的产生、迁移、扩散或弛豫过程。由于这些过程往往发生在极短时间（飞秒-皮秒）的瞬态，故可将 NSOM 纳米尺度空间分辨率和飞秒时间分辨的结合称为第四度空间。

---

1 所谓衬度，即是像面上相邻部分间的黑白对比度或颜色差，或其他相关物理量，如光强，位相，偏振和频谱等之差。

2 范德华力（Van der Waals Force）：分子间作用力又被称为范德华力，按其实质来说是一种电性的吸引力，产生于 2 分子或原子之间的静电相互作用。因此考察分子间作用力的起源就得研究物质分子的电性及分子结构。范德华力又可以分为三种作用力：诱导力、色散力和取向力。诱导力（Induction force）在极性的分子和非极性分子之间以及极性分子和极性分子之间都存在诱导力。色散力（Dispersion force 也称"伦敦力"）所有分子或原子间都存在。是分子的瞬时偶极间的作用力，即由于电子的运动，瞬间电子的位置对原子核是不对称的，也就是说正电荷重心和负电荷重心发生瞬时的不重合，从而产生瞬时偶极。取向力（Orientation force）发生在极性分子与极性分子之间。由于极性分子的电性分布不均匀，一端带正电，一端带负电，形成偶极。当两个极性分子相互接近时，由于它们偶极的同极相斥，异极相吸，两个分子必将发生相对转动。

3 剪切力（Shear Force）：为获得高的空间分辨率，可采用剪切力模式控制探针样品间距。把光纤探针粘在音叉的一臂上，用信号发生电路产生频率为 33 kHz 左右、振幅值为 1~20 mV 的振荡电压，使音叉探针以共振频率在平行于样品表面的方向上振动。当探针逐渐逼近到离样品表面一定距离（0.3~0.5 nm）时，振动的探针会受到一个横向的阻尼力，即剪切力的作用，此时探针的振幅和相位将开始随尖-样品间距的大小而改变。

4 毛细力（Capillary Forces）：类似于毛细光对液体的作用，在近场扫描显微镜的探针对光子的吸力和阻力作用。

15.6.3 远场超分辨成像

现代生物医药领域的研究受到显微镜分辨率的限制。例如，需要了解各种微小形态物质的3维结构，然而传统白光和激光共聚焦显微镜的光斑尺寸无法达到这样的分辨率。电镜和原子力显微镜虽然可以提供更高的分辨率，但是只能局限于提供表面图像，对于活细胞分析无法提供帮助。

单分子研究是为了研究有关细胞内的化学变化，绝大多数都是集团（系综）平均的结果，把处于不同能级状态的分子活动平均起来，显示不出个别分子活动的状态。开展单分子研究就是要研究和发现个别分子的活动特征，以便更深入地揭示生命活动中分子活动的过程和本质，而这是以前集团平均研究所不可能提供的。

近年来，单分子研究有了明显的进展。主要表现在活细胞单分子成像研究方面，由于技术的改进，如采用全内反射荧光显微镜（TIRFM）、荧光共振能量转移（FRET）、原子力显微镜技术（AFM）等方法研究了活细胞表面的单分子活动，取得了许多新结果。结合活细胞生命活动的离体单分子研究，远场超分辨显微镜技术有重大进展，其中受激发射损耗（Stimulated Emission Depletion，STED）显微技术的发明就是一个例子。STED 技术也有不足，如高强度激光可能对组织有损伤。除了 STED 技术，也还有一些其他技术，如基于随机光学重建显微术（Stochastic Optical Reconstruction Microscopy，STORM）的亚衍射极限成像就是其中之一。

(1) 经典的超分辨——多光子吸收超分辨

一般圆形光斑的光强分布是高斯型的，中心光强度大，即光子密度高。若荧光产生过程是多光子吸收过程，则可激发出荧光的光斑区只能是中间的大光强区，据此可实现简单有效的超分辨成像，目前最成功的应用是双光子扫描荧光显微镜。

(2) 受激发射损耗显微技术（Stimulated Emission Depletion, STED）

该成像理论源于爱因斯坦的受激辐射理论，Stefan Hell 把该理论应用于荧光成像系统。STED 是利用激发光使基态粒子跃迁到激发态，随后用整形后 STED 环形光照射样品，引起受激辐射，消耗了激发态（荧光态）粒子数，导致焦斑周边上那些受 STED 光损耗的荧光分子失去发射荧光光子能力，而剩下的可发射荧光区域被限制在小于衍射极限区域内，就获得一个小于衍射极限的荧光发光点，再利用扫描即可获得亚衍射分辨率成像，结合 4pi 技术（详见 15.6.3 远场超高分辨率显微术）可实现三维超分辨成像。2002 年，Hell 研究组通过 STED 与 4Pi 技术结合，实现了 33 nm 轴向分辨率；2003 年，Hell 研究组获得 28 nm 的横向分辨率。该方法目前因有望实现实时活体成像，应用前景明显。Hell 已经实现了视频级的成像速度。

(3) 随机光学重建显微技术（Stochastic Optical Reconstruction Microscopy，STORM）

该方法基于光子可控开关的荧光探针和质心定位原理，在双激光激发下荧光探针随机发光，通过分子定位和分子位置重叠重构形成超高分辨率的图像，其空间分辨率目前可达 20 nm。STORM 虽然可以提供更高的空间分辨率，但成像时间需要几分钟，还不能满足活体实时可视成像的需要。

(4) 直接随机光学重建显微技术（direct Stochastic Optical Reconstruction Microscopy，dSTORM）

dSTORM 和 STORM 原理类似，只是分子进行明态和暗态之间转换的机制不同。dSTORM 是直接利用荧光分子的闪烁性质，选择暗态寿命非常长的荧光分子，使得即使在高浓度标记的情况下，每次成像时处于亮态的分子也是极少数的，可以进行单分子成像和精确定位，同样经过许多次反复成像，重新构造高分辨的荧光图像。

(5) 饱和激发结构光照明显微技术（Saturated Structured Illumination Microscopy，SSIM）

这是一种宽场成像方法，荧光分子在高强度激光照射下产生饱和吸收，通过求解图形中的高频信息获得样品的纳米分辨图像，已经实现了几十纳米的横向空间分辨率。由于 SSIM 为两维并行测量，因此可以实现很高的成像速度，但实时性较差。

(6) 荧光激活定位显微镜技术（Fluorescence Photoactivation Localization Microscopy，FPALM）

荧光显微镜下只能得到一个衍射极限大小的光斑。如果可以控制每次成像时只有一个分子发光，其他分子处于暗态，则可以对其进行精确定位。经过多次成像后，即可以得到精确定位的分子位置。Betzig 和 Lippincott-Schwartz 利用相同的原理提出了 PALM 技术（光激活定位显微镜，Photoactivation Localization

Microscopy，简称 PALM）。其基本原理与 STORM 稍有不同：FPALM 利用一种绿色荧光蛋白作为标记，这种荧光蛋白在未激活状态下没有荧光发生。当选用特定波长的激光（波长 1）将其激活后，蛋白分子在另一个较长波长的激光（波长 2）下可以进行荧光成像。如果波长 1 的激光能量非常低，每次只能随机激活几个分子，在后来的荧光成像时可以利用精确定位原理得到较高分辨率的分子位置。此后将波长 2 的激光能量增高，使所有被激活分子发生淬灭，不再影响后来的成像。再重新用波长 1 的激光激活另外几个分子，如此反复，最终得到高分辨的荧光成像。

15.6.4 远场超高分辨率显微术

1. 远场超高分辨率显微术概述

基于电子束和扫描探针技术的显微成像技术，如扫描电子显微镜（SEM，Scanning Electron Microscope）和原子力显微镜（AFM，Atomic Force Microscopy）等，可以对分子和原子量级的物体细节进行清晰观察，拓展了对微观世界的认识。而在生物、化学和医学等多个领域，以透镜为基础的光学显微镜仍占有重要的地位，主要是因为与基于电子束和扫描探针技术的显微成像技术相比，光学显微镜具有明显的优势：使用可见光作为信息载体，观测图像和结果更为直观；可以透过表面深入观察样品内部；并借助荧光标记等其他技术手段对于样品内部的结构和生化反应进行针对性的观察。事实上，如果光学显微镜能够具有可见光波亚波长分辨率，借助于光学层析技术，光学显微镜便可以对样品内部结构进行三维重构。然而，由于衍射极限的存在，以透镜和可见光作为媒介进行亚波长观察是难于达到的。

衍射极限于 18 世纪由德国科学家 Abbe 首次提出。进一步研究表明，对于一般透镜，其聚焦光斑的大小用半峰全宽（Full Width at Half Maximum, FWHM）可以近似表述为：径向约为 $\lambda/2$、轴向约为 λ，其中 λ 为工作波长，另外还与透镜的数值孔径（NA）相关，透镜的极限分辨率由其聚焦光斑的点扩散函数（Point Spread Function, PSF）决定，较小的聚焦光斑意味着较高的分辨率。为使光学显微镜获取亚波长分辨率，早期根据衍射极限公式的分析，减小工作波长、增大数值孔径以压缩聚焦光斑。对于前者的研究直接导致了各种电子束显微镜的诞生，而后者则将光学显微镜推向了新的发展。共焦显微镜是最早提出的通过小孔直接限制聚焦光斑尺寸来达到消除杂散光、提高系统分辨率的方法。随后，通过相对放置的共轭双镜头模式，对光学显微镜系统的有效孔径角进行扩展，提高了相对较差的光学系统轴向分辨率，其典型代表如 4Pi（封闭空间中有 4pai(π)个立体弧度(sr)）显微镜。与 4Pi 显微镜原理类似的有非相干照明干涉图像干涉显微镜（Incoherent Illumination Interference Image Interference Microscope, I5M），驻波显微镜（Stationary Waves Microscopy, SWM）。

一种更为直接有效的方法是提高透镜的物方折射率。现在，使用折射率 $n = 1.518$ 的浸没油来将数值孔径提高至 1.4 的浸没式显微物镜已成为通用大数值孔径显微物镜的典型代表。一般而言，液体自身的折射率有限，因此一种更有效的办法是使用固体浸没式透镜（Solid Immersion Lenses, SIL）。然而，上述方法虽然可以有效地减小透镜聚焦光斑的 PSF，但仍然受限于经典的衍射极限理论，当使用可见光工作时，其分辨率的提升是有限的，很难获得小于 100 nm 的分辨率。

研究表明，在远场无法获得亚波长分辨率的主要原因在于远场一般只能收集传导波信号，而携带高频信息的倏逝波，由于其电场强度随传输距离的增加而呈指数衰减，因此被严格限制在近场区域。直接的思路是进入近场收集倏逝波，提高系统的整体分辨率。这种思路导致了近场光学和近场扫描光学显微镜（NSOM）的诞生。NSOM 使用光探针探测样品表面的近场光学信号，其分辨率由光探针开口大小及与样品表面的距离决定。当使用无孔径场增强型光探针时，可以获得小于 25 nm 的分辨率。另一种思路用（负折射率）超材料制造透镜，被称为完美透镜理论。该理论从物理上证明了当光波通过负折射率材料后，可以获得无衍射效应的聚焦光斑，从而达到完美成像的作用。该理论在 2000 年被首次提出后，进一步发展为超透镜（Superlens, SL）理论并得到实践应用。在理论上，SL 的分辨率是没有极限的。但在实际中，由于几乎所有的负折射率材料都为金属而存在一定的吸收，因此限制了实际可以获得的分辨率的下限。SL 的另一种实现方式则摒弃了原有的负折射率模型，使用微米量级的介质小球作为中间媒介，成功获得了 50 nm 的分辨率。但是，不管是 NSOM 还是 SL，为了能够获取倏逝波信号，都必须将工作器件贴近样品表面，这就极大地限制了它们的应用范围。同时，也使得这些方法仅仅能获得样品表面的观测信息而无法深入样品内部进行三维观察。

鉴于现有超分辨显微系统的不足，在继续对上述系统进行改进的同时，荧光激发与淬灭过程的非线性特点提供了新的思路，基于荧光的超分辨显微技术逐渐成为研究热点。

下面简述常见的几种远场超分辨显微镜。

2. 4Pi 显微镜

1971 年 Christoph Cremer 和 Thomas Cremer 提出了完美全息摄影的概念，Stefan W. Hell 于 1994 年成功设计出 4Pi 成像系统，在实验中证实了 4Pi(π) 成像。采用方向相对放置的共轭双镜头模式，扩展了光学显微镜系统的有效孔径角。4Pi 显微镜也是激光扫描荧光显微镜，但它的轴向分辨率更高，从 500～700 nm 到 100～150nm，它的球形聚焦点的体积比共聚焦小 5～7 倍。

目前生物医药研究受到分辨率的限制，以了解微小物质的 3D 结构，传统的白光和激光共聚焦显微镜的光斑尺寸难于达到这样高的分辨率。电镜和原子力显微镜可提供更高的分辨率，但只能提供局限于表面的图像，无法对活细胞进行分析，4Pi 共焦显微镜的出现解决了这个问题。

由瑞利数据可知，增加物镜的接受角（等效于增加 NA），可以减小 PSF（Point Spread Function，点扩散函数）的尺寸，提高分辨率。4Pi 显微镜利用这一概念，通过样品前后双物镜的接受角接近 4Pi 提高 NA 值，如图 15.31 所示。4Pi 显微镜结构特点：基于宽场共聚焦显微镜平台，采用相对放置的两个相同物镜，形成 4Pi 共焦荧光显微镜，如图 15.32 所示。将轴向分辨率由 500 nm 提高到 110 nm，为固定样品或活细胞等的观察提供了 3D 效果。系统采用 63$^×$ 水镜或油镜，或 100$^×$ 的油镜或甘油镜；有 100 nm 的 z 轴分辨率。

图 15.31　4Pi 空间立体角结构

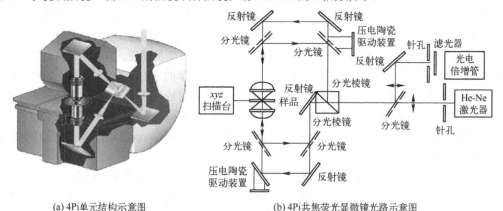

(a) 4Pi单元结构示意图　　　　　　　(b) 4Pi共焦荧光显微镜光路示意图

图 15.32　4Pi 共焦荧光显微镜示意图

4Pi 共焦荧光显微镜分为：单光子 4Pi 共焦扫描显微镜，双光子 4Pi 共焦扫描显微镜，可以得到好的三维光学效果；多焦点多光子 4Pi 显微镜（MMM-4Pi, Multifocal Multiphoton Microscopy-4Pi）的扫描速度更快。MMM- 4Pi 采用微透镜装置将一束激光分为若干子束，以获得多点信息，扫描获得全场图像，缩短了整幅图像获取时间。采用快速 CCD，还可进一步缩短时间，提高图像处理速度。图 15.33（a）为 MMM-4Pi设置，微透镜（ML, Micro-Lens）阵列把脉冲激光束分成子光束阵列，聚焦到针孔（PH, Pinhole）之内。被针孔滤波之后，子束被扫描镜偏转并导向 4Pi 单元，其中通过分束器（BS）在试样内部产生反向传播的照明多焦点阵列。荧光斑点阵列由左物镜成像并返回到针孔阵列。该空间滤波后的荧光被二向色反射镜（DM, Dichroic Mirror）从激光中分离并射入 CCD 扫描相机。通过移动样品来完成轴向 z 扫描。通过平移的针孔阵列和微透镜阵列进行 y 方向扫描。在 y 方向子束的扫描是通过平移互锁的微透镜与针孔阵列来实现的。荧光由左物镜采集，由振镜（Galvo Mirror）使之偏转，并且反方向成像到针孔阵列。图 15.33(b)所示为 Nipkow 共聚焦扫描仪（Nipkow Confocal Scanner，NCS），用于多焦点多光子显微镜（MMM）：在NCS 中，一个微透镜阵列旋转盘将锁模激光器光束分割成多个子光束，在样品中产生的衍射受限多焦点阵列，激发的荧光信号被成像到 CCD 摄像机。为此，将二向色反射镜置于针孔阵列和微透镜之间。微透镜增强的激光透过率，不参与成像过程。

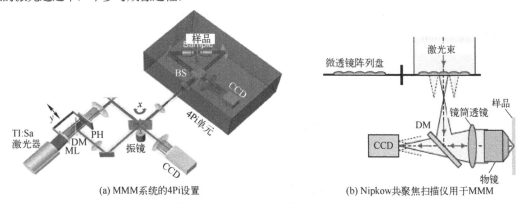

(a) MMM系统的4Pi设置　　　　　　　　(b) Nipkow共聚焦扫描仪用于MMM

图 15.33　　MMM-4Pi 扫描系统示意图

3．3D 随机光学重建显微镜（3D Stochastic Optical Reconstruction Microscopy, STORM）

随机光学重建显微镜（STORM）由华裔学者庄小威发明。远场荧光显微镜的最新进展已经导致图像分辨率明显改善，实现了 20～30nm 的两个横向尺寸的近分子尺度分辨。三维（3D）目标内的纳米级的分辨率成像仍然是一个挑战。利用光学散光（optical astigmatism）以纳米精度来确定个别荧光团（fluorophore）的轴向和横向位置，证明了 3D STORM 的可行性。反复地随机激活光子开关[1]控制的探针（分子），在高精度的三维目标内定位每个探头，即可构建一个三维图像结构，而无须扫描样品。使用这种方法，可以实现在轴向尺寸的横向尺寸分别达到 50～60 nm 和 20～30 nm 的图像分辨率。

在整个三维目标内不借助样品或光束的扫描，证明了 3D STORM 成像的空间分辨率比衍射极限高 10 倍。STORM 和 PALM（光激活定位显微技术，Photoactivated Localization Microscopy, PALM）依靠单分子检测和利用某些荧光团的光子开关性质在时间上分开不同空间中多分子的重叠图像，因而可以高精度地定位单个分子。对于单一荧光染料在横向尺寸实现定位精度高达 1 nm，仅由光子的探测数量限制，在一定环境条件下是可以达到的。不仅粒子的横向位置可以由其图像的质心确定，图像的形状也包含粒子位置的轴向(z) 的信息。在图像中引入离焦（defocusing）或散光，在 z 维实现纳米级定位精度，而基本上不影响横向定位能力。在这项工作中，使用了散光成像（stigmatism imaging）方法实现 3D STORM 成像。为此，将一个柱面透镜引入到成像光路中，形成 x 和 y 方向的两个焦平面（图 15.34(a)）略微不同。其结果是荧光团的图像的椭圆度和方向的变化随其沿 z（图 15.34(a)）的位置变化：当荧光团在平均焦平面内时（在 x 和 y 焦平面之间的约一半处，其点扩展函数（PSF）在 x 方向和 y 方向有等宽度），图像出现圆形；当荧光团位置高于平均焦平面时，其图像在 y 方向上聚焦强于 x 方向上，形成长轴沿 x 的椭圆；反之，当荧光团位置低于平均焦平面时，形成长轴沿 y 的椭圆。通过用一个二维椭圆高斯函数拟合的图像，得到峰值位置的 x 和 y 坐标，以及峰的宽度 W_X 和 W_Y，可以确定荧光团的 z 坐标。

通过实验产生的校准曲线 W_X 和 W_Y 为 z 的函数，在玻璃表面上固定 Alexa 647- 标记的抗生蛋白链菌素（streptavidin）分子或量子点，当样品沿 z 方向扫描时（图 15.34(b)），对单个分子成像来确定 W_X 和 W_Y 值。在 3D STORM 分析中，通过所测得图像的 W_X 和 W_Y 值与校准曲线比较，确定每个光点激发荧光团的 z 坐标。STORM 的 3D 分辨率由整个三维空间内个别光点激发荧光团在一个光子开关周期内的定位精度所限制。

图 15.34 为 3D STORM 原理图。图 15.34(a)表示个别荧光团的三维定位原理，在成像光路中引入柱面透镜，从其荧光体成像的椭圆率来确定荧光物体 z 坐标，右图显示荧光体在不同 z 轴位置的图像。图 15.34(b)从单一的 Alexa 647 分子得到作为 z 的函数的图像宽度 W_X 和 W_Y 的校准曲线。每个数据点为对 6

---

1 菁染料光子开关家族（Cy5，Cy5.5，Cy7，及 Alexa 647），Irie 等人开发了第一个室温下基于荧光能量共振能量转移对的光可控单分子光子开关 Cy5。在 488 nm 和 532 nm 光激发下，这种荧光染料色团可以在荧光和暗状态之间用不同波长的光激发，发生可逆循环。

个分子测得的平均值。对数据进行拟合，如上述离焦函数（defocusing function）。图 15.34(c) 为单一分子三维定位分布。由于同一分子的重复激发，每个分子给出一个定位的集群。由质心排列成的定位分布的 145 个集群定位（左图）是整体 3D 表示。在 x，y 和 z（右图）方向分布的直方图均符合高斯函数，得到沿 x 为 9 nm，沿 y 为 11 nm，以及沿 z 为 22 nm 的标准偏差。

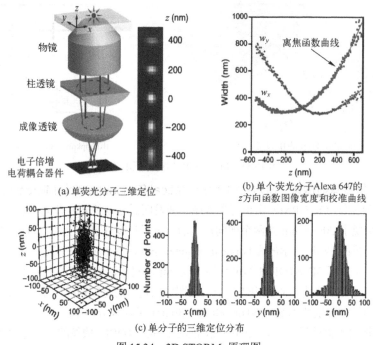

(a) 单荧光分子三维定位

(b) 单个荧光分子Alexa 647的
z 方向函数图像宽度和校准曲线

(c) 单分子的三维定位分布

图 15.34　3D STORM 原理图

直接随机光学重建显微镜（Direct Stochastic Optical Reconstruction Microscopy，DSTORM）和 STORM 原理类似，只是将分子进行明态和暗态之间转换的机制不同。DSTORM 直接利用荧光分子的闪烁性质，选择暗态寿命非常长的荧光分子，使在高浓度标记的情况下，每次成像时处于亮态的分子也是极少数，可以进行单分子成像和精确定位，同样经过许多次反复成像，重新构造高分辨的荧光图像。

相似原理的有基态损耗–单分子返回显微镜（Ground State Depletion followed by Individual Molecule return，GSDIM）及其改型的一系列荧光超分辨显微术。STED（Stimulated Emission Depletion Microscopy）的多功能化先后出现了如 STED-FCS（荧光相关光谱，Fluorescence correlation Spectroscopy）、STED-4Pi、Two Photo-STED、Dual Color-STED、STED- FLIM（荧光寿命成像，Fluorescence Lifetime Imaging）、STED-SPIM（选择照明显微术，Selective Plane Illumination Microscopy）等多种多功能型 STED，使 STED 有丰富的功能。

4. 选择性平面照明显微镜（Selective Plane Illumination Microscopy, SPIM）基本原理

平面光显微镜的优势是快速低损伤的三维成像，每秒钟可以采集一个三维图像，每毫秒可以采集一个二维图像。快速成像是追踪快速变化的细胞和发育过程所必需的，因此成像技术的时间分辨率应大于细胞的变化速度。时间与空间分辨率同等重要，在考虑超分辨率显微镜技术时，总是讨论它们的水平和垂直分辨率，但忽略了时间分辨率，对生物研究来说，时间可能更重要。

SPIM 的基本原理是一个检测光学系统(图 15.35)的焦平面从侧面照射样本。照明和探测路径不同，但彼此垂直，被照射的平面和检测物镜的焦平面重合。样品被放置在照明的交点和检测轴上。照明光片激发样品中的荧光，它由检测光学系统收集，并在摄像机中成像。对单一的 2D 图像没有扫描是必要的。为了对样本范围内进行三维成像，将样品沿检测轴以逐步的方式移动，并且获取系列的图像。

图 15.35 为典型 SPIM 组件，包括照明、检测和（可选）光控制单元。图中各部分说明如下。

(A) 荧光照明：由一个或多个激光器的光被光学系统收集和聚焦，成为在检测透镜焦平面上的光片。一种声光可调谐滤波器（Acousto-Optic Tunable Filter, AOTF）用来精确地控制样品的曝光。

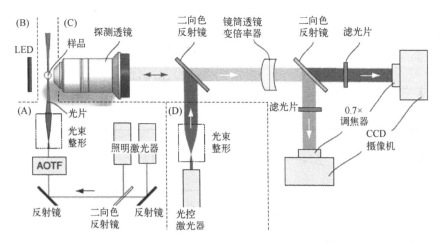

图 15.35　典型的 SPIM 组件

(B) 透射光：红色发光二极管（LED）阵列提供了均匀的、对样品无漂白化的透射光。

(C) 荧光检测：来自样品的荧光成像到一个或多个摄像机。如图 15.35 所示，两个摄像机同时用于记录由二向色反光镜分开的绿色和红色荧光的成像。该系统的倍率由物镜、摄像机调焦器和任意倍率变换器给出。

(D) 光控：激光束，它可以用来选择性地光致漂白，光子转换或删除，通过检测透镜引导和聚焦在样品上，光束照射到样品中的多个点或区域。

15.7　望远系统

望远光学系统的特点主要有：光学间隔 $\Delta = 0$；系统焦距为无限大；横向放大率与物体位置无关。下面进一步讨论望远系统的性质。

15.7.1　望远镜的视觉放大率

望远镜是观察远处目标的目视光学仪器，望远镜可以给观察者一种把物体"拉近了"的感觉，是一种放大的感觉。由式(3.45)可知望远镜角放大率大于 1，即物镜的焦距大于目镜的焦距，故望远镜的垂轴放大率是小于 1 的。望远镜的放大效果是视角的放大，可用视觉放大率描述这一感觉。视觉放大率定义为物体在望远镜中成的像对眼睛的张角与物体本身对眼睛张角的比值。

设 $\bar{\omega}$ 表示眼睛直观物体时的张角，ω' 表示眼睛通过望远镜观察物体时的张角。两种情况下，眼睛视网膜上所成像的大小分别是

$$\begin{cases} \bar{Y}' = -s' \tan \bar{\omega} \\ Y' = -s' \tan \omega' \end{cases} \tag{15.38}$$

式中，s' 为眼睛的像方节点到视网膜的距离，若不考虑眼睛的调节功能，s' 为常数；Y' 是通过望远镜观察到的像高，$\bar{Y}'$ 是直观到的像高，两者之比即为望远镜的视觉放大率：

$$\Gamma = \frac{Y'}{\bar{Y}'} = \frac{\tan \omega'}{\tan \bar{\omega}} \tag{15.39}$$

由于望远镜的镜筒长度与物距相比是可以忽略的，故可用物体对望远镜的张角 ω 取代物体直接对眼睛的张角 $\bar{\omega}$，则有

$$\Gamma = \frac{\tan \omega'}{\tan \omega} = \gamma = -\frac{f_1'}{f_2'} \tag{15.40}$$

式中，γ 即为望远镜的角放大率。由式(15.41)可知，在数值上望远镜的视觉放大率和角放大率是等值的。由图 15.36 可得

$$\frac{D}{2f_1'} = \frac{D'}{2f_2'} \tag{15.41}$$

D 和 D' 分别为望远镜的入瞳和出瞳直径。望远镜的视觉放大率又可以表示为

$$\Gamma = -D/D' \tag{15.42}$$

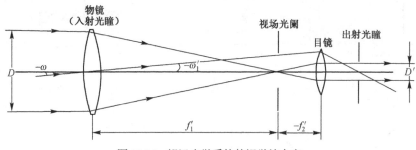

图 15.36 望远光学系统的视觉放大率

15.7.2 望远镜的分辨率及工作放大率

望远镜的分辨率用极限分辨角表示。分辨率公式(15.13)是

$$\psi'' = 140''/(D/\text{mm}) \tag{15.43}$$

式中，D 为望远镜的入射光瞳直径。

若人眼对细节的分辨极限定为 60″，为了使望远镜所能分辨的细节也能被眼睛所分辨，则望远镜的视觉放大率应满足下式的要求：

$$\psi'' \cdot \Gamma = 60'' \tag{15.44}$$

把式(15.43)代入式(15.44)，即得到望远镜能识别极限分辨角时的视觉放大率：

$$\Gamma = \frac{60''}{\left(\dfrac{140''}{D/\text{mm}}\right)} \approx \frac{D/\text{mm}}{2.3} \tag{15.45}$$

这个放大率称为正常放大率。对照一下式(15.45)与式(15.42)可知，望远镜的正常放大率就是望远镜的出瞳直径为 2.3 mm 时的视觉放大率。

在设计望远镜时往往把视觉放大率的数值选得大一点，以缓解眼睛的疲劳，放大比例选 1.5～2 倍，对应的角分辨率就是极限分辨率的 1.5～2 倍，该条件下得出的视觉放大率称为工作放大率。

望远镜对目标的瞄准精度推算方法类似于视觉放大率的推算方法，即

$$\Delta\alpha\Gamma = \Delta E \tag{15.46}$$

式中，$\Delta\alpha$ 是望远镜的瞄准精度（以角秒为单位）；ΔE 是眼睛的瞄准精度，人眼的瞄准精度参见 13.5 节。当以叉线对准单线的瞄准方式观测物体时，$\Delta E = 10''$，则望远镜的瞄准精度为

$$\Delta\alpha = 10''/\Gamma$$

望远镜的视觉放大率和视场角的关系可由式(15.41)表示，往往把望远镜的像方视场角 ω' 选为目镜的视场角。设计中，一般目镜的视场角为 $40° \sim 60°$，广角目镜的视场角可达 $100°$。

一般的望远镜（如双筒望远镜），由于手持或环境的原因，震动很难避免，宜选低倍率的视觉放大率，它的视场可以大一点。超过 8 倍的大倍率望远镜应在结构上加装固定支架。

15.7.3 主观亮度

通过光学仪器观察物体时，眼睛受光刺激的强度称为主观亮度，它的强弱取决于眼睛接收到的能量大小。物体为点源时，视网膜上的感觉由点源射入眼睛的光通量大小决定；物体是面源时，视网膜上的感觉由其像在视网膜上的照度决定。

1. 望远镜观察点源时的主观亮度

直接观察点光源时，眼睛接受的光通量为

$$\mathrm{d}\Phi = \frac{\pi K D_0^2 I}{4l^2} \tag{15.47}$$

式中，D_0 是眼睛瞳孔的直径，l 是物体相对于眼睛的距离，I 是点光源发光强度，K 是眼睛的透过率。

通过望远镜观察点光源时，望远镜接收到的光通量为

$$\mathrm{d}\Phi = \frac{\pi K_1 D^2 I}{4l^2} \tag{15.48}$$

式中，D 为望远镜的入射光瞳直径，l 是物体到入射光瞳的距离，K_1 为望远镜的透过率。

当眼睛的瞳孔直径大于望远镜的出射光瞳直径时，望远镜接收到的光能全部进入眼睛。这时所产生的主观亮度为

$$\mathrm{d}\Phi' = \frac{\pi K K_1 D^2 I}{4l^2} \tag{15.49}$$

比较式(15.49)和式(15.47)可知，当望远镜的入射光瞳直径 D 足够大时，像的主观亮度可能超过直接观察目标时的主观亮度。通过望远镜观察到的主观亮度与直观的主观亮度之比称为相对主观亮度：

$$\mathrm{d}\Phi'/\mathrm{d}\Phi = K_1(D/D_0)^2 \tag{15.50}$$

在眼瞳直径 D_0 和望远镜出射光瞳直径 D' 相等时，有

$$\frac{\mathrm{d}\Phi'}{\mathrm{d}\Phi} = K_1 \left(\frac{\varGamma D_0}{D_0} \right)^2 = K_1 \varGamma^2 \tag{15.51}$$

若眼瞳直径小于望远镜的出射光瞳直径，则进入望远镜的光能被眼瞳拦截，眼瞳是整个系统的出射光瞳，望远镜的有效孔径仅为 $\varGamma D_0$。此时，点光源的主观亮度为

$$\mathrm{d}\Phi' = \frac{\pi K K_1 \varGamma^2 D_0^2 I}{4l^2}$$

相对主观亮度为 $\qquad\qquad \mathrm{d}\Phi'/\mathrm{d}\Phi = K_1 \varGamma^2$

由上述讨论可知，当望远镜出射光瞳直径 D' 大于眼瞳直径 D_0 时，点光源像的主观亮度随视觉放大率的增大而增大。这个结论无论从入瞳直径的角度上看，还是从出瞳直径的角度上看，都是可以理解的，因为随着视觉放大率的增大进入眼瞳的能量密度增加了，像的主观亮度自然也增大。而且，当 $D' = D_0$ 时，点光源像的主观亮度就是视觉放大率 $\varGamma$ 所对应的最大的主观亮度值；当望远镜出射光瞳直径 D' 小于眼瞳直径 D_0 时，点光源像的主观亮度与入射光瞳直径 D 有关，而与视觉放大率的变化无关，此条件下进入望远镜的所有光能都进入了眼瞳。

天文望远镜的主观亮度计算方法就归属这一类。

2. 望远镜观察面源时的主观亮度

用望远镜观察面光源时，像的主观亮度由像在视网膜上的照度决定。直观物体时的主观亮度为

$$E = \frac{\pi K B D_0^2}{4 f_0'^2} \tag{15.52}$$

式中，B 为物体的光亮度，f_0' 是眼睛的焦距。

用望远镜观察物体时，像的光亮度与物的光亮度有以下关系：

$$B' = K_1 B(n_k'/n_1)$$

式中，B' 为像的光亮度；n_k', n_1 分别为望远镜像方和物方的折射率，在空气中 $n_k' = n_1 = 1$。像的主观亮度为

$$E' = \frac{\pi K B' D'^2}{4 f_0'^2} = \frac{\pi K K_1 B D'^2}{4 f_0'^2} \tag{15.53}$$

式中，D' 是包括眼睛在内的整个系统的出射光瞳。则相对主观亮度为

$$E'/E = K_1(D'/D_0)^2 \tag{15.54}$$

可见，相对主观亮度决定于系统的出射光瞳直径和眼睛直径之比值。当眼瞳直径小于望远镜的出射光瞳时，瞳孔成为整个系统的出射光瞳，即 $D' = D_0$，相对主观亮度等于 K_1，一般 $K_1 < 1$，所以像的主观亮度低于直接观察物体时的主观亮度。当瞳孔直径大于望远镜的出射光瞳时，像的主观亮度更低于直接观察物体时的主观亮度。

用天文望远镜观察星体时，星体可视为一个点光源，背景可视为一个面物体。星体像的主观亮度和相对主观亮度分别由式(15.49)和式(15.50)来计算，相对主观亮度大于 1；但是，背景像的主观亮度和相对主观亮度分别由式(15.53)和式(15.54)计算，相对主观亮度小于 1。用天文望远镜观察星体时，因星体与背景的性质差异造成了主观亮度的双向变化，造成了对比度的增大，从而有利于观测。

由以上分析可知：望远镜的出射光瞳直径不宜小于眼瞳的直径，它有利于增大物体背景的对比。只有在瞄准仪器中，当为了提高倍率而又不增大外形尺寸时，才使出射光瞳直径小于眼瞳的直径。

15.7.4 望远镜的视场

望远镜主要分为伽利略望远镜和开普勒望远镜。两者的结构不同，视场设置有别。

1. 伽利略望远镜

以眼瞳作为孔径光阑和出射光瞳，物镜框是渐晕光阑，不设专门的视场光阑，渐晕系数可大于 50%，如图15.37 所示。其视场大小为

$$\tan \omega = \frac{D}{2l_z} \tag{15.55}$$

式中，ω 为入射窗确认的视场角；l_z 为通过入射窗直径 D 和入射窗到入射光瞳的距离，是在像空间计算的。入射窗到入射光瞳的距离 l_z 为

$$l_z = \Gamma^2 l_z' = \Gamma^2 (-l_{c2}' + l_{z2}') \tag{15.56}$$

式中，l_{z2}' 是出射光瞳到目镜后主面的距离；l_{c2}' 是出射窗到目镜后主面的距离，它也是物镜框通过目镜成像的截距，按高斯公式得

$$l_{c2}' = \frac{-Lf_2'}{-L + f_2'} = \frac{-Lf_2'}{-f_1'} = -\frac{L}{\Gamma} \tag{15.57}$$

式中，$L = f_1' + f_2'$ 为望远镜的筒长。将式(15.57)代入式(15.56)，得

$$l_z = \Gamma^2 \left(\frac{L}{\Gamma} + l_{z2}' \right) = \Gamma (L + \Gamma l_{z2}') \tag{15.58}$$

将式(15.58)代入式(15.55)便得到视场角：

$$\tan \omega = \frac{D}{2\Gamma (L + \Gamma l_{z2}')} \tag{15.59}$$

由式(15.59)可知，在物镜直径 D 确定的条件下，视觉放大率越大，视场越小。若要求获得较大的视场，望远镜的视觉放大率不能太大，一般是 $6^\times \sim 8^\times$。

伽利略望远镜的优点是结构紧凑，光能损失少，物体的像是正立的像。但是伽利略望远镜在物镜和目镜中间没有实像位置，因此不能设置分划板，这种结构不能用于瞄准和测量。

2. 开普勒望远镜

在 5.8 节中指出，开普勒望远镜的物镜框就是孔径光阑，出射光瞳在目镜后面，为眼睛提供了观察的有利位置。开普勒望远镜的最大特点是在物镜和目镜之间有一个实像面，可放置分划板，其框为视场光阑，如图15.38 所示。

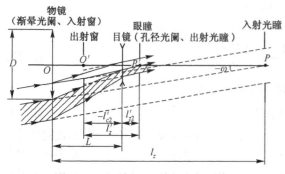

图 15.37　伽利略望远镜的光束限制

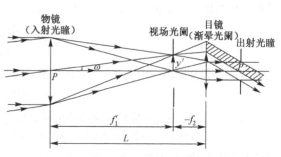

图 15.38　开普勒望远镜的光束限制

开普勒望远镜的视场角可从图15.38中求出：

$$\tan \omega = y' / f_1'$$

式中，y' 为分划板的半径，f_1' 为物镜焦距。

望远镜的视场角不超过$10° \sim 15°$，视觉放大率一般为$8^{\times}$。目镜作为渐晕光阑，允许存在50%以下的渐晕。开普勒望远镜成的像是倒立实像，欲得到正立像，需在物镜之后设置透镜或棱镜转像系统。

由于望远镜中间可以设置分划板，故适用于测量仪器。开普勒望远镜（特别是天文望远镜）可以有较大的视觉放大率，可达$30^{\times}$以上。

3. 望远镜的出瞳距

在设计望远系统时，要为眼睛提供舒适的观察条件。需要考虑出射光瞳到目镜最后一面之间的距离，称之为镜目距。使用望远镜时，眼瞳处于出射光瞳的位置上，为了不与睫毛相碰，镜目距不得小于 5 mm。若在振动条件下使用望远镜，必须加大镜目距。军用望远镜的镜目距不得小于16 mm，带防毒面具的望远镜，要求有更长的镜目距。

15.7.5 望远镜的出瞳距和调焦

望远镜调焦方式有两种：外调焦和内调焦。

1. 外调焦式望远镜

从理论上讲，望远镜是对无限远的目标成像的。当目标在无限远处时，目标成像在物镜的焦平面 F_1' 上，即目镜的物方焦平面上，如图 15.39(a)所示。当目标位于有限远处时，它的像平面偏离物镜的焦平面，假设移动到 A' 处，如图15.39(b)所示。A' 偏离了目镜的对准平面，只有沿光轴移动目镜才能重新看清目标，该操作称为调焦。调焦后，光学间隔从零变为 Δ。

外调焦式望远镜以调整目镜相对物镜位置的方式实现调焦。这种调焦方式的优点是镜筒长度发生了变化，但其结构较简单，像质也易保证；其缺点是外形尺寸大，密封性较差。

2. 内调焦式望远镜

内调焦式望远镜以调整物镜内部结构的方式，达到调焦并保证目标的成像清晰度。望远物镜的结构形式由正、负光焦度的两组透镜组组成，物镜前组与物镜后组（也称为调焦镜）间的空气间隔为 d_0，如图15.40 所示。沿光轴移动调焦镜的位置，使目标的像重新回到物镜的像方焦点 F_1' 上，从而实现调焦。该光学系统将在 15.10.1 节中叙述。

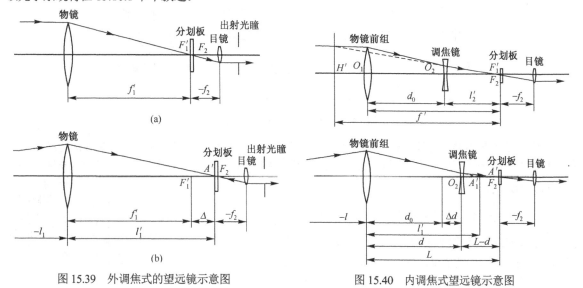

图 15.39　外调焦式的望远镜示意图　　　　图 15.40　内调焦式望远镜示意图

内调焦系统结构紧凑，密封性好，镜筒的长度不变。但是，它的结构和工艺复杂。这种调焦方式常用在野外作业的测绘仪器中，它应满足以下条件：

(1) 焦距条件

设物镜前组光焦度为 $\varphi_1 > 0$，调焦镜组的光焦度为 $\varphi_2 < 0$，物镜的总光焦度为

$$\Phi = \varphi_1 + \varphi_2 - d_0\varphi_1\varphi_2$$

像距为

$$l_2' = f'\left(1 - \frac{d_0}{f_1'}\right)$$

(2) 筒长条件

物镜的筒长为

$$L = d_0 + f'\left(1 - \frac{d_0}{f_1'}\right) < f' \tag{15.60}$$

式中，f' 和 f_1' 分别为物镜前组和物镜后组的焦距。

物体在无限远时，物镜前组和物镜后组之间的空气间隙为 d_0。物体在有限距 l 处时，需要把调焦镜移动距离 Δd，现对调焦镜写出物像关系式，便可求出调焦距离 Δd：

$$\frac{1}{L - d} - \frac{1}{l_1' - d} = \frac{1}{f_2'}$$

式中，l_1' 是有限远物体通过前组的像距，$d = d_0 + \Delta d$。

(3) 准距条件

内调焦望远镜用于测量仪器时，除了能观察目标外，还需测出目标的距离。为此，内调焦望远镜系统应满足准距条件。

以外调焦望远镜为例，说明望远镜系统测距原理。如图15.41 所示，BC 是在测点 A 处竖起的一个标尺，它到仪器转轴的距离为 D，标尺上的长度 b 在望远镜分划板上的像为 b'，两者的关系是

$$-\frac{b}{b'} = \frac{-l - (-f)}{-f} = \frac{-l - f'}{f'}$$

即

$$-l = -\frac{b}{b'}f' + f' \tag{15.61}$$

式中，l 是标尺对物镜的物距，f' 为物镜的焦距。若不考虑物镜的正倒像关系，$-b/b'$ 以绝对值 $|b/b'|$ 表示，则上式为

$$|l| = |b/b'|f' + f'$$

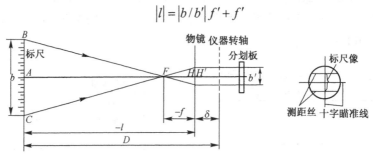

图 15.41　外调焦望远镜系统测距原理

测量望远镜的目镜分划板上有一对瞄准线，若以 b' 表示这一对瞄准线的间距，则 b 值就是 b' 值对应的标尺长度，b' 和 f' 均为已知。设 δ 为仪器转轴到物镜后主面的间距，由图15.41 中的几何关系即可得到被测目标的距离：

$$D = \frac{f'}{b'}|b| + f' + \delta = k|b| + c \tag{15.62}$$

式中，$k = f'/b'$ 为仪器的乘常数，$c = f' + \delta$ 为仪器的加常数。它们的数值是由仪器结构给定的。

内调焦望远镜测距原理如图15.42 所示，被测距离 D 表示为

$$D = -x - l_F + \delta$$

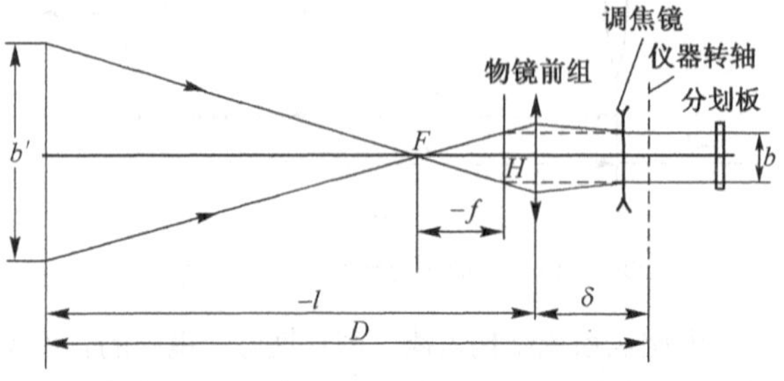

图 15.42　内调焦望远镜测距原理示意图

按照式(15.62)的推导过程可得到

$$D = \frac{f'}{b'}|b| + \delta - l_F = k|b| + c \qquad (15.63)$$

式中的乘常数 k 和加常数 c 均为变数。设 f_0' 是对无限远成像时的焦距，f' 是对有限远物体进行调焦后的焦距。令 $\Delta f = f - f_0$，则被测距离可表示为

$$D = \frac{f_0'}{b'}|b| + \left(\frac{\Delta f'}{b'}|b| + \delta - l_F\right) = k_0|b| + c' \qquad (15.64)$$

式中，乘常数 k_0 为常数，而加常数 c' 仍为变数。为了方便，应使加常数为零，这就是"准距条件"。经推导，可得准距条件为

$$L + 2d_0 + \frac{\delta f_1'}{\delta + f_1'} = 0$$

在该条件下，加常数 $c' \approx 0$。满足此条件的系统称为"准距系统"。

15.8　望远物镜

望远物镜的光学特性用相对孔径 D/f' 或入射光瞳直径 D、焦距 f' 和视场角 2ω 表示。

在像质上，由于望远镜的视场比较小，只需校正球差、色差和正弦差等轴上点像差即可，长焦距的望远镜加入二级光谱的校正。当物镜后有透镜转像系统时，采用各自校正像差的方案设计物镜和转像系统；对于有棱镜转像系统的望远镜，采用物镜和棱镜互相补偿的方案校正像差。

望远物镜的结构形式有折射式、反射式和折反射式三种，下面就其特征分别介绍。

15.8.1　折射式望远物镜

典型的折射式望远物镜有以下几种。

(1) 双胶合物镜

双胶合望远物镜的特点是结构简单，制造和装配方便，光能损失较小。若玻璃选择得当，可以同时校正球差、正弦差和色差。当高级球差得到平衡时，胶合面的曲率较大，剩余的带球差偏大。因而，双胶合物镜只适用于小孔径的使用场合。常见的孔径如表 15.9 所示。考虑到胶合面有脱胶的概率，双胶合物镜的口径不宜过大，最大口径为 100 mm。双胶合物镜能适应的视场角不超过 10°。

(2) 双分离物镜

与双胶合物镜相比，双分离物镜对玻璃

表 15.9　望远物镜的相对孔径

焦距 f'/mm	50	100	150	200	300	500	1000
相对孔径 D/f	1:30	1:3.5	1:40	1:50	1:60	1:80	1:10

的选择有较大的自由度。正、负透镜间的间隙也可以作为校正像差的参量，促使带球差减小。因此，双分离物镜比双胶合物镜所适应的孔径略大。但是，这种物镜的装配和校正较麻烦，有较大的色球差。双分离物镜所适应的孔径和视场同于双胶合物镜。

(3) 三片型物镜

这种结构形式校正像差的参数增多了。物镜由一个胶合透镜组和一个单片透镜组成，如图15.43 所示。首先，由于光焦度由两组负担，胶合面的曲率半径有所增大，它有利于高级球差和色球差的校正。适用的相对孔径可以加大到 1:2。这种物镜装配和校正工艺较复杂，成本提高。其次，由于面数增多，光能损失也有所增加。

(4) 摄远物镜

高倍率的望远物镜焦距较长，空间尺寸和质量均大。为克服这两项缺点，可以采用摄远物镜，如图15.44 所示。内调焦式望远镜就类似于该种光学结构。

摄远物镜由正、负光焦度的两组透镜组成，正光焦度组在前，负光焦度组在后，两组间隔为 d。物镜的像方主面移到了整个物镜的前方，由物镜第一面到焦平面的距离构成的机械筒长 L 小于物镜的焦距。

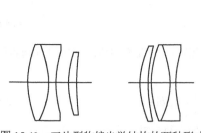

图 15.43　三片型物镜光学结构的两种形式

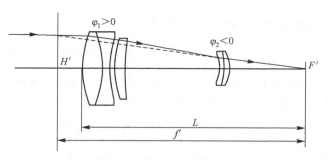

图 15.44　摄远物镜光学结构

由于前组承担了比整个物镜还要大的相对孔径，因此必须采用能校正球差和正弦差的较复杂结构；摄远物镜要求前组和后组各自校正位置色差，为校正整个物镜的倍率色差，后组也要用两片透镜的结构。摄远物镜的正、负透镜组是分离的，故它可以校正场曲。正因为如此，摄远物镜适用于较大的视场。

15.8.2　反射式望远物镜

天文望远镜必须增大孔径，以实现分辨率和信号接收能力的提高。普通天文望远镜的孔径达几百毫米，有的望远物镜竟为几米。若物镜的结构采用透镜形式，会给工艺制造和玻璃熔炼带来难以克服的困难。装配后，由于自重的作用，面型也可能变更。而反射式的结构，不但克服了上述缺点，而且因为光线不经过玻璃材料，不产生色差，望远镜可以在更大的光谱范围内正常地工作。但是，反射镜对光程的影响是双倍的，因此，加工面型时对精度的要求很严格。在 17.4 节中将从非球面角度进行说明。

最早的天文望远物镜是用单个抛物面做成的，它使星点在抛物面的焦点上成理想像。这种系统称为牛顿系统。牛顿系统球差很好，彗差严重，故只能用于小视场的观测。牛顿系统的眼望方向与镜筒的指向相反，所以给观测带来不便，寻星比较困难。为扩大视场，可在单镜系统中增设一个反射镜，形成双反射系统。其中最著名的有卡塞格林系统和格里高里系统。

(1) 卡塞格林系统

卡塞格林系统由一个抛物面主反射镜和一个双曲面副反射镜构成，如图15.45 所示。抛物面的焦点和双曲面的虚焦点 F_1' 重合，F_1' 与双曲面的实焦点 F' 是一对共轭点，星点经两个面反射后成像在点 F'。这种结构的特点是结构紧凑，成倒像。主反射镜和副反射镜的场曲可以互相补偿，有利于大视场观测。

(2) 格里高里系统

格里高里系统由一个抛物面主反射镜和一个椭球面副反射镜构成，如图 15.46 所示。抛物面的焦点 F_1' 和椭球面的一个焦点 F_2 重合，平行光聚焦在 F_1' 上，然后经过椭球面成像在另一个焦点 F' 上。此系统成正立像。

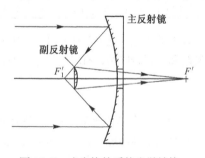

图 15.45　卡塞格林系统光学结构

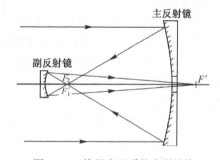

图 15.46　格里高里系统光学结构

15.8.3　折反射式望远物镜

反射式望远物镜都是用非球面做成的，它们对轴上点具有等光程特性，因而球差都能得到很好的校正。但是，轴外的彗差和像散都很大，因此视场应用范围受到了限制。通常情况下，视场在 $2' \sim 3'$ 之间。为了扩大视场，可以把反射镜改成高次曲面，或者在光路中加入轴外像差的校正板，这就构成了折反射式的望远物镜。由于有了像差的补偿装置，主镜就可以采用球面反射镜，这种装置的工艺性能更理想。比较典型的结构有施密特物镜和马克苏托夫物镜。

(1) 施密特物镜

施密特物镜是由一个球面反射镜和一块像差校正板构成的，如图15.47所示。校正板是个透射元件，一面为平面，另一面为非球面，放在球面反射镜的球心位置上（详见17.5节）。光线经过校正板时，近轴的光束呈会聚状态，边缘光束呈发散状态。会聚与发散的程度与反射镜的球差相匹配，达到校正球差的目的。校正板的厚度很薄，故产生的色差极小。在校正板上，即球面反射镜的球心上设置光阑，于是球面反射镜和校正板都不产生彗差和像散。整个系统只存在场曲，其半径为主镜球面半径的一半。

施密特物镜的最大缺点是结构较长，其值等于球面反射镜焦距的两倍，而且因为成像点在两镜中间，所以施密特物镜不能用于目视。为了目视，可以在光路中加一个凸的副反射镜，在主反射镜的中心开一个圆孔，把副反射镜反射的像引到主反射镜中心圆孔的后方；或在光路中加一个反射镜，把主反射镜会聚的像引到系统的侧面。这种系统称为施密特-卡塞格林系统。

(2) 马克苏托夫物镜

马克苏托夫物镜中使用了一块弯月形厚透镜，用以校正主反射镜的像差，称为马克苏托夫校正板，如图15.48所示。根据像差理论的推证，当弯月形透镜半径 r_1, r_2 和厚度 d 满足关系式

$$r_2 - r_1 = \frac{1-n^2}{n^2}d \tag{15.65}$$

时，不产生色差，而只产生单色像差，设计中使其值与主反射镜的单色像差平衡。若把光阑和弯月形透镜设在主反射镜的球心附近，可以进一步减小物镜的轴外像差。为了目视，马克苏托夫物镜也可以做成马克苏托夫物镜-卡塞格林系统。

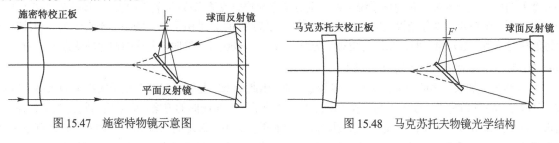

图 15.47　施密特物镜示意图　　　　　　图 15.48　马克苏托夫物镜光学结构

15.9　目　　镜

15.9.1　目镜的光学特性

目镜是望远镜和显微镜的重要组成部分，它把物镜已经分辨的像再次放大，满足目标对人眼视角识别的需要。一般，目镜成的像或在无穷远，或在眼睛的明视距离上。

目镜的光学特性由它的焦距 f'、视场角 $2\omega'$、出瞳直径 D'、相对镜目距 p'/f'、工作距 l_z 决定。

(1) 目镜的焦距

目镜的作用与放大镜相同，其焦距和它的放大率有关。在显微镜中，目镜的焦距由式(15.55)决定；在望远镜中，目镜的焦距由视放大率 $\Gamma = f_1'/f_2'$ 决定。两式均说明焦距越小，放大率越大。但是，目镜焦距有最小值的约束。常用目镜的焦距为 15～30 mm。

(2) 目镜的视场

目镜的视场取决于系统的视觉放大率和物镜的视场角，即

$$\tan\omega' = \Gamma \tan\omega$$

增大系统的放大率或者增大系统的视场角，都会使目镜视场角增大，也涉及结构选取和像差校正的问题。目镜轴外像差的校正是像差设计的重点，观测用目镜的出瞳应在结构的外面，轴外视场在目镜各面上投射的光线高度较高，给像差校正增加了一定的难度，目镜结构趋于复杂化。一般目镜的视场角为 40°～50°，广角目镜的视场角可达 60～80°，特广角目镜的视场角在 90°以上。

(3) 目镜的孔径光阑

目镜的孔径光阑通常和物镜的孔径光阑重合，其值为出瞳直径。大多数仪器的出瞳直径与眼瞳的直径相当，为 2～4 mm。测量仪器的出瞳直径小于 2 mm，以便提高它的瞄准精度。军用仪器的出瞳直径偏大，以适应有抖动的观测条件，坦克瞄准具的出瞳直径为 8 mm 左右。

(4) 目镜的镜目距

目镜出瞳距与焦距的比值称为相对镜目距，以 p'/f' 表示。由于出射光瞳的位置很接近于目镜的后焦点，所以镜目距 p' 接近于焦点的截距。对结构确定的目镜，它的焦点位置是确定的，因此相对镜目距接近于一个常数。最小镜目距为 6 mm，加戴防毒面具的仪器，最小的镜目距在 20 mm 以上。

(5) 目镜的视场光阑

目镜的视场光阑与物镜的视场光阑重合，位于目镜的前焦点上。有分划板的显微镜，其视场光阑就是分划板的外框。物镜的成像面到目镜前表面的长度称为目镜的工作距，以 l_2 表示。为了适应近视眼和远视眼的需要，工作距 l_2 不应小于视度调节的深度。对焦距为 f_2' 的目镜，一个折光度对应的调焦量，即目镜对前焦面的移动量为

$$x = f_2'^2/1000 \tag{15.66}$$

视度的调节范围定为 ±5 折光度。

15.9.2　目镜的像差特性

目镜是一种小孔径、大视场、短焦距、光阑远离透镜组的光学系统。因为焦距短、孔径小、轴上的像差（球差和色差）比较小，在结构较为复杂的目镜系统中很容易得到校正。由于视场大，光阑远离透镜组，轴外像差的校正就很困难。对观察系统来说，重点考虑影响成像清晰度的彗差、像散、场曲和倍率色差，畸变可以不完全校正。以分划板上的刻尺来瞄准的系统依然如此，是由于目镜的畸变不影响刻尺和被瞄准目标的相对关系。$2\omega = 40°$ 时，允许的相对畸变为 5%；$2\omega = 60° \sim 70°$ 时，允许的相对畸变为 5%～10%；$2\omega > 70°$ 时，允许的相对畸变为 10% 以上。

目镜结构中加入分离的负光焦度组可以校正场曲。由此带来的是轴外光线在正透镜组上的入射高度加大，对像散、场曲和畸变的校正不利。故目镜常不单独校正像散和场曲的方案，而采用与物镜的部分补偿。通常，目镜的像散校正为正值，使子午像面与高斯像面重合。由于眼球有自动调节的功能，允许有不超过三个折光度的剩余场曲。若显微镜中没有分划板，可用物镜的剩余场曲部分地补偿目镜的场曲。

相互补偿的像差校正方案也可以用在其他像差的校正中。但是，因为物镜是小视场、大孔径的光学系统，而目镜是大视场、小孔径的光学系统，两者的像差特性有很大的区别，达到完全的匹配是很困难的，尤其是高级像差的匹配。所以，尽可能分别校正物镜和目镜的像差是保证整个系统成像质量的基础。

光阑球差是目镜像差校正中的特点。光阑球差造成了各视场光照度的不均匀性，在眼睛的视野里，给出了明暗不均的观察效果，而且眼睛沿光轴移动时，明暗的分布随之变化。设目镜的光阑球差为负，如图15.49 所示。人眼在 A 点时，全视场的光束全部地进入眼睛的瞳孔，0.7 视场的光束只有一部分进入瞳孔。光阑球差严重时，0.7 视场的光束可能完全看不到，从而造成了边缘亮、中间暗的观察效果。望远镜和显微镜中最常用的目镜有惠更斯目镜、冉斯登目镜、凯涅尔目镜、对称目镜、无畸变目镜和广角目镜等。它们的结构特点、像差特性和光学性能分述如下。

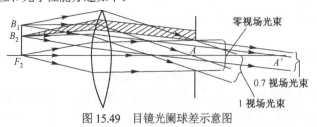

图 15.49　目镜光阑球差示意图

(1) 惠更斯目镜

惠更斯目镜是观察显微镜中常用的目镜。它由两块平凸透镜构成：靠近出瞳的透镜称为接目镜；另一

块透镜靠近物镜，称为场镜。物镜成的像位于两透镜中间，此像经过场镜之后，在接目镜的物方焦面上成实像，其位置仍在两透镜之间，如图15.50所示。

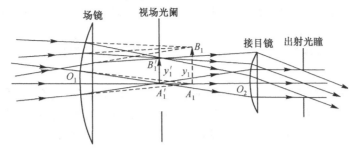

图 15.50　惠更斯目镜光学结构

对于一定光焦度的透镜来说，有两个变量用来校正像差，它们是透镜的弯曲形状和光阑的位置。依照目镜的要求，首先要校正彗差和像散。在平面向着光阑，且使光阑位于 1/3.5 倍的焦距时，平凸透镜才能校正彗差和像散。目镜中的接目镜就是按照这一原理设计的。但是，单一的接目镜还不能校正倍率色差，欲校正倍率色差，可加一个透镜，其位置可由式(11.23)决定：

$$C_{\mathrm{II}} = h_1 h_{z1} \frac{\varphi_1}{v_1} + h_2 h_{z2} \frac{\varphi_2}{v_2} = 0$$

该透镜和接目镜均为正光焦度时，使 $h_1 h_{z1}$ 与 $h_2 h_{z2}$ 成异号，就有校正倍率色差的可能。由于目镜的光阑在系统的外面，h_{z1} 和 h_{z2} 总是同号，只有使 h_1 和 h_2 异号才能满足 $C_{\mathrm{II}} = 0$ 的要求。为此，新加入的透镜应放在接目镜物平面的另一侧，如图15.50所示。新加入的透镜称为目镜的场镜。

当 $h_1 > 0$，$h_2 > 0$ 时，由图15.51可得

$$h_1 = h_2 + d \tan u_1' = h_2 + d\left(\frac{h_2}{-f_2'}\right) = h_2\left(1 - \frac{d}{f_2'}\right)$$

$$h_{z2} = h_{z1} - d \tan \omega_1' = h_{z1} - d \frac{h_{z1}}{f_1'} = h_{z1}\left(1 - \frac{d}{f_1'}\right)$$

将 h_1，h_{z2} 的表达式代入 C_{II} 的表达式中，设 $C_{\mathrm{II}} = 0$，可以解出满足倍率色差校正的条件：

$$d = \frac{f_1' + f_2'}{2} \tag{15.67}$$

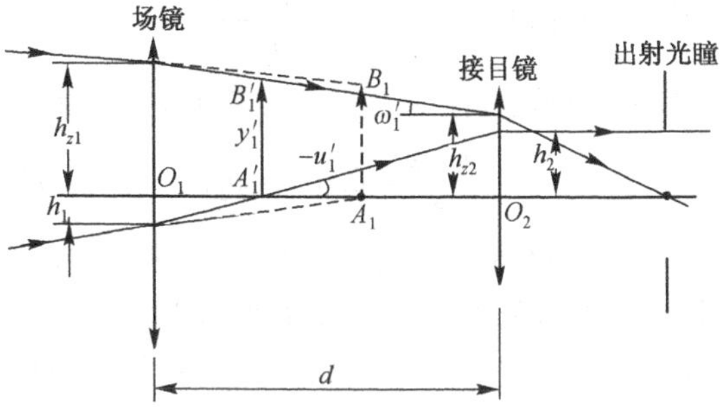

该条件等效于

$$f_1' : d : f_2' = (x-1) : x : (x+1) \tag{15.68}$$

式中，x 为任意的数值。

图 15.51　推导惠更斯目镜的透镜间隔

场镜通常选用平凸透镜，平面朝向像面，如图15.40所示。主光线在场镜的平面上近似于垂直入射，所以彗差和像散都很小。对球面来说，因物面位于球心和顶点中间，产生的像散是正值，它对目镜中存在的负场曲有很好的补偿作用。

测量用的显微镜需要有分划板放在物镜的像平面上，对惠更斯目镜来说，该面是在场镜和接目镜之间。由于惠更斯目镜采用了场镜和接目镜像差互相匹配的校正方案，所以分划板被接目镜成的像是模糊的。测量显微镜中不能选用这种目镜结构。

惠更斯目镜适用的视场角为 $2\omega' = 40° \sim 50°$，镜目距 p' 约为焦距的 1/3，焦距不得小于 15 mm。

(2) 冉斯登目镜

在测量显微镜放置分划板时，物镜的成像面必须在目镜之外。在不改变接目镜结构形式的条件下，使场镜向接目镜靠拢，直到物镜的像平面移出目镜为止，构成如图15.52所示的结构。这种目镜称为冉斯登目镜。

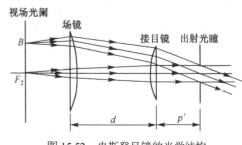

图 15.52　冉斯登目镜的光学结构

在冉斯登目镜中，物镜的像平面离场镜有一个距离 l_2，称为目镜的工作距。把场镜的平面朝向物镜的像平面，即目镜的物平面，以使场镜上产生的彗差和像散最小。场镜和接目镜的间距小于惠更斯目镜中的对应间距，所以冉斯登目镜的场曲小于惠更斯目镜的场曲。它的最大缺点是不满足式(15.68)校正倍率色差的条件。由于场镜的聚光作用，镜目距有所减小。

冉斯登目镜能适应的视场 $2\omega' = 30° \sim 40°$，略小于惠更斯目镜，镜目距约为焦距的 1/4。

(3) 凯涅尔目镜

凯涅尔目镜是在冉斯登目镜基础上发展起来的，它把接目镜改成了双胶镜，如图15.53 所示。

增加一个胶合面变数用来校正倍率色差，且在校正倍率色差的同时可以把场镜和接目镜的间隔进一步减小，从而取得结构缩短、场曲减小的效果。凯涅尔目镜的成像质量优于冉斯登目镜，它能适用的视场也大于冉斯登目镜。

凯涅尔目镜的光学性能是：视场 $2\omega = 40° \sim 50°$，相对镜目距 $p'/f' = 1/2$。

(4) 对称式目镜

对称式目镜是中等视场的目镜，应用广泛，它在结构上由两个完全相同的双胶合镜组构成，如图15.54 所示。

对称式目镜的各组自行校正位置色差，倍率色差随之得到校正。双胶透镜组有两个校正像差变数，可以用双胶透镜组的两个校正像差变数来校正目镜的像散和彗差。

对于由两个薄透镜构成的光学系统，它的总光焦度为：

$$\Phi = \varphi_1 + \varphi_2 - d\varphi_1\varphi_2$$

它产生的场曲为

$$\sum \frac{\varphi}{n} = \frac{\varphi_1}{n_1} + \frac{\varphi_2}{n_2}$$

考虑常用玻璃的折射率相近，上式可近似写为

$$\sum \frac{\varphi}{n} \approx 0.7(\varphi_1 + \varphi_2) \qquad (15.68)$$

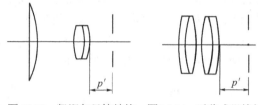

图 15.53　凯涅尔目镜结构　　图 15.54　对称式目镜结构

由式(15.68)可知，φ_1, φ_2 为同号光焦度时，若透镜间的距离 d 加大，场曲增大；φ_1, φ_2 为异号光焦度时，若透镜间的距离 d 加大，场曲减小。因此，为了减小场曲，应该使系统中的正透镜尽量靠近，而负透镜离开越远越好。对称式目镜的结构完全符合这个原则。与上述的三种目镜相比，对称式目镜的结构更紧凑，场曲更小，若用像散平衡剩余的场曲，综合效果会更好。

对称式目镜适用的视场 $2\omega = 40° \sim 42°$，其镜目距能达到目镜焦距的一半，即相对镜目距 $p'/f' = 1/2$。

(5) 无畸变目镜

无畸变目镜的结构如图15.55 所示。其中，接目镜是一个平凸透镜，它所承担的光焦度是整个目镜光焦度的一半以上。为了增大镜目距，光阑的位置向后移，偏离了彗差和像散的最佳校正位置。选用高折射率、低色散的玻璃材料，尽量减小接目镜的像差，用三胶合透镜组进一步补偿接目镜的像差。三胶合透镜组中，接近接目镜的第一个球面几乎承担了剩余的光焦度。因为承担光焦度负担的两个透镜非常接近，所以产生的场曲很小，出射光瞳位置可以离透镜更远一些。精细地调整第一个胶合面的半径，合理地选择胶合面两面的玻璃材料，能够校正像散、彗差和倍率色差。三胶合透镜组最前面的球面相当于一个场镜，可用来调整出射光瞳的位置。

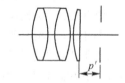

图 15.55　无畸变目镜的结构

由于无畸变目镜的镜目距比较大，所以在相同条件下，目镜的焦距可以选得更小一些，有利于缩小目镜的结构尺寸。无畸变目镜在大地测量和军用仪器中得到了广泛的应用。

无畸变目镜适应的视场 $2\omega' = 40°$，相对镜目距 $p'/f' = 0.8$，在 $40°$ 视场时的相对畸变为 $3\% \sim 4\%$。

(6) 广角目镜

广角目镜所能适应的视场常在 $60°$ 以上。由于视场的增大，场曲和高级像差随之增大。为了减小场曲，

系统中加入了远离正光焦度的负透镜组；为了减小其他像差，正透镜的结构需要复杂化，分散光焦度负担。

图15.56是两种典型的广角目镜结构，其中Ⅰ型把接目镜由单块正透镜换成了两块单透镜。三胶合透镜是用来平衡剩余像差的。这种结构的光学性能是：视场 $2\omega = 60° \sim 70°$，相对镜目距 $p'/f' = 1/1.5 \sim 1/1.3$。图15.56中的Ⅱ型广角目镜是用一个胶合组和中间的正透镜作为接目镜，另一个胶合组用来平衡像差。这种结构的光学性能是：视场 $2\omega' = 60° \sim 65°$，相对镜目距 $p'/f' = 0.7$。

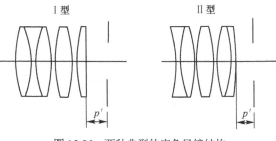

图 15.56　两种典型的广角目镜结构

15.10　透镜转像系统和场镜

多数望远镜和显微镜中设置了转像系统，其功用是：把光束的走向偏转一定的角度，满足结构布局的需要；形成一定的潜望高度，便于军事目标的隐蔽；获得正像，以符合人眼观察的习惯等。

常用的转像系统有两种：由棱镜或反射镜组成的转像系统和由透镜组成的转像系统。本节着重介绍透镜转像系统的作用原理和结构特点。

透镜转像系统设在物镜像平面的后面，起正像的作用，如图15.57所示。包括转像系统在内，望远系统的视觉放大率为

$$\Gamma = \frac{\tan\omega'}{\tan\omega} = -\frac{y'/f_2'}{y/f_1'} = -\frac{y'}{y} \cdot \frac{f_1'}{f_2'} = -\beta\frac{f_1'}{f_2'} \quad (15.69)$$

式中，β 是转像系统的放大率，其值等于转像系统的物像比 y'/y；$-f_1'/f_2'$ 是未加转像系统时望远镜的放大率。式(15.69)表明，设置转像系统的望远镜既起将倒像转换成正立像的作用，又起放大的作用。

设转像系统的焦距为 f_3'，则放大率为 β 时的共轭距为

$$L = f_3'\left(2 - \beta - \frac{1}{\beta}\right)$$

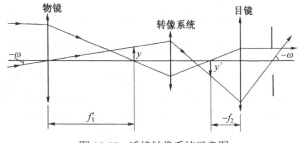

图 15.57　透镜转像系统示意图

上式表明：当 $\beta = -1$ 时，L 有极小值，其值为 $L_{\min} = 4f_3'$，结构最紧凑。

转像系统可用的倍率 $\beta = -0.5 \sim 3$，常用 $\beta = -1$。图15.58所示是常用转像系统的结构。当孔径和视场较小，如 $D/f' \leqslant 1:4$，$2\omega = 8° \sim 12°$ 时，宜选用双胶和两组双胶的结构。当孔径和视场比较大，如 $D/f' \geqslant 1:3.5$，$2\omega = 40° \sim 60°$ 时，转像系统也可采用类似照相物镜的结构。

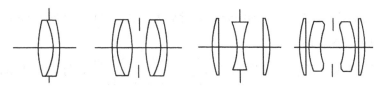

图 15.58　常用转像系统的结构

以两组双胶的结构为例，当物像关系完全对称，即 $\beta = -1$ 时，可以把两个透镜组也做成对称的结构，光阑设在中间，这种对称的转像系统不产生垂轴像差。轴向像差相加，像散由透镜组间隔的变化来校正，间隔加大时，主光线的入射角减小，像散减小，但系统的轴向和横向尺寸都要加大，会带来渐晕现象。球差和位置色差用每组透镜的形状变化和玻璃材料的选择校正。该结构唯一的问题是场曲未加校正，这是因为正、负光焦度没有分开的结果。

在有转像系统的光学系统中，物镜和转像系统之间有一个中间像。中间像在转像系统上的投射高度很高，如图15.59中虚线所示。为了减小转像系统的通光口径，减小轴外光线产生的像差，可在像平面上加一块场镜。当轴外光线通过场镜时，孔径角减小，在转像系统上的投射高度相应地变低，如图15.59中实线所示。场镜的光焦度应保证物镜的出瞳和转像系统的入瞳成物像关系。在这种条件下，转像系统的通光口径最小。

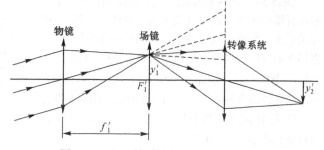

图15.59　望远镜系统中的场镜作用示意图

由于场镜位于像面上，轴上点近轴光线的高度为零，由式(10.26)知 $\sum S_I = \sum S_{II} = \sum S_{III} = \sum C_I = \sum C_{II} = 0$。场镜只产生匹兹万场曲和由此引起的畸变。其值取决于场镜的光焦度，是个定值。畸变随场镜弯曲形式变化，对畸变的校正有一定贡献。在不需要用场镜的畸变校正系统的畸变时，场镜可以选用平凸或双凸透镜。

15.11　望远系统的外形尺寸计算

根据使用要求来确定光学系统整体结构尺寸的设计过程称为光学系统的外形尺寸计算。外形尺寸计算要确定的结构：光学系统的组成、各透镜组的焦距、相对位置、横向尺寸及轴向尺寸。下面列举三个典型的例子，来说明望远系统外形尺寸计算的特点和方法。

15.11.1　由物镜和目镜组成的望远系统

天文望远镜的结构多采用这种形式，物镜和目镜之间不设转像系统。以开普勒望远镜为例说明其计算过程，其物镜和目镜都是正透镜（组），所成的像为倒像。物镜的像平面上设视场光阑。物镜框是系统的孔径光阑，也是系统的入射光瞳。出射光瞳靠近目镜的像方焦点，如图15.60所示。

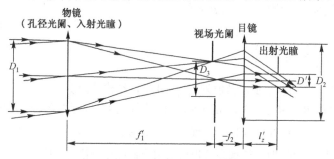

图15.60　由物镜和目镜组成的望远系统光路图

现在计算一个镜筒长 $L = f_1' + f_2' = 250\ \text{mm}$，视觉放大率 $\Gamma = -24^\times$，视场角 $2\omega = 1°40'$ 的刻普勒望远镜的外形尺寸。计算步骤如下：

(1) 求物镜和目镜的焦距 f_1'，f_2'。求解方程组 $\begin{cases} L = f_1' + f_2' = 250\ \text{mm} \\ \Gamma = -f_1'/f_2' = -24 \end{cases}$，得 $f_1' = 240\ \text{mm}$，$f_2' = 10\ \text{mm}$。

(2) 求物镜的通光口径 D_1。根据式(15.45)求得正常放大率所对应的孔径：$D_1 = 2.3 \times 24\ \text{mm} = 55.2\ \text{mm}$。若 $\Gamma = -24^\times$ 是工作放大率，设其比正常放大率放大了1.5倍，此时的正常放大率应为

$$-24^\times/1.5 = -16^\times$$

则正常放大率对应的孔径应为 $D_1 = 2.3 \times 16\ \text{mm} = 36.8\ \text{mm}$。

(3) 求出射光瞳直径 $D_1' = D_1/\Gamma = 36.8\ \text{mm}/24 = 1.53\ \text{mm}$。

(4) 求视场光阑的直径 $D_3 = 2f_1' \cdot \tan\omega = 2 \times 240\ \text{mm} \times \tan 50' = 6.98\ \text{mm}$。

(5) 求目镜的视场角 $2\omega'$。

$$\tan\omega' = \varGamma\tan\omega = 24\times\tan 50' = 0.34909, \quad 2\omega' = 38°29'$$

(6) 求镜目距 l_z'。用牛顿公式求得 $l_z' = f_2' + \dfrac{f_2 f_2'}{-f_1'} = 10 \text{ mm}\times\dfrac{-10 \text{ mm}\times 10 \text{ mm}}{-240 \text{ mm}} = 10.42 \text{ mm}$。

(7) 求目镜的通光口径 D_2。根据几何关系有

$$D_2 = D_1' + 2l_z'\tan\omega' = 1.53 \text{ mm} + 2\times 10.42 \text{ mm}\times 0.34909 = 8.805 \text{ mm}$$

(8) 求视度调节量：$x = \pm\dfrac{5f_2'^2}{1000} = \pm\dfrac{5\times 10^2 \text{ mm}^2}{1000 \text{ mm}} = \pm 0.5 \text{ mm}$。

(9) 选择物镜和目镜的结构。根据上述光学数据，选择物镜为双胶合的结构，目镜为凯涅尔目镜的结构或对称目镜的结构。

15.11.2　带有棱镜转像系统的望远系统

带有棱镜转像系统的望远镜如图15.61 所示，其外形尺寸计算需考虑棱镜的尺寸计算。加入棱镜系统为的是转折光路和正像。根据 4.4 节可知棱镜展开后视为一个平行平板，对物镜成的像既不放大也不缩小，像的位置有后移，其值为

$$\Delta l = \left(1 - \frac{1}{n}\right)d$$

式中，d 是棱镜展开的长度，n 是棱镜的材料折射率。

为了方便，在计算过程中宜将平板玻璃换算成等效空气层厚度，换算原理如图15.62 所示。

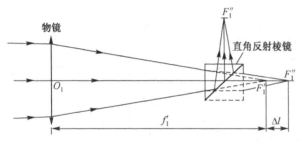

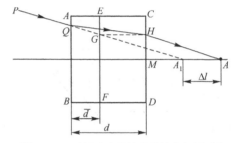

图 15.61　带有棱镜转像系统的望远系统示意图　　　图 15.62　平板玻璃换算成等效空气层厚度

光线 PQ 通过平行玻璃板后，交出射面 CD 于点 H。过点 H 引一条平行于光轴的直线 GH，交入射光线 PQ 的延长线于点 G，再过点 G 作一个垂轴平面 EF。在不考虑位移量 Δl 的情况下，入射线在 EF 面上的出射高度等于实际的出射高度 HM。在外形尺寸计算中，暂不考虑平行玻璃板的像面后移，用空气平行平板 $ABFE$ 替代玻璃平板 $ABDC$。平板 $ABFE$ 称为等效空气板，它的厚度用 $\bar{d}$ 表示，称为等效空气板厚度。由图15.62 可算出等效空气板厚度：

$$\bar{d} = d - GH = d - \Delta l = d - \left(1 - \frac{1}{n}\right)d = \frac{d}{n}$$

现在计算一个视觉放大率 $\varGamma = 8^\times$、视场角 $2\omega = 6°$、出射光瞳直径 $D_1' = 4 \text{ mm}$，使用普罗 I 型棱镜转像系统的望远镜的外形尺寸。计算步骤如下：

(1) 求物镜的口径 D_1。根据给出的视觉放大率 $\varGamma = 8^\times$ 和出瞳直径 $D_1' = 4 \text{ mm}$ 计算物镜的口径：

$$D_1 = \varGamma D_1' = 8\times 4 \text{ mm} = 32 \text{ mm}$$

(2) 求目镜的视场角 ω'。根据给出的视觉放大率和视场角 $2\omega = 6°$ 计算目镜的视场角：

$$\tan\omega' = \varGamma\tan\omega = 8\times\tan 3° = 0.419, \quad 2\omega' = 45°29'30''$$

(3) 选取物镜和目镜的结构。根据目镜的视场角，选用凯涅尔目镜。物镜视场角较小，选用双胶合物镜结构。

(4) 计算物镜和目镜的焦距 f_1'，f_2'。双胶合物镜常取相对孔径 $D_1/f_1' \leqslant 1:4$，其对应的物镜焦距为

$$f_1' = 4 \times 32 \text{ mm} = 128 \text{ mm}$$

目镜的焦距为

$$f_2' = f_1'/\Gamma = 128 \text{ mm}/8 = 16 \text{ mm}。$$

核算涅尔目镜的镜目距，其值为 $(0.5 \sim 0.6)f_2' = 8 \sim 10 \text{ mm}$，基本满足要求。

(5) 求视场光阑的直径 $D_3 = 2f_1'\tan\omega = 2 \times 128 \text{ mm} \times \tan 3° = 13.416 \text{ mm}$。

(6) 计算普罗 I 型棱镜的几何尺寸。普罗 I 型棱镜由两个直角棱镜构成，它们的主截面互成 90°，两个斜面相对，如图 15.63 所示。普罗 I 型棱镜的通光口径只有斜面面积的一半，棱镜展开后平行平板的厚度是通光口径的两倍，若用 D_P 表示棱镜的通光口径，则棱镜展开的平行平板的厚度为

$$d = 2D_p$$

等效空气层板度为

$$\bar{d} = 2D_p/n$$

在计算棱镜尺寸之前，首先要确定棱镜的位置。原则上，棱镜放在光学系统的横向尺寸最小的地方，以减小棱镜的尺寸和质量。在视场不大的望远镜中，物镜的像平面附近是放置棱镜的最佳位置。为了避免目镜观察到棱镜表面的弊病，还要使棱镜离开像平面一定距离。

图 15.64 是把棱镜用等效空气板代替后的光路图。从图 15.65 中看到，在规定的视场里，所有的光线都包括在锥体 $ABCD$ 中，其中 AB 和 CD 是物镜和视场光阑的边框。如果棱镜不拦光，它的通光口径为

$$D_p = D_3 + 2(a + \bar{d})\tan\alpha \tag{15.70}$$

式中，D_3 是视场光阑的直径；a 是棱镜出射平面到视场光阑，即物镜像平面的距离；$\angle\alpha$ 是视场边缘光束的上光线与光轴的夹角，则有

$$\tan\alpha = \frac{D_1 - D_3}{2f_1'}$$

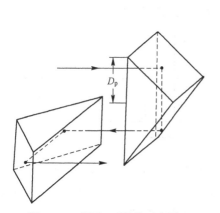

图 15.63　普罗 I 型棱镜示意图

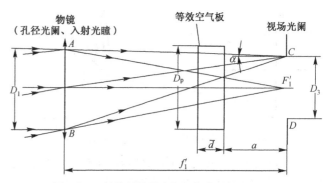

图 15.64　棱镜用等效空气板代替后的光路图

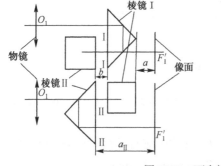

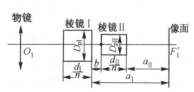

图 15.65　两个棱镜的配置

在普罗 I 型棱镜系统中，从图 15.65 中看到，棱镜的展开厚度 $d_I = 2D_{PI}$，$d_{II} = 2D_{PII}$，它们对应的等效空气层厚度为

$$\bar{d}_I = \frac{d_I}{n} = \frac{2D_{PI}}{n}, \qquad \bar{d}_{II} = \frac{d_{II}}{n} = \frac{2D_{PII}}{n}$$

两个棱镜的出射面分别是Ⅰ-Ⅰ面和Ⅱ-Ⅱ面，由图15.65看到，两面到物镜像平面之间的折合到空气中的光程长度分别为

$$a_{\mathrm{I}} = a_{\mathrm{II}} + 2\frac{D_{\mathrm{P\,II}}}{n} + b, \qquad a_{\mathrm{II}} = a + D_{\mathrm{p\,I}} + b$$

式中，a是棱镜Ⅰ的直角到像平面的距离，可选$a=4$ mm；b是两棱镜的间隔，可选$b=2$ mm。

将a_{I}和a_{II}代入式(15.70)求得通光口径为

$$D_{\mathrm{P\,I}} = D_3 + 2(a_{\mathrm{I}} + \bar{d}_{\mathrm{I}})\tan\alpha = D_3 + 2\left(a + D_{\mathrm{p\,I}} + 2b + \frac{2D_{\mathrm{P\,II}}}{n} + \frac{2D_{\mathrm{P\,I}}}{n}\right)\tan\alpha$$

$$D_{\mathrm{P\,II}} = D_3 + 2(a_{\mathrm{II}} + \bar{d}_{\mathrm{II}})\tan\alpha = D_3 + 2\left(a + D_{\mathrm{p\,I}} + b + \frac{2D_{\mathrm{P\,II}}}{n}\right)\tan\alpha$$

解上述方程组，当玻璃折射率$n=1.5163$时，有$D_{\mathrm{p\,I}}=28.56$ mm，$D_{\mathrm{p\,II}}=22.8$ mm。于是得到棱镜的展开厚度为：$d_{\mathrm{I}}=57.12$ mm，$d_{\mathrm{II}}=45.6$ mm。

15.11.3　带有透镜转像系统的望远系统

现在计算一个具有双镜组的、转像倍率为-1倍的转像系统的望远镜结构的外形尺寸。已知视觉放大率$\varGamma=6^{\times}$，视场角$2\omega=8°$，镜管长度$L=1000$ mm，出射光瞳直径$D'=4$ mm，入瞳距$l_z=-100$ mm，允许轴外光束有2/3的渐晕（即渐晕系数$K=1/3$），要求转像透镜的通光口径与物镜像面的直径相等。

按上述条件画出如图15.66所示的光路图，K的意义已在图中注出。设场镜L_2位于物镜的焦面上，轴上点的光线在转像系统中沿平行光轴的方向。可把整个系统分解成两个望远系统，一个望远系统由物镜L_1、场镜L_2和转像系统前组L_3组成，另一个望远系统由转像系统后组L_4和目镜L_5组成。计算步骤如下：

(1) 确定物镜的焦距f_1'

根据图15.66中几何关系可写出简长
$$L = f_1' + f_3' + d + f_4' + f_5' \tag{15.71}$$

要从上式中求出f_1'，首先要确定f_3'，f_4'，f_5'和d与f_1'的关系。该望远系统是由L_1，L_2，L_3，L_4，L_5组成的，其中L_1是物镜，L_5是目镜，所以有
$$\varGamma = f_1'/f_5' \tag{15.72}$$

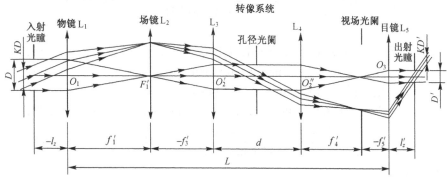

图15.66　带有透镜转像系统的望远系统

当转像倍率为-1倍时，考虑到转像系统的成像质量以及场镜和分划板通光口径的匀称性，宜将转像系统做成对称结构，即
$$f_3' = f_4' \tag{15.73}$$

由于透镜组L_1，L_2和L_3又组成了一个望远系统，所以有
$$f_1'/f_3' = D/D_3 \tag{15.74}$$

当转像系统的通光门径与物镜的像面直径相等时，有
$$D_3 = D_2 = 2f_1'\tan\omega \tag{15.75}$$

把式(15.75)代入式(15.74)，则
$$f_3' = f_4' = \frac{2\tan\omega}{D}f_1'^2 \tag{15.76}$$

当 $K = 1/3$，转像倍率 $\beta = -1$ 时，有
$$d = \frac{(1-K)D}{u'_{z3}} = \frac{(1-K)D_3}{D_2/2f'_3} = \frac{4(1-K)\tan\omega}{D}f'^2_1 \qquad (15.77)$$

将式(15.72)~式(15.77)代入式(15.71)，求得焦距 f'_1 的解析方程：
$$\frac{4(2-K)\tan\omega}{D}f'^2_1 + \left(1+\frac{1}{\Gamma}\right)f'_1 - L = 0 \qquad (15.78)$$

在二次方程中有两个解，应选 $f'_1 > 0$ 而 $f'_1 < L$ 的解。代入有关数据后，求得 $f'_1 = 198.94$ mm。

根据 $D = \Gamma D' = 24$ mm，得 $\quad f'_3 = f'_4 = \dfrac{2\tan 4^\circ}{24\text{ mm}}\times(198.44\text{ mm})^2 = 230.5$ mm

$$d = \frac{4(1-1/3)\tan 4^\circ}{24\text{ mm}}\times(198.94\text{ mm})^2 = 307.54\text{ mm}, \qquad f'_5 = \frac{198.94\text{ mm}}{6} = 33.16\text{ mm}$$

$\quad$ $L = 198.94$ mm $+ 230.54$ mm $+ 307.54$ mm $+ 203.54$ mm $+ 33.16$ mm $= 1000.71$ mm ≈ 1000 mm

筒长满足设计要求。

(2) 确定场镜的焦距

为了使光瞳在系统中互相衔接，场镜应该使物镜的出射光瞳与转像系统的入射光瞳重合。当光阑位于转像系统的中间时，入射光瞳位置可由高斯公式求出：
$$\frac{1}{l'_{z3}} - \frac{1}{l_{z3}} = \frac{1}{f'_3}$$

将 $l'_{z3} = d/2 = 153.77$ mm 和 $f'_3 = 230.54$ mm 代入上式，求得 $l_{z3} = 461.77$ mm。转像系统的入射光瞳到场镜的距离为
$$l'_{z2} = l_{z3} + f'_3 = 461.77\text{ mm} + 230.54\text{ mm} = 692.31\text{ mm}$$

由于 $l_z = -100$ mm，则入射光瞳经物镜成的像的像距为
$$l'_{z1} = \frac{l_z f'_1}{f'_1 + l_z} = -201.07\text{ mm}, \qquad l_{z2} = l'_{z1} - f'_1 = 400.01\text{ mm}$$

根据光瞳衔接的原则，利用高斯公式求得场镜的焦距为
$$f'_2 = \frac{l_{z2}l'_{z2}}{l_{z2} - l'_{z2}} = \frac{(-400.01\text{ mm})\times 692.31\text{ mm}}{-400.01\text{ mm} - 692.31\text{ mm}} = 253.53\text{ mm}$$

(3) 求出射光瞳的位置

转像系统的孔径光阑经透镜组 L$_4$ 和 L$_5$ 成的像就是系统的出射光瞳。其位置可按下列各式计算：
$$l'_{z4} = \frac{l_{z4}f'_4}{l_{z4}+f'_4} = \frac{(-153.77\text{ mm})\times 230.54\text{ mm}}{-153.77\text{ mm} + 230.54\text{ mm}} = -461.77\text{ mm}$$
$$l_{z5} = l'_{z4} - (f'_4 + f'_5) = -461.77\text{ mm} - (230.54\text{ mm} + 33.16\text{ mm}) = -725.47\text{ mm}$$
$$l'_z = l'_{z5} = \frac{l_{z5}f'_5}{l_{z5}+f'_5} = \frac{(-725.47\text{ mm})\times 33.16\text{ mm}}{-725.47\text{ mm} + 33.16\text{ mm}} = 31.71\text{ mm}$$

(4) 求系统的孔径

① 物镜的通光口径 按轴外光线所需高度计算通光口径，则
$$D_1 = KD + 2l_z\tan\omega = \frac{1}{3}\times 24\text{ mm} + 2\times 100\text{ mm}\times\tan 4 = 21.99\text{ mm}$$

该值小于轴上点所要求的孔径，则选 $D_1 = 24$ mm。

② 场镜的通光口径 $D_2 = 2f_1\tan\omega = 2\times 198.94$ mm $\times\tan 4^\circ = 27.8$ mm。

③ 转像系统的通光口径 $D_3 = D_4 = D_2 = 27.8$ mm。

④ 分划板上的视场光阑的直径 $D = D_2 = 27.8$ m。

⑤ 目镜的通光口径 $D_5 = KD' + 2l'_z\tan\omega' = \dfrac{1}{3}\times 4\text{ mm} + 2\times 34.75\text{ mm}\times 6\times\tan 4^\circ = 30.48$ mm。

以上计算了一个具有双镜组的、转像倍率为-1 倍的转像系统的望远镜结构的外形尺寸，包括各个组

件的横向尺寸（孔径等）和纵向尺寸（物距、像距和焦距等），以便对各个组件进行结构设计和像差校正。

15.12   3D 显示光学系统

15.12.1   3D 显示技术

"D" 是英文 Dimension（维度）的字头，3D 则是指三维空间。3D 立体显示技术相对于二维显示技术所含信息量更大（比二维平面多 50%以上），更逼真，感染力也更强，富于交互性，使观察者能更好地还原真实情景，以达到身临其境、以假乱真的目的。

1. 3D 显示的条件

普通的平面二维显示器无法实现 3D 视觉效果，是因为左右眼看到了完全相同的画面，水平视差一直处于零视差。如果我们能设法向左右两眼分别传输两组拍摄角度稍有不同的画面，并且让左右两眼都只能看到其对应的画面，就可以通过调节这两组画面之间细微的不同来调节双眼水平视差，使物体产生空间深度感，再现其空间定位以实现 3D 立体显示。所以，3D 显示器要想使观众产生 3D 立体视觉效果，需要满足三个条件：

(1) 需要左眼和右眼两路影像；

(2) 两路影像是不同的，并且具有正确的视差；

(3) 左右眼的两路影像要完全分离，左影像进左眼，右影像进右眼。

2. 3D 成像的原理——双目视差

由于人的两眼瞳孔之间的距离大约为 65 mm，在观看三维场景中一个物体时，左、右眼的相对位置是不同的，因此左、右眼看到的不是完全相同的图像，在两眼的视网膜上感受的也是稍有差异的刺激，这就产生了双目视差，即左、右眼看到的是有差异的图像。

如图 15.67 所示，当双眼同时观看正前方一定距离的一个三棱柱时，由于左眼和右眼相对于棱柱的位置稍有差异，故左、右眼分别看到了棱柱的不同的面，左眼看到了 A 面，右眼看到了 B 面。当左、右眼的视网膜观看到的图像同时传输给神经中枢，并融合成一幅图像时，人的大脑便会认为这个三棱柱有立体感。A、B 两面在视网膜上所成的像在水平方向的差异称为水平视差，在竖直方向上的差异称为垂直视差。

水平视差可分为正视差、零视差和负视差，如图 15.68 所示。图中 O_L 表示物点 O 在左视差图像中在显示平面上成的像点位置，即人的左眼看到的像点；O_R 表示物点 O 在右视差图像中在显示平面上成的像点位置，即人的右眼看到的像点。当 O_L 位于 O_R 左侧时，如图 15.68(a)所示，形成负视差，观看者看到的物点 O 位于显示平面的后方；当 O_L 与 O_R 重合时，形成零视差，看到的物点 O 位于显示平面上；当 O_L 位于 O_R 右侧时，形成正视差，观看者看到的物点 O 位于显示平面的前方。由于视差的存在，以及视差大小和方向的不同，观看者在大脑中重构出的像点 O 的位置也不同，从而形成不同的深度感，即立体感。

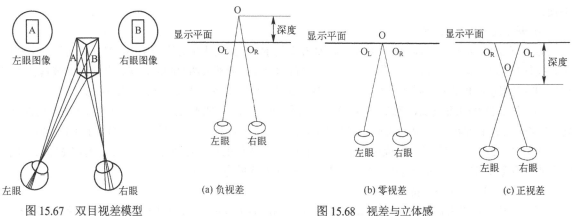

图 15.67   双目视差模型

(a) 负视差   (b) 零视差   (c) 正视差

图 15.68   视差与立体感

3. 3D 显示技术的分类

目前的 3D 技术可以分为眼镜式和裸眼式两种。裸眼式 3D 技术目前还主要应用在工业及图片显示方面，眼镜式 3D 技术则已经运用于电视和电影。眼镜式 3D 技术又可细分为色差式、快门式和偏光式三种，而裸眼式 3D 技术可分为光屏障式、柱状透镜式、指向光源式、集成成像式和全息式等。具体分类如图 15.69 所示。

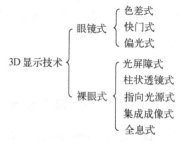

图 15.69　常见的 3D 显示技术分类

(1) 眼镜式

1) 色差式 3D 显示技术

色差式 3D 显示技术又称为分色技术，例如红蓝滤光成像技术就是色差式 3D 显示技术的一种。这种技术需要观看者佩戴红蓝立体眼镜。之所以称之为红蓝立体眼镜，是因为这种眼镜的两个镜片分别为红色和蓝色，能够对画面中对应的红色和蓝色进行过滤。如果将左眼和右眼看到的具有细微差别的两幅图像印刷在同一幅图像中，那么由于红蓝眼镜的过滤作用，同一幅图像就会被还原为两幅具有细微差别的原始图像，分别映射到左眼与右眼。根据人眼成像的基本原理，最终在大脑中形成立体影像。红蓝滤光成像的原理图如图 15.70 所示。

这种技术成像原理最为简单，成本也最低廉，当然 3D 效果也是最差的，并且由于双眼所接收的颜色信息不平衡，容易造成视神经疲劳，不能长时间使用。

2) 快门式 3D 显示技术

快门式 3D 显示技术又称为分时技术，以"帧"为单位，左眼与右眼的图像分别对应不同的帧，连续交替显示。左眼对应的帧显示在屏幕上时，通过显示器上的红外线控制开关，将观看者佩戴的 3D 眼镜的右眼镜片关闭，反之则关闭左眼镜片，快速交替播放左眼画面和右眼画面使大脑产生 3D 视觉效应。快门式 3D 技术的原理图如图 15.71 所示。显示器交替显示图像数据，每个矩形代表一帧。

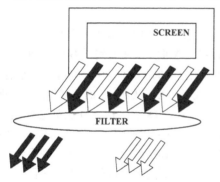

图 15.70　红蓝滤光成像原理图

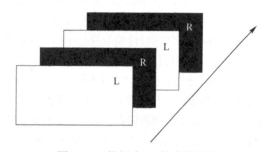

图 15.71　快门式 3D 技术原理图

这项技术 3D 效果逼真，但是成本较高，同时由于液晶快门眼镜结构笨重且需充电造成了使用的不便。

3) 偏光式 3D 显示技术

偏光式 3D 显示技术又称为分光技术，如图 5.72 所示，是国内大部分影院采用的技术。这种技术利用了光线具有振动方向的特性，将图像按照水平与垂直两个方向分解成两组画面，观看者通过佩戴具有偏光镜片的特制眼镜，将这两组画面分别映射到左眼和右眼，经过大脑的合成后形成 3D 影像。

这项技术的 3D 效果逼真，色彩显示准确，辅助设备结构简单且成本低；但是由于在图像的处理过程中，将一幅画面分成了两幅，结果就会造成分辨率减半，清晰度大大降低，而且对输出设备的要求相对较高。

偏光式 3D 技术与红蓝滤光成像技术原理相似，唯一不同的地方是两种技术对光线的过滤方式不同。红蓝滤光成像技术对颜色进行过滤，而偏光式 3D 技术对光的方向进行过滤。

4) 眼镜式 3D 显示技术特点对比

以上三种眼镜式 3D 技术，由于成像原理的不同，3D 显示效果也不尽相同，我们将这三种 3D 技术的优点和缺点进行对比，如表 15.10 所示。

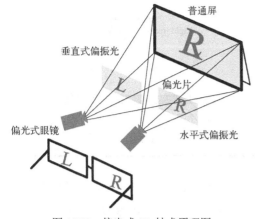

图 15.72　偏光式 3D 技术原理图

表 15.10　眼镜式 3D 显示技术特点对比

3D 类型	优　　点	缺　　点
色差式	① 成像原理简单； ② 眼镜简单，价格低廉	① 3D 效果较差； ② 画面边缘容易偏色
快门式	① 3D 效果出色； ② 画面保持原始分辨率； ③ 观看角度大	① 眼镜价格昂贵； ② 调试复杂，画面容易出现串扰； ③ 液晶屏亮度低
偏光式	① 色彩损失最小； ② 眼镜轻便、相对便宜； ③ 无闪烁、高刷新率	① 画面分辨率减半，难实现全高清； ② 观看视角小； ③ 液晶屏成本较高

(2) 裸眼式

1) 光屏障式 3D 显示技术

光屏障式 3D 显示技术又称为视差栅栏、狭缝光栅或障栏式立体显示技术。它利用视差栅栏遮挡住部分显示进行分光，视差栅栏由具有挡光功能的屏障和有透光作用的裂缝两部分组成，它被放置在显示屏的前面或后面形成前置栅栏或后置栅栏。视差栅栏技术是使用一个偏振膜、一个开关液晶屏和一个高分子液晶层来实现的，利用这些器件能产生旋转方向为 90° 的垂直条纹，这些条纹形成的模式就是"视差障栅"。图 15.73 是光屏障式 3D 技术的成像原理图。显示屏上交替显示着左右眼图像的各个像素，左眼的像素通过裂缝投射到左眼，右眼的图像通过裂缝投射到右眼，从而使视差图像分别投射到左右眼，产生立体视觉。

这项技术无须佩戴辅助设备，但最大的问题在于随着观看者位置的移动，阻挡视线的立体光栅也要改变其位置，这就极大地限制了视角范围，而且画面亮度低。

2) 柱状透镜式 3D 显示技术

柱状透镜式 3D 显示技术又叫双凸透镜或微柱透镜技术，其基本原理与光屏障式 3D 显示技术类似，区别在于它利用柱状透镜单元的折射作用，引导光线进入特定的观察区域，产生对应左、右眼的立体图像对，在大脑的合成处理下产生立体视觉。图 15.74 是柱状透镜式 3D 技术的成像原理图。显示屏前覆盖的凸透镜使得液晶屏的像平面与凸透镜焦平面重合，每个透镜的下面含有各个视角的子像素，透镜通过折射投影显示到人眼观看的各个视点。以两个视点为例，当观看者在液晶屏中心点观看画面时，屏幕的奇数列像素和偶数列像素分别通过透镜以不同的光的传播方向传输到两眼，奇数列和偶数列像素的内容为视差画面，视差画面在人脑中合成立体效果。

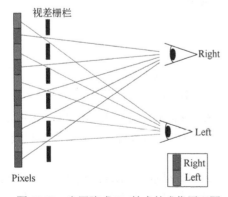

图 15.73　光屏障式 3D 技术的成像原理图

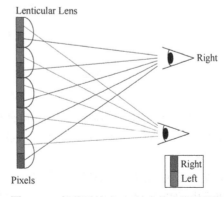

图 15.74　柱状透镜式 3D 技术的成像原理图

柱状透镜式 3D 技术显示效果比其他裸眼 3D 技术更为出色，且亮度不受到影响，但相关制造与现有的液晶面板工艺不兼容，目前并未达到大批量生产，需要投资新的设备和生产线。而且柱状透镜与液晶屏幕固定安装在一起，只能用于立体显示，无法兼容平面显示。

3) 指向光源式 3D 显示技术

图 15.75 为指向光源式 3D 显示技术的成像原理，一般来说指向光源式 3D 显示系统都会配备两组背光，这两组背光就叫作指向光源，它们可以让光线有指向性地照射到人的左眼或右眼，当两组背光交替工作时，屏幕显示的左右眼图像也与之同步配合显示，这样人的双眼就能分别看到左右眼图像，两幅左右眼画面存在的视差，在观看者大脑中综合形成立体效果，达到形成 3D 效果的目的。

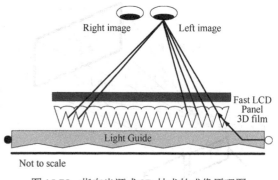

图 15.75 指向光源式 3D 技术的成像原理图

指向光源式 3D 显示技术在效果上会比前两种技术好很多，其原因：一是这种技术在不影响现有的架构设计基础上保持了原有图像的显示亮度；二是 3D 显示效果尤为出色，人们能够通过此技术享受高清的 3D 体验；三是此技术可以广泛应用在便携显示设备，如 PAD（是问题分析图（Problem Analysis Diagram）的英文缩写）、MP4（MP4 是一套用于音频、视频信息的压缩编码标准，由国际标准化组织（ISO）和国际电工委员会（IEC）下属的"动态图像专家组（Moving Picture Experts Group，即 MPEG）"制定）等，用户能够轻松便捷地体验真正的 3D 效果。不过，由于这种技术的研制开发进程较为缓慢，产品效果差，无法量产。

4) 集成成像式 3D 显示技术

集成成像式 3D 显示技术是利用二维平面周期型排列的微透镜阵列对真实三维场景进行记录和再现的真三维裸视自动立体显示技术。传统的集成成像技术包含元素图像阵列的记录和三维图像的再现两个部分，其原理如图 15.76 所示。记录过程（图 15.76(a)）是通过记录微透镜阵列对物空间场景成像，从而获取物空间场景不同视角的空间信息，形成元素图像阵列。再现过程（图 15.76(b)）是把元素图像阵列放在具有同样参数的再现微透镜阵列物空间的相应位置处，根据光路可逆原理，光线通过再现微透镜阵列聚集还原重建出物空间场景的原物形貌，可在一个有限的视角内从任意方向观看。

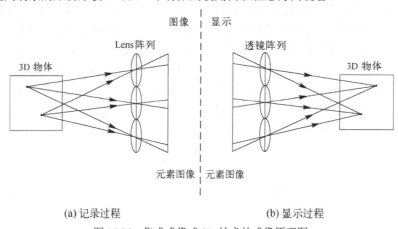

(a) 记录过程　　　　　　　　　　　　　(b) 显示过程

图 15.76 集成成像式 3D 技术的成像原理图

集成成像 3D 显示技术仅需要一个透镜阵列和对应的元素图像阵列即可实现三维显示。根据元素图像阵列显示方式不同，可以将集成成像三维显示系统分为两大类：平板集成成像三维显示系统和投影集成成像三维显示系统。

平板集成成像三维显示系统中元素图像阵列由平板显示器进行显示。显示得到的元素图像阵列经过透镜阵列集成从而实现三维显示。平板显示器可以是传统的 LCD 显示器、OLED 显示器、手机屏幕等。该种显示系统具有系统紧凑的优点。但是由于平板显示器的像素和透镜阵列均是周期性结构，因此容易出现莫尔条纹。而且当像素大小和透镜阵列的孔径之间满足整数关系时，才能获得较好的显示效果。而受平板显示器生产条件和透镜阵列加工工艺的限制，像素大小和透镜阵列的孔径之间容易出现非整数对应，从而产生不必要的串扰像，降低了三维再现的品质。

投影集成成像三维显示系统中元素图像阵列由投影仪投射到散射屏上。散射屏上的元素图像阵列经过透镜阵列集成从而实现三维显示。在投影集成成像三维显示系统中，由于元素图像阵列是投射到散射屏上的，因此投射出来的元素图像阵列可以通过调整投影仪的参数来调整大小，从而克服了平板显示器中的像素/孔径非整数比的问题，而且可以有效抑制莫尔条纹的出现。但是对于投影集成成像系统而言，由于其元素图像阵列是投射得到的，投射距离使得投影集成成像三维显示系统的尺寸较大。投影集成成像三维显示系统又可分为有屏投影和无屏投影两种。

5）全息 3D 显示技术

全息 3D 显示技术原理如图 15.77 所示。全息显示技术是利用相干光的干涉和衍射原理去再现物体真实三维图像的一种三维显示技术。

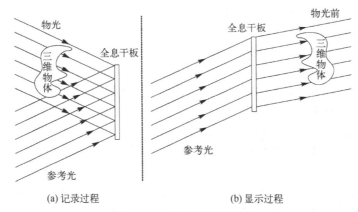

图 15.77　全息显示技术原理

全息技术虽然能够真实还原物光波的波前，但是全息显示技术需要相干光源且系统结构复杂。虽然随着激光技术和相关器件的大力发展，全息技术有了极大的进步，但是因其需要相干光源，因此全息显示技术的真彩色三维再现尚有欠缺。而且目前的全息显示技术仅能实现 2s/次的动态刷新，无法达到实时全息显示技术的要求，难以在短期内取得实用化进展且实现有效的商业应用。

将以上五种裸眼式 3D 显示技术的优点和缺点进行对比，如表 15.11 所示。

表 15.11　裸眼式 3D 显示技术特点对比

3D 类型	优　点	缺　点
光屏障式	① 与既有的 LCD 液晶工艺兼容，在量产性和成本上较具优势； ② 相对其他裸眼立体显示技术而言较容易实现，并且技术相对比较成熟	① 分辨率降低； ② 亮度减小到原来亮度的一半； ③ 存在莫尔条纹； ④ 相邻可视区域相互影响； ⑤ 观看者的位置是受限制的，只能在特定的位置才能观看到立体影像
柱状透镜式	① 3D 显示效果相对较好； ② 图像的亮度不会受到影响	① 观看者只能在特定的位置才能观看到立体影像； ② 分辨率会降低； ③ 存在串扰问题
指向光源式	① 分辨率、透光率方面能保证； ② 不会影响既有的设计架构； ③ 3D 显示效果出色	① 观察者只能在显示器前的一个位置才能体验到立体显示带给观看者的体验； ② 技术尚在开发，产品不成熟
集成成像式	① 裸视真三维立体显示； ② 全视差、连续视点、自由视角； ③ 无视疲劳； ④ 与当前的平板显示技术具有较好的兼容性	① 在记录和再现过程中存在空间深度反转； ② 再现的 3D 场景视角窄、深度范围小； ③ 存在串扰和像差； ④ 图像的分辨率不高
全息式	① 有助于减轻特殊眼镜带来的副作用，例如运动病和眼疲劳； ② 具有非常高的空间分辨率； ③ 高度的真实性	① 全息存储材料性能受限； ② 需要相干光源且系统结构复杂； ③ 真彩色三维再现尚有欠缺； ④ 无法达到实时全息显示

4. 3D 显示的性能参数

(1) 立体视角

观看者在屏幕中心水平方向观看立体图像的视角范围就称之为立体视角。对于二维视频图像，观看者在屏幕前的 160° 的视角内，都可以看到清晰的二维视频图像。但是，观看者只有站在屏幕正前方的特定位置观看立体图像时，人眼才会获得最佳的立体感。观看者无论是将自己的视线向屏幕左还是右稍有移动时，人的双眼都不能同时接收到视差图像源，也就不能获得立体感，看到的就只是二维画面了。所以立体视角是 3D 显示的一个性能参数。

(2) 立体分辨率

可以分辨三维立体图像细节的程度就称之为立体分辨率。对于一个设置二维/三维转换装置的显示器而言，它的二维显示的立体分辨率相对于三维显示时的分辨率会明显高出一些。以 10 个视点的柱状透镜光栅立体液晶显示器为例说明三维显示时立体分辨率明显下降的原因：由于显示图像只是由 10 个视点的图像合成的，观看者在观看图像时，单眼只能获取其中一个视角的图像，因此这时观看者在水平面上观看到的立体图像的分辨率仅是观看二维图像时的 1/10，其垂直分辨率是不会有变化的，这就会导致水平面上的分辨率明显下降，同时由于水平面上的分辨率与垂直面上的分辨率很不平衡，亦会使观看者观看到的立体图像发生变形，从而使观看效果遭到破坏。通过调整透镜阵列的倾斜角度来克服立体图像失真：使垂直分辨率变为原来的 1/3，同时水平面上的分辨率也调整为原来的 1/3，这样通过改变垂直面方向上的分辨率来弥补水平方向上的分辨率不足，能相对提高立体图像的清晰度。

(3) 立体度

在独立视区内，左右眼视图应该是明显分离的。在独立视区内观测到自属立体图像和他属立体图像的亮度的比值，就表达出立体视图分离的程度，即是立体显示的立体度。

立体度是裸眼立体技术显示的考量参数，即表达了立体显示的整体特征，同时又表达了独立视区的空间分布，这也是立体度的点分布特性。这一点分布特性就是裸眼立体技术显示的视觉特性。

(4) 独立视区

根据裸眼立体技术的光学空间特征，屏幕上的立体对图像交错显示，每个视图分别占用其固定的分区，该分区被称为亚屏幕，亚屏幕就是整个屏幕中的子集。所有奇数列的射入光线叠加形成的区域标记为"L"，而所有偶数列的射入光线叠加形成的区域标记为"R"，即亚屏幕图像显示所需的光都存在这些区域内，即确保人眼在上述区域内能观看到亚屏幕上的立体视图，研究者把这些区域称之为"独立视区"，观看者在独立视区内只能观看到亚屏幕上对应的立体对图像。另外，相间隔的几个独立视区就对应一个亚屏幕，即一个亚屏幕就会有多个独立视区。从独立视区角度出发，因这些亚屏幕是虚拟存在的，也就是说每个独立视区都会有一个对应的虚拟屏幕，通过单只人眼由左向右沿着独立视区移动观看亚屏幕，亚屏幕就会随着人眼的移动而旋转，此时亚屏幕就是以虚拟形式出现的，所以，亚屏幕是裸眼立体技术显示的物理分区，而虚拟屏幕就是裸眼立体技术显示的视觉分区。

裸眼立体显示技术有其自身的特殊性质，其屏幕显示的一对或者多对立体对图像需要在显示区域内同时显示出来，通过光学器件可以改变这些立体对图像的光线传播方向从而形成其独有的独立视区。依据立体显示技术的原理分析，立体感的强弱是由立体对图像的接收程度决定的，即独立视区具有排他性，在这个独立视区内，观看者只能看到对应亚屏幕上的立体对图像，却不能看到其他亚屏幕上的立体对图像。

由上可知，独立视区的个数就是多视点的个数，而图 15.78 中的红蓝区域就是人左右眼能欣赏到 3D 图像的观看位置。

15.12.2 3D 显示光学系统

根据 3D 显示技术的分类，在此分别介绍一种常见的眼镜型 3D 显示光学系统和一种裸眼型 3D 显示光学系统。

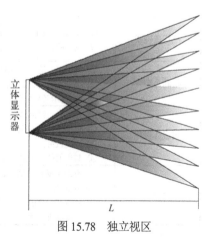

图 15.78　独立视区

1. 正交偏振 3D 显示光学系统

(1) 正交偏振 3D 显示光学系统的基本结构

正交偏振 3D 显示系统的主体结构包括三个部件：液晶显示器（LCD）、TN 副屏和偏振眼镜。液晶显示器为普通市售液晶显示器，最为常见的是 TFT-LCD；TN 副屏主要用于实现 3D 显示系统的立体视觉效果；偏振眼镜作为辅助设备实现 3D 立体视觉效果。

图 15.79 为正交偏振 3D 显示系统基本结构示意图。液晶显示器前端出射的是搭载了视频画面信号的线性偏振光。TN 副屏是一层功能独立的液晶副屏，它贴附在液晶显示器前端，也就是出射偏振图像一侧，它在 3D 显示系统中主要用作开关面板。配套的偏振眼镜左右眼镜片的偏振方向互相垂直成 90° 夹角，并且分别与该配套液晶显示器出射偏振光的偏振方向垂直和平行。

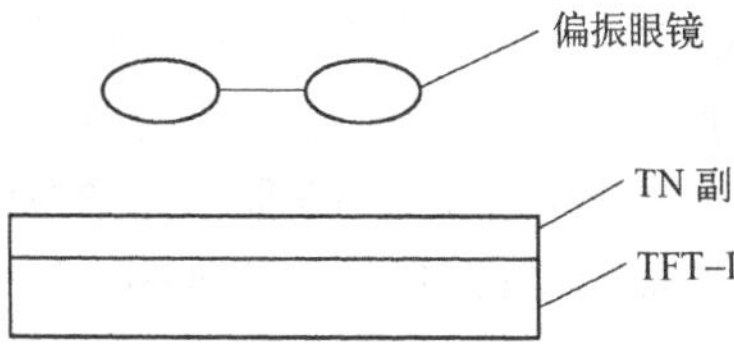

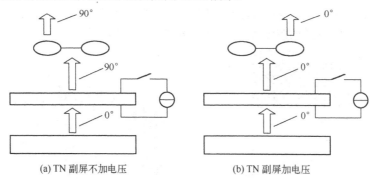

图 15.79　正交偏振 3D 显示系统基本结构示意图

(2) 正交偏振 3D 显示光学系统的工作原理

正交偏振 3D 显示系统的工作原理示意图如图 15.80 所示。

(a) TN 副屏不加电压　　　(b) TN 副屏加电压

图 15.80　正交偏振 3D 显示系统工作原理示意图

正交偏振 3D 显示系统实现 3D 效果的工作过程有两个阶段。我们先假设 TFT-LCD 前端出射的偏振光初始偏振方向为 0°，配套偏振眼镜的左眼镜片偏振方向为 0°，右眼为 90°。

在第一阶段，不对 TN 副屏（Twisted Nematic（扭曲向列型））施加电压。此时 TN 副屏内的液晶分子由于连续弹性体理论和液晶分子的黏滞性呈现自然扭转 90° 状态。由于液晶的光波导效应，由 TFT-LCD 前端出射的搭载了图像信息的偏振光在透过 TN 副屏时，其偏振方向会随着液晶分子的连续扭转而偏转 90°，如图 15.80（a）所示。所以，当它透过 TN 副屏后偏振方向从 0° 变为了 90°，刚好与配套的偏振眼镜右眼镜片偏振方向平行，而与左眼垂直，因此只能透过右眼镜片被右眼接收。

图 15.80（b）所示为第二阶段，对 TN 副屏施加驱动电压，此时 TN 副屏内的液晶分子由于液晶的电光效应会沿电场方向排列，液晶的光波导效应消失，由 TFT-LCD 前端出射的偏振光在透过 TN 副屏时，其偏振方向不会发生任何改变。所以，当它透过 TN 副屏后偏振方向依然为初始方向 0°，刚好与配套的偏振眼镜左眼镜片偏振方向平行，而与右眼垂直，因此只能透过左眼镜片被左眼接收。

由于 TN 副屏的这种开关作用成功地分离出了两路偏振方向互相垂直的偏振光，每一路偏振光恰好只能通过一只偏振眼镜的镜片被一只眼睛接收。这时，只需要准备稍有不同且具有正确双眼视差的两路影像片源，左眼画面搭载于进入左眼的 0° 偏振光，同时右眼画面搭载于进入右眼的 90° 偏振光。这样，观众的右眼就只能观察到右眼画面而左眼只能观察到左眼画面，通过大脑皮层中枢神经系统的分析和融合作用，就能产生 3D 立体视觉效果。

(3) 偏振式 3D 电视

正交偏振 3D 显示光学系统的 3D 效果逼真，色彩显示准确，辅助设备结构简单且成本低，但是对输出设备方面的要求相对较高，同时需要观看者有固定姿势，倾斜会影响画面效果。为解决这个问题，目前的 3D 技术需要用到补偿膜，即在 3D 投影机和 3D 眼镜上各加入一层补偿膜，从而可以使观看者有更轻松的姿势。

3D 电视是在屏幕上贴合一层微相位延迟阵列膜，即 FPR 膜，不同位置的出射光经膜后，偏振态不同，从而可以透过左右眼镜中的一个，这样左右眼观看到的图像就有差别，可以产生 3D 效果，如图 15.81 所示。这样的 3D 效果有一个很大的优点就是当观看者倾斜或者是躺下观看时都可以看到较好的效果。

在屏幕上偏光片和 3D 眼镜的偏光片之间加入两层补偿膜，从而达到提升观看的范围，改善观看效果的目的。光透过液晶显示器偏光片后为线偏振光，再经过慢轴与偏光片吸收轴角度成 45°或-45°的补偿膜，线偏振光会分别转变成左旋或右旋圆偏振光，再经过眼镜片前的补偿膜，圆偏振光再次转换成相互垂直的线偏振光，从而使左右眼观看到不同的画面。

2. 柱状透镜式 3D 显示光学系统

柱状透镜式 3D 显示光学系统主要靠双眼视差来实现立体视差图像的分离，最终达到显示立体图像的目的。

(1) 基本结构

柱状透镜式 3D 显示光学系统的结构示意图如图 15.82 所示。液晶显示屏位于柱镜光栅的焦平面上。柱镜光栅板的一面是平的，另一面是周期性起伏变化的曲面，它由很多结构和性能完全相同的小圆柱形凸透镜单元线性排列而成。柱镜光栅板通常是大量生产的，一般情况下，柱镜光栅板的平面就是光栅的焦平面，利用该特性，柱镜对其覆盖的图像具有"压缩"和"隔离"的作用。

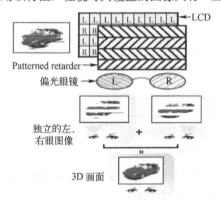

图 15.81　偏振式 3D 电视的显示原理

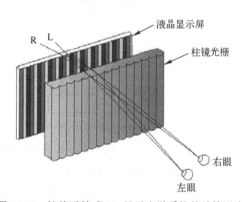

图 15.82　柱状透镜式 3D 显示光学系统的结构示意图

(2) 成像原理

柱状透镜式 3D 显示光学系统的成像原理如图 15.83 所示。柱镜光栅单元在与圆弧截面相垂直的方向，对光线不起会聚作用，而在圆弧形截面方向具有分光作用（光的折射作用），即对于位于柱镜焦平面上的不同位置的视差图像，利用柱镜单元（凸透镜）的折射作用，其光线可分别折射成不同的方向，成像于不同的位置。同样以双视点立体显示为例，液晶显示屏的奇偶列子像素分别显示左、右视差图，柱镜光栅的折射作用可使左右眼视差图的光线分离，使之沿不同的方向传播，观看者位于立体观看区域内可观看到立体图像。

在柱状透镜式 3D 显示光学系统中，将柱镜单元看成一个厚的平凸透镜，如图 15.84 所示。其中，F、F'分别为柱镜单元的第一主焦点和第二主焦点；H、H'分别是柱镜单元的第一主平面和第二主平面。

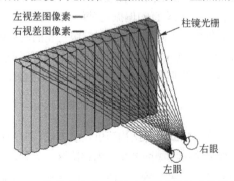

图 15.83　柱状透镜式 3D 显示光学系统的成像原理

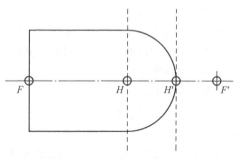

图 15.84　柱镜单元示意图

对于平凸透镜系统来说，可看成由两个共轴光学子系统组成，如图 15.85(a)所示。光学子系统 1 的主平面 H_1、H_1' 和柱镜焦平面重合，子系统 2 的主平面 H_2、H_2' 和总系统的第二主平面 H' 重合，总系统的第一主平面 H 过曲面圆心垂直于主光轴。总系统的物方焦点 F 位于柱镜平面与主光轴的交点。光学子系统 1 物方焦点 F_1 与总系统物方焦点 F 重合，像方焦点与 H 重合；子系统 2 物方焦点 F_2 与 H' 重合，像方焦点 F_2' 与总系统像方焦点 F' 重合。r_2 为光学子系统 2 的曲面半径，光学子系统 1 的曲面半径为平面，故半径 r_1 为 ∞。

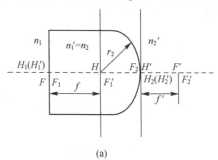

如图 15.85(a)所示，根据物像关系可得：

$$f_1' = \frac{n_1' r_1}{n_1' - n_1} = \frac{n_1' r_1}{n_1' - 1} = \infty \tag{15.79}$$

$$f_1 = \frac{-n_1 r_1}{n_1' - n_1} = \frac{-r_1}{n_1' - 1} = \infty \tag{15.80}$$

$$f_2' = \frac{n_2' r_2}{n_2' - n_2} = \frac{n_2' r_2}{n_2' - n_1'} \tag{15.81}$$

$$f_2 = \frac{n_2' r_2}{n_2' - n_1'} = \frac{-n_1' r_2}{n_2' - n_1'} \tag{15.82}$$

$$\frac{n_2'}{f'} = \frac{n_1'}{f_1'} + \frac{n_2'}{f_2'} - \frac{n_2' d}{f_1' f_2'} = -\frac{n_1}{f} \Rightarrow \frac{n_2'}{f'} = \frac{n_2'}{f_2'} = -\frac{n_1}{f} \tag{15.83}$$

所以

$$f' = f_2' = \frac{n_2' r_2}{n_2' - n_1'} \tag{15.84}$$

$$f' = f_2' = -\frac{r_2}{n_2' - n_1'} \tag{15.85}$$

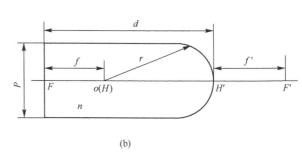

图 15.85 柱镜单元分析图

对于放置在空气中的平凸透镜系统来说，可按图 15.85(b)分析，因为空气的折射率为 1，所以 $n_1 = n_2' = 1$。图中柱镜的节距为 P（每个柱镜单元横截面的宽度），柱镜单元厚度 d，曲面部分的半径 r，物方焦距 f，像方焦距 f'，O 为曲面部分圆弧的圆心，物方焦点 F，像方焦点 F'，圆心过第一主平面 H，第二平面过主光轴与曲面的交点，并垂直于主光轴，n 为柱镜单元的折射率。由以上公式计算得到如下公式（略去符号）：

$$f = f' = \frac{r}{n-1} \tag{15.86}$$

$$f = d / n \tag{15.87}$$

$$d = \frac{nr}{n-1} \tag{15.88}$$

因此，根据以上各参量之间的函数关系设计柱镜单元可以满足柱状透镜式 3D 显示光学系统的要求。

习题

15.1 有一焦距为 50 mm，口径为 50 mm 的放大镜，眼睛到它的距离为 125 mm，求放大镜的视觉放大率及视场。

15.2 焦距仪上测微目镜的焦距 $f' = 17$ mm，设使用十字丝叉线瞄准，问瞄准误差为多少？如用双线夹线瞄准，问瞄准误差为多少？

15.3 已知显微目镜 $\Gamma = 15^\times$，问焦距为多少？物镜 $\beta - 2.5^\times$，共轭距 $L - 180$ mm，求其焦距及物、像方截距。试问显微镜的总放大率为多少？总焦距为多少？与放大镜比较，有什么相同之处和不同之处？

15.4 显微镜目镜 $\Gamma = 10^\times$，物镜 $\beta = -2^\times$，$NA = 0.1$，物镜共轭距为 180 mm，物镜框为孔径光阑。

(1) 求出射光瞳的位置及大小；

(2) 设物体 $2y = 8$ mm，允许边缘视场拦光 50%，求物镜和目镜的通光口径。

15.5 欲辨别 0.0005 mm 的微小物体，求显微镜的放大率最小应为多少？数值孔径取多少较为合适？

15.6 有一生物显微镜，物镜数值孔径 $NA = 0.5$，物体大小 $2y = 0.4$ mm，照明灯丝面积 1.2×1.2 mm^2，灯丝到物面距离为 100 mm，采用临界照明，求聚光镜的焦距和能光口径。

15.7 一显微镜物镜焦距为 4 mm，中间像成在物镜第二个焦点后 160 mm 处，如果目镜为 20 倍，试求显微镜的总放大率。

15.8 一望远镜物镜焦距为 1 m，相对孔径 1:12，测得出射光瞳直径为 4 mm，试求望远镜的放大率 Γ 和目镜的焦距。

15.9 拟制一个 $6^\times$ 的望远镜，已有一焦距为 150 mm 的物镜，问组成开普勒和伽里略望远镜时，目镜的焦距应为多少？筒长（物镜到目镜的距离）各为多少？

15.10 基线为 1 m 的体视测距仪，在 4 km 处，相对误差小于 1/100，问仪器的视觉放大率应为多少？

15.11 为看清 10 km 处相隔 100 mm 的两个物点：

(1) 望远镜至少选用多少倍（正常放大率）的？

(2) 筒长 465 mm 时，求物镜和目镜的焦距。

(3) 为了满足正常放大率的要求，保证人眼的分辨率($60''$)，物镜的直径应为多少？

(4) 物方视场 $2\omega = 2°$，求像方视场，在 10 km 处能看清多大范围？在不拦光的情况下，目镜的口径应为多少？

(5) 如果视度调节 ±5 折光度，则目镜应移动多大距离？

第16章　摄影及投影光学系统

16.1　摄影系统的光学特性

以感光胶片或光电成像器件为接收器的光学成像系统称为摄影光学系统，如照相机、电影摄影机和摄像机、显微照相机、制版相机、航空照相机、天文照相机和光学信息存储装置中用到的光学成像系统。

摄影光学系统是成像的摄影镜头（统称镜头）和像接收器件的总称。镜头的光学性能用焦距 f'、相对孔径 D/f'（其倒数称为F数）和视场角 2ω 等参数描述。这三个光学参数在确立系统使用性能上起了决定性的作用。系统的使用性能包括像的分辨率（也称为解像力）、像面的照度、摄影的范围以及焦深和景深。摄影镜头的相对孔径 D/f' 决定了镜头的分辨率和它的采光能力。

镜头的焦距能够决定物像的比例关系，长焦距镜头拍到的像大于短焦距镜头拍到的像。所以，长焦距镜头适用于特写画面或细节的拍摄；短焦距镜头适用于大场景画面的拍摄。景物在无穷远和有限远时，焦距与物像的关系分别表述如下：

$$y' = -f' \tan \omega' \tag{16.1a}$$

$$y' = \beta y = \frac{f'}{x} y \tag{16.1b}$$

式中，y' 和 $\tan\omega'$ 是摄影范围的参量，分别代表像高和物方视场角；x 是在有限远的景物到镜头前焦点的距离；β 是景物所处位置的横向放大率。式(16.1a)和式(16.1b)均说明：在一定视角(ω')或一定物高(y)的条件下，像的大小与焦距成正比关系；在一定像面大小(y')的条件下，视角(ω')或拍摄范围(y)与焦距成反比关系。

摄影镜头的种类很多，焦距大小因应用场合而异：显微摄影镜头的焦距只有几毫米；航空摄影镜头的焦距较长，可达数米；日常用的照相和电影摄影镜头的焦距介于上述两者之间；变焦距镜头的焦距可在一定范围内改变，它在照相时可以获得成像比例和拍摄视角变化的摄影效果。

摄影系统中，接收器的面积限定了成像面的大小，当镜头焦距一定时，它也限定了摄影视角的大小。由式(16.1a)和式(16.1b)可知，长焦距镜头的视场角小于短焦距镜头的视场角。表 16.1 列举了照相机中常见的几种胶片的尺寸。

表 16.1　照相机中常见的几种胶片的尺寸

胶片种类	长×宽	胶片种类	长×宽
135#胶片	36 mm×24 mm	120#胶片	960 mm×60 mm
35 mm 电影胶片	22 mm×16 mm	16 mm 电影胶片	10.4 mm×7.5 mm
航空摄影胶片	180 mm×180 mm	航空摄影胶片	230 mm×230 mm

数码相机（Digital Still Camera（DSC），简称：Digital Camera（DC），又名：数字式相机。数码相机，是一种利用电子传感器把光学影像转换成电子数据的照相机。）图像传感器的尺寸用英制单位表示，它们对应的光敏面面积为：1/3 英寸(4.27 mm×3.2 mm)、1/2 英寸(6.4 mm × 4.8 mm)、1/1.8 英寸(7.1 mm × 5.3 mm)、1 英寸(12.8 mm × 9.6 mm)，高档相机上有尺寸为(22.7 mm × 15.1 mm)、(27.6 mm × 18.4 mm)、(36 mm × 24 mm)等规格的图像传感器。

以视场角大小分类，普通照相镜头有标准镜头、广角镜头和长焦距镜头之分。标准镜头的视场角在 $40° \sim 50°$ 之间，有的以 $50° \sim 60°$ 的准广角镜头代之；广角镜头的视场角在 $60°$ 以上，最大达到了 $170°$ 左右，复眼镜头（两个以上的镜头以紧密并列的方式安装在公共轴上，实现优于单镜头功能）的视场角接近甚至超过 $180°$；长焦距镜头是一种小视场的镜头，其视场角为 $10°$ 左右。

以常见的相对孔径为 1:4.5 的镜头为例，可求得其理论分辨率为 300 对线/毫米左右，像质好的情况下，这个数值完全能满足摄影者对解像力的要求。随着设计和工艺水平的提高，在照相设备上都配备了更大孔径的镜头，如 1:1.2 的镜头，其解像力更高。

采用大孔径镜头的理由不完全是由分辨率决定的，有时主要是对像面的照度的要求。像面的照度和镜头的相对孔径成正比，大孔径镜头可以提高它的进入镜头的光通量，在拍摄运动的或照明不足的物体时非常必要；因为在这两种情况下，只有大孔径的镜头才有可能获得良好的拍摄效果。

16.1.1 分辨率（解像力）

成像系统的分辨率（解像力）是该系统对黑白条纹密度的分辨能力。照相镜头用分辨率板检测其分辨率，分辨率板上分布着间隔按等比级数递增（减）的多组黑白条纹。成像系统能分辨的最高密度值为该系统的极限分辨率，用线对/毫米(lp/mm)为单位。

成像系统由镜头和接收器构成，系统的分辨率 N 由镜头的分辨率 N_1 和接收器的分辨率 N_r 两部分决定，由下列经验公式表示：

$$\frac{1}{N} = \frac{1}{N_1} + \frac{1}{N_r} \tag{16.2}$$

镜头的分辨率有理论分辨率和实际分辨率之分。理论分辨率由衍射理论和瑞利准则定义，其值仅与相对孔径的数值有关。若以可分辨的两点距离 σ 表示，则镜头的理论分辨率为

$$\sigma = \frac{1.22\lambda}{D/f'} \tag{16.3}$$

式中，λ 为摄影波长。若以 N_1(lp/mm)表示理论分辨率：

$$N_1 = 1/\sigma \tag{16.4}$$

则当 $\lambda = 0.55\,\mu m$ 时，镜头的分辨率为 $\qquad N_1 \approx \frac{1475}{f'/D} = \frac{1475}{F}$ （lp/mm） $\tag{16.5}$

可见，理论分辨率和镜头的相对孔径成正比。

镜头的实际分辨率除与相对孔径有关外，还与镜头的成像质量有关。当有像差存在时，光能的实际分布有别于理论衍射斑，光能由零级衍射环向外扩散，造成分辨率的下降，故镜头实际的分辨率低于理想的分辨率。像差越大，光能分散得越厉害，实际分辨率下降得越多。当镜头存在视场像差时，轴外视场的分辨率不仅低于中心视场的分辨率，而且出现子午和弧矢方向上的分辨率差异。

鉴于像差和镜头分辨率的关系，古典光学用镜头的实际分辨率综合地描述镜头的成像质量。进一步研究表明，单纯用分辨率来描述镜头的成像质量是不全面和不客观的，因为分辨率的概念是用高对比的发光点或黑白条纹的密度定义的，也只能描述镜头对这类景物的成像效果。实际上，被拍摄的目标中含有对比信息，镜头的分辨率对对比度的调制关系绝非线性关系，更不是常数比例关系，当用不同对比度的分辨率板进行测试时，镜头在分辨率上的表现是不同的。光学传递函数的引入为镜头成像质量的客观描述提供了科学依据。这将在本书的第 21 章中讨论。

16.1.2 摄影系统的光谱能量特性

摄影系统的光谱能量特性包括光度特性和色度特性两项内容。

胶片上光化学反应或图像传感器上光电效应的程度与其获取的光能量大小有关。由于这两种器件的响应都是积分性质的，所以响应的程度与光能量的大小和拍照所用的曝光时间的乘积有关，该乘积称为曝光量。在合理的曝光条件下，图像传感器上的响应与曝光量可呈正比的关系。

光能量的大小用像面的照度表示。由式(6.38b)表示了小视场、大孔径和完善成像系统的光照度公式，即

$$E_0' = \pi K B \left(\frac{n_k'}{n_1}\right)^2 \sin^2 U' \tag{16.6}$$

式(16.6)同样适用于摄影光学系统的中心视场。在图16.1 中，$A'B'$ 是系统的成像面，$P_1'P'P_2'$ 是镜头的出射光瞳。设出射光瞳的直径为 $2a'$，出射光瞳到焦点 F' 的距离为 x_z'，像面到焦点的距离为 x'，于是

$$\sin U' = \frac{a'}{x' - x'_z} \cdot \frac{a'}{f'\left(\dfrac{x'}{f'} - \dfrac{x'_z}{f'}\right)} = \frac{a'}{f'(-\beta + \beta_z)} = \frac{a'}{f'(\beta_z - \beta)}$$

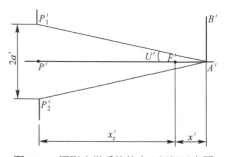

图 16.1　摄影光学系统的中心视场示意图

式中，β 和 β_z 分别是像平面和出瞳平面位置上的垂轴放大率。

将 $\sin U'$ 代入式(16.6)，且令 $n'_k = n_1 = 1$，则因 $a' = \beta_z a$，有

$$E'_0 = \frac{\pi K B}{4}\left(\frac{2a}{f'}\right)^2 \frac{\beta_z^2}{(\beta_z - \beta)^2} \tag{16.7}$$

当物体在无穷远时，$\beta = 0$，则

$$E'_0 = \frac{\pi K B}{4}\left(\frac{2a}{f'}\right)^2 = \frac{\pi K B}{4}\left(\frac{D}{f}\right)^2 \tag{16.8a}$$

当物体在有限远时，由于 $\beta < 0$，且通常 $\beta_z > 0$，则 $\dfrac{\beta_z}{\beta_z - \beta} < 1$，于是

$$E'_0 < \frac{\pi K B}{4}\left(\frac{D}{f}\right)^2 \tag{16.8b}$$

特别是当物像处于对称位置时，$\beta = -1$，当镜头采用对称的结构时，$\beta_z = 1$，于是

$$E'_0 = \frac{\pi K B}{16}\left(\frac{D}{f}\right)^2 \tag{16.8c}$$

与物体在无穷远时的照度公式(16.8a)相比，物在有限远时的像面照度减弱了 3/4。

相对孔径的倒数称为 F 数或光圈数，式(16.7)用 F 数表示为

$$E'_0 = \frac{\pi K B}{4} \frac{\beta_z^2}{F^2(\beta_z - \beta)^2}$$

对于结构对称的照相镜头（$\beta_z = 1$），有 $\qquad E'_0 = \dfrac{\pi K B}{4} \dfrac{1}{F^2(1 - \beta)^2} \tag{16.9}$

现定义 $F(1 - \beta)$ 为镜头的有效光圈，其值定义了拍摄条件下的光度特性。式(16.9)表明，接收器上的光照度取决于系统的光吸收程度、反射损失，以及镜头的有效光圈。把上述因素综合到一起再定义

$$T = F / \sqrt{K} \tag{16.10}$$

称为镜头的 T 值光圈。以 T 值光圈表示的摄影系统的光照度特性公式是

$$E'_0 = \frac{\pi B}{4} \cdot \frac{1}{T^2(1 - \beta)^2} \tag{16.11}$$

照相镜头上常用一个直径可变的光阑连续地改变镜头孔径，摄影者可以依据场景的具体环境予以选用。为了选用方便，镜头上刻有孔径改变标志，其值以其对应的 F 数表示。孔径刻度构成一个系列，以曝光量的大小为依据，相邻两挡孔径的曝光量成倍数关系。由于曝光量和孔径的直径呈平方的关系，于是 F 光圈挡应按公比为 $\sqrt{2}$ 的等比级数排列。表 16.2 所示为国家标准中的光圈系列。

表 16.2　国家标准中的光圈系列

相对孔径（D/f）	1:1	1:1.4	1:2	1:2.8	1:4	1:5.6	1:8	1:11	1:16	1:16	1:22	1:22
F 数	1	1.4	2	2.8	4	5.6	8	11	16	16	22	22

轴外视场的光照度与视场角 ω' 有关。在光阑像差可以忽略的情况下，两者的关系是

$$E' = E'_0 \cos^4 \omega' \tag{16.12}$$

视场 $2\omega' = 50° \sim 60°$ 处的光照度 $E' = (50\%)\,E'_0$，视场 $2\omega' = 120°$ 处的光照度 $E' = (65\%)\,E'_0$。可见，广角镜头接收器上的照度分布差异极大，这是轴外视场的有效通光口径减小的缘故。在同一个曝光参数下，广角镜头很难得到理想的照片，当中心曝光适度时，视场边缘就会曝光不足；或者边缘曝光适度时，视场中心就会曝光过度。可以采用一些技术手段来改善广角镜头的摄影效果，如用镀膜的方法，适当降低视场

中心的照度来换取视场照度分布均匀的效果；或在像差校正中残留适量的光阑彗差，扩大轴外视场的有效通光口径，实现光照度分布的改善，鲁沙镜头就是用这种方法使得其光照度分布规律由 $\cos^4 \omega'$ 变为 $\cos^3 \omega'$ 的。

在镜头设计中，有时采用拦光的方式，改善轴外视场的成像质量，但对像面的照度分布的均匀性是不利的。

镜头的光谱特性指的是各波段光的透过率特性，它直接影响彩色照相中颜色的还原效果，做到照片的颜色与原物颜色的一致性。为此，希望镜头对光谱的透过是等比例的，特别不希望出现选择性的透过。镜头的光谱特性可以用光谱透过率曲线表示。

影响镜头光谱特性的因素有膜层和镜头材料对光谱产生的选择吸收，以及光学设计对色差的校正效果。组成镜头的材料对各种光谱有不同的吸收比例，从而改变了景物原有的光谱功率分布关系。高折射率的玻璃利于短波光的透过，在大口径和广角镜头中，因采用了较多的高折射率的材料而使镜头中通过的蓝绿光的比例增加。除了特殊用途的镜头外，常用的镜头对短波的紫外光都有截止作用，短波光截止较多的镜头所照出的相片偏红，如图16.2所示。为了增加镜头的透过能力，采用了表面镀膜的技术，其中单层膜对光谱的选择吸收很严重，而多层膜的采用会使光谱的选择吸收有所改善。

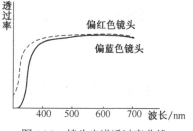

图 16.2　镜头光谱透过率曲线

许多专用的仪器（如制版相机、水下摄像机、航空照相机）都是在特定波长下工作的，在光学设计中对工作波段进行像差校正时，在光谱特性的设计上尽可能地提高镜头在该波段的光谱透过率。

16.1.3　几何焦深

拍照时调焦，理论上与物体位置对应的像面应该是唯一的，即镜头与像面的位置是确定的，但是出于接收器本身的粒度特征，只要成像的弥散斑不超过允许的范围，立体物的图像在一定深度范围内仍视为清晰的。感光胶片是颗粒从纳米级到微米级以至于几十微米，高分辨率干板胶片的卤化银的结晶只有 0.01 μm，CCD 或 CMOS 图像传感器的像素大小从几微米到十几微米，调焦时，只要物体的成像点在焦面上形成的弥散斑不超出上述粒度，图像依然是清晰的。保持接收器感觉为清晰像的最大离焦量，即像面相对于镜头在光轴方向上移动的范围，称为镜头的几何焦深。

几何焦深取决于接收器对图像清晰程度的判断能力。设弥散斑直径小于 z' 时接收器感觉为点像，则由图16.3可直接求得几何焦深 $2\Delta'$ 为

$$2\Delta' = \frac{z'}{\tan U'} \tag{16.13}$$

在对称式镜头中，入射光瞳和出射光瞳的直径近似相等，$\tan U'$ 可表示为

$$\tan U' \approx \frac{D}{2l'} = \frac{D}{2f'}\frac{f'}{l'} = \frac{1}{2F} \cdot \frac{f'}{f'+x'} = \frac{1}{2F(1-\beta)}$$

则几何焦深为

$$2\Delta' = 2z'F(1-\beta) \tag{16.14}$$

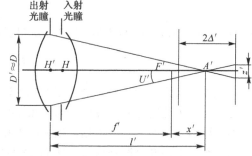

图 16.3　镜头几何焦深示意图

几何焦深有别于物理焦深。物理焦深以瑞利准则为判据，瑞利准则认为光程差小于或等于 $\lambda/4$ 的光学系统是完善的系统，该系统的成像效果可以维持衍射极限的数量要求。物理焦深就是引起波像差变化为 $\lambda/4$ 时所对应的离焦量。对应于 $\lambda/4$ 光程差的焦深是

$$2\Delta' = \pm \frac{\lambda}{2n\sin^2\theta} \tag{16.15}$$

16.1.4　景深

在 5.5 节中给出了处于正确透视条件下观察物体时的系统景深，其值只与入瞳直径、对准平面的位置有关，而与镜头的焦距无关。人们在观察照片时，常把被观察目标放在眼睛的明视距离 D 上。此时，直径为 z' 的弥散斑对人眼的张角是

$$\varepsilon = z' / D \tag{16.16}$$

当 ε 为眼睛的极限分辨角时，弥散斑可视为清晰的点像。z' 在对准平面上对应的直径为

$$z = z' / \beta \tag{16.17}$$

将式(16.16)和式(16.17)代入式(5.18a)，得到对应的前景深 Δ_1 和后景深 Δ_2 分别为

$$\Delta_1 = \frac{p\varepsilon D}{2\alpha\beta - \varepsilon D} \tag{16.18a}$$

$$\Delta_2 = \frac{p\varepsilon D}{2\alpha\beta + \varepsilon D} \tag{16.18b}$$

通常，物体距离镜头较远，镜头焦距 f' 相对于对准平面距离 p 只是一个小量，略去得后 $x = p - f' \approx p$，则

$$\beta = -f / x \approx f' / p$$

代入式(16.18a)和式(16.18b)后，得到在明视距离处的景深为

$$\Delta_1 = \frac{p^2\varepsilon D}{2af' - p\varepsilon D} \tag{16.19a}$$

$$\Delta_2 = \frac{p^2\varepsilon D}{2af' + p\varepsilon D} \tag{16.19b}$$

上面两式表明，照片在明视距离处被观察时，景深与镜头的焦距有关，焦距越大，景深越小。

16.2　摄影镜头（镜头）

在摄影系统中，镜头的性能在一定程度上决定了整个系统的质量。优质的摄影镜头具有大孔径或大视场的特点，要求像差得到良好的校正，即初级像差与高级像差得到适当的平衡；而像差平衡的镜头，其成像质量在很大的程度上取决于镜头固有的高级像差的量。所以，镜头设计中，高级像差的控制是镜头设计质量的关键。为了使高级像差控制在一定范围内，镜头的选型极为重要。经验和理论研究表明，镜头的高级像差与其结构形式和结构参数相关。高性能镜头的结构均较为复杂，变焦距镜头更是如此。下面把镜头按孔径和视场的要求分为四类进行讨论。

16.2.1　大孔径镜头

1. 匹兹万镜头

匹兹万镜头是 1841 年由匈牙利数学家匹兹万设计的，它是国内外第一个用像差理论设计的镜头，该镜头至今还在广泛的应用中。匹兹万镜头的雏形如图16.4(a)所示。1878 年以后，后组胶合在一起，构成了如图16.4(b)所示的形式。

最初设计的匹兹万镜头没有考虑场曲的校正，两个分开的镜组都是正光焦度镜组，其场曲比单一个镜组的场曲大很多，但两个镜组的球面半径可以大一些，所以球差的校正很容易。镜头的场曲是依靠像散的平衡得到部分补偿的。

为了减小场曲，可以尽量地提高正透镜的折射率，同时减小负透镜的折射率。由于胶合面两边的折射率差减小了，胶合面的弯曲程度加大，高级球差就可能增大。为此，可以把胶合面改为双分离的结构，如图16.5(a)所示。

当不要求镜头有长的后工作距时，可以在焦面附近设置一块负透镜，它有利于场曲的校正。适当地弯曲负透镜，还能降低畸变，其结构如图16.5(b)所示。目前，匹兹万镜头常用作放映镜头，它有较大的相对孔径，但是视场偏小，光学参数是：$D / f' = 1 / 2$，$2\omega \approx 16°$。

2. 柯克镜头（三片式镜头）

柯克镜头由三片薄透镜组成，中间的透镜是负透镜，两边是正透镜，如图16.6所示。柯克镜头的光学性能指标比较适中，相对孔径 $\dfrac{D}{f'} = \dfrac{1}{5} \sim \dfrac{1}{4}$，视场角 $2\omega = 40° \sim 50°$。

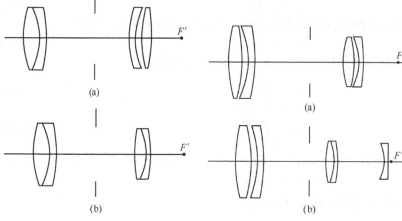

图 16.4　匹兹万镜头光学结构　　　　图 16.5　校场曲匹兹万镜头光学结构　　　图 16.6　柯克镜头的光学结构

柯克镜头中有八个变量参加像差的校正，即六个球面半径和两个间隔。从数学理论上讲，它是能够校正全部七种像差的最简单的薄透镜系统结构。

柯克镜头的结构配置使它有校正场曲的可能性，中间是负透镜，两侧是与其保持一定距离的正透镜，这是校正场曲最理想的结构；而且它用"两正一负"的结构承担总光焦度，比"一正二负"的结构方案更加合理，有利于球差的校正；柯克镜头的光阑设在负透镜上，从而组成对称的结构，有利于垂轴像差的校正。

柯克镜头可以用七个初级像差公式和光焦度公式求解初始结构。要使初始值设置得当，并求出合理的初始结构，这需要经验；否则，或许会出现矛盾方程。为了减轻初学者的设计负担，不妨用对称结构的思路来设计。

首先，把中间的负透镜用一个平面分成两半，它们分别和两边的正透镜组成一个对称镜头的一半。在半部系统中，有四个参数是可变的，包括两个透镜的光焦度、透镜间的间隔及正透镜的弯曲形状。以这四个参数校正四个轴向像差，即球差、色差、场曲和像散。然而，镜头还有光焦度的要求，为此必须增加一个变量，才能使方程有解，这个变量就是材料的选择。由于材料的种类是有限的，光学参数是离散的，所以，合理地选择材料对柯克镜头的设计是很重要的，但也是不容易的。实践证明，负透镜选色散较大的材料，有利于场曲得到校正条件下的光焦度分配，此时各组透镜所得到的光焦度偏小，它有利于四种轴向像差的校正。

半部系统校正轴向像差后，合成一个对称镜头。依靠对称性，再经过细微调整，垂轴像差也能得到校正。

在剩余像差中，轴外球差是很突出的。像差平衡时，后组正透镜的结构形式往往弯向像平面，上光线进入该透镜时，入射角非常大，因此在像面上的离散程度偏大，轴外的高级球差比较严重，这是一种过校正状态。

3. 天塞镜头和海利亚镜头

改进柯克镜头像质的关键在于减小或校正它的轴外球差。目前采用两种方法：

(1) 在柯克镜头后面的正透镜上增设一个胶合面，使胶合面上产生负像散，其值远大于其他的像差，轴外球差得以校正。这种结构称为天塞镜头，如图 16.7(a)所示。天塞镜头的光学性能略优于柯克镜头：相对孔径 $\dfrac{D}{f'} = \dfrac{1}{3.5} \sim \dfrac{1}{2.8}$，视场角 $2\omega = 55°$。

天塞镜头的前组正透镜加上胶合面便形成海利亚镜头，如图 16.7(b)所示。其结构更趋于对称，可使视场增大，用于航空摄影。

(2) 用透镜分裂的方式代替单透镜，以增大透镜的弯曲半径，图16.8展示的是两种曾经采用过的结构。

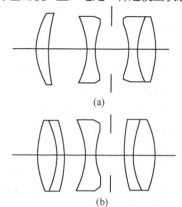

图 16.7　天塞镜头和海利亚镜头光学结构

4. 松纳镜头

松纳镜头虽然与柯克镜头的设计思想不同，但仍可看作柯克镜头的变形。若在柯克镜头第一块正透镜后面增加一块不晕透镜，就形成了松纳镜头，如图16.9所示。不晕透镜既不产生球差，而又压低进入负透镜光线高度，从而减小了负透镜的负担，有利于高级球差的减小；但是，不晕透镜的引入增大了场曲，而且破坏了结构的对称性，不利于轴外像差（特别是垂轴像差）的校正。所以，松纳镜头只适用于视场角为$2\omega = 20° \sim 30°$的应用场合。

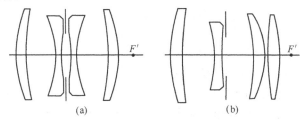

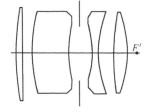

图16.8　透镜分裂的方式改进柯克镜头　　　　图16.9　松纳镜头光学结构

5. 双高斯镜头

双高斯镜头是摄影镜头中常见的一种镜头，其基本结构适用于相对孔径$D/f' = 1/2$、视场角$2\omega = 40°$的场合。

双高斯镜头属于对称型的结构，它的设计思路也是从半部结构开始的。对于半部系统，需考虑的像差是球差、场曲、像散和位置色差。它的后半组雏形是一块厚透镜，两个球面半径相等，按像差理论分析，这个结构可以校正场曲；在透镜前适当的位置放置光阑，如图16.10所示，就可能校正像散；在透镜内加上一个胶合面，利用胶合面两边的色散差使位置色差得到校正；最后，再考虑球差的校正，为此加入两块薄透镜组成的一个无焦系统，即图16.10中阴影所示的透镜组，使它产生与厚透镜球差反号的球差。当把靠近厚透镜的一块薄透镜与其合为一体后，便组成了可校正场曲、像散、色差和球差双高斯镜头的后半组结构。

把两个半组按对称于光阑的方式组合起来，如图16.11所示，就构成了双高斯镜头。若$\beta = -1$，物像就处于对称位置，对称的双高斯镜头就能自动地校正系统的彗差、畸变和倍率色差。当用于无限远物体成像时，对称的双高斯镜头结构必须做适当的修正。

弯曲后组的薄透镜，形状趋于平凸，当它接收前

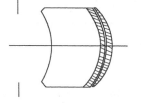

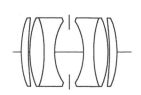

图16.10　双高斯镜头　　　图16.11　双高斯镜头的
后半组示意图　　　　　　　　光学结构

面厚透镜射出来的轴上平行光时，可以产生较小的球差，从而为球差的校正做出贡献。但是，这样做的结果加大了轴外上光线在薄透镜上的入射角度，于是负像散加大。为了恢复像散的平衡状态，需要把光阑向厚透镜靠近，使厚透镜的前球面产生更大的正像散，从而平衡趋于负值的像散；但是，光阑偏离了厚透镜的前球面的球心，使轴外光线在该面上的入射角度加大，造成了较大的轴外球差。

综上所述就会发现，双高斯镜头的轴上球差和轴外球差（或者说球差和像散）是一对矛盾。这也是双高斯镜头适应了大孔径要求后，就要减小视场的原因。解决这个矛盾的方法有三种：其一，选用高折射率、低色散的玻璃作为正透镜的材料，例如选用镧系玻璃，可以使折射面曲率减小，对轴上点和轴外点的高级球差都有利；其二，把正透镜一分为二，如图16.12所示，这样可使透镜的光焦度分散，折射面曲率减小，且透镜弯曲的自由度增加，有利于轴上点和轴外点高级球差的校正；其三，在前后两个半组之间引入无光焦度的校正板，如图16.13所示，校正板分担了厚透镜内侧球面的负担，且使前半部系统远离光阑，即光阑位置趋向于球心，对轴外像差（特别是像散）的校正有利。这种结构可使双高斯镜头的视场提高到$2\omega = 50° \sim 60°$。

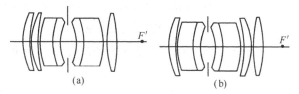

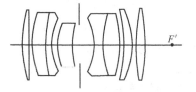

图16.12　双高斯镜头的正透镜分裂示意图　　　图16.13　双高斯镜头加入无光焦度校正板

16.2.2 广角镜头

广角镜头多为短焦距镜头，可获得大视场范围内的成像。广角镜头分为广角镜头和超广角镜头两类。

1. 反远距型镜头

短焦距镜头若采用上述普通镜头的结构，可能出现后工作距过短的弊病，对于单反相机或电影摄影机来说，满足不了反射元件或分幅遮光板的空间需要。为此，短焦距镜头采用了如图16.14所示的反远距结构。反远距镜头由两个镜组组成，靠近物方的前组为负透镜组，后组为正透镜组，两者相隔一定的距离。这种结构使像方主面向系统的后面移动，从而得到比焦距更大的后工作距。两镜组的间隔越大，像方主面向后面移动的距离越大，镜头的后工作距越长。

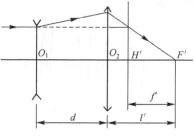

图 16.14 反远距系统光学结构

反远距镜头的孔径光阑多设在后组上，则前组承担了较大的视场负担。由于前组是负光焦度镜组，轴外光线通过前组后倾角变小，使后组的视场负担减小。但是，轴上点光束通过前组后变成发散光束，入射到后组的入射高度提高，后组所负担的孔径变大，则后组的相对孔径大于整个系统的相对孔径。

反远距镜头的具体结构与其光学性能有关。小视场的广角镜头可用单片透镜做成前组。当视场加大时，改用两片、三片或更复杂的结构，甚至采用负透镜加鼓形厚透镜的结构，如图16.15所示。与前组相比，反远距镜头的后组在成像关系上更处于对称的位置上，因此它更有理由把像差校正的重点放在与孔径有关的像差上。后组的结构可以采用三片柯克镜头、匹兹万镜头或更复杂的形式。

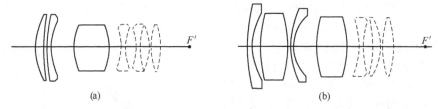

(a)   (b)

图 16.15 负透镜加鼓形厚透镜为前组的反远距光学结构

广角镜头因视场角大，像面上照度分布不均匀，尤其是在用拦光的手段提高轴外的像质时，视场边缘的照度衰减得更明显。

反远距镜头有短焦距、大视场和长的后工作距，而且有像方视场角小于物方视场角的特征，这有利于像面照度的分布。而它的像方视场角与系统的光焦度分配及光阑位置设置有关。

在图16.16中，设 φ_2 为后组光焦度，当总光焦度 Φ 为定值时，前、后组之间的间隔 d 和前组光焦度 φ_1 的关系有如下的关系：

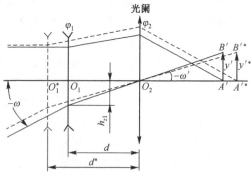

$$d = \dfrac{1+\dfrac{\varphi_2 - \Phi}{\varphi_1}}{\varphi_2} \qquad (6.20)$$

由上式可以看到：加大 $|\varphi_1|$ 的数值，为保证总光焦度，间隔 d 也要加大。

对前组的第二近轴光线应用薄透镜物像公式：
$\omega' - \omega = h_{z1}\varphi_1 = d\omega'\varphi_1$，则

$$\omega'(1-d\varphi_1) = \omega \qquad (6.21)$$

图 16.16 反远距镜头像方视场角与系统的
光焦度分配关系示意图

可见，当 ω 为定值时，$|\varphi_1|$ 和 d 同时增大，必然导致 ω' 的减小。当光阑置于前组的前焦点附近时，$\omega' \approx 0$。ω' 减小了，后组的尺寸也相应地减小。

2. 超广角镜头

视场角 $2\omega > 90°$ 的镜头称为超广角镜头。由于视场大，照度分布更不均匀。$2\omega = 120°$ 的镜头，在不

考虑渐晕的情况下，边缘视场的照度只有视场中心照度的 6.25%。对大多数接收器来说，这样的照度差异超出了它的线性接收范围，很难得到理想的摄影效果。

(1) 像差渐晕的概念

照度分布的均匀性是超广角镜头设计的关键。采用反远距的镜头结构，减小像方视场角，是改善照度分布有效的方法。但是，超广角镜头的视场太大，彗差、畸变和倍率色差较为严重，非对称的反远距镜头结构很难满足垂轴像差的校正。从像差校正的角度考虑，多数超广角镜头采用了对称式的结构。

解决照度不均匀的问题有两种思路，其中一种是用像差渐晕的方法，即保留光阑彗差的方法，以使轴外光束的口径增大，使像面上照度的余弦分布规律由高阶变为低阶。例如，视场角 $2\omega = 120°$，相对孔径 $D/f' = 1/8$ 的镜头，像面上照度的分布规律可由 $\cos^4\omega$ 变为 $\cos^3\omega$。

为说明像差渐晕的概念，如图16.17所示，图中画出的是超广角镜头用的一种反远距镜头结构，AP_1 和 BP_1 是入射光瞳面上由点 P_1 发出的两条光线：AP_1 是轴上点发出的光线，BP_1 是轴外点发出的光线。这两条光线经过未校正像差的光学系统的前组后，在出射光瞳面上分别交于 P_1' 和 P_1'' 上。设计时如使点 P_1' 的高度高于在 P_1'' 的高度。如果把入射光瞳视为"物"，而把视场视为"入射光瞳"，线段 $P_1'P_1''$ 就可以看成是以轴外点 P_1 为物点，以 AP_1 和 BP_1 为代表不同孔径光线形成的彗差，称为光阑彗差，用 K_{rz} 表示。由图 16.17 可看到，镜头存在如图中所表示的光阑彗差，且出射光瞳直径一定时，就能允许轴外光以更多的光线通过镜头，在图中以阴影线部分表示。

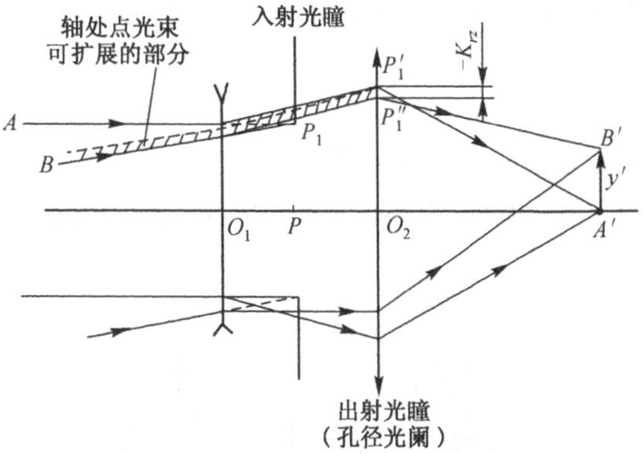

(2) 对称式超广角镜头

对称式超广角镜头的结构是由对称于光阑的两个

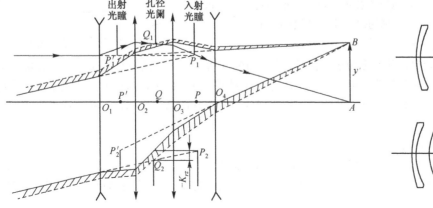

图 16.17　像差渐晕的概念的示意图

反远距镜组组成的。最外面的两块负透镜设计成球壳的形状。两部分的光阑彗差取相等值，但是符号相反，于是通过入射光瞳和出射光瞳的光束截面是相同的。由于光阑彗差存在，轴外光束的通光口径大于轴上光束的通光口径，由此形成的像差渐晕系数 K_2 大于1，如图16.18所示。

镜头存在光阑彗差时，轴外视场的像面照度表示为

$$E' = E_0' K_1 K_2 \cos^4\omega' \tag{16.22}$$

式中，E' 为轴外视场的像面照度；E_0' 为视场中心的照度；K_1 为几何渐晕系数，其值小于或等于1；K_2 为像差渐晕系数，光阑彗差存在时 K_2 大于1。使用光阑彗差提高轴外视场的像面照度的同时，加大了轴外光束的口径，系统的像质受到损坏，设计时需注意。

用光阑彗差设计的镜头以鲁沙尔镜头为代表，图16.19是它的两种结构。图16.19(b)是用三胶合透镜代替了图16.19(a)中的双胶合透镜。它的光学性能是 $D/f' = 1/5.6$ 和 $2\omega = 100°$。

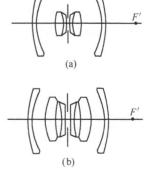

图 16.18　由对称于光阑的两个反远距镜组组成对称式超广角镜头

图 16.19　鲁沙尔镜头的两种结构

(3) 用镀膜的方法改善像面的照度分布

另一种改善像面的照度分布的方法是用镀膜的方法。这种技术最早出现在瑞士，用此技术的镜头称为阿维岗超广角镜头，如图16.20所示。该镜头包括了4～6个球壳透镜，相对孔径为$D/f' = 1/5.6$时，成像质量比较理想。滤光镜上镀不均匀的透光膜，使视场中心附近的照度分布按$\cos^2 \omega$的规律变化，超过90°视场角时，照度分布呈$\cos^3 \omega$的规律变化。

海普岗超广角镜头是另一种超广角镜头，它由两块弯向光阑的正透镜组成，如图16.21所示。由于结构对称，垂轴像差容易得到校正。透镜的弯曲方向也利于轴外光线的像差校正，间距的变化可用来校正像散。但是，它没有能力校正球差和色差。所以，只用于孔径很小的场合。

若在结构中加入无光焦度的透镜组，海普岗超广角镜头就有可能校正球差和色差。图16.22(a)中间透镜组是无光焦度镜组，图16.22(b)是把该组中的正光焦度与弯月透镜合在一起后形成的结构，称为托普岗超广角镜头。弯月负透镜可以产生大量的正球差，配以火石玻璃的高色散作用，校正球差和色差是可能的。

与鲁沙尔镜头相比，托普岗超广角镜头的几何渐晕现象更严重，像面照度更不均匀，外侧面的透镜又是正透镜，主光线通过光阑中心时与光轴的夹角很大，因而轴外的高级像差很严重。显然，托普岗超广角镜头的光学性能不能与鲁沙尔镜头相比，它的视场$2\omega = 90°$，最大相对孔径$D/f' = 1/6.3$。

图16.21　海普岗超广角镜头光学结构

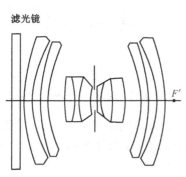

图16.20　阿维岗超广角镜头光学结构

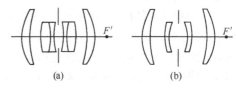

(a)　　　　　　　　(b)

图16.22　托普岗超广角镜头光学结构

3. 长焦距镜头

长焦距镜头是一种特写镜头，适用于远距摄影。与短焦距镜头相比，长焦距镜头成像的比例大。普通照相机上用的长焦距镜头可达600 mm的焦距。高空摄影相机的镜头焦距可达几米。

(1) 远距型长焦距镜头

为缩短结构长度，可采用如图16.23所示的远距型的形式。由于正、负透镜是分离的，且负透镜在像面一侧，主面可以前移，机械筒长L短于焦距长度f'，L/f'称为摄远比，其值小于1。

(2) 折反射型折反射系统

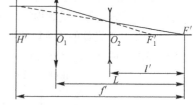

图16.23　远距型光学系统示意图

该系统结构更为紧凑，从而缩短机械筒长，如图16.24所示。这类镜头的摄远比能达到0.2～0.4。折反射式镜头中最大的问题是孔径中心被遮拦，像面的照度下降。但是，从衍射的角度上看，中心光束的拦截有利于镜头分辨率的提高。结构上，折反射式镜头要加防杂光光阑，以免非成像光束射入像平面。

(3) 长焦镜头的二级光谱

长焦镜头的球差和色差随焦距的增加而变大，二级光谱也是如此。为校正二级光谱，长焦镜头需要采用特种火石玻璃。镜头的前组可以采用双胶合的结构。孔径比较大时，为校正球差可以采用三片或四片的组合结构，如图16.25所示。

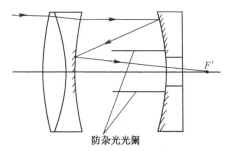

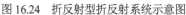

防杂光光阑

图 16.24　折反射型折反射系统示意图

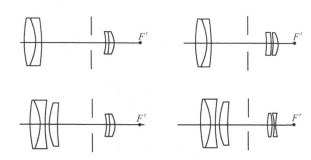

图 16.25　长焦镜头的二级光谱校正

4．变焦距镜头

变焦镜头在使用过程中，它的焦距可以在一定范围内连续改变，能在拍摄固定目标的情况下，获得连续地改变画面景像比例的效果（详见 20.3 节）。

在 1940 年左右变焦距物镜即有实际应用，由于质量较差，使用不普遍。1960 年以后计算机在光学设计中的应用，光学材料性能的提高，光学冷加工、镀膜技术的发展，促进了光学设计工作。近年来，电视摄像中已几乎全用变焦镜头，16 mm 电影、35 mm 电影的新闻记录摄影采用变焦距镜头的场合也逐渐增多。

一个变焦物距物镜的焦距是由各透镜组的焦距及其间的间隔所决定的。透镜组的焦距是不能改变的，都是用改变透镜组之间的间隔来改变整个物镜的焦距。一般变焦距物镜在改变焦距时要求相对孔径不变，像高不变，像面稳定，像质良好。

随着透镜移动焦距改变时，像面有位移，如要求像面稳定时便需要加以补偿。变焦距物镜也常以补偿方法的不同分为两大类，即机械补偿法和光学补偿法。

(1) 机械补偿法

当一个称为变倍组透镜组移动使焦距改为变焦距时，另一个称为补偿组透镜组做少量移动以补偿像面位移。两个透镜组的移动不是同向等速的，因之它们之间的相对运动不能用一个简单的机构来满足，需要用较复杂的凸轮机构。图 16.26 是机械补偿法变焦距物镜的一个示意图。图中，1 为前固定组，2 为变倍组，3 为补偿组，4 为后固定组。也有把 1, 2, 3 三组统称为变焦距物镜的变焦部分，把 4 称为固定部分。图中变倍组 2 从左往右移动时，焦距由短变长，同时像面也发生位移。用补偿组 3 先往左而后往右的少量移动来补偿像面的位移。2, 3 两组的位置是需要一一对应的，因变倍组 2 在不同的地方时，需要的补偿量是不同的。

图中补偿组如果是负透镜组便称作机械补偿法的负组补偿。补偿组用正透镜组时，称作机械补偿法正组补偿。

任一种补偿方法都可以分为物像交换原则和非物像交换原则。物像交换原则如图 16.27 所示。物点 B 经透镜成像于 B'，物距和像距分别为 l 及 l'。由于光线是可逆的，如果物点放在点 B' 时，经透镜必成像于 B。所以当透镜从 1 移动到 2，且使 $l^* = -l'$，必定有 $l^{*'} = -l$。也就是说，物像是可以交换的，称为物像交换原则。不符合上述物像关系时，便是非物像交换原则。满足物像交换原则时，共轭距离是相同的。图16.26中变倍组 2 从最短焦距移到最长焦距位置满足物像交换原则时，变倍组 2 的物像共轭距离在最短焦距与最长焦距是相等的，所以补偿组 3 的位置在此二极端焦距是相同的。补偿组 3 的移动便是由右向左然后由左向右回到原处。当变倍透镜组 2 移动不处于物像交换原则时，补偿组 3 的位置在二极端焦距便是不相同的。

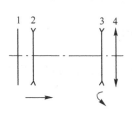

图 16.26　机械补偿法变焦距物镜的一个示意图

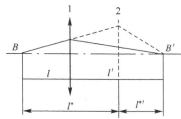

图 16.27　物像交换原则示意图

图16.28 所示为机械补偿法、负组补偿、非物像交换原则，下半段（即长焦距部分）超过物像交换原

则的共轭距。这种结构前固定组的焦距较短，用了四个单片来负担。此时前固定组的像方主平面比较靠近后方，所以在解初始结构时前固定组与变倍组间的距离可以留得较少。

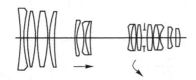 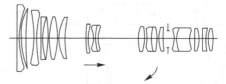

图 16.28 机械补偿法、负组补偿、
非物像交换原则结构示意图

图 16.29 机械补偿法、正组补偿、
非物像交换原则结构示意图

图16.29 所示与上例一样仍然是机械补偿法、正组补偿、非物像交换原则。不同的是前固定组是由一负组加正组组成的。这样物体在近距离时由前固定组中前面的负组部分进行调焦，由于大视场的光线进入负组以后视场角变小，故用前面的负透镜组进行调焦时，口径并不需要增加很多。

(2) 光学补偿法

在变焦距物镜中用几组透镜作变倍和补偿时，不同透镜组的移动是同向等速的，所以只需用机械把几个透镜组连在一起作移动即可。图16.30是光学补偿法的示意图。光学补偿法以第一透镜组是正组还是负组而分为正组在前和负组在前两类。又可以变焦部分透镜组数来分为三透镜系统、四透镜系统、五透镜系统等。图16.30所示是负组在前的光学补偿法示意图。用得多的是三透镜系统和四透镜系统。

图16.31 所示为负组在前的四透镜系统光学补偿法结构示意图。由于像面位移不能得到完全的补偿，中间的负透镜组作微量的移动以进一步使像面稳定。这个使像面稳定的负组微动也可以与双正透镜连动组做相反方向的线性运动，这便成为比光学补偿法更一般的线性补偿法。前面平行光进入第一负透镜组，同时最后的负透镜组以平行光出射。后面可以配上各种不同的焦距镜头使得在变倍比不变的情况下焦距本身可以做各种改变。

(3) 一些特殊情况

图16.32所示的结果比较特殊，初看像一个三透镜系统的光学补偿法，中间负组作移动进一步补偿使像面稳定。这不完全对，移动量小时，可以认为是这样；在负组移动量比较大时，实质上是负组变倍组，仍然是正组补偿的机械补偿法。不过是把前固定组也作为补偿组的一部分，减轻了补偿组的负担。

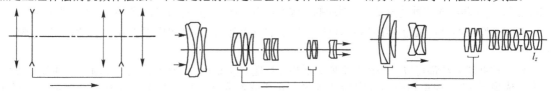

图 16.30 负组在前光学补偿法示意图　　图 16.31 负组在前的四透镜系统　　图 16.32 特殊的正组补偿的机
　　　　　　　　　　　　　　　　　　　　　　光学补偿法结构示意图　　　　　　械补偿法结构示意图

总之，国内对变焦距物镜的设计已做了大量的工作：有光学补偿法，有机械补偿法；有正组补偿，有负组补偿；有物像交换原则，有非物像交换原则；有整个前组调焦的，有前组的部分调焦的；变倍比有 6$^×$ 的，有 10$^×$ 的，还有 20$^×$ 的，等等；焦距有短的，有长达 3 m 的。

一般变焦距物镜机械补偿法正组补偿长度较长，口径较小，前固定组焦距较长；机械补偿法负组补偿长度较短，口径较大，前固定组焦距较短。光学补偿法初级像差求解不易得到优解。

16.3　取景和测距系统

取景和测距是摄影设备的两项基本功能。取景功能能为摄影提供对准的目标以及景物的拍摄范围；测距功能能为镜头的调焦提供准确的物距。

16.3.1　自动调焦的概念

取景有两项基本要求：在取景器中观察到的景物范围与镜头接收器上的成像范围应该一致；取景器中

观察到的景物力求是正立的像。

取景范围与镜头成像范围不一致的误差称为视差，它源于取景器和摄影镜头的非共轴性。图16.33 是双镜头照相机取景示意图。图中，L_1 与 L_2 分别是取景镜头和摄影镜头，两者的光轴平行，间距（基线）为 b，P_1P_2 是镜头的对准平面。若取景与摄影镜头的视场角相同，则取景尺度 AC 和摄影尺度 BD 是相等的，但有错位，其值称为视差，即由取景镜头观察到的景像和由摄影镜头拍摄到的景像不同。由取景镜头轴线和对准平面 P_1P_2 的产点 P_1 和摄影镜头 L_2 的主点的连线 P_1L_2 和像平面的交点为 P'，线段 OP' 即为视差，可表示为

$$\varepsilon = \frac{l'}{l} b \tag{16.23}$$

图中 $E_b'E_a'$ 和 $E_d'E_c'$ 分别是点 A、点 B 和点 C、点 D 间的视差。此种视差和视场角值有关。一般视差是指 ε。视差与物距有关，距离越近，视差越大。$b=0$ 时视差为零，即单镜头相机就没有视差。双镜头相机的视差可用取景框沿垂轴方向的平移予以消除，平移距离与物距有关。在图 16.33 中，取景框移到 $E_b'E_d'$ 位置，视差即可消除。

为使取景器中观察到的画面完整地落在镜头的视场范围内，有的相机人为地缩小了取景范围。缩小比例取 $0.85 \sim 0.95$，该比例称为取景器的视野率。

物距变化时，镜头到接收器的距离需要调节，称为调焦。调焦量依据于测出的物距数据，测距方式有目视法和测距法两种，调焦分为手动调焦和自动调焦。当前的照相机多为自动调焦，即取景、测距、调焦合为一体。

测距系统有两项基本要求：一是测距精度，测距误差不应超过镜头的景深；其次是测距速度，力求快速、方便。测距系统采用了体视测距的工作原理，它与调焦系统组成了联动机构。图16.34是测距原理图。

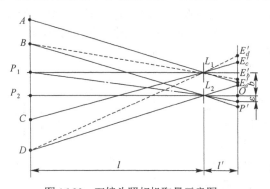

图 16.33 双镜头照相机取景示意图

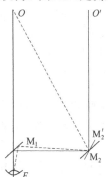

图 16.34 测距原理示意图

图16.34中测距基线的两端安置了一个半反半透镜 M_1 和一个反射镜 M_2，E 是半反半透镜背后的人眼观测点。从点 E 观测被摄景物 O，则在同一个视野里看到两个互相偏离的像，它们是从测距系统左右两个光路里投射进来的像。旋转反射镜 M_2，使两个像靠近，当反射镜 M_2 旋至 M_2' 时，两像重合。M_2 旋转的角度描述了被摄景物的距离。把反射镜 M_2 旋转的动作与调焦的动作结合起来，实现以测距量为依据的调焦过程。图16.35是一种相机的测距调焦装置的示意图。

引用体视测距的原理，测距误差可由式(14.32)的微分表示（略去式中负号）为

$$\Delta L = \frac{L^2}{b} \Delta \theta$$

式中，L 是物距；b 是基线长度；$\Delta\theta$ 是体视角误

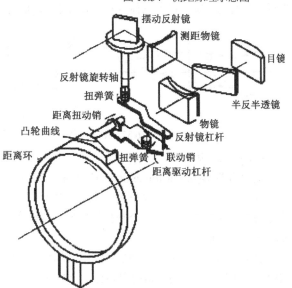

图 16.35 相机的测距调焦装置示意图

差，ΔL 是测距误差。由于观测系统有角放大的作用，所以测距误差应表示为

$$\Delta L = \frac{L^2}{b\Gamma}\Delta\theta$$

式中，Γ 是望远系统的视觉放大率。若人眼的瞄准精度为 $\Delta\theta_{\min}$，则极限测距误差为

$$\Delta L = \frac{L^2}{b\Gamma}\Delta\theta_{\min} \tag{16.24}$$

理论上讲，提高测距精度，可以尽量加大基线的长度。但是，基线长度 b 受照相机尺寸的限制。一般情况下，测距误差不得大于景深，该条件下可以确定基线最小值 $b_{\min}$。按式(16.16)、式(16.17)和式(16.18)，可把 ΔL 写为

$$\Delta L \leqslant \Delta_1 + \Delta_2 = \frac{p^2 z'}{2af' - pz} + \frac{p'z'}{2af' + pz} \tag{16.25}$$

因 z' 很小，可简化成

$$\Delta L \leqslant \frac{p'z'}{af'} \tag{16.26}$$

根据式(14.24)和式(14.26)，求得最小基线长度为

$$b = \frac{af'\Delta\theta_{\min}}{z'\Gamma} \tag{16.27}$$

16.3.2 照相机中的取景、测距、调焦及其综合系统的结构

(1) 逆伽利略望远镜式的取景器

图 16.36 为逆伽利略望远镜取景器的示意图。把伽利略望远镜镜倒转，使凹透镜为物镜，凸透镜为目镜，成正立缩小的虚像，视觉放大率 $\Gamma = 0.35 \sim 0.85$。该系统中，眼瞳为孔径光阑，也是出射光瞳，物镜为渐晕光阑。AC 是对准平面上的取景范围，为使取景画面全部落入照相镜头的视场范围以内，选取景器的取景率为 80%～90%。

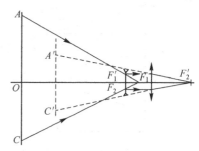

图 16.36 逆伽利略望远镜镜取景器的示意图

逆伽利略式取景器的结构紧凑。但是由于系统中有视场渐晕，眼睛观测位置变化时，取景范围也在变化，从而产生取景误差；同理，眼瞳直径变化时，取景范围也随之改变，如图 16.37 所示。图 16.37(a)为眼睛偏离于光轴的情况；图 16.37(b)为眼睛沿光轴平移的情况；图16.37(c)为眼瞳直径变化时的情况。以上三种情况下取景范围均随之改变。

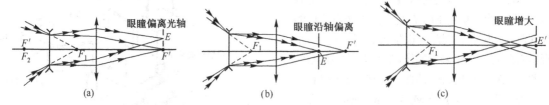

图 16.37 眼睛观测位置和眼瞳直径变化时取景范围也随之改变

(2) 亮框取景器

亮框取景器(bright-frame finder)是取景、测距、调焦相组合的结构。图 16.38 是取景结构示意图，取景范围有一个亮框标识。亮框是一个四角各有一个直角形透光孔的遮光板，置于图 16.39 中反射镜 M_2 的光路中，并被中心留有一个圆孔的环形凸透镜和取景目镜组成的系统成像在被摄景物的像平面上，形成取景的控制框。

把亮框取景器与测距、调焦系统组合起来，就构成取景、测距、调焦的综合系统，如图 16.38 所示。图中有一个局部反射镜，镜的中心有一个圆形孔，与环形凸透镜一样，允许由局部反射镜 M_2 射入的光线穿过。图中增设了一个凹透镜 L_2，焦距与 L_1 相同，位置也对等，它与伽利略望远镜的目镜组成了另一个

望远镜系统。

（3）毛玻璃取景器

这是大型座式照相机（座机）和双镜头照相机上常用的一种取景装置。镜头到毛玻璃屏的光学距离严格地等于镜头到成像面的距离，它的几何尺寸给出了取景的范围，毛玻璃上影像的清晰程度就是调焦的依据。图16.40列出了几种毛玻璃取景器的结构。

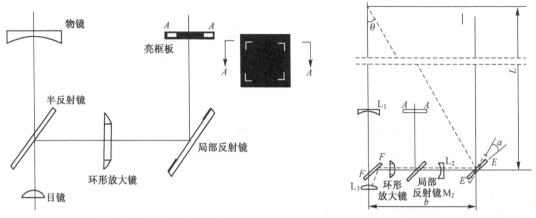

图 16.38　亮框取景器示意图　　　　　　图 16.39　亮框取景器与测距、调焦系统的组合

图16.40(a)是座机上用的毛玻璃取景器，毛玻璃上的像是倒立的；图16.40(b)是双镜头照相机上的毛玻璃取景器，毛玻璃上的像是镜像。反射镜前面的镜头是取景镜头，焦距与照相镜头相同，取景镜头与照相镜头二者光轴平行。显然，这种取景器有视差；图16.40(c)是单镜头反光照相机上使用的一种取景器。取景镜头与照相镜头为同一个镜头。拍照前的那一瞬间，反射镜利用旋转的动作弹出拍摄光路，实现拍摄，拍摄结束时自动返回原位置。五棱镜在光路中起倒像作用。

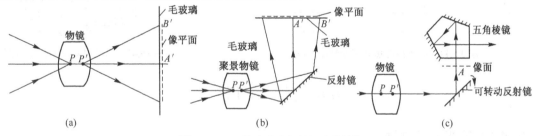

图 16.40　几种毛玻璃取景器光学结构

毛玻璃的散射作用能够造成像模糊。为了提高像的清晰度，可以在毛玻璃屏上增设一块场镜，如图16.41所示。

（4）用菲涅耳透镜作为取景器场镜

场镜把照相镜头的出射光瞳成像在眼瞳的位置上，使进入镜头中的光被眼睛所接收。最初，场镜是一块平凸透镜。后来，用菲涅耳透镜替代了它。菲涅耳透镜用有机玻璃制成，面形为环带状，类似于把透镜的球面分割成环带后，按次序排在平面上一样。其聚光作用与凸透镜相同，如图16.42所示。

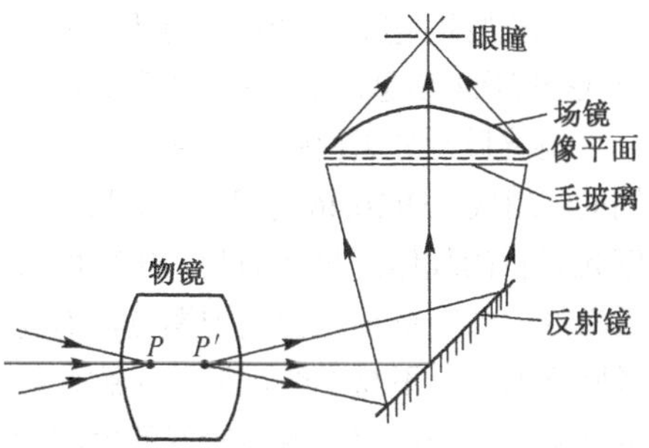

（5）楔形镜型场镜

为了提高对焦精度，有些相机上设置了更准确的判读装置。常见的有楔形镜型和微棱镜型。

楔形镜对焦装置由一对楔角相同、方向相反的楔形镜组成，其结构如图 16.43 所示。$ABCD$ 是它们的胶接平面，OO' 是它们的对称轴。通过对称轴，与胶接平面垂直的截面 $EFGH$ 为等厚截面，即 $EH = FG = OO'$。把这对楔形镜安置在毛玻璃的中央，使点 O 到镜头的距离准确地等于接收器到镜头的距离。

根据几何成像的分析知道，只有把成像面调焦到点 O 所在的垂轴平面时，像才是完整的；否则，由

图 16.41　毛玻璃取景器屏上加一场镜

两个楔形镜各自形成的像将是错开的。调焦不准时的成像如图16.44(a)和图16.44(c)所示。正确调焦时的成像如图16.44(b)所示。

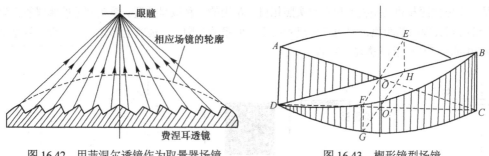

图 16.42　用菲涅尔透镜作为取景器场镜　　　　　图 16.43　楔形镜型场镜

(6) 微棱镜型对焦装置

微棱镜对焦装置是由许多细小的三角、四角或六角棱镜组成的，如图16.45所示。角锥顶点到镜头的距离等于接收器到镜头的距离。把像面调焦到角锥顶点时，像是清晰的；否则，只能看到锯齿状的纹影。

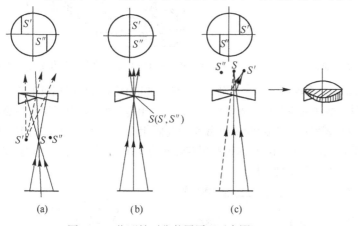

图 16.44　楔形镜对焦装置原理示意图

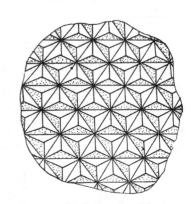

图 16.45　微棱镜对焦器件示意图

16.4　感　光　胶　片

16.4.1　感光胶片概述

感光胶片是摄影仪器中记录和保存影像的器件，它以"潜影"的方式把影像的信息记录下来，然后再通过显影和定影把影像重现出来。

感光胶片分黑白胶片和彩色胶片，由片基、感光层、保护层及辅助层组成。图16.46是黑白电影胶片的结构示意图，图中片基是感光材料的载体。早期的胶片用硝酸纤维或醋酸纤维制成，前者柔性好、热变形小，但是因燃点低而易于燃烧，安全性较差；后者坚固耐用、不易燃烧，但是质脆、吸水性和热变形大，尺寸稳定性差。后来，综合性能较好的聚酯片基取代了上述两种片基，成为胶片片基的主流材料。聚酯片基有两类：聚对苯二甲酸乙二醇酯片基（俗称涤纶片基）和聚碳酸酯片基。

感光层是胶片的核心，它由悬浮在明胶中的光敏材料颗粒组成。有的感光胶片为了拓宽卤化银晶体的光谱吸收范围，特意在乳剂中添加了增感剂，彩色胶片和相纸的乳剂层中还加入了形成彩色的成色剂。

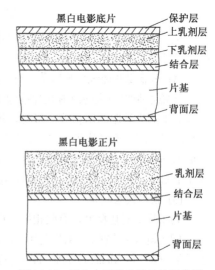

图 16.46　黑白电影胶片的结构示意图

目前，光敏材料以卤族元素的银盐为主，它的优点是感光度高，记录密度大，对比度、色调还原性和化学稳定性等好。但是，银盐胶片图像的工艺制作过程复杂而时间长，限制了它的使用。于是出现了与计算机技术配套的非银盐材料。非银盐感光材料优点很多，可以节约大量银，不需暗室操作，即不需湿法显影和定影，影像的解像力高，有的可重复使用。非银盐材料有光敏重氮胶片、静电感光材料和光致抗蚀剂（光刻胶）三类。

黑白电影胶片涂有两层感光速度不同的乳剂：上层乳剂的感光速度快；下层乳剂的感光速度慢，这种结构适用于宽照度范围的摄影。

感光胶片上涂有一些辅助层，其中包括保护层、结合层、底层、防光晕层、防静电层等。保护层位于感光层的上面，对感光层起机械保护作用，防止生产和冲洗过程中的划伤和摩擦，避免"摩擦灰雾"的产生。保护层由不含卤化银的明胶或亲水性聚合物薄膜构成，膜层中还加有防灰雾剂、坚膜剂和表面活性剂。

片基和乳剂层之间是结合层，其作用是增强感光材料在片基上的附着力。

片基的背面是涂有防光晕材料和防静电的背面层，它有吸收大部分或全部可见光的功能，可以吸收掉透过片基的散射和直射光，从而提高了影像的对比度。多数感光胶片的防光晕层是绿色或蓝紫色的，彩色胶片的防光晕层是黑色的。

醋酸片基和聚酯片基和明胶都是高绝缘物质，它们都易带电而且很难自行消失，静电积累后可以引起放电，导致乳剂层曝光显影后产生树枝状或绒毛状的线状条纹。胶片上涂了一些导电物质，起逸散静电的作用。

彩色胶片的结构比较复杂。感光层分成三层：感蓝、感黄和感红乳剂层。每层乳剂中除了银盐感光材料外，分别渗入黄、品红和青色的表现色彩效果的成色染料。感蓝乳剂层含黄色的成色剂，它只感受景物的蓝色光线，而让绿光和红光透过。与黑白胶片一样，为了增大感光的宽容度，也分感光快慢的上下两层。感黄乳剂层和感红乳剂层与感蓝乳剂层不同的是：感黄乳剂层只感受景物的蓝色和绿色光线，由于感蓝乳剂层下面有一个黄色滤光层，所以蓝光透不过来，剩下的只有绿色光线对感黄乳剂层感光了。该层的成色剂是品红色的；感红乳剂层只感受景物的蓝色和红色光线，也是由于黄色滤光层的作用，蓝光透不过来，剩下的只有红色光线对感红乳剂层感光了。该层中的成色剂是青色的；摄影时，先利用银盐的感光能力把景物的色彩记录下来，然后再在显影过程中，利用银盐被还原的氧化物与混藏在乳剂中的成色染料反应，而形成颜色，最后在漂白过程中洗掉黑色影像，胶片上留下彩色影像。而这个彩色影像是以减色法的颜色合成原理为基础，从红、绿、蓝的补色黄、品红和青色中得到的。

胶片的感光是一个化学反应过程。感光层在光的照射下，卤化银中的银离子还原成银原子，沉积在受光点附近，形成银斑，构成"潜影"。用显影液处理曝光后的胶片，潜影中的银离子继续还原，银原子的密集度增加，形成可辨认的"黑点"。黑点起阻光作用，设 I_0 和 I_t 分别表示胶片某点上的投射光强和透过光强，该点的阻光率定义为

$$O = I_0 / I_t \tag{16.28}$$

胶片的透过率 T 定义为阻光率的倒数： $\qquad T = 1/O = I_t / I_0 \tag{16.29}$

阻光率也称为黑度，它是在一定面积上测量的，是一个平均值。

阻光率与在光线传播方向上的银粒密度有关。所以在略去反射和吸收损失后，可以用阻光率描述银粒的密度。定义光学密度为

$$D = \lg O = \lg \frac{I_0}{I_t} \tag{16.30}$$

在正常的曝光条件下，胶片的光学密度 D 与光能量成正比。在曝光的过程中，胶片上接受的光能量以光的照度 E 和曝光时间 t 的乘积，即曝光量 H 表示为

$$H = Et \tag{16.31}$$

实测结果表明，胶片的光学密度与曝光量有如图16.47所示的关系，图中曲线称为胶片的特性曲线。曲线的横坐标取曝光量的对数值 $\lg H$，纵坐标取光学密度值 D。曲线分为五部分：AB 段为灰雾部，曝光量增大时，光学密度并

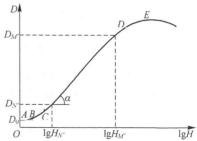

图 16.47　光学密度与曝光量关系

不变，它与胶片没有曝光时的光学密度 D_0 相同，D_0 称为灰雾度；BC 段为趾部，光学密度变化与曝光量呈非线性关系，若曝光量取在趾部时，影像的层次受到不成比例的压缩，引起层次上的失真；CD 段为线性段，曝光量增大时，光学密度呈线性关系增加，曝光量取在该段时，不产生层次的失真；DE 段为肩部，它的摄影效果类似于趾部，有层次的失真；曲线上点 E 以后的部分为反转部，与点 E 对应的胶片的光密度达到饱和，再增大曝光量，胶片的光密度反而下降。

16.4.2 感光胶片特性

感光胶片的特性曲线决定了材料的摄影特性和摄影的效果，它与材料的物理化学性能有关。下面就主要指标的意义及其表示方法做一简要的介绍。

(1) 感光度

感光度是度量感光材料光化学反应灵敏度的指标。在同样曝光量和同样冲洗条件下，胶片的光密度越大，感光度越高。可以用某一光密度下所使用的曝光量表示感光度的量度。感光度 S 有两种定义方式，第一种方式为数值计算方式：

$$S = K / H_0 \tag{16.32a}$$

式中，K 为常数；H_0 是指定的光密度所对应的曝光量。第二种方式为对数定义方式：

$$S = \frac{1}{10} \lg \frac{K}{H_0} \tag{16.32b}$$

在各国的标准中，K 值和基准光密度的选择各不相同，黑白胶片的规定列表如表 16.3 所示。

各国感光度标准的对应关系如表 16.4 所示。

表 16.3　各国黑白胶片感光度的规定

国别	代号	光密度标准	K	计算公式
中国	GB	$D = D_0 + 0.65$	4	$S = 4 / H_0$
德国	DIN	$D = D_0 + 0.1$	0.49	$S = \frac{1}{10} \lg \frac{0.49}{H_0}$
美国	ANSA	$D = D_0 + 0.1$	0.8	$S = 0.8 / H_0$
苏联（原）	Γ OCT	$D = D_0 + 0.2$	1	$S = 1 / H_0$
国际	ISO	$D = D_0 + 0.1$	1	$S = 0.8 / H_0$

表 16.4　各国感光度标准的对应关系

国别	感光度									
中国 GB	9	12	15	18	21	24	27	30	32	36
德国 DIN	9	12	15	18	21	24	27	30	33	36
美国 ANSA	6	12	25	50	100	200	400	800	1600	3200
苏联 Γ OCT（原）	5	11	22	45	90	180	300	600	800	
国际 ISO	6	12	25	50	100	200	400	800	1600	3200

(2) 反差系数 γ

成像画面上各个部位明暗的差别用反差的概念描述。反差用亮度比的对数值表示，即

$$C_1 = \lg \frac{B_M}{B_N} \tag{16.33}$$

式中，B_M，B_N 分别是画面上两点 M，N 的亮度。借用反射画面反差的概念来描述透光胶片各点透光能力的差别，则用相同强度的入射光照射下，胶片两点上透过光强比值的对数值，定义这两点的反差，即

$$C_2 = \lg \frac{I_{M'}}{I_{N'}} \tag{16.34a}$$

式中，$I_{M'}$，$I_{N'}$ 分别是点 M'，N' 上的透过光强。若用 I_0 表示入射光强，显然有

$$\lg \frac{I_{M'}}{I_{N'}} = \lg \frac{I_{M'} / I_0}{I_{N'} / I_0} = \lg \frac{I_{M'}}{I_0} - \lg \frac{I_{N'}}{I_0} = D_{M'} - D_{N'} \tag{16.34b}$$

式(16.32b)表明胶片的反差等于点 M'、N' 上的光密度差。

胶片特性曲线直线部分的斜率称为胶片的反差系数，以 γ 表示，即

$$\gamma = \tan \alpha \tag{16.35}$$

α 为图16.47中胶片特性曲线线性部分的斜率，或写为

$$\gamma = \frac{D_{M'} - D_{N'}}{\lg H_{M'} - \lg H_{N'}} \tag{16.36}$$

由于在曝光过程中，胶片上各点接收的曝光量与其照度成正比，而各点的光能又是由景物上对应部位的光提供的，两者的强度成正比，所以胶片上两点曝光量的对数差应与景物亮度的对数差相对应，于是

$$\gamma = \frac{C_1}{C_2} = \frac{D_{M'} - D_{N'}}{\lg B_M - \lg B_N} \tag{16.37}$$

由反差的定义可看到，式(16.37)中分母是景物的反差，分子是胶片的反差，则胶片的反差系数是胶片的反差与景物反差的比值。它是描述胶片再现景物黑白层次能力的参数，此值越大，再现景物的层次越丰富。

胶片的反差系数与乳剂的颗粒度有关，均匀而细小的晶粒组成的感光乳剂，具有较高的反差系数。一般全色片的反差系数在 0.7～0.85 之间。

(3) 宽容度

对于感光胶片在摄影的曝光量得当时，感光胶片才能按正常的比例关系记录景物的反差，即实现景物明暗层次的再现；曝光量过度或不足均不能正确的再现景物的层次。胶片所能接收的最大和最小曝光量的范围称为胶片的宽容度，显然它应该用特征曲线线性部分对应的曝光量表示：

$$L = \lg H_D - \lg H_C \tag{16.38}$$

$\lg H_C$，$\lg H_D$ 是直线两端的横坐标值。对一定 γ 值的胶片的宽容度越大，记录景物明暗的层次越丰富，使用上也越方便。

选用胶片时，胶片的宽容度大小应与景物上最亮最暗部位的光亮度比对应。当景物的光亮度比超出胶片宽容度的范围时，它的明暗层次就会受到歪曲。对于最亮最暗部位的光亮度比为 10^L 的景物拍摄时，必须选用宽容度等于或大于 L 的胶片才是合理的。摄影时，若选用宽容度等于 L 的胶片照相，摄影者就只有一种曝光量的选择方案，即景物最暗部位在胶片上形成的曝光量应与胶片特性曲线上点 C 的曝光量 H_C 对应，否则最亮部位的曝光量就超出点 D 的曝光量 H_D。如果换用宽容度超过 L 的胶片，曝光方案的选择就自由了。

一般黑白胶片的宽容度在 1.8～2.1 左右，彩色胶片的宽容度在 0.8～1.2 左右。

(4) 灰雾度

胶片未经曝光，显影后的胶片也不是完全透明的，它有一定的透过率，从而构成一层灰蒙蒙的背景，称为灰雾。灰雾的量值用它的光学密度表示，称为灰雾度 D_0。灰雾的存在降低了画面的对比度，影响了画面的质量。一般应把灰雾度 D_0 控制在等于或小于 0.2 的范围内。

灰雾的产生与乳剂的化学稳定性有关，也与感光片保存方式及保存时间有关。

(5) 最大密度

胶片能达到的最"黑"的程度称为最大密度，反转点 E 所代表的光学密度就是胶片的最大密度。

(6) 分辨率和颗粒度

胶片的分辨率是以每毫米内它能分辨的黑白条纹的数目定义和测试的，测试时使用的工具是分辨率板。

胶片分辨率与感光材料的颗粒度有关，也与乳剂层的厚度有关。颗粒越细，乳剂厚度越薄，胶片分辨率越高。此外，颗粒间的散射现象、乳剂层间的反射、不正确的洗印方法都会影响胶片的实际分辨能力。

国产 21*(表示感光度 $S = 21$)胶片的标称的分辨率为 80～90 lp/mm。

胶片洗印后形成的银粒大小称为它的颗粒度。感光度相同的条件下，颗粒越细、越均匀，胶片的分辨率发挥得越理想。

(7) 感色性

黑白胶片对各波长光的敏感程度称为它的感色性。初期使用的感光材料只对短波感光，而对人眼最敏感的黄绿色光是不敏感的。但是，加入一些染料后，感光的波长才扩大到了长波段，甚至是红外波段。

由纯溴化银制成的黑白胶片称盲色片，它的感光范围为蓝紫色光波段(380～500 nm)。加入染料后，感光范围扩大到绿光波段(380～630 nm)，这种胶片称为分色片，扩大到红光波段 (380～780 nm)的胶片称为全色片。各种胶片的感色特性如图 16.48 所示。

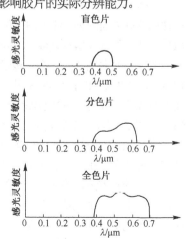

图 16.48　各种胶片的感色特性

16.5　光电传感器

数码相机的问世是 20 世纪摄影技术的一大创新,它以固体图像传感器替代了摄影系统中的感光胶片,以扫描的方式把景物信息记录下来,然后以数字信号的方式传送到存储介质中储存起来。

光学记录和存储景物的方式有扫描的方式和非扫描的方式两种。与之对应的感光器件也有两种。扫描方式的感光器件多是光电传感器件,如以电子束扫描方式成像的器件——光导摄像管,以光机扫描方式成像的器件——热像仪的硅靶和 X 摄像机的塑料散射体,以及以自扫描方式成像的器件——固体图像传感器。非扫描方式的感光器件以胶片为代表。

固体图像传感器件有三种类型:一种是电荷耦合器件 CCD(Charge Coupling Device)和互补金属氧化物半导体器件 CMOS(Complementary Metal-Oxide Semiconductor);第二种是光电二极管阵列 SSPD(Self Scanned Photodiode Array);第三种是电荷注入器件 CID(Charge Injection Device)。其中,电荷耦合器件 CCD 和互补金属氧化物半导体器件 CMOS 是数码相机和数码摄像机中常用的光电转换器件。本节主要介绍一下这两种传感器的特性。

1. CCD 和 CMOS 图像传感器

CCD 和 CMOS 是一种新型的光电转换器件,它能存储由光产生的信号电荷,当对这个电荷施加特定时序脉冲时,它就可以在器件中产生定向移动,从而实现自扫描。结构上,CCD 和 CMOS 主要由光敏元件、传输电路、A/D 转换电路等单元组成。CCD 和 CMOS 的光敏元件是 MOS 型的感光二极管。当光入射到它们的光敏面时,便产生光电荷,其值与入射光强有关,光强越强,CCD 和 CMOS 产生的电荷越多。而且,在一个时间段里,电荷是以积分的形式积累的,这一过程称为电荷积分,由此可以想象到:CCD 和 CMOS 的积分电荷与光强和时间乘积的积分有关,即与曝光量有关,在未达到饱和状态的条件下,这个关系是正比关系,这就是 CCD 或 CMOS 阵列可以记录图像的亮度差异的原理。

当光线经镜头汇聚成像在 CCD 或 CMOS 器件上时,列阵上的每一个光电二极管会因感受到的光强的不同而耦合出不同数量的电荷,译码电路把每个光电二极管上耦合出来的电荷取出来而形成电流,电流经过数/模转换电路(A/D)转换为数字信号,最后,用数码相机中固化的编码软件编辑成指定格式的图像文件,并以二进制数码形式的各色光的灰度值记录在存储介质中。

CCD 或 CMOS 的区别在于光电转换后电信号传送方式不同。CCD 传感器中每个像素中的电荷是以行为单位依次向下一个像素传送的,组成一个时序电信号,由末端输出,随后各行以并行的方式输入到位于传感器边缘的放大器中,进行信号的放大,并形成图像的格式文件。CMOS 传感器的信号输出方式与 CCD 不同,CMOS 列或面阵上的每一个像素都有一个放大电路和 A/D 转换电路与之连接,信号是以并行的方式从每一个像素输出的。

用作图像传感器的 CCD 和 CMOS 器件需要把每个二极管单元组成阵列,光机扫描的阵列为线阵列,成像的阵列为面阵列。线阵图像传感器可以直接把一维光信号转变为视频信号。按一定方式把一维线型光敏单元和移位寄存器排列成二维阵列,即可以构成二维面阵 CCD 或 CMOS。

在光学成像时,每一个二极管单元对应着图像中的一个像素,所以,常把每一个二极管单元称作一个像素。基本的 CCD 和 CMOS 图像传感器只记录目标的亮度差异。若记录彩色信号,需要在二极管单元前面按照颜色合成的理论加装滤色片:以三原色合成颜色的理论构成的图像传感器加装了红(H)、绿(G)、蓝(B)滤光片,它以三个加装了红、绿、蓝滤光片和一个加装了绿色滤光片的单元组成传感器的一个成像单元;以三补色合成颜色的理论构成的图像传感器加装了青(C)、品红(M)、黄(Y)滤光片,它以三个加装了青、品红、黄滤光片和一个加装了青色滤光片的单元组成传感器的一个成像单元。

以三个颜色单元组成一个成像单元的结构多用于线阵图像传感器。相机中使用的图像传感器却不同,相机中使用了插值软件处理技术,它可以从某个单元周围单元的数据中获取其他两色的数据,从而在一个单元上实现了颜色数据的合成,最终形成了该单元的颜色。插值技术能够充分发挥传感器的分辨率,但是也因插值数据与实际数据的偏差,从而给颜色带来了失真。最近,数字图像技术开发公司推出了一种传感器，它在传感器硅片上嵌入了三层光电感应层，三个感应层各吸收红、绿、蓝三色光中的一种色光，从而构成了一种全色的图像传感器。这种传感器有利于颜色的再现，同时免去了插值操作，提高了相机的拍摄速度。

2. CCD 和 CMOS 图像传感器的技术特性

图像传感器的技术特性可以用光电转换灵敏度、量子效率（量子效率表示入射光子转换为光电子的效率。它定义为单位时间内产生的光电子数与入射光子数之比）、电荷转移效率、光谱响应、噪声和动态范围、暗电流、分辨率等参数描述。从图像接收器件成像的观点考虑，它的技术性能以分辨率、感光灵敏度、信噪比、动态范围和光谱灵敏度等参数描述更为贴切。下面就对成像的技术参数做一些介绍。

(1) 分辨率

CCD 和 CMOS 图像传感器对细节的分辨能力与该器件基本单元——像素的尺寸有关，像素的尺寸越小，对细节分辨的能力越高。现在技术上生产的 CCD 和 CMOS 图像传感器以 3 μm 到 40 μm 的尺寸不等。表 16.5 给出了部分 CCD 图像传感器的相关尺寸。

表 16.5　部分 CCD 图像传感器的相关尺寸

像元数	像元尺寸	面积大小	生产厂家
2048 × 2048	12 × 12	24.5 × 24.5	DALSA
2048 × 2048	13.5 × 13.5	27.6 × 27.6	RETCON
2048 × 2048	15 × 15	30.7 × 30.7	Tho
2048 × 2048	9 × 9	18.4 × 18.4	KODAK
3072 × 2048	9 × 9	27.6 × 27.6	KODAK
4096 × 4096	9 × 9	36.8 × 36.8	KODAK
5120 × 5120	12 × 12	61.4 × 61.4	DALSA
4096 × 4096	7 × 7		EG & G Retion
6144 × 6144	13.5 × 13.5		EG & G Retion
8192 × 8192	13.5 × 13.5		EG & G Retion
5500 × 7150	10.0 × 7.8	55 × 55	Rollei

(2) 灵敏度

灵敏度是光电传感器光电转换能力的技术指标。它可以用两个物理参数表示，一种是用单位光功率所产生的信号电流表示，单位是 nA/lx 或 V/W。有的用 mV/(lx·s) 表示，这是单位曝光量所得到的有效信号电压；另一种是用器件所能传感的最低光信号值表示，单位是 lx 或 W。表 16.6 是为感光胶片定义的感光度标准。仿照这一标准，用光电器件所能感知的最低照度定义相应的感光度，称为相当感光度。

表 16.6　感光胶片定义的感光度标准

感光度 ISO （对数）	最低照度 logHm	感光度 ISO （算数）	最低照度
3200	$\overline{4}.35 \sim \overline{4}.44$	36°	$(2.239 \sim 2.754) \times 10^{-4}$
1600	$\overline{4}.65 \sim \overline{4}.74$	33°	$(4.467 \sim 5.495) \times 10^{-4}$
800	$\overline{4}.95 \sim \overline{3}.04$	30°	$(8.91 \sim 10.96) \times 10^{-4}$
400	$\overline{3}.25 \sim \overline{3}.34$	27°	$(1.78 \sim 2.19) \times 10^{-3}$
200	$\overline{3}.55 \sim \overline{3}.64$	24°	$(3.548 \sim 4.365) \times 10^{-3}$
100	$\overline{3}.85 \sim \overline{3}.94$	21°	$(7.08 \sim 8.71) \times 10^{-3}$
50	$\overline{2}.15 \sim \overline{2}.24$	18°	$(1.41 \sim 1.74) \times 10^{-2}$
25	$\overline{2}.45 \sim \overline{2}.54$	15°	$(2.82 \sim 3.46) \times 10^{-2}$

影响感光灵敏度的因素很多，最主要的是光电二极管的量子效率、光电二极管的尺寸、感光器件的结构和信号电荷转移效率等。

在结构上，光电转换二极管和信号转换转移电路及其他附件组成了一个像素单元，在光线射入的方向上，光电二极管的迎光面只占了一部分，这一部分才是有效的受光面积，形成一个受光窗口，该窗口的面积对像素迎光面积的比值称为传感器的开口率。显然，在光电二极管尺寸一定的条件下，开口率越大，受光量越多，感光灵敏度越高。另外，为了充分利用光能量，光电二极管的窗口上方安装了一个微型聚光镜。透镜的直径视光电二极管的大小选在几个微米到几百个微米之间，其数值孔径为 0.05～0.4，大孔径透镜聚光性能更好，但球差大也会降低它的作用。由于使用了微型透镜，成像光束接近 100% 得到利用，从而提高了光电二极管的灵敏度，同时可以进一步缩小光电二极管的尺寸，从而在不降低灵敏度的条件下，有利于分辨率的提高、噪声的减小，也有利于响应速度的提高和光电二极管的布局，使得图像传感器的整体性能得到升级。

(3) 光谱响应

CCD 或 CMOS 的光谱响应是指 CCD 或 CMOS 对不同波长光线的响应能力，CCD 或 CMOS 的光谱响应范围为 300～1100 nm，平均量子效率为 20%～40%。图16.49 为 CCD 芯片的光谱响应曲线。由于 CCD 的正面布置了一些电极，电极的散射与反射使得正面的光谱灵敏度有所下降，所以出现了正面照射与背面照射在光谱响应上的差异。

对于彩色 CCD 和 CMOS，由于加了颜色滤光片，各个单元的光谱响应特性也有不同，如图 16.50 所示。该图是三补色 CCD 图像传感器的光谱感光度特性曲线，其中输出是以相对值表示的。互补色分为以下两种。

光学互补色：两种色光以适当比例混合产生白光。有红色与青色（水蓝色）互补，蓝色与橙黄色互补，黄绿色与蓝紫色互补，青绿色与品红色互补。在光学中，两种色光以适当的比例混合而能产生白光时，则这两种颜色就称为"互为补色"。

美术互补色：色相环中成 180°角的两种颜色，为红黄蓝(RYB)色相环，因此互补色略有差异，红色与绿色互补，蓝色与橙色互补，黄色与紫色互补。补色并列时，会引起强烈对比的色觉，会感到红的更红、绿的更绿。色相是色彩的首要特征，是区别各种不同色彩的最准确的标准。

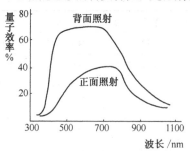

正面照射与背面照射 CCD 的光谱响应

图 16.49　CCD 芯片的光谱响应曲线

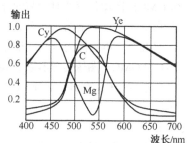

彩色 CCD 图像传感器的光谱感光度特性

图 16.50　三补色 CCD 图像传感器的光谱感光度特性曲线

与感光胶片比，CCD 或 CMOS 图像传感器有更宽的光谱响应范围，特别是长波段直至近红外波段也都有较高的光谱响应。普通照相机和摄影机中，在图像传感器的前面增加了红外截止滤光片，降低了红外波段的光谱响应。

(4) 动态范围和噪声

CCD 和 CMOS 图像传感器动态范围的数值可以用输出端的信号峰值与均方根噪声电压之比表示，用符号 DR 表示，其值为

$$DR = V_{sat} / V_{drk} \tag{16.39}$$

式中，V_{sat} 是像元的饱和输出电压；V_{drk} 是有效像元的平均暗电流输出电压。CCD 或 CMOS 的动态范围非常大，可达 10 个数量级，有资料介绍：CCD 对 750 nm 红光的响应范围由 5×10^9 个光子/秒到 7×10^{-2} 个光子/秒，这一响应可在 1 ms 积分时间里完成。

CCD 和 CMOS 的满阱容量是指 CCD 和 CMOS 势阱（势阱就是该空间区域的势能比附近的势能都低的特定空间区域）中可容纳的最大信号电荷，它取决于 CCD 和 CMOS 电极的面积、器件的结构、时钟驱动方式和驱动脉冲电压等因素。目前的技术可以使满阱电子容量达到十万个电子以上。

光敏器件的噪声来源于热噪声、散粒噪声、产生复合噪声、电流噪声、复位噪声和空间噪声等。

提高电子阱的容量和电子的转移效率及降低噪声是提高信噪比和器件的动态范围的关键，如使用半导体冷却技术有利于动态范围的扩大。

(5) 暗电流

暗电流的概念和胶片中的灰度概念相似。在没有光照或其他方式对器件进行电荷注入时，器件中也会有电流，从而在图像上形成一定的灰度，影响着图像的对比。

产生暗电流的原因与半导体器件的本征特性和晶体的缺陷有关，同时与热激发效应有关，采用冷却技术会使热生电荷的生成速率降低，但是冷却温度不能太低，因为光生电荷从光敏元迁移到放大器的能力随温度的下降而降低。制冷到 150℃时，每个 CCD 光敏元产生的暗电流小于 0.001 个电子/秒。

(6) 拖影

拖影是 CCD 和 CMOS 器件在信号转移过程中出现的一种缺陷，从而导致图像的模糊。特别是黑暗背景中的亮目标成像时，拖影现象最为严重。通常用电平值(dB)表示其大小，也可以用百分比表示。

16.6 放映和投影镜头

16.6.1 放映和投影镜头的特性

电影和幻灯机的放映镜头，以及投影仪的投影镜头在光学性能、光学结构和光学设计方法上与照相镜头有许多相似的地方，在使用上，它们等同于倒置的照相镜头，从而实现图片的放大或实物的投影。

放映和投影镜头的光学特性除了用视场、孔径、焦距表示外，因工作在有限距离上，需增设一个倍率参数。根据几何成像关系，倍率 β 与镜头的焦距和物距的关系是

$$f' = \frac{\beta}{\beta^2 - 1} L \tag{16.40}$$

式中，β 是镜头的放大率；L 是物面到成像屏幕间的共轭距。对于放映镜头，省去物距这一小量，L 可用它的放映空间表示，其值常常大于 100 倍焦距。对于测量用的投影镜头来说，追求的是测量精度。其他条件不变的情况下，倍率越大，细节被分辨的可能性越大，定位、对准和测量的精度越高。选择倍率时，也需要考虑仪器的结构尺寸，大型投影仪的投影屏直径可达 1.2 m，通常的投影仪投影屏直径在 200～800 mm 不等。目前，投影仪最常用的放大率是10ˣ，20ˣ，50ˣ，100ˣ等类别。用于测量用的投影镜头的放大率误差要求很严格，公认的公差是被检测尺寸的 0.1%～0.05%。

在光路结构上，投影镜头宜使用远心光路，减小以至于消除由调焦不准确产生的视差，以利于测量精度的提高。

放映和投影镜头都是用来放大图片的，设计中首先要考虑照度问题。像面的照度大小和分布均匀性至关重要。因为是放大镜头，$\beta \geqslant 1$，当选用对称或近对称结构时，$\beta_z \approx 1$，于是式(16.7)演变为

$$E_0' = \frac{\pi KB}{4\beta^2} \left(\frac{2a}{f'}\right)^2 \beta_z^2 \tag{16.41}$$

这里照度与倍率平方成反比。放映和投影镜头的屏幕都有一定亮度的要求，电影放映屏幕上的亮度标准是：中心是 55 lx，边缘是 40 lx。投影镜头屏幕的亮度标准是 20～100 lx。增大像面照度即提高图片的亮度有两个途径：增大镜头的相对孔径；提高照明光源的亮度。电影放映机和投影仪都采用大功率的光源，如电影院采用了弧光灯或氙灯做照明光源，是两种显色性比较理想的高色温光源，电影机上用的功率是 2～7 kW；投影仪用的是白炽灯，白炽灯的显色指数 Ra = 100，是一种显色性非常好的光源，灯泡的功率是 500～1000 W。放映和投影镜头采用大孔径镜头是提高影像照度最有效的方法。放映镜头的相对孔径一般为 1:2 左右；投影镜头的数值孔径与其倍率有关。10ˣ的镜头：NA = 0.05～0.06；20ˣ的镜头：NA = 0.08～0.12；50ˣ的镜头：NA = 0.15；100ˣ的镜头：NA = 0.2～0.22。

像面的照度分布与物面（如图片）的照明状况有关，也与镜头的性能有关。物面被照明的均匀性问题将在下一节介绍。像面的照度分布与镜头的关系如式(16.7)和式(16.12)所示，中心照度与孔径大小有关，像面照度分布与视场角有关。放映和投影镜头的视场角选得不宜太大，才能把像面照度的均匀性控制在公差范围内，一般选用 20° 为宜。在图片尺寸一定时，必须选用长焦距的镜头，需考虑结构尺寸的限制。

随着灯源功率的加大，镜头的抗热性需要加强。特别是胶合的镜头，天然树脂胶所能承受的温度较低，最高温度只有 50°，合成树脂胶可承受 100 多度的高温。一种 Lens Bond 的胶可替代加拿大树脂胶，它也是一种树脂，可室温固化、热固化或紫外线固化。环氧树脂可用作金属与玻璃的黏结。

机械结构上，放映机的输片机构需要镜头留有一定的工作空间；投影镜头经常用于实物的测量，而被测物是空间实体，为此镜头也要有一定的工作距。当镜头为校正场曲在像面（实际是图片）上设置一个负透镜时（如匹兹万镜头），像质和结构会产生冲突。

投影和放映镜头都是有一定视场和孔径，校正像差时应同时考虑轴上点和轴外点的像差。测量投影镜头对畸变的要求非常严格，校正公差一般在 0.1% 以内，甚至是 0.01%。

由于视觉媒体技术，出现了放映格式不同。电影中用的胶片尺寸都是 4:3 的长宽比，拍出的影片有 4:3 的普通影片，也有 1.67:1，1.85:1 和 2.35:1 的宽银幕胶片。在放映镜头中设计了宽银幕变形镜头。

下面分别对常见的放映和投影镜头予以简要介绍。

16.6.2 普通放映镜头

简单的放映镜头由正负两片透镜组成，这种结构在合理选择玻璃的条件下，有校正球差、色差和正弦差的能力，但是孔径和视场不会很大，其值可参考望远物镜一节。

放映镜头中最常见的结构是匹兹万型镜头，如图16.4所示。使用时要倒置，即原来放照相胶片的位置要放置电影胶片。匹兹万型镜头相对孔径可达 $D/f'=1/1.8$，这样大的孔径是它的优点，可使屏幕上的光照度提高。视场角 $2\omega=16°$。

普通照相镜头倒置使用时，也可以用作放映镜头。常用的有柯克型镜头，天塞型镜头和双高斯型镜头、这些镜头的视场较大。

宽银幕镜头与普通放映镜头不同，它在子午和弧矢两个方向上有不同的倍率，可使正常的画面变成"变形的"画面。第一个变形镜头是由法国物理学家亨利·雅克·克雷蒂安设计和研制的，1952年美国福克斯公司把它用于电影摄影中，该种镜头把非标准宽度的画幅摄入标准宽度的胶片上。放映时再用另一个变形镜头对画面进行相反变形放映，使画面复原。

宽银幕镜头的结构由普通镜头前加上变形镜组组合而成。变形镜组在子午方向和弧矢方向有不同的倍率。弧矢方向的倍率 β_z 和子午方向的倍率 β_t 之比值 $K=\beta_z/\beta_t$ 称为镜头的变形比。若银幕的位置很远，变形比也可用视觉放大率 Γ_s/Γ_t 表示。通常 $K=2$，一般 $K=1.5\sim2$。

用柱面透镜或棱镜均可以构成变形镜组，现对柱面透镜的工作原理做一简单介绍。图16.51是一个柱面透镜，由平面和柱面两个型面组成。柱面子午方向上的母线是直线，弧矢方向上的母线是圆弧。显然，子午面内平行光的聚焦点在无穷远，弧矢面内平行光的聚焦点在弧线的焦点上。弧矢焦点的位置由高斯公式决定：

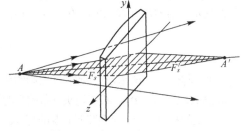

$$\frac{1}{f'_s}=\frac{1}{t'_s}-\frac{1}{l} \tag{16.42}$$

子午焦距 $f'_t=\infty$。

图 16.51　柱面透镜结构示意图

选两个焦距 f'_s 不同的正、负柱面透镜组成伽利略望远镜，做成了一个简单的变形镜组，如图16.52所示。变形镜组在弧矢方向上的像面也在无穷远，它与子午方向有重叠的像面位置，但是，弧矢方向上有视觉放大率，因而形成了区别于子午方向上的变形比。

若按子午和弧矢方向做成两个剖视图，就能看到它们各自的成像关系。图16.53(a)是弧矢面内的剖视图，变形镜组后面的光学系统是一个普通的放映镜头。设伽利略型的变形镜组的视放大率 $\Gamma_s=\tan\omega/\tan\omega'$，电影片经过普通放映镜头成像后，再由变形镜组放大 $\beta=\Gamma$ 倍，投射在银幕上。然而，在图16.53(b)所描绘的子午剖面内，变形镜组的放大率 $\beta=1$，投射到银幕上的像有别于弧矢面内的像。

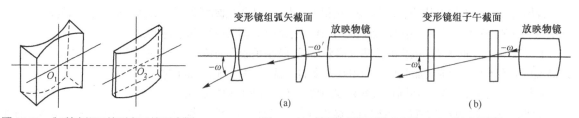

图 16.52　伽利略望远镜型变形镜示意图　　　　图 16.53　变形镜组的子午和弧矢方向两个剖视图

柱面透镜是一种轴不对称的系统。它对成像的影响除了轴对称系统应有的像差外，还有非轴对称系统的柱面像差。一般情况下，柱面像差较小，对像质影响不大，但是柱面像散和柱面畸变较为突出。

最简单的变形镜组由两个单片组成，如图16.54所示。当 $f'_2=-2f'_1$ 时，变形比 $K=2$。变形镜组接收的光束是普通放映镜头射出的光束，它近似于平行光，因此凸透镜可以做成有利于球差的平凸的结构。通常，两片透镜的材料选用相同的，若能做成半径相等的柱面镜，则工艺性更好。

把每块柱面透镜改成双胶合或三胶合镜组，选用等折射率、不等色散的玻璃，能够做出质量更好的变形镜组。但是，在胶合过程中，把三个柱面的母线调整到平行是有难度的。可以把三胶合镜组改为如图16.55所示的结构，增加一个平面，依靠装校手段保证两个双胶合透镜母线的平行性，使工艺性得到改善。

图16.56是用平面做胶合面的一种变形镜组结构，用调整手段保证母线的平行性，比起用研磨的方式保证母线的平行性更加合理，更加方便。

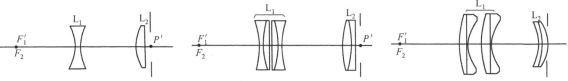

图 16.54　最简单的变形镜组　　　　图 16.55　柱面镜组采用双胶合　　　图 16.56　平面做胶合面的变形镜组
　　　　　　结构示意图　　　　　　　　　　　　结构示意图　　　　　　　　　　　　结构示意图

以上变形镜组的成像，都是假定物面（银幕）在无穷远。实际上，放映机到银幕之间的距离是有限远。该条件下，通过变形镜组后，子午和弧矢面内的像平面不再重合，如图16.57所示。

该变形镜组前、后组的弧矢焦距分别为 f'_{s1} 和 f'_{s2}，取其间隔为 $d = f'_{s1} + f'_{s2}$，银幕到前组物方焦点 F_1 的距离为 x_1，则银幕通过变形镜后的成像位置可由下组公式求得：

$$\begin{cases} x'_1 = -f'^2_{s1} / x_1 \\ x_2 = x' \\ x'_2 = -\dfrac{f'^2_{s2}}{x_2} = \dfrac{f'^2_{s2}}{f'^2_{s1}} x_1 \end{cases} \quad (16.43)$$

当 $f'_{s2} = -2f'_{s1}$ 时　　　$x'_2 = 4x_1$　　　(16.44)

即弧矢像面到变形镜组像方焦点 F'_0 的距离为 x_1 的 4 倍。假设变形镜组到放映镜头的距离可以忽略，则该像面到放映镜头前焦点 F 的距离为

$$x_s \approx x'_2 + f'_{s2} + f' = 4x_2 + f'_{s2} + f' \quad (16.45)$$

式中，f' 是放映镜头的焦距。同理可得子午像面的位置为

$$x_t \approx x_1 + f' \quad (16.46)$$

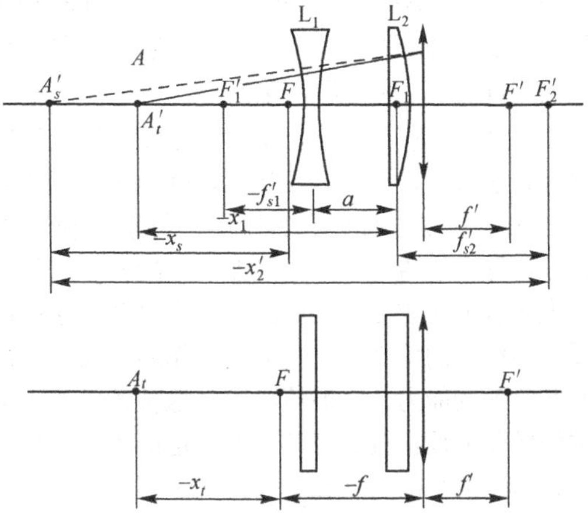

图 16.57　放映机到银幕之间的距离为有限远情况

一般情况下，$x_1 \gg f'_{s2}$，$x_1 \gg f'$，所以

$$x_s \approx 4x_1, \qquad x_t \approx x_1$$

显然 $x_t \neq x_s$，这个差别反映在放映镜头的像面，即电影胶片的位置上

$$x'_t - x'_s = -\left(\frac{f'^2}{x_1} - \frac{f'^2}{x_s} \right) = -\frac{3}{4} \frac{f'^2}{x_1} \quad (16.47)$$

若 $x_1 = -30\,000$ mm，$f' = 120$ mm，则子午像面和弧矢像面位置差 $x'_t - x'_s = 0.36$ mm。该值对像差来说是很可观的。

为了消除两个方位上的像面差异，需要根据放映距离调整变形镜组的正、负两组柱面透镜的间隔。设间隔的调节量为 Δd，则各个成像点的位置变化将是

$$x^*_2 = x'_1 - \Delta d = -\frac{f'^2_{s1}}{x_1} - \Delta d, \qquad x'^*_2 = -\frac{f'^2_{s2}}{x^*_2} = \frac{f'^2_{s2} x_1}{f'^2_{s1} + x_1 \Delta d}$$

按照像面重合的要求，x'^*_2 应该满足下式：

$$x'^*_2 = x_1 - f'_{s2}$$

根据上述公式，可求得间隔调节量为

$$\Delta d = \frac{f'^2_{s2} - f'^2_{s1}}{x_1 - f'_{s2}} + \frac{f'_{s1} f'_{s2}}{(x_1 - f'_{s2}) x_1} \quad (16.48)$$

因为 $x_1 \gg f'_{s2}$，且 $K = f'_{s2}/f'_{s1}$，则

$$\Delta d = (K^2 - 1)\frac{f'^2_{s1}}{x_1} + \frac{Kf'^2_{s1}}{x_1^2} \quad (16.49)$$

当 $K = 2$，$f'_{st} = -160$ mm 时，银幕距离 x_1 与间隔调整量 Δd 的关系列于表 16.7 中。

表 16.7 中的负值表示正、负柱面透镜的间隔缩短。

表 16.7　银幕距离 x_1 与间隔调整量 Δd 的关系

x_1/m	∞	100	80	60	50	40	30	20	10
$\Delta d/\text{m}$	0	−0.77	−0.96	−1.28	−1.54	−1.92	−2.57	−3.86	−7.76

16.6.3　投影镜头

在投影仪上常用的镜头有两种结构形式：一种是在反远距结构的基础上发展起来的"负–正–正"结构；另一种是"正–负–正"结构。

"负–正–正"的镜头结构是获得长工作距的理想结构。光焦度的负担分在两组正透镜上，对像差的校正较为有利，于是每组的结构都可以采用简单的形式，如双胶合透镜组的形式，或是负透镜用三透镜组形式，如图16.58所示。根据像差的理论，为了校正整组镜头的倍率色差和色畸变，希望三组透镜自行校正位置色差。

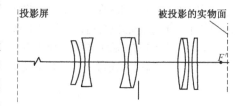

图 16.58　"负–正–正"投影镜头结构

"负–正–正"投影镜头的光阑设在中间透镜组上，该组透镜与前面的负透镜组成了伽利略望远镜的型式。当后组的前焦点与光阑重合时，就组成了远心光路。这样的结构可以看成是由伽利略望远镜和照相镜头组合而成的结构，它有利于消除由视差所造成的测量误差，提高测量精度。

由"正–负–正"三组透镜组成的投影镜头更适用于较大的孔径。镜头的聚焦功能分配在两组正透镜上，前组正透镜对轴上光线聚焦后，使负组上的投射高度降低，这对像差的校正有良好的作用，特别有利于孔径像差的校正。在这三组透镜中，光焦度的分配并不均匀，后组承担了绝大部分的光焦度，因而结构较为复杂。这种镜头结构具有反远距镜头的特性，有较大的工作距，而且有校正球差、彗差和色差的能力。一般情况下，这种镜头的光阑设在中间，轴外像差的校正较为有利，尤其是倍率色差和色畸变，可用前、后组的平衡实现校正的目的。

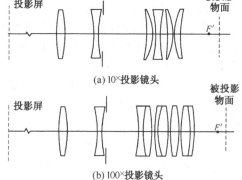

(a) 10×投影镜头

(b) 100×投影镜头

图 16.59　两组"正–负–正"投影镜头结构

图 16.59 列出了两种结构。图 16.59(a)为 10× 投影镜头，图 16.59(b)为 100× 投影镜头。

有些投影镜头，因为没有工作距的特殊要求，可以选用对称的结构，可用照相镜头代替，像质也是很满意的。

16.7　放映和投影系统的照明

放映和投影系统都是起放大作用的光学系统，一般情况下都要使用照明物体。以保证屏幕上足够亮的均匀照明。

放映和投影系统在屏幕上的照度标准是 20～100 lx 之间，观察距离较短时取小值。屏幕上的照度与光源发光强度和光源的尺寸有关，同时与聚光系统的光学特性以及光能的传递效率和传递方式有关。当光源的发光强度一定时，光源的辐射面积越大，聚光镜的孔径越大，像面上的照度越大。照明系统提供给屏幕的能量，与系统的拉赫不变量 $J_1 = n_1 y_1 u_1$ 成正比，其中 y_1，u_1 分别是光源的垂轴半径和聚光镜的孔径角。

原则上，照明光源所提供的能量应该全部进入成像系统，光学设计时需要注意照明系统和成像系统的衔接关系，成像系统的拉赫不变量 J_2 等于或超过照明系统的拉赫不变量 J_1 是设计中的原则。图16.60简要地表明了它们之间的物像关系。如果进入聚光系统的光线全部包括在光管 $L_1L_2L_2L_1$ 内，则光能量就能得到充分的利用。在这种光管中，$J_1 = J_2$，即成像系统的拉赫不变量 $J_2 = n_2 y_2 u_2$ 可用照明系统的拉赫不变量 $J_1 = n'_1 y'_1 u'_1$ 表示；在放映和投影系统中，按式(6.40b)和式(6.44)，屏幕上的照度随视场角变化：

$$E' = E_0' \cos^4 \omega' = \pi K B_1 \sin^2 U' \cos^4 \omega' \qquad (16.50)$$

式中，U' 是系统的像方孔径角。若用出瞳直径 D' 和像距 l' 近似地表示孔径 $U' = D'/2l'$，则

$$E' = \frac{K B_1 S'}{l'} \cos^4 \omega' \qquad (16.51)$$

式中，$S' = \frac{1}{4}\pi D'^2$，是光束在出瞳处的截面积。欲保证照度的均匀性应使各视场在出瞳处对应的光束截面 S' 相等。

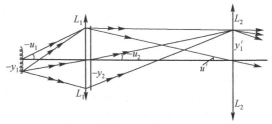

图 16.60　照明系统和成像系统的拉赫
不变量相匹配示意图

聚光系统、成像系统与被照明物体位置的关系对照明的均匀性有很大的影响。安排不当，被照明物体本身就得不到均匀的照明。图 16.61 中，$C_1'A_1'B_1'$ 是聚光镜 L_1 对光源 $C_1A_1B_1$ 成的像，$B_2'A_2'C_2'$ 是镜头 L_2 对图片 $B_2A_2C_2$ 成的像。从图 16.61 中可以看到，被聚光镜接收到的光线，在传播过程中被限制在 $L_1B_1'L_2L_2C_1'L_1$ 所表示的"光管"中。显然，被照明物体中心点 A_2 可用 $A_2B_1'PQC_1'A_2$ "光管"内的光束成像，它在成像系统出射光瞳处（即图 16.61 中镜头 L_2 上）的光束截面用线 PQ 表示。然而，被照物体边缘点 C_2 只能用 $C_2B_1'P_1Q_1C_2$ "光管"内的光束成像，它在成像系统出射光瞳处的光束截面用线度 P_1Q_1 表示。由图 16.61 中可以看到 $PQ > P_1Q_1$。因此，边缘的照度即使忽略了视场角 ω' 的作用，也低于中心点的照度。

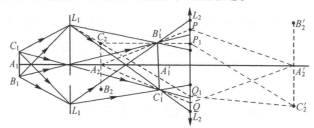

图 16.61　照明系统与投影镜头配置的分析示意图

只有把物体靠近聚光镜［如图16.62(a)所示］，或者把物体靠近光源的像平面 $C_1'A_1'B_1'$ ［如图16.62(b)所示］，才能消除上述缺陷，使被照明物体上各点得到均匀的照明。从图16.61中还可以看到，实现均匀照明的结果是以增大镜头的口径为代价的，增大口径后的尺寸以线度 $L_2L_2 > PQ$ 表示。

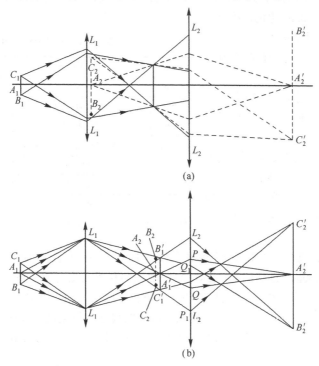

(a)

(b)

图 16.62　被照明物体上得到均匀的照明的条件

增大镜头口径将使像差校正困难。为此，可把如图16.62(a)所示的成像关系改为如图16.63所示的关系，光源被聚光镜成的像 $B_1'A_1'C_1'$ 与镜头 L_2 重合，形成柯拉照明系统。同理，把如图16.62(b)所表示的成像关系也可改变成为临界照明结构。

临界照明是把光源的像成在物面上，所以，当光源是一种非均匀发光体时，屏幕上会出现光源造成的像。为了尽可能地减小不均匀的程度，可以在光源的背面加一个反光镜，使光源的发光表面位于反光镜的中心上。倾斜一下反光镜，就能使反光镜在光源附近形成一个错开的像，一定程度上提高了光源的均匀度，图16.64是一种板丝光源加反光镜后形成的光源结构。

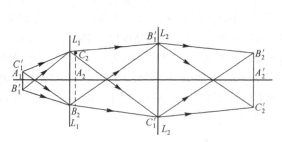

图 16.63　柯拉照明系统用于投影系统示意图

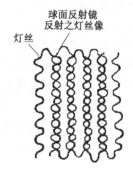

图 16.64　板丝光源加反光镜后形成的光源结构

在照明系统中，为了得到大的倍率和像面光照度，常用强功率的光源，为避免过热使被照物体烤焦或变形，常加一些冷却措施。

16.8　手机照相光学系统

16.8.1　手机照相光学系统概述

手机由以下部分组成：手机外壳；手机按键；主板；摄像头；显示屏；触摸屏(TP 是 Touch Pad 触摸抄袭屏的意思)；听筒；专用喇叭；TP (Touch panel 为触控屏，又称为触控面板，是一个可接收触头等输入信号的感应式液晶显示装置)；电池；螺丝等紧固件。现仅就具有照相功能的手机光学照相镜头进行讨论。该镜头的研发工作是在 20 世纪 90 年代末期开始的，世界第一款照相手机是由夏普和 J-PHONE（现在的日本沃达丰）在 2001 年合作推出的 J-SH04 手机，它装备了一个 11 万像素的 CMOS 数码相机镜头，仅有 74 克的质量。而 J-SH04 的液晶显示屏采用的是 256 色的 STN 彩色液晶 (Super-twisted nematic display，超级扭曲向列液晶)。并且屏幕尺寸的实测值是 25mm×34mm，分辨率为 96×130 像素。

表 16.8　手机相机模组的发展历程

年份	传感器尺寸	像素	厂商
2001	1/7 CMOS	CIF	SHARP
2002	1/7~1/4COMS	VGA	SANYO
2003	AF 1/4CCD	1.3M	KYOCERA
2004	1/4.5, 1/4, 2X zoom 1MCMOS	1.3M, 2M	SANYO, SEIKO
2005	1/4CCD	2M	Matsushita
2006	1/4~1/3	2~5M	SAMSUNG

VGA (Video Graphics Array)，CIF (Common Intermediate Format)，EGA(Enhanced Graphics Adapter)

在 2003 年夏普研制成功了 J-SH53 (有效像素数为 100 万，最高记录分辨率为 98 万像素)，随之而来的是 1.3M+AF(Auto focus，自动调焦)，2M+AF，目前照相手机很普遍；高像素 2M, 3M, 5M 镜头等就成了镜头研发的热点。手机多是 CMOS 镜头，少数也采用了 CCD 摄像头。目前 CMOS 芯片的尺寸和相应的像素尺寸越做越小，解像力越来越高。镜头的尺寸与像素之间存在一定的关系，如表 16.9 所示。镜头的规格为了配合高解像力传感器的要求，也越来越严格。现以 2M 镜头为例，其发展历程如表 16.10 所示。

表 16.9　镜头尺寸与像素的等级关系

等级	镜片大小（吋）	镜头模组（长×宽×高）（mm）
CIF	1/7, 1/9	6×6×3.5
VGA	1/4, 1/5, 1/6, 1/7	8×8×6, 8×8×5
1MEGA	1/3, 1/3.5, 1/4	9×9×6.5, 8×8×6
2MEGA	1/2.7, 1/3	11×11×7

表 16.10　2M（百万像素）镜头模组的发展历程

	年　度	2003	2004	2005	2006
薄型化	2M 定焦模组高度	9.7	～7.0	6.5～7.0	6.5～7.0
	画素大小（μm）	2.8	2.2	1.6	1.6
高性能	有效画素	2M	3M	4M	4M
	动画摄影	QVGA	QVGA	VGA	VGA
	光学变焦	无	2 倍	3 倍	3 倍

QVGA = 320×240 像素，VGA = 640×480 像素

由于数码照相镜头的图像传感器(CCD(Charge Coupled Device)或 CMOS(Complementary Metal-Oxide-Semiconductor)) 采用分立式的取样，根据取样原理，图像传感器所能显示的最大空间频率受 Nyquist 取样频率所限，即一个空间周期至少要有 2 个像素，如像素间距为 3.6μm，光学镜头需要能解析 1mm/(2×3.6μm) = 1000/(2×3.6) = 140lp/mm 的空间频率。视场角为

$$\omega = \arctan(y'/f') \tag{16.52}$$

如 2 y'= 2mm，焦距 f'=2.4mm，则 $\omega = \arctan(1.0/2.4) = 22.5°$。

视场角大常会使轴外像差变大，因而使光学设计有一定难度。

16.8.2　两片型非球面手机物镜设计示例

低端手机镜头有单片型的，例如传感器为 10 万像素的 1/10″ CCD 或 CMOS 器件。单片型镜头主要取决于光学设计，图像传感器的保护玻璃可以矫正一部分的像差，必须对单片物镜和保护玻璃组合考虑像差校正。单透镜自身不能消色差，但不能选择阿贝系数过低的材料，其折射率会比较高，对分辨率会有帮助，像面光照度可能降低，需使光照度和分辨率之间取得平衡。为达到分辨率要求，单片型镜头宜采用非球面透镜，设计时多采用光学塑料如 PMMA（聚甲基丙烯酸甲酯，polymethyl methacrylate，简称 PMMA）、ZEONEX（ZEON 公司生产的一个系列材料的品牌，材料是 COP（Cyclo Olefin Polymer）环烯烃聚合物，一种高透的材料。）非球面模压成型（注塑成型法是将经过加热成流体的定量的光学塑料注射到不锈钢模具中，在加热加压条件下成型，经冷却固化后，打开模具便可获得所需要的光学塑料零件的一种非球面光学塑料透镜加工技术），成本较低，分辨率较好；对于模压玻璃，其像质好但价格较昂贵，除非有特殊品质要求，很少采用。下面将不再讨论单片型手机镜头。其设计方法可参考后面非球面手机镜头的讨论。

1. 双高斯两片型手机镜头示例

两片型手机物镜主要应用于 VGA (Video Graphics Array, 视频图形阵列) 30 万像素的镜头，采用光学塑料非球面模压成型。对于两片型的双高斯物镜是使光阑在两片镜片中间形成对称型结构，可以使垂轴像差得到自动校正或减少，但是对轴向像差确是两倍的叠加。设计时将物平面设置为无穷远处，然后对镜头矫正球差，像散，场曲，轴上色差。两片型手机物镜的设计所采用的非球面可有效地校正球差和像散。这种对称式的设计主要应用于视场角较大，但总长要求不宜很短的场合，图 16.65 给出其光学结构图。设其 f'= 3.83 mm，相对孔径 D/f'=3，最大视场角 $2\omega=60°$。其光学数据列于表 16.11。

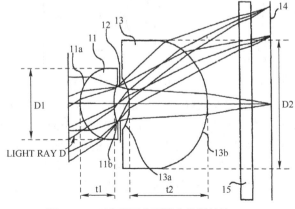

图 16.65　双高斯两片型镜头光学结构

表 16.11　双高斯两片型手机镜头光学数据

面号 No.	r_i	d	n，v	材料
1	0.919	0.84	1.5311，55.7	ZEONEX E48R
2	1.46	0.10		
Stop	∞	0.28		
4	1.605	1.95	1.5311，55.7	ZEONEX E48R
5	1.747	0.80		
6	∞	0.30		
7	∞	0.46	1.5163，64.1	CHINA K9

（注释：阿贝数 $v_d = (n_d-1)/(n_F-n_C)$，n_d = d 光(589.3nm)的折射率）

取该镜头的 4 个折射面均为非球面。设非球面顶点与坐标原点重合，光轴沿 z 轴方向。参阅 "8.4.4 高次非球面空间光线计算" 其非球面表示式为

$$z = \frac{ch^2}{1+\sqrt{1-(1+k)c^2h^2}} + \sum_{i=2}^{M} A_{2i}h^{2i} \tag{16.53}$$

式中，z 表示一个垂度(sag)，表示坐标原点处折射面的切面到透镜面上光线入射高度为 h 的点之间的沿光轴的距离；c 表示透镜折射面在光轴处的曲率，$c = 1/r$；k 为锥度系数，$A_{2i} = A_4 \sim A_{16}$ 分别表示 4～16 阶非球面系数。设折射面处于最小球差结构，由式(16.53) 求出各面的偏心率 e，则可求出该非球面的形状系数（旋转二次曲面的锥度系数）$k = -2e$。在非球面表示式中取到 16 阶项，通过初步优化计算，表 16.12 为双高斯镜头各折射面的非球面系数（光阑作为一个折射面 3）。通过光路计算，可以得到球差、像散和畸变曲线，如图 16.66 所示。这只是一个双高斯手机镜头光学系统的初始数据，通过焦距的缩放，进一步优化便可以得到可用的光学数据。

2. 光阑在镜片前面的两片型手机物镜结构

其与上述双高斯两片型手机镜头相似，主要应用于 VGA(30 万像素)的镜头。图 16.67 列出了两片型手机光学系统图。孔径光阑置于光学镜头第一面的前面，沿光轴的距离尽可能小，只要不与第一透镜边缘相冲突即可，暂取 0.3 mm；由于孔径光阑位于镜头的前焦点附近，可以使像方出射主光线对图像接收器有远心光路的特点。S_{img} 表示图像接收器 (CCD 器件)。

表 16.12　双高斯镜头各折射面的非球面系数

	折射面 1	折射面 2	折射面 4	折射面 5
k	0.19927	7.48719	0.09877	0.30309
A_4	5.87138E-2	1.02635E-3	4.23816E+1	1.67343E-2
A_6	4.37203E-1	1.56678E-1	2.85788	-6.30139E-2
A_8	2.52601	1.05578E+1	3.09680E+1	9.02256E-2
A_{10}	8.54503	6.88410E+1	1.41694E+2	7.93922E-2
A_{12}	1.74019E-1	1.86608E+2	2.68339E+2	4.14486E-2
A_{14}	1.92656E+1	3.02071E-2	1.10229E+2	1.17806E-2
A_{16}	8.98763	2.82331E+2	7.02777E+2	1.37678E+3

表 16.13　两片型手机物镜光学数据

	r	d	n_d，v_d	材料
光阑	∞	0.30		
1	1.7118	0.70	1.5311，55.7	E48R
2	1.1771	0.20		
3	1.0546	0.70	1.4910，57.2	PMMA
4	1.2151	1.0		
5	∞	0.35	1.5163，64.1	K9
6	∞	0.55		

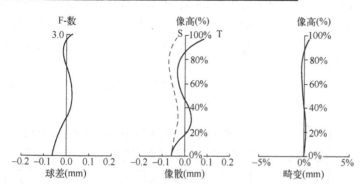

图 16.66　双高斯手机镜头光学系统球差、像散和畸变曲线

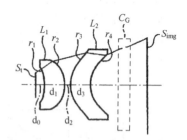

图 16.67　两片型手机光学系统图

设镜头的光学参数为 $f' = 2.450$mm，总光学长度(由光阑到像平面) $L = 3.772$mm，$F^\# = 2.8$，后工作距 $l' = 1.872$ mm，全视场角 $2\omega = 67°$，分辨率适用于 VGA(30 万像素)，保护玻璃（CG）厚度取 0.35 mm，用 K9 玻璃，其光学数据列于表 16.13。为了有足够的校正像差的参数，取两个透镜 L_1 和 L_2 的 4 个面均为非球面，其满足式(16.53)，求出各面的偏心率 e，则可求出该非球面的形状系数 k。在非球面表示式中取到 10 阶项，通过初步优化计算，表 16.14 为两片型手机物镜各折射面的非球面系数。通过光路计算可以得到球差、像散、畸变曲线和横向色差如图 16.68 所示。

表 16.14　两片式手机物镜各折射面的非球面系数见(见式(16.53))

器件号	k	A_4	A_6	A_8	A_{10}
1	5.46236	3.16167E-2	−3.14787E-2	−5.87570E-1	−2.21697
2	1.84382	−1.55226E-2	−9.66662E-2	7.29696E-2	0.0
3	2.30137E-1	1.85719E-2	−4.17506E-2	−4.83449E-3	0.0
4	1.08370	2.10920E-1	−1.72799E-1	−4.54405E-2	0.0

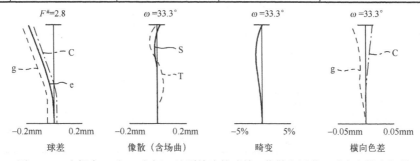

图 16.68　光阑在 L_1 和 L_2 之间三片型镜头的球差、像散和场曲、畸变和横向色差

16.8.3　三片型手机物镜设计

现行的 2.0M，1/4 照相镜头，较多采用三片型镜头，各面都用非球面，这样可以达到高像素的要求，也能很好地校正像差；另外采用三片型镜头价格也较便宜。根据 Nyquist 取样频率定理，该种光学镜头需要能分辨 220lp/mm 的空间频率。三片型镜头的三个透镜分别以 L_1，L_2，L_3 表示，有以下初始结构组合：正负正、正正负、负正正和正负负；也可以根据光阑位置的不同进行分类：光阑可以在镜头第一面之前，在 L_1 和 L_2 之间，在 L_2 和 L_3 之间，或在镜头的后面，作为最后一面。这里只介绍其中两种初始结构形式。三片型非球面镜头材料选用光学塑料很少。有 PMMA 类如 ZEONEX，APEL，ARTON 等；有 PC 类如 POLYCARB，OKP4 等。一般三片型镜头结构的中间负片会采用 PC 类的，L_2 和 L_3 可以采用 PMMA 类的。

1. 光阑在 L_1 和 L_2 之间三片型镜头

三片型镜头结构可以对 SXGA (Super Extended Graphics Array，其显示分辨率为 1280×1024 ≈ 1.3 megapixels)和 UXGA (Ultra XGA，1600×1200 ≈ 2.0 megapixels)高质量成像。图 16.69 给出了该镜头的光学结构示意图。第一个正弯月形透镜有较大的正光焦度；第二透镜为负透镜，主要起到校正轴外色差的作用；孔径光阑 P 置于第一和第二透镜之间，有助于平衡轴外像差；第三透镜为负透镜，主要用来校正轴外像差。所有透镜材料均为光学塑料。设镜头焦距 f= 3.653 mm，$F^\#$ = 2.8，物方视场角 2ω=61°。

表 16.15 为该光学系统的光学参数。鉴于所能选择的光学材料有限，该系统只用两种有机光学材料，为增加校正像差的参数，光学系统的 6 个折射面均取

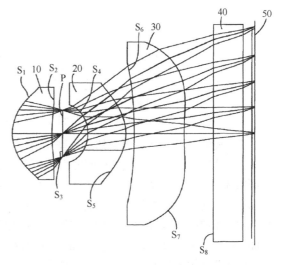

图 16.69　光阑在 L_1 和 L_2 之间三片型镜头的光学结构示意图

表 16.15　三片型镜头光学系统的光学参数

	r(mm)	d(mm)	n_d，v_d	材料
1	0.9337	0.726		
2	2.7597	0.133	1.5146,56.96	PMMA
3	∞	0.421		
4	−0.7385	0.59	1.5854, 29.9	PC
5	−8.9344	0.10		
6	−8.9344	0.907	1.5146,56.96	PMMA
7	14.95	0.68		
8	∞	0.50	1.5163, 64.1	K9
9	∞			

为非球面。另外加一块图像传感器的保护玻璃，采用 K9 光学玻璃。6 个非球面均要满足式(16.53)，求出各面的偏心率 e，进而可求出该非球面的形状系数 k。在非球面表示式中取到 12 阶项，通过初步优化计算，表 16.16 为一种三片型手机物镜各折射面的非球面系数。通过光路计算，可以得到纵向球差、像散与场曲和横向色差如图 16.70 所示。

表 16.16　光阑在 L_1 和 L_2 之间的三片型手机物镜各折射面的非球面系数（见式(16.50)）

折射面号	k	A_4	A_6	A_8	A_{10}	A_{12}
1	−2.716889	0.405953	−0.188334	0.397581	−0.316209	0.026571
2	16.325236	−0.085681	−0.582083	0.147439	0	0
3	光阑					
4	0.738850	0.068129	−1.863102	15.080392	−47.161189	0
5	17.712992	−0.003459	0.037883	−0.02289	−0.000912	0
6	−0.246528	0.068129	−1.863102	15.080392	−47.161189	0
7	−50.613236	−0.108108	0.027554	−0.010052	−0.002145	0.002452

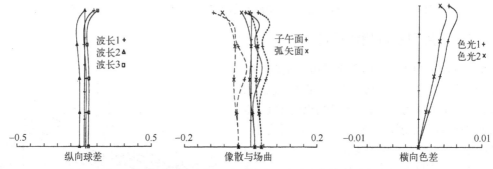

图 16.70　光阑在 L_1 和 L_2 之间三片型镜头的球差，像散，场曲和横向色差

2. 光学玻璃和塑料混合的三片型镜头

三片型手机物镜特别是非球面镜头，由于其结构的校正像差的参数较多，光学系统的形式较多，有如上面所述光阑在 L_1 和 L_2 之间的三片型非球面光学系统，也有光阑在镜头前面的三片型非球面光学系统等。下面介绍一种光学玻璃和塑料混合的三片型镜头，其结构与光阑在镜头上面的三片型非球面光学系统相类似，如图 16.71 所示，该镜头的第一透镜为正光焦度，由光学玻璃制成的球面凸平透镜，孔径光阑贴近其平面，第二和第三透镜均由塑料制备的非球面透镜。该镜头焦距 $f' = 3.6$ mm，$F^{\#} = 3.5$，视场角 $2\omega = 64.4°$。镜头的光学结构参数列于表 16.17；其四个非球面满足式(16.50)，非球面系数取到 10 阶，并求出各面的偏心率 e，进而可求出该非球面的形状系数 k。通过初步优化计算，表 16.18 为一种三片型手机物镜各折射面的非球面系数。通过光路计算，可以得到球差、像散、畸变曲线如图 16.72 所示。

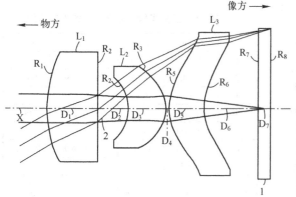

图 16.71　光学玻璃和塑料混合的三片型镜头

表 16.17　玻璃-塑料混合镜头的光学结构参数

面号	r	d	n_d, v_d	材料
1	4.306	1.30	1.6889, 31.1	ZF10
2	∞	0.85		
光阑	∞	0.1		
4	1.254	1.10	1.4902, 57.5	PMMA
5	1.450	0.10		
6	1.503	1.05	1.4902, 57.5	PMMA
7	1.803	1.56		
8	∞	0.50		K9
9	∞			

表 16.18　玻璃-塑料混合镜头光学结构非球面系数

No.	k	A_4	A_6	A_8	A_{10}
3	−2.7802	1.4974E-1	−1.1590E-2	−1.3037E-2	8.8731E-5
4	9.3404E-1	−3.2637E-2	2.4875E-2	−8.7377E-3	2.4213E-3
5	−3.1139	4.0233E-2	−1.4737E-2	3.4665E-3	−3.9192E-4
6	1.7205E-1	−2.3273E-2	1.3381E-4	9.8710E-4	−2.3275E-4

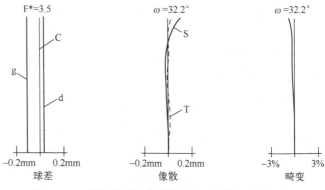

图 16.72　玻璃-塑料混合镜头球差、像散、畸变曲线

以上各手机镜头的光学结构均可视为初始结构，应参考给定的光学材料，进一步进行优化，使系统达到可用。

16.8.4　一款 1650 万像素手机镜头的设计 [1]

这里设计了一款 1650 万像素的手机相机镜头。透镜由 3 个塑料非球面透镜、1 个玻璃球面透镜和 1 个红外玻璃滤镜组成。CMOS OV16850 [2] 像素大小为 1.12 μm 的全视场被用于图像传感器。镜头的有效焦距为 4.483 mm，$F^#$ 为 2.50，视场 (FOV) 为 76.2°，总长度为 5.873 mm。透镜的最大畸变小于 2.0%。全场相对光照的最小值均超过 39.8%。

设计一个紧凑尺寸的 16 万像素相机镜头之前，2010 年，研究了一个 500 万像素的手机相机镜头，其结构为 4 片塑料非球面镜头(4P)。2013 年，用 1 片玻璃和 3 片塑料的非球面透镜(1G3P)完成了手机用 800 万像素的相机镜头。2014 年，通过选择 5 片塑料非球面透镜(5P)结构设计，对手机用 13 万像素相机镜头进行了研究。

本文介绍一种"1P1G2P"手机镜头，2P 表示 2 个塑料非球面透镜、1G 表示 1 个玻璃球面透镜和 1P 表示一个红外玻璃滤光片组成镜头构成的 1650 万像素相机镜头的详细设计。

传感器 OV16850 具有以下规格参数：像素尺寸为 1.12 μm，分辨率为 5408×3044 像素，对角线长度为 6.95 mm 或图像高度，主光线角(CRA，chief ray angle)为 33.4°。传感器的奈奎斯特采样频率为 1000/(2×1.12) = 446 lp/mm。因此，相机镜头的有限分辨率应优于 446 lp/mm。图像高度为 6.95 mm，视场为 76.2°，焦距为 4.432 mm。我们将镜头的有效焦距(EFFL)设置为小于 4.5 mm，因此手机相机镜头的总光学长度(TOL，Total optical length)可以限制在 5.90 mm。

表 16.19 总结了 1650 万像素手机相机镜头的规格参数。

表 16.19　一个 1650 万像素的手机相机镜头的规格参数

有效焦距	总光学长度	视场	F-数	像高	主光线角	相对照度	畸变	后焦距
< 4.5 mm	< 5.9 mm	76.2°	2.50	> 6.95 mm	< 33.4°	> 35%	< 2%	> 0.2 mm

1．设计方法

(1) 光学材料

本设计采用 Zeonex 的光学树脂 E48R。该光学树脂具有高透明度、低荧光、低双折射、低吸水率、低成本、高耐热性、批量生产成型方便等特点。由于透镜具有较大的视场，其高级像差、彗差、像散、高级

---

1 参阅：Yuke Ma, V. N. Borovytsky. Design of a 16.5 Megapixel Camera Lens for a Mobile Phone. *Open Access Library Journal*,**02**,1-9 (2015). doi: 10.4236/oalib.1101310

2 豪威科技(OmniVision)，简称 OV，专业开发高度集成 CMOS 影像技术，已被国内半导体厂商韦尔股份成功收购了。2014 年 10 月 7 日，Omni Vision Technologies Inc.(OVTI)NASDAQ 美国全国证券交易商协会自动报价表(National Association of Securities Dealers Automated Quotations)宣布了一个 1650 万像素的数字图像传感器 OV16850。

色差等光学像差相当大，为了获得更稳定、更清晰的图像，镜头的第一元件被设置为非球面玻璃透镜，第二元件的材料为SF56A(重火石玻璃)，光学折射率为1.785，色散系数为26.08，透镜的第一、第三和第四元件被选择为E48R，其光学折射率为1.531，相应色散系数为56。第五元件是红外过滤器(IR)，最后一个元件是盖玻璃BK9。

(2) 设计过程

用 Zemax 光学设计软件模拟透镜光学系统。考虑到低价格和大量生产，通过实验和纠错过程，选择透镜的初始配置 1P3G2P 进行设计。这个透镜有 6 个元件，第一到第四个元件分别是非球面透镜，第五个元件是 IR 滤波器，第六个元件是传感器的玻璃罩。第一到第四个元件的所有表面都为均匀非球面轮廓，第五和第六个元件为平面。半径和每个表面的厚度从 1 到 8 被设置为可变的，所有的表面锥度常数(对规定非球面的偏离)以及非球面系数也被设置为可变的。

(3) 优化过程

通过 Zemax 光学设计软件优化步骤：

步骤 1：①确定透镜的有效焦距，限制透镜系统的总长度、CRA (主光线角，Chief Ray Angle)，确定图像高度；②定义空气厚度和空气边界约束，同时用于玻璃外壳；③控制该系统焦距的横向色差、控制彗差、控制每个视场的畸变；④控制切向曲率；⑤控制矢向曲率；⑥控制各个波长在每个视场的光斑尺度。

步骤 2：在初始优化后，在优化函数中进一步进行高阶控制，即：控制轴向和纵向色差；控制高级球差；控制高级色球差；控制像散。

步骤 3：在每次优化完成后观察 Siedel 系数、观察布局以显示合理的配置。最后，改进优化函数以提高透镜的分辨率；控制光瞳内光线的垂轴像差；优化函数中的权重随时准备改变，以优化一些重要项，获得合理的透镜配置。

2. 设计结果

优化后的镜头配置如图 16.73 所示，相应的镜头数据列于表 16.20 和表 16.21。镜头总长度 5.873 mm，有效焦距 4.483 mm，后焦距 0.207 mm。该镜头的视场角 FOV 为 76.2°，像高为 6.97 mm，略大于 CMOS 传感器的尺寸，这意味着 CMOS 传感器易于安装到透镜模块上。该 CRA 小于 33.4°，预期光学与 COMS 之间有良好的耦合。

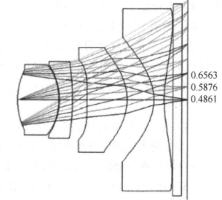

0.6563
0.5876
0.4861

图 16.73　1650 万像素手机摄像头镜头

表 16.20　镜头配置数据

	面型	曲率半径	厚度	光学材料	半-直径	锥度
目标	标准	∞	∞		∞	0.000
光阑	非球面	3.134	1413	E48R	1.077	4.131
2	非球面	−3.115	0.021		1.233	1.604
3	球面	−2.252	0.445	SF56A	1.219	0.000
4	球面	−9.057	0.512		1.346	0.000
5	非球面	−4.036	1.378	E48R	1.409	4.868
6	非球面	−2.443	0.938		1.823	−1.204
7	非球面	−2.310	0.354	E48R	2.167	−8.789
8	非球面	−5.331	0.300		3.174	1.641
9	标准	∞	0.313	BK7	3.222	0.000
10	标准	∞	0.200		3.344	0.000
像面	标准	∞			3.485	0.000

表 16.21　每个对应表面的非球面系数

	非球面系数	A	B	C	D	E	F	G	H
光阑	非球面	0.050	−0.015	−5.30E−003	−3.136E−003	−3.048E−003	0.000	0.000	0.000
2	非球面	−0.043	−0.015	−0.012	3.559E−003	−2.045E−003	0.000	0.000	0.000
3	非球面	0.000	0.000	0.000	0.000	0.000	0.000	0.000	0.000
4	非球面	0.000	0.000	0.000	0.000	0.000	0.000	0.000	0.000
5	非球面	0.093	−0.033	−1.072E−003	−3.46E−003	−4.413E−004	0.000	0.000	0.000
6	非球面	−0.060	9.480E−003	−2.006E−003	−9.71E−004	−1.576E−004	1.665E−003	0.000	0.000
7	非球面	−0.101	−6.280E−003	1.653E−003	−1.796E−003	3.519E−004	4.051E−005	−9.441E−006	0.000
8	非球面	0.196	−0.012	1.030E−003	3.686E−007	−1.956E−006	−4.296E−007	5.719E−008	−3.874E−010

利用点列图、MTF、场曲和畸变、横向色差、色光焦点位移、相对照度对透镜设计进行评价。光斑尺寸的 RMS (均方值)半径应小于像素尺寸的三倍,到本设计中为 3.36 μm。所有视场的 RMS 点列图如图 16.74 所示。

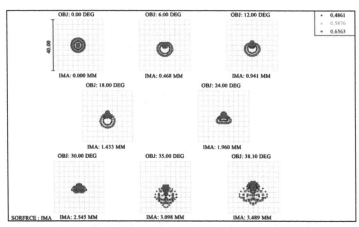

图 16.74　1650 万像素手机摄像头镜头的点列图

视场 1~6 (FOV = 0.000~0.787)的 RMS 光斑半径分别为 2.545 μm,2.761 μm,2.662 μm,2.856 μm,2.337 μm 和 2.091 μm,远小于 CMOS 传感器的成像需求,而视场 7(FOV 0.92)的光斑尺寸半径为 5.641 μm,视场 8(FOV1.0)的光斑尺寸半径为 4.985 μm,非常接近技术要求,也就是说整个 FOV 可以非常清晰地成像。

MTF 是评价透镜成像特性的综合标准。在本设计中,中心场在 223 lp/mm 处的 MTF 值为 53.4%,在 446 lp/mm 处为 21.4%。对于 FOV 0.8 区,在 223 lp/mm 处的 MTF 值在矢向面大于 37.6%,在切向面大于 32.6%,在 446 lp/mm 处,MTF 值在矢向面大于 14%,切向面大于 2%。MTF 曲线如图 16.75 所示。

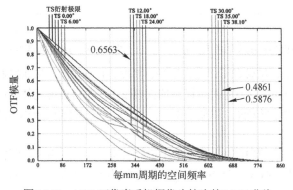

图 16.75　1650 万像素手机摄像头镜头的 MTF 曲线

透镜的场曲和畸变如图 16.76 所示,场曲较低,在 0.05 以内,远小于成像所需的 0.1,畸变小于 2%,

满足设计需要。

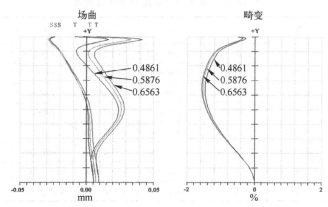

图 16.76 1650 万像素手机相机镜头的场曲和畸变

镜头的横向色差和色光焦移都揭示了这个 1650 万像素的手机相机镜头接近衍射限制设计，分别如图 16.77 和图 16.78 所示。在图 16.77 中，最大视场的横向色差在 Airy 圆盘内，这意味着达到衍射限制设计。

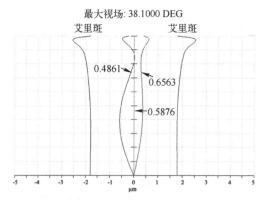

图 16.77 一个 1650 万像素的手机相机镜头的横向色差

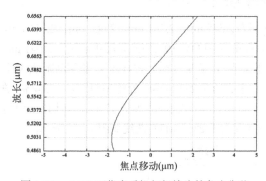

图 16.78 1650 万像素手机相机镜头的色光焦移

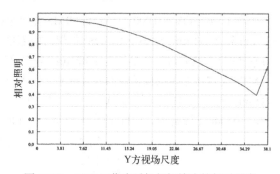

图 16.79 1650 万像素手机相机镜头的相对照度

最后，进行了公差分析，结果表明，允许半径、厚度、10 μm 偏差和 0.2°倾斜。还如表 16.20 所示，塑料件的最小厚度为 0.354 mm，这意味着可以预期大规模生产塑料透镜元件的精密注射成型。本设计的玻璃元件被设置为一个标准的球形表面，以便于生产。总之，这款 1650 万像素的手机相机镜头是一种实用的设计。

利用 Zemax 软件设计了一款 1650 万像素的手机相机镜头。镜头由 3 个塑料非球面透镜、1 个玻璃球形透镜和 1 个红外玻璃滤光片组成。OV16850 作为图像传感器，其像素尺寸为 1.12 μm。该透镜的有效焦距为 4.483 mm，F 数为 2.50，视场(FOV)为 76.2°，总长度为 5.873 mm。这是一个实用的设计 1650 万像素的手机相机镜头。

16.8.5 手机镜头当前的新技术概述

1. 自由曲面在手机镜头中的应用

精密加工、测量技术和光学塑料研究的进展，推动了自由曲面光学(Free Form Optics)系统的设计。自由曲面的特点是光学面型多元化、集成化、立体化，如光轴折叠、折射、反射、衍射、混合等形成的光学元件称为自由曲面光学元件。自由曲面光学随着光学技术发展的需求在设计手段、加工技术、检测技术、光学塑料的发展支持之下，有着重要的产业化前景。

自由曲面光学元件常是各种变异的透镜、棱镜、反射镜及其组合体，难以用少量参数确定其外形，常以一系列离散点集合来表示其外形，多用NURBS(Non-Uniform Rational B-Splines,非均匀有理B样条)造型方法描述。

自由曲面手机镜头利用光轴折叠、离轴的自由曲面，可以使系统更紧凑，更好地控制像差。自由曲面与棱镜组合构成了自由曲面棱镜。用两个自由棱镜离轴串接而成小型化手机成像模块，视场角为60°，镜头高度约为图像传感器的对角线长度。如图16.80所示，自由棱镜模块包括第一自由曲面棱镜10，第二自由曲面棱镜20，低通滤波器(LPF, Low-pass filter)4，成像面3（该种镜头已由日本Olypus开发为手机镜头）。

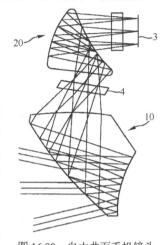

图16.80　自由曲面手机镜头

2. 液体透镜

液体透镜是使用一种或多种液体制作而成的通过控制液面形状可变光学参数的透镜。液体透镜主要有两种类型，反射式和透射式。反射式液体透镜是一个焦距可变的镜面。当装有液体（这里一般用的是水银）的容器旋转的时候，离心力的作用将使液体表面形成一个正好符合望远镜要求的理想的凹面。通常要制造这么一个天文望远镜需要耗费大量的资金和烦琐的加工过程。反射式的液体透镜只需改变旋转速度，就能使液面的形状改变成需要的形状（美国哥伦比亚大学的直径6 m的液体反射式望远镜的制作成本仅是传统同规格望远镜的1%）。

透射式液体透镜由两种互不相溶且具有不同折射率的液体组成，制成具有高光学性能的可变焦距透镜。有两种方法控制这种透镜的焦距，分别是电力和机械力。这两种方法都是利用液体的表面张力来达到控制目的的。电力的方法是利用一种叫作"电浸润"的特性，来改变液体的表面张力；机械力方法通过在透镜体上加力使透镜形状产生物理形变。

(1) 机械驱动式液体可变焦透镜

这种液体可变焦透镜采用机械驱动的方式使液体在腔体内的分布发生改变，从而实现变焦。腔体结构如图16.81所示，腔体2下表面为一层透明光学玻璃平板基片4，上表面固定有一层透明弹性薄膜1，选用 $2^{\#}$ 热塑性聚氨酯(Thermoplastic polyurethane，TPU)薄膜，选取厚度 $\delta = 0.04$ mm，折射率 $n \approx 1.48$；充满腔体2的液体5选用水 ($n = 1.3333$) 或柏香油 (Cedar wood oil, $n = 1.5148$)；利用步进电机控制腔体侧面的密封活塞泵3。可变焦液体透镜的有效通光口径 $d_0 = 15$ mm，透镜厚度 $H = 5$ mm。

在保证液体体积不变的条件下使得透镜表面曲率半径发生变化，实现光焦度从正到负的变化。当步进电机带动密封活塞时，体积的变化满足下式：

$$\Delta l \cdot S' = \Delta V = \frac{1}{3}\pi(R - \sqrt{R^2 - r_0^2})^2 \cdot (2R + \sqrt{R^2 - r_0^2}) \quad (16.54)$$

式中，Δl 是活塞移动距离；S' 是活塞端面表面积，R 是透镜上表面的曲率半径，r_0 是透镜的有效通光口径的半径。若将透镜按空气中的薄透镜模型考虑，R 与透镜光焦度 Φ 有如下关系：

$$\Phi = \frac{1}{f'} = \frac{n-1}{R}$$

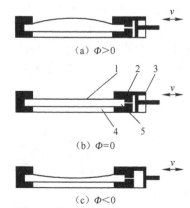

(a) $\Phi > 0$

(b) $\Phi = 0$

(c) $\Phi < 0$

1—薄膜　2—腔体　3—活塞泵　4—玻璃基片　5—液体

图16.81　机械驱动式液体可变焦透镜腔体结构

式中，n 为所选液体的折射率。上式表明 n 越大，在 R 改变相同的情况下，透镜的光焦度越大。

利用该透镜进行实验，在保证液体体积不变的条件下，使得透镜表面曲率半径发生变化，实现光焦度从正到负的变化。活塞运动引起的体积变化与透镜焦距的变化如图 16.82 所示，其中有理想薄透镜模型计算结果、利用 COD V 计算的实际透镜模型计算结果和实际测量结果曲线。由图可以看出计算与实际测量的结果符合得较好，具有较强的变焦能力。

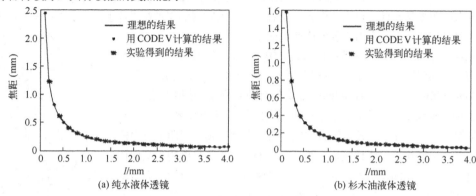

(a) 纯水液体透镜　　　　　　　　　　　(b) 杉木油液体透镜

图 16.82　透镜模型计算和实际测量结果曲线

由于液体透镜校正像差能力不足，一般可与不同透镜系统组合。

(2) 电润湿原理双液体透镜

1936 年，Froumkin 对电润湿现象进行了研究。放置在金属基板上的水滴在未加电时呈球状，加电后电场改变了水滴的形状，把水滴拉向金属板，使水滴与金属板的接触面积增加。1995 年，Gorman 等人利用电润湿现象，将液体置于透明电极之上，通过外加电压改变了液滴表面形状，首次实现了基于电润湿效应的变焦液体透镜。2000 年，法国的 Bruno Berge 等人改进了 Gorman 的设计，用一个绝缘膜覆盖透明电极，并增加了定位水滴中心的方法。2004 年 5 月 5 日，在 CeBIT 博览会上，Philps 公司展出了利用 Fluid Focus 技术开发出新的双液体透镜，如图 16.83 所示。电压加在电解液和金属导电型无机械活动部件的变焦液体透镜上。法国 VariOptic 公司于 2006 年推出两款液体透镜 Arctic320 及 Arctic416，实现了商品化的液体透镜，可应用于手机以及数字摄影市场。VariOptic 公司制成的液体透镜使用的最高电压为 60 V，消耗电流约为 120 mA，功耗不到 1 mW，变焦响应速度快，抗震性好，成像性能稳定。

① 液体透镜的原理和结构

电润湿原理双液体透镜的关键因素：两种液体的密度应基本相同，以保证液体间的界面不受重力影响保持球面形状；导电液体必须总是与外加电压的电极直接接触；透镜的光轴必须固定在整个装置的中心，不受外加电压变化的影响。这就是"电润湿"现象的机理。Philps 和 VariOptic 公司正是利用这种办法通过改变外加电压引起两种液体界面弯曲度的变化，做到在凹凸透镜两种形式间无缝的相互转换。

Philps 公司的液体透镜把两种互不相溶的导电的水溶液和不导电的油装在一个短的透明腔体中。腔体内壁和另一端的盖板上都涂有疏水性层(Hydropgotobic coating)，如 Teflon AF160 (特氟纶，聚四氟乙烯)，对水排斥结合膜层)，这使得水溶液由于表面张力的作用向没有疏水性材料的一端弯曲成了一个半球状，在两片电极上加直流电压使液面曲率发生改变，从而改变透镜焦距，图 16.84 为其示意图。

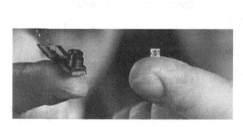

图 16.83　Philps 公司在 CeBIT 博览会上展示的液体透镜

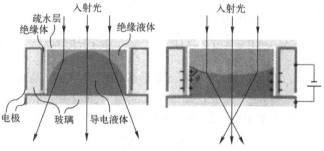

图 16.84　Philps 公司液体透镜的结构和工作原理

Philps 公司的液体透镜的直径只有 3 mm，长度为 2.2 mm，可以安放在细微光路中。透镜的优点主要包括：变焦速度快，聚焦范围可以从 5 cm 到无穷远快速改变，其响应时间约为 100 ms；耗电量小，直流电压相当于加载在一个电容器两端，只需要 1 μJ 的能量就足以改变其焦距，适合应用于电池供电的袖珍产品中；寿命较长，经 100 万次操作对其性能无影响，适当的冲击和震动都不会影响它的正常使用，工作温度范围宽；由于该透镜两种液体在变焦过程中基本保持平面平行板的外形，像差较小，成像的质量较好。然而 Philips 公司的这种液体透镜也存在一些不足，主要是制作工艺复杂、驱动电压高、光轴难以稳定。

② 稳定光轴结构的液体透镜

法国 VariOptic 公司的液体透镜采用的也是"电润湿"原理，光轴的稳定性有改进，其结构和工作原理如图 16.85 所示。该液体透镜的组成包括：在玻璃底板上放置一个金属圈作为液体透镜的一个电极，把电解液滴放在玻璃底板上金属圈中间；另一个玻璃底板上置一个圆锥形金属圈，构成另一个电极，在金属圈上附着一层绝缘层，再在绝缘层和玻璃底板上全涂一层疏水性材料。在这样形成的圆锥形容器里面放置不导电的油性液体，最后把两部分合起来，两电极之间用绝缘介质隔开，封装之后，就是 Varioptic 公司的液体透镜。透镜所用

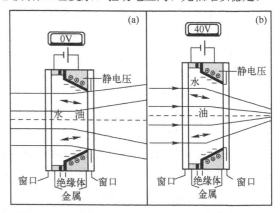

图 16.85　Varioptic 公司液体透镜的结构和工作原理

的液体是两种等密度的液体。其中一种是能导电的电解液，另一种是绝缘的油。电解液与油之间界面的形状依靠加在电极上的电压来控制，不同的电压引起两种液体界面弯曲度的变化，从而导致透镜焦距的变化。当用施加电压的方法来改变这个界面的形状时，就可以获得所期望的焦距。不施加电压时界面是稍微凹的；当电压加至 40 V 时，界面就变成凸起的形状。

液体透镜保持光轴的稳定性是一个问题，变焦时液体与器壁及液体之间的黏滞作用，液体对称部分的变化步调不完全一致，从而使光轴在变焦过程中会发生偏离，把透镜腔设计成了锥形结构，对光轴具有自动调节作用，使液体透镜的光轴稳定性有较大的提高。

VariOptic 公司的液体透镜厚度为 2 mm，液体透镜的响应速度很快。与被摄物体的距离从 5 cm 拉到无穷远需要 20 ms。即使在 −20℃ 的低温环境中，改变形状也仅需 30 ms 左右。在常温环境下液体镜头与普通质量的固体透镜相配合，其分辨率可以达到 500 万像素。液体透镜驱动电压最高可达 60 V，消耗电流小于 120 μA。

16.9　太赫兹摄影光学系统

太赫兹波通常定义为频率从 0.1～10 太赫兹（Tera Hertz, THz）范围内的电磁波。现在研究较多的中心区通常在 0.3～3 太赫兹范围内。太是兆兆(Tera)的英文音译，所以太赫兹电磁波也被称为 T 射线，属于远红外线和亚毫米波范畴。这一频率范围内的电磁波具有丰富的科学内容和广阔的应用前景。最近十多年来，由于太赫兹波发射器技术和探测器技术的提高，加上研究人员也已经开始开发波导、滤波器和分光器来操纵太赫兹波，这些都促使对太赫兹的研究有了很大发展，但是与其他波段的电磁波谱技术相比依然处于不发达状态。

太赫兹波在长波段与毫米波重合，在短波段与红外线重合，属于远红外线和亚毫米波范畴。在频域上，太赫兹波处于宏观经典理论向微观量子理论的过渡区，在技术上，处于电子学向光子学的过渡区。由于其所处的特殊位置，太赫兹波具有一系列特殊的性质：它的量子能量很低 (1 THz 只相当于 4 MeV 或 4 K，1 me=100 万，eV 是电子伏特，meV 是兆电子伏特)，信噪比很高，频率极宽，覆盖各种包括蛋白质分子在内的大分子的转动和振荡频率，适用于实验研究固体材料晶格振动能谱；并且能在对生命体无害的前提下，结合一些微结构器件对病患组织进行高品质的成像。因此，太赫兹波不仅在学术上有很重要的学术价值，并且在工业应用、生物领域、医学领域及军事领域中都有诱人的应用前景。

自从 1995 年，利用太赫兹波成像的第一篇文章发表以后，太赫兹波的成像技术深受各个国家的重视，现已有多种新型的成像技术出现并进行着深入的研究。这些成像技术包括：

（1）使用光电导偶极子的 T 射线常规成像技术；

（2）使用 CCD 摄像机的电光 T 射线成像技术；

（3）使用单周期脉冲 T 射线通过时间反演进行物体重构的成像技术；

（4）利用基尔霍夫(Kirchhoff)移动的 T 射线反射成像技术；

（5）动态孔径和暗场 T 射线成像技术；

（6）T 射线计算机层析成像技术，简称 T 射线 CT；

（7）T 射线衍射层析成像技术，简称 T 射线 DT；

（8）T 射线显微镜成像技术，利用近场技术等手段，分辨率可以达到微米；

（9）50～200 m 的 T 射线成像技术等。

以上各种成像技术在扫描方式、信噪比、动态范围、分辨率、成像所用时间、制造成本、紧凑程度、应用范围和领域各有千秋

以下介绍几款太赫兹光学系统。

光学系统从结构形式上分为折射式、折反射式和反射式三种，它们各有不同的适用条件。

由于在太赫兹波段，具有良好的透射性能的材料非常稀少，适用于太赫兹波段的透镜难以获取，因此，在初期，折射式和折反式系统在太赫兹波段是很少出现的。而反射式系统材料易于获得，受材料结构限制则较少。目前，该结构主要应用在十几微米到几十微米的太赫兹光谱波段的天文观测平台上。主要是因为十几微米到几十微米的宽大的光谱会给系统引入色差且很难校正，而反射式系统具有不引入色差的优点。所以目前阶段，大多数国家该波段的成像系统多采用反射式结构。

例如，图 16.86 所示的 Kuiper 宽视场相机(KWIC)，它由美国纽约 Ithaca 的 Comell University 天文部门的 GordonJ·Stacey 和 ThomasL·Hayward 等人联合设计，现用在 NASA Kuiper 空中天文观测台上。它是一个宽视场的成像光谱仪，其优点是工作波段覆盖面广，可接收 18～44 微米波段内的光信号。而它的缺点也显而易见，结构上采用了七面镜子，且其中四面都是离轴的抛物面镜，这导致其装调和加工都很复杂。

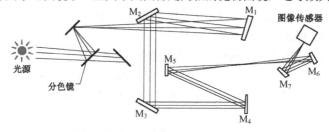

图 16.86　KWIC 的光学结构示意图

美国 Ithaca 的 Cornell University 辐射物理与空间研究中心的 Luke D.Keller 和 Terry L.Herter 等联合设计的用于天文学平流层观测台(SOFIA)上的 Sofia 望远相机(FORCAST)，也同样采用了反射式结构。该相机的工作波段是 5～40 微米，它采用了两个独立的光学系统对 5.25 微米和 25.40 微米这两个波段同时成像，如图 16.87 所示。整个光学系统由分光和成像两部分组成，包括孔径光阑，45°折光镜，45°二色分光镜，离轴的双曲面准直镜，折光平面镜，铝制准直镜，滤波器和铝制的离轴椭球面折光镜等组件，其结构也很复杂。

虽然反射式系统具有材料易得、无色差等优点，但是由于其系统存在着体积大、功耗高、加工装调困难、杂散光不容易控制等一系列问题，所以世界各国都在努力寻求能够实用化的透射式光学系统的设计制作。这一问题的关键就在于找到恰当的透射材料。目前，对太赫兹波具有透射性的人工晶体材料有三种：溴化铯(CsBr)、碘化铯(CsI)和溴化铊-碘化铊(KRS-5)。这三种晶体均允许 15～38 um 的太赫兹波透过，并且在这一波段内，透过率都超过了 60%，即满足了透射的需要。并且这三种晶体的折射率值随波长的变化都并不显著，所以晶体的色散比较小，这有利于折射式光学系统像差的校正。然而，碘化铯和溴化铯晶体都容易潮解并且性能不稳定，而且碘化铯晶体的质地很软，在重力作用下容易发生形变，也无法保证透镜面形的稳定性，这会直接影响光学系统的性能，因此，溴化铊-碘化铊(KRS-5)晶体就成为太赫兹波段透射式光学系统的透镜材料的不二选择。

现介绍一套体积轻便、结构小巧的新型的透射式太赫兹波光学系统。它采用了溴化铊-碘化铊(KRS-5)材料。

日本东京空间研究院和东京大学联合设计的用于低温制冷空间望远镜的空间相机，如图 16.88 所示，它的工作波段是从 12 微米到 26 微米，视场是 10.7 arcmin×10.2 arcmin[arcmin=arc minute,1 弧度 =57.2957度（°），1 度=60 弧分（′, Arc minute）]，采用的是 Raytheon / IRCOE 生产的 256×256 像素阵列探测器。光学系统结构如图 16.88 所示，该系统采用紧凑的折射光学设计，透镜材料分别是碘化铯（CsI）和溴化铊-碘化铊(KRS-5)，这样有助于系统消色差，其中两片溴化铊-碘化铊(KRS-5)透镜表面镀有增透膜，从左边起第二、第三和第四片透镜构成了一个消色差的三合透镜。

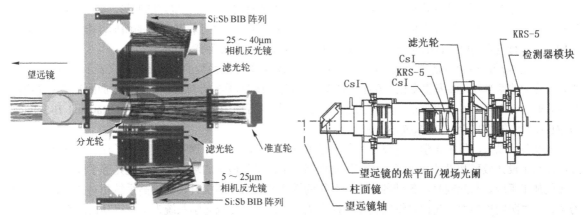

图 16.87　FORCAST 光学系统结构示意图　　图 16.88　低温制冷空间望远镜的空间相机的摄影光学系统

这种设计方案体积小，重量轻，体现了透射式系统结构紧凑的特点，也反映了国际上太赫兹波段光学系统正向着透射式系统转变的趋势。

现根据以下参数设计一简单的三片式结构的太赫兹摄影光学系统，该光学系统依然采用溴化铊-碘化铊(KRS-5)晶体作为系统的透镜材料，采用正透镜、负透镜、正透镜的三片式结构，系统结构如图 16.88 所示。采用 140×140 像元，敏感元尺寸为 80 μm×80 μm，像元间距为 100 μm，响应波段为 15～50 μm 的探测作为接收器。

由于该系统设计时主要考虑系统的光焦度分配以及系统的轴向色差（即太赫兹波在通过光学系统时发生色散所引起的离焦的变化），结合相应公式，并借助于光学设计软件 ZEMAX，最终可确定该系统的结构图，如图 16.89 所示。

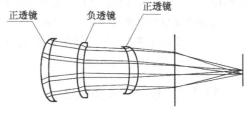

图 16.89　三片式的太赫兹光学系统结构图

设计太赫兹摄影光学系统在原理上与传统的光学系统没有区别，但因为太赫兹波段某些特殊的光学特性，导致我们在设计系统时需要在系统紧密程度、像差校正、色散等方面多做一些必要的考虑和调整。

习题

16.1　有一照相物镜，其相对孔径 $D / f' = 1/2.8$，按理论分辨率能分辨多少线对？

16.2　若某人在 3 m 处，用 $F = 11$ 的光圈照相，则

(1) 使用 $f' = 55$ mm 的照相物镜时，景深是多少？

(2) 使用 $f' = 75$ mm 的照相物镜时，前、后景深各是多少？

(3) 若希望前景深 $\varDelta = 10$ m 时，两种相机的对准平面各在何处？

16.3　若照相时取的光圈为 8，快门速度为 1/50 s 时，底片上能得到足够的照度。现在想拍照运动的物体，快门速度选用 1/300 s，试问光圈应选多大的值？

16.4　设照相机测距器的放大率为 $\varGamma$，要求测距误差在物镜的景深范围内，问该测距器的基线应怎样计算？

16.5　用 $f/2.0$ 照相机以 1/100 s 的快门速度拍摄某一物体，当底片为 GB21 度的感光度时，拍照效果恰为满意。现在光圈改为 $1/2.8$，底片改为 GB18 度的感光度，试问快门速度应选多大的值？

第17章　非球面及其在光学系统中的应用

17.1　概　　述

17.1.1　自由曲面概念

广义的非球面是指不能用球面定义描述的面形，即不能只用一个半径确定的面形。非球面囊括了各种各样的面形，其中有旋转对称的非球面和非旋转对称的非球面，有关于两轴对称的面形，排列有规律的微结构阵列，有包含衍射结构的光学表面，还包括形状各异的自由曲面等。

一般的非球面概念多是狭义的，主要指的是能够用含有非球面系数的高次多项式来表示的面形，其中心到边缘的曲率半径连续发生变化。在某些情况下，特指旋转对称的非球面面形。自由曲面是指无法用球面或者非球面系数来表示的曲面，很多情况下需要用非均匀有理 B 样条(Non-Uniform Rational B-Splines, NURBS)造型方法或其他方法来描述。

100 多年以来，传统光学系统设计手段早已由查对数表的手工计算阶段发展到了计算机辅助设计阶段，提高了设计效率和设计自由度。传统的光学制造工艺也从最早的玻璃磨制、抛光等手段发展成各种现代化加工手段。与此同时，各种各样光学系统的性能和要求不断提升，如提高系统相对孔径、扩大视场角、改善照明均匀性、简化系统结构以及提高成像质量等。传统光学系统为了获得高性能系统和高质量像质，往往需要采取相当复杂的多片球面透镜的结构，这是设计原理方面无法逾越的障碍。

1638 年，Johannn Kepler 把非球面面形用于透镜，使其在近、远距离分别获得无球差像面，逐渐奠定了非球面光学基础。在 17 世纪，非球面就已经应用于反射式望远系统中来校正球差。之后，在一些像质要求不高的系统，比如照明器中的反射、聚光、放大等系统中也开始应用非球面。近年来，超精密车削等加工工艺和光学检测水平不断提高，非球面的应用日益广泛，已应用于成像质量要求较高的系统中，如在照相摄影、广角、大孔径、变焦距等物镜中都有应用。

非球面光学与球面光学相比，在减少镜头片数、优化系统结构、提高成像质量等方面具有更好的表现。

在光学系统中常常引进旋转对称非球面校正除场曲外的各种单色像差。在光阑附近使用非球面可以校正各带的高级球差，在像面前或离光阑很远的地方用非球面可以校正像散和畸变。

17.1.2　非球面应用概述

在广角短焦距物镜中泰勒–霍夫逊(Taylor-Hobson)公司在光学系统中使用非球面保证了光学特性和成像质量，又简化了结构，如图17.1所示。原结构是九片，相对孔径为 $f'/1.8$，使用非球面后简化为七片，相对孔径也达到了 $f'/1.8$。适用于 35 mm 电影摄影物镜，焦距 $f = 25$ mm，在光阑附近采用非球面以校正与孔径有关的高级像差。使用非球面的结构在口径上与长度上均缩小 1/3 左右。

航摄物镜鲁萨尔-38(Pyccap 38)在前组中引进高阶非球面，焦距 $f' = 36$ mm，相对孔径为 $f'/7.7$，视场角 $2\omega = 148°$，轴外点照度分布由 $E'_\omega = E_0 \cos^4 \omega'$ 提高到了 $E'_\omega = E_0 \cos^2 \omega'$，如图17.2所示。

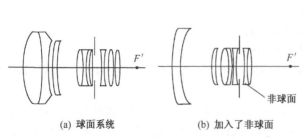

(a) 球面系统　　　　　(b) 加入了非球面

图 17.1　光学系统中使用非球面

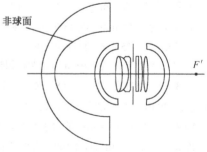

图 17.2　鲁萨尔-38(Pyccap 38)光学结构

离光阑较远处采用非球面，以校正与视场有关的像差，如图17.3所示的电影摄影物镜，焦距 $f' = 5.8\ \mathrm{mm}$，相对孔径为 $f'/1.8$，视场角 $2\omega = 103°$，非球面控制了高级像散与畸变。

物镜中应用非球面以较少组元（五透镜组）做成大孔径物镜，相对孔径可达 $f'/0.519$，但是像面离最后一块透镜较近，如图17.4所示。

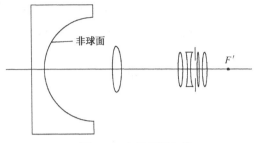

图17.3　电影摄影物镜

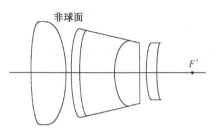

图17.4　大孔径物镜，相对孔径达 $f'/0.519$

两轴对称面形中，有柱面、超环面、复合曲面等。

衍射光学元件(Diffractive Optical Element, DOE)是表面带有阶梯状衍射结构的光学元件。最早出现的是衍射光栅，随后还有菲涅耳透镜(Fresnel Lens)等多种元件，现在还出现了多层的衍射结构元件。并根据其二元掩模的制造方法发展了二元光学。现在已经可以直接利用超精密加工技术制造高精度衍射元件。

微结构阵列包括微透镜阵列、V 槽型结构导光板等。微透镜阵列可以用于手机等液晶显示器的背光板。V 槽型结构导光板在光纤通信系统中作为光电耦合器件使用。

采用非球面技术设计的光学系统可广泛应用于各种军用和民用产品中，比如微光夜视、激光测距、导引头、现代光电子产品、图像处理产品如数码相机、VCD、DVD、计算机、CCD 摄像镜头、大屏幕投影电视机等。

本章主要介绍了各种非球面元件的应用，包括一些设计方法，还简要介绍了非球面加工和测量技术。

17.2　非球面曲面方程

17.2.1　旋转对称的非球面方程

光学设计时常将光轴设为 z 轴，坐标原点与非球面顶点重合。非球面的一般方程可表示为

$$px^2 + qy^2 = 2r_0 z - (1-e^2)z^2 + az^3 + \beta z^4 + \gamma z^5 + \cdots \tag{17.1}$$

式中，r_0 为曲面近轴部分的曲率半径，或称为基准面（辅助球面）的半径；其他都为系数。

在光学系统中主要采用旋转对称非球面。若 $p = q = 1$，则式(17.1)变为关于 z 轴旋转对称非球面的方程。将子午截面坐标轴称为 $r\ (= \sqrt{x^2 + y^2})$ 方向，式(17.1)写为

$$r^2 = 2r_0 z - (1-e^2)z^2 + az^3 + \beta z^4 + \gamma z^5 + \cdots \tag{17.2}$$

二次圆锥曲面的子午截面方程可写为

$$r^2 = 2r_0 z - (1-e^2)z^2$$

式中，e^2 为二次非球面的变形系数，表示与球面的偏离量。当 $e^2 = 0$ 时，上式就是标准的球面方程。

显然，利用上述形式，后面增添 z 的高次项，就是旋转对称非球面的方程表达式(17.2)。该式表示的是无限项的曲面。也就是说，当式(17.2)中最高次项为 z 的二次项时，它表示的曲面称为二次曲面。各种二次曲面的区别在于 e^2 值不同，当 $e^2 < 0$ 时，扁球面；当 $e^2 = 0$ 时，球面；当 $0 < e^2 < 1$ 时，椭圆面；当 $e^2 = 1$ 时，抛物面；当 $e^2 > 1$ 时，双曲面。参数 e^2 对应的曲面母线形状，如图17.5所示。

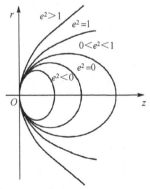

图17.5　参数 e^2 对应的曲面母线形状

当非球面与二次圆锥曲面差别不大时，利用式(17.1)是方便的。因为这种情形下，系数 α，β，γ 等较

小，可以方便地确定曲面上各点的坐标，但上式不适用于具有多个拐点的面形。

用上述子午截线方程分析光学问题，有助于从初级像差理论分析旋转对称非球面，是最方便的形式。还可以将旋转对称非球面子午截线方程式的 z 表示为 r^2 的幂级数：

$$z = Ar^2 + Br^4 + Cr^6 + Dr^8 + Er^{10} + \cdots \tag{17.3}$$

在实际应用中，经常用的是这种形式，但它不是对任意大的孔径都适用的（当孔径超过某值时，z 可能很大，以致无实际意义）。另一个缺点是对于偏离于球面很小的非球面用上式表示不方便，因为展开式的项次太多，需大量的计算机的机时。

实际上，式(17.2)和式(17.3)是可以相互转换的，系数之间有一定的联系：

$$A = \frac{1}{2r_0}, \ B = \frac{1-e^2}{8r_0^3}, \ C = \frac{(1-e^2)^2 - ar_0}{16r_0^5}, \ \cdots$$

一般将式(17.3)表示成以下形式：
$$z = \frac{cr^2}{1+\sqrt{1-(1+k)c^2 r^2}} + a_2 r^2 + a_4 r^4 + a_6 r^6 + \cdots \tag{17.4}$$

式中，$c = 1/r_0$；$k = -e^2$；a_2，a_4，a_6 等为多次项系数，多数情况下 a_2 取 0；c 为非球面的基准面或者辅助球面的曲率；k 称为锥面度。

可见，式(17.3)的第一项只和顶点曲率半径有关，适用于表示平板型非球面；可以推导得知式(17.4)的首项即 $\dfrac{cy^2}{1+\sqrt{1-(1+k)c^2 y^2}}$ 由二次曲面得来，即式(17.3)在以二次曲线为基础上加高次项时，很容易知道高次非球面偏离二次非球面的程度。尤其是在加工检测时，式(17.4)以及衍生出来的各种非球面方程已成为标准形式。式(17.4)所表示即偶次项非球面方程。

17.2.2 其他常见非球面方程

(1) 奇次项非球面方程

由偶次项非球面定义，奇次项非球面方程为

$$z = \frac{cr^2}{1+\sqrt{1-(1+k)c^2 r^2}} + a_1 r^1 + a_2 r^2 + a_6 r^3 + a_6 r^4 + a_5 r^5 + \cdots \tag{17.5}$$

(2) 柱面方程

式(17.1)中，若 $p=0$，$q=1$，即为母线在 x 方向的柱面方程：

$$y^2 = 2r_0 z - (1-e^2)z^2 + az^3 + \beta z^4 + \gamma z^5 + \cdots \tag{17.6}$$

若 $p=1$，$q=0$，即为母线在 y 方向的柱面方程：

$$x^2 = 2r_0 z - (1-e^2)z^2 + az^3 + \beta z^4 + \gamma z^5 + \cdots \tag{17.7}$$

图 17.6 超环面示意图

(3) 超环面方程

球面或非球面曲线作为母线绕一条在该母线平面内并垂直于该母线对称轴的直线旋转而形成的曲面称为超环面，如图17.6所示。

以 z 轴对称的非球面曲线作为母线，绕平行于 y 轴的回转轴形成的超环面母线方程为

$$z = \frac{cy^2}{1+\sqrt{1-(1+k)c^2 y^2}} + a_2 y^2 + a_6 y^4 + a_6 y^6 + \cdots \tag{17.8}$$

柱面是超环面方程的一种特例，若超环面旋转半径无穷大即形成柱面镜。

(4) 复合曲面方程

复合曲面，也叫作双锥度系数曲面，是指曲面两个垂直方向（即 x，y 方向）的曲率半径不同、锥度系数也不同的曲面，其方程为

$$z = \frac{c_x x^2 + c_y y^2}{1+\sqrt{1-(1+k_x)c_x^2 x^2 - (1+k_y)c_y^2 y^2}} + \sum \alpha_i x^i + \sum \beta_j y^j + \sum A_i Z_j(\rho, \varphi)$$

式中，$c_x = 1/r_{x0}$，$c_y = 1/r_{y0}$，它们分别为 x，y 方向的基准球面曲率；k_x、k_y 分别为 x，y 方向的锥面度；a_i 为 x^i 多次项的系数，β_j 为 y^j 多次项的系数；$\sum A_i Z_j(\rho, \varphi)$ 为其他方向项数和。一般只应用不含后面求和项的复合曲面形式，即式(17.9)，图17.7是这种复合曲面示意图。

$$z = \frac{c_x x^2 + c_y y^2}{1 + \sqrt{1 - (1+k_x)c_x^2 x^2 - (1+k_y)c_y^2 y^2}} \qquad (17.9)$$

该非球面主要针对非对称系统，如半导体激光用于半导体准直、整形、半导体激光耦合光纤等。超环面也是复合曲面的一种特殊情况。

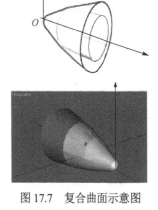

图 17.7　复合曲面示意图

17.2.3　非球面的法线及曲率

一般对称非球面的法线及其曲率半径由熟知的数学公式求得。

图17.8表示一个曲面的子午截线，在此将设光轴方向为 x，由于轴对称，法线与光轴相交。它与轴的夹角为 φ，光线在曲面上的折射点为 $P(x, y)$，通过该点的切线与 x 轴的夹角若为 α，则

$$\tan\alpha = dy/dx = y' \qquad (17.10)$$

式中，y' 为一阶导数。对于法线倾角 φ，显然有

$$\tan\varphi = dx/dy = 1/y' \qquad (17.11)$$

曲面的子午截线与弧矢截线的曲率中心为 C_t 和 C_s，其相应曲率半径分别为

$$r_t = -(1 + y'^2)^{\frac{3}{2}}/y'' \qquad (17.12)$$

$$r_s = y/\cos\alpha = y\sqrt{1 + y'^2} \qquad (17.13)$$

式中，y' 和 y'' 分别为一阶及二阶导数。

比较式(17.12)和式(17.13)，得

$$r_t = -\frac{r_s^3}{y^3 y''} \qquad (17.14)$$

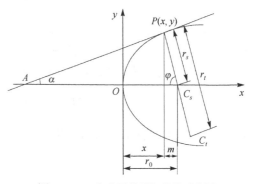

图 17.8　一个曲面的子午截线示意图

17.3　非球面的初级像差

自物空间轴外一点向光学系统投射的光束中，绝大多数光线不在子午面内。这样的光线叫作空间光线。空间光线追迹利用空间向量的方法进行计算。

与球面系统的初级像差一样，非球面的初级像差的作用也可用来考虑光学系统的初始结构或做相应的像差特性分析。

同轴非球面系统的像差性质类同于球面系统，所不同的只是像差分布值不同。为求出一般非球面的初级像差分布值，可将非球面方程(17.2)或式(17.3)看作由球面与一个中心厚度无限薄的校正板的叠合，如图17.9所示。

由式(17.2)和式(17.3)可导出，任意一个旋转对称非球面可表示为

$$z = \frac{1}{2r_0}r^2 + Br^4 + Cr^6 + \cdots$$

坐标原点与非球面相切的球面方程为

$$r^2 = 2r_0 z - z^2$$

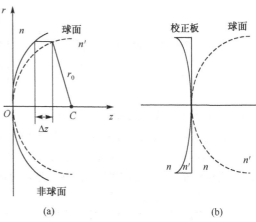

(a)　　　　　　　　(b)

图 17.9　非球面看作是由球面与一个中心厚度无限薄的校正板的叠合

它的级数展开式可写成

$$z_{\text{sphere}} = \frac{1}{2r_0}r^2 + \frac{1}{8r_0^3}r^4 + \frac{1}{16r_0^5}r^6 + \cdots \tag{17.15}$$

比较式(17.3)与式(17.15)，可把非球面系数 $B, C, \cdots$ 等写成以下形式：

$$B = \frac{1}{8r_0^3}(1+b) = \frac{1}{8r_0^3}(1-e^2) , \quad C = \frac{1}{16r_0^5}(1+c) , \quad \cdots$$

$b, c, \cdots$ 等统称为变形系数，它标志了与球面的差异，当 $b = c = 0$ 时，变形就消失了。这样，非球面方程式(17.3)可写成

$$z = \frac{1}{2r_0}r^2 + \frac{1+b}{8r_0^3}r^4 + \frac{1+c}{16r_0^5}r^6 + \cdots \tag{17.16}$$

式(17.15)与式(17.16)相减，得

$$\Delta z = \frac{b}{8r_0^3}r^4 + \frac{c}{16r_0^5}r^6 + \cdots \tag{17.17}$$

式中，Δz 为中心无限薄的校正板的厚度增量。Δz 将引起附加光程差，当只考虑初级量时，仅取第一项，其光程差为

$$\Delta l = (n-n')\Delta z = (n-n')\frac{b}{8r_0^3}r^4 \tag{17.18}$$

在变形系数 b 和近轴曲率半径 r_0 一定的情况下，光程差 Δl 在初级近似下并不因弯曲而变化，因而在图17.9(a), (b)两种情况下，初级像差式是完全等价的。

当光阑处于非球面顶点时，非球面与近轴半径相同的球面相比，产生的初级波差为

$$\Delta W = (n-n')\frac{b}{8r_0^3}r^4 = -\frac{(n-n')e^2}{8r_0^3}h^4\tilde{r}^4 \tag{17.19}$$

式中，h 是近轴光线和校正板的交点高度，$\tilde{r}$ 是规一化坐标，而 r 是实际坐标，$\tilde{r} = r/h$。

相应的初级像差系数增量为

$$\begin{cases} \Delta S_{\text{I}} = (n-n')\dfrac{b}{r_0^3}h^4 = -\dfrac{(n'-n)e^2}{r_0^3}h^4 \\ \Delta S_{\text{II}} = 0 \\ \Delta S_{\text{III}} = 0 \\ \Delta S_{\text{IV}} = 0 \\ \Delta S_{\text{V}} = 0 \end{cases} \tag{17.20}$$

当光阑不在校正板上时，则有

$$\begin{cases} \Delta S_{\text{I}} = (n-n')\dfrac{b}{r_0^3}h^4 = -\dfrac{(n'-n)e^2}{r_0^3}h^4 \\ \Delta S_{\text{II}} = \Delta S_{\text{I}}(h_z/h) \\ \Delta S_{\text{III}} = \Delta S_{\text{I}}(h_z/h)^2 \\ \Delta S_{\text{IV}} = 0 \\ \Delta S_{\text{V}} = \Delta S_{\text{I}}(h_z/h)^3 \end{cases} \tag{17.21}$$

式中，h_z 为主光线与校正板的交点高度。

由此可见，按初级像差理论，单个非球面只能用来校正一种初级像差；由于 $\Delta S_{\text{IV}} = 0$，非球面化不能改变初级场曲系数；当光阑位于折射面上时，非球面化仅只影响球差系数，随着光阑的远离折射面，非球面化对轴外像差的影响也随之增大，选取合适光阑位置，对校正轴外像差是很重要的。显然，非球面化对初级色差系数是无影响的。

当光路中有多个非球面时，各单个面都产生一定的 ΔS_k ($k = $ I，II，III，IV，V)，总结果是球面的 $\sum \Delta S_k$ 球面和校正板的 $\sum \Delta S_k$ 校正板之和。

由上述分析，在光阑附近采用非球面可以校正与孔径有关的球差。应用该特性的典型例子为非球面在

光存储读取头中的应用。若读取头中不采用非球面，为了校正球差和彗差，至少需要 2～3 片透镜。若改用非球面后，只要一片非球面镜即可达到校正要求。

在光阑之外的适当位置引入非球面，可以校正除场曲以外的像差。例如，在大视场、大孔径、小尺寸的手机摄影镜头设计中，还要求入射到像面的主光线入射角小。因此，光阑往往设在镜头组最前端。目前，利用两片非球面镜头和一片球面镜头即可满足要求。

17.4　二次圆锥曲面及其衍生高次项曲面

二次圆锥曲面及其衍生高次项曲面光学元件是在非球面应用中比较广泛的一类，包括透镜、反射镜和校正器等。下面以等光程条件来分析。

1. 消球差的等光程折射非球面

球面单透镜在空气中对物体成像，将产生一定的球差，如果采用非球面，则可以使球差得到消除。

如图17.10所示，将光轴设为 x 轴，物体位于无限远，光线入射到曲面上的折射点为 $P(x, y)$，曲面要求消球差，根据费马原理，满足等光程的要求，即近轴光线的光程与远轴光线的光程应恒等。显然这样的曲面方程为

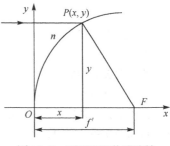

$$n'f' = nx + n'\sqrt{(f'-x)^2 + y^2}$$

或

$$\left(1 - \frac{n^2}{n'^2}\right)x^2 + y^2 - 2\left(1 - \frac{n}{n'}\right)f'x = 0 \tag{17.22}$$

经整理得

$$\left[x + \frac{f'}{\frac{n}{n'}+1}\right]^2 - \frac{y^2}{\frac{n^2}{n'^2}-1} = \frac{f'^2}{\left(\frac{n}{n'}+1\right)^2} \tag{17.23}$$

图 17.10　对无限远物消球差等光程面示意图

令 $x' = x + \dfrac{f'}{\frac{n}{n'}+1}$，则有

$$x'^2 - \frac{y^2}{\frac{n^2}{n'^2}-1} = \frac{f'^2}{\left(\frac{n}{n'}+1\right)^2} \tag{17.24}$$

由此可见，当 $f' > 0$ 情况下：$n' > n$ 时，曲面为椭球面；$n' < n$ 时，曲面为双曲面；$n' = -n$ 时（反射情况），曲面为抛物面。由上述非球面与一球心在 F 处的球面组成的透镜，将对无限远物体在 F 处成一理想像。将光学系统的最后一面非球面化，可以校正系统球差，改善像点质量。

2. 消球差等光程反射面

图17.11中，轴上物点 A，经反射面后成理想像于点 A'，根据等光程原理有

$$a + a' = l + l'$$

即

$$\sqrt{(l-x)^2 + y^2} + \sqrt{(l'-x)^2 + y^2} = l + l'$$

展开后经整理得

$$y^2 = \frac{4ll'}{l+l'}x - \frac{4ll'}{(l+l')^2}x^2 \tag{17.25}$$

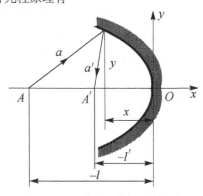

图 17.11　消球差等光程反射面

可见，消球差的等光程面仍是二次曲面。当物体在无限远时，曲面为抛物面 $y^2 = 4l'x$；当 $l = -l'$ 时，得到的是平面 $x^2 = 0$；当 $l = l'$ 时，曲面为球面 $y^2 = 2lx - x^2$；当 $l \neq l'$ 且同号时为椭球面，异号时为双曲面。

3. 反射面应用

二次圆锥曲面多用于作为反射镜面。如电影放映机的聚光灯泡的反射镜面是椭球面；固体激光器多是使氙闪光灯发出的光能集中照射激光物质（如红宝石）上，其腔体的反射面也是椭球面；射电天文望远镜的镜面用的是抛物面。

其中，天文望远镜要求的视场比较小，主要观察对象基本上位于光轴上，所以大型天文望远镜多利用上述

介绍的等光程反射面，构成对轴上点等光程的反射镜系统，主要有牛顿系统、格里高利系统和卡塞格林系统三种类型，分别如图 17.12(a), (b), (c)所示。最前者由一个抛物面主镜和一块与光轴成 45°的平面反射镜构成。第二种由一个抛物面主镜和一个椭球面副镜构成。卡赛格林系统由一个抛物面主镜和一个双曲面副镜构成。它的系统长度短，同时主、副镜的场曲符号相反，有利于扩大视场，目前卡塞格林系统应用较多。

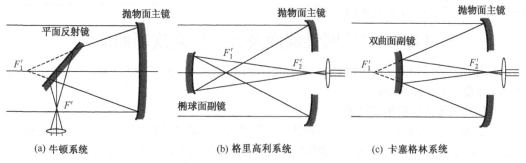

(a) 牛顿系统　　　　　　　　(b) 格里高利系统　　　　　　　　(c) 卡塞格林系统

图 17.12　天文望远镜反射式非球面

上述反射系统对轴上点来说，满足等光程条件。但是对轴外点来说，彗差和像散却很大，因此视场受到限制。

4. 高次曲面的应用

为了扩大系统的视场，可以把主镜和副镜做成高次曲面，代替原来的二次曲面。这种系统的缺点是主镜焦面不能独立使用，因为主镜焦点的像差没有单独校正像差，而是和副镜一起校正的；同时也不能用更换副镜来改变系统的组合焦距。这种高次非球面系统目前广泛地用在远红外激光的发射和接收系统，可以获得较大的视场。

例如，典型的卡塞格林系统主镜为抛物面，副镜为双曲面，只能校正球差。如果将主镜也改为双曲面，则可校正两种像差，如球差和彗差，视场就可增大。但为了进一步增大视场，则还需校正场曲、像散和畸变。这就需要在像方加一组至少由两片透镜组成的透镜组，可称之为场镜。场镜的光焦度与主镜、次镜的光焦度匹配以校正场曲，利用弯曲可以校正两种像差，主要是像散和畸变。但为校正高级轴外像差，主要是高级像散，而靠场镜的复杂化解决不了这个问题，则不得不在场镜上增加一个非球面。

图17.13是一种含三个非球面的卡塞格林系统，焦距 2.8 m，F/5.6，视场 3.2°，总长约 1 m，主镜、副镜为 6 次方非球面镜，场镜最后一面为 4 次方非球面，成像质量接近衍射极限，畸变也得到了校正。

5. 校正器

另一种扩大系统视场的方法是在像面附近加入透射式的视场校正器，用以校正反射系统的彗差和像散。采用球面反射镜主镜，再用非球面透镜来校正球面反射镜的像差，这样就形成了折反射系统。如图17.14所示，球面反射镜作为主镜，系统没有色差，把光阑放在反射镜曲率中心处，也就没有彗差和像散，仅产生球差和场曲。校正器的作用是要校正球面反射镜的球差，为了避免引起附加像差，校正器做得很薄，并且放在反射镜的曲率中心即光阑位置处，这样的系统可以有较大的相对孔径（可达 1:0.65）。它的缺点是系统长度比较大，等于主反射镜焦距的两倍。近年来，该系统在大屏幕投影电视、彩色电视显像管校正电子轨迹偏离等方面也得到了应用。

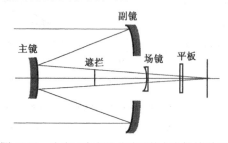

图 17.13　含有三个高次非球面的卡塞格林系统

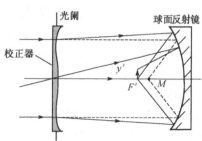

图 17.14　校正器示意图

最早的视场校正器是施密特在1931年提出的施密特校正器，它的设计方法在下面17.5节中详细分析。

17.5 施密特校正器的设计

17.5.1 施密特校正器的基本工作原理及其近似计算法

第一种形式的施密特校正器如图17.15所示，它的一面是平面，另一面是非球面，边缘厚度较大，是为了产生与反射镜相反符号的球差，它的补偿原理可用费马原理说明。图中 KP 为入射平面波，当未加校正器时，近轴光线 PL 交于焦点 F' 处，由于球面反射镜有球差，故边缘光线 KQ 不交于 F' 点而交于 M 点，这时边缘光线的光程 $KQ+QM$ 小于轴光线 $PL+LF'$。在反射镜曲率中心处加一个校正器，它具有光楔的作用，可使边缘光线 KQ 发生偏折 KQ'，经反射后通过近轴焦点 F'。

由于校正器的边缘比中心稍厚，边缘光线的光程通过校正器后便得到了一个增量，如果这个增量恰好等于由反射镜引起的光程差，则到达焦点 F' 时，各光程相等，球差便得到了校正。

由于光线通过校正器时，边缘会引起强烈的折射，产生很大的色差，为了克服这个缺点，施密特又做了改进，这就是第二种形式的校正器，如图17.16所示。

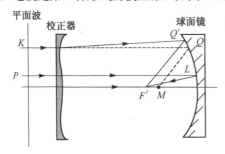

图 17.15 第一种施密特校正器

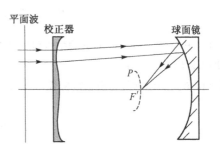

图 17.16 第二种施密特校正器

下面对第二种施密特校正器的厚度方程进行推导。首先由球面反射镜的光程差开始讨论，由式(13.3)可得波像差 W 和球差 $\delta L'$ 的关系为

$$W = n'\delta L' y \mathrm{d}y / f'^2$$

由式(17.15)可知，球面的级数展开式为

$$x = \frac{1}{2r}y^2 + \frac{1}{8r^3}y^4 + \frac{1}{16r^5}y^5 + \cdots$$

二次抛物面的方程可写为

$$x_1 = \frac{1}{2r}y^2$$

由 17.4 节已知无限远的物点经抛物面反射是不产生球差的，故球面反射镜存在球差 $\delta L'$ 所引起的光程差，可用边缘光线在球面和抛物面上引起的光程差表示，如图17.17所示，也就是用 $2(x_1-x)$ 表示：

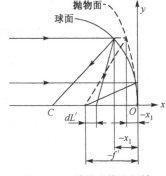

图 17.17 边缘光线光程差

$$2(x_1-x) = -2\left(\frac{1}{8r^3}y^4 + \frac{1}{16r^5}y^6 + \cdots\right) = \Delta_{\mathrm{I}}$$

故球面反射镜的光程差可写为

$$\Delta_{\mathrm{I}} = -\frac{y^4}{4r^3} - \frac{y^6}{8r^5} - \cdots \tag{17.26}$$

当反射镜在空气中，$n'=-1$ 光程差即为波像差 W。对上式进行微分得 $\mathrm{d}\Delta_{\mathrm{I}}$，取代前式中的 W，只考虑初级像差时，可得

$$\delta L' \approx -\frac{y_{\mathrm{m}}^2}{r^3}f'^2 \tag{17.27}$$

式中，y_{m} 表示边缘光线的入射高度。上式表示边缘球差。

假设反射系统的球差 $\delta L'$ 所形成的最小弥散斑距离近轴光像点为 $3\delta L'/4$，则当只考虑初级球差时，可认为在 $\dfrac{3}{4}\left(-\dfrac{y_{\mathrm{m}}^2}{r^3}\cdot f'^2\right)$ 处。加入校正器以后，使所有光线都交在最小弥散斑处，则通过校正器的任何光线都可处于偏折的状态，因而色差也趋于最小。下面讨论如何补偿反射球面相对于这个新焦点的光程差。

当屏由反射镜的近轴焦点移到新焦点时，边缘和近轴光线的光程差缩短了 Δ_{II}，由(13.4)可导出，Δ_{II} 就是以新焦点为参考点时的波像差：

$$\Delta_{\mathrm{II}} = \frac{y^2}{2f'^2}\left(\frac{3}{4}\cdot\frac{y_{\mathrm{m}}^2}{r^3}f'^2\right)$$

式中，y 是校正器上曲面的垂直坐标；y_{m} 仍是边缘光线入射高度。

加入校正器后，边缘光线和近轴光线到新焦点的总光程差以 Δ_{III} 表示，则

$$\Delta_{\mathrm{III}} = (n-1)\mathrm{d}y + \Delta_{\mathrm{II}} + \Delta_{\mathrm{I}} = (n-1)\mathrm{d}y + \frac{3y^2}{8r^3}y_{\mathrm{m}}^2 - \frac{y^4}{4r^3}$$

式中，$\mathrm{d}y$ 为校正器厚度。当 $\Delta_{\mathrm{III}} = 0$ 时，即消球差的情况下，校正器的厚度方程为

$$\mathrm{d}y = \frac{1}{4(n-1)r^3}\left(y^4 - \frac{3}{2}y^2 y_{\mathrm{m}}^2\right) \qquad (17.28)$$

由上式可看出，光线不发生偏折的中性区离光轴为 $y = \pm\sqrt{3/4}\,y_{\mathrm{m}}$ 处。工艺上为了便于实现，校正器和一块平行玻璃板组合在一起。

施密特系统的像场弯曲由初级像差理论可按式(10.2)和式(10.44)，经推导得

$$\frac{1}{n'R} = -\sum\frac{n'-n}{nn'r}$$

故
$$R = r/2$$

式中，R 为像面弯曲的曲率半径；r 是球面反射镜的曲率半径。因此这种系统中若像面做成曲面，则整个像面是清晰的。

上述近似计算法适用于相对孔径为 1:5 的系统，相对孔径再大时应考虑用精确计算法。

17.5.2 施密特校正器的精确计算法

所谓精确计算法就是根据消除实际球差的要求来确定非球面方程。如图17.18所示，校正器第一面为平面，第二面为非球面，坐标原点取在第一面和光轴的交点 O 处，球面反射镜的曲率中心为点 G。当入射光线的孔径角 U_1 为已知时，出射光线的孔径角 U_3 由消球差要求确定，即保证所有孔径的出射光线经球面反射后会聚于一点。由图17.18可知

$$I_2 = \varphi - U_2, \qquad I_2' = \varphi - U_3$$

代入折射定律 $n\sin I_2 = n'\sin I_2'$，可得

$$\tan\varphi = \frac{n\sin U_2 - n'\sin U_3}{n\cos U_2 - n'\cos U_3} \qquad (17.29)$$

式中，角 φ 为折射点处曲面的法线与光轴夹角。当给定 U_1，通过平面折射可求得 U_2，按消球差要求可确定 U_3，便可按上式求得 $\tan\varphi$。

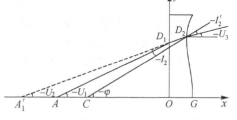

图 17.18 施密特校正器的精确计算

由物点出发的不同孔径角的光线，经过非球面折射和球面反射镜后均应会交于一点，即在满足消球差的条件下求出相应的 $\tan\varphi$ 值，而 $\tan\varphi$ 与面形方程又有直接联系，因 $\tan\varphi$ 的符号取决于 y 的符号，$\tan\varphi$ 展开为奇次方级数：

$$\tan\varphi = \mathrm{d}x/\mathrm{d}y = 2Ay + 4By^3 + 6Cy^5 + 8Dy^7 + \cdots$$

这样，对于不同孔径角的光线可组成一组方程：

$$\begin{cases} \tan\varphi_1 = 2Ay_1 + 4By_1^3 + 6Cy_1^5 + 8Dy_1^7 + \cdots \\ \tan\varphi_2 = 2Ay_2 + 4By_2^3 + 6Cy_2^5 + 8Dy_2^7 + \cdots \\ \tan\varphi_3 = 2Ay_3 + 4By_3^3 + 6Cy_3^5 + 8Dy_3^7 + \cdots \\ \quad\vdots \end{cases}$$

式中，y_1, y_2, y_3 为不同孔径角的光线入射高度。求解上述联立方程组即可求得系数 $A, B, C, D, \cdots$ 等，从而非球面的方程也就完全被确定了：

$$x = \int \tan\varphi \mathrm{d}y = Ay^2 + By^4 + Cy^6 + Dy^5 + \cdots + x_0 \qquad (17.30)$$

式中，x_0 为常数。当 $y=0$ 时，$x = x_0$，故 x_0 即为校正器的中心厚度。

17.6 柱面、超环面、离轴曲面及微结构阵列

1. 柱面

圆柱面是一种广泛使用的面形。在需要进行长狭缝聚光的仪器中，如宽银幕电影的摄影镜头和放映镜头，为获得变形图像（在两个互相垂直的方向上具有不同的缩放比例的图像），可采用柱面透镜系统。在日常生活中，圆柱面光学透镜和圆柱面反射镜的应用也很多，如校正人的眼睛"散光"等。

柱面镜的成像性质可以分别用一个非球面系统和一个平面系统来描述。圆柱面镜两截面的性质不同导致了像散，与球面系统结合可用来校正像散。利用这一特性，可用于激光的整形。柱面望远镜经常用于宽银幕电影的摄影镜头和放映镜头，其设计可以理解为一个伽利略望远镜。

若是非圆柱面镜，初级像差的分析在其非球面截面内，与前面非球面分析相似：在光阑附近使用，可校正该方向球差；远离光阑，影响除了场曲之外的像差。

2. 超环面

超环面与柱面相比，自由度更高，可以校正系统像散。一个重要应用就是激光扫描系统中的 $f\text{-}\theta$ 透镜。它被广泛应用于激光复印机、扫描仪、传真机、印刷机等与图形发生有关的扫描系统中。激光扫描系统包括激光器、旋转反射镜或多面体的扫描元件、聚焦透镜以及接收器等，分为透镜前扫描和透镜后扫描两种方式。其中透镜前扫描中的聚焦透镜即 $f\text{-}\theta$ 透镜。

(1) 透镜前扫描

透镜前扫描是扫描元件位于 $f\text{-}\theta$ 透镜之前，调制激光器发出的光束，射入 $f\text{-}\theta$ 透镜，在其焦面上形成一个聚焦的扫描直线。为此，可知聚焦透镜是一个大视场、小相对孔径的物镜，并且应是线性成像物镜。因此，要求高的扫描系统通常采用透镜前扫描，其原理如图17.19所示。

一般的光学系统，光线经镜头折射后会聚像面上的理想高度为

$$y = f' \tan\theta$$

像高 y 与入射角 θ 的正切值成正比。由于扫描像高 y 不是与入射角 θ 成线性关系，当扫描元件以同样的角速度旋转时，入射光束在像面上的扫描速度不等。为了实现等速扫描，聚焦透镜要产生一定的负畸变，实际像高比理想像高小，并与入射角 θ 成线性关系，满足

$$y = f' \cdot \theta$$

因此该聚焦透镜称为 $f\text{-}\theta$ 透镜。

(2) 轴旋转对称式扫描器

在分辨率要求较低的工业扫描系统，为了加工方便，大部分 $f\text{-}\theta$ 透镜设计为轴旋转对称式的。但是，由于对称的 $f\text{-}\theta$ 透镜体积较大，实际上用到的透镜面积只有很小的一窄条；由于对称的 $f\text{-}\theta$ 透镜为了控制畸变量会牺牲一部分像散，这样可能导致聚焦光斑不圆和分辨率降低。因此设计精密要求的扫描系统，如传真机、扫描仪等，为了简化结构、节省空间和提高分辨率，多采用非球面。

此外，环面反射镜还可用于极紫外（1～30 nm）区光谱仪及单色仪中作为前置镜。在满足一定的光谱分辨率条件下，环面镜得到较大的光通量。由于在极紫外区，小入射角时反射率足够大的镀层材料尚在研究开发，故不得不采用很大的入射角(86°～88°)以得到较高的反射率。如果用单个凹面光栅作为分光元件，

导致系统集光能力下降并损失了空间分辨率。为了解决像散问题，最好的办法是在入射狭缝之前加环面前置镜。

如图 17.20 所示，环面镜 M 的顶点和曲率中心位于光栅 G 的子午面内，设它在该平面内的主曲率半径为 R，在光栅弧矢平面内的曲率半径为 ρ，环面镜将位于子午平面内的点光源 A 成像为两条焦散线。第一条位于光谱仪入射狭缝 S 处，垂直于环面镜 M 的入射平面，第二条成像于光栅的弧矢焦线位置 P_λ。在一定条件下，则在圆上 B_λ 处，环面镜的像散和光栅的像散正好补偿，从而得到波长为 λ 的点光源消像散像。

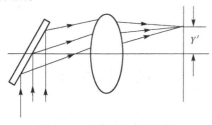

图 17.19　透镜前扫描示意图

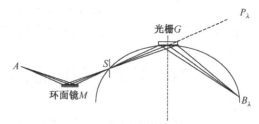

图 17.20　凹面光栅与环面前置镜合用示意图

3. 离轴曲面

离轴曲面多用于准直系统中的反射镜元件。

用于从可见光到红外(0.4～14 μm)波段的准直光学系统，采用纯反射系统是最经济可行的方案。但是，一般同轴反射系统有两个严重的缺点：一是有不可避免的中心遮拦；二是像质优良的视场较小。为了解决中心遮拦，常用的办法是从同轴反射系统中取其一部分，避开中心遮拦，称之为离轴系统。

在离轴曲面中，离轴抛物面镜是用得比较广的光学零件，主要因为它能以简单的面形产生高质量的无中心遮拦的平行光束。

如图 17.21 所示，D 为离轴抛物面反射镜的直径，D_W 为离轴抛物面反射镜的工作距离，θ 为转角。抛物面反射镜实现可以通过 90°（标准）转角或其他任意角度对激光光束进行反射和聚焦。离轴抛物面镜设计，主要根据使用方面的要求决定口径、离轴量、离轴角、焦距等几何关系，最多再计算一下可用的视场大小。

离轴曲面镜系统，即中心视场主光线与镜面的对称轴有一个夹角的光学系统。镜面在离轴状态往往要引起很大的像差，这时靠副镜或第三镜加以校正，以达到在一定视场内有足够优良的像质，如图 17.22 所示。

在离轴系统中，副镜已偏出入射光束，没有遮拦问题，因此系统的光焦度应该合理地分配到主镜及副镜上，因为像差是随相对口径的一次或二次方增加，而非球面镜的加工难度则随相对口径的三次方增加。降低主、副镜的相对口径是设计离轴系统考虑的一条重要原则。

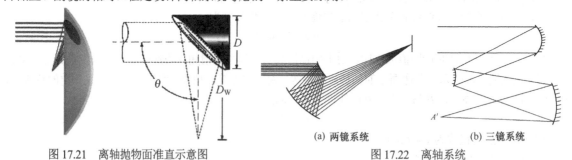

图 17.21　离轴抛物面准直示意图　　　　图 17.22　离轴系统

（a）两镜系统　　　　　（b）三镜系统

4. 微结构阵列

微结构阵列有一维阵列和二维阵列。

一维阵列多见于光通信领域，比如用于光纤和光电设备耦合的 V 型槽光电耦合器件。用 V 型槽光纤接头构成的光纤阵列是下一代光纤网络的关键器件，其结构如图17.23所示。

二维微结构阵列，在对目标进行分解或复合成像的系统中应用很多，比如高均匀度照明、网格摄影成像、信息处理、印刷和传真等，包括网格透镜和多棱镜等。

网格透镜的结构如图17.24所示，其主要结构参数有微结构之间的间距 P，相对孔径 P/f'（f' 为小透镜焦距)、网格透镜的尺寸和小透镜总数 m。在网格摄影术中，像质取决于微结构之间的间距 P 和小透镜总数 m。而相对孔径 P/f' 和间距 P 决定摄影频率、摄影机光焦度等性能的重要指标。一般 P 取 0.4 mm，常用 P/f' 值为 $1/8-1/4$。

图 17.23　一维 V 型槽阵列

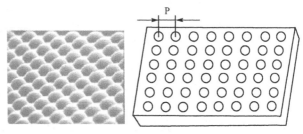

图 17.24　微透镜二维阵列

在照明系统中，微结构之间的间距 P 和透镜总数 m 要根据光路要求和光强分布要求计算确定。在立体摄影和立体电视中应用的柱面网格透镜，其间距 P 通常也取 0.4 mm。

二维的微镜阵列可用于手机等 LCD 液晶显示器的背光模组中的导光板。微镜阵列中，微镜可为圆球形镜，也可为四面体角锥棱镜。如图 17.25 所示，光线从位于导光板边缘的 LED 发出，经导光板微镜折射向上发散，从底部射出去的光线被下面的反射片反射后再次反射。根据照明光强和均匀性要求来设计微镜的大小和间距可以得到光强均匀分布的面光源。一维的 V 型槽结构导光板底部为 V 型槽结构，LED 位于导光板边缘。通过 V 型槽间距离变化，将水平入射的 LED 点光源转化为均匀分布的面光源。

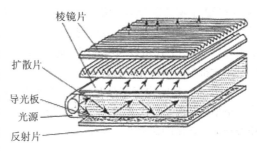

图 17.25　LCD 的背光模组示意图

17.7　衍射光学元件及折衍混合光学系统

17.7.1　概述

衍射光学元件(Diffractive Optical Element，DOE)是基于光波的衍射理论设计的，它是指表面带有阶梯状衍射结构的光学元件。

200 年前发明的衍射光栅是最早的衍射光学元件，在光学仪器中应用广泛。随后，近一个世纪开始了波带片的研究工作。1820 年，菲涅耳提出菲涅耳透镜的构思，并在 1822 年研制成功。1836 年，泰伯发现了基于菲涅耳衍射中的泰伯效应。这是设计和制作光学阵列发生器或照明器的重要方法之一。1971 年，达曼提出并设计了光电技术、图像处理技术中使用的光学分束器——达曼光栅(Dammann Grating)。20 世纪 80 年代中期，美国 MIT 林肯实验室率先提出了"二元光学"的概念。二元光学元件(Binary Optical Element，BOE)，如图 17.26 所示，它是基于光波的衍射理论，在传统光学元件表面刻蚀产生两个或多个台阶深度的浮雕结构，形成纯相位、同轴再现、具有极高衍射效率的一类衍射光学元件。1988 年，Swanson 和 VeUknmp 等人利用衍射光学元件的色散特性校正单透镜的轴上色差和球差，研制出了多阶相位透镜。从此，开始进行衍射光学元件在光学成像领域的应用研究。

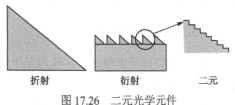

图 17.26　二元光学元件

20 世纪 90 年代，出现了一种既包括传统光学器件，如透镜、棱镜、反射镜等，也含有衍射光学器件的新型光学成像系统。它同时利用了光在传播中所具有的折射和衍射两种性质，通常被称为混合光学成像系统(Hybrid Optical System, HOS)。它不仅可以增加光学设计自由度，而且能够在一定程度上突破传统光学系统的许多局限性，在改善系统像质、减小体积和降低成本等多方面都表现出了优势。

衍射光学元件的制作方法很多。在二元光学发展初期，按照所用掩模板及加工表面浮雕结构的特点主要有三类方法。最初的标准的衍射元件制作方法，如图17.27所示，是由二元掩模板经多次图形转印、套刻形成台阶式浮雕表面的。其中包括多层掩模刻蚀、多层掩模镀膜、旋转掩模镀膜等。以上均要求衍射面基底为平面。第二类是新兴的直写法，无须利用掩模板，仅通过改变曝光强度直接在元件表面形成连续浮雕轮廓，主要包括激光束直写和电子束直写。直写法可以制作具有连续曲率的表面结构的光学元件。第三类灰阶掩模图形转印法，所用掩模板透射率分布是多层次的，经一次图形转印即形成连续或台阶表面结构。后来由于超精密金刚石切削设备的发展，常用光学材料可以直接利用超精密加工技术制造高精度的衍射元件。此外，还可以利用先制作好的高精度模具压出大批量的衍射光学元件。

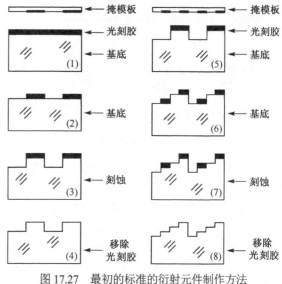

图 17.27　最初的标准的衍射元件制作方法

近年来，精密电子产品对光学成像系统的轻量化、小型化及像质提出了越来越高的要求，加之超精密制造技术的有力支持，更加快了用于衍射光学元件和混合成像系统的研究及实用化。

17.7.2　菲涅耳透镜(Fresnel Lens)

菲涅耳透镜，又称为螺纹透镜（或称为同心圆阶梯透镜）。菲涅耳透镜一般是由一系列同心棱形槽构成的，每个环带都相当于一个独立的折射面。菲涅耳透镜的菱形槽除了按照同心圆排列外，还可以按照平行直线排列。平行直线排列棱形槽的菲涅耳透镜可以用作线太阳能聚光器。

菲涅耳透镜的菱形槽一般为每毫米2～8个槽。随着现代塑料模压工艺的发展，可以模压出很细沟槽的阶梯透镜，沟槽的频率高达每毫米约20个槽，这超过人眼在明视距离的分辨率（每毫米7～10线对），完全有可能同分辨率接近衍射极限的透镜相媲美。

最简单的菲涅耳透镜是基面为平面的平面形透镜。它的结构简单，加工方便。还有基面为曲面的弯月形透镜。它的自由度更高，有利于消像差。菲涅耳透镜包括透射式和反射式两种。

菲涅耳透镜设计主要是确定每个环带的齿形，它的每个环带相当于厚透镜的一个环带，各环带所构成的透镜焦距不等，但能够保证焦点都位于同一点，即达到消球差的目的。其效果相当于一个厚透镜，但是厚度又比厚透镜大大减小。

各环带齿形主要取决于各面的面形角 α，只要找出各个工作面的法线倾角 φ 即可，由图17.28可见 α 和 φ 是相等的。图中给出了菲涅耳透镜的一个齿形截面，设透镜材料的折射率为 n，外界介质折射率为 n'，α 称为工作侧面角，β 称为干扰侧面角。

采用等光程条件推导，可以得到

$$\tan \alpha = \tan \varphi = \frac{n'\sin U_3 - n\sin U_2}{n'\cos U_3 - n\cos U_2} \tag{17.31}$$

由式(17.31)可求得 α，α 称为工作侧面角，有多少环带便可计算出多少个 φ 角，显然各环带的面形角是不相等的。

当干扰侧面角 $\beta < 90°$ 时，齿形的干扰侧面可不同程度地减小干扰作用，而且加工比较方便，便于大量生产。$\beta > 90°$，齿形的干扰侧面一般不能减小干扰作用，而且不能模压，只能切削加工，不适用于大量生产。$\beta = 90°$，齿高超过环带螺距时，其齿尖容易变形。光线通过变形后的工作侧面，形成干扰光线，对像质不利。为了避免这种情况，一般做成 $\beta < 90°$ 的齿形。

菲涅耳透镜的相对孔径越大，作为聚光镜的包角越大，光能利用越充分，但过分增大孔径或缩短焦距，会导致透镜边缘出射光线发生全反射现象，所以材料的全反射临界角的大小限制了菲涅耳透镜所能获得的最大偏角 δ_m。

由几何光学知，光学材料折射率为 n，其临界角 I_m 由下式求出：

$$\sin I_m = n' / n$$

在工作面上产生的最大偏角 δ_m 与 I_m 互为余角，故有 $\cos I_m = \sin I_m = n' / n$。常用光学塑料的折射率 n 约为 1.5，菲涅耳面的最大光线偏角为 $\delta_m \approx 48°$（在空气中）。

根据 δ_m 可推知菲涅耳透镜的最大直径，由图17.29可知

$$h_m = l \tan U_2$$

又 $U_2 = U_3 - \delta_m$，$\tan U_3 = h_m / l'$，经整理得

$$h_m^2 - h_m \frac{l' - l}{\tan \delta_m} + ll' = 0 \tag{17.32}$$

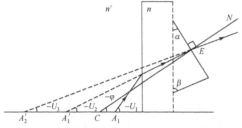

图 17.28　菲涅耳透镜环节的齿形结构

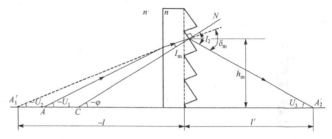

图 17.29　推导菲涅耳透镜的最大直径

当 l 是有限距离时，可按式(17.32)求得 h_m。当 $l = \infty$ 时，$l' = f'$，由式(17.32)可得

$$f' = \frac{h_m}{\sqrt{(n/n')^2 - 1}} \tag{17.33}$$

若已知最大入射高度 h_m，可按式(17.33)求得所允许的最小焦距值。

如果把菲涅耳透镜的基面做成曲面，就可增大最大偏角 δ_m 值。

由于工艺上的要求，工作面通常做成圆锥面，由此必须会产生一些附加偏差，以及在子午面上的棱镜色散效应，这些将引起像质变坏。当齿宽很小时，这种剩余像差是可以忽略的。菲涅耳透镜的齿距一般取 0.4～0.05 mm。

还必须指出，菲涅耳透镜的每个环带有一个独立的等效曲面，各自独立成像，就整个菲涅耳透镜而言，它不遵守费马原理，（费马原理规定了光线传播的唯一可实现的路径，不论光线正向传播还是逆向传播，必沿同一路径。因而借助于费马原理可说明光的可逆性原理的正确性。光在任意介质中从一点传播到另一点时，沿所需时间最短的路径传播。）即一对共轭点之间的光程不是常数。

17.7.3　达曼光栅(Dammann Ggrating)

达曼光栅是一种具有特殊孔径函数的二值相位光栅，其对入射光波产生的夫琅和费衍射图样（傅里叶谱）是一定点阵数目的等光强光斑，完全避免了一般振幅光栅因函数强度包络所引起的谱点光强的不均匀分布。

将达曼光栅置于傅里叶变换透镜前，如图 17.30 所示，经单位振幅的平面波照射，将在透镜的后焦面（即频谱面）上得到间距相等的光点阵列分布。设光栅的相位是二值的，即零或 π，光栅的周期规化为 1，为了得到(2M+1)级等光强的光束分布必须对光栅的每一个周期进行空间坐标（包括刻槽数目及槽宽）的调制，利用这种微细结构的周期重复即可得到一种特殊结构的相位光栅，经过优化设计使输出面上所要求的角谱范围内的光强均等。为简化设计过程，往往先设计其一维结构，然后在正交方向展开，得到二维达曼光栅。

显然，光栅及其谱完全由光栅结构中那些突变点坐标所决定。结构的优化设计实质上是要寻找一组相

位突变点坐标集$\{a_l, b_l\}$。由于其透过率函数$g(x)$是周期性的，如图17.31所示。其中，T是光栅周期，$g(x)$可用傅里叶级数展开如下。

$$g(x) = \sum_{m=-\infty}^{\infty} G(m)\exp(\mathrm{j}2\pi mx/T) \tag{17.34}$$

式中，m表示衍射级次；$G(m)$表示傅里叶系数，即各衍射级振幅。

当$m=0$时
$$G(0) = \frac{1}{T}\int_0^T g(x)\mathrm{d}x = \frac{1}{T}\sum_{l=1}^{L}\int_{Ta_l}^{Tb_l}\mathrm{d}x = \sum_{l=1}^{L}(b_l - a_l) \tag{17.35}$$

当$m\neq 0$时 $\quad G(m) = \frac{1}{T}\int_0^T g(x)\exp(-\mathrm{j}2\pi mx/T)\mathrm{d}x = \frac{1}{T}\sum_{l=1}^{L}\int_{Ta_l}^{Tb_l}\exp(-\mathrm{j}2\pi mx/T)\mathrm{d}x \tag{17.36}$

$$= \frac{1}{2\pi m}\sum_{l=1}^{L}\{[\sin(2\pi mb_l) - \sin(2\pi ma_l)] + \mathrm{j}[\cos(2\pi mb_l) - \cos(2\pi ma_l)]\}$$

$$P(m) = |G(m)|^2 \tag{17.37}$$

由式(17.35)、式(17.36)和式(17.37)可知，光栅各衍射级功率谱与光栅实际周期T无关，只与光栅结构尺寸$\{a_l, b_l\}$有关。因此，设计时通常将周期归一化。绘制掩模图形时，将光栅结构尺寸$\{a_l, b_l\}$乘上T，即可得到光栅一个周期的实际相位分布。

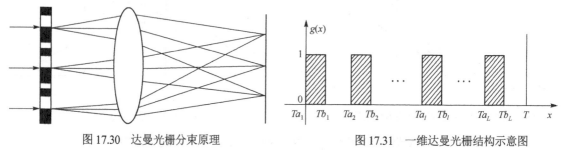

图17.30　达曼光栅分束原理　　　　　　　　图17.31　一维达曼光栅结构示意图

与其他衍射结构的光学分束器相比，达曼光栅属于傅里叶变换型的分束器，具有光斑阵列光强均匀性，不受入射光波分布影响和可以产生任意排列的点阵等优点。目前，我国已成功设计并制作了64×64分束的方形达曼光栅以及圆环形达曼光栅。

17.7.4　混合光学成像系统中的衍射光学元件

1. 高折射率模型和PWC描述

PWC描述是指初级球差系数P、初级彗差系数W和初级色差系数C。衍射光学元件在混合光学成像系统中采用的近似处理理论模型，一般为光线模型中的无穷大折射率模型。光线模型以光线描述光的传播，每次只考虑单一衍射级次，分析衍射光学元件对光的偏折作用，类似于传统光学的分析方法。无穷大折射率模型是Sweat提出的，其将衍射元件看作折射率无穷大的没有厚度的传统元件。基于无穷大折射率模型，可以按照传统光学初级像差分析，进行像差计算和结构分析。

在实际的计算机辅助设计计算中，不可能对无穷大折射率元件进行光线追迹，选取计算机数据处理能力能接受的一个恰当的大折射率值的高折射率模型。

衍射透镜的光焦度与波长成正比：$\varphi(\lambda) = k\lambda$。

而折射透镜的光焦度与折射率成正比：$\varphi(\lambda) = [(n(\lambda)-1)]\Delta C$。

故衍射透镜的等效折射率可表示为：$n(\lambda) = C\lambda + 1$。

由于折射率n很大，可令$C = 10^S$，则$n(\lambda) = \lambda\times10^S + 1$。

一般而言，在可见光区域，可取$S \geqslant 7$（$C = 10^S$中的幂次）。当$S = 7$时，D光等效折射率$n_d = 5877$，F光等效折射率$n_F = 4862$，C光等效折射率$n_C = 6564$。

折衍射混合单透镜可以看作连续曲面透镜与衍射透镜的胶合体。将衍射光学元件等效为折射率无穷大的薄球面透镜，一般球面薄透镜系统的单色初级像差和数公式适用于含衍射结构的球面薄透镜系统，即

初级球差和数	$S_{\text{I}} = \sum (hP)$
初级彗差球差和数	$S_{\text{II}} = \sum (h_z P) - J \sum (W)$
初级像散和数	$S_{\text{III}} = \sum \left(\dfrac{h_z^2}{h} P \right) - 2J \sum \left(\dfrac{h_z}{h} W \right) + J^2 \sum (\varphi)$
初级弧矢场曲和数	$S_{\text{IV}} = J^2 \sum (\varphi_r / n)$
初级畸变和数	$S_{\text{V}} = \sum \left(\dfrac{h_z^3}{h} P \right) - 3J \sum \left(\dfrac{h_z^2}{h^2} W \right) + J^2 \sum \left[\dfrac{h_z}{h} (3\varphi + \varphi_r / n_r) \right]$

其中，P, W 为光学系统的内部参量；h 为轴上点发出经过孔径边缘的第一辅助光线在各个透镜组上的投射高；h_z 为视场边缘发出经过孔径光阑中心的第二辅助光线在各透镜组上的投射高；φ 为各透镜组的光焦度；J 为拉格朗日不变量。含衍射透镜的薄透镜系统中衍射透镜的折射率 $n_d = \infty$（根据无穷大折射率模型），其倒数 $\mu_d = 1/n_d = 0$，故

$$\sum (\mu\varphi) = \sum \mu_d \varphi_d + \sum \mu_r \varphi_r = \sum \mu_r \varphi_r$$

下标为 r 的量对应于折射透镜，下标为 d 的量对应于衍射透镜。故含衍射透镜的薄透镜系统的初级弧矢场曲和数和初级畸变和数分别为

$$S_{\text{IV}} = J^2 \sum (\mu_r \varphi_r)$$

$$S_{\text{V}} = \sum \left(\dfrac{h_z^3}{h} P \right) - 3J \sum \left(\dfrac{h_z^2}{h^2} W \right) + J^2 \sum \left[\dfrac{h_z}{h} (3\varphi + \mu_r \varphi_r) \right]$$

含衍射透镜薄透镜系统的初级轴向色差和数和初级垂轴色差和数分别为

$$C_{\text{I}} = \sum (h^2 C), \qquad C_{\text{II}} = \sum (h h_z C)$$

其中
$$C = \sum (\varphi / \upsilon) \tag{17.38}$$

2．衍射光学元件在成像系统中的特性以及应用

(1) 消色差

衍射元件的色差由微结构衍射的波长依赖性引起，其色散特性与折射元件正好相反。衍射光学元件的在可见光波段的等效阿贝系数为

$$\nu = \frac{n_d - 1}{n_F - n_C} = \frac{\lambda_d}{\lambda_F - \lambda_C}$$

相对部分色散为

$$P = \frac{n_F - n_d}{n_F - n_C} = \frac{\lambda_F - \lambda_d}{\lambda_F - \lambda_C}$$

根据高折射率模型 $S = 7$，$n_d = 5877$，$n_F = 4862$，$n_C = 6564$，则 $\nu = -3.542$，相对部分色散为 $P = 0.596$。可见，衍射元件具有负的色散系数，与常规材料色散系数正好符号相反，如图 17.32 所示。利用这一特性有利于校正光学系统的色差和二级光谱。在传统折射光学元件中，常利用色散系数相差较大的两种材料制成双胶合或密接薄透镜组来消色差。但是它们的阿贝系数均为正数，必采用正、负透镜组合方式，单块透镜光焦度绝对值大，不利于单色像差的校正。特别在红外区域可选材料少，消色差更为困难。折衍射混合的元件阿贝系数为一很小负值，其等效折射元件光焦度略小于元件整体光焦度，等效衍射元件光焦度非常小。这样单色像差校正容易。利用这一特性，可以设计消色差或复消色差系统。

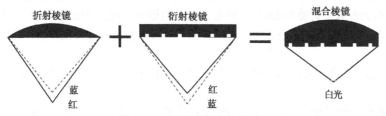

图 17.32　衍射元件消色差原理

(2) 消热色差

光学元件的温度特性用光热膨胀系数 x_f 来表征，它定义为单位温度变化引起的光焦度的相对变化：

$$x_f = \frac{1}{f}\frac{\mathrm{d}f}{\mathrm{d}T}$$

而当采用薄透镜模型时，可得折射元件的光热膨胀系数 $x_{f,\mathrm{r}}$：

$$x_{f,\mathrm{r}} = \alpha_g - \frac{1}{n-n_\mathrm{o}}\left(\frac{\mathrm{d}n}{\mathrm{d}T} - n\frac{\mathrm{d}n_\mathrm{o}}{\mathrm{d}T}\right)$$

式中，α_g 和 n 分别为透镜材料的热膨胀系数和折射率；n_o 为像空间的折射率；由上式可见，折射元件光热膨胀系数与透镜形状无关，仅取决于材料的性质。衍射透镜的光热膨胀系数被公认为

$$x_{f,\mathrm{d}} = 2\alpha_g + \frac{1}{n}\frac{\mathrm{d}n_\mathrm{o}}{\mathrm{d}T}$$

衍射透镜的光热膨胀系数与透镜材料的折射率及折射率随温度的变化无关，只与透镜材料热膨胀系数和像空间折射率随温度的变化有关。因为与大多数光学材料具有热差特性相反，衍射光学元件可以补偿折射透镜引起的热变形。现可知衍射元件的光热膨胀系数始终为正，而折射元件的光热膨胀系数有正有负。但是，衍射元件的光热膨胀系数与折射元件的光热膨胀系数相比，绝对值很小。在实际设计中，还需要利用正、负光焦度的热差效应来实现。设计无热化红外混合光学系统（见第 18 章）即可根据上述特性设计。

(3) 高衍射效率

衍射效率是衍射光学元件的一个重要性能指标，与其外形轮廓台阶数有关。针对设计波长和入射角度，设每个台阶的高度相同，则衍射效率是与台阶数的关系为

$$\eta = \left[\frac{\sin(\pi/L)}{\pi/L}\right]^2 = [\sin c(1/L)]^2 \tag{17.39}$$

式中，台阶总数 $L = 2^N$（N 是正整数）。可见，衍射效率随着台阶数的增多而增大，当台阶数很大（$L=32$）时接近于 1，如表 17.1 所示，但由于实际工艺比较复杂，设计时具体台阶数应视具体任务而定。但是理论上，衍射光学元件只能对单一波长和设计入射角度进行精确闪耀，实现高效率特点。因此，对于较大视场和宽波段的光学系统，衍射效率受到影响。解决上述问题的方法是谐衍射透镜，也称为多级衍射透镜(Harmonic Diffractive Lens, HDL)。其特点是相邻环带间的光程差是设计波长 λ_0 的整数 p 倍（$p \geqslant 2$），空气中透镜最大厚度为 $p\lambda_0/(n-1)$，是普通衍射透镜的 p 倍。

对于设计波长 λ_0、焦距为 f_0' 的谐衍射透镜，使用波长为 λ 的 m 级衍射的焦距为

$$f_{m,\lambda} = \frac{p\lambda_0}{m\lambda}f_0 \tag{17.40}$$

表 17.1　台阶状位相光栅的一级衍射效率

元件的台阶数	2	4	8	16
一级衍射效率	0.405	0.811	0.950	0.987

若 $\frac{p\lambda_0}{m\lambda}=1$，则 $f_{m,\lambda}=f_0$。说明对于谐衍射透镜，凡波长满足 $\frac{p\lambda_0}{m\lambda}=1$ 的整数 m 所对应的谐振光波均将会聚到共同的焦点 f_0 处。p 是在设计时已确定的结构参数。谐振波长可以由 $\lambda = p\lambda_0/m$ 选取，p 越大，在确定光谱段内的谐振波长越多。p 提供了另一个自由度，可以控制在给定的光谱范围内的几种波长汇聚到同一位置。

普通衍射镜头(Diffractive Optical Lens, DOL)、谐衍射透镜(HDL)与普通折射透镜三者关系，由 p 的变化推知：$p=1$，即为普通衍射镜头(DOL)，外形为极薄的相位透镜，表现出明显的衍射特性，色散大且与普通折射透镜相反；色散仅与波长有关，与材料无关；焦距与波长成反比，材料种类不影响透镜的光谱特性。

$p \to 2$ 的有限值，为谐衍射透镜(HDL)。厚度开始增加，色散减少；材料性能对光谱性能影响增加，衍射特性逐渐减弱。

$p \to \infty$，即为传统折射透镜，体积与质量增加，色散小，且由材料决定，无明显衍射特性。

谐衍射透镜(HDL)兼顾衍射镜头(DOL)和折射镜头的特点，在元件厚度与色散方面进行了折中。

与普通衍射镜头(DOL)相比，谐衍射透镜(HDL)微结构尺寸较大，一般达到数微米。可以采用多层衍射结构(Multi-layer Diffractive Optical Element, MLDOE)有利于降低刻蚀深度。采用不同色散系数、不同折射率的光学材料分别加工微结构衍射元件，然后将它们彼此层叠，对上述微结构进行设计，可以将宽波段内多个波长准确聚焦到同一位置。

图17.33所示的是由两块具有同心圆衍射结构的单层平板衍射光学元件组成的MLDOE，其光栅周期相同，结构互补，相对而合放置。当然，衍射元件也可能是曲面上有衍射结构。它可提高成像质量，又可缩短筒长，减轻质量。日本佳能(Canon)公司利用上述结构设计长焦镜头将系统总长缩短了1/3。如佳能 EF 400mmf/4DO 原型为 USM(UltraSonic Motor，超声马达)镜头见图17.34。

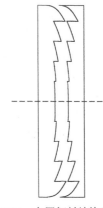

图17.33　多层衍射结构示意图

(a) 内置于多层衍射光学元件　　(b) 仅包含折射光学元件的f/4400mm

图17.34　USM镜头

17.7.5　折衍混合光学系统

衍射光学元件的应用光谱范围涵盖了红外和可见光波段，甚至在紫外也有所应用（见18.8.3节）。事实上，由于红外衍射光学元件相对较为容易加工：红外波段波长是可见光数倍之多，因而根据衍射理论设计出来的衍射面型微周期宽度也要宽出很多，故易于加工；而且，应用于红外系统的材料很多属于非脆性材料,可以直接使用金刚石车床车削出比较理想的衍射面型，因而，衍射光学系统在红外光学领域已经有很多应用。衍射光学元件应用于紫外消色差可以替代紫外波段比较难于得到的特殊材料。纯衍射元件用于可见光谱段时遇到的主要问题是其最小特征尺寸很小，随着刻蚀台阶数增加，台阶线条变细，需要极高的光学制造工艺水平。将传统折射元件与衍射面相结合，能够降低对衍射元件刻蚀精度的要求，构成折射-衍射混合型元件。衍射光学元件的加入为系统优化提供了更多的参数自由度，起到了简化系统结构，改善光学系统性能，降低成本的作用。

下面主要讨论折衍混合光学系统的结构和示例。

1. 折衍射混合复消色差光学系统

在长焦距折射式光学系统中，二级光谱是影响成像分辨率的主要因素。消除了二级光谱的光学系统称为复消色差光学系统。在传统技术范围内，校正二级光谱有两种方法：一是使用氟化钙晶体或其他含氟玻璃，另一个是使用等效玻璃的方法，即以两种或多种玻璃组成一种虚拟的等效玻璃。前者的问题是材料和加工成本昂贵，大尺寸、高质量的材料很难获得；后者的作用有限，实用价值不大。

采用衍射光学元件实现系统复消色差最简单的结构是采用一个普通火石玻璃做成的负透镜、一个由普通冕牌玻璃做成的正透镜及一个衍射光学元件组成的折衍射混合透镜组。它的原理可以用图17.2的光学玻璃P-v图来说明。设计中发现这两种结构消球差、彗差及复消色差后，当衍射光学元件以负透镜的平面为基底时产生的色球差与以正透镜的平面为基底时产生的色球差有较大的区别。通常情况下采用图17.35所示结构。

2. 折衍射混合式阵列相机光学系统

阵列式相机，就是用多个小镜头来代替一个大镜头的拍摄效果，其原理和阵列式天文望远镜及昆虫的复眼类似。相比于传统的相机来说，阵列式相机的视野更广，拍出的照片也更大，同时其体积更小。通常情况下，这种光

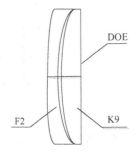

图17.35　长焦距折衍混合
复消色差光学系统

学系统需要较为复杂的结构，而且成本较高，通过使用折衍光学系统可以对原有的结构进行化简。初始样机是由七片较大口径高次非球面透镜构成的光学系统，它的焦距是45 mm，F#略小于1，视场接近50°。通过加入衍射面进行优化，可简化为一个较小口径四片透镜的折衍射混合光学系统结构，如图17.36所示。由于成像波段较窄，衍射效率对它的成像质量影响很小，在保证原有要求的基础上具有很高的成像质量，其中所有光学元件都采用光学塑料注塑成型的方法加工而成。

在国外已有商用化的折衍混合相机，使用多层衍射面摆脱了衍射效率随成像光谱宽度的增加而下降的问题，使成像质量可与全折射光学系统相媲美。同时，体积减小，质量减轻，也不再大量地使用昂贵的特殊光学材料。

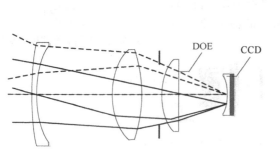

图17.36 折衍混合式阵列相机光学系统

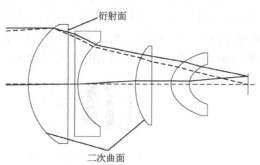

图17.37 星敏感器系统结构图

3．折衍混合大相对孔径星敏感器光学系统

星敏感器，又名星跟踪器，它是天文导航系统中一个很重要的组成部分。它以恒星作为姿态测量的参考源，可输出恒星在星敏感器坐标下的矢量方向，为航天器的姿态控制和天文导航提供高精度测量数据。星敏感器光学系统设计评价指标主要包括点列图、能量集中度、畸变、垂轴色差、探测器星点质心偏移量等，一般要求各视场光斑应尽可能圆且均匀，光斑半径应该覆盖1～3个探测器像元，光斑在小于40 μm的半径范围内集中80%以上的能量，垂轴色差必须保持在3 μm以内，畸变不大于1%。

折射式大相对孔径星敏感器光学系统大多结构复杂，通常需要8片左右透镜，所用玻璃材料较多。而通过引入衍射元件，使用4片透镜、两种普通玻璃材料实现了具有大相对孔径的甚高精度星敏感器光学系统，成像质量达到星敏感器运行要求，且消热差和抗离焦性能良好，其结构图如图17.37所示。

4．衍射光学成像光谱仪

成像光谱仪可以用很窄且连续的光谱通道对地面物体进行持续遥感成像。在可见光到短波红外波段其光谱分辨率高达纳米(nm)数量级，具有波段多的特点，广泛应用于地质矿物识别、植被生态、海洋海岸水色、冰雪、土壤等研究中。在传统衍射光学成像光谱仪中，衍射透镜的焦距随波长变化引起系统放大率随波长变化，从而导致光谱图像的像元配准误差，得到并不精确的相对光谱信号强度，提出将衍射透镜与消色差透镜系统相结合的新型折衍混合、二组元复合远心成像光学系统的技术方案，系统的放大率不随波长变化，而且进一步降低了衍射透镜的加工难度，改进了衍射光学成像光谱仪的光学性能。

图17.38所示系统实现了光谱范围0.5～0.9 μm内5 nm左右的光谱分辨率，瞬间视场(IFOV)0.04mrad，总视场（TFOV）±0.9°。空间频率为30 lp/mm时，调制传递函数大于0.4，具有较高的分辨率。

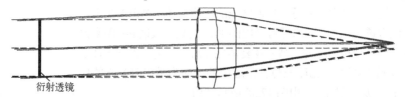

图17.38 衍射光学成像光谱仪系统结构图

5．折衍混合中波红外热像仪光学系统

目前，常见的中波红外折衍混合光学系统都是将衍射光学元件做在锗、硫化锌等软质材料上，由于硅材料密度小(大约是锗材料密度的一半)、价格低廉，将衍射光学元件做在硅基底材料上可以进一步减小系

统质量，在轻型光学设备中有着重要的实用价值。

图 17.39 为一个传统的折射式中波红外热像仪，在此基础上采用 CODE V 软件设计了一个轻量化折衍混合热像仪光学系统，如图 17.40 所示。该系统采用全硅材料，衍射面设计在硅透镜聚乙烯涂层上，混合系统光学参数为：焦距 f'=150 mm，F/#=2.0，视场 $2w$=4.6°，波长范围 3.7～4.8 μm。

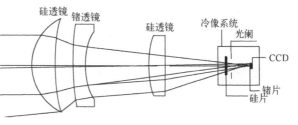

图 17.39　传统折射式红外热像仪

精确计算了衍射光学元件的面形参数，得到衍射环最小周期为 1405.2 μm。对传统折射式热像仪和折衍混合热像仪的像差特性进行对比，可以发现像质得到明显改善。而且折衍混合热像仪的重量仅为传统折射式热像仪重量的 40%。

图 17.41 所示系统利用复合型双层衍射元件，即将 2 片单层衍射元件叠加为一体的复合透镜，其环形衍射元件采用优化的光学材料和最佳的浮雕深度设计，通过两层衍射元件的互补作用有效地抑制了漫衍射光，使全域波段的衍射效率都近于 100%。并且衍射面的负热差特点实现了消热差。

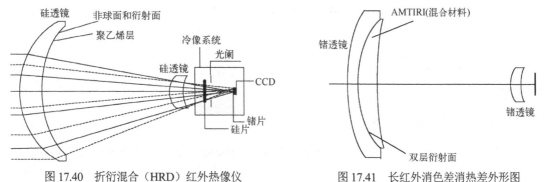

图 17.40　折衍混合（HRD）红外热像仪　　　　　图 17.41　长红外消色差消热差外形图

17.8　自 由 曲 面

17.8.1　自由曲面概述

自由曲面光学(Free Form Optics)是根据现代光电系统对于信号的接收、转换、存储、传送等的要求，构造任意形状的光学表面的设计方法。任意形状的光学元件称为自由曲面光学元件。自由曲面是非球面发展的高级阶段。

从 20 世纪 50 年代开始，非球面在光学系统中的应用日益广泛。科技进一步发展要求光学系统超薄、超简等特殊结构，向着多元化、集成化、立体化方向发展，比如光轴折叠、折/反/衍射混合等。相应的光学元件由立体发展为复杂形状的自由曲面。

与此同时，超精密加工与测量技术也进一步发展。超精密金刚石切削技术可以实现光学镜面的机械加工。超精密五轴加工机床为非球面乃至自由曲面的加工提供了稳定可靠的技术。

同时，光学塑料的研究取得了很大进展。光学塑料的种类不断增多，最常见的有 PMMA（聚甲基丙烯酸甲酯）、PC（聚碳酸酯）等。它们的光学性能不断提高，折射率范围不断扩大。光学塑料为自由曲面光学元件的大批量注塑提供了优质材料。采用单点金刚石切削制造超精密的注塑模型，通过精密注塑工艺可以大批量生产自由曲面元件，降低了制造成本。

综上所述，自由曲面光学随着光学技术发展的需求应运而生，在设计手段、加工技术、检测技术、光学塑料的发展支持之下，有着广阔的产业化前景。

17.8.2　自由曲面光学元件

自由曲面光学元件，不同于球面透镜和常见的非球面透镜、棱镜、反射镜等。其外形是形状复杂、各种变异的透镜、棱镜、反射镜及其组合体，难以用少量参数确定其外形，而是以一系列离散点集合来表示其外形，多用 NURBS（Non-Uniform Rational B-Splines，非均匀有理 B 样条）造型方法描述。与传统的光学元件相比，自由曲面光学元件具有以下几点特征：

(1) 外形　多是复杂的异形表面组合而成的光学元件。

(2) 设计方法　自由曲面多元化的三维立体空间设计，有时还需要设计者根据不同的应用场合对光学辅助软件进行二次开发，或自行编写相应的计算程序。

(3) 制造方法　利用超精密加工可直接加工出高精度光学镜面，超精密五轴加工技术加工自由曲面。最高面形精度可达亚微米量级，表面粗糙度达纳米量级。五轴机床的运动是五个坐标轴运动的合成。对于五轴联动，例如在 X、Y、Z、B、C 五轴联动的卧式铣床，如图 17.42 所示。加工时，工件在 C 转台上位置尺寸以及 B、C 转台相互之间的位置尺寸，产生刀具轨迹时都必须加以考虑。通常在装夹工件时要耗费大量时间来处理这些位置关系。如果后置处理器能处理这些数据，工件的安装和刀具轨迹的处理都会大大简化；只需将工件装夹在工作台上，测量工件坐标系的位置和方向，将这些数据输入到后置处理器，对刀具轨迹进行后置处理即可得到适当的 NC (Numerical control, 数字控制)程序。

(4) 材料　突破了光学玻璃的限制，采用多种的光学塑料等新型材料进行注塑成型，实现大批量的生产。

自由曲面的灵活性赋予了光学系统更加优良的性能和结构。自由曲面光学元件极大地拓展了应用范围和应用前景。

17.8.3　自由曲面的描述

图 17.42　五轴联动的卧式铣床

自由曲面的数学描述方法较多，比较常见的有贝塞尔法(Bezier)、B 样条法(B-Spline)和 NURBS 法等。贝塞尔法是最早的一种利用控制多边形来数字化表示自由曲线/面的一种方法。B 样条法用于曲线曲面造型描述，早在 20 世纪 60 年代在飞机和汽车制造行业中用于计算机曲面造型和异型零件的加工。1988 年颁布的 STEP/PDES(1.0)版产品定义交换规范就只规定了唯一的一种自由型曲线曲面，即 NURBS。1991 年国际标准组织(ISO)正式颁布了工业产品几何定义的 STEP 标准，作为产品数据交换的国际标准。在 STEP 标准中，自由型曲线曲面唯一地用 NURBS 表示。在多种 B 样条造型方法中，NURBS 方法是公认的统一表示任意形状的自由曲面的国际标准形式。现在，在光学自由曲面描述中也应用 NURBS 法。

NURBS 属于利用控制多边形来数字化表示自由曲面的方法。控制多边形，即曲线的形状由多边形的控制顶点来决定，如图 17.43 所示，图中空心圆点为控制顶点向量，它包含了曲线曲面的位置以及方向等信息，控制其形状。NURBS 在控制节点向量前加了一个权因子来控制曲线曲面的局部锥度，它对曲线曲面的形态有着重要的影响。

由于权因子的引入，使 NURBS 对形状的控制有了更多的自由度，它能增强或削弱某个控制顶点对形状的影响。特殊地，当权因子→ $+\infty$ 时，曲线将过与其相应的控制顶点；当权因子→0 时，对形状没有影响，就好像在整个控制顶点序列中其相应的控制顶点不存在一样。

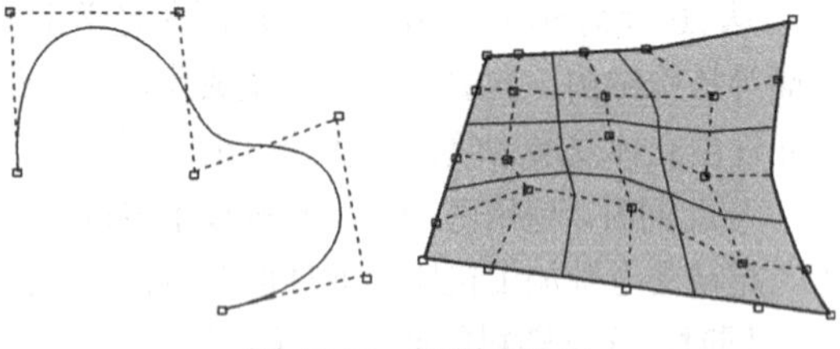

图 17.43　控制多边形

1. NURBS 曲线

NURBS 曲线采用归一化的形式来表示，其定义为

$$P(t) = \sum_{i=1}^{n+1} B_i w_i N_{i,k}(t) \bigg/ \sum_{i=1}^{n+1} w_i N_{i,k}(t) \tag{17.41}$$

式中，B_i 为控制顶点向量；w_i 代表控制顶点的权重向量；分母为各控制点权重的和。$N_{i,k}(t)$ 为基函数：

$$N_{i,1}(t) = \begin{cases} 1, & x \leqslant t < x_{i+1} \\ 0, & t \text{为其他值} \end{cases}$$

$$N_{i,k}(t) = \frac{(t-x_i)N_{i,k-1}(t)}{x_{i+k-1}-x_i} + \frac{(x_{i+k}-t)N_{i+1,k-1}(t)}{x_{i+k}-x_{i+1}}$$

数值 x_i 为有 k 次、自由度为 $k-1$ 的控制节点要素，k 为 $[2, n+1]$ 区间内的整数。分母为各控制节点权重的和。

当控制点向量的权值发生变化时，控制多边形对曲线的影响也发生改变，当权值为常数时，控制点对曲线没有控制作用，而当权值趋向无穷时，曲线会越来越趋近于控制多边形，如图17.44所示，为权值 w 变化对曲线的影响。

由于控制节点向量的权值影响着曲线的局部锥度，以下为权值不同的时候所产生的曲线形状：$w_2 = 0$，直线；$0 < w_2 < 1$，椭圆；$w_2 = 1$，抛物线；$w_2 > 1$，双曲线。其中，圆形曲线可以看成是椭圆曲线的一个特例，对所有的控制节点，其权值均为 $w_i = \sin(\theta/2)$，如图17.45所示。

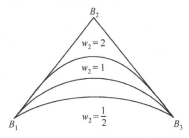

图 17.44　权值 w 变化对曲线的影响

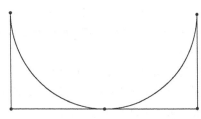

图 17.45　NURBS 曲线表示的半圆

为 NURBS 曲线表示的半圆，$w_1 = w_3 = w_5 = 1$，$w_2 = w_4 = \sin(90°/2) = \sqrt{2}/2$，$x = [0\ 0\ 0\ 1\ 1\ 2\ 2\ 3]$，$k = 3$。NURBS 一般多用次数 $k = 3$ 的形式，足以表达一般曲面形状。

2. NURBS 曲面

NURBS 曲面为 NURBS 曲线的二维扩展。NURBS 曲面用离散的网格状多边形控制节点向量表示。一张 $k \cdot l$ 次的 NURBS 曲面有如下形式：

$$Q(u,v) = \frac{\sum_{i=1}^{n+1}\sum_{j=1}^{m+1} w_{i,j} B_{i,j} N_{i,k}(u) N_{j,l}(v)}{\sum_{i=1}^{n+1}\sum_{j=1}^{m+1} w_{i,j} N_{i,k}(u) N_{j,l}(v)} \tag{17.42}$$

与 NURBS 曲线一样，这里 $B_{i,j}$ 为曲面 $S(u,v)$ 的控制节点，$w_{i,j}$ 为对应控制顶点 $B_{i,j}$ 的权重值（$w_{i,j} > 0$），它定义了各控制顶点对曲面 $S(u,v)$ 形状的影响度，$N_{i,k}(u)$ 和 $N_{j,l}(v)$ 分别定义在节点向量 $U = [u_0, u_1, u_2, \cdots, u_{m+k+1}]$ 与 $V = [v_0, v_1, v_2, \cdots, v_{n+l+1}]$ 上的 k 次和 l 次规范 B 样条基函数，按考克斯–德布林顿公式决定：

$$\begin{aligned}
N_{i,1}(u) &= \begin{cases} 1, & x_i \leqslant u < x_{i+1} \\ 0, & u \text{ 为其他值} \end{cases} \\
N_{i,k}(v) &= \frac{(u-x_i)N_{i,k-1}(u)}{x_{i+k-1}-x_i} + \frac{(x_{i+k}-u)N_{i+1,k-1}(u)}{x_{i+k}-x_{i+1}} \\
M_{j,1}(u) &= \begin{cases} 1, & y_j \leqslant v < y_{j+1} \\ 0, & v \text{ 为其他值} \end{cases} \\
M_{j,l}(v) &= \frac{(v-y_j)M_{j,l-1}(v)}{y_{j+l-1}-y_j} + \frac{(y_{j+l}-v)M_{j+1,l-1}(v)}{y_{j+l}-y_{j+1}}
\end{aligned} \tag{17.43}$$

在式(17.42)和式(17.43)中，u 和 v 表示曲面的两个互相垂直的方向。节点向量 x 和 y 以及自由度 k 和 l 独立于曲面的方向。

3. 自由曲面光学元件的应用

20 世纪 80 年代，由于计算机辅助设计的发展，推动了自由曲面光线追踪。自由曲面的光线追踪过于复杂，虽有商业光学计算软件可以进行光线追迹，但不尽完善，此处不加详述。

自由曲面光学元件在成像和照明等系统中已有一些应用，如：

(1) 成像系统

① 多焦点渐进式眼镜片(Progressive Addition Lenses, PAL)：属于成像用自由曲面镜头。渐进镜片的特点是光度（度数）由上到下慢慢变化，使配戴者通过镜片的上半部分可以看清远距离物体，通过下半部分直径约 1 cm 的圆形面积可以看清近距离的文章报纸。而中间部分要看清中等距离，同时作为连接镜片上下两部分的过渡区，其光焦度为渐进变化的，使人看不同距离时不必更换眼镜，也不必适应焦距的突然变化而感到不舒服。这种多焦点渐进式，采用传统的球面透镜无法实现，必须根据人眼生理特性需要来设计自由曲面。

② 手机镜头(Pick-up Lens)：利用光轴折叠、离轴的自由曲面，可以使系统更紧凑，更好地控制像差，如手机等便携设备的摄影镜头和头戴显示器中的光学元件。2004 年，Olympus 在 130 万像素手机镜头中采用了如图17.46(a)所示的结构，只使用了两片镜头，使镜头厚度体积明显减小。而球面轴对称手机镜头如图17.46(b)所示，为 4 片结构镜头，总长约 8.5 mm。

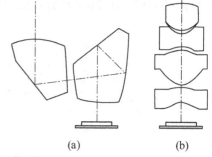

(a)　　　(b)

图 17.46　自由曲面和球面手机镜头的比较

(2) 照明系统

① LED 照明系统：自由曲面可以用于照明系统的光线准直。LED 是大发散角光源，采用自由曲面透镜系统较为简洁，包括中心发光和侧面发光的准直内透镜（与 LED 芯片集成在一起）或外加透镜，如图 17.47 所示为 4° 环形反光碗的结构图。

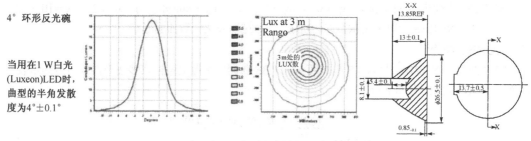

图 17.47　LED 照明系统

② 自由曲面反光镜：自由曲面反光镜可使光强合理分配，如汽车前照灯自由曲面反光镜、相机闪光灯的反光杯等。汽车前照灯自由曲面反光镜，如图17.48 所示，它是根据反光效率更高以及形成符合法规的照度分布来设计的。它由多个小自由曲面构成，同传统的抛物面前照灯相比，它的反光镜利用率更高。它同时起到了抛物面前照灯的反光镜和配光镜的双重作用。

(3) 复合系统

符合系统集成化的要求，照明元件和成像元件集成于一体，如光电鼠标中的镜头。它集中了 LED 照明系统和显微成像系统两部分，用以照亮桌面的转折棱镜和准直透镜，以及对桌面显微结构进行成像的物镜都集成在一个自由曲面元件内。照明部分是一个离轴、光轴折叠的包含非球面的棱光镜；成像部分是显微物镜，如图17.49所示。图中的 PCB 是 Printed Circuit Board 的简写，即印制电路板。

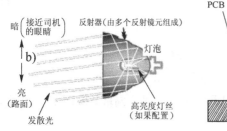

图 17.48　车灯设计示意图

图 17.49　鼠标光学结构

(4) 自由曲面光学设计举例

多焦点渐进式透镜(Progressive Addition Lenses, PAL)是自由曲面光学一个典型例子。在自由曲面光学设计中，光学表面形状不像二次曲面或偶次项非球面一样，它不拘泥于一个简单的数学表达式。它为了满足系统要求，可以有任意自由度的变化提供必要的像差校正量。它与经典光学的分析和优化方法不同，光程差和几何像差曲线对于包含任意形状的自由曲面系统来说不再那么有效。下面就一个简单的多焦点渐进式眼镜片的设计，说明如何构建、分析和优化一个自由曲面光学系统。

一个完美的自由曲面光学表面是一些点的集合。为了优化这样一个表面，需要确定如何恰当地调整它的光焦度。因此，在设计这种基于数据描述表面的初始阶段，要在优化程序的帮助下逐渐地改变表面形状。

通过参阅相应文献可了解到：三次样条曲线及其扩展形式(Cubic Spline and Extended Cubic Spline)、轴对称与非轴对称非均匀有理 B 样条曲线形式(Radial and Toroidal NURBS)、多项式及其扩展形式(Polynomial and Extended Polynomial)和 Zernike Sag 等，这些面形提供了一个良好的开始。

样条曲线和 NURBS 表面通过定义好的参数直接形成的曲面，从而通过多重低阶多项式拟和数据为光线追迹提供一个平滑的表面。而多项式和 Zernike 面则用一般的任意次多项式提供类似的平滑曲面。

用三次样条曲线的扩展形式来说明应用 ZEMAX 软件设计多焦点渐进式眼镜片的过程。

扩展的三次样条曲线公式为

$$z = \frac{cr^2}{1+\sqrt{1-(1+k)c^2r^2}} + \sum_{i=1}^{N} A_i E_i(x,y) \tag{17.44}$$

它在二次曲面基础上增加了多项式项，在这个基本的二次曲面基础上可进行近轴光线计算和求焦距等参数。多项式项是 $x^m y^n$ 的形式，m,n 都为整数，x,y 为该面上某点坐标。设多项式项最多有 40 项，将更高次项设为 0，不参与优化计算。

一个初始的 PAL 镜头结构如图17.50(a)所示，定义了三个成像区域，轴上光线对无穷远(1×10^{10} mm)成像，$10°$ 入射光来自 1000 mm，$20°$ 光束来自 500 mm。这样，戴眼镜的人就有了一个三维空间的视场。优化前，设置镜头口径为上述三种情况中的最大值，并加上用于边框固定的 3 mm 余量。视场以角度来度量，从图17.50(b)可见不同视场入射角度不同。

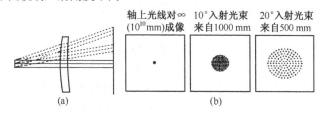

图 17.50　多焦点渐进式镜头初始结构

设置合理的边界条件生成评价函数(Merit Function)，要得到一个校正良好、视场内物体位置与距离随镜头变化的效果自动优化的最佳结果，如图 17.51(a)所示。由图 17.51(b)可见，镜头边缘没有光线追迹不需控制面型。这就是一个典型的自由曲面设计特点，它需要提供整个表面的光线或其他限定以控制曲面形状。

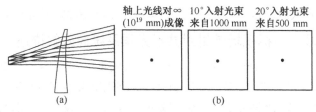

图 17.51　多焦点渐进式镜头优化结构

设计自由曲面或多焦点渐进式透镜在原理上与传统优化并无差别。然而，因为自由曲面上任意点的焦距可以随意调整，一些额外的分析手段和操作数是十分必要的，如"光焦度场"[①]。

[①] 自由光学曲面的进一步讨论基于"光焦度场（Power Field Map）"分析它的表现。可采用切线空间（Tangent Space）技术紧凑的多面型（Compact Manifold）的方法。其属于局部的欧几里得的拓扑空间（Locally Euclidean Topological Space）。可用 OpenGL 软件进行分析和计算。鉴于篇幅，本书不能涵盖这些内容。

17.9 共形自由曲面光学系统

17.9.1 共形光学系统概念

根据高速导引头的空气动力学原理，球形天线罩外形无法满足高速运行要求，而采用大长细比的头罩可大大减小空气阻力，使导弹的速度与射程提高，获得好的隐身能力和目标视场，这种形状细长，优先考虑气动性能的整流罩叫作共形整流罩（见图 17.52）。由此产生的新型导引头光学系统称为共形光学系统。双曲面、抛物面还有椭球面，均属于共形结构。

共形光学技术的特点表现在组成外部窗口的元件除了满足光学性能的需求外更适合于空气动力学的要求。共形整流罩可以减小导弹的阻力，提高飞行器的性能。

其中，整流罩的气动性能和它的外表面形状相关，形状的描述一般用径长比（用 F 表示）表征。径长比定义为整流罩的总长度（长轴的一半，用 L 表示）与口径大小（短轴长度，用 D 表示）之比，如图 17.53，即

$$F=L/D \tag{17.45}$$

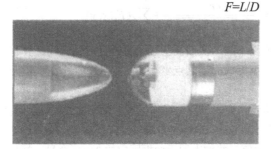

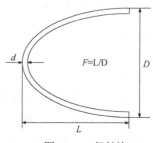

图 17.52　共形整流罩的导弹和传统导弹对比示意图　　　　图 17.53　径长比

共形整流罩一般为近似等厚结构，内外表面是两个同心的椭球面。内表面的面型参数是根据整流罩外表面参数和厚度 d 确定的。

$$D_i = D - 2d \tag{17.46}$$

$$L_i = L - d \tag{17.47}$$

整流罩也可用于导弹的最前端，是导引头的光学窗口，可以看作光学系统的一部分。它不仅对光学导引头起保护作用，同时会对光线产生偏折，影响像质。传统的球形整流罩通常将万向支架的中心置于整流罩球心处。在对目标空域的扫描过程中，各子视场用到的罩结构都是相同的，相对像差校正简单。而共形整流罩在非零度视场将失去旋转对称性，这将引入随视场角改变而变化的动态像差，需要额外的像差补偿结构，并且使得共形整流罩的加工制造和检测也更加复杂。

共形光学设计就是在整流罩和成像光学系统之间加入校正系统，用校正系统校正整流罩所带来的像差，以便获得良好的成像质量。共形光学系统不仅可以减小高速平台的气动阻力，并且还可平稳地减小平台信号特征、优化电光传感器视界和提高武器效能，因此共形光学技术的提出和研制成功具有非凡的意义和发展前景。

17.9.2　瞬间视场和目标视场参量对共形光学系统像差的描述

在共形光学系统设计中，选择合适的面形是一个很重要的步骤，具有足够自由度的面形可以更好地提高光学系统的性能，提供充足的校正变量。然而与传统的球形整流罩具有点对称结构不同，共形整流罩则具有非点对称特性，这就导致系统随导引头搜索区域的变化，引入了动态变化的像差。共形光学系统中引入的像差是视场角的函数。为了完整地描述共形光学系统，需引入两个视场参量，即目标视场和瞬间视场。其中，目标视场本身又包含相应的瞬间视场，所以像差同时随两视场的变化而变化，它们之间存在着复杂隐性的非线性依赖关系，而无法获得明确的解析关系式。因此系统设计难度大幅增加。

由于共形光学系统的子视场的非对称面型特性，使得传统的像差评价方法无法直接应用。研究者针对共形光学系统这一像差特点，现已提出多种尝试性解决方案。其中之一便是 Zernike 多项式方法。

Zernike 多项式方法基于出瞳处波前的 Zernike 多项式拟合，它不受光学系统倾斜、偏心等影响，并且

分析方便，所以目前很多共形光学系统的研究也都采用该方法作为理论基础。这里也首先采用 Zernike 多项式系数来描述共形光学系统的像差特性。

在极坐标系中，$x = \rho \sin\theta$，$y = \rho \cos\theta$，Zernike 多项式可以写为

$$Z_n^m(\rho,\theta) = \begin{cases} N_n^m R_n^{|m|}(\rho)\cos m\theta, & m > 0 \\ -N_n^m R_n^{|m|}(\rho)\sin m\theta, & m < 0 \end{cases} \tag{17.48}$$

式中，n 是大于零的整数，它表示 Zernike 多项式的级；m 的取值为 $-n$，$-n+2$，$\cdots$，0，$\cdots$，n；N_n^m 是归一化因子；$R_n^{|m|}$ 是径向多项式。它们的具体形式为

$$N_n^m = \sqrt{\frac{2(n+1)}{1+\delta_{m0}}}, \qquad \delta_{m0} = \begin{cases} 1, & m = 0 \\ 0, & m \neq 0 \end{cases} \tag{17.49}$$

$$R_n^{|m|}(\rho) = \sum_{s=0}^{(n-|m|)/2} \frac{(-1)^s (n-s)!}{s![0.5(n+|m|-s)]![0.5(n-|m|-s)]!}\rho^{n-2s} \tag{17.50}$$

基于上述理论，提出了利用 Zernike 楔形镜校正法来对共形曲面的像差进行校正的方法。该方法利用光楔对所探测目标进行动态扫描成像，使后面的另一部分校正系统和成像光学系统固定不动，从而使低温线圈和电子设备不必通过机械旋转装置，可以减小后续光学系统的视场角，并降低整个系统的设计难度。但是，该方法属于动态校正系统，对光机电控制要求很高，而且 Zernike 多项式方法基于出瞳处波前的 Zernike 多项式拟合，仅与出瞳面的矢径、方位角有关，所以该方法从理论模型上受限于这两个参量的描述形式。

现引入共形光学系统的两个视场参量，即目标视场和瞬间视场，以进一步建立基于实际光线追迹的像差模型。

当目标视场θ、瞬间视场 Ψ 作为自变量时，从各类像差定义出发做光线追迹，按下面的函数关系式：

$$\begin{cases} \delta L' = \delta L'(\theta,\varphi) \\ K_t' = K_t'(\theta,\varphi) \\ x_{ts}' = x_{ts}'(\theta,\varphi) \\ x_t' = x_t'(\theta,\varphi) \end{cases} \tag{17.51}$$

可以得到各类像差对两个视场的依赖关系。上式中 $\delta L'$ 为球差，K_t' 为彗差，x_{ts}' 为像散，x_t' 为场曲。通过追迹一系列实际光线做出数据列表，建立它们之间的响应关系。利用数值拟合，从这种冗长的数据列表可以进一步提取出像差系数，供分析或优化系统之用。因整流罩为旋转对称表面，目标视场正负对称，拟合形式采用偶次多项式，即：

$$\text{Aberration} = A_1\theta^2 + A_2\theta^4 + A_3\theta^6 + \cdots + A_n\theta^{2n} \tag{17.52}$$

式中，A_1，$\cdots$，A_n 为系数，θ 为目标视场。随着系统优化程度的不断提升，系统残留像差以高级像差为主，拟合精度越来越差。为此，进一步提出曲线积分优化方法。即利用曲线所围成的面积表示像差大小，以积分值的正负号代表像差正负，据此将积分值引入到评价函数中，并在优化过程中优化该参数。设某一像差在目标视场 θ 时数值为 $f(\theta)$，则对应积分评价函数为：

$$M = \sum_{i=1}^{n} \Delta_i \times f(i \times \Delta_i) \tag{17.53}$$

式中，i 为采样点序列，Δ_i 为采样点间距。

现以 Zernike 多项式为基础建立特殊优化函数取代传统的光学系统评价函数，来克服传统光学设计方法设计共形光学系统时评价函数收敛缓慢的问题，可实现共形光学系统的设计。

17.9.3　扩展形式的 Wassermann-Wolf 自由曲面建立像差评价体系

利用满足正弦条件的两个相邻的非球面设计消像散方法，即 Wassermann-Wolf 曲面方法。在 Wassermann-Wolf 运算法则中，设计出的非球面可以控制各条光线从轴起的入射高度和在像空间的角度。设计者可定义物空间光束以及在像空间所想要的变换后的光束。光束可以用无限空间的一对切平面来定位。这

个切平面可以是物像空间中方便定义光束或者光线的相关平面。在 Wassermann-Wolf 情况下，用阿贝正弦条件来定义光束中各光线在像空间的方向和位置，并且能保证在边缘区域的慧差为零的附近无像差。

由于导引头光学系统的重量、稳定性是重要指标之一，采用 Wassermann-Wolf 曲面能使光学系统结构简单，从而也使系统重量大大减轻。两个连续的 Wassermann-Wolf 曲面不仅保证光束的无像散性，而且满足正弦条件，其光线光路如图 17.54 所示。Wassermann-Wolf 微分方程组如下：

$$\frac{dZ}{dt} = \left(\frac{nD\cos U - n''D_z}{nD\sin U - n''D_y} + \tan U \right)^{-1} \left(\frac{dH}{dt} - Z\frac{d}{dt}(\tan U) \right)$$

$$\frac{dZ'}{dt'} = \left(\frac{n'D\cos U' - n''D_z}{n'D\sin U' - n''D_y} + \tan U' \right)^{-1} \left(\frac{dH'}{dt'} - Z'\frac{d}{dt'}(\tan U') \right)$$

(17.54)

式中
$$D_y = Y - Y', \quad D_z = d + Z' - Z, \quad D = \sqrt{D_y^2 + D_y^2}$$
$$Y = H - Z\tan U, \quad Y' = H' - Z'\tan U'$$

边界条件：$Z = Z' = 0$，$t = t' = 0$；正弦条件：$\sin U'/\sin U = C$ 或：$H'/H = C'$，C, C' 为常数。

图 17.53 中，从物点 P 发出的光线经前方光学系统，曲面 S、S' 和后方光学系统，会聚于像点 Q。光轴沿 Z 轴正方向，n、n''、n' 分别为 Wassermann-Wolf 曲面前方、中间、后方的介质折射率，H、H' 和 U、U' 分别为 Wassermann-Wolf 前表面、后表面坐标系下的入射高度和入射角，Z、Z' 为曲面矢高，Y、Y' 为对应纵坐标。

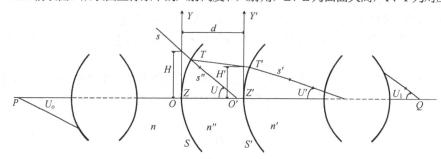

图 17.54　Wassermann-Wolf 曲面光学系统示意图

令 $t = t(Y)$，$t' = t'(Y')$，则可根据式 (17.54) 得到

$$\frac{dZ}{dY} = \left(\frac{nD\cos U - n''D_z}{nD\sin U - n''D_y} + \tan U \right)^{-1} \left(\frac{dH}{dt} \cdot \frac{dt(Y)}{dY} - Z\frac{d}{dt}(\tan U) \cdot \frac{dt(Y)}{dY} \right) \cdot \frac{dt(Y)}{dY}$$

$$\frac{dZ'}{dY'} = \left(\frac{n'D\cos U' - n''D_z}{n'D\sin U' - n''D_y} + \tan U' \right)^{-1} \left(\frac{dH'}{dt'} \cdot \frac{dt'(Y')}{dY'} - Z'\frac{d}{dt'}(\tan U') \cdot \frac{dt'(Y')}{dY'} \right) \cdot \frac{dt'(Y')}{dY'}$$

(17.55)

共形光学系统在整个目标视场范围内像差变化很大，因此仅利用一对 Wassermann-Wolf 曲面补偿像差存在困难。

现以椭球整流罩为例，对 Wassermann-Wolf 曲面补偿的像差特性进行分析。

对于椭球整流罩的研究，先从椭球面的解析几何特征入手，来研究椭球面的光学特性。解析几何中，顶点在原点的椭球面曲线方程为：

$$\frac{(z-a)^2}{a^2} + \frac{x^2 + y^2}{b^2} = 1$$

(17.56)

其中，a、b 分别为椭球的长半轴与短半轴。由于椭球面关于 z 轴旋转对称，仅研究 yz 平面（子午截面）的光线行为即可，子午截面（$x=0$）的球面方程为：

$$\frac{(z-a)^2}{a^2} + \frac{y^2}{b^2} = 1$$

(17.57)

此时椭球偏心率：
$$e = c/a$$

(17.58)

其中，$c = \sqrt{a^2 + b^2}$。椭球面是二次曲面的一种，在光学设计软件中，二次曲面（顶点在原点）的矢高方程为：

$$z = \frac{cr^2}{1+\sqrt{1-(1+k)c^2r^2}} \qquad (17.59)$$

$$r^2 = x^2 + y^2 \qquad (17.60)$$

其中，z 为曲线矢高；k 为二次曲线系数，且 $-1<k<0$；c 为顶点曲率（$=1/R$）。

整流罩材料选取硫化锌，厚度取 3.8 mm(等厚)。整流罩外表面为椭球面，径长比 $F=1.0$，其表面几何参量由下式确定

$$k=1/4F^2-1 \qquad (17.61)$$
$$r=D/4F \qquad (17.62)$$
$$F=L/D \qquad (17.63)$$

式中，F 为径长比，L、D 分别为整流罩的长度和口径，k 为二次曲面常数，r 为顶点曲率半径。

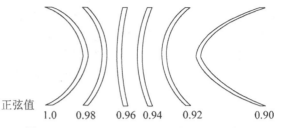

正弦值
1.0 0.98 0.96 0.94 0.92 0.90

图 17.55　Wassermann-Wolf 透镜随正弦比变化

由式(17.54)和式(17.55)可以看出，该微分方程组没有解析解，故不能以显函数来表征像差特性。

取入射光束直径为 60 mm，Wassermann-Wolf 曲面距离整流罩外表面顶点 30 mm，厚度为 3 mm，正弦比为 1.0～0.9，则 Wassermann-Wolf 透镜形状如图 17.54 所示变化。由图 17.55 可以看出，在正弦比为 1.0 时，透镜向左弯曲且弯曲程度适中，此后逐渐伸展，在 0.96 附近接近平板。如果正弦比继续减小，则透镜转变为向右弯曲，且弯曲程度越来越强烈。

Wassermann-Wolf 曲面后接像空间 F 数 $K=3.0$、光阑直径 $D=10$ mm 的理想薄透镜，光阑与理想薄透镜重合，其他参量与上述系统相同。

目标视场在 0°～30° 范围内，像点 RMS 半径随之变化如图 17.56 所示。从图中可以看出，在 0°～20° 范围内，正弦比为 1.0、0.98、0.96，RMS 半径曲线位于 0.90 下方，而在 25° 以后曲线直线上升，直到 30° 附近超过了 0.90 曲线。正弦比为 0.92 和 0.94 曲线介于两者之间，在 25°～30° 之间向下平缓回落。正弦比 1.0 曲线到达 23° 目标视场附近之后，便偏离入射光束。因此在小目标视场大正弦比 Wassermann-Wolf 透镜具有小 RMS 半径，而在大目标视场小正弦比具有小 RMS 半径。由此可以看出，在上述参量选定条件下，正弦比介于 0.92～0.94 之间的 Wassermann-Wolf 透镜在整个目标视场范围内具有较好的像差特性。

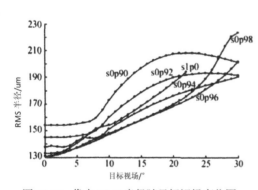

图 17.56　像点 RMS 半径随目标视场变化图

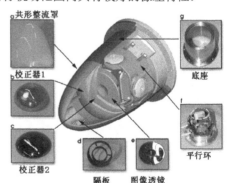

图 17.57　装有共形整流罩导引头示意图

两块固定校正板均选氟化钙材料，取正弦比为 0.92，工作波长为 3～5 μm，像空间 F 数 $K=1.0$，光阑直径 $D=30$ mm，光阑取在理想薄透镜处，HFOR 为 24°，HFOV 为 1.0°，其他参量与上述系统相同。在对系统进行优化后，发现 4°～8° 和 20°～24° 目标视场 MTF 有所下降，但是其 30lp/mm 处各瞬间视场 MTF 值介于 5.0～6.5 之间，其中 24° 边缘目标视场 MTF 值在 4.5～6.0 之间，其他目标视场 MTF 曲线接近衍射极限，16°、24° 目标视场下系统 1.0°×(±1.0°)瞬间视场 MTF 曲线，分别对应接近衍射极限与最差像质情况。由此可以看出系统整体像质良好。

共形光学系统的大量应用已经产生了巨大的影响和利益效应，典型的有 Stinger，AIM-9X，JSOW，Javelin，SDB 等。美国国防部高级研究计划局（DARPA）1996 年资助了"共形光学"研究发展项目，并于 1999 年 10 月宣布世界上第一个共形光学系统研制成功，其结构如图 17.57 所示。该导引头采用了热压

氟化镁共形整流罩和共形红外光学成像系统，能清晰地显示飞机起飞的机身轮廓和发动机喷出的高温气流图像。现今列装量最大的 AIM-9X 空空导弹（图 17.58）是 AIM-9 系列中的最新型号，采用 128×128 像元的锑化铟（InSb）制冷探测器。观察视场角在 ±60°左右，结合最先进的联合头盔提示系统（JHMCS），离轴发射角可达 90°，更适合机动性更强的新一代战机缠斗。第二批型号具有发射后扫描锁定(lock onafter launch-LOAL)的能力。整流罩材料改为性能更好的蓝宝石。

图 17.58　美国 AIM-9X 空空导弹

　　共形整流罩以及共形光学系统的提出和研制成功为科学家们指出了新的发展方向，但同时也在光学系统的设计、共形整流罩的制作与加工等方面提出了新的挑战。

习题

17.1　试论述非球面的概念及其应用的特点。

17.2　试论述非球面曲面方程的类型，并说明其意义。

17.3　试论述消球差的等光程折射非球面及消球差等光程反射面的特点。

17.4　试论述非球面变形系数的意义及其应用。

17.5　试论述非球面初级像差的表示方法。

17.6　设反射球面镜焦距为 1.5 m，口径为 300 mm，试用近似计算法设计一个施密特校正器。

17.7　试论述超环面的特性及其应用。

17.8　试对图17.25中 LCD 的背光模组示意图中各个元件的作用加以说明。

17.9　试推导出菲涅耳透镜环带的齿形结构各工作面的面形角 α 和法线倾角 φ 的表示式。

17.10　试论述衍射光学元件在成像系统中的色差和热色差特性的表示方法。

17.11　试论述自由曲面的描述方式。

17.12　试对图17.40中鼠标光学结构中各个元件的作用加以说明。

第18章 几种特殊光学系统

近30年来，光学技术得到了许多新的发展，特别是激光、红外和光电等技术的应用已成为当前光学仪器发展的重要趋势，它们对光学系统提出了许多特殊的要求，且这些要求和在前面所讨论的光学系统有着明显的区别；这些光学系统适于采用光电接收器，把光信号转换为电信号，以便于通过接口输入到计算机进行数字处理和显示。为此，本书暂称这些光学系统为"特殊光学系统"。

18.1 光电接收器的主要特点

光学仪器的实时化（在检测过程中快速地显示和处理）和数字化，其接收波段范围扩展到红外光和紫外光等要求非人的眼睛和照相干板所能满足；而光电接收器可方便地达到这样的要求。照相干板虽对红外光或紫外光敏感，但它曝光后必须冲洗才能判读，不能实时化。光电接收器及其系统能及时地采集光信号，高速地转换为电信号，以进行数字化处理或显示。但是，对于不同的波段范围内的检测，应选用不同的接收器。

目前适用的各种光电接收器多是以下列化学和物理效应为基础的：光化学反应，（如各种感光材料）和光电效应。其中，光电效应又分为：光电导效应(Photoconductive effects)，如硫化镉光敏电阻；光生伏打效应(亦称光生伏特效应，Photovoltaic effect)，如硅光电池；光磁电效应（Photo-Magneto-Electric Effects，PME Effects），亦称霍尔效应（Hall effect），如锑化铟单晶；光电子发射（Photoelectric emission）亦称外光电效应（External photoelectric effect），如光电管、光电倍增管、摄像管等；光电离效应（Photoionization effect），如计数管等；热敏效应（Thermosensitive effects, The thermal effect），如热电偶、热敏电阻等。

本节仅介绍与光电效应及热敏效应有关的接收器。它们可分为非成像的光电接收器和成像的光电接收器两大类。

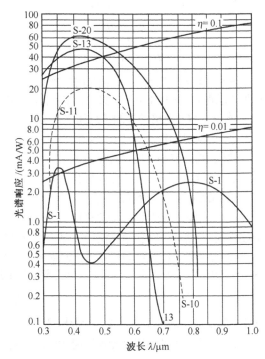

图 18.1　典型光电阴极的光谱响应曲线

1. 非成像光电接收器

(1) 光电管和光电倍增管

光电管和光电倍增管都是外光电效应器件。光电管由一个光电（电子发射）阴极和一个阳极构成，封在真空的玻璃壳内，光电阴极镀在玻璃壳的内表面上。在阳极和阴极之间加 100 V 左右的正电压，使阳极接收受光照射阴极发出的所有电子。使用不同的光电阴极材料可以造成不同的光谱响应。美国电子工业学会用 S-1，S-10，…，S-20 等标记不同类型光电阴极的相对光谱响应曲线。例如，S-1 型光电阳极为银氧铯表面，逸出功只有 0.98 eV，截止波长为 1.25 μm，即光电阴极的光谱响应只延长到近红外区，而在短波段则 $\eta(\lambda_0)\left(\dfrac{电子数}{每光子}\right)$% 扩展到软 X 线。短波段常受玻璃壳吸收和窗口材料限制。图18.1给出了典型光电阴极的光谱响应曲线。

光电倍增管是光电阴极和二次电子发射极的组合，图18.2为其结构示意图。其中，C 为光电阴极，受光照射后发射电子；E_1, E_2, …, E_8 是二次电子发射极（Dynode 极），电位依次逐渐升高，光电子被电场加速后打到这些二次电子发射极上产生二次电子发射，使电子数倍增，最后到达阳极 A 上的电子数增加 10^5 倍以上，积分灵敏度可达 10^6 $\mu A/lm$ 以上。

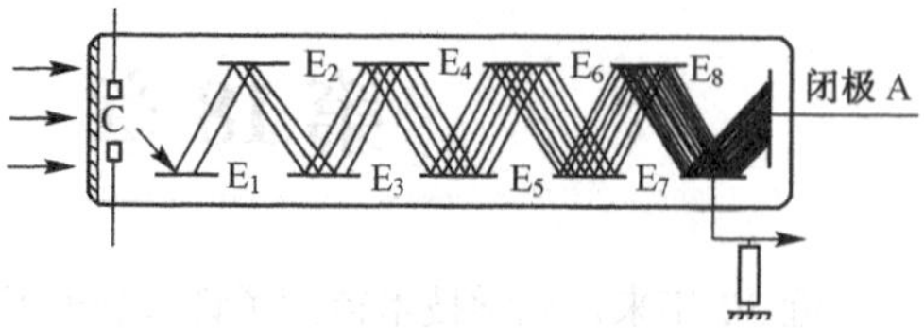

光电阴极的辐射灵敏度 $E(\lambda)$ 定义为入射波长为 λ 的单位功率辐射光能所产生的光电流，单位为 $\mu A/W$。假设功率为 W 的波长为 λ 的辐射光能入射到光电阴极上，则每秒产生的光电子数即光电流 i 为

图 18.2 光电倍增管结构示意图

$$i = \frac{W\lambda}{hc}\eta(\lambda)e$$

式中，$\eta(\lambda)$ 为光电阴极的量子效率，定义为入射一个光子所产生的输出光电子数，常用百分数表示；h 为普朗克常数；e 是电子电荷，即 $e = 1.6 \times 10^{-19}$ C，则光电阴极的辐射灵敏度可写为 $E(\lambda) = \dfrac{i}{W} = \dfrac{\lambda\eta(\lambda)e}{hc}$，式中，波长 λ 的单位为 nm。例如，400 nm 波长的光的量子效率为 25%，则相应的 $E(\lambda) = 80.7$ $\mu A/W$。

在光学中常用每流明光通量产生的光电流表示光通量灵敏度。采用色温为 2856K（开尔文(Kelvins)温度）的标准钨丝灯照明，设其光谱功率为 $P_\lambda d\lambda$，则光电流为

$$i = WE(\lambda) = \int P_\lambda d\lambda \frac{\lambda\eta(\lambda)}{hc}$$

光源发出的光通量为 $\quad \Phi = 683 \int P_\lambda V_\lambda d\lambda$

则阴极的光通量灵敏度可表示为

$$s = \frac{i}{\Phi} \cdot \frac{\int P_\lambda \dfrac{\lambda\eta(\lambda)}{hc} d\lambda}{683 \int P_\lambda V_\lambda d\lambda}$$

知道了辐射灵敏度 $E(\lambda)$，由光谱功率表查出 P_λ 和 V_λ 便可求得 s。表 18-1 列出了典型光电阴极的特性。

表 18.1　典型光电阴极的特性

光电阴极类型	成分	响应峰值/ (λ_0/nm)	$\eta(\lambda_0)$ (%)	$E(\lambda_0)$/ ($\mu A \cdot W$)	S/ ($\mu A/lm$)	热电子发射率 ($cm^2 \cdot s$/电子)
S-10	BrAgOCs	420	7	23	50	
S-11	Cs_3SbO	390	21	66	80	70
S-1	AgOCs	800	0.4	2.6	25	3
S-20	Ma_2KSbCs	380	22	63	200	3
Bralkali	K_2CsSb	380	27	83	80	15
高　温	Na_2KSb	380	21	61	50	4

光电管和光电倍增管的特点如下：

① 响应时间短，可达 10^{-8} s 量级。

② 温度影响小，能在正常室温下工作。

③ 线性度好。线性度是指输出光电流和入射辐射功率间的线性度。光电倍增管适用于弱光（输出电流小于 1 μA），线性度很好。

④ 光电阴极的疲劳，即光电阴极在长时间被光照射，特别是用于强光和负载电流较大时，其辐射灵敏度降低。一般不被损坏的情况下，在不受光照射时可逐渐恢复其灵敏度。

⑤ 暗电流，即光电阴极不受光照射时，仍有电流输出。暗电流主要是光电阴极的热电子辐射；因此，为减小暗电流，应控制工作温度。一般希望暗电流小于最小光电流：

$$i_{min} = sF \geqslant ki_T$$

式中，i_T 为暗电流；k 为系数，一般取 2。

⑥ 噪声，主要由阴极光电流起伏引起。光电流起伏可表示为

$$\sigma = i_i = eN^{1/2}$$

式中，N 为每秒平均发射光电子数。

⑦ 光电阴极的不均匀性，即光电阴极各部分的灵敏度不同。为克服这种不均与性的影响，可用以下方法之一：在阴极前加散射板（如毛玻璃）；加积分球接收被测光通量；加场镜把光学系统的出射光瞳成像在光电阴极上。

(2) 光敏电阻（光导管）

光敏电阻（光导管）是利用固体材料内光电效应做成的器件，在不同的光照度下电阻发生变化，从而使通过器件的电流发生变化。光敏电阻的结构和使用的电路如图 18.3 所示，其主要特性如下：

① 光谱灵敏度：取决于所用的固体材料，一般用 CdSe、CdS 和 PbS 等。选择光敏电阻时要考虑光源的光谱功率匹配，使光敏电阻有最高的积分灵敏度。

② 光电特性：光敏电阻的阻值随光照度增加而减小，但不成线性关系（图18.4）在使用时要把这种非线性考虑进去。

③ 时间响应：接收光照射后直到稳定电流值的 63% 所经过的时间，称为响应时间。响应时间一般为毫秒级，不适于高频工作。

光敏电阻的优点：灵敏度高（对红外光灵敏度比光电阴极高），体积小，机械强度好和寿命长等。其缺点：线性差，响应时间长，温度变化影响大和易老化等。

硫化镉(CdS)光敏电阻是照相机自动测光最常用的光电元件（俗称猫眼）。几种光敏电阻的性能见表18.2。

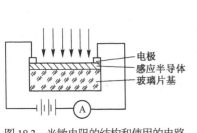

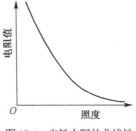

图 18.3　光敏电阻的结构和使用的电路　　图 18.4　光敏电阻的非线性

表 18.2　几种光敏电阻的性能

特性/材料	CdSe	CdS	PbS
灵敏度/[μA /(lm·V)]	30 000	14 000~60 000	500
工作电压/V	200	100~400	100
光潜峰值波长/nm	750	640	2000
光电效应红限/nm	1220	900	2700
时间常数/s	$(2\sim5)\times10^{-3}$	$(8\sim10)\times10^{-3}$	4×10^{-5}

(3) 光电二极管和光电三极管

光电二极管在一定偏压作用下，用光照射 PN 结产生光电导效应，光电流随光照度的数值变化而变化。光电三极管比光电二极管多了一个电流放大作用，用光照控制基极。其示意图如图18.5所示。

光电二极管和光电三极管的主要特性有：

① 光谱响应。锗管对红外灵敏，峰值波长为 1.46 μm；硅管的峰值波长为 0.9 μm，与色温为 2870° 的钨丝灯一致。器件灵敏度较低，适合在强光下工作。

② 光电特性。光电流与光照度基本上呈线性关系。

③ 时间响应较短，为 $10^{-7}\sim10^{-5}$ s。

这两种器件的优点是体积小，光电特性好。由于锗对温度变化敏感，暗电流大，一般选用硅管。由于光敏 PN 结的面积很小，使用时必须使光束直射。

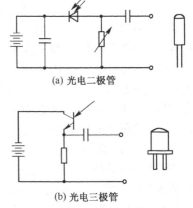

(a) 光电二极管

(b) 光电三极管

图 18.5　光电二极管和光电三极管示意图

(4) PN 结雪崩光电二极管(APD)

除 PIN 光电二极管外，雪崩光电二极管(APD)是另一重要的 PN 结型光电二极管，其原理是在 PN 结光电二极管中随着置于 PN 结上的反向偏压的增加，耗尽层内的电场强度也增加。当反向偏压增加到一定值时，进入耗尽层（空间电荷区的另一种表达）的光生载流子被电场加速而获得足够大的动能，当其与晶格碰撞时使价带中的电子激发到导带上而产生新的电子-空穴对。这些电子-空穴对又被电场加速获得足够大的动能而产生新的电子-空穴对。这样耗尽层内的载流子数目剧增，产生雪崩效应，从而使反向结电流倍增。利用光生载流子雪崩效应工作的 PN 结光电二极管叫作雪崩二极管。

为了适应高比特速率传输的需要，APD 必须具有高的带宽增益乘积(GB)，以及低的暗电流和寄生参量，在器件结构和组装上需做相应改善：

① 结构改进　分离吸收和倍增(Separate-Absorption-Multiplication, SAM)结构或分离吸收、缓变和倍增(Separate-Absorption-Graded-Multiplication, SAGM)结构，其增益带宽乘积可达到 70~130 GHz。

② 掺杂 SAGM（氯化钠, sodium chloride（腺膘呤），adenine（葡萄糖），glucose（甘露醇），mannitol）结构　这样结构的 APD 不仅可以获得高的增益带宽乘积，还可以获得低的暗电流和高的量子效率。目前已获得高达 100 GHz 以上的增益带宽乘积和 70% 左右的量子效率。

③ 量子阱超晶格结构　利用超晶格（电子和空穴将被限制在薄层内，好像落入陷阱，这种限制电子和空穴的特殊能带结构被形象地称为"量子阱"。超晶格则包含了许多个这样的量子阱，且阱之间能够相互作用，形成小能带。在这种新型的半导体材料中发现了许多新的物理现象，并且制成了许多性能比由体材料制成的器件更好的器件，这意味着可以人工制备高性能半导体材料）的优异性能，使其增益带宽乘积可达 100～150 GHz，带宽达 15 GHz，倍增暗电流达 20 nA 以下。

④ 在组装上采用芯片倒装焊接技术　减少了寄生电容值和电感值，使其分布寄生参量降至最低值。

(5) 光电池（光生伏打电池）

一般用硒硅、氧化亚铜等半导体材料的光生伏打效应做成的光电转换器件，其本身就是一个电源，太阳能电池就属于此类。图18.6是其外形和电路的示意图。光电池的主要特性包括：

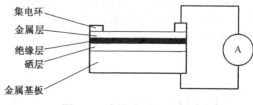

图 18.6　光电池原理示意图

① 光谱响应　硒光电池的光谱特性和人眼相近，硅光电池对长波灵敏，与钨丝灯匹配转换效率较高。

② 光电特性　指光照度所产生的电压和电流的关系。只有在光照度较低的情况下才有线性的光电特性。

③ 响应时间　约为几十微秒级，至多适应频率为几百周的情况下工作。光电池的特点是不需电源，积分灵敏度高，但其频率特性不如光电二极管，常用在曝光表上。

2．成像光电接收器

下面介绍几种典型的成像光电器件。

(1) 光导摄像管

现在用于彩色电视摄像的多是氧化铅光导摄像管，图18.7为其结构示意图，是一个密封的真空器件，端部是一块透光玻璃（防晕玻璃，厚约 7 mm）平板内表面涂有透明的导电层作为信号电极，其上有一薄层电导材料（称为靶面）。管子的另一端装有电子枪，发出的电子束在管外偏转线圈的作用下对靶面进行扫描。信号电极的电位比阴极的电位约高 20 V。当靶面背面不受光照时，由于电子束的扫描，靶面背面保持与阴极电位相同。当光入射到靶面上某一点时，就在该点产生载流子，在靶面两边电位差的作用下，电子移向信号电极，空穴移向靶面背面，从而使靶面两边电位差降低。入射的光越强，靶面背面的电位升得越高，即在靶面背面形成与光强分布相应的电位分布，这就是电子潜像。光电子束扫到某点时，靶上的电荷数与该点相对于阴极的电位高低成比例，则将产生与各点光强相应的脉冲信号输出。

光电导摄像管的优点之一是具有储能或积分性质，即在给定点上，靶面两边的电位差是电子束连续两次扫描该点的时间间隔内撞击到该点上光子数的函数。由于导电率的局部变化向四周扩散的很少，仅限于一块很小的面积，称为分辨单元。在一个扫描周期内（电视扫描周期为 1/30 s）每个分辨单元积分了入射的光子数，因此，明显地提高了信噪比。

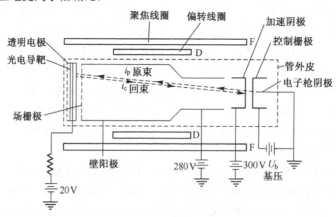

图 18.7　光导摄像管结构示意图

光导摄像管的主要特性有：光谱响应、调制传递函数(MTF)、光电特性（即靶面照度与信号电源的关系）、暗电流、靶面均匀性和寿命等。

(2) 红外变像管

变像管是一种将不可见的辐射图像转变为可见图像的器件，现有 X 光、紫外光和红外光的变像管。现以静电式红外变像管为例，其结构如图18.8所示。阴极是半透明的银氧铯薄膜，响应峰值波长为 0.85 μm，截止波长为 1.3 μm。离开阴极的光电子形成景物电子像，它经过电子光学系统静电聚焦成像于管子的另一端的荧光屏上。荧光屏受电子轰击发出可见光。变像管的分辨率主要受荧光材料颗粒大小及层内散射的限制，一般为 20～70 lp/mm，边缘比中心低。

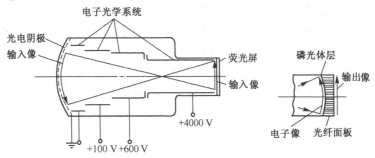

图 18.8　静电式红外变像管结构示意图

电子光学系统通常有枕形（负）畸变。为此，与之相匹配的光学系统应有一定量的桶形（正）畸变。电子光学系统有正场曲，所以变像管的光电阴极做成凸球面形。为使像场变平，可以使成像系统保持负场曲与之相匹配，或者加光学纤维面板把像传出。

光纤面板是由光学纤维［见本节之(4)］黏结成一定的几何结构。由于可磨制成所需的面形，消除输入图像的场曲和畸变，因光纤都有一定的数值孔径，并可提高由磷光体所发射的荧光的利用率。因此，光纤面板可提高变像管的灵敏度。

(3) 像增强管

它是由变像管加上倍增系统组成的，能接收微弱的光辐射，多级级联的像增强器由几个单级像增强器组成，中间有透明的云母薄膜或光学纤维面板作光学耦合。图18.9为用光学纤维面板耦合的二级像增强管。

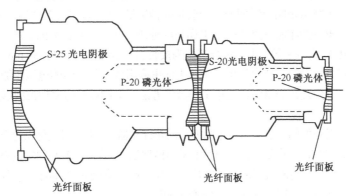

图 18.9　光学纤维面板耦合的二级像增强管示意图

(4) 微通道板(MCP)

1958 年 G. W. Goodrich 和 W. C. Wiley 利用二次电子发射现象做成第一只长度等于 40 倍直径，具有高阻抗的玻璃管，管内壁涂有二次电子发射的材料，如图 18.10 所示。管子两端的电压为 1～2 kV，当一个电子由低电位一端进入，轰击管壁产生二次电子，被电场沿管子加速，并又一次轰击管壁，产生更多的二次电子，多次重复

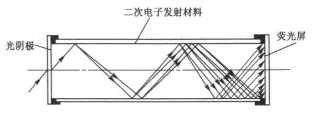

图 18.10　微通道板(MCP)示意图

这一过程，直到二次电子由管子的高电位的一端射出，和由分离的二次电子倍增管构成的普通光电倍增管一样。这种通道型倍增管直径可缩小到 10 μm 量级。把这种通道型倍增管排列成阵列就是微通道板(MCP)，可以用来探测粒子图像。MCP 的增益取决于二次电子产生的次数、入射电子的能量和表面的二次电子发射的性质。二次电子发射次数取决于通道的长度和直径之比(l/d)和所加电压。例如用 1000 V 电压，l/d =50，增益可达 10^4。微通道板的主要特性还包括：

① 分辨率　对于六角形阵列，相邻管中心距为 D（以 μm 表示），分辨率极限为 $1000/(\sqrt{3}D)$ 周/厘米，最佳的方向的分辨率值为 $1000/D$ 周/厘米。MCP 的成像质量可用 MTF 描述。

② 电流传递特性　图18.11是 1000 V 的微通道板的输入电流和输出电流关系曲线，该板的阻抗是 $10^9\,\Omega$，有 1 μA 左右的稳定电流。

③ 噪声因子　用理想的微通道板放大器相比信噪比降低的倍数，即微通道板提供一定量信息所需的输入电子数与理想放大器提供同样多信息所需的输入电子数之比。典型的微通道板的噪声因子为 4。

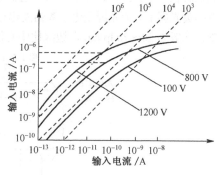

图 18.11　1000 V 的微通道板的输入电流和输出电流关系曲线

(5) 电荷耦合摄像器件(CCID)

固体摄像器件是继电子束扫描摄像管之后出现的一种新型摄像器件。由电荷耦合器(CCD)组成的电荷耦合摄像器件称为(CCID)。CCID 有线阵和面阵两种，其主要特性包括：

① 灵敏度和光谱特性　一般 CCID 对可见光和近红外光有很好的响应。采用透明的 ZnO_2 电极的 CCID 的峰值波长为 0.85 μm 左右，截止波长为 1.1 μm。在 CCID 上覆盖以荧光波长转换膜或与微通道板耦合，可用于远紫外光和软 X 射线波段。

② 分辨率　其受阵列像元数限制。

③ 噪声　若采用冷却可以提高信噪比。

3. 热探测器

热探测器的主要特点是它对所有波长在理论上有同等的响应，所以常用在辐射计和红外分光光度计中用作探测器。它的另一个特点是响应时间长，一般是毫秒级量，一般只能在 10 周以下频率范围内工作。

常用的热探测器有热电偶和热电堆等。热电偶是两种热电功率差别很大的金属构成的结，一般的组合是铋-银、铜-康铜和铋-铋锡合金等。由黑色金箔作为接收面（黑色金箔在 1～39 μm 波段吸收率达 99%），它使热电结温度升高产生电动势。热电堆由几个热电偶串联组成，每个结的电压相加，提高了灵敏度，但响应时间也随之加长，达到几秒的量级。近年来用蒸镀方法，用锑和铋的叠加模型形成热电堆，时间常数可以缩短到 10 ms。

热敏电阻是利用入射辐射的加热而引起电阻变化的热探测器。它由金属氧化物混合烧结而成的薄片装在电绝缘的基片上，基片又装在金属散热器上。使用不同热特性的基片，可使时间常数为 1～50 μs。由于它较牢固，不需制冷，阻抗高，易与放大器匹配，被广泛采用。高莱盒装有气体的一个小盒子，由于入射辐射的加热引起压力变化，推动一个膜片或小反射镜产生输出信号。

4. 紫外光辐射接收器

紫外光辐射的测量除利用热电偶或热电堆以外，还有以下几种接收器。

(1) 紫外感光乳剂

通常的照相乳剂虽吸收真空紫外辐射，但是不灵敏。若在乳剂面上涂上一层荧光粉，将紫外辐射转换为较长波长的辐射。依斯曼-柯达克公司生产一种荧光漆涂在 103—0 型底片上。这层荧光漆对短于 220 nm 的波段的量子效率几乎是常数，它们产生 290～350 nm 波段的辐射，峰值在 310 nm 处。该荧光漆在显影时首先被冲洗掉，加了荧光漆的底片的分辨率会下降。因此，有的底片把乳剂中吸收紫外辐射的动物胶去掉，称为舒曼底片，可保持原有的分辨率。但此种底片不耐磨，通常在显影后涂一层保护漆。

(2) 闪烁光电倍增管

把荧光屏和光电倍增管耦合起来，用 LiF 作为窗口，可以对波长短至 105 nm 的辐射有响应。实际上，短波限由窗口材料所决定。光电阴极在更短波长的辐射照射下仍能发射电子。近年来生产了一系列对波长长于 300 nm 的辐射不敏感的光阴极，配上 LiF 窗口，就成为 150～250 nm 波段极好的接收器。它们是 CsTe, RbTe, CsI, CuI 等制成的光电阴极。用 CuI 制作光电倍增管阴极，增益为 10^6 时，暗电流为 3×10^{-12} A。同样条件下，CsTe 阴极的暗电流是 2×10^{-11} A。这样的光电倍增管和涂荧光粉的光电倍增管相比，在 105～240 nm 波段范围内可以接收更弱的信号。

(3) 电离室和计数管

探测射线束中的粒子数是原子核物理研究工作中的重要问题之一，电离室和计数器就是探测粒子数的仪器。

电离室的结构很多，由两个电极（其间电压约几十伏）组成，电极间充以空气或其他气体，当带电粒子（比电离阈值波长短的辐射）射入二电极之间的气体中时，产生大量离子对，在电场作用下向两极运动形成电流，在外电路的负载电阻上产生电压降。每有一个粒子从窗口射入，就产生一个电压脉冲，经放大后，所记录的脉冲数就是射入到电离室内的粒子数。图 18.12 是圆筒形电离室的结构示意图，在金属圆筒和中间的金属丝之间加上电压，在短波辐射下，电离室的气体发生电离，其中的电子由中间金属丝（收集丝）收集，产生直流电信号输出。

计数管通常叫作正比计数管，在圆形金属管中间装有一条金属丝，管内充以某种气体（约为 1 个大气压），两极间电压约为 1500～5000 V。当粒子射入两极之间的气体，和电离室的原理一样，将产生电流和输出电压脉冲。和电离室不同之处就是灵敏度要高得多，不同类型的粒子射入，产生不同高度的电压脉冲，因此，它可以区别出不同类型的射线，如 α 粒子和 β 粒子。图 18.13 就是光子计数器结构示意图。

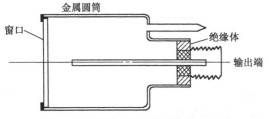

图 18.12　圆筒形电离室的结构示意图

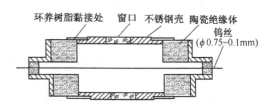

图 18.13　光子计数器结构示意图

电离阈值波长是指能检测的最长的波长，或者是某一波段范围。它们取决于上述两种管件的窗口材料和与之匹配的充气。例如，0.1 μm 的铝膜窗口，充以氖气，响应的波段范围是 0.2～0.6 nm 和 0.8～1.6 nm；1 mm 厚的 MgF_2 窗口，充以二硫化碳气体，响应波段范围是 112～124 nm。

18.2　光电光学系统

光电光学系统分为两大类：光电能量转换系统和光电图像转换系统。前者主要用于光度测量，其光学系统多为大孔径的聚光系统，对成像质量要求不高，结构形式也较为简单；光学图像转换系统多属于照相、投影、望远或显微等系统，只是接收器不同，像差校正也会有些区别。下面对这两种系统给予简单叙述。

18.2.1　光电能量转换系统

1. 以光电器件作为接收器的光学系统的基本原理

辐射通量通过介质、光学系统，有时还经过调制装置，最后进入光电器件，产生光电流，供后面电学系统处理。为使仪器可靠地工作，必须使光电流强度 i 不低于某一极限最小值 i_{min} 才能使有用信号从噪声中分离出来。这就必须使光电接收器接收到必需的辐射通量，即光学系统应有足够大的入射光瞳（或物方孔径角），其几何关系参见图 18.14。设在光学系统光轴上的辐射源是余弦辐射体，其面积为 S，光亮度为 B（也可以用 L 表示），发光强度为 I，则射入系统的辐射通量为

$$W = \pi B \sin^2 U \tag{18.1}$$

式中，U 是光学系统的物方孔径角。由光学系统射出的辐射通量为

$$W' = \tau W \tag{18.2}$$

式中，τ 是所有介质及光学系统的透过率。若光电器件对辐射通量的灵敏度为 V，则所接收的辐射通量产生的光电流为

$$i = VW' \tag{18.3}$$

光电流 i 应大于光电流的极限最小值，即

$$i \geqslant i_{\min} \tag{18.4}$$

由以上各式可得光学系统的孔径角为

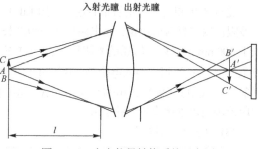

图 18.14　光电能量转换系统示意图

$$\sin U \geqslant \sqrt{\frac{i_{\min}}{\pi \tau BSV}} = \sqrt{\frac{i_{\min}}{\pi \tau IV}} \tag{18.5}$$

由光学系统的入射光瞳到辐射源的距离 l 与入射光瞳的直径 D_{en} 间的关系为

$$D_{en} = 2l \tan U \tag{18.6}$$

可近似认为

$$D_{en} = 2l \sin U = 2l \sqrt{\frac{i_{\min}}{\pi \tau IV}}$$

若接收器的光敏面积直径大于 D_{rn}，它能接收全部辐射通量 W'。实际上，光电接收器由于光谱响应等性质，不能吸收全部辐射能量 W'，以 W'' 代 W' 得

$$W'' = kW' \tag{18.7}$$

式中，k 为光电接收器对辐射能量的利用系数，$k \leqslant 1$。

为计算光源的光强 I，可考虑以下几种情况：

(1) 光源近似于点光源时，光强度为　　　　　　　　$I \approx \Phi_0 / 4\pi \tag{18.8}$

式中，Φ_0 为光源输出的总光通量。

(2) 对面发光体，沿发光面积法线方向的光强度为

$$I \approx \Phi_0 / 2\pi \tag{18.9}$$

(3) 对柱形螺旋线状发光体，沿与螺旋线垂直的方向上的光强度为

$$I \approx \Phi_0 / \pi^2 \tag{18.10}$$

则可以方便地求得光亮度

$$B = I / S \tag{18.11}$$

式中，S 为光源外形的面积。

2. 几种常见的光电能量转换系统

(1) 透射光中工作的光电直接测量系统

如图18.15所示，这种系统可以检测薄板的透过率。设薄板的厚度为 d，折射率为 n，光源 BC 的光强为 I，光源长的方向尺寸为 a，光阑直径为 D，光电管对光源的积分灵敏度为 V，光源到光阑的距离为 l，光阑到光电管的距离为 c，光电元件光敏面积直径为 D_c，并设薄板的透过率的最大和最小值分别为 $\tau_{\max}$ 和 $\tau_{\min}$。光电流极限最小值为 $i_{\min}$ 由式(18.5)得孔径角的正弦为

$$\sin U \geqslant \sqrt{\frac{i_{\min}}{\pi IV \tau_{\min}}} \tag{18.12}$$

光阑直径为　　　$D = 2l \tan U \tag{18.13}$

在光电接收器上光束截面的最大尺度为

$$R = (l + c - d_0) \tan U - \frac{a}{2}$$

式中　　　$\tan U = \dfrac{D + a}{2l}, \qquad d_0 = \dfrac{n-1}{n} d$

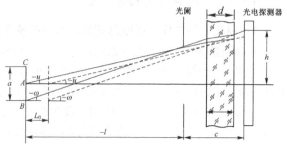

图 18.15　透射光中工作的光电直接测量系统

当在光电接收器上光束截面直径 $2h$ 小于光电接收器的直径 D_c 时，光通量将全部被接收，此时

$$2h = 2\left(l + c - \frac{n-1}{n}d\right)\tan U - a < D_c \tag{18.14}$$

(2) 直接接收式光电光学系统

581-C 型光电比色计的光学系统即属此类光电光学系统，如图18.16所示，比色器内装有被测液体，光电流与液体的透过率成正比。

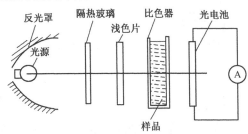

图 18.16　581-C 型光电比色计的光学系统　　　图 18.17　测量表面 P 的反射率的光电系统

(3) 工作在反射光中的简单光学系统

图18.17是测量表面 P 的反射率的系统，在被测表面 P 上放置一个光阑，其孔径为 D_1，孔内面积为 S_1，其内的照度为

$$E = \frac{1}{l^2}\cos a \tag{18.15}$$

若其为无光泽表面，散射后的光亮度为

$$B_s = E/\pi \tag{18.16}$$

该表面上的发光强度为

$$I_s = B_s \cdot S_1 \tag{18.17}$$

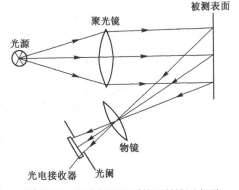

若该表面的最小反射系数为 $\rho_{\min}$，为使光电接收器产生的光电流大于极限最小值 $i_{\min}$，则可按式(16.5)求得光学系统的孔径角

$$\sin U \geqslant \sqrt{\frac{i_{\min}}{\pi I_s V \rho_{\min}}} \tag{18.18}$$

图 18.18　用专门照明系统照射被测表面

若用专门照明系统在被测表面上形成一定直径的圆面积，可不用光阑盖在被测表面上，如图18.18所示，可用来测量表面光洁度。反射式光电密度计和光电扫描头等均可采用此种系统。

18.2.2　聚光透射接收式光电系统

可分为以下两种情况讨论。

1. 辐射体的像与接收器重合

辐射体的像与接收器感光面相重合，就要求被测表面与接收器有相似形状，且被测表面上的照明以及接收器表面上各点的灵敏度应是均匀的。设被测圆形辐射体的面积为 S，其光亮度变化范围为从 $B_{\min}\sim$ $B_{\max}$，采用由一个物镜构成的光电光学系统，如图 18.19 所示。选取接收器的光谱响应的波段范围与该表面辐射波段相匹配，由接收器的积分灵敏度 V 和光电流的极限最小值 $i_{\min}$，以及测得的光学系统的透过率 τ_0，可得物镜的物方孔径角为

$$\sin U \geqslant \sqrt{\frac{i_{\min}}{\pi \tau_0 SVB_{\min}}} \tag{18.19}$$

若接收器光敏面积为 S'，则系统的垂轴放大率应取为

$$\beta = \sqrt{S'/S} = -l'/l \tag{18.20}$$

物距 l 可根据仪器结构选定，则物镜的焦距为

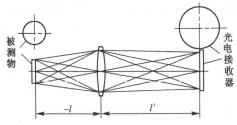

图 18.19　由一个物镜构成的光电光学系统

$$f' = \frac{\beta t}{1 - \beta} \tag{18.21}$$

入射光瞳直径为
$$D_{en} = 2l \tan U \approx 2l \sin U \tag{18.22}$$

最大光电流为
$$i_{max} = \pi \tau_0 \leqslant VB_{max} - \sin^2 U \tag{18.23}$$

若辐射体在无限远，已知其对光学系统所张视场角 ω 及其辐亮度 B，光学系统的入射光瞳应为

$$D_{en} \geqslant \frac{2}{\pi \omega} \sqrt{\frac{i_{min}}{\tau_a \tau_0 VB}} \tag{18.24}$$

式中，τ_a 为大气的透过率。若已知辐射体位于无限远，尺度近似于无限小，可测得光学系统入射光瞳处的辐射照度为 E，则入射光瞳直径应为

$$D_{en} \geqslant \sqrt{\frac{i_{min}}{\pi \tau_0 VE}} \tag{18.25}$$

例如，月球对地面的辐照度 $E = 0.2$ lx，月亮的辐亮度为 $2500\ \text{cd/m}^2$，它对地球的张角 $2\omega = 31' = 0.01$ rad，光电流极限最小值 $i_{min} = 100\ \mu A$。为简单起见，取 $\tau_a = 1$，$\tau_0 = 1$，由式(18.24)或式(18.25)求得入射光瞳直径 $D_{en} \approx 0.4$ m $= 400$ mm。

2．接收器位于系统的出射光瞳上

接收光敏上的灵敏度一般是不一致的，若辐射体在光敏面上近似于成点像，则测量结果是不稳定的。为此常把接收器放在光学系统出射光瞳面上，可得稳定的测量结果，其具体方案如图18.20所示，图18.20(a)所示为被测辐射体在远处，图18.20(b)所示为被测辐射体在光学系统前组的焦点处。

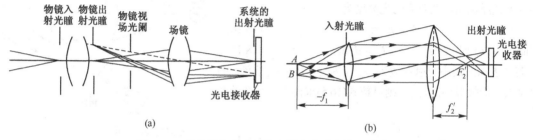

图18.20　接收器与光电系统出射光瞳重合的三种系统

聚光透射接收式光学系统常用于测量被测对象的透过率等工作。为了消除光电流对入射光通量变化之间的非线性，常采用"光学零位"测量方式，即在辐射源与光电接收器之间放入连续改变光密度的"光楔"（称为光度光楔），如图18.21所示，或用可变光阑改变入射光通量。根据对被测对象透过率的粗略估计，确定使光楔的某一移动位置为零点，再对被测对象进行测量，所得结果是对于光楔读数的相对值，可提高测量精度，补偿非线性关系。图 18.22 所示为两通道同时比较测量光学系统，图18.22(a)所示为两通道同时比较测量的差动系统，也属于"光学零位"测量的系统。

光电转换系统采用直流放大器时，由于对干扰敏感，影响测量精度，需用高稳定度电源才能避免零位漂移。

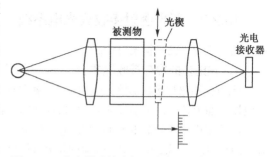

图18.21　在光学系统中加入改变光密度的"光楔"

为此，在系统中加入光通量调制器，如图18.22(b)所示为两通道交替比较测量的光电系统。由电动机驱动或电磁铁往复振动有圆孔或开口的调制盘于光路内，使连续的光通量转换为不连续的交流光通量，从而可以使用工作较稳定的交流放大器。随着近代电子技术的发展，高稳定度的直流放大器的应用也逐渐增多了。

图18.22(a)和图18.22(b)所示为两通道同时比较测量光学系统，两个通道之一为参考测量通道，另一为测量通道。这种系统的优点是抗干扰（如电源波动等）性能较好，因为两个通道同时受到干扰，可能有部分相互补偿。

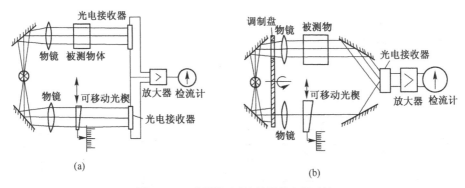

图 18.22 两通道同时比较测量光学系统

18.2.3 光电图像转换系统

前面讨论的红外变像管、光增强器等属于光电图像转换系统，它一般是图像上各个单元（称为像素）同时转换，即整幅图像的转换。另外一种如电视放映、传真等是用扫描的方法，即把图像的像素顺序地转换成为光电信号发送，同时又依次接收合成图像，并且能方便地控制图像的光亮度和色调等的变化。下面着重对扫描系统进行叙述。

(1) 扫描光点和像素的大小（扫描线数）

扫描光点是指对图像采样点的大小，它与像素相对应。扫描光点尺寸越小，再生图像与原图像越相近。光点尺寸太小要求图像上光照度很强，而且扫描时间增长。扫描光点的形状多为圆形或长方形。分解图像原稿的像素一般用方形，由图 18.23 可知，扫描所得的光通量或光电流不可能与原图像光强分布完全一致，表现在扫描光点和图像像素有差异，称为影调失调，一般取

$$0.92 \leqslant d_{op} / d_{el} \leqslant 1 \tag{18.26}$$

式中，d_{op} 是扫描光点直径；d_{el} 是像素尺度。扫描光点直径：传真电报取 0.15~0.35 mm，传真新闻图片取 0.05~0.1 mm，电视摄像取 0.02~0.15 mm。

像素也可以用扫描线数表示，即

$$R = 1/d_{el} \tag{18.27}$$

一般用的扫描线数为：传真 3~6 lp/mm，传真新闻 10~25 lp/mm，用于制备地图等的电子分色技术时为 20~25 lp/mm。

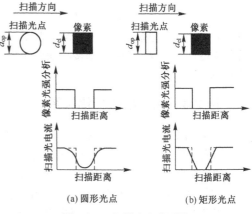

(a) 圆形光点   (b) 矩形光点

图 18.23 扫描光点的形状

(2) 扫描行距和扫描方式

扫描行距是指相继两次扫描线中心线之间的垂直距离。它与扫描方式和光点尺寸相匹配。"逐行扫描"方式的行距应与光点直径相等。对复原图像要求不高时，允许扫描行距大于光点直径。电视摄像或显像管电子扫描采用"隔行扫描"的方式，一幅图像分两次扫描，第一次先扫 1, 3, 5 等行，第二次扫 2, 4, 6 等行。扫描方式如图 18.24 所示。

(3) 最高扫描频率

扫描一幅图像时，在影调变化很频繁处产生光电流信号的频率就高，图像光亮度不变的地方，频率可能为零。因此，光电接收器及电子线路应采用合适的频率特性才能再现图像的影调。光电信号的最高扫描频率可定义为

$$F_{max} = \frac{LN}{2 \times 60 \text{ s} \times d_{el}} = \frac{LNR}{2 \times 60 \text{ s}} \tag{18.28}$$

式中，d_{el} 为像素直径；R 为扫描线数；N 为每分钟扫描行数，如在圆滚上扫描就是滚筒转速；L 是每一扫描行的长度，若为滚筒扫描时，$L = \pi D$，D 为滚筒直径。由于 N 是按分计算的，频率是按秒计算的，故分母中除以 60 s。

(4) 发送时间

设发送图像的面积为 $L_1 \times l_1$，如图18.25所示，发送整幅图像所需的时间为

$$T = lR / L \tag{18.29}$$

若逐行扫描的行距为 $\delta = 1/R$，则有

$$T = \frac{l}{N\delta} \tag{18.30}$$

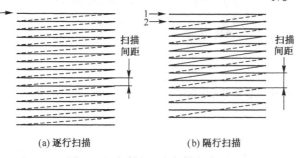

(a) 逐行扫描　　　　(b) 隔行扫描

图 18.24　扫描行距和扫描方式

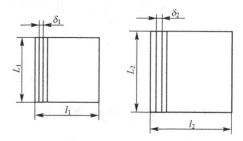

图 18.25　发送图像的面积示意图

(5) 合作系数

为使接收图像与原图像不失真，必须满足以下关系：

$$L_1 / l_1 = L_2 / l_2 \tag{18.31}$$

当用圆滚筒逐行扫描时，有 　　　　$L = \pi D, \ l = N\delta T$

式中，D 为滚筒直径；δ 为扫描行距。其中，式(18.31)中的下标"1"表示发射端，下标"2"表示接收端，故有

$$D_1 / \delta_1 = D_2 / \delta_2 \tag{18.32}$$

D 和 δ 之比为合作系数： 　　$M = D/\delta$　　(18.33)

当有线传真时，$M_1 = 352$，则接收端合作系数之差 $M_2 - M_1$ 不应超过 $\pm 1\%$ 。

18.2.4　光学机械扫描系统

光学机械扫描系统发射端采用的一种典型光学系统如图18.26所示。把被扫描的原稿平放在平台上或包在圆滚筒上，扫描运动由原稿的平面移动或滚筒转动及扫描光电头沿直线移动所组成，上述两个运动方向互相垂直。

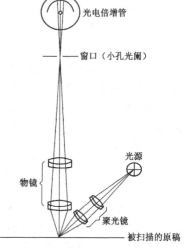

图 18.26　光学机械扫描系统原理图

扫描光电头由光源照明系统及显微投影系统组成，传递黑白或单色图片的光源用普通白炽灯照明。彩色图片需有色温高的光源照明，如碘钨灯或氙灯。聚光镜设计应考虑球差和色差的校正。扫描光点的尺寸取决于显微投影物镜像面上的小孔光阑的孔径。通过小孔光阑的光能量由光电倍增管接收。物镜数值孔径一般取 0.2～0.3，焦距为 12～35 mm，物镜倍率为 3～6$^\times$，小孔光阑的孔径小于 1 mm，因此，物镜的视场角很小，要求校正轴上点像差，以保证反映原稿的亮度变化。

18.2.5　电视摄像和显像系统

1. 电视摄像

电视摄像系统由照相物镜与电视摄像管组成。物镜将景物成像于摄像管的光电阴极上，一般摄像管光电阴极的照度应为 10～40 lx，高灵敏度摄像管为 0.5～5 lx。

我国的 1 英寸电视摄像管的有效扫描行数为 15 lp/mm；对于 $1\frac{1}{4}$ 英寸的电视摄像管为 12 lp/mm。因此，电视摄像物镜的分辨率应高于电视摄像管的扫描线数。此外，物镜视场边缘的照度不应降低太多，$F/4$ 的物镜视场边缘照度应为视场中心照度的 80%～90%，如图 18.27 所示。物镜的光谱透过率在可见光范围内不应低于 80%，如图 18.28 所示。物镜的畸变应为 0.5%～1% 的枕形畸变，以补偿摄像管电子光学系统产生的桶形畸变。

彩色摄像系统采用三原色原理实现，如图 18.29 所示，系统中采用三个摄像管，由分色棱镜把图像分

为红、绿、蓝三原色影像于三个摄像管的光电阴极上，同时发出相应的电信号。在棱镜的反射面镀多层介质膜，对所规定波长具有很高的反射率。

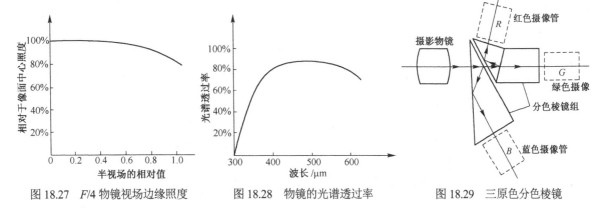

图 18.27　F/4 物镜视场边缘照度　　　图 18.28　物镜的光谱透过率　　　图 18.29　三原色分色棱镜

2. 电视投影系统

如图 18.30 所示为施密特折反射系统，电视显像的荧光屏为球面，补偿放映系统的场曲。投影屏幕尺寸有 45 cm×60 cm，90 cm×120 cm，3 cm×4 m，4.5 cm×6 m 等类型。

3. 飞点扫描系统

电视广播影片或幻灯片均采用飞点扫描电视系统发射，如图 18.31 所示。飞点扫描管的电子枪把电子束聚焦于荧光屏上，在偏转线圈磁场的作用下光点 A 进行扫描。光点 A 被物镜成像于影片画面上实现对图像的扫描。通过聚光系统使光点发出的光束被光电倍增管所接收，使图像上各点的密度分布转换为相应的电信号。

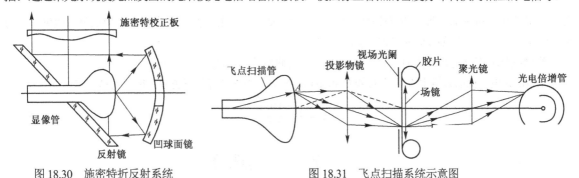

图 18.30　施密特折反射系统　　　　　　图 18.31　飞点扫描系统示意图

18.2.6　红外夜视系统

红外光辐射在大气中透过率较高，但必须用红外光学系统在黑暗中才可以观测目标。在军事上即为红外夜视仪。夜视仪分两类：一类为被动式，依靠被观测对象本身发出的红外光成像，受到探测器灵敏度的限制，应用不多；另一类为主动式，即用红外光源照射被观测目标，用红外夜视仪观察。红外光源一般由以白炽灯或氙灯为光源的探照灯加上波段为 0.76～1.2 μm 的红外滤光片构成。红外夜视仪一般由望远物镜、红外变像管和目镜构成，如图 18.32 所示。物镜把目标像成在红外变像管阴极表面上，转换成电子像作用于荧光屏上成为可见像，可通过目镜观察。

红外夜视仪目前可观测到 1000 m 的距离，其光路展开示意图如图18.33所示。设红外变像管成倒像，其垂轴放大率为

$$\beta_{\text{Tr}} = y'/y < 0 \qquad (18.34)$$

式中，y' 为荧光屏上像高；y 为光电阴极面上像高。夜视仪的总放大率为

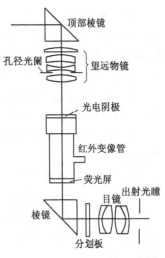

图 18.32　红外夜视系统示意图

$$\Gamma = \frac{f_0'}{f_e'} \beta_{\text{Tr}} \tag{18.35}$$

式中，f_0' 为物镜焦距；f_e' 为目镜焦距。可观察到正像，因变像管起到转像作用。物方视场角为

$$\tan\omega = \frac{D_p}{2f_0'} \tag{18.36}$$

式中，D_p 为光电阴极的直径。物镜焦距和目镜焦距分别由式(18.36)和式(18.35)确定，则全系统总长度为

$$L = f_0' + L_{\text{Tr}} + f_e' \tag{18.37}$$

式中，L_{Tr} 为红外变像管长度。

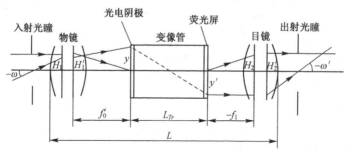

图 18.33　红外夜视仪光路示意图

望远物镜的入射光瞳由射入的能量决定，其相对孔径为

$$\frac{D}{f_0'} \geqslant \sqrt{\frac{4B'}{\pi\beta_{\text{Tr}}^{-2}V_s' VuB}} \tag{18.38}$$

式中，B' 为荧光屏应有亮度；B 为物体的亮度；V_s' 为荧光屏发光密度；V 为光电阴极积分灵敏度；u 为变像管外加电压。变像管的垂轴放大率 β_{Tr} 取 $-0.5^{\times}$ 或 $-1^{\times}$。

若物镜要求相对孔径较大时，常用匹兹万型或松纳型等结构的照相物镜。

系统的光电阴极的分辨率 N 在中心处为 40 lp/mm 左右，边缘处降低得厉害。折合到物方的分辨率为

$$\psi = \frac{(2\times10^6)''}{Nf_0'} \tag{18.39}$$

18.3　光学薄膜选择

18.3.1　光学薄膜的概念和分类

光学薄膜是附着在光学零件表面的薄而均匀的介质膜层。光学薄膜技术包括薄膜光学及薄膜制备技术。它研究的对象是膜层对光的反射、透射、吸收及其位相特性、偏振效应等。

引用中华人民共和国机械行业标准 JB/T6179—1992，常用光学薄膜及符号见表 18.3。

表 18.3 中所列的光学薄膜和多层薄膜分别介绍如下：

(1) 增透膜（减反射膜）

减反射膜的作用是通过光在薄膜中产生相消干涉，使反射光减弱，透射光增大。增透膜可以分为单波长增透膜和宽带增透膜。

表 18.3　光学薄膜的类型及图形符号

序号	术　语	符　号	备　注
1	增透膜	⊕	增透膜又称为减反膜，是增加透射光通量的薄膜
2	外反射膜	▽	增加反射光通量的薄膜
3	内反射膜	△	增加反射光通量的薄膜
4	滤光膜	⊖	能把光谱中不需要的光滤掉的薄膜
5	分束（色）膜	⅄	使入射光部分反射，部分透射的薄膜
6	偏振膜	⊟	是入射光束发生偏振的薄膜
7	导电膜	～	使表面带阻抗，导电加热的薄膜
8	保护膜	⊖	起保护作用的薄膜

（2）反射膜（反光膜）

反射膜的作用是使指定波段的光线在膜层上接近全部地反射出去。它可以分为金属反射膜、金属介质反射膜和多层介质高反射膜。

很多光学仪器中的反射镜和单层金属膜能满足通常的要求。单层金属膜的反射率难以满足要求时，可镀多层介质层来提高反射率。金属介质反射膜是在金属膜上加镀高低折射率交替的厚度为 $\lambda/4$ 的介质膜，低折射率层与金属膜相邻，可以提高金属膜的反射率。通常是在金属膜上淀积一对介质膜。多层介质高反射膜主要是由两层或两层以上的薄膜材料交替镀制而成的。

（3）分束（色）膜

分束膜是将一束光分成两部分的薄膜。中性分束膜可把一束光分成光谱成分相同的两束光，包括金属分束膜和介质分束膜两种类型。

（4）滤光片

广义上，只要对某些波长要求高透，同时要求抑制另一些波长的通光元件都称为滤光片。滤光片基本上指截止滤光片和带通滤光片，也就是在某些波长范围内的光束通过，而偏离这一波长范围的光束截止（高反或吸收）。

（5）偏振膜

当干涉镀层用于倾斜入射时，通常都要产生强烈的偏振效应，尤其封闭在胶合棱镜内的干涉镀层更是如此。利用这种偏振效应可设计各种类型的偏振分束镜。

① 棱镜偏振镜。其原理是寻找一个入射角，使之对于两种不同折射率的界面满足布儒斯特角 (Brewster Angle)。布儒斯特角可简述为：光线穿透两种折射率分别为 n_1 和 n_2、介电常数分别为 ε_1 和 ε_2 的介电介质的界面时，反射光线和折射光线间的夹角为 $90°$，此时反射光线为线偏振光，偏振方向平行于两介质的界面。该光线的特定入射角称为布儒斯特角，以 θ_B 表示，$\theta_B = \arctan(n_2/n_1) = \arctan(\varepsilon_2/\varepsilon_1)^{1/2}$。而对于确定的入射角和高低折射率材料，要寻找合适的基底材料，使入射光在两种不同折射率的界面满足布儒斯特角。

② 平板偏振镜。它是基于薄膜材料的 p 偏振和 s 偏振的有效折射率不相等这一条件设计的。p 偏振和 s 偏振可理解为：设偏振现象使用的坐标系是用含有输入和反射光束的平面来定义的。光线偏振矢量在这个平面内称为 p 偏振；偏振矢量垂直于该平面称为 s 偏振。任何一种输入偏振状态都可以表示为 s 分量和 p 分量的矢量和。平板偏振镜的工作波段较窄，优点是选择基片和薄膜材料有灵活性。

③ 中性密度滤光镜。它是指在宽光谱范围内，用来均等地减少各谱线入射光束强度的滤光镜。

④ 超快薄膜。近 20 年来超快激光系统的产生和发展，使瞬态效应变得很明显的飞秒脉冲成为实验室的常用手段。假定一个由 $\lambda/4$ 膜堆组成的一标准高反膜的厚度约为 12.5λ。在波长 $1\ \mu m$ 处，这就意味着光经过薄膜的前、后表面时有 $12.5\ \mu m$ 的长度差，或者说约有 42 fs（飞秒，10^{-15}s）的时间差。现在约 50 fs 的脉冲是很平常的。所以在这类应用中，光学薄膜的瞬态效应是很重要的。

膜系设计最早使用的是试凑法、图解法，以后又逐步发展了解析设计方法。膜系优化设计的目标是寻找全局极小值或最优值，或次优解。

18.3.2　光学薄膜的应用和选择

光学薄膜技术的应用有宽带增透膜，用在液晶显示器、半导体薄膜及薄膜电致发光技术、高功率激光薄膜、全固态激光器、特殊金属薄膜、非球面镀膜等方面。下面举例子说明光学薄膜的选择。

1. 照明技术

光学薄膜技术在照明技术中得到了广泛应用。以下例说明光学薄膜的应用和选择。

（1）冷光膜

照明广泛使用的是石英卤素灯，它具有体积小、发光效率高、光衰小、寿命长、显色指数高的优点，特别是采用光学薄膜技术制成的具有反光碗的"定向冷反射卤钨灯"，由于其光源发出的红外光被反光碗透射，而可见光被反光碗定向反射。显色指数(Color Rendering Index)表达了光源对物体真实颜色的呈现程度，以标准光源为准，将其显色指数定为100，其余光源的显色指数均低于100。显色指数用 Ra 表示，Ra 值越大，光源的显色性越好。

冷光膜的设计原理是要求能够尽可能高地反射可见光，而透射红外光，镀在弧形反光碗上，使反射的光亮度很高，而红外辐射热则被反射到反光碗的后面，从而降低了光束的温度。用这种技术制作的照明灯具称为冷光灯。

(2) 彩色膜（分色膜）

彩色膜主要应用于舞台灯、照明建筑轮廓灯、民用射灯等。颜色常分为红、绿、蓝、黄四种。彩色膜分为反射式和透射式两种。反射式就是把彩色膜直接镀在照明灯的反光碗上，根据需要反射出各种颜色；透射式就是把彩色膜镀在照明灯的前盖片上，光线通过彩色照明灯前盖片，经过滤色达到分色的效果。分色效果的主要指标有：颜色纯度高，色彩显得鲜艳；彩色的光亮度要高，照射物体清晰明亮。

(3) 反红外透可见薄膜

卤钨灯发出的光效高，但是光效与寿命在一定条件下是成反比的。在灯珠工艺和技术参数稳定的情况下，采用在灯珠玻璃四周镀上反红外透可见薄膜，把灯丝发出的红外光再次反射到灯丝上，提高灯丝的温度，达到提升发光效率的目的，光学薄膜质量高时，可提高光效 30%，因镀有透可见光膜，而对透射光无影响。这种技术可使卤钨灯既提高了光效，又节省了能源，另外，还可用镀钛、不锈钢作为照明产品的金、银色装饰膜等。

2. 在激光器技术中的应用

激光器因为结构原因，使用光学薄膜较多。

(1) 二极管泵浦固体激光器(Diode Pumped Solid State Laser，DPL)用光学薄膜

二极管泵浦固体激光器(Diode Pumped Solid State Laser，DPL)的泵浦波长和输出波长不同，泵浦方式及使用的材料及相应的薄膜多种多样。

如图18.34中所示，M_1 和 M_2 透镜作为激光器谐振腔的两个反射镜，在 M_1 反射镜的右表面是在 K9 玻璃上镀了单波长 1064 nm 的高反射膜。M_2 透镜的左表面镀制对 1064 nm 波长高反射、532 nm 波长高透射的薄膜。

对激光器内部的 KTP(KH_2PO_4)晶体，则需要镀制倍频增透膜，使得对于 1064 nm 和 532 nm 有着较好增透的效果。可以选用 ZrO_2 和 SiO_2 做镀膜材料。

激光器内部的 Nd:YAG 需要镀制对于 1064 nm 增透、532 nm 高反射的薄膜。这种薄膜可以采用 ZrO_2 和 SiO_2 做高低折射率材料，可得反射率 $R_{1064} \leqslant 0.5\%$，$R_{532} \geqslant 99.5\%$。

在 Nd:YAG 上要镀制 1064 nm 高反射、808 nm 高透射的薄膜，以使得 $R_{1064} \geqslant 99.5\%$，$R_{808} \leqslant 0.5\%$。

(2) DPL 激光器使用的特殊膜系

① 工作波长为 946nm 的 DPL 薄膜　由于 946 nm 的激光振荡（光在光学谐振腔里不断往返地通过激光工作物质）难度比实现 1064 nm 的激光振荡难度大，因此该种激光器中的谐振腔镜要求薄膜同时对 808 nm 的泵浦光和 1064 nm 激光高透，而对 946 nm 的激光高反。采用调谐比（单元内两材料光学厚度之比）高的膜系结构实现，实际镀制结果能达到 $R_{946} \geqslant 99.5\%$，$T_{808} \geqslant 90\%$，$T_{1064} \geqslant 80\%$。

② 单块非平面单向环形腔的薄膜　国际上单块非平面单向环形腔单频固体激光器最早由 Kane 等人提出，并在 Nd:YAG 单块晶体中实现了 1064 nm 的单频激光振荡。由于 1319 nm 谱线与 1064 nm 谱线相比其发射截面小得多，故实现 1319 nm 的激光振荡难度比实现 1064 nm 的激光振荡难度更大。为了获得 1319 nm 的激光振荡，必须抑制 Nd:YAG 晶体中最强的 1064 nm 谱线和 1319 nm 附近的 1338 nm 谱线的振荡。要求该薄膜对 808 nm 的泵浦光和 1064 nm 激光高透，对 1319nm 的 s 光和 p 光的反射率分别为 98% 和 85%，并使 1338 nm 谱线的透射率比 1319 nm 的透射率高，以保证 1319 nm 的激光振荡。图18.35为单块非平面单向环形腔的薄膜设计曲线。

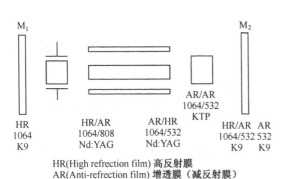

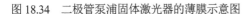

图 18.34　二极管泵浦固体激光器的薄膜示意图

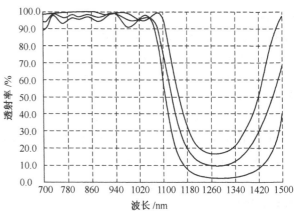

图 18.35　单块非平面单向环形腔的薄膜设计曲线

③ 1.57 μm 光量振荡激光器中的薄膜　光学参量振荡(Optical Parametric Oscillator，OPO) 为一束频率为 v_p（泵频）的强激光和一束频率为 v_s（信号频率简称信频）的弱激光同时射入非线性介质时，如信频光被放大，同时产生频率为 $v_i(v_p = v_s + v_i)$的闲置频率光(Idler Frequency)，这种现象称为光参量放大。若将此非线性介质置于谐振腔中，如图18.36所示，腔镜 M_1 对泵频光透射，M_1 和 M_2 对信频光(Signal Frequency)或闲置频率光（或两者）高反射，则在频率为 v_p 的激光作用下，从腔镜 M_2 将输出频率为 v_s 和 v_i 的激光。这就是光参量振荡器。它是一种可调谐激光器，可以以脉冲工作，也可以连续工作。

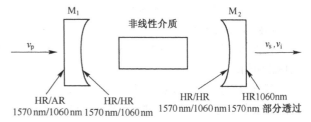

图 18.36　光参量振荡激光器中的薄膜

目前 Nd:YAG 的 1.06 μm 激光技术已较成熟，但 1.06 μm 波长对人眼极不安全。研究表明，当激光波长大于 1.4 μm 时，对人眼是安全的。激光辐射处于 1.5 μm～1.8 μm 的大气窗口，对烟雾的穿透能力强。1.6 μm 的激光辐射也是在沿海环境下的最佳波长。

利用光参量振荡可以通过非线性晶体的非线性效应，用 1.06 μm 的泵浦激光产生 1.57 μm 的激光。在结构中要求输入镜对 1.57 μm 高反射(HR)、1.06 μm 高透射(AR)，反射镜要求薄膜对 1.57 μm 和 1.06 μm 高反射，输出镜要求薄膜对 1.06 μm 高反射，1.57 μm 部分透过。

④ 高功率激光器中具有高损伤阈值和低吸收的光学薄膜的主要特征　高的抗激光强度，即高抗激光损伤阈值应≥1.5 GW/cm²（激光波长为 1.064 μm，激光脉宽 10 ns）。低的光损耗，即 1–R（反射率）–T（透射率）很小。

3．光学薄膜的选择原则

根据器件和用途选择光学薄膜，应考虑：

(1) 波段范围要求　有可能是单波长、双波长，甚至对不同的波长有着不同的要求。

(2) 薄膜的具体光学特性的要求　分为增透、高反射率、半透半反等要求。

(3) 其他的一些物理光学特性要求　如偏振、吸收率、分色、厚度等要求。

(4) 根据被镀制器件的材料考虑镀膜要求　考虑以上三点对光学薄膜的要求，合理选择镀膜的材料和工艺，以及合适的膜系，即膜的结构，如单层膜、多层膜等。

18.4　梯度折射率光学系统设计

18.4.1　梯度折射率光学的起源

在现代光学技术研发了一种梯度折射率光学元件。梯度折射率是指元件的折射率沿某一方向渐进改变，以改变元件的光学特性。

梯度折射率光学也称为渐变折射率光学，主要研究梯度折射率介质的光学成像特性及其应用。常用的梯度折射率介质有四种：轴向渐变折射率介质、垂直于光进行方向的渐变折射率介质、径向渐变折射率介质和球向渐变折射率介质。该类介质折射率分布如下。

(1) 沿轴向渐变折射率介质

该介质折射率随着光轴方向的改变而改变，且呈单向改变，即沿一个方向折射率逐渐增加或减少，如图18.37所示。

这类渐变折射率介质的等折射率平面垂直于光轴，该介质的结构特性为：通过表面结构和渐变折射率来控制器件光学性质，如加工成的球表面控制聚焦性能，调节介质内部的渐变折射率来调整成像质量。

(2) 沿横向渐变折射率介质

该介质的折射率变化垂直于光进行方向的渐变，也是呈单向变化的，等折射率平面与光轴相互平行，如图18.38所示。

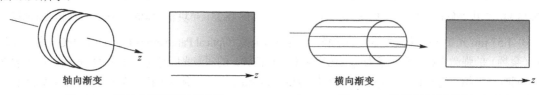

图 18.37　沿轴向渐变折射率介质　　　　图 18.38　沿横向渐变折射率介质

(3) 沿径向渐变折射率介质

该介质的折射率沿径向随离轴距离变化而变化。它的等折射率面是一系列同心圆，光轴通过圆心，如图18.39所示。

径向分布折射率介质是最早使用的渐变折射率介质。其主要制作工艺是离子交换法，即把玻璃棒置于交换熔盐中经过一段时间的热离子交换，可在棒内获得径向折射率分布。利用径向折射率分布介质制作的透镜多用于光纤通信和微小光学成像系统中。

(4) 球型渐变折射率介质

球型渐变折射率介质的折射率随着距离球心的距离而改变。其等折射率面为同心球面，如图18.40所示。利用这种球型渐变折射介质制成的透镜，就是"鱼眼透镜"。该透镜可以把透镜内任意点无像差地成像到其共轭点，称为"绝对光学系统"。

图 18.39　沿径向渐变折射率介质　　　　图 18.40　球型渐变折射率介质

目前应用较多是沿轴向渐变折射率介质和沿径向变化渐变折射率介质这两种。

渐变折射率光学的研究最早起源于麦克斯韦(Maxwell)提出的一种层层包裹的球型透镜，即"鱼眼透镜"，但这种透镜理论上可行，实际很难加工。直到1964年，日本的西泽、佐佐木提出了利用离子交换工艺制作渐变折射率介质的理论，为制作渐变折射率介质打下了基础。在1969年，日本板硝子株式会社(NSG)采用离子交换工艺制作出了渐变折射率透镜。

18.4.2　不同梯度折射率介质中的光线方程

变折射率光学的研究对象主要是变折射率透镜和变折射率波导，前者几何尺寸较大，宜用光线光学方法处理，后者几何尺寸较小，一般用波动光学方法处理。本节着重从光线光学的理论出发，研究两种变折射率介质中光线的轨迹。

按几何光学的观点，光线在均匀介质中的轨迹为直线。在光线光学中，光线在非均匀介质中的轨迹为曲线。变折射率介质中光线的轨迹问题，可以从 1.3 节所讨论的费马原理出发，利用经典力学中的拉格朗日(Lagrangian)方法和哈密顿(Hamilton)方法，引入折射率可得光学拉格朗日方程和光学哈密顿方程，进而导出变折射率介质中的运动轨迹的基本方程[①]，为讨论变折射率透镜光学特性打下基础。

1. 圆柱坐标系表示的径向变折射介质的光线方程

通常利用径向变折射率介质构成的透镜称为自聚焦透镜或变折射率透镜。由于该种透镜通常是一个圆柱体，为求解方便，采用圆柱坐标系（包括轴向坐标 z、径向坐标 r 和绕轴转角坐标 θ ）表示，由光线在变折射率介质中的运动轨迹的基本方程进行简化可得

$$\frac{d}{ds}\left[n(r)\frac{dr}{ds}\right] - n(r)r\left(\frac{d\theta}{ds}\right)^2 = \frac{dn(r)}{dr} \tag{18.40}$$

$$n(r)\frac{dr}{ds}\frac{d\theta}{ds} + \frac{d}{ds}\left[n(r)r\frac{d\theta}{ds}\right] = 0 \tag{18.41}$$

$$\frac{d}{ds}\left[n(r)\frac{dz}{ds}\right] = 0 \tag{18.42}$$

式中，r 为径向方向；ds 为光线方程上的微分单元；$n(r)$ 为介质沿径向的折射率分布；θ 为方程的角分量。式(18.40)是在圆柱坐标系中 r 分量的表达式，式(18.41)是 θ 分量的表达式，式(18.42)是 z 分量的表达式。

考虑到折射率只与 r 有关，式(18.40)、式(18.41)和式(18.42)可以改写成

$$n(r)\left(\frac{d^2r}{ds^2}\right) - n(r)r\left(\frac{d\theta}{ds}\right)^2 = \frac{dn(r)}{dr} \tag{18.43}$$

$$\frac{d}{ds}\left(r^2n(r)\frac{d\theta}{ds}\right) = 0 \tag{18.44}$$

$$\frac{d}{ds}\left(n(r)\frac{dz}{ds}\right) = 0 \tag{18.45}$$

由式(18.44)可以得到

$$n(r)r^2\frac{d\theta}{ds} = c \quad \text{（常数）} \tag{18.46}$$

考虑到近轴近似条件，并代入直角坐标系下的方向余弦值 $p_z = n(r)\dfrac{dz}{ds}$，就可以得到一个 $d\theta$ 和 dz 之间的关系式：

$$\frac{d\theta}{dz} = \frac{c}{p_z r^2} \tag{18.47}$$

对于径向渐变折射率介质，$n(r)$ 与 z 无关，所以 p_z 是个常数，对式(18.47)进行积分，可得

$$\theta = \theta_0 + \frac{c}{p_z}\int \frac{1}{r^2}dz \tag{18.48}$$

在圆柱坐标系中，光线轨迹上的一个线元 ds 可以表示为

$$ds = dz\sqrt{1 + \left(\frac{dr}{dz}\right)^2 + r^2\left(\frac{d\theta}{dz}\right)^2} \tag{18.49}$$

将方向余弦 p_z 和式(18.47)代入式(18.49)中，可得

$$\frac{dr}{dz} = \pm\frac{1}{p_z}\sqrt{n^2(r) - \left(\frac{c}{r}\right)^2 - p_z^2} \tag{18.50}$$

将式(18.50)进行积分，可得

$$z = z_0 \pm p_z\int_{r_0}^{r}\frac{dr}{\sqrt{n^2(r) - \left(\frac{c}{r}\right)^2 - p_z^2}} \tag{18.51}$$

---

① 因当前和以后的推导较为烦琐，请参考：刘德森。变折射率介质理论及其技术实践。重庆：西南师范大学出版社，2005。

式(18.48)和式(18.51)就是在圆柱坐标下径向渐变折射率介质的以 r 为变量的光线方程。

2. 轴向渐变折射率介质的光线轨迹方程

轴向折射率分布可以看作球对称分布,当对称中心位于无限远时的极限情况。通常光线的方程可简化为

$$\frac{\mathrm{d}}{\mathrm{d}s}\left(n(r)\frac{\mathrm{d}\vec{R}}{\mathrm{d}s}\right)=\nabla n(r) \tag{18.52}$$

式中,$n(r)$ 是折射率分布函数;r 为径向坐标;s 是光线的几何路程;∇(读 Nabla)是哈密尔顿算子;$\mathrm{d}\vec{R}$ 为光线轨迹方向的变化量。

设折射率沿 z 方向变化,轴向折射率变化函数为 $n(z)$,根据式(18.52)可以写出光线方程的三个方向余弦。

图18.41 说明了透镜中曲线方程,图中,光线轨迹的线元为 $\mathrm{d}s$,该光线方程依据光学拉格朗日运动方程,x 分量和 y 分量可写成

$$\frac{\mathrm{d}}{\mathrm{d}s}\left(n(z)\frac{\mathrm{d}z}{\mathrm{d}s}\right)=\frac{\dfrac{\mathrm{d}n(z)}{\mathrm{d}s}-x'\dfrac{\partial n(z)}{\partial x}-y'\dfrac{\partial n(z)}{\partial y}}{\sqrt{1-x'^2-y'^2}}=\frac{\partial n(z)}{\partial z} \tag{18.53}$$

$$\frac{\mathrm{d}}{\mathrm{d}s}\left(n(z)\frac{\mathrm{d}y}{\mathrm{d}s}\right)=\frac{\partial n(z)}{\partial y} \tag{18.54}$$

由于 $n(z)$ 是变量 z 的函数,式(18.53)和式(18.54)可以写成

$$\frac{\mathrm{d}}{\mathrm{d}s}\left(n(z)\frac{\mathrm{d}x}{\mathrm{d}s}\right)=0 \tag{18.55}$$

$$\frac{\mathrm{d}}{\mathrm{d}s}\left(n(z)\frac{\mathrm{d}y}{\mathrm{d}s}\right)=0 \tag{18.56}$$

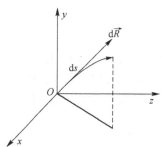

图 18.41 轴向渐变折射率介质中光线轨迹

式(18.55)和式(18.56)可写为

$$n(z)\frac{\mathrm{d}x}{\mathrm{d}s}=m=常数 \tag{18.57}$$

$$n(z)\frac{\mathrm{d}y}{\mathrm{d}s}=n=常数 \tag{18.58}$$

由式(18.52)可得光线方程的 z 轴分量:

$$\frac{\mathrm{d}}{\mathrm{d}s}\left(n(z)\frac{\mathrm{d}z}{\mathrm{d}s}\right)=\frac{\dfrac{\mathrm{d}n(z)}{\mathrm{d}s}-x'\dfrac{\partial n(z)}{\partial x}-y'\dfrac{\partial n(z)}{\partial y}}{\sqrt{1-x'^2-y'^2}}=\frac{\partial n(z)}{\partial z} \tag{18.59}$$

式中

$$x'=\mathrm{d}x/\mathrm{d}s,\qquad y'=\mathrm{d}y/\mathrm{d}s \tag{18.60}$$

把式(18.57)和式(18.58)代入式(18.59),得

$$n(z)\frac{\mathrm{d}z}{\mathrm{d}s}=\sqrt{n^2(z)-m^2-n^2}=l \tag{18.61}$$

联立式(18.57)和式(18.61),得

$$\mathrm{d}x=m\frac{\mathrm{d}s}{n(z)}=m\frac{\mathrm{d}z}{l} \tag{18.62}$$

对式(18.62)两边进行积分,可得 x 方向光线方程:

$$x=x_0+m\int_{z_0}^{z}\frac{\mathrm{d}z}{\sqrt{n^2(z)-m^2-n^2}} \tag{18.63a}$$

同理可得 y 方向光线方程:

$$y=y_0+n\int_{z_0}^{z}\frac{\mathrm{d}z}{\sqrt{n^2(z)-m^2-n^2}} \tag{18.63b}$$

通过式(18.63a)和式(18.63b)便可以确定轴向渐变折射率介质中以 z 为变量的光线轨迹。

18.4.3 自聚焦透镜及其成像系统

自聚焦透镜主要指径向渐变光学透镜,其具有准直扩束或对物体成像的能力。下面利用光线追迹方法求解自聚焦透镜的物像关系。

自聚焦透镜中折射率分布的一般形式为

$$n(r)=n_0(1-Ar^2/2) \tag{18.64}$$

式中，n_0是自聚焦棒轴线上的折射率；上式相当于沿折射率轴 $n(r)$ 平移了距离 $n(0)$ 的抛物线，按抛物线的性质，A 和其光焦度成正比。A 称为聚焦常数，常以根号形势出现，表征折射率透镜中折射率分布状态；r 为离轴距离。折射率分布如图18.42所示，可以看到折射率在轴线上最大，随着 r 的增加，折射率逐渐减小。

从应用的角度出发，可以在近轴条件下求出光线在自聚焦透镜中光线轨迹的近似解。由光线方程(18.40)推导出光线轨迹方程，则自聚焦透镜中光线的轨迹方程用矩阵形式表示为

$$\begin{pmatrix} r_2 \\ SL'_2 \end{pmatrix} = \begin{bmatrix} \cos\sqrt{A}Z & \sin(\sqrt{A}Z)/\sqrt{A} \\ -\sqrt{A}\sin\sqrt{A}Z & \cos\sqrt{A}Z \end{bmatrix} \begin{pmatrix} r_1 \\ SL'_1 \end{pmatrix} \tag{18.65}$$

式中，r_1 和 r_2 分别表示入射光线和出射光线位置坐标；SL'_1 和 SL'_2 分别是入射光线和出射光线在 r_1 和 r_2 处的斜率；Z 为自聚焦透镜棒的长度。式(18.65)为近轴条件下求出光线在自聚焦透镜中光线轨迹的近似解，其子午面中的光线轨迹如图 18.43 所示，近似于一正弦曲线，自聚焦透镜的节距定义为该正弦曲线的一个周期：

$$p = \frac{\sqrt{A}Z}{2\pi} \tag{18.66}$$

式中，p 是自聚焦透镜的节距，即自聚焦透镜周期长度；$\sqrt{A}$ 是自聚焦透镜的聚焦常数；Z 为自聚焦透镜棒的长度。

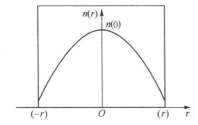

图 18.42　渐变折射率透镜中折射率分布

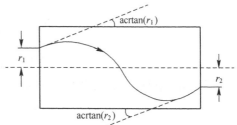

图 18.43　自聚焦透镜中光线轨迹

四分之一节距的变折射率自聚焦透镜棒长意味着 $\sqrt{A}Z = \pi/2$。如果该器件带有尾纤，由于光纤的芯径在 10 μm 左右，相比自聚焦透镜直径可以忽略，因此从光纤中发出的光可视为点光源，在自聚焦透镜中光线轨迹类似正弦曲线，四分之一节距的自聚焦透镜棒出射光线正好为平行光。

自聚焦透镜成像关系如图18.44所示，图中有关量的符号可参照 2.1 节中油罐线段和角度的符号。物体 OQ 位于自聚焦透镜的入射前端，与透镜的距离是 l_1，高度为 y_1。所成的像位于聚焦透镜的出射端，与透镜的距离是 l'_2，高度为 y'_2。为了方便分析，只追踪两条光线，一条是光线 a，另一条是光线 b。光线 a 是一条平行光轴入射的光线，入射的位置为 r_{a1}，光线的斜率为 $SL'_{a1} = 0$；光线 b 沿着光轴和自聚焦透镜的交点位置入射，入射的位置 $r_{b1} = 0$，光线的斜率 $SL'_{b1} = \tan\theta_{b1}$。

1. 子午面内的光线 a

从轨迹式(18.65)可以得到光线 a 在自聚焦透镜中的轨迹方程为

$$r_{a2} = y_1 \cos(\sqrt{A}Z) \tag{18.67}$$

$$SL'_{a2} = -y_1\sqrt{A}\sin(\sqrt{A}Z) \tag{18.68}$$

式(18.67)和式(18.68)中，r_{a2} 为光线 a 出射端的位置；SL'_{a2} 为出射端面上交点向内的斜率。光线 a 在该点向外的斜率是 SL''_{a2}。在交点处应用折射定律，可得

$$n(r_{a2})\sin\theta_{a2} = n'(r_{a2})\sin\theta'_{a2} \tag{18.69}$$

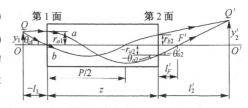

图 18.44　自聚焦透镜近轴子午面内的成像原理

考虑到近轴近似条件，上式中 $n'(r_{a2}) = 1$（为自聚焦透镜的像方，设在空气中），$n(r_{a2}) \approx n(0)$，$n(0)$ 为透镜中心处的折射率，$\sin\theta_{a2} \approx \theta_{a2} \approx \tan\theta_{a2}$，所以式(18.69)可简化为

$$n(0)\tan\theta_{a2} = \tan\theta'_{a2} = SL''_{a2} \tag{18.70}$$

通过式(18.70)可以推导出 $SL''_{a2} = n(0)r'_{a2}$。

由图18.44中可以知道，光线 a 从 r_{a2} 射出后，与出射的光线 b 相交于点 Q'，有下面关系：

$$\tan\theta'_{a2} = \frac{y'_2 - r_a}{l_2} = SL'_{a2} \tag{18.71}$$

将式(18.67)和式(18.68)代入式(18.71)中，得

$$y'_2 = y_1 \cos(\sqrt{A}Z) - n(0)y_1\sqrt{A}\sin(\sqrt{A}Z)l'_2 \tag{18.72}$$

2. 子午面内的光线 b

对于光线 b，它的初始入射位置 $r_{b1} = 0$，和端面交点处向外的斜率是 $SL'_{b1} = -y_{b1}/l_1$。光线 b 进入自聚焦透镜中后，在近轴近似条件下，入射点处有如下关系：

$$n(r_{b1})\sin\theta_{b1} = n(0)\sin\theta'_{b1} \tag{18.73}$$

由于 $n(r_{b1})$ 近似等于 1，式(18.73)可以进行简化得

$$SL'_{b1} = n(0)\tan\theta'_{b1} \tag{18.74}$$

故光线 b 交点处向内的斜率是

$$SL''_{b1} = \frac{SL'_{b1}}{n(0)} = -\frac{y_1}{n(0)l_1} \tag{18.75}$$

通过轨迹方程式(18.75)可以得到光线 b 在自聚焦透镜中的轨迹方程：

$$r_{b2} = -\frac{y_1\sin(\sqrt{A}Z)}{n(0)\sqrt{A}l_1} \tag{18.76}$$

$$SL'_{b2} = -\frac{y_1}{n(0)l_1}\cos(\sqrt{A}Z) \tag{18.77}$$

光线 b 从出射端面 r_{b2} 出射后，在该点向外的斜率是

$$SL''_{b2} = n(0)SL'_{b2} \tag{18.78}$$

将式(18.77)代入式(18.78)中，得

$$SL''_{b2} = -\frac{y_1}{l_1}\cos(\sqrt{A}Z) \tag{18.79}$$

类似光线 a，光线 b 在出射点位置也有类似的关系式：

$$\tan\theta'_{b2} = \frac{y'_2 - r_{b2}}{l'_2} = SL''_{b2} \tag{18.80}$$

将式(18.76)和式(18.77)代入式(18.80)中，有

$$y'_2 = -\frac{y_1}{n(0)\sqrt{A}l_1}\sin(\sqrt{A}Z) - \frac{y_1}{l_1}\cos(\sqrt{A}z)l'_2 \tag{18.81}$$

联立式(18.72)和式(18.81)，可以得到

$$y'_2 = \frac{-y_1}{n(0)\sqrt{A}l_1\sin(\sqrt{A}Z) - \cos(\sqrt{A}Z)} \tag{18.82}$$

$$l'_2 = \frac{n(0)l_1\sqrt{A}\cos(\sqrt{A}Z) + \sin(\sqrt{A}Z)}{n(0)\sqrt{A}\left[n(0)l_1\sqrt{A}\sin(\sqrt{A}Z) - \cos(\sqrt{A}Z)\right]} \tag{18.83}$$

式(18.82)和式(18.83)就是自聚焦透镜成像的物像关系式。这里，l_1 和 l_2 分别是径向变折射率透镜的物距和像距，y_1 和 y'_2 分别是径向变折射率透镜的物高和像高。通过式(18.82)可以得到自聚焦透镜成像后的放大率

$$\beta = \frac{y'_2}{y_1} = -\frac{1}{n(0)\sqrt{A}l_1\sin(\sqrt{A}Z) - \cos(\sqrt{A}Z)} \tag{18.84}$$

3. 焦点位置

自聚焦透镜与普通透镜一样使光束会聚或发散，所以在自聚焦透镜中也存在焦点。一束平行光入射到自聚焦透镜中，光线的轨迹和焦点位置如图 18.45 所示。在入射端，光线距离光轴 z 的距离是 y_1，斜率 $SL'_1 = 0$。这条光线从长度

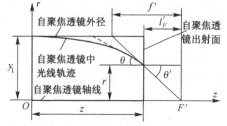

图 18.45　自聚焦透镜的焦点位置

为 z 的自聚焦透镜中出射后与光轴的交点就是该自聚焦透镜的焦点 F'。图 18.45 中 l'_F 是焦点与自聚焦透镜出射断面之间的距离称为截距，f' 是焦距。从式(18.65)中可以求得光线的轨迹方程：

$$r = y_1 \cos(\sqrt{A}Z) \tag{18.85}$$

$$SL'_{a2} = -y_1 \sqrt{A} \sin(\sqrt{A}Z) \tag{18.86}$$

类似光线 a 和 b，在近轴近似条件下，在自聚焦透镜的出射端面上有如下关系：

$$SL' = -y_1 \sqrt{A} \sin(\sqrt{A}Z) \tag{18.87}$$

把式(18.86)代入式(18.87)中，得

$$SL' = -y_1 \sqrt{A} n(0) \sin(\sqrt{A}Z) \tag{18.88}$$

由图18.45可知

$$l'_F = \frac{r}{\tan \theta'} \tag{18.89}$$

把式(18.85)和式(18.88)代入式(18.89)中，可得

$$l'_F = \frac{\cos\left(\sqrt{A}Z\right)}{n(0)\sqrt{A}\sin\left(\sqrt{A}Z\right)} \tag{18.90}$$

通过式(18.88)和 $\tan \theta' = r_1 / f'$ 关系，可以求得自聚焦透镜的焦距

$$f' = \frac{1}{n(0)\sqrt{A}\sin(\sqrt{A}Z)} \tag{18.91}$$

由式(18.90)和式(18.91)可知，自聚焦透镜的焦距和截距都是变量，是随 Z 变化的周期函数，这是与普通透镜的最大区别。利用这一特性，可以设计出焦距为零的透镜，使得透镜的焦点位于出射端面上。

由于焦距 f' 随透镜长度 Z 变化，所以不同节距长度的自聚焦透镜具有不同的物像关系。图18.46表示物体位于自聚焦透镜入射端面上时，不同节距时成像情况，图 18.47 表示物体位于自聚焦透镜前，不同节距时成像情况。从图中可以看到，不同长度的自聚焦透镜对同一物体所成的像、位置、大小、虚实和正倒都不相同。

自聚焦透镜有尺寸小的特点，可望在特殊物镜设计中得到应用。

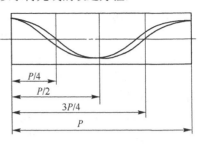

图 18.46 端面入射时，不同节距自聚焦透镜成像情况

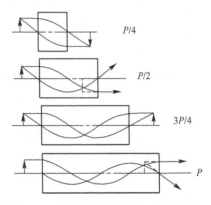

图 18.47 在远离端面入射时，不同节距自聚焦透镜成像情况

18.4.4 变折射率介质的应用

1. 梯度折射率光纤

变折射率介质波导的一种典型结构是梯度型光纤，这种光纤可以减少阶跃型多模光纤中的模间色散，也就是减少由于不同模式光传输速率差异造成的脉冲展宽。梯度型光纤中折射率分布如图18.48 所示，其数学表达式为[1]

$$n(r) = \begin{cases} n(0)\left[1 - 2\Delta\left(\dfrac{r}{a}\right)^{\alpha}\right]^{\frac{1}{2}} & (r \leqslant a) \\ n(0)(1-\Delta) & (r > a) \end{cases} \tag{18.92}$$

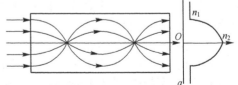

图 18.48 梯度型光纤中光线轨迹和折射率分布

式中，$n(0)$ 为纤芯的最大折射率值；a 为纤芯的半径；r 为离开纤芯中心的径向距离；Δ 为相对折射率差；α 为折射率分布指数，$\alpha = 2$ 为梯度光纤，$\alpha = \infty$ 为阶跃型光纤。式(18.92)表示渐变折射率光纤的芯层折射率

---

[1] 李玉权，崔敏，等译·光纤通信·北京：电子工业出版社，2002 年。

$n(r)$沿径向逐渐递减。梯度型光纤由于不存在模间色散，且光纤的传输带宽比阶跃型光纤大，从而得到了较广泛的应用。

2. 光纤准直器

光纤准直器的功能是使光纤中出射光近似于准直光，同时也可以把准直光以非常小的损耗耦合到渐变折射率透镜中。常用的光纤准直器有三种，如图18.49所示，分别是沿径向渐变折射率透镜、沿轴向渐变折射率透镜和常规不变折射率球型透镜。

(1) 沿径向渐变折射率透镜准直器

沿径向渐变折射率透镜准直器是比较通用的自聚焦透镜(Graded Refractive Index Lens)。自聚焦透镜型光纤准直器是由四分之一节距变折射率透镜棒制成的，透镜棒的一端是平面，另一端是呈8°角的倾斜端面，以防止该端面的反射光再进入光纤中，干扰传输光信号。自聚焦透镜的出射端面为平面，可使其方便地同其它光纤或光学元件胶合，形成一个紧凑、稳定的微光学元件。

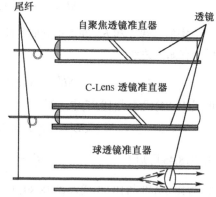

图 18.49　三种光纤准直器

(2) C-Lens 透镜准直器

C-Lens 透镜准直器也是应用较多的光纤准直器，C-Lens 是专为光纤准直器等应用设计的微光学器件，C-Lens 制备使用玻璃类材料或沿轴向渐变材料。例如有些 C-Lens 产品使用 SHOTT 公司的 SF11 玻璃。它的前端是微凸的球面，另一端制作为斜8°角。该准直器与自聚焦透镜(Grin Lens)型准直器相比，成本低，可以有更长的工作距离，插入损耗低。

(3) 球透镜准直器(Ball Lens Collimeter)

由于球透镜与光纤之间的定位及透镜与外套筒之间的胶合比较困难，造成准直器的成品率很低，目前很少生产。

18.4.5　光纤准直器设计示例

1. 自聚焦透镜的设计

对于自聚焦透镜，只要确定其中心折射率 n_0 和聚焦常数 $\sqrt{A}$，便可以进行自聚焦透镜设计。透镜的中心折射率（常由生产商或手册中提供的折射率计算公式）可由下式计算：

$$n_0(\lambda) = a + \frac{b}{\lambda^2} \tag{18.93}$$

式中，a, b 可根据所设计的自聚焦透镜的数值孔径选取不同的值。例如，常见的外径为 1.8 mm，数值孔径为 0.46 的自聚焦透镜的 a=1.5868；b=0.008 14。

自聚焦透镜的聚焦常数 $\sqrt{A}$ 计算公式如下：

$$\sqrt{A}(\lambda) = a + \frac{b \times 10^{-3}}{\lambda^2} + \frac{c \times 10^{-4}}{\lambda^3} \tag{18.94}$$

式中，a, b, c 是由数值孔径和自聚焦透镜的外形尺寸决定的常量，取值见表 18.4，其中 S 表示普通型，W 表示大数值孔径型，H 表示超大数值孔径型。

表 18.4　a, b, c 取值范围

透镜类型	a	b	c
S-1.0	0.4785	7.157	3.749
S-2.0	0.2339	7.643	9.757
W-1.0	0.5945	3.936	5.539
W-1.8	0.3238	5.364	2.626
W-2.0	0.2931	2.369	7.681
W-3.0	0.1973	3.723	0.2050
W-4.0	0.1468	2.654	0.0396
H-1.8	0.4151	4.137	7.652

2. C-Lens 透镜的设计

C-Lens 透镜的形状类似平凸透镜，图18.50是一个 C-Lens 透镜的光路计算模型。设 C-Lens 透镜的折射率为 n'（$n_1' = n_2$），外部的折射率为 n（$n_1 = n_2' = 1$），透镜第一面和第二面的曲率半径分别为 r_1（凸面）和 $r_2 = \infty$，透镜的长度为 d，H 和 H' 是透镜的两个主面。设一近轴平行光线，入射到透镜凸面的高度为 h_1。由于光线是近轴的平行光线，第一折射面的入射角和折射角分别为 i_1 和 i_1'，物方孔径角 $u_1 = 0$，物方截距 $l_1 = -\infty$。由于入射光线是近轴光线，

从图18.50可得

$$i_1 \approx h_1 / r_1 \tag{18.95}$$

依据折射定律可得

$$i_1' = \frac{n_1}{n_1'} i_1 = \frac{n_1}{n_1'} \frac{h_1}{r_1} \tag{18.96}$$

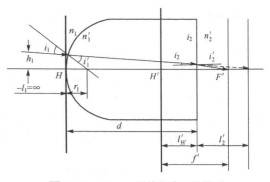

按近似于球面给出的像方孔径角 u_1' 与物方孔径角之间的关系：$u_1' = u_1 + i_1 - i_1'$，根据式(18.96)可得像方孔径角的值：

$$u_1' = \frac{h_1}{r_1} - \frac{h_1}{r_1} \frac{n_1}{n_1'} \tag{18.97}$$

图 18.50 C-Lens 透镜光路计算模型

由式(2.5)和式(2.8)可得像方截距：

$$l_1' = r_1 + i_1' \frac{r_1^2 n_1'}{h_1 (n_1' - n_1)} \tag{18.98}$$

根据转面公式和式(18.98)，可以得到第二面入射光线的物方截距 l_2 和物方孔径角 u_2：

$$l_2 = l_1' - d_1 = r_1 + i_1' \frac{r_1^2 n_1'}{h_1 (n_1' - n_1)} - d_1 \tag{18.99}$$

$$u_2 = u_1' = \frac{h_1}{r_1} - \frac{h_1}{r_1} \frac{n_1}{n_1'} \tag{18.100}$$

第二面是平面，即 $r_2 = \infty$，则

$$i_2 = u_2 = u_1' = \frac{h_1}{r_1} - \frac{h_1}{r_1} \frac{n_1}{n_1'} \tag{18.101}$$

按折射定律，有

$$i_2' = \frac{n_2}{n_2'} i_2 = \frac{n_2}{n_2'} \left(\frac{h_1}{r_1} - \frac{h_1}{r_1} \frac{n_1}{n_1'} \right) \tag{18.102}$$

因 $r_2 = \infty$，则有

$$u_2' = i_2' = \frac{n_2}{n_2'} \left(\frac{h_1}{r_1} - \frac{h_1}{r_1} \frac{n_1}{n_1'} \right) \tag{18.103}$$

因在近轴区，利用式(2.6)：$l_2 u_2 = l_2' u_2' = h_2$，可得

$$l_2' = \frac{l_2 u_2}{u_2'} = \frac{l_2 i_2}{i_2'} = l_2 \frac{n_2'}{n_2} = \frac{h_2}{u_2'} \tag{18.104}$$

系统的焦距可表示为

$$f' = \frac{h_1}{u_2'} = \frac{h_1}{\left[\frac{n_2}{n_2'} \left(\frac{h_1}{r_1} - \frac{h_1}{r_1} \frac{n_1}{n_1'} \right) \right]} \tag{18.105}$$

第二主面到第二折射面之间的距离，可写为

$$l_{H'}' = f' - l_2' \tag{18.106}$$

3. 光纤准直器的光学设计示例

现以光纤准直器为例，设计一个 C-Lens 准直器的微光学头。光束准直可利用等光程面设计。如有限距离物点经过等光程面成像于另一端的某一点，设像点位于无限远处，如图18.51所示。

对于有限距离物点 A，参照式(1.21)可导出

$$n\sqrt{(l+x)^2 + y^2} = nl + n'x \tag{18.107}$$

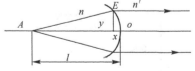

图 18.51 像点位于无限远处等光程面示意图

原式(1.21)取直角坐标 xOy，x 轴为上式所表示的非球面的光轴。将式(18.107)可写为

$$\frac{\left(x + \frac{nl}{n+n'} \right)^2}{\frac{n^2 l^2}{(n+n')^2}} + \frac{y^2}{l^2 \frac{n-n'}{n+n'}} = 1 \tag{18.108}$$

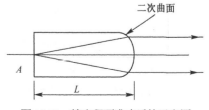

图 18.52 等光程面准直透镜示意图

式(18.108)所表示的曲面是一个二次非球面。在设计中，若 $n>n'$，则该曲面截线是一个椭圆，设 $a=\dfrac{nl}{n+n'}$ 和 $b=l\sqrt{\dfrac{n-n'}{n+n'}}$ 分别为椭圆的长轴和短轴，式(18.108)所设计的准直系统如图 18.52 所示，光学透镜的前端是一个二次函数曲面，把点 A 发出的光转化成平行光，达到准直扩束功能。

利用 CODE V 对该系统的像质进行计算。计算过程中，选定准直透镜的长度为 5 mm，透镜材料定为 BK7，折射率 n 等于 1.5147。采用非球面计算公式设计准直透镜的出射端面。

通常，在 CODE V 中，非球面可以由下面的函数给出：

$$z=\frac{cr^2}{1+\sqrt{1-(1+k)c^2r^2}}+\alpha_1 r^4+\alpha_2 r^6+\alpha_3 r^8+$$
$$\alpha_4 r^{10}+\alpha_5 r^{12}+\alpha_6 r^{14}+\alpha_7 r^{16}+\alpha_8 r^{18} \qquad (18.109)$$

式(18.109)中，根据椭圆曲面的性质，其顶点的曲率 $c=1/r=a/b^2$；圆锥常数 k 是 $k=(b^2-a^2)/a^2$；可以得到该准直透镜的 r 为 1.699，k 等于 -0.4358。$\alpha_1\sim\alpha_8$ 是上述非球面展开的方程的系数。按光学设计规定将图 18.52 改为如图 18.53 所示中的系统，设定非球面参数，利用该光学软件对非球面参数进行优化，以得到准直透镜的设计结果，如表 18.5 所示。

该透镜的非球面横向像差特性曲线见图 18.54，可以看到弧矢像差值小于 0.001 823 mm，子午像差值小于 0.001 823 mm。所设计的透镜的在聚焦点的点列图（详见第 21 章）如图 18.55 所示，可以看到光线会聚度为 0.002 25 mm，距离透镜的平面折射面上。透镜的传递函数曲线（详见第 21 章）如图 18.56 所示，已经比较接近衍射极限。从点列图和 MTF 曲线可以看出，所设计的准直透镜有很好像质。

表 18.5 非球面参数的设计结果

参　　数	取　　值
Y 半径	1.6990
锥形常数	-0.4358
第 4 阶系数	0.0421
第 6 阶系数	-0.0877
第 8 阶系数	0.0000
第 10 阶系数	0.0000
第 12 阶系数	0.0000
第 14 阶系数	0.0000
第 16 阶系数	0.0000
第 18 阶系数	0.0000
第 20 阶系数	0.0000

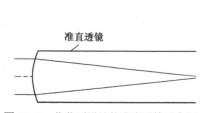

图 18.53　优化后设计的准直透镜示意图

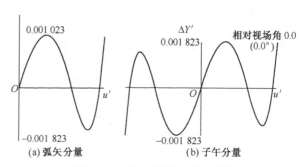

图 18.54　准直透镜横向像差特性曲线

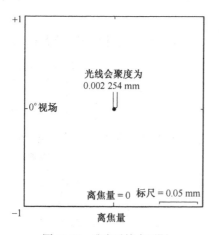

图 18.55　准直透镜点列图

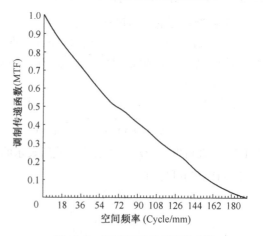

图 18.56　准直透镜传递函数曲线

18.5　激光仪器光学系统概述

激光自 20 世纪 60 年代初问世以来，由于其亮度高、单色性好、方向性强、相干性好等优点，在许多领域得到了广泛的应用。

但激光无论在哪一方面的应用，都离不开激光光束的传输。按照激光束在各种介质中的传输方式和规律，才可以设计出实用的激光光学系统。

18.5.1　激光高斯光束的传输规律

1. 高斯光束的光束特性

在普通光学系统成像时，都假定点光源发出的球面波在各个方向上的光强度是相同的，即光束波面上各点的振幅是相等的。而激光光束截面内的光强分布是不均匀的，即光束波面上各点的振幅不相等，其振幅 A 与光束截面半径 r 的函数关系为

$$A = A_0 e^{-r^2/w^2} \tag{18.110}$$

式中，A_0 为光束截面中心的振幅；w 为一个与光束截面半径有关的参数；r 为光束截面半径。从式(18.110)可看出，光束波面的振幅 A 呈高斯型函数分布，如图 18.57 所示，故又称为高斯光束。随着 r 的增大，振幅变小，故常以 $r = w$ 时的光束截面半径作为激光束的名义截面半径，并以 w 表示，即

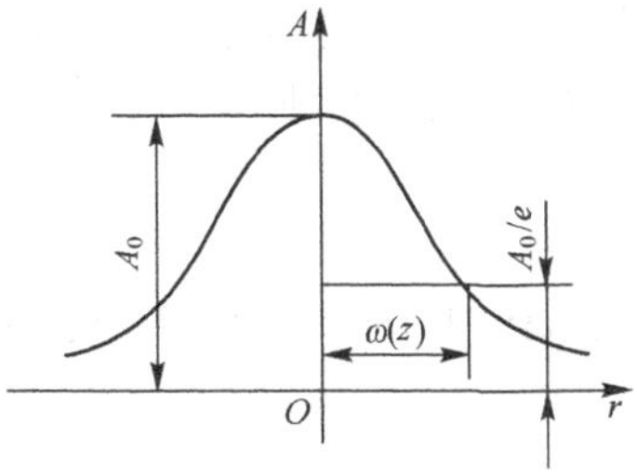

$$A = A_0 / e \tag{18.111}$$

图 18.57　高斯光束截面

式(18.111)说明高斯光束的名义截面半径 w 是当振幅 A 下降到中心振幅 A_0 的 $1/e$ 时所对应的光束截面半径。

2. 高斯光束的传播

由激光谐振腔衍射理论可知，在均匀的透明介质中，高斯光束沿 z 轴方向传播的光场分布为

$$E = \frac{c}{w(z)} \exp\left[-\frac{r^2}{w^2(z)} e^{-j\left[k\left(Z + \frac{r^2}{2R(z)}\right) + \phi(z)\right]}\right] \tag{18.112}$$

式中，c 为常数因子；$r^2 = x^2 + y^2$；$k = 2\pi/\lambda$ 为波数；$w(z)$，$R(z)$ 和 $\phi(z)$ 分别为高斯光束的截面半径、波面曲率半径和位相因子，是高斯光束传播中的三个重要参数。

(1) 高斯光束的截面半径

高斯光束截面半径 $w(z)$ 的表达式为

$$w(z) = w_0\left[1 + \left(\frac{\lambda z}{\pi w_0^2}\right)^2\right]^{\frac{1}{2}} \tag{18.113}$$

由式(18.113)可以看出，$w(z)$ 与光束的传播距离 z、波长 λ 和 w_0 有关。当 $z = 0$ 时，$w_0 = w(0)$，即高斯光束的束腰半径，如图 18.58 所示。说明高斯光束的束腰半径 w_0 是光束截面最小处的光束截面半径，称其为高斯光束的束腰。与此同时，从图 18.58 中也可看出，高斯光束在均匀的透明介质中传播时，其光束截面半径 $w(z)$ 与 z 不成线性关系，而是一种非线性关系，这与同心光束在均匀介质中的传播完全不同。

(2) 高斯光束的波面曲率半径

高斯光束的波面曲率半径表达式为

$$R(z) = z\left[1 + \left(\frac{\pi w_0^2}{\lambda z}\right)^2\right] \tag{18.114}$$

当 $z = 0$ 时，由式(18.114)求得 $R(0) = \infty$，说明高斯光束在束腰处，其波面为平面波。把 $R(z)$ 对 z 求导，可求得 $R(z)$ 的极值：

$$\frac{dR(z)}{dz} = 1 - \frac{\pi^2 w_0^4}{\lambda^2 z^2} = 0 \tag{18.115}$$

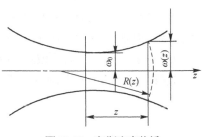

图 18.58　高斯光束传播

所以
$$z = \pm\pi w_0^2 / \lambda \tag{18.116}$$
得
$$R(z) = \pm 2\pi w_0^2 / \lambda \tag{18.117}$$

因此,当 $z = \pm\pi w_0^2 / \lambda$ 时,高斯光束的波面曲率半径最小,其值为 $R(z) = \pm 2\pi w_0^2 / \lambda$。当 $z = \infty$ 时,$R(z) \to \infty$,高斯光束的波面又变成平面波。因此高斯光束在传播过程中,光束波面的曲率半径由 ∞ 逐渐变小,达到最小后又开始变大,直至无限远时再变成无穷大。

(3) 高斯光束的位相因子

高斯光束的位相因子表达式为

$$\Phi(z) = \arctan\left(\frac{\lambda z}{\pi w_0^2}\right) \tag{18.118}$$

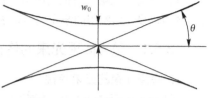

图 18.59　高斯光束的发散角

由式(18.113)可知,高斯光束的截面半径轨迹为一对双曲线,故不能用处理同心球面光束的发散角来处理高斯光束的发散角,而要用双曲线的渐近线来表示高斯光束的远场发散程度,如图 18.59 所示。令双曲线的渐近线与光束对称轴的夹角为 θ,则有

$$\tan\theta = \lim\frac{dw}{dz} \tag{18.119}$$

把式(18.113)对 z 微分,并令 $z \to \infty$,得

$$\tan\theta = \frac{\lambda}{\pi w_0} \tag{18.120}$$

由式(18.113)、式(18.114)和式(18.115)可看出,高斯光束的截面半径 $w(z)$、波面曲率半径 $R(z)$ 和光束发散角 θ 与光束的传播距离 z 和束腰半径 w_0 有关,θ 通常又称为高斯光束的孔径角。因此高斯光束的传播与同心光束的传播不同,同心光束的传播只有一个曲率半径参数,而高斯光束的传播必须由两个参数 $w(z)$,$R(z)$ 来表征。

(4) 高斯光束传播的复参数表示

由上述可知,高斯光束的传播要由两个参数表征,还可用一个复参数来表征高斯光束的传播,设有一个复参数 $q(z)$:

$$\frac{1}{q(z)} = \frac{1}{R(z)} - j\frac{\lambda}{\pi w^2(z)} \tag{18.121}$$

把上面推导的 $R(z)$ 和 $w(z)$ 代入式(18.121),得
$$q(z) = q_0 + z \tag{18.122}$$
式中,$q_0 = q(0) = -j\pi w_0^2 / \lambda$。

同心球面光束沿 z 轴传播时的表达式为 $R = R_0 + z$,其与式(18.122)有相似的表达形式。说明高斯光束在传播过程中的复参数 $q(z)$ 和同心球面光束的波面曲率半径 R 的作用是相同的。

3. 高斯光束的透镜变换

在理想光学系统中,近轴光学系统的物像公式为

$$\frac{1}{l'} - \frac{1}{l} = \frac{1}{f'} \tag{18.123}$$

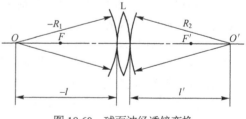

图 18.60　球面波经透镜变换

假定光轴上一点 O 发出的发散球面波经正透镜 L 后,变成会聚球面波交光轴上的点 O',如图 18.60 所示。由图 18.60 中可看出,发散球面波到达透镜 L 的曲率半径为 R_1,会聚球面波离开透镜 L 到达点 O' 的曲率半径为 R_2,由成像关系得

$$\frac{1}{R_2} - \frac{1}{R_1} = \frac{1}{f'} \tag{18.124}$$

式(18.124)说明了曲率半径为 R_1 的球面波经焦距为 f' 的正透镜变换后,变成曲率半径为 R_2 的另一个球面波,且 R_1 和 R_2 之间满足物像关系。

对高斯光束来说，在近轴区其波面也可以看作一个球面波，如图18.61所示。当高斯光束传播到透镜 L 之前时，其波面的曲率中心为点 C，曲率半径为 R_1，通过透镜 L 后，其出射波面的曲率中心为 C' 点，曲率半径为 R_2。对曲率中心 C 和 C' 而言，也是一对物像共轭点，满足近轴光成像关系，即式(18.124)。

当透镜为薄透镜时，高斯光束在透镜 L 前后的通光口径应相等，即

$$w_2 = w_1 \tag{18.125}$$

式中，w_1 和 w_2 分别为透镜 L 前、后光束截面半径。

值得注意的是，R_1 和 R_2 并非透镜 L 的前、后方高斯光束的束腰到透镜 L 的距离，所以有 $R_1 \neq R_1(z)$，$R_2 \neq R_2(z')$。这是因为高斯光束虽可近似视为球面波，但不同位置 z 或 z' 处的球面波曲率半径不尽相同，其球心也不可能与束腰重合，只有当高斯光束的传播距离较远、光束波面距束腰距离较大时，波面曲率中心才可视为与束腰重合，此时才有 $R_1 \approx R_1(z)$，$R_2 \approx R_2(z')$，可得

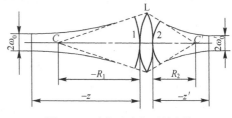

图 18.61　高斯光束经透镜变换

$$\frac{1}{q_2} - \frac{1}{q_1} = \frac{1}{f'} \tag{18.126}$$

因此，描述高斯光束的复参数 q 也满足近轴成像关系。

已知高斯光束的束腰半径 w_0 和束腰到透镜的距离 z，经透镜变换后光束的束腰位置 z' 和束腰半径 w_0' 又是需要知道的两个参数。为此，可先求得光束到达透镜之前的光束截面半径 $w_1(z)$ 和波面曲率半径 $R_1(z)$，利用透镜变换公式求得出射高斯光束的截面半径 $w_2(z)$ 和波面曲率半径 $R_2(z)$，再求得变换后的高斯光束束腰半径 w_0' 和束腰位置 z'。

上述讨论虽可求出高斯光束经透镜变换后的 w_0' 和 z'，但较复杂，在特定的条件下，通过高斯光束的复参数透镜变换，运算相对简单。如图 18.61 所示，若高斯光束的束腰半径为 w_0，束腰距透镜的距离为 z，可知

$$q_1 = q_0 + z \tag{18.127}$$

$$q_2 = q_0' - z' \tag{18.128}$$

式中，q_0' 为经透镜变换后的高斯光束在束腰处的参数 q，可得

$$q_0' = q_0'(z) = j\pi w_0'^2 / \lambda \tag{18.129}$$

把 $q_1 = z + q_0 = z + j\pi w_0^2 / \lambda$ 代入复参数的近轴成像公式，可得

$$z' = f' \frac{z(f' + z) + (\pi w_0^2 / \lambda)^2}{(f' + z)^2 + (\pi w_0^2 / \lambda)^2} \tag{18.130}$$

$$w_0'^2 = \frac{f'^2 w_0^2}{(f' + z)^2 + (\pi w_0^2 / \lambda)^2} \tag{18.131}$$

令 $(f' + z) \gg \left(\dfrac{\pi \omega_0^2}{\lambda}\right)^2$，当高斯光束的束腰与透镜相距很远时，可得 $z' \approx f' \cdot \dfrac{z}{f' + z}$，经变换后为 $\dfrac{1}{z'} - \dfrac{1}{z} = \dfrac{1}{f'}$。

这说明在束腰位置远离透镜时，可用近轴光学的成像公式来计算高斯光束经透镜变换后的束腰：

$$w_0'^2 = \frac{f'^2 w_0^2}{(f' + z)^2} \tag{18.132}$$

根据近轴光学成像的牛顿公式，得
$$\beta = \frac{w_0'}{w_0} = \frac{f'}{f' + z} = \frac{z'}{z} \tag{18.133}$$

式中，β 为束腰的横向放大率。

式(18.22)和式(18.23)说明高斯光束的传播与几何光学中的光线传播有很大的差别。如当 $z = -f'$ 时，求得 $z' = f'$，说明高斯光束的束腰位于透镜的物方焦面上时，经透镜变换后，其束腰位于透镜的像方焦面上，这与几何光学的成像概念完全不同。同时可求得

$$w_0' = f' \cdot \frac{\lambda}{\pi w_0}$$
(18.134)

说明 $z = -f'$ 时，束腰半径 w_0' 为极大值，出射光束有最大束腰半径。

18.5.2　激光光学系统的选择和计算

激光光学系统多以激光为光源，激光束截面光强分布为高斯函数；光学系统的性能很明显地受衍射限制；激光近似单色光输出，光学系统可不考虑色差；激光有很强的光强，且光密度很大，光学材料中的缺陷（如气泡、条纹、砂眼等）的散射影响很大。因此，光学系统的制备需高质量的光学材料。

实际上，在所有情况下，为了获得给定参数的激光束，均必须对发射的激光或连同背景一起接收到的激光进行变换。主要的变换形式如下：按照横截面内给定的功率密度分布进行激光束的整形，激光的光谱选择；激光束对于原始方向的偏转（扫描）；功率密度的衰减；相移的实现和偏振状态的改变，波阵面曲率的改变以及激光的调制等。

为进行激光束的变换，在激光仪器的光学系统的选择和计算时，必须考虑与激光基本辐射性能有关的一些特点。如为保持激光的偏振状态不变，必须选择反射面的曲率，而且把平面光学元件安置在使入射角不大于临界值的位置。由于激光辐射强度很高，要进行材料的耐辐射强度的计算。计算与入射光束成一定角度放置表面的反射系数，需要考虑偏振面的方向。鉴于激光的相干性良好，为避免不良的干涉效应，应仔细选择零件的厚度。最后，在计算光学系统时，还要把衍射造成激光光线的"弯曲"考虑到系统中。

1．激光光学系统设计要考虑激光损坏

当对非常强的激光整形时，放在辐射集中处光学材料可能承受非常大的辐射能，以致使它损坏。激光光学系统设计需要进行耐辐射强度计算，目的在于选择光学材料和光学零件的安放位置，以保证它不受损坏。在进行光学系统计算时，必须知道各种光学材料的功率（或能量）密度阈值，即光学材料开始损坏或破坏时的功率（或能量）密度值。

造成激光损坏的过程：光学材料受激光照射时，局部表面缺陷处出现激光的强吸收，在个别微区发生表面层的变形；表面上形成高温等离子体；等离子体(Plasma，又称电浆)是在固态、液态和气态以外的第四大物质状态，其特性与前三者截然不同。等离子体是由未结合离子所组成的电中性物质，其中阴离子和阳离子的总电荷约等于零。虽然这些离子不相互结合，但这并不意味着它们不受到力的影响：等离子体中的每颗带电粒子都受到其他粒子移动时产生的电磁场的影响。等离子体对表面的烧化及其火花放电冲击波造成的机械破坏。透明材料损坏多是由几个放电中心合并在一起的烧化斑痕，也可能是裂纹和折断的形式。损坏的大小与辐射强度有关，约为几十分之一毫米，深度在几十微米。

2．透明介质损坏的主要机理

(1) 曼杰利什塔姆-布里渊受激散射。在激光辐射的电场作用下，曼杰利什塔姆-布里渊受激散射将产生一个超强的相干声波，是造成介质损坏的重要原因，随后则是机械损坏。

(2) 多光子吸收。出现多光子吸收时，由于立刻吸收几个光子的结果，在介质的电导区将产生电子，之后在激光辐射区内发生电子的加速、碰撞电离、等离子体的形成和击穿。

(3) 与光学吸收有关的电导区的内吸收。作为内吸收的结果，也能产生电子，并且发展为多光子吸收那样的一些效应。

(4) 在物质局部缺陷处的吸收。在局部表面缺陷处出现激光的强吸收。

(5) 在介质损坏的过程中形成的高温等离子体，是造成热应力的原因。

(6) 弹性应力波。吸收辐射后引起弹性应力波的叠加。

(7) 介质表面的其他效应，如化学反应、潮解和酸蚀等。

显然，在不同的材料中，是不同的机理占优势。

介质的各种吸收缺陷是造成透明介质体内破坏的基本原因。造成玻璃破坏的原因，是铂杂质的受热。没有铂杂质时的介质，材料的破坏阈值是由自聚焦阈决定的。

3. 根据激光辐射密度进行激光束的整形

根据激光辐射密度进行激光束的整形。一般来说，需要改变光强分布的情况有两种：一是当要求在光束的中心部分强度分布为零；二是当任意振荡模式时，要求整个截面上得到均匀的强度分布。

第一种情况下，光强为环形分布，如需要中心被遮拦的光束通过光学系统，如通过卡塞格伦系统，鉴于基模能量的主要部分是在中心，故借助于类似的光学系统进行基模辐射光束的整形，称为轴向圆锥体(axicon)的光学系统，其表面形状为圆锥形。图 18.62 和图 18.63 给出了采用圆锥折射面的轴向圆锥透镜的两种形式。轴向圆锥透镜(axicon)形式Ⅰ和形式Ⅱ，不仅能改变能量的分布，而且能改变光束的直径。当用基模光束或辐射密度均匀的光束进行工作时，采用轴向圆锥体的望远镜与不带轴向圆锥体的望远镜相比，能提高望远镜整个通光范围内的遮光系数（望远镜的遮光系数定义为望远镜的二次反射镜的直径与一次反射镜的直径之比）。

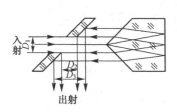

图 18.62　轴向圆锥透镜(axicon)形式Ⅰ

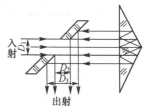

图 18.63　轴向圆锥透镜(axicon)形式Ⅱ

第二种情况下，要获取均匀辐射密度的方法，可以利用安置在出射光束中的旋转道威棱镜(Rotating Dove Prism)来实现。如果棱镜的转轴和光束的光轴是重合的，那么在棱镜的输出端将获得中心轴对称分布，就是在沿任何半径的圆周上的能量密度都是均匀的。

18.5.3　激光光学系统及其应用

1. 高斯光束的聚焦

激光束加工、焊接和光盘数据读/写等方面的应用都需要把激光束聚焦成微小的光点，因此必须设计优良的激光束聚焦系统。

从激光高斯光束的传输规律可知，当 $z \to \infty$ 时，即入射光束的束腰远离透镜时，出射光束的束腰半径 $w_0' \to 0$，即光束可能获得高质量的聚焦光点，且聚焦光点在 $z' = f'$ 的透镜像方焦面上。求得上述聚焦光点大小是近似的，实际上的聚焦光点不可能为零，总有一定大小。而且当 $z \gg f'$ 时，可得

$$w_0' = \frac{\lambda}{\pi w(z)} f' \tag{18.135}$$

因此，w_0' 除与 z 有关外，还与 f' 有关。为获得良好的聚焦光点，通常应尽量采用短焦距透镜。

常用的激光聚焦系统有以下三种形式：

(1) 把激光束聚焦于 L 处　如图 18.64 所示，光束口径为 D，聚焦成圆斑直径为 D'，便可方便地求出系统的焦距。例如，$D = 5\ \text{mm}$，$D' = 0.1\ \text{mm}$，，$L = 200\ \text{mm}$，$\beta = -0.02^{\times}$，$2u$ 为激光束的发散角，取 $2u = 12'$，可求得 $f' = 4\ \text{mm}$。

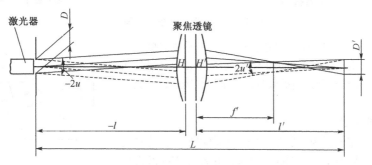

图 18.64　运用透镜成像原理进行的高斯光束聚焦

(2) 将激光束聚焦在系统的后焦面处　如图 18.65 所示，光点直径为 $D' = -2f'u$，仍如上例，可求得 $f' = 28\ \text{mm}$。

(3) 先扩束再会聚反远距结构　如图 18.66 所示，在聚光镜 L_3 之前加一个由 L_1 和 L_2 组成的伽利略望远镜，即先扩束再会聚，使之有反远距物镜的性质。此时整个系统的组合焦距为

$$f' = \Gamma f_3' \tag{18.136}$$

式中，Γ 为伽利略望远镜的角放大率；f_3' 是透镜 L_3 的焦距。此时，光点直径为

$$D' = -2f'u = -2\Gamma f_3 u \tag{18.137}$$

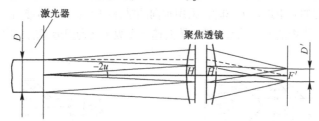

图 18.65　将激光束聚焦在系统后焦面处的高斯光束聚焦

仍用前例，设 $\Gamma = 0.1$，则求得 $f_3' \approx 280\ \text{mm}$，工作距离比上例大了约 10 倍。

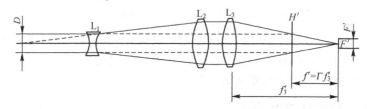

图 18.66　组合伽利略望远镜的高斯光束聚焦系统

2. 激光扩束系统

需要有较宽光束的激光光学系统应对激光器输出的光束实行扩束，系统结构原理如图 18.67 所示。图 18.67(a)为开普勒望远系统形式，中间有聚焦点，加小孔光阑，使光束的高斯型光强分布的峰值部分通过，可得受高斯型光强分布影响很小的扩展光束，其缺点是光能被拦掉很多。图18.67(b)为伽利略型扩束系统，它的输出仍为一光强分布为高斯型的扩展光束。这两种扩束器的扩束前后的光束孔径比为

$$D_2 / D_1 = |f_2'| / |f_1'| \tag{18.138}$$

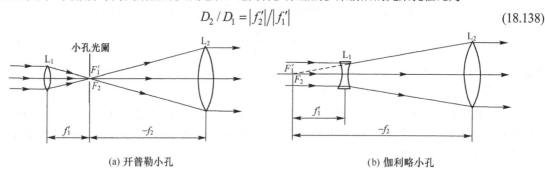

(a) 开普勒小孔　　　　　　　　　　(b) 伽利略小孔

图 18.67　激光扩束系统原理图

式中，f_1' 和 f_2' 分别为透镜 L_1 和 L_2 的焦距。对于半导体二极管激光器，由于其光束的两个截面的发射角不等，可用棱镜系统进行纠正后再扩束。对于要求在一个方向扩束时也可采用棱镜系统，其结构如图18.68所示。

3. 高斯光束的准直

高斯光束具有一定的光束发散角，激光测距和激光雷达系统等要求光束的发散角越小越好，因此有必要讨论激光束的准直系统设计要求。导出了高斯光束的发散角 θ 可近似为

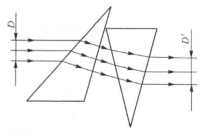

图 18.68　用棱镜系统进行激光扩束

$$\theta = \frac{\lambda}{\pi w_0} \tag{18.139}$$

经透镜变换后其光束发散角为
$$\theta' = \frac{\lambda}{\pi w_0'} \tag{18.140}$$

可得
$$\theta' = \frac{\lambda}{\pi} \sqrt{\frac{1}{w_0^2}\left(1 + \frac{z}{f'}\right)^2 + \frac{1}{f'^2}\left(\frac{\pi w_0}{\lambda}\right)^2} \tag{18.141}$$

由式(18.141)可以看出，不管 z 和 f' 取任何值，$\theta' \neq 0$，说明高斯光束经单个透镜变换后，不能获得平面波，但当 $z = f'$ 时，可得

$$\theta' = w_0 / f' \tag{18.142}$$

这说明 θ' 与 w_0 和 f' 有关，要想获得较小的 θ'，必须减小 w_0 和加大 f'。为此，激光准直系统多采用二次透镜变换形式，第一次透镜变换用来压缩高斯光束的束腰半径 w_0，故常用短焦距的聚焦透镜；第二次使用较大焦距的变换透镜，用来减小高斯光束的发散角 θ'，其准直系统的原理如图18.69所示。

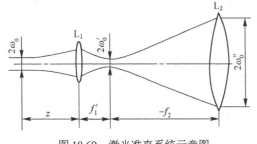

图 18.69　激光准直系统示意图

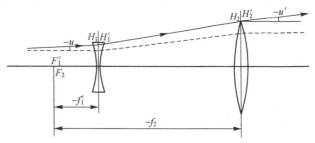

图 18.70　伽利略激光准直系统

对于测距用的激光雷达，其发射激光束的发射角控制在 5×10^{-4} rad 以内，其光束传送 1 km 时扩散的直径为 50 cm；在距 10 km 处为 5 m。若激光器的发散角为12′，即 0.0036 rad，则需用角倍率为 $0.14^\times$ 的系统来压缩发散角，这均属于激光准直系统。图18.70为伽利略式准直系统。准直系统的角放大率为

$$\gamma = D_{en} / D_{ex} = 2u' / 2u \tag{18.143}$$

式中，D_{en} 是准直系统的入射光瞳直径，即激光束射出时的口径；D_{ex} 是准直系统的出射光瞳直径；$2u$ 为光束入射到准直系统上的视场角（发散角）；$2u'$ 是准直系统出射的视场角（被压缩后的发散角）。激光束通过准直系统后在目标上形成的光斑直径为

$$D' = D_{ex} - 2l' \tan u' \approx 2l'u' \tag{18.144}$$

式中，l' 为准直系统到目标的距离。

图18.71为反射式准直系统，计算同上。

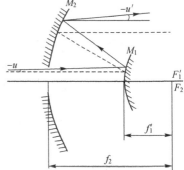

图 18.71　反射式激光准直系统

4．光学扫描用光学系统

实现光学扫描光学系统的基本形式如图18.72所示，图18.72(a)把扫描反射镜置于透镜的后面，称为后扫描；图18.72(b)把扫描反射镜置于透镜的前面，称为前扫描。对于前者，透镜仅要求轴上点校正成像质量，而对于后者，透镜不仅要求轴上点而且要求轴外点有很好的成像质量，并使像面为平面。下面着重讨论后一种。

(1) 光束的利用率和分辨率

焦距为 f，则扫描面上光点的全扫描长度为

$$L \approx 2f\theta \tag{18.145}$$

若光点直径为 d，则每条扫描线上的分辨率为

$$N = L / d \tag{18.146}$$

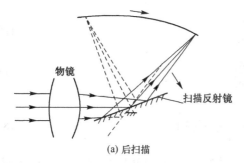

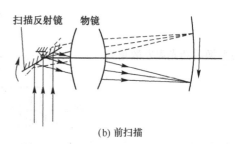

(a) 后扫描 | (b) 前扫描

图 18.72　光学扫描用光学系统

若系统的像差可以忽略的话，则有

$$d = k\lambda f'/D \approx k\lambda F \tag{18.147}$$

式中，λ 为所用波长；D 为系统的入射光瞳直径；$F = f'/D$ 为 F 数；k 为光束和入射光瞳相交的截面形状所决定的常数。若入射光瞳为圆形，且光束充满入射光瞳，光点为艾里斑，其直径为

$$d = 2.44\lambda F \tag{18.148}$$

因为激光光束截面上光强分布为高斯函数，取峰值强度的 $1/e^2$ 处的直径 $2W$ 作为光束直径更为合理。若光束不能充满入射光瞳，设 $2W = 0.5D$，则光斑（艾里斑）直径 $d = 2.54\lambda F$，即光点的光强也为高斯分布。激光束充满系统的入射光瞳，对其也取强度为 $1/e^2$ 处的直径为光点直径，则 $d = 1.64\lambda F$，扫描光点接近于艾里斑，但有时需扩束，功率损失大。若不扩束，则扫描光点尺寸增大，分辨率降低。经瑞利分析，取 $2W = 0.93D$ 时，扫描光点中心强度最大，功率损失 10%，艾里斑直径的增大也在 10% 以下。

(2) 透镜

在图 18.72 中的透镜为 $f\text{-}\theta$ 透镜，在扫描平面上，应使光点的位置和光束的转角 θ 成线性关系，即应满足以下关系，称为 $f\text{-}\theta$ 透镜：

$$y = f'\theta \tag{18.149}$$

式中，y' 为像高。而通常的照相物镜满足理想成像条件，即

$$y' = f'\tan\theta \tag{18.150}$$

不满足线性扫描要求。图 18.73 表示普通物镜和 $f\text{-}\theta$ 透镜的像高 y' 和扫描转角 θ 的关系。

$f\text{-}\theta$ 透镜的入射光瞳常设在前焦点处，构成像方远心光路，此时光束中心线垂直于扫描面。图 18.74 给出两种 $f\text{-}\theta$ 透镜，其性能参见表 18.6。

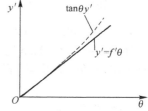

图 18.73　普通透镜和 $f\text{-}\theta$ 透镜的像高 y' 和 θ 的关系

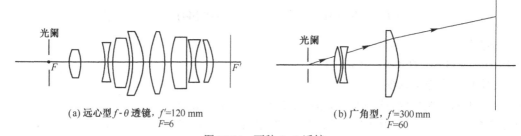

(a) 远心型 $f\text{-}\theta$ 透镜，$f'=120\ \text{mm}$　$F=6$ | (b) 广角型，$f'=300\ \text{mm}$　$F=60$

图 18.74　两种 $f\text{-}\theta$ 透镜

(3) 反射多面体

如图 18.75 所示，反射多面体用于扫描系统可达很高的速度。多面体本身的临界转速取决于多面体材料的弹性模数 E、屈服限 ε 和密度 ρ，可按下式计算其线速度：

$$V = (2E\varepsilon/\rho)^{1/2} \tag{18.151}$$

多面体加工根据用途不同而有不同的要求。例如传真扫描系统所用的 16 面体：各面的分度误差 $\leqslant \pm 2''$，各面对转轴的倾斜 $\leqslant \pm 2''$，各面对中心轴线的偏心 $\leqslant \pm 0.03\ \text{mm}$，各面的平面度 $< \lambda/10$。有的系统对多面体的精度要求更高，这就使加工成本提高。为了降低要求，可在系统中可用计算机补偿旋转扫描过程中各面产生的误差。

表 18.6 两种 f-θ 透镜的性能比较

$f\theta$ 透镜的性能	图 18.74(a)中的透镜	图 18.74(b)中的透镜
焦距 f'/mm	120	299.5
入射光瞳直径 D/mm	20	5
相对孔径 D/f'	1/6	1/60
工作波长 λ/μm	0.488	0.6328
像面尺寸/mm	62.8	280
光束转角 θ	±15°	±28.7°
弥散直径/mm	衍射极限	≤0.1
畸变值	<0.05%	≤0.12%

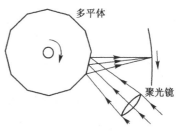

图 18.75　反射多面体用于扫描系统

5. 傅里叶变换物镜

用光学的方法实现通信理论中的傅里叶变换运算,是傅里叶光学的基本思想。所谓傅里叶变换,可简要地认为:把输入物的各种频率有序地排列出来,称为频谱。如图 18.76 所示,输入物为一矩形光栅置于傅里叶变换物镜的前焦平面上,被准直相干光照明,分解为不同频率的各次谐波,以不同角度射入傅里叶变换物镜,在物镜后焦面上对应不同衍射波级次有一光点。这就是光学傅里叶变换,物镜后焦面是频谱面,其上的衍射图样称为光学频谱,简称频谱。

傅里叶变换是可逆的,也可对任一物体的频谱再作一次傅里叶变换,则可再现原物。如图18.77所示,输入物被第一个傅里叶变换物镜 L_1 分解为频谱,再被第二个傅里叶变换物镜 L_2 作傅里叶变换,则在输出平面(L_2 的后焦平面)再现原物的像。若在频谱面上加一器件(如一个光阑)改变频谱状态,则输出的图像也随之改变,这是光学信息处理的基本原理。这个处理过程称为滤波,使频谱状态改变的器件称为滤波器。此光学信息处理系统简称 $4f$ 系统。

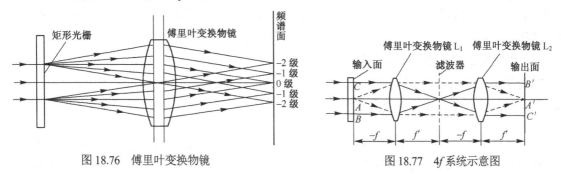

图 18.76　傅里叶变换物镜　　　　　图 18.77　$4f$ 系统示意图

傅里叶变换在设计中与普通照相物镜不同,后者以理想光学系统理论为基础,符合 $y' = f'\tan U'$,而傅里叶变换物镜设计时以衍射理论为基础。仍如图 18.76 所示,输入物为光栅,栅距为 d,m 级衍射光和光轴的夹角为 θ_m,按物理光学中光栅公式,有

$$d\sin\theta_m = m\lambda \tag{18.152}$$

或

$$\sin\theta_m = m\lambda/d \tag{18.153}$$

在透镜的后焦面上的像高为

$$Y' = f'\sin\theta_m = m(\lambda f'/d) \tag{18.154}$$

式(18.154),θ_m 相当于 U',故傅里叶变换物镜的像高应为 $f'\sin U'$,而不像理想光学系统那样,像高为 $f'\tan U'$。

由图18.76可知,在光学信息处理系统中,$h = Y'$,则

$$h = f'\sin\theta_m$$

与式(9.37)相比可知,傅里叶变换物镜必须满足正弦条件,这是该物镜像差校正的特点之一。

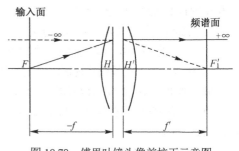

图 18.78　傅里叶镜头像差校正示意图

另外,傅里叶变换物镜应对两对共轭面校正像差。第一对共轭面为输入面(前焦面)及其像(在像方无限远处);第二对共轭面为频谱面(后焦面)及其对应物(在物方无限远)。图18.78 中分别用实线和虚

线表示两对共轭面的光路。实际上，对于对称式光学系统只要对第二对共轭面校正好像差，则第一对共轭面的像差也自然校正了。对于非对称光学系统，则应分别检查两对共轭面的像差，反复校正。在检查第一对共轭面的像差时，需把整个系统倒转后进行光路计算。

傅里叶变换物镜多用于一个特定的波长，一般不需考虑色差。单色像差要校正球差、正弦差、像散和场曲；对于畸变可保留一定的量，因为该种物镜多是成对使用的，畸变可自动校正。

傅里叶变换物镜结构形式很多，图18.79给出两种典型结构。图18.79(a)为单组形式，由正负两片透镜组成，它能使两对共轭面上的球差和正弦差得到很好的校正。因为视场和孔径都很小，轴外像差不是重点校正对象，相对孔径一般小于1/10。图18.79(b)的两组正负透镜组成，所以可以校正场曲，其他像差也可得到很好的校正。这种形式的最大优点是前后焦点之间的距离可以小于焦距。因此，同样大小的工作台，采用此种结构的物镜时，其焦距可长一倍。焦距长的物镜，频谱面上的衍射图样尺度大，便于进行滤波，效果好些。

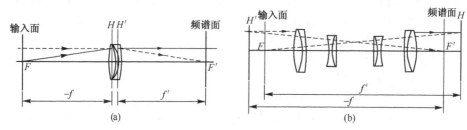

图18.79　两种典型傅里叶变换物镜结构

6. 准分子激光器的光束整形光学系统

准分子激光器因其在紫外波段发出的高脉冲能量和高平均功率的光束具有极好的稳定性，在工业和科技领域的应用范围不断扩大。然而，大多数准分子激光器产生的矩形脉冲必须通过光学系统再整形方能满足激光加工的需要。

(1) 光束强度均匀和整形用光学系统

准分子激光器发出的原始光束是一束准矩形光束，典型光束截面尺寸为 8 mm×20 mm，在短轴处呈近高斯分布，在长轴处呈帽顶状（超高斯）分布，是指光束强度截面分布曲线从中心处平稳扩展接近边缘为零。

光学系统主要由一个典型扩束器和一个光束强度均匀器组成。扩束器能使光束的尺寸和光束强度与均匀器相匹配，而且能使光束与传输光学系统相匹配。通过强度均匀器产生一束强度均匀分布的光束，以确保在整个照明区的均匀性。

准分子激光器强度均匀用光学系统如图18.80所示，将原始光束变为均匀强度分布的光束主要由一个柱面透镜均匀器完成，该光学系统由若干个分立的柱面小透镜组成，将入射光束分成 n 部分，然后通过第二柱面小透镜阵列和一个单个成像透镜对每部分输入光扩束并改变整个输入光束的强度分布。输出光束的强度由所有分立部分的光强平均值组成。分立小透镜阵列沿 x 轴或 y 轴方向排列，这是因为激光器的长轴和短轴有不同的强度分布和尺寸。

增加阵列的透镜数量会增加分离的子光束，从而提高光束的最后均匀性，但增加了均匀器的成本和尺寸。在典型的应用中，均匀器的每个轴要使用11个或12个柱面小透镜，沿 x 轴和 y 轴的输出能量的均匀性为3%~5%，透镜阵列的透镜数量视需求而定，如在喷墨嘴钻孔（随着喷墨打印机打印分辨率的提高，在喷墨打印机的喷墨嘴打孔的要求越来越高，比如打印墨盒的分辨率达到4800×1200 点/英寸，这就要在墨盒的每个打印头上有 1000 个喷墨嘴的要求）或硅结晶等应用中，需采用 18 个柱面小透镜组成的阵列才可使均匀性提高到1.5%。

(2) 细光束线的应用

在平板显示应用中，要求通过细长且高度均匀的激光光束线扫描平板显示器，达到整个平板的均匀辐照度和快速通过。它所用的光束整形系统如图18.81所示。

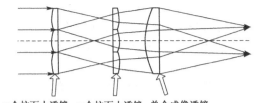

N个柱面小透镜　　N个柱面小透镜　　单个成像透镜

图18.80　准分子激光器光束强度均匀用光学系统

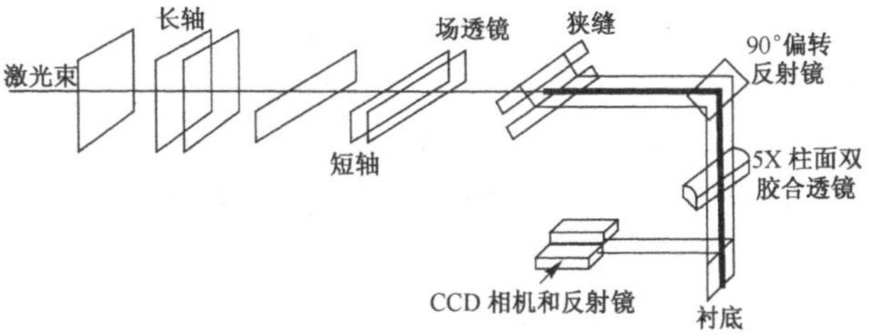

激光束　　长轴　　　场透镜　　狭缝　　90°偏转反射镜

短轴　　　　　　　　　　　　5X 柱面双胶合透镜

CCD 相机和反射镜　　　　衬底

图18.81　激光束的精细光线束的光束整形系统示意图

在图18.81中，光束传输系统产生的扫描线"长轴方向×短轴方向"分布尺寸为 370 mm×0.4 mm，因此仅用两次扫描就可处理 740 mm 宽的平板显示器的平板。在光束整形系统中，为了产生最佳的长宽比，两轴方向的控制方法不同。长轴尺寸仅限定于光束均匀器中，其中包括一个 370 mm 通光口径的光束柱面输出透镜；而在短轴方向，采用两个步骤就产生聚焦为 0.4 mm 光束宽度。首先，短轴的光束均匀器能产生 2 mm 宽的输出光束，其中包括一个场镜和一个狭缝。如果有需要，可用狭缝削去短轴上光束的边缘光以确保光束边缘锐化。第二步通过柱面双胶合透镜投影镜头使均匀光束短轴方向成像为 0.4 mm 聚焦光斑，可实现均匀的光束强度分布。

CCD 相机可记录光束的情况，便于进行系统调整。投射的准分子激光器的长度为 370 mm，其长度为平板宽度的一半。通过支撑台使激光束扫描一半平板，然后横向移动支撑台，使激光束扫描另一半平板，所以通过两次扫描就可以了。

7．激光光学系统的像差影响

通常按激光光学理论确定系统方案，用几何光学理论设计激光光学系统。激光光束通过光学系统后，最感兴趣的是高斯光束像方腰斑半径 w_0' 和束腰位置 z'，但是光学系统的球差会对像方束腰尺寸产生影响，像方腰斑半径因球差产生的变化量为

$$\Delta w' = \left[-\frac{1}{4}\delta L' \cdot \left(\frac{1}{2}kf'\right)^2 \cdot \left(\frac{\lambda}{\pi w_0}\right)^3 \right] \cdot \left[\frac{f' - z\left[1 + \left(\frac{\pi w_0^2}{\lambda z}\right)\right]}{f'\sqrt{1 + \left(\frac{\pi w_0^2}{\lambda z}\right)}} \right]^5 \cdot \left\{ 1 + \frac{\lambda^2}{\pi^2 w_0^4}\left[1 - \frac{z\cdot\sqrt{1 + \left(\frac{\pi w_0^2}{\lambda z}\right)^2}}{f'}\right]^2 \right\}^{-\frac{3}{2}} \quad (18.155)$$

式中，w_0 和 z 分别为激光束的物方束腰半径和束腰到透镜的距离；f' 为变换光学系统的总焦距；k 为相对孔径；$\delta L'$ 为系统初级球差。可从式(18.155)推导出，当 z 处于一定范围内时［可以把常数量代入式(18.155)求出这个范围］，球差对束腰半径的影响是不容忽视的。对于中、短焦距的光学系统，设计时应根据不同的 z 值决定是否考虑系统球差对束腰的影响，而对于长焦距的光学系统，无论 z 处于任何位置，可忽略球差对束腰的影响。

8．鬼像的考虑和处理

大功率激光光学系统中含有透镜、偏振片、窗口等多个光学表面，激光束在系统中光学表面多次残余反射是这类系统中杂散光与鬼像的主要来源。由于折射面的多次反射的杂散光被系统中元件反射或折射在系统中或系统外不能会聚，因此造成像面背景噪声；多次反射的杂散光被系统中元件反射或折射在系统中或系统外汇聚为实像，称为"鬼像"。如果鬼像位于光学元件附近，能量可能较为集中，将使元件产生热变形，影响输出光束的质量，甚至损坏光学元件。因此，鬼像分析是大功率激光光学系统设计的重要问题。

以往的杂散光分析一般采用对系统展开的方法，即当光线从第一面入射到第二面，再反射回第一面时，后一个"第一面"作为第三面来处理。如果系统只有两个面，计算这个一次反射鬼像就需要构造一个有三个面的新的光学系统，称为鬼像系统。这样计算若干个鬼像就要首先构造若干个鬼像系统，当光学系统结构比较复杂、面数较多时，采用这种方法将占用大量的时间和内存。虽然国际上知名的商业软件如 ZEMAX 和 CODE V 等均具有杂散光分析的功能，但仍然以分析二次反射鬼像为主，这对于激光光学系统是不能满足要求的。因为大功率激光光学系统中的多次反射鬼像也可能具有较高的能量，需要在设计时加以排除。

当一束光入射于某光学表面，如果正常光路是透射，则反射光束将形成鬼像，于是一束光经过一个透射表面将变为两束光，然后再对这两束光分别进行光线追迹。为全面描述系统中杂散光束的传播情况，并捕捉鬼像点，可以采用二叉树数据结构，它具有在内存中随机开辟空间，可按照杂散光传播路径动态建立、动态删除的特点。采用的杂散光分析二叉树如图18.82所示。

由图18.82可知，二叉树的一个结点就代表入射于某表面的一条光线或一束光，对这束光的描述构成了该结点的数据域或数据成分。同时，每个结点均有三个指针域，可称之为左指针、右指针和父指针，它们分别指向经反射后的下一束光，经透射后的下一束光和产生该光束的来源光。这样，对于任何一个光学系统，入射于系统第一面的光束构成了这棵二叉树的树根，这束光经第一面的光线追迹确定了反射光和透射光，得到了根结点的两个子结点，其中右子结点表征透射光，入射于第二面，以此类推继续进行光路计算，直至达到需要计算的最高反射次数或认为能量衰减到可以忽略不计为止。

当通过光线追迹，可以获知鬼像的数目及其位置，将形成鬼像的所有光线及其能量记录下来，就可以得知各鬼像处的能量密度。参考系统中光学元件的损伤

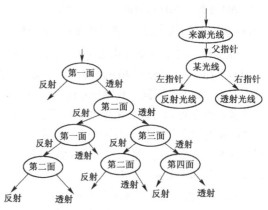

图18.82　激光杂散光分析的二叉树方法

阈值，可以得出各鬼像的影响区域，即置于影响区域内的光学元件将会受到损伤，光学元件应尽量避开鬼像的影响区域。

对于激光光电系统，为了避免鬼像而造成损失，提高光束质量的主要措施为对每一个光学元件进行光学检验，其中包括对材料性能、冷加工、镀膜等工序的审核，尽可能地降低因光学元件材料质量或冷加工缺陷等因素所造成的损耗。计算分析由于光学元件表面对激光光束的一次或多次反射并经会聚或放大所后产生的鬼像。虽然在一般情况下，这类鬼像的强度较弱，尚不足以引起对光学元件的损伤，但是，在高功率高强度激光放大系统中，尤其在双程放大系统中，则不能忽视。采取必要的手段，对有可能因鬼像造成损伤的局部区域或位置，或有可能产生鬼像损伤的光学元件，加以重点关注。如在巨型激光器中的双程主放大器中的后反射镜，其剩余反射率的镀膜要求应比一般光学件高出半个至一个数量级。

18.6　光纤成像光学系统

光导纤维（简称光纤）是一种传导光波的圆柱介质光波导，该波导结构约束光波形态的电磁能量于波导之中，并引导电磁能量沿光纤的轴向传输。光纤的功能取决于光在其中的完全内反射性质，故光纤应有低折射率的外包皮。一种是阶跃型折射率光纤，其外包皮和内芯是两种不同折射率的介质，如图18.83(a)所示。一种为梯度变折射率光纤，其中心的折射率最高，沿径向向外折射率变低，表皮的折射率最低，如图18.83(b)所示。

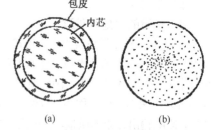

18.6.1　光纤束的特点和参数

最早的光纤是为传像用的，很快又用到了照明技术中。光纤的基本结构是导光的纤维和外覆盖低折射率的包层。光纤的纤芯

图18.83　光纤结构

是由折射率比周围包层略高的光学材料制成的，折射率的差异引起全内反射，引导光线在纤芯内传播。

多模变折射率光纤除用于改善色散性能外，更主要的是用于聚光和成像。18.2节中介绍了梯度变折射率光学系统。本节主要介绍光纤成像光学系统的特点和设计方法。

不同类型光纤的纤芯和包层的几何尺寸差别很大。用于高清晰度传像光纤的芯径小、包层薄，传输高功率的照明光纤一般有较粗的纤芯和极薄的包层；用于通信的光纤则是厚包层和小纤芯。纤芯和包层的界

面可能是阶跃的，也可能是渐变的，即折射率突变或渐变。一些高性能光纤在纤芯和包层之间有多层结构。

有两类基本的光纤束，它们有不同的应用。一类是由松散的光纤组成的又细又长的柔软光纤束，能用来检查人眼不能直接看到的发光物，或者向这些地方发送照明光，如医用柔软内窥镜、工业用内窥镜等。传像需要按一定规律排列的"相关（有序的）光纤束"(coherent bundle)，照明用随机排列的非相关光纤束(incoherent bundle)即可。

另一类是硬光纤束，光纤熔合到一起，形成一个固化实体。在这种光纤束中，从工艺上保留了按一定规律排列的"相关光纤束"的导光结构。硬光纤束通常比软光纤束短且粗，这种熔合的光纤束能用于逐点传输等。

(1) 传像光纤

传像光纤常构成光纤束，每一根光纤传输图像的一个点，而且光纤束必须是相关的。也就是说，构成光纤束的光纤的两个端面的排布情况应完全相同，这样将图像投射到相关光纤束的一个端面时，就会在另一端出现同样的图像。传像光纤束不能直接对一定距离处的两维或三维物体成像。必须设计成像光学系统把一定距离的物体成像在传像束的输入端面，该成像光学系统称为前置物镜。传像光纤束端面尺寸微小，不能直接目视端面上输出的像，也不能直接耦合到电子显示器件，需通过放大光学系统，称为后置物镜。

而用于传光的光纤束，其排列是不相关的。用于传光时，可以是单根光纤，也可以是由多根光纤构成的光纤束。如用在激光加工、激光医疗等传输光能量，这时对光纤的选择主要考虑其数值孔径、透过波长的范围要和被传输的光能相匹配，在传输大功率激光（用于激光加工）时，则还要考虑功率密度，传输的功率密度太大时可能会烧坏光纤。这些传光光纤的优点是其柔软性和可挠性，如激光手术刀。光纤或光纤束要和激光波长相匹配。光纤束还可以根据使用的不同需要，排列成不同形状，如长形、方形、圆形及其各种特殊形状等。

(2) 光纤束分辨率

光纤束的分辨率取决于它所包含的光纤纤芯的尺寸。因为每根光纤只能传输图像的一个点，分辨率定义为在单位长度内观察同样宽度的黑白线对时，所能鉴别出最多的线对数，通常用每毫米内能分辨的线距对数来表征，单位是 lp/mm（线对/厘米）。这与组成传像束的光纤直径，即与采样点大小有关，而且还与光纤的排列方式和排列紧密程度有关，即与采样点的多少有关。在静态下，当光纤排列是六角形结构时，其极限分辨率为

$$R_s = \frac{1}{\sqrt{3}D} \tag{18.156}$$

式中，D 为单根光纤束的直径。如果光纤束单根光纤直径为 20 μm，根据式(18.156)计算可知分辨率为28.87 lp/mm。一般地，对于固定的光纤束，分辨率大约是每纤芯半个线对，这意味着测量一个线对需要两个光纤纤芯宽度。从数值上讲，10 μm 光纤纤芯能分辨出每毫米 50 线对（每 20 μm 一个线对）。提高像束分辨率的最直接方式就是减小单丝直径，但单丝直径过小，工艺上难以实现。

(3) 光纤束透过率

光纤传像束既有传像功能也有传光功能，其传光性能的特点与光纤传光束一样，因此对其评价也同传光束一样使用透过率的概念。但一般来说，由于传像束更注重其传像性能，传像束的透过率一般较传光束的要低些，这主要是传像束的光纤丝比传光束的单丝细得多，皮层也比传光束光纤厚。国内研制的单丝直径 15 μm、长 1.20 mm 的大截面传像束透过为 42% 左右，而同样长度传光束可达 50% 以上。

(4) 光纤束数值孔径

均匀光纤的数值孔径(Numerical Aperture, NA)是指子午光线在光纤内全反射并形成导波时，在光纤端面上入射光线的入射角变化范围的大小。它是衡量一根光纤当光线在其端面射入时，所能接收到的光能大小的一个重要参数。数值孔径反映了光纤束集光能力，数值越大，集光能力就越强，进入光学纤维的光通量就越高。国内生产的大截面传像束数值孔径达 0.55。它由芯、皮层折射率决定

$$\mathrm{NA} = n_0 \sin\theta_i \tag{18.157}$$

式中，n_0 为空气的折射率。

(5) 断丝率、使用环境

传像束断丝的多少反映了传像束的质量及使用价值。一般断丝率小于或等于 0.002%，大截面传像束断丝率远小于或等于 0.5%。大截面传像束具有较好的防水性、抗拉性、耐高低温性，可在相对较恶劣的环境下安全使用。

18.6.2 光纤成像系统的光学设计

1. 光纤成像系统的设计原则

(1) 数值孔径匹配原则

在传像束前置物镜设计时，一定要满足光纤的全反射条件，使入射光线的数值孔径小于光纤的数值孔径。在设计时，仅仅使前置物镜的像方数值孔径与传像束的物方数值孔径相匹配是不够的，因为轴上物点的成像光束对光轴对称，能全部进入传像束，而轴外物点成像光束对称于主光线，其一部分上光线或一部分下光线的入射角将会超过传像束的数值孔径角，导致部分光线被拦挡。为了保证轴上物点和轴外物点的全部成像光束都能进入传像束中传播，应将前置物镜设计成像方远心系统。如果传像束后有光学系统，则传像束的数值孔径应该小于后面光学系统的数值孔径。

(2) 分辨率匹配

传像光纤光学系统前置物镜，要充分利用传像束的分辨率，保证传像束光学系统最终的成像质量，要求前置物镜的极限空间分辨率应该大于传像束的极限分辨率。

(3) 前置光学系统像差校正

设计前置光学系统时，轴外像差校正比较困难，如果像差平衡得不好，特别是像面场曲校正得不好，就会出现轴外像面模糊，甚至因光纤的弥散性而使得轴外像面的轻度失真。所以要求前置光学系统对像面场曲进行校正。为了提高成像质量，同时使系统的体积和质量得到控制，可以适当地引入非球面，尤其是高次非球面。

(4) 耦合技术和效率

如果前置物镜不能直接和传像束相紧密连接，因为传像束的有限孔径和数值孔径限制，使得耦合进光纤的光能少，耦合效率低。可以通过 18.2 节介绍的自聚焦透镜和传像紧密连接，可提高耦合效率。

2. 光纤成像光学系统设计举例

设计包括前置物镜、传像光纤束和后置物镜的光学系统。光纤束单根光纤直径为 20 μm，数值孔径 NA = 0.4，发散角为 23°，视场为 150 mm。

(1) 光纤传像系统结构

入射到传像光纤束输入端的光束是会聚光束或平行光束，是正入射还是斜入射，经传像光纤束传输后，其输出端的光束一般为正出射的发散光束，且发散光线充满光纤的数值孔径角，如图 18.84 所示。

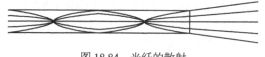

图 18.84 光纤的散射

为了达到 100% 的耦合能量无损失，传像束前端的物镜系统的数值孔径应该等于或小于光纤的数值孔径，后方中继系统（后置透镜）则正相反，数值孔径应该大于或等于光纤的数值孔径。

光纤射出的光束以充满数值孔径角的形式发散，其光线在整个数值孔径角内的分布是非均匀的，即光能的分布呈高斯函数型。当数值孔径太大导致后方中继系统难于设计，只要能满足一定的衍射极限分辨率即可，后方中继系统的相对孔径未必一定要和传像光纤束的数值孔径相匹配，可适当减小，有利于后方成像系统的设计。

传像光纤束单根光纤直径为 20 μm，根据计算可知分辨率为 28.87 lp/mm。设计前方物镜时要保证高于 30 lp/mm 的分辨率，而选用后方中继透镜时就要主要考虑 29 lp/mm 以下的低频调制传递函数 MTF 即可。

(2) 前置耦合光路设计

设计前方物镜时主要考虑：口径足够大，以保证经整个系统的损耗后达到探测器上的能量足够；像视场要覆盖 150 mm，而且满足数值孔径匹配，本例设定 NA = 0.4 的一组物镜。在设计中参考了照相物镜结构，采用三片式的天塞结构，如图 18.85 所示，其场曲和畸变值如图 18.86 所示。

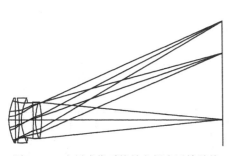

图 18.85　光纤成像系统前方耦合透镜结构

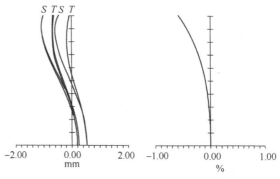

图 18.86　物镜的场曲和畸变值

设计出的透镜组的主要参数：$f = 240$ mm，$F/D = 4.5$，能够保证数值孔径完全匹配。在大口径大视场的情况下场曲较小，能够满足要求。

(3) 后置耦合光路设计

要求有限距离 1:1 成像，物高 6 mm，数值孔径 NA = 0.4，相对孔径 $D/f' = 1/2$。传像束的数值孔径为 NA = 0.4，中继透镜的数值孔径至少要大于这个值，参考光纤通信中的耦接球透镜，采用两个参数完全相同的透镜组来实现耦合，整个透镜组实现等倍率成像。考虑到系统要求的大视场、大口径，单个透镜组的设计采用双高斯结构，经过优化后中心像场的弥散斑仅有 0.01 mm，能够满足要求。两个透镜组背靠背组合后的结构形式如图 18.87 所示。

图 18.87　后置透镜的设计原理

考虑到光纤束的最大分辨率为 28 lp/mm，只需考虑 30 lp/mm 以下的系统 MTF 曲线即可，如图 18.88 所示，该系统在 30 lp/mm 的 MTF 约为 0.67，能满足要求。设计出的透镜组的主要参数：L=198.3 mm，f' = 95 mm，NA=0.4。在最大视场处，弥散斑为 0.090 mm；在中心零视场处，弥散斑为 0.030 mm。由此可见，上面设计的透镜组能够符合预期要求，考虑到透镜组本身的散射、反射等损耗，耦合效率在 85% 以上。

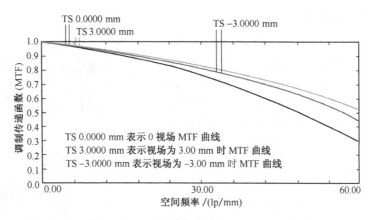

图 18.88　后置透镜的调制传递函数(MTF)

除了采用球面透镜设计光纤成像光学系统以外，还可以采用非球面和折衍混合光学系统进行光学系统的设计。例如设计一个传像束光学系统，采用半导体制冷型 CCD 探测器，光敏面尺寸 6 mm ×6 mm，像元尺寸 16 μm ×16 μm。采用大截面光纤传像束，单丝直径 16 μm，截面直径 6 mm，因此需要设计的前置物镜系统工作波长为 0.8～1.1 μm，焦距 f' =5 mm，2ω =60°。采用将孔径光阑置于光学系统中间，光学系统的前组为负光焦度，孔径光阑处于光学系统后组的前焦点处，形成"负-正"形式的大视场像方远心光路，如图 18.89 所示，这种结构可以保证光学系统具有比较小的体积和质量。选择了初始结构后，通过 ZEMAX 光学设计软件的初步优化，发现影响成像质量进一步提高的主要像差是轴外像散、球差和畸变。

通过计算和 ZEMAX 光学设计软件的优化，最终在实际设计中采用了两个非球面，如图18.90所示。前组第一片负透镜后表面采用二次曲面，主要用来消除轴外像散和彗差，光阑后第一片透镜的后表面采用高次非球面，是 8 次非球面，用来消除轴外球差、像散和控制畸变。

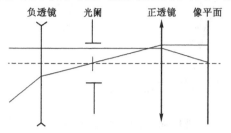

图 18.89 "负-正"形式的大视场像方远心光路

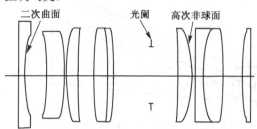

图 18.90 运用非球面的光纤成像光学系统

衍射光学元件（二元光学位相透镜）具有不同于折射元件的色散特性，可同时纠正球差和色差，与传统的折射元件组成折-衍混合光学系统，增加了光学设计过程中的自由度，改善了成像质量，减小了系统的体积和质量。在光纤传像束光学耦接器中引入衍射面，设计了含有一个衍射面的折-衍混合光学耦接器，如图18.91所示。图 18.91(a)是双高斯型的折射光学耦接系统，图 18.91(b)采用折-衍混合系统后，将双高斯结构中的

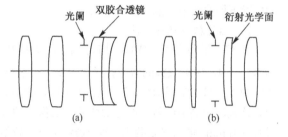

图 18.91 光纤传像束光学耦接系统

双胶合透镜由一个折-衍单透镜代替。光阑后第一个透镜的后表面是衍射光学面，衍射面的基底为平面，实际半径为 2.56 mm，最终优化得到衍射面的二次和四次相位系数分别为–119.599 005 和 72.966 425；折-衍混合光学系统与传统的双高斯光学耦接器比较，能够显著地减少外观尺寸和质量，并且提高成像质量。

18.7　中、远热红外成像基础

18.7.1　热红外成像基础[①]

热红外成像通常是指 3～5 μm 的中红外(MWIR, Medium wave infrared)成像和 8～12 μm 的远红外(LWIR, Long wave infrared)成像。在这些波段中，关注的是热源而不是可见光。热红外成像有许多不同应用，如非破坏性测试、红外照相机可以拍摄设备的过热点或者建筑物热量流失位置、在医学领域可测局部体表温度的差异、在快速查找核电厂冷却系统的热泄漏点，以及安全防护等。

人眼对约 0.4～0.7 μm 的波段敏感，看不到较长波长的热能量。要记录这些能量需使用特殊的探测器或传感器，成像光学系统也必须有效地传输这些波长的光。0.85～1.6 μm 的近红外(NIR)波段有许多应用，如 Nd:YAG 激光器发出的 1.06 μm 波长的光，可以使用大多数普通光学材料。本节不考虑近红外而考虑中红外(MWIR)和远红外(LWIR)，特殊光学材料和设计考虑是必不可少的。

从图18.92可以看到，3～5 μm 的 MWIR 波段和 8～12 μm 的 LWIR 波段通过 1.8 km 长空气路径后的光谱透射

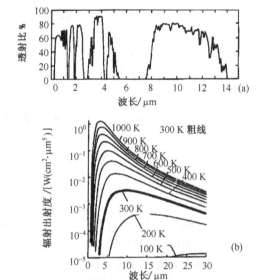

图 18.92　(a) 海拔 1.8 km 水平空气路径的透过率；
(b) 黑体辐射出射度与温度的关系

---

① 参阅 Robert E.Fiscger & Biliana Tradic-Galed,《Optical System Design》, Mc Grad-Hill, 2000 年——编者注。

比。大气中，水和二氧化碳的吸收将波长应用限制在这两个波段。还看到温度在 $100 \sim 1000$ K 的黑体辐出射度。作为参考，环境温度约为 3000 K，该温度下的辐出射度峰值发生在 $10 \ \mu m$ 左右。因此，LWIR 系统趋于具有最高灵敏度。然而，LWIR 探测器比 MWIR 探测器昂贵且难以制造。另外，利用现代的图像处理硬件和算法，可以得到优良的 MWIR 成像。

按照 Riedl 提出的简化形式，红外系统的信噪比为

$$S / N = \left(W_T \varepsilon_T - W_B \varepsilon_B \right) \left(\tau \right) \left(\frac{D^*}{\sqrt{\Delta f}} \right) \left[\frac{\tau d'}{4 \left(f^\# \right)^2} \right]$$

式中，ε 为发射比；W 为辐射出射度(W/cm²)；W_T 为景物出射度(W/cm²)；ε_T 为景物发射比；W_B 为背景出射度(W/cm²)；ε_B 为背景发射比；D^* 为探测器的可探测比(cm·Hz$^{1/2}$/W)；Δf 为噪声等效带宽(Hz)；τ 为光学透射比；d' 为探测器尺寸(cm)（假设为方形）；$f^\#$ 为光学系统的 F 数。

上述方程的第一个因子与所成像的物体有关。该因子表示被成像原始物体（景物）和被成像物体的背景之间的辐射出射度差。第二个因子是大气或系统所在的其他媒质的透射比和通过光学元件的透射比。第三个因子与焦平面阵列有关，等于可探测比除以噪声等效带宽。最后一个因子包含分子上的探测器尺寸（像素宽度）和光学透射比以及分母上的($f^\#$)²（F 数的平方）。由于信噪比与($f^\#$)²成反比，因此光学系统成为关键。这使得许多红外系统取极低的 $f^\#$ 以获得所需的信噪比。另外，在一些新式非制冷微型测辐射热仪中，$f^\#$ 通常需要取 0.8 或更低。

大多数光学系统玻璃的透射波长不大于 2.5 μm。某些特殊玻璃的透射波长达到 4.5 μm，熔融石英的透射波长可达到 4 μm。因此，红外透射材料是很关键的，而其选择范围却十分有限，并且存在其他问题。

18.7.2 热红外成像光学系统的特点

1. 杜瓦瓶器件、冷光阑和冷屏

热成像系统观察热源时，为获得最大的灵敏度，多数热成像系统使用低温制冷的探测器，探测器工作在 77°K 的液氮或更低的温度。如果这些探测器或红外焦平面阵列(Focal Plane Array, FPA)可以探测到除所观察景物以外的热能量，则灵敏度会降低。另外，如果非景物能量的幅度随视场而变化，通常会看到景物图像变形。为实现最大灵敏度并避免图像变形，要对红外 FPA 进行低温冷却，并将其安装在绝热杜瓦瓶(Dewarsflask，也叫保温瓶，是储藏液态气体、低温研究和晶体元件保护的一种较理想容器和工具。)组件中。

图18.93所示为一个用于红外成像的探测器-杜瓦瓶组件。图右上角的局部图显示了一个完整的扫描成像红外系统。光（实际是红外辐射）从左面进入较大的透镜，称为聚光光学系统。在形成中间像后，被第二个较小的透镜准直。第二个透镜的另一个目的是聚光光学元件（系统的孔径光阑）成像在扫描反光镜上。光从扫描反射镜反射后，进入图18.93中圆圈所围的区域，即下图中显示的探测器-杜瓦瓶组件。

来自扫描反射镜的准直光束首先进入聚焦透镜。该透镜一般处于低温冷却的杜瓦瓶之外，使光束在通过杜瓦瓶窗口后聚焦到 FPA 上。对于图18.93中的例子，探测器阵列是沿垂直于图面方向展开的线阵。杜瓦瓶是一个瓶壁为双层并抽真空的瓶子，入射窗必须透射红外辐射，冷指(cold finger，冷手指法，是指保留一部分固态相变材料，即保持一部分冷区）与 FPA 的末端相接触，以保持 FPA 处于低温状态。冷指自身是一根由铁或钢制造的高比热金属棒，它被线管缠绕包围，而液氮从线管中被泵过（或其他类似操作）。如此循环，使 FPA 的末端得到冷却。如图18.93所示，挡板也称为冷屏或冷光阑，它们位于杜瓦瓶内部，将在后面对它们进行定义。

在前例中，如果各个冷屏直径组成光锥形状，则探测器只能探测到景物能量，屏蔽掉被观测景物以外背景的能量。实际上，将冷屏的直径做得略微大于其所需的直径。

2. 冷光阑效率

如果探测器只能探测或记录来源于景物的能量，则称该红外系统具有100%的冷光阑(Cold stop)效率，即由于 100%冷光阑效率，探测器同时记录来自代表景物能量的光锥能量和来自低温冷却热挡板的能量。

该挡板称为冷光阑（它被低温冷却），没有自身能量辐射。对于 FPA 上的每一个像素来说，如果探测到的只是包括成像光（景物能量）的立体角和冷光阑的热挡板的一部分能量，则该系统确实具有 100% 的冷光阑效率。图18.94 显示了许多处于冷光阑或冷屏范围内的杂散光挡板，其抑制了这些杂散辐射光路到达 FPA。

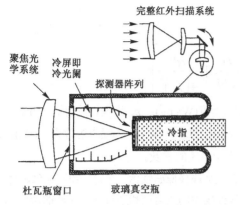

图 18.93 一个用于红外成像的探测器-杜瓦瓶组件

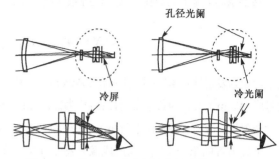

图 18.94 非 100% 冷光阑效率的系统（左侧）和 100%冷光阑效率的系统（右侧）

在图 18.94 中，左侧的系统不具有 100% 的冷光阑效率，而右侧的系统具有 100% 的冷光阑效率。两个图是有些差异的。下面的图是上面图的虚线圈中区域的放大图。左图中孔径光阑既在系统的前部透镜上，又在二次成像透镜组的后表面上。此外，如果如图 18.94 中所示那样将眼睛放在 FPA 的下端来朝向景物观察，会看到代表景物的立体角，还有该区域以上而又在冷屏以下有阴影部分的立体角，该立体角不是来自景物，而是来自系统内部的某一部分。这部分非景物能量而类似于可见光光学系统中的杂散光。如果这部分非景物能量是"热的"，则探测器的灵敏度会比其名义值有所下降；然而，如果这部分非景物能量在 FPA 范围内或扫描过程中存在幅度变化，则会得到图像变形，它类似于传统可见光系统中的鬼像。

在图 18.94 右图里，看到前面透镜处的孔径光阑被二次成像在杜瓦瓶组件内的冷光阑平面。FPA 的任何位置只探测到景物能量，没有系统内部能量。该系统被称为具有 100% 的冷光阑效率。冷光阑效率是来自景物到达指定像素的总立体角与来自热挡板或冷屏的整个开口而到达同一像素的总立体角之比值。如从景物发出到达指定像素的立体角是热挡板内到达同一像素的总立体角的 90%，则该系统具有 90% 的冷光阑效率。来自系统内部或外壁的光子或热能量就是以杂散光形式存在的非期望能量。杂散光的存在会降低系统的灵敏度，如果这部分非景物能量的幅度在视场内或扫描期间（如果是扫描系统）发生变化或调制，在图像显示器上会存在图像变形。

图 18.95 是具有 100% 冷光阑效率的近轴红外镜头系统，其设计本身有相同的三种排列形式。图18.95(a)显示了三个视场角即轴上和 ±3°；图18.95(b)只显示了两个极限视场角；图18.95(c)只显示了最大的视场角。在三种情况下，前部的物镜都被二次成像到冷光阑平面。FPA 的任意位置并向系统的前部探测到就是成像能量的立体角。该立体角之外还可探测冷光阑和低温冷却杜瓦瓶的内部。

3. 扫描方式

使用完整的两维探测器阵列或红外焦平面阵列(FPA)即时记录整个图像，这些 FPA 在热红外系统中被称为凝视探测器，镶嵌探测器或两维探测器。

红外探测器仍然十分昂贵，基于这个原因，经常使用尺寸小得多的探测器阵列，经过扫描，使成像范围覆盖整个期望的两维视场。使用小尺寸探测器阵列，则可以按照如图 18.96 所示的步骤来形成一个完整的两维视场。在整个视场宽度范围内，沿水平方向扫描视场，如图 18.96 上面一行所示，然后下移一行进行扫描，反复进行该过程，直到覆盖完整的两维视场。

这一过程称为串行扫描，光学术语称为双向扫描。它需要两个扫描运动，一个为水平扫描，另一个为俯仰或垂直扫描。串行扫描需要水平和垂直方向的扫描运动，可通过两块扫描反射镜来实现。

第二种扫描方式称为并行扫描或推扫描，如图 18.97 所示。使用一个覆盖整个垂直视场的长条探测器阵列，扫描运动沿水平方向进行（反之亦然）。这种扫描形式只需要一块扫描反射镜，它所用的 FPA 具有更多的单元。

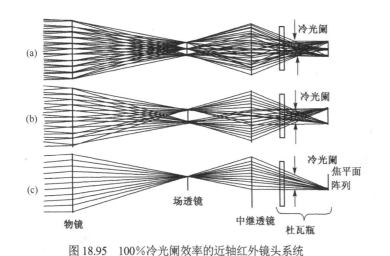

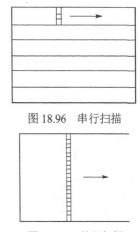

图 18.96　串行扫描

图 18.95　100%冷光阑效率的近轴红外镜头系统

图 18.97　并行扫描

凝视或镶嵌阵列是完全的两维焦平面阵列，它同时传感整个景物，不需要机械扫描。图18.98所示就是这样的FPA。便携式摄像机都使用不需扫描的凝视阵列。

推扫扫描器（push-broomscanning 系统，又称"像面（along-track）"扫描系统，用于广角光学系统在整个视场内成像）IR 系统为如图18.99所示的一个天文望远镜。系统接收直径为 D 的准直辐射，物方视场角为 $\pm\alpha$，系统输出直径为 d 的准直辐射，像方视场角为 $\pm\theta$。该系统的放大率 M 可用 D/d 或 θ/α 表示。为了扫描到整个 $\pm\alpha$ 视场，可以在系统前部放一块大的平面反射镜，使它扫描 $\pm\alpha/2$，或者在第二准直透镜的末端出瞳处放一块小的平面反射镜，使它扫描 $\pm\theta/2=\pm\alpha(D/d)/2=\pm\alpha M/2$。

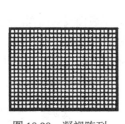

图 18.98　凝视阵列

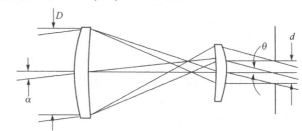

图 18.99　天文望远镜

例如设 D 是 100 mm 直径，放大率是 $10^{\times}$，则 $d=10$ mm。再设 $\alpha=\pm2°$，这就意味着 $\theta=\pm20°$。可以使用一块约 100×140 mm 的反射镜，让它在 $\pm1°$ 范围内扫描。或者使用一块约 10×14 mm 的反射镜，使其在出射光瞳处在 $\pm10°$ 范围内扫描。这两种方案中，使用小反射镜扫大角度成为首选方案。小反射镜比较易于加工，表面平整度易于达到，成本低，体积小。

图18.100所示为用于前述推扫扫描系统的摆镜。扫描反射镜被放置在望远镜的出瞳处。图18.101 显示了如何将多边形反射镜用于推扫扫描器。多边形反射镜的每个小面都是一块单独的扫描反射镜。扫描时，每一小面是围绕整个多边形的旋转中心旋转的。这产生空间上反射镜转角和对光线的偏角的非线性，必须对反射镜转角进行适当的限制（反射面尺寸减小，即多面体的面数增加），以保证系统性能。请注意，在图 18.101 中，多边形处于某一位置时，邻近面反射的部分光也被接受，称之为鬼像。如果鬼像辐射到达物空间，则称其为外部鬼像；如果鬼像到达系统的内部，则称其为内部鬼像。为了避免鬼像，通常在邻近面进入到成像光束之前将电路切断。有时候，设置很小的减晕，以减少鬼像。

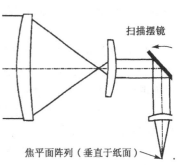

图 18.100　用于扫描的摆镜

多边形被实际用来成像的时间与它运动的总时间之比称为扫描效率，扫描效率接近 80% 是很常见的。

图18.102显示串行扫描运动，在串行扫描系统中，成像于仅由几个单元构成的小探测器阵列时，在方位（水平方向）和方向（垂直方向）

上进行扫描。然后，在俯仰方向上移动一下阵列，再次在方位和方向上进行扫描。上述过程反复进行，直到形成一个完全的两维视场。这样的系统需要两个扫描反射镜运动，一个进行方位扫描，另一个进行俯仰扫描。在图18.102中，上面的反射镜是俯仰反射镜。

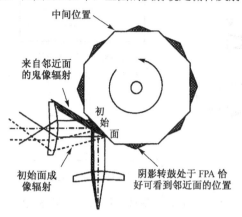

图 18.101　用于扫描的多面体反射镜

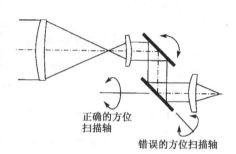

图 18.102　用于串行扫描的双反射镜（方位和俯仰）

4．红外图像变形

热红外系统经常会显示在可见光系统中少有的非期望的图像变形影响，包括冷反射(Narcissus)、扫描噪声(Scan Noise)、光束漂移(Beam Wander)、鬼像(Ghost Images)和阴影(Shading)。最终可能是图像范围内的轻微亮度变化，也可能是明显的亮或暗区域分布。这些效应都源于探测器在视场范围内或扫描过程中探测到比景物能量自身多（或少）的热能。热成像系统中图像变形的主要原因如下所述。

(1) 冷反射(cold reflection)

冷反射（冷反射现象是在红外热成像系统中制冷的探测器通过前面的光学表面反射而探测到自身的像形成的.控制冷反射是设计红外扫描系统的一个重要指标。）是从系统中透镜表面反射进杜瓦瓶的辐射幅度的变化。图 18.103 显示了扫描 IR 系统处于扫描中心位置，如图 18.103(a)所示，以及扫描边界位置，如图 18.103(b)所示。聚焦光学系统和探测器绕图18.103(b)中的扫描轴转动。图18.103(c)显示了系统末段的放大视图。现在只讨论由最后透镜元件的后表面产生的情况。总的冷反射效应是所有透镜表面的辐射总和。

如果在如图18.103(a)所示的扫描中心位置从 FPA 中心像素向外观察，则该光线将沿光轴传输，由透镜表面反射后，沿原路返回，最后通过冷光阑返回杜瓦瓶。因此，该光线"看到"的只有从杜瓦瓶内发出的冷辐射，或者可以说，根本没有辐射。现在考虑从 FPA 中心发出的刚好通过冷光阑边缘的光线。这条光线经过透镜表面的反射后发散而完全离开冷光阑孔径。实际上，该光线会射到系统内部的某部分，这部分可能是环境温度或者是热的电路板，能够返回到冷光阑的总立体角在图 18.103(a)中以阴影立体角形式显示。

图 18.103(b)表示扫描的边缘，冷光阑范围内整个立体角内的所有能量从透镜表面反射进入系统内部。这部分能量根本没有返回冷光阑，因而"看到"的是低温冷却温度。如果将每一个透镜表面的辐射效应相加，并考虑返回到杜瓦瓶的立体角在扫描中心和边缘之间的差异，则会发现扫描边缘比扫描中心有更多的"热量"。这由扫描中心位置处从每个透镜表面返回到杜瓦瓶的能量的有阴影的立体角的

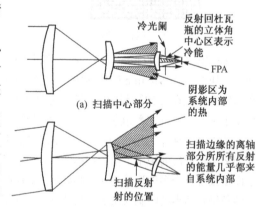

(a) 扫描中心部分

(b) 扫描边缘部分

(c) 扫描中心部分放大图

图 18.103　扫描系统中如何形成冷反射

总和造成，结果是视频监视器显示扫描中心的热能比扫描边缘少。

在两维 FPA 的非扫描凝视阵列系统中，依然可能存在冷反射。一般在凝视系统中进行"非均匀性校正"，使系统周期性地瞄准均匀热源，然后调整每一个像素的偏置以便在整个图像范围内产生一个恒定的灰度值。对探测接近环境温度的热成像，可简单地在系统前部盖一块黑布，然后进行非均匀性校正就可以满足要求。

有两种最基本的方法能使冷反射效应最小。其一是使用所谓的抗冷反射膜，这些减反射膜在 3~5 μm 波段或 8~12 μm 波段有 0.2%~0.3% 的平均反射率。其二是改变冷反射透镜表面的相对弯曲，以使反射辐射的冷立体角最小。这是常用技术，为保持光学性能的预定水平，通常需要使用非球面。在望远镜光学系统前有一块平板保护窗口。为了避免由窗口产生的冷反射，窗口被倾斜放置，以使反射辐射落到传感器的视场之外。

(2) 几何扫描影响（光束漂移）

图18.104举例说明几何扫描影响，图中显示了普通的四边形扫描红外系统。假设系统的孔径光阑在前部透镜上。如图18.104所示，在扫描的中心，多边形处于其中间位置。当多边形旋转到扫描的边缘时，它在空间的几何位置（该位置上辐射从其表面反射）移到虚线位置（向左移）。这表示扫描边缘成像时多边形面和图面的交点位置有平移。前面已经规定孔径光阑位于前面的元件上，因此从多边形小面上反射的辐射光束必须平移即横移一个量，这个量称为光束漂移。

较好的解决方法通常是增加冷光阑的尺寸和横移冷光阑，以消除对任何扫描位置的成像辐射的拦截。

(3) 扫描噪声

扫描噪声通常被认为扫描过程中到达 FPA 的非景物热能量的非期望变化，它会造成亮条纹样的变形和其他图像缺陷。扫描噪声的表现经常类似于可见光系统的闪烁和杂散光。扫描噪声的主要成因之一是光拦截或渐晕。

图18.105分别表示扫描中心（顶部图）和扫描边缘（低部图）到达探测器的辐射立体角。扫描中心的立体角是冷光阑内的景物能量，冷光阑外被低温冷却。探测器"看到"或记录的能量只有景物发出的能量。在扫描边缘，冷光阑内的立体角主要来自景物，但有一个月牙形的阴影区，它由结构内部的光拦截或渐晕造成。在扫描中心的情况下，冷光阑外的立体角被低温冷却。所以，从扫描中心到扫描边缘的唯一差异就是结构内部的光拦截。

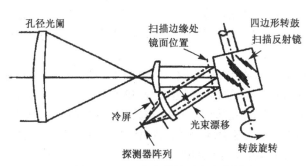

图 18.104　几何扫描影响与光束漂移

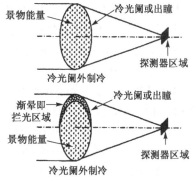

图 18.105　拦光或渐晕的影响

可以证明，可感知的温度变化可大致用下式表示：

$$Dt \approx (\Delta A/A)（拦截后的温度–景物温度）$$

其中，量 $\Delta A/A$ 是冷光阑内被拦截的出瞳面积的百分比。假设 $\Delta A/A = 1\% = 0.01$，被拦截结构的温度是 50℃，景物温度是 0℃，则从扫描中心到扫描边缘的可感知温差为 0.01×50℃= 0.5℃。如果用多边形扫描器或摆镜在方位方向上扫描，最后结果可能是监视器左右两边出现亮带，该亮带越靠近视场角落越亮。

利用现代探测器技术，可以容易地探测到远低于 0.1℃ 的温差，即使 0.1% 的光拦截也会被探测到。实际上，透镜元件上大小为 0.4 mm×0.4 mm=0.16 mm² 的一块污渍就等效于 25.4 mm 直径光束的 0.1% 光拦截。

(4) 鬼像

鬼像(ghost imaging)是应用于多边形扫描器特有效应的一个术语。图 18.101 显示了入射到多边形扫描器面上的辐射情况。如果多边形的反射面处于其中间位置，反射面与入射辐射成45°倾斜，则辐射简单地向下反射到FPA。对处于中间位置的反射面所看到的都是景物能量。现在沿逆时针方向旋转反射面，直到邻近反射面刚好进入辐射光束，从FPA向外进行观察，将看到从主反射面反射的能量向左下方前进，还有从邻近反射面反射的一细条能量向右上方前进。该细条辐射的角度在数值上大于主反射面所反射辐射的角度，因此它可能不通过透镜而射到结构的内部。当它射到结构内部时，称其为"内部鬼像"；而当它射到物空间时，称其为"外部鬼像"。

为理解诸如鬼像的效应所需做的工作就是对系统建立一个精确的三维模型。必须正确地模拟系统的每一个方面，包括多边形的旋转轴、面通光孔径和系统内其他透镜的通光孔径。只有这样，才有希望精确预料可能发生的情况。

(5) 阴影

如果聚焦光学系统入瞳直径为100 mm，而放大率为20×，则出瞳处的辐射光束直径为5 mm。现在如果进行视场内的轴外扫描，当系统有正畸变时，即放大率随视场增大而增大，则在进入聚焦光学系统时扫描反射镜空间出瞳不足5 mm，且像方视场角大于原来的标称值。如果孔径光阑处于前部透镜位置，则会导致在离轴视场和扫描位置上可以看到结构的部分区域。最终结果是远离视场中心处监视器的亮度增大，这是因为景物能量较少而结构能量较多之故。

5. 无热化技术

当光学系统经受较高或较低温度时，透镜和机械结构膨胀或收缩，透镜材料的折射率改变。但红外系统的主要问题是折射率随温度的变化，记为 $\mathrm{d}n/\mathrm{d}t$。锗的 $\mathrm{d}n/\mathrm{d}t$=0.000 396/π。与之相比，BK7 玻璃的 $\mathrm{d}n/\mathrm{d}t$=3.6×10⁻⁶/π。对于简单的透镜可用下式表示：

$$\mathrm{d}f = 焦距的变化 = \frac{f}{n-1}\frac{\mathrm{d}n}{\mathrm{d}t}\Delta t$$

式中，$\mathrm{d}f$ 是焦距的变化；Δt 是以摄氏度为单位的温度变化。

考虑下面的例子：假设有一块75 mm 直径的 $f/1.5$ 锗透镜，它的焦距为112.5 mm。对 Δt=40℃的热浸没（均匀的温度变化），会产生0.599 mm 的焦距变化。四分之一波长离焦的瑞利判据是±0.046 mm，所以上述离焦值等同于3.3 个波长，为13.1 个瑞利判据焦深，这是一个相当大的量。这可能是热红外系统中严重的问题。本例中，如果要控制温度以使离焦保持在四分之一波长之内，则需要将温度控制在±3℃的范围。

很明显，无热化技术是势在必行的。可以移动 FPA 或聚焦镜头，但这通常是不切合实际的。根据放大倍率的变化，可以将另一个透镜元件移动来补偿，这是一个有效方法；也可以采用大 $\mathrm{d}n/\mathrm{d}t$ 的负透镜，或者反射光学系统。

图18.106 显示了两个很相近的系统：光轴以上的系统是全折射式系统，而光轴以下的系统是卡塞格伦反射系统。系统的入瞳直径是75 mm，用于以10 μm 为中心波长的 LWIR 波段。表18.7 显示了50℃热浸没情况下折射式和等效反射式系统的离焦贡献。图18.106中折射式系统前面的弯曲头罩具有很小的光焦度（光焦度略负），其贡献是使红外像向外离焦7.6 μm。第一个大光焦度正透镜使红外像向内离焦1.7 mm，第二个负透镜向外离焦0.27 mm，最后两个元件只产生小的离焦。由50℃热浸没造成的总系统离焦和大光焦度正透镜的离焦大致相同，向内离焦1.71 mm，这和单独的第一个大光焦度正透镜产生的离焦相近。

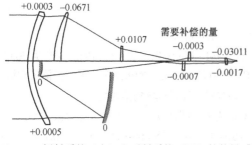

图18.106 折射系统（上）和反射系统（下）的热敏感度

表18.7 折射和反射红外光学系统热诱导焦移

参 数	折射系统/mm	反射系统/mm
整流罩	+0.0076	+0.0127
大透镜或反射镜	−1.704	0.0
第二个透镜或反射镜	+0.272	0.0
第一个小透镜	+0.0076	−0.018
第二个小透镜	−0.028	−0.028
全系统	−1.712	−0.048

卡塞格伦反射系统的两个反射镜不产生热焦移，整个系统的焦移为向内 0.048 mm，接近于四分之一

波长的瑞利判据。这些数据归纳总结在表 18.7 中。

每一块反射镜的形状都会随着温度的变化而改变并产生明显的焦移。假设反射镜、支撑反射镜和 FPA 的所有支撑结构都用同一种材料制造，比如铝。在温度升高时整个系统均匀膨胀，则系统可保持理想聚焦。因此，整个反射系统宜用膨胀系数相近的材料制造。

在折射式系统中，恢复聚焦可以沿轴移动探测器或移动弯曲窗口后面的透镜元件。这两种方案都不理想。这是因为移动探测器-杜瓦瓶组件不是一个好方案，因为所有电路和低温连接件都要移动，而移动厚重的第一透镜元件也是一个难以实现的方案。最佳方案是沿轴移动前面大透镜元件之后的负透镜。特定的移动量必须依据实验结果，建立理论模型，用计算机核实。

实现无热化而移动任何元件必须足够精确，以使图像的偏离在一个瑞利判据焦深范围之内。在考察元件或元件组需要移动的过程中，必须考察所需的总移动量。在这个范围内，通过精密机构来确定需达到的最精细调焦量。

18.7.3 红外材料

可见光系统有许多玻璃类型可以使用，但只有极其有限的材料可有效地用于 MWIR 和 LWIR 波段。图18.107给出了比较常用的红外透射材料的透过率图。这些数据包括表面的反射损失，因此，在应用高效增透膜后会产生相当高的透射比。

表 18.8 中列出了比较常用的材料以及它们的重要特性。

只有极其有限的玻璃材料类型可有效地用于 MWIR 和 LWIR 波段。表 18.9 中列出了比较常用的常用热红外光学材料及它们的主要特性。阿贝常数 $\nu^{\#}$ 的定义为 $(n_{c\lambda}-1)/(n_{l\lambda}-n_{H\lambda})$，式中，$n_{c\lambda}$ 为中心波长的折射率，$n_{l\lambda}$ 为短波长折射率，$n_{H\lambda}$ 为长波长折射率。

图18.108所示为常用的 MWIR 和 LWIR 红外透射材料"玻璃"图，纵坐标表示折射率，横坐标表示阿贝常数 $\nu^{\#}$。$\nu^{\#}$ 反比于材料的色散系数；对锗来说，在 LWIR 波段 $\nu^{\#}$ 为 1000 左右（色散很低），而在 MWIR 波段 $\nu^{\#}$ 为 100 左右。

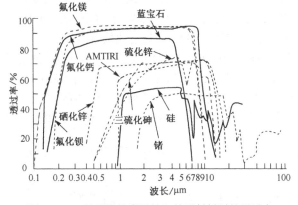

图 18.107　显示比较常用的红外透射材料的透过率

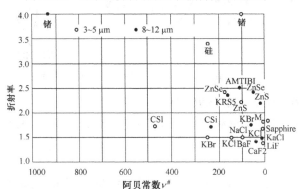

图 18.108　MWIR 和 LWIR 谱段常用玻璃

表 18.8　比较常用的材料及其重要特性

材料	$\lambda_1\sim\lambda_2/\mu m$	n_2 v_4	n_{10} v_{10}	V_4/V_{10} $(10^6 K^{-1})$
Ge	15～23	4.0244 101	4.0032 1001	-130/-134
Si	1.1～23	3.4255 250	3.4179 2200	-48.4/-73.8
GaAs	1.2～18	3.3062 152	3.2774 104	-59.3/-59.3
CdTe	0.9～24	2.688 154	2.674 209	-59.3/-59.8
CaF₂	0.13～9	1.4096 22.2		40.3/-
BaF₂	0.18～10	1.4556 191		-14.5/-
KRS̃5	0.6～50	2.3820 234	2.3707 165	229/229
NaCl	0.2～20	1.5219 94.0	1.4947 19.8	109/88.5
ZnS	0.35～14	2.2518 113	2.2002 22.7	-26.4/-30.5
ZrSe	0.8～18	2.4332 117	2.4065 57.9	-37.0/-19.0
石英玻璃	0.2～4.5	1.3466 8.67	-	-28.4/-

注：KRS–5 Thallium Bromo-Iodide (TlBr-TlI)：碘溴化铊物。

表 18.9 常用热红外光学材料及其特性

材 料	折射率(4 μm)	折射率(10 μm)	dn/dt (1/℃)	备 注
锗	4.0243	4.0032	0.000396	昂贵，dn/dt 大
硅	3.4255	3.4179*	0.000150	dn/dt 大
硫化锌(CVD)	2.2520	2.2005	0.0000433	
硒化锌(CVD)	2.4331	2.4065	0.000060	昂贵，低色散
AMTIR I Ge/As/Se:33/12/55	2.5141	2.4976	0.000072	
氟化镁	1.3526	+	0.000020	低成本
蓝宝石	1.6753	+	0.000010	很硬，高温下低发射率
三硫化砷	2.4112	2.3816	※	
氟化钙	1.4097	+	0.000011	
氟化钡	1.4580	@	−0.000016	

注："*"不推荐；"+"不透射；"※"难得到；"@"透射到 10 μm 但剧烈下降。

1. 常用红外材料

(1) 锗材料

锗是最普通的红外材料，可用于 LWIR 波段和 MWIR 波段。在 LWIR 波段，它是消色差双透镜中的"冕牌"或正透镜；在 MWIR 波段，它是消色差双透镜中的"火石"或负透镜。这是源于其在两个波段中色散特性的差异。在 MWIR 波段，锗很接近它的低吸收波段，因此它的折射率变化很快，进而导致较大的色散。这使它适宜作为消色差双透镜中的负光焦度元件。

锗材料有两个很重要的参数：折射率和 dn/dt。锗的折射率略大于 4.0，这意味着浅曲面（大曲率半径）是合理的，易于降低像差，对设计是有利的。参数 dn/dt 是折射率随温度的变化。锗的 dn/dt 是 0.000 396/℃。这是一个很大的值，普通玻璃的 dn/dt =0.000 003 60/℃。这会引起随温度变化的大的焦移，通常需要某种无热化技术（焦点相对温度进行补偿）。

锗是一种晶体材料，以多晶或单晶（也称为单晶锗）方式生成。根据生长过程，单晶锗比多晶锗更昂贵。多晶锗的折射率不够均匀，主要是由颗粒边界的杂质造成的，这些杂质会影响成像到 FPA 的像质。因此，单晶锗成为首选。在高温下，锗材料变得有吸收性，200℃时透射比接近零。

单晶锗的折射率不均匀系数为 0.000 05～0.0001，而多晶锗为 0.0001～0.000 15。对于光学用途，通常以 Ω·cm 为单位指定锗的电阻系数，整个毛坯的电阻系数为 5～40 Ω·cm 一般是可以接受的。图18.109 显示了典型的锗毛坯，右侧有一块多晶区域。请注意，单晶区域内电阻系数表现正常而且沿径向缓慢变化，而多晶区的电阻系数则变化迅速。如果用一个合适的红外照相机来观察材料，会看到奇异的类似于蜘蛛网的回旋状图像，这种现象主要集中在颗粒边界。这源于边界处受到诱导的杂质。硅和一些其他晶体材料的不足之一是脆而易碎。

(2) 硅材料

硅是与锗很类似的晶体材料。它主要被用于 3~5 μm 的 MWIR 波段，其在 8～12 μm 的 LWIR 波段存在吸收。硅的折射率比锗略低（硅为 3.4255，锗为 4.0243），但它仍然足够大，有利于像差的控制。另外，硅的色散也相对较低。硅可以被金刚石车削。

(3) 硫化锌

硫化锌是常用于 MWIR 和 LWIR 波段的材料。它一般呈现锈黄

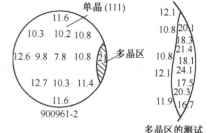

图 18.109 典型的锗毛坯

色，对可见光半透明。生产硫化锌的最普通过程被称为化学气相沉积(CVD)。

用热压（HIP，材料的精细粉末经受高温和高压，类似于粉末金属技术）制成的硫化锌能够对可见光透明。透明硫化锌可用于制造从可见光到 LWIR 波段的多光谱窗口和透镜。

(4) 硒化锌

硒化锌在很多方面与硫化锌类似。它的折射率比硫化锌略高，而结构不如硫化锌牢固。因此，考虑到

环境耐久性原因，有时将一薄层硫化锌沉积到厚的硒化锌基底上。与硫化锌相比，硒化锌的最显著优点是它的吸收系数极小，所以硒化锌通常被用于高能 CO_2 激光系统中。

(5) AMTIR Ⅰ 和 AMTIR Ⅱ

AMTIR (amorphous material transmitting IR radiation，发射红外辐射的非晶材料) Ⅰ 和 AMTIR Ⅱ 是由锗、砷和硒以近似 33:12:55 的比例生产出来的玻璃质材料。AMTIR 族材料从近红外(NIR)波段就开始透射。因此，经常可以看到微弱的深红色光透射过 AMTIR 材料。AMTIR Ⅰ 的 $\mathrm{d}n/\mathrm{d}t$ 大约是锗的 25%，这对解决热离焦问题很有吸引力。

(6) 氟化镁

氟化镁也是一种晶体材料。它的晶体结构可透射从紫外(UV, ultraviolet)到 MWIR 的光谱段。氟化镁可用晶体生长或"热压"的方法制造，结果生成乳状玻璃态材料。它在 MWIR 波段透射情况良好，但可能会有不希望的散射，造成对比度的下降和离轴的杂散光（使用晶体生长可避免该问题）。微粒散射反比于波长的四次方，因此可见光下的乳状外观在 5 μm 处会缩小 $1/2^4$ 即 $1/16$。

(7) 蓝宝石(Sapphire)

蓝宝石是一种极其坚硬的材料（它的硬度值为 2000 努普，而钻石为 7000 努普）。它可透射从深 UV 到 MWIR 波段的光。蓝宝石的一个独特特性是高温下很低的热发射率。这意味着高温下材料会发射比其他材料少的热辐射。可将蓝宝石用于制作经受高温的腔体窗口，适于红外波段通过窗口。蓝宝石的主要缺点在于其硬度使光学加工困难。另一种与之类似的材料称为尖晶石。尖晶石在效果上类似于热压蓝宝石，可以替代蓝宝石使用。尖晶石还具有很高的色散。蓝宝石具有双折射特性，它的折射率是入射极化面的函数。

(8) 三硫化砷

三硫化砷是另一种可用于 MWIR 和 LWIR 波段的材料。它呈现深红色外观，十分昂贵。

(9) 其他可用材料

还有许多其他可用材料，包括氟化钙、氟化钡、氟化钠、氟化锂和溴化钾等。这些材料可用于从深紫外到中波红外波段。它们的色散特性使它们对宽谱段应用极具吸引力，尤其是从近红外(NIR)到中红外(MWIR)甚至到远红外(LWIR)的应用。这些材料中有许多具有某些不希望的特性，尤其是吸湿性。需要适当镀膜以避免湿气的破坏，它们的结构经常需要用干燥氮气净化。

锗、硅、硫化锌、硒化锌、AMTIR 和氟化物可用单点金刚石进行车削，但硅中的碳会和金刚石中的碳起反应，造成刀具寿命缩短因而成本较高。如果需要非球面或衍射表面，则金刚石车削极其重要。

2. 用红外材料有利降低像差

上面提到红外透射材料具有较高的折射率，导致较小的光学表面弯曲，而使像差减小，如图18.110所示，该图显示了六个口径为 25.4 mm 的 f/2 单透镜，每个单透镜的弯曲都是处于最小球差状态。这些透镜的折射率为 1.5～4.0，其中折射率 1.5 接近于常规 BK7 玻璃，而 4.0 接近于锗。这些透镜的形状随着折射率的增加，透镜变得越来越同心。

图18.111显示了最小球差弯曲透镜的均方根波前误差随折射率变化的曲线，波前误差以 0.5 μm 的波长为单位。在折射率 1.5 处，有超过 10 个波长的波前均方根误差，等同于大约 50 个峰谷波长，是一个巨大的球差。在折射率为 2.0 处（该折射率是可见光玻璃中最高的），有大约 3 个波长的波前均方根误差，即大约 15 个峰谷波长。在折射率为 4.0 处，有超过 1 个波长的波前均方根误差，即大约 5 个峰谷波长。这种像差减小很显著。现改变曲线的坐标比例以表示 10 μm 处的波前均方根误差。因为 10 μm 是 0.5 μm 可见光波长的 20 倍，需要将坐标值减小 1/20。因此，1 个波长的波前均方根误差变成 0.05 个波长的波前均方根误差，近似为 0.25 个峰谷波长。这满足瑞利判据。一个直径为 25.4 mm 的 f/2 玻璃单透镜具有约 50 个可见光峰谷波长（是衍射极限的 200 倍），该透镜被弯曲以得到最小球差，而透镜的折射率为 1.5（类似于 BK7）；折射率为 4.0 的等效锗单透镜在被弯曲成具有最小球差形式而以 LWIR 波段 10 μm 波长为参考时刚好满足瑞利判据，有大约 0.25 个峰谷波长。

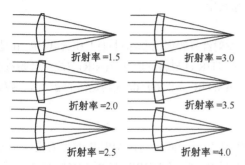

图 18.110 实现最小球差的透镜弯曲与折射率的关系

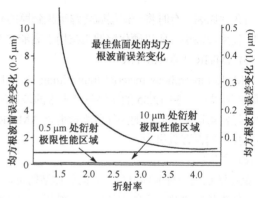

图 18.111 直径 25 mm 的 f/2 透镜的球差与折射率的关系

18.7.4 系统设计举例

可用于热红外镜头的材料有锗、AMTIR Ⅰ、硫化锌和硒化锌等。表18.10列出了各设计方案的最终性能，还列出了均方根波前误差，均方根波前误差是轴上、轴外1.25°和轴外2.5°的均方根波前误差的平均值。这些例子没有考虑冷光阑效率。

图18.112显示了具有100％冷光阑效率的 f/3 镜头及其设计数据。该设计形式不同于如图 18.94 所示的设计形式。一般情况下，通过将第一个元件（同时也是孔径光阑）二次成像到冷光阑来实现 100％冷光阑效率。但此处

表 18.10 LWIR 设计实例的相对性能

镜 头 结 构	均方根波前误差	衍 射 极 限
锗单透镜	0.08	接近
AMTIR Ⅰ 单透镜	0.20	非
硫化锌单透镜	0.85	非
硒化锌单透镜	0.35	非
锗/硫化锌双透镜	0.047	是
锗/ AMTIR Ⅰ 双透镜	0.051	是
AMTIR Ⅰ/硫化锌双透镜	0.053	是
硒化锌/硫化锌双透镜	0.057	是

没有使用二次成像，而且为了使杜瓦瓶内的冷光阑成为孔径光阑，冷光阑直接就是孔径光阑。这种非二次成像设计方案较简单，而且一般情况下像质良好。如果系统对体积要求很紧凑，则常需使用二次成像结构。

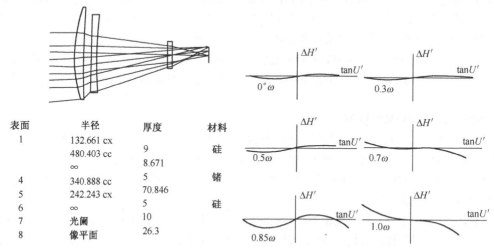

表面	半径	厚度	材料
1	132.661 cx	9	硅
	480.403 cc	8.671	
	∞		
4	340.888 cc	5	锗
5	242.243 cx	70.846	硅
6	∞	5	
7	光阑	10	
8	像平面	26.3	

图 18.112 100％冷光阑效率的 100 mm 焦距 MWIR 镜头

18.8 紫外(UV)光学系统概述

18.8.1 概述

紫外光(UV)在紫外光谱、大气科学、安全、紫外成像检测技术、国防等方面有着重要的应用。特别在半导体工业中紫外光刻是一项重要的应用技术，主要应用之一是用于光刻技术中投影光学系统。即光刻投影

光学系统把掩模图样的缩小像投影到涂有抗蚀剂（也称为光致抗蚀剂或光刻胶，是一种对光敏感的具有抗化学腐蚀能力的高分子化合物）的半导体材料上，经化学处理后在半导体材料上能得到的最细线条的尺寸，称为"最小特征尺寸(smallest feature size, sfs) d_{sfs}"。根据类似于式(15.15)的概念给出

$$d_{sfs} = k_1 \frac{\lambda}{NA} \tag{18.158}$$

式中，k_1 为常数，与抗蚀剂的厚度和折射率等因素有关（约为0.6）。为了减小最小特征尺寸 d_{sfs}，需要减小 k_1 值和波长 λ 值，增大投影光学系统数值孔径NA。但是这些参数值是在一定限度内可以变化的。

当前光刻技术的标志性波长、最小特征尺寸和光源选择如下：

(1) g-线光刻标志性波长436 nm，最小特征尺寸0.5 μm，汞弧灯。

(2) h-线光刻标志性波长405 nm，汞弧灯。

(3) i-线光刻标志性波长365 nm，最小特征尺寸0.25～0.14 μm，汞弧灯。

(4) 深紫外(DUV)光刻标志性波长248 nm，最小特征尺寸0.25～0.14 μm，汞弧灯或受激ArF激光器。

(5) 深紫外(DUV)光刻标志性波长193 nm，最小特征尺寸0.18～0.13 μm，受激ArF激光器。

(6) 真空紫外(VUV)光刻标志性波长157 nm，最小特征尺寸0.18～0.13μm，受激F_2激光器。

(7) 极短紫外(EUV)光刻标志性波长13.5 nm，最小特征尺寸0.05 μm，同步辐射加速器、激光等离子体光源(LPP)和放电等离子体光源(DPP)。

紫外光的波长短，制备折射光学系统的光学材料受到很大限制。波长越短，折射材料的色散越大，反射镜没有色差，因此在紫外波段，反射镜系统具有独特的优势。但是在反射光学系统设计中，波长可以减小，而数值孔径NA受到了限制。紫外光反射光学元件的反射率也限制了光学系统的设计。由于多层介质膜反射镜的发展，目前极紫外多层介质膜材料是Mo/Si和Mo/Be。Mo/Si在13.0～13.5 nm范围内，范围垂直入射反射率达65.5%，而在11.1～11.5 nm范围，Mo/Be多层结构在垂直入射时的反射率达68%。有了这种多层介质膜结构才能使比深紫外(Deep Ultra-Violet, DUV)波长（约为193和248 nm）短一个数量级的极紫外(Extreme Ultra-Violet, EUV)波长（约为13 nm和32 nm）有足够的反射率，制作极紫外光刻(Extreme Ultra-Violet Lithography, EUVL)设备成为可能。

紫外系统常存在散射问题。总的积分散射(TIS)表示为

$$TIS = \left[\frac{4\pi\delta(\cos\theta)}{\lambda} \right]^2 \tag{18.159}$$

式中，δ 是表面粗糙程度均方根；λ 是波长；θ 是入射角。这意味着表面缺陷和表面光洁度，还有材料的散射，可能引起杂散光。

18.8.2　紫外光学材料

紫外光学系统与红外光学系统相似，在设计中的主要问题是寻找合适的材料。目前发现只有少量的光学材料可以使用，包括熔融石英（SiO_2、熔融硅），几种氟化物（氟化钡、氟化钙和氟化锂）和蓝宝石（蓝宝石，在科学上是除红色以外的各色，包括无色透明刚玉的通称，化学成分为Al_2O_3，因其中含有微量的钛或微量的铁，致使其呈现蓝及其他各色），其折射率通常不太高。有些材料（特别是氟化物）加工困难，有吸湿性，因此加工和装配时，需要考虑用氮气净化系统以防止湿气的损害。如氯化钠可用于紫外波段，但它具有严重的吸湿性。

在0.2～0.4 μm光谱范围内，最重要的紫外光学材料有：

(1) 水晶（Rock-crystal，矽石）

水晶属于石英"家族"中显晶质一类，化学成分为二氧化硅(SiO_2)，为透明的石英晶体，一般无色，透光范围为0.14～6 μm，折射率为1.533～1.544。按其特征及工业用途分为压电水晶、光学水晶、熔炼水晶及工艺水晶等四种。

(2) 萤石（Fluorite，氟石）

化学成分为氟化钙(CaF_2)，透光范围为0.123～9 μm，折射率约为1.4。萤石中含有少量的稀土族元素

（钇、铈），把萤石敲碎或摩擦生热时，稀土族元素受到刺激后，产生绿蓝色系列的荧光反应，故把此种矿石以萤石来命名。

(3) 透紫外光学玻璃

近年来，各国先后开发了透紫外光学玻璃。国产的紫外光学玻璃有两类：一类是截止型和透射型，前者是包括紫外光、可见光及波长大于的波段均能通过。如图 18.113 所示，以 Zj 标示，如 ZjB220, ZjB240, …, ZjB380 等。另一类是透射型，如图 18.114 所示，以 ZW 表示，具有紫外透射可见吸收玻璃特性，如 ZWB1, ZWB2 和 ZWB3 等。

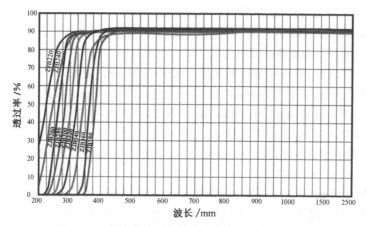

图 18.113　国产截止型紫外光学玻璃透过率特性曲线

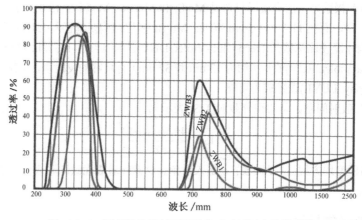

图 18.114　国产紫外透射可见吸收玻璃透过率特性曲线

在国外重要玻璃公司均有对应玻璃牌号，如国产玻璃 ZJB280, …, ZJB380 等对应于德国 Schott 玻璃公司的 WG280, …, WG375 等，对应于日本 HOYA 玻璃公司的 UV-28, …, L-38 等，对应于俄罗斯有关玻璃牌号的 BC3, …, BC8 等。

(4) 紫外光学石英玻璃

我国已有紫外光学石英玻璃生产，如光学石英玻璃窗口片，能耐高温和高压。以 JGS 标示该类玻璃，主要有以下三种：JGS1 为远紫外光学石英玻璃，它是用高纯度氢氧熔化的光学石英玻璃，具有优良的透紫外性能，特别是在短波紫外区，在 185 nm 处的透过率可达 90%，是 185～2500 nm 波段范围内的优良光学材料；JGS2 是紫外光学石英玻璃，它是透过 220～2500 nm 波段范围内的良好材料；JGS3 是紫外-红外石英玻璃，它是具有较高的透红外性能，透过率高达 85% 以上，其应用波段范围为 260～3500 nm 的光学材料。

(5) 德国 Shott 公司的紫外玻璃

最近德国 Shott 玻璃公司开发出两种紫外玻璃 LITHOSIL-Q 和 LITHOTEC-CAF2，分别在 260 nm 和 250～2500 m 均有很高的内透过率。所谓内透过率(Ti, ti)，就是完全校正发射损失和任何窗口的吸收后，通过样品的辐射能与入射的辐射能的比值。"校正"表面反射损失的方法可参考国标 GB7962.12—7 规定的方法。内透过率比一般概念下的透过率值要高。

(6) 日本 Ohara 公司的 i-line 玻璃

日本 Ohara 公司开发了 i-line 玻璃,宣布一个 UV 透射型玻璃族。在紫外、可见和红外波段均可透过,而在 i-line(365 nm 谱线)附近有很高的内透过率。

18.8.3 紫外光学系统示例

如图 18.115 所示,一个 EUV 光刻分步重复相机的工作原理概述如下:极紫外光(EUV)源系统 1 发射出的 EUV 辐射由会集反射镜采集;照明光学系统 2 把 EUV 束投射在掩模图样上达到所需要的照明;掩模台 3 扫描与晶片上曝光同步;投影光学系统 4 把掩模图样的缩小像投影到晶片台 5 上的涂有抗蚀剂层的晶片上。晶片台在每一次曝光后完成一个步进。因为 EUV 辐射易被空气和其他气体吸收,故 EUVL 步进相机必须在真空中工作。

下面主要讨论投影光学系统的结构和示例。

1. 反射式光学系统

(1) 奥凡纳(Offner)物镜

如图 18.116 所示是一种深紫外(DUV)投影光学系统。奥凡纳物镜的设计非常精巧,它产生一个环形视场,环形视场内所有像差都被校正近于零(光学系统结构参数略)。该系统的原始专利在 1973 年被批准(USP 3 748 015),简述如下:

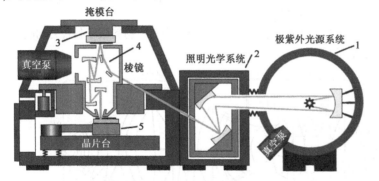

图 18.115　EUVL 步进相机的原理图
(由 Mailing et al. 2001)

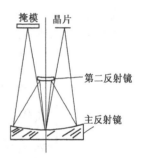

图 18.116　$1^\times$ 的环视场奥凡纳
(Offner)投影系统

将凸球面反射镜和凹球面反射镜的曲率中心安排重合在一点,则构成全反射系统,它以倍率为 $1^\times$ 的高分辨率成像,能提供精确的微小细节。在反射系统内产生至少三次反射,并在包含曲率中心的平面内以倍率为 $1^\times$ 提供两个离轴共轭区域。系统的轴就是垂直于包含曲率中心的平面并通过物面中心的轴。这种组合所用的反射镜面的光焦度代数和为零时,所产生的像没有三级像散和场曲。

(2) 施瓦氏希尔德(Schwarzschild)反射型显微物镜

1985 年开始报道了紫外光学系统设计用于 EUVL。1989 年由 Kinoshita 等人用一个倍率小于 1 的施瓦氏希尔德反射型物镜光学系统,以同步加速器辐射作为光源的第一个实验结果达到 0.5 的分辨率。该光学布置如图 18.117 所示。1990 年 Bjorkholm 等人也使用施瓦氏希尔德物镜和同步加速器辐射源给出了 0.1 μm 分辨率,基本上达到了衍射极限性能。后来,C. W. Tichenor 等人于 1991 年用激光等离子体光源重复了这些结果。

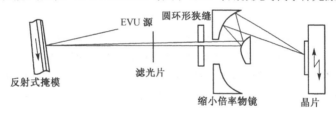

图 18.117　第一次验证 EUVL 的试验装置,所得的结果验证了 0.5 μm 的分辨率

2. 折射式紫外光学系统

(1) 紫外(UV)探测透镜

在图18.118中给出了一个紫外(UV)光谱范围的探测透镜的设计。其具有焦距5 mm及视场10°。第一镜面到像距为6.01 mm，大于镜头的焦距。畸变为0.2%。

(2) 深紫外(DUV)重复步进相机投影光学系统

该投影光学系统的作用是把掩模图样的缩小像传送到涂有抗蚀剂的晶片上。要求必须在视场内达到芯片设计的最小特征尺寸。在DUV物镜中有很多透镜可达到所希望的功能，如图18.118(a)所示是该种镜头之一。[①]

图18.119为深紫外(DUV)波长区间的DUV-AT物镜。物镜的倍率为150$^\times$，数值孔径为NA = 0.90。工作波长是汞弧灯的DUV线λ = 248 nm。该谱线光谱带宽Δλ = ±5 nm。由于光谱带宽较小，可以假设接近于一个优化设计的高NA物镜。熔融硅在波长λ = 248 nm时，波长区间为Δλ = 10 nm的折射率变化量Δn = 0.0076。在可见光的光学系统中可以用胶合组件来校正系统的色差。但是在工作波长为λ = 248 nm或更短时不能用胶合组件，因为在该波长辐射的光子能量约为E = 5 eV。该能量水平接近于胶合层中有机材料破坏黏合力的能量，光学胶合层不能长时间地承受高的光子能量。

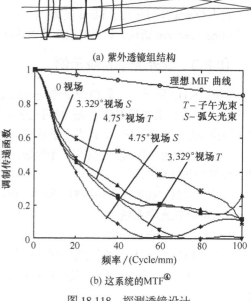

(a) 紫外透镜组结构

(b) 这系统的MTF[④]

图18.118　探测透镜设计

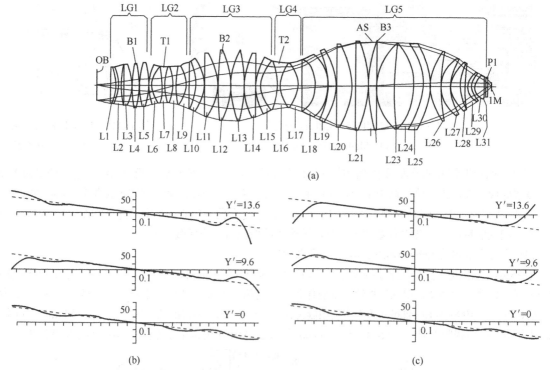

(a)

LG1, …, LG5分别为为透镜组1, …, 透镜组5; L1, …, L31分别为单透镜1, …, 单透镜31; AS为光阑OB为被
拍照的物(掩模图样)IM为像(掩模图样缩小像); P1为石英保护板; B1,B2,B3为凸透镜; T1,T2为凹透镜

图18.119　(a) DUV-AT步进相机投影光学系统的例子（光学系统结构参数略）(US Patent No. 6 349 005 B1);
(b) 子午截面内的横向像差与像高的关系; (c) 弧矢截面内的横向像差与像高的关系

---

① MTF 为调制传递函数，参见第21章。

对高 NA DUV 物镜色差也是必须校正的，用有空气间隔的双透镜也可以达到对高 NA DUV 物镜色差校正的要求。对于 DUV 光谱段只有两种材料可用，即 CaF$_2$ 和熔融硅，这给可行光学设计方案带来了困难，使得 150$^{\times}$/0.90 DUV-AT 物镜须由多片透镜分为若干个透镜组所构成，各个透镜组要考虑单独校色差问题。

为保证 Strehl 比（参见第 21 章）在 95% 以上，物镜制造和装配中对透镜面形、透镜的定中心、透镜间的空气间隙和透镜厚度等的公差要求极为严格，一般在 1～2 μm 量级。

近年来将显微镜的浸没技术引入到深紫外光刻中，形成浸没式光刻技术，它是将某种液体充满投影物镜最后一个透镜的下表面与硅片之间来增加系统的数值孔径，可以将 193 nm 光刻延伸到 45 nm 以下。浸没式光刻应专门设计。

3．折反射式光学系统

图 18.120 为一个紫外（UV 光谱波段）折反射式物镜，NA=0.72，倍率 M=53$^{\times}$，以及后焦距 f' = 0.130 mm。第一镜面的像距为 1.461 mm。孔径光阑位于第二反射镜上，视场被氟化钙负透镜所限。在视场中央可以得到接近衍射极限分辨率。由于该系统严重偏离于对称性，故在视场边缘，彗差限制了清晰度。这种设计形式的色差很小，波长的适用范围可能延伸到可见光波段。

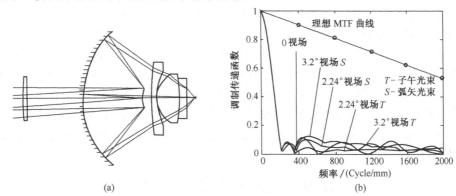

图 18.120　(a) 紫外折反射式透镜结构图；(b) 该的系统 MTF

4．折衍混合深紫外(DUV)镜头

与传统的反射和折射光学元件相比，衍射光学元件(Diffractive Optical Elements, DOE)的光学性质是衍射（参见 17.7 节）。DOE 的色散一般为负值。在折射透镜上组合一个衍射面可以实现紧凑消色差组件。衍射元件的另外一个特点是在宽带光谱区间采用 DOE 时，一个单层 DOE 只有在设计波长有最大衍射效率，在临近的光谱区间有严重衰减。

深紫外用复杂光学系统设计时要考虑的问题是：光谱区材料的选择，无胶合光组的组合。特别是有保护膜层的光学掩模要求一个很长的工作距离、高 NA 值物镜的全折射光学系统的设计。掩模保护膜层是一层透明的薄膜悬浮在掩模表面以上典型高度为7.5 mm。在光刻过程中尘土颗粒堆积在保护膜上，其可以远离焦平面，不被投影光学系统观察到。

折衍混合光学系统的示意如图 18.121 所示。这个设计组合了 8 个光学元件，折衍混合物镜的设计要求如下：

(1) 有 7.8 mm 的大工作距离；

(2) 有 0.65 的数值孔径和50$^{\times}$倍率；

(3) 只采用了熔融硅元件；

(4) 没有胶合组件；

(5) 总长度为 45 mm；

(6) 激光波长为 193 nm，带宽为 ± 0.5 nm。

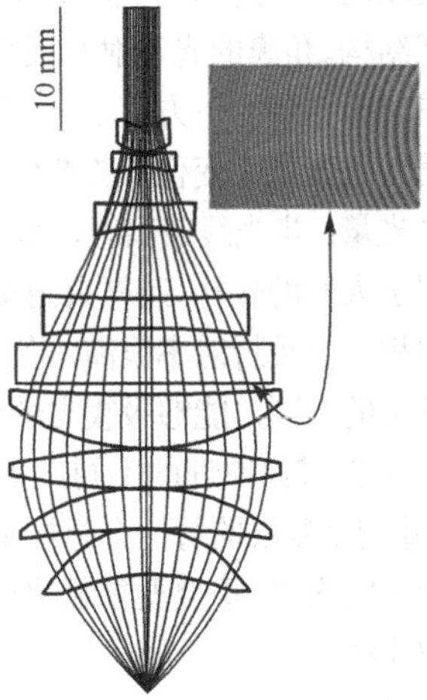

图 18.121　193 nm 波长的折衍混合掩模检查镜头光学系统

混合集成透镜显微镜系统的光源是一个紧凑的受激 ArF 激发激光器(ArF-excimer laser, λ=194 nm)，光谱

宽度 $\Delta\lambda = \pm 0.5$ nm。在这个波长区间的选择通常限于使用熔融硅(SiO_2)和萤石(CaF_2)。熔融硅折射率的变化 $\Delta n = 0.0016$，恰好超过了窄带激光器的带宽。尽管如此，对于高质量成像颜色校正是必不可少的。

高质量深紫外(DUV)物镜的色差需要校正，必须采用无胶合光组。因为在 193 nm 光子的能量作用到有机材料的光学黏合剂时，对胶合剂的牢固性有破坏作用，限制了胶合组件镜头系统的寿命。为了解决该光学系统中的色差问题，必须严格控制系统中透镜间的空气间隔和定中心公差。

衍射透镜不同于传统的反射和折射光学元件，通常这些元件是类似于不同频率的表面浮雕的器件。在衍射透镜中，周期的分布和光栅方程式决定了偏转光的方向。另外，不同衍射级别的衍射效率依赖于周期几何结构的性质、材料选择、波长、光的偏振和入射角。

根据标量衍射理论，假设把 DOE 制成闪耀光栅（把最高衍射效率设计在所期望的级次上，也称为定向光栅）所需的齿形。一个理想的闪耀光栅的所期望衍射级次 m 上的衍射效率

$$\eta_m(\lambda) = \mathrm{sinc}^2\left\{\frac{\lambda_0}{n}\frac{(n)\lambda-1}{n(\lambda_0)-1}-m\right\} \tag{18.160}$$

式中，λ_0 为使效率近于 100% 的设计波长，$\mathrm{sinc}(x) = [\sin(\pi x)]/(\pi x)$。考虑折射率作为波长的函数的变化，使衍射效率只有在设计波长时为最大。而其他波长的光能部分地衍射到其他级次上。

上述衍射效率的特性对设计衍射或混合光学系统有很好的效果。由于衍射效率变化，使成像不再是真颜色。同时，光传输到零级或更高级，非设计衍射级次可能附加背景噪声，减少了像的对比度。

DOE 是折衍混合物镜中有决定意义的元件。DOE 的最小特征尺寸约为 550 nm。由于需要高的衍射效率，要求计算在熔融硅上的锯齿轮廓深度 ≈ 300 nm。本设计中成像光束中不需要的零级（顶部）和二级（底部）衍射。除一级外，其他级次的设计结果只有少部分光线可以通过物镜的最后一个光学元件。由物镜 NA 所捕捉的光通过的零级衍射只有 0.012% 达到探测面。二级衍射只有 0.01% 通过。大多数不需要的衍射光被镜头本身的镜管挡掉。

18.9 复眼仿生光学系统

18.9.1 生物复眼

复眼是昆虫等生物的视觉器官，属于多孔径光学系统，它由众多独立的小眼组成，各个小眼的结构与功能相同，以多边形的形式排列在曲面上。

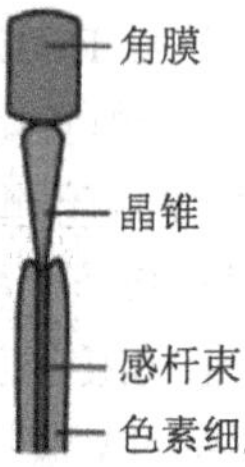

如图 18.122 所示，每个小眼主要由角膜、晶锥、感杆束、色素细胞等构成，众多小眼组合形成如图 18.123 所示的复眼结构。角膜是复眼最外层的结构，其表面向外凸起，它们互相拼接形成类似于蜂窝状结构。角膜的光透射率很高，主要作用是透光以及保护内部结构。晶锥位于角膜的下方，是一个圆锥形透明结构，主要作用是屈光，形状随着进光量而变化，当光线较强时，晶锥会变得又细又长，从而减少进光量；当光线较暗时，晶锥会变短，从而增加了进光量，其功能类似于人眼的瞳孔。感杆束由多个感杆聚集组成，是主要的感光部位，表面积很大且折射率很高，将光线向下传播。色素细胞存在于晶锥与感杆束的周围，能够吸收与转化光能，与感杆束一起调节光强。

根据成像原理的不同，生物复眼分为并列型复眼以及重叠型复眼。并列型复眼的每一个感杆束只接收它上面对应的一个小眼的视场范围内的光线。重叠型复眼的每一个感杆束可接收由若干小眼折射过来的光线。

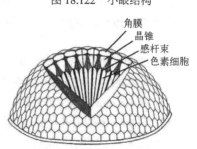

图 18.122　小眼结构

角膜
晶锥
感杆束
色素细胞

图 18.123　生物复眼结构

18.9.2　多孔径光学系统设计

近年来，科研工作者对人工复眼系统开展了研究，设计出多种人工复眼结构，如平面结构、曲面结构

和多层结构。相比于单孔径成像系统，仿生复眼具有视场大、体积小、对运动物体灵敏度高等特性，使其在医疗、工业、军事等领域拥有较大的应用潜力。

1．平面仿生复眼系统的设计

平面型仿生复眼的结构较为简单，通过多孔径成像拼接的方法实现对物空间的成像，整个系统结构紧凑，体积小，重量轻，成像质量较好。

(1) 平面并列型仿生复眼的成像原理

平面并列型仿生复眼的成像原理如图 18.124 所示，在一平面基底上，分布着微透镜阵列，这些微透镜的光轴互相平行，指向物面，每个微透镜在一个很小的角度范围内对物方空间进行成像，最后在图像接收器上面便可得到一幅完整的图像。图中黑色虚线框内的结构称作平面复眼的一个成像单元，也称作一个子眼，它主要包括微透镜、孔径光阑、视场光阑以及图像接收器。

设小眼孔径为 D，焦距为 f，小眼视场角 2ω 与物距 l 有关

$$2\omega = 2\arctan(D/2l) \tag{18.161}$$

对于平面 $q \times q$ 仿生复眼，当复眼对距离为 l 处的平面成像时，其视场角可精确计算

$$\alpha = 2\arctan\frac{2l\tan\omega + (q-1)D}{2l} \tag{18.162}$$

式中，$2l\tan\omega + (q-1)D$ 代表视场的大小，l 为物距，qD 为平面复眼的几何尺寸，通常

$$l \gg qD \tag{18.163}$$

故式(18.162)中的$(q-1)D$ 可以省略，得平面复眼结构的视场角

$$\alpha = 2\omega \tag{18.164}$$

即在平面复眼结构中，由于小眼的光轴平行，故整体的视场角近似等于小眼单独的视场角，无法体现出复眼大视场的优点。

如图 18.125 所示，微透镜的孔径为 D，焦距为 f，后截距为 l'_f，紧贴微透镜后表面放置孔径光阑，其厚度为 a，以视场角 ω 入射到透镜 2 上面的光线经过透镜 2 后会聚到透镜 1 的下方，造成了串扰现象，其大小用 e 表示，e 越大，相邻子眼间的成像串扰越严重。根据图示的几何关系可以得到

$$e = \frac{(l'_f - a)D}{2a} \tag{18.165}$$

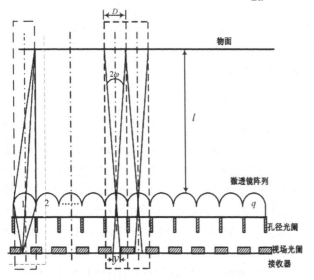

图 18.124　平面并列型仿生复眼的成像原理

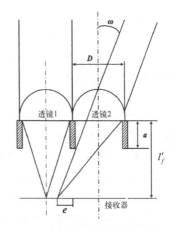

图 18.125　相邻微透镜间串扰现象

孔径光阑主要是防止微透镜的大角度光线会聚到相邻透镜的成像区域内。孔径光阑的大小对串扰 e 的影响以及入射的光线角度之间的关系如图 18.126 所示，当微透镜的孔径 D=1.6 mm，焦距 f=2 mm 时，随着孔径光阑厚度 a 增大，串扰 e 越来越少，造成串扰的入射角度也越来越小，当 a=2 mm 时，串扰 e=0。

合理选择孔径光阑 a 的尺寸可有效降低串扰造成的图像模糊现象。

当每个子眼以视场角 ω 成像时，复眼恰好可对整个物面成一幅完整的图像。可得到每个子眼在探测器上的成像大小为

$$y = Df'/l \tag{18.166}$$

视场光阑就是限制子眼透镜成像范围的装置，置于图像探测器前。

设计一个孔径 D=1.6 mm，焦距 f=2 mm 的微透镜，由式(18.161)与式(18.166)可知，不同的物距得到的视场角与成像范围，如图 18.127 所示，可以看出，视场角与成像大小都随着物距的增大而减小，当物距到达 100 mm 以上时，视场角非常的小，接近 0°入射，即平行入射，此时的成像范围也非常的小，根据实际的应用，选择合适的物方成像距离，便可得到相应的透镜视场角以及成像范围。

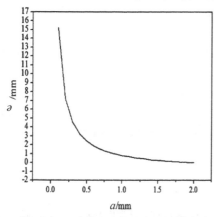

图 18.126　串扰与孔阑大小之间的关系

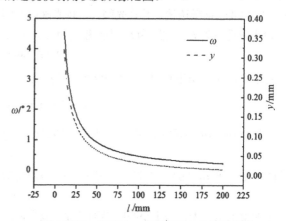

图 18.127　视场角、成像范围与物距的关系

(2) 总体结构的建立

平面并列型仿生复眼主要是在一平板基底上面分布微透镜阵列，微透镜的形状可分为方形、圆形及正六边形。目前平面型复眼透镜的加工与制备技术已经非常成熟，可通过光刻胶热熔法、光敏玻璃热成型法、离子交换法、飞秒激光酸刻蚀法这 4 种方法制作微透镜阵列。

(3) 各子眼微透镜参数的确定

子眼透镜的光学参数包括视场角、焦距、成像范围等，而其结构参数的确定则主要由其前后表面的曲率半径 r_1、r_2 以及透镜的厚度 d 决定。如图 18.128 所示，平面型复眼透镜的子眼透镜为一平凸透镜，由几何光学原理可知透镜的焦距公式为

$$f = \frac{nr_1r_2}{(n-1)\left[n(r_2-r_1)+(n-1)d\right]} \tag{18.167}$$

式中 n 为透镜材料的折射率。由上式可以得到平凸透镜的焦距为

$$f = r_1/(n-1) \tag{18.168}$$

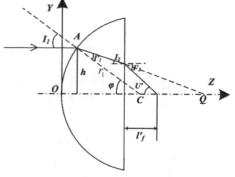

图 18.128　子眼平凸透镜的参数计算

为了使整个结构紧凑且获得较大的景深，子眼透镜的焦距不宜过大，所以选择小眼的焦距为 $f = 2$ mm。根据式(18.168)可以得到其前表面曲率半径 $r_1 = 0.987$ mm。透镜的材料选择光学塑料 PMMA，折射率 n=1.49。考虑到实际加工中基底需要一定的厚度，透镜厚度 $d = 1.2$ mm，而孔径 $D = 1.6$ mm。

由于视场角越小子眼透镜的设计难度越低且获得的成像质量也较好，根据图 18.127 可知，子眼的视场角在物距达到 100 mm 以上时每个子眼的视场角非常小，接近 0°，孔径也非常小，物距越大会导致进入子眼的光能量越少。所以综合考虑，选择物距为 100 mm，根据式(18.161)与式(18.166)可以得到子眼透镜的视场角 $2\omega = 1°$，成像范围 $y = 0.032$ mm。

根据理想光学系统的光路计算可知微透镜的焦点距离透镜后表面的距离为

$$l'_f = f\left(1 - \frac{n-1}{nr_1}d\right) \tag{18.169}$$

l_f'的值即为图像探测器到微透镜阵列后表面的距离，根据 l_f' 的值便可定位图像传感器的位置。由式(18.169)可以得到 $l_f' = 1.2$ mm。

(4) 光阑参数的确定

知道 l_f' 的值，也就确定了孔径光阑与视场光阑的取值范围，由于两光阑在微透镜阵列与图像探测器之间，所以孔径光阑的厚度 a 要小于 l_f' 的值，根据图 18.126 可知，a 的值越大，串扰 e 值就越小，所以为了减小串扰影响，应使 a 尽量大，选择 a=0.8 mm，根据式(18.165)可以得到串扰 e=0.4 mm。

由于微透镜的成像尺寸为 0.032 mm，此范围外的光线无法成像，所以视场光阑大小为 0.035 mm，厚度为 0.1 mm。根据所设计的光阑参数，利用 LightTools 软件进行光线追迹，验证其设计效果。如图 18.129 所示，从上到下依次是子眼透镜、孔径光阑、视场光阑以及图像探测器。

子眼光路模拟图如图 18.130 所示，设置三束平行光入射到微透镜上面，与光轴夹角分别为-0.5°、0° 及 0.5°（见图 18.130 中的三种不同颜色的光线束），这样便构成了单个子眼的视场角。为了验证视场光阑的拦光效果，设置一束平行光，它与微透镜光轴的夹角为 1° 入射。再以两束很大角度的平行光照射相邻的子眼透镜，验证孔径光阑的拦光效果。

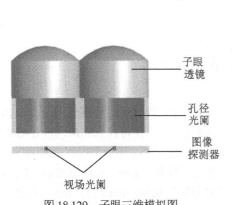

图 18.129　子眼三维模拟图

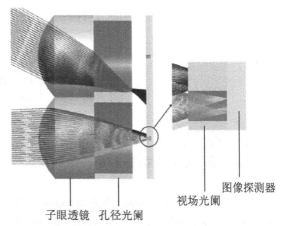

图 18.130　子眼光路模拟图

可以看到，上方子眼微透镜的大角度入射的光被孔径光阑遮挡，透过的光也无法到达相邻子眼的成像区域。由右边的局部放大图可以看到，单个子眼在其视场范围内的光束全部成像在图像探测器上，超出这一视场范围的光束将被视场光阑拦住而无法成像在图像探测器上。

(5) 单个非球面小眼透镜的设计

由于微透镜的视场角非常小，可近似看成近轴光入射，所以轴外点像差可以忽略不计，影响透镜成像质量的最主要因素就是球差。如图 18.131 所示，一束光平行入射到透镜上面，从图上可很明显地看出，光线没有会聚到焦点处，在其焦面上呈现出弥散状，这便是球差。根据几何光学原理可知，单个透镜本身是无法校正球差的，为了使微透镜的成像质量得到提高，引入非球面校正球差。

所谓非球面光学元件，是指面形由多项高次方程决定、面形上各点的半径均不相同的光学元件。用单个非球面准确校正球差，亦即使波面成为准确的球面或使光束准确地相交于一点。常用的非球面表达式如下：

$$z = \frac{cr^2}{1+\sqrt{1-(1+k)c^2r^2}} + \sum a_i x^{2i} \sum b_j y^j \quad (18.170)$$

式中 r 为非球面上任意一点到光轴的距离，c 为非球面顶点处的曲率（即半径的倒数），k 与二次曲面的离心率有关。$k<-1$ 表示双曲面，$k=-1$ 表示抛物面，$-1<k<0$ 表示椭球面，$k=0$ 表示球面，$k>0$ 表示扁平椭球面。

如图 18.128 所示，根据折射定理以及图中的几何关系可知

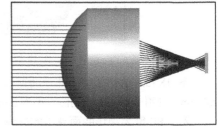

图 18.131　LightTools 球面透镜成像

$$\begin{cases} \sin I_1 = n \sin I_1' \\ n \sin I_2 = \sin I_2' \\ I_1 = \varphi, I_2 = U, \ I_2' = U' \\ \sin I_1 = y/r \end{cases} \tag{18.171}$$

在 ΔACQ 中，根据正弦定理可得

$$\frac{r}{\sin I_2} = \frac{QC}{\sin I_1'} \tag{18.172}$$

由单个折射面的高斯公式可得

$$\frac{n}{OQ} - \frac{1}{l} = \frac{n-1}{r} \tag{18.173}$$

从式(18.173)便可得到 $OQ = \dfrac{nr}{n-1}$，所以有

$$QC = OQ - OC = \frac{nr}{n-1} - r = \frac{r}{n-1} \tag{18.174}$$

将方程(18.171)、(18.172)及(18.174)联立可得

$$\begin{cases} \dfrac{r}{n-1} = \dfrac{\sqrt{\left(\dfrac{nr-d(n-1)}{nr-z(n-1)}\right)^2 y^2 + l_f'^2}}{\left(\dfrac{nr-d(n-1)}{nr-z(n-1)}\right)y} \\ x^2 + z^2 = 2rz \end{cases} \tag{18.175}$$

方程(18.175)中，n、d、l_f' 均为已知量，为了使一束光经过透镜折射后均会聚到同一点，随着 r 的不同，可以得到一系列的曲线点 $A(y, z)$，再将这些点进行曲线拟合，便可得到相应的校正球差的非球面面型。

在这里，设计一个 $D=1.6$ mm、焦距 $f=2$ mm 的微透镜，介质折射率 $n=1.49$，透镜厚度 $d=1.2$ mm。根据式(18.168)与式(18.169)便可得到透镜前表面的曲率半径 r 及 l_f' 分别为 0.987 mm 及 1.2 mm。将这些参数代入式(18.175)中便可得到 A 点的坐标值，随着 r 的变化，便可得到一系列的曲线点，利用 MATLAB 进行计算得到一系列的点 A，将所得的坐标点进行曲线拟合，拟合公式为

$$z = \frac{cy^2}{1 + \sqrt{1 - (1+k)c^2 y^2}} + a_2 y^2 + a_4 y^4 + a_6 y^6 \tag{18.176}$$

最后所得的拟合函数中的各项系数如表 18.11 所示。

表 18.11　非球面各项系数

c	k	a_2	a_4	a_6
1.013	-1	0	0.0571	0.0187

对所设计的小眼进行光线追迹，以一束平行光线入射在透镜表面上，如图 18.132 所示，可以看到使用非球面后光线会聚效果明显优于球面透镜。

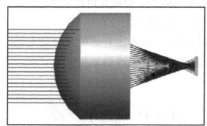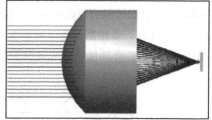

图 18.132　球面透镜与非球面透镜光线追迹对比

图 18.133 给出了使用非球面前后透镜成像的像面上点列图的大小，球面透镜的点列图的大小为 230 μm，使用非球面后点列图大小为 2 μm，远远小于艾里斑直径。

2. 180 度大视场曲面复眼的光学结构设计

平面并列型仿生复眼的结构较为简单，且整个仿生复眼的视场角较小。曲面仿生复眼结构与昆虫复眼

的结构非常接近，子眼微透镜排布在曲面基底上，扩大了仿生复眼的视场角。图 18.134 所示为球面复眼结构的成像示意图，在曲面基底上排布着多个小眼，每个小眼的视场角为 2ω，其中心第 0 号小眼与最边缘第 q 号小眼光轴间的夹角为 ψ，则由图可知，整个球面复眼的视场角为

$$\alpha = 2\psi + 2\omega \tag{18.177}$$

即在单个小眼的视场角基础上增加了光轴夹角 ψ 的两倍，大大提高了复眼的视场角。理论上中心与边缘小眼光轴间夹角越大，复眼的视场角越大。

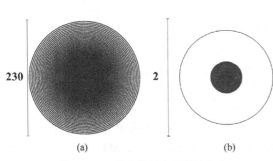

图 18.133　优化前后点列图的大小

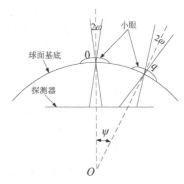

图 18.134　球面复眼的成像示意图

曲面基底复眼中，随着入射角的增大，边缘视场的离轴像差难以矫正，成像质量不高，制约了复眼视场角进一步增大。本节在中心视场处采用传统的曲面复眼结构，在大视场处将自由曲面棱镜应用于复眼中，整个复眼的视场角达到了 180°，边缘视场有较高的成像质量，整个设计基于 10.5 mm×10.5 mm 的 CCD，加工材料为聚甲基丙烯酸甲酯(PMMA)。

(1) 中心曲面复眼的设计

将微透镜阵列排列在曲面基底上，以曲面顶点的小透镜为中心(此小眼的光轴垂直于图像探测器)，以圆周方式排布各圈透镜，构成复眼的中心结构，将每一个小透镜称为复眼结构的小眼。每圈阵列中的小眼有相同的后截距，光轴与像面的夹角也相同，即具有相同的光学参数与结构参数。这样，在设计过程中，每圈阵列只需单独设计一个小透镜，无须对所有小眼一一设计。

图 18.135 所示为曲面基底上小眼之间几何关系的示意图。将中心小眼设为 0 号小眼，其后截距为 l'_{f_0}，基底曲面半径为 R，第 q 号小眼后截距为 l'_{f_q}，与 0 号小眼光轴的夹角为 ψ，它们的像面中心距离为 l_q，由几何关系

$$\left(R - l'_{f_0}\right) = \left(R - l'_{f_q}\right)\cos\psi \tag{18.178}$$

可得到

$$l'_{f_q} = R - \frac{R - l'_{f_0}}{\cos\psi} \tag{18.179}$$

式中，R 为基底的曲率半径，l'_{f_0} 为中心小眼的后截距，ψ 为第 q 圈小眼光轴与中心小眼光轴间的夹角。已知上述各量则可得到第 q 圈小眼具体的光学参数。

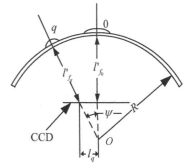

图 18.135　曲面复眼中不同小眼之间的几何关系

又由几何关系得到 $\left(R - l'_{f_q}\right)^2 = l_q^2 + \left(R - l'_{f_0}\right)^2 \tag{18.180}$

由此式可得到第 q 号小眼像面中心与 0 号小眼像面中心的距离 l_q，为了避免小眼像面之间的串扰，有如下约束关系：

$$l_q > \left[f_0 + 2\left(f_1 + \cdots f_{q-1}\right) + f_q\right]\tan\omega \tag{18.181}$$

其中，f_q 为第 q 圈小眼的焦距，ω 为小眼的半视场角，$2f_q\tan\omega$ 为第 q 号小眼像面的大小。

综合式 (18.179)、式(18.180)和式(18.181)确定曲面基底的半径与中心小眼的后截距。根据式(18.167) 可

计算透镜焦距。为了简化加工，透镜的后表面与基底的内表面重合，即 $r_2=R$，为保证基底的加工强度，基底厚度不能太薄，即式(18.167)中 d 有最小值。

在中心结构中，小眼的半视场角 ω 为 4.5°，为消除盲区，相邻小眼间的重叠设为 1°，各圈小眼光轴间夹角设为 8°，除中心小眼外还有三圈小眼阵列。基底的曲率半径为 6 mm，中心小眼的后截距为 2 mm，为保证基底的强度，将小透镜的中心厚度设为 0.8 mm，所加工的材料 PMMA 的折射率为 1.49，将小眼的通光孔径设置为 0.4 mm。由式(18.180)确定各个小眼的后截距，结合式(18.169)，可解得每圈透镜的前表面曲率半径 r_1 和透镜焦距 f。各圈透镜的具体参数见表 18.12。

将各个小眼的参数输入 CodeV 中，做仿真模拟，由于各个小眼光轴与像面的夹角不同，故在模拟时需对不同的小眼设置不同的像面偏心量。图 18.136 所示为 4 种小眼的光学像质评价图。图 18.136(a)为 I 号小眼的 MTF 曲线与点列图，由图可知小眼具有良好的像质，MTF 曲线

表 18.12　四圈透镜的具体结构参数

q	I	II	III	IV
l'_f /mm	2	1.96	1.84	1.62
r_1/mm	1.12	1.11	1.06	0.99
f/mm	2.66	2.62	2.5	2.29
MTF/在 100 lp/mm 处	>0.5	>0.5	>0.2	>0.1
最大弥散斑直径/mm	0.002	0.004	0.007	0.011

达到衍射极限。II、III 和 IV 号小眼的光轴与像面存在偏斜，故其像差不再关于光轴对称，需对整个子午视场做像质评价，图 18.136(b)为 II 号小眼的 MTF 曲线与点列图，由图知 MTF 曲线接近衍射极限，弥散斑最大为 4 μm，小眼具有良好的成像质量。图 18.136(c)为 III 号小眼的 MTF 曲线与点列图，所有视场的 MTF 曲线在 100 lp/mm 处大于 0.3，弥散斑小于 6 μm，小眼具有良好的成像质量。图 18.136(d)为 IV 号小眼的 MTF 曲线与点列图，MTF 曲线在 100 lp/mm 处降低到 0.1，弥散斑增加到 11 μm，可知，随着小眼光轴与像面偏角的增大，小眼的成像质量急剧降低。简单的球面基底复眼无法达到生物复眼的视场角。

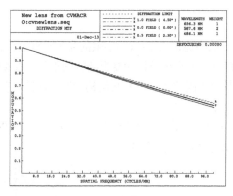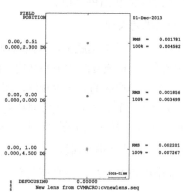

(a) I 号小眼的 MTF 曲线与点列图

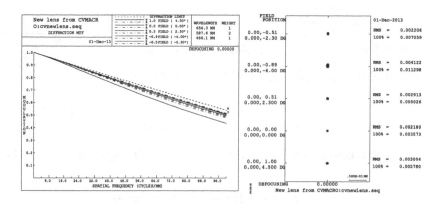

(b) II 号小眼的 MTF 曲线与点列图

图 18.136　中心四个透射小眼的像质评价图

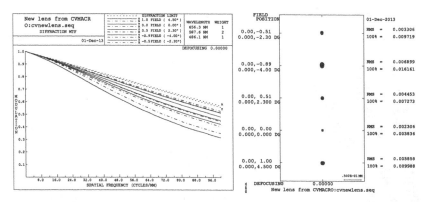

(c) III号小眼的 MTF 曲线与点列图

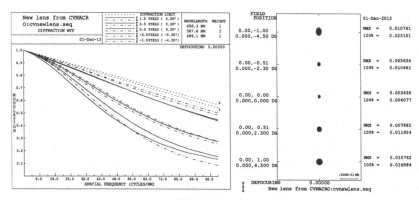

(d) IV号小眼的 MTF 曲线与点列图

图 18.136　中心四个透射小眼的像质评价图（续）

　　将表 18.12 中的各个小眼所对应的 f 值代入式(18.181)，可知所计算出的透镜符合小眼像面之间不存在串扰的要求。将 4 个小透镜在光学仿真软件 LightTools 中建模，其排布的几何关系符合实际结构要求。如图 18.137 所示，小眼像面彼此分开，不存在重叠。

(2) 复眼边缘小眼的设计

　　上文中已对中心视场区域成像的小眼设计为球面基底的透射式小眼阵列，由表 18.12 知，小眼的像质随视场角的增大而降低，当视场角为 28.5° 时，在 100 lp/mm 处的 MTF 值降低到 0.1，当视场角继续增大时，将小眼设计为球面基底上的透镜阵列，成像质量将达不到设计要求。这是因为在提高曲面复眼视场角的过程中，不可避免地为边缘视场带来很大的离轴像差，虽然通过增加曲面复眼的层数，添加场镜等方式可以在一定程度上矫正离轴像差，提高边缘小眼的成像质量，但是多层曲面复眼结构复杂、装调校准困难。

　　将边缘小眼设计为自由曲面棱镜的形式，利用光线在子眼中的折转与自由曲面矫正离轴像差，可提高边缘子眼的成像质量，进而增大复眼结构的视场角，使之达到 180°。

① 边缘小眼初始结构的选择

　　对复眼系统最外圈的小眼来说，主光线与像面接近平行，故在初始结构中只设置一个反射面，如图 18.138(a)所示。在中心视场与最边缘视场之间的小眼结构如图 18.138(b)所示，光线在小眼棱镜中经过两次反射，最后到达像面，其中，光线经过第一个光学面两次，第一次为透射，第二次为光线在棱镜中的全反射；在第二个面镀上反射膜，实现光的反射。

　　由图 18.138 可知，小眼的几何结构与光轴之间存在倾斜和偏心，故有效光学面不再关于 Z 轴旋转对称，只关于子午面对称，其曲面方程用 XY 多项式描述为

$$z = \frac{cr^2}{1+\sqrt{1-(1+k)c^2r^2}} + \sum c_i x^{2i} \sum c_j y^j \tag{18.182}$$

式中，c_x 和 c_y 为曲面在 XZ 和 YZ 平面上的曲率半径，k_x 和 k_y 为曲面在 XZ 和 YZ 平面上的二次非球面系数，

多项式中 x 的奇次项系数为 0。这里，为保证加工的可行性，将 XY 多项式的最高项限制为 4 次，即设计优化时，将 c，k 及 y，y^2，y^3，y^4，x^2，x^4，x^2y，x^2y^2 的系数设为变量，其他多项式系数设为 0。

图 18.137　中心透射式小眼的成像模拟

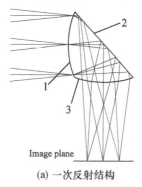

(a) 一次反射结构

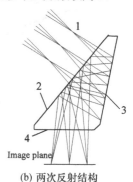

(b) 两次反射结构

图 18.138　复眼小眼初始设计结构

利用光学设计软件 CodeV 完成对各个小眼的建模与优化。在 CodeV 中，对棱镜有两种建模方式：序列与非序列。

在非序列模式中，光线追迹时，无视各个表面之间的先后顺序，光线按照折反射的原理经过各表面直到像面。非序列在棱镜建模中有着广泛的应用，主要用来改变光线的传播方向。但在成像系统的设计中，CodeV 的非序列计算不是非常准确，常会出现光线追迹不准的问题，在具体的优化计算过程中，也会出现错误。在序列建模中，光线穿过表面的顺序完全遵循表面排列的先后顺序，不考虑光线的实际传播路径。这里利用序列方式建模，光线的传播方向与实际路径吻合，且 CodeV 的优化算法多在序列方式下进行。

如图 18.138 所示，光线经过 2 号面两次，但是在 CodeV 序列建模中，光线在透射过 2 号面之后，经 3 号面反射，此时光线的追迹会忽略 2 号面，向前追迹，发生错误。因此，为实现光线在 2 号面上的反射，在设计过程中，设置了一个与 2 号面完全重合的虚拟面，镜头数据如图 18.139 所示，图中 4 号面即为虚拟面，所有参数与 2 号面完全一样，且在优化时也随 2 号面参数变化。在光线追迹时，光线按照图中面型的顺序，一次经过各个表面，最后到达像面，顺利完成追迹。

表面编号	表面名称	表面类型	Y 半径	X 半径	厚度	玻璃 1	玻璃 2	折射模式
物面		球面	无限	无限	500.0000			折射
光阑		球面	无限	无限	0.0000			折射
2		XY 多项式	-5.6588 V	-5.6588	0.0000	490000.5800		折射
3		XY 多项式	-3.3250 V	-3.3250	0.0000	490000.5800		反射
4		XY 多项式	-5.6588 P	-5.6588 P	0.0000	490000.5800		仅 TIR
5		XY 多项式	-1.7523 V	-1.7523	0.0000			折射
像面		球面	无限	无限	0.0000			折射

图 18.139　镜头参数设置

② 视场的取样选择

对自由曲面而言，光线设置越多，优化所得的曲面越准确，但是随着光线的增加，数据运算量随之增大，导致软件运行缓慢，因此综合考虑设计时间与优化准确性，在半视场取三个典型视场进行优化设计，即 0、0.7 和 1 三个视场。系统为离轴偏心系统，非旋转对称，只关于子午面对称。根据其结构特点，设计中可在子午视场取 0、±0.7 和 ±1 五个视场；而在弧矢视场只取 0、0.7 和 1 三个视场，具体如图 18.140 所示，小眼的结构随弧矢视场角的增大而复杂。

③ 设置边界条件

在小眼优化设计过程中，将光学面的面型参数设置为变量，光学面的离轴量和偏心角也设为变量，这样软件会向离轴与偏心量尽可能小的方向优化，为了保证设计出的结构满足实用要求，必须限定特定的边界条件，来约束小眼的机械结构，使在优化过程中，光线能够按照要求的路径传播，得到满足要求的结构。图 18.141 所示为双反小眼中 ±1 视场光线的传播示意图，4 号面为虚拟面与 2 号面重合，1 号面为视场光阑，其曲面中心为全局坐标原点。R_1 为角度最大的子午上边缘光线，R_2 为角度最小的子午下边缘光线；a_1、a_2

和 a_3 为光线 R_2 与 2、3 和 4 号面的交点，在小眼中，线段 a_1a_2 下方没有光线的传播；点 c_1、c_2 为光线 R_1 与 4 和 5 号面的交点，在小眼中，线段 c_1c_2 的左方没有光线的传播。为满足 2 号面的全反射条件，则有：

$$\delta > \arcsin\frac{1}{n} \tag{18.183}$$

式中，n 为小眼的加工材料的折射率。这里小眼的加工材料为 PMMA，折射率为 1.49，故可以得到：$\delta > 42.2°$。

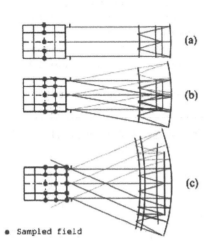

图 18.140 小眼设计中视场的取样

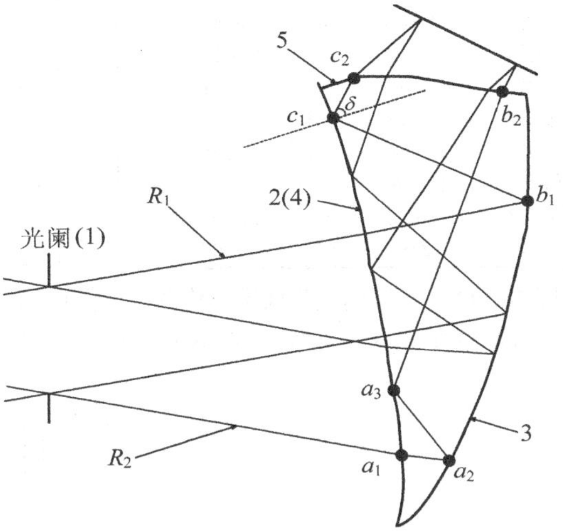

图 18.141 双反结构小眼的光路图

为保证光线 R_2 经过第 3 面后朝像面传播，和棱镜底部最小的加工厚度，有如下约束条件：

$$\begin{cases} y_{a_3} - y_{a_1} > 0 \\ 0.05 < z_{a_2} - z_{a_1} < 0.1 \end{cases} \tag{18.184}$$

为保证棱镜左上角部分的最小加工厚度，且 2 号面与 5 号面在加工时不发生干涉，光线的传播需满足如下条件：

$$\begin{cases} 0.02 < z_{c_2} - z_{c_1} < 0.1 \\ y_{c_2} - y_{c_1} > 0.05 \end{cases} \tag{18.185}$$

图 18.142 所示为在 CodeV 软件中，某个视场的光线通过光瞳时，几根特殊光线的定义，其中通过光瞳中心的为 r_1，子午视场的上边缘光为 r_2，下边缘光为 r_3；弧矢视场的两条边缘光线为 r_4 和 r_5。

④ 设计结果

图 18.143 所示为最边缘小眼的光线追迹图，子午和弧矢视场角均为 24°，在整个复眼结构中对边缘视场 66°～90° 视场成像。

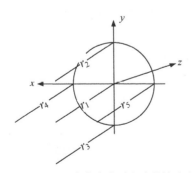

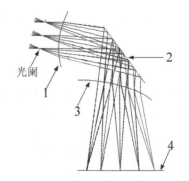

图 18.142 CodeV 中定义穿过光瞳的特殊光线

图 18.143 最外圈小眼的光路示意图

三个光学面的离轴偏心量及面型参数 c, k 及 y, y^2, y^3, y^4, x^2, x^4, x^2y, x^2y^2 的系数如表 18.13 所示，其中坐标原点为光阑中心，小眼的入瞳直径为 0.3 mm，焦距为 1.24 mm。

表 18.13　最外圈小眼面型参数　　　　　　　表 18.14　第 Ⅵ 号小眼各个光学面的离轴偏心量与面型参数

	1	2	3	4
y 方向偏心/mm	−0.016	−0.01643	−0.365	−1.300
z 方向偏心/mm	0.196	0.98110	1.024	1.200
Alpha 倾斜/°	0.684	49.436	41.691	−78.00
曲率半径/mm	1.182	−159.191	−0.315	
k	−0.45827	−144	−1.00485	
y 项系数	−0.08307	0	−1.00547	
x^2 项系数	0.04517	0.00943	2.05922	
y^2 项系数	0.17009	−0.00884	0.90261	
x^2y^2 项系数	−0.14887	−0.05496	0.00979	
y^3 项系数	−0.12563	−0.01121	−0.12007	
x^4 项系数	0.12364	0.07950	0.00287	
x^2y^2 项系数	−0.05566	−0.02871	−2.88289	
y^4 项系数	0.22577	0.01513	−2.91725	

	1	2	3	4
y 方向偏心/mm	−0.184	0.413	1.076	1.766
z 方向偏心/mm	1.229	1.750	1.382	2.082
Alpha 倾斜/°	6.293	−35.865	19.069	58.000
曲率半径/mm	−5.614	−3.307	−1.436	
k	−3.0443623	3.5599005	−2.1195839	
y 项系数	−0.0021927	−0.045259	−0.1138177	
x^2 项系数	−0.0001122	−0.000197	0.0053765	
y^2 项系数	0.0003499	−8.24E-05	0.0047416	
x^2y^2 项系数	0.0001099	−3.27E-05	−7.66E-05	
y^3 项系数	5.64E-05	−2.45E-05	−0.0012223	
x^4 项系数	−6.37E-06	−9.46E-07	−1.37E-05	
x^2y^2 项系数	−2.51E-05	2.85E-06	0.0003467	
y^4 项系数	−7.13E-06	1.23E-06	−0.0003829	

　　图 18.144 为小眼的光学像质评价图，由图可知小眼在 100 lp/mm 处，中心视场的 MTF 值大于 0.45，边缘视场的 MTF 值大于 0.3，畸变小于 25%。

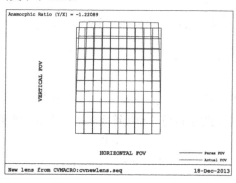

(a) 畸变网格

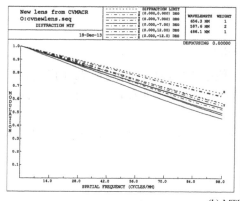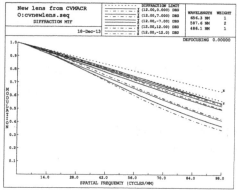

(b) MTF曲线图

图 18.144　最外圈小眼的像质评价图

　　设计两个双反小眼对 26°～70° 视场成像。图 18.145 所示为对 46°～70° 视场成像小眼的光路图，入瞳直径为 0.3 mm，焦距为 1.48 mm。其弧矢视场角为 20°，子午视场角为 24°，将其编号为第 Ⅵ 号小眼。各个光学面的离轴偏心量与面型参数如表 18.14 所示。图 18.146 为第 Ⅵ 号小眼的光学评价图，由图知：在 100 lp/mm 处，中心视场和边缘视场的 MTF 值均大于 0.4，接近衍射极限；小眼的畸变不大于 5%，小眼具有良好的成像质量。

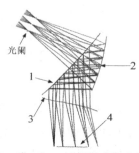

图 18.145　对 46°～70° 视场成像时小眼的光路图

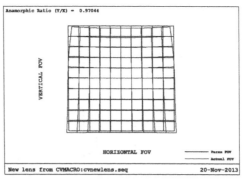

(a) 小眼的MTF曲线图

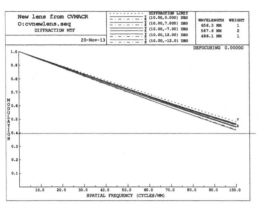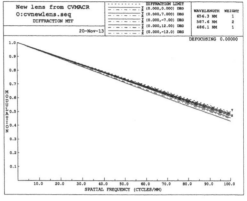

(b) 小眼的畸变网格

图18.146　第 VI 号小眼的光学评价图

图 18.147 所示为 26°～50° 视场成像小眼的光路图，将其编号第 V 号小眼，入瞳直径为 0.3 mm，焦距为 1.56 mm。其子午和弧矢视场角均为 24°。各个光学面的离轴偏心量与面型数据如表 18.15 所示。图 18.148 为小眼的光学评价图，由图知：在 100 lp/mm 处，中心视场和边缘试场的 MTF 值均大于 0.3，小眼的畸变不大于 5%，具有良好的成像质量。

表 18.15　第 V 号小眼各个光学面的离轴偏心量与面型参数

	1	2	3	4
y 方向偏心/mm	−0.131	0.232	1.132	1.558
z 方向偏心/mm	1.248	1.896	1.839	2.497
Alpha 倾斜/°	−16.267	−53.528	−0.051	38.000
曲率半径/mm	−5.421	−3.216	−1.363	
k	−3.6304274	3.6925418	1.7955853	
y 项系数	−0.0062649	−0.0489170	−0.0880345	
x^2 项系数	−0.0003174	−0.0003640	8.29E−05	
y^2 项系数	0.0003704	−6.62E−05	0.0038044	
x^2y^2 项系数	8.97E−05	−3.53E−05	−0.0002093	
y^3 项系数	5.81E−05	−2.92E−05	−0.0014667	
x^4 项系数	−1.21E−05	−1.89E−06	−2.45E−05	
x^2y^2 项系数	−2.54E−05	3.17E−06	0.0003082	
y^4 项系数	−7.00E−06	1.09E−06	−0.0004678	

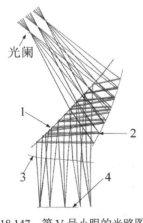

图 18.147　第 V 号小眼的光路图

(3) 小眼阵列形成复眼

设计出复眼结构中的 7 种小眼，从中心到最边缘编号 I～VII，对子午 180° 视场成像，又对每种小眼做阵列排布；排布小眼时，需保证各个小眼像面之间的分离，由球面复眼的几何结构，可得 II～IV 号小眼像面中心距 I 号小眼像面中心的距离，计算得到距离分别为 0.56 mm、1.14 mm 和 1.78 mm，V～VII 号小眼像的直径分别为 0.74 mm、0.82 mm 和 0.79 mm，为了使小眼像面之间尽量分离，V～VII 号小眼像面中心与 I 号小眼像面中心的距离分别设置为 2.9 mm、3.84 mm 和 4.85 mm，如图 18.149 所示。

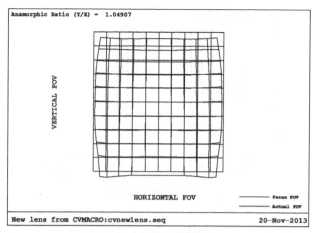

(a) 小眼的MTF曲线图

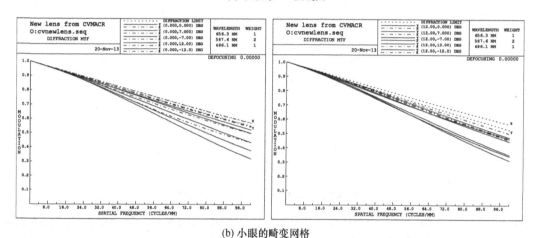

(b) 小眼的畸变网格

图 18.148　第 V 号小眼的光学评价图

如图 18.150 所示，设第 q 圈小眼距复眼像面中心距离为 l，小眼像的大小为 y，则此圈小眼的最大排布个数为：

$$N_{\max} < 360° / \beta \tag{18.186}$$

式中，$\beta = 2\arctan\dfrac{y}{2l}$。由式(18.186)，及消除盲区的前提下，实现弧矢方向的 180° 视场成像，各圈小眼的个数如表 18.16 所示。如此，复眼在成像时，CCD 的利用率为 27.8%。

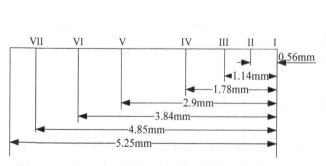

图 18.149　各个小眼像面中心与 I 号小眼像面中心的距离

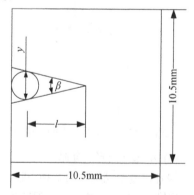

图 18.150　小眼排布的限制条件

图 18.151 为整个视场分布图，其中白色部分为小眼单独的视场区域，从内到外分别是，中心为 4 种透射型小眼的视场范围，V-VII 号小眼的视场范围，黑色圆环为小眼的重叠视场区域。

表 18.16　复眼结构参数

阵列个数/个	视场范围/°	子午视场角	弧矢视场角	畸变	MTF (100lp/mm)
1	±4.5	9°	9°	<1%	>0.6
6	±(3.5-12.5)	9°	9°	<5%	>0.5
12	±(11.5-20.5)	9°	9°	<5%	>0.2
24	±(19.5-28.5)	9°	9°	<10%	>0.1
15	±(26-50)	24°	24°	<5%	>0.3
18	±(46-70)	24°	20°	<5%	>0.4
18	±(66-90)	24°	24°	<25%	>0.3

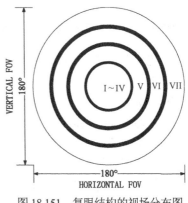

图 18.151　复眼结构的视场分布图

18.10　自适应光学系统

18.10.1　自适应光学系统及其分类

自适应光学系统是以光学波前为对象的自动控制系统，利用对光学波前的实时测量—控制—校正，可使光学系统具有自动适应外界条件变化、始终保持良好工作状态的能力。其基本组成见图 18.152。

自适应光学系统可粗略地分为以下两类：

1. 表面结构变化型

表面结构变化型自适应光学系统通过改变透镜形状实现变焦，材料通常选用弹性固体或液体。改变透镜形状的两种不同方式如图 18.153 所示。假设透镜放置于水平面

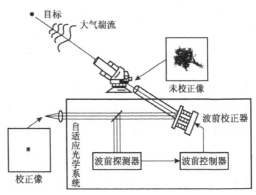

图 18.152　自适应光学系统的基本组成

内，中心与 x 轴重合。在图 18.153(a)中，透镜的体积不变。初始条件下，透镜的孔径(直径)是 ab(虚线所示)。在变形之后，透镜的孔径变为 $a'b'$(实线所示)。对于这种透镜，表面曲率和透镜孔径都改变。孔径可延展的弹性固态透镜 (aperture stretchable elastomeric solid lens)、电润湿透镜 (electrowetting liquid lens)和介电透镜 (dielectri liquid lens)都属于这类自适应透镜。在图 18.153(b)中，透镜孔径(ab)不变，而透镜体积增加(实线所示)或减小(虚线所示)，因此透镜表面形状随之改变。传统的弹性膜透镜(elastic membrane lens)就属于这类自适应透镜。

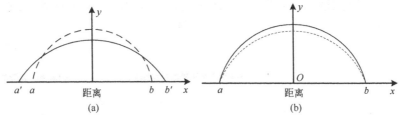

图 18.153　两种改变透镜形状的方式

2. 折射率变化型

折射率变化型自适应光学系统通过改变透镜折射率实现变焦。图 18.154 示意了透镜孔径内的折射率变化情况。假设改变外电压可以改变材料的折射率。如图 18.154 中直线所示，初始状态下，材料的折射率分布是均匀的；如图 18.154 中曲线所示，当外在材料上施加电压后，折射率呈梯度分布。

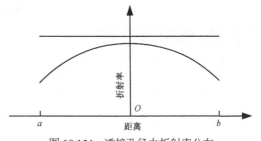

图 18.154　透镜孔径内折射率分布

18.10.2　自适应光学系统举例

1.　电润湿透镜（electrowetting liquid lens）

(1) 电润湿基本理论

少量液滴滴于固体基底，它的形状取决于液滴分子间作用力以及液滴分子与基底分子间作用力的相对强度。电润湿(Electrowetting，EW)是指通过调整施加在液滴与绝缘介质下电极之间的电势，来改变液滴与介质表面的润湿特性，从而改变液滴和介质表面的接触角，使液滴产生形变，进而使液滴内部产生压强差，驱使液滴运动的现象。

如图 18.155 所示，Young 方程描述了液滴与介质表面的接触角和表面(固、气、液)张力间的关系：

$$\cos\theta = \frac{\sigma_{SV} - \sigma_{SL}}{\sigma_{LV}} \tag{18.187}$$

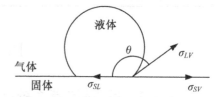

式中，σ_{SV}、σ_{LV}、σ_{SL} 分别为固-气、液-气、固-液之间的表面张力；θ 为接触角。

图 18.155　接触角与表面张力

当在固体和液滴之间施加电压 U 后（见图 18.156），固体与液滴之间的表面张力变小，其关系由 Lippmann 方程描述：

$$\sigma_{SLU} = \sigma_{SL} - \frac{1}{2}\frac{\varepsilon_0\varepsilon}{d}U^2 \tag{18.188}$$

其中，σ_{SLU}、σ_{SL} 分别为外加电场前、后的固-液间表面张力；ε_0、ε 为真空中介电常数和介质层的有效介电常数；d 为介质层有效厚度。由式(18.187)和式(18.188)，外加电压后的接触角 θ_U 的变化可由 Young-Lippmann 方程给出：

$$\cos\theta_U = \cos\theta_0 + \frac{1}{2}\frac{\varepsilon_0\varepsilon}{d}\frac{U^2}{\sigma_{LY}} \tag{18.189}$$

其中，θ_0、θ_U 分别为加电前后的接触角。接触角正比于 U^2，介质层的厚度和材料的介电常数也影响电压对于接触角的控制。

(2) 变焦原理

利用介质上电润湿，制作由微小液滴组成的变焦透镜，其基本原理如图 18.157 所示。置于疏水绝缘薄膜上的微液滴，未加电压时，由于表面张力作用，液滴与疏水绝缘层的初始接触角较大，液面曲率大，平行光经过液滴时将发生折射而会聚于一点[图 18.157(a)]，此时，液滴形成的透镜焦距较短；当在液滴与电极间施加一定电压时，由于介质上电润湿(ElectroWetting-On-Dielectrics，EWOD)效应，液滴的接触角将减小，液面的曲率也随之减小，入射光线经液滴后将会聚于较远的点，即微液滴透镜的焦距增大了[图 18.157(b)]可见，在保证液滴接触角不出现饱和条件下，根据 EWOD 效应，通过调节电极上所施加电压的大小，就可改变液滴液面曲率的大小，从而实现调节透镜焦距的目的。

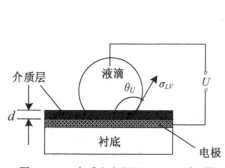

图 18.156　介质上电润湿(EWOD)原理图

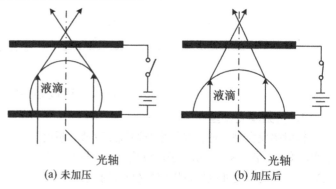

(a) 未加压　　　　　　　　　　(b) 加压后

图 18.157　电润湿透镜变焦原理

利用几何光学的观点，透镜焦距为

$$f = -\frac{r}{n_L - n_V} \tag{18.190}$$

其中，r 为液滴曲面的半径；n_L 为液滴折射率；n_V 为外环境折射率。

液滴体积为

$$\Omega = -\frac{1}{3}\pi h^2 (3r - h) \tag{18.191}$$

其中，h 为液滴顶点距介质表面的距离。利用几何关系有

$$h = (1 - \cos\theta)r \tag{18.192}$$

联立式(18.190)~式(18.192)，透镜焦距为

$$f^3 = \frac{3\Omega}{\pi(1 - \cos\theta)(2 - \cos^2\theta - \cos\theta)(n_L - n_V)} \tag{18.193}$$

由式(18.193)可知，对固定体积 Ω 的液滴，在接触角不出现饱和的情况下，焦距 f 随接触角 θ 的改变而变化，反之亦然。

(3) 电润湿透镜的制作

对于两相液体电润湿透镜，两种液体必须满足以下条件：

a. 互不相溶

b. 折射率不同

c. 密度应很好的匹配

d. 一种液体导电，一种液体绝缘

e. 对于可见光高度透明

f. 两种液体在光、热以及其他方法的作用下，不会发生化学反应

g. 无害

图 18.158 所示为两相液体单透镜的结构。从底部到顶部包括底部基底、导电液、环绕的介电液体和顶部基底。底部基底的内表面镀 indium-tin-oxide(ITO)电极。为了防止导电液滴与电极接触，在电极表面有一介电层。介电层具有疏水性，以便于导电液滴与底部基底有较大的接触角。当有电压加于导电液滴与电极之间时，导电液滴与底部基底接触面积扩大，如图 18.158(b)所示。

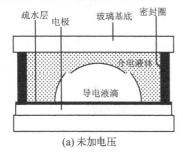

(a) 未加电压　　　　　　　　　(b) 加电压后

图 18.158　单透镜的截面结构

① 透镜单元 1

对于实际应用，导电液滴应紧紧固定在底部基底表面，在操作中避免摇摆和震动。

图 18.159(a)所示为应用两种液体的单元结构，透镜单元包括装有介电油和导电水的圆柱腔。两种液体间的弯月面为折射率界限，其功能相当于透镜。导电水与底部电极直接接触，圆柱腔的内表面覆盖有介电层，介电层外面是电极。柱形电极足够大，以至于液体的弯月面在其内部。但柱电极和底部电极需要有较大的间隔。

图 18.159(b)所示为电极覆盖于腔的表面。

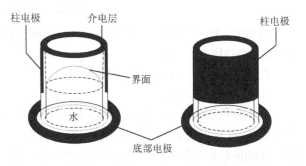

(a) 镜腔充满导电水和绝缘油，　　(b) 柱式电极覆于透镜
底部电极直接与水接触　　　　　单元的侧壁上

图 18.159　电润湿透镜的基本结构

图 18.160 为透镜单元的侧视结构和实施机理。为了得到大的接触角，介电层表面覆盖一薄层疏水材料。内部柱电极能够延伸到外部，并与覆于外侧表面的电极相连。若绝缘液体的相对折射率比导电水大，

那么透镜为凹透镜，所以光线经水界面后被发散，如图18.160(a)所示。在电极上施加电压，相反电荷在绝缘体的内外表面。因为疏水层的表面张力变大，液滴形状发生变化。调整电压的大小，两种液体的界面可以变为一平面[如图18.160(b)所示]。在这种情况下，单元不显示出透镜特性，光线经单元后不发生折射。进一步增加电压，液滴形状向下凹陷，此时，单元可作为一凹透镜，入射光被会聚[如图18.160(c)所示]。

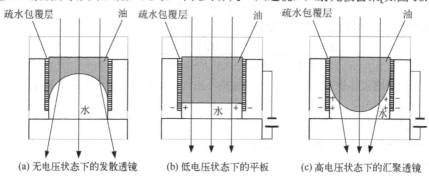

(a) 无电压状态下的发散透镜　(b) 低电压状态下的平板　(c) 高电压状态下的汇聚透镜

图18.160　在圆柱玻璃外壳内的液基变焦透镜截面图

② 透镜单元 2

为了减小液体透镜单元的厚度，改善视场，透镜单元设计为图18.161所示的结构。从左到右，包括玻璃基底、导电水、绝缘油和玻璃。环状金属电极在左侧玻璃基底外侧，直接与水接触。在右侧基底外侧的环状金属电极包覆有绝缘层。电极的内表面倾斜，倾斜的绝缘表面与两液体接触。在零电压状态，导电水呈凸状。因为水的折射率小于油，光线经水油界面后发散。施加电压后，在绝缘层的两个界面积累电荷，水的接触角减小，水的表面形状变凹，故使光线会聚。

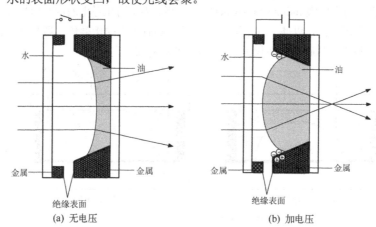

(a) 无电压　　　　　(b) 加电压

图18.161　水-油透镜单元界面图

对于单透镜，它的孔径一般为 1~5 mm。对于手机相机，透镜直径为~2 mm。如何制作大孔径电润湿透镜是仍待解决的工作。

2. 介电透镜（dielectri liquid lens）

(1) 介电力基本理论

极性分子(如水分子)正负电荷中心不重合，有固有的电偶极矩。处于非均匀电场时，因为正电荷+Q和负电荷-Q受到的电场力不同，受力平衡被打破。图18.162(a)为处于非均匀电场中的介电粒子，图18.162(b)为电荷受力情况，建立了直角坐标系。负电荷中心相对于正电荷的偏移矢量用d表示，在正电荷+Q的位置，电场为$E(r+d)$，在负电荷-Q的位置电场为$E(r)$。电偶极子受到的总电场力为

$$f_e = Q[E(r+d) - E(r)] \tag{18.194}$$

设电偶极矩为$p = d \cdot Q$，式(18.194)可改写为

$$f_e = p \cdot \nabla E \tag{18.195}$$

其中$\nabla E = [E(r+d) - E(r)]/d$是电场的梯度。从式(18.195)可知，为使电偶极子受静电力作用，电场必须

是非均匀的。对于较大的不能看作单个电偶极子的物体，设单位体积内的电偶极子数为 N_p ，定义极化密度为 $P = N_p p$ ，则产生的力密度为

$$F = P \cdot \nabla E \tag{18.196}$$

χ_e 变化较灵敏的线性介电材料的极化强度为

$$P = \varepsilon_0 \chi_e E = \varepsilon_0 (\varepsilon_r - 1) E \tag{18.197}$$

其中，ε_0 和 ε_r 分别表示真空和介电材料的介电常数。

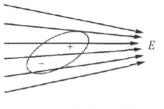

(a) 非均匀电场中的介电粒子

如果一个介电常数为 ε_d 的物体，被介电常数为 ε_m 的介电介质包围，式(18.197)可表示为剩余极化强度：

$$P = \varepsilon_0 (\varepsilon_d - \varepsilon_m) E \tag{18.198}$$

根据式(18.196)和式(18.198)，Kelvin 极化力密度可写为

$$F = \varepsilon_0 (\varepsilon_d - \varepsilon_m) E \nabla E \tag{18.199}$$

利用 $A \nabla A = (\nabla \times A) \times A + \frac{1}{2} \nabla (A \cdot A)$ ，其中 $(\nabla \times A) = 0$ 。式(18.199)可写为

$$F = \frac{1}{2} \varepsilon_0 (\varepsilon_d - \varepsilon_m) \nabla E^2 \tag{18.200}$$

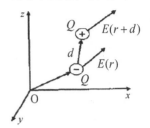

(b) 电荷受力情况

图 18.162 介电力

由式(18.200)可知力的大小依赖于两项：$\varepsilon_d - \varepsilon_m$ 和 ∇E 。如果 $\varepsilon_d = \varepsilon_m$ ，那么静电力为 0。力的方向取决于 ε_d 和 ε_m 的相对大小。式(18.200)是控制和操纵电介质液滴形状的机理。

(2) 变焦原理

根据式(18.200)，可以通过加载外加电压改变介电液滴的形状。一种能够改变液滴形状的例子是使用连续平面电极，图 18.163(a)给出了透镜单元的侧视图。从顶部到底部，它由平面玻璃基底、ITO 电极、液体 1、液体 2、介电层、ITO 电极和平面玻璃基底组成。液滴贴于底部基底表面，透镜厚度由玻璃或麦拉树脂垫片控制，透镜单元用胶水密封，两种液体互不相溶且介电常数不同。在松弛状态，液滴为球形，表面能量最低。透镜结构参数如图 18.163(b)所示，ε_1 、ε_2 分别表示液体 1 和液滴 2 的介电常数；d 为透镜厚度，t 为在一特定位置液滴的高度，θ 为液滴与基底接触角。当施加电压 V 时，两种液体处于电场之中，则：

$$V = E_t \times t + E_1 (d - t) \tag{18.201}$$

$$\varepsilon_2 E_t = \varepsilon_1 E_1 \tag{18.202}$$

其中，E_t 和 E_1 分别为液滴和液体 1 的电场，因为介电层很薄，施加于其上的电压可以忽略不计。由式(18.201)和(18.202)得到

$$E_t = \frac{V / \varepsilon_2}{\frac{t}{\varepsilon_2} + \frac{d - t}{\varepsilon_1}} \tag{18.203}$$

从式(18.203)可知，当高度 t 变化时，E_t 随之变化，电场沿整个液滴梯度分布，液滴受到介电力。由于液滴的对称性，液滴中的电场为非均匀中心对称，影响液滴表面的力也是中心对称的。因为分子间的作用力，液滴分子被联系到一起。为了平衡产生的介电力，液滴的形状被重新塑造了。式(18.203)中，电场强度 E 可由两个位置的场强来估算。液滴边界的电场 E_t 可近似为

$$E_{t \to 0} = \frac{V}{d} \frac{\varepsilon_1}{\varepsilon_2} \tag{18.204}$$

如果液滴顶点到基底的距离趋向于单元间隔（$t \to d$），则液滴顶点位置的电场 $E_{t \to d}$ 可以近似为

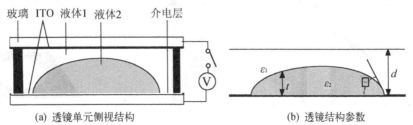

(a) 透镜单元侧视结构   (b) 透镜结构参数

图 18.163 介电液体透镜

$$E_{t \to d} = V / d \tag{18.205}$$

从式(18.204)和式(18.205)可知，边界的电场是顶点处电场的 $\varepsilon_1 / \varepsilon_2$ 倍。如果电场力很强且 $\varepsilon_1 > \varepsilon_2$，液滴边缘的环境液体会向高场强区域移动，液滴边缘的分子会为液体 1 让出空间，所以液滴有收缩的趋势。相反，如果 $\varepsilon_1 < \varepsilon_2$，有适合的电压施加于电极之上，液滴有扩张的趋势。液滴的形状为轴对称，表现出透镜的特性，透镜的焦距如下：

$$f^3 = \frac{3V_d}{\pi(1-\cos\theta)(2-\cos^2\theta-\cos\theta)(n_2-n_1)} \tag{18.206}$$

其中，V_d 是液滴的体积；n_1、n_2 为液体 1、液体 2 的折射率；θ 为接触角。当接触角改变时，液滴形状改变，进而透镜折射率改变。

(3) 液态介电透镜的制作

对于介电透镜，两种液体必须满足以下条件：

a. 不导电

b. 互不相溶

c. 介电常数差异很大

d. 折射率差异很大

e. 密度应很好的匹配

f. 在可见光波段高度透明

g. 两种液体在光、热以及其他方法的作用下，不会发生化学反应

h. 无害

① 连续平面电极

如图 18.163(a)所示的液体透镜结构，制作过程如图 18.164 所示。首先，选择一平面玻璃盘作为基底，玻璃盘表面镀一层 ITO 电极如图 18.164(a)所示。介电层覆盖在 ITO 电极上[图 18.164(b)]，介电层有两个作用：润滑基底表面和增加液滴的接触角，没有这一层，在 ITO 电极上的液滴将受到很强的摩擦力，影响形变。用移液管或者细玻璃棒将一小滴介电液体滴于介电层之上[图 18.164(c)]。液体形成一个小液滴，玻璃盘的边界由麦拉树脂条支撑，它决定了透镜厚度[图 18.164(d)]。另一种介电液体用来填充液滴以外的其他空间[图 18.164(e)]，另一平面玻璃盘用以密封两种液体[图 18.164(f)]。透镜单元周围用胶密封，防止液体泄漏。在最后的制备步骤中，需移除液体中的气泡。

② 孔电极

因为孔附近区域的电场非均匀，孔电极已经被广泛地应用于自适应液晶透镜，它改变了液晶分子指向，使之折射率呈梯度分布。为获得式(18.204)中的非均匀电场，图 18.163 中基底的连续电极被孔电极代替，透镜单元的结构如图 18.165(a)所示。除了基底表面的电极为孔电极，透镜单元的结构类似于图 18.163。

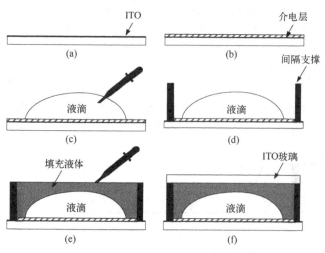

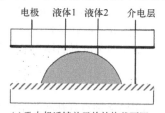

(a) 孔电极透镜单元的结构截面图

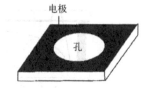

(b) 基底表面的电极结构

图 18.164　介电透镜的制作流程

图 18.165　基于孔电极的介电液体透镜

使用两个互不相溶的介电液体：液体 1 的介电常数相对小而折射率大，液体 2 的介电常数相对大而折射率小。制备过程如下：(1)电极镀于基底之上，(2)将电极蚀刻为孔状，(3)在电极表面包覆介电层，(4)介电层用液体 1 覆盖，(5)将液体 2 滴于液体 1 表面，(6)用包覆着 ITO 的玻璃基底对两种液体进行层压。为了避免第(4)步中液体 1 的聚集，第(5)、(6)步需要很快地跟进。图 18.166 所示为微透镜形成的主要过程。当液体 1 覆盖于底部基底时，依赖于液体表面张力，它会被铺平、变粗糙或者被分离为小液滴。一旦透镜单元被密封，施加合适的电压，孔区域的电场就是高度不均匀的，并且在孔的边界有最大梯度。在孔区域之外，电场很强，但梯度为零。在孔中心，电场最弱。由于孔电极的作用，两种液体都处于中心对称的梯度电场中。电极孔附近，产生了介电力，当介电力足够强时，使液体 1 和液体 2 重新分配：液体 1 分裂为许多液滴，每一个液滴被它附近的非电极区域吸引(如箭头所示)，孔电极区域的作用相当于陷阱。如果两个或更多的液滴 1 滴于相同的陷阱内，它们会融合成一个液滴。液体 2 被挤向高场强区域，环绕着被隔离开的液滴 1。当两种液体完成重新分配时，液体 1 以微小液滴的形式存在，并占据弱电场区域，如图 18.166(c)所示。由于介电力的影响，这些液滴处于收缩状态。如图 18.166(d)所示，当电压移除后，由于表面张力平衡，液滴向外扩张到孔电极以外。因为液体 2 的阻碍，邻近的液滴仍然保持分离状态。图 18.166(d)所示为最后形成的稳定状态下的单元结构。若电压再次施加于电极上，孔区域产生的介电力将改变液滴形状，使液滴收缩。

③ 井形电极

在图 18.163 中，基底上的平面电极可以被凹状电极所替代，这种电极称之为井形电极。透镜单元的结构如图 18.167 所示，从顶到底，包括有 ITO 电极的平面玻璃基底，液体1、液体2、井形聚合物底座和平面玻璃基底。聚合物表面镀金和钯电极。液体 2 的介电常数低而折射率高，在井形聚合物基底上形成双凸液滴。具有高介电常数和低折射率的液体 1 充满周围空间。如果施加电压，井形电极自身能产生梯度电场。而且井形电极对固定微透镜的位置和减小驱动电压起到了至关重要的作用。

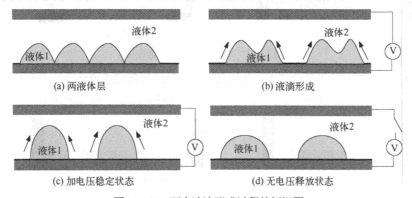

(a) 两液体层   (b) 液滴形成

(c) 加电压稳定状态   (d) 无电压释放状态

图 18.166 两个液滴形成过程的侧视图

透镜的机理如图 18.165 的描述，液滴在无电压时曲率最大，透镜焦距最长[见图 18.167(a)]。当施加电压时，每个液滴的边界受到很强介电力作用，液滴收缩，透镜焦距变短[见图 18.167(b)]。

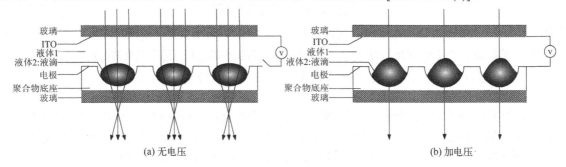

(a) 无电压   (b) 加电压

图 18.167 井形透镜单元的侧视图

根据式(18.201)介电力源于非均匀电场，在普通平面电极结构中，介电力的产生仅仅由于液滴的形状，所以为给液滴的收缩提供空间，单元间隔应该大于液滴顶点到基底的距离。相反，井形电极结构由非平面电极结构和液滴的双凸形状引入非均匀电场，提高了电场梯度。因为底部电极在井形表面，而非仅仅在玻璃基底上沉积，两电极之间的间隔也减小。随着电场梯度的增加和电极间隔的靠近，介电力增加，驱动电压减小。

3. 弹性膜透镜(elastic membrane lens)

(1) 弹性膜的材料

在一个弹性膜透镜中，弹性的(或可膨胀的)膜是透镜中重要的部分。近些年，提出许多可用来制备弹性膜的聚合材料，但聚二甲基硅氧烷(Polydimethylsiloxane，PDMS)仍然是较为理想的弹性膜。PDMS 弹性体不仅在学术研究上有广泛的应用，而且由于其适合的化学和物理性质，在实际中也得到了广泛应用。

(2) 变焦原理

PDMS 弹性膜被用来作为液体透镜的边界。根据透镜结构，PDMS 液体透镜可分为两类。

第一类如图 18.168(a)所示，透镜单元和储液槽分开，中间有一个或两个导管相连。这种结构的外围构架是不可变形的，通常使用的弹性膜平而薄。透镜的另一个边界可以是固定平面基底或是固体曲面基底，也可以是膜。

另一类如图 18.168(b)所示，透镜腔与储液槽在集成的一个单元内，所以不需要导管。至少一个透镜的边界采用弹性膜。透镜边界可以是平面或曲面。中央区域作为透镜孔径，周围区域作为储液槽，单元周边的外表面采用弹性橡胶(或膜)。在释放状态，弹性膜是平的。液体的体积可在透镜腔和储液槽之间重新分配，随着透镜腔内液体的增加与减少，改变透镜的形状，改变透镜焦距。

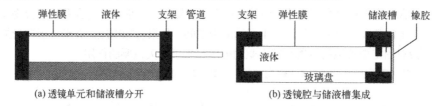

(a) 透镜单元和储液槽分开　　　　　(b) 透镜腔与储液槽集成

图 18.168　弹性膜透镜单元截面图

设想弹性膜是平的，其处于释放状态，改变透镜腔内的液体体积将迫使弹性膜形变。如图 18.169(a)所示，当液体被泵入透镜腔时，膜将鼓起。相反，如图 18.169(b)所示，当液体被泵出透镜腔时，膜将下凹。

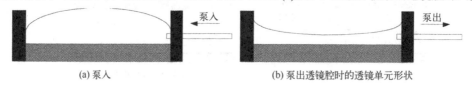

(a) 泵入　　　　　　　　　(b) 泵出透镜腔时的透镜单元形状

图 18.169　当液体被泵入或被泵出透镜腔的情况

根据几何光学的观点，当弹性膜以球形重塑的时候，透镜的焦距 f 可表示为

$$f = \frac{R_v}{(1-n_E)+(n_L-n_E)R_v/R_f}$$ (18.207)

其中，R_v 为变化的曲率半径，R_f 为固定的曲率半径，n_E 为弹性体折射率，n_L 为填充物折射率。当膜连续形变时，膜的曲率半径 R_v 有减小的趋势，所以透镜焦距有减小的趋势。通常随着液压的增加，透镜分辨率增加，直到达到最大值。继续增大液压将引起膜的严重形变和大像差，分辨率下降。

(3) 弹性膜透镜的制作

这里我们以透镜腔与储液槽集成的弹性膜透镜为例，介绍透镜单元的制备过程。透镜单元周边材料要仔细选择，其应能够密封液体，但不应与膜和液体发生化学反应。透镜腔内液体的性质也对透镜起着重要的作用。透镜腔内理想的液体应具有以下特性：a. 高透射率，b. 宽带宽，c. 高折射率，d. 无化学反应，e. 不蒸发，f. 低黏滞性，g. 无味且无害。

图 18.170 是单透镜单元的制作过程。首先，我们需要两个圆盘[图 18.170(a)]。两个圆盘都薄而平，用

玻璃、塑料、聚碳酸酯或者其他透明固体材料制成。右面的圆盘是环状的，其中间区域为弹性膜形变提供空间。两个圆盘的边缘钻有螺丝孔，用于安装。在图 18.170(b) 的左侧，一个桶状环附于圆盘上，作为厚度控制器。图 18.170(b) 右侧，PDMS 膜紧紧固定于表面，并覆盖内部空区域。我们将两部分叠放在一起，组成透镜的框架，如图 18.170(c) 所示，两部分用螺丝连接。然后，透镜构架的外围被弹性橡胶或膜包裹和密封[图 18.170(d)]。透镜的空腔用注射器或其他注入工具充满液体[图 18.170(e)]。

当空腔注满液体后，注射孔用螺丝紧紧密封[图 18.170(f)]。图 18.170(g) 所示为释放状态下，透镜单元的截面图，膜的表面是平的，所以此时透镜单元无聚焦能力。当有外力向内挤压透镜单元外围时，储液槽中的液体被注入透镜腔。因为液体的体积不可被压缩，空腔中的液体被重新分配，引起空腔鼓起[图 18.170(h)]。

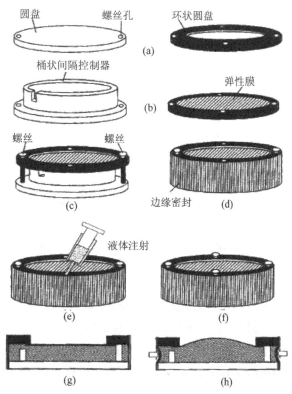

图 18.170　弹性膜自适应透镜的制作流程和机械操作

4. 液晶透镜(liquid Crystal Lens)

(1) 液晶材料

我们很早就知道物质有三态，在自然界中，大部分材料随温度的变化只呈现固态、液态和气态三种状态之一。物质处于气态时，组成分子之间的距离比分子本身尺寸大很多；物质处于液态时，组成分子之间的距离比分子自身尺寸稍大一点；而物质处于固态时，组成原子或分子之间的距离与原子或分子自身尺寸相当。当物质从液态向固态转变时，随着温度的降低或浓度的增加，原子或分子的排列由液体中的完全无序转变为整整齐齐的有规则的排列。这种能在某个温度或浓度范围内兼有液体和晶体二者特性的物质就叫作液晶(Liquid Crystals)，也叫作液晶相或中间相、中介相等。液晶不同于常见的固态、液态和气态，而是介于液态和固态之间，故又称为物质的第四态。

(2) 变焦原理

液晶是介于固态和液态之间的一种物质存在形态，构成液晶的分子大多为棒状，其种类根据分子排序的不同而异。在外加电场或者磁场中，液晶分子的指向矢会随电场或磁场分布形态的变化而转向，液晶分子的指向矢其空间分布特征又决定了液晶的光学属性。由此我们可以通过改变液晶的驱动电压来控制液晶的光学性质。

液晶是正单光轴的光电材料，具有分子的势能向最低状态变化和外加电场强迫取向排列的特性。当液晶分子的指向与外加电场场强方向一致时，液晶分子势能最小。图 18.171 所示为 Fresnel 提出的折射率球，其中 $n_x = n_y = n_o$，$n_z = n_e (n_e > n_o)$，z 轴是光轴(对称轴)，k 为光线方向，以 k 为法线的平面经过折射率椭圆球中心截出曲线1。下面将按照入射光 k 方向分别讨论液晶折射率特性。

若光线 k 平行于 z 轴入射时，则此时的曲线 1 为圆形，位于 xy 平面，半径为 n_o，此时液晶折射率为 n_o；若光线 k 沿着 x 轴方向入射时，则此时曲线 1 为位于 yz 平面上的椭圆，其短轴为 n_o，而长轴为 n_e；若入射光 k 和 z 轴有夹角 θ 时，则此时曲线 1 为位于倾斜面上的椭圆，其短轴为 n_o，而长轴为 n_{eff}，有

$$n_{eff}^2(\theta) = \frac{n_o^2 n_e^2}{n_e^2 \cos^2 \theta + n_o^2 \sin^2 \theta} \tag{18.208}$$

其中，$n_o \leqslant n_{eff}(\theta) \leqslant n_e$

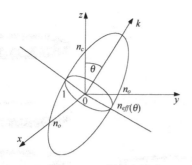

图 18.171 折射率椭球

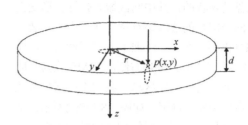

图 18.172 在 xyz 坐标系下，由梯度液晶朝向重排引起的折射率变化

为了得到薄液晶透镜的焦距方程，我们首先建立如图 18.172 所示的 xyz 坐标系。假设液晶透镜关于 z 轴对称。液晶是有极性的，并且在中心方向与 x 轴一致。对于 x 偏振方向的入射光，折射率为 n_e。在中心以外，因为液晶朝向的重新排布折射率会发生变化。不同的位置折射率不同，如果在点 $p(x, y)$ 的折射率为 $n(x, y)$，当光透过液晶层传播时将会产生相位延迟。相位延迟用下式给出：

$$\phi(x, y) = kdn(x, y) \tag{18.209}$$

其中，$k = 2\pi / \lambda$ 为波数，d 为液晶层厚度。

假设折射率随半径变化的规律为

$$n(r) = A + Br^2 \tag{18.210}$$

其中 $r^2 = x^2 + y^2$，A 和 B 为常数。在液晶单元的中心，$r = 0$，折射率为 $n(r = 0) = n_e$。在中心外，折射率为 $n(r = r_0) = n_i$，n_i 比 n_e 小且比 n_o 大，即

$$n_o \leqslant n_i < n_e \tag{18.211}$$

利用这一边界条件式(18.210)可写为

$$n(r) = n_e + \left(\frac{n_i - n_e}{r_0^2} \right) r^2 \tag{18.212}$$

因此，透射方程为

$$t(r) = \exp(jkdn) = \exp\left[(jkd)\left(n_e + \frac{n_i - n_e}{r_0^2} r^2 \right) \right] \tag{18.213}$$

因为 $n_e > n_i$，式(18.213)可化为

$$t(r) = \exp(jkdn_e) \cdot \exp\left[(-jkd)\left(\frac{n_e - n_i}{r_0^2} r^2 \right) \right] \tag{18.214}$$

众所周知，球透镜的透射方程为

$$t(r) = \exp(jkdn) \cdot \exp\left(-j\frac{k}{2f} r^2 \right) \tag{18.215}$$

其中，f 为球透镜的焦距。对比式(18.214)和式(18.215)，液晶透镜的焦距可表示为

$$f = \frac{r_0^2}{2d(n_e - n_i)} \tag{18.216}$$

由式(18.216)可知，对于一给定半径 r_0，液晶层厚度为 d，$n_e - n_i$ 可以在 $0 \leqslant n_e - n_i \leqslant n_e - n_o$ 的范围内变化。当 $n_i = n_o$ 时，f 趋于无穷大。通过变化 n_i，焦距可调。液晶透镜由两个玻璃基底和夹在它们中间的液晶材料组成。为了在液晶层内得到可调的梯度折射率，提出了许多不同的方法。

以具有均匀液晶层的自适应电控液晶透镜为例，图 18.173(a)所示为未加电场的情形，液晶样品中的液晶分子都沿着相同取向排列，此时称为 Homogeneous（同样的）状态。下面根据液晶样品中不同区域分析相应的折射率。在液晶样品中心圆孔区域，电场在圆孔区域内，电场线分布稀疏，电场较弱，如图 18.173(b)所示。此时的液晶分子仍然保持原来 Homogeneous 状态，如图 18.173(c)所示，表现出折射率为 n_e。在液晶样品圆孔边缘区域，此区域的电场为非均匀分布，此时液晶分子在电场和分子间弹性力作用下发生转动，表现出折射率为 $n_{eff}(\theta)$。在液晶样品外围区域，此区域电场基本上是均匀分布的，电场线分布较密集，如图 18.173(b)中所示，液晶分子逐渐向势能最小的状态转换，直至液晶分子垂直于 ITO 玻璃、势能最小时为止，如图 18.173(c)所示，表现出折射率为 n_o。图 18.173(d)所示为液晶样品折射率分布，由该折射率分布

可知该液晶样品具有透镜的特性。

(3) 液晶透镜单元的制作

一种基本的液晶单透镜结构如图 18.174 所示。其中图 18.174(a)示意了一个液晶透镜的剖面情况，黑色结构为电极，上电极可被制成多种形态。图 18.174(b)示意了典型的圆形电极形态。电极材料均为透明氧化铟锡(ITO)。在 ITO 电极的内表面涂有一层聚酰亚胺薄膜，作为液晶材料的初始取向层。由于本征态液晶分子的取向杂乱不一，需要在其表面加上取向层，以使分子初始取向均匀一致。无电压时，液晶分子指向矢的排列趋于所预定的方向，以使其初始自由能最小。在电极上施加一定频率的驱动电压后，液晶的指向矢将随外加电场转向，使液晶的表面锚泊力与外电场的作用相平衡而保持其整体自由能最小。入射光波通过加电的液晶层时，由于所施加的电场在液晶层中的空间分布满足特定要求，因此在不同的空间区域，液晶分子的光学特性不同，表现出常规透镜的功能。因此，在不同幅度的电压信号作用下，所得到的焦距不同。也就是，通过改变驱动电压即可以方便地控制液晶透镜的光学参量，如焦距等。

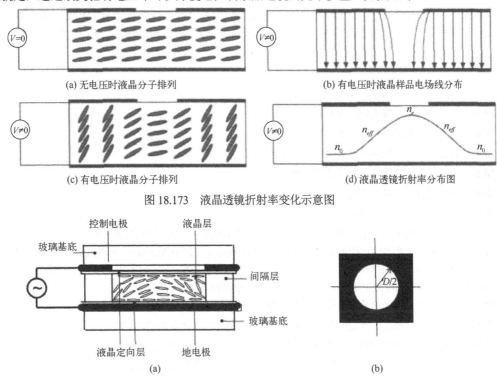

(a) 无电压时液晶分子排列　　　　　　　　(b) 有电压时液晶样品电场线分布

(c) 有电压时液晶分子排列　　　　　　　　(d) 液晶透镜折射率分布图

图 18.173　液晶透镜折射率变化示意图

(a)　　　　　　　　　　　　　　　　(b)

图 18.174　液晶透镜结构

控制电极的加工，即在镀有氧化铟锡(ITO)薄膜的玻璃基板上，制作出特定的电极图形。我们使用在薄膜和半导体工业中常用到的光刻工艺在透明导电玻璃上制备图形。电极光刻是一种图形复印和化学腐蚀相结合，综合性的精密表面加工技术。光刻的目的就是按照产品设计要求，在导电玻璃上涂覆感光胶，并进行曝光，然后利用光刻胶的保护作用，对导电层进行选择性化学腐蚀，从而在 ITO 导电玻璃上得到与掩模板完全对应的图形。光刻是我们所设计的液晶器制造过程中的关键工艺之一，光刻质量的好坏对产品的性能影响很大，是影响成品率的关键因素之一。

在液晶透镜制作过程中，液晶的取向是关键工艺。器件基片表面直接与液晶接触的薄层材料被称为取向层，它的作用是使液晶分子按一定的方向和角度排列，这个取向层对于液晶器件来说是必不可少的，而且直接影响器件性能的优劣。液晶器件所用的取向材料及取向处理方法有多种，材料一般分为无机膜和有机膜，处理方法有摩擦法、斜蒸 SiO_2 方法等。无机膜一般为 SiO_x，MgO 和 MgF_2 等，SiO_x 薄膜的典型形成法是斜向蒸镀法。斜向蒸镀法指的是将金属、氧化物、氟化物等无机材料在与基板的法线方向成某个角度的方向上进行蒸镀的工艺，目的是形成倾斜排列的取向膜。在斜向排列的 $SiOx$ 薄膜上，形成许多排列规整的"沟槽"结构，液晶分子沿着这些"沟槽"倾斜取向。斜向蒸镀法的主要问题是均匀性和批量生产性差。随着液晶器件工业的发展，人们对取向膜材料提出了更高的要求。有机膜一般为表面活性剂、硅烷耦合剂、聚酰亚胺树脂等。最常用的是在玻璃表面涂覆一层有机高分子薄膜，再用绒布类材料高速摩擦法来实现取向。摩擦法是指沿一定的方向摩擦玻璃基片，或是摩擦涂覆在玻璃基片表面的无机物或有机物覆盖膜，再进行摩擦，以使液晶分子沿摩擦方向排列，可获得较好的取向效果。其中聚酰亚胺树脂具有突出的优点，不仅涂布方便，对液晶分子有良好的取向效果，而且还具有强度高、耐腐蚀、致密性好等优点，因此，目前在液晶器件制造业中广泛用作取向材料。

　　器件两电极之间的间隔层厚度决定了液晶器件的性能。液晶器件工业中，一般采取的是丝网印刷技术。根据现有条件，实验中，我们采用进口塑料微球，球直径可分为 5、7、20、40 及 60 μm 等多个尺寸。将玻璃微球混入 UV 胶中，然后小心地涂覆在器件的电极基板上，构成盛放液晶的凹槽，然后将制作好的液晶控制电极基板与地电极基板合上压紧，在紫外光下照射，使得 UV 胶固化。最终得到所需的器件外壳。

　　注入液晶是利用毛细管现象，使液晶空腔的注入孔与吸满液晶材料的海绵条接触，在一定真空条件下，利用液晶腔体的毛细管现象平静地将液晶注入液晶空腔内。一般不推荐边抽真空边吸入液晶的工艺，因为吸入液晶有喷射状，会破坏液晶在表面的取向。灌注完毕后，将封口处擦净，便可进行封口。

习题

18.1　试论述典型非成像光电接收器原理及其特性。

18.2　试论述典型成像光电接收器原理及其特性。

18.3　试论述光电能量转换系统原理及其特性。

18.4　试论述光电图像转换系统原理及其特性。

18.5　试论述红外夜视系统原理及其特性。

18.6　光学薄膜分为哪几类？分别应用在什么情况下？

18.7　在光学薄膜中，何谓对称匹配膜层？

18.8　在具体应用中，光学薄膜的选择原则如何？光学薄膜研究的发展趋势如何？

18.9　已知氦氖激光器输出的激光束束腰半径为 0.5 mm，波长为 632.8 nm，在离束腰 100 mm 放置一个倒置的伽利略望远系统对激光束进行准直与扩束，伽利略望远系统的目镜焦距 $f_{目} = -10$ mm mm，物镜焦距 $f'_{物} = 100$ mm，试求经伽利略系统变换后的激光束束腰大小、位置、激光束的发散角和准直倍率。

18.10　在对激光仪器光学系统进行选择和计算时，需要考虑哪些问题？

18.11　柱面透镜一般用于激光仪器光学系统的哪个部分？它有什么作用？

18.12　变折射率介质的折射率分布情况，试给出不同梯度折射率介质中的光线方程，并加以说明。

18.13　试论述自聚焦透镜中光线轨迹的描述，节距的概念，及其成像系统焦点位置的表示方法。

18.14　试论述梯度型光纤中光线轨迹和折射率分布。

18.15　试论述光纤准直器的种类和自聚焦透镜的设计原理。

18.16　试论述传像光纤束与传光光纤束的异同点。传像光纤束的分辨率与哪些因素有关？

18.17　在光纤成像光学系统中，其设计原则都有哪些？如何保证分辨率匹配？

18.18　试论述热红外成像光学系统的主要特点。

18.19　试论述热红外系统经常会显示的非期望的图像变形影响，包括冷反射(narcissus)、扫描噪声、光束漂移、鬼像和阴影等，以及其消除方法。

18.20　试论述"无热化技术"的定义及如何实现。

18.21　试论述红外光学材料的主要特性。

18.22　试论述紫外光学系统的主要特点。

第四部分 光 学 设 计

　　第三部分讨论了光学系统的总体设计，但任何光学系统都是由许多光组组成的，每个光组有自己的性能要求，如显微系统、望远系统至少要分为物镜和目镜两部分，照相系统多为一个照相物镜。

　　根据各光组的光学特性要求、焦距 (f')、相对孔径 (D/f')、全视场角 (2ω) 等选定结构形式，进行初始结构参数的求解，有利于理解像差和光学系统结构的依赖性，是这一部分主要讨论的内容之一，并以平场显微镜和双高斯型照相物镜为例，以初级像差为基础，求解其初始结构参数。并以一个变焦距系统设计为例，进行了原理设计和镜头设计。

　　无论是用初级像差理论为基础求解得的初始结构参数，还是根据已有资料或专利选得的初始结构参数，它们的像差都不一定能满足要求。因此，要进行像差校正。这部分也对人工单因素校正方法和像差自动平衡方法做了讨论，并举例说明了这些方法的应用。同时也阐述了专门光学设计软件的应用。

　　此外，这部分也讨论了光学系统像质评价，即如何才能使像差校正到最佳状态的问题。

第19章 以初级像差求取光学系统的初始结构

19.1 光学系统的基本像差参量及其规化

19.1.1 光学系统的基本像差参量

用光线光路计算方法求光学系统的像差值以判定其成像质量，必须首先知道该系统的结构参数：曲率半径 r，透镜厚度或其间空气间隔 d，光学玻璃的折射率 n。这个结构可能是像差已经校正的可用结果，也可能是供像差校正用的初始结构。本章主要目的是按初级像差理论求取光学系统的初始结构，以用作光路计算校正像差。在求解光学系统的初始结构时，按初级像差公式计算，暂略去透镜的厚度，是一个近似解，其近似程度决定于所设计的系统的视场和孔径。

当光学系统的各个薄透镜组的光焦度及它们相互间的位置为已知时，第一、二近轴光线在各个光组上的入射高度 h 和 h_z 也就确定了。根据式(10.74)可知，每一个薄透镜组的初级像差由 P 和 W 两个参量确定。P 和 W 称为薄透镜组的像差参量或像差特性参数。

利用 P, W 求薄透镜系统的初始解的过程：首先对整个光学系统做外形尺寸计算，求出各个光组上的光线入射高度 h 和 h_z、光焦度 Φ 和拉赫不变量 J 等；再根据对各个薄透镜组的像差要求按薄透镜系统像差公式(10.74)求出各薄透镜组的像差参量 P, W；最后，由 P, W 确定各个薄透组的结构参数。

任何光学系统或光组的像差参量表达式可分为两部分。一部分称为内部参数，是指光组各个折射面的曲率半径 r、折射面间的间隔 d 和折射面间介质折射率 n。另一部分参数称为外部参数，是指物距 l、焦距 f'、半视场角 ω 和相对孔径 D/f' 等。

上述 P, W 不仅和内部参数有关，而且和外部参数有关，即 P, W 值还随外部参数的变化而变化。为使 P, W 值只取决于内部参数以便由其决定光学系统的结构，故对光学系统的 P, W 值的计算给以特定条件，称为规化条件，即令 $u_1 = 0$，$h_1 = 1$，$f_1' = 1$ 和 $u_k' = 1$。把任何焦距的光学系统缩放到 $f' = 1$ 后，按规化条件作光线光路计算，所求得的像差参量以 $\mathbf{P}^\infty$，$\mathbf{W}^\infty$ 表示 [1]，称为光学系统的基本像差参量。$\mathbf{P}^\infty$，$\mathbf{W}^\infty$ 值只和系统的内部参数有关，而不再受外部参数的影响。任意光学系统的 P, W 转化为基本像差参量 $\mathbf{P}^\infty$，$\mathbf{W}^\infty$ 的步骤如下：

1. 对物体在有限距离时的 P, W 的规化

由薄透镜的焦距公式可知：将各个折射面曲率半径除以 f'，则系统的焦距便规化为1。再取 $h = 1$，计算出的薄透镜系统的像差参量用 $\mathbf{P}$, $\mathbf{W}$ 表示，现在求 P, W 和 $\mathbf{P}$, $\mathbf{W}$ 的关系。由高斯公式得

$$u' - u = h\Phi$$

上式两边除以 $h\Phi$，得

$$\frac{u'}{h\Phi} - \frac{u}{h\Phi} = 1$$

设 $\mathbf{u}' = \dfrac{u'}{h\Phi}$，$\mathbf{u} = \dfrac{u}{h\Phi}$，代入上式得

$$\mathbf{u}' - \mathbf{u} = 1$$

从以上关系得知，当取 $f' = 1$，$h = 1$ 时，$\mathbf{u}'$ 和 $\mathbf{u}$ 为原来的 u' 和 u 乘以 $1/(h\Phi)$。再由式(10.69)和式(10.70)可知，P 和 u，u' 的三次方成比例，W 和 u，u' 的平方成比例。所以进行规化时有如下的关系：

---

1 正黑体 $\mathbf{P}$, $\mathbf{W}$, $\mathbf{C}$, $\mathbf{u}$ 等在光学设计领域中用作像差参量 P, W, C, u 等的规化符号，已成为多数国内光学设计者的习惯。

$$\begin{cases} \mathbf{u} = u/h\Phi \\ \mathbf{P} = P/(h\Phi)^2 \\ \mathbf{W} = W/(h\Phi)^2 \end{cases} \tag{19.1}$$

对于负透镜，只需将 Φ 以负值代入以上公式就得到规化的 $\mathbf{P}, \mathbf{W}$。

由于 $\beta = \dfrac{u/(h\Phi)}{u'/(h\Phi)} = \dfrac{\mathbf{u}}{\mathbf{u}'}$，所以焦距规化后放大率不变，即物像的相对位置不变。

2．对物体位置的规化

实际光学系统的物体可能在不同位置，现在来分析物体位置改变时 P 和 W 的变化，再进一步分析物体位于无限远的情况。图 19.1 所示为一折射面，当物体位于 A 时，第一近轴光线与光轴的物方夹角为 u_{A1}，像差参量为 P_A, W_A，当物体移至 B 时，相应的夹角为 u_{B1}，像差参量为 P_B, W_B，用 $u_{B1} - u_{A1} = \alpha$ 表示物体移动时 u 角的变化量。

根据球面折射公式，有
$$n'u' - nu = h(n'-n)/r$$

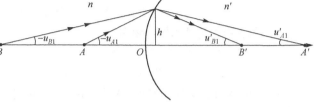

分别由 A, B 发出的光线，对应的 n, n', r 是相同的，而 h 也相等，因此有
$$n'u'_A - nu_A = n'u'_B - nu_B$$
即
$$n(u_B - u_A) = n'(u'_B - u'_A)$$

图 19.1　单个折射面物体位置变化示意图

对整个薄透镜组来说，由于 $u'_i = u_{i+1}$，则
$$n_1(u_{B1} - u_{A1}) = n'_1(u'_{B1} - u'_{A1}) = n_2(u_{B2} - u_{A2}) = n'_2(u'_{B2} - u'_{A2}) = \cdots = n'_k(u'_{Bk} - u'_{Ak})$$

式中，$u_{B1} - u_{A1} = \alpha$，$n_1 = 1$，则对任一折射面，有以下关系成立：
$$u_B - u_A = \alpha/n, \qquad u'_B - u'_A = \alpha/n'$$

将 $u_B = u_A + \dfrac{\alpha}{n}$ 和 $u'_B = u'_A + \dfrac{\alpha}{n'}$ 代入 $W_B = -\dfrac{\Delta u_B}{\Delta \frac{1}{n}}\Delta \dfrac{u_B}{n}$，可得

$$W_B = -\sum \frac{u'_A + \frac{\alpha}{n'} - u_A - \frac{\alpha}{n}}{\frac{1}{n'} - \frac{1}{n}}\left(\frac{u'_A}{n'} - \frac{\alpha}{n'^2} - \frac{u_A}{n} - \frac{\alpha}{n^2}\right) = -\sum \frac{\Delta u_A + \alpha\Delta\frac{1}{n}}{\Delta\frac{1}{n}}\left(\Delta\frac{u_A}{n} + \alpha\Delta\frac{1}{n^2}\right)$$

$$= -\sum \left(\frac{\Delta u_A}{\Delta\frac{1}{n}}\Delta\frac{u_A}{n} + \alpha\Delta\frac{u_A}{n} + \frac{\Delta u_A}{\Delta\frac{1}{n}}\alpha\Delta\frac{1}{n^2} + \alpha^2\Delta\frac{1}{n^2}\right)$$

上式中，第一项：
$$-\sum \frac{\Delta u_A}{\Delta\frac{1}{n}}\Delta\frac{u_A}{n} = W_A$$

第二项：$-\sum \alpha\Delta\dfrac{u_A}{n} = -\alpha\left[\left(\dfrac{u'_{A1}}{n'_1} - \dfrac{u_{A1}}{n_1}\right) + \left(\dfrac{u'_{A2}}{n'_2} - \dfrac{u_{A2}}{n_2}\right) + \cdots + \left(\dfrac{u'_{Ak}}{n'_k} - \dfrac{u_{Ak}}{n_k}\right)\right] = -\alpha(u'_{Ak} - u_{A1}) = -\alpha h\Phi$

第三项：　$-\sum \dfrac{\Delta u_A}{\Delta\frac{1}{n}}\alpha\Delta\dfrac{1}{n^2} = -\alpha\sum \dfrac{\Delta u_A}{\frac{1}{n'} - \frac{1}{n}}\left(\dfrac{1}{n'^2} - \dfrac{1}{n^2}\right) = -\alpha\sum \Delta u_A\left(\dfrac{1}{n'} + \dfrac{1}{n}\right) = -\alpha\sum(u'_A - u_A)\left(\dfrac{1}{n'} + \dfrac{1}{n}\right)$

$$= -\alpha\sum\left[\left(\frac{u'_A}{n'} - \frac{u_A}{n}\right) + \left(\frac{u'_A}{n} - \frac{u_A}{n'}\right)\right] = -\alpha\sum\Delta\frac{u_A}{n} - \alpha\sum\frac{n'u'_A - nu_A}{nn'} = -\alpha h\Phi - \alpha\sum(n'-n)\frac{h}{r}\frac{1}{nn'}$$

$$= -\alpha h\Phi - \alpha h\sum\frac{\varphi}{n}$$

令 $\mu = \dfrac{1}{\Phi}\sum\dfrac{\varphi}{n}$，代入上式得　　　$-\sum \dfrac{\Delta u_A}{\Delta\frac{1}{n}}\alpha\Delta\dfrac{1}{n^2} = -\alpha h\Phi - \alpha h\Phi\mu(1+\mu)$

第四项：
$$\sum \alpha^2 \Delta \frac{1}{n^2} = \alpha^2 \left[\left(\frac{1}{n_1'^2} - \frac{1}{n_1^2} \right) + \left(\frac{1}{n_2'^2} - \frac{1}{n_2^2} \right) + \cdots + \left(\frac{1}{n_k'^2} - \frac{1}{n_k^2} \right) \right] = \alpha^2 \left[\frac{1}{n_k'^2} - \frac{1}{n_1^2} \right] = 0$$

将以上各项代入 W_B 中，得
$$W_B = W_A - \alpha h \Phi - \alpha h \Phi (1 + \mu) = W_A - \alpha h \Phi (\alpha + \mu) \tag{19.2}$$

用同样的推导方法，可得
$$P_B = P_A - \alpha [4W_A + h\Phi(u_{Ak}' + u_{A1})] + \alpha^2 h\Phi(3 + 2\mu) \tag{19.3}$$

由式(19.2)和式(19.3)可求得任意物面位置 B 的 P_B，W_B。若 B 位于无限远，则 $u_{B1} = 0$，$\alpha = -u_{A1}$，这样的像差参量以 $\mathbf{P}^\infty$，$\mathbf{W}^\infty$ 表示如下：
$$\begin{cases} \mathbf{P}^\infty = P_A + u_{A1}[4W_A + h\Phi(u_{A1}' + u_{A1})] + u_{A1}^2 h\Phi(3 + 2\mu) \\ \mathbf{W}^\infty = W_A + u_{A1}h(2 + \mu) \end{cases} \tag{19.4}$$

当由 $\mathbf{P}^\infty$，$\mathbf{W}^\infty$ 求任意物面位置 B 的像差参量 P_B，W_B 时，$u_{A1} = 0$，$u_{Ak}' = h\Phi$，$\alpha = u_{B1}$，则
$$\begin{cases} P_B = \mathbf{P}^\infty - u_{B1}[4\mathbf{W}^\infty + (h\Phi)^2] + u_{B1}^2(3 + 2\mu)h\Phi \\ W_B = \mathbf{W}^\infty - u_{B1}h\Phi(2 + \mu) \end{cases} \tag{19.5}$$

3. 薄透镜组的基本像差参量

将上述 P，W 规化步骤综合如下：

第一步：用式(19.1)将 P，W 规化为 $\mathbf{P}$，$\mathbf{W}$。

第二步：将 $\mathbf{P}$，$\mathbf{W}$ 规化为 $\mathbf{P}^\infty$，$\mathbf{W}^\infty$，由于 P，W 对应的 $h\Phi = \mathbf{u}_k' - \mathbf{u}_1 = 1$，所以，$\mathbf{u}_k' + \mathbf{u}_1 = 1 + 2\mu$，这样式(19.4)变为
$$\begin{cases} \mathbf{P}^\infty = P + u_1(4W + 1) + u_1^2(5 + 2\mu) \\ \mathbf{W}^\infty = W + u_1(a + \mu) \end{cases} \tag{19.6}$$

如由规化条件下的 $\mathbf{P}^\infty$，$\mathbf{W}^\infty$ 求 P，W，可将 $h\Phi = 1$ 代入式(19.5)，得
$$\begin{cases} P = \mathbf{P}^\infty - u_1(4\mathbf{W}^\infty + 1)u_1^2(3 + 2\mu) \\ W = \mathbf{W}^\infty - u_1(2 + \mu) \end{cases} \tag{19.7}$$

$\mathbf{P}^\infty$，$\mathbf{W}^\infty$ 是在规化条件 $u_1 = 0$，$h_1 = 1$，f'，$u_k' = 1$ 下薄透镜组的基本像差参量。$\mathbf{P}^\infty$，$\mathbf{W}^\infty$ 只和光组内部参数有关，而和外部参数无直接关系。

此时的位置色差系统以 $\sum C_{\mathrm{I}}$ 表示，当相接触薄透镜系统在空气中时，则
$$\Delta l_{FC}' = -\frac{1}{n'u'^2} \sum C_{\mathrm{I}} = -\sum C_{\mathrm{I}}$$

式中，$\sum C_{\mathrm{I}} = \sum \dfrac{\varphi}{\nu}$；$\varphi$ 为薄透镜组的总光焦度 $\Phi = 1$ 时的各个薄透镜的光焦度。所以，在规化条件下，相接触薄透镜组的位置色差等于它的负值位置色差系数 $-\sum C_{\mathrm{I}}$。

规化和不规化的相接触薄透镜系统的位置色差系数有如下关系：
$$\frac{\sum C_{\mathrm{I}}}{\Phi} = \frac{h^2}{\Phi} \sum \frac{\varphi}{\nu} = h^2 \sum \left(\frac{\varphi}{\Phi} \right) \frac{1}{\nu} = h^2 \sum \mathbf{C}_{\mathrm{I}}$$

故
$$\sum C_{\mathrm{I}} = h^2 \Phi \sum \mathbf{C}_{\mathrm{I}} \tag{19.8}$$

式中，$\Phi = \sum \varphi$ 为薄透镜组的实际光焦度；$\sum \mathbf{C}_{\mathrm{I}}$ 称为规化色差，习惯上用 $\mathbf{C}_{\mathrm{I}}$ 来表示，和 $\mathbf{P}^\infty$，$\mathbf{W}^\infty$ 一样也是薄透镜光组的基本像差参量之一。

相应地，可得倍率色差系数 $\sum C_{\mathrm{II}}$ 和 $\sum \mathbf{C}_{\mathrm{II}}$ 的关系：
$$\sum C_{\mathrm{II}} = hh_z \Phi \sum \mathbf{C}_{\mathrm{II}} \tag{19.9}$$

19.1.2 反向光路计算和正向光路计算的 P 和 W 之间关系

正向光路计算的像差参量 $\vec{P}$，$\vec{W}$ 和反向光路的 $\bar{P}$，$\bar{W}$ （箭头表示光路计算的方向）有如下关系：
$$\vec{P} = \bar{P}, \qquad \vec{W} = -\bar{W}$$

以上关系可根据如图 19.2 所示的物像关系和正负号规则加以证明。

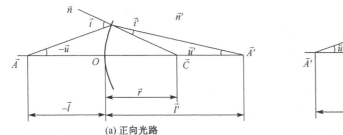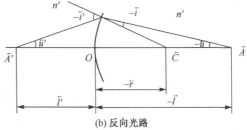

| (a) 正向光路 | (b) 反向光路 |

图 19.2 正向光路和反向光路示意图

令正向光路和反向光路计算中的物像互换，且设正向光路中的物方折射率 $\bar{n}$ 为反向光路中的像方折射率 $\bar{n}'$。

沿轴线段的正、负光路方向为准，顺光路度量为正，逆光路度量为负。l, l', r 以 O 为原点进行度量，所以在反向光路中，$\bar{l}, \bar{r}$ 为负，$\bar{l}'$ 为正。

根据以下关系规定角度的正负：$\qquad u = \dfrac{h}{l}, \qquad u' = \dfrac{h}{l'}, \qquad \varphi = \dfrac{h}{r}, \qquad \varphi = u + i = u' + i'$

由于 h 为正，则 u, u', i, i', φ 在反向光路中，以逆时针转成为正，这和正向光路的规定相反。将正向和反向光路图中各对应量加以比较，得 $\vec{u} = -\bar{u}$，$\vec{i} = -\bar{i}'$，$\vec{i}' = -\bar{i}, \cdots$，由此可得

$$\vec{i} - \vec{i}' = -\bar{i}' - (-\bar{i}) = \bar{i} - \bar{i}'$$

$$\vec{i}' - \vec{u} = -\bar{i} - (-\bar{u}') = -(\bar{i} - \bar{u}') = -(\bar{i}' - \bar{u})$$

则 $\qquad\qquad \vec{P} = (\vec{i} - \vec{i}')(\vec{i}' - \vec{u}) = \bar{n}'(-\bar{i}')(\bar{i} - \bar{i}')[-(\bar{i}' - \bar{u})] = \bar{n}\bar{i}(\bar{i} - \bar{i}')(\bar{i}' - \bar{i}') = \bar{P}$

同理 $\qquad\qquad\qquad\qquad \vec{W} = -\bar{W}$

19.1.3 用 P, W, C 表示的初级像差系数

将式(19.1)代入式(10.74)就得到了用 P, W 表示的单色初级像差系数公式，同时把式(19.8)和式(19.9)的两个色差系数也列在一起：

$$\begin{cases}
\sum S_{\mathrm{I}} = \sum h^4 \Phi^3 \mathbf{P} \\[4pt]
\sum S_{\mathrm{II}} = \sum h^8 h_z \Phi^3 \mathbf{P} + J^2 \sum h^2 \Phi^2 \mathbf{W} \\[4pt]
\sum S_{\mathrm{III}} = \sum h^2 h_z^2 \Phi^3 \mathbf{P} + 2J \sum h h_z \Phi^2 \mathbf{W} + J^2 \sum \Phi \\[4pt]
\sum S_{\mathrm{IV}} = J^2 \sum \mu \Phi \\[4pt]
\sum S_{\mathrm{V}} = \sum h h_z^3 \Phi^3 \mathbf{P} + 3J \sum h_z^2 \Phi^2 \mathbf{W} + J^2 \sum \dfrac{h_z}{h} \Phi(3 + \mu) \\[4pt]
\sum C_{\mathrm{I}} = \sum h^2 \Phi \mathbf{C}_{\mathrm{I}} \\[4pt]
\sum C_{\mathrm{II}} = \sum h h_z \Phi \mathbf{C}_{\mathrm{II}}
\end{cases} \qquad (19.10)$$

由上列公式，根据设计时实际要求的初级像差系数值可解得各薄透镜组的 P, W 值，它就是各光组在规化条件下的值，将其代入(19.6)，就可求得各薄透镜组在规化条件下的基本像差参量 $\mathbf{P}^\infty$ 和 $\mathbf{W}^\infty$。

19.2 双胶合透镜组 $\mathbf{P}^\infty, \mathbf{W}^\infty$ 和 $\mathbf{C}_{\mathrm{I}}$ 与结构参数的关系

19.2.1 双胶合透镜组的基本像差参量

薄透镜组中用得较多的是双胶合透镜组，它是能满足一定的 P, W, C_{I} 要求的最简单的形式。当设计一个要求给定的 f', h 和 P, W, C_{I} 的双胶合透镜组时，首先利用上节的规化公式求出相应的 $\mathbf{P}^\infty$，$\mathbf{W}^\infty$ 和 $\mathbf{C}_{\mathrm{I}}$，再求解透镜组的结构参数。本节着重讨论由 $\mathbf{P}^\infty$、$\mathbf{W}^\infty$ 和 $\mathbf{C}_{\mathrm{I}}$ 来求解双胶合透镜的结构参数。

双胶合薄透镜组的结构参数包括三个折射球面的曲率半径(r_1, r_2, r_3)、两种玻璃材料的折射率(n_1, n_2)和平均色散(v_1, v_2)。在规化条件下，双胶合薄透镜的 $f' = 1$，则有

$$\Phi = \varphi_1 + \varphi_2 = 1$$

式中，φ_1 和 φ_2 分别为两个透镜的光焦度。由上式可得

$$\varphi_2 = 1 - \varphi_1$$

显然，φ_1 和 φ_2 中只有一个独立变数，现取 φ_1 作为独立变数。

若玻璃材料已选定，光焦度也确定的条件下，只要确定三个折射球面曲率半径之一，其余两个也就确定了，因为

$$\begin{cases} \varphi_1 = (n_1 - 1)\left(\dfrac{1}{r_1} - \dfrac{1}{r_2}\right) \\ \varphi_2 = (n_2 - 1)\left(\dfrac{1}{r_2} - \dfrac{1}{r_3}\right) \end{cases} \tag{19.11}$$

当 n_1, n_2 和 φ_1, φ_2 确定后，如给定胶合面的半径 r_2，则由式(19.11)的第一式可确定 r_1，第二式可确定 r_3。因此，双胶合薄透镜组只有 r_2 或 $\rho_2 = 1/r_2$ 为独立变数，以阿贝不变量 Q 表示为

$$Q = \frac{1}{r_2} - \varphi_1 = \rho_2 - \varphi_1 \tag{19.12}$$

透镜弯曲的形状由 Q 决定，所以 Q 称为形状系数。

综上所述，用以表示双胶合薄透镜的全部独立结构参数为：n_1, v_1, n_2, v_2, φ_1 和 Q。

至于球面半径或其曲率，可从上述结构参数求得，计算公式如下：

$$\frac{1}{r_2} = \rho_2 = \varphi_1 + Q \tag{19.13}$$

将式(19.13)代入公式 $\rho_1 - \rho_2 = \dfrac{\varphi_1}{n_1 - 1}$，得 $\qquad \dfrac{1}{r_1} = \rho_1 = \dfrac{\varphi_1}{n_1 - 1} + \rho_2 = \dfrac{n_1 \varphi_1}{n_1 - 1} + Q \tag{19.14}$

同理可以得到 $\qquad \dfrac{1}{r_3} = \rho_3 = \dfrac{1}{r_2} - \dfrac{1 - \varphi_1}{n - 1} = \dfrac{n_2}{n_2 - 1}\varphi_1 + Q - \dfrac{1}{n_2 - 1} \tag{19.15}$

下面导出 $\mathbf{P}^\infty$, $\mathbf{W}^\infty$ 和 C_I 与结构参数的函数关系。对于规化的色差系数 C_I，可写成如下形式：

$$\mathbf{C}_I = \sum \frac{\Phi}{v} = \frac{\varphi_1}{v_1} + \frac{\varphi_2}{v_2}$$

将 $\varphi_2 = 1 - \varphi_1$ 代入上式，得 $\qquad \mathbf{C}_I = \varphi_1\left(\dfrac{1}{v_1} - \dfrac{1}{v_2}\right) + \dfrac{1}{v_2} \tag{19.16}$

$\mathbf{P}^\infty$, $\mathbf{W}^\infty$ 和结构参数的关系可从式(10.69)和式(10.70)看出，$\mathbf{P}^\infty$, $\mathbf{W}^\infty$ 除了和玻璃折射率 n_1, n_2 有关外，还和第一近轴光线和光轴的夹角 u, u' 有关。为此，将 u, u' 表示为结构参数的函数。

根据规化条件，对于第一折射面，有 $u_1 = 0$，$n_1 = 1$，$n' = n_1$ 和 $h = 1$，再把式(19.14)中的 $1/r_1$ 代入单个折射球面的近轴光计算公式 $n'u' - nu = \dfrac{n' - n}{r}h$，得

$$u_1' = Q\left(1 - \frac{1}{n_1}\right) + \varphi_1 \tag{19.17}$$

对于第二折射面，有 $u = u_2 = u_1'$，$n = n_1$，$n' = n_2$，$h = 1$，用式(19.13)代入单个折射球面的近轴光计算公式，得

$$u_2' = Q\left(1 - \frac{1}{n_1}\right) + \varphi_1 \tag{19.18}$$

根据规化条件 $u_3' = 1$。

将所得的 $u_1 = 0$，$u_1' = u_2 = Q\left(1 - \dfrac{1}{n_1}\right) + \varphi_1$，$u_2' = u_3 = Q\left(1 - \dfrac{1}{n_2}\right) + \varphi_1$ 和 $u_3' = 1$ 代入式(10.69)和式(10.70)中，此时 P 为 $\mathbf{P}^\infty$，W 为 $\mathbf{W}^\infty$，即

$$\mathbf{P}^\infty = \sum_1^3 \left(\frac{u' - u}{\dfrac{1}{n'} - \dfrac{1}{n}}\right)^2 \left(\frac{u'}{n'} - \frac{u}{n}\right)$$

$$\mathbf{W}^\infty = -\sum_1^3 \left(\frac{u' - u}{\dfrac{1}{n'} - \dfrac{1}{n}}\right)\left(\frac{u'}{n'} - \frac{u}{n}\right)$$

则经展开化简和整理后可得

$$\mathbf{P}^\infty = AQ^2 + BQ + C \tag{19.19}$$

$$\mathbf{W}^\infty = KQ + L \tag{19.20}$$

式中

$$\begin{cases} A = a_1\varphi_1 + a_2\varphi_2 \\ B = b_1\varphi_1^2 - b_2\varphi_2^2 - 2\varphi_2 \\ C = c_1\varphi_1^3 + c_2\varphi_2^3 + (l_2 + 1)\varphi_2^2 \end{cases} \tag{19.21}$$

$$\begin{cases} K = \dfrac{A+1}{2} \\ L = \dfrac{B - \varphi_2}{3} \end{cases} \tag{19.22}$$

$$\begin{cases} a_1 = 1 + \dfrac{2}{n_1}, \quad a_2 = 1 + \dfrac{2}{n_2} \\ b_1 = \dfrac{3}{n_1 - 1}, \quad b_2 = \dfrac{3}{n_2 - 1} \\ c_1 = \dfrac{n}{(n_2 - 1)^2}, \quad c_2 = \dfrac{n_2}{(n_2 - 1)^2} \\ l_2 = \dfrac{1}{n_2 - 1} \end{cases} \tag{19.23}$$

如果将 $\mathbf{P}^\infty$ 对 Q 配方，则

$$\mathbf{P}^\infty = A(Q - Q_0)^2 + \mathbf{P}_0 \tag{19.24}$$

$$\mathbf{W}^\infty = K(Q - Q_0) + \mathbf{W}_0 \tag{19.25}$$

式中

$$\mathbf{P}_0 = C - \frac{B^2}{4A} \tag{19.26}$$

$$Q_0 = -\frac{B}{2A} \tag{19.27}$$

$$\mathbf{W}_0 = KQ_0 + L = \frac{A+1}{2}Q_0 - \frac{1 - \varphi_1 - B}{3} \tag{19.28}$$

19.2.2 双胶合透镜组玻璃的选择

1. 结构参数和基本像差参量的关系

以上即为双胶合薄透镜的结构参数和基本像差参量的关系式。$\mathbf{P}^\infty$ 是 Q 的抛物线函数，$\mathbf{P}_0$ 是该抛物线的顶点，当 $Q = Q_0$ 时，$\mathbf{P}_0$ 即 $\mathbf{P}^\infty$ 的极小值。$\mathbf{W}^\infty$ 和 Q 是线性函数，不存在极值点。当 $\mathbf{P}^\infty$ 为极小值 $\mathbf{P}_0$ 时，$\mathbf{W}^\infty$ 值为 $\mathbf{W}_0$，这时双胶合透镜组的形状系数为 Q_0，而 Q_0，$\mathbf{P}_0$，$\mathbf{W}_0$ 是 n_1，n_2 和 φ_1 的函数。按式(19.16)，φ_1 是 C_1 和 ν_1，ν_2 的函数。所以 $\mathbf{P}_0$，$\mathbf{W}_0$，Q_0 和玻璃材料及位置色差有关。

如把常用光学玻璃进行组合，并按不同的 C_1 值计算其 A 值，A 值的变化范围不大，取平均值 $A = 2.35$，由此可得 $K = (A+1)/2 \approx 1.67$。为了讨论 $\mathbf{P}^\infty$，$\mathbf{W}^\infty$ 和玻璃材料的关系，从式(19.24)和式(19.25)中消去与形

状有关的因子$(Q-Q_0)$，得

$$\mathbf{P}^{\infty} = \mathbf{P}_0 + \frac{4A}{(A+1)^2}(\mathbf{W}^{\infty} - \mathbf{W}_0)^2 \qquad (19.29)$$

再令

$$P = \frac{4A}{(A+1)^2} \qquad (19.30)$$

当$A = 2.35$时，得$P = 0.85$。

$\mathbf{W}_0$的变化范围很小，当火石玻璃在前时，$\mathbf{W}_0 = -0.2$；当冕牌玻璃在前时，$\mathbf{W}_0 = -0.1$将这些近似值代入式(19.29)，得

$$\begin{cases} \mathbf{P}^{\infty} = \mathbf{P}_0 + 0.85(\mathbf{W}^{\infty} + 0.1)^2 \\ \mathbf{P}^{\infty} = \mathbf{P}_0 + 0.85(\mathbf{W}^{\infty} + 0.2)^2 \end{cases} \qquad (19.31)$$

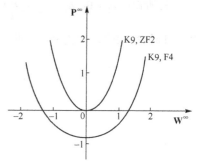

图 19.3　两对玻璃的像差特性曲线

从以上公式可知，不同玻璃组合和不同$\mathbf{C}_1$值，将有不同的$\mathbf{P}_0$值。由于$\mathbf{P}^{\infty}$和$\mathbf{W}^{\infty}$是抛物线函数关系，当玻璃材料和$\mathbf{C}_1$改变时，$\mathbf{P}_0$也改变，而抛物线的形状不变，只是位置上下移动。图 19.3 所示曲线的$\mathbf{C}_1 = 0$时 K9，ZF2 和 K9，F4 两对玻璃组合的像差特性曲线。

为了便于根据不同的$\mathbf{P}_0$值和$\mathbf{C}_1$值找到所要求的一对玻璃组合，表 19.1 和表 19.2 中对常用的玻璃按冕玻璃在前和火石玻璃在前的两种组合方式计算并列出了有关值。这里只是表格的一部分，全表参见《光学仪器设计手册》（上册）。表中分别按七个不同的$\mathbf{C}_1$（有些手册规化色差系数以$\mathbf{C}_1$表示）值计算出$\mathbf{P}_0$以及它们的$\varphi_1, Q_0, \mathbf{P}_0, \mathbf{W}_0$和式(19.19)、式(19.20)中的系数值。

表 19.1　常用的玻璃两种组合方式的有关值

n_1 P_0 n_2	K6（冕牌玻璃在前）							n_1 P_0 n_2	K7（冕牌玻璃在前）						
	$C_1=0.010$	$C_1=0.005$	$C_1=0.502$	$C_1=0.091$	$C_1=3.000$	$C_1=-0.0025$	$C_1=-0.005$		$C_1=0.010$	$C_1=0.005$	$C_1=0.002$	$C_1=0.001$	$C_1=0.000$	$C_1=-0.0025$	$C_1=-0.005$
ZF1	1.959	1.155	0.355	−0.303	−0.102	−1.602	−3.177	ZF1	1.702	0.770	−0.281	−0.722	−8.671	−2.674	−4.465
ZF2	1.979	1.324	0.625	0.311	−0.020	−1.050	−3.331	ZF2	1.812	0.971	0.083	−9.239	−0.762	−2.928	−3.458
ZF4	2.024	1.555	0.992	0.781	0.596	−0.268	−1.227	ZF4	1.836	1.257	9.695	0.310	0.012	−0.284	−3.032
ZF5	2.046	1.624	0.365	0.988	0.737	8.974	−0.160	ZF5	1.018	1.380	0.814	0.578	0.317	−0.456	−1.41
ZF6	2.053	1.880	2.254	1.051	0.446	0.239	−0.528	ZF6	1.934	1.438	0.907	0.700	0.409	−0.268	−1.135

n_1 P_0 n_2	K9（冕牌玻璃在前）							n_1 P_0 n_2	F3（火石玻璃在前）						
ZF1	1.886	1.181	0.419	0.982	−0.281	−1.393	−2.766	QK3	2.176	1.350	0.771	0.422	0.025	−1.192	−2.771
ZF2	1.913	1.300	0.083	0.354	0.338	0.906	−2.993	K3	1.975	1.130	0.162	0.200	−0.736	−2.179	−4.024
ZF4	1.555	1.490	0.977	0.780	0.518	−4.802	−1.104	K7	1.771	0.625	−0.659	−0.176	−1.778	−3.586	−6.872
ZF5	1.574	1.572	1.129	0.941	0.723	0.111	−0.666	K9	1.912	1.249	0.268	−0.112	−0.539	−1.833	−3.533
ZF6	1.984	1.612	1.201	1.027	0.831	0.258	−0.461	K10	1.654	0.314	−1.137	−1.750	−2.433	−4.479	−7.057

注：这是双胶合透镜参数表中的一部分，全表见《光学仪器设计手册》（上册）

表 19.2　按所选玻璃组合找出φ_1, Q_0, P_0, W_0

$n_1 F_1$ 参数 $n_1 F_1$		K9　1.5163　64.1（冕牌玻璃在前）						
	符号	$C_1=0.010$	$C_1=0.005$	$C_1=0.002$	$C_1=0.001$	$C_1=0.000$	$C_1=-0.0025$	$C_1=-0.005$
ZF2 1.6725 32.2	φ_1	+1.362 376	1.6859 90	+1.879 998	+1.944 701	+2.009 404	+2.171 161	+2.332 918
	A	+2.363 639	+2.402 492	+2.427 403	+2.435 373	+2.443 344	+2.463 270	+2.483 196
	B	+10.923 78	+15.788 10	+18.842 30	+19.882 97	+20.934 93	+23.614 29	+26.364 27
	C	+14.534 35	+27.233 12	+37.202 43	+40.936 61	+44.881 73	+55.688 57	+67.884 49
	K	+1.681 819	+1.701 746	+1.713 701	+1.717 686	+1.721 672	+1.731 635	+1.741 598
	L	+3.762 052	+5.491 332	+6.574 101	+6.942 557	+7.314 780	+8.261 817	+9.232 396
	Q_0	−2.310 796	−3.284 410	−3.881 164	−4.082 110	−4.284 074	−4.793 280	−5.308 535
	P_0	+1.913 030	+1.305 813	+0.637 388	+0.354 292	+0.038 319	−0.906 382	−2.093 331
	W_0	−0.124 392	−0.097 899	−0.077 957	−0.069 244	−0.060 990	−0.038 395	−0.012 938
	P	+0.835 546	+0.829 952	+0.826 554	+0.825 425	+0.824 297	+0.821 484	+0.818 681

n_1F_1 参数 n_1F_1		K9 1.5163 64.1（冕牌玻璃在前）						
	符号	$C_1=0.010$	$C_1=0.005$	$C_1=0.002$	$C_1=0.001$	$C_1=0.000$	$C_1=-0.0025$	$C_1=-0.005$
QK3 1.4874 70.0	φ_1	−0.328 742	−0.712 275	−0.942 395	−0.019 101	−1.095 808	−1.287 574	−1.479 341
	A	+2.379 905	+2.421 063	+2.445 757	+2.453 988	+2.463 220	+2.482 798	+2.503 377
	B	−12.998 69	−19.001 44	−32.784 99	−24.076 49	−25.383 15	−28.716 12	−22.143 33
	C	+19.925 37	+38.842 32	+53.838 04	+59.476 81	+65.444 75	+81.840 31	+100.411 9
	K	+1.689 953	+1.710 531	+1.722 878	+1.726 994	+1.731 110	+1.741 399	+1.751 688
	L	−4.775 813	−6.904 572	−8.242 464	−8.698 533	−9.159 655	−10.334 56	−11.541 05
	Q_0	+2.730 926	+3.924 194	+4.558 066	+4.905 584	+5.154 526	+5.783 015	+6.420 093
	P_0	+2.176 125	+1.559 637	+0.771 035	+0.422 169	+0.025 670	−1.192 584	−2.771 220
	W_0	−0.160 675	−0.192 114	−0.217 181	−0.226 616	−0.236 602	−0.264 027	−0.295 053
	P	+0.833 317	+0.827 456	+0.823 956	+0.822 793	+0.821 632	+0.818 737	+0.815 854

注：这是双胶合透镜参数表中的一部分，全表见《光学仪器设计手册》（上册）

2. 计算双胶合透镜的结构参数

由要满足的 $\mathbf{P}^\infty$，$\mathbf{W}^\infty$ 和 $\mathbf{C}_{\mathrm{I}}$，利用前面的公式和表格，求玻璃组合，并计算双胶合透镜的结构参数的步骤如下：

(1) 由 $\mathbf{P}^\infty$，$\mathbf{W}^\infty$，按式(19.31)求 $\mathbf{P}_0$。

(2) 由 $\mathbf{P}_0$ 和 $\mathbf{C}_{\mathrm{I}}$，查表 19.1 找出需要的玻璃组合，再查表 19.2 按所选玻璃组合找出 φ_1，Q_0，$\mathbf{P}_0$，$\mathbf{W}_0$。

(3) 由式(19.24)和式(19.25)求 Q

$$Q = Q_0 \pm \sqrt{\frac{\mathbf{P}^\infty - \mathbf{P}_0}{A}} \tag{19.32}$$

$$Q = Q_0 + \frac{\mathbf{W}^\infty - \mathbf{W}_0}{K} \tag{19.33}$$

从式(19.32)求得的两个 Q 值和式(19.33)求得的 Q 值比较，取其接近的一个值。

(4) 根据 Q 求折射球面的曲率 ρ_1，ρ_2，ρ_3，计算公式为式(19.13)、式(19.14)和式(19.15)。

(5) 由上面求得的曲率是总焦距为 1 的规化条件下的曲率。从薄透镜的焦距公式可知，如果实际焦距为 f'，则半径和 f' 成正比，即得

$$\begin{cases} r_1 = f'/\rho_1 \\ r_2 = f'/\rho_2 \\ r_3 = f'/\rho_3 \end{cases} \tag{19.34}$$

19.3 单薄透镜的 $\mathbf{P}^\infty$，$\mathbf{W}^\infty$，$\mathbf{C}_{\mathrm{I}}$ 和结构参数的关系

任何透镜组都由单透镜组成。如何由 $\mathbf{P}^\infty$，$\mathbf{W}^\infty$，$\mathbf{C}_{\mathrm{I}}$ 求单透镜的结构参数，在实际工作中经常遇到。

单透镜可看作双胶合透镜组的特例。当 $\varphi_1=1$，$\varphi_2=0$，$n_1=n$ 时，双胶合透镜组便变成单透镜。将以上关系代入双胶合透镜组有关公式中，并去掉不必要的下标"1"，即得单透镜的公式。由式(19.13)和式(19.14)，得

$$\begin{cases} \rho_2 = 1 + Q \\ \rho_1 = \dfrac{n}{n-1} + Q \end{cases} \tag{19.35}$$

由 $\mathbf{C}_{\mathrm{I}} = \dfrac{\varphi_1}{v_1} + \dfrac{\varphi_2}{v_2}$ 可得

$$\mathbf{C}_{\mathrm{I}} = 1/v \tag{19.36}$$

同样由式(19.21)、式(19.22)和式(19.23)得单透镜的各系数如下：

$$\begin{cases} a = 1 + \dfrac{2}{n} \\[2mm] b = \dfrac{3}{n-1} \\[2mm] c = \dfrac{n}{(n-1)^2} \end{cases} \tag{19.37}$$

$$\begin{cases} k = 1 + \dfrac{1}{n} \\[2mm] l = \dfrac{1}{n-1} \end{cases} \tag{19.38}$$

表 19.3 是按不同玻璃列出式(19.37)和式(19.38)中的单透镜参数表的一部分。

表 19.3　单透镜参数表的一部分

玻 璃	K6	K7	K8	K9	K10	K11	K12	PK1
n	1.5111	1.5147	1.5159	1.5163	1.5181	1.5263	1.5335	1.5190
y	60.5	60.6	56.8	64.1	58.9	60.1	55.5	69.8
a	+2.32 539	+2.320 393	+2.319 348	+2.319 000	+2.317 436	+2.310 358	+2.304 206	+2.316 655
b	+5.869 693	+5.828 638	+5.815 080	+5.610 575	+5.790 388	+5.700 171	+5.623 243	+5.780 347
c	+5.784 708	+5.717 659	+5.695 600	+5.688 279	+5.655 528	+5.510 274	+5.387 843	+5.639 272
k	+1.661 769	+1.660 196	+1.659 674	+1.659 500	+1.658 718	+1.655 179	+1.652 103	+1.658 327
l	+1.956 564	+1.942 879	+1.938 360	+1.936 858	+1.930 129	+1.900 057	+1.874 141	+1.926 782
Q_0	−1.263 093	−1.255 959	−1.253 602	−1.252 819	−1.249 309	−1.233 611	−1.226 212	−1.247 562
P_0	+2.077 723	+2.057 394	+2.050 701	+2.048 479	+2.038 536	+1.994 374	+1.957 067	+2.033 599
W_0	−0.142 405	−0.142 259	−0.142 211	−0.142 194	−0.142 122	−0.141 791	−0.141 502	−0.142 085
p	+0.841 411	+0.841 865	+0.842 015	+0.842 066	+0.842 291	+0.843 314	+0.844 203	+0.842 404
玻 璃	QF5	F1	F2	F3	F4	F5	F6	F7
n	1.5820	1.6031	1.6128	1.6164	1.6199	1.6242	1.6248	1.6362
y	42.0	37.9	36.9	36.6	36.3	35.9	35.6	35.3
a	+2.264 222	+2.247 582	+2.240 079	+2.237 317	+2.234 644	+2.261 375	+2.230 920	+2.222 344
b	+5.154 639	+4.974 299	+4.895 561	+4.866 969	+4.839 490	+4.806 152	+4.801 536	+4.715 498
c	+4.670 469	+4.407 395	+4.294 800	+4.254 256	+4.215 460	+4.168 617	+4.162 151	+4.042 491
h	+1.682 111	+1.623 791	+1.620 039	+1.618 658	+1.617 322	+1.615 687	+1.615 460	+1.611 172
l	+1.718 213	+1.658 099	+1.631 853	+1.622 323	+1.613 163	+1.602 050	+1.600 512	+1.571 832
Q_0	−1.138 280	−1.106 588	−1.092 720	−1.087 679	−1.082 832	−1.076 948	−1.076 133	−1.060 928
P_0	+1.736 757	+1.655 143	+1.620 060	+1.607 403	+1.595 281	+1.580 628	+1.578 804	+1.541 087
W_0	−0.139 586	−0.138 769	−0.138 396	−0.138 259	−0.138 125	−0.137 961	−0.137 938	−0.137 506
P	+0.850 001	+0.852 423	+0.853 516	+0.853 919	+0.854 309	+0.854 786	+0.854 853	+0.856 105

(全表见《光学仪器设计手册》上册)

由式(19.19)和式(19.20)可得
$$\begin{cases} \mathbf{P}^\infty = aQ^2 + bQ + c \\ \mathbf{W}^\infty = kQ + l \end{cases} \tag{19.39}$$

由式(19.24)和式(19.25)可得
$$\begin{cases} \mathbf{P}^\infty = a(Q - Q_0)^2 + \mathbf{P}_0 \\ \mathbf{W}^\infty = k(Q - Q_0) + \mathbf{W}_0 \end{cases} \tag{19.40}$$

由式(19.29)可得
$$\mathbf{P}^\infty = \mathbf{P}_0 + p(\mathbf{W}^\infty - \mathbf{W}_0)^2 \tag{19.41}$$

再由式(19.26)、式(19.27)、式(19.28)和式(19.30)，得

$$\begin{cases} \mathbf{P}_0 = c - \dfrac{b^2}{4a} = \dfrac{n}{(n-1)^2}\left[1 - \dfrac{9}{4(n+2)}\right] \\[2mm] Q_0 = -\dfrac{b}{2a} = -\dfrac{3n}{2(n-1)(n+2)} \\[2mm] \mathbf{W}_0 = kQ_0 + l = -\dfrac{1}{2(n+2)} \\[2mm] p = \dfrac{4a}{(a+1)^2} = 1 - \dfrac{1}{(n+1)^2} \end{cases} \qquad (19.42)$$

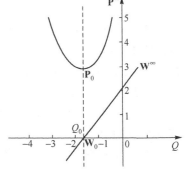

图 19.4 K9 玻璃的 $\mathbf{P}^{\infty}$，$\mathbf{W}^{\infty}$
和 Q 的关系曲线

当玻璃选定后，$\mathbf{P}_0$，Q，$\mathbf{W}_0$ 及 P 为定值。弯曲透镜（改变形状系数 Q）只能满足 $\mathbf{P}^{\infty}$ 和 $\mathbf{W}^{\infty}$ 二者之一。从式(19.40)可知，$\mathbf{W}^{\infty}$ 和 Q 是线性关系，$\mathbf{P}^{\infty}$ 和 Q 是抛物线函数，当 $Q = Q_0$ 时，$\mathbf{P}_0$ 是 $\mathbf{P}^{\infty}$ 的极小值。

必须指出，Q 变化时，$\mathbf{P}^{\infty} \geqslant \mathbf{P}_0$，$\mathbf{W}^{\infty}$ 没有界限。图 19.4 表示 K9 玻璃的 $\mathbf{P}^{\infty}$，$\mathbf{W}^{\infty}$ 和 Q 的关系曲线。

当物体在有限距离时，在 $f' = 1$ 的规化条件下，轴上点对透镜所张的角度为 $\mathbf{u}_0$，利用式(19.7)的关系，可由式(19.40)、式(19.41)和式(19.42)求得物体在有限距离时的 $\mathbf{W}$，$\mathbf{P}$ 为

$$\mathbf{W} = \mathbf{W}^{\infty} - u_1\left(2 + \dfrac{1}{n}\right)$$

$$\mathbf{P} = \mathbf{P}_{\min} + \left[1 - \dfrac{1}{(n+1)^2}\right]\left[\mathbf{W} + \dfrac{1}{2(n+2)}(1+2u_1)\right]^2$$

$$\mathbf{P}_{\min} = \mathbf{P}_0 - \dfrac{n}{n+2}(u_1 + u_1^2) \qquad (19.43)$$

19.4 用 PW 方法求解简单物镜的结构

下面举几个以 PW 方法解初始结构的例子。对于小视场和小孔径的望远物镜及低倍显微物镜，当孔径光阑与物镜框重合时，主要消除的像差是位置色差、球差及正弦差。一般采用双胶合或双分离的物镜，就能满足像质要求。用 PW 方法解出的双胶合和双分离物镜的初始结构，再加以薄变厚及像差的微量校正就能达到设计要求。

例 19.1 设计一个焦距为 1000 mm，相对孔径为 1:16 的望远物镜，像高 $y' = 13.6$ mm；令物镜框作为孔径光阑。

求解如下（尺寸单位均为 mm）：

(1) 选型。这个物镜的视场角很小，所以轴外像差不大。主要校正的像差为球差、正弦差和位置色差。相对孔径也不大，可选用双胶合或双分离的类型。本例采用双胶合型。孔径光阑与物镜框重合。

(2) 确定基本像差参量。根据设计要求，设像差的初级量为零，则按球差、正弦差和位置色差的初级像差表示式，得

$$\delta L' = L' - l = -\dfrac{1}{2n_k' u_k'^2}\sum S_{\mathrm{I}} = 0, \qquad K_{sk}' = Y_s' - Y_z' = -\dfrac{1}{2n_k' u_k'^2}\sum S_{\mathrm{II}} = 0, \qquad \Delta l_{\mathrm{FC}}' = l_{\mathrm{F}}' - l_{\mathrm{C}}' = -\dfrac{1}{n_k' u_k'^2}\sum C_{\mathrm{I}} = 0$$

即
$$\sum S_{\mathrm{I}} = h^4 \Phi^3 \mathbf{P}^{\infty} = 0, \qquad \sum S_{\mathrm{II}} = Jh^2 \Phi^2 \mathbf{W}^{\infty} = 0, \qquad \sum C_{\mathrm{III}} = h^2\left(\dfrac{\varphi_1}{v_1} + \dfrac{\varphi_2}{v_2}\right) = 0$$

由此可得基本像差参量为
$$\mathbf{P}^{\infty} = 0, \qquad \mathbf{W}^{\infty} = 0, \qquad \mathbf{C}_{\mathrm{I}} = 0$$

(3) 求 $\mathbf{P}^{\infty}$ 的极小值 $\mathbf{P}_0$。由式(19.29)和式(19.30)可得
$$\mathbf{P}_0 = \mathbf{P}^{\infty} - p(\mathbf{W}^{\infty} - \mathbf{W}_0)^2$$

因为玻璃未选好，可暂按式(19.31)计算。望远物镜的前片和外界接触，应有较好的化学稳定性和较高硬度的玻璃，宜选用冕玻璃。因此取 $\mathbf{W}_0 = 0.1$，并取 $p = 0.85$ 代入上式，得

$$P_0 = 0 - 0.85 \times (0 + 0.1)^2 = -0.0085$$

(4) 根据 P_0 和 C_I 从表 19.1 查玻璃组合。由于 K9 玻璃性能好和熔炼成本低，应优先选用。可选它和 ZF2 玻璃组合，当 $C_I = 0$ 时，由表 19.1 查得 $P_0 = 0.038$。此外，若选 K7, ZF3，$P_0 = 0.012$；若选 K3, ZF2，$P_0 = -0.029$。这三对玻璃的 P_0 都和 $P_0 = -0.0085$ 接近，所以可根据光学玻璃供应情况选用。

从表 19.2 查得 K9($n_1 = 1.5163$) 和 ZF2($n_2 = 1.6725$) 组合的双胶合薄透镜组的各系数：

$$\mathbf{P}_0 = 0.038\,319, \qquad Q_0 = -4.284\,074, \qquad \mathbf{W}_0 = -0.060\,99, \qquad \varphi_1 = 2.009\,404$$

并取 $A = 2.44$，$K = 1.72$。

(5) 求形状系数 Q。由式(19.32)和式(19.33)，有

$$Q = Q_0 \pm \sqrt{\frac{\mathbf{P}^\infty - \mathbf{P}_0}{A}}, \quad Q = Q_0 + \frac{\mathbf{W}^\infty - \mathbf{W}_0}{K}$$

由于 $\mathbf{P}^\infty = 0 < \mathbf{P}_0$，不存在严格的消球差解，但因 $\mathbf{P}_0$ 值近于 $\mathbf{P}^\infty$，可认为 $\sqrt{\dfrac{\mathbf{P}^\infty - \mathbf{P}_0}{A}} \approx 0$，因此可得 $Q = Q_0 = -4.284\,074$，$\mathbf{W}^\infty = \mathbf{W}_0 = -0.060\,99$。

(6) 求规化条件下的透镜各面的曲率。由式(19.13)、式(19.14)和式(19.15)，得

$$\rho_1 = Q + \frac{n_1 \varphi_1}{n_1 - 1} = -4.284\,074 + \frac{1.5163 \times 2.009\,404}{1.5163 - 1} = 1.617\,26$$

$$\rho_2 = Q + K_1 = -2.27467, \quad \rho_3 = Q + \frac{n_2 \varphi_1}{n_2 - 1} - \frac{1}{n_2 - 1} = -0.773\,703$$

(7) 求薄透镜各面的球面半径和像差。用上面的曲率值除规定焦距求得实际曲率半径：

$$r_1 = f'/\rho_1 = \frac{1000}{1.617\,26} = 618.33 \text{ mm}, \quad r_2 = f'/\rho_2 = \frac{1000}{-2.274\,67} = -439.624 \text{ mm}$$

$$r_3 = f'/\rho_3 = \frac{1000}{-0.773\,770\,3} = -1292.486 \text{ mm}$$

现将该薄透镜系统结构数据整理如下：$\tan\omega = -0.0136$，物距 $L = -\infty$，入瞳半径 $h = 50$ mm，入瞳距第一折射面距离 $L_z = 0$：

r / mm	d / mm	玻璃牌号
618.33		
	0	K9
−439.624		
	0	ZF2
−1292.486		

经过光线追迹，得焦距和像方孔径角以及要校正的像差数据如下：

$$f' = 997.191\,89 \text{ mm} \quad u_3' = 0.050\,14$$

边光轴向球差：$\qquad \delta L_m' = -0.0305$ mm

带光轴向球差：$\qquad \delta L_{0.7h}' = -0.000\,75$ mm

边光正弦差：$\qquad SC_m' = -0.00007$

带光正弦差：$\qquad SC_{0.7h}' = -0.000\,03$

轴上点边光波色差：$W_{FCm} = \Sigma(D - d)(n_F - n_C) = 0.000\,19$ mm

轴上点带光波色差：$W_{FC0.7h} = \Sigma(D - d)(n_F - n_C) = 0.000\,05$ mm

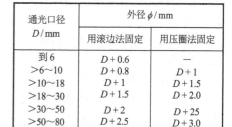

表 19.4 透镜通光口径所需加余量

通光口径 D / mm	外径 ϕ / mm	
	用滚边法固定	用压圈法固定
到 6	$D + 0.6$	—
>6～10	$D + 0.8$	$D + 1$
>10～18	$D + 1$	$D + 1.5$
>18～30	$D + 1.5$	$D + 2.0$
>30～50	$D + 2$	$D + 25$
>50～80	$D + 2.5$	$D + 3.0$
>80～120	—	$D + 3.5$
>120		$D + 4.5$

由此可见，像差都比较小。接下来将薄透镜变换成厚透镜，变换时尽可能使光焦度及初级像差系数变化不大。

(8) 求厚透镜各面球面半径。光学系统初始计算得到结果以后，必定要把薄透镜变换成厚透镜，其步骤如下：

① 光学零件外径的确定。根据设计要求：$f' = 100$ mm，$D/f' = 1/10$ 则通光口径 $D = f'/10 = 1000$ mm/10=100 mm。用压圈固定，由表 19.4 查得为余量 3.5 mm，由此可求得透镜的外径为 103.5 mm。

② 光学零件的中心厚度及边缘最小厚度的确定。有两种方法，其一可由表19.5查得；另外一种方法，为了使透镜在加工过程中不易变形，其中心厚度与边缘最小厚度以及透镜外径之间必须满足一定的比例关系。

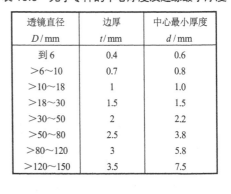

表 19.5 光学零件的中心厚度及边缘最小厚度

透镜直径 D/mm	边厚 t/mm	中心最小厚度 d/mm
到 6	0.4	0.6
>6～10	0.7	0.8
>10～18	1	1.0
>18～30	1.5	1.5
>30～50	2	2.2
>50～80	2.5	3.8
>80～120	3	5.8
>120～150	3.5	7.5

对凸透镜：高精度　　　　　　$3d+7t \geqslant D$

中精度　　　　　　$6d+14t \geqslant D$

其中还必须满足　　$d > 0.05D$

对凹透镜：高精度　　　　　　$8d+2t \geqslant D$ 且 $d \geqslant 0.05D$

中精度　　　　　　$16d+4t \geqslant D$ 且 $d \geqslant 0.03D$

式中，t 为透镜边缘厚度；d 为中心厚度，如图19.5所示；而 $d = t - x_2 + x_1$。

对凸透镜：　　　　　　$3d + 7t = D$

$$t = \frac{D + 3x_2 - 3x_1}{10} \qquad (19.44)$$

式中，x_1 和 x_2 为球面矢高，可由下式求得

$$x = r \pm \sqrt{r^2 - (D/2)^2} \qquad (19.45)$$

式中，r 为折射球面半径；D 为透镜外径。将已知数据代入可求得 $x_1 = 2.17\ \text{mm}$，$x_2 = -2.67\ \text{mm}$，然后再将它代入式(19.44)，得凸透镜最小边缘厚度为

$$t = \frac{D + 3x_2 - 3x_1}{10} = \frac{103.5 - 3 \times 4.84}{10}\ \text{mm} = 8.9\ \text{mm}$$

由图19.5可得凸透镜最小中心厚度为

$$d = t - x_2 + x_1 = (8.9 + 4.84)\ \text{mm} = 13.74\ \text{mm}$$

凹透镜最小边缘厚度为 　　　　　$t = \dfrac{D + 8x_3 - 8x_2}{10}$　　　　(19.46)

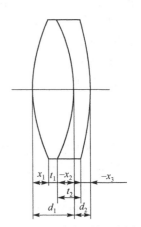

图 19.5 双胶合透镜示意图

球面矢高 x_3 的求法同上，将已知数代入式(19.45)得 $x_3 = -1.03\ \text{mm}$。然后再将它代入式(19.46)，便可求得凹透镜最小边缘厚度为

$$t = \frac{103.5 - 8 \times 1.03 + 8 \times 2.67}{10}\ \text{mm} = 11.66\ \text{mm}$$

由此可得凹透镜最小中心厚度为 　　　　$d_2 = t - x_3 + x_2 = (11.66 - 2.67 + 1.03)\ \text{mm} = 10.02\ \text{mm}$

在最小中心厚度基础上，根据工艺条件，可适当加厚些。最后用作图法检查一下计算是否有误。

③ 在保持 u 和 u' 角不变的条件下把薄透镜变换成厚透镜。薄透镜变换成厚透镜时，要保持第一近轴光线每面的 u 和 u' 角不变，式(10.69)和式(10.70)可知，当 u 和 u' 不变时，P，W 在透镜由薄变厚时保持不变，放大率也不变。第一近轴光线在主面上入射高度不变，光学系统的光焦度亦不变。下面列出其计算过程：

(a) 对薄透镜按近轴光线光路计算求得 $u_{10}, u_{20}, \cdots, u_{k0}$。

(b) 根据 $h_i = h_{i-1} - d_{i-1} u_i$，可求得厚透镜各面 h_i，式中 $i = 2, 3, \cdots, k$。显然对望远系统有 $h_1 = h_{10}$。

(c) 因为在薄透镜变换成厚透镜时要保持第一近轴光线每面的 u 和 u' 不变，所以厚透镜各面曲率半径可按下式求得：

$$r_i = r_{i0} h_i / h_{i0} \qquad (19.47)$$

式中，h_{i0} 为第一近轴光线在薄透镜第 i 面上高度；r_{i0} 为薄透镜的曲率半径。

例 19.2 设计一个 $f' = 1000\ \text{mm}$ 的平行光管物镜，$D/f' = 1/12$，$2\omega = 1.5°$；物镜框作为孔径光阑用 PW 方法求其初始解。

求解如下（尺寸单位均为 mm）：

(1) 选型。与上例相似，主要校正轴上像差，选用双胶合或双分离型物镜。平行光管比一般望远物镜像差校正要求更高一些，为此选用双分离型，这样可以多一个曲率半径和空气间隔作为独立变数。在解初始结构时，先不考虑空气间隔，作为二密接的薄透镜。

(2) 确定基本像差参量。取孔径光阑与物镜框重合。

球差为
$$\delta L' = -\frac{1}{2n'u'^2}h(P_1 + P_2)$$

当 $\delta L' = 0$ 时，则 $P_1 + P_2 = 0$ ，正弦差为
$$SC' = -\frac{1}{2J}\sum S_{II} = -\frac{1}{2}(W_1 + W_2)$$

当 $SC' = 0$ 时，则 $W_1 + W_2 = 0$ ，位置色差为
$$\Delta l'_{FC} = -\frac{1}{n'u'^2}h^2\left(\frac{\varphi_1}{v_1} + \frac{\varphi_2}{v_2}\right)$$

当 $\Delta l'_{FC} = 0$ 时，则
$$\frac{\varphi_1}{v_1} + \frac{\varphi_2}{v_2} = 0$$

(3) 选择玻璃材料。双分离物镜玻璃材料选择比双胶合物镜要自由，但玻璃材料选取不当，像差也不易校正。一般可用双胶合物镜的玻璃组合。如另外挑选玻璃时，需注意以下几点：

① 正透镜用低折射率的玻璃，负透镜用高折射率的玻璃，两者之差越大，球差的高级量越小。

② 正透镜用 v 值大的低色散玻璃，负透镜用 v 值小的高色散玻璃。从消色差条件可知，两种玻璃的平均色散系数差值 Δv 越大，在满足总焦距的条件下，二透镜的光焦度越小，球面半径增大，可减少像差的高级量。

以上是从提高成像质量来考虑玻璃材料的选择，还要考虑玻璃化学稳定性、工艺性能等问题。本例选择常用的 K9 和 F2 一对玻璃。

(4) 求解结构参数。

① 由消色差要求分配光焦度。在规化条件下，有
$$\varphi_1 + \varphi_2 = \Phi = 1 , \qquad \frac{\varphi_1}{v_1} + \frac{\varphi_2}{v_2} = 0$$

由于 K9 的化学稳定性比 F2 好，所以用 K9 作为第一块透镜的材料，F2 作为第二块透镜的材料。将 $v_1 = 64.1$，$v_2 = 36.9$ 代入上面的方程式解得 $\varphi_1 = 2.356\ 62$，$\varphi_2 = -1.356\ 62$。

② 规化像差参量。取 $h = 1$，对每一块透镜的像差参量进行规化，第一块透镜 $\varphi_1 = 2.356\ 62$ mm，$l_1 = -\infty$，所以 $\mathbf{P}_1 = \mathbf{P}_1^\infty$，由式(19.1)可得
$$P_1 = \mathbf{P}_1^\infty = (h\varphi_1)^3\mathbf{P}_1^\infty = \varphi_1^3\mathbf{P}_1^\infty, \qquad W_1 = \mathbf{W}_1^\infty = (h\varphi_1)^2\mathbf{W}_1^\infty = \varphi_1^2\mathbf{W}_1^\infty$$
第二块透镜 $\varphi_2 = -1.356\ 62$，$\mathbf{u}_2 = \mathbf{u}_1' = \varphi_1$ （因为 $h = 1$），得
$$\mathbf{u}_2 = \frac{u_1'}{h\varphi_2} = \frac{\varphi_1}{\varphi_2},\quad \mathbf{P}_2 = \frac{P_2}{(h\varphi_2)^3} = \frac{P_2}{\varphi_2^3},\quad \mathbf{W}_2 = \frac{W_2}{(h\varphi_2)^2} = \frac{W_2}{\varphi_2^2}$$

按式(19.7)规化到物距为无限远，则
$$\mathbf{P}_2 = \mathbf{P}_2^\infty - \mathbf{u}_2(4\mathbf{W}_2^\infty + 1) + \mathbf{u}_2^2\left(3 + \frac{2}{n_2}\right), \qquad \mathbf{W}_2 = \mathbf{W}_2^\infty - \mathbf{u}_2\left(2 + \frac{1}{n_2}\right)$$

将 $\mathbf{u}_2 = \varphi_1/\varphi_2$，$P_2 = \varphi_2^3\mathbf{P}_2$，$W_2 = \varphi_2^2\mathbf{W}_2$ 代入上式，得
$$P_2 = \varphi_2^3\left[\mathbf{P}_2^\infty - \frac{\varphi_1}{\varphi_2}(4\mathbf{W}_2^\infty + 1) + \left(\frac{\varphi_1}{\varphi_2}\right)^2\left(3 + \frac{2}{n_2}\right)\right] = \varphi_2^3\mathbf{P}_2^\infty - \varphi_1\varphi_2^2(4\mathbf{W}_2^\infty +) + \varphi_1^2\varphi_2\left(3 + \frac{1}{n_2}\right)$$
$$W_2 = \varphi_2^2\left[\mathbf{W}_2^\infty - \frac{\varphi_1}{\varphi_2}\left(2 + \frac{1}{n_2}\right)\right] = \varphi_2^2\mathbf{W}_2^\infty - \varphi_1\varphi_2\left(2 + \frac{1}{n_2}\right)$$

③ 由像差参量求形状系数 Q_1, Q_2。由 $P_1 + P_2 = 0$ 可得
$$\mathbf{P}^\infty = \varphi_1^3\mathbf{P}_1^\infty + \varphi_2^3\mathbf{P}_2^\infty - \varphi_1\varphi_2^2(4\mathbf{W}_2^\infty + 1) + \varphi_1^2\varphi_2\left(3 + \frac{2}{n_2}\right) = 0 \tag{19.48}$$

由 $W_1 + W_2 = 0$ 可得
$$\mathbf{W}^\infty = \varphi_1^2\mathbf{W}_1^\infty + \varphi_2^2\mathbf{W}_2^\infty - \varphi_1^2\varphi_2\left(2 + \frac{1}{n_2}\right) = 0 \tag{19.49}$$

按式(19.39)的关系，有

$$\mathbf{P}_1^\infty = a_1 Q_1^2 + b_1 Q_1 + c_1, \quad \mathbf{P}_2^\infty = a_2 Q_2^2 + b_2 Q_2 + c_2; \quad \mathbf{W}_1^\infty = k_1 Q_1 + l_1, \quad \mathbf{W}_2^\infty = k_2 Q_2 + l_2$$

将以上四式代入式(19.48)和式(19.49)，有

$$\mathbf{P}^\infty = A_1 Q_1^2 + B_1 Q_1 + A_2 Q_2^2 + B_2 Q_2 + C = 0 \tag{19.50}$$

$$\mathbf{W}^\infty = K_1 Q_1 + K_2 Q_2 + L = 0 \tag{19.51}$$

式中

$$A_1 = \varphi_1^3 a_1, \ A_2 = \varphi_2^3 a_2; \quad B_1 = \varphi_1^3 b_1, \ B_2 = \varphi_2^3 b_2 - 4\varphi_1 \varphi_2^2 k_2; \quad K_1 = \varphi_1^2 k_1, \ K_2 = \varphi_2^3 k_2$$

$$L = \varphi_1^2 l_1 + \varphi_2^2 l_2 - \varphi_1 \varphi_2 \left(2 + \frac{1}{n_2} \right), \quad C = \varphi_1^3 c_1 + \varphi_2^3 c_2 - \varphi_1 \varphi_2^2 (4 l_2 + 1) + \varphi_1^2 \varphi_2 \left(3 + \frac{2}{n_2} \right)$$

由表 19.3 查得的 K9, F2 的数值 a_1, b_1, c_1, k_1, l_1 和 a_2, b_2, c_2, k_2, l_2，代入以上各式得

$$A_1 = 30.350\ 75, \ A_2 = -5.592\ 92; \quad B_1 = 76.048, B_2 = -40.328\ 54;$$

$$K_1 = 9.216\ 259, K_2 = 2.981\ 55; \quad L = 22.136\ 32, C = -0.868\ 96$$

由式(19.51)可得

$$Q_1 = \frac{K_2 Q_2 + L}{-K_1}$$

代入式(19.50)，并将上述数值代入整理后，得

$$2.416\ 48 Q_2^2 + 17.764\ 16 Q_2 + 8.433\ 69 = 0$$

解得

$$Q_2 = -0.510\ 164, \ 6.8411$$

为了有较大的球面半径，使高级像差小和加工工艺性好，选用 $Q_2 = -0.510164$，将 Q_2 值代入式(19.51)，得 $Q_1 = -2.236\ 85$。

④ 由形状系数求球面半径。由式(19.35)可得，$\rho_2 = Q_1 + 1 = -1.236\ 85$，由式(19.34)可得

$$r_2 = \frac{f_1'}{\rho_2} = \frac{424.336}{-1.236\ 85}\ \text{mm} = -343.078\ \text{mm}$$

因为按消色差分配光焦度时，使 $\Phi = 1$，即 $f' = 1$，当总焦距由 1 变为 1000 时，f_1' 也要按比例放大，即 $f_1' = f'/\varphi_1 = 1000/2.350\ 62 = 424.336$。

由式(19.11)，令 $\varphi_1 = 1$ 时，有

$$\rho_1 = \frac{1}{n_1 - 1} + \rho_2 = \frac{1}{1.5163 - 1} - 1.236\ 85 = 0.700\ 008, \quad r_1 = \frac{f_1'}{\rho_1} = \frac{424.336}{0.7}\ \text{mm} = 606.186\ \text{mm}$$

仿照上述步骤求第二块透镜的球面半径，有

$$\rho_2 = Q_2 + 1 = -0.510\ 164 + 1 = 0.489\ 836$$

$$f_2' = \frac{f'}{\varphi_2} = \frac{1000}{-1.356\ 62}\ \text{mm} = -737.126, \quad r_4 = \frac{f_2'}{\rho_4} = \frac{-737.126}{0.489\ 836}\ \text{mm} = -1504.92$$

$$\rho_3 = \frac{1}{n_2 - 1} + \rho_4 = \frac{1}{1.6128 - 1} + 0.489\ 836 = 2.121\ 685, \quad r_3 = \frac{f_2'}{\rho_3} = \frac{-737.126}{2.121\ 685}\ \text{mm} = -347.424\ \text{mm}$$

⑤ 像差计算。物镜结构计算结果如下：

$$L_\infty = -\infty, \quad h = 40\ \text{mm}, \quad L_z = 0, \quad \tan \omega = -0.0131$$

r/mm	d/mm	n	v
606.19			
	0	1.5163	64.1
-343.08			
	0	1	
-343.42			
	0	1.6128	46.9
-1504.9			

经过光线光路计算，求得焦距、像方孔径角以及要校正的像差，数据如下：

$$f' = 1000.42\ \text{mm}, \quad u' = 0.039\ 993$$

$\delta L'_m = 0.015\ 38$ mm， $\delta L'_{0.7h} = 0.003\ 79$ mm， $SC'_m = -0.000\ 03$

$SC'_{0.7h} = -0.000\ 01$， $W_{FCm} = 0.000\ 01$ mm， $W_{FC0.7h} = -0.000\ 01$ mm

像差值均比较小，证明初始解计算无误。下面步骤同上
例，此处不再重复。

例 19.3 试设计一个双分离傅里叶变换物镜，如图 19.6
所示，焦距 $f' = 300$ mm，输入面直径 $D_{in} = 30$ mm，频谱面
直径 $D_{zp} = 30$ mm，分别位于该物镜的物方和像方焦平面上，
输入面用 $\lambda = 0.6328\ \mu m$ 氦氖激光平行照射，试求当

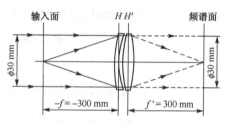

图 19.6 双分离傅里叶变换物镜示意图

$\sum S_I = \sum S_{IIz}$，$|\sum S_{II}| = |\sum S_{IIz}|$，$\sum S_{III} = \sum S_{IIz} = 0$ 时的双
分离物镜的初始解。

求解如下：

双分离物镜用 ZF6, K9 玻璃反常组合，是为了减小 S_{IV} 值。对 $\lambda = 0.6328\ \mu m$ 的折射率分别为
$n_1 = 1.749\ 69$ 和 $n_2 = 1.515\ 09$。μ 取 0.47。由下列方程组

$$\begin{cases} \varphi_1 + \varphi_2 = \Phi = 1 \\ \dfrac{\varphi_1}{n_1} + \dfrac{\varphi_2}{n_2} = \mu = 0.47 \end{cases}$$

解得 $\qquad\qquad\qquad \varphi_1 = 2.147\ 268\ 6, \qquad \varphi_2 = -1.147\ 268\ 6$

由式(19.50)和式(19.51)可得 $\qquad \mathbf{P}^\infty = A_1 Q_1^2 + B_1 Q_1 + A_2 Q_2^2 + B_2 Q_2 + C = 1 + \mu = 1.47$

$$\mathbf{W}^\infty = K_1 Q_1 + K_2 Q_2 + L = -\left(1 + \frac{\mu}{2}\right) = -1.235$$

式中 $\qquad A_1 = \varphi_1^3 a_1, A_2 = \varphi_2^3 a_2;\quad B_1 = \varphi_1^3 b_1, B_2 = \varphi_2^3 b_2 - 4\varphi_1\varphi_2^2 k_2;\quad K_1 = \varphi_1^2 k_1, K_2 = \varphi_2^2 k_2$

$$L = \varphi_1^2 l_1 + \varphi_2^2 l_2 - \varphi_1\varphi_2\left(2 + \frac{1}{n_2}\right);\quad C = \varphi_1^3 c_1 + \varphi_2^3 c_2 - \varphi_1\varphi_2^3(4l_2 + 1) + \varphi_1^2\varphi_2\left(3 + \frac{1}{n_2}\right)$$

上述式中 a, b, c, k, l 可由式(19.37)和式(19.38)求得，现将计算结果列于表 19.6 和表 19.7 中。

表 19.6 两种玻璃的单透镜系数

玻璃符号	K9	ZF6
a	2.320 053 6	2.143 059 6
b	5.824 224 7	4.001 654 0
c	5.710 474 5	3.113 133 0
k	1.660 026 8	1.571 529 8
l	1.941 048 3	1.333 884 7

表 19.7 像差基本参量系数

玻璃符号	ZF6-K9 组合	玻璃符号	ZF6-K9 组合
A_1	21.217 460 0	K_1	7.245 951
A_2	-3.503 430	K_2	2.184 960
B_1	39.618 500	L	15.258 516
B_2	-27.561 817	C	-25.427 830

解上述方程组选用有较大的球面半径一组解：$Q_2 = -0.749\ 196\ 8$，$Q_1 = -2.050\ 330\ 3$
由形状系数求球面半径。由式(19.35)可得

$$\rho_2 = Q_1 + 1 = -1.050\ 33$$

由式(19.34)可得 $\qquad\qquad r_2 = \dfrac{f'_1}{\rho_2} = \dfrac{139.712\ 38}{-1.050\ 33} = -133.017\ 56\ (\text{mm})$

因为按场曲要求分配光焦度时，使 $\Phi = 1$，即 $f' = 1$，当 $f' = 300$ 时，f'_1 也要按比例放大，即 $f'_1 = f'/\varphi_1 = 300/2.147\ 268\ 6 = 139.712\ 38$。由式(19.14)，令 $\varphi_1 = 1$，有

$$r_1 = \frac{f'_1}{\rho_1} = \frac{139.712\ 38\ \text{mm}}{0.283\ 554} = 492.718\ 12\ \text{mm}, \quad \rho_1 = \frac{1}{n_1 - 1} + \rho_2 = \frac{1}{1.749\ 39 - 1} - 1.050\ 33 = 0.283\ 554$$

仿照上述步骤求第二块透镜的球面半径，有

$$\rho_4 = Q_2 + 1 = -0.749\,196\,8 + 1 = 0.250\,803\,2$$

$$f_2' = \frac{f'}{\varphi_2} = \frac{300\ \text{mm}}{-1.147\,268\,6} = -261.4906\ \text{mm}, \quad r_4 = \frac{f_2'}{\rho_4} = \frac{-261.4906\ \text{mm}}{0.250\,803\,2} = -1042.6128\ \text{mm}$$

$$\rho_3 = \frac{1}{n_2 - 1} + \rho_4 = \frac{1}{1.515\,09 - 1} + 0.250\,803\,2 = 2.192\,211\,5, \quad r_3 = \frac{f_2'}{\rho_3} = \frac{-261.4906\ \text{mm}}{2.192\,211\,5} = -119.2817\ \text{mm}$$

下面计算同上二例,此处不再重复。

例 19.4 设计一个共轭距离为 195 mm 垂轴放大率为 -3^x,数值孔径为 0.1 的显微物镜,物镜框为孔径光阑,物高为 1 mm。用 PW 方法求其初始解,并进行像差校正。

求解如下:

(1) 列方程组 $\begin{cases} \beta = l'/l = -3 \\ l' - l = 195\ \text{mm} \\ \dfrac{1}{l'} - \dfrac{1}{l} = \dfrac{1}{f'} \end{cases}$,求得 $f' = 36.5625$ mm, $l = -48.75$ mm, $l' = 146.25$ mm。

(2) 选择结构型式及确定基本像差参量。低倍显微物镜视场很小,数值孔径也不大,只要求校正球差、正弦差和位置色差,选取双胶合型物镜便可满足要求。

取共轭位置的像差参量为 $\mathbf{C}_\text{I} = 0$, $\mathbf{P} = 0$, $\mathbf{W} = 0$,必须把像差参量进行规化。已知数值孔径 $\text{NA} = n_1 \sin U_1 = -0.1$,由于物方是空气,故 $n_1 = 1$, $u_1 = \sin U_1 = -0.1$,

$$\mathbf{u}_3' = \frac{u_1}{\beta} = \frac{-0.1}{-3} = 0.033\,333, \quad h\Phi = \frac{l_1 u_1}{f'} = -48.75 \times (-0.1) \times \frac{1}{36.5625} = 0.133\,333, \quad \mathbf{u}_1 = \frac{u_1}{h\Phi} = \frac{-0.1}{0.133\,333} = -0.75$$

由式(19.8)可得 $\qquad\qquad\qquad \mathbf{C}_\text{I} = \dfrac{C_\text{I}}{h^2\Phi} = 0$

由式(19.1)和式(19.6)可得 $\qquad\qquad \mathbf{P} = P_\text{I}/(h\Phi)^2 = 0, \quad \mathbf{W} = W/(h\Phi)^2 = 0$

$$\mathbf{P}^\infty = P + \mathbf{u}_1(4\mathbf{W} + 1) + \mathbf{u}_1^2(5 + 2\mu) = 0 - 0.75 + 0.5625 \times (5 + 2 \times 0.7) = 0.285$$

$$\mathbf{W}^\infty = W + \mathbf{u}_1(2 + \mu) = 0 - 0.75 \times (2 + 0.7) = -2.025$$

(3) 选择玻璃。当 W^∞ 是较大的负值时,尽量取火石玻璃在前为宜,可以使双胶合物镜胶合面半径较大,使得高级像差小一些。由式(19.31)可知

$$\mathbf{P}_0 = \mathbf{P}^\infty - 0.85(\mathbf{W}^\infty + 0.2)^2 = 0.285 - 0.85(-2.025 + 0.2)^2 = 0.018\,968\,75$$

根据 $\mathbf{P}_0$ 和 $\mathbf{C}_\text{I}$ 值,由表 19.1 可选取 F3 和 QK3 两种玻璃组成双胶合物镜。再由表 19.2 查得有关参数:

$$\varphi_1 = -1.095\,808, \qquad A = 2.462\,220, \qquad B = -25.383\,15$$
$$C = 65.444\,75, \qquad K = 1.731\,110, \qquad L = -9.156\,55$$
$$Q_0 = 5.154\,526, \qquad \mathbf{P}_0 = 0.025\,670, \qquad \mathbf{W}_0 = -0.236\,602$$
$$P = 0.821\,632, \qquad n_1 = 1.6164, \qquad n_2 = 1.4874$$

(4) 求形状系数

$$Q = Q_0 \pm \sqrt{\frac{\mathbf{P}^\infty - \mathbf{P}_0}{A}} = 5.154\,526 \pm \sqrt{\frac{2.85 - 0.025\,67}{2.462\,220}}$$

$$Q = 4.083\,514 \quad \text{或} \quad 6.225\,538$$

$$Q = Q_0 + \frac{\mathbf{W}^\infty - \mathbf{W}_0}{\dfrac{A + 1}{2}} = 5.154\,526 + \frac{(-2.025 + 0.236\,602) \times 2}{2.462\,220 + 1} = 4.121\,433$$

取 $Q = 4.083\,514$。

(5) 由 Q 求透镜各面规化的曲率

$$\rho_1 = Q + \frac{n_1}{n_1-1}\varphi_1 = 4.083\,514 + \frac{1.6164}{1.6164-1} \times (-1.095\,808) = 1.209\,951$$

$$\rho_2 = Q + \varphi_1 = 4.083\,514 - 1.095\,808 = 2.987\,706$$

$$\rho_3 = Q + \frac{n_2}{n_2-1}\varphi_1 - \frac{1}{n_2-1} = 4.083\,514 + \frac{1.4874}{1.4874-1} \times (-1.095\,808) - \frac{1}{1.4874-1} = -1.312\,269$$

(6) 计算各面曲率半径

$$r_1 = \frac{f'}{\rho_1} = \frac{36.5625\text{ mm}}{1.209\,951} = 30.2187\text{ mm}, \quad r_2 = \frac{f'}{\rho_2} = \frac{36.5625\text{ mm}}{2.987\,706} = 12.237\,65\text{ mm},$$

$$r_3 = \frac{f'}{\rho_3} = \frac{36.5625\text{ mm}}{-1.312\,269} = -27.862\,05\text{ mm}$$

(7) 像差计算。将以上计算结果整理如下：

$$y = -1\text{ mm}, \qquad L_1 = -48.75\text{ mm}, \qquad \sin U_1 = -0.1, \qquad L_{z1} = -0.001\text{ mm}$$

r/mm	d/mm	n_D	n_F	n_C
30.219				
	0	1.6164	1.628\,54	1.611\,60
12.238				
	0	1.4874	1.492\,27	1.485\,31
−27.862				

经过光线光路计算，求得焦距，像方孔径角以及要校正的像差数据如下：

$$f' = 36.5625\text{ mm}, \quad u'_3 = 0.033\,333$$

$$\delta L'_m = 4.209\,61\text{ mm}, \quad \delta L'_{0.7h} = 1.5702\text{ mm}, \quad SC'_m = 0.00126$$

$$SC'_{0.7h} = 0.000\,39, \quad W_{FCm} = 0.000\,42\text{ mm}, \quad W_{FC0.7h} = 0.000\,10\text{ mm}$$

$$焦深 = \frac{\lambda}{n'_3 \sin^2 U'_3} = \frac{0.000\,589\,3}{0.033\,333^2}\text{ mm} = 0.5304\text{ mm}，球差及波色差需进行校正。$$

(8) 校正像差。计算实际像差的同时，求得各面初级像差分布系数参见表 19.8。

由此可得初级球差 $\delta L' = 0.842\,04\text{ mm}$，相应高级球

$\delta L' = \delta L'（实际）-\delta L'（初级）= 4.209\,61\text{ mm} -$
$0.842\,04\text{ mm} = 3.367\,57\text{ mm}$，而波色差对于近轴区附近
的光束有如下关系：

$$W_{FC} = \sum_1^2 (D-d)dn = -\frac{1}{2}\sum_1^3 C_I$$

表 19.8　各面初级像差分布系数

折射面序号	S_I	S_{II}	C_I
1	0.033\,221	0.002\,607	0.013\,272
2	−0.047\,109	−0.001\,499	−0.018\,30
3	0.012\,017	−0.001\,183	0.004\,751
总　和	−0.001\,871	−0.000\,075	−0.000\,006

现在波色差 $W_{FC} = 0.000\,42\text{ mm}$，为此系统需要有意识地产生负的初级球差及 $\sum_1^3 C_I$ 负值降低下来，从而使实际球差和波色差 W_{FC} 降低下来。由表 19.8 可知第二面对 S_I 及 C_I 均为灵敏面，即该面对像差贡献大，而且都是负值。所以只要改变该面曲率半径，使负值球差和波色差同时降低，即可达到校正像差目的。第二面的 S_I 可写成如下形式：

$$S_I = l_2 u_2 n_2 i_2 (i_2 - i'_2)(i'_2 - u_2) = l_2 u_2^4 n_2 \left(\frac{l_2-r_2}{r_2}\right)^2 \left(1 - \frac{n_2}{n'_2}\right)\left(\frac{n_2}{n'_2}\frac{l_2-r_2}{r_2} - 1\right)$$

增大第二面曲率半径使负值 S_I 和 W_{FC} 降低下来，为了保证倍率不变，用对 S_I，C_I 贡献最小的面保证 u'_3 不变，即保证放大率不变。经过修改后的结构参数和经过光路计算求得的焦距、像方孔径角及要校正的像差数据如下：

$$y = -1\text{ mm}, \qquad L_1 = -48.75\text{ mm}, \qquad \sin U_1 = -0.1, \qquad L_{z1} = -0.001\text{ mm}$$

r/mm	d/mm	n_D	n_F	N_C
30.218				
	0	1.6164	1.628 44	1.611 60
13.00				
	0	1.4874	1.492 27	1.485 31
−28.882				

$$f' = 36.5620 \text{ mm}, \quad u_3' = 0.033\ 335$$

$$\delta L_m' = -0.104\ 50 \text{ mm}, \quad \delta L_{0.7h} = -0.640\ 94 \text{ mm}, \quad SC_m' = -0.000\ 11, \quad SC_{0.7h}' = -0.000\ 23$$

$$W_{FCm} = -0.000\ 12 \text{ mm}, \quad W_{FC0.7h} = -0.000\ 15 \text{ mm}, \quad \delta L_m (高级) = 2.126\ 688 \text{ mm}$$

初级像差分布系数参见表 19.9。

由上述计算可知，带光轴向球差是由于孔径高级球差所造成的，其量稍大于焦深，有待进一步校正。接下来薄透镜变换成厚透镜后，如像差变化较大还需继续校正。在此不再赘述。

表 19.9 初级像差分布系数

折射面序号	S_I	S_{II}	C_I
1	0.033 221	0.002 607	0.013 272
2	−0.039 306	−0.001 329	−0.016 973
3	0.011 044	−0.001 120	0.004 610
总 和	0.004 958	0.000 157	0.000 909

习题

19.1 一个双胶合薄透镜组成的望远物镜 $f' = 1000$ mm，$y' = 13.6$ mm，$D/f' = 1/10'$，孔径光阑与物镜框重合，且设 $\mathbf{P}^\infty$，$\mathbf{W}^\infty$ 均等于 0.1，$\mathbf{C}_I = 0.001$，设 $\mu = 1/1.6$，试求其 7 种初级像差值。

19.2 已知一双胶合透镜用 ZF2（$n_D = 1.6725$，$v = 32.2$）和 K9（$n_D = 1.5163$，$v = 64.1$）两种玻璃组合，在其近轴区消除位置色差，当 W^∞ 分别为 0、−1 和 −3 时，试求冕牌玻璃在前和火石玻璃在前两种情况下胶合面的曲率半径。

19.3 试设计一个 $f' = 200$ mm，$D/f' = 1/5$，$\tan \omega = -0.017\ 455$ 的双胶合望远物镜的初始结构。

19.4 设计一个共轭距为 195 mm，垂轴放大率为 $-4^\times$，数值孔径为 0.1 的显微物镜，用 PW 方法求其初始解。

19.5 已知两对傅里叶变换物镜的共轭位置（$l_1 = -\infty$，$l_k' = f'$ 及 $l_1 = -f$，$l_k' = \infty$），当 $\sum S_I = \sum S_{Iz}$，$\left|\sum S_{II}\right| = \left|\sum S_{IIz}\right|$，$\sum S_{III} = \sum S_{IIIz} = 0$ 时，试证明

$$\mathbf{P}^\infty = 1 + \mu, \quad \mathbf{W}^\infty = -\left(1 + \frac{1}{2}\mu\right), \quad \sum S_I = \sum S_{Iz} = J^2\Phi(1+\mu), \quad \sum S_{II} = -\sum S_{IIz} = \frac{1}{2}J^2\Phi\mu$$

19.6 试设计一个双分离式傅里叶变换物镜，输入面直径为 30 mm，频谱面直径为 30 mm，分别位于该物镜的物方和像方焦平面上，输入面用 $\lambda = 0.6328$ μm，He-Ne 激光的准直光束照明，当有 $\sum S_I = \sum S_{Iz}$，$\left|\sum S_{II}\right| = \left|\sum S_{IIz}\right|$，$\sum S_{III} = \sum S_{IIIz} = 0$ 时，试求其初始结构，玻璃可用 ZF7 和 K9 组合。

第20章　光学系统设计示例

上章所述 PW 方法不仅可以对简单光学系统的初始结构求解，也可以用于求解复杂的光学系统。本章将以平场显微物镜和双高斯型物镜为例来讨论其初始结构的设计方法。另外，对变焦距物镜的高斯光学做简明的叙述。

复杂物镜设计时，结构形式的确定是非常重要的，选取过于简单的结构形式，不可能达到预期的像质。选取过于复杂的结构，又使造价倍增。为此，在确定一个系统结构时，要参考已有的物镜资料，按所要求的焦距、相对孔径和视场等及使用要求，选取合适的结构形式。

进行光学设计也有两种不同方法：一种是把已有物镜的结构形式作为初始结构，进行像差校正；另一种是根据所选定的结构形式，按初级像差理论求解初始结构，再进行像差校正。为能够更深入地理解像差与光学系统结构的依赖性，本章主要讨论后一种方法。

像差校正有两种方法：一是人工单因素校正，即由设计者根据系统像差情况，改变系统的一个结构参数(r, d, n)，再进行光路计算，重复这样的过程，直至达到满意的成像质量为止；二是用计算机和光学设计软件，按优化理论和统计理论对光学系统各个参数同时给出不同的改变量，进行像差校正，重复多次运算（每次运算称为一次迭代），可达到满意的像质，称为像差自动平衡。也有人先对初始结构做像差自动平衡，再做人工单因素校正。

20.1　中倍平场显微物镜设计

20.1.1　用 PW 方法进行中倍平场显微物镜设计

表征显微物镜性能的主要参数有数值孔径(NA)、放大率和线视场。放大率越高，数值孔径(NA)越大，分辨率也越高，其结构就越复杂。一般显微物镜校正轴上点像差即可满足应用要求。但有时（如显微摄影）因像面弯曲未能校正，视场边缘得不到应有的成像质量，因此必须采用平视场物镜。

本节以一个中倍平视场物镜为例，说明其设计原理。设该显微物镜有以下技术要求：放大率 $\beta = -25^x$，数值孔径 NA $= 0.4$，共轭距离 $L = 195$ mm，物方线视场 $y = 1$ mm，工作距离大于 1 mm。

该系统主要设计步骤如下（尺寸单位均为 mm）。

1. 按技术要求选取合适的结构形式

上述给定的技术要求为：当 $\beta = -25$，NA $= 0.4$，即 $u_1 = n \sin U_1 = -0.4$，相应的像方孔径角 $u' = -0.016$，物镜的总偏角 $\delta = u' - u_1 = 0.416$。通常消色差的双胶合物镜所能负担的偏角小于 0.15，单透镜所能负担的偏角小于 0.20，否则将引起大量的高级像差。因此，上述系统最简单的结构是由两个双胶合透镜加上一个单透镜组成的，如图20.1所示。

由于这种系统是正光焦度分离的结构，其匹兹万和数 S_{IV} 是较大的正值。为了平视场，系统中应引入能产生负值 S_{IV} 的弯月形厚透镜，同时要求它能负担一定的正偏角，如图20.2所示的系统。

由于引入厚透镜，物镜工作距离将明显减小。为此可将最后的双胶合透镜分离，且将负透镜放在最后，使系统合成主面外移，以获得较大的工作距离，如图20.3所示。因为正的高级球差总是由胶合透镜的胶合面所产生的，适当增加正透镜的偏角负担，以产生负值高级球差与之相平衡。若各透镜偏角选择合适，则物镜的高级球差将得到很好的平衡。

2．系统的高斯光学计算

为了便于控制共轭距离，显微物镜设计时往往把实际像方作为物方，如图20.4所示，它是图20.3的简化表示。

(1) 偏角分配

物镜总偏角 $\delta=0.416$，取负透镜偏角-0.1，正透镜偏角为0.18，双胶合透镜偏角为0.13，厚透镜偏角为0.206，并取物距 $l=-167$ mm，透镜之间空气间隔如图20.4所示。孔径光阑暂放在负透镜上。以上数据的选取要使各透镜不致有过大的 φ 值（有过小 r 值而产生大的高级像差），也不应使厚透镜有过小的后工作距离，否则，需重新分配偏角。

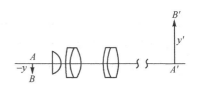

图20.1 所选定的平场显微物镜结构示意图

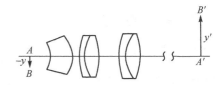

图20.2 为校正 S_{IV}，前片改为弯月形厚透镜

(2) 高斯光学计算

由几何光学可知，透镜组偏角和光线在透镜上的高度可由式(20.1)求得：

$$\begin{cases} u_i' - u_i = h_i \varphi_i \\ h_{i+1} = h_i - d_i u_{i+1} \end{cases} \tag{20.1}$$

求各薄透镜的光焦度及第一近轴光线在各薄透镜组上的高度。由图20.4可得

$$h_1 = l_1 u_1 = -167 \text{ mm} \times (-0.016) = 2.672 \text{ mm}$$

由式(20.1)可得 $\varphi = \dfrac{u_1' - u_1}{h_1} = \dfrac{-0.1}{2.672 \text{ mm}} = -0.037\,435 \text{ mm}^{-1}$

$$u_2 = u_1' = -0.1 + u_1 = -0.1 - 0.016 = -0.116$$

$$h_2 = h_1 - d_1 u_2 = 2.672 \text{ mm} - 5 \text{ mm} \times (-0.116) = 3.252 \text{ mm}$$

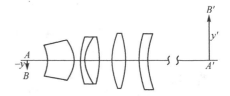

图20.3 双胶合透镜分离使系统合成主面外移

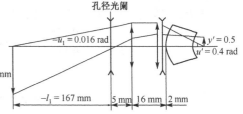

图20.4 平场显微物镜结构示意图

同理可得 $\varphi_2 = 0.055\,350\,5 \text{ mm}^{-1}$，$u_3 = u_2' = 0.064$，$h_3 = h_2 - d_2 u_3 = 2.228 \text{ mm}$，$\varphi_3 = 0.058\,348\,3 \text{ mm}^{-1}$，$u_3' = 0.194$，$l_3' = h_3 / u' = 2.228 / 0.194 \text{ mm} = 11.484\,53 \text{ mm}$，$l_4 = l_3' - d_3 = 11.484\,53 \text{ mm} - 2 \text{ mm} = 9.484\,53$ mm（厚透镜物距）

求主光线在各薄透镜组上的高度。由图20.4可求得物方半视场高度：

$$y = -25 \text{ mm} \times 0.5 = -12.5 \text{ mm}, \quad u_{z1} = -y/l_1 = 12.5/-167 = -0.074\,853, \quad h_{z1} = l_{z1} u_{z1} = 0$$

$$u_{z2} = u_{z1}' = u_{z1} + h_{z1} \varphi_1 = -0.074\,853 + 0 = -0.074\,853$$

$$h_{z2} = h_{z1} - d_1 u_{z1} = 0 - 5 \text{ mm} \times (-0.074\,853) = 0.374\,265 \text{ mm}$$

同理可得 $\quad u_{z3} = -0.054\,132\,7$，$h_{z3} = 1.240\,46 \text{ mm}$，$u_{z4} = 0.018\,241\,5$。

$$l_{z3}' = h_{z3} / u_{z3}' = 1.240\,46 \text{ mm} / 0.018\,241\,5 = 68.002\,28 \text{ mm}$$

$$l_{z4} = l_{z3}' - d_3 = 68.002\,28 \text{ mm} - 2 \text{ mm} = 66.002\,28 \text{ mm}$$

厚透镜参数的确定在后面专门叙述。

3．列出系统的初级像差方程组

为了计算方便，将上述计算结果列成表，如表 20.1 所示。

拉氏不变量 $J = nuy = 1 \times (-0.016) \times (-12.5) = 0.2$。

由式(19.10)可得

表 20.1 高斯光学计算结果

i	$(h\varphi_i)$	$(h\varphi_i)^2$	$(h\varphi_i)^3$	h_i /mm	h_{zi} /mm	h_{zi}^2/mm
1	-0.1	0.01	-0.001	2.672	0	0
2	0.18	0.0324	0.005 832	3.252	0.374 265	0.140 074
3	0.13	0.0169	0.002 19	2.228	1.240 46	1.538 741

$$\begin{cases} \sum S_I = \sum h(h\Phi)^3 P + S_{IC} \\ \sum S_{II} = \sum h_z (h\Phi)^3 P + J \sum (h\Phi)^2 W + S_{IIC} \\ \sum S_{III} = \sum \dfrac{h_z^2}{h}(h\Phi)^3 P + 2J \dfrac{h_z}{h}(h\Phi)^2 W + J^2 \sum \Phi + S_{IIIC} \end{cases} \tag{20.2}$$

式中，S_{IC}，S_{IIC}，S_{IIIC} 分别为厚透镜的像差系数。将表20.1中的诸值代入式(20.2)，得

$$\begin{cases} \sum S_{\mathrm{I}} = -0.002\,672 P_1 + 0.018\,965\,6 P_2 + 0.004\,894\,9 P_3 + S_{\mathrm{I\,C}} \\ \sum S_{\mathrm{II}} = 0.002\,182\,7 P_2 + 0.002\,725\,3 P_3 + 0.002 W_1 + 0.006\,48 W_2 + 0.003\,38 W_3 + S_{\mathrm{II\,C}} \\ \sum S_{\mathrm{III}} = 0.000\,251\,2 P_2 + 0.001\,517\,3 P_3 + 0.0014915 W_2 + 0.003\,763\,7 W_3 + 0.003\,050\,55 + S_{\mathrm{III C}} \end{cases} \tag{20.3}$$

20.1.2 对各透镜组 PW 规范化

1. 第一块负透镜

由式(20.1)可得
$$\mathbf{u}_1 = \frac{u_1}{h_1 \varPhi_1} = \frac{-0.016}{-0.1} = 0.16$$

为了减小高级像差，其材料取高折射率的 ZF7，即 $n = 1.8060$，$v = 25.4$。由式(19.42)和式(19.43)可得

$$\mathbf{P}_0 = \frac{n}{(n-1)^2}\left[1 - \frac{9}{4(n+2)}\right] = 1.136\,36, \qquad \mathbf{P}_{\min} = \mathbf{P}_0 - \frac{n}{n+2}(\mathbf{u}_1 + \mathbf{u}_1^2) = 1.048\,29$$

$$\mathbf{W}_1 = \mathbf{W}_1^\infty - \mathbf{u}_1\left(2 + \frac{1}{n}\right) = \mathbf{W}_1^\infty - 0.408\,597 \tag{20.4}$$

$$\mathbf{P}_1 = \mathbf{P}_{\min} + \left[1 - \frac{1}{(n+1)^2}\right]\left[\mathbf{W}_1 + \frac{1}{2(n+2)}(1+2\mathbf{u}_1)\right]^2 = 0.872\,99\left|\mathbf{W}_1^\infty\right|^2 - 0.410\,633\mathbf{W}_1^\infty + 1.096\,58 \tag{20.5}$$

2. 第二块正透镜

正透镜取重冕玻璃 ZK3，其 $n = 1.5819$，$v = 61.2$，则

$$\mathbf{u}_2 = \frac{u_2}{h_2 \varPhi_3} = \frac{-0.116}{0.18} = -0.644\,444, \qquad \mathbf{P}_0 = 1.708\,45, \qquad \mathbf{P}_{\min} = 1.606\,99$$

$$\mathbf{W}_2 = \mathbf{W}_2^\infty + 1.694\,43 \tag{20.6}$$

$$P_2 = 0.850\,723\left|\mathbf{W}_2^\infty\right|^2 + 2.814\,51\mathbf{W}_2^\infty + 3.934\,85 \tag{20.7}$$

3. 双胶合透镜组

$$\mathbf{u}_3 = \frac{u_3}{h_3 \varPhi_3} = \frac{0.064}{0.13} = 0.492\,328$$

式(19.7)可求得
$$\mathbf{P}_3 = \mathbf{P}_3^\infty - u_3(4\mathbf{W}_3^\infty + 1) + u_3^2(3 + 2\mu) = \mathbf{P}_3^\infty - 1.96931\mathbf{W}_3^\infty + 0.549\,934 \tag{20.8}$$

$$\mathbf{W}_3 = \mathbf{W}_3^\infty - u_3(2 + \mu) = \mathbf{W}_3^\infty - 1.304\,67 \tag{20.9}$$

式中，μ 取 0.65。

4. 厚透镜参数的确定

由式(2.8)可知
$$\rho = \frac{1}{r} = \frac{n'u' - nu}{h(n' - n)} \tag{20.10}$$

如图 20.5 所示，厚透镜第一面曲率为 ρ_4，第一近轴光线在厚透镜第一面高度为 h_4，厚透镜第二面曲率为 ρ_3，第一近轴光线在厚透镜第二面上高度为 h_5。厚透镜的折射率和厚度分别为 n 和 d，则由式(20.10)可得厚透镜的偏角

$$\Delta u' = u_5' - u_4 = h_4 \rho_4 (n-1) + h_5 \rho_5 (1-n) \tag{20.11}$$

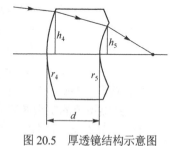

图 20.5 厚透镜结构示意图

由像差理论可知，厚透镜 S_{IV} 和 C_{I}，C_{II} 值分别为

$$S_{\mathrm{IV}} = J^2 \frac{n-1}{n}(\rho_4 - \rho_5) \tag{20.12}$$

$$C_{\mathrm{I}} = \sum hni\left(\frac{\mathrm{d}n'}{n'} - \frac{\mathrm{d}n}{n}\right) = \sum h\frac{u'-u}{\dfrac{1}{n} - \dfrac{1}{n'}}\left(\frac{\mathrm{d}n'}{n'} - \frac{\mathrm{d}n}{n}\right) = \frac{\mathrm{d}n/n}{1 - \dfrac{1}{n}}\left[h_4(u_4' - u_4) + h_5(u_5' - u_5)\right]$$

$$= \frac{1}{v}\left[h_4(u_4' - u_4) + h_5(u_5' - u_5)\right] \tag{20.13}$$

$$C_{II} = \frac{1}{v}\left[h_4(u_4' - u_4)\frac{i_{z4}}{i_4} + h_5(u_5' - u_5)\frac{i_{x5}}{i_5} \right] \tag{20.14}$$

由式(20.11)、式(20.13)和式(20.14)可知，厚透镜的 n 越大，它所负担的偏角也越大，厚透镜的 v 值越大，其位置色差和倍率色差越小。综上所述，厚透镜的材料取重火石玻璃 ZbaF3，即 $n = 1.6568$，$v = 51.1$。

为求出厚透镜的 S_{IV}，首先要求出薄透镜的 S_{IV}，它可由下式求得：

$$S_{IV} = J^2 \sum \frac{\varPhi}{n} = 0.04 \times \left(\frac{-0.037\,435}{1.8060} + \frac{0.055\,350\,5}{1.5891} + 0.583\,483 \times 0.65 \right) = 0.002\,081$$

式中，双胶合薄透镜的 $1/n = \mu = 0.65$；n 为双胶合薄透镜的等效折射率。为了使系统加入厚透镜后，仍保持 S_{IV} 为一个正量。所以取厚透镜的 $S_{IV} = -0.001\,58$。

由式(20.11)和式(20.12)可知，两个方程式中有三个变数 ρ_4，ρ_5 和 h_5，为此还需给定一个条件。让 ρ_4 满足不晕条件，不晕面的曲率半径可由 12.7.5 节中公式求得：

$$r_4 = \frac{l_4 n}{n + n'}$$

将上面求得的值及确定的已知数代入上式，得 $r_4 = \dfrac{9.484\,53 \text{ mm} \times 1}{1 + 1.6568} = 3.56 \text{ mm}$。

为了校正系统的正像散，使此面稍偏离不晕条件，取 $r_4 = 3.6 \text{ mm}$，即 $\rho_4 = 0.2778 \text{ mm}^{-1}$。而 $h_4 = l_4 u_4 = 9.484\,53 \times 0.194 \text{ mm} = 1.84 \text{ mm}$。将 r_4, h_4 代入式(20.11)和式(20.12)，得

$$1.84 \times 0.2778 \times (1.6568 - 1) + h_5 \rho_5 (1 - 1.6568) = 0.206$$

$$0.04 \text{ mm} \times \frac{1.6568 - 1}{1.6568} \times (0.2778 \text{ mm}^{-1} - \rho_5) = -0.001\,58$$

解上述两个联立方程式，可以求得

$$\rho_5 = 0.377\,44 \text{ mm}^{-1}, \quad \text{即 } r_5 = 2.65 \text{ mm}, \quad h_5 = 0.5233 \text{ mm}$$

工作距离为 $\qquad l_5 = h_5 / u_5 = 0.5233 \text{ mm} / 0.4 = 1.31 \text{ mm}$

结果满足技术要求。

利用图20.5和式(20.10)可得厚透镜厚度 d 的公式：

$$d = \frac{n(h_4 - h_5)}{u_5' - h_5 \rho_5 (1 - n)} \tag{20.15}$$

式中，n 为厚透镜折射率。

将已知值代入式(20.15)，可求得其厚度：$d = \dfrac{1.6568 \times (1.84 - 0.5233) \text{ mm}}{0.4 - 0.5233 \times 0.3774 \times (1 - 1.6568)} = 4.12 \text{ mm}$

到此为止，厚透镜结构参数计算完毕，整理如下：

$$r_4 = 3.6 \text{ mm}, \quad d = 4.12 \text{ mm}, \quad n = 1.6568, \quad v = 51.1, \quad r_5 = 2.65 \text{ mm}$$

5. 厚透镜初级像差系数的计算

上面已求得 $\qquad l_4 = 9.484\,53 \text{ mm}$，$u_4 = 0.194$，$l_{z4} = 66.002\,28 \text{ mm}$，$u_{z4} = 0.018\,241\,5$

通过近轴光线追迹，便可求得其初级像差系数：

$S_{IC} = 0.004\,262\,9$，$C_{IC} = 0.005\,347\,8$，$S_{IIC} = -0.003\,374\,1$，$S_{IIC} = 0.003\,924\,5$，$S_{IIIC} = 0.002\,086\,57$

6. 求解初级像差方程组

将式(20.4)、式(20.5)、式(20.6)、式(20.7)、式(20.8)、式(20.9)和厚透镜初级像差系数代入式(20.3)，得

$$\sum S_I = -0.002\,332\,6 \mathbf{W}_1^{\infty 2} + 0.001\,097\,2 \mathbf{W}_1^{\infty} + 0.016\,134\,5 \mathbf{W}_2^{\infty 2} + 0.053\,378\,8 \mathbf{W}_2^{\infty} +$$
$$0.004\,894\,91 \mathbf{P}_3^{\infty} - 0.009\,639\,6 \mathbf{W}_3^{\infty} + 0.082\,499\,6$$

$$\sum S_{\mathrm{II}} = 0.002\mathbf{W}_1^{\infty} + 0.001\,856\,87\mathbf{W}_2^{\infty 2} + 0.012\,623\,2\mathbf{W}_2^{\infty} + 0.002\,725\,3\mathbf{P}_3^{\infty} - 0.001\,986\,96\mathbf{W}_3^{\infty} + 0.012\,909\,1$$

$$\sum S_{\mathrm{III}} = 0.000\,213\,7\mathbf{W}_2^{\infty 2} + 0.002\,198\,5\mathbf{W}_2^{\infty} + 0.001\,517\,3\mathbf{P}_3^{\infty} + 0.000\,775\,67\mathbf{W}_3^{\infty} + 0.004\,627\,8$$

从上述方程组可以看出，三个方程式中有四个变量，应该有无穷多解。但是，双胶合透镜组应该挑选使 $\left|\mathbf{W}_3^{\infty}\right|$ 及 $\mathbf{P}_0$ 尽可能小的解。通常，$\left|\mathbf{W}_3^{\infty}\right|$ 不宜大于 3.5，否则胶合面过于弯曲而产生大量高级像差。为此取 $\mathbf{W}_3^{\infty} = 0$，以使双胶合透镜组的 $\mathbf{P}_3^{\infty}$ 趋向极小值。解之得一组可行解：

$$\mathbf{W}_1^{\infty} = 3.8, \qquad \mathbf{W}_2^{\infty} = -1.65, \qquad \mathbf{P}_3^{\infty} = -1.2$$

将以上各值代入上述方程组，得 $\sum S_{\mathrm{I}} = 0.002\,744\,2$，$\sum S_{\mathrm{II}} = 0.000\,665\,7$，$\sum S_{\mathrm{III}} = -0.000\,238\,69$
求得的初级像差系数都比较小，可认为解是比较合理的。

7. 求各薄透镜组结构参数

(1) 第一块负透镜

已知第一块负透镜的 $\mathbf{W}_1^{\infty} = 3.8$，而 $n = 1.8060$。利用式(19.38)和式(19.39)，得

$$\mathbf{W}_1^{\infty} = \frac{n+1}{n}Q + \frac{1}{n-1} = 1.553\,71Q + 1.240\,695 = 3.8, \quad Q = 1.647\,22$$

式(19.35)乘以负透镜的光焦度，便可求得负透镜的实际曲率：

$$\rho_1 = \left(\frac{n}{n-1} + Q\right)\varphi_1 = \left(\frac{1.8060}{1.8060-1} + 1.64722\right) \times (-0.037\,435)\ \text{mm}^{-1} = -0.145\,544\ \text{mm}^{-1}$$

$$\rho_2 = (Q+1)\varphi = (1.647\,22+1) \times (-0.037\,435)\ \text{mm}^{-1} = -0.099\,098\,8\ \text{mm}^{-1}$$

相应的曲率半径为

$$r_1 = \frac{1}{\rho_1} = \frac{1}{-0.145\,544\ \text{mm}^{-1}} = -6.8708\ \text{mm}$$

$$r_2 = \frac{1}{\rho_2} = \frac{1}{-0.099\,098\,8\ \text{mm}^{-1}} = -10.0909\ \text{mm}$$

(2) 第二块正透镜

已知第二块正透镜 $\mathbf{W}_2^{\infty} = -1.65$，而 $n = 1.5891$，同理，可求得第二块透镜的有关参数：

$$\mathbf{W}_2^{\infty} = \frac{n+1}{n}Q + \frac{1}{n-1} = 1.629\,29Q + 1.6975 = -1.65, \quad Q = -2.5458$$

$$\rho_1 = \left(\frac{n}{n-1} + Q\right)\varphi_2 = 0.035\,586\,0\ \text{mm}^{-1}, \quad \rho_2 = (Q+1)\varphi_2 = -0.058\,371\,677\ \text{mm}^{-1}$$

相应曲率半径为 $\qquad r_1 = 28.1008\ \text{mm}, \qquad r_2 = -17.132\ \text{mm}$

(3) 第三组双胶合透镜

要求出双胶合透镜的结构参数，首先要确定它的色差系数 C_{I}，其步骤如下：

① 求双胶合薄透镜的色差系数 C_{I}　已求得厚透镜的初级色差系数 $C_{\mathrm{I\,C}} = 0.005\,347\,8$，取整个系统的初级色差系数 $\sum C_{\mathrm{I}}$ 为一个微小正量 0.0005，使在带孔径处消色差：

$$\sum C_{\mathrm{I}} = \sum\frac{h^2\varphi}{v} + C_{\mathrm{I\,C}} = \frac{h_1^2\varphi_1}{v_1} + \frac{h_2^2\varphi_2}{v_2} + C_{\mathrm{I}} + C_{\mathrm{I\,C}}$$

$$= \frac{2.672^2(-0.037\,435)}{25.4} + \frac{3.252^2 \times 0.055\,350\,5}{61.2} + C_{\mathrm{I}} + 0.005\,347\,8 = 0.0005$$

解得 $C_{\mathrm{I}} = -0.003\,89$。

② 求规化色差系数 $\mathbf{C}_{\mathrm{I}}$　由式(19.10)求得

$$\mathbf{C}_{\mathrm{I}} = \frac{C_{\mathrm{I}}}{h^2\Phi} = \frac{-0.003\,89}{2.228^2 \times 0.058\,348\,3} = -0.0134$$

③ 求薄透镜组的 $\mathbf{P}_0$ 值　可由式(19.31)求得，但由于冕牌玻璃在前还是火石玻璃在前未定，故 $\mathbf{W}_0$ 取

其中间值 -0.14，即

$$\mathbf{P}_0 = \mathbf{P}^\infty - 0.85(\mathbf{W}^\infty + 0.14)^2$$

将要求值 $\mathbf{P}_3^\infty = -1.2$，$\mathbf{W}_3^\infty = 0$ 代入上式，得 $\mathbf{P}_0 = -1.2 - 0.85 \times 0.14^2 = -1.22$。

(4) 根据 $\mathbf{P}_0$ 和 $\mathbf{C}_\mathrm{I}$ 值选玻璃

因为 $\mathbf{C}_\mathrm{I} = -0.0134$ 在《光学仪器设计手册》上册中查不出同时满足 $\mathbf{P}_0$ 和 $\mathbf{C}_\mathrm{I}$ 的玻璃对，为此使用试凑法即挑选不同玻璃对进行计算。下面挑选 ZK7 和 ZF7 玻璃组合，并采用冕牌玻璃在前，即

$$\text{ZK7:} \quad n_1 = 1.6130, \ v_1 = 60.6; \quad \text{ZF7:} \quad n_2 = 1.8036, \ v_2 = 25.4$$

在规范化条件下色差系数为

$$\mathbf{C}_\mathrm{I} = \frac{\varphi_1}{v_1} + \frac{\varphi_2}{v_2} = -0.0134 \tag{20.16}$$

当双胶合透镜光焦度 $\varPhi = 1$ 时，得 $\varphi_1 = 2.3$，$\varphi_2 = -1.3$。

(5) 求结构参数

由式(19.21)和式(19.23)可得

$$A = \frac{n_1 + 2}{n_1}\varphi_1 + \frac{n_2 + 2}{n_2}\varphi_2 = \frac{1.6130 + 2}{1.6130} \times 2.3 + \frac{1.8060 + 2}{1.8060} \times (-1.3) = 2.412\,183$$

$$B = \frac{3}{n_1 - 1}\varphi_1^2 - \frac{3}{n_2 - 1}\varphi_2^2 - 2\varphi_2 = \frac{3}{1.6130 - 1} \times 2.3^2 - \frac{3}{1.8060 - 1} \times (-1.3)^2 - 2 \times (-1.3) = 22.198\,75$$

$$C = \frac{n_1}{(n_1 - 1)^2}\varphi_1^3 + \frac{n_2}{(n_2 - 1)^2}\varphi_2^3 + \frac{n_2}{n_2 - 1}\varphi_2^2$$

$$= \frac{1.6130}{(1.6130 - 1)^2} \times 2.3^2 + \frac{1.8060}{(1.8060 - 1)^2} \times (-1.3)^3 + \frac{1.8060}{1.8060 - 1} \times (-1.3)^2 = 49.9062$$

由式(19.20)和式(19.22)可得

$$\mathbf{W}_3^\infty = \frac{A + 1}{2}Q + \frac{B - \varphi_2}{3} = \frac{2.412\,183 + 1}{2}Q + \frac{22.198\,75 - (-1.3)}{3} = 1.706\,097Q + 7.832\,917 = 0$$

$$Q = -4.591\,132$$

由式(19.19)可得

$$\mathbf{P}_3^\infty = AQ^2 + BQ + C$$

$$= 2.412\,183 \times (-4.591\,132)^2 + 22.198\,75 \times (-4.591\,132) + 49.9062 = -1.1660$$

它与要求值 -1.2 比较接近，可认为此对玻璃选得合适。

下面按式(19.13)、式(19.14)和式(19.15)计算胶合透镜：

$$\rho_1 = \frac{n_1 \varphi_1}{n_1 - 1} + Q = \frac{1.6130 \times 2.3}{1.6130 - 1} - 4.591\,132 = 1.460\,906, \quad \rho_2 = \varphi_1 + Q = 2.3 - 4.591\,132 = -2.291\,132$$

$$\rho_3 = \frac{n_2}{n_2 - 1}\varphi_1 + Q - \frac{1}{n_2 - 1} = \frac{1.8060}{1.8060 - 1} \times 2.3 - 4.591\,132 + \frac{1}{1.8060 - 1} = -0.678\,223$$

根据高斯光学计算中求得的 $\varphi_3 = 0.058\,348\,3\ \mathrm{mm}^{-1}$，相应的曲率半径可按式(19.34)求得：

$$r_1 = \frac{1}{\rho_1 \varphi_3} = 11.731\ \mathrm{mm}, \quad r_2 = \frac{1}{\rho_2 \varphi_3} = -7.480\ \mathrm{mm}$$

$$r_3 = \frac{1}{\rho_3 \varphi_3} = -25.270\ \mathrm{mm}$$

设孔径光阑在后焦面附近，根据上述计算，除厚透镜以外的薄透镜系统结构参数如表 20.2 所示。

(6) 由薄透镜变成厚透镜

如图 20.4 所示，薄透镜的物距是在有限远，上章所讲的薄透镜变为厚透镜时曲率半径的计算公式(19.47)只适用于无限远，为此必须另行推导。

表 20.2　系统中薄透镜部分的结构参数

r/mm	d/mm	n_D	玻璃
-6.871			
	0	1.8060	ZF7
-10.091			
	5	1.0	
28.101			
	0	1.5891	ZK3
-17.132			
	16	1.0	
11.731			
	0	1.6130	ZK7
-7.480			
	0	1.8060	ZF7
-25.270			

① 单透镜变换为厚透镜

(a) 单透镜变换公式

由几何光学可知，厚透镜的主平面位置可按下式求得：

$$l'_H = -\frac{n-1}{n\varphi}d\rho_1, \qquad l_H = -\frac{n-1}{n\varphi}d\rho_2$$

由图20.6可得

$$h_1 = h + l_H u_1 \tag{20.17}$$

$$h_2 = h + l'_H u_3 \tag{20.18}$$

将式(20.10)和上面 l'_H 及 l_H 的表示式代入式(20.17)和式(20.18)，得

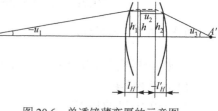

图 20.6　单透镜薄变厚的示意图

$$\begin{cases} h_1 = h - \dfrac{(n-1)\mathrm{d}\rho_2 u_1}{n\varphi} = h - \dfrac{(nu_2 - u_3)\mathrm{d}u_1}{n\varphi h_2} \\[2mm] h_2 = h - \dfrac{(n-1)\mathrm{d}\rho_1 u_3}{n\varphi} = h - \dfrac{(nu_2 - u_1)\mathrm{d}u_3}{n\varphi h_1} \end{cases} \tag{20.19}$$

若薄透镜的 φ, u_1, u_2, u_3 和 n 为已知数，当把薄透镜变为厚度为 d 的厚透镜时，需要保持 u_1, u_2, u_3 及第一近轴光线在主平面上的入射高度不变，为求得该厚透镜的曲率半径，应先求出第一近轴光线在此厚透镜两个折射面上的入射高度 h_1 和 h_2。而式(20.19)是一个二元二次方程组，求解过程比较烦琐，为方便计算，采用近似计算方法，即先使式(20.19)右边的 h_1 和 h_2 等于 h，并将 $h\varphi$ 用式(20.1)表示，则得

$$\begin{cases} h_1 = h - \dfrac{(nu_2 - u_3)\mathrm{d}u_1}{n(u_3 - u_1)} \\[2mm] h_2 = h - \dfrac{(nu_2 - u_1)\mathrm{d}u_3}{n(u_3 - u_1)} \end{cases} \tag{20.20}$$

按此求得 h_1 和 h_2 的近似值后，由式(20.10)求得厚透镜的半径 r_1 和 r_2 的近似值。在精确度要求不高的情况下，此近似值就可作为初始解的结构参数。反之，则将求得的 r_1 和 r_2 值代入 l'_H 和 l_H 的表示式，求得一组新的 l'_H 和 l_H，并利用式(20.17)和式(20.18)再次计算 h_1 和 h_2，将其代入式(20.20)右端求其二级近似值。再重复一次上述计算，便能得到预期的精确度。

(b) 数值计算

计算过程是先对薄透镜计算第一近轴光线，求出光线经过透镜时每面上的 u 角及 h，根据各透镜的实际孔径按上章所述方法确定各透镜厚度。然后可按式(20.20)和式(20.10)求得变为厚透镜后的各面曲率半径。

利用表 20.1 求得各薄透镜的通光口径，再由表 19.4 可求得它们的实际孔径，由此可求出各透镜的厚度如下：

第一块负透镜：$d=1$ mm；第二块正透镜：$d=2$ mm；双胶合组正透镜：$d=2.4$ mm；双胶合组负透镜：$d=1.2$ mm

下面以第二块正透镜的计算来说明透镜变厚后曲率半径的计算方法。由近轴光光路计算得 $u_1 = -0.116\,045$, $u_2 = -0.030\,104\,5$, $u_3 = 0.063\,99$（接近于高斯光学计算中的 0.064，说明薄透镜的曲率半径计算无误）。将 $d=2$ mm、透镜的折射率 $n=1.5891$ 及上面各 u 角值代入式(20.20)和式(20.10)，得

$$h_1 = h - \frac{(nu_2 - u_3)\mathrm{d}u_1}{n(u_3 - u_1)}$$

$$= 3.252 \text{ mm} - \frac{[1.5891 \times (0.030\,104\,5) - 0.063\,99] \times 2 \text{ mm} \times (-0.116\,014\,5)}{1.5891 \times [0.063\,99 - (-0.116\,014\,5)]} = 3.161\,289 \text{ mm}$$

$$h_2 = h - \frac{(nu_2 - u_1)\mathrm{d}u_3}{n(u_3 - u_1)}$$

$$= 3.252 \text{ mm} - \frac{[1.5819 \times (-0.030\,104\,5) - (-0.116\,014\,5)] \times 2 \text{ mm} \times 0.063\,99}{1.5819 \times [0.063\,99 - (-0.116\,014\,5)]} = 3.221\,497\,5 \text{ mm}$$

$$r_1 = \frac{n_1(n_1' - n_1)}{n_1' u_1' - n_1 u_1} = \frac{3.161\,289\,\text{mm} \times (1.5891 - 1)}{1.5891 \times (-0.030\,104\,5) - 1 \times (-0.116\,014\,5)} = 27.3165\,\text{mm}$$

$$r_2 = \frac{h_2(n_2' - n_2)}{n_2' u_2'} = \frac{3.221\,497\,5\,\text{mm} \times (1 - 1.5891)}{1 \times 0.063\,99 - 1.5891 \times (-0.030\,104\,5)} = -16.9704\,\text{mm}$$

同理可求得第一块负透镜的曲率半径。由表20.1查得 $h = 2.672$，并已算得 $u_1 = -0.016$，用近轴光线计算可得 $u_2 = -0.182\,438$，$u_3 = -0.116\,060$，则可得 $r_1 = -6.8145\,\text{mm}$，$d = 1\,\text{mm}$，$r_2 = -10.8450\,\text{mm}$。

② 双胶合透镜变换为厚透镜

(a) 双胶合透镜变换公式

图20.7所示是一个双胶合厚透镜组的近轴光线光路图，h_1，h_2，h_3 分别为近轴光线在三个折射面上交点高度，HQ 和 $H'Q'(= h)$ 分别为合成物方和像方主平面上交点的高度。l_H 表示合成物方主平面离开第一折射面距离，相应 l_H' 表示合成像方主平面离开第三折射面的距离。由相应的三角形可得

$$\begin{cases} h_1 = h + l_H u_1 \\ h_3 = h + l_H' u_4 \end{cases} \tag{20.21}$$

$$h_2 = h_1 - d_1 u_2 = h_3 + d_2 u_3 \tag{20.22}$$

式中，l_H 和 l_H' 可按下式求得：

$$l_H' = -\frac{(n_1 u_2 - u_1)d_1}{n_1(u_4 - u_1)} - \frac{(n_2 u_3 - u_1)d_2}{n_2(u_4 - u_1)} \tag{20.23}$$

$$l_H = -\frac{(n_1 u_2 - u_4)d_1}{n_1(u_4 - u_1)} - \frac{(n_2 u_3 - u_4)d_2}{n_2(u_4 - u_1)} \tag{20.24}$$

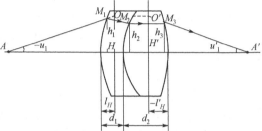

图 20.7 双胶合透镜近轴光线光路图

式中，n_1，n_2 和 d_1，d_2 分别为第一透镜和第二透镜的折射率和厚度。

由式(20.21)和式(20.22)求得 h_1，h_2，h_3 后，按式(20.10)可求得各折射面的曲率半径：

$$\begin{cases} r_1 = \dfrac{h_1(n_1 - 1)}{n_1 u_2 - u_1} \\[2mm] r_2 = \dfrac{h_2(n_2 - n_1)}{n_2 u_3 - n_1 u_2} \\[2mm] r_3 = \dfrac{h_3(n_2 - 1)}{n_2 u_3 - u_4} \end{cases} \tag{20.25}$$

(b) 数值计算

计算过程与单透镜相同，根据前面高斯光学计算的结果知，对双胶合薄透镜组，有 $h = 2.228\,\text{mm}$，$u_1 = 0.064$，用近轴光计算可得 $u_2 = 0.111\,854$，$u_3 = 0.068\,070$，$u_4 = 0.194$。已知正透镜厚度 $d = 2.4\,\text{mm}$，负透镜厚度 $d_2 = 1.2\,\text{mm}$。将以上各值及透镜折射率代入式(20.23)、式(20.24)、式(20.21)、式(20.22)和式(20.25)得双胶合透镜组的球面曲率半径如下：

$$r_1 = 11.905\,\text{mm}, d_1 = 2.4\,\text{mm};\ r_2 = -6.69\,\text{mm}, d_2 = 1.2\,\text{mm};\ r_3 = -21.6724\,\text{mm}$$

(c) 透镜间隔的确定

由式(20.20)可求得光线在第二和第三折射面上的高度 h_2 和 h_3，然后可按下式分别求得：

$$\begin{cases} l_2' = h_2 / u_2' \\ l_3 = h_3 / u_3 \end{cases} \tag{20.26}$$

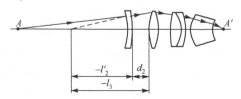

由图20.8可得第一块透镜和第二块透镜之间的间隔 $d_2 = l_2' - l_3$。其他透镜之间的间隔求法同上，不再重复。

8. 实际系统的结构参数和像差

根据上述计算结果，再加上盖玻片后，便得到一组供

图 20.8 求透镜间间隔示意图

校正像差用的结构参数，如表20.3所示。

表20.3　一组供校正像差
用的结构参数

以物高 $y = -12.5\,\text{mm}$ 、物距 $l_1 = -165.358\,\text{mm}$ ，物方孔径角 $u_1 = -0.016$ 进行光路计算，得 $u'_A = 0.4005$ 及主要像差如下：

$\delta L'_\text{m} = -0.000\,56\,\text{mm}$ ，　$\delta L'_{0.7h} = -0.001\,22\,\text{mm}$ ，　$SC'_\text{m} = 0.002\,26$

$SC'_{0.7h} = 0.000\,39$ ，　$W'_{\text{FCm}} = -0.000\,37\,\text{mm}$ ，　$W'_{\text{FC0.7h}} = -0.000\,22\,\text{mm}$

$x'_{s\omega} = -0.001\,157\,\text{mm}$ ，　$x'_{s0.7\omega} = -0.000\,629\,\text{mm}$ ，　$x'_{t\omega} = 0.000\,438\,\text{mm}$

$x'_{t0.7\omega} = 0.000\,043\,\text{mm}$ ，　$x'_{ts\omega} = 0.001\,596\,\text{mm}$ ，　$x'_{ts0.7\omega} = 0.000\,672\,\text{mm}$

$q_\text{m} = \delta Y'_z / y' = -1.37\%$ ，　$\Delta Y'_a = Y'_a - Y'_z = 0.0224\,\text{mm}$ ，　$\Delta Y'_b = Y'_b - Y'_z = 0.0015\,\text{mm}$

其焦深和焦宽分别为

$$\frac{\lambda}{n'_9 u'^2_9} = \frac{0.000\,56\,\text{mm}}{1 \times 0.4005^2} = 0.0035\,\text{mm}$$

$$\frac{\lambda}{n'_9 u'_9} = \frac{0.000\,56\,\text{mm}}{1 \times 0.4005} = 0.0014\,\text{mm}$$

r/mm	d/mm	玻璃
−6.915		
	1	ZF7
−10.845		
	2.73	
27.317		
	2	ZK3
−16.970		
	14, 57	
11.905		
	2.4	ZK7
−6.69		
	1.2	ZF7
−21.672		
	0.36	
3.60		
	4.12	ZBaF3
2.65		
	1	
∞		
	0.17	K9
∞		

由上述计算可知，细光束像散及子午场曲、弧矢场曲都在焦深范围内。但边缘光波色差大于 $\lambda/2$ ，SC'_m 近于容限 0.0025，子午光线的垂轴像差较大，特性曲线失对称严重，即有较大的子午彗差。针对上述像差情况进行人工校正。

(1) 边缘光波色差校正

为使色差改变尽可能小，用调换玻璃的方法校正边缘光的波色差，调换后的玻璃的 n_D 应等于或稍大于原玻璃的 n_D ，而 $n_\text{F} - n_\text{C}$ 值应有利于边缘光波色差的校正。把第三块透镜的玻璃由 ZK7 调换为 ZK9，即 n_D 由 1.6130 变为 1.6203。同时为了保持透镜每一面的光焦度不变，必须按以下公式改变透镜的半径：

$$\frac{r^*}{r} = \frac{n^{*'} - n^*}{n' - n} \tag{20.27}$$

式中，r ，r^* 为玻璃调换前、后的半径；$n^{*'}$ 和 n^* 为调换后像方和物方折射率；n' 和 n 为调换前像方和物方的折射率。根据式(20.27)可分别求得

$$r^*_5 = \frac{n^{*'}_5 - n^*_5}{n'_5 - n_5} r_5 = \frac{1.6203 - 1}{1.6130 - 1} \times 11.905\,\text{mm} = 12.04\,\text{mm}$$

$$r^*_6 = \frac{n^{*'}_6 - n^*_6}{n'_6 - n_6} r_6 = \frac{1.8060 - 1.6203}{1.8060 - 1.6130} \times (-6.69)\,\text{mm} = -6.44\,\text{mm}$$

经进光线光路计算得像差如下：

$\delta L'_\text{m} = 0.005\,43\,\text{mm}$ ，　$\delta L'_{0.7h} = 0.00123\,\text{mm}$ ，　$SC'_\text{m} = 0.004\,55$ ，　$SC'_{0.7h} = 0.001\,59$ ，

$W'_{\text{FCm}} = -0.000\,13\,\text{mm}$ ，　$W'_{\text{FC0.7h}} = -0.00012\,\text{mm}$ ，　$x'_{s\omega} = -0.000\,019\,\text{mm}$ ，　$x'_{s0.7\omega} = -0.000\,056\,\text{mm}$ ，

$x'_{t\omega} = 0.003\,037\,\text{mm}$ ，　$x'_{t0.7\omega} = 0.001\,722\,\text{mm}$ ，　$x'_{ts\omega} = 0.003\,746\,\text{mm}$ ，　$x'_{ts0.7\omega} = 0.001\,779\,\text{mm}$ ，

$q_\text{m} = \delta Y'_z / y' = -1.3\%$ ，　$\Delta Y'_a = Y'_a - Y'_z = 0.0326\,\text{mm}$ ，　$\Delta Y'_b = Y'_b - Y'_z = 0.001\,\text{mm}$

与初始结构的像差相比，边缘光色差降下来了，但正弦差及轴外子午垂轴像差 $\Delta Y'$ 上升了，且特性曲线失对称更加严重了。

(2) SC' 和 $\Delta Y'$ 的校正

由像差理论知道，正弦差 SC' 和轴外垂轴像差 $\Delta Y'$ 与孔径光阑的位置关系密切。在初始结构中，孔径光阑位于第一面，造成系统失对称严重。为此，将孔径光阑放在 r_4 后 7.5 mm 处，同时适当增大其间隔。

经过光线光路计算得像差如下：

$\delta L'_\text{m} = 0.004\,37\,\text{mm}$ ，　$\delta L'_{0.7h} = 0.000\,9\,\text{mm}$ ，　$SC_\text{m} = 0.003\,23$ ，　$SC'_{0.7h} = 0.001\,04$ ，

$W'_{\text{FCm}} = -0.000\,12\,\text{mm}$ ，　$W'_{\text{FC0.7h}} = -0.000\,11\,\text{mm}$ ，　$x'_{s\omega} = -0.000\,262\,\text{mm}$ ，　$x'_{s0.7\omega} = -0.000\,153\,\text{mm}$ ，

$x'_{t\omega} = 0.001\,350\,\text{mm}$ ，　$x'_{t0.7\omega} = 0.000\,978\,\text{mm}$ ，　$x'_{ts\omega} = 0.001\,552\,\text{mm}$ ，　$x'_{ts0.7\omega} = 0.001\,131\,\text{mm}$ ，

$q_\omega = \delta Y'_z / y' = -1.2\%$ ，　$\Delta Y'_a = Y'_a - Y'_z = 0.0131\,\text{mm}$ ，　$\Delta Y'_b = Y'_b - Y'_z = 0.0019\,\text{mm}$

与未校正的 $\Delta Y'$ 和 SC' 相比，二者都下降了，但还不够理想，可进一步校正。为此，将 SC' 的各面分布值列于表 20.4 中。

为进一步校正 SC'，由表 20.4 可以看出 r_1，r_4 对 SC' 贡献大，对这些半径稍做变化，SC' 变化灵敏，但是这些面 i_z/i 比值应该小，反之对已经校正的像散及畸变又要变坏。为此，可同时改变 r_1 和 r_4，并用 r_2 和 r_3 分别保证光焦度不变。改变后的结构参数如表 20.5 所示。

经过光线光路计算，求得各种像差如下：

$$\delta L'_{\mathrm{m}} = -0.004\,49 \text{ mm}, \quad \delta L'_{0.7h} = -0.002\,99 \text{ mm}, \quad SC'_{\mathrm{m}} = 0.002\,26, \quad SC'_{0.7h} = 0.000\,41,$$

$$W'_{\mathrm{FCm}} = 0.000\,02 \text{ mm}, \quad W'_{\mathrm{FC0.7h}} = -0.000\,03 \text{ mm}, \quad x'_{s\omega} = 0.000\,217 \text{ mm}, \quad x'_{s0.7\omega} = 0.000\,065 \text{ mm}$$

$$x'_{t\omega} = 0.002\,315 \text{ mm}, \quad x'_{t0.7\omega} = 0.001\,513 \text{ mm}, \quad x'_{ts\omega} = 0.002\,097 \text{ mm}, \quad x'_{ts0.7\omega} = 0.001\,447 \text{ mm}$$

$$q_\omega = \delta Y'_z / y' = -1.24\%, \quad \Delta Y'_a = Y'_a - Y'_z = 0.0083 \text{ mm}, \quad \Delta Y'_b = Y'_b - Y'_z = 0.0044 \text{ mm}$$

由以上结果可知球差大于焦深，为此，将 $\delta L'$ 各面分布值列于表 20.6 中。由表可知 r_1，r_7 对 $\delta L'$ 贡献大，且它们的 i_z/i 较小，即用它们来校正球差时，不致使已校正的彗差、像散及畸变遭到破坏。所以改变 r_7，并用 r_6 和 r_8 分别保证光焦度来校正球差。其结构参数改变如下：$r_7 = -6.516$，$r_6 = 11.722$，$r_8 = -22.91$，其他结构参数不变。

表 20.4 SC' 的各面分布值

面号	SC'	i_z/i
1	$-0.037\,929$	$-0.481\,804$
2	$-0.002\,175$	$-0.746\,085$
3	$-0.003\,709$	$0.080\,255$
4	$0.019\,995$	$-0.421\,637$
6	$-0.000\,306$	$0.978\,498$
7	$0.013\,694$	$0.161\,097$
8	$0.001\,944$	$-0.031\,179$
9	$0.000\,277$	$0.718\,582$
10	$0.011\,775$	$-1.016\,941$
11	$-0.000\,946$	$-0.079\,309$
12	$0.000\,606$	$-0.079\,309$
Σ	$0.003\,235$	

表 20.5 一组实际系统的结构参数

r/mm	d/mm	玻璃
-6.823		
	1	ZF7
-11.015		
	2.73	
25.29		ZK3
	2	
-17.022		
	7.5	
∞ （孔径光阑）		
	7.4	
12.04		ZK7
	2.4	
-6.43		ZF7
	1.2	
-21.672		
	0.36	
3.60		ZBaF3
	4.12	
2.65		K9
	1	
∞		
	0.17	
∞		

表 20.6 $\delta L'$ 和 i_z/i 各面分布值

面号	$\delta L'/\text{mm}$	i_z/i
1	$0.102\,677$	$-0.474\,981$
2	$0.004\,103$	$-0.781\,355$
3	$-0.072\,346$	$0.062\,399$
4	$-0.060\,236$	$-0.416\,679$
6	$-0.000\,505$	$0.939\,166$
7	$0.112\,726$	$0.157\,142$
8	$-0.081\,662$	$-0.030\,531$
9	$-0.000\,092$	$0.693\,233$
10	$-0.014\,747$	$-1.015\,831$
11	$0.016\,426$	$-0.077\,734$
12	$-0.010\,837$	$-0.077\,734$
总和	$-0.004\,494$	

经过光线光路计算，得像差如下：

$$\delta L'_{\mathrm{m}} = -0.003\,93 \text{ mm}, \quad \delta L'_{0.7h} = -0.002\,57 \text{ mm}, \quad SC_{\mathrm{m}} = 0.002\,23, \quad SC'_{0.7h} = 0.000\,42,$$

$$W'_{\mathrm{FCm}} = -0.0000 \text{ mm}, \quad W'_{\mathrm{FC0.7h}} = -0.000\,04 \text{ mm}, \quad x'_{s\omega} = 0.000\,186 \text{ mm}, \quad x'_{s0.7\omega} = 0.000\,047 \text{ mm}$$

$$x'_{t\omega} = 0.0022 \text{ mm}, \quad x'_{t0.7\omega} = 0.001\,455 \text{ mm}, \quad x'_{ts\omega} = 0.002\,035 \text{ mm}, \quad x'_{ts0.7\omega} = 0.001\,407 \text{ mm}$$

$$q_\omega = \delta Y'_z / y' = -1.24\%, \quad \Delta Y'_a = Y'_a - Y'_z = 0.0084 \text{ mm}, \quad \Delta Y'_b = Y'_b - Y'_z = 0.0042 \text{ mm}$$

可见，经这样处理后 $\delta L'$ 有所下降，其他像差变化不大。经过反复校正并使半径标准化后，得到结构参数如表 20.7 所示。其像差曲线如图 20.9 和图 20.10 所示。由图 20.9 可知，球差 $\delta L'$ 在边缘光处稍微欠校正；色差 $\delta L'_{\mathrm{FC}}$ 在带光附近得到校正；正弦差 SC' 小于 ± 0.0025；像散 x_{ts} 在带光附近得到校正细光束场曲线图，x_t 和 x_s 均小于焦深。由图 20.10 可知，各视场的垂轴像差曲线方向一致，弥散斑小于 0.004 mm。

(3) 结果分析

由于校正平视场显微物镜场曲，而存在一些正像散，即 $S_{\mathrm{III}} < 0$。因为 $S_{\mathrm{III}} = S_1 (i_z/i)^2$，各折射面产生的像散和球差同号。由表 20.6 可知，只有负透镜的两个面及胶合面产生正球差，由于胶合面的 i_z/i 较小，不会产生很多正像散，系统中主要由负透镜产生正像散。因此，必须使负透镜背向光阑，而且远离光阑，这样可使主光线在折射面上产生较大的 i_z 角，所以孔径光阑放在系统中间。

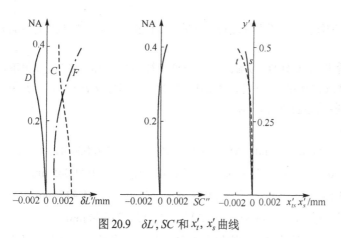

图 20.9 $\delta L'$, SC' 和 x'_t, x'_s 曲线

表 20.7 结构参数

r/mm	d/mm	玻璃
−6.823	0.95	ZF7
−11.015	2.7	
25.29	1.96	ZK3
−17.022	7.5	
∞（孔径光阑）	7.4	
11.722	2.38	ZK9
−6.546	1.19	ZF7
−22.91	0.32	
3.597	4.08	ZBaF3
2.63	1	
∞	0.17	K9
∞		

实际计算证明，系统存在着倍率色差，但高级量不大，一般在设计时不作为主要校正对象，而是用目镜产生一定量的倍率色差来补偿之。

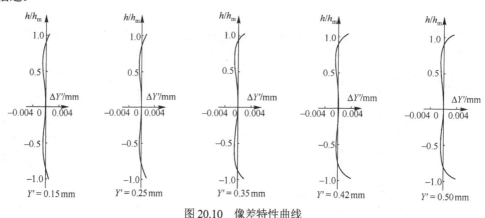

图 20.10 像差特性曲线

20.2 双高斯型物镜设计

20.2.1 摄影物镜设计的一般原则

摄影物镜要求有大的视场和相对孔径，对轴上点和轴外点均有满意的像质。妨碍物镜视场增大的主要像差之一是场曲。由式(10.79)可知，相接触薄透镜系统的 $S_{\text{IV}} = J^2 \sum \dfrac{\varphi}{n}$ 近于一个常数。若使正、负透镜分离，才有可能使 S_{IV} 为零或其他数值。由12.3.7节可知，弯月形厚透镜也可以校正 S_{IV}。因此，复杂照相物镜的基本结构是正、负透镜分离，或者弯月形厚透镜。

此外，在设计摄影物镜时还应考虑以下原则：

（1）玻璃选择原则

由于摄影物镜选取正、负透镜分离式结构时，不可能有任意大的间隔，又要求系统总光焦度为正，为使 $\sum \dfrac{\varphi}{n} = 0$，即满足校正场曲的要求时，最好取正透镜用高折射率的玻璃，而负透镜用较低折射率的玻璃。在满足这一要求的前提下，正、负透镜尽可能选用高折射率玻璃，可使折射面曲率减小，以减小高级像差。另外，采取正、负透镜分离结构时，无论正透镜在前或负透镜在前，在正透镜上的入射高度都比在负透镜上的入射高度要高，如图20.11所示。为了互相补偿位置色差，正透镜宜选取高折射率低色散的玻璃，如 ZK, LaK 玻璃等，负透镜宜选取低折射率、高色散的玻璃，如火石玻璃。

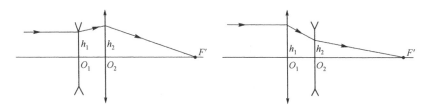

图 20.11　正透镜上入射高度比负透镜上入射高度要高

如选用弯月形厚透镜，应选取折射率高一些、色散低一些的玻璃。一般多在厚透镜中加胶合面，故玻璃选择时应考虑到有相同折射率不同色散的玻璃相匹配的可能性。

（2）对称的原则

在12.8节中指出，对称式光学系统的彗差、畸变和倍率色差均可自动校正。在设计该系统时，可首先对即后半个系统进行设计，只考虑校正球差、像散、场曲和位置色差，然后再合成一个整的的系统。

（3）同心原则

由式(12.38)可知，折射面符合同心原则是光阑处于折射面的球心处，只有球差、场曲和位置色差，不产生其他像差。若系统设计时使多数折射面弯向光阑，即是考虑了同心原则，可以使像差便于校正，特别是广角物镜更应注意这一原则。

（4）系统的复杂化

选取的初始结构在像差校正过程中，估计难于取得满意的像质，表明该结构不能负担所要求的光学性能，可用复杂化的方法提高其光学性能。复杂化的方法要有：一种方法是分裂透镜，即把高级像差贡献很大透镜分裂为二，重新校正像差；另一种方法是在透镜中加胶合面，有三种情况：

① 消色差胶合面　把一块透镜变为胶合透镜，选取两种折射率相等而色散不相等的玻璃进行组合，使系统单色像差不变，而色差得到校正。

② 消球差胶合面　可用胶合面产生球差来补偿系统的微量球差。为使胶合面主要产生球差，而少产生其他像差，宜选取折射率不同而色散相同的两种玻璃，并使胶合面尽量满足同心原则。

③ 消像散胶合面　由这种胶合面产生像散以补偿系统的微量像散。此种胶合面位置选取应尽远离光阑，而且应背向光阑。

20.2.2　双高斯型物镜初始结构参数的确定

在12.8节中讨论了双高斯型物镜像差校正原则，现给出其具体设计步骤如下：

1. 以弯月形厚透镜校正匹兹万和数

设已知厚透镜折射率 n 和厚度 d，由式(10.74)可导出厚透镜的匹兹万和数：

$$S_{\mathrm{IVC}} = J^2 \frac{n-1}{n} \left(\frac{1}{r_1} - \frac{1}{r_2} \right)$$

式中，r_1，r_2 分别为厚透镜的两个曲率半径。在取规范化条件 $\varphi = 1, u_{z1} = -1, u_1 = 0, h = 1$ 时，则有

$$S_{\mathrm{IVC}} = \frac{n-1}{n} (\rho_{\mathrm{c}1} - \rho_{\mathrm{c}2})$$

$$\varphi = (n-1)(\rho_{\mathrm{c}1} - \rho_{\mathrm{c}2}) + \frac{d(n-1)^2}{n} \rho_{\mathrm{c}1} \rho_{\mathrm{c}2} = 1$$

式中，$\rho_{\mathrm{c}1}$，$\rho_{\mathrm{c}2}$ 分别为厚透镜两个折射面的曲率。以上两式也可写为

$$\begin{cases} \rho_{\mathrm{c}1} - \rho_{\mathrm{c}2} = \dfrac{nS_{\mathrm{IV}}}{n-1} = a \\ \rho_{\mathrm{c}1} \rho_{\mathrm{c}2} = \dfrac{n(1 - nS_{\mathrm{IV}})}{d(n-1)^2} = b \end{cases} \tag{20.28}$$

解得
$$\begin{cases} \rho_{c1} = \dfrac{1}{r_1} = \dfrac{a \pm \sqrt{a+4b}}{2} \\[3mm] \rho_{c2} = \dfrac{1}{r_2} = \dfrac{-a \pm \sqrt{a+4b}}{2} \end{cases} \tag{20.29}$$

根据选定的 n, d 和 S_{IVC} 可求得厚透镜的曲率半径,然后可求得其球差系数 S_I,由式(10.78)和式(10.69)可得

$$S_{IC} = h_1 P_1 + h_2 P_2 = h_1 \left(\frac{u_1 - u_1}{\frac{1}{n_1'} - \frac{1}{n_1}}\right)^2 \left(\frac{u_1'}{n_1'} - \frac{u_1}{n_1}\right) + h_2 \left(\frac{u_2' - u_2}{\frac{1}{n_2'} - \frac{1}{n_2}}\right)\left(\frac{u_2'}{n_2'} - \frac{u_2}{n_2}\right)$$

将规范化条件 $h_1 = 1$, $u_1 = 0$, $u_2' = 1$ 及 $u_1' = u_2$, $n_1' = n_2 = n$, $n_1 = n_2' = 1$, $h_2 = h_1 - d u_1' = 1 - d u_2$ 代入上式,得

$$S_{IC} = \frac{n}{(n-1)^2}\left[u_2^3 + (1 - d u_2)(n - u_2)(1 - u_2)^2\right] \tag{20.30}$$

其中 u_2 可由 $n_2 u_2 - n_1 u_1 = \dfrac{n_2 - n_1}{r_1} h_1$ 化简而求得:
$$u_2 = \frac{n-1}{n r_1} \tag{20.31}$$

2. 加入无光焦度双薄透镜组校正 S_I

如图20.12所示,a, b 为无光焦度薄透镜组,并使负透镜 b 和厚透镜合成一体(透镜 c 和厚透镜取同一材料,即 $n_c = n_b$)。以正透镜弯曲来校正半部系统的初级球差,必须满足下式:

$$\sum S_I = S_{Ia} + S_{Ib} + S_{Ic} = 0$$

将式(19.10)中的 S_I 表示式代入上式,得

$$\sum S_I = S_{Ic} + h_a^4 \varphi_b^3 P_b + h_a^4 \varphi_a^3 P_a = 0 \tag{20.32}$$

取 $n_a = n_b$,又因为 $h_a = h_b$, $\varphi_b = -\varphi_a$,得

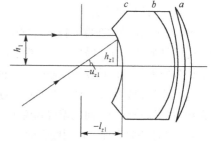

图 20.12 加入无光焦度双薄透镜组校正 S_I

$$\sum S_I = S_{Ic} + h_a^4 \varphi_b^3 (P_a - P_b) = 0 \tag{20.33}$$

由式(19.38)、式(19.39)、式(19.42)和式(19.43)可得单透镜 **P** 的表示式为

$$\mathbf{P} = \mathbf{P}_{min} + \frac{n+2}{n}\left[\mathbf{Q} + \frac{3n}{2(n+2)(n-1)} - \frac{2(n+1)}{n+2}\mathbf{u}\right]^2$$

对于正透镜 a,有
$$\mathbf{P}_a = \vec{\mathbf{P}}_{min\,a} + \frac{n+2}{n}\left[\vec{\mathbf{Q}}_a + \frac{3n}{2(n+2)(n-1)} - \frac{2(n+1)}{n+2}\vec{\mathbf{u}}_a\right]^2$$

为了计算方便,对于透镜 b,用反向光路相应值来处理

$$\mathbf{P}_b = \vec{\mathbf{P}}_{min\,b} + \frac{n+2}{n}\left[\vec{\mathbf{Q}}_b + \frac{3n}{2(n+2)(n-1)} - \frac{2(n+1)}{n+2}\vec{\mathbf{u}}_b\right]^2$$

式中,箭头方向表示正、反光路计算中求得的量;

$$\vec{\mathbf{u}}_a = \frac{\vec{u}_a}{\varphi_a} = \frac{\vec{u}_b}{-\varphi_b} = \vec{\mathbf{u}}_b = \mathbf{u}, \qquad \vec{\mathbf{P}}_{min\,b} = \vec{\mathbf{P}}_{min\,a} = \mathbf{P}_0 - \frac{n}{n+2}(\mathbf{u} + \mathbf{u}^2)$$

则 $$\mathbf{P}_a - \mathbf{P}_b = \frac{n+2}{n}\left[\vec{\mathbf{Q}}_a + \frac{3n}{2(n+2)(n-1)} - \frac{2(n+1)}{n+2}\mathbf{u}\right]^2 - \frac{n+2}{n}\left[\vec{\mathbf{Q}}_b + \frac{3n}{2(n+2)(n-1)} - \frac{2(n+1)}{n+2}\mathbf{u}\right]^2 \tag{20.34}$$

将式(20.34)代入式(20.33),并令 $\varphi = \varphi_a = -\varphi_b$,得

$$\vec{\mathbf{Q}}_a = \pm\sqrt{\left[\vec{\mathbf{Q}}_b + \frac{3n}{2(n+2)(n-1)} - \frac{2(n+1)}{n+2}\mathbf{u}\right]^2 - \frac{S_{IC}}{h_a^4 \varphi^3}\cdot\frac{n}{n+2}} - \frac{3n}{2(n+2)(n-1)} + \frac{2(n+1)}{n+2}\mathbf{u} \tag{20.35}$$

求解式(20.35)必须先求出 $\mathbf{u}$ 和 $\bar{\mathbf{Q}}_\mathrm{b}$，为求 $\mathbf{u}$ 先要求 h_a 或 h_b、$\bar{u}_\mathrm{a}$ 或 $\bar{u}_\mathrm{b}$：

$$
\begin{cases}
h_\mathrm{a} \approx h_\mathrm{b} \approx h_2 = h_1 - \mathrm{d}u_2 \\[4pt]
\bar{\mathbf{u}} = \bar{\mathbf{u}}_\mathrm{b} = \dfrac{1}{h_\mathrm{b}} - \varphi \\[8pt]
\mathbf{u} = \dfrac{\bar{u}_\mathrm{a}}{\varphi} = \dfrac{\bar{u}_\mathrm{b}}{\varphi}
\end{cases}
\tag{20.36}
$$

由式(19.35)可求得

$$
\bar{\mathbf{Q}}_\mathrm{b} = \rho_2 - 1 = \frac{\rho_{c2}}{-\varphi_\mathrm{b}} - 1
\tag{20.37}
$$

式中，ρ_{c2} 为厚透镜 c 的第二面曲率。因为式(19.35)中的 ρ_1, ρ_2 是规范化曲率，所以 ρ_{c2} 除 φ 表示规范化。把 $\mathbf{u}$ 和 $\bar{\mathbf{Q}}_\mathrm{b}$ 代入式(20.35)，即可求得 $\bar{\mathbf{Q}}_\mathrm{a}$。

透镜 a 各面曲率可按式(19.35)求得

$$
\begin{cases}
\rho_{a2} = \bar{\mathbf{Q}}_\mathrm{a} + 1 \\[6pt]
\rho_{a1} = \rho_{a2} + \dfrac{1}{n-1}
\end{cases}
\tag{20.38}
$$

式中，ρ_{a1} 和 ρ_{a2} 是 $\varphi_\mathrm{a} = 1$ 时的曲率。

相应地，透镜 b 的各面曲率可按式(20.39)求得：

$$
\begin{cases}
\rho_{b1} = \rho_{c2} \\[6pt]
\rho_{b2} = \rho_{b1} - \dfrac{\varphi_\mathrm{b}}{n-1}
\end{cases}
\tag{20.39}
$$

如图20.12所示，透镜 b 与厚透镜 c 贴合，又因为 $n_\mathrm{c} = n_\mathrm{b}$，所以 ρ_{b1} 和 ρ_{c2} 实际不存在，故双高斯物镜半部系统只有四个曲率半径，可按下式求得：

$$
\begin{cases}
r_1 = 1/\rho_{c1} \\[4pt]
r_2 = 1/\rho_{b2} \\[4pt]
r_3 = 1/\rho_{a1} \\[4pt]
r_4 = 1/\rho_{a2}
\end{cases}
\tag{20.40}
$$

最后用近轴光线追踪，求其半部系统合成焦距，视其是否等于 1 来判断上述计算是否有误。

3．选取孔径光阑位置以校正像散

取上述球差比较小的结构参数，然后取三个不同的入瞳距 l_z 值，计算它的像散，从而可确定最佳入瞳位置，而球差和位置色差对不同入瞳距是不变的。但入瞳距不能太大，否则，结构尺寸将过大。

4．加入胶合面

在经过了初步校正的基础上，就可以加入胶合面以校正色差。此外，还可以给胶合面两边的玻璃以一定的折射率差，用来校正单色像差，特别是用来改善高级像差特性。

20.2.3 双高斯物镜设计实例

1．双高斯物镜半部系统设计

设要求焦距 $f' = 40\ \mathrm{mm}$，相对孔径 $D/f' = 1/1.8$，像幅 $24 \times 36\ \mathrm{mm}^2$，其工作距离 $l'_p > 20\ \mathrm{mm}$。计算步骤如下：

(1) 半部系统的规范化

双高斯物镜的半部系统如图20.13所示，计算时把焦距规范化为 1，同时取规范化条件 $u_{z1} = -1, u_1 = 0, h_1 = 1$。

(2) 以厚透镜校正 S_{IV}

考虑到高级像散及场曲的平衡，取规范化值 $S_{\mathrm{IV}} = 0.0556$（参

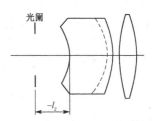

图 20.13　双高斯物镜的半部系统

见表 20.9）。按相对孔径需要选 $d = 0.1$，当 d 很大时，通过第一发散面的光线在第二面上入射高度要提高，当主光线高度太大时，对大视场系统像差校正不利。故对于小视场、大孔径系统，d 可取大些，对于大视场、小孔径系统，d 宜取小些。玻璃选取 F6($n = 1.6248$，$v = 35.6$) 和 LaK6($n = 1.693\,38$，$v = 53.4$) 的组合。由式(20.28)和式(20.29)可得

$$a = \frac{nS_{\text{IV}}}{n-1} = \frac{1.693\ 38 \times 0.0556}{1.693\ 38 - 1} = 0.135\ 787$$

$$b = \frac{n(1-nS_{\text{IV}})}{d(n-1)^2} = \frac{1.693\ 38 \times (1-1.693\ 38 \times 0.0556)}{0.1 \times (1.693\ 38 - 1)^2} = 31.905\ 619$$

$$\rho_{c1} = \frac{a - \sqrt{a^2 + 4b}}{2} = \frac{0.135\ 787 - \sqrt{0.135\ 787^2 + 4 \times 31.905\ 619}}{2} = -5.716\ 807$$

(3) 加无光焦度双薄透镜校正 S_{I}

取 $\varphi = \varphi_a = 1.3$（通常取 $\varphi = 1.2 \sim 1.5$ 为宜）。

① 按式(20.30)和式(20.31)求 $\mathbf{u}_2, S_{\text{I}C}$

$$\mathbf{u}_2 = \frac{n-1}{nr_1'} = \frac{1.693\ 38 - 1}{1.693\ 38} \times (-5.581\ 020) = -2.285\ 233$$

$$S_{\text{I}C} = \frac{n}{(n-1)^2}\left[\mathbf{u}_2^3 + (l-\text{d}\mathbf{u}_2)(n-\mathbf{u}_2)(l-\mathbf{u}_2)^2\right]$$

$$= \frac{1.693\ 38}{(1.693\ 38 - 1)^2}\left[(-2.285\ 233)^3 + (1 + 0.1 \times 2.285\ 233) \times (1.693\ 38 + 2.285\ 233) \times (1 + 2.285\ 233)^2\right]$$

$$= 143.771\ 548$$

② 求各面曲率半径　由式(20.37)可求得

$$\bar{\mathbf{Q}}_b = \frac{\rho_{c2}}{-\varphi_b} - 1 = \frac{-5.716\ 807}{-(-1.3)} - 1 = -5.397\ 544$$

由式(20.36)可求得　　$h_a \approx h_b \approx h_2 = h_1 - \text{d}\mathbf{u}_2 = 1 - 0.10 \times (-2.285\ 233) = 1.285\ 233$

$$\vec{\mathbf{u}}_a = \bar{\mathbf{u}}_b = \frac{1}{h_b} - \varphi = \frac{1}{1.228\ 523} - 1.3 = -0.486\ 014$$

$$u = \frac{\mathbf{u}_b}{\varphi} = \frac{-0.486\ 014}{1.3} = -0.373\ 857$$

而　　　　　　　$$\frac{3n}{2(n+2)(n-1)} = \frac{3 \times 1.693\ 38}{2 \times (1.693\ 38 + 2) \times (1.693\ 38 - 1)} = 0.991\ 860$$

$$\frac{2(n+1)}{n+2}\mathbf{u} = \frac{2 \times (1.693\ 38 + 1)}{1.693\ 38 + 2} \times (-0.373\ 857) = -0.545\ 267$$

$$\frac{S_{\text{I}C}^*}{h_a^4 \varphi}\frac{n}{n+2} = \frac{138.382\ 995}{(1.228\ 523)^4 \times 1.3^3} \times \frac{1.693\ 38}{1.693\ 38 + 2} = 12.677\ 976$$

$$S_{\text{I}C}^* = S_{\text{I}C} - \sum S_{\text{I}} = 143.771\ 548 - 5.388\ 533 = 138.362\ 995$$

其中，$\sum S_{\text{I}}$ 为系统要保留的初级球差规范化值，其相应的实际初级球差系数为 $\sum S_{\text{I}} \times \mathbf{u}^4 f' = 0.1$，用以平衡系统的高级球差，将以上诸式代入式(20.35)，得

$$\vec{\mathbf{Q}}_a = -\sqrt{\left[\bar{\mathbf{Q}}_b + \frac{3n}{2(n+2)(n-1)} - \frac{2(n+1)}{n+2}\mathbf{u}\right]^2 - \frac{S_{\text{I}C}^*}{h_a^4 \varphi^3}\frac{n}{n+2}} - \frac{3n}{2(n+2)(n-1)} + \frac{2(n+1)}{n+2}\mathbf{u}$$

$$= -\sqrt{(-5.397\ 544 + 0.991\ 860 + 0.545\ 267)^2 - 12.677\ 976} - 0.991\ 860 - 0.545\ 267 = -3.028\ 718$$

由式(20.38)可求得透镜 a 的实际曲率为

$$\rho_{a2} = \vec{\mathbf{Q}}_a + 1 = -3.028\ 718 + 1 = -2.028\ 718$$

$$\rho_{a1} = \rho_{a2} + \frac{1}{n-1} = -2.028\ 718 + \frac{1}{1.693\ 38 - 1} = -0.586\ 507$$

相应地，透镜 a 的实际曲率（半部系统焦距规范化为 1 时的曲率）为

$$\rho_{a2} = \rho_{a2}\varphi_a = -2.028\,718 \times 1.3 = -2.637\,333$$

$$\rho_{a1} = \rho_{a1}\varphi_a = -0.586\,507 \times 1.3 = -0.762\,459$$

由式(20.39)可求得透镜 b 的实际曲率为　　　　$\rho_{b1} = \rho_{c2} = -5.716\,807$

因为 $n_c = n_b$，实际上 ρ_{b1}，ρ_{c2} 并不真实存在：

$$\rho_{b2} = \rho_{b1} - \frac{\varphi_b}{n-1} = -5.716\,807 - \frac{-1.3}{1.693\,38 - 1} = -3.841\,933$$

由式(20.40)可求得如图20.13所示的半部系统焦距规范化为 1 时各面的曲率半径为

$$r_1 = \frac{1}{\rho_{c1}} = \frac{1}{-5.581\,020} = -0.179\,179, \quad r_2 = \frac{1}{\rho_{b2}} = \frac{1}{3.841\,933} = -0.260\,286$$

$$r_3 = \frac{1}{\rho_{a1}} = \frac{1}{-0.762\,459} = -1.311\,546, \quad r_4 = \frac{1}{\rho_{a2}} = \frac{1}{-2.637\,333} = -0.379\,171$$

对半部系统做近轴光光路计算，可求得合成焦距为

$$f' = \frac{h_1}{u_4'} = \frac{1}{1.000\,001} \approx 1$$

结果说明上述计算无误。

(4) 半部系统焦距确定

半部系统合成完全对称系统如图20.14 所示，由合成光焦度公式 $\varphi = \varphi_4 + \varphi_2 - d\varphi_1\varphi_2$ 可知，当 $\varphi_1 = \varphi_2$ 时，$d = 0$，则 $\Phi = 2\varphi_2$，即 $f_2' = 2f'$。实际上系统间距 d 不可能等于零，计算表明，当半部系统的焦距等于 1，则合成以后的焦距大约等于 $f'/0.8$。现在设计要求的合成焦距是 40 mm，所以半部系统的焦距为 $f_c' = 40/0.8 = 50\ \text{mm}$。

(5) 半部系统实际结构参数的决定

首先将规范化半部系统结构参数 r, d 乘以半部系统的实际焦距，然后将薄透镜 a，b 按 10.4 节所述加上厚度和空气间隙。现列出其计算结果，如表20.8 所示。经过光线追迹，得 $f' = 48.541\ \text{mm}$，该值接近要求值 50 mm。

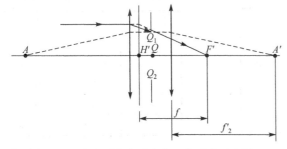

图 20.14　半部系统合成完全对称系统示意图

表20.8　双高斯物镜半部系统

r/mm	d/mm	玻璃
−8.959		
	5	LaK6
−13.014		
	0.2	
−65.577		
	1	LaK6
−18.959		
∞（像面）		

(6) 半部系统相对孔径和视场角确定

由物像对称的完全对称系统向物体在无限远（或其他距离）过渡时，各折射面改变曲率半径而保持过渡前后所承担的偏角不变，所以过渡后的系统的总偏角仍为半部系统的两倍，或者说半部系统的相对孔径为整个系统相对孔径的一半，即 $\dfrac{D}{f_2'} = \dfrac{D}{2f'}$。视场角的选择应使半部系统的像方视场角等于全系统的物方视场角。据此，双高斯物镜半部系统物方半视场角正切与整个系统物方半视场角正切之比可取为 1.7。这是因为半部系统是一个初始解，有的折射面的曲率半径可能很小，全视场的光线可能通不过去，故先把视场角取得小些。本例取半部系统的视场半角的正切 $\tan\omega = -0.432$，入射光瞳半径 $h = 6.94\ \text{mm}$。

(7) 半部系统 $\sum S_{\text{IV}}$ 和 $\sum S_{\text{I}}$ 值的确定

用试凑法确定，实际的 S_{IV} 值分别取 0.2, 0.16, 0.1 和 0.08。然后用上述计算公式可分别求得相应半部系统结构参数，而厚透镜厚度 $d=0.1$ 和半部系统的 $\tan\omega=-0.432$ 及 $h=6.94$ mm 不变。经过光线追迹求得弧矢场曲的初级、高级及实际量如表 20.9 所示。

由表 20.9 可知半部系统的实际 $S_{\text{IV}r}=0.01$ 较佳，相应的规范化

$$S_{\text{IV}}=S_{\text{IV}r}\cdot\frac{f'}{h^2 u_z'^2}=\frac{0.01\times 50}{6.94^2\times(-0.432)^2}=0.0556$$

上述例题可据此计算，其他计算省略。

同理，实际的 $\sum S_{\text{I}}$ 值分别取 0.05, 0.10 和 0.15，则球差的初级、高级及实际量如表 20.10 所示。

由表 20.10 可知 $\sum S_{\text{I}}=0.10$ 较好。上述例题可据此计算，其他计算也省略。

表 20.9 半部系统的初级、高级弧矢场曲及实际量

实际 S_{IV}	规范化 S_{IV}	初级 x_3' /mm	高级 x_3' / mm	实际 x_3' / mm
0.02	0.1112	0.204 579	0.009 824	0.214 394
0.016	0.1890	−0.313 198	0.127 716	−0.185 480 9
0.01	0.0556	−0.106 990	0.098 576	−0.008 414
0.008	0.0445	−1.569 048	0.329 181	1.239 867

(8) 半部系统孔径光阑位置的确定

对上述球差比较小的结构参数，取三个入瞳位置 l_z 得到不同的像散值列于表 20.11。由表 20.11 可知 $l_z=-5.81$ 时实际像散较小，所以入瞳在此位置时较佳。

表 20.10 球差的初级、高级及实际量

$\sum S_{\text{I}}$	初级 $\delta L'$	高级 $\delta L'$	实际 $\delta L'$
0.05	−2.218 012	3.497 496	1.679 483
0.10	−3.489 86	2.747 772	−0.742 088
0.15	−4.855 586	1.843 897	−3.011 608

表 20.11 三个入瞳位置 l_z 得到不同的像散值

L_1	S_{IV}	初 x_{ts}'	高级 x_{ts}'	实际 x_{ts}'
−3	−0.035 336	1.728 697	−0.141 808	1.586 889
−5.81	−0.005 621	0.274 998	−0.131 163	0.143 835
−7	0.009 594	−0.469 358	−0.067 875	−0.537 234

(9) 加入不等折射率胶合面以校正位置色差并降低高级像差

设半部系统的 $L=\infty$, $h=6.94$, $\tan\omega=0.432$，没有加胶合面时半部系统的结构参数如表 20.12 所示。

表 20.12 没加胶合面时半部系统的结构参数

r/mm	d/mm	n_D	n_F	n_C	玻璃
∞（孔径光阑−）	5.81	1	1	1	
−8.959	5	1.693 38	1.702 54	1.689 95	LaK6
−13.014	0.2	1	1	1	
−65.577	1	1.693 38	1.702 54	1.689 95	LaK6
18.959		1	1	1	
∞（像面）					

表 20.13 半部系统计算结果

序 号	u'	l' / mm
1	0	∞
2	−0.317 189	−21.879
3	−0.082 874	−102.877
4	−0.102 279	−83.520
5	0.142 971	60.465

经过光线追迹得表 20.13 中所列结果。

$\sum S_{\text{I}}=0.142\,671$, $\quad\sum S_{\text{II}}=0.097\,418$, $\sum S_{\text{III}}=-0.005\,621$, $\sum S_{\text{IV}}=0.009\,995$, $\sum S_{\text{V}}=0.295\,636$

$\sum C_{\text{I}}=0.032\,800$, $\quad\sum C_{\text{II}}=0.024\,193$, $\sum L_m'=L'-l'=-0.742\,08$ mm

$\delta L_{\text{FC0.7h}}'=-1.844\,45$ mm, $x_{s\omega}'=-0.008\,419$ mm, $x_{t\omega}'=0.135\,415$ mm, $x_{ts\omega}'=0.143\,835$ mm

由上述计算可知，位置色差较大，可加胶合面校正之。在校正位置色差的前提下，同时应取单色像差高级量小的解。计算步骤如下：

首先确定胶合面的位置，如图 20.15 所示，胶合面位于厚透镜第一面后 1 mm 处。由此可得轴上物点发出平行于光轴的光线经厚透镜第一折射面后在胶合面上高度为

$$h_2=(l_1'-1)u_2'=(-21.879-1)\ \text{mm}\times(-0.317\,189)=7.256\,967\ \text{mm}$$

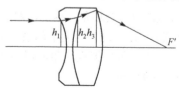

图 20.15 确定胶合面的位置

再把厚透镜近似看作由两个薄透镜组成，则

$$\left(\frac{\varphi_1}{v_1}+\frac{\varphi_2}{v_2}\right)h_2^2=C_{\mathrm{I}}$$

未加胶合面时 $C_{\mathrm{I}}=0.0328$ ，加胶合面后应使轴上物点在 0.707 孔径处校正位置色差，为此胶合面的 C_{I} 取 -0.0308 ，使加胶合面后的半部系统保留有 $C_{\mathrm{I}}=0.002$ 的残余位置色差，以使得 0.707 孔径处校正位置。由此可得下列方程组：

$$\left(\frac{\varphi_1}{35.6}+\frac{\varphi_2}{53.4}\right)\times7.256\,967^2\,\mathrm{mm}^2=0.002\,\mathrm{mm}$$

$$\varphi_1+\varphi_2=\frac{1}{h_1/u_5'}=\frac{1}{48.541\,\mathrm{mm}}$$

解得 $\qquad\varphi_1=-0.038\,577\,7\,\mathrm{mm}^{-1}$ ， $\qquad\varphi_2=0.026\,636\,\mathrm{mm}^{-1}$

将上述满足消位置色差要求的光焦度 φ_1 和 φ_2 代入厚透镜光焦度公式，得

$$\varphi_1=(n_1-1)\left(\frac{1}{r_1}-\frac{1}{r_2}\right)+\frac{(n_1-1)^2d_1}{n_1r_1r_2}\,,\quad\varphi_2=(n_2-1)\left(\frac{1}{r_2}-\frac{1}{r_3}\right)+\frac{(n_2-1)^2d_2}{n_2r_2r_3}$$

当胶合面半径 r_2 取不同值时，相应从上述两式便可求得厚透镜第一面曲率半径 r_1 和厚透镜第二面曲率半径 r_3。计算结果列于表 20.14 中。由表 20.14 可知，胶合面半径弯向光阑（ $r_2<0$ ）时，则轴外像差高级量小，轴上像差高级量大。反之，胶合面半径背向光阑（ $r_2>0$ ）时，轴外像差高级量大，轴上像差高级量小。这是因为胶合面半径弯向光阑时主光线在该面上入射角 i_z 小，所以轴外像差高级量小，反之， i_z 较大，轴外像差高级量大。

(10) 半部系统的像差校正

由上述计算步骤得到半部系统结构参数如表 20.15 所示。经过光线追迹可得实际像差及像差分布系数 C_{I} ，并将它们列于表 20.16。

表 20.14 胶合面半径 r_2 取不同值

r_2/mm	高级 $\delta L'$ /mm	高级 x_{t3}' /mm	高级 x_{ts3}' /mm	$\delta L'_{FC0.7h}$ / mm
−200	−0.939 25	−0.026 817	0.260 202	−0.355 87
−173	−0.948 96	−0.028 513	0.254 637	−0.365 64
−61	−0.938 65	−0.058 839	0.201 618	−0.445 62
200	−0.817 27	−0.032 823	0.293 705	−0.279 79
173	−0.789 76	−0.037 89	0.299 489	−0.268 42
61	−0.530 42	−0.095 682	0.308 432	−0.165 18

表 20.15 加胶合面后半部系统的结构参数

r/mm	d/mm	n_D	n_F	n_C	玻璃
∞（孔径光阑）	5.81	1	1	1	
−17.984	1	1.6248	1.637 48	1.619 81	F6
173	4	1.693 38	1.702 54	1.689 95	LaK6
−30.638	0.2	1	1	1	
−65.5773	1	1.693 38	1.702 54	1.689 95	LaK6
−18.959					

由表 20.16 可知 r_6 对球差贡献最大， r_5 对球差贡献最小，为此，改变 r_6 校正球差，改变 r_5 保证半部系统光焦度。当 r_6 由 $-18.959\,\mathrm{mm}$ 改为 $-31.129\,\mathrm{mm}$ 时，相应 r_5 由 -65.577 变为 200。其各种实际像差如下：

$$\delta L'=-2.582\,17\,\mathrm{mm}\,,\quad x_{ts}'=-3.896\,695\,\mathrm{mm}\,,$$

$$x_s'=-3.591\,058\,\mathrm{mm}\,,\quad\delta L'_{FC0.707h}=-0.221\,47\,\mathrm{mm}$$

改变 r_6 能使球差降下来，但使弧矢场曲及像散增长很多，球差与像散、弧矢场曲发生矛盾。为此需调整变量因子，令 r_2 由 $-17.984\,34\,\mathrm{mm}$ 改为 $-13.2\,\mathrm{mm}$ ，相应 r_4 由 $-30.638\,\mathrm{mm}$ 改为 $-20.372\,\mathrm{mm}$ 。其各种实际像差如下：

$$\delta L_D'=-0.523\,45\,\mathrm{mm}\,,\quad x_{ts}'=-3.258\,298\,\mathrm{mm}\,,$$

$$x_s'=-2.752\,947\,\mathrm{mm}\,,\quad\delta L'_{FC0.707h}=-0.106\,07\,\mathrm{mm}$$

表 20.16 加胶合面后半部系统像差计算结果

r 序号	实际球差 $\delta L'$ / mm	实际像散 x_{ts}' / mm	实际弧矢场曲 x_s' / mm	位置色差分布系统 C_{I}
1	0	0	0	0
2	+2.318 819	2.508 497	5.862 464	−0.028 959
3	−0.144 513	−0.908 560	−0.463 701	−0.006 853
4	−0.087 921	−0.557 250	−3.153 368	0.010 834
5	−0.007 947	−0.679 676	1.005 641	−0.003 041
6	−12.187 155	−0.279 479	−4.675 816	0.032 469
总和	−10.108 718	0.084 530	−1.424 779	0.004 448
$\delta L'_{FC0.707h}=-0.26842$				

经过作图发现薄透镜厚度 $d_4 = 1\,\text{mm}$ 太薄，为此将 d_4 增加到 4 mm，得各种实际像差如下：

$\delta L'_D = -0.715\,99\,\text{mm}$，$x'_{ts} = -2.874\,234\,\text{mm}$，$x'_s = -2.512\,100\,\text{mm}$，$\delta L'_{FC0.707h} = -0.127\,19\,\text{mm}$

由上述可知像散较大，可通过移动孔径光阑位置来进行校正，将孔径光阑 $l_z = -5.81\,\text{mm}$ 改为 $-4\,\text{mm}$，得各种实际像差如下：

$\delta L'_D = -0.715\,99\,\text{mm}$　$x'_{ts} = -2.530\,636\,\text{mm}$，$x'_s = -2.271\,424\,\text{mm}$，$\delta L'_{FC0.707h} = -0.127\,19\,\text{mm}$

由此可知孔径光阑对 x'_s 和 $x'_t - x'_s$ 值有较大影响，对 $\delta L'$ 和 $\Delta L'_{FC}$ 影响较小。设 $L = \infty$，$\tan\omega = 0.432$，$h = 6.94\,\text{mm}$，以上是采用单因素校正的结果。现把其结构参数整理如表20.17所示。

对上述结构参数使用像差自动平衡方法（参见第 22 章），自动校正使用的变量共 8 个：r_2，r_3，r_4，r_5，r_6，d_3，d_4，d_5。

仍设 $L = \infty$，$\tan\omega = 0.432$，$h = 6.94\,\text{mm}$，进行像差的自动校正，为保证重要参量如 f'，u'_k，l'_k 等未规定值，也作为像差处理，作为变量参与迭代。选取包括作为像差处理的像方孔径角 u'_k 和像方后截距 l'_k 等共 29 个变量，经过 29 次修改自变量因子（迭代）后，评价函数下降到局部极值，其结构参数如表 20.18 所示。

迭代前后的像差及其目标值和权重列于表20.19中。

2．全系统的合成

半部系统实际结构参数确定以后，按对称关系即可构成一个完全对称系统。其完全对称系统的前半部结构参数如表20.20所示。

表20.17　单因素校正后半部系统的结构参数

r/mm	d/mm	n_D	n_F	n_C	玻璃
∞（孔阑）					
	4	1	1	1	F6
−13.2					
	1	1.6248	1.637 48	1.619 81	LaK6
173					
	4	1.693 38	1.702 54	1.689 95	
−20.732					
	0.2	1	1	1	
200					
	4	1.693 38	1.702 54	1.689 95	LaK6
−31.129					

表20.18　采用像差自动平衡后半部系统的结构参数

r/mm	d/mm	n_D	n_F	n_C	玻璃
∞（孔径光阑）					
	4	1	1	1	
−13.186					
	1	1.6248	1.637 48	1.619 81	F6
−66.412					
	5.26	1.693 38	1.702 54	1.689 95	LaK6
−18.978					
	0.55	1	1	1	
−843.062					
	7.45	1.693 38	1.702 54	1.689 95	LaK6
−33.658					

表20.20　后半部系统参数

r/mm	d/mm	玻璃
33.658		
	7.45	LaK6
843.062		
	0.55	LaK6
18.978		
	5.26	
66.412		
	1	F6
13.189		
	4	
∞		
（孔径光阑）		

表20.19　迭代前后的像差及其目标值和权重

像差类别	初始系统	目标值	权重	最后系统
$\delta L'_m$ / mm	− 0.7160	0.1	65	− 0.8013
$\delta L'_{0.7h}$ / mm	− 0.3800	− 0.08	65	− 0.4966
$\delta L'_{F0.7h}$ / mm	− 0.4347	− 0.1	40	− 0.8189
$\delta L'_{F0.5h}$ / mm	− 0.2474	− 0.2	20	− 0.5808
$\delta L'_{C0.7h}$ / mm	− 0.3075	0.15	40	− 0.3132
$\delta L'_{C0.7h}$ / mm	− 0.1270	0.03	4.	0.0902
SC_m	− 0.0121	− 0.01	1	0.0100
$x'_{s0.7\omega}$ / mm	− 1.2507	− 0.2	45	− 0.3655
$x'_{s\omega}$ / mm	− 2.2714	− 0.4	45	− 0.6083
$x'_{ts0.7\omega}$ / mm	− 1.3728	− 0.1	45	0.0693
$x'_{ts\omega}$ / mm	− 2.5306	− 0.2	45	0.1525
$q_{0.7\omega}$	− 0.0304	− 0.03	1	− 0.0297
q_ω	− 0.0588	− 0.06	1	− 0.0570
$\Delta Y'_{FC0.7\omega}$ / mm	− 0.0567	− 0.05	1	− 0.0950
$\Delta Y'_{FC\omega}$ / mm	− 0.0821	− 0.08	1	− 0.1359
$\Delta Y'_{0.7\omega a}$ / mm	− 0.9981	− 0.3	29	− 0.5784
$\Delta Y'_{0.7\omega 0.7a}$ / mm	− 0.5249	− 0.1	20	− 0.2609
$\Delta Y'_{0.7\omega 0.7b}$ / mm	0.0615	0.1	20	− 0.2109
$\Delta Y'_{0.7\omega b}$ / mm	− 0.2924	0.3	10	− 0.6594
$\Delta Y'_{\omega a}$ / mm	− 1.4992	− 0.6	10	− 0.7336
$\Delta Y'_{\omega 0.7a}$ / mm	− 0.8482	− 0.3	10	− 0.3468
$\Delta Y'_{\omega 0.7b}$ / mm	0.2168	0.3	10	− 0.3277
$\Delta Y'_{\omega b}$ / mm	− 0.3095	0.6	10	− 1.0580
$\delta T'_{z0.7\omega c}$ /mm	− 0.2741	0.15	10	− 0.1037
$\delta T'_{z0.7\omega 0.7c}$ / mm	− 0.1681	− 0.1	20	− 0.0648
$\delta T'_{z\omega c}$ / mm	− 0.4094	− 0.3	10	− 0.0863
$\delta T'_{z\omega 0.7c}$ / mm	− 0.2757	− 0.15	10	− 0.0728
u'_k	0.1490	0.1445	100	0.1292
l'_k / mm	53.604	55	1	65.016

经过光线追迹可得像差值，如表 20.21 所示。在表 20.21 中同时列出了半部系统的像差，以便于比较。

由表20.21可知，物像完全对称的初级垂轴像差系数 S_{II}, S_V, C_{II} 及实际畸变 q_m 和倍率色差 $\Delta Y'_{FC}$ 为零，而弧矢彗差 K'_s 及子午彗差 K'_T 由于孔径高级彗差和视场高级彗差存在不为零。

系统由物像对称过渡到物体位于无限远时，采用的方法是保持透镜的厚度和间隔不变，改变各个折射面的曲率半径，使近轴光线通过各折射面时的偏角与完全对称时相同，孔径光阑直径也不变。具体步骤如下：

(1) 组合对称系统的角度 u 和 δ

通过光路计算求得光线在物像完全对称各个折射面的 u 角，如表20.22所示。

(2) 求物体位于无限远时各折射面应有的会聚角 u^∞

当物体位于无限远时 $u_1^\infty = 0$，逐面加上表20.22第二列中的偏角，即可得到各个面的 u^∞ 角，其结果列于该表第三列中。

表 20.21　合成的全部对称系统和半部系统的像差

像差	合成系统	半部系统
S_I	0.076 365	0.038 194
S_{II}	−0.000 00	0.044 295
S_{III}	−0.006 814	−0.003 930
S_{IV}	0.057 920	0.033 418
S_V	0.000 00	0.372 019 2
C_I	0.015 886	0.007 944
C_{II}	0.000 00	0.017 163
$\delta L'_m$ /mm	−1.573 24	−0.801 35
$K'_{sm\omega}$ /mm	0.001 760	−0.273 198
$K'_{Tm\omega}$ /mm	0.007 474	−0.895 873
$x'_{s\omega}$ /mm	−1.186 756	−0.608 365
x'_{tsw} /mm	0.109 443	0.052 559
q_ω	0.000 00	−0.057 013
$\delta L'_{FC}$ /mm	−0.956	−0.479
$\Delta Y'_{FCm}$ /mm	0.000 00	−0.135 903

表 20.22　物像对称过渡到物体位于无限远时系统的角度变化

序号	−1$^\times$系统		∞（系统）	
	u	δ（偏角）	u^∞	δ^∞（偏角）
1	−0.129 229		0	
2	0.022 886	0.152 115	0.152 115	0.152 115
3	0.037 084	0.141 98	0.166 313	0.014 198
4	0.198 551	0.161 367	0.327 680	0.161 367
5	0.202 392	0.003 841	0.331 521	0.003 841
6	0	−0.202 392	0.129 129	−0.202 392
7	−0.202 392	−0.202 392	−0.073 263	−0.202 392
8	0.198 551	0.003 841	−0.069 422	0.003 841
9	−0.037 084	0.161 367	0.091 945	0.161 367
10	−0.022 886	0.014 198	0.106 143	0.014 198
11	0.129 229	0.152 115	0.258 258	0.152 115

(3) 求物体位于无限远时光线在每一面上的高度 h^∞

当物体位于无限远时，光线在孔径光阑上高度和物像对称时相同。由孔径光阑向前、向后逐面推算即可求出光线在各个折射面上的高度 h^∞，计算过程如下：

$$h_5^\infty = h_6 = \frac{D}{2} = \frac{f_2'/2F}{2} = \frac{f_2'}{4F}$$

式中，F 是合成系统相对孔径倒数。可求得各面上入射高度为

$$h_5^\infty = h_6^\infty + d_5 u_6^\infty, \quad h_4^\infty = h_5^\infty + d_4 u_5^\infty, \quad h_3^\infty = h_4^\infty + d_3 u_4^\infty, \quad h_2^\infty = h_3^\infty + d_2 u_3^\infty, \quad h_1^\infty = h_2^\infty + d_1 u_2^\infty$$

$$h_7^\infty = h_6^\infty - d_6 u_7^\infty, \quad h_8^\infty = h_7^\infty - d_7 u_8^\infty, \quad h_9^\infty = h_8^\infty - d_8 u_9^\infty, \quad h_{10}^\infty = h_9^\infty - d_9 u_{10}^\infty, \quad h_{11}^\infty = h_{10}^\infty - d_{10} u_{11}^\infty$$

(4) 求物体在无限远时系统各个折射面的曲率半径

根据上面求出的角 u^∞ 及入射高度 h_k^∞，利用式(20.10)就可依次求得相应各面的曲率半径。在求出新的半径以后，最好对全系统计算一条近轴光线，取入射高 $h = h_1^\infty$，对比各个面的 u, h 是否和上述计算结果一致，作为对上述计算结果的检验，同时求出其焦距。如不符合焦距要求值，可进行缩放结构参数 r 和 d，然后按要求的相对孔径和视场进行像差计算，结果如表20.23所示。

经过光线追迹可得系统的参数及像差：

$$f' = 40 \text{ mm}, \quad \delta L'_m = 0.202 \, 45 \text{ mm}, \quad K'_{sm\omega} = 0.096 \, 901 \text{ mm}, \quad K'_{Tm\omega} = 0.191 \, 549 \text{ mm}$$

$x'_{s\omega} = 0.193\,090$ mm, $x'_{ts\omega} = -1.033\,919$ mm , $q_\omega = -0.068\,97$, $\delta l'_{FC} = -0.235$ mm , $\Delta Y_{FC\omega} = -0.022\,59$ mm

由上述计算可知，当物体由 -1^x 过渡到无限远时像差要发生变化。由于过渡时保持每面偏角 $u'-u$ 不变，但像差基本参量 P, W 要发生变化，实际像差也相应发生变化。为此，半部系统的像差可不必校正到像差容许限度，不要太大就可以了。

(5) 合成系统的像差校正

由上述合成系统结构参数可知第一块和最后一块透镜的厚度太厚，使得结构不够紧凑，为此将 d_1 和 d_{10} 从 6.99 改为 4，并用像差自动平衡方法进行多因素校正，自动校正使用的变量共 16 个：r_1, r_2, r_3, r_4, r_5, r_7, r_8, r_9, r_{10}, r_{11}, d_4, d_5, d_6, d_7, d_8, d_9。

要求校正的像差同半部系统一样，仍为 29 个，经过 18 次迭代后，其结构参数如表20.24所示。

迭代前、后的像差及其目标值和权重列于表20.25中。

由上述迭代可知，轴上物点色球差不好。由式(13.32)可得

$$W_{FC} = \sum_{i=1}^{N}(D-d)\mathrm{d}n_i = \frac{1}{2}n'_k u'^{2}_k \Delta L'_{FCk}$$

表 20.23 物体在无限远时合成系统的结构参数

r/mm	d/mm	n_D	n_F	n_C	玻璃
26.457					
	6.99	1.693 38	1.702 54	1.689 95	LaK6
66.575					
	0.51	1	1	1	
15.487					
	4.94	1.693 38	1.702 54	1.689 95	LaK6
29.835					
	0.94	1.6248	1.637 48	1.619 81	F6
10.299					
	3.75	1	1	1	
∞（孔阑）					
	3.75	1	1	1	
−15.776					
	9.94	1.6248	1.637 48	1.619 81	F6
293.556					
	4.94	1.693 38	1.702 54	1.689 95	LaK6
−22.009					
	0.51	1	1	1	
52.365					
	6.99	1.693 38	1.702 54	1.689 95	LaK6
−52.001					
		1	1	1	1
∞（像面）					

表 20.24 物体在无限远时初步校正后系统的结构参数

r/mm	d/mm	n_D	n_F	n_C	玻璃
25.774					
	4	1.693 38	1.702 54	1.689 95	LaK6
66.719					
	0.51	1	1	1	
15.225					
	5.02	1.693 38	1.702 54	1.689 95	LaK6
35.081					
	1.02	1.6248	1.637 48	1.619 81	F6
10.613					
	5.07	1	1	1	
∞（孔阑）					
	4.71	1	1	1	
−15.509					
	1.05	1.6248	1.637 48	1.619 81	F6
−74.555					
	5.06	1.693 38	1.702 54	1.689 95	LaK6
−22.573					
	0.51	1	1	1	
56.898					
	4	1.693 38	1.702 54	1.689 95	LaK6
−52.379					
		1	1	1	1
∞（像面）					

表 20.25 系统自动平衡的结果

像差类别	初始系统	目标值	权重	最后系统
$\delta L'_m$ / mm	0.6829	0.05	50	− 0.1250
$\delta L'_{0.7h}$ / mm	0.1645	− 0.10	50	− 0.1629
$\delta L'_{Fm}$ / mm	0.5151	− 0.08	50	− 0.3292
$\delta L'_{F0.7h}$ / mm	0.0219	− 0.12	50	− 0.3577
$\delta L'_{Cm}$ / mm	0.7835	0.10	50	− 0.0160
$\delta L'_{C0.7h}$ / mm	0.2503	− 0.03	50	− 0.0590
SC'_m	0.0125	− 0.001	20	− 0.0035
$x'_{s0.7\omega}$ / mm	− 0.5214	− 0.20	45	− 0.3947
$x'_{s\omega}$ mm	− 0.4569	0.02	45	0.0273
$x'_{ls0.7\omega}$ / mm	− 0.5031	− 0.05	45	0.1059
$x'_{ts\omega}$ / mm	− 1.4668	0.1	45	− 0.1783
$q_{0.7\omega}$	− 0.0273	− 0.005	5	− 0.0187
q_ω	− 0.0702	− 0.012	5	− 0.0587
$\Delta Y'_{FC0.7\omega}$ / mm	− 0.0045	0.002	15	0.0134
$\Delta Y'_{FC\omega}$ / mm	− 0.0317	0.002	15	− 0.0184
$\Delta Y'_{0.7\omega0.85a}$ / mm	0.5214	− 0.02	30	0.0493
$\Delta Y'_{0.7\omega0.5a}$ / mm	− 0.0033	− 0.003	30	− 0.0165
$\Delta Y'_{0.7\omega0.5b}$ / mm	0.2476	0.003	30	− 0.0484
$\Delta Y'_{0.7\omega0.85b}$ / mm	0.2357	0.02	30	− 0.0860
$\Delta Y'_{\omega0.7a}$ / mm	− 0.0340	− 0.03	20	0.0236
$\Delta Y'_{\omega0.5a}$ / mm	− 0.1508	− 0.02	20	0.0032
$\Delta Y'_{\omega0.5b}$ / mm	0.4526	0.02	20	0.0616
$\Delta Y'_{\omega0.7b}$ / mm	0.6203	0.03	20	0.0848
$\delta T'_{z0.7\omega c}$ / mm	− 0.4084	− 0.10	30	− 0.0896
$\delta T'_{z0.7\omega0.7c}$ / mm	− 0.0836	− 0.006	30	− 0.0465
$\delta T'_{z\omega c}$ / mm	− 0.8529	− 0.10	20	− 0.4952
$\delta T'_{z\omega0.7c}$ / mm	− 0.1682	− 0.05	20	− 0.1239
u'_k	0.2882	0.2777	150	0.2774
l'_k / mm	24.52	21.8	1	21.53

现在 $\Delta L'_{FCk}$ 负值太大，欲降低此负值，对正透镜，必须降低平均色散 $n_F - n_C$ 值。将四块正透镜 LaK6 玻璃 $n_D = 1.693\,38$，$n_F - n_C = 0.012\,99$ 换成 LaK10 玻璃 $n_D = 1.696\,69$，$n_F - n_C = 0.012\,57$，为了保证调换玻璃后，每个折射面光焦度不变，相应每面曲率半径可按式(20.27)求得。其计算结果如下：

经过光线追迹得 $\delta L'_{FC0.7h}$ 由 $-0.298\,70$ mm 下降为 $-0.222\,64$ mm。

$$\delta L'_m = -0.071\,61 \text{ mm}, \quad K'_{Tm\omega} = 0.135\,794 \text{ mm}, \quad x'_{s\omega} = -0.024\,575 \text{ mm}, \quad x'_{ts\omega} = -0.275\,540 \text{ mm}$$

$$q_\omega = -0.057\,819, \quad \delta l'_{FC} = -0.220 \text{ mm}, \quad \Delta Y'_{FC\omega} = -0.021\,046 \text{ mm}$$

由此可知，0.7孔径的位置色差有所降低，说明所调玻璃是合适的，但倍率色差较大。为此计算每面初级像差分布量，以寻求对倍率色差贡献较大而对其他像差贡献不大的面。表20.26列出了各个面的初级像差系统分布量。

由表20.26可知第10面对轴外像差贡献大，而对轴上像差贡献小。为此将 r_{10} 由 57.1690 改为 70，经过光线追迹得

$$\delta L'_m = 0.089\,97 \text{ mm}, \quad \delta L'_{FC0.7h} = -0.225\,01 \text{ mm},$$

$$\delta l'_{FC} = -0.223 \text{ mm}, \quad K'_{sm\omega} = -0.089\,522 \text{ mm},$$

$$K'_{Tm\omega} = 0.226\,067 \text{ mm}, \quad x'_{s\omega} = 0.272\,172 \text{ mm},$$

$$x'_{ts\omega} = -0.110\,388 \text{ mm}, \quad q_\omega = -0.036\,423,$$

$$\Delta Y'_{FC\omega} = 0.003\,331$$

由此可知，倍率色差明显下降，而轴上点像差离目标值尚远，且自动平衡多次迭代收效甚微，表明其评价函数陷入局部极值。为此，可用另外的自动平衡方法（即数学模型为另外一种）重新给出各种像差的目标值及权重因子，数据如表 20.27 所示，计算后得到满意的结果，其结构参数如下：$\tan\omega = -0.54$，$L = -\infty$，$h = 11.11$ mm，数据如表 20.28 所示。

表 20.26 各个面的初级像差系统分布量

序号	S_{I}	S_{II}	S_{III}	C_{I}	C_{II}
1	0.212 293	0.064 091	0.019 349	0.035 310	0.010 660
2	0.001 141	$-0.019\,479$	0.332 383	0.002 738	$-0.046\,732$
3	0.092 814	0.037 020	0.014 765	0.036 891	0.014 714
4	0.009 182	$-0.029\,505$	0.094 809	$-0.007\,815$	0.025 114
5	$-0.176\,957$	$-0.137\,324$	$-0.106\,428$	$-0.049\,291$	$-0.039\,171$
6	0	0	0	0	0
7	$-0.424\,019$	0.434 815	$-0.445\,886$	$-0.038\,865$	0.039 855
8	0.000 006	$-0.000\,110$	0.001 808	0.001 188	$-0.019\,544$
9	0.158 957	$-0.172\,240$	0.186 633	0.019 626	$-0.021\,266$
10	$-0.000\,014$	0.002 014	$-0.277\,771$	$-0.000\,319$	0.044 046
11	0.190 972	$-0.180\,009$	0.169 675	0.017 343	$-0.019\,347$
总和	0.064 377	$-0.000\,637$	$-0.010\,661$	0.016 879	$-0.007\,671$

将上述结构参数中折射面曲率半径取其接近系列代入，得最后的结构参数如下：$\tan\omega = -0.54$，$L = -\infty$，$h = 11.11$ mm，数据如表20.29所示，其中，每面通光口径是根据渐晕系数来确定的。对于人像标准照相物镜来说，从国内外资料来看，大致为 0.35～0.45，现取 0.5。而对于超广角照相物镜，尽可能取 1，否则视场边缘照度太低。

经过光路计算，求得 $f' = 40.05$ mm。

3. 像质评价

为了进行像质评价，计算了光学传递函数（详见本书有关内容）。表 20.30～表 20.33 列出了无限远及拍摄距离 3 m 处全孔径零视场及 0.7 视场的 D，F，C 三色光的 MTF 值（离焦量 $L' - l'$ 分别为 -0.15 和 -0.19）。表 20.34 列出了对比传递函数(MTF)评价指标。据此可知，这个照相物镜像质是比较优良的。

相应其几何像差列于表 20.35～表 20.37。

以上所述以双高斯照相物镜为例，讨论了玻璃选择、初始结构设计、像差校正和像质评价的全过程。这个过程中所使用的许多方法是光学系统设计中的共性方法，对于分析其他类型摄影物镜是可以借鉴的。

表 20.27　重新给出像差目标值及权重因子

像差类别	初始系统	目标值	权重	最后系统
$\delta L'_m$ / mm	0.089 97	−0.09	70	−0.111 45
$\delta L'_{0.7h}$ / mm	−0.075 22	−0.15	70	−0.159 65
SC'_m	−0.004 05	−0.002	30	−0.002 10
$SC'_{0.7h}$	−0.001 09	−0.001	30	−0.000 53
$\sum(D-d)_m \delta n$ / mm	−0.008 00	−0.002	50	−0.002 42
$\sum(D-d)_{0.7h} \delta n$ / mm	−0.003 90	−0.001	50	−0.001 26
$\sum(D-d)_m \delta n$ / mm	−0.004 91	−0.001	32	−0.000 729
$\sum(D-d)_{0.7h} \delta n$ / mm	−0.002 407	−0.002	32	−0.000 435
$x'_{s0.7\omega}$ / mm	−0.319 63	−0.2	30	−0.241 65
$x'_{s\omega}$ / mm	0.272 17	0.1	15	0.092 39
$x'_{ts0.7\omega}$ / mm	0.066 59	0.06	30	−0.018 96
$x'_{ts\omega}$ / mm	−0.110 38	−0.10	15	−0.447 16
$q_{0.7\omega}$	−0.009 19	−0.009	35	−0.007 48
q_ω	−0.036 42	−0.02	35	−0.024 99
$\sum(D_a-D_b)_\omega \delta n$ / mm	0.000 558	−0.0004	10	0.000 71
$\sum(D_a-D_b)_{0.7h} \delta n$ / mm	0.005 257	0.004	10	0.003 36
$\Delta Y'_{0.7\omega a}$ / mm	0.232 87	−0.03	30	0.091 67
$\Delta Y'_{0.7\omega 0.7a}$ / mm	0.029 42	−0.01	30	−0.022 75
$\Delta Y'_{0.7\omega 0.56b}$ / mm	0.015 16	0.01	30	0.031 02
$\Delta Y'_{0.7\omega 0.8b}$ / mm	−0.116 97	0.03	30	−0.028 80
$\Delta Y'_{\omega 0.5a}$ / mm	0.062 50	−0.01	20	−0.047 75
$\Delta Y'_{\omega 0.35a}$ / mm	0.034 11	−0.005	20	−0.032 67
$\Delta Y'_{\omega 0.35b}$ / mm	−0.001 64	0.005	20	0.029 96
$\Delta Y'_{\omega 0.5b}$ / mm	0.000 374	0.01	20	0.043 69
$\delta T'_\omega \sqrt{0.7a^2+0.7b^2}$ / mm	0.202 31	0.15	20	0.173 32
$\delta T'_{0.7\omega} \sqrt{0.7a^2+0.7b^2}$ / mm	0.010 88	0.01	30	0.017 11
u'_k	0.263 44	0.277 75	100	0.277 13
l'_k / mm	22.847	22	1	21.176

表 20.28　物体在无限远时校正像差后系统的结构参数

r/mm	d/mm	n_D	n_F	n_C	玻璃
25.774	4	1.651 12	1.659 25	1.647 60	LaK10
66.719	0.51	1	1	1	1
15.225	5.02	1.651 12	1.659 25	1.647 60	LaK10
35.081	1.02	1.6248	1.637 48	1.619 81	
10.613	5.07	1	1	1	F6
∞（孔阑）	4.71	1	1	1	
−15.509	1.05	1.6248	1.637 48	1.619 81	F6
−74.555	5.06	1.651 12	1.659 25	1.647 60	LaK10
−22.573	0.51	1	1	1	
56.898	4	1.651 12	1.659 25	1.647 60	LaK10
−52.379		1	1	1	1
∞（像面）					

表 20.29　物体在无限远时选取标准曲率半径后系统的结构参数

r/mm	d/mm	n_D	n_F	n_C	玻璃
26.12	4	1.651 12	1.659 25	1.647 60	LaK10
65.46	0.51	1	1	1	
14.723	5.03	1.651 12	1.659 25	1.647 60	LaK10
62.95	1.03	1.6248	1.637 48	1.619 81	
9.954	6.3	1	1	1	F6
∞（孔阑）	5.68	1	1	1	
−12.078	1.05	1.6248	1.637 48	1.619 81	F6
−9817	5.06	1.651 12	1.659 25	1.647 60	LaK10
−16.292	0.51	1	1	1	
75.86	4	1.651 12	1.659 25	1.647 60	LaK10
−49.2	21.07	1	1	1	1
∞（像面）					

表 20.30　物在无限远全孔径零视场 MTF 值（离焦量 $L'-l' = -0.15$ mm）

色光频率/(lp/mm)	D 光	F 光	C 光
10	0.9235	0.8898	0.9179
30	0.5431	0.3410	0.6070

表 20.31　物在无限无限远全孔径 0.7 视场 MTF 值（离焦量 $L'-l' = -0.15$ mm）

色光频率/(lp/mm)	D 光 弧矢	D 光 子午	F 光 弧矢	F 光 子午	C 光 弧矢	C 光 子午
10	0.6164	0.7174	0.5726	0.4667	0.5781	0.6352
30	0.4160	0.3701	0.1961	0.2250	0.4275	0.2539

表 20.32　物在 3 m 处全孔径零视场 MTF 值（离焦量 $L'-l' = -0.19$ mm）

色光频率/(lp/mm)	D 光	F 光	C 光
10	0.9198	0.9019	0.8828
30	0.5485	0.4010	0.4517

表 20.33　物在 3m 处全孔径 0.7 视场 MTF 值（离焦量 $L'-l' = -0.18$ mm）

色光频率/(lp/mm)	D 光 弧矢	D 光 子午	F 光 弧矢	F 光 子午	C 光 弧矢	C 光 子午
10	0.6131	0.7022	0.5752	0.4898	0.5642	0.6115
30	0.4480	0.4178	0.2195	0.2233	0.3992	0.1701

表 20.34　135 相机的 MTF 指标

孔径	视场	10 lp/mm	30 lp/mm
全孔径 F/8	0ω	0.60	0.30
	0.7ω	0.30	0.15
	0ω	0.75	0.40
	0.7ω	0.40	0.20

表 20.35　轴上点像差(L = ∞)

像差 h/h_m	$\delta L_D'/\text{mm}$	SC_D'	$\delta L_F'/\text{mm}$	$\delta L_C'/\text{mm}$	$\delta L_G'/\text{mm}$
1	− 0.150 51	− 0.002 07	− 0.165 99	− 0.106 54	− 0.107 70
0.707	− 0.175 31	− 0.000 51	− 0.197 59	− 0.132 79	− 0.152 67

表 20.36　轴外像差(L = ∞)

像差 ω/ω_m	x_s'/mm	x_t'/mm	x_{ts}'/mm	$q=\delta Y_z'/y'$	$(Y_F'-Y_C')/\text{mm}$	$(Y_g'-Y_C')/\text{mm}$
1	0.104 53	− 0.316 08	− 0.419 61	−2.43%	0.002 613	− 0.001 36
0.707	− 0.235 03	− 0.237 81	− 0.002 77	− 0.72%	0.011 46	0.014 67

表 20.37　轴外垂轴像差子午垂轴像差 $\Delta Y'/\text{mm}$

h/h_m ω/ω_m	1	0.85	0.707	0.5	0.25	0	− 0.25	− 0.5	− 0.707	− 0.85	−1
1	− 0.0028	− 0.0525	− 0.0612	− 0.0476	− 0.0222	0	0.0162	0.0341	0.0503	0.0601	0.0642
0.707	0.1848	0.0404	− 0.0110	− 0.0265	− 0.0162	0	0.0148	0.0280	0.0260	0.0007	− 0.0790

	弧矢彗差 K_s'/mm					垂轴像差弧矢分量 $\delta T_z'/\text{mm}$				
像差 ω/ω_m	1	0.85	0.707	0.5	0.25	1	0.85	0.707	0.5	0.25
1	− 0.1325	− 0.0789	− 0.0493	− 0.0260	− 0.0109	0.6311	0.3721	0.1973	0.0485	− 0.0262
0.707	− 0.0505	− 0.0276	− 0.0156	− 0.0070	− 0.0026	0.1668	0.0652	0.0050	− 0.0326	− 0.0379

20.3　变焦距物镜

20.3.1　变焦距物镜的概况

变焦距物镜是焦距可在一定范围内连续改变，而保持像面不动的光学系统。通常，在变焦过程中物镜的相对孔径是不变的。变焦距范围的两个极限焦距，即长焦距和短焦距之比值称为变倍化，也简称"倍率"。对于高变倍比的系统，由于外形尺寸不希望过大以及二级光谱校正等具体问题，有时也采取长焦距时相对孔径适当小些的方案（即变焦距过程中相对孔径也变化）。

变焦距物镜在性能上应该是：高变倍比、大相对孔径、大视场、近摄距、自动调焦、电动变焦；结构体积要小、质量轻；像质应力求达到定焦距物镜的水准。这些要求是互相矛盾的，因此，根据各种不同的要求研制不同类型的变焦距物镜。

目前的变焦距物镜都是用改变透镜组间的间隔来改变整个物镜的焦距。在移动透镜组改变焦距时，伴随着像面移动。故要对像面移动给以补偿。按补偿组的性质，分为光学补偿和机械补偿。变焦距物镜不论是光学补偿还是机械补偿，通常由前固定组（调焦组）、变焦组和后固定组三个部分组成。

光学补偿物镜的变焦距透镜组的移动是同方向等速度的，只需把几个透镜组用机械连在一起做线性移动即可。图 20.16 是一种光学补偿物镜的示意图。它可以分为正组在前和负组在前两类，是以第一透镜组是正组还是负组而分类的。它同时还分为三透镜系统、四透镜系统和五透镜系统等，是以除后固定组之外有几个透镜组来分类的。图 20.16 所示为正组在前、四透镜系统光学补偿物镜的示意图。

像面稳定点的判断，即从最后一个变倍透镜组向左数起，有几个透镜组就有几个完全补偿像面偏离的点（也就是这几个焦距时的像面位置是一样的）。

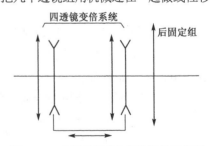

图 20.16　光学补偿变焦距物镜的示意图

图20.17所示是机械补偿变焦距物镜的示意图，透镜组 1 称为前固定组，变焦组由变倍组 2 和补偿组 3 二部分组成，4 称为后固定组。图20.17中变倍组 2 由左向右作线性移动时，焦距由短变长，同时像面也发生位移，用补偿组 3 作相应的非线性移动，以达到物镜变倍和像面位置稳定的要求。变倍组 2 和补偿组 3 的位置是需要一一对应的，因而两个透镜组的移动必须用复杂的凸轮来控制。变倍组一般是负透镜组，补

偿组取正透镜组，如图20.17(a)所示，也有取负透镜组的，如图20.17(b)所示。前者称为正组补偿变焦距物镜，后者称为负组补偿变焦距物镜，无论是正组补偿还是负组补偿，都可以分为物像交换原则或非物像交换原则两类。

物像交换原则可用图20.18来说明，如果变倍组透镜的两个共轭点（物点和像点）都是实点或都是虚点，总可以找到透镜的两个不同位置，其共轭距离（即物点到像点的距离）彼此相等，而垂轴放大率 β 互为倒数。以上关系对负透镜仍然成立，只不过物点、像点都是虚点。满足上述条件的物像关系称为物像交换原则，反之称为非物像交换原则。

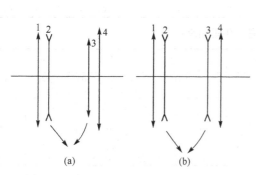

图 20.17 机械补偿变焦距物镜的示意图

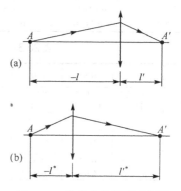

图 20.18 物像交换原则示意图

下面推导遵守物像交换原则时变倍组垂轴放大率 β_2 的计算公式。如图20.19所示，透镜组 1 为前固定组，透镜组 2 为变倍组，2-1 和 2-2 分别为透镜组 2 的符合物像交换原则的两个位置。由图20.19可知，透镜组 1 焦距为

$$f_1' = h_1 / u_1'$$

透镜组 1 和透镜组 2 在 2-1 位置的合成焦距为

$$f_{12}' = \frac{h_1}{u_2'} = \frac{h_1}{u_1'} \frac{u_1'}{u_2'} = f_1'\beta_2$$

式中，β_2 是透镜组 2 在 2-1 位置的垂轴放大率。而透镜组 2 在 2-2 位置时，透镜组 1 和透镜组 2 的合成焦距为

$$f_{12}'^* = \frac{h_1}{u_2'^*} = \frac{h_1}{u_1'} \frac{u_1}{u_2'^*} = f_1'\beta_2^* = \frac{f_1'}{\beta_2}$$

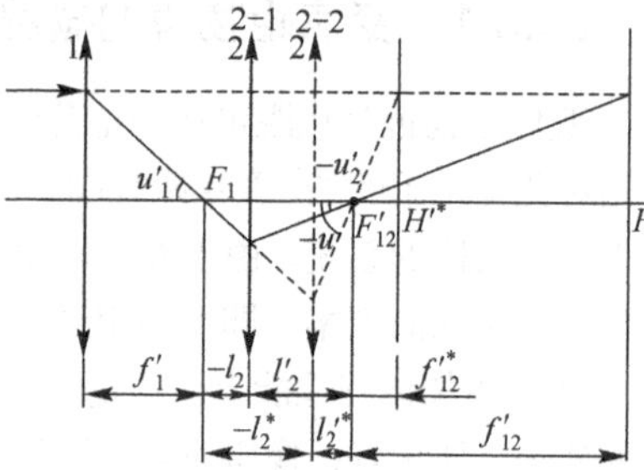

图 20.19 物像交换原则变倍组垂轴放大率公式推导示意图

所以当透镜组 2 从 2-1 位置移到 2-2 位置时，焦距变化的倍率为

$$\frac{f_{12}'}{f_{12}'^*} = \frac{f_1'\beta_2}{f_1'/\beta_2} = \beta_2^2 \tag{20.41}$$

在变焦距物镜中，变倍比 M 就是最长焦距与最短焦距之比，即

$$M = f'_{\max} / f'_{\min} \tag{20.42}$$

$M \geq 10$，称为高变倍比，反之称为低变倍比。

由图20.20可得三个透镜的合成焦距为

$$f' = \frac{h_1}{u_3'} = \frac{h_1}{u_1'} \cdot \frac{u_1'}{u_2'} \cdot \frac{u_2'}{u_3'} = f_1'\beta_2\beta_3$$

如果变焦距物镜由 k 个透镜组成，则上式可写成更一般的形式：

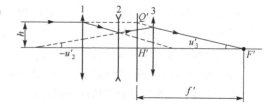

图 20.20 三个透镜的合成焦距示意图

$$f' = f_1'\beta_2\beta_3 \cdots \cdot \beta_k \tag{20.43}$$

由式(20.43)可知，变焦距物镜的合成焦距 f' 为前固定组焦距 f_1' 和其后各透镜组垂轴放大率的乘

积。f' 的变化，就是 $\beta_2\beta_3\cdot\cdots\cdot\beta_k$ 乘积的变化。将式(20.43)代入式(20.42)，得

$$M = \frac{\beta_2^*\beta_3^*\cdot\cdots\cdot\beta_k^*}{\beta_2\beta_3\cdot\cdots\cdot\beta_k} = \frac{B}{\beta_2\beta_3\cdot\cdots\cdot\beta_k} \tag{20.44}$$

式中，$\beta_1\beta_2\cdot\cdots\cdot\beta_k$ 为初始状态时各透镜组垂轴放大率乘积；$B = \beta_2^*\beta_3^*\cdot\cdots\cdot\beta_k^*$ 为满足变倍比要求时各透镜组在新位置的垂轴放大率乘积。以下凡带"*"者均为新位置的量。

此外，机械补偿变焦距物镜还有适用于物距固定的无前固定组双组联动型，如图20.21所示，它由一个起调焦作用的负前组，以及由正、负、正三个透镜组构成变焦组以及一个后固定组所组成。变焦组中有两

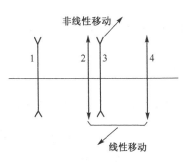

图 20.21　无前固定组双组联动型变焦距物镜示意图

个组元2和4按同一轨迹运动，称为联动组元。它可以做线性运动，或者做非线性运动。当物镜由短焦距变长焦距时，联动变倍正组元2和4向前做线性运动（也可以是非线性运动）。同时，变焦部分中负组元向后做非线性运动，使整个变焦范围内像面保持稳定。实质上它是光学补偿和机械补偿的结合。

20.3.2　二组元机械补偿变焦系统的高斯光学

以变倍组和补偿组二个组元同时运动实现变焦距的系统是机械补偿变焦系统中最常用的形式。它的高斯光学问题就是确定前固定组、变倍组和补偿组的焦距 f_1'、f_2' 和 f_3'，以及它们的初始状态，即是变焦时的位置，它们间的间隔以 d_{s12} 和 d_{s23} 表示，如何保证变焦距的实现，如图20.22所示。

1. 变焦距运动过程

由变倍组和补偿组的移动，即改变它们之间的空气间隔来实现焦距的连续变化和像面的稳定，如图20.23所示。图20.23(a)是正组补偿的变倍补偿系统；图20.23(b)是负组补偿的变倍补偿系统。图中点 A 表示变倍组的物点，即为被摄物体经前固定组所成的像点，点 A' 表示点 A 经变倍组和补偿组后的像点。

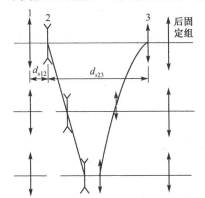

图 20.22　二组元机械补偿变焦系统

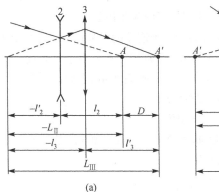
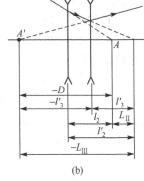

(a)　　　　　　　　(b)

图 20.23　变焦距运动过程示意图

为了实现变焦，变倍组2需沿光轴做线性移动，设其垂轴放大率由 β_2 变为 β_2^*，此时像点 A' 移动了，为补偿像点 A' 不动的要求，补偿组3需做相应的沿轴移动，使补偿组放大率从 β_3 变为 β_3^*。由式(20.44)得到设计时所要求变焦距物镜的变倍比为

$$M = \frac{\beta_2^*\beta_3^*}{\beta_2\beta_3} = \frac{B}{\beta_2\beta_3} \tag{20.45}$$

欲满足像点位置不变，必须使图20.23中点 A 到点 A' 之距离 D 为常量，而

$$D = L_{\text{III}} + L_{\text{II}} = l_3' - l_3 + l_2' - l_2$$

由高斯公式及其倍率公式可导出

$$\begin{cases} l = f'\left(\dfrac{1}{\beta} - 1\right) \\ l' = f'(1 - \beta) \end{cases} \tag{20.46}$$

将以上关系代入距离 D 的表示式，得

$$D = f_2'\left(-\beta_2 + 2 - \frac{1}{\beta_2}\right) + f_3'\left(-\beta_3 + 2 - \frac{1}{\beta_3}\right) \tag{20.47a}$$

实现变焦后有

$$D = f_2'\left(-\beta_2^* + 2 - \frac{1}{\beta_2^*}\right) + f_3'\left(-\beta_3^* + 2 - \frac{1}{\beta_2^*}\right) \tag{20.47b}$$

利用式(20.45)和式(20.47b)可求得

$$\beta_2^* = \frac{-\left[D - 2(f_2' + f_3')\right] \pm \left\{\left[D - 2(f_2' + f_3')\right]^2 - 4\left(f_2' + \dfrac{f_3'}{B}\right)(f_2' + f_3'B)\right\}^{1/2}}{2\left(f_2' + \dfrac{f_3'}{B}\right)} \tag{20.48}$$

式中，D 可由式(20.47a)求得。将式(20.47a)减去式(20.47b)即可得保持像面不动应满足的方程式：

$$f_3'\left(\frac{1}{\beta_3^*} + \beta_3^* - \frac{1}{\beta_3} - \beta_3\right) + f_2'\left(\frac{1}{\beta_2^*} + \beta_2^* - \frac{1}{\beta_2} - \beta_2\right) = 0 \tag{20.49}$$

式(20.49)表明了在变焦方程式 β_2^* 与 β_3^* 之间的制约关系。将式(20.49)改写成如下形式：

$$\beta_3^{*2} - b\beta_3^* + 1 = 0$$

解得

$$\beta_3^* = \frac{b \pm \sqrt{b^2 - 4}}{2} \tag{20.50}$$

式中

$$b = -\frac{f_2'}{f_3'}\left(\frac{1}{\beta_2^*} - \frac{1}{\beta_2} + \beta_2^* - \beta_2\right) + \left(\frac{1}{\beta_3} + \beta_3\right) \tag{20.51}$$

满足补偿曲线连续条件，根号前正、负号确定：在初始状态时，确定 $\beta_3 = \beta_3^*$，在变焦过程中，当 b 的正、负号变化时，根号前正、负号也相应变化。

由式(20.50)可以发现 β_3^* 的两个根是互为倒数的，即 $\beta_{31}^* = 1/\beta_{32}^*$。因而对应于一个 β_2^*，必定同时存在两个 β_3^* 的 β_{31}^* 和 β_{32}^*，都可以实现像面补偿。

可以把变焦过程理解为一个连续的微分过程。设在变焦过程中，变倍组和补偿组偏离初始状态位置的移动量，如图 20.24 所示，分别用 x 和 y 表示，而且规定自左向右为正，反之为负。对式(20.46)求导，可得

$$\begin{cases} \mathrm{d}l = f'\mathrm{d}(1/\beta) \\ \mathrm{d}l' = -f'\mathrm{d}\beta \end{cases} \tag{20.52}$$

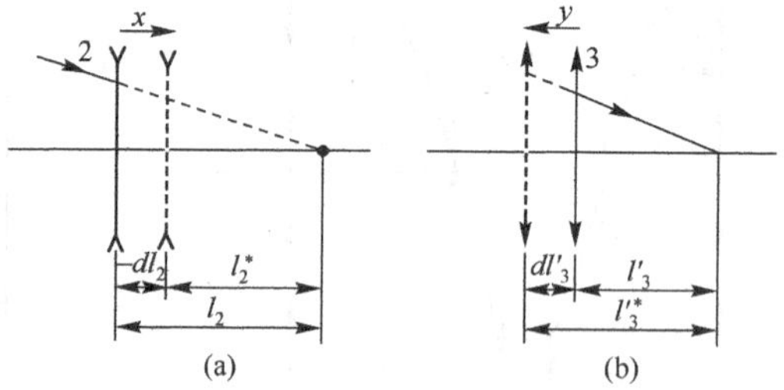

因此，变倍组偏离初始状态位置（一般为短焦距位置）的移动量 x 可由下式求得：

$$x = -\mathrm{d}l_2 = -f_2'\left(\frac{1}{\beta_2^*} - \frac{1}{\beta_2}\right) = f_2'\left(\frac{1}{\beta_2} - \frac{1}{\beta_2^*}\right) \tag{20.53}$$

同理，补偿组偏离初始状态位置的移动量 y 由下式求得：

$$y = -\mathrm{d}l_3' = f_3'(\beta_3^* - \beta_3) \tag{20.54}$$

式中，初始状态位置的 β_2，β_3 可由三个焦距 f_1'，f_2'，f_3' 及它们之间初始状态的间隔 d_{s12} 和 d_{s23} 来确定。由高斯光学物像公式可得

$$\beta_2 = \frac{f_2'}{f_2' + l_2} = \frac{f_2'}{f_2' + f_1' - d_{s12}} \tag{20.55}$$

$$\beta_3 = \frac{f_3'}{f_3' + l_3} = \frac{f_3'}{f_3' + f_2'(1 - \beta_2) - d_{s23}} \tag{20.56}$$

当变倍组移动 x 时，补偿组的相应移动量为 y。移动过程中应满足变倍比 M 要求和图20.25所示的相对位置关系：

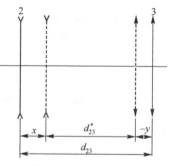

图 20.24　变焦过程中变倍组和补偿组
对初始状态位置的移动量

图 20.25　变倍组和补偿组的
相应移动量 x, y

$$d_{23}^* = d_{s23} - x + y > 0 \tag{20.57}$$

式中，d_{23}^* 为某一变焦位置时变倍组 2 和补偿组 3 之间的间隔。为避免变倍组和补偿组相撞，应使 $d_{23}^* > 0$。

2. 变倍组求解的三个区间

为讨论方便，采用规范化条件即变倍组焦距 $f_2' = -1$。由式(20.55)可知，变倍组的起始垂轴放大率 β_2 仅取决于 f_1' 和 d_{s12}（为简单起见可假定 $d_{s12} = 0$），而 d_{s23} 是一个估计值，它要同时满足约束条件：变倍系统倍率 $M = \dfrac{B}{\beta_2 \beta_3}$ 和长焦距时 $d_{23}^* > 0$。下面归结为在一定的变倍比 M 和间隔 d_{s23} 的条件下，f_1' 和 f_3' 的取值问题。对式(20.47b)两边求导，可得

$$\frac{(1-\beta_2^{*2})}{\beta_2^{*2}} f_2' \mathrm{d}\beta_2^* + \frac{(1-\beta_3^{*2})}{\beta_3^{*2}} f_3' \mathrm{d}\beta_3^* = 0 \tag{20.58}$$

由 $\mathrm{d}\beta_3^*/\mathrm{d}\beta_2^* = 0$ 的条件，得 $\beta_2^* = \pm 1$，而 $\beta_2^* = +1$ 无意义（因在透镜 2 的主面处，使整个系统的结构太长）。所以补偿组放大率变化曲线 β_3^* 的极值发生在 $\beta_2^* = -1$ 这一特征点上，如图 20.26 所示。此时，共轭距为最短，共轭距的变化最大，因此，补偿组移动也最大。很多正组补偿的变焦系统往往把长焦距时的 β_2^* 取在 -1 左右，因为 β_2^* 超过 -1 倍后，$|\beta_3^*|$ 就下降了，说明在 $\beta_2^* = -1$ 以后的一段，β_3^* 对变倍比不再有贡献，甚至产生负贡献，此时，补偿组仅起补偿像面移动的作用。由式(20.53)可知，对应的变倍组的移动量 x 为

$$x = -\left(1 + \frac{1}{\beta_2}\right) \tag{20.59}$$

将变倍组规范化焦距 $f_2' = -1$，并设 $\beta_2^* = -1$，以及把式(20.56)代入式(20.51)，得

$$\frac{1 - \beta_2 + d_{s23}}{f_3' - 1 + \beta_2 - d_{s23}} - \frac{3 + \dfrac{1}{\beta_2} + d_{s23}}{f_3'} = b - 2$$

令

$$1 - \beta_2 + d_{s23} = A$$

$$3 + \frac{1}{\beta_2} + d_{s23} = E$$

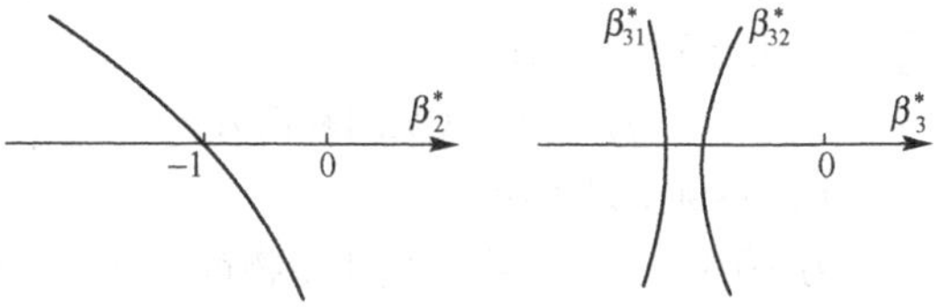

图 20.26　β_3^* 的极值发生在 $\beta_2^* = -1$ 这一特征点

得

$$\frac{A}{f_3' - A} - \frac{E}{f_3'} = b - 2 \tag{20.60}$$

由式(20.50)可知，方程有解的条件是 $b^2 - 4 \geqslant 0$，这就是说，变倍组以一定的放大率 β_2 起步，当能同时满足 d_{s23} 约束条件后，f_3 的取值并不是任意的，它可以划分为三个解区。

(1) 负组补偿区

当 $b > 2$ 时，式(20.60)的解为

$$f_3' > \frac{AE}{E - A} \tag{20.61a}$$

此种情况下，一般取 $\beta_2 > -1$，故 $A > 0$，$E > 0$，$A > E$，可得 $f_3' < 0$，这就是负组补偿的结构形式。

但是当 $b = -2$ 时，由式(20.60)可得

$$f_{30}' = \frac{AE}{E - A} \tag{20.61b}$$

由式(20.52)可知，此时 $\beta_3^* = +1$，补偿组在变倍组左面，所以此解无实际意义。

(2) 正组补偿区

当 $b = -2$ 时，式(20.60)的解为

$$f_2' = \frac{(3A + E) \pm \sqrt{(9A - E)(A - E)}}{8} \tag{20.62}$$

解得 $f_3' > 0$，故此区域称为正组补偿区。它有两个根：

$$f'_{31} = \frac{(3A+E)-\sqrt{(9A-E)(A-E)}}{8} \tag{20.63a}$$

$$f'_{32} = \frac{(3A+E)+\sqrt{(9A-E)(A-E)}}{8} \tag{20.63b}$$

(3) $f'_{32} \leqslant f'_3 < f'_{33}$ 条件下正组补偿区

当 $b \leqslant -2$ 时，f'_3 的相应两个根为

$$f'_{31} \leqslant \frac{(3A+E)-\sqrt{(9A-E)(A-E)}}{8} = f'_{31} \tag{20.64a}$$

$$f'_{32} \geqslant \frac{(3A+E)+\sqrt{(9A-E)(A-E)}}{8} = f'_{32} \tag{20.64b}$$

应该注意，f'_3 值的选取，对于变倍比较高的系统，为了缩小结构尺寸，一般不应使 $\beta_3 = \infty$。前面已设 $f'_2 = -1$，$d_{s12} = 0$，当物体对整个系统处于无限远时，$l_2 = f'_1$。此时式(20.55)可写为

$$\beta_2 = \frac{1}{1-f'_1}$$

当 $\beta_3 = \infty$ 时，由式(20.56)可得 $\qquad f'_3 + f'_2(1-\beta_2) - d_{s23} = 0$

将 $f'_2 = -1$，$\beta_2 = \dfrac{1}{1-f'_1}$ 代入上式，可得 f'_3，可用 f'_{33} 表示为

$$f'_{33} = d_{s23} + \frac{f'_1}{f'_1 - 1} \tag{20.65}$$

因此，只有 $f'_3 < f'_{33}$，β_3 不为无限大，才有实际意义。

由式(20.61b)、式(20.64a)、式(20.64b)和式(20.65)可知，二组元变焦系统存在着可行解的解区，即 f'_3 在下述三个范围内：

$$f'_3 > f'_{30}（负组补偿）；\quad f'_3 \leqslant f'_{31}（正组补偿）；\quad f'_{32} \leqslant f'_3 < f'_{33}（正组补偿）$$

下面举例予以说明。

例 20.1 一个二组元变焦距物镜，其变倍比 $M = 6$，设 $d_{s12} = 0$，$f'_2 = -1$，$d_{s23} = 2.866$（d_{s23} 值的选取要保证变倍组、补偿组在变焦过程中不能相碰撞），取 $f'_1 = 3.222$，采用负组补偿形式，试求 f'_3 的解值范围。

解：因 $d_{s12} = 0$，故 $l_2 = f'_1$，式(20.55)可得

$$\beta_2 = \frac{f'_2}{f'_2 + l_2} = \frac{-1}{-1+3.222} = -0.45$$

$$A = 1 - \beta_2 + d_{s23} = 1 - (-0.45) + 2.866 = 4.316，\quad E = 3 + \frac{1}{\beta_2} + d_{s23} = 3 + \frac{1}{-0.45} + 2.866 = 3.944$$

$$f'_{30} = \frac{AE}{E-A} = \frac{4.316 \times 3.644}{3.644 - 4.316} = -25.28$$

由式(20.61a)可知 $f'_3 > -25.28$。

例 20.2 一个 16 mm 快速新闻投影机 6 倍二组元变焦距物镜，设 $f'_2 = -1$，$d_{s23} = 2.82$，$d_{s23} = 0.3$，取 $f'_1 = 3.993$，采用正组补偿结构形式，试求 f'_3 的解值范围。

解：由式(20.55)可得 $\qquad \beta_2 = \dfrac{f'_2}{f'_2 + f'_1 - d_{s12}} = \dfrac{-1}{-1+3.993-0.3} = -0.371113$

$$A = 1 - \beta_2 + d_{s23} = 1 - (-0.371113) + 2.82 = 4.191，\quad E = 3 + \frac{1}{\beta_2} + d_{s23} = 3 + \frac{1}{-0.371113} + 2.82 = 3.125$$

由式(20.63a)可得 $\qquad f'_{31} = \dfrac{(3A+E)-\sqrt{(9A-E)(A-E)}}{8} = 1.203$

由式(20.63b)可得
$$f'_{32} = \frac{(3A+E) + \sqrt{(9A-E)(A-E)}}{8} = 2.721$$

由式(20.65)可得
$$f'_{33} = d_{s23} + \frac{f'_1}{f'_1 - 1} = 2.82 + \frac{3.993}{3.993 - 1} = 4.154$$

因为采用正组补偿，所以 $f'_{33} \leqslant 1.203$ 或 $2.721 \leqslant f'_3 < 4.154$。实际采用的 $f'_3 = 1.2012$。

3. 绘制变倍、补偿曲线

根据变倍比 M 的要求，满足像面位置不动，计算出变倍组和补偿组的位置以后，可以画出变倍补偿曲线，详见下例。

例 20.3 画出一个正组补偿 6 倍二组元变焦距系统的变倍、补偿曲线。参数 $f'_1 = 86.539\ 96$ mm，$f'_2 = -21.669\ 24$ mm，$f'_3 = 25.899\ 64$ mm，$d_{s12} = 6.484\ 39$ mm（d_{s12} 值要保证前固定组与变倍组之间不能相碰撞来选取），$d_{s23} = 61.010\ 71$ mm，其五个位置的焦距值分别是 12.531 mm，25.4 mm，32.96 mm，50.21 mm，74.9 mm。

现将其高斯光学计算步骤按顺序叙述如下。

解： (1) 由式(20.55)求得
$$\beta_2 = \frac{f'_2}{f'_2 + f'_1 - d_{s12}} = -0.37113$$

(2) 由式(20.56)求得
$$\beta_3 = \frac{f'_3}{f'_3 + f'_2(1 - \beta_2) - d_{s23}} = -0.399\ 54$$

(3) 由式(20.42)求得相邻两挡焦距的变倍比，对第一、二两挡的焦距为 $M = 25.4/12.53 = 2.026\ 917$。

(4) 由式(20.48)求得
$$\beta_2^* = \frac{-\left[D - 2(f'_2 - f'_3)\right] \pm \left\{\left[D - 2(f'_2 + f'_3)\right]^2 - 4\left(f'_2 + \dfrac{f'_3}{B}\right)(f'_2 + f'_3 B)\right\}^{1/2}}{2\left(f'_2 + \dfrac{f'_3}{B}\right)}$$
$$= -0.536\ 655$$

式中
$$B = M\beta_2\beta_3，\quad D = 2(f'_2 + f'_3) - f'_2\left(\frac{1}{\beta_2} + \beta_2\right) - f'_3\left(\frac{1}{\beta_3} + \beta_3\right)$$

(5) 由式(20.50)可得
$$\beta_3^* = \frac{b \pm \sqrt{b^2 - 4}}{2} = -0.560\ 067$$

式中
$$b = \frac{f'_2}{f'_3}\left(\frac{1}{\beta_2^*} - \frac{1}{\beta_2} + \beta_2^* - \beta_2\right) + \left(\frac{1}{\beta_3} + \beta_3\right)$$

根号前正、负号的取法，应使求得的 β_3^* 同时满足变倍比要求，即由式(20.45)求得 $\beta_3^* = B / \beta_2^* = -0.560\ 067$ 一致，反之，说明计算有误。

(6) 由式(20.53) 可得
$$x = f'_2\left(\frac{1}{\beta_2} - \frac{1}{\beta_2^*}\right) = 18.008\ 04 \text{ mm}$$

(7) 由式(20.54) 可得
$$y = f'_3(\beta_3^* - \beta_3) = -4.157\ 437 \text{ mm}$$

(8) 由图20.27可得前固定组 1 与变倍组 2 之间的间隔为
$$d_{12}^* = d_{s12} + x = 24.492\ 435 \text{ mm}$$

(9) 由图20.27可得变倍组 2 与补偿组 3 之间的间隔为
$$d_{23}^* = d_{s23} - x + y = 38.845\ 234 \text{ mm}$$

重复以上步骤，计算各焦距时变倍组和补偿组的位置，数据列于表 20.38 中。根据表 20.38 中的数据，可画出变倍、补偿曲线如图 20.28 所示。

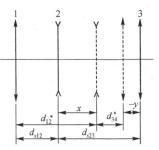

图 20.27　前固定组 1 与变倍组 2 之间的间隔

表 20.38　各焦距变倍组和补偿组的位置

M	1	2.026 917	2.630 19	4.006 73	5.976 982
$\beta_2{}^*$	− 0.371 13	− 0.536 653	− 0.615 512	− 0.770 591	− 0.984 531
$B_3{}^*$	− 0.399 54	− 0.560 067	− 0.633 651	− 0.771 021	− 0.900 201
x/mm	0	18.008 04	23.181 14	30.266 039	36.377 289
y/mm	0	− 4.157 437	− 6.063 227	− 9.621 063	−12.966 776
$d_{12}{}^*$/mm	6.484 39	24.492 435	29.665 535	36.750 434	42.861 684
$D_{23}{}^*$/mm	61.010 71	38.845 234	31.123 607	21.123 607	11.666 646
f'	12.531 39	25.4	32.96	50.21	74.9

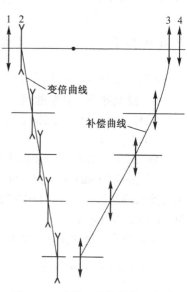

图 20.28　变倍、补偿曲线示意图

变倍曲线

补偿曲线

通过上述计算，变倍、补偿曲线形状就可确定，但补偿曲线形状及其导程（即变倍组的总移动量 x）对变焦距镜头的外形尺寸（即头部尺寸和总长度）和凸轮的曲线形状有很大的影响。开始设计时，必须从补偿曲线的弯曲情况和导程来考虑变倍、补偿曲线的选段。计算变倍、补偿曲线时，不仅计算所需要满足的放大率，还要使曲线向两头延伸一些计算点。再从结构外形尺寸计算，二级光谱的估量及凸轮曲线的形状等，决定选取变倍、补偿曲线的线段。表 20.39 列出了四个 $6^\times$ 二组元变焦距物镜、变倍组放大率 β_2 和补偿组放大率 β_3 所选取的范围。

表 20.39　四个 $6^\times$ 二组元变焦距物镜、变倍组和补偿组放大率 β_2, β_3 的选取范围

名　称	变焦范围/mm	M	补　偿	β_2（短）	$\beta_2{}^*$（长）	β_3（短）	$B_3{}^*$（长）	f_2' /mm
35 mm 电影摄影物镜	25.49～140.75	6.014	正组补偿	− 0.387 14	−1	− 0.430 19	−1	−35.001 62
16 mm 电影摄影物镜	12.53～74.9	5.977	正组补偿	− 0.371 13	− 0.984 56	− 0.399 54	− 0.900 201	−21.669 24
工业电视物镜	13.76～82.56	6.000	正组补偿	− 0.379 07	−1.406 86	− 0.391 53	− 0.632 994	−23.019 2
16 mm 电影摄影物镜	12.45～75.01	6.025	负组补偿	− 0.500 04	−4.107 39	0.425 76	0.312 285	−24.979 95

由式(20.41)和式(20.42)可知，遵守物像交换原则时的变倍组短焦距时倍率 $\beta_2 = -1/\sqrt{6} = -0.408$，现取负组补偿倍率 $\beta_2 = -0.500\,04$，两者之比为 $-0.500\,04/(-4.408) = 1.23$，该比值表示偏离物像交换原则的程度。该比值等于 1 时，即符合物像交换原则，与 1 差得越多即表示非物像交换原则越厉害；大于 1 表示取物像交换位置的下半段；小于 1 表示取物像交换位置的上半段。由表 20.39 可知，正组补偿都取上半段，而负组补偿几乎都是取下半段，选段范围基本上都遵守这一规律。

4. 前固定组和后固定组的作用

前固定组焦距 f_1' 及后固定组 f_4' 的确定，与透镜组之间的最小间隔有关。如图20.29所示的正组补偿变焦距物镜，其 f_1' 和后固定组 f_4' 可按下述公式求得：

$$f_1' = l_{2\max} + d_{12\min} \tag{20.66}$$

$$u_4' - u_4 = h_4/f_4' \tag{20.67}$$

$$\frac{h_3 - h_4}{d_{34\min}} = u_4 \tag{20.68}$$

$$u_4' = \frac{D}{2f'} \tag{20.69}$$

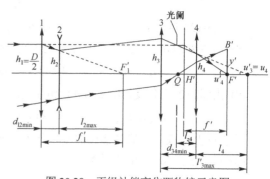

图 20.29　正组补偿变焦距物镜示意图

由上面最后三式可得

$$f_4' = \frac{2f'h_4 d_{34\min}}{Dd_{34\min} - 2f'h_3 + 2h_4 f'} \tag{20.70}$$

式中，f' 相当于 $d_{34\min}$ 时的总焦距；D 为入瞳直径也可任意取。

前固定组和后固定组之焦距不影响变倍比，但影响总焦距在特定范围内变化。前固定组是为了使被摄物体落在变倍组 2 的物面上，根据变倍时，两组不能有碰撞来考虑 $d_{12\min}$ 值，后固定组要使通过物体被前固定组及变焦组所成的像，按特定的焦距变化范围再成像于整个系统的像面上，且使像差与变倍部分（包括前固定组、变倍组和补偿组）相匹配，使整个系统的像差得到平衡。为此，要求变倍系统除了满足给定变倍比和像面位置稳定之外，还应使各个焦距位置的像质均良好。$d_{34\min}$ 的选取应保证变倍时补偿组不与后固定组相撞。但透镜组之间最小距离的选择要根据透镜组前主面和其第一面、后主面和其最后一面的距离来决定。所以从薄透镜变为实际厚透镜组时，有时不同透镜组主面之间距离 $d_{\min}$ 小了，以致透镜面之间相碰；有时主面之间距离 $d_{\min}$ 大了，空隙多了，需重新给定 $d_{\min}$，再调整一下高斯光学计算。

下面仍以上述例 20.2 来说明上述公式的应用。设计要求：$f' = 12.531\,39$ mm（短焦），$D/f' = 1/2.2$，设 $d_{34\min} = 34.907\,67$ mm。

根据前例算得的各组焦距和间隔可求得：$h_1 = 2.840\,84$ mm，$h_2 = 2.634\,64$ mm，$h_3 = 8.044\,71$ mm，$h_4 = 0.297\,41$ mm。将上述诸值代入式(20.70)，得

$$f_4' = \frac{2 \times 12.531\,39 \times 0.297 \times 34.907\,67}{5.696 \times 34.907\,67 - 2 \times 12.531\,39 \times 8.045 + 2 \times 0.297 \times 12.531\,39}\ \text{mm} = 55.739\,91\ \text{mm}$$

5. 外形尺寸计算

仍以例 20.2 所举 16 mm 快速新闻摄影机 6 倍二组元变焦距物镜进行计算。如图20.29所示，孔径光阑位于后固定组前 29.164\,39 mm 处，16 mm 电影摄影物镜像高 $y' = 6.4$ mm。

由下式可求得各焦距位置时的 d_{34}^*：

$$d_{34}^* = d_{34} - y \tag{20.71}$$

计算结果列于表20.40中。利用几何光学公式可求得各焦距位置时第一近轴光线和第二近轴光线在各透镜组上的高度，计算结果列于表20.41和表20.42中。

表 20.40 变焦距系统的总焦距和间隔 d_{34}^*

f'/mm	12.531	25.4	32.96	50.21	74.9
d_{34}^*/mm	34.907 67	39.065 116	40.970 906	44.528 742	47.874 45

机械筒长　　　　　　$L = d_{12} + d_{23} + d_{34} = 102.4207$ mm

光学筒长　　　　　　$L_0 = d_{12} + d_{23} + d_{34} + l_4' = 103.7114$ mm

表 20.41 在变焦距过程中各透镜组上第一近轴光线的入射高度

f'/mm \ h	h_1 / mm	h_2 / mm	h_3 / mm	h_4 / mm
12.531	2.848 08	2.634 64	9.044 71	0.297 41
25.4	5.772 72	4.138 93	9.967 36	0.297 41
32.96	7.490 90	4.923 95	9.390 38	0.297 41
50.21	11.411 36	6.565 36	10.180 00	0.297 41
74.9	17.022 72	9.591 67	10.922 53	0.297 41

表 20.42 在变焦距过程中各透镜组上第二近轴光线的入射高度

f'/mm \ h_z	h_{z1} / mm	h_{z2} / mm	h_{z3} / mm	h_{z4} / mm
12.531	−15.771 84	−11.278 37	−0.754 75	6.283 66
25.4	−18.420 92	−7.036 13	−1.593 02	6.283 66
32.96	−17.829 22	−5.957 14	−1.977 28	6.283 65
50.21	−16.408 55	−4.756 04	−2.694 64	6.283 65
74.9	−15.585 53	−4.203 88	−3.369 23	6.283 66

6. 补偿方式的选定

仍以例 20.2 的正组补偿变焦距物镜（焦距范围为 12.5～75 mm）为例，对两种补偿方式有关数据列于表 20.43 中。负组补偿列于表 20.39 中第四行。可知负组补偿取下半段可以比正组补偿短，但头部尺寸将粗得多（这一结论不适用于普遍情况）。二级光谱 W_{DF} 也较大，影响长焦距的成像质量。根据头部的通光口径要小和像

表 20.43 二组元机械补偿变焦距物镜补偿方式比较

数据 \ 补偿方式	正组补偿	负组补偿
$h_{z\max}$	18.420 92	22.313 69
机械筒长/mm	102.4027	46.6225
二级光谱 W_{DF}	−0.001 36	−0.0016

质要好的要求，目前，大都倾向于采用正组补偿型式。一般来说，负组补偿由于变倍系统（包括前固定组、变倍组和补偿组）失对称严重，如图 20.17 所示，所以像质较正组补偿差一些。

20.3.3　二组元机械补偿变焦距物镜设计

初始结构根据前人的工作选用一组已有的结构数据，进一步进行像差校正，使之达到实用要求，而不是根据初级像差理论来求解。

设计技术要求：$f' = 12.5 \sim 75\ \text{mm}$，$D/f' = 1/2.2$，$2\omega = 54° \sim 90°$，$l' = 17.5\ \text{mm}$，筒长 $L_0 \leqslant 150\ \text{mm}$；最近摄影距离 $l = -1.5\ \text{m}$；$D_{\text{前片}} \leqslant 60\ \text{mm}$。

1. 选择初始结构参数

根据设计要求，现选得一组正组补偿方式的初始结构参数如表20.44所示。

经过光路计算可得：前固定组焦距 $f_1' = 94.362\ 95\ \text{mm}$；变倍组焦距 $f_2' = -25.056\ 56\ \text{mm}$；补偿组焦距 $f_3' = 29.954\ 12\ \text{mm}$；后固定组焦距 $f_4' = 59.544\ 61\ \text{mm}$。

然后按变倍组 $f_2' = -1$，将各组焦距及间隔规范化得

$$f_1' = 3.765\ 997\ 8,\quad f_2' = -1,\quad f_3' = 1.195\ 460\ 19,$$

$$d_{s12} = 0.269\ 087\ 271,\quad d_{s23} = 2.492\ 424\ 33$$

计算过程同例 20.2，可写出

$$\beta_2 = \frac{f_2'}{f_2' + f_1' - d_{s12}} = -0.400\ 49$$

$$A = 1 - \beta_2 + d_{s23} = 3.892\ 914\ 3,$$

$$E = 3 + \frac{1}{\beta_2} + d_{s23} = 2.995\ 483$$

$$f_{31}' = \frac{(3A + E) - \sqrt{(9A - E)(A - E)}}{8} = 1.164\ 028\ 2$$

$$f_{32}' = \frac{(3A + E) + \sqrt{(9A - E)(A - E)}}{8} = 2.504\ 528\ 24$$

$$f_{33}' = d_{s23} + \frac{f_1'}{f_1' - 1} = 3.853\ 957\ 51$$

由上面所得的数据可知，$f_3'(= 1.195\ 460\ 19) > f_{31}'$，不在可行解区内，此时变倍比 $M > 3.683$，由式(20.51)可得 $b = -1.969$，即得 $b^2 - 4 = -0.122$，由式(20.50)可知 β_3^* 是虚数，说明当 $M > 3.683$ 时补偿曲线断裂，不能连续变倍。这表示所取结构参数尚不满足设计技术要求，为此，需重新进行高斯光学计算。取

$$f_1' = 3.993\ 325\ 82,\quad f_2' = -1,\quad f_3' = 1.194\ 871\ 52,$$

$$d_{s12} = 0.310\ 619\ 61,\quad d_{s23} = 2.880\ 017\ 62$$

表 20.44　一组正组补偿方式的初始结构参数

	r/mm	d/mm	n_D	n_F	n_C
前固定组	−3383.7	2.00	1.7398	1.758 71	1.732 43
	77.442	0.50			
	82.555	10.50	1.6384	1.646 57	1.635 06
	−178.67	1.00			
变倍组	56.239	7.00	1.6203	1.627 57	1.617 23
	265.08	0.64			
	4382.1	1.40	1.712 88	1.722 20	1.708 97
	23.108	7.20			
补偿组（孔径光阑）	−53.541	0.90	1.5638	1.570 33	1.561 05
	23.874	4.70	1.7550	1.774 76	1.747 33
	158.80	50.18			
	269.58	2.10	1.6203	1.627 57	1.617 23
	−101.71	0.10			
	94.838	0.90	1.7172	1.734 68	1.703 70
	21.216	6.29	1.6779	1.686 42	1.574 20
	−90.06	0.10			
	47.691	2.78	1.6779	1.686 42	1.574 20
	629.94	2.09			
	∞	2.00			
后固定组	−32352	1.50	1.6384	1.646 57	1.635 06
	12724	13.04	1.6725	1.687 47	1.666 60
	33.722	2.84			
	−134.97	2.60	1.712 88	1.722 20	1.708 97
	−30.951	0.75			
	99.544	1.40	1.7398	1.758 71	1.736 43
	12.776	5.90	1.712 88	1.722 20	1.708 97
	−38.996				

重复上述计算得：$\beta_2 = -0.372\ 75$，$A = 4.252\ 767\ 62$，$E = 3.197\ 254\ 38$，$f_{31}' = 1.234\ 044\ 65$，$f_{32}' = 2.754\ 844\ 6$，$f_{33}' = 4.214\ 094\ 13$。选 $f_3' (= 1.194\ 871\ 52) < f_{31}'$，在可行解区内。从短焦到长焦的整个变焦范围内，$b$ 从 $-2.949\ 986\ 55$ 到 $-2.083\ 651\ 38$，$b^2 - 4 > 0$，这说明补偿曲线可保证连续变倍。取变倍组焦距实际值 $f_2' = -21.673\ 10\ \text{mm}$，其相应的结构参数 r 如表 20.45 所示，透镜厚度 d 及折射率 n_D，n_F，n_C 未变。

变倍组焦距大小影响外形尺寸，因为 f_1', f_3', d_{s23} 都与 f_2' 有关。在像质允许的情况下，应尽量缩小变倍组的焦距，以减小外形尺寸。变倍组焦距的选择主要由长焦距的轴外宽光束像差允许值决定。因为第二近轴光线的高度 h_z 随其焦距缩小而缩小，当 f_2' 缩短时，细光束的像差减少。而轴上光线在各组上高度 h 不变，则各组负担的相对孔径增大，宽光束像差（主要是长焦距轴外宽光束像差即 $\Delta Y' \sim \tan u'$）引起的弥散加大。

结构形式选定后，变倍组焦距应在像差校正阶段根据长焦距像质合理选取，给 f_2' 以某一合适的放大或缩小比例。由表20.39所列四个物镜的 f_2' 值可知，通常变倍组焦距取的范围为 $f_{\min}' < |f_2'| \leqslant 2 f_{\min}'$，$f_{\min}'$ 为变焦距物镜最短焦距。

2．像差校正原则

如果用人工校正，往往是首先校正变焦部分（包括前固定组、变倍组和补偿组），使像质尽可能不随焦距的变化而有明显的变化，然后单独考虑后固定组，使之很好地与变焦部分相匹配，最后将二者组合在一起进行微量校正。但应指出，变焦部分的像差平衡工作量非常大，一般多使用软件（如 Zemax 等）进行变焦距系统像差自动平衡，依靠计算机来完成。下面对前面所列结构参数在不改变 d, n_D, n_F, n_C 的情况下，只改变所有透镜的曲率半径通过计算机进行像差自动平衡，并且在平衡过程中，对像差进行分析，调换了部分玻璃，关于像差自动平衡及调换玻璃的方法同 20.1 节和 20.2 节，故在此略。像差平衡达到要求值后，曲率半径应取标准，透镜的厚度和间隔（变倍间隔例外）取有效位数，最后得到的参数参见表 20.46，按边缘视场有 50％的线渐晕来确定各面的通光孔径。

表 20.45　改进后结构参数

	r/mm	空气间隔变化范围 /mm
前固定组	3113.3	
	71.25	
	75.95	
	−161.4	
	51.74	
	243.9	
变倍组	3317	
	20.13	50.435 696～
	−46.65	21.03 809～
	20.79	1.538 096
	138.32	
补偿组	231.6	
	−87.36	
	81.42	0.418 515～
	18.22	24.1667～
	−77.35	39.9889
	41.21	
	541.08	
后固定组	∞（孔阑）	
	−30.38	
	11.95	
	31.7	2.061 586
	−126.8	2～
	−29.12	7.704 786～
	90.71	11.382 88
	12	
	−36.66	

表 20.46　最后得到变倍物镜的参数

	r/mm	D/mm	n_D	n_F	n_C		通光孔径/mm
前固定组	−2802	1.8	1.7398	1.758 71	1.732 43	ZF5	55.9
	60.68	0.5					52.9
	71.29	9.78	1.6384	1.646 57	1.635 06	ZK11	53
	−170.22	0.90					53
	48.75	6.80	1.6203	1.627 57	1.617 23	ZK9	46.5
	206.46	0.64～23.82～36.99					46
变倍组	∞	1.22	1.6920	1.700 96	1.688 27	LaK2	28
	19.999	6.27					23.7
	−45.19	0.90	1.5638	1.570 23	1.561 05	Bak6	23.3
	20.15	4.09	1.7550	1.774 76	1.747 33	ZF6	22.8
	128.53	50.184～20.939～.8334					22.8
补偿组	227.50	2.0	1.6203	1.627 57	1.617 23	ZK9	20.4
	−91.83	0.09					20.4
	81.28	1.00	1.7280	1.746 49	1.720 79	ZF4	20.4
	19.77	4.02	1.6920	1.700 96	1.688 27	LaK2	20.4
	−80.17	0.09					20.4
	38.02	2.81	1.6203	1.627 57	1.617 23	ZK9	20.2
	467.70	2.089～8.145～15.090					20
后固定组	∞（孔阑）	2.0					13.6
	−27.93	1.3	1.6384	1.646 57	1.635 06	ZK11	13.2
	11.015	11.38	1.0725	1.687 47	1.666 60	ZF2	13.4
	29.24	2.52					13.2
	−117.22	2.28	1.6920	1.700 96	1.688 27	LaK2	13.7
	−26.98	0.72					13.7
	82.22	1.22	1.7172	1.734 68	1.710 37	ZF3	13.7
	11.015	5.1300	1.6920	1.700 96	1.688 27	LaK2	13.7
	−33.73						13.7

3. 像质评价

电影电视变焦距物镜的像质评价，除了计算几何像差之外，还应计算光学传递函数。表 20.47～表 20.51 列出了 $f' = 12.35$ mm 时的几何像差和光学传递函数；表 20.52 和表 20.53 列出了 $f' = 32.96$ mm 的光学传递函数；表 20.54 和表 20.55 列出了 $f' = 74.9$ mm 时的光学传递函数。对物镜做光学传递函数测试时，其测试空间频率的选择，随物镜的要求而异，电影和电视摄影物镜是不相同的。电视摄影物镜测试空间频率为 12 lp/mm，因为 $1\frac{3''}{8}$ 摄像管分辨率为 12 lp/mm；而电影摄影物镜测试空间频率选测应高一些，因为胶片有较高的分辨率，可取 25 lp/mm，但也应注意 12 lp/mm 的 MTF 值。一般希望电影摄影物镜在 25 lp/mm 的 MTF 值能达 0.7，在视场边缘可低一些。

表 20.47　短焦距时轴上像差

像差 \ h/h_m	$\delta L'_D$ /mm	SC'_D /mm	$\delta L'_F$ /mm	$\delta L'_C$ /mm	$\delta L'_G$ /mm
1	− 0.077 66	− 0.001 28	− 0.091 49	− 0.041 07	− 0.045 69
0.707	− 0.047 97	− 0.000 95	− 0.067 07	− 0.010 09	− 0.025 11
	0	0	− 0.03	− 0.042	0.002

表 20.48　短焦距时轴外像差

像差 \ ω/ω_m	x'_s /mm	x'_t /mm	$(x'_t - x'_s)$ /mm	$\delta Y'_Z / y'$	$(Y'_C - Y'_F)$ /mm	$(Y'_C - Y'_G)$ /mm
1	− 0.163 627	− 0.495 129	− 0.328 501	−5.25%	0.002 893	− 0.006 451
0.707	− 0.076 89	− 0.177 311	− 0.100 421	−2.99%	0.007 018	0.003 442

表 20.49　轴外点垂轴像差子午垂轴像差 $\Delta Y' = (Y' - Y') / $mm

ω/ω_m \ h/h_m	1	0.85	0.707	0.5	0.25	0	−0.25	−0.5	−0.707	−0.85	−1
1	0.0856	0.0113	− 0.0212	− 0.0337	− 0.0226	0	0.0309	0.0636	0.0916	0.1119	0.1348
0.707	0.0212	− 0.0044	− 0.0151	− 0.0169	− 0.0096	0	0.0096	0.0180	0.0248	0.0299	0.0358

	弧矢彗差 K'_s /mm					垂轴像差弧矢分量 $\delta T'_s$ /mm（弧矢弥散斑）				
ω/ω_m \ h/h_m	1	0.85	0.707	0.5	0.25	1	0.85	0.707	0.5	0.25
1	0.0109	0.0044	0.0006	− 0.0018	− 0.0017	− 0.0174	− 0.0165	− 0.0164	− 0.0168	− 0.0176
0.707	0.0025	− 0.0000	− 0.0014	− 0.0020	− 0.0013	− 0.0227	− 0.0175	− 0.0141	− 0.0107	− 0.0084

表 20.50　短焦距零视场全孔径 MTF（离焦量 $L' - l' = -0.02$ mm ）

空间频率/(lp/mm)	MTF（D 光）
5	0.9814
10	0.9440
15	0.8928
20	0.8322
25	0.7659
30	0.6985

表 20.51　短焦距轴外点全孔径 MTF（离焦量 $L' - l' = -0.02$ mm ）

空间频率/(lp/mm)	MTF（D 光）			
	0.7 ω		1 ω	
	弧矢	子午	弧矢	子午
5	0.9684	0.9163	0.9204	0.7339
10	0.8987	0.7100	0.7244	0.2676
15	0.7947	0.4417	0.4556	0.1539
20	0.6734	0.1920	0.1813	0.0995
25	0.5386	0.0885	0.0280	0.0562
30	0.4105	0.1639	0.1513	0.0891

表 20.52　中焦距零视场全孔径 MTF（离焦量 $L' - l' = -0.02$ mm ）

空间频率/(lp/mm)	MTF（D 光）
5	0.9892
10	0.9731
15	0.9518
20	0.9267
25	0.8981
30	0.8673

表20.53 中焦距轴外点 全孔径MTF（离焦量 $L'-l'=-0.02\,\mathrm{mm}$）				
空间频率/(lp/mm)	MTF（D光）			
	0.7ω		1ω	
	弧矢	子午	弧矢	子午
5	0.9834	0.9690	0.9803	0.9703
10	0.9502	0.9040	0.9417	0.9139
15	0.9009	0.8153	0.8908	0.8394
20	0.8420	0.7140	0.8317	0.7542
25	0.7740	0.6115	0.7677	0.6631
30	0.7009	0.5189	0.7051	0.5707

表20.54 长焦距零视场 全孔径MTF（离焦量 $L'-l'=-0.02\,\mathrm{mm}$）	
空间频率/(lp/mm)	MTF（D光）
5	0.9806
10	0.9416
15	0.8839
20	0.8081
25	0.7222
30	0.6254

表20.55 长焦距轴外点 全孔径MTF（离焦量 $L'-l'=-0.02\,\mathrm{mm}$）				
空间频率/(lp/mm)	MTF（D光）			
	0.7ω		1ω	
	弧矢	子午	弧矢	子午
5	0.9661	0.9433	0.9504	0.9109
10	0.8919	0.8274	0.8427	0.7284
15	0.7986	0.7034	0.7184	0.5281
20	0.7033	0.6085	0.6062	0.3693
25	0.6199	0.5558	0.5247	0.2722
30	0.5568	0.5251	0.4801	0.2221

20.3.4 凸轮曲线计算

变焦距物镜设计的最后阶段，即各透镜组的光学结构参数（半径、间隔、玻璃材料）确定之后，还需要计算变倍组和补偿组的位移量，从而加工凸轮轨道。

1. 正组补偿

给定变焦距物镜在短焦距时，变倍组对轴上入射的平行光线的理想像距 l_2'、补偿组对此光线的理想像距 l_3'、变倍组的焦距 f_2'、补偿组的焦距 f_3'，以及变倍组与补偿组在短焦时的间隔 d_{s23}，如图 20.30 所示。

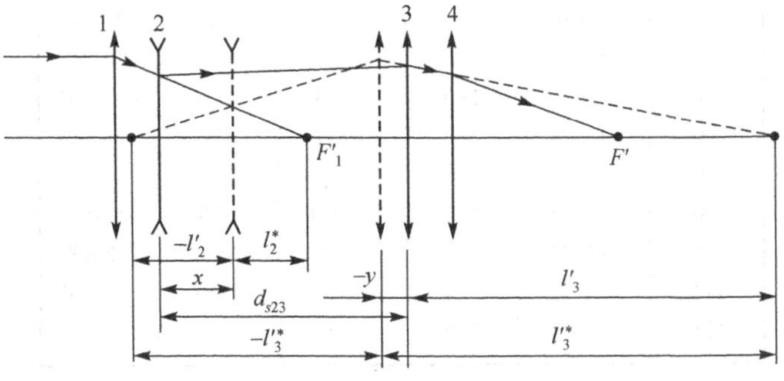

设变倍组移动距离 x，为保证变焦距物镜的像面不动，则补偿组的位移量 y 可按下式求得：

$$\frac{1}{l_2-x}+\frac{1}{f_2'}=\frac{1}{l_2'^{*}} \tag{20.72}$$

$$\frac{1}{l_2'^{*}+x-d_{s23}-y}+\frac{1}{f_3'}=\frac{1}{l_3'-y} \tag{20.73}$$

或

$$ay^2+by+c=0 \tag{20.74}$$

式中

$$a=l_2+f_2'-x$$

$$b=\left(l_3'-l_2+d_{s23}+x\right)x-\left(l_2+f_2'\right)\left(l_3'-d_{s23}\right)-f_2'l_2$$

$$c=\left[\left(d_{s23}+l_2-x\right)\left(l_3'-f_3'\right)-l_3'f_3'\right]x$$

它的两个根是

$$y_{1,2}=\frac{-b\pm\sqrt{b^2-4ac}}{2a}$$

补偿组对于变倍组移动距离 x 的补偿量 y 取两个根中绝对值较小者，即

$$y=\begin{cases} y_1 & （当 |y_1|<|y_2| 时）\\ y_2 & （当 |y_1|\geqslant|y_2| 时）\end{cases}$$

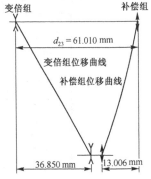

图20.30 变倍组与补偿组关系示意图

图20.31 变倍组和补偿组位移曲线图

如果变倍组移动过程中 y 无实根，说明曲线有断裂现象而不能连续变倍。设计实例：$l_2=80.05907\,\mathrm{mm}$，$l_3'=36.248\,\mathrm{mm}$，$f_2'=-21.66924\,\mathrm{mm}$，$f_3'=25.89964\,\mathrm{mm}$，$d_{s23}=61.00968\,\mathrm{mm}$，变倍组位移量为 x，从零开始，每增加位移量（步长）为 0.05 mm，可求得相应补偿组的位移量 y，变倍组总位移量（导程）为 36.37289 mm，在计算时应适当延长一些，以利于加工。图 20.31 给出了变倍组和补偿组位移曲线图，数据如表 20.56 所示（为简单起见，把步长为 1 mm 的数据列入表内）。

2. 无前固定组三组元变焦距光学系统

图 20.32 所示为无前固定组的三组元变焦距光学系统,设短焦距位置时物距为 l_2,像距为 l_2',第二透镜组像方焦距 f_2' 和第二透镜组至固定孔径光阑之间距离为 d_{23},第三透镜物距为 l_3,如果给出变倍组步长 x,便可求得补偿组移动量 y 值,计算公式组如下:

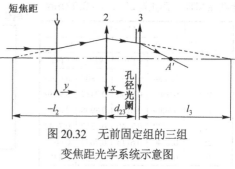

图 20.32　无前固定组的三组
变焦距光学系统示意图

$$\begin{cases} A = l_3 + d_{23} + x \\ B = f_2' + l_2 - x \\ C = l_2 - x \\ y = (Cf_2' - A \cdot B)/(A - f_2') \end{cases} \quad (20.75)$$

设 $l_2 = 95.4348$,$d_{23} = 40.2372$,$l_3 = -95.5197$,$f_2' = -35.0051$,给出变倍组移动量 x,便可由式(20.75)求得使像面稳定的补偿组移动量 y 值,现将计算结果列入表 20.57 中。

表 20.56　变倍组与补偿组移动的对应关系

x/mm	y/mm	x/mm	y/mm	x/mm	y/mm
0	0	13.0	−2.6943	26.0	−7.3281
1.0	−0.1664	14.0	−2.9623	27.0	−7.8226
2.0	−0.3385	15.0	−3.2415	28.0	−8.3434
3.0	−0.5163	16.0	−3.5329	29.0	−8.8915
4.0	−0.7003	17.0	−3.8372	30.0	−9.4673
5.0	−0.8908	18.0	−4.1553	31.0	−10.0693
6.0	−1.0880	19.0	−4.4883	32.0	−10.6935
7.0	−1.2924	20.0	−4.8370	33.0	−11.3294
8.0	−1.5044	21.0	−5.2025	34.0	−11.9713
9.0	−1.7244	22.0	−5.5861	35.0	−12.4978
10.0	−1.9545	23.0	−5.9895	36.0	−12.9089
11.0	−2.1921	24.0	−6.4129	36.85	−13.0042
12.0	−2.4374	25.0	−6.8587		

表 20.57　x 和 y 之间的对应关系

x	y
0.0000	0.0000
0.0200	0.0596
0.0400	0.1196
0.0600	0.1783
0.0800	0.2375
5.0800	12.1063
5.1000	12.1444
5.1200	12.1824
5.1400	12.2203
5.1600	12.2583

表 20.58　x 和 y, z 之间的对应关系

x	y	z
0.0000	0.0000	−0.0003
−0.1000	−0.1565	−0.5292
−0.2000	−0.3131	−1.0518
−0.3000	−0.4696	−1.5684
−0.4000	−0.6262	−2.0790
−0.5000	−0.7827	−2.5839
−0.6000	−0.9393	−3.0832
−0.7000	−1.0958	−3.5765
−0.8000	−1.2523	−4.0648
−0.9000	−1.4089	−4.5474
−1.0000	−1.5654	−5.0246
−1.1000	−1.7220	−5.4968
−1.2000	−1.8785	−5.9637
−1.3000	−2.0350	−6.4255
−1.4000	−2.1916	−6.8822
⋮	⋮	⋮
−20.5000	−32.0911	−49.5972
−20.6000	−32.2476	−49.7070
−20.7000	−32.4042	−49.8163
−20.8000	−32.5607	−49.9250
−20.9000	−32.7173	−50.0331
−21.0000	−32.8738	−50.1406
−21.1000	−33.0304	−50.2476
−21.2000	−32.1869	−50.3540
−21.3000	−33.3434	−50.4599
−21.4000	−33.5000	−50.5652
−21.5000	−33.6565	−50.6700
−21.6000	−33.8131	−50.7743
−21.7000	−33.9696	−50.8779
−21.8000	−34.1262	−50.9811
−21.9000	−34.2827	−51.0838
−22.0000	−34.4393	−51.1859
−22.1000	−34.5958	−51.2875

3. 三组元全动型变焦距光学系统

图 20.33 所示为三组元全动型变焦距光学系统,其前组、中组、后组像方焦距为 f_1',f_2',f_3',相应其移动量分别为 x, y, z。令 $\overline{A_1' A_3'} = D$,为方便计,令 y, z 为线性移动量,为保证像面稳定,x 的位移量应满足下列方程组:

$$\beta_3^* = \frac{f_3' - l_3' + z}{f_3'} \quad (20.76)$$

$$H = y + d_{12} - f_1' - f_2' \qquad (20.77)$$

$$I = \beta_3^* f_3' \qquad (20.78)$$

$$G = \frac{f_3'}{\beta_3^*} + D - 2(f_2' + f_3') \qquad (20.79)$$

$$\beta_2^* = (H - G - I)/f_2' \qquad (20.80)$$

$$x = H + \frac{f_2'}{\beta_2^*} \qquad (20.81)$$

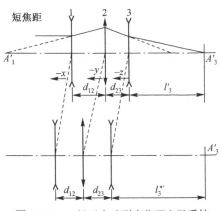

图 20.33　三组元全动型变焦距光学系统

设 y_0，z_0 分别为 y，z 的初值位置，Q_z 和 Q_y 分别为透镜组 3 和 2 的导程，M_y，M_z 分别为 y，z 的步长，则

$$M_y = \frac{(Q_y - y_0)}{(Q_z - z_0)} M_z \qquad (20.82)$$

设 $l_3' = 74.358\,3$，$f_1' = -62.096$，$f_2' = 449\,383$，$f_3' = -343.375\,7$，$D = 217.844\,6$，$d_{12} = 75.864\,9$，$z_0 = 0$，$y_0 = 0$，$Q_z = -29$，$Q_y = -45.397\,2$，$M_z = -0.1$。按式 (20.76)～式 (20.81) 可求得使像面稳定的补偿组移动量 x 值，现将计算结果列于表 20.58 中。

4．双组联动变焦距光学系统

图 20.34 所示为双组联动变焦距光学系统，第一透镜组和第三透镜组双组联动，第二透镜组为补偿组，中组和后组像方焦距分别为 f_2' 和 f_3'，短焦距时中组物距为 l_2，后组像距为 l_3'，中组和后组之间的间隔为 d_{23}。当双组联动变倍时移动量为 x，相应像面稳定时补偿组移动量 y 可由下面导出的公式组求得。

由图 20.34 的第二、第三透镜组物像公式

$$\frac{1}{f_2'} = \frac{1}{l_2^{*'}} - \frac{1}{l_2^*} \qquad (20.83)$$

$$l_2^* = l_2 + x - y$$

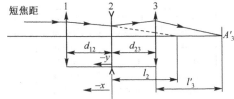

解得

$$l_2^{*'} = \frac{(l_2 + x - y)f_2'}{f_2' + l_2 + x - y}$$

$$\frac{1}{l_2^{*'} - d_{23} - x + y} + \frac{1}{f_3'} = \frac{1}{l_3' - x}$$

令 $A = f_3'(l_3' - x)$，$B = f_3' - l_3' + x$，$C = d_{23} + x$

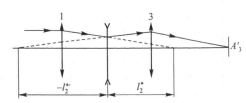

则

$$l_2^{*'} = \frac{A}{B} + C - y \qquad (20.84)$$

再令 $D = l_2 + x$，$E = f_2' + l_2 + x = f_2' + D$，得

$$l_2^{*'} = \frac{(D - y)f_2'}{E - y} \qquad (20.85)$$

图 20.34　双组联动变焦距光学系统意图

合并式 (20.77) 和式 (20.78)，再令 $F = \frac{A}{B} + C$，有

$$y^2 - y(E + F - f_2') + EF - Df_2' = 0$$

得

$$a = 1,\quad b = f_2' - E - F,\quad c = EF - Df_2'$$

则

$$y = \frac{-b \pm \sqrt{b^2 - 4ac}}{2a} \qquad (20.86)$$

$$y = y_1 \text{（当 } |y_1| < |y_2| \text{ 时）}; \qquad y = y_2 \text{（当 } |y_1| \geqslant |y_2| \text{ 时）}$$

设 $l_2 = 66.691\,4$，$l_3' = 75.613\,8$，$f_2' = -21.838\,8$，$f_3' = 38.421\,2$，$d_{23} = 45.639\,5$，代入上述方程组，便可求

得双组联动变倍时移动量 x 后，相应便可求得像面稳定时其补偿组的移动量 y。计算结果列入表20.59中。

5. 二组元变焦距光学系统

图20.35所示是一个既无前固定组又无后固定组，只有变倍组和补偿组的二组元变焦距光学系统。由于结构简单、轻巧，所以很多照相机都配置此类变焦光学系统。后组为变倍组其像方焦距 f_2'；前组为补偿组其像方焦距 f_2'。前者做线性运动；后者做非线性运动以保持像面稳定。两者之间关系，可由下列公式组求得。由图20.35可得

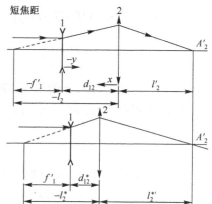

$$\begin{cases} l_2'^* = l_2' + x \\ l_2^* = \dfrac{1}{\dfrac{1}{l_2'^*} - \dfrac{1}{f_2'}} \\ d_{12}^* = f_1' - l_2^* \\ y = d_{12}^* - d_{12} + x \end{cases} \quad (20.87)$$

设 $f_1' = -49$, $f_2' = 34$, $d_{12} = 26.65$ 代入(20.87)式，但变倍组移动量 x 后，相应便可求得像面稳定时其补偿组的移动量 y。对应关系列于表20.60中。

由于变焦距光学系统类型很多，为此选择了常见的变焦距光学系统，推导了补偿组的移动曲线（凸轮曲线），计算了实例。值得指出的是，由于各焦距位置的最佳成像点与理想像点有一个偏离量 Δ，因此应对凸轮曲线进行修正。修正量 Δy 经过轴向放大应等于偏离量 Δ 值。

图20.35　无前固定组又无后固定组的二组元变焦距光学系统

表20.59　x和y之间的对应关系

x	y	x	y
0.0000	0.0000	−9.8000	−12.2908
−0.1000	−0.1396	−9.9000	−12.4124
−0.2000	−0.2788	−10.0000	−12.5343
−0.3000	−0.4175	−10.1000	−12.6564
−0.4000	−0.5557	−10.2000	−12.7788
−0.5000	−0.6935	−10.3000	−12.9015
−0.6000	−0.8308	−10.4000	−13.0245
−0.7000	−0.9677	−10.5000	−13.1478
−0.8000	−1.1041	−10.6000	−13.2714
−0.9000	−1.2401	−10.7000	−13.3955
−1.0000	−1.3757	−10.8000	−13.5199
−1.1000	−1.5108	−10.9000	−13.6448
⋮	⋮	−11.0000	−13.7701
−9.7000	−12.1694	−11.1000	−13.8959

表20.60　x和y之间的对应关系

x	y	x	y
0.0000	0.0000	11.4000	−0.7264
0.3000	−0.1454	11.7000	−0.6509
0.6000	−0.2813	12.0000	−0.5720
0.9000	−0.4081	12.3000	−0.4898
1.2000	−0.5261	12.6000	−0.4043
1.5000	−0.6355	12.9000	−0.3157
1.8000	−0.7366	13.2000	−0.2240
2.1000	−0.8296	13.5000	−0.1292
2.4000	−0.9149	13.8000	−0.0315
2.7000	−0.9925	14.1000	0.0691
3.0000	−1.0627	14.4000	0.1725
3.3000	−1.1258	14.7000	0.2788
3.6000	−1.1820	15.0000	0.3877
3.9000	−1.2314	15.3000	0.4993
⋮		15.6000	0.6135
		15.9000	0.7303

习题

20.1　试计算一平视场显微物镜的初始结构，其技术要求为 $\beta = -10^\times$，NA $= 0.25$，共轭距离 $L = 195$ mm，像方线视场 $2y' = 18$ mm，工作距离 $l \geqslant 5$ mm。

20.2　试计算一双高斯物镜的初始结构，物距 $l_1 = -\infty$，$f' = 58$ mm，$D/f' = 1/2$，$l' \geqslant 35$ mm，设在半部系统规化焦距 $f' = 1$ 的条件下，取 $S_{IV} = 0.05$，$d = 0.15$。

20.3　将表20.51和表20.52所列的光学传递函数绘制成曲线。

20.4　一个16 mm，$6^\times$变焦的两组元变焦距物镜，各透镜组的焦距和间隔为：$f_1' = 86.549$ mm，$f_2' = -21.048$ mm，$d_{s12} = 6.702$ mm，$d_{s23} = 62.64$ mm，试问 f_3' 是否在可行解区内？计算时采用规范化的值，即各实际值均除以 $|f_2'|$。

20.5　一个 $6^\times$变焦距物镜，已知 $l_2 = 79.9858$ mm，$l_3' = 36.1586$ mm，$f_2' = -21.6512$ mm，$f_3' = 25.8516$ mm，$d_{s23} = 61.004\ 22$ mm，当变倍组位移量 x 分别为1 mm和30 mm时，试求补偿组的相应位移量 y 的值。

第21章 系统设计的像质评价

21.1 概　　述

在光学系统设计中不可能使所有的像差都校正为零，因此，一方面需要研究光学系统有残存的像差时，应校正到怎样的状态，即像差校正的最佳方案。另一方面应研究残存像差允许保留的量值，即像差容限。这两方面都属于光学系统的像质评价。

评价一个光学系统质量，一般是根据物空间的一点发出的光能量在像空间的分布状况决定的。按几何光学的观点来看，理想光学系统对点物成像，在像空间中光能量集中在一个几何点上，因光学系统的像差而使能量分散。因此，认为理想光学系统可以分辨无限细小的物体结构。而实际上由于衍射现象的存在，这是不可能达到的。所以，几何光学的方法是不能描述能量的实际分布。因此，人们提出了许多种对光学系统的评价方法，这是本章主要讨论的内容。

评价方法与所设计光学系统的像差特性有关，小像差光学系统和大像差光学系统所采用的评价方法是不同的。例如显微镜系统和望远镜系统属小像差系统，可用波像差评价成像质量，普通照相物镜属大像差系统，可用本章即将讨论的点列图等方法来评价其成像质量。

本章所讨论的光学系统质量评价主要针对光学系统的设计质量。因此，光学系统的质量评价方法应和光学仪器产品的检验方法相对应。目前，各种评价方法均有相应的检验方法和仪器。我国光学工厂中对光学系统质量检验较多的是分辨率法和星点法。

分辨率法简单方便，可用数量表示。它表示了光学系统对物体细节能够分辨的极限，但对线条本身的成像质量不能做出很好的描述。为弥补这一缺陷，在检测分辨率的同时，还要目测分辨率板上粗线条的成像质量，即看粗线条像的边缘是否清晰，黑白是否分明，边缘上是否有颜色，条纹边缘是否有"毛刺"或像尾巴一样的影子，各个方向上成像情况是否一致等。而这也是主观估计，不能用数字表示，检测结果因人而异。因此，这种方法不是很严格。

星点法是使一点光源通过被检测光学系统成像，观察其光能量分布情况来判断系统的成像质量。这也是一种主观检验方法，不同检验人员对同一系统可能得到不同的检验结果，它是不能用数字表示的。

以上两种方法虽有其局限性，但是它们在一定程度上都客观地反映了光学系统的成像质量，在光学工业中曾起了重要作用。

近年来，用光学传递函数评价光学系统，是客观的评价方法。光学传递函数检测仪器是检验光学系统成像质量的较为适用的仪器。对于光学传递函数的概念，本章将作较详细的介绍。

21.2　瑞利判断用于光学系统像质评价

1879 年瑞利(Rayleigh)在观察和研究光谱仪成像质量时，提出了一个简单的判断："实际波面和参考球面之间的最大波像差不超过 $\lambda/4$ 时，此波面可看成是无缺陷的"，这个判断称为瑞利判断。这个判断提出了两个标准：首先在瑞利看来，有特征意义的是波像差的最大值，而参考球面选择的标准是使波像差的最大值为最小，这实际上是最佳像面位置的选择问题；其次是提出在这种情况下波像差的最大允许量不超过 $\lambda/4$ 时，认为成像质量是好的。瑞利以波像差 $W \leqslant \lambda/4$ 作为像质良好的标准，虽然不是从点像的光强分布观点提出来的，但是结论与后来提出的斯特列尔判断（参见21.3 节）——"当中心点亮度 S. D. $\geqslant 0.8$ 时认为像质是完善的"相一致。当波像差 $W \leqslant \lambda/4$ 时，S. D. ≈ 0.8 。

从光波传播光能的观点看，瑞利判断是不够严密的。因为它不考虑波面上的缺陷部分在整个面积中所占的比重，而只考虑波像差的最大值。例如透镜中的小气泡或表面划痕等，可引起很大的局部波像差，这按瑞利判断是不允许的，但是实际上这些占波面整个面积的比值接近于零的缺陷，对成像质量并无明显影响。

由于可以用光线光路计算结果做出的几何像差曲线，按图形积分方便地求得波像差曲线，这样就使得瑞利判断的优越性突出起来，不需做许多计算，便可判定成像质量的优劣。

瑞利判断的另一个优点就是对通光孔不需做什么假定，只要计算出波像差曲线，便可用瑞利判断进行评价。正是由于上述原因，瑞利判断在实际中得到了广泛的应用。

对于小像差系统，如望远镜和显微物镜，利用上述两种方法来评价成像质量，可认为已经很好地解决了问题。

瑞利判断可直接用来确定球差、正弦差和位置色差的容限（详见 13.6 节）。

21.3   中心点亮度

斯特列尔(K.Strehl)于 1894 年提出了一个判断光学系统质量的指标，即用有像差时衍射图形中最大亮度（爱里斑亮度）与无像差时最大亮度之比来表示系统成像质量，这个比值称为中心点亮度，以 S. D. 表示。在像差不大时，中心点亮度和像差有较简单的关系，利用这种关系和上述判断就可以决定像差的最佳校正方案及像差公差。设通光孔为圆孔，其半径为 1，由有像差存在时像面上点引起的光振动公式可得

$$S.\,D. = \frac{\left|\psi_p(W \neq 0)\right|^2}{\left|\psi_p(W = 0)\right|^2} = \frac{1}{\pi^2}\left|\int_0^1\int_0^{2\pi} e^{jKW} r\,dr\,d\varphi\right|^2 \tag{21.1}$$

式中，$\psi_p(W \neq 0)$ 为有像差时的光振动；$\psi_p(W = 0)$ 为无像差时的光振动。当波像差 W 很小时，可把积分中指数函数展开为级数 $\left(e^x = 1 + x + \dfrac{x^2}{2} + \cdots\right)$；当 $|W| < \dfrac{1}{K} = \dfrac{\lambda}{2\pi}$ 时，指数展开式取三项后，再用牛顿二项式，得

$$S.\,D. = \frac{1}{\pi^2}\left|\int_0^1\int_0^{2\pi}\left(1 + jKW - \frac{K^2}{2}W^2\right) r\,dr\,d\varphi\right|^2 \tag{21.2}$$

$$\approx \left|1 + jK\overline{W} - \frac{K^2}{2}\overline{W^2}\right|^2 \approx 1 - K^2\left[\overline{W^2} - \left(\overline{W}\right)^2\right]$$

表 21.1   波像差变化与衍射斑光能量分布关系

波像差 W	中心亮斑能量占百分数	外面各环能量占百分数	S. D.
0	84	16	1.00
$\lambda/16$	83	17	0.99
$\lambda/8$	80	20	0.95
$\lambda/4$	68	32	0.81

式中，$\overline{W}$ 和 $\overline{W^2}$ 分别为波像差的平均值和平方平均值，可表示为

$$\begin{cases} \overline{W} = \dfrac{1}{\pi}\displaystyle\int_0^1\int_0^{2\pi} W r\,dr\,d\varphi \\[3mm] \overline{W^2} = \dfrac{1}{\pi}\displaystyle\int_0^1\int_0^{2\pi} W^2 r\,dr\,d\varphi \end{cases} \tag{21.3}$$

由于计算波像差 W 时，参考球面半径是任意选择的，因此，W 中有任意常数项，适当选择常数总可以使 $\overline{W} = 0$。这样选择后，S. D. 就只与波像差的平方平均值有关。

21.3 讨论理想光学系统成像时，由于衍射，点像的衍射图样中爱里斑上集中全部能量的 83.8%，其各级亮环占 16.2%。当光学系统有像差存在时，能量分布情况发生变化，将导致中心点光能量降低。随着波像差的增大，衍射斑的光能量分布情况如表 21.1 所示。

斯特列尔指出，当中心点亮度 S. D. ≥ 0.8 时，系统可以认为是完善的。这就是衡量光学系统像质的斯特列尔判断。这是一个比较严格的、可靠的像质评价方法。但是由于其计算繁杂，实际上应用非常不便，因此很少用它。

21.4 分 辨 率

在14.4节中结合显微镜系统讨论了光学系统的分辨率问题。此处将讨论用检测分辨率的方法来评价光学系统质量问题。

物体的细节是由不同光亮度的点（或线条）构成的，且这些细节的背景光亮度也不同。而分辨率检测是对由黑白相间的条纹进行观察。因此，分辨率检测和实际上对物体的观测有着很大区别，即使用一块分辨率板检测同一光学系统，而用不同的接收器和照明条件，也将得到不同的检测结果。因此，用检测分辨率的方法评价光学系统成像质量是有一定局限性的。这是因为分辨率主要和相对孔径、照明条件、观测对象和光能接收器有关，而和像差的关系并不密切。只有当系统的像差很大时，才会影响分辨率的降低，所以成像分辨率仅是使用条件（主要是光孔孔径 D 或孔径角 u ）的标志，不能反应像差存在情况。

在大像差系统中，如照相物镜，分辨率常作为质量指标之一，但是用目测检验测量分辨率时，有时会出现目视分辨率很高的物镜，使用效果不一定好。这是因为在测试时被测目标是高对比线条，而实际被拍摄物体常是低对比的，因此出现不相一致的效果。这也说明分辨率本身和系统的像差间没有直接联系。有时用目测测照相物镜分辨率时，会出现已被截止于某一较低的频率，但更高频率的图案反而能够被分辨，这是一种无意义的"伪分辨"现象。

前面讨论的物体在有限距离时的分辨率，是把物上每一点看成是一个独立的光源，从各点上发出的振动是互不相干的，物体上的每个点在像面上产生自己的衍射斑，不同点的衍射斑重叠时，互不发生干涉作用，而只是简单的光强度的叠加，从而可以按瑞利的规定来计算分辨率。在大多数情况下，被观察物体本身是不发光的，而是由外加光源照明，如果照明光束是平行的相干光，即在聚光镜的焦平面上安放点光源。此时物体上各点发出的光振动是相干的。阿贝建立了完全相干情况下的显微镜分辨率的理论，由于推导过程烦琐，现给出相干光照明情况下的分辨率公式：

$$\sigma = 0.77\lambda / \mathrm{NA}$$

另外，分辨率也和照明条件有关。如果用柯拉照明时，在物体上每一点都接收了光源上发出的光振动，因此物体上每一点发出的光振动可分为两部分：一部分是由光源上同一点引起的，因而物体上各点发出的光振动是相干的；另一部分是由光源上不同点引起的，则物体上各点发出的光振动是不相干的，这种情况为部分相干光照明，即不同于非相干光照明下的分辨率，也不同于相干光情况下的分辨率。

通常用检测分辨率的方法对大像差系统作像质评价，其分辨率板是由明暗相间的线条或扇形组成的，如图 21.1 所示。

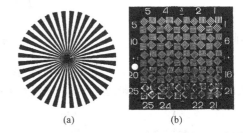

图 21.1 大像差系统像质评价的分辨率板示意图

21.5 点 列 图

设由一点发出的许多光线经光学系统以后，由于存在像差，其与像面的交点不再是同一点，而是形成了散开的图形，称为点列图。用点列图中这些点的密集程度可以衡量系统的质量优劣。

对于像差超过瑞利判断几倍的光学系统，用几何光路追迹可以相当精确地表示出点物的成像情况。做法是把光学系统入射光瞳的一半分成为大量的等面积的小面元，并把发自物点且穿过每一小面元中心的光线，认为是代表着通过入瞳上小面元的光能量，所以图21.1中的点子的密度就代表像面上光能量密度，也即点子的密度代表像面上的光强或光亮度。追迹的光线越多，点子越多，就越能精确地反映出像面上光强分布情况。这种方法只能适用于大像差系统，主要是照相物镜。实验证明，像差很大时，用几何光线所决定的光能量分布与实际情况基本符合，由光线与像面的交点弥散情况，可以决定光强度的分布。

图21.2列举了入瞳上选取光线的方法，可以按直角坐标或极坐标来确定每条光线的坐标。对轴外点发出的光束有拦光时，只计算通光面积内的点阵。

作点列图需作大量光线的光路计算。为了适当减少计算工作量，有一部分光线和像面交点的坐标可用内插法来确定。

在对照相物镜所计算的点列图上，可认为占 30% 以上的光线所集中的图形区域，其直径（以 mm 为单位）的倒数为该系统所能分辨的线数。

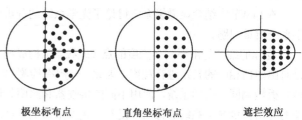

极坐标布点　　　直角坐标布点　　　遮拦效应

图 21.2　入瞳上选取光线坐标方法的示意图

如果用点列图对照相物镜进行精细的、全面的分析，则应对物镜的不同视场、不同波长的光线和离焦的情况作点列图。只有用计算机才可能完成这样大的计算工作量。

21.6　边　界　曲　线

物镜成像质量的标志之一是清晰度，用直边物体的像照度变化过程能很方便地表征像清晰度的降低，这个变化过程称为边界条件。边界条件是指一个亮度分布为 $L(x)$ 的物体，它是一个衬度为 1 的矩形函数，如图 21.3(a) 所示。

$$L(x) = \begin{cases} L_{\max} = 1, & \text{当 } x \leqslant x_0 \text{ 时} \\ L_{\min} = 0, & \text{当 } x > x_0 \text{ 时} \end{cases}$$

像照度曲线如图 21.3(b) 所示，称为边界曲线。点物通过光学系统后所成像的弥散斑越大，边界曲线就越平缓，像的清晰度也越差，故边界曲线的倾斜程度表示了光学系统的成像质量。边界曲线 $E(x')$ 和 21.7 节中所定义的线扩散函数 $h(x')$ 之间的关系为

$$E(x') = \int_0^\infty h(x'-x)\mathrm{d}x \tag{21.4}$$

由此可得

$$h(x') = \frac{\mathrm{d}E(x')}{\mathrm{d}x'}$$

当已知边界曲线时，进行微分即可得到线扩散函数，由有黑白相间的物体经摄影物镜使其分界线在底片上成像，即可得到摄影边界曲线，表现为在底片平面上感光层密度 D 与坐标 x 的关系，如图 21.4 所示。

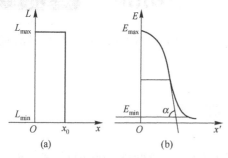

图 21.3　边界条件及边界曲线示意图

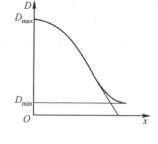

图 21.4　摄影边界曲线示意图

借助于边界曲线可以进行物镜质量检验，大多数物体都是由黑白相间的边界构成的。边界曲线可以根据已知的线扩散函数进行计算，或者由实验确定。边界曲线的测量不需要复杂的测量装置或仪器。

用边界曲线进行评价有以下一些方法：

（1）边界梯度 $G_{\max}$

由边界曲线中点切线与横坐标夹角的正切如图 21.3(b) 所示，它表征了物镜特性，也就是表征了像的清晰

程度：

$$G_{E\max} = \tan \alpha_{E\max} = \Delta E / \Delta x, \quad G_{D\max} = \tan \alpha_{D\max} = \Delta D / \Delta x$$

式中，ΔE，ΔD 为边界曲线中间点附近相应的照度增量或摄影底边密度增量；Δx 为横坐标区间。

（2）边界梯度平均平方值 G^2

如图 21.5 所示，其定义可表示为

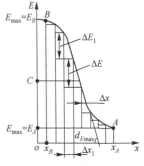

$$G_E^2 = \frac{\sum\limits_{i=1}^{n}\left(\dfrac{\Delta E_i}{\Delta x_i}\right)^2}{n}, \qquad G_D^2 = \frac{\sum\limits_{i=1}^{n}\left(\dfrac{\Delta D_i}{\Delta x_i}\right)^2}{n}$$

式中，ΔE_i 与 ΔD_i 为对应于 Δx 区段的增量；n 为 Δx 的区间数量。

（3）用 P 值评价

定义为 $$P_E = (E_{\max} - E_{\min}) \cdot G_{E\max}, \quad P_D = (D_{\max} - D_{\min}) \cdot G_{D\max}$$

（4）梯度平均值 $G_{平均}$

定义为 $$G_{E平均} = \frac{E_B - E_A}{x_A - x_B}, \quad G_{D平均} = \frac{D_B - D_A}{x_A - x_B}$$

图 21.5 G^2 示意图

在图21.5中点 A 和点 B 是边界曲线两端平缓转折点，A，B 两点间包含的曲线表征了弥散斑的大小。

边界曲线对评价大视场物镜的像质比较方便，但对进行光学系统设计来说却不很方便，因为边界曲线不能直接给出剩余像差的关系。

21.7　光学传递函数

21.7.1　光学传递函数的基本概念

1．正弦波光栅和矩形光栅

由21.4节可知，测量分辨率所用图案的性质类似于如图21.6(a)所示的图案，线条黑白相间，间隔相同，光线通过它时，光亮度如图21.6(b)所示，为矩形波，所以这种图案称为矩形波光栅。

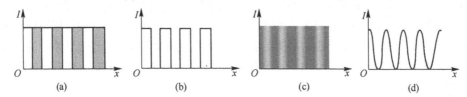

(a)	(b)	(c)	(d)

图 21.6　光学传递函数所用分划板图案原理示意图

检验光学传递函数所用的分划板图案和分辨率分划板不同，如图21.6(c)所示，沿 x 方向的光亮度分布如图21.6(d)所示。这曲线是抬高了的正弦曲线，所以又称为正弦光栅。正弦光栅相邻两个极大值（或极小值）之间的距离 T 称为空间周期，单位为毫米。这里用"空间"两字是为了和"时间"相区别，过去物理上许多波动（如电磁波、交流电等）都是对时间而言的，每变动一周的时间叫作周期，单位为秒。在光学传递函数中，正弦波光栅是沿着某个长度方向（空间）的光亮度变化的，这种正弦波叫作空间波。单位距离内的空间周期数叫作空间频率。空间频率也可以看成是每毫米内包含的亮线条或暗线条的条数。相邻的一根亮线条与一根暗线条叫作一个"线对"，空间频率用 ν 表示，单位为 lp/mm。由定义可知

$$\nu = 1/T \tag{21.5}$$

也可定义空间圆频率为 $$\omega = 2\pi\nu = 2\pi/T \tag{21.6}$$

ω 的单位为 rad / mm。

为了表达正弦光栅线条的明暗对比程度，定义对比度

$$M = \frac{I_{\max} - I_{\min}}{I_{\max} + I_{\min}} \tag{21.7}$$

式中，I_{min} 有时也可以等于零，对比度也叫作反衬度或反差，又叫作调制度。

由图 21.7 可知，正弦光栅光亮度分布 $I(x)$ 可以看成是由一个均匀的底亮度 I_0（在电学上叫作直流分量）加上振幅为 I_a 的正弦曲线而成的。空间频率为 v 的正弦波光栅的亮度分布表示式为

$$I(x) = I_0 + I_0 \cos(2\pi v x)$$

由式(21.6)可得
$$I(x) = I_0 + I_0 \cos \omega x$$

即
$$I(x) = I_0 \left(1 + \frac{I_a}{I_0} \cos \omega x \right) \tag{21.8}$$

由图 21.7 直接看到各光亮度值之间有如下关系：

$$I_{max} = I_0 + I_a, \qquad I_{min} = I_0 - I_a$$

将上面两式代入式(21.7)，可得

$$M = I_a / I_0 \tag{21.9}$$

由于亮度不可能为负值（在物理上无意义），必然有

$$I_a \leqslant I_0$$

因此从式(21.9)中可以看出
$$M \leqslant 1$$

可知 M 值最大为 1，最小为零，不可能为负值。将式(21.9)代入式(21.8)，得

$$I(x) = I_0 (1 + M \cos \omega x)$$

为了简化，往往将 I_0 作为一个单位，即令 $I_0 = 1$，则

$$I(x) = 1 + M \cos(2\pi v x) \tag{21.10}$$

2. 光学传递函数定义

用一个正弦波光栅作为物体，经光学系统所成的像还是一个正弦光栅。可以用式(21.10)来表示，但式内的参数可能各有不同。假设光学系统垂轴放大率为 β，正弦波光栅像的宽度就放大为物体的 β 倍，线条间隔也为物体的 β 倍，即

$$T' = \beta \cdot T$$

将式(21.5)代入上式，得
$$v' = v / \beta$$

式中，v' 为像方正弦光栅的空间频率；v 为物方正弦波光栅的空间频率。在讨论光学传递函数时，为排除物与像之间的 v 的差异，只是将实际成像与理想成像比较，而不去直接同物体比较。所谓理想成像是指像的位置按高斯光学成像的位置，大小也由高斯光学决定。像的光亮度分布不考虑光学系统的衍射和光吸收的影响，以及表面反射的损失，也即认为对比度是和物体完全一样的，今后以 M 代表物体的对比度，同时也代表理想的对比度。

实际上由于有衍射作用与像差的存在，实际像的对比度会降低。理想像与实际像的直流分量 I_0 都是一样的。如图21.8(a)所示，实线代表理想光亮度分布，它的正弦曲线振幅为 I_a，实际像的光亮度分布曲线用虚线表示。由图 21.8(a)看出，经成像后亮线条会变暗，暗条条会变亮。这样看起来线条就没有原来那样明晰，实际像的正弦曲线振幅 I_a' 就比原来 I_a 小，设实际像的对比度为 M'，由式(21.9)有

$$M = I_a / I_0, \qquad M' = I_a' / I_0$$

由于 $I_a' \leqslant I_a$，可知
$$M' \leqslant M \tag{21.11}$$

式(21.11)说明实际像的对比度会降低，不会提高，而降低的程度随光学系统像质情况的不同而不同。M' 是空间频率 v 的函数，这里 v 代表实际像的空间频率，也代表理想的空间频率（反映物体的情况）。对比度降低的情况用 M' 与 M 比较，因而定义对比度传递函数 $T(v)$ 为

$$T(v) = M'(v) / M(v) \tag{21.12}$$

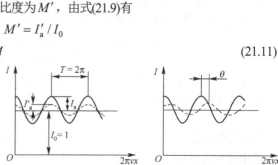

图 21.8　调制传递函数与位相传递函数示意图

对比度传递函数简写为 CTF(Contrast Transfer Function)，而目前用得更多的名称是调制传递函数，简

写为 MTF(Modulation Transfer Function)，为统一起见，本书称它为 MTF。

由式(21.11)可知 M' 只会比 M 小，在式(21.12)中两者的比值总是在 0~1 之间，即

$$0 \leqslant T(v) \leqslant 1$$

$T_{(v)}$ 值小于 1，只是体现了光能分配的改变，而不是光能的损失，如图 21.8(a)所示，亮线光亮度降低的光能，正好等于暗线亮度增加的光能。

正弦波光栅成像后，除了对比度降低之外，还可能产生位相移动。就是实际成像的线条位置不在理想成像的线条位置上，而是沿 x 方向移动了一段距离。为了表达实际像对理想像的位移，最好用弧度值来表示，即用"位相"表示。图 21.8(b)中的虚线即为位相移动了 θ 弧度的情况。这种现象叫作"位相传递"，这个移动量也随着 v 的不同而不同，所以叫作"位相传递函数"，简写为 PTF(Phase Transfer Function)，记为 $\theta(v)$。

为了综合调制传递函数和位相传递函数，首先给出由实线表示的理想成像的光亮度分布：

$$I(x) = 1 + M(v)\cos 2\pi vx$$

由虚线表示的实际成像的光亮度分布为

$$I'(x) = 1 + M'(v)\cos[2\pi vx - \theta(v)]$$

这两个式子的区别在于 M 与 M' 的不同以及多了一个位相因子 $\theta(v)$，这些变化综合起来可用下式表示：

$$D(v) = T(v)e^{-j\theta(v)} \tag{21.13}$$

式(21.13)是复数表示式。$D(v)$ 即为光学传递函数，由调制传递函数(MTF)和位相传递函数(PTF)组成。位相传递函数一般不影响像的清晰度，被关心不多，实际用得多的是调制传递函数。光学传递函数英文简写为 OTF。

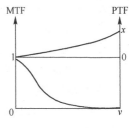

OTF 是 v 的函数，各个 v 都有自己的 T 与 θ 值，因此对某光学系统的 OTF 往往画成如图 21.9 所示的曲线。该图中用统一的横坐标 v(lp/mm)，纵坐标下半部为 MTF，分格由 0 到 1，上半部为 PTF，分格用弧度。

图 21.9　光学传递函数

3．光学传递函数的特点

光学传递函数 OTF 的主要特点有：

(1) 系统总的 OTF 可由其各个环节的 OTF 求得。OTF 分为 MTF 和 PTF 两个部分，总的 MTF 是各个环节的 MTF 之乘积，总的 PTF 是各个环节的 PTF 之和，这将在后面进行讨论。

(2) 光学传递函数的检测方法可用于各种类型的光学系统。过去检验像质的方法随不同的系统和要求而异。例如，鉴定天文望远镜最好是实体测量；刀口检验最好用于工序检验，以便指导改光圈；航空摄影物镜往往检验低对比分辨率等。而 OTF 则能适应各种情况，测量时用正弦波光栅作为目标物，似乎好像与被成像对像不符，但是经数学证明，任何图样都可以分解成一系列频率不同亮度成正弦变化的图样，如矩形波就是由许多个正弦波组成的。

(3) 用传递函数曲线方便地求得系统的分辨率。对某一光学系统求出它的 OTF 之后，它的分辨率就立刻可以求出。图 21.10(a)中的实践为 MTF 曲线。当正弦光栅的对比度低到一定程度时分辨不出它的亮度变化，这个对比度值就叫作可察觉的对比度。通常对比度为 5% 是易于察觉的，仔细观察时，2% 的对比度变化也可察觉出来。根据所选用的可察觉对比度值，平行于横坐标轴画一直线[图 21.10(a)中虚线]，此直线与MTF 曲线交点所对应的频率就是分辨率。如果光学系统是对无限远成像的物镜，根据其焦距也可以把分辨率换算成角度值。实际上能分辨的最低对比度对各个频率不是常数，可察觉对比度曲线大体如图 21.10(d)所示。

由上述可知，分辨率并不能表征整个成像质量，例如有两个相对孔径相同的物镜 Ⅰ 与物镜 Ⅱ，它们的 MTF 曲线如图 21.10(b)所示，它们的分辨率虽相同，可是在能分辨的频率范围内，曲线 Ⅱ 都比曲线 Ⅰ 低，显然物镜 Ⅰ 比物镜 Ⅱ 像质好，而不是相同。又例如两物镜的 MTF 曲线如图21.10(c)所示，尽管 Ⅱ 的分辨率比 Ⅰ 高，但对低频景物来说 Ⅱ 比 Ⅰ 好，而对高频景物来说 Ⅰ 比 Ⅱ 好。对于应用 MTF 作物镜质量评价问题，后面还要涉及。

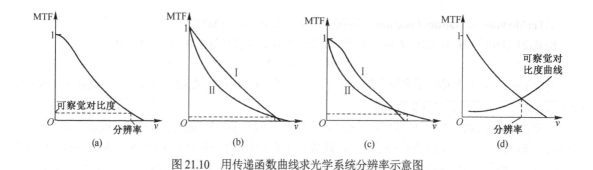

图 21.10　用传递函数曲线求光学系统分辨率示意图

21.7.2　光学传递函数的表达式

1. 空间不变线性系统

(1) 线性系统的定义

无论是电网络系统还是光学系统，有一组输入（称为激励函数），则相应地有一组输出（称为响应函数）。光学成像系统的输入和输出可以都是一个二维自变量的实值函数（光强分布），也可以都是复值函数（复振幅分布）。对系统输入 N 个激励函数，系统输出 N 个响应函数。如果把 N 个激励函数相叠加输入到系统中，由系统输出的是与之相应的 N 个响应函数的叠加，则这样的系统称为线性系统。光学系统用非相干光成像时，其像为目标上各个发光点或发光线通过光学系统产生的光强分布的叠加。因此，目标为自发光或被非相干光照明时，光学系统具有线性系统的性质。当用相干光成像时，由于干涉，目标上各个发光点或发光线通过系统的输出为复振幅分布，则不能进行简单的叠加。

(2) 线性系统的点扩散函数

线性系统的优点在于对任一复杂的输入函数的响应，能用输入函数分解成的许多"基元"激励函数的响应表示出来。前面曾指出：在讨论光学系统的光学传递函数时，只是研究成像质量，而不考虑系统的几何成像特性，为了排除物与像之间的放大率的影响，只将实际成像和理论成像相比较。若对光学系统输入一个二维的激励函数（物面），将其分解成许多物点作为"基元"激励，则在理想像面上相应的理想点都是几何点，具有 δ 函数的性质。设理想像面坐标为 (x,y)，其上光强分布为 $o(x,y)$（称为物光强分布或物函数），则在点 (x,y) 处的光强为 $o(x,y)\cdot\delta(x,y)$。由于系统的衍射及像差影响，对应 δ 函数的实际像点为一光强分布，以 $h(x',y')$ 表示，称为点扩散函数。

(3) 空间不变线性系统与卷积运算

在理想像平面上有一点 (x_1,y_1)，该点的 δ 函数表示为 $\delta(x_1-x,y_1-y)$，它的光强为 $o_1=o(x,y)\cdot\delta(x_1-x,y_1-y)$，对应的点扩散函数为 $h(x_1'-x,y_1'-y)$，实际像点光强分布为

$$i_1(x_1',y_1')=o_1\cdot h(x_1'-x,y_1'-y)$$

对于另外一点 (x_2,y_2)，光强为 o_2，则有

$$i_2(x_2',y_2')=o_2\cdot h(x_2'-x,y_2'-y)$$

由于是线性系统，以上两点叠加后的实际光强分布为

$$i=i_1(x_1',y_1')+i_2(x_2',y_2')=o_1\cdot h(x_1'-x,y_1'-y)+o_2\cdot h(x_2'-x,y_2'-y)$$

如果像面上的点扩散函数都一样，即物面上任一点通过光学系统都成像为相同的弥散斑，则可得

$$h(x_1'-x,y_1'-y)=h(x_2'-x,y_2'-y)=h(x'-x,y'-y)$$

这样的性质称为空间不变性。显然，具有空间不变性的光学系统必须满足等晕条件，或者说在等晕区内才能实现空间不变线性系统的性质。因此，不是在光学系统的任意大的成像空间内都具有这种空间不变性。

对于等晕区内的物面（理解为理想像），其光强分布为 $o(x,y)$，则像的光强分布 $i(x',y')$ 可用下式表示：

$$i(x',y')=\iint\limits_{\infty}h(x'-x,y'-y)\cdot o(x,y)\mathrm{d}x\mathrm{d}y \tag{21.14}$$

在数学上称式(21.14)为像的光强分布函数，等于物的光强分布函数和点扩散函数的卷积，可写为

$$i(x', y') = o(x, y) * h(x' - x, y' - y) \tag{21.15}$$

式中，"$*$"表示卷积符号。

上式的含义是：将物体分解为点阵，把每个点通过光学系统形成的点扩散函数对像分布函数的贡献做积分，而求得像面光强分布函数。但是用这种方法进行实际计算，有两方面困难：首先，如果把光瞳形状、像差校正状况、像面离焦等因素考虑进去，点扩散函数计算非常繁杂；其次，物体本身光强分布不能用显函数或精确图形来表示。所以上述卷积积分难于实现。

为了使卷积积分可以求解，采用频谱分析的方法。因为物和像的分布函数都是二维空间的函数。由式(21.15)可知像面光强分布$i(x', y')$是物面光强分布$o(x, y)$和点扩散函数$h(x' - x, y' - y)$的卷积。无论是物面光强分布函数$o(x, y)$或像面光强分布函数$i(x', y')$，都可以分解为不同空间频率的正弦波分量的总和。因此，研究光学系统的成像特性，实际上只要分析它对不同空间频率正弦波分量的传递能力即可。

(4) 光学傅里叶变换

对$o(x, y)$，$i(x', y')$和$h(x, y)$进行傅里叶变换，即把这些函数变为不同空间频率的函数，得到这些函数的频谱（或称为傅里叶谱）。设N_x，N_y为坐标轴x, y方向的空间频率，则$o(x, y)$，$h(x, y)$和$i(x', y')$的傅里叶变换可写为$O(N_x, N_y)$, $D(N_x, N_y)$和$I(N_x, Y_x)$，或写为$O(N)$, $D(N)$和$I(N)$。

对式(21.15)两边做傅里叶变换，并应用卷积定理，可写出系统的输入和输出的频谱$O(N)$和$I(N)$之间的关系式：

$$I(N) = O(N) \cdot D(N) \tag{21.16}$$

式(21.16)表示，光学系统的物光强分布$o(x, y)$的成像过程，就是物分布函数$o(x, y)$的每个正弦分量$O(N)$乘上一个相应的因子$D(N)$构成了像分布$i(x', y')$的对应正弦分量$I(N)$，即像$i(x', y')$的谱。因此，光学系统的成像特性完全由$D(N)$反映出来。$D(N)$描写了光学系统对各种正弦分布传递情况，它是光学系统和光学传递函数(OTF)，用它可以全面地评价光学系统的成像质量。

2. 一维光学传递函数

上面讨论的是二维物光强分布函数$o(x, y)$经光学系统的传递。下面为简单起见，仅就一维的物光强分布函数经光学系统的传递进行讨论。

在一维情况下，光强只在x方向发生变化，单位脉冲函数为$\delta(x)$，可以理解为被照明的无限细的狭缝，它在像面上形成的响应函数应是一条线状光强分布函数$h(x)_L$，称为线扩散函数，其和点扩散函数$h(x, y)$的关系为

$$h(x)_L = \int_{-\infty}^{\infty} h(x, y) \mathrm{d}y$$

当光学系统的物光强分布是沿x方向的一维函数时，可以把物光强分布函数$o(x)$看成是由无限多条非相干光照明亮线排列组成的，随着空间坐标x的不同，亮线的光强度也不同。每条亮线经光学系统成像，在像面上都形成一个光强分布，在等晕区域内这些线状像的光强分布即线扩散函数都具有相同的函数形式$h(x)$，而$o(x)$经光学系统所成的像$i(x')$就是无数条亮线所形成的线扩散函数的叠加。由式(21.14)可得

$$i(x') = \int_{-\infty}^{\infty} o(x)h(x' - x)\mathrm{d}x \tag{21.17}$$

或

$$i(x') = \int_{-\infty}^{\infty} h(x)o(x' - x)\mathrm{d}x$$

对式(21.17)两边进行傅里叶变换，并分别以$I(v), D(v), O(v)$表示$i(x')$，$h(x)$和$o(x)$的傅里叶变换，根据卷积定理可得与式(21.16)相同表示式：

$$I(v) = D(v) \cdot O(v) \tag{21.18}$$

式(21.18)表示，像的谱等于物的谱乘上一个相应的因子$D(v)$，这个因子反映了光学系统在频率域的传递效应。对于一定的物谱，则由$D(v)$决定了像谱，而由像谱决定了像的强度分布，所以$D(v)$反映了光学

系统对各种不同空间频率的正弦分量的传递特性，它是一维光学传递函数。

由式(21.16)和式(21.17)的来源可知，光学传递函数 OTF 就是点扩散函数的傅里叶变换，即

$$D(v) = \int_{-\infty}^{\infty} h(x) e^{-j2\pi vx} dx$$

根据欧拉公式 $e^{-j\theta} = \cos\theta - j\sin\theta$，有

$$D(v) = \int_{-\infty}^{\infty} h(x)\cos(2\pi vx)dx - j\int_{-\infty}^{\infty} h(x)\sin(2\pi vx)ds = D_c(v) - jD_s(v)$$

式中

$$D_c(v) = \int_{-\infty}^{\infty} h(x)\cos(2\pi vx)dx, \quad D_s(v) = \int_{-\infty}^{\infty} h(x)\sin(2\pi vx)dx$$

其中，实数项为线扩散函数的余弦变换，虚数项为线扩散函数的正弦变换。

把 $D(v)$ 用复数表示：定义 $T(v)$ 为 $D(v)$ 的模，$\theta(v)$ 为 $D(v)$ 的幅角，则

$$D(v) = T(v)e^{-j\theta(v)}$$

而 $T(v)$ 由两个分量 $D_c(v)$ 和 $D_s(v)$ 合成，则有

$$T(v) = \sqrt{D_c^2(v) + D_s^2(v)}, \qquad \theta(v) = \arctan\left(\frac{D_s(v)}{D_c(v)}\right)$$

其关系示于图 21.11 中。

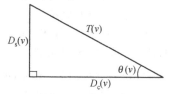

图 21.11 $T(v)$，$D_c(v)$，$D_s(v)$ 间的关系

光学传递函数的模 $T(v)$ 反映了光学系统对正弦对比度的传递能力，即为调制传递函数(MTF)，幅角 $\theta(v)$ 反映了光学系统对正弦像的位相推移，即为位相传递函数。

3．物像对比与像的位移

一个强度按余弦分布的物体 $o(x_0)$，如图 21.12，有

$$o(x_0) I_0 + I_a \cos(2\pi vx_0)$$

式中，I_0 为常数项与平均照度相当；I_a 为交变成分的振幅。将上式代入像光强分布的表示式(21.17)，得

$$i(x') = \int_{-\infty}^{\infty} h(x' - x_0)\left[I_0 + I_a\cos(2\pi vx_0)\right]dx$$

$$= I_0\int_{-\infty}^{\infty} h(x' - x_0)dx_0 + I_a\int_{-\infty}^{\infty} h(x' - x_0)\cos(2\pi vx_0)dx_0$$

设 $x = x' - x_0$，则 $x_0 = x' - x$，代入上式得

$$i(x') = I_0\int_{-\infty}^{\infty} h(x)dx + I_a\int_{-\infty}^{\infty} h(x)\cos[2\pi v(x' - x)]dx$$

$$= I_0 + I_a\int_{-\infty}^{\infty} h(x)\left[\cos(2\pi vx')\cdot\cos(2\pi vx) + \sin(2\pi vx)\right]ds$$

经整理后得

$$i(x') = I_0 + T(v)I_a\cos[2\pi vx' - \theta(v)]$$

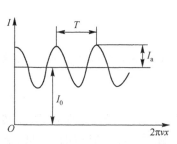

图 21.12 强度按余弦分布的物示意图

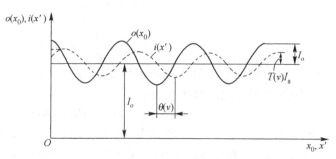

图 21.13 输入（物）光强分布与输出（像）光强分布

输入信号（物）光强分布与输出信号（像）光强分布如图 21.13 所示。由此可以得出以下结论：

(1) 余弦变化强度分布，在经过光学系统成像后，像的强度变化仍为余弦。

(2) 常数项 I_0 不变，平均照度如旧。

(3) 交变部分振幅 I_a 经光学系统后，在像方的振幅成为 $T(v)I_a$，$T(v)$ 是小于 1 的量，故振幅 I_a 衰减了 $1/T(v)$ 即为 MTF，它是 $D(v)$ 的模。

(4) 交变部分的位相有 $\theta(v)$ 的变化，其意义是余弦分布的物体经系统所成的像有一小的横向位移，$\theta(v)$ 就叫作 PTF，它是 $D(v)$ 的幅角。当空间频率 v 变化时，$T(v)$ 与 $\theta(v)$ 也随之变化。

4. 复合系统的光学传递函数

如果光学系统由几个光组所组成，即为复合系统。复合系统的 OTF 是单个系统的 OTF 之乘积，如果复合系统由几个单个独立的光组组成，则

$$D(v) = D_1(v) \cdot D_2(v) \cdot D_3(v) \cdots D_n(v)$$

这一结果有着重要的实际意义。例如在测定的 OTF 时，通常总要采用一些辅助光学系统，这些辅助光学系统的光学传递函数是已知的，则不难从总的传递函数值中将其消除，而得被测系统的传递函数的实际值。

复合系统的 MTF 与 PTF 计算公式如下：

$$T(v) = T_1(v) \cdot T_2(v) \cdot T_3(v) \cdots T_a(v)$$

$$\theta(v) = \theta_1(v) + \theta_2(v) + \theta_3(v) + \cdots + \theta_n(v)$$

各光组的位相移动由于正、负号不同，可以互相补偿，而 $T(v)$ 值除零频外均小于 1，各个单元的 $T(v)$ 值都会使总的 $T(v)$ 值降低，不可能有补偿作用，可见总的 $T(v)$ 值比任何一个单元的 $T(v)$ 的 MTF 值都低，因此，应使每个单元光组的 MTF 值都尽可能好。这里说的光组是指独立成像的单元，如复杂物镜是一个单元，而它的镜片则不是，因为各镜片不是独立成像的，因而不单独计算 MTF。

21.7.3　光学传递函数在像质评价中的应用

1. OTF 曲线表达方式

光学系统的光学传递函数与以下各种参数有关：焦面位置 d、视场角 ω、测量和计算光学传递函数的色光波长 λ 和 F 数等。对以上各种不同参数均可绘出 OTF 曲线。最常用的 OTF 曲线如图 21.14 所示，横坐标用空间频率 v 值。

OTF 应包括 MTF 与 PTF 两部分，但一般都只应用 MTF。其原因除了可以省去一半数据外，主要在于测量 PTF 的方法研究还不充分，在计算中也远不如 MTF 精度高。

在理论分析上目前也多集中在 MTF 上。用 MTF 评价像质，已经取得了与实际比较接近的结果。除了畸变之外，MTF 能反映出其他所有的像差。

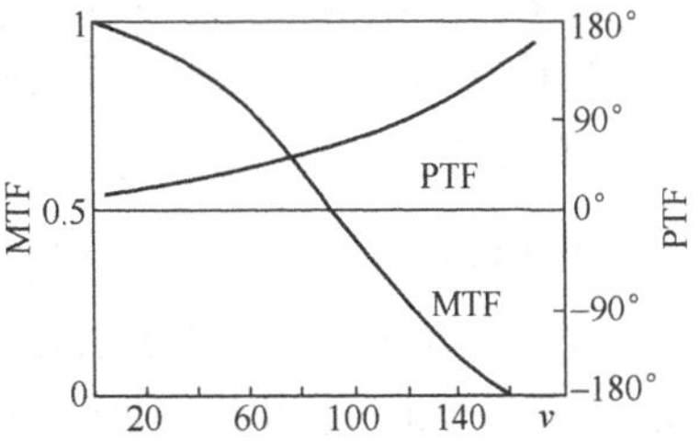

图 21.14　常用的 OTF 曲线

2. 根据 MTF 确定像质

(1) 比较分析 MTF 曲线

设有两个镜头 I 与镜头 II，它们的 MTF 曲线如图 21.15 所示。一般认为人眼对比阈为 0.03 左右，因此像对比降到 0.03 的那一个频率可认为是目视分辨率。由图 21.15 可见，镜头 II 的分辨率比镜头 I 的高，但当对比 $M = 0.1$ 时，则镜头 I 比镜头 II 好，因此如果作为摄影镜头，则镜头 I 比镜头 II 好，因为从 MTF 曲线看，在低频部分的一个较宽的范围内 MTF 值下降缓慢，低对比传递能力强，用镜头 I 拍出的影像层次丰富，真实感强。

(2) 特征频率的 MTF 值

根据镜头工作情况，确定一个或几个特征频率 v_K，以与其对应的 MTF 值作为评价的指标。如图 21.16 所示，假定选定的频率为 50 lp/mm，如果要求 MTF 值大于 0.7 为合格，则镜头 I 合格，镜头 II 不合格。

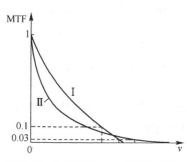
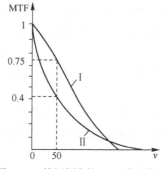

孔径	视场	空间频率	
		15 lp/mm	30 lp/mm
全孔径	轴上	0.55	0.30
	0.7ω	0.25	0.15
$F/5.6$	轴上	0.7	0.40
	0.7ω	0.35	0.20

表 21.2　摄影物镜各种情况下 MTF 的要求值

图 21.15　比较分析 MTF 曲线示意图　　图 21.16　特征频率的 MTF 值示意图

对于各类摄影物镜，一般情况下根据两三个特征频率下的 MTF 值便可较好的确定它的像质。与所选特征频率相应的 MTF 值应根据具体要求由试验确定。如一摄影物镜各种情况下 MTF 的要求值，如表 21.2 所示。

这种评价方法的优点是测试方便，判断迅速，适用于生产线。

(3) 特定 MTF 值对应的频率

根据 MTF 值降低到某时，相对应的频率应不小于某个规定值来评价。如图 21.17 所示，假如要求的指标是：MTF 为 0.8 时，频率应不小于 30 lp/mm 时，则镜头 I 合格，镜头 II 不合格。

有人建议以 $T(v) = 0.5$ 所对应的频率作为大像差系统的像质指标，这样就相当于低对比分辨率，它的测定更为简单，甚至可以不用 MTF 测量仪器，只需用低对比分辨率板测量其分辨率即可。

(4) MTF 积分值

上述两种办法都只反映了 MTF 曲线上少数点的情形，MTF 积分值可反映其线整体性质，即为 MTF 曲线所围面积或积分值，如图 21.18(a)所示。代表光学系统所能传输信息的多少，称为信息容量。显然，此面积越大，镜头质量越好，成像越清楚。MTF 积分值的应用可分以下几方面来讨论。

① MTF 积分值: 信息容量代表了点像或线像的中心点亮度，也就是前述的光学系统中心点亮度（S.D.值）。

② 加权积分指标 V: 定义为 $$V = \int T(v)W(v)\mathrm{d}v \Big/ \int W(v)\mathrm{d}v$$

当权函数 $W(v)$ 为常数时，V 就是 S.D.数。此外，常常选 $W(v)$ 为接收器件（如人眼或底片）的 MTF，以这种方式将接收器件的作用一并考虑在内，有人把 V 也称为信息容量。实践证明，在使用二维函数时，V 的大小能很好地反映系统的像质，只是使用稍麻烦些。

③ 平方积分 N: 定义为 $$N = \int \left[T(v)\right]^2 \mathrm{d}v$$

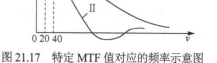

图 21.17　特定 MTF 值对应的频率示意图

如图 21.18(b)所示，这相当于用 $T(v)$ 自身作为权函数，强调了低频部分的作用。

④ 调制传递函数面积 MTFA: MTFA 定义为图 21.19 中两条曲线间的面积。曲线 1 是 MTF 曲线，曲线 2 是接收器的分辨率极限曲线。MTFA 也是一种兼顾接收器特性的指标，其值越大，表示镜头质量越高，并且有可能直接测量 MTFA 值。

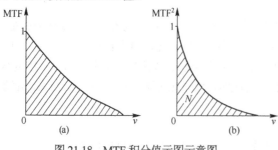

图 21.18　MTF 积分值示意图

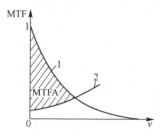

图 21.19　调制传递函数面积示意图

⑤ 主观像质指标 SQF: 为了充分估计接收器的作用，应当对接收特性做仔细的分析。这里介绍一种在研究人眼性能基础上提出的指标 SQF:

$$\mathrm{SQF} = K \int_{\ln 3}^{\ln 12} \int_0^{2\pi} T(\ln v, \psi) \mathrm{d}\ln v \mathrm{d}\psi$$

式中，K 是常数；ψ 是频率方位。把 v 写成 $\ln v$ 的形式是模拟了人眼传递函数特性，它相当于取 $1/v$ 为权函数 $\left(\mathrm{d}\ln v = \dfrac{1}{v}\mathrm{d}v\right)$。另外将频率积分限取为 $3\sim 12$，也是考虑了人眼特性的结果，因为在对数坐标中，人眼的 MTF 仅在 $3\sim 12$ 线对/度范围内接近于不为零的方形函数（狭缝函数），当然这只是近似，人眼截止频率可达 $20\sim 30$ 线对/度以上，只是在 $3\sim 12$ 线对/度值最大。

如果考虑到多色光的影响，可定义多色光主观质量指标 SQFM 为

$$\mathrm{SQFM} = K \int_{\ln 3}^{\ln 12} \int_0^{2\pi} \int_{400}^{700} T(\ln v, \psi, \lambda) S(\lambda) V(\lambda) \mathrm{d}\lambda \mathrm{d}\psi \mathrm{d}\ln v$$

式中，λ 为波长（单位 μm）；$S(\lambda)$ 为目标物光谱分布；$V(\lambda)$ 为人眼光谱灵敏度函数。这个质量指标对目视仪器较为有效，不过引入了多个权函数，计算很不方便。

3. 利用 MTF 曲线族进行评价

研制某些类型的光学系统时，允许评价工作量大一些，但大量使用前面所提及的那些曲线仍然是不直观和不现实的。通常将 $T(v)$ 随一个参数的复杂关系画成曲线，以另一个参数作为参变量，将一组曲线画在一个图上，构成 MTF 曲线族。常用的曲线族有：T-v-(d) 和 T-d-(ω) 等，括号内的参数表示为参变量。现在举例说明其使用方法。

(1) $T(v)$-v-(d) 曲线族

如图 21.20 所示，当选定系统的特征频率（如图中 $V_0 = 50\ \mathrm{lp/mm}$），即可找到 $T(v)$ 值最大的像面，它就是最佳像面位置（图中 $d = -0.02\ \mathrm{mm}$）。并且还可以清楚地看到焦面前后 MTF 的变化情况，必要时还可以分析其他频率下最佳像面位置有无变化情况。此外，如果选择 $T(v) = 0.6$ 作为 $50\ \mathrm{lp/mm}$ 频率下所允许的最小 MTF 值，则 $T(v) \geqslant 0.6$ 的一组焦面中的两个极限焦面位置之间的距离就是焦深 Δd，由图 21.20 可知

$$\Delta d = 0.02\ \mathrm{mm} - (-0.08\ \mathrm{mm}) = 0.1\ \mathrm{mm}$$

(2) $T(v)$-d-(ω) 曲线族

如图 21.21(a)所示，绘制五条 $T(v)$-d 曲线：$\omega = 0$，$\omega = 0.7(s)$，$\omega = 0.7(t)$，$\omega = 1.0(s)$，$\omega = 1.0(t)$，t 表示子午方向，s 表示弧矢方向，画在一张图上。由这五条曲线的峰值位置，可以画出如图 21.21(b)所示的像散和场曲线。如果规定 $T(v) = 0.4$ 为最小允许值，则由五条曲线均高于 0.4 范围便可确定整个焦面的焦深（图 21.21 中为 1.8 mm），其中心为最佳像面位置。

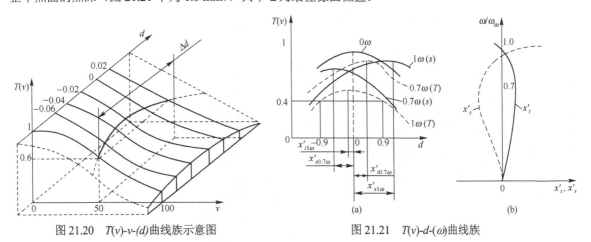

图 21.20　$T(v)$-v-(d) 曲线族示意图　　　　图 21.21　$T(v)$-d-(ω) 曲线族

4. 应用 MTF 曲线对数码照相镜头进行像质评价

20 世纪 90 年代后期随着光电技术的发展，出现了数码照相镜头和手机照相镜头。由于它们的接收器是 CCD 或 CMOS，因此对这类镜头成像质量评价方法有了新的要求。

此类镜头属于大视场、大像差系统，可用 MTF 来对其成像质量进行评价。由于不同客户对镜头成像质量的要求不同，所以其评价标准也不尽相同。在一般情况下，从光学设计理论出发 MTF 按以下参

考标准：

当空间频率为 100 lp/mm 时，中心视场：MTF = 0.45，0.7 带视场：MTF = 0.30，1.0 带视场：MTF = 0.20。

多数生产企业采用下列标准：

当空间频率为 100 lp/mm 时，中心视场：MTF>0.50，0.7 带视场：MTF>0.40，1.0 带视场：MTF>0.30。

实践证明，这个设计标准是合适的，就不同视场 MTF 曲线族来看，这些曲线越密集越好，而不是 MTF 值越高越好。数码照相镜头的结构参数如表 21.3 所示。

表 21.3　数码照相镜头结构参数

$$l_1 = -\infty, \quad l_z = 0, \quad \omega = -22°$$

序号	r/mm	d/mm	n_{5876}	n_{4861}	n_{6563}	ν_d	玻　璃
1	2.710	1.57	1.773 14	1.784 03	1.768 44	49.57	（德）LAFN28（中，LaF5）
2	−2.039	0.32	1.756 90	1.773 76	1.749 96	31.80	（德）NBFD9（中，LaF3）
3	4.803	0.86					
4	−3.424	0.68	1.491 76	1.497 76	1.489 20	57.44	PMMA（polymethyl methacrylate，聚甲基丙烯酸甲酯）
5	−1.846	0.06					
6	7.177	1.25	1.491 76	1.497 76	1.489 20	57.44	PMMA（polymethyl methacrylate，聚甲基丙烯酸甲酯）
7	1.350	0.24					
8	∞	0.71	1.516 37	1.521 96	1.513 90	64.17	（德）BK7（中，K9）
9	∞（像面）	0.73					像方截距 $l' = 0.73$ mm

按上述数码照相镜头结构参数进行光路计算，结果列于表 21.4 中。

图 21.22(a)所示为全视场为 100 lp/mm 的 MTF；图 21.22(a) 所示为全视场为 200 lp/mm 的 MTF。同时，还必须令点像的弥散圆半径在中心视场小于光电接收器像素尺寸，0.7 带视场小于光电接收器像素尺寸的二倍，否则仍然会达不到相应的解像力。如果在全视场都能达到像的弥散圆半径小于光电接收器像素尺寸，那将得到更好的成像质量。

由表 21.4 和图 21.22 可知，该镜头的调制传递函数是符合参考标准的要求的。图 21.22 中，T 和 S 分别表示子午方向和弧矢方向；DEG 表示在该视场角的度数。特别应该指出的是，在设计时不能任意提高 MTF 值，在提高 MTF 值时，其光学系统相关的公差将更严格。

表 21.4　数码照相镜头结构参数光路计算结果

序　号	特 性 参 数	数　据	备　注
1	焦距 EFL	4.91 mm	
2	F 数 F/NO	2.8	
3	后截距 BFL	1.67 mm	包括 IR 和保护玻璃
4	视场角 FOV	60°	
5	像高 IMA	5.0 mm	
6	光学总长 TOTR	6.43 mm	
7	畸变 DIST	<1%	
8	相对照度 REL	>60%	
9	最大主光线角度	<22°	
10	像素大小	1.75 μm	
11	结构形式	2G2P + IR	IR-红外截止滤光片 P-塑料非球面镜片 G-玻璃球面镜片
12	MTF	中心视场 100 lp/mm 时： $T = S = 0.698$ 0.707 视场 100 lp/mm 时： $T = 0.666$，$S = 0.709$ 1.0 视场 100 lp/mm 时： $T = 0.626$，$S = 0.681$	中心视场 220 lp/mm 时： $T = S = 0.369$ 0.707 视场 220 lp/mm 时： $T = 0.360$，$S = 0.422$ 1.0 视场 220 lp/mm 时： $T = 0.310$，$S = 0.410$

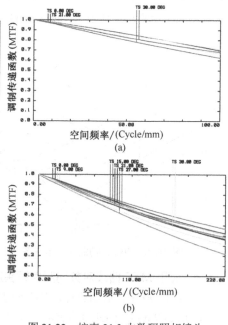

图 21.22　按表 21.3 中数码照相镜头
结构参数计算的 MTF

该光学系统的点列图计算结果如图 21.23 所示。图中，RMS RADIUS 为光线集合 80％时的光点半径大小；GEO RADIUS 为全部光线集合时的光点半径大小；CRSS WIDTH 为坐标尺寸，此图为 200 μm；REFERENCE：CHIEF RAY 表示以主光线为点列图的参考点。

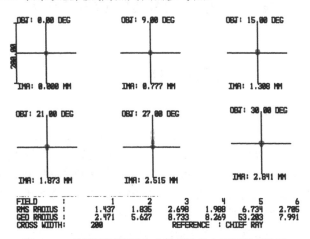

图 21.23　该数码照相镜头光学系统的点列图计算结果

习题

21.1　试论述瑞利判断用于光学系统像质评价的原理。

21.2　试论述中心点亮度的基本概念。

21.3　试论述中分辨率在像质评价中的应用及其局限性。

21.4　试论述点列图的原理及应用。

21.5　试论述光学系统的清晰度及边界曲线。

21.6　试论述光学传递函数的基本概念、特点及测试原理。

21.7　试求光学传递函数的表达式和复合系统的光学传递函数的表达式。

21.8　试论述光学传递函数在像质评价中的应用。

第 22 章　像差自动平衡

22.1　概　　述

　　光学系统的性能指标：焦距 f'、视场角 ω、相对孔径 D/f' 确定后，光学设计工作应包括：结构形式选择及初始结构参数的确定，像差校正，像质评价及光学公差的制定等。其中，在像差校正过程中要进行大量的光路计算，计算机在光学设计中的应用，首先解决了光路计算及"单因素的像差校正"问题，即人工提出某个因素曲率半径 r、空气间隔或透镜厚度 d 和玻璃折射率 n 的修改。更重要的是开展了"多因素像差校正"，就是使计算机按照一定的程序自动改变系统的曲率半径、间隔或厚度，甚至光学材料的折射率，即所谓像差自动校正。目前用计算机进行像差校正不能自动改变结构形式，只是充分发挥现有结构形式的潜力，使其像差和性能指标达到预定的目标值，故常称之为"像差自动平衡"。

　　在像差自动平衡程序中规定了对某些参数值的限制，如不允许正透镜的边缘厚度和负透镜的中心厚度太薄、工作距离不能太短等。这些条件称为边界条件。

　　在进行像差自动平衡时，首先要构成表征各种像差及性能指标与结构参数的关系的"评价函数"。当其趋近于极小值时，就表示像差和性能指标趋近于目标值。在像差自动平衡的过程中，结构参数每改变一次称为一次"迭代"。每次迭代后，评价函数趋向极小值，在数学上称为"收敛"，背离极小值称为"发散"。因此，设计人员应该随时注意，当出现发散或收敛速度很慢的情况时，必须进行人工干预，改变评价函数中的某些因子或自变量的阻尼因子，以提高收敛速度。如果无效，就要判断所选结构形式是否有校正的可能性，是否有必要调换光学材料或改变结构形式等。

　　像差自动平衡工作已有 50 多年的历史了。1950 年美国哈佛大学贝克(J. G. Baker)开始组织光学自动设计研究组，技术发达的国家也先后开展了这一工作，出现了许多方法，如逐个变更法(Variation Method)、最迅速下降法(Steepest Descent Method)、最佳梯度法(Optimum Gradient Method)和最小二乘法(Least Square Method)，都没有取得较为理想的结果。1950 年英国伦敦大学帝国理工学院文恩(G. G. Wynne)发表了阻尼最小二乘法(Damped Least Square, DLS)，使评价函数收敛速度大为提高，使像差自动平衡技术成为应用得比较普遍的方法之一。

　　以前计算很困难的系统，如变焦距系统，现在可以较顺利地计算了，在计算过程中可以方便地对不同方案进行比较，以选取最合理的结构形式；可以应用严格的评价方法如波像差、光学传递函数等计算，保证设计质量。

22.2　像差自动平衡评价函数

　　评价函数表征了各种像差和结构参数的关系，当改变结构参数使各种像差趋向目标值时，评价函数便趋近于极小值，因此评价函数在一定程度上表示了系统的成像质量。像差自动平衡是同时对多种像差进行多因素校正，有了评价函数给计算机提供了单一的评价标准，便于计算机判断，所以评价函数一般来说是像差自动平衡的根据。

　　评价函数的构成应满足能正确地反映光学系统的成像质量和便于计算，前者可使计算结果符合像质评价标准的要求，后者可使评价函数有比较快的收敛速度。

　　求取光学系统的结构参数使评价函数为最小的问题，在数学上是最优化过程。从数学处理来看，构成评价函数并使之最小化的过程要比各种像差校正到一定公差范围简单得多。所以，大多数的像差自动平衡程序都采用了使评价函数最优化的方法。

1. 由几何像差构成的评价函数

假定光学系统有 N 个结构参数，包括各面曲率半径、间隔、厚度及折射率等，统一记做 $x(x_1, x_2, \cdots, x_N)$。改变结构参数，系统的各种像差随之改变，即像差是结构参数 x 的函数，故评价函数又是结构参数的复合函数。设一光学系统要考虑 M 种像差，记做 $f_1, f_2, \cdots, f_M$，则它们与结构参数的关系可写为

$$f_1(x) = f_1(x_1, x_2, \cdots, x_N)$$
$$f_1(x) = f_2(x_1, x_2, \cdots, x_N)$$
$$\cdots$$
$$f_M(x) = f_M(x_1, x_2 \cdots, x_N)$$

也可写成 $\qquad\qquad f_i(x) = f_i(x_1, x_2, \cdots, x_N) \qquad i = 1, 2, \cdots, M \qquad$ (22.1)

修改结构参数 $x_1, x_2, \cdots, x_N$ 使 M 种像差同时为零，一般是不可能的，而且根据光学系统的要求也不需要各种像差都为零。有些像差对该光学系统影响较大，应严格控制，而另一些像差影响较小，可以放宽控制。例如，望远物镜主要要求轴上点像质好，而照相物镜则要求轴上点和轴外各视场的像差比较均匀的校正，随着视场的增大，轴外像差相对轴上像差而言可以适当放宽一些。根据使用要求不同，各种像差的相对重要性是不同的，即在评价函数中所占的比重是不同的，故对于相对重要性大的像差应乘上一个较大的系数，这个系数是由设计人员添加的，故称为人工权因子，以 τ_i 表示。

另外，考虑到各种像差的数量级和单位有很大的差别，例如对于一个焦深为 0.1 mm 的小像差系统，其球差和场曲小于 0.1 mm 就可以了，但对波色差 $\sum(D-d)\mathrm{d}n$ 来说，要小于 0.000 25 mm 才认为满意，而正弦差则允许 0.0025。由此可见，有的像差以 mm 为单位，有的没有单位（如正弦差），而且数量级上相差悬殊，即所谓量纲不统一。为统一量纲，必须对每种像差也乘上一个系数。其在计算过程中按程序规定由计算机自动乘上，称为自动权因子，以 σ_i 表示。

人工权因子 τ_i 和自动权因子 σ_i 的乘积称为权因子，以 μ_i 表示，即

$$\mu_i = \tau_i \sigma_i \qquad i = 1, 2, \cdots, M \qquad (22.2)$$

因此，评价函数需采用使像差加权的方法来构成，如取

$$\phi(x) = \mu_1 f_1^2(x) + \mu_2 f_2^2(x) + \cdots + \mu_M f_M^2(x) \qquad (22.3)$$

或 $\qquad\qquad \phi(x) = \mu_1^2 f_1^2(x) + \mu_2^2 f_2^2(x) + \cdots + u_M^2 f_M^2(x) \qquad (22.4)$

构成评价函数的像差 $f_i(x)$ 可能是正值，也可能是负值，所以评价函数中的 $f_i(x)$ 取平方，使之不会互相抵消，这样，评价函数 $\phi(x)$ 减少等价于各种像差都减小。

构成评价函数的诸像差 $f_i(x)$ 可以是几何像差，也可以是反映成像质量的其他量，如点列图（Spot Diagram，一点发出的许多光线经光学系统以后，由于像差，使其与像面的交点不再集中于同一点，而形成一个分布在一定范围内的弥散图形为点列图；对于大像差系统，可以用点列图中这些光线交点的密集程度来衡量成像质量的优劣）、波像差（Wavefront Aberration，波像差就是实际波面对于理想波面的偏离）、光学传递函数（Optical Transfer Function，物体是由各种频率的谱组成的，经过光学系统成像后，对比度的降低和位相的推移与频率的函数关系称为光学传递函数，它适用于评价小像差和大像差光学系统）等。另外，常把光学系统的焦距或放大率、后工作距离也看作要求校正的像差来处理。

为了简单，以 f_i 表示像差 $f_i(x)$，某些光学系统的像差不可能为零，而为某一正值或负值，这就是像差的目标值，以 f_i^* 表示，它是由设计者给出的，$(f_i - f_i^*)$ 就是实际像差与目标值的差，称为剩余像差。像差的最佳校正状态为校正目标，常以剩余像差加权平方和作为评价函数：

$$\phi(x) = \mu(f_1 - f_1^*)^2 + \mu_2(f_2 - f_2^*)^2 + \cdots + \mu_M(f_M - f_M^*)^2 \qquad (22.5)$$

或 $\qquad\qquad \phi(x) = \mu_1^2(f_1 - f_1^*)^2 + \mu_2^2(f_2 - f_2^*)^2 + \cdots + \mu_M^2(f_M - f_M^*)^2 \qquad (22.6)$

采用这种评价函数的优点是与传统的光学设计评价方法相一致，以便于用像差理论分析并可及时进行人工干预，即发现有发散或收敛缓慢时，如不是初始结构选取不当，则可暂停平衡，由设计者修改人工权因子或修改某些结构参数，再令其继续平衡下去。受控制的像差个数、人工权因子及像差目标值都是由设计者给出的，给定的像差目标值尽可能要考虑轴上、轴外各点像差（包括各色光的子午、

弧矢平面上的像差目标值）的离焦方向一致，即离焦后，轴上、轴外各点像差均可减小。当然，有些光学系统轴上、轴外各点像差不可能与离焦方向一致，则应该在整个视场范围内像质比较均匀为宜。因此，使用像差自动平衡程序需要积累一定的经验。

2. 由点列图构成的评价函数

点列图用于光学系统像质评价的问题已在第 21 章做了概要的叙述。点列图计算的工作量相当大，为了在像差自动平衡中提高计算速度，必须精心挑选最少量的光线来描绘点列图，并用有关的量值构成评价函数。

目前使用较多的量值是由垂轴像差和畸变两部分组成的，前者反映像的清晰程度，后者反映像的变形程度。程序还应考虑透镜的边缘或中心厚度、后工作距离和焦距等参量（称为边界条件）与目标值的差值，其形式也可用加权平方和来表示，可记做 $\phi_B(x)$。

用像差构成的评价函数 $\phi(x)$ 包括垂轴像差和畸变。有的程序还包括主色光的细光束场曲和像散。只包括垂轴像差和畸变的评价函数为

$$\phi(x) = \frac{1}{1+\mu}(\phi_1 + \mu\phi_2) + \phi_B(x) \tag{22.7}$$

式中，μ 为畸变权重；ϕ_1 为垂轴像差，用加权平方和表示；ϕ_2 为畸变值，也用加权平方和表示；$\phi_B(x)$ 为边界条件（透镜的边缘或中心厚度、后工作距离、焦距等参量）与目标值的差值，用加权平方和表示。

$$\phi_1 = \frac{1}{a_0}\sum_{j=1}^{e}a_j\sum_{\lambda=1}^{s}I_\lambda\sum_{K=1}^{n}\left[(y-y_e)^2 + z^2\right] \tag{22.8}$$

式中，e 为视场角的个数；s 为波长的个数；n 为每个视场角每个波长所取空间光线数；a_j，I_λ 为相应的权重，而

$$a_0 = n\sum_{j=1}^{e}a_j\sum_{\lambda=1}^{s}I_\lambda \tag{22.9}$$

$$y_e = \frac{\sum_{\lambda=1}^{s}I_\lambda\sum_{K=1}^{n}y}{n\sum_{\lambda=1}^{s}I_\lambda} \tag{22.10}$$

y_e 为基准点（重点）的坐标。

$$\phi_2 = \frac{1}{b_0}\sum_{j=1}^{e}b_j(y_e - \cot\omega_j)^2 \tag{22.11}$$

式中，b_j 为相应的权重，而

$$b_0 = \sum_{j=1}^{e}b_j \tag{22.12}$$

$$C = \frac{\sum_{j=1}^{e}y_e b_j \tan\omega_j}{\sum_{j=1}^{e}b_j \tan^2\omega_j} \tag{22.13}$$

在具体计算时，所计算的光线由于对称性，只要取在 $z \geq 0$（或 ≤ 0）的那半个入瞳平面上的即可。通常取 10 根光线左右，至于权重 a_j，b_j 和 μ，应根据使用要求来选定，开始时可都取为 1，在计算过程中发现不合适再进行调整。由于点列图所构成的评价函数中权重因子比较少，所以取得恰当与否容易看清楚。还需要指出的是，在点列图所构成的评价函数中像差的目标值全都是零，给使用者带来了一定的方便。

3. 由波像差构成评价函数

要求进行高质量校正的光学系统，如傅里叶变换物镜等，像质的判断并不是取决于个别的几何像差或者是点列图，而是取决于波面变形情况，所以采用以波像差为基础的评价函数。实践证明，它对要求近乎理想成像的系统，在像差自动平衡的最后阶段是很有效的，因而可作为精调程序的评价函数。

计算波像差时，参考球面的选择有不同情况，如定焦系统的参考球面，其球心选在主光线在像面的交点上。

用波像差构成的评价函数与用点列图构成的评价函数具有相同的形式，只需用波像差代替垂轴像差即可。由于参考球面是以主光线在像面上的交点为球心，所以主光线上对应的波色差为零，不计算在波像差构成的评价函数中。因为其他色光的波像差都是用该色光的参考球面来度量的，所以主色光和其他色光的波像差基准是有差别的，为了反映和控制这个差别，可将倍率色差加到评价函数里。

用主光线在像面上的交点为球心的波像差，没有包括畸变，为此需将畸变以单独的变量加到评价函数中。以波像差为主体而构成的评价函数应该是

$$\phi(x) = \sum_{\lambda=1}^{s}\sum_{K=1}^{m}\left[\mu_i W_i(\xi,\eta)\right]^2 + \left[\mu_\omega^2(\delta Y_z' - \delta Y_z'^*)_\omega^2\right]_\lambda +$$

$$\left[\mu_{0.85\omega}^2(\delta Y_z' - \delta Y_z'^*)_{0.85\omega}\right]_{\lambda_1} + \mu_\omega^2(\delta Y_{FC}' - \delta Y_{FC}'^*)_\omega^2 + \phi_B(x) \tag{22.14}$$

式中，带*号的量为目标值；$W_i(\xi,\eta)$，$\delta Y_z'$ 和 $\delta Y_{FC}'$ 分别为波色差、畸变和倍率色差；$\phi_B(x)$ 为作为像差处理的边界条件与其目标值的差值加权平方和所表示的评价函数。

用波像差描述光学系统的成像质量并构成评价函数，既适用于大像差系统，也适用于小像差系统，但计算工作量很大，花费时间较多，故多用于设计的最后阶段，即精校阶段。

4. 由光学传递函数构成评价函数

在像差平衡的最后阶段，为使光学系统的成像质量进一步提高，可采用光学传递函数构成的评价函数。以光学传递函数构成的评价函数要对几个视场的物点和规定的空间频率进行对比传递函数 MTF 的计算，还要考虑到一些不能由光学传递函数表示的有关量，如畸变、倍率色差、位置色差、二级光谱和作为像差的像方孔径角，然后用这些量构成如式(22.5)或式(22.6)所示的评价函数。通常需要计算对比传递函数 MTF 的视场有：零视场、0.707 视场和全视场的子午及弧矢方向的 MTF。从目前所用的像差自动平衡程序来看，用得最多的是几何像差构成的评价函数，其次是点列图构成的评价函数。

22.3 阻尼最小二乘法光学自动设计原理

阻尼最小二乘法最早是由赖温博格(Levenberg)提出来的，1959 年维恩(C. G. Wynne)首先把它用于光学自动设计。目前它已经成为一种最成熟、使用最广泛的光学自动设计方法。国内外很多著名的光学自动设计软件中都采用或包含了阻尼最小二乘法。从数学原理上说，阻尼最小二乘法是一个平方和形式的函数的最优化问题，这是最优化方法中研究得比较透彻的问题。它可以适用于各种不同类型的像质评价方法，对像差参数也没有严格的要求。特别是阻尼最小二乘法中的像差参数的个数既可以多于自变量个数，也可以少于自变量个数，因此对边界条件的处理也比较方便，当然权因子的选择和局部极值的处理比较麻烦。

为了使讨论简单，将式(22.3)写成

$$\phi(x) = \phi(x_1, x_2, \cdots x_N) = f_1^2(x) + f_2^2(x) + \cdots + f_M^2(x) = \sum_{i=1}^{M} f_1^2(x) \tag{22.15}$$

式中，$f_1^2(x)$ 已将权因子 μ_i 包括进去了。考虑了权因子 μ_i 的像差称为规化像差。

22.3.1 阻尼最小二乘法原理

$f_i(x)$ 是结构参数 $(x_1, x_2, \cdots, x_N)$ 的非线性函数，$\phi(x)$ 是 $(x_1, x_2, \cdots, x_N)$ 更为复杂的函数。为了便于求

其极小值，在初始结构参数 $\left(x_1^0, x_2^0, \cdots x_N^0\right)$ 附近对规化像差 $f_i(x)$ 按泰勒级数展开，并只取到线性项，有

$$f_i(x) = f_i(x^0) + \sum_{j=1}^{N} \frac{\partial f_i(x^0)}{\partial x_j}\left(x_j - x_j^0\right) \tag{22.16a}$$

式中，x_j^0 是初始结构参数；x_j 是迭代后系统的结构参数，$j = 1, 2, \cdots, N$；$f_i(x^0) = f_i\left(x_1^0, x_2^0, \cdots, x_N^0\right)$ 是初始系统的规化像差，简单表示为 f_i^0，$\dfrac{\partial f_i(x^0)}{\partial x_j}$ 为第 i 种像差对于第 j 个初始结构参数的变化率，记为 a_{ij}，$i = 1, 2, \cdots, M$。上式的意义是：当各结构参数由初始值 x_j^0 变到 x_j^1 时，规化像差由 f_1^0 变到 f_i，$x_j - x_j^0$ 记为 Δx_j，则式(22.16a)中的各种规化像差可写成代数形式：

$$\begin{cases} f_1(x) = f_1^0 + a_{11}\Delta x_x + a_{12}\Delta x_{12} + \cdots + a_{1N} x_N \\ f_2(x) = f_2^0 + a_{21}\Delta x_1 + a_{22}\Delta x_2 + \cdots + a_{2N} x_N \\ \qquad\qquad\qquad\vdots \\ f_M(x) = f_M^0 + a_{M1}\Delta x_1 + a_{M2}\Delta x_2 + \cdots\cdots + a_{MN}\Delta x_N \end{cases} \tag{22.16b}$$

把它写成矩阵形式：

$$\boldsymbol{f} = \boldsymbol{f}^0 + \boldsymbol{A}\Delta\boldsymbol{x} \tag{22.17}$$

式中

$$\boldsymbol{f} = \begin{bmatrix} f_1(x) \\ f_2(x) \\ \vdots \\ f_M(x) \end{bmatrix}, \ \boldsymbol{f}_0 = \begin{bmatrix} f_1^0(x) \\ f_2^0(x) \\ \vdots \\ f_M^0(x) \end{bmatrix}, \ \Delta\boldsymbol{x} = \begin{bmatrix} \Delta x_1 \\ \Delta x_2 \\ \vdots \\ \Delta x_N \end{bmatrix}, \ \boldsymbol{A} = \begin{bmatrix} a_{11} & a_{12} & \cdots & a_{1N} \\ a_{21} & a_{22} & \cdots & a_{2N} \\ \vdots & \vdots & & \vdots \\ a_{M1} & a_{M2} & \cdots & a_{MN} \end{bmatrix}$$

根据多元函数的极值理论，评价函数 $\phi(x)$ 的极小值应满足方程组

$$\frac{\partial \phi(x)}{\partial x_1} = 0, \qquad \frac{\partial \phi(x)}{\partial x_2} = 0, \qquad \cdots, \qquad \frac{\partial \phi(x)}{\partial x_N} = 0$$

即

$$\begin{cases} \partial\left[a_{11}f_1(x) + a_{21}f_2(x) + \cdots + a_{M1}f_M(x)\right] = 0 \\ \partial\left[a_{12}f_1(x) + a_{22}f(x) + \cdots + a_{M2}f_M(x)\right] = 0 \\ \qquad\qquad\qquad\vdots \\ \partial\left[a_{1N}f_1(x) + a_{2N}f_2(x) + \cdots + a_{MN}f_M(x)\right] = 0 \end{cases} \tag{22.18}$$

写成矩阵形式：

$$\operatorname{grad}\phi(x) = 2\boldsymbol{A}^{\mathrm{T}}\boldsymbol{f} = 0$$

式中，$\boldsymbol{A}^{\mathrm{T}}$ 是矩阵 $\boldsymbol{A}$ 的转置矩阵。将式(22.17)代入式(22.18)，得

$$\begin{cases} \operatorname{grad}\phi(x) = 2\boldsymbol{A}^{\mathrm{T}}\left(\boldsymbol{A}\Delta\boldsymbol{x} + \boldsymbol{f}^0\right) = 0 \\ \boldsymbol{A}^{\mathrm{T}}\boldsymbol{A}\Delta\boldsymbol{x} = -\boldsymbol{A}^{\mathrm{T}}\boldsymbol{f}^0 \\ (\boldsymbol{A}^{\mathrm{T}}\boldsymbol{A})^{-1}\boldsymbol{A}^{\mathrm{T}}\boldsymbol{A}\Delta\boldsymbol{x} = -(\boldsymbol{A}^{\mathrm{T}}\boldsymbol{A})^{-1}\boldsymbol{A}^{\mathrm{T}}\boldsymbol{f}^0 \\ \boldsymbol{E}\Delta\boldsymbol{x} = -(\boldsymbol{A}^{\mathrm{T}}\boldsymbol{A})^{-1}\boldsymbol{A}^{\mathrm{T}}\boldsymbol{f}^0 \end{cases} \tag{22.19}$$

式中，$\boldsymbol{E}$ 为单位矩阵，故有

$$\Delta\boldsymbol{x} = -(\boldsymbol{A}^{\mathrm{T}}\boldsymbol{A})^{-1}\boldsymbol{A}^{\mathrm{T}}\boldsymbol{f}^0 \tag{22.20a}$$

式中，$\Delta\boldsymbol{x}$ 称为步长，即评价函数 $\phi(x)$ 趋向极值时，初始结构参数 $\boldsymbol{x}^0$ 的增量，则可得评价函数趋向极值过程中经过一次迭代后的一组解 $\boldsymbol{x}^1 = \boldsymbol{x}^0 + \Delta\boldsymbol{x}$，即

$$\boldsymbol{x}^1 = \boldsymbol{x}^0 - \left(\boldsymbol{A}^{\mathrm{T}}\boldsymbol{A}\right)^{-1}\boldsymbol{A}^{\mathrm{T}}\boldsymbol{f}^0 \tag{22.20b}$$

在具体计算时，矩阵 $\boldsymbol{A}$ 中的每一个元素 a_{ij} 为偏导数 $\dfrac{\partial f_i(x^0)}{\partial x_j}$，可用差商来代替：

$$a_{ij} = \frac{\partial f_j(x)}{\partial x_j} = \frac{f_i(x + \Delta x_j) - f_i(x)}{\Delta x_j} \qquad i = 1, 2, \cdots, M; \ j = 1, 2, \cdots, N \qquad (21.21)$$

即先对光学系统初始结构算出要控制的各种像差 $f_i(x)(i = 1, 2, \cdots, N)$，再对初始结构的每一独立变量 x_j 给以增量 $\Delta x_j(j = 1, 2, \cdots, N)$，算出各种新的像差值 $f_i(x + \Delta x)$，代入式(21.21)即可。

在最小二乘法中，根据像差函数可以做线性处理。如果初始点 x^0 非常接近极小值点，则在其附近评价函数的性质接近二次函数，因而像差 f_i 可以做线性处理。但是在 x^0 远离极小值点时，像差 $f_i(x)$ 的非线性程度很高，就不能作线性处理。这时，用最小二乘法就不能使评价函数收敛。其次，在解方程组时，可能出现矩阵 $A^T A$ 的行列式值 $|A^T A|$ 很小的情况，由式(22.20a)可知 Δx 可能很大，远远超过像差的线性范围，导致迭代后的评价函数 $\phi(x)$ 大于迭代前的评价函数 $\phi(x^0)$，造成评价函数发散，而不能取得预期结果。

22.3.2 阻尼最小二乘法

为了使最小二乘法在非线性严重时采用线性处理，必须对它的解 Δx 加以控制，使之在迭代过程中处于线性范围以内。为此，在原定义的评价函数 $\phi(x)$ 中，加入一个步长 Δx 的平方和项，得新评价函数

$$\psi(x) = \phi(x) + P \sum_{j=1}^{N} I_j (\Delta x_j)^2 \qquad (22.22)$$

式中，$\phi(x)$ 和最小二乘法的原评价函数。当对新的评价函数 $\psi(x)$ 作最优化处理时，像差和步长 Δx 同时被减小。Δx 将减小的程度由常数 P 和 I_j 的大小决定，P 和 I_j 起着控制解的大小的作用。也就是说，P 和 I_j 对解起着阻尼作用，称之为阻尼因子。式(22.22)的意义是：将最小二乘法的概念同时用于像差 f_i 和步长 Δx_j，使像差的平方和 $\sum_{i=1}^{M} f_1^2(x)$ 和步长的平方和 $\sum_{j=1}^{N} \Delta x_{j1}^2$ 同时取得极小值。

对新的评价函数 $\psi(x)$ 求极小值和对 $\phi(x)$ 求极小值相似，即求满足方程 $\mathrm{grad}\,\psi(x) = 0$ 条件下的 Δx：

$$\begin{cases} \dfrac{\partial \psi(x)}{\partial x_1} = \dfrac{\partial \phi(x)}{\partial x_1} + 2PI_1 \Delta x_1 \\[2mm] \dfrac{\partial \psi(x)}{\partial x_2} = \dfrac{\partial \phi(x)}{\partial x_2} + 2PI_2 \Delta x_2 \\[1mm] \qquad\qquad \vdots \\[1mm] \dfrac{\partial \psi(x)}{\partial x_N} = \dfrac{\partial \phi(x)}{\partial x_N} + 2PI_N \Delta x_N \end{cases} \qquad (22.23)$$

因此 $\quad \mathrm{grad}\,\psi(x) = \mathrm{grad}\,\phi(x) + 2P \begin{pmatrix} I_1 \Delta x_1 \\ I_2 \Delta x_2 \\ \cdots \\ I_N \Delta x_N \end{pmatrix} = \mathrm{grad}\,\phi(x) + 2P \begin{pmatrix} I_1 & \ddots & & & 0 \\ \ddots & I_2 & \ddots & & \\ & \ddots & \ddots & \ddots & \\ & & \ddots & \ddots & \ddots \\ 0 & & & \ddots & I_N \end{pmatrix} \begin{pmatrix} \Delta x_1 \\ \Delta x_2 \\ \vdots \\ \Delta x_N \end{pmatrix} \qquad (22.24)$

$$= \mathrm{grad}\,\phi(x) + 2PI\Delta x$$

式中，I 为对角线矩阵。将式(22.19)代入(22.24)式，得

$$\mathrm{grad}\,\psi(x) = 2(A^T A + PI)^{-1} A^T f^0 = 0$$

或 $\qquad\qquad\qquad\qquad (A^T A + PI)\Delta x = -A^T f^0 \qquad (22.25)$

同上述最小二乘法一样，满足 $\psi(x)$ 的近似极小值的步长为

$$\begin{cases} \Delta x = -\left(A^T A + PI\right)^{-1} A^T f^0 \\[2mm] x^1 = x^0 - \left(A^T A + PI\right)^{-1} A^T f^0 \end{cases} \qquad (22.26)$$

由式(22.26)可知，当 P 和 I 增大时，步长 Δx 减小，以式(22.26)求出 x^1 作为新的初始结构参数，重复上述过程，就能使评价函数进一步收敛，直到合乎要求为止。需要多次重复原因是因为 $f_j(x)$ 的非线性，用泰勒级数展开只取到一次项，同时在有阻尼的情况下求得的 $x^1 = x^0 + \Delta x$，在 x^1 点的 $\mathrm{grad}\,\psi(x)$ 值一般不等于零，即没有使评价函数 $\psi(x)$ 为极小值，故必须多次重复才能使评价函数趋近于极小值。

对光学系统的像质和光学特性都可以认为是像差要求，当像差数大于或小于自变量数量时，均可以使用阻尼最小二乘法，因此可以用在各种不同像质评价方法的自动校正程序中。例如，像差参数可以是单项独立几何像差、垂轴像差、波像差和光学传递函数等。国外主要采用的是垂轴几何像差；国内主要采用的则是单项独立几何像差，这比较符合绝大多数光学设计人员的习惯。用不同的像差参数构成评价函数，必须采用不同的权因子。

22.3.3 阻尼最小二乘法的特点

阻尼最小二乘法的一个突出优点是通过对阻尼因子进行优选，恰当处理了非线性，因而加快了收敛速度。

阻尼最小二乘法中，一般受控像差个数多于可变参量数（也可少于变参量数）。虽然使计算量增加，但却可以控制和平衡数量较多的像差，对边界条件的要求也可纳入控制，减少计算过程中过多的人工干预，从而可以提高设计的自动化程度，加快设计速度。

它的主要缺点是：有时容易陷入局部极值。摆脱的办法是改变评价函数的结构，如增加或减少受控像差的数目、增加或减少自变量数目、调整边界条件的目标值以及改变阻尼因子等。也可以通过改变初始点来绕过局部极值区，如果初始点选择得好，就可以避免陷入局部极值。也有人采取临时更换最优化方法跳过局部极值后再回到阻尼最小二乘法继续平衡下去。

1. 阻尼因子

(1) 阻尼因子 P

一般来说，结构参数改变量和像差值的改变量不是线性关系，这时可用阻尼因子 P 来阻尼结构参数的变化量。P 取得过大，会使评价函数收敛过慢，耗费机时。反之，可能导致评价函数的发散，阻尼因子 P 值必须选取适当。P 值可由以下线性化因子 q 来决定：

$$q = \frac{\phi_1 - \phi_2}{\phi_1 - \phi_L} \tag{22.27}$$

式中，$\phi_1 = \sum_{i=1}^{M}(f_i^0)^2$ 相当于初始结构的评价函数；$\phi_2 = \sum_{i=1}^{M}(f_i^1)^2$ 相当于结构参数改变后的评价函数；ϕ_L 是当把 $\phi_2(x)$ 展开为泰勒级数取一次项时求得，相当于 $\phi_2(x)$ 的线性部分。

经验表明，当 $0.5 \leqslant q \leqslant 0.9$ 时认为解的线性程度适宜，下次迭代时，保持阻尼因子 P 不变。

当 $q < 0.5$ 时，认为线性程度较差，应减小步长，取大的阻尼因子，把原来 P 值增大为 $4P$。

当 $q > 0.9$ 时，认为线性程度很好，可以增大步长，加快收敛速度，下次迭代时以 $P/4$ 代替 P。

根据线性化因子 q 值对阻尼因子 P 值的选取，由计算机按程序自动执行。P 的初始值一般可由人工赋值，在像差自动平衡前期可取 1，在校正的后期可取得大一些，使程序取到精调作用。实践表明，这样做效果较好。

(2) 阻尼因子 I_j

结构参数对像差影响是不一样的，对于灵敏的参数 Δx_j，希望取小的步长，否则，也要造成发散的现象，即 $\phi(x^1) > \phi(x^0)$，因此取

$$I_j = \left\{ \sum_{i=1}^{M} a_{ij}^2 \right\}^{1/2} = \left\{ \sum_{i=1}^{M} \left(\frac{\partial f_i}{\partial x_j} \right)^2 \right\}^{1/2} \tag{22.28}$$

不难理解，式(22.28)是所有像差对某个参数的变化率，变化率大即表示参数 x_j 较灵敏。对一个灵敏的参数应加上一个较大的阻尼，使在该方向上取较小的步长。

I_j 最简单的取法是 $I_j = 1$，即把所有的变数 x_j 对 $\psi(x)$ 的影响看作是相近的。阻尼因子 P 和 I_j 的取法是多种多样的，主要目的是使评价函数既能收敛而速度不太慢，以利求出极小值。

2. 自动权的确定

第 i 种像差对于第 j 个结构参数的变化率可用偏导数 $\partial f_i / \partial x_j$ 表示，因此第 i 种像差对于 N 个结构参数同时改变时的总变化率可写成 $\sum_{j=1}^{N}\left(\dfrac{\partial f_i}{\partial x_j}\right)^2$，或记做 $|\mathrm{grad}(f_i)|^2$。对某一像差 f_i，如果总变化率 $|\mathrm{grad}(f_i)|^2$ 的值越大，则表示像差变化越快；反之，则像差变化慢。现取自动权

$$\sigma_i = 1/|\mathrm{grad}(f_i)|^2 \tag{22.29}$$

以平衡各像差的差异。因为构成评价函数的各种像差所用的单位不同，如有的像差用绝对值表示，有的像差（如畸变）用相对值表示；在数量上也有很大的差别，如几何像差和波像差。如果不考虑权，数量级小的或者变化慢的像差在评价函数中占的比例就很小，往往容易被忽略而得不到校正。所以要给它们以相对的足够大的权；反之，给以相对的小的权，这样就可以使它们在评价函数中处于同等地位，在像差自动平衡过程中受到同等程度的重视，使各种像差能同时校正好。由式(22.2)可得

$$\mu_i = \tau_i/|\mathrm{grad}f_i|^2 \qquad i = 1,2,\cdots,M \tag{22.30}$$

为了避免由于各权因子 μ_i 的变化引起评价函数很大的变化，从而不能精确地表示光学系统的成像质量，则可要求诸权之和为 1，即

$$\sum_{i=1}^{M} \overline{\mu}_i = 1$$

$\overline{\mu}_i$ 称为规化权。

若把式(22.30)中的实际 μ_i 乘上 C 后使之等于 $\overline{\mu}_i$，即

$$C\sum_{i=1}^{M} \mu_i = \sum_{i=1}^{M} \overline{\mu}_i = 1 \tag{22.31}$$

就可求得权因子规化常数

$$C = 1 \Big/ \sum_{i=1}^{m} \mu_i \tag{22.32}$$

将式(22.30)代入式(22.31)得规化权因子：

$$\overline{\mu}_i = C\tau_i/|\mathrm{grad}f_i|^2 \tag{22.33}$$

3. 边界条件处理

(1) 边界条件（约束条件）

在像差自动平衡过程中，边界条件的处理对程序的收敛效果影响较大。例如某些负透镜的轴向最小厚度和某些正透镜的边缘最小厚度，其值越小，对像差校正就越有利，但是太薄了不能加工，对后工作距离等也有一定的要求。这些限制就构成了光学系统的边界条件，又称为约束条件。以 β_k 和 α_k 分别表示规定的上限和下限，则边界条件 $b_k(x)$ 必须满足以下关系：

$$\alpha_k \leqslant b_k(x) = b_k(x_1, x_2, \cdots, x_N) \leqslant \beta_k \qquad k = 1,2,\cdots,l \tag{22.34}$$

边界条件一般分为两类：一类为自变量边界条件，其本身就是光学系统结构参数，主要是指透镜中心厚度、光学材料折射率；另一类为像差量边界条件，是结构参数自变量的函数，如正透镜的边缘厚度、光学系统后截距等。

(2) 第一类边界条件的处理

可采用"冻结"和"释放"自变量的方法。用阻尼最小二乘法求出的新解，如满足边界条件，则仍作为自变量参加下一次迭代。若违反边界条件，则将此解废除，仍返回到原来的迭代点 x^0，将违反边界条件的自变量剔除掉。即把矩阵 A 中有关该自变量的相应的列取消，使违反边界条件的自变量暂不参与迭代，即为对该自变量"冻结"。在没有这个自变量的情况下进行数次迭代以后，仍把该量作为自变量参与运算，这就叫作"释放"，一般把违反边界条件的自变量"冻结"4～6 次后即可"释放"。这种做法比较合理，但程序处理比较复杂。另外也可在每次迭代中，凡是违反边界条件的自变量就用

它规定的下限值来处理。

(3) 第二类像差量的边界条件

像差量边界条件是多个自变量的函数，如正透镜边缘厚度、后工作距等，这类量违反边界条件时，也将此解废掉，然后把该量当作像差处理，给以一个较大的权，再用阻尼最小二乘法求新解，对这种违反边界条件的像差量控制数次（一般可取 3～4 次），重新检验是否反边界条件，如仍违反则仍作像差处理，连续控制到不违反时将此量释放。

4．其他边界条件设置

北京理工大学光电工程系的共轴光学系统设计软件 SOD88 中的阻尼最小二乘法程序中，主要有下列边界条件：

(1) 光焦度　它是光学系统最基本的要求之一。为了方便使用，控制的是焦距而不是光焦度。由于光焦度必须与要求的一样，所以它的处理和像差完全相同，把实际光焦度与要求的光焦度之差作为像差看待，每次迭代都加入。

(2) 垂轴放大率　垂轴放大率表示系统对有限距离的物体成像时的特性。对于有限距离的物体成像，光焦度和垂轴放大率一般只需要提出一个要求就可以。

(3) 共轭距　共轭距是指由物平面到像平面的距离。物距一定时，放大率和共轭距是相关的，控制了共轭距就不能再控制放大率。

(4) 后工作距离　后工作距离指像距，指的是光学系统最后一面到像面的距离。当物体在无穷远时，就是像方焦截距。当物体位于有限远距离且焦距一定时，像距也就得到控制。一般控制它的最小值，当大于允许的最小值时即不做控制。

(5) 镜筒长度　镜筒长度是指第一折射面到像面的距离。一般控制镜筒长度的目的是不允许超过一定的长度，以限制系统的体积。

(6) 筒长　筒长是指系统第一折射面到最后一折射面的轴向长度。通常控制它的最大限制值，使系统的结构紧凑。

(7) 玻璃总厚度　玻璃总厚度是指光学系统中各透镜轴向厚度之和。一般只给最大限制值，以限制系统的质量，减少光吸收和降低成本。当小于最大限制值时不加控制。

(8) 出瞳距离　出瞳距离对于某些光学系统是非常重要的特性参数。在一些组合系统中要求前一组系统的出瞳和后一组系统的入瞳重合，因此在设计这样的透镜组时，对系统的入瞳距离和出瞳距离有一定的要求。一般入瞳距离保持不变，作为已知量输入，把出瞳距离作为边界条件处理。

(9) 主视场、主光线在出瞳上的高度　有时需要控制主光线在出瞳上的投射高度。

(10) 玻璃违背量　玻璃常数的边界条件是用玻璃三角形来限制的。若新确定的光学常数越出三角形的任何一边之外，则程序就以此点至这条边的垂直距离作为违背量加入评价函数，在下次迭代中加以控制减小，使它向三角形的这条边靠近。

(11) 离焦量最大允许值　因为以垂轴像差平方和的形式构成的评价函数，在一定意义上代表了像点能量的弥散情况。因此要求的评价函数极小值解，应该对最佳像平面而言，而不能按理想像平面衡量。在自动迭代中，如果对离焦量不加限制，则在校正开始时由于系统像质不好，就可能解出一个很大的离焦量，反而妨害像差的进一步校正，因此必须对离焦量进行限制。

除了上面这些边界条件，还有其他的边界条件。这些边界条件的处理是由计算机按规定程序自动控制的。还有作者首先采用阻尼最小二乘法优化出初始结构，再用适应法做进一步的像差平衡，这能避免两种优化方法的不足，这种将两种优化思想人为地在程序外部相结合的方法，即复合优化方法。

22.4　光学设计软件及流程

22.4.1　ZEMAX

ZEMAX 是由美国焦点软件公司(Focus Software Incorporation)开发出来的一套光学设计软件，它有三个不同的版本, 即 ZEMAX-SE (标准版)、ZEMAX-XE (扩展版) 和 ZEMAX-EE (工程版)。

1. ZEMAX 软件功能

ZEMAX 软件可以模拟并建立如反射、折射、衍射、分光、镀膜等光学系统模型, 可以分析光学系统的成像质量, 如各种几何像差、点列图、光学传递函数(MTF)、干涉和镀膜分析等。此外, ZEMAX 软件还可以提供优化的功能来改善其设计, 而公差容限分析功能可分析其设计在装配时所造成的光学特性误差。

ZEMAX 软件的界面简单易用, 其中的很多功能能够通过选择对话框和下拉菜单来实现, 也提供了快捷键以便快速使用菜单命令。

使用 ZEMAX 程序进行光学设计的基本操作步骤如下:

(1) 新建镜头 (或系统) 这一步骤的关键是正确输入拟设计镜头 (或系统) 的光学性能参数和初始结构参数。

(2) 调用镜头 (或系统) 即从储存于 ZEMAX 软件包内的透镜数据库中调用合适的镜头数据, 作为需用设计镜头的初始结构。从透镜数据库中调用镜头数据操作较为简捷。

(3) 光路计算与优化计算 只要把设计参数正确输入到 ZEMAX 程序, 就可以计算出结果, 并显示在相应的编辑表中。优化计算同样如此。

(4) 像质评价 像质评价可以从 ZEMAX 报告图中直观显示, 如要准确数值, 可调出相应的文本编辑表进行详细分析。

ZEMAX 中关于像差优化有 "优化(Optimization)"、"全局优化(Global Search)" (在自动设计中加入新的机制, 能自动跳出局部极小, 寻求最佳结构) 和 "锤形优化(Hammer Optimization)"。"锤形优化"是 ZEMAX 全局优化中的一种算法, 它尽力寻找当前设计结构的更好形式。锤形优化一般用在设计的最后阶段, 用来确保事实上选择了最好的结构。

启动全局优化是对于给定的评价函数和变量, 利用本功能有可能得到好的设计。当评价函数处于局部最小值时, 利用锤形优化可以自动重复一个优化过程, 来脱离局部极值点。

ZEMAX 优化功能可以改善具有合理起始点和参变量的镜头设计。即给出一个合理的光学系统的初始结构, 才有优化的空间和可能。

2. 在 ZEMAX 中优化需要三个步骤

首先从专利库中或通过像差理论计算求得的可以进行光线追迹的合理光学系统, 变量的设定主要是曲率、厚度、玻璃、圆锥系数、参数数据、特殊数据和一些多种结构的数值数据。一个合理的评价函数的设定直接关系着系统优化的可能、速度和结果。

(1) 评价函数选择

在 ZEMAX 中, 可以选择默认的评价函数。它的优化类型有均方根 RMS(Root Mean Square)、峰谷值 PTV(Peak to Valley)、波前像差(Wavefront)、像点半径(Spot Radius)、像点 X 方向大小(Spot X)、像点 Y 方向大小(Spot Y)和 Spot X and Y。RMS 是均方根的简称, 是所有单个误差平方的平均值的平方根。PTV 是波峰到波谷的简称。Wavefront 是波前像差在波形中测量的像差。这些评价函数类型根据系统的要求和像差的容限进行选择。默认的优化参考点(Optimization Reference Points): 可以选择 Centroid, Chief 和 Mean。Centroid 是以视场点得到的数据的质心为参考的。Chief 是以主波长的主光线为参考的。如果光学系统接近衍射极限 (假定 PTV 波前误差小于 2 个波长), 就使用波前像差, 否则使用像点半径。通常用质心为参考的评价函数优先于以主光线为参考的评价函数。然而, 最好的方法总是用不同的评价函数来重新优化最后的方案, 来检验哪个评价函数为要设计的系统提供一个最好的结果。

在 ZEMAX 中, 评价函数定义如下:

$$MF^2 = \frac{\sum w_i(V_i - T_i)^2 + \sum w_j(V_j - T_j)^2}{\sum w_i} \tag{22.35}$$

式中, w_i, w_j 是权重; V_i, V_j 是目标值; T_i, T_j 是实际操作数值。所有 i 的总和包括正权重的操作数(Positive

Weighted Operand)，而所有 j 的总和包括拉格朗日乘数操作数(Lagrangian Multiplier Operand)。选择这样的约定以便于当符合条件时，增加用来控制边界条件的拉格朗日乘数不会对评价函数产生影响。

(2) 目标值的确定

目标值是指定参数达到的值。将操作数的目标值和实际值的差值平方，所有操作数的差值平方和产生评价函数值。目标值和操作数值的差值越大，其对评价函数的贡献就越大。

(3) 权重的确定

除了在特殊情况下权重选 -1 外，权重可以是大于 0 的任何数。当一个操作数的权重为 0，优化法则计算时将忽略这个操作数。如果权重大于 0，这个操作数将被作为一个"像差"，随着评价函数被最小化。如果权重小于 0，ZEMAX 将把这个权重严格地设为-1，这表明这个操作数将被作为一个拉格朗日乘数。拉格朗日乘数将强迫优化法则去寻找一个符合指定约束的解决方案，而不管其对其他操作数的影响。除非有强制要求需要用拉格朗日乘数，否则一般将不用它。虽然有例外情况，但拉格朗日乘数会降低优化速率，如果光学系统与评价函数最小值差得很远，它会执行得很差。

ZEMAX 中不像 SOD88 使用单个像差构成评价函数，它采用操作数。优化操作数包括基本光学特性、像差、MTF 数据、包围圆能量(Encircled Energy)、镜头数据的约束(Constraints on Lens Data)、参数数据的约束(Constraints on Parameter Data)、额外数据约束(Constraints on Extra Data)、玻璃数据约束(Constraints on Glass Data)、近轴光线数据约束(Constraints on Paraxial Ray Data)、实际光线数据约束(Constraints on Real Ray Data)、元素位置约束(Constraints on Element Position)、系统数据改变(Changing System Data)和通常的数学操作(General Math Operand)。还有一些特殊用途的操作数，如对于变焦系统的多重结构数据、高斯光束的高斯光束数据，对于材料的梯度折射率控制的操作数，对于鬼像的控制操作数，带 Zemax 程序语言宏指令的优化操作数（Optimization with Zemax Programming Language Macros），还可以用户自定义操作数，还有对于评价函数控制的操作数，对于非连续元件系统对象数据的约束操作数(Constraints on Non-sequential Object Data)，对于光学制作全息图的光学结构约束操作数(Constraints on Construction Optics for Optically Fabricated Holograms)。而且随着特殊光学系统的发展和软件水平的进步，会出现更多更全面的优化操作数。

对光学系统进行初始结构确定后，观察初始结构的各种像差曲线及其光学特性，再根据设计要求和现有系统的光学特性和像差大小确定评价函数。通常像差要求的大多数系统可采用默认的评价函数。默认的评价函数不会适合每一个系统，可以在其基础上进行修改。首先确定优化变量，多为透镜每一面的曲率、厚度和折射率等。注意，厚度有时候变化太大、太快，会改变初始结构的形状和特性，要注意加工的合理性，比如非胶合面的间隔、透镜中心厚度和透镜边缘厚度，也可以通过在评价函数中设定边界面进行限制。折射率的变化也不能任意，因为不存在任意折射率和阿贝系数的材料，所以设定折射率作为变量时要给定边界条件或材料的变化区域。要注意系统优化的趋势，观察像差变化的情况，以便于人工干预并调整优化变量和优化参数。调整优化参数和优化函数(Merit Function)后，如果还不能得到满意的优化结果，就需要更换系统结构。

22.4.2 CODE V

CODE V 是美国 Optical Research Associates(ORA)公司研制的大型光学工程软件。

1. CODE V 软件中有多种不同类型的窗口

每种窗口完成不同的工作。其窗口类型除了主窗口，主要有 8 种窗口：透镜数据窗口、命令窗口、评论表、列表、分析窗口、优化、画图窗口和错误窗口。

(1) 主窗口　这个窗口上方有标题框、菜单框、工具框和标题框显示当前激活的窗口。

(2) 透镜数据窗口(Lens Data Manager)　包括透镜系统的表面类型、半径、厚度、玻璃材料和通光口径等。一旦输入透镜的数据后，就会出现变焦系统(Zoom System)窗口、系统数据和表面类型的窗口。变焦窗口是为变焦系统而设的，系统数据主要包括系统孔径、波长、视场和渐晕等，还有一些特殊的系统数据，包括无焦、离焦、主光线追迹方式和孔径切趾等数据。

(3) 命令窗口　所有的操作都可以在命令窗口里进行。

(4) 评论表和列表　主要列出系统中的数据。

(5) 分析窗口　会显示系统的像差曲线，包括点列图、调制传递函数(MTF)、场曲、畸变和横向像差曲线等各种评价成像质量的曲线。

(6) 优化　有自动优化和全局优化，需要设定优化的边界条件、优化变量和优化目标才能进行。

(7) 出错窗口　会根据你每一步的操作做出判断，如果你的操作出现错误，则会直接报错，给出操作失误的原因，便于进行修正。有些操作还会给出警告的提示，给出警告原因。

2. 光学设计流程

光学设计流程如图22.1所示。

光学设计流程的第一步是确定设计的条件规范,包括系统的焦距、相对孔径、线视场和视场角的要求、工作距、共轭距、波长、

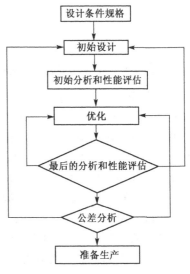

图 22.1　光学设计流程

材料和像差要求,甚至包括一些特殊要求,如视向角的要求、整个系统的孔径、体积、质量及成本要求。

第二步是根据系统要求进行初始设计,这时应该把系统要求转换为光学系统的系统参数和性能要求,既可以根据系统要求在已有的专利数据库中搜索符合要求的初始结构,也可以用像差理论计算系统的初始结构。

第三步是对第二步的初始系统结构进行初始分析和性能评估,主要分为系统性能参数分析和像差评价。前者主要包括焦距、工作距、放大率、共轭距和视向角等参数的分析。后者主要包括球差、彗差、场曲、畸变和色差等单个像差的分析和整体系统的综合像差的分析,包括横向像差曲线、调制传递函数、点扩散函数、点列图和波像差曲线的分析,还应该包括比如偏振分析、热分析、耦合效率分析、透过率和相对照度等的分析。通过系统的初步分析和性能评估,明确哪些参数对像差的影响较大,哪些参数必须进行校正和修改。

第四步是进行优化,根据第三步的结果,确定优化变量和评价函数,对初始系统进行优化。

第五步是对第四步优化出的结果做进一步分析和性能评估,根据像差结果对优化进行调整,进行人工干预,寻找初始结构的最优解。同时,如果优化后的结果仍不能满足要求,就必须对初始结果进行替换,寻找新的初始结构,这是一个不断进行循环的过程,目的是找到一个满足目标的最优解,这是 CODE V 和 ZEMAX 软件中关于全局优化和局部优化的问题。

第六步公差分析。寻找到系统的最优解后,还必须进行公差分析。首先要把系统中的半径进行对样板,以便于进行生产。

CODE V 中的公差分析分为两种。一种是灵敏度分析(Sensitivity Analysis),是根据系统要求的灵敏度进行公差分配,对每一个面的半径、偏心距、角度倾斜和材料误差进行误差分配,然后根据这些误差计算对每一项参数对系统实际生产后的质量优劣的贡献（所谓灵敏度）大小,从而明确哪些参量的哪项参数对系统性能影响最大。

另外一种就是逆灵敏度分析(Inverse Sensitivity Analysis),就是首先对每一个面的半径、偏心距、角度倾斜和材料等给定误差范围,然后根据这些误差计算系统的影响（灵敏度）,确定系统灵敏度的大小和对这些灵敏度贡献最大的变量的公差范围。

根据系统的公差分析结果,需要对系统参数进行进一步优化。如果系统结构优化后还得不到好的公差分析结果,也就是不能确保良好的生产效果（公差分析结果是通过蒙特卡洛方法进行随机模拟检验、模拟生产和装配过程）,则必须对系统结构进行重新设计和优化,也就是从第二步重新开始。所以,光学设计过程是一个不断重复、不断优化的过程,它的目标是设计出来的结果必须满足系统的条件规范、像差要求和能够进行生产的要求。这六个步骤完成以后,系统的结构输出,准备进行生产,这才完成光学设计的过程。

22.5　像差自动平衡计算实例

22.5.1　中倍平场显微物镜设计

根据第 20 章中的内容，设计一个中倍平场显微物镜。设该显微物镜有以下技术要求：放大率 $\beta = -25^{\times}$，数值孔径 $NA = 0.4$，共轭距离 $L = 195$ mm，物方线视场 $y = 1$ mm，工作距离大于 1 mm。以物高 $y = -12.5$ mm，物距 $L_1 = -165.358$ mm，物方孔径角 $u_1 = -0.016$，进行光路计算得 $u'_A = 0.4005$。

初始中倍平场显微物镜的数据如表22.1所示，输入光学设计软件 CODE V 后，系统结构如图22.2所示。

单个像差曲线，如常用的球差（包括位置色差）曲线、像散-场曲曲线、畸变曲线等，如图22.3 所示。

由图22.3可知，球差 $\delta L'$ 在边缘光处稍微欠校正，色差 $\delta L'_{FC}$ 和像散 x_{ts} 均在带光附近得到校正，畸变也符合要求。

系统的调制传递函数(MTF)曲线如图 22.4 所示，分别表示了轴上点、0.7 视场和 1 视场的子午和弧矢面的调制传递函数。子午面用 T(Tangential)表示，弧矢面用 S(Sagittal)表示，横轴表示的是空间频率，也就是每毫米多少线对。从图22.4 中可以看出，1 视场和 0.7 视场的子午面的像差较大。

表 22.1　中倍显微物镜初始

r/mm	d/mm	玻璃
−6.823		
−11.015	0.95	ZF7
25.29	2.7	
−17.022	1.96	ZK3
∞ （孔径光阑）	7.5	
11.722	7.4	
−6.546	2.38	ZK9
−22.91	1.19	ZF7
3.597	0.32	
2.63	4.08	ZBaF3
∞	1	
∞	0.17	K9

图 22.2　中倍平场显微物镜的结构图

该系统的误差函数值(Error Function)参见表22.2。如图22.4和表22.2所示，0.7 视场和 1 视场的子午方向的误差值较大。可以通过像差自动平衡进行像差的优化。

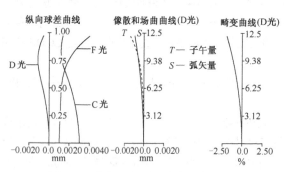

图 22.3　中倍平场显微物镜的球差、像散、场曲和畸变图像

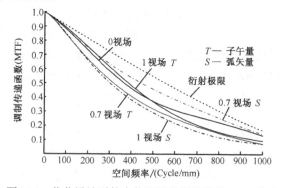

图 22.4　优化设计后的中倍平场显微物镜的 MTF 曲线

因为中倍平场显微物镜的参数已定，而且单个像差也较好，MTF 曲线只需要进行优化，显微物镜的结构完全能满足要求。所以我们只选取了透镜的曲率作为自变量，透镜的厚度和材料不作为变量，在优化设计中，保证了透镜的放大倍率不变，也就是保证了透镜的焦距不变，所有的光学参数不变，通过优化横向像差大小(Transverse Ray Aberration)进行了优化设计，通过改变各个视场的权重值进行了优化设计，通过降低 0 视场子午和弧矢方向、0.7 视场和 1 视场的弧矢方向的像差的权重值增大对它们的像差允许值，增大 0.7 视场和 1 视场的子午方向的像差的权重值减小对它们的像差允许值。通过不断优化迭代，观察 MTF 曲线的变化趋势，及时地修改权重值，使得整个系统的像差朝着好的方向发展。优化后的对优化函数的设置参见表 22.3。

表 22.2　中倍平场显微物镜的误差函数值（单位：mm）

ERR. F. (Error function) = 2.95 595 488			
方向	0 视场	0.7 视场	1 视场
X（弧矢面）	0.055 341 26	0.074 225 61	0.093 341 70
Y（子午面）	0.055 341 26	1.999 738 63	4.021 993 03

表 22.4　双高斯物镜的初始结构参数

r/mm	d/mm	玻璃（玻璃种类）	n_D	n_F	N_C
57.45	8.75	BSM24（ohara）	1.617 644	1.625 478	1.614 254
188.46	0.3				
34.88	12.42	SK1(Schott)	1.610 248	1.617 756	1.606 991
∞	3.78	F15(Schott)	1.605 648	1.616 951	1.600 935
21.47	15.11				
∞	12.92	F15(Schott)	1.605 648	1.616 951	1.600 935
−27.03	3.78	SK16(Schott)	1.620 408	1.627 559	1.617 271
∞	10.83				
−34.98	0.3	SK16(Schott)	1.620 408	1.627 559	1.617 271
586.74	6.86				
− 63.115					

表 22.3　对中倍平场显微物镜的
优化函数的权重设置

方　向	视场 (Field)	权重 (Value)
子午和弧矢方向 (X-and Y- Aberration weights)	0 视场	0.8
弧矢方向(X- Aberration weights)	0.7 视场	0.8
弧矢方向(X- Aberration weights)	1.0 视场	1.5
子午方向(Y- Aberration weights)	0.7 视场	1.3
子午方向(Y- Aberration weights)	1.0 视场	2.0

优化以后，1 视场和 0.7 视场的子午方向的 MTF 值提高了，如图22.4所示，这时的调制传递函数就能满足要求了。

22.5.2　双高斯型物镜设计

双高斯物镜设计要求：焦距 $f' = 100$ mm，相对孔径 $D/f' = 1/2$，视场角 $2w = 28°$，利用光学设计软件 CODE V 寻找到一个合适的初始结构，来自于美国专利 2532751 的初始结构。焦距、相对孔径和视场角都满足要求。系统的初始结构参数如表22.4 所示。双高斯物镜结构如图22.5所示。

双高斯物镜的球差、场曲和畸变曲线如图 22.6 所示。球差有点过校正，在带光处球差最大。色差在带光处得到了校正，而且因为玻璃材料选择色散值小的材料，所以在全孔径处透镜的色差值都很小，透镜的二级光谱也很小。像散在带光处最大，全孔径像散基本校正了，畸变较小，小于 0.1%。

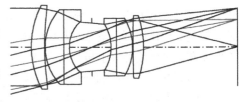

图 22.5　双高斯物镜的结构图

为方便起见，常把子午像差曲线和弧矢像差曲线绘制在同一坐标中。由图 22.7 中弧矢像差子午分量 $\delta y'$-$\tan U'$ 曲线和弧矢分量 $\delta z'$-$\tan U'$ 曲线可以看出，$\delta y'$ 对像质的影响与 $\Delta H'$ 相近，但是 $\delta z'$ 对像质有明显的影响。从曲线中可以看出，横向子午像差较大，特别是 0.7 视场和 1 视场的正半轴全孔径处像差较大，需要光阑对这一部分光束进行拦光处理，也就是需要进行渐晕处理。在图 22.8 中，各孔径没有进行渐晕设置。

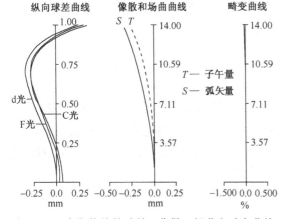

图 22.6　双高斯物镜的球差、像散、场曲和畸变曲线

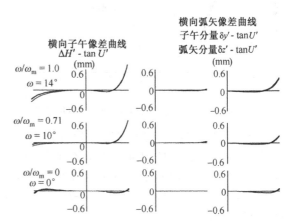

图 22.7　横向子午像差曲线和横向弧矢像差曲线

双高斯物镜的调制传递函数如图 22.8 所示，分别表示了 0 视场(0°)、0.7 视场(14°)和 1 视场(14°)的子午和弧矢方向的调制传递函数情况。从图 22.8 中可以看出，调制传递函数很不理想，需要进行优化。

从上面的分析中可知，这个双高斯物镜作为系统的初始结构非常合适，但是横向像差曲线和调制传递函数曲线不理想，需要进行像差自动平衡设计。因为色差非常理想，玻璃材料的选择非常好，所以对于玻璃材料不再进行改动，而只是把透镜的曲率半径和间隔作为自变量进行优化，保证系统要求的光学性质要求和像差要求。优化改进后的双高斯物镜的初始结构参数如表 22.5 所示。

表 22.5 优化改进后的双高斯物镜的初始结构参数

r/mm	d/mm	n_D	n_F	n_C	玻璃（玻璃种类）
43.35	9.85	1.617 644	1.625 478	1.614 254	BSM24(ohara)
108.14	0.1				
31.77	11.35	1.610 248	1.617 756	1.606 991	SK1(Schott)
193.64	2	1.605 648	1.616 951	1.600 935	F15(Schott)
19.187	19				
∞	9	1.605 648	1.616 951	1.600 935	F15(Schott)
−22.8	2	1.620 408	1.627 559	1.617 271	SK16(Schott)
−287.1	9				
−26.73	13.35	1.620 408	1.627 559	1.617 271	SK16(Schott)
117.49	6.71				
−130.02					

表 22.6 对双高斯物镜的优化函数的权重设置

方向	视场(Field)	权重(Value)
子午和弧矢方向(X-and Y-Aberration weights)	0 视场	1.2
弧矢方向(X-Aberration weights)	0.7 视场	0.5
弧矢方向(X-Aberration weights)	1 视场	1.4
子午方向(Y-Aberration weights)	0.7 视场	1.8
子午方向(Y-Aberration weights)	1 视场	1.6

设置透镜的曲率半径和厚度作为变量，在 CODE V 的 Automatic Design（自动优化设计）中设置优化函数。透镜焦距设为规定的光学参数，对各个面的最小厚度和玻璃的中心厚度进行限制，根据图 22.8 中不同视场的子午和弧矢的像差值进行优化。通过不断调整不同视场、不同方向的像差权重，进行像差的优化控制，最后对双高斯物镜的优化函数的权重设置如表 22.6 所示，并且通过观察横向子午像差和弧矢像差的大小和变化趋势，及时调整变量设置和改进优化函数设置。

经过优化后，系统的调制传递函数得到了好转，使得 0 视场(0°)、0.7 视场(14°)和 1 视场(14°)的子午和弧矢方向的调制传递函数得到了均衡。如图 22.9 所示，图中表示了多色光的 MTF 曲线。

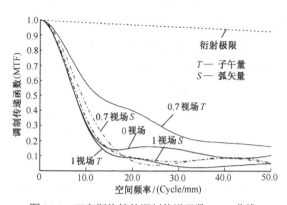

图 22.8 双高斯物镜的调制传递函数 MTF 曲线

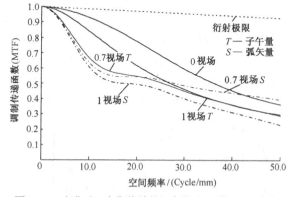

图 22.9 改进后双高斯物镜的调制传递函数 MTF 曲线

对于双高斯物镜，每面通光口径可以根据渐晕系数确定。对于人像标准照相镜头来说，从国内外资料来看，大致在 0.35～0.45 之间，在本系统中取 0.5。而对于超广角镜头尽可能取 1，否则，视场边缘照度太低，影响使用效果。根据渐晕系数，可以确定各个通光面的口径。

为了进行像质评价，还计算了零视场、0.7 视场和全视场的对比传递函数 MTF 的值，分别如表 22.7 和表 22.8 所示。

表22.7 全孔径零视场 MTF
（离焦量 $\Delta l' = -0.08$ mm）

空间频率/(lp/mm)	对比传递函数 MTF
0	0.999
10	0.928
15	0.857
20	0.773
25	0.683
30	0.595
35	0.518
40	0.453
45	0.402
50	0.264

表22.8 轴外点 MTF（离焦量 $\Delta l' = -0.08$ mm）

空间频率 (lp/mm)	MTF			
	0.7ω		1ω	
	弧 矢	子 午	弧 矢	子 午
5	0.724	0.810	0.705	0.946
10	0.634	0.666	0.605	0.839
15	0.583	0.609	0.543	0.718
20	0.544	0.547	0.494	0.617
25	0.513	0.498	0.449	0.528
30	0.486	0.450	0.401	0.461
35	0.462	0.406	0.357	0.403
40	0.438	0.363	0.312	0.360
45	0.416	0.323	0.270	0.326
50	0.395	0.289	0.230	0.297

22.5.3 变焦距物镜设计

设计技术要求： $f' = 9 \sim 36$ mm ，投影物镜像高为 $y' = 3.6$ mm ， $D/f' = 1/2$ ，选择了一个初始结构如表22.9所示的4倍变焦透镜。它由前固定组、变倍组、补偿组和后固定组组成。

根据表22.9所示的数据，得到变焦透镜的三个焦距分别为 9.39 mm，20.32 mm 和 35.59 mm。图22.10 分别表示了这三个不同焦距时的变焦结构，分别为短焦距、中焦距和长焦距时的结构。

表22.9 变焦距投影物镜的初始结构参数

	r/mm	d/mm	n_D	n_F	n_C	玻璃 (SCHOTT catalog)
前固定组	112.2					
	46.976	3.0	1.784 457	1.806 454	1.775 988	SF11_
	50.119	1.2				
	−110.6	8.7	1.620 318	1.627 556	1.617 272	SK16_
	33.982	0.05				
	47.657	3.5	1.620 318	1.627 556	1.617 272	SK16_
变倍组	−139.24	2.5～21.65～31.5				
	24.582	1.0	1.690 890	1.699 789	1.687 159	LAK9_
	930.57	3.5				
	14.855	0.8	1.518 140	1.523 721	1.515 755	PK2_
	24.406	3.5	1.784 457	1.806 454	1.775 988	SF11_
补偿组	−22.876	30.971～8.223～1.91				
	−51.582	1.3	1.658 326	1.667 494	1.654 554	SSKN5_
		1.724～5.322～1.785				
	28.799	2.5	1.690 890	1.699 789	1.687 159	LAK9_
	35.995	0.7				
	∞	5.0	1.574 889	1.584 763	1.570 904	LF7_
	∞	2.0				
	∞	2.0				
后固定组	−8.2937	5.3	1.739 775	1.758 663	1.732 418	SF3_
	−11.971	5.1				
	87.852	2.8	1.690 890	1.699 789	1.687 159	LAK9_
	−24.057	0.05				
	20.983	4.0	1.693 386	1.702 583	1.689 579	LAKN13_
	−14.125	1.0	1.804 909	1.827 752	1.796 092	SF6_
	45					

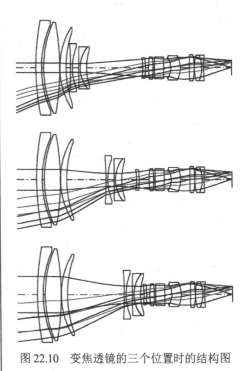

图 22.10 变焦透镜的三个位置时的结构图

因为变焦透镜的相对孔径为1/2，所以不同的焦距时，系统的孔径不同，视场角也不同，取理想像面的像高(Paraxial Image Height)作为不变的视场变量。图22.11、图22.12 和图22.13 分别表示了这三个不同焦距时系统的调制传递函数 MTF。

取了变焦透镜的两端和中间的一个位置作为变焦透镜的三个位置，其中图22.12中，即第二个位置的调制传递函数明显不好，所以需要对这样的系统进行像差自动平衡设计。

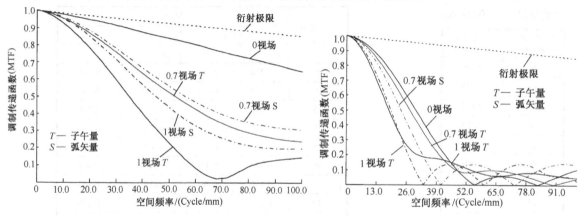

图 22.11　变焦透镜 $f' = 9.39$ mm 时的调制传递函数　　图 22.12　变焦透镜 $f' = 20.32$ mm 时的调制传递函数

在像差自动平衡设计中，可以根据系统的要求设定优化函数和变量的边界条件。在像差自动平衡时，始终把这三个位置的有效焦距 EFL (Effective Focal Length)作为固定约束，同时因为视场角大时，畸变也变大，所以畸变也应该控制。中焦距时的调制传递函数不理想，优化的重点把它调好，使得不同位置（包括短焦距、中焦距和长焦距）、不同视场的调制传递函数整体较好。

对变焦系统进行优化，要首先把共轭距作为约束变量，使得在变焦过程中系统的成像面不随着变倍组的移动而移动。针对某个固定位置进行

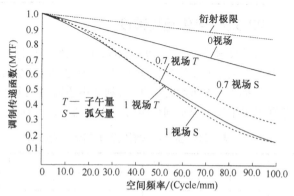

图 22.13　变焦透镜 $f' = 35.59$ mm 时的调制传递函数

优化比较容易得到较好的结果，但是变焦透镜要求在一段变焦范围内可用，所以不特别强调某个位置的像差最好，而用强调在整个变焦范围内获得比较理想而又均匀的像质。

表 22.10、表 22.11、表 22.12、表 22.13、表 22.14 和表 22.15 分别列出了 $f' = 9.39$ mm，$f' = 20.32$ mm 和 $f' = 35.59$ mm 的调制传递函数。

这个变焦透镜由前固定组、变倍组、补偿组和后固定组组成，在变倍的过程中，前固定组、变倍组和补偿组位移量之间的关系（分别对应变焦镜头中的第 6 面后的厚度 d_6、第 11 面后的厚度 d_{11}、第 13 面后的厚度 d_{13}）也需要计算，从而加工凸轮轨道。在变倍过程中，需要保证变焦距物镜的像面不动。在变焦过程中，利用插值法取得了变焦过程中 40 个点的数据，数据如表 22.16 所示。

表 22.10　短焦距零视场
（离焦量 $L'-l' = -0.001$ mm）

空间频率/ (lp/mm)	MTF（D 光）
10	0.985
20	0.970
30	0.954
40	0.939
50	0.923
60	0.909
70	0.894
80	0.879

表 22.11　短焦距轴外点
（离焦量 $L'-l' = -0.001$ mm）

空间 频率 (lp/mm)	MTF（D 光）			
	0.7 ω		1 ω	
	弧矢	子午	弧矢	子午
10	0.985	0.982	0.985	0.977
20	0.970	0.965	0.971	0.953
30	0.955	0.947	0.956	0.931
40	0.940	0.929	0.941	0.909
50	0.925	0.911	0.926	0.887
60	0.909	0.894	0.911	0.864
70	0.894	0.877	0.897	0.842
80	0.879	0.860	0.882	0.820

表 22.12　中焦距零视场
（离焦量 $L'-l' = -0.002$ mm）

空间频率/ (lp/mm)	MTF（D 光）
10	0.985
20	0.970
30	0.955
40	0.940
50	0.925
60	0.910
70	0.895
80	0.880

表 22.13 中焦距轴外点
（离焦量 $L'-l' = -0.002$ mm）

空间频率/(lp/mm)	MTF（D 光）			
	0.7 ω		1 ω	
	弧矢	子午	弧矢	子午
10	0.985	0.981	0.984	0.978
20	0.969	0.962	0.968	0.956
30	0.953	0.943	0.951	0.934
40	0.938	0.925	0.935	0.911
50	0.922	0.907	0.918	0.889
60	0.906	0.889	0.902	0.866
70	0.890	0.870	0.886	0.843
80	0.875	0.852	0.869	0.821

表 22.14 长焦距零视场
（离焦量 $L'-l' = -0.001$ mm）

空间频率/(lp/mm)	MTF（D 光）
10	0.985
20	0.970
30	0.955
40	0.940
50	0.925
60	0.910
70	0.895
80	0.880

表 22.15 长焦距轴外点
（离焦量 $L'-l' = -0.001$ mm）

空间频率/(lp/mm)	MTF（D 光）			
	0.7 ω		1 ω	
	弧矢	子午	弧矢	子午
10	0.985	0.981	0.985	0.974
20	0.969	0.963	0.971	0.947
30	0.954	0.944	0.956	0.922
40	0.938	0.925	0.941	0.897
50	0.922	0.907	0.926	0.872
60	0.907	0.888	0.911	0.847
70	0.891	0.869	0.896	0.821
80	0.875	0.851	0.880	0.796

表 22.16 变焦距透镜的位移曲线数据

固定组位移 d_6/mm	变倍组位移 d_{11}/mm	补偿组位移 d_{13}/mm	固定组位移 d_6/mm	变倍组位移 d_{11}/mm	补偿组位移 d_{13}/mm
2.500 000	41.831 264	1.724 000	31.196 329	13.620 893	1.827 913
4.340 677	40.033 833	1.732 827	32.182 571	12.638 008	1.829 095
6.138 594	38.277 164	1.741 272	33.126 118	11.695 827	1.829 895
7.893 829	36.561 184	1.749 335	34.026 920	10.794 394	1.830 312
9.606 306	34.885 967	1.757 015	34.885 021	9.933 666	1.830 347
11.276 100	33.251 438	1.764 314	35.700 386	9.113 683	1.830 000
12.903 138	31.657 673	1.771 229	36.473 045	8.334 409	1.829 270
14.487 491	30.104 599	1.777 763	37.202 988	7.595 860	1.828 159
16.029 089	28.592 283	1.783 914	37.890 190	6.898 054	1.826 665
17.528 002	27.120 661	1.789 683	38.534 691	6.240 959	1.824 788
18.984 161	25.689 796	1.795 070	39.136 456	5.624 603	1.822 530
20.397 631	24.299 627	1.800 075	39.695 515	5.048 960	1.819 889
21.768 351	22.950 214	1.804 697	40.211 842	4.514 055	1.816 866
23.096 380	21.641 497	1.808 937	40.685 455	4.019 865	1.813 460
24.381 689	20.373 507	1.812 795	41.116 344	3.566 410	1.809 672
25.624 249	19.146 269	1.816 270	41.504 520	3.153 672	1.805 503
26.824 116	17.959 732	1.819 363	41.849 964	2.781 669	1.800 950
27.981 237	16.813 946	1.822 074	42.152 699	2.450 384	1.796 016
29.095 663	15.708 860	1.824 403	42.412 708	2.159 831	1.790 699
30.167 345	14.644 525	1.826 349	42.630 001	1.909 998	1.785 000

中倍平场显微物镜、双高斯物镜和 4 倍变焦物镜经过优化以后，像差得到了改善，而要得到一个实际可用的设计结果，还需要对设计结果进行最后的分析和性能评估，进行公差分析，考虑设计的实用性、可加工性、工艺性和性价比等一系列问题，这样才能保证设计出一个实用的光学系统。

随着计算机技术的发展，像差自动平衡软件已日趋完善，对用户的要求也越来越低，但是要成功地设计出一个合理的光学系统是一件非常不容易的事。虽然像差自动平衡软件可以极大地减轻设计者的劳动强度并节约时间，但它也仅仅是一个工具，只能完成整个设计过程中的一部分工作。此外，设计人员使用得当，可以加速设计进程和提高设计质量，而如果使用不得法，仍然不能发挥它的效率。所以不光需要光学设计软件，还需要设计人员具有丰富的像差理论知识和设计经验。而这一点需要经过光学理论知识的系统学习和实际光学系统设计经验的不断积累，才能掌握好光学系统的像差自动平衡设计。

习题

22.1 何谓评价函数？评价函数由哪些因素构成？各有什么作用？

22.2 规划像差和规划权因子各有什么意义？

22.3 何谓阻尼最小二乘法？阻尼因子一般如何确定？

22.4 何谓边界条件？试举例子说明哪些属于像差边界条件？哪些属于自变量边界条件？

22.5 光学设计的流程如何？在CODE V中对公差分析有哪两种方法？

22.6 权因子分为哪两类？在ZEMAX中，不同的权重系数分别代表什么意义？

22.7 在有 CODE V或ZEMAX等商业软件的条件时，用像差自动平衡方法优化设计一平视场显微物镜结构，其技术要求为放大率 $\beta = -10^x$，数值孔径 $NA = 0.25$，共轭距离 $L = 195\ mm$，像方线视场 $2y' = 18\ mm$，工作距离 $l \geqslant 5\ mm$。

22.8 在有 CODE V或 ZEMAX 等商业软件的条件时，用像差自动优化方法设计一个定焦的 VGA(Video Graphics Array)数码相机镜头。设计要求如下：元件数为1～3个；材料为普通光学玻璃或塑料；图像传感器为 Agilent FDCS-2020，焦距为6 mm，景深0.75 m～+∞，F数 $F/\#$为 $F/3.5$，几何畸变<4%，在离焦范围，调制传递函数 MTF（中心区域为CCD内3 mm）低频，17 lp/mm>90%（中心），>85%（边缘）；高频，51 lp/mm>30%（中心），>25%（边缘）。整个系统的渐晕要求，边缘相对照度 >60%。